Claude HAZARD
Inspecteur général de l'Éducation nationale

MÉMOTECH
DESSIN TECHNIQUE

Normes des composants
Méthodes d'analyse pour l'innovation technique et la conception de produits

Formation initiale, par apprentissage, continue
Tous Bac Pro Industriels, Bac STI2D, BTS, DUT
Ecoles d'Ingénieurs

casteilla

Éditions **CASTEILLA** – 5, Allée de la 2e D.B. – 75015 Paris

Chez le même éditeur...

Dans la collection **MÉMOTECH** :

Électrotechnique (Lycée Technique)
R. Bourgeois - D. Cogniel

Ingénierie et mécanique - Conception et Dessin
C. Barlier - R. Bourgeois

Industrialisation et mécanique - Usinage de matériaux métalliques
C. Barlier

Sciences de l'Ingénieur
D. Bauer - R. Bourgeois - M. Jakubowicz

J'applique la mécanique générale tomes 1 et 2
J.C. Crinchon

Achevé d'imprimer en juin 2019 par L&C Printing Group
Édition Casteilla – N° d'éditeur 2011/2560 – Dépôt légal : septembre 2012

Couverture : doc. Alstom, dessin Gex Mougin, docs Lechner Patissier

ISBN: 9782713534799
ISBN: 0986-4024

AVANT PROPOS

Le citoyen d'aujourd'hui trouve dans son environnement un ensemble de produits manufacturés, de systèmes techniques et de produits de service. Ces produits et systèmes intègrent, pour la plupart, plusieurs composants chargés d'assurer une fonction globale, principale ou secondaire. Regroupés et reliés entre eux harmonieusement, ces composants constituent l'architecture-produit ou l'architecture-service.

La réalisation de ces produits et de ces services passe obligatoirement par la création et l'innovation technologique prenant en compte avant et pendant la conception, le besoin, l'environnement, la durée de vie, le recyclage du ou des produits. Il en est de même pour les produits services.

L'ouvrage développe les concepts fondamentaux nécessaires à l'analyse, à la création et à l'innovation architecturale des produits manufacturés, il apporte des réponses aux attentes des marchés de la construction ou des services et propose des éléments de solutions constructives efficaces, performantes au prix de revient compétitif. Il précise les composants normalisés qui seront intégrés dans les dessins techniques des différents projets. Son objectif est également de tenir compte de l'existant, d'en améliorer la qualité et les performances en intégrant les connaissances technologiques nouvelles. L'innovation peut être ponctuelle ou permanente.

Les moyens informatiques, la CAO, le DAO, sont présents et utiles dans les bureaux d'études et de méthodes, ils facilitent les études, la conception, les méthodes de travail, la planification, l'analyse fonctionnelle et architecturale, l'implantation des composants, de manière judicieuse et efficace, la mémorisation des produits réalisés en vue de la création d'éventuels produits nouveaux, les calculs de prix. Ces équipements deviennent la mémoire de l'entreprise ou de la société de services.

Véritable banque de données, le document présente, en temps réel, tous les renseignements utiles concernant :

- le dessin technique intégrant la normalisation internationale,
- l'analyse de la valeur (démarches fonctionnelle, économique, pluridisciplinaire),
- les outils d'analyse (Pareto, diagramme « cause-effet », organigramme...),
- l'innovation architecturale du produit ou du service,
- l'analyse fonctionnelle à partir du besoin conduisant à la rédaction du cahier des charges,
- les caractéristiques fonctionnelles et dimensionnelles des composants,
- les données nécessaires aux développements de produits nouveaux,
- le cycle de vie des produits et leur traitement en fin de vie.

Vu sous cet aspect, ce document est un outil utile de communication technique et de référence pour conduire la création, l'innovation architecturale, la conception de produits, de systèmes ou de services avec une logique de développement durable; il apporte aussi aux utilisateurs les connaissances fondamentales actualisées.

C. HAZARD
Inspecteur général honoraire
des Sciences et Techniques Industrielles

SOMMAIRE

1. ANALYSE FONCTIONNELLE

NF X 50-150/153

L'analyse fonctionnelle est une démarche qui consiste à recenser, caractériser, hiérarchiser et valoriser les fonctions du produit.

1.1. SCHÉMA DE LA DÉMARCHE

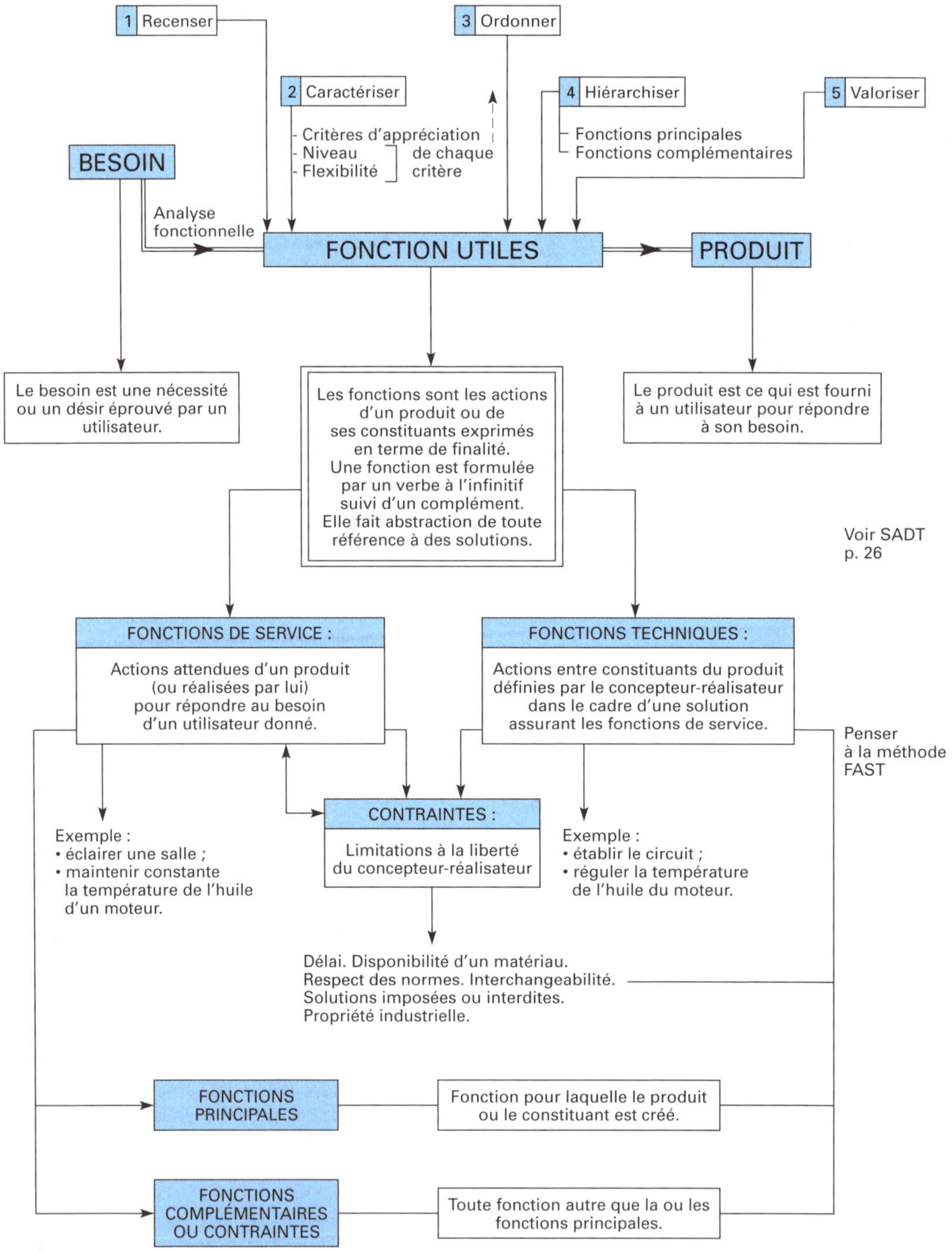

Voir SADT p. 26

1.2. MÉTHODE D'ANALYSE

RECHERCHE DU BESOIN FONDAMENTAL

Il s'agit de la recherche du ***besoin du système*** (ou matériel suivant le cas).

- Le besoin peut être assimilé à l'objectif ou au but à atteindre.
- Le besoin à satisfaire par un système (ou un matériel) s'obtient en posant les questions:

  A qui rend-il service ? Sur quoi agit-il ? Pour quoi faire ? Pourquoi ce besoin existe-t-il ? (origine).
- Confirmer le besoin par les réponses à la question: *Qu'est-ce qui pourrait le faire évoluer ou disparaître ?*

Expression du besoin à l'aide de l'outil appelé «bête à corne» :

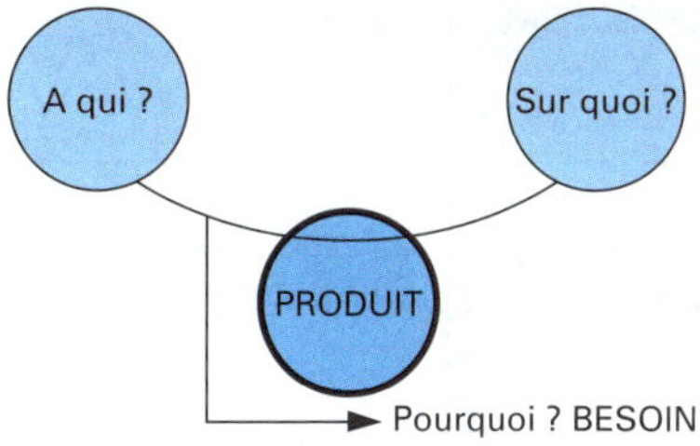

IDENTIFICATION DES FONCTIONS

- **Faire le bilan des phases d'utilisation du produit.**
- **Déterminer l'environnement du produit par phase d'utilisation.**

  Les *éléments et contraintes* constituent l'environnement du produit ou système au cours de son utilisation ou de son fonctionnement.
- **L'examen de l'environnement conduit à :**

  – ***Identifier*** les composantes extérieures (c'est-à-dire tout ce qui est en contact direct ou virtuel avec le produit). Ex. : M_1, M_2, M_n...

  – ***Établir*** les relations entre le produit et les composantes extérieures.

  – ***Déterminer*** la ou les fonction(s) de service obtenue(s) par chaque relation entre le produit et une ou plusieurs composantes extérieures.
  Fonctions principales : F1, F3, F4.
  Fonctions complémentaires : F2, F5 (voir définitions page précédente).

Milieu environnant le produit. Diagramme «pieuvre»

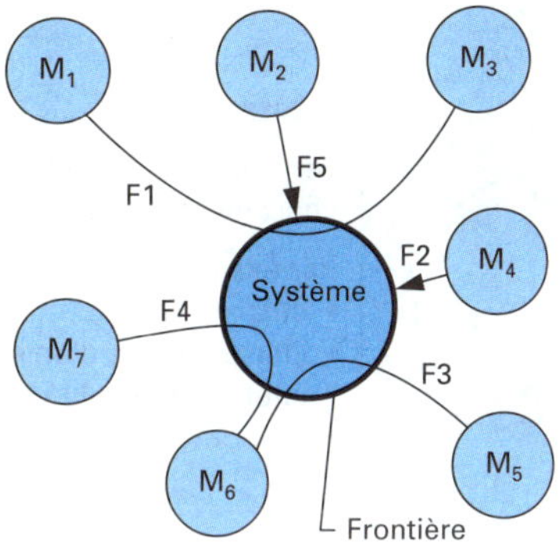

- **Fonctions de service** (voir définition page précédente et schéma ci-contre).

Remarque:
– Pour répondre à *un besoin*, on peut avoir une ou plusieurs fonctions de service.
– Une fonction de service se traduit par une *relation* entre le produit et une ou plusieurs composantes du milieu extérieur.

- **Classification des fonctions de service**

  Elles comprennent :
  – *les fonctions d'usage (Fp4*), ou fonctions principales (voir relation 1)
  – *les fonctions d'estime* (Fc4), ou fonctions complémentaires (voir relation 2).

Fonctions de service

1. Relation entre le produit et deux composantes extérieures (M_1, M_3)

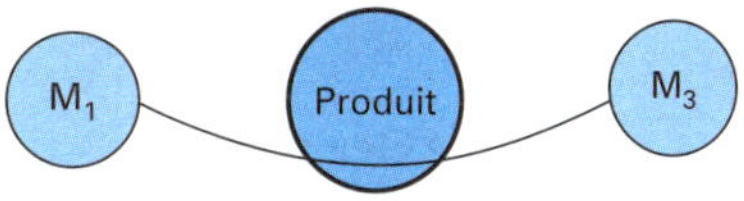

2. Relation entre le produit et une composante extérieure (M_2)

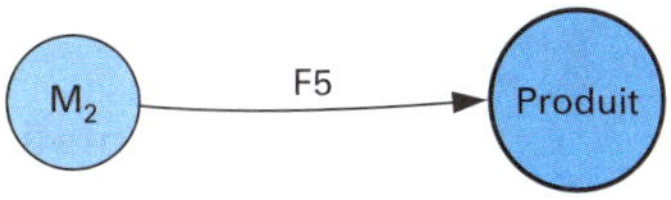

Méthode d'analyse

EXPRESSION DES FONCTIONS	Les fonctions principales et complémentaires s'expriment par un verbe à l'infinitif suivi des deux composantes extérieures.	***Exemples*** (situation maintenance) : • fonction principale : «permettre à l'intervenant de libérer l'huile»; • fonction contrainte: «permettre l'accès intérieur du carter chapeau».
VALIDATION DES FONCTIONS	*Qu'est-ce qui pourrait la faire disparaître ?* **(QQPFD)** *Qu'est-ce qui pourrait la faire évoluer ?* **(QQPFE)**	
DÉFINITION DES CRITÈRES D'APPRÉCIATION	Il s'agit d'affecter aux fonctions des critères de valeur qui peuvent avoir plusieurs formes d'expression: • du niveau de satisfaction, • d'une limite de coût, • du niveau de performances, • du respect de la sécurité. **Contraintes:** Les contraintes viennent de l'environnement, de la technologie, du marché, de la situation et des choix de l'entreprise ou de l'organisme, etc. Par exemple: • délai de l'étude, • indisponibilité d'un matériau, • interchangeabilité, • propriété industrielle...	
	• Critères d'appréciation Critère retenu pour apprécier la manière dont une fonction est remplie ou une contrainte respectée.	***Exemples de critères :*** durabilité, maintenabilité, vitesse, rayon d'action,...
	• Niveau d'un critère d'appréciation Niveau repéré dans l'échelle adoptée pour un critère d'appréciation d'une fonction. Ce niveau peut être celui recherché en tant qu'objectif ou celui atteint pour une solution proposée.	***Exemples :*** Moyenne des Temps de Bon Fonctionnement (MTBF), consommation électrique en kWh,...
	• Flexibilité Ensemble d'indications exprimées par le demandeur sur les possibilités de moduler un niveau recherché pour un critère d'appréciation.	***Remarque :*** la flexibilité est une des caractéristiques fondamentales du cahier des charges.
	• Limite d'acceptation Niveau de critère d'appréciation au-delà duquel – ou en-deçà suivant le cas – le besoin est déclaré non satisfait.	***Exemples :*** écart absolu ou relatif, classes standard,...

1.3. APPLICATION DE LA DÉMARCHE POUR LA SITUATION «MAINTENANCE» (FONCTION PRINCIPALE Fp4)

IDENTIFICATION DES FONCTIONS	Situation : **maintenance.** 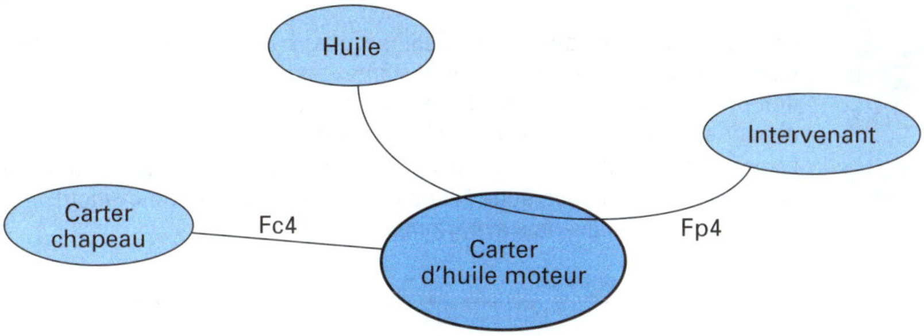
EXPRESSION DES FONCTIONS	***Fonction principale Fp4*** *:* permettre à l'intervenant de libérer l'huile. ***Fonction contrainte Fc4*** *:* permettre l'accès intérieur du carter chapeau.
CONTRÔLE DE VALIDITÉ DES FONCTIONS	***Fp4*** *:* permettre à l'intervenant de libérer l'huile. ***But*** *:* – pour renouveler l'huile, – pour démonter le carter à cause d'un incident moteur (intervention sur vilebrequin ou bielles). ***Cause*** *:* parce que l'huile ne conserve pas ses caractéristiques après un certain temps (150 h d'utilisation ou 1 an de stockage dans le moteur). ***QQPFE*** *:* rien. ***QQPFD*** *:* – supprimer les vidanges (NR); – utiliser une huile inaltérable (n'existe pas encore); – supprimer les interventions sur le bas moteur (non acceptable car représente 3 pour 1 000 des interventions clientèle); – modifier le système de vidange (par aspiration); – stocker l'huile ailleurs sans renouvellement.
CRITÈRES DE VALEUR DES FONCTIONS	***Niveaux de performance :*** **Fp4** / permettre à l'intervenant de libérer l'huile. ***Intervenant :*** – opérateur de l'après-vente; – particulier bricoleur. ***Libérer :*** – nombre de vidanges sur 150 000 km : 15 à 20; – sans risque de salissure; – sans efforts importants; – avec un outil à préciser; – de façon propre, pour l'opérateur et l'environnement; – pour l'après-vente : temps maxi : 15 mn sans immobilisation sur le pont élévateur; – pour le particulier bricoleur : ce temps peut être supérieur à 15 mn. ***Huile :*** – quantité : 3,5 l; – température : 150 °C maxi; – chargée d'eau, d'essence, de résidus de combustion.

1.4. CRÉATION ET INNOVATION TECHNOLOGIQUE

INTRODUCTION	La création et l'innovation technologique jouent un rôle important dans la conception architecturale des produits composant les systèmes techniques et les services. Elles sont également un défi pour l'entreprise et doivent répondre au besoin défini par le cahier des charges afin de donner entière satisfaction aux utilisateurs du produit. La création et l'innovation consistent à adopter les connaissances techniques nouvelles et au niveau de la conception et de l'exécution (processus de l'innovation), des solutions constructives nouvelles innovantes et performantes.
DÉMARCHES ET OUTILS	**DÉMARCHE** Elle doit faciliter la transformation d'une idée, la modification ou la création d'un produit, l'adoption de solutions nouvelles d'un service en vue de provoquer une réussite commerciale et d'apporter un plus aux clients. (Différentes démarches d'analyses sont développées dans les pages suivantes). → **OUTILS** Utiliser : - les outils et techniques de gestion de l'innovation. - Les méthodes d'analyse favorisant la production d'idées de solutions nouvelles
TYPES D'ENTREPRISES CONCERNÉES PAR L'INNOVATION	L'innovation est omniprésente dans toutes les entreprises petites ou grandes ; elle permet, à l'aide des outils d'analyse (fonctionnelle, analyse de la valeur, du coût....), de traiter une idée nouvelle concernant la transformation ou le remplacement complet d'un produit ou un service dont l'objectif est d'obtenir une réussite commerciale. Au sein d'un organisme ou d'une entreprise, l'ensemble des secteurs est concerné par l'innovation ; des évolutions peuvent avoir lieu dans les domaines de la conception des méthodes de travail, des produits, des procédés et des services de gestion et d'organisation.
DOMAINES DE L'INNOVATION DANS L'ENTREPRISE	Suivant sa spécificité, l'innovation pourra être utile aux techniques à appliquer à la : • Conception et exécution, en optimisant les caractéristiques d'un produit ou le fonctionnement d'un service. • Recherche, à partir de diagnostic, d'une solution économique à un problème d'exécution ou de maintenance de systèmes. • Vente des produits ou services performants. • Créativité. • Acquisition et stockage des savoirs et des savoir-faire. • Information sur les produits concurrentiels. • Promotion des nouveaux produits. Pour une entreprise ou un organisme de service, la connaissance des outils d'analyse, des méthodes, des logiciels et solutions à adopter pour créer et/ou innover, revêt une grande importance.

1.5. L'INNOVATION : PHASES DE DÉFINITION DE LA DÉMARCHE

PHASES	DÉSIGNATION DE LA CRÉATIVITÉ
PHASE 1	**Formulation du problème** Découvrir le problème – Repérer des changements, des opportunités – Identifier des besoins, des difficultés, des défauts, des anomalies, des insatisfactions, des attentes. Affirmer le désir d'y porter remède, d'y apporter une solution ou une réponse. **POINT FORT** Fait **APTITUDES** Esprit critique –Remise en question - Motivation **MOYENS** Information – Observation – Cahier des Charges Fonctionnelles **BLOCAGES** Routine – Passivité – Désintérêt
PHASE 2	**Suggestions de solutions** Exprimer des hypothèses : – chercher des explications – trouver des réponses – envisager des moyens. **POINT FORT** Idées **APTITUDES** Imagination **MOYENS** Connaissances – Mémoire – Information – Méthode (TRIZ) **BLOCAGES**
PHASE 3	**Évaluation** Éliminer les solutions manifestement inadéquates – Évaluer et comparer les solutions selon les critères objectifs ou subjectifs : Faisabilité – Coût – Rapidité – Attrait – Synergie – Antériorité – Proposer et choisir une méthode de présentation de l'évaluation (Élimination, rangement, notation). **POINT FORT** Critères **APTITUDES** Logique **MOYENS** Temps, argent – Essais, calculs – Méthodes – Tests – Enquêtes **BLOCAGES** Manque de temps – Passage direct à la décision
PHASE 4	**Décision** Accepter ou rejeter les évaluations et classements proposés – Conclure à une éventuelle nécessité d'une nouvelle recherche. Désigner la solution (ou combinaison de solutions) adoptée. **POINT FORT** Engagement **APTITUDES** Jugement **MOYENS** Niveau convenable de responsabilité **BLOCAGES** Mauvaise évaluation
PHASE 5	**Application** Mettre en œuvre, réaliser l'action décidée – Communiquer au public – Publier – Prendre des brevets – Fabriquer les prototypes, les maquettes, les objets. **POINT FORT** Actes **APTITUDES** Volonté - Acharnement **MOYENS** Humains – de réalisation - Financiers **BLOCAGES** Hiérarchie mal impliquée – Décision trop tardive

1.6. INNOVATION AVEC LA METHODE TRIZ

La méthode TRIZ apporte une aide intéressante à la créativité et favorise l'innovation. C'est une théorie qui permet de résoudre des problèmes inventifs.

Cette méthode s'est développée en Russie durant plus d'un demi-siècle (1926 à 1986), sous le nom de **Théorie de Résolution de Problèmes Inventifs (TRIZ)**. Elle se diffuse maintenant largement dans les bureaux d'études et dans les services concernés par la conception de produits ou la création de services.

OBJECTIFS

- Analyser systématiquement les solutions possibles d'un problème donné.
- Utiliser des solutions similaires adoptées dans d'autres situations.
- Dégager des concepts.

PHASE DE LA DÉMARCHE

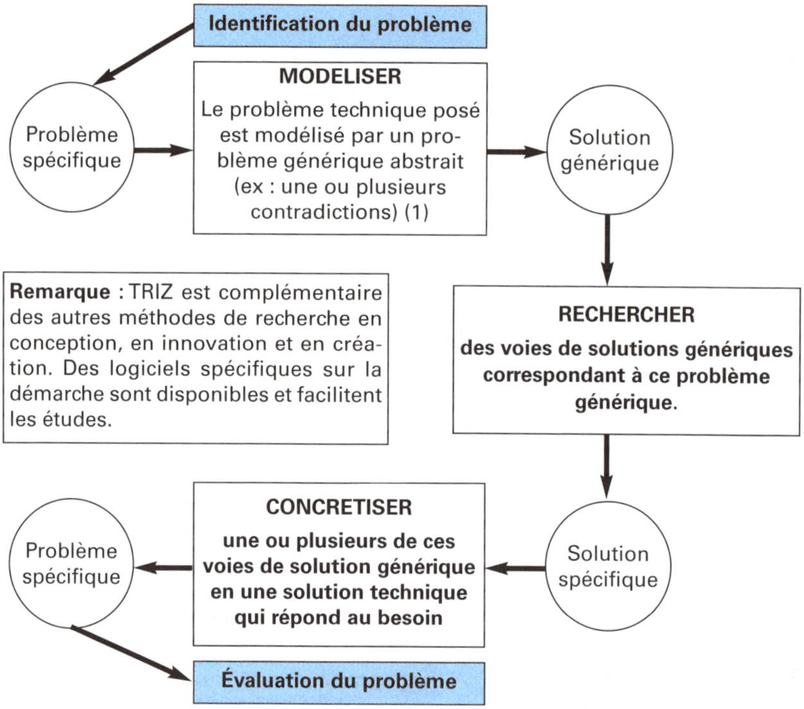

Remarque : TRIZ est complémentaire des autres méthodes de recherche en conception, en innovation et en création. Des logiciels spécifiques sur la démarche sont disponibles et facilitent les études.

MÉTHODOLOGIE

- ***Caractéristiques à améliorer :*** préciser ce qui doit être amélioré dans le problème spécifique existant pour une solution visée.
- ***Caractéristiques à préserver:*** garder ce qui est valable, ce qui ne doit pas être éliminé, ni détérioré pour obtenir la solution pour le problème spécifique.
- ***Choisir la caractéristique à préserver :*** on précise et fixe ce qui doit être gardé, non détérioré, pour obtenir la solution spécifique et ensuite technique.

Méthode TRIZ (suite)

DÉFINITIONS DES TERMES UTILISÉS DANS LA MÉTHODE TRIZ	**Contradiction** Pour générer des solutions, on utilise dans la méthode TRIZ la "contradiction" : c'est un outil permettant la résolution des problèmes apparaissant lors d'une nouvelle conception. Cet outil fait appel à l'existant. Pour innover ou résoudre un problème le scientifique Altshuller (1926-1998) définit plusieurs niveaux de contradictions : - Les contradictions physiques (le système présente deux caractéristiques opposées). - Les contradictions techniques (résistance et légèreté). - Les contradictions administratives (très bonne qualité et prix moindre). **Degrés d'"inventivité"** Cinq niveaux : Niveau 1 : la solution est apparente. Niveau 2 : l'amélioration est mineure. Niveau 3 : l'amélioration est majeure. Niveau 4 : nouveau concept généré. Niveau 5 : découverte. **Idéalité et contradiction** Après avoir étudié et analysé les fonctions nécessaires et utiles au produit ou au système et avoir éliminé les fonctions inutiles nous obtenons le produit ou le système idéal.
DESCRIPTION DE LA MATRICE TRIZ	**La matrice TRIZ** Elle constitue une base de données de principes et de solutions connues, permettant de surmonter des contradictions. Elle est basée sur l'analyse de millions de brevets et part du principe qu'une solution ancienne peut être adaptée pour traiter ou résoudre une nouvelle étude. La matrice TRIZ a pour but de résoudre des contradictions, un tableau à double entrées porte sur: - 39 caractéristiques identifiées par TRIZ (vitesse, température...). Sur un axe, on pointe la caractéristique à améliorer (exemple : longueur 04), sur l'autre la caractéristique qui pâtit de cette amélioration (exemple : poids 02). On obtient une intersection ligne/colonne (voir page suivante), - Le tableau donne la liste des 40 principes qui permettent de résoudre ce genre de contradiction. *Remarque :* Un principe n'est pas une solution mais une famille générique de solutions qui stimule la créativité par des exemples concrets.
EXEMPLE D'APPLICATION AVEC LA MATRICE TRIZ	**Exemple : On souhaite une voiture plus longue mais de même poids** - Caractéristique de la fonction à conserver : **Garder le même poids de la voiture.** - Il s'agit alors de retenir le paramètre 02 d'après le tableau page 14. - Caractéristique de la fonction à **améliorer est la longueur.** Il s'agit alors de retenir le paramètre 04 d'après le tableau page 14.

EXEMPLE D'APPLICATION AVEC LA MATRICE TRIZ

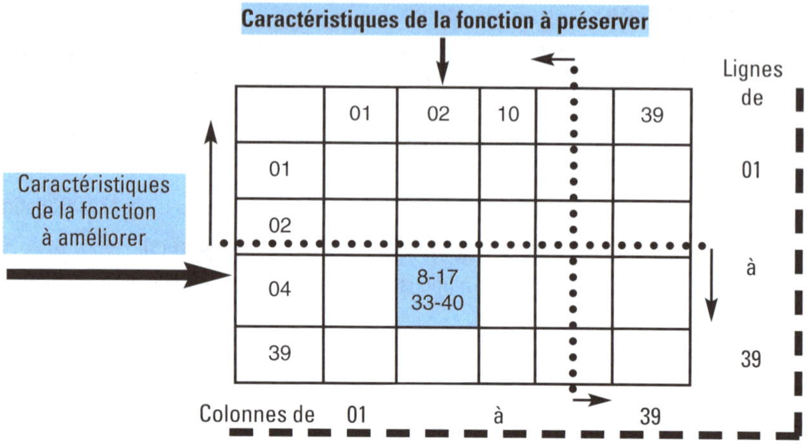

- **Fonction caractéristique à préserver : 02 masse de l'objet statique**
- **Fonction caractéristique à améliorer : 04 longueur de l'objet statique**

On recherche maintenant les principes de résolution des contradictions

Idées de solutions : 8 (contrepoids) - 17 (autre dimension) - 33 (homogénéité) - 40 (composites) -

Les chercheurs et/ou concepteurs utilisent cette matrice pour installer les connaissances acquises dans les divers domaines scientifique, technique et autres, à l'aide d'une base de données. Des logiciels existent et aident à l'utilisation de TRIZ.

DÉFINITION DES 39 PARAMÈTRES

Les 39 paramètres précisent la fonction et les caractéristiques qui permettent de définir un système technique, à l'aide de la matrice TRIZ. Le principe consiste à améliorer une caractéristique, tout en préservant les autres.

Ces 39 paramètres sont les suivants :

01	Poids de l'objet mobile	15	Durée d'action de l'objet mobile
02	Poids de l'objet statique	16	Durée d'action de l'objet statique
03	Longueur de l'objet mobile	17	Température
04	Longueur de l'objet statique	18	Intensité lumineuse
05	Surface de l'objet mobile	19	Energie utilisée par l'objet mobile
06	Surface de l'objet statique	20	Energie utilisée par l'objet statique
07	Volume de l'objet mobile	21	Puissance
08	Volume de l'objet statique	22	Perte d'énergie
09	Vitesse	23	Perte de substance
10	Force	24	Perte d'information
11	Tension, Pression	25	Perte de temps
12	Forme	26	Quantité de substance
13	Stabilité de l'objet	27	Fiabilité
14	Résistance	28	Précision de mesure

29	Précision de fabrication	35	Adaptabilité
30	Facteur néfaste à l'objet	36	Complexité du produit
31	Facteurs néfastes induits	37	Complexité du pilotage
32	Facilité de réalisation	38	Degré d'automatisation
33	Facilité d'usage	39	Productivité
34	Entretien		----

PRINCIPES DE CONTRADICTION

40 principes sont à l'origine de toute innovation. C'est à partir de fiches assimilables à des brevets que Genrich Altshuller a identifié ces 40 principes. Ils servent à la résolution d'une contradiction technique, ou d'un problème qui se présente lorsqu'on veut améliorer une fonction caractéristique et qu'une autre se dégrade simultanément.

ÉNONCÉ DE CES PRINCIPES D'INNOVATION :

1) Segmentation

- Diviser un objet en parties indépendantes;
- Réaliser un objet démontable (faciliter le démontage).
- Accroître le degré de segmentation (fragmentation).

2) Extraction

- Extraire de l'objet une partie ou une de ses propriétés perturbatrices (enlever ou séparer de l'objet).
- Extraire ou isoler seulement la propriété ou la partie utile.

3) Qualité locale

- Passer d'une structure homogène d'un objet à une non homogène, ou passer d'un environnement (ou d'une action externe) homogène à un non homogène.
- Faire en sorte que chaque partie de l'objet réalise une fonction différente dans les meilleures conditions possibles.
- Spécialiser les différentes parties d'un objet (faire en sorte que chaque partie remplisse une fonction utile différente).

4) Asymétrie

- Remplacer la forme symétrique d'un objet en une forme asymétrique.
- Si l'objet est déjà asymétrique, renforcer son asymétrie.

5) Fusion

- Grouper ou fusionner les objets identiques ou similaires (homogènes), assembler les parties identiques, destinées à des opérations parallèles ou contiguës.
- Combiner, regrouper dans le temps les opérations homogènes ou contiguës.

6) Multifonctions

- Rendre une partie de l'objet apte à réaliser plusieurs fonctions, pour remplacer les fonctions des autres parties de l'objet.

7) Inclusion (poupées russes)

- Placer successivement les objets les uns dans les autres.
- Emboîter une partie de l'objet dans une partie creuse de l'autre.

8) Contrepoids

- Compenser la masse d'un objet par combinaison avec un ou d'autres objets possédant une force ascensionnelle.
- Compenser la masse d'un objet grâce à des interactions avec l'environnement (force aérodynamique, hydrodynamique, de flotabilité, ...).

9) Action contraire préliminaire

- S'il est nécessaire d'effectuer une action qui engendrera des effets utiles et nuisibles, procéder à une action préventive pour contrôler les effets nuisibles.
- Un objet doit supporter en fonctionnement des tensions indésirables mais connues ; le soumettre à une tension préalable contraire.

10) Action préliminaire

- Réaliser un changement requis plus tard, entièrement ou partiellement, avant qu'il ne soit nécessaire.
- Prépositionner les objets pour qu'ils entrent en action efficacement et sans perte de temps.

11) Protection préalable

- Composer le manque de fiablilité relative d'un objet par des mesures préventives.

12) Equipotentiel

- Dans un champ potentiel, limiter les possibilités de changer de position / Changer les conditions de travail pour éviter de devoir lever ou baisser un objet dans le champ gravitionnel.

13) Inversion

- Inverser l'action utilisée normalement pour résoudre le problème.
- Rendre fixes les pièces mobiles (ou l'environnement externe) et mobiles les parties fixes.
- Retourner l'objet ou inverser le processus.

14) Courbe

- Remplacer les droites par des courbes, les plans par des hémisphères, les cubes par des sphères, ...
- Utiliser des rouleaux, sphères, spirales, voûtes.
- Remplacer les translations par des rotations, utiliser les forces centrifuges...

15) Dynamisme

- Permettre ou prévoir l'ajustement des caractéristiques d'un objet (d'un processus) pour rendre son action optimale ou pour se placer dans les meilleures conditions opératoires.
- Diviser un objet en éléments pouvant se déplacer les uns par rapport aux autres.
- Rendre flexible ou adaptable l'objet (ou le processus) rigide ou non flexible.

16) Excessif ou partiel

- S'il est difficile d'obtenir le résultat à 100% d'une manière donnée, réaliser partiellement ou à l'excès l'action pourra simplifier considérablement le problème.

17) Autre dimension

- Ajouter une dimension : déplacer un objet dans un plan plutôt que suivant une ligne, dans l'espace plutôt que dans un plan.
- Utiliser un ensemble multicouche d'objets plutôt que monocouche.
- Incliner ou réorienter l'objet, le positionner sur un de ses côtés.
- Utiliser une autre face que celle utilisée.
- Utiliser des flux optiques dirigés sur une surface voisine ou sur la face opposée à celle utilisée.

18) Vibration

- Faire osciller ou vibrer un objet.
- Si l'oscillation existe déjà, augmenter la fréquence (même jusqu'aux ultrasons).
- Utiliser la fréquence de résonance.
- Remplacer les vibrations mécaniques par des vibrations piézo-électriques.
- Combiner les ultrasons et les champs éléctromagnétiques.

19) Action périodique

- Remplacer une action continue par une action périodique ou une impulsion.
- Si l'action est déjà périodique, modifier sa fréquence ou sa période.
- Utiliser les pauses entre les impulsions pour réaliser une autre action.

20) Continuité

- Travailler en continu, privilégier les actions où toutes les parties de l'objet travaillent à plein régime en permanence.
- Éliminer les temps morts, les marches à vide, les actions intermittentes.

21) Vitesse élevée

- Conduire le procédé ou certaines de ses étapes (celles néfastes, dangereuses, hasardeuses) à grande vitesse.

22) Conversion

- Utiliser les effets nuisibles (notamment ceux de l'environnement) pour obtenir une action positive.
- Éliminer un facteur nuisible en le combinant avec d'autres effets néfastes.
- Amplifier un effet nuisible jusqu'à ce qu'il cesse d'être néfaste.

23) Rétroaction

- Introduire un asservissement (réponse, vérification) pour améliorer un procédé ou une action.
- Si l'asservissement est déjà en place, le modifier (ampleur, influence).

24) Intermédiaire

- Utiliser un objet ou un procédé intermédiaire pour transmettre l'action.
- Combiner temporairement l'objet à un autre, lequel devra pouvoir être enlevé facilement (réversibilité).

25) Self service

- Rendre un objet autonome (y compris auto-entretien) en ajoutant des fonctions auxiliaires utiles (réparation, ...).
- Utiliser des ressources gaspillées ou perdues : énergie, déchets, ...

26) Copie

- Utiliser des copies simplifiées et bon marché plutôt qu'un objet complexe, cher, fragile.
- Remplacer un objet ou un procédé par leurs copies optiques.
- Si des copies optiques sont déjà utilisées, passer à des copies dans l'infrarouge ou l'ultraviolet.

27) Ephémère et bon marché

- Remplacer un objet coûteux par de nombreux objets bon marché, en renonçant à certaines propriétés (comme la durée de vie).

28) Interaction non mécanique

- Remplacer un système mécanique par des moyens sensoriels (optique, acoustique, toucher, olfactif).
- Interagir avec l'objet avec des champs électriques, magnétiques, électromagnétiques.
- Passer de champs statiques (espace ou temps) à des champs mobiles (espace ou temps), de champs non structurés à des champs structurés.
- Combiner l'utilisation de champs avec l'utilisation de particules activées par un champ (ferromagnétiques notamment).

29) Fluide

-Remplacer les parties solides d'un objet par du gaz ou du liquide : objets gonflables (à air ou eau), coussin d'air, hydrostatiques et hydroréactif.

30) Membrane flexible

- Remplacer les structures tridimensionnelles par des membranes souples et des films minces.
- Isoler l'objet de son environnement en utilisant des membranes souples ou des films minces.

31) Porosité

- Rendre un objet poreux ou lui adjoindre des éléments poreux (inserts, revêtement, ...). Si l'objet est déjà poreux, remplir les porosités d'une substance utile (ou fonction utile).

32) Changement de couleur

- Modifier la couleur d'un objet ou de son environnement.
- Modifier le degré de transparence d'un objet ou de son environnement.
- Utiliser des colorants (additifs) pour observer des objets (processus) difficiles à observer. Si de tels additifs sont déjà utilisés, utiliser des atomes repérables.

33) Homogénéité

- Utiliser le même matériau pour les objets interagissants avec un objet donné (ou des matériaux ayant des propriétés similaires ou proches).

34) Rejet et régénération

- Éliminer (par dissolution, évaporation, ...) les parties de l'objet qui ont fini de remplir leurs fonctions ou les modifier directement pendant l'opération.
- Inversement, regénérer ou récupérer les consommables directement pendant l'opération.

35) Valeur d'un paramètre

- Changer de phase (solide, liquide, gazeux).
- Changer la concentration, la densité ou la consistance.
- Modifier le degré de flexibilité.
- Changer la température.

36) Phase de transition

- Utiliser les phénomènes liés aux changements de phase : changement de volume, création ou perte de chaleur, ...

37) Dilatation

- Utiliser la dilatation ou la contraction thermique des matériaux. Si la dilatation thermique est déjà utilisée, utiliser plusieurs matériaux aux coefficients de dilatation thermique différents.

38) Oxydants puissants

- Remplacer l'air par de l'air enrichi en oxygène.
- Remplacer l'air enrichi en oxygène par de l'oxygène pur.
- Exposer l'air ou l'oxygène à des radiations ionisantes.
- Utiliser de l'oxygène ionisé.
- Remplacer l'oxygène ionisé (ou ozonisé) par de l'ozone.

39) Élément inerte

- Remplacer l'environnement normal par un environnement inerte, réaliser le processus sous vide.
- Ajouter des éléments neutres ou des additifs inertes.

40) Composites

- Remplacer les matériaux homogènes par des matériaux composites.

1.7. PROTECTION INDUSTRIELLE DE L'INNOVATION

D'après l'Institut National de la Propriété Industrielle (INPI)
26 bis, rue de Léningrad, 75800 Paris Cedex 08

PROTECTION DE L'INNOVATION

Protection de l'innovation

– Tout produit non protégé peut être reproduit.

– La protection de l'innovation peut être assurée par un brevet, des droits d'auteur, des certificats, des dessins et modèles...

– Peuvent être brevetables les inventions nouvelles, impliquant une activité inventive et susceptible d'application industrielle.

– Sont exclus des brevets :
- les découvertes, les théories scientifiques, les méthodes mathématiques,
- les créations esthétiques,
- les plans, les principes et méthodes dans l'exercice d'activités intellectuelles ou dans le domaine des activités économiques,
- les règles de jeux,
- les programmes d'ordinateurs (en Europe uniquement mais en cours d'évolution),
- les méthodes de traitement chirurgical ou thérapeutique ou de diagnostic appliquées au corps humain ou animal,
- les obtentions végétales,
- les races animales et les procédés essentiellement biologiques d'obtention de végétaux ou d'animaux, les inventions contraires à l'ordre public ou aux bonnes mœurs.

PRÉSENTATION D'UN DEPÔT DE BREVET

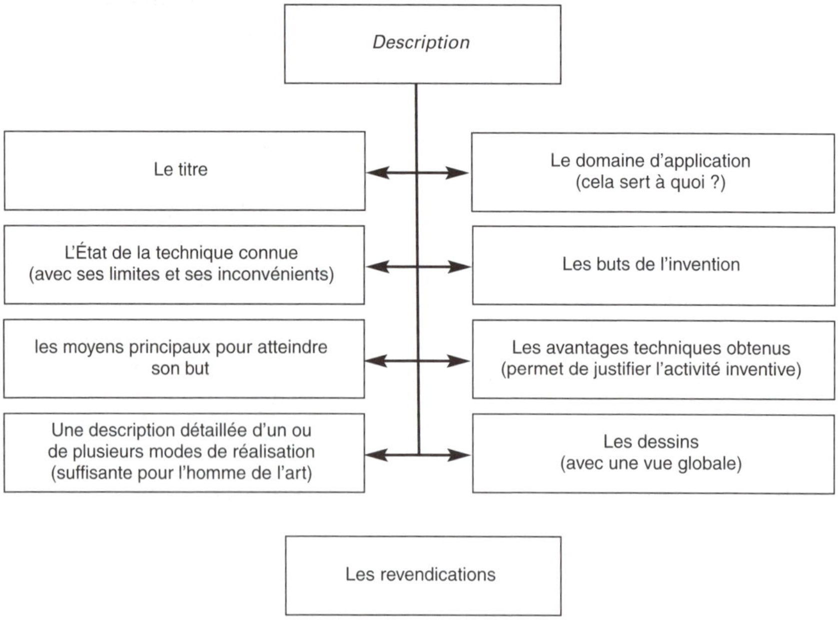

1.8. CYCLE DE VIE D'UN PRODUIT — ISO 9004-1

Le cycle de vie d'un produit regroupe l'ensemble des phases par lesquelles passe généralement un produit, de sa mise sur le marché à l'arrêt de sa production. En effet, ce concept peut s'appliquer tant à une industrie qu'à un produit ou encore à une marque. La durée de vie d'un produit dépend de la satisfaction qu'il procure aux utilisateurs.

PHASE DU CYCLE DE VIE D'UN PRODUIT (EXEMPLE)

Le cycle de vie du produit comprend dans la relation clients/usagers 4 phases :

- une phase de lancement,
- une phase de maturité,
- une phase de déclin,
- une phase de traitement de fin de vie avec soit :
  - une éventuelle relance après remise à l'état neuf,
  - un traitement des déchets ultimes,
  - une exploitation thermique.

Les durées respectives des différentes phases et du cycle de vie complet sont variables selon les produits. Un cycle de vie peut durer de quelques mois à plusieurs années.

FORME D'UN CYCLE DE VIE

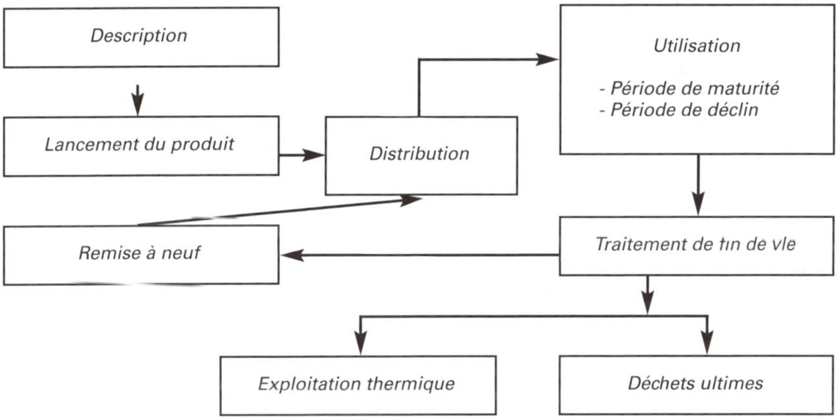

1. **La phase de lancement** peut présenter un lent démarrage des ventes, des profits négatifs, une absence de concurrence, produits perfectibles, rentabilité limitée.
2. **La croissance** : augmentation des ventes, rentabilité plus importante.
3. **La maturité** : produit connu, plafonnement des ventes mais rentabilité importante.
4. **Le déclin** : diminution des ventes, éventuellement tentative de relance du produit.

OPTIMISER LA DURÉE DE VIE

Dès la conception du produit ou du système, il s'agit de :

- Assurer la durabilité et la fiabilité du produit ou du système.
- Renforcer les liens qui unissent le produit ou système à l'utilisateur.
- Faciliter la maintenance (préventive et corrective) et la réparation.
- Penser la structure modulaire du produit ou du système.
- Penser au design (effet de mode, période de renouvellement).

OPTIMISER LE TRAITEMENT DE FIN DE VIE

À l'issue de l'utilisation ou du déclin du produit ou du système il s'agit de :

- Considérer éventuellement la réutilisation du produit ou du système.
- Remettre à niveau le produit ou le système.
- Réutiliser tout ou partie pour exécuter de nouveaux produits.
- Recycler les différents matériaux.
- Incinérer les matériaux non récupérables (solution sûre et écologique).

1.9. L' ÉCO-CONCEPTION

L'Eco-Conception conduit à étudier et à prendre en compte les critères environnementaux spécifiques, dès la conception du produit, du système ou du service. Cette prise en compte s'appuie sur une approche globale de l'environnement et de toutes les étapes du cycle de vie du produit, du système ou du service.

BILAN CARBONE	Le bilan Carbone résulte du changement climatique de notre planète, c'est un outil de comptabilisation des émissions de gaz à effet de serre. Cet outil doit être pris en considération par les entreprises, l'ensemble des collectivités quels que soient leur taille et leur secteur d'activité (les travaux sur ce sujet menés par ADEME sont importants). Les émissions de gaz à effet de serre provoquent le réchauffement de la planète terre et si elles ne sont pas contrôlées, elles peuvent être graves pour notre avenir. L'A.C.V. est une méthode normalisée, régie par la **série des normes ISO 14040**, parue à partir de 1997. Elle précise la méthodologie et la déontologie que doivent suivre les études ACV. Elle facilite et aide à la décision.
OBJECTIFS DE L'ÉCO-CONCEPTION	Les objectifs de l'éco-conception sont : - Mieux respecter l'environnement aux différentes étapes du cycle de vie du produit, du système et du service. L'éco-conception constitue un progrès continu de la qualité environnementale et donc d'une vie plus saine pour la société. - Suivre le développement d'un produit, d'un système ou d'un service en imposant lors de chaque analyse de conception, le vocabulaire appliqué dans l'ISO 9000 et en vérifiant que les enjeux environnementaux sont bien maîtrisés. Pour cela on s'efforcera : - de trouver et de quantifier les points forts et les faiblesses des produits du système et du service, - de préciser, de rectifier ou de supprimer les paramètres agissant négativement sur l'environnement et ceux neutralisant les qualités environnementales et écologiques du produit, du système et du service. D'étudier les problèmes posés, lors du traitement des produits pollués et des déchets, en relation étroite avec les fournisseurs et les professionnels du traitement. Certaines observations et actions de leur part pourraient éventuellement aider à améliorer le cycle de vie du produit.
MÉTHODES AUTRES QUE L'A.C.V.	Lorsqu'il s'agit de mettre en œuvre des analyses en temps réel, on peut utiliser des méthodes autres que A.C.V. Citons par exemple les "check-lists" ou "Questionnaires" qui fournissent au concepteur des réponses pertinentes sur le produit, le système ou le service.
COMPORTEMENT DU CONCEPTEUR OU DE L'UTILISATEUR	Le comportement du concepteur ou de l'utilisateur portera sur sa manière de gérer les pollutions et les déchets produits dans les études des différentes étapes du cycle de vie d'un produit, d'un système ou d'un service.
CHOIX DES MATÉRIAUX	Le choix des matériaux et des technologies adoptés pour la conception du produit ou du système doit refléter des qualités fonctionnelles de traçabilité, de facilité de montage et de démontage, des principes de recyclabilité des matériaux, des produits et des technologies « propres ».

1.10. LE DÉVELOPPEMENT DURABLE

Aujourd'hui, la planète Terre fait apparaître un ensemble de phénomènes sociaux et écologiques dont l'impact est inquiétant. On constate une baisse des ressources naturelles, un changement climatique, une déforestation et une perte drastique de la biodiversité, une augmentation de la population…

Ainsi le fonctionnement de la planète et de la société actuelle (dégradation sociale) mais aussi celui de demain se trouve perturbé par l'apparition de phénomènes nouveaux (gaz à effet de serre et autres…).

Si nous ne prenons pas conscience de la situation actuelle et ne prenons pas les précautions et dispositions qui s'imposent dans l'immédiat, des difficultés irréversibles risquent d'apparaître très rapidement. **D'où la nécessité d'assurer le développement durable.**

Pratiquement, l'homme peut faire appel aux productions naturelles selon ses besoins et les utiliser à bon escient, assurer leur préservation et leur renouvellement (exploitation de la forêt avec l'assurance d'une replantation).

DÉFINITION

Le développement durable est un développement qui répond aux besoins du présent sans compromettre la capacité des générations futures à répondre aux leurs. Rapport Brundtland, 1987.

LES TROIS PILIERS

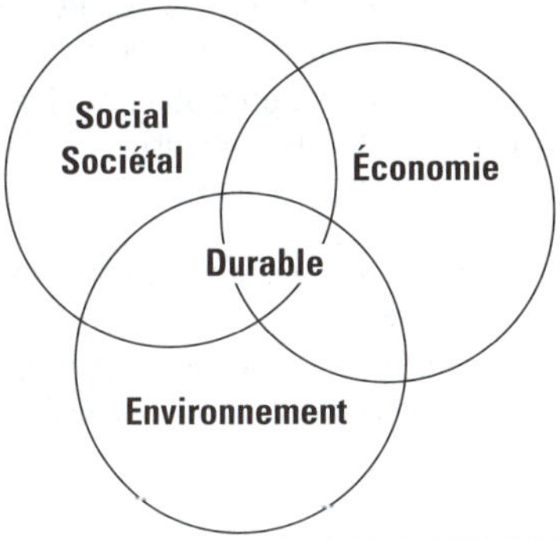

Développement durable

Il est constitué par trois piliers essentiels, en interaction permanente :
- Respect de l'environnement
- Progrès social
- Efficacité économique

DÉMARCHE DE DÉVELOPPEMENT DURABLE

La démarche de développement durable repose sur plusieur étapes :

Diagnostic	Définir en collaboration avec le personnel et les représentants de l'entreprise un état des lieux des problématiques de l'entreprise.
Définition de la politique transversale	Analyser les problématiques de l'entreprise et définir les priorités de la stratégie de développement durable à adopter.
Plan d'actions	Etablir, organiser et mettre en œuvre le plan d'actions
Évaluation	Assurer le suivi régulier de la mise en œuvre des actions, vérifier les résultats obtenus et apporter les ajustements nécessaires.
Formation des personnels chargés de l'action à mener	Former les personnels de l'entreprise aux enjeux du développement durable, à la compréhension des objectifs visés et à l'adhésion de la démarche définie, pour le développement durable de l'entreprise
Communication	Sensibiliser tout le personnel de l'entreprise et communiquer toutes les informations nouvelles, officielles et règlementaires sur le développement durable.
Accompagnement ou formation personnalisée	Accompagnement ou formation personnalisée, sur tous les thèmes attenants au développement durable, en fonction des besoins et des problématiques de l'entreprise

CERTIFICATION ET ÉVALUATION

L'évaluation est utile quel que soit le degré d'avancement de la démarche : du simple état des lieux à la valorisation d'efforts déjà consentis par l'entreprise ou la société. L'évaluation s'applique à tout type d'organisation et à tout secteur d'activité (organismes habilités AFNOR Certification proposent AFAQ 26000).

2. CAHIER DES CHARGES FONCTIONNEL

NF X 50-150/151

Le cahier des charges fonctionnel (CdCF) conduit à :
- ***orienter** la recherche de la définition technico-économique optimale du produit;*
- ***favoriser** le dialogue entre les partenaires tout en restituant ses responsabilités à chacun;*
- ***libérer** le jeu des techniques et des technologies;*
- ***renforcer** les chances d'émergence de l'innovation.*

2.1. DÉFINITIONS

	Terminologie	Commentaire
CAHIER DES CHARGES FONCTIONNEL	Document par lequel le demandeur d'un produit exprime son besoin en termes de fonctions de service et de contraintes. Pour chacune d'elles, il est défini des critères d'appréciation et leurs niveaux. Chaque niveau comporte une flexibilité. Le CdCF contribue à l'obtention de la qualité (aptitude d'un produit à satisfaire les besoins des utilisateurs).	L'établissement d'un CdCF suppose une enquête permettant de cerner avec précision les besoins des utilisateurs. Le but poursuivi est d'obtenir en réponse la proposition du produit le plus apte à rendre le service attendu, dans les conditions prévues, pour le prix ou le coût minimum; à cet effet, le CdCF n'exprime que des exigences de résultats et, en principe, aucune exigence de moyens. Un critère d'appréciation qualitative est accompagné d'une échelle permettant de situer le niveau quantitatif du critère d'appréciation.
DEMANDEUR D'UN PRODUIT	Entité qui recherche un produit, en émet le cahier des charges, en vue de son acquisition et son utilisation par elle-même ou par d'autres.	Le demandeur peut être un organisme, un service ou une personne. La notion de demandeur inclut celle de promoteur donc de responsable du financement du développement du produit. Au sein d'une même entreprise, l'acquisition correspond à une cession interne. Le demandeur peut être, à l'intérieur de l'entreprise, celui qui est responsable de l'expression du besoin.
CONCEPTEUR-RÉALISATEUR D'UN PRODUIT	Entité responsable de la conception d'un produit qui, outre les exigences techniques, prend en compte les conditions, coûts et délais de réalisation.	Le concepteur-réalisateur est, en général, une entreprise extérieure ou un service de la même entreprise que le demandeur. Lorsqu'un concepteur n'assure pas la réalisation, il lui appartient de consulter des réalisateurs potentiels ou de se référer à des expériences antérieures.

2.2. BUTS ET IMPLICATIONS DU CdCF

Le demandeur est, par le niveau auquel il situe le besoin, le premier responsable des coûts et précède dans cette responsabilité le concepteur-réalisateur qui propose la solution permettant d'atteindre le niveau prescrit.
Le CdCF contribue à clarifier et à formaliser les responsabilités relatives du demandeur et du concepteur-réalisateur.

EXPRESSION DES BESOINS DES UTILISATEURS	Formulée par le ***demandeur***. Le CdCF est : • un recueil d'informations pertinentes sur toutes les phases de la vie du produit envisagé, • une analyse systématique et aussi exhaustive que possible du besoin et sa traduction en termes de fonctions, • une réflexion approfondie sur l'importance relative des fonctions, • une définition pertinente des critères d'appréciation de chaque fonction, • une évaluation des niveaux estimés nécessaires pour chaque critère d'appréciation (qualité, performances, etc.), • la fixation d'une flexibilité déterminée pour chaque niveau de critère d'appréciation (approximativement ou chaque fois que possible par taux d'échange et limites d'acceptation), • une participation de toutes les parties prenantes et leur accord sur le CdCF.

Buts et implications du CdCF	
RÉALISATION DU PRODUIT LE PLUS EFFICIENT	Elle incombe au ***concepteur-réalisateur***. Cela implique que : • le champ de recherche soit ouvert au maximum (technique, technologie, secteur de compétence, etc.), • le CdCF soit complet et précis sur les services attendus et les conditions d'utilisation, • les termes du CdCF soient, pour le concepteur-réalisateur, une incitation à l'optimisation du produit, qu'il y ait ou non par ailleurs, une clause imposant l'Analyse de la Valeur, • la responsabilité et, par conséquent, la liberté du choix des solutions à proposer soient reconnues et réservées au concepteur-réalisateur. Certaines contraintes techniques ou logistiques peuvent imposer des limites à cette liberté de choix. Il faut qu'alors elles soient clairement exprimées par le demandeur.
DIALOGUE ENTRE LES PARTENAIRES	Pour que le dialogue ait lieu, il faut que : • la négociation soit délimitée (indication des exigences fonctionnelles qui sont intangibles et de celles qui pourraient éventuellement être modifiées, par exemple en échange d'une variation de prix), • le nombre de contraintes soit réduit à son minimum, • des options soient ouvertes, laissant la possibilité de faire plusieurs propositions sur, par exemple, des niveaux différents pour un même critère d'appréciation, • le concepteur-réalisateur puisse tirer parti des flexibilités qui lui sont indiquées et, éventuellement, de les faire préciser ou d'en suggérer des amendements, ce qui suppose de sa part une capacité de conception suffisante et un accès aux possibilités d'estimation concernant la réalisation (faisabilité, coût, délai, etc.).
ANALYSE DES PROPOSITIONS	Pour qu'elle soit possible, il faut que : • la structure fonctionnelle établie, dans le CdCF, soit proposée comme cadre pour la réponse à donner (cadre en regard duquel le concepteur-réalisateur donnera les indications techniques, économiques, de services rendus, etc. que le demandeur souhaite obtenir), • ce cadre soit commun à tous les concepteurs-réalisateurs consultés, • les critères d'appréciation contenus dans le cadre aient tous été clairement définis et que des mesures ou des comparaisons puissent être effectuées sans ambiguïté sur ces critères.

2.3. ÉLÉMENTS CONSTITUTIFS D'UN CdCF

(1) PRÉSENTATION GÉNÉRALE DU PROBLÈME

- Le produit et son marché.
- Le contexte du projet.
- L'énoncé du besoin.
- L'environnement du produit recherché.

(2) EXPRESSION FONCTIONNELLE DU BESOIN

– Fonctions de service principales.
– Fonctions de service complémentaires.
– Contraintes :
- Leurs critères d'appréciation.
- Les niveaux des critères d'appréciation.

(3) APPEL À VARIANTES

Il peut être demandé à chacun des concepteurs-réalisateurs de présenter une ou plusieurs autres propositions. Cette ouverture stimule l'innovation et peut permettre de sonder des voies plus ambitieuses.

(4) CADRE DE RÉPONSE

- Pour chaque fonction.
- Pour l'ensemble du produit.

2.4. COMMENT ÉTABLIR LE CdCF

(5) ORGANISATION À METTRE EN ŒUVRE PAR LE DEMANDEUR

L'élaboration du CdCF nécessite la mise en place, chez le demandeur, d'une structure de travail particulière pendant la durée de l'étude :

décideur - animateur - groupe

(6) PROCESSUS D'ÉLABORATION DU CdCF

- Définition du sujet traité.
- Sélection et formation du groupe, première recherche de l'information.
- Analyse du besoin et analyse fonctionnelle.
- Rédaction proprement dite du CdCF.
- Rédaction d'annexes informatives éventuelles.
- Validation par le groupe de la rédaction du CdCF.
- Approbation par le décideur.

2.5. PROCESSUS D'APPLICATION

Phases	Demandeur	Concepteur-réalisateur

1 SAISIE DU BESOIN

C'est l'expression par le demandeur du besoin à satisfaire.

2 PROSPECTION DE LA FAISABILITÉ

C'est montrer dans quelle mesure on peut répondre au besoin exprimé, en précisant les voies possibles.

3 PRÉ-DÉVELOPPEMENT OU AVANT-PROJET

C'est étudier les voies reconnues comme possibles en fin de phase «prospection de la faisabilité» afin de retenir celle qui sera développée.

4 DÉVELOPPEMENT

Au cours de ces phases, des améliorations peuvent faire l'objet de propositions de modifications.
Les propositions de modifications résultant d'une action d'Analyse de la Valeur sont appelées PMAV.

5 INDUSTRIALISATION PRODUCTION MISE EN SERVICE

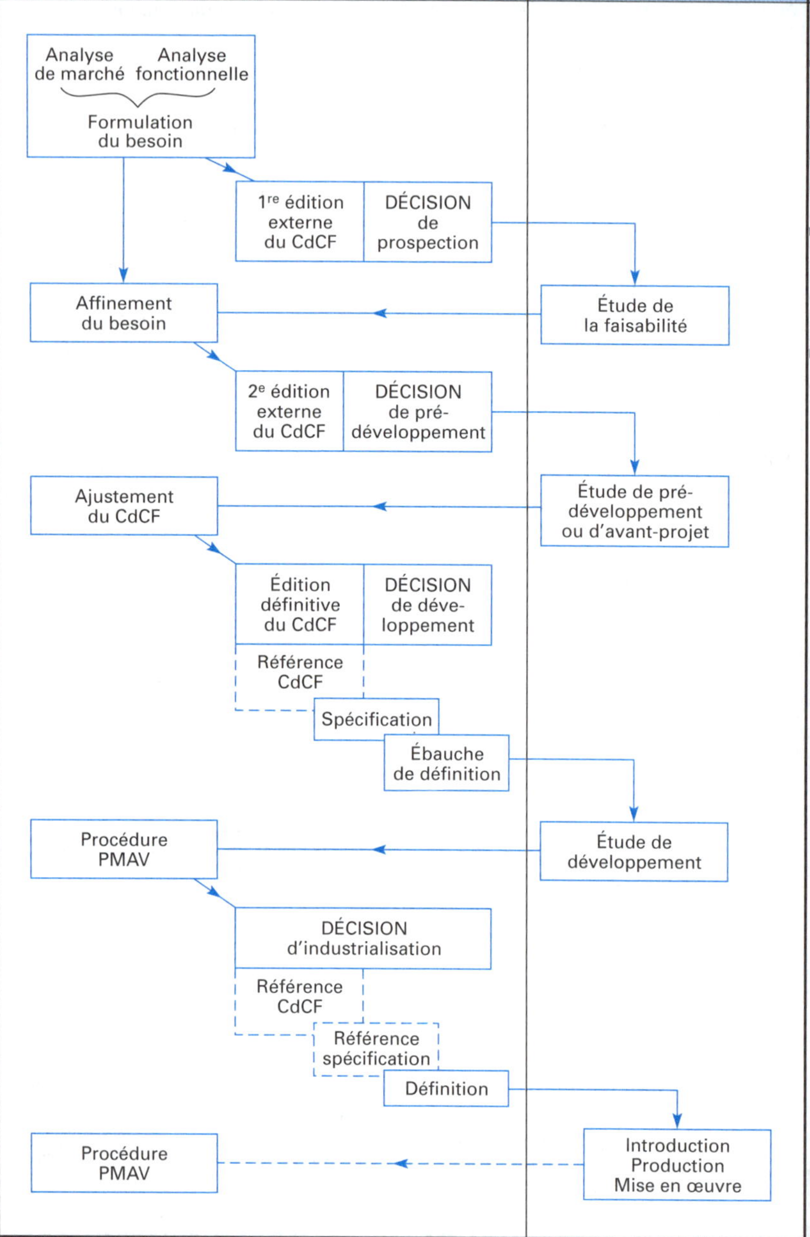

2.6. TYPES DE SITUATIONS DANS LESQUELLES INTERVIENT LE CDCF

- Consultation, appel d'offre, adjudication.
- Marchés négociés entre partenaires.
- Relations entre services d'une même entreprise.
- Conception pour un coût objectif (CCO).
- Relations contractuelles en Analyse de la Valeur.
- Catégories de produits concernés.

3. OUTILS D'ANALYSE

3.1. DIAGRAMME DE PARETO

Outil issu de la statistique descriptive, le diagramme de Pareto permet :
- *de déterminer les facteurs les plus importants à l'intérieur d'un ensemble;*
- *d'effectuer des choix;*
- *de mettre en évidence des priorités.*

APPLICATION

Données :

Dans un atelier d'usinage, on contrôle 5 067 pièces dont 267 sont mises au rebut soit à la réception (défauts matière) soit aux différents stades de la fabrication (voir tableau ci-dessous).

N° d'opération	Opération	Nombre de rebuts	Coût successif d'usinage
10	Perçage centre	5	17
20	Tournage	18	35
40	Alésage 1	58	50
50	Alésage 2	85	67
70	Fraisage	2	75
110	Finition alésage 1 et 2	16	110
120	Rectification	3	137
D	Défaut matière (brut)	80	100
	Totaux	267	591

Traitement :

- Dans un tableau, établir un classement des opérations par ordre décroissant du nombre de rebuts.
- Calculer, par rapport au nombre de rebuts total, le pourcentage de mises au rebut pour chaque opération.
- Calculer, dans l'ordre décroissant du classement des opérations, les pourcentages cumulés.
- Tracer le diagramme de Pareto en plaçant en abscisses les opérations classées par ordre décroissant de mises au rebut, et en ordonnées les rebuts en pourcentages cumulés.

• Tableau de classement

N° de classement	N° d'opération	Nombre de rebuts	%	% cumulé
1	50	85	31,84	31,84
2	D	80	29,96	61,80
3	40	58	21,72	83,52
4	20	18	6,74	90,26
5	110	16	5,99	96,25
6	10	5	1,87	98,12
7	120	3	1,12	99,24
8	70	2	0,75	99,99

• Diagramme

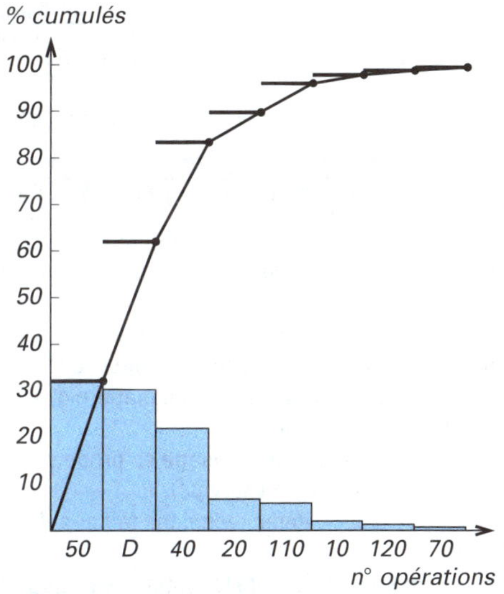

3.2. DIAGRAMME «CAUSES-EFFET»*

Représentation graphique, le diagramme «causes-effet» met en évidence l'ensemble des causes influant sur un effet constaté.

Les étapes de cette étude sont :
- *le tracé d'un axe orienté vers l'effet constaté;*
- *l'inventaire et le classement des causes possibles;*
- *la recherche des causes probables;*
- *le test des causes probables;*
- *le diagnostic ou identification de la cause présumée;*
- *l'application de la solution visant à la disparition de cette cause.*

* Dit encore «diagramme en arête de poisson», mis au point par le professeur Ishikawa de l'Université de Tokyo.

Diagramme «causes-effet»

INVENTAIRE ET CLASSIFICATION DES CAUSES POSSIBLES - MÉTHODE DU 5 M*

Cinq familles de causes sont identifiées (5M). Il s'agit :

- du **milieu** : environnement, éclairage, température ambiante...
- du **matériel** : machines, instruments de contrôle, outils, montage...
- de la **matière** : matière d'œuvre, composants, revêtements...
- de la **main-d'œuvre** : personnes, réglages, action manuelle...

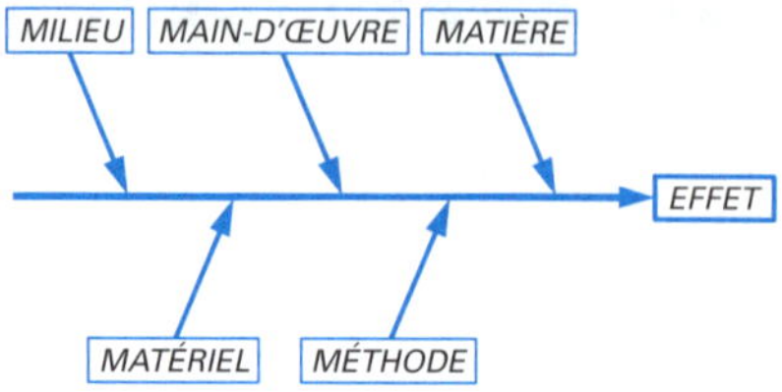

APPLICATION INDUSTRIELLE - DIAGRAMME «CAUSES-EFFET» POUR OBTENTION D'UN ÉTAT DE SURFACE CONFORME

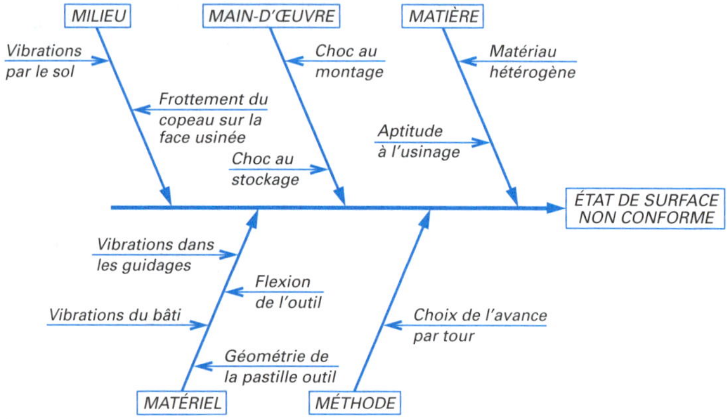

* D'autres méthodes sont possibles. Par exemple celle du H3M (Homme, Matériel, Matière, Méthode).

3.3. ANALYSE FONCTIONNELLE DESCENDANTE

L'analyse fonctionnelle descendante constitue un outil de description graphique et de modélisation d'un système technique.

Un système technique est un ensemble d'éléments organisés en fonction d'un but qui consiste :

- à exercer une **activité** sur une matière d'œuvre pour satisfaire un **besoin** ;
- à remplir une **fonction d'usage** en produisant une **valeur ajoutée** (bien ou service).

La lecture d'un système technique fait appel à trois notions :

- **le contexte** qui délimite le système par rapport au milieu qui l'environne (frontières du système);
- **le point de vue** adopté pour observer le système (concepteur, utilisateur, personnel de maintenance);
- **l'objectif de l'analyse** (compréhension des flux de matière d'œuvre et d'énergie, des données de contrôle et des informations).

Modèle général de boîte ou module fonctionnel

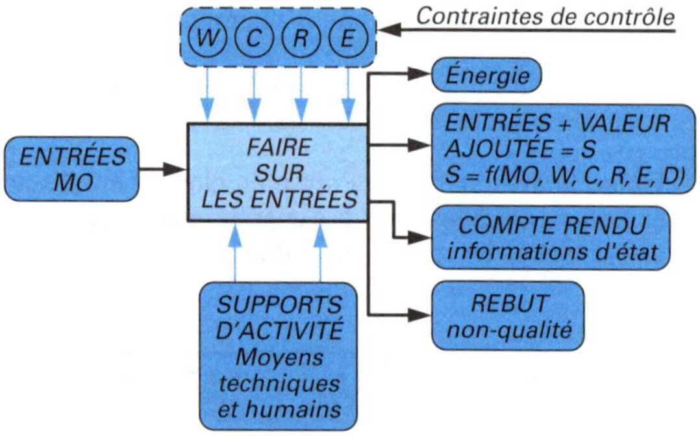

MO : matière d'œuvre
W : énergie
C : configuration
R : réglage
E : exploitation
S : sortie (bien ou service)

BOÎTES OU MODULES FONCTIONNELS

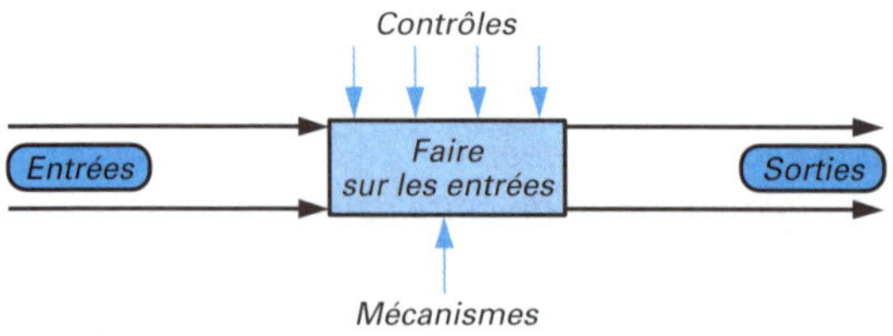

La représentation des activités est modélisée par des boîtes ou modules fonctionnels reliés entre eux par des flèches. Ces boîtes ou modules sont régis par des règles définies par la *Structured Analysis and Design Technic* (SADT).

Analyse fonctionnelle descendante

RÈGLES D'UTILISATION

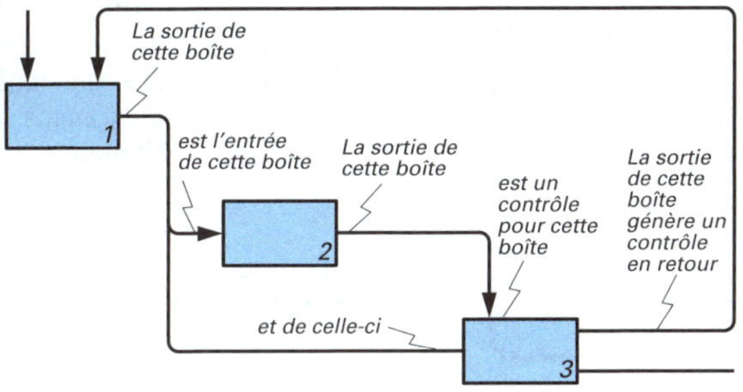

HIÉRARCHISATION DES DIAGRAMMES :

- **Plus haut niveau (A – 0)**
- **Premier niveau (A0)**

etc.

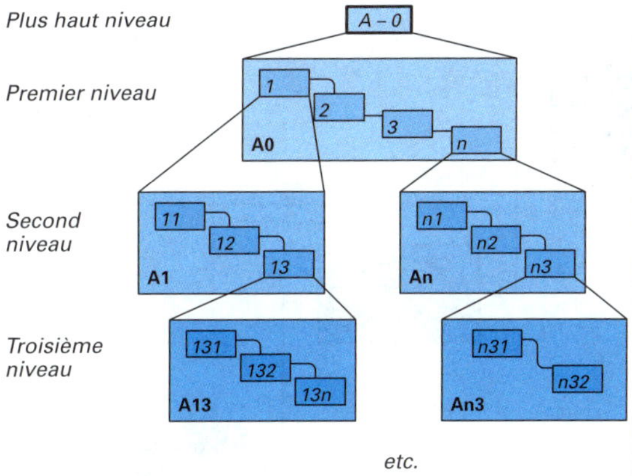

Principales règles

- Les **flèches** indiquent les contraintes d'action, les contrôles, etc. agissant sur la production de valeur ajoutée;
- Les **données d'entrée** sont transformées en données de sortie par la fonction (verbe) indiquée dans la boîte;
- La **sortie d'une boîte** peut constituer l'entrée ou le contrôle d'une ou plusieurs autres boîtes;
- Les **diagrammes** sont constitués d'une ou de plusieurs boîtes (6 au maximum) et sont hiérarchisés en niveaux de décomposition de diagramme. Le plus haut niveau est noté A – 0 («A moins zéro») et ne comporte qu'une fonction (contexte). Le diagramme A – 0 se décompose au niveau suivant A0 en *n* boîtes représentant les fonctions satisfaisant la fonction d'usage définie en A – 0 : A_1, A_2, A_3... A_n. Chacune de ces boîtes peut à son tour se décomposer en différentes boîtes représentant des sous-fonctions : A_{11}... A_{22}... A_{n1}. La décomposition s'achève quand le niveau de détail souhaité est atteint.

APPLICATION : GRILLE-PAIN

SYSTÈME ÉTUDIÉ

L'étude porte sur le grille-pain relié au secteur électrique.
L'appareil permet de griller une ou plusieurs tranches de pain à partir de *l'énergie électrique*.

POINT DE VUE

Celui du concepteur.

OBJECTIFS

Établir *l'analyse fonctionnelle descendante* permettant de comprendre :

- les flux de matière d'œuvre,
- les données de contrôle (propriétés des produits ou énergies ou informations),
- les flux d'énergie,
- les flux d'informations.

LE CONTEXTE A – 0

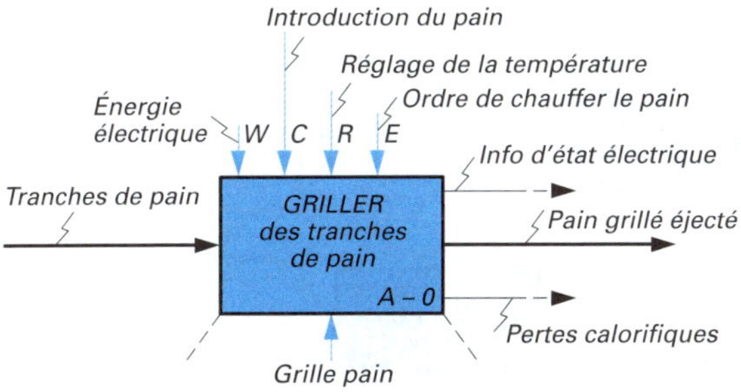

Nœud A – 0

Il définit le système technique global et son environnement. Il consiste en une seule boîte (fonction d'usage) : «griller une ou plusieurs tranches de pain».

Analyse fonctionnelle descendante

NOMBRE DE BOÎTES DU DIAGRAMME A0

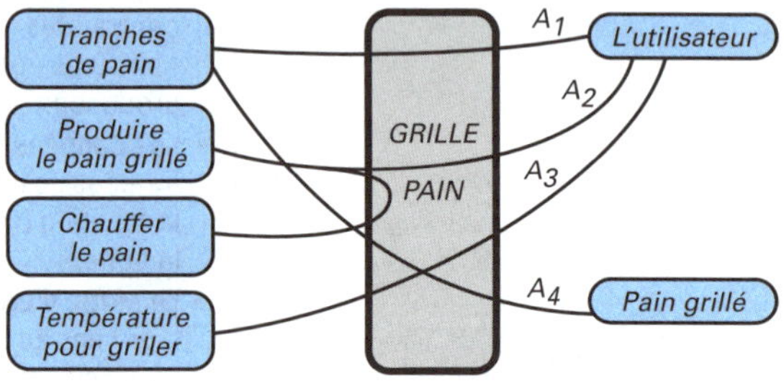

Le nombre de boîtes est obtenu à partir de l'identification des fonctions : il y a autant de boîtes que de fonctions principales (diagramme pieuvre), soit ici **4 boîtes** :

A_1 : introduire la ou les tranches de pain;

A_2 : régler la température pour griller;

A_3 : chauffer le pain;

A_4 : produire le pain grillé et l'éjecter.

DIAGRAMME A0

Point de vue du concepteur

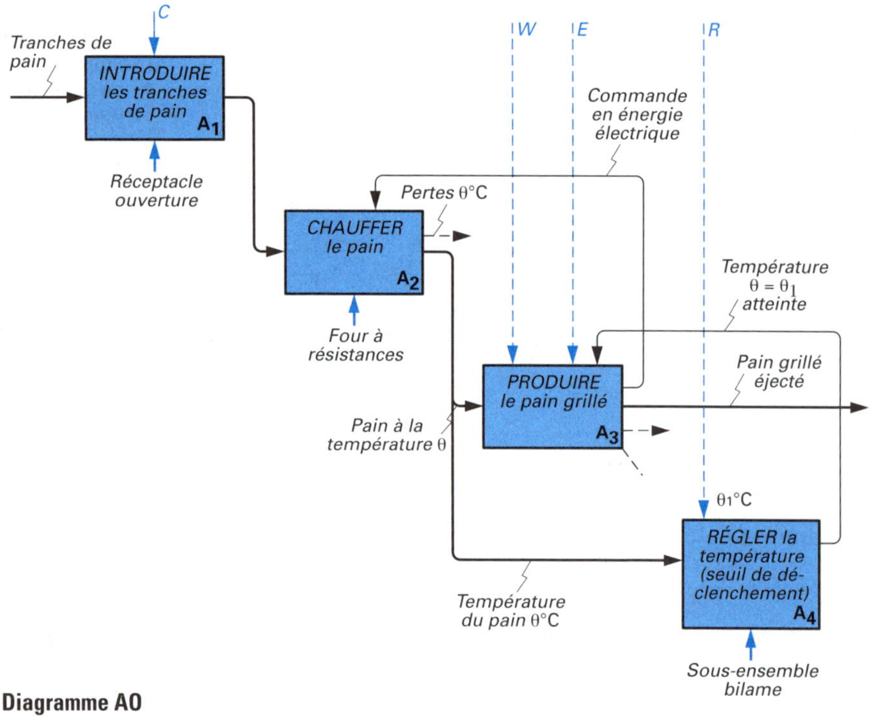

Diagramme A0

Diagramme de **premier niveau** établi à partir du diagramme A – 0. Il décrit les activités nécessaires à la production du pain grillé.

NŒUD A4

Point de vue du concepteur

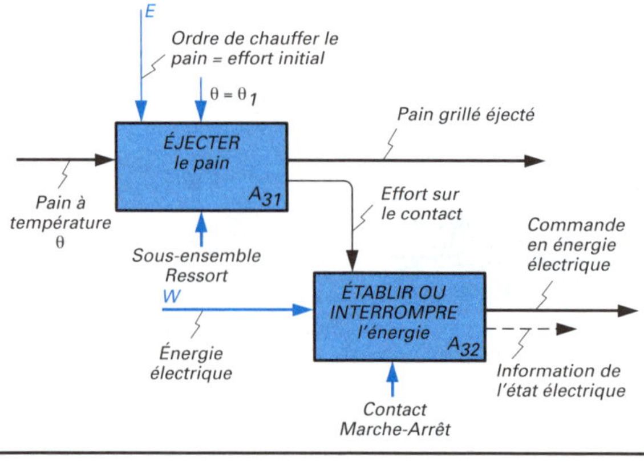

Nœud A4

Diagramme de **second niveau** «Produire le pain grillé» obtenu à partir du *nœud A_3* émanant du diagramme de *premier niveau.*

3.4. DIAGRAMME FAST

NF EN 12973 – NF EN 1325-1

DÉFINITION

L'outil d'analyse FAST, ***(Functional Analysis System Technique ou Technique d'analyse fonctionnelle et systématique)***, est une méthode de visualisation permettant de relier et d'ordonner toutes les fonctions techniques répondant à la satisfaction d'un besoin et d'en déduire des principes de solutions en répondant aux questions : Quand, Comment, Pourquoi, Dans quel but ?

LOGIQUE DU POURQUOI ? ET DU COMMENT ?

Le diagramme FAST se construit logiquement en partant de la droite vers la gauche en apportant une réponse au pourquoi et au comment.

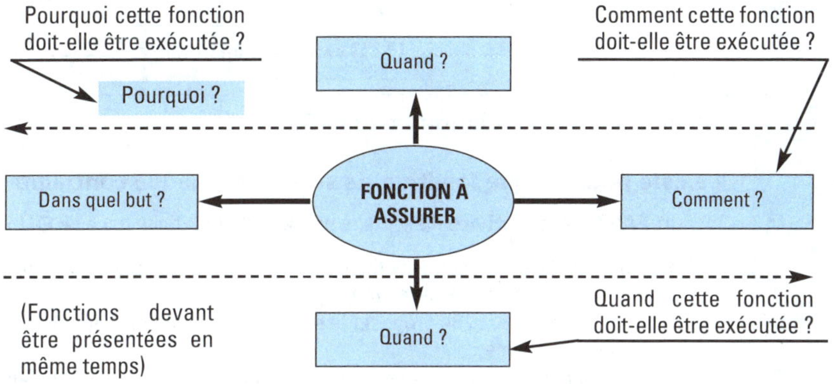

Le FAST permet, à l'issue de l'analyse fonctionnelle d'un besoin menée à partir du cahier des charges (CdCF page 22) et dans le cadre d'un travail de créativité ou de description de :

- Rechercher le maximum de solutions compatibles avec la fonction de service en élaborant une analyse descendante faisant ressortir les fonctions techniques et les principes généraux.
- Trouver des solutions nouvelles et innovantes.
  Les réponses apportées aux questions ne sont ni uniques ni exclusives, désignées par un verbe à l'infinitif, elles peuvent être :
- au choix, c'est alors la fonction logique **ET**.
- Simultanées, c'est alors la fonction logique **OU**

PRINCIPE DU DIAGRAMME POUR LA FONCTION "ET"

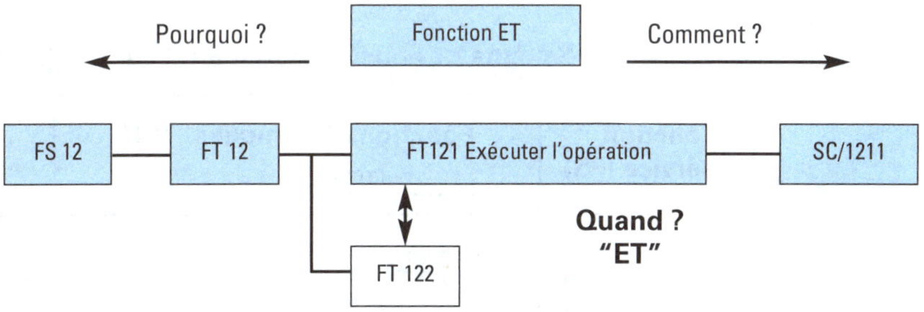

MÉTHODE DE LECTURE ADOPTÉE POUR LE DIAGRAMME

Pourquoi FT121 est-elle présente ? ⟶ ***Pour exécuter*** FT12 (et uniquement FT12)

Comment FT121 est-elle exécutée ? ⟶ ***Par l'existence*** FT1211 (d'autres peuvent également exister)

Quand FT121 est-elle active ? ⟶ ***En même temps que*** FT122

PRINCIPE DU DIAGRAMME POUR LA FONCTION "OU"

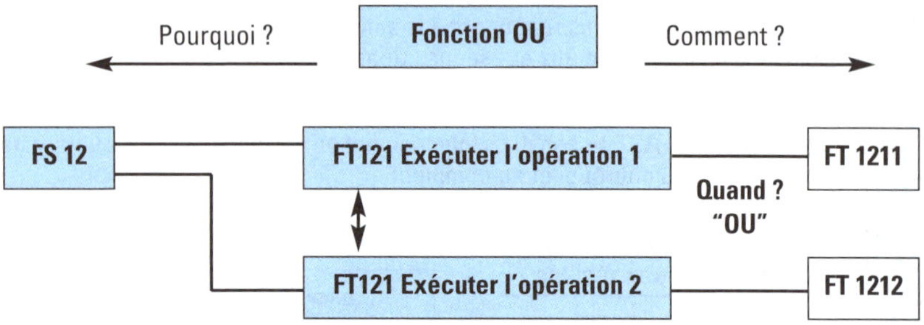

DIFFÉRENTS TYPES DE DIAGRAMMES FAST

Différents types de diagrammes FAST.

Il existe pour chaque fonction de service et chaque contrainte :

A. un FAST de créativité (la syntaxe du FAST de créativité est en « **OU** »).

A l'issue de l'Analyse Fonctionnelle du besoin basé sur le Cahier des Charges Fonctionnel et dans le cadre d'une réunion sur la créativité, il permet :

- de rechercher et de proposer le maximum de solutions capables de satisfaire une fonction de service,
- de recueillir de nouvelles solutions adaptées à l'étude de l'existant.

Remarque *: dans un FAST de création nous trouvons de nombreuses orientations en* ***OU****.*

B.un FAST de description (la syntaxe du FAST de description est en « **ET** »).

Appliqué dans la démarche de l'Analyse Fonctionnelle de l'existant il conduit à :

- Procéder à l'étude critique de la réalisation des fonctions de service, dans le but de satisfaire le besoin et selon un point de vue technico-économique.
- Evaluer la fiabilité du produit ou du service à partir des fonctions techniques réalisées par chacun des composants.
- Situer, définir et caractériser les zones fonctionnelles d'un ou plusieurs composants.

Remarque : *Á partir du FAST de créativité, si la syntaxe change et devient un «* ***ET*** *» alors nous devons quitter le FAST de créativité pour construire le FAST de description.*

Schéma de construction d'un diagramme FAST

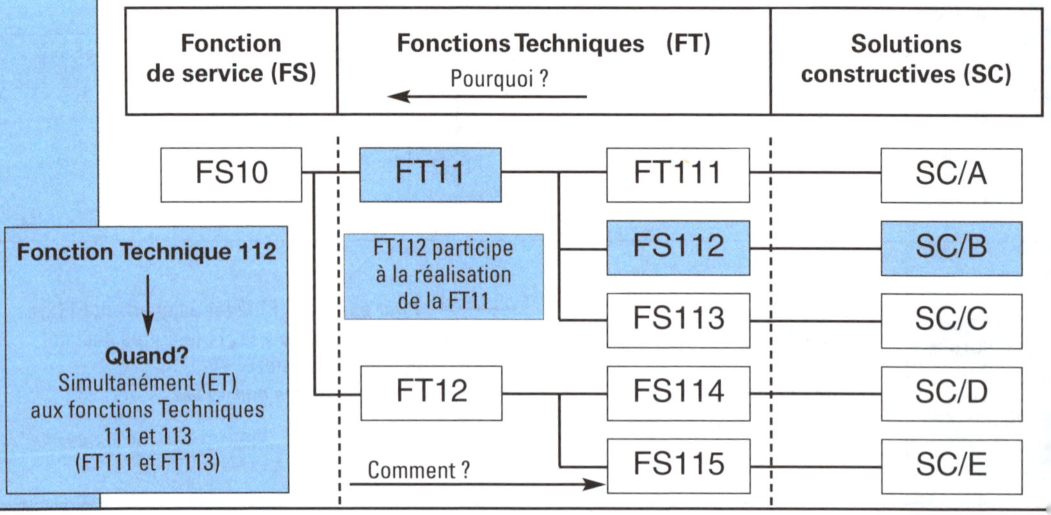

4. ORGANIGRAMMES

NF Z 67-010/NF Z 67-011

Les organigrammes représentent – pour le traitement d'un problème donné – ***l'ordre de succession*** des opérations et leur interdépendance logique.
Il en existe deux types :
- l'organigramme des ***données*** ;
- l'organigramme de ***programmation***.

Ces organigrammes sont constitués de symboles accompagnés du ***texte*** approprié et de ***lignes*** reliant ces ***symboles***.

4.1. SYMBOLES POUR ORGANIGRAMMES DES DONNÉES

L'organigramme des données présente l'évolution, dans un système de traitement, des informations entrant dans un problème donné. Il fournit l'analyse globale du problème à traiter.
Il se compose de :
- lignes de liaison,
- symboles d'information,
- symboles de traitement,
- symboles auxiliaires.

SYMBOLE GÉNÉRAL D'INFORMATION

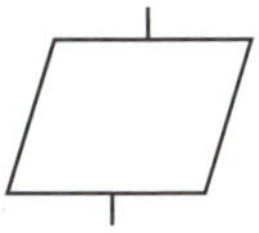

On l'utilise quand le symbole particulier n'existe pas ou que ce dernier n'est pas nécessaire.

SYMBOLES PARTICULIERS D'INFORMATION

Document imprimé

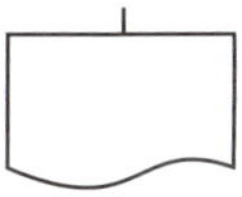

Paquet de cartes

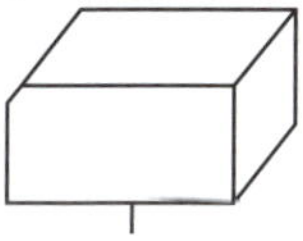

Bande magnétique

Disque magnétique

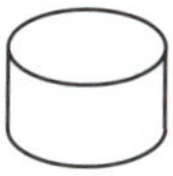

Bande perforée

Carte perforée

Document d'entrée

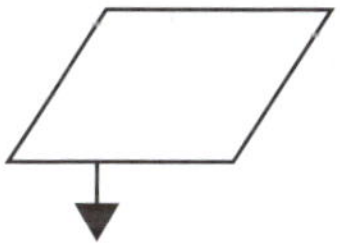

Fichier
Le fichier permanent peut être remplacé par ce symbole.

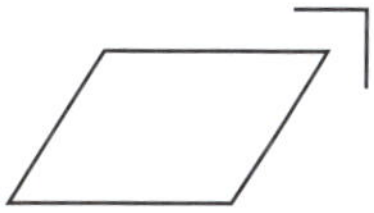

Tambour magnétique

Sortie illustrée ou visualisation

Document de sortie

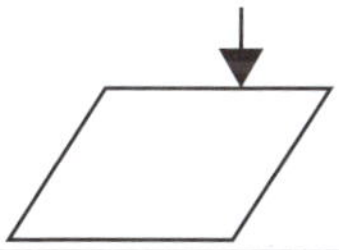

SYMBOLE GÉNÉRAL DE TRAITEMENT

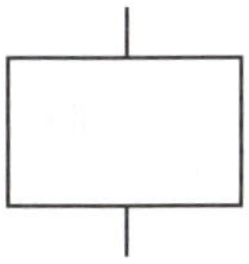

On l'utilise quand le symbole particulier n'existe pas ou que ce dernier n'est pas nécessaire.

SYMBOLES PARTICULIERS DE TRAITEMENT

Fusion

Séparation

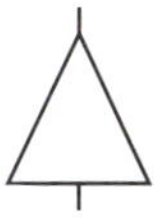

Interclassement ou assortiment

Tri

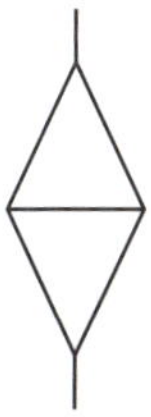

Entrée manuelle

Opération manuelle

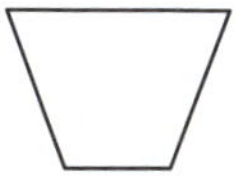

Symboles pour organigrammes des données

LIGNES DE LIAISON

Transfert d'information

Transmission

SYMBOLES SPÉCIAUX

Renvoi

Commentaire

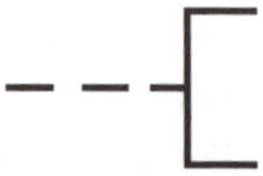

4.2. SYMBOLES POUR ORGANIGRAMMES DE PROGRAMMATION

L'organigramme de programmation décrit l'enchaînement des opérations apparaissant dans un programme de calculateur.

Il se compose de :

- lignes de liaison ;
- symboles de traitement ;
- symboles logiques ;
- symboles auxiliaires.

SYMBOLES DE TRAITEMENT

Symbole général "traitement"

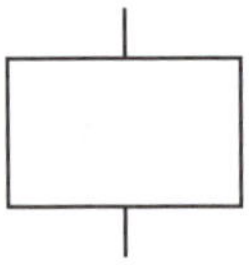

Opération ou groupe d'opérations portant sur des données, instruction ou opération pour laquelle un symbole particulier n'est pas défini dans la norme.

Sous-programme

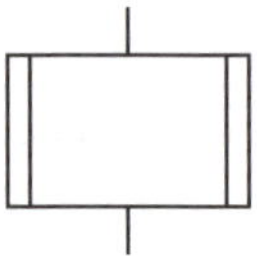

Portion de programme considérée comme une simple opération.

Entrée - Sortie

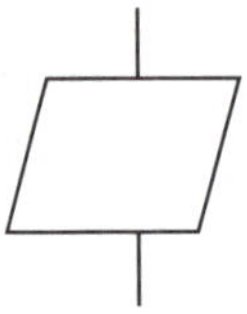

Mise à disposition d'une information à traiter ou enregistrement d'une information traitée.

Préparation

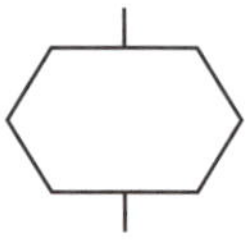

Opération qui détermine la voie à suivre dans un embranchement ou sous-programme.

Le symbole est utilisé pour préparer une décision.

SYMBOLES LOGIQUES

Embranchement

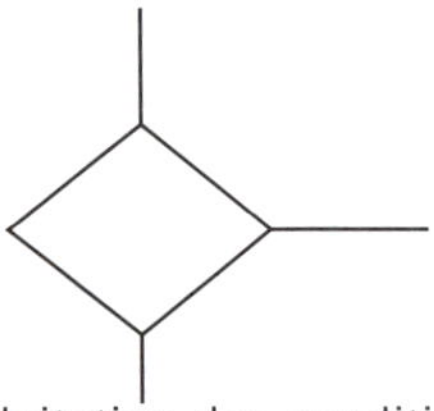

Exploitation des conditions variables impliquant le choix d'une voie parmi plusieurs (test).

Représentation d'une décision ou d'un aiguillage.

Modes, synchrone, parallèle, asynchrone

Ce symbole est utilisé lorsqu'une ou plusieurs voies doivent l'avoir atteint avant qu'une ou plusieurs voies qui en sortent soient utilisées en parallèle ou suivant un ordre quelconque.

SYMBOLES SPÉCIAUX

Renvoi

Ce symbole est utilisé deux fois pour assurer la continuité lorsqu'une partie de ligne de liaison n'est pas représentée.

Début, fin, interruption

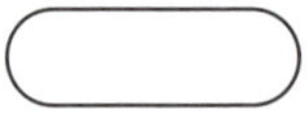

Début, fin ou interruption d'un organigramme, point de contrôle, etc.

Commentaire

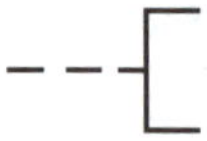

Ce symbole est utilisé pour donner des indications marginales.

4.3. SYMBOLES POUR ORGANIGRAMMES DE CONFIGURATION

NF Z 67-011

La norme propose une méthode qui permet ***la représentation fonctionnelle*** d'un système avec le même jeu de symboles.

On utilise cette symbolisation pour représenter les fonctions attribuées aux différents éléments physiques de l'ensemble de traitement de l'information et des relations entre ces éléments.

Convention :

Lorsqu'une ***ligne de liaison*** ne comporte aucune flèche, on suppose que les transferts d'information peuvent avoir lieu dans les deux sens.

SYMBOLES D'ÉLÉMENTS	**Unité physique de traitement** (*processing unit*) 	**Unité auxiliaire** (*auxiliary unit*) 	**Mémoire principale** (*main storage*) 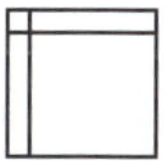
	Unité de traitement asservie (*auxiliary processing unit*) 	**Unité de commutation** (*switch*) 	**Mémoire auxiliaire** (*auxiliary storage*) 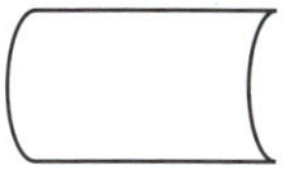
MÉMOIRES AUXILIAIRES PARTICULIÈRES (***Specific auxiliary storages***)	**Bande magnétique** 	**Disque** 	**Perforateur de bande** 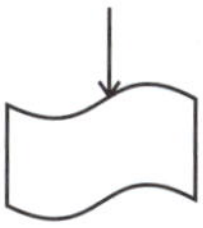
	Imprimante 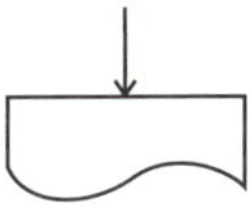	**Affichage ou visualisation** 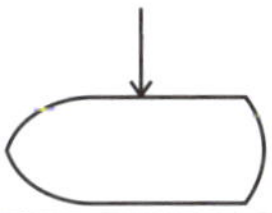	**Tambour** 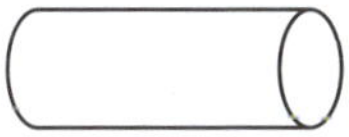
	Lecteur de bande 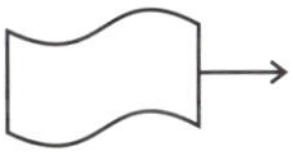	**Lecteur de document** 	**Entrée sur écran** 
UNITÉS D'ENTRÉE SORTIE	**Symbole général "unité d'entrée - sortie"** 	**Bande magnétique amovible** 	**Perforateur de cartes** 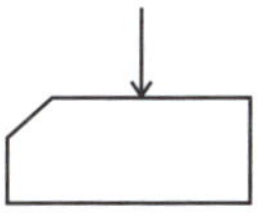
	Sortie imprimante 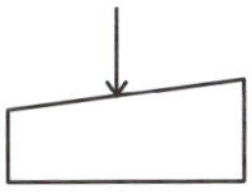	**Disque amovible** 	**Unité de transformation**  Unité ou organe destiné à traduire ou convertir des informations (modem transcodeur synchronisateur).
	Lecteur de cartes 	**Entrée manuelle** 	

4.4. RÈGLES PRATIQUES POUR L'ÉLABORATION D'UN ORGANIGRAMME

NF Z 67-010

SENS CONVENTIONNEL DES LIAISONS

Pour faciliter la lecture de l'organigramme, le sens général des lignes de liaison doit être :
- de haut en bas,
- de gauche à droite.

Lorsque le sens ainsi défini n'est pas respecté, des pointes de flèches à cheval sur la ligne indiquent le sens utilisé.

CONNECTEURS (Renvois)

Connecteur de sortie

en bas de page

Connecteur d'entrée

en haut de page

L'interruption d'une ligne de liaison dans un organigramme doit être signalée par un identificateur commun (chiffre, caractère alphabétique...).

SORTIES MULTIPLES

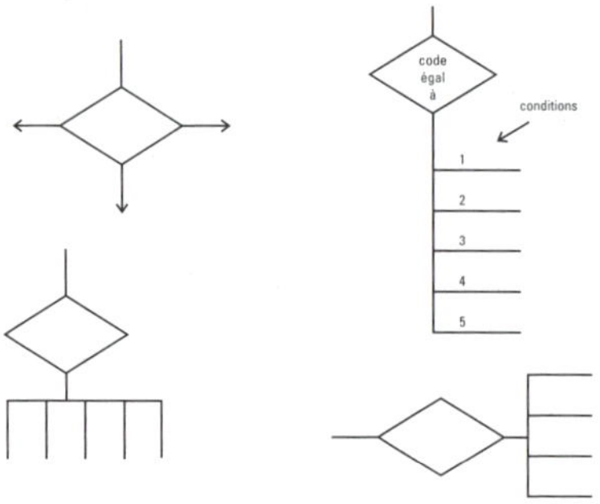

Les sorties multiples d'un symbole peuvent être représentées :
- par plusieurs lignes reliant un symbole à plusieurs symboles,
- par une ligne unique partant du symbole et portant le nombre nécessaire de ramifications.

Remarque : il peut être commode de représenter les chemins logiques et leurs références sous une forme tabulaire.

RÈGLES D'ÉCRITURE

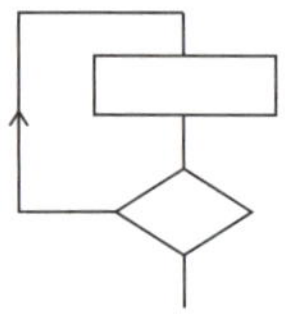

Réserver la sortie du côté gauche pour remonter à un niveau supérieur.

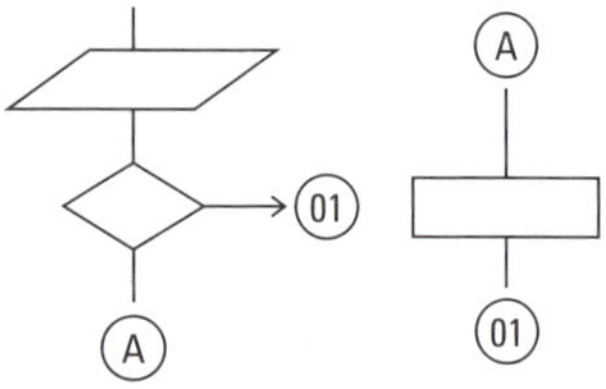

Repérer les renvois s'ils ne se trouvent pas sur une même ligne.

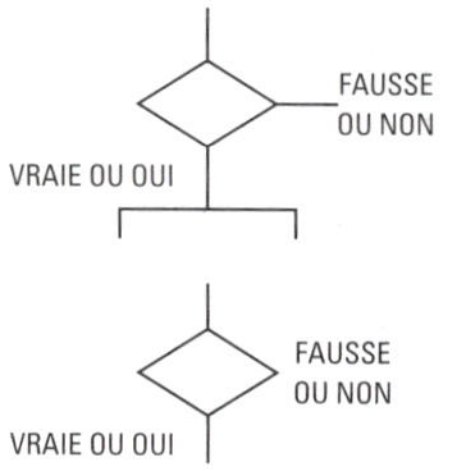

Sur un organigramme, ne pas inverser les sorties de tests.

EXEMPLE D'APPLICATION

Problème posé

Billetterie automatique

Si l'enchaînement des opérations est exact, (code, procédure...) le distributeur répond à la demande formulée.

Organigramme

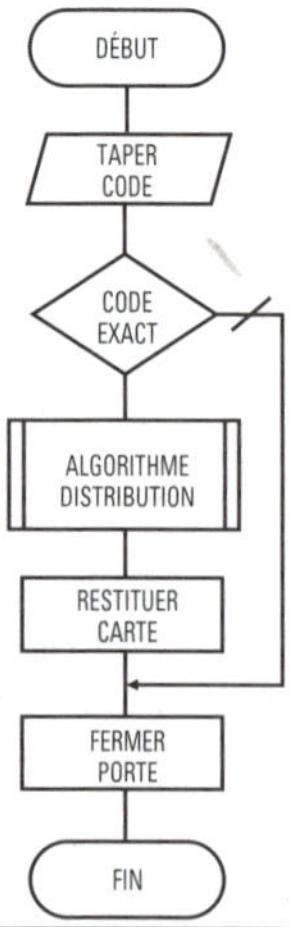

Analyse du processus

- Début
- Taper "numéro de code"
- Si "code exact",
  alors :
  - exécuter "Distribution de billets" ;
  - restituer "Carte bancaire"
- FIN Si
- FERMER "porte d'accès"
- FIN

4.5. GRAFCET - Graphe Fonctionnel de Commande Etape Transition NF C03.190

DÉFINITION

Le GRAFCET (Graphe de Contrôle Étape Transition) est le langage qui décrit chronologiquement les différentes tâches élémentaires ou étapes, exécutées par un système automatisé. Il spécifie et précise le comportement de la partie séquentielle d'un système.

Le GRAFCET est reconnu comme outil de description normalisé sur le plan international par les normes NF C03-190 et CEI 60 848 (Commission Electrotechnique internationale.)

SCHÉMA DE TOUT OU PARTIE D'UN SYSTÈME SÉQUENTIEL

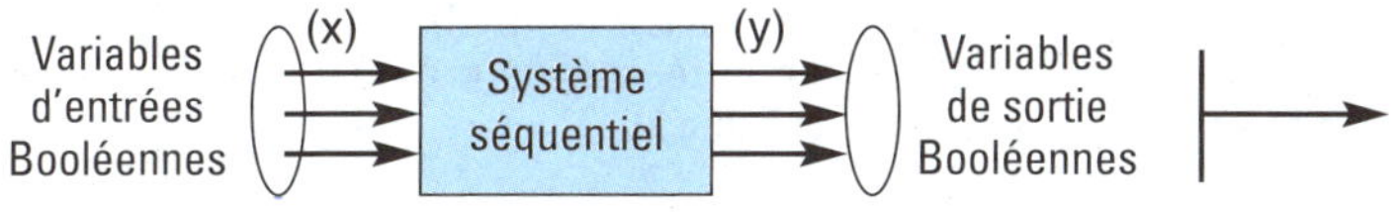

Exemple:
(x) : concerne la marche.
(y) : action de A+

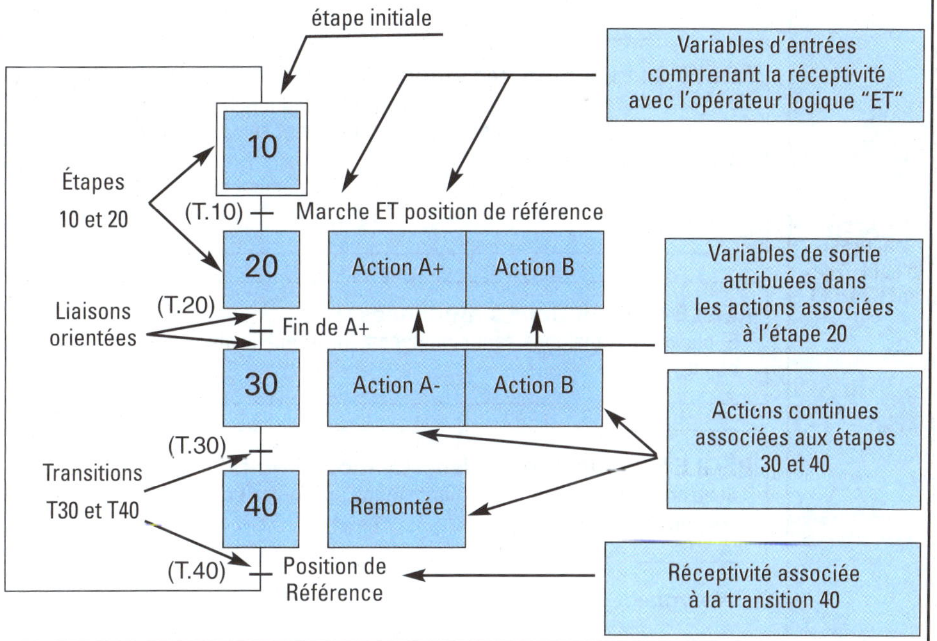

ANALYSE ET GRAPHISME DU GRAFCET

A + correspond à une descente rapide d'un outil, A - correspond à une descente lente de cet outil, B correspond à sa remontée rapide, puis retour en position de référence (transition T40), prêt pour un autre cycle.

ECRITURE DU GRAFCET

Représentativités :
- Les étapes sont représentées par des carrés et repérées numériquement.
- Les transitions entre les étapes sont représentées par des barres horizontales. À chacune des transitions est associée une réceptivité.
- Les étapes sont reliées entre elles par des liaisons orientées.
- À chacune des étapes sont associées une ou plusieurs actions

RÈGLES D'ÉVOLUTION DU GRAFCET

RÈGLE 1 : La situation initiale

Elle est donnée par le carré doublé. Elle précise que l'étape est initialement activée (lors de la mise sous tension de la Partie Commande). La situation initiale, choisie par le concepteur, est la situation à l'instant initial.

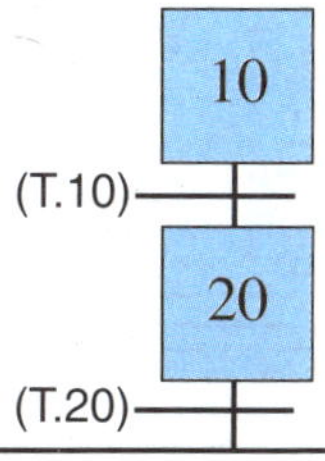

L'étape 10 est active. La transaction (T10) validée

RÈGLES D'ÉVOLUTION DU GRAFCET

RÈGLE 2 : Franchissement d'une transition :

- Le **franchissement** d'une transition ne peut se faire que si l'étape associée est active et la réceptivité A = (B+C) associée est vraie (= 1) .

Ex : L'étape 20 est active et la transition (T2) est validée, mais n'est pas franchissable car la réceptivité associée «A=(B+C) » = 0 (fig.1). Elle devient franchissable dès que la réceptivité « A=(B+C) =1. Elle est alors obligatoirement franchie (fig 2).

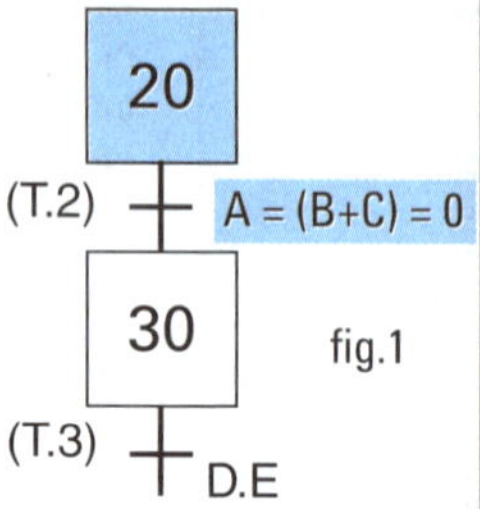

fig.1

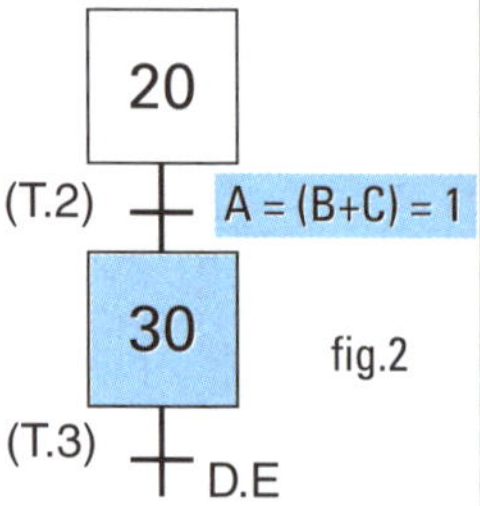

fig.2

RÈGLE 3 : Evolution des étapes actives :

Le franchissement d'une transition entraîne simultanément :

- l'activation de toutes les étapes immédiatement suivantes reliées à cette transition.
- la désactivation de toutes les étapes immédiatement précédentes reliées à cette transition.

RÈGLE 4 : Evolutions simultanées :

Si plusieurs transitions sont simultanément franchissables, elles sont simultanément franchies.

RÈGLE 5 : Activation et désactivation simultanées d'une étape :

Si au cours d'un cycle de fonctionnement, une même étape doit être désactivée et activée simultanément, elle reste active.

Remarque :

- *Une réceptivité est soit vraie, soit fausse, de même une étape est soit active, soit désactivée.*
- *Quand une étape est activée, toutes les actions associées à cette étape sont elles-mêmes activées.*
- *L'action associée à une étape reste active durant l'étape mais disparaît dès que l'étape est désactivée.*
- *Une même action peut être associée à plusieurs étapes (le schéma page 35 montre une action de descente rapide A et une rotation de l'outil B).*

DIVERGENCES ET CONVERGENCE EN "OU" ET EN "ET"

Divergence et convergence en OU

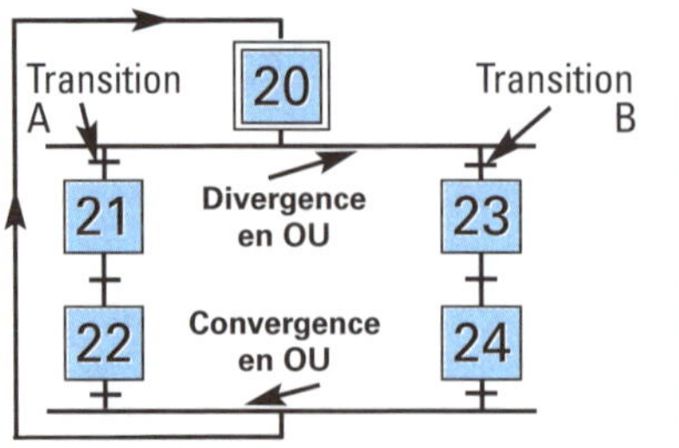

Divergence et convergence en ET

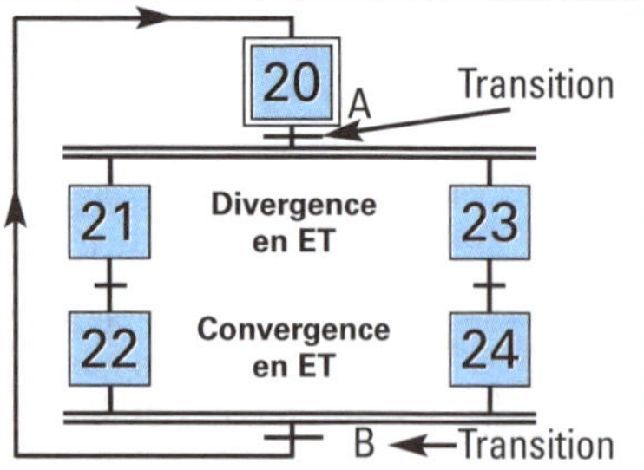

SAUT D'ÉTAPE

DIFFÉRENTES SITUATIONS

Saut d'étape :

Le saut d'étape est un aiguillage particulier qui permet de franchir une ou plusieurs étapes en fonction des conditions d'évolution du système automatisé.`
Les réceptivités associées aux transitions doivent être exclusives comme dans la divergence en OU.

TEMPORISATION ET COMPTAGE

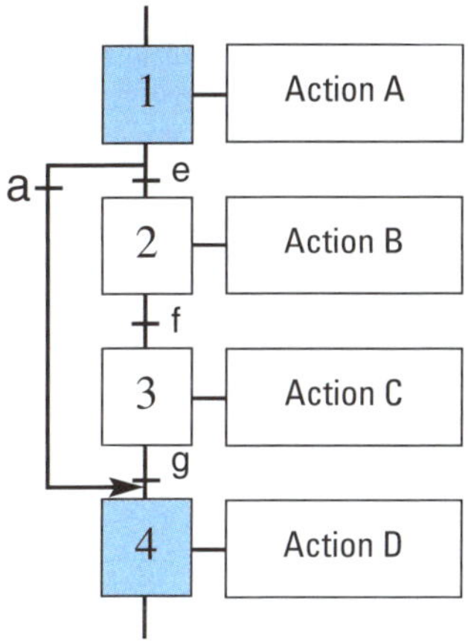

Situation 1

Lorsque la réceptivité **a** est validée (ou vraie), on passe de l'étape 1 à l'étape 4.

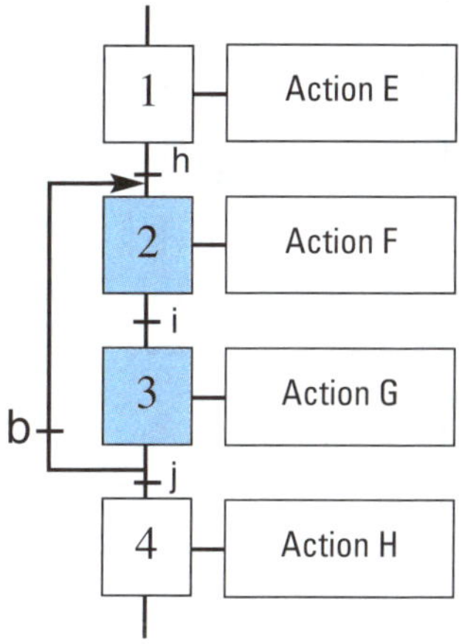

Situation 2

Lorsque la réceptivité **b** est validée (ou vraie), on passe de l'étape 3 à l'étape 2.

Temporisation

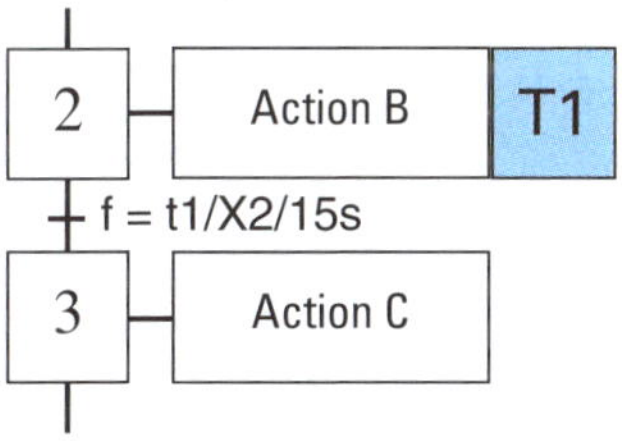

La transition f entre les étapes 2 et 3 est soumise à une temporisation T1.

Enclenchée à l'étape 2, cette transition sera franchie à l'issue des 15 secondes.

f = t1/X2/15s se compose de :

f = transition.

t1 = temporisation T1.

X2 = la temporisation est lancée dès l'activation de l'étape 2.

15 s = durée de la temporisation.

L'étape 2 sera active durant 15 s.

Comptage

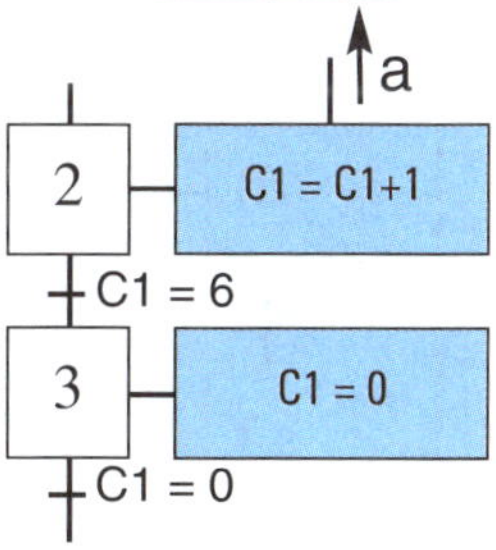

Le franchissement des étapes 2 et 3 est obtenu lorsque le contenu du compteur C1 est égal à 6.

Le compteur est incrémenté sur front montant du signal ↑ a. Il est mis à zéro à l'étape 3.

GRAFCET (suite)

ACTION MÉMORISÉE

ACTION À L'ACTIVATION OU À LA DÉSACTIVATION

Action Mémorisée

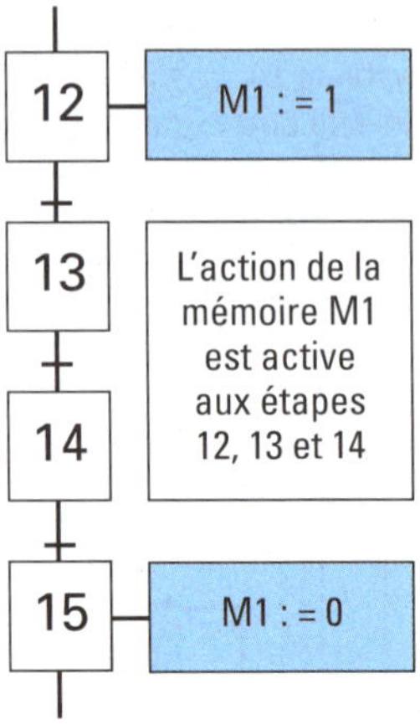

Action à l'activation ou à la désactivation

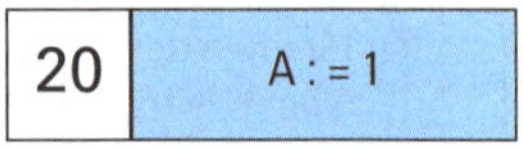

L'affectation de A se produit à l'activation de l'étape 20

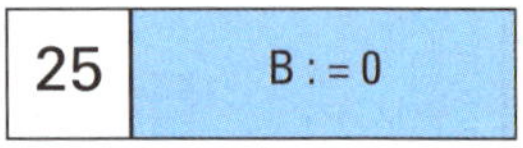

L'affectation de B se produit à la désactivation de l'étape 25

APPLICATION

GRAFCET DU POINT DE VUE SYSTÈME

OU

GRAFCET DE NIVEAU 1

Marquage des bois

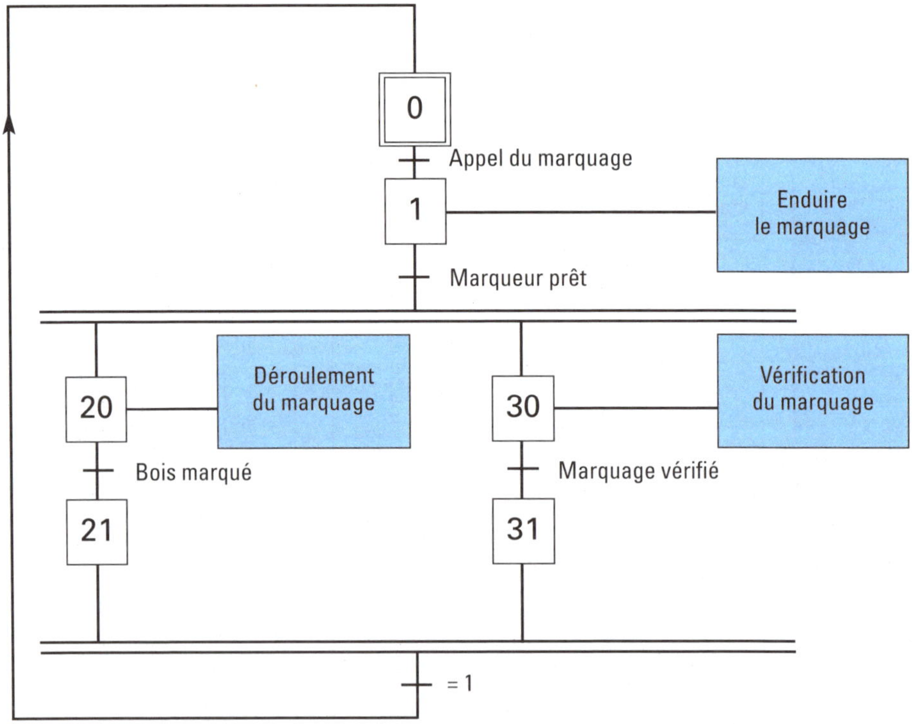

REMARQUES

- Les étapes 21 et 31 sont dites "étapes d'attente convergences".
- Le GRAFCET niveau 1 ne présume pas de la technologie utilisée. Il décrit simplement les actions nécessaires au fonctionnement du système.

5. QUALITÉ - CERTIFICATION - NORMES ISO 9000 version 2000

5.1. COMPOSITION ET LECTURE D'UNE NORME

DÉFINITION

La norme est un document établi par consensus et approuvé par un organisme reconnu, qui fournit, pour des usages communs et répétés, des règles, des lignes directrices ou des caractéristiques, pour des activités ou leurs résultats, garantissant un niveau d'ordre optimal dans un contexte donné.

Une norme n'est pas obligatoire, son adhésion est un acte volontaire. Certaines sont rendues obligatoires par un texte réglementaire ou décret de loi.

Remarque : *Ne pas confondre NORME, terme utilisé par la France et celui de Standard plus restreint, employé par les anglo-saxons*

La norme se compose de quatre informations importantes

Référence	Statut du document normatif	Date de la norme	Titre de la norme
• Norme homologuée d'origine française élaborée en France. **(exemple : NF 04-160).** • Norme d'origine européenne reprise par l'AFNOR en NF. **(exemple : NF EN-1563).** • Norme d'origine internationale. **(exemple : NF ISO 5725).** • Norme d'origine internationale reprise au niveau européen **(exemple : ISO 8402).** • Norme d'origine internationale non reprise dans les normes françaises.	Il est précisé par : NF : norme homologuée XP : norme expérimentale FD : fascicule de documentation RE : document de référence ENR : norme enregistrée **nota** : *Tous les documents normatifs comportent en plus de leur identification un indice de classement et un numéro de classification ICS (Classification internationale pour les normes).*	Mois et année de la décision de l'homologation ou de la publication	Titre complet de la norme ou de la sous-partie de norme

LES NORMES DANS LES AUTRES PAYS	Tout ce qui est valable pour le préfixe NF pour la France en regard des normes européennes est remplacé par le préfixe DIN pour l'Allemagne, BSI pour le Royaume Uni, NNI pour les Pays-Bas.
ISO 9000	Norme d'assurance qualité (AQ) reconnue un peu partout dans le monde. Elle repose sur une documentation précise qui exige ce qui est écrit est assurément ce qui est fait, le tout étant vérifié par des audits.
ISO 9001/2008	L'ISO 9001/2008 est une norme internationale qui spécifie les exigences fondamentales auxquelles doit satisfaire le système de management de la qualité («SMQ») d'une entreprise ou d'un organisme. Elle permet d'accroître la satisfaction des clients et d'améliorer le fonctionnement de l'entreprise. Elle peut s'appliquer à toute entreprise, quels que soient sa taille, son statut, son secteur d'activité, ses produits ou services.
ISO 14000	La série des normes ISO 14000 désigne l'ensemble des normes qui concernent le management environnemental. La plus connue et la plus utilisée des normes de cette série est la norme ISO 14001.

Pour répondre aux attentes des entreprises et des différents organismes une nouvelle famille de normes est créée à partir de la version 1994. Il s'agit des - **Normes de la série 9000 version 2000**.
Ces normes sont des outils puissants de management qui permettent aux entreprises de rechercher l'efficacité globale et de s'engager vers la voie de la compétitivité durable.
Cette nouvelle famille de norme ISO 9000 provoque un virage important dans le concept de la qualité.

5.2. FAMILLE DE NORMES : « LIGNE DE PRODUIT 2000 »

NORMES DE LA SERIE 9000 VERSION 2000

ISO 9000 — comprendre — ***Systèmes de management de la qualité. Principes essentiels et vocabulaire.***

Cette norme est nécessaire à la mise en œuvre de la famille de normes ISO 9000. Elle précise le vocabulaire employé dans les démarches qualité/certification ainsi que les termes nouveaux (par exemple : objectifs qualité, satisfaction client ...) et évite ainsi toutes incompréhensions et ambiguïtés.

ISO 9001 — démontrer — ***Système de management de la qualité. exigences.***

La norme ISO 9001 s'appuie sur une structure basée sur le ***MODÈLE DE PROCESSUS***, sachant que « toute activité qui transforme les éléments d'entrée en éléments de sortie peut être considérée comme un processus ».
La ***finalité*** d'une entreprise est, avec son organisation matérielle et sa main-d'œuvre, de transformer le produit entrant en produit entrant en produit sortant enrichi d'une ***valeur ajoutée***.
Ainsi la méthodologie du ou des ***processus*** et du ***management adoptés dans l'organisme*** constitue ***« l'approche processus »***.

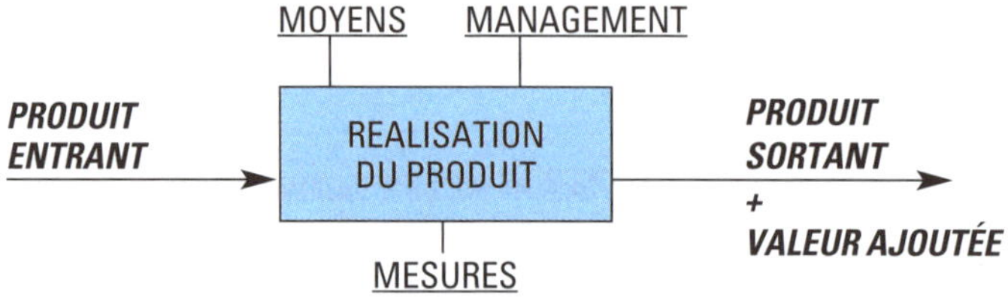

Trois composantes conduisent à la maîtrise et au management du processus :

Les moyens : main d'œuvre qualifiée et responsable, matériels et équipements performants, dotation financière, un environnement et des postes de travail adaptés et conformes aux règles de sécurité (management des ressources).

Le management : il relève de la responsabilité de la direction qui doit :
• Définir la politique générale de l'entreprise et celle de la qualité.
• Fixer et préciser les objectifs à déployer à tous les niveaux fonctionnels.
• Établir une planification maîtrisée.

Les mesures : elles informent les acteurs et l'encadrement de l'entreprise sur :
- les résultats obtenus aux différents stades du processus et la cohérence avec les objectifs attendus.
- les informations donnés et les résultats obtenus par ces mesures entraînent une analyse pouvant conduire à une révision de ***« l'approche processus »*** ou à une amélioration du produit.

Une boucle de rétroaction en temps réel peut permettre d'intervenir sur le processus pour améliorer la qualité du fonctionnement ou du produit.

NORMES DE LA SERIE 9000 VERSION 2000

ISO 9004 — construire — ***Systèmes de management de la qualité. Lignes directrices pour l'amélioration des performances.***

Cette norme recommande un système de management de la qualité et les processus de façon à donner satisfaction aux clients, mais aussi à des organismes du monde économique et social comme des sociétés, le personnel, les fournisseurs...
Huit principes de management de la qualité répondent à ISO 9004.
Ils portent sur :
- écoute client,
- leadership,
- approche processus,
- amélioration continue,
- approche factuelle,
- partenariat (relation mutuellement bénéfique avec les fournisseurs).

ISO 19011 — améliorer — ***Audit des systèmes de management de la qualité et de l'environnement.***

Cette norme porte sur l'audit commun des systèmes de management de la qualité de l'environnement et s'articule autour de quatre parties principales :
- Principes généraux de l'audit.
- Aménagement d'un programme d'audit.
- Activités d'audit.
- Compétence des auditeurs de systèmes de management de la qualité et de l'environnement.

Cette norme révisée implique de la part des auditeurs, la compétence et la compréhension des travaux liés aux systèmes de management de la qualité et/ou de l'environnement.

ISO 14001 — ***Système de management environnemental***

Entre dans le cadre de la certification d'entreprise.

5.3. RELATIONS FONCTIONNELLES ENTRE LES DIFFÉENTES)RMES

ORGANISATION FONCTIONNELLE DES 4 NORMES DE BASE

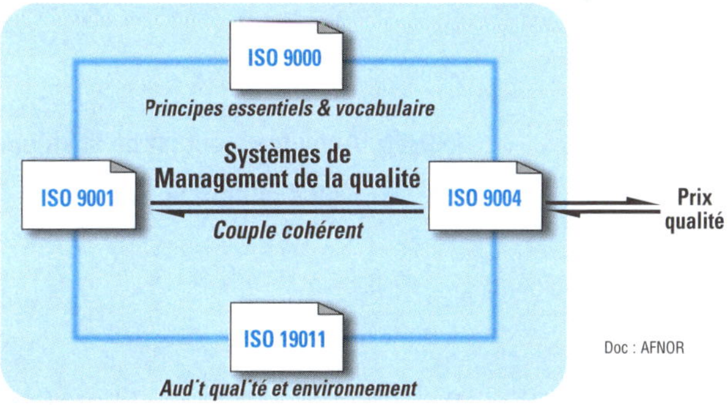

Doc : AFNOR

Les normes qui assurent « la ligne de produits 2000 » semblent indépendantes mais disposent de liens qui les rendent inséparables.

5.4. LOGIQUE DE LA STRUCTURE DU MODELE DE PROCESSUS

Très logiquement, la norme ISO 9001 version 2000 s'articule donc autour de quatre « blocs » principaux, représentant ce modèle de processus :

- Responsabilité de la direction,
- Management des ressources,
- Réalisation du produit,
- Mesure, analyse et amélioration,

BLOCS DE LA NORME ISO 9001 Version 2000

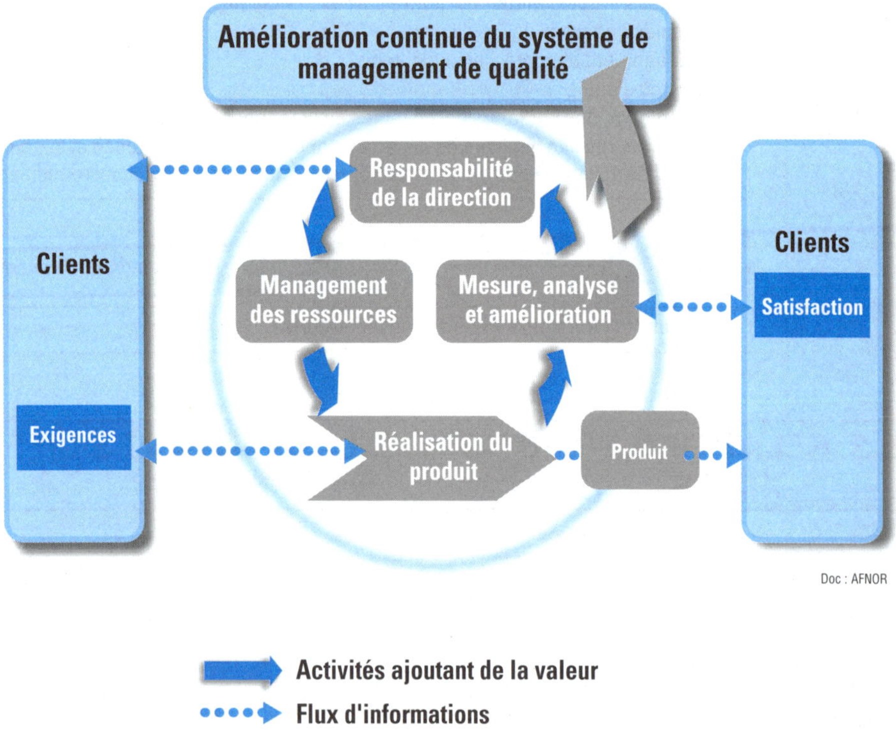

Doc : AFNOR

Cette structure plus logique et accessible reflète davantage la réalité des entreprises d'aujourd'hui. (par raport à la norme ISO 9001 version 1994).

5.5. ARTICULATION DES CINQ NIVEAUX DE PROGRÈS

NIVEAUX DE PROGRÈS

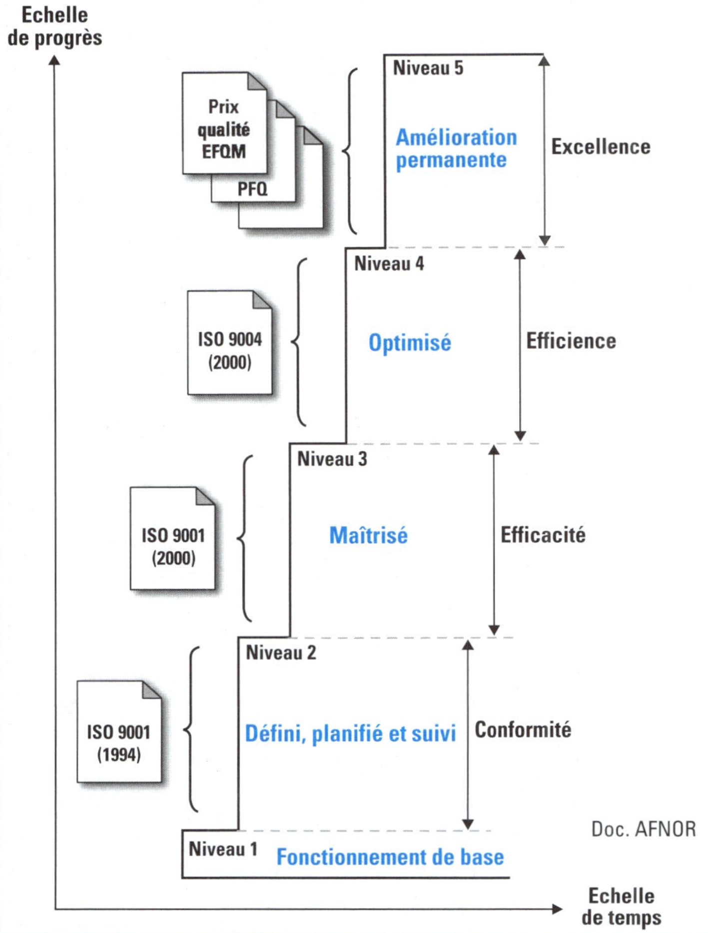

Doc. AFNOR

Correspond à **une amélioration permanente du système et à l'excellence durable** (ce sont les exigences pour les lauréats aux Prix Qualité)

Il relève de la norme ISO 9004. **Le système est optimisé.** Il intègre :
– l'efficience (aspects économiques, démarche qualité, optimisation des ressources).
– l'extension aux parties intéressées.

Il est le minimum demandé aux entreprises : exigences ISO 9001 version 2000. **Le système qualité est maîtrisé.**

Ce sont les entreprises certifiées selon ISO 9001 et 9002 version 1994. **Le système qualité est défini, planifié et suivi.**

5.6. EUROCODES 3 (Calcul des structures en acier)

GÉNÉRALITÉS SUR LES EUROCODES

Les Eurocodes constituent le code de construction en Europe. Ils sont composés de normes européennes de conception, de dimensionnement et de justification des systèmes et des stuctures en acier.

INFORMATIONS SUR LES FAMILLES D'EUROCODES

La publication des Eurocodes est faite par les instituts de normalisation nationaux (AFNOR, NBN, NEN...) avec l'indicatif national devant le numéro de la norme. Ex : NBN EN 1991-1-1 (norme belge). On compte 60 Eurocodes, regroupés en 10 familles :

- Eurocode 0 : Bases de calcul des structures (EN 1990)
- Eurocode 1 : Actions sur les structures (EN 1991)
- Eurocode 2 : Calcul des structures en béton (EN 1992)
- Eurocode 3 : Calcul des structures en acier (EN 1993)
- Eurocode 4 : Calcul des structures mixtes acier-béton (EN 1994)
- Eurocode 5 : Conception et calcul des structures en bois (EN 1995)
- Eurocode 6 : Calcul des ouvrages en maçonnerie (EN 1996)
- Eurocode 7 : Calcul géotechnique (EN 1997)
- Eurocode 8 : Calcul des structures pour leur résistance aux séismes (EN 1998)
- Eurocode 9 : Calcul des structures en aluminium (EN 1999)

STRUCTURE DE L'EUROCODE 3

Lecture de la norme Eurocode

EN 1993 -1-1 →

EN 1993 = Eurocode 3 - Calcul des structures en acier
Partie 1.1 : Généralités
Partie 1.2 : Règles communes et règles de calcul des sytèmes et des structures en acier.

EN 1993 -1-2 →

EN 1993 = Eurocode 3 - Conception, dimensionnement et calcul des systèmes et des structures en acier.
Partie 1.1 : Généralités.
Partie 1.2 : Calcul et résistance au feu.

EXEMPLE SUR LES CLASSES DE BOULONS

ACTIONS APPLIQUEES AUX SYSTEMES ET STRUCTURES EN ACIER :
Les différents types d'actions résultent de l'ensemble des forces appliquées sur le système ou la structure en acier. **Des textes, normes AFNOR et règlements** apportent et précisent les conditions de vérification aux états limites ultimes (**ELU**) et aux états limites de service (**ELS**), d'utilisation conforme au cahier des charges et de sécurité des personnes et des biens durant toute la durée d'exploitation du système ou de la structure.
Eurocode 3 représente la valeur de calcul de la limite d'élasticité par f_{yb}**(MPa)** et la contrainte ultime par f_{ub}**(MPa)**.

Nuances	4,6	5,6	6,5	6,8	8,8	10,9
f_{yb}**(MPa)**	240	300	300	480	640	900
f_{ub}**(MPa)**	400	500	600	600	800	1 000

6. ANALYSE DE LA VALEUR NF X 50-150/152/153

L'analyse de la valeur est une méthode qui permet d'être créatif et compétitif dans la production et l'agencement des objets techniques.

Elle se caractérise par :

- une ***démarche fonctionnelle*** qui exprime le problème en termes de finalités et non en termes de solutions, offrant ainsi un champ de possibilités très ouvert;
- une ***démarche économique*** qui se réfère systématiquement non seulement aux coûts des produits précédents de la même famille, mais aussi à ceux des fonctions ou des produits nouveaux envisagés;
- une ***démarche pluridisciplinaire*** menée en groupe. Ce travail de groupe met en présence des personnes de formation et de responsabilités différentes, afin de dégager un consensus sur les fonctions, les performances, les principes, les solutions et les coûts. Ce travail doit favoriser la créativité et enrichir l'information disponible.

  Nota: dans l'analyse de la valeur, un produit est considéré comme un assemblage de fonctions et non comme un assemblage de pièces.

6.1. NOTIONS FONDAMENTALES

BESOIN	La notion de besoin permet de poser le problème au plus haut niveau de remise en cause utile et donc de préciser les véritables services à rendre.
FONCTION	La notion de fonction permet de définir chacun des services attendus en terme de finalités et non de solutions.
COÛT	La notion de coût couvre les charges ou dépenses supportées par un intervenant économique par suite de la production ou de l'utilisation d'un produit ou de l'ensemble des deux.
VALEUR	La notion de valeur exprime le jugement porté sur le produit par l'utilisateur sur la base de ses attentes et de ses motivations; plus spécialement, grandeur qui croît lorsque la satisfaction du besoin de l'utilisateur augmente ou que la dépense afférente au produit diminue.

6.2. PARTICIPANTS

Les principaux intervenants de cette analyse produite en groupe sont:

- ***le décideur***, mandaté pour prendre les décisions au commencement comme à la fin de l'analyse; il choisit l'animateur;
- ***l'animateur*** dont le rôle est fondamental; il est responsable face au décideur; il constitue, anime et dynamise le groupe de travail; il effectue un travail de ***synthèse***;
- ***le groupe***, limité à 10 personnes pour des raisons d'efficacité, comprend des représentants des différents services (études, méthodes, qualité, achats) parties prenantes de l'étude et de la mise en œuvre du projet.

6.3. SCHÉMA DES COMPOSANTES DE L'ANALYSE DE LA VALEUR

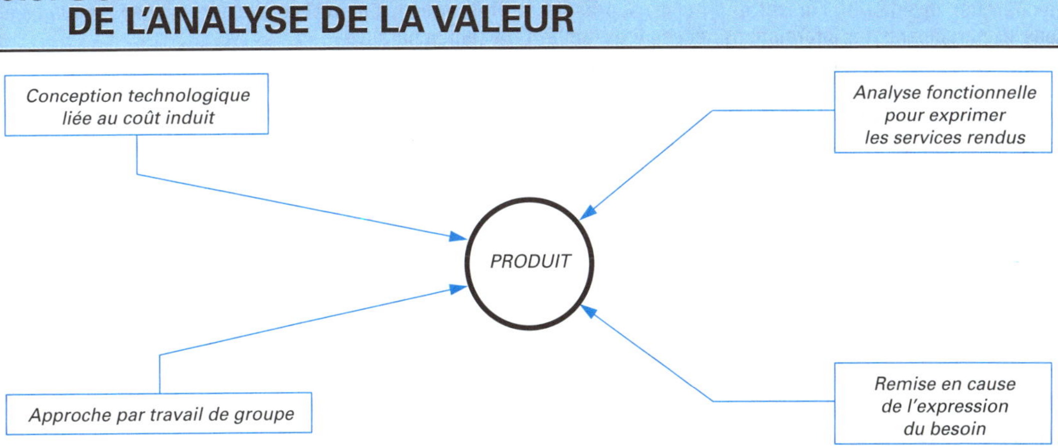

6.4. PHASES DE LA DÉMARCHE D'ANALYSE DE LA VALEUR

La réflexion sur la valeur d'un produit se conduit en ***sept phases:***
- les trois premières sont des phases de ***préparation*** ;
- les trois suivantes des phases de ***création*** et de ***présentation*** ;
- la dernière est une phase de ***bilan*** réel de l'action.

PHASE 1 : ORIENTER L'ACTION

Cette phase consiste à ***préciser*** pour l'action envisagée:
- ***son objet*** et les causes de son déclenchement;
- ***les données du problème*** :
  – expression des besoins à satisfaire et examen du CdCF[1] s'il existe;
  – définition de l'environnement (et/ou du système) au sein duquel le produit doit être situé.
  En cas de création de produit, collecte des données principales sur les produits de la même famille (y compris ceux des concurrents) qu'il est destiné à compléter ou à remplacer.
  En cas d'amélioration d'un produit existant, rappel du stade commercial et industriel où il se trouve, inventaire de la concurrence, principales insatisfactions relevées.
- ***son enjeu économique*** : effets économiques attendus (développement des ventes, réduction des coûts de production ou d'utilisation);
- ***son champ et ses limites*** : champ de l'action, degré de nouveauté...
- ***ses contraintes*** : homologation, normalisation, interchangeabilité, propriété industrielle, approvisionnements, exigences ou interdits formels;
- ***ses objectifs*** : performances, fiabilité, coûts;
- ***ses moyens*** : budget et délais;
- ***ses participants*** : examen de la constitution du groupe de travail.

PHASE 2 : RECHERCHER L'INFORMATION

Rechercher, inventorier, classer et diffuser, auprès de tous les participants, les informations nécessaires (techniques, industrielles, économiques, commerciales, sociales, réglementaires, etc.) internes ou externes à l'entreprise, sans omettre celles relatives au besoin. Les informations disponibles sont mises en forme, les lacunes sont comblées, la diffusion est effectuée parmi les participants.

(1) Voir chapitre 2.

PHASE 2 : ANALYSER LES FONCTIONS ET LES COÛTS

A partir des informations dégagées lors des phases précédentes:
- ***déterminer et analyser les fonctions*** à assurer en élaborant le cahier des charges fonctionnel ou en le complétant s'il existe déjà;
- ***diriger les efforts*** vers les domaines les plus fructueux et les doser en identifiant les coûts importants et les espérances de gain;
- ***préparer la recherche de solutions*** répondant aux seuls besoins réels.

PHASE 4 : RECHERCHER DES IDÉES ET DES VOIES DE SOLUTION

Cette phase conduit à:
- rechercher le maximum d'idées et de voies de solutions;
- classer les idées suivant des critères précis et adaptés (coûts, délais).

PHASE 5 : ÉTUDIER ET ÉVALUER LES SOLUTIONS

Cette phase doit permettre de:
- bâtir des solutions en mettant en relation les fonctions techniques avec les fonctions de service (en vérifier la cohérence);
- conduire les études nécessaires à la sélection et à l'évaluation des solutions.

PHASE 6 : FAIRE UN BILAN PRÉVISIONNEL ET PROPOSER DES CHOIX

Dresser un bilan prévisionnel des solutions retenues en faisant apparaître:
- les motifs de sélection de ces solutions,
- les coûts estimés,
- les conditions d'application (délais, conséquences humaines et économiques internes, etc.).

Le ***choix final*** incombe ici au ***décideur***.

PHASE 7 : SUIVRE LA RÉALISATION

L'animateur du groupe est chargé de suivre l'application des décisions prises, il doit en rendre compte au décideur.

6.5. LA COMPÉTITIVITÉ

DÉFINITION

La **compétitivité** est la capacité pour une entreprise, un secteur ou l'ensemble des entreprises d'une économie à faire face à la concurrence effective ou potentielle.

Une entreprise est compétitive si elle possède la capacité à occuper une position forte sur les marchés nationaux et internationaux.

La compétitivité d'une entreprise ou d'une économie nationale est généralement fixée, selon l'origine des facteurs de cette compétitivité, par les prix ou les coûts. Cette compétitivité se mesure par la différence de prix de revient par rapport à la concurrence extérieure et par la comparaison de la qualité des produits (rapport Qualité/Prix).

PÔLES DE COMPÉTITIVITÉ

Ainsi, pour renforcer la compétitivité des entreprises, développer l'emploi sur des marchés porteurs et conforter les territoires, des **pôles de compétitivité** ont été mis en place en France *(voir annuaire de localisation des pôles de compétitivité en France).*

RÔLE DU PÔLE DE COMPÉTITIVITÉ

Un pôle de compétitivité est sur un **territoire donné**, une association d'entreprises, de centres de recherche et d'organismes de formation, engagés dans une démarche partenariale pour mettre en œuvre une stratégie commune de développement. Cette stratégie est destinée à dégager des **synergies autour de projets innovants** conduits en commun en direction d'un ou plusieurs marchés.

OBJECTIFS D'UN PÔLE DE COMPÉTITIVITÉ

Les objectifs d'un pôle de compétitivité visent à :

- **conforter sur des territoires des activités**, principalement industrielles, à fort contenu technologique, ou de création.
- **développer la compétitivité** des Petites et Moyennes Entreprises de l'économie française en accroissant l'effort de création et d'innovation ;
- **accroître l'attractivité de la France**, grâce à une visibilité internationale renforcée.

LES ACTIONS MENÉES PAR PÔLE DE COMPÉTITIVITÉ

Les actions menées doivent :

- **favoriser la croissance et l'emploi.**
- **Mettre en place une stratégie commune** de développement économique et cohérent en tenant compte de la stratégie de l'ensemble du territoire,
- **Etablir** des **partenariats approfondis** entre acteurs autour de projets,
- **Favoriser** la concentration sur des technologies destinées à des marchés à hauts potentiels de croissance.

APPLICATION - OUTILS D'ANALYSE ET MÉTHODOLOGIE

Démarche générale de conception :

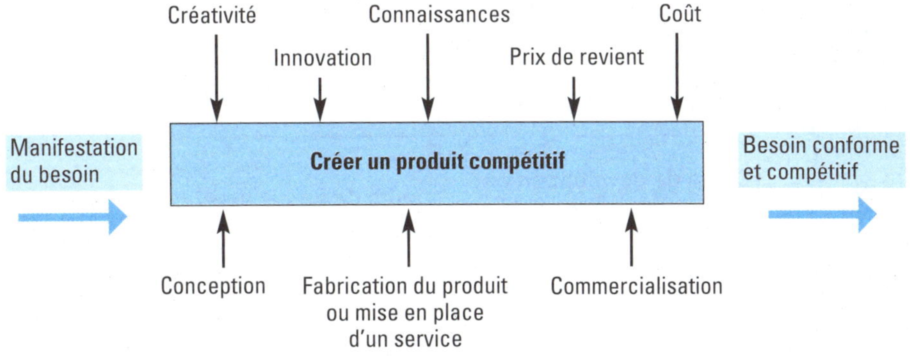

6.6. LES COÛTS

ANALYSE DES COÛTS

Le coût de revient (ou coût complet), terme utilisé du point vue entreprise :
Il comprend : la méthode de calcul du coût de revient des produits d'une entreprise durant une période donnée intègre l'ensemble du montant des charges supportées durant le processus de fabrication et de distribution des produits.

PRIX DE VENTE — Lié à la concurrence

- Marge bénéficiaire = Prix de vente - Coût de revient — Fixée par le producteur
- COÛT DE REVIENT (du point de vue entreprise)
  - Coûts de développement — Études, prototypes, essais, recherche
  - Coûts d'industrialisation — Méthodes de fabrication, moyens de production
  - Coûts de production — Matière, main d'oeuvre, énergie approvisionnements
  - Coûts directs — Transports, Garantie des produits
  - Coûts indirects — Main d'oeuvre administrative, frais financiers, amortissements

Le COÛT GLOBAL prend en compte le Cycle de Vie du produit et le point de vue de l'utilisateur et du concepteur.

Point de vue du **concepteur**	Point de vue commun **Concepteur/utilisateur**	Point de vue de **l'utilisateur**
Coûts de développement	Coûts d'utilisation	Coûts de l'acquisition
Coûts de production	Coûts de maintenance	
Coûts de développement	Coûts de fin de vie – (Rebuts, destruction, traitements des déchets)	
Coûts de distribution		

6.7. COÛTS DE NON-QUALITÉ

NF X 50-150/152/153

IDENTIFICATION DES COÛTS DE NON QUALITÉ

La connaissance et l'estimation des coûts de la non qualité des produits revêtent une grande importance pour les entreprises et pour les services. Elles conduisent les techniciens et ingénieurs à mener des actions innovatrices pour accroître la compétitivité et établir les priorités des stratégies à adopter pour corriger la non-qualité.

Coûts résultant de la non-qualité :

Coûts des anomalies internes

Frais encourus lorsque le produit ne satisfait pas aux exigences avant d'avoir quitté l'entreprise.

- Retouches, reconditionnement, réparations.
- Rebuts.
- Déclassements sur produits finis ou en cours.
- Pertes dues aux achats inemployables.
- Pollution, accidents du travail, absentéisme.

Coûts des anomalies externes

Frais encourus lorsque le produit ne répond pas aux exigences de qualité après avoir quitté l'entreprise.

- Réclamations des clients.
- Coûts de garantie (service après-vente).
- Remises ou ristournes.
- Pertes de clientèle.
- Remboursements des dommages causés à autrui.
- Pénalités de retard.
- Agios pour non respect des délais.

Coûts de détection

Dépenses engagées pour vérifier la conformité des produits aux exigences de qualité.

- Salaires et charges liés aux vérifications.
- Frais de contrôles sous-traités.
- Amortissement des matériels de contrôle et d'essais utilisés pour l'évacuation du produit.
- Frais d'étalonnage.
- Frais divers.

Coûts de prévention

Investissements humains et matériels engagés pour vérifier, prévenir et réduire les anomalies.

- Établissement des documents relatifs à la gestion et à l'assurance de la qualité (manuel de qualité, plans qualité, plans de contrôle).
- Évaluation des fournisseurs.
- Réalisation d'audits qualité.
- Analyse de la valeur.
- Sensibilisation, motivation et formation à la qualité et à la gestion de la qualité.
- Divers.

→ **COÛTS RÉSULTANT DE LA NON-QUALITÉ**

7. MOYENS DE COMMUNICATION TECHNIQUE INTERNATIONALE

Dessin industriel = langage technique = contrat

Finalité : le dessin industriel est le moyen de communication indispensable aux techniciens et aux ingénieurs ; il est soumis à des règles normalisées définies par l'Organisation Internationale de Normalisation (ISO : International Standard Organisation). Il permet de traduire les projets et calculs sous forme de documents graphiques, de concevoir et de construire des matériels et ouvrages répondant à un besoin.

Il fait appel :

- aux règles de représentation des organes mécaniques ;
- aux règles de tracés de pièces ;
- aux éléments normalisés utilisés en construction ;
- aux caractéristiques des matériaux ;
- aux outils d'analyse.

Il peut se présenter sous diverses formes.

7.1. LES TYPES DE DESSINS

LE CROQUIS

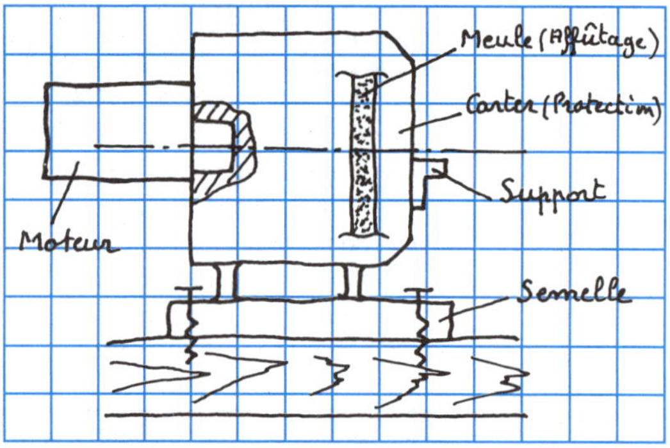

Nécessaire à la recherche, à la conception et à la prise sur le vif d'informations techniques, le croquis permet d'aller à l'essentiel de la pensée technique du dessinateur.

De formes et de dimensions approximatives, il offre une ***vision globale*** des solutions techniques susceptibles d'être adoptées...

Généralement tracé sans instrument (dessin à main levée), il peut être coté.

LE SCHÉMA

Schéma cinématique

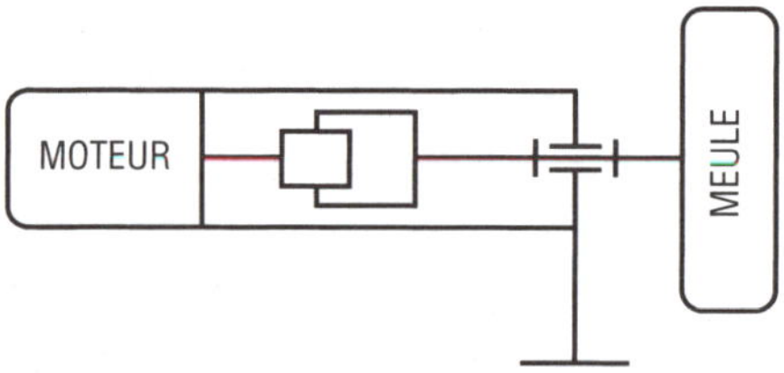

Schéma fonctionnel minimal

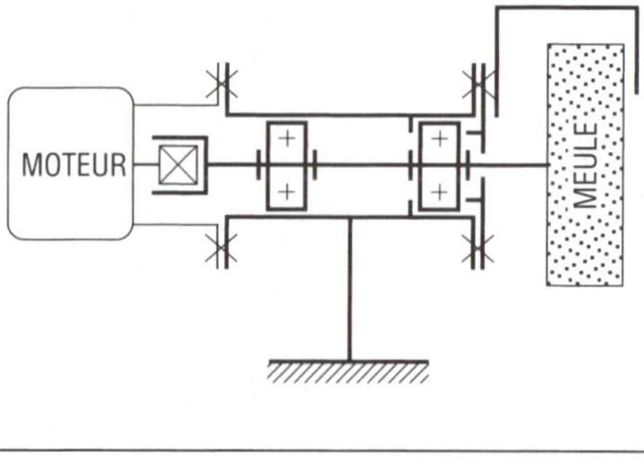

Le schéma permet de :

- ***comprendre*** la fonction globale et le rôle fonctionnel de chacun des composants d'un système ;
- ***préciser*** l'agencement de ces composants généralement représentés par des symboles normalisés.

LE DESSIN D'ENSEMBLE

Il donne, de façon plus ou moins détaillée, la représentation de tout ou partie (sous-ensemble) d'un système, d'un objet technique ou d'une installation.

Le dessin d'ensemble peut, selon sa finalité, être réalisé en :

- ***dessin d'avant-projet*** (ou de conception) ; la représentation est alors limitée aux grandes lignes d'une des solutions viables permettant d'orienter le choix du client ;
- ***dessin de projet*** où tous les détails nécessaires de la solution choisie sont représentés sur la base ***de calculs ou d'enquêtes précises.***

Remarque : la nomenclature peut figurer sur une feuille indépendante. Dans l'exemple ci-dessous, elle est donnée page 22.

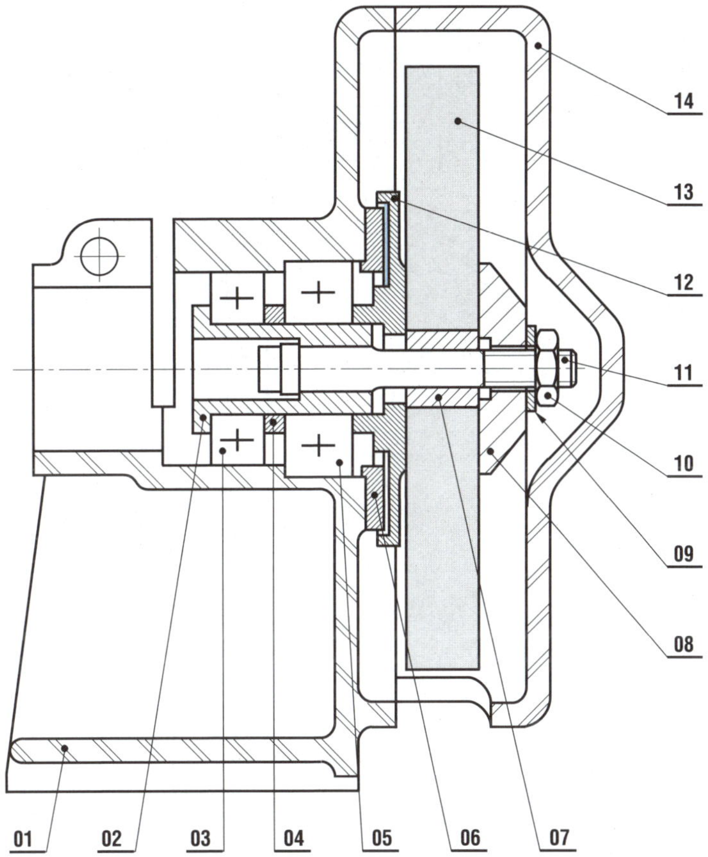

	ÉTABLISSEMENT	MODULE 3	
Éch 1:1	CLASSE DE SECONDE		Dessiné par :
TOURET A MEULER			Vérifié par :
			T. M. E.

L'ESQUISSE

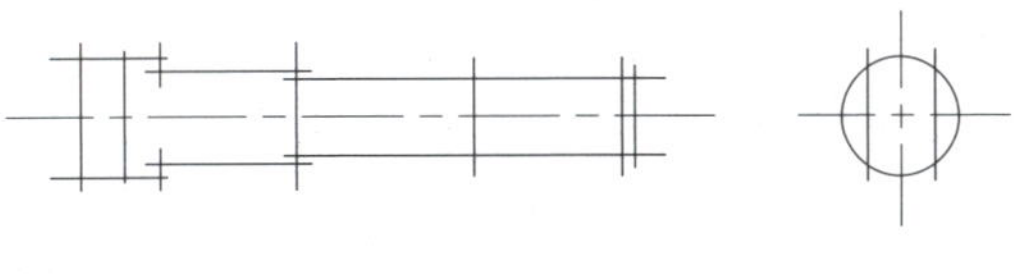

Dessin réalisé en trait fin au crayon de dureté moyenne (3H) à partir de l'analyse des surfaces fonctionnelles. Elle précède obligatoirement le dessin de définition ou mise au net.

LE DESSIN DE DÉFINITION

Il définit complètement et sans ambiguïté les exigences auxquelles doit satisfaire le produit dans l'état de définition perçu.

Ce dessin a ***valeur de contrat*** dans les relations entre les parties.

A partir du dessin de définition, les détails nécessaires peuvent être apportés en vue de la réalisation d'un produit. Selon le genre d'exécution il s'appelle :

- dessin de fabrication,
- dessin d'assemblage ou de montage,
- dessin d'installation,
- dessin d'implantation.

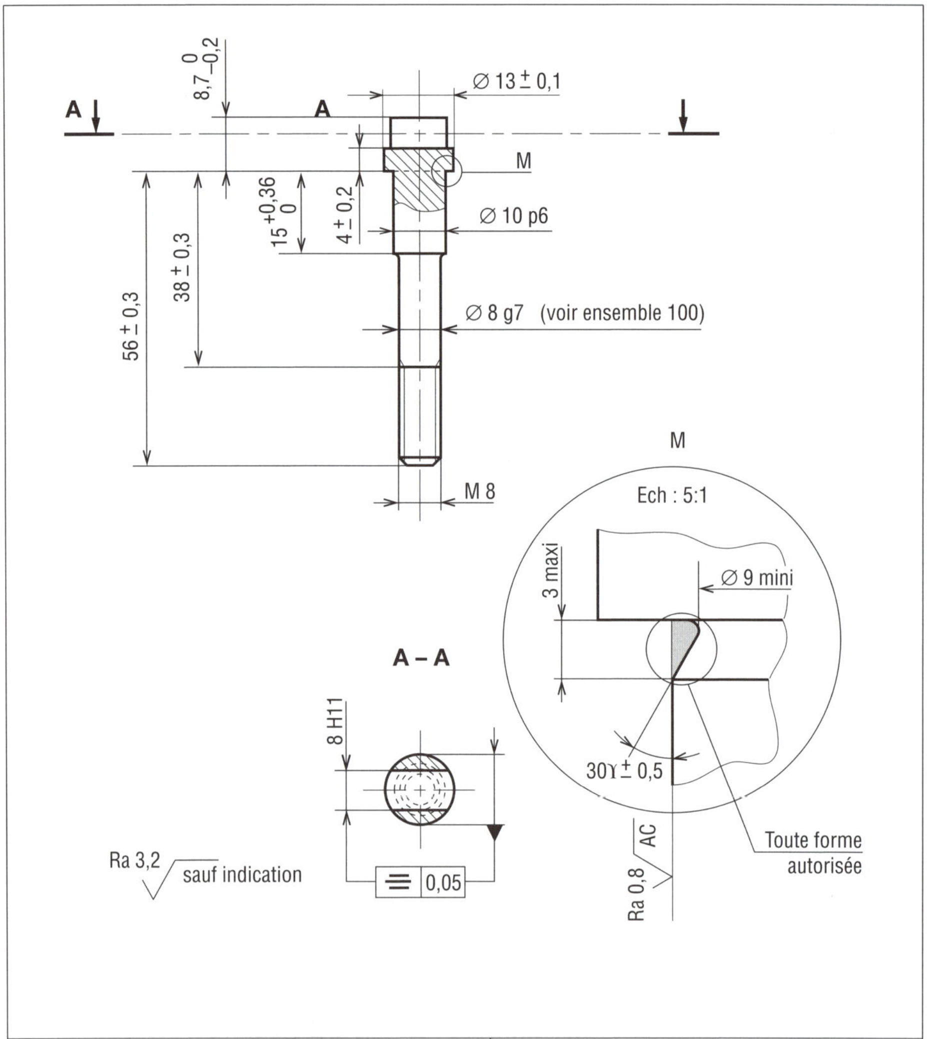

Matière : 35CD4 (Prétraité)		Observation :	
ÉTABLISSEMENT		MODULE 3	DATE
Éch 1:1	CLASSE DE SECONDE		Dessiné par :
ARBRE			Vérifié par :
			REP : 11

LA REPRÉSENTATION ÉCLATÉE

Cette ***représentation non normalisée*** est très utilisée pour les dessins de catalogue, de guides d'entretien, de guides de montage et démontage, de réparations, les notices explicatives ou les publicités. Elle est l'œuvre de spécialistes appelés aussi cataloguistes.

Les formes et la position de montage doivent rendre la pièce reconnaissable. Le dessin assisté par ordinateur (D.A.O.) facilite cette démarche.

Habituellement dessinée en projection axonométrique trimétrique, elle comporte très souvent des repères et une légende.

Remarque : dans l'exemple ci-dessous, les pièces sont codifiées par un numéro d'ordre accompagné de l'indication "NF" quand la pièce est normalisée ou de "TME" quand elle ne l'est pas (TME = Touret à Meuler").

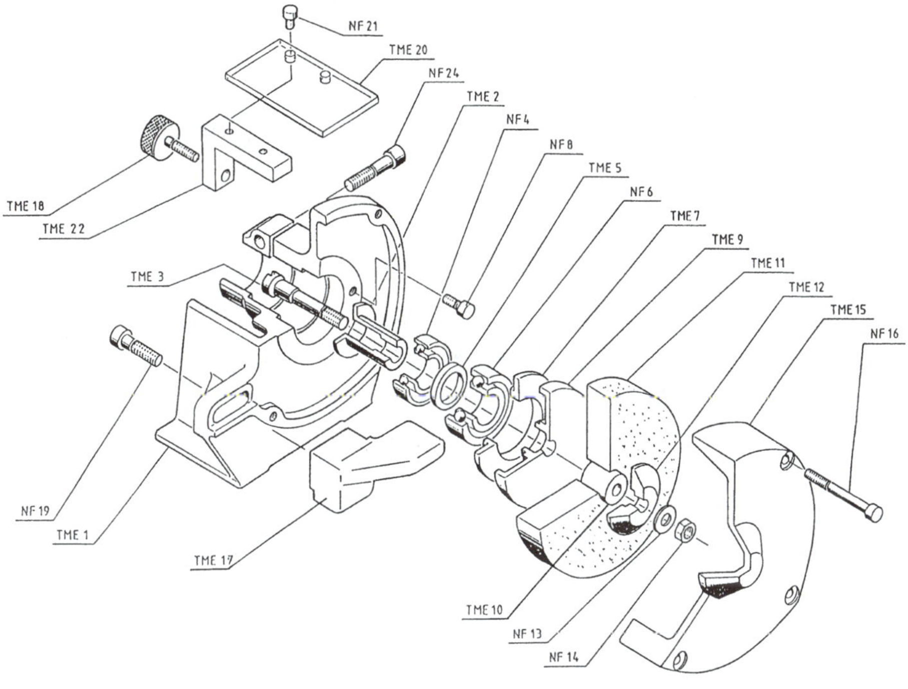

	ÉTABLISSEMENT	MODULE 3	
Éch 1:1	CLASSE DE SECONDE		Dessiné par :
	TOURET A MEULER		Vérifié par :
			T. M. E.

7.2. LES DESSINS EN PERSPECTIVE

NF E 04-508/ISO 5456

Les représentations en perspective offrent la possibilité de restituer la dimension spatiale de l'objet. Elles le montrent tel que l'œil pourrait l'apercevoir. Elles facilitent également la compréhension des formes ou du fonctionnement de l'objet.
On choisira de dessiner la perspective la plus simple, compatible avec le résultat à obtenir : perspective ***cavalière*** ou perspective ***axonométrique.***

LA PERSPECTIVE CAVALIÈRE

Les fuyantes (F_1, F_2, ...) sont parallèles

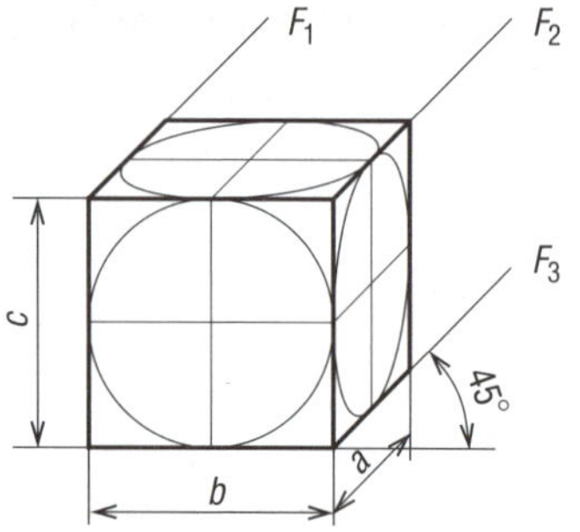

PERSPECTIVES AXONOMÉTRIQUES

Perspective isométrique

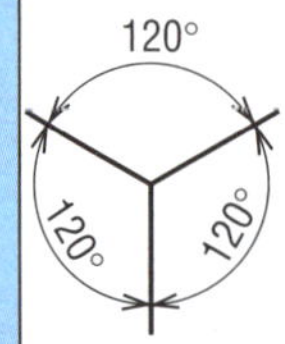

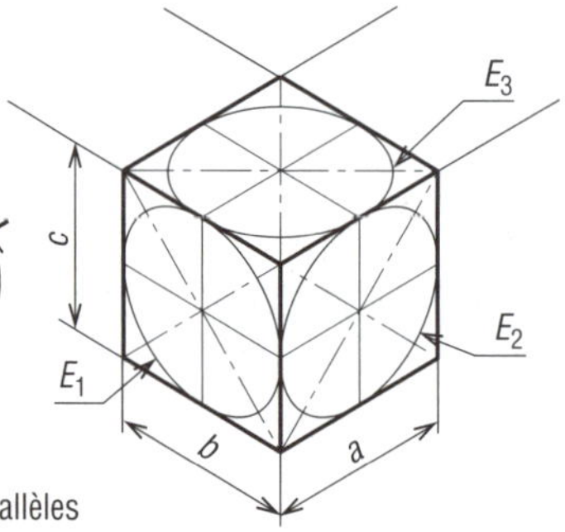

2 faisceaux de
3 fuyantes parallèles

Perspective trimétrique

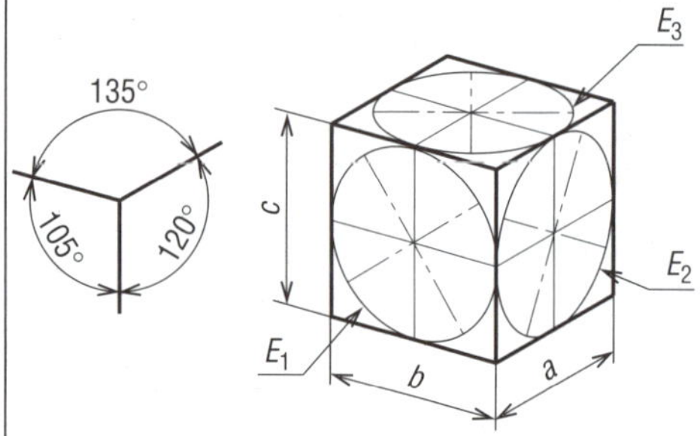

Perspective dimétrique usuelle

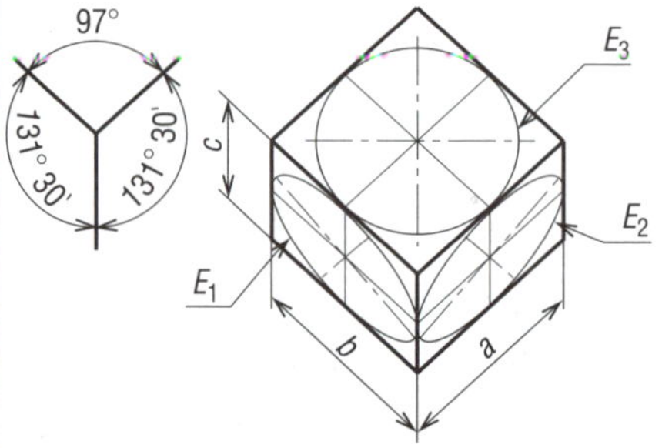

Perspective dimétrique redressée

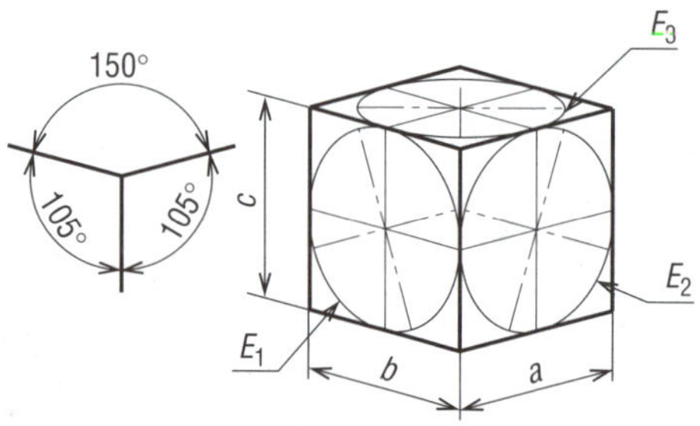

7.3 LES REPRÉSENTATIONS ANALYTIQUES

L'ÉPURE

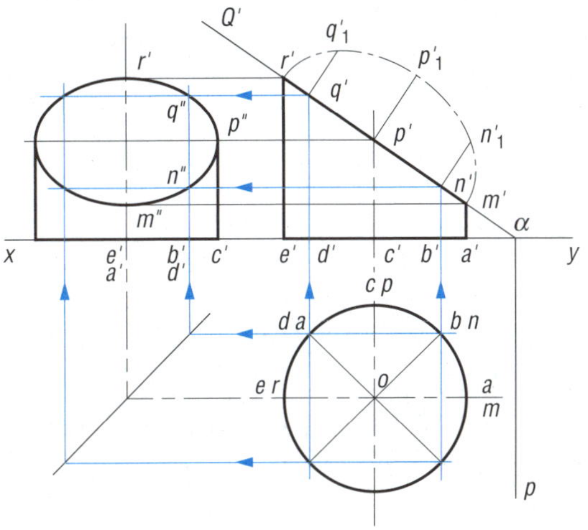

L'épure est une ***construction géométrique.*** Elle permet d'obtenir :

- la définition des intersections de surfaces,
- la vraie grandeur des détails de forme de l'objet.

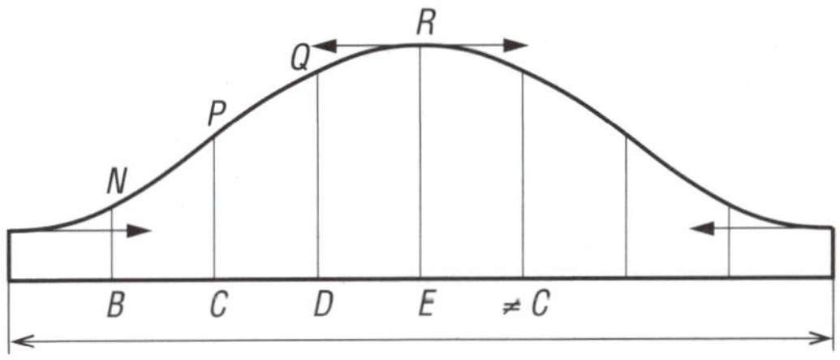

La ***géométrie descriptive*** est l'outil mathématique graphique qui permet de tracer l'épure (voir chapitre 21). La D.A.O. est précieuse dans ce domaine.

LE DIAGRAMME

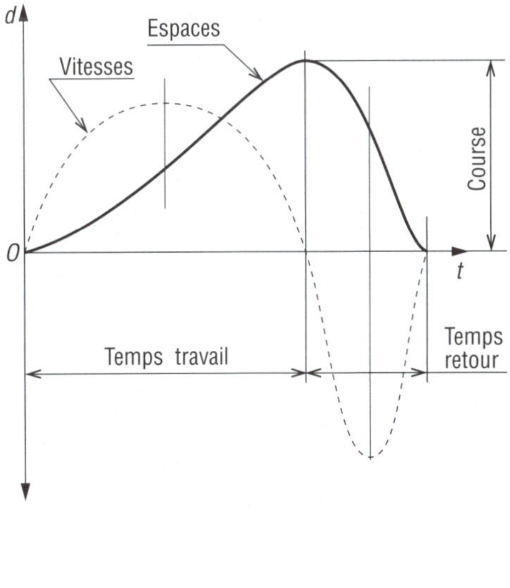

C'est le tracé géométrique destiné à représenter les ***variations d'un phénomène*** défini à partir d'une relation entre deux paramètres.

Les représentations analytiques

LE GRAPHE D'ANALYSE

C'est une représentation graphique d'une ***succession de fonctions ou de tâches*** organisées suivant une démarche rationnelle.

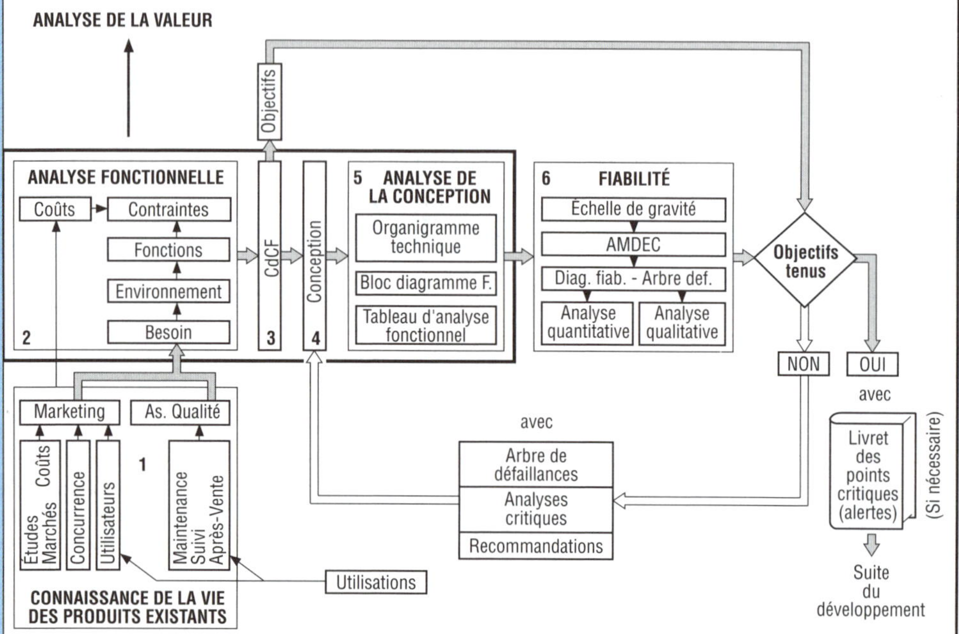

LE DIAGRAMME FONCTIONNEL OU GRAFCET

Il permet de ***décrire le fonctionnement de l'automatisme*** à partir du cahier des charges sans préjuger de la technologie qui sera utilisée pour le réaliser.

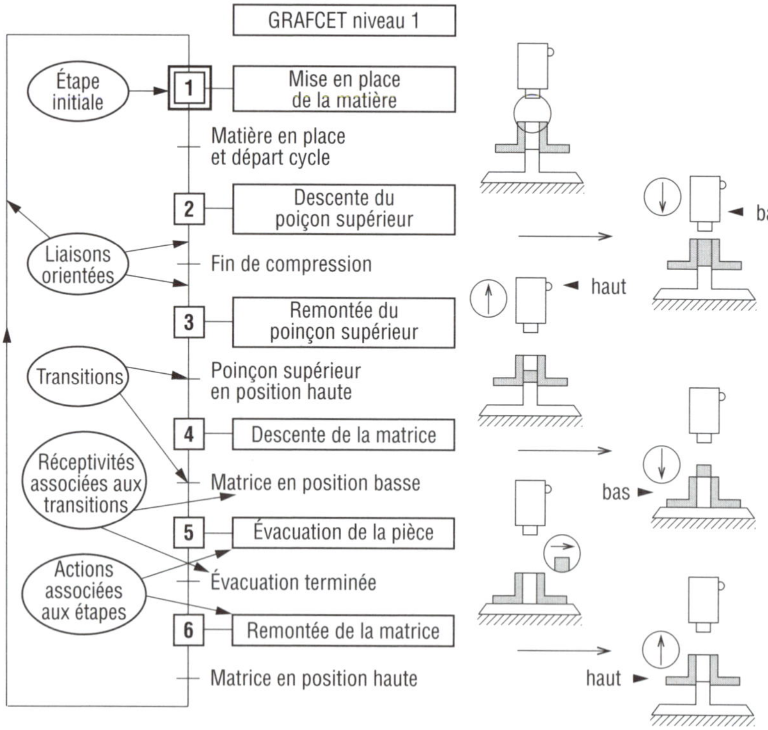

Les représentations analytiques

L'ORGANIGRAMME

L'organigramme est une ***représentation graphique*** d'un ***algorithme.***
Il est utilisé pour les systèmes programmés, mais aussi pour des usages courants. (Voir chapitre 26 : symboles pour organigrammes).

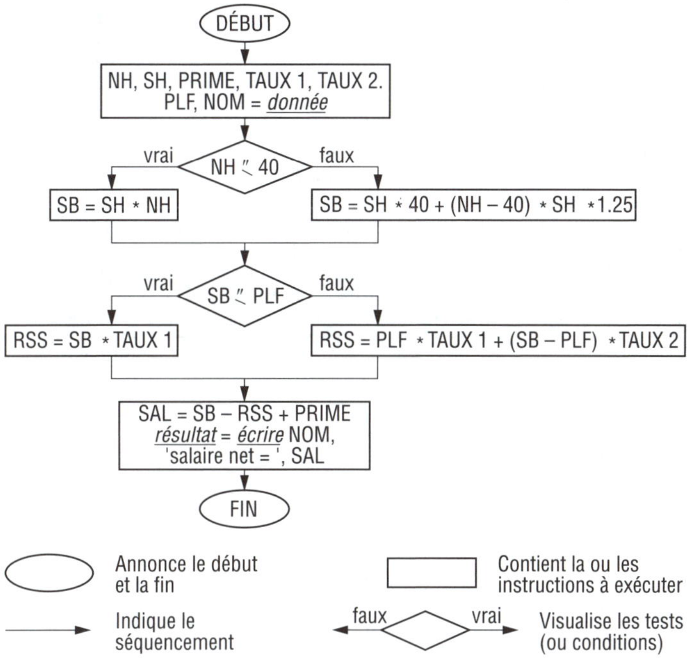

LA REPRÉSENTATION FONCTIONNELLE D'UN SYSTÈME (Analyse descendante)

Ce type de représentation permet d'analyser méthodiquement les activités et les événements d'un système. Elle est traitée en détails au chapitre 25.

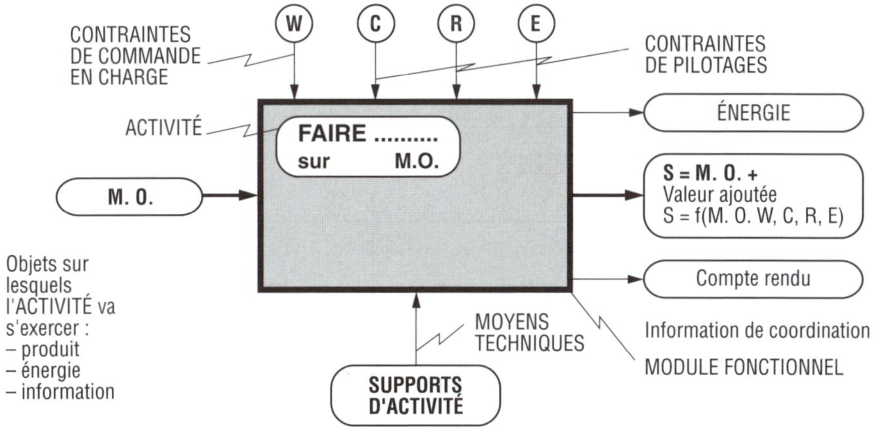

8. CODES DE REPRÉSENTATION NORMALISÉE

8.1. RÈGLES DE PRÉSENTATION DES DESSINS TECHNIQUES ET DES ÉLÉMENTS ASSOCIÉS

La normalisation consiste à unifier la présentation générale des documents techniques (dessins, notices, schémas, etc.) pour faciliter la consultation, le classement et l'expédition. Elle contribue ainsi à l'abaissement du prix de revient.

8.1.1. SUPPORTS — NF E 04-502/503/504/ISO 5457

Les dessins peuvent être faits sur :

- ***un support opaque*** ou papier à dessin,
- ***un support translucide ou papier calque*** qui permet la multiplication du dessin tout en sauvegardant l'original.
- ***un support transparent*** pour projection du dessin avec le rétroprojecteur.

8.1.2. FORMATS — 8.1.3. PLIAGES

Formats	Position du cartouche	1re phase — Pliage sur 297	2e phase — Pliage sur 210
A0 841 x 1189	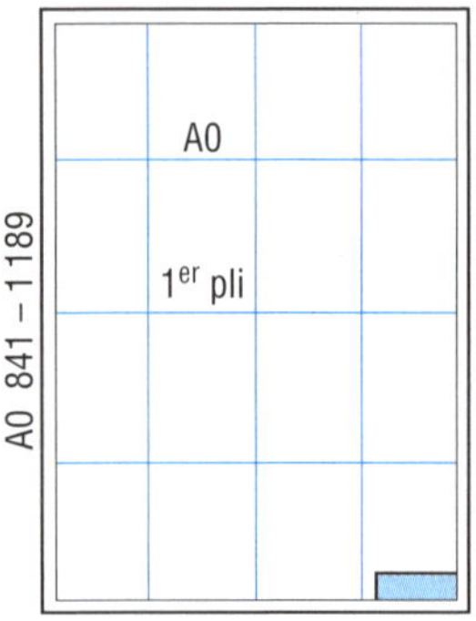	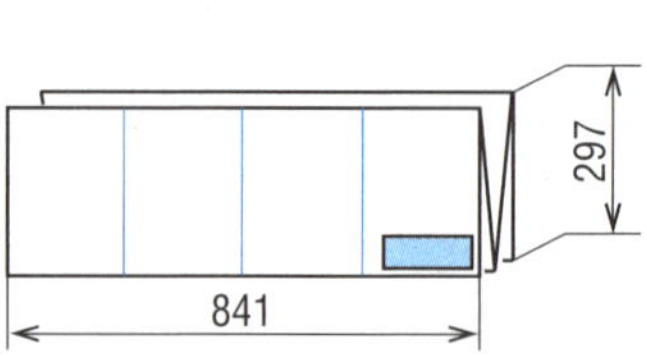	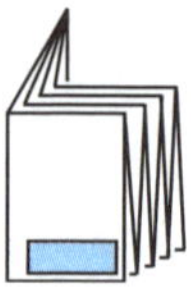
A1 841 x 594	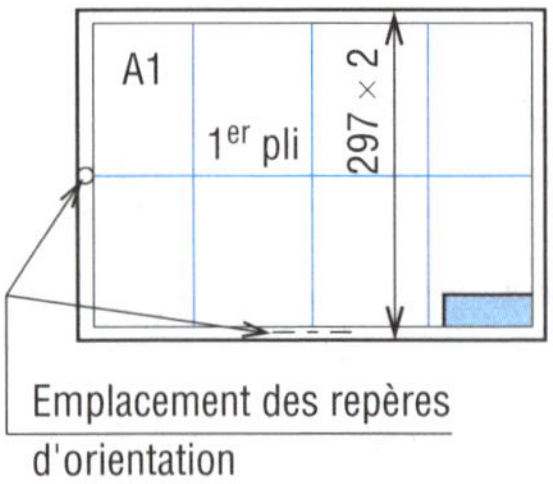	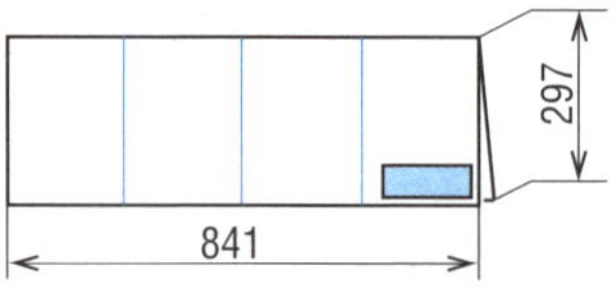	
A2 420 x 594	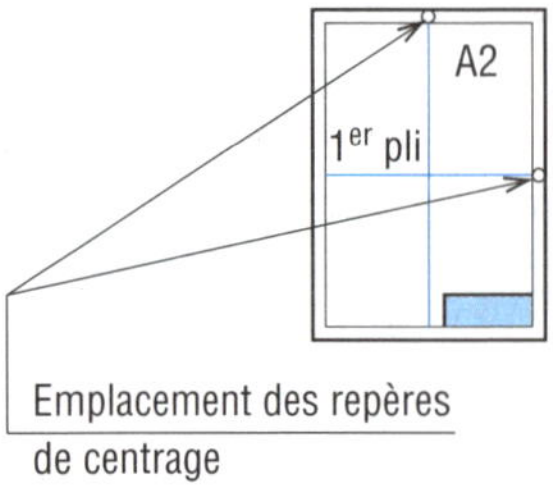	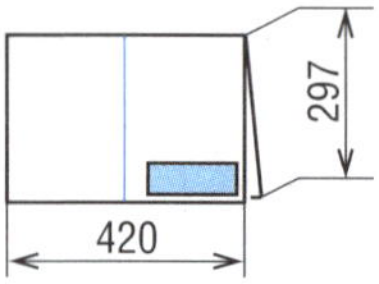	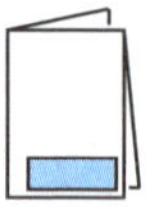

Règles de présentation des dessins techniques et des éléments associés

Formats	Position du cartouche	Pliage
A3 420 x 297	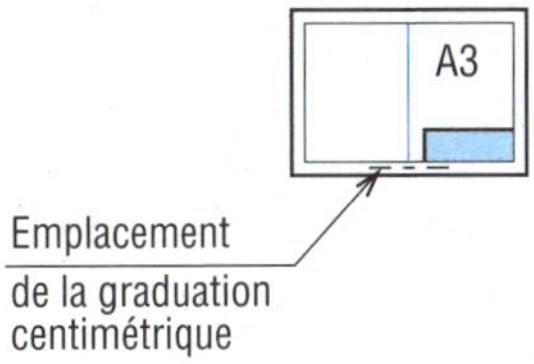	
A4 210 x 297	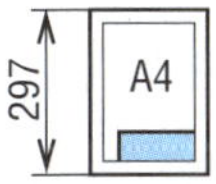	Le format A4 (210 x 297) est le module de pliage. Il laisse le cartouche toujours apparent après le pliage quel que soit le sens de lecture du dessin.

Tous les formats se déduisent les uns des autres à partir du format de base A0 (lire A zéro) de surface 1 m², en divisant à chaque fois par deux le côté le plus grand. Le rapport de la longueur sur la largeur est équivalent à $\sqrt{2}$.

8.1.4. LE CARTOUCHE D'INSCRIPTION

Le cartouche permet d'identifier et d'exploiter les dessins techniques

Il est placé dans l'angle inférieur droit du dessin si ce dernier est examiné en hauteur pour les formats pairs [A0, A2, A4] et en largeur pour les formats impairs [Al, A3] (fig. ci-contre).

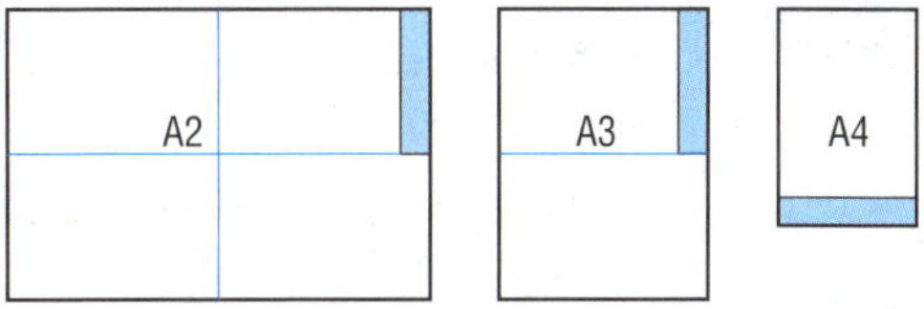

ZONE D'EXPLOITATION DU DOCUMENT
Zone facultative enrichie au gré du dessinateur.

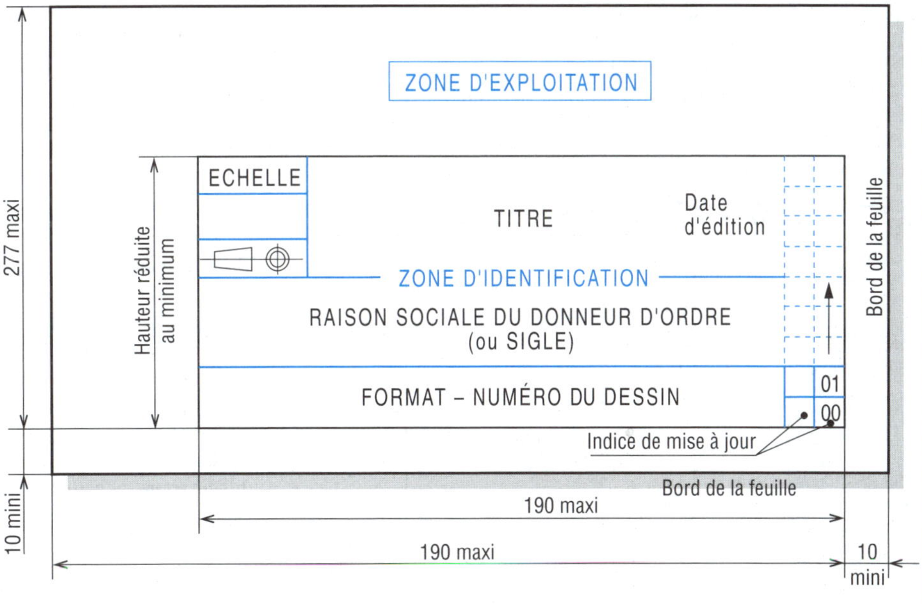

ZONES D'IDENTIFICATION DU DOCUMENT
Les inscriptions figurant dans cette zone définissent contractuellement le document, notamment à l'égard des tiers.

ZONES D'IDENTIFICATION DU DOCUMENT

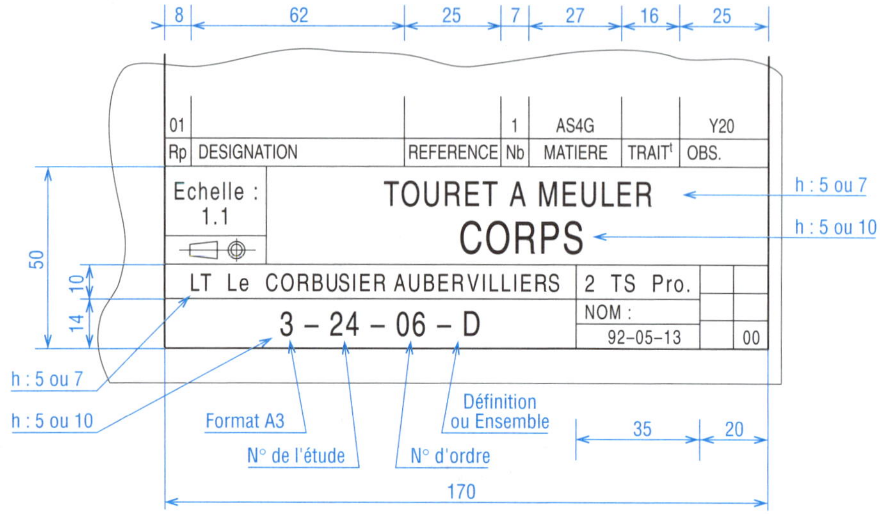

Échelle du dessin
ex :1.1....

Symbolisation de disposition des vues
Suivant norme NF E 04-520
ex :

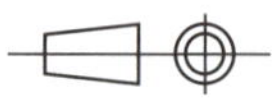

Format - numéro du dessin
Le numéro est divisé en 4 parties définissant: :
- le format (A3 → 3) ;
- le n° de l'étude (24) ;
- le n° d'ordre (06) ;
- le dessin d'ensemble ou de définition (D).

Titre
Touret à meuler - Corps

Raison sociale du donneur d'ordre
Lycée Technique Le Corbusier Aubervilliers

Indices de mise à jour
Composés de chiffres ou exceptionnellement de lettres majuscules.

	02
	01
	00

Des cartouches imprimés adhésifs et des logiciels de DAO existent dans le commerce.

8.1.5. ÉLÉMENTS GRAPHIQUES — NF E 04-502

REPÈRES DE CENTRAGE

REPÈRES D'ORIENTATION

GRADUATION CENTIMÉTRIQUE DE RÉFÉRENCE

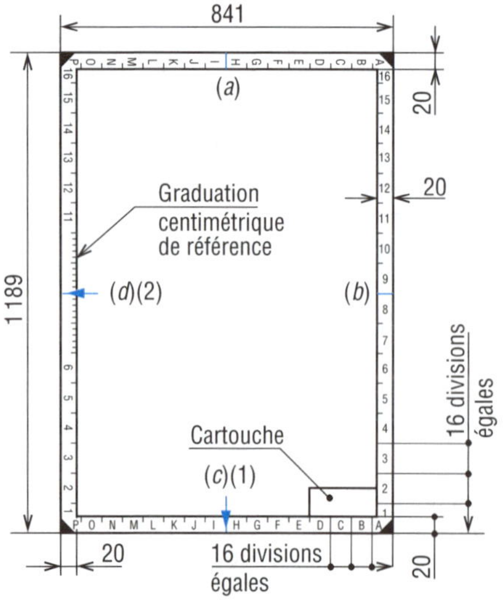

Quatre repères de centrage (a), (b), (c), (d)
Ils facilitent le réglage de la position du document en vue de sa reproduction.

Deux repères d'orientation (1), (2)
Ils doivent figurer dans la marge sur les supports pré-imprimés. Lors de l'exécution du dessin, l'un des repères est dirigé vers le dessinateur ; ce dernier supprime l'autre repère.

Graduation centimétrique de référence
Non chiffrée, d'une longueur minimale de 200 mm et d'une largeur maximale de 5 mm, elle se situe dans la marge.
Utilisée en cas de réduction ou d'agrandissement des dessins.

Règles de présentation des dessins techniques et des éléments associés

CADRE	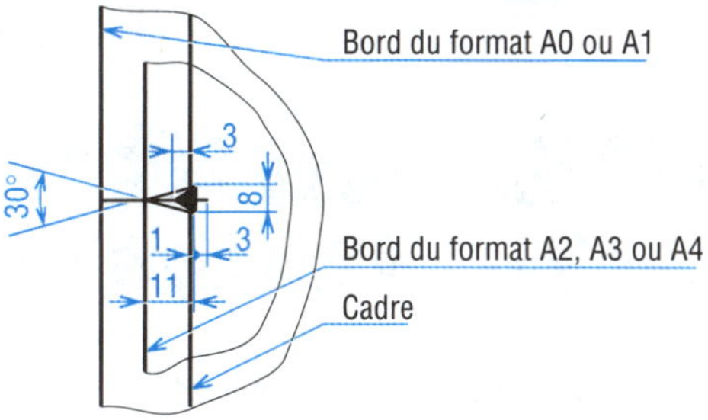	Matérialisé par un trait continu de 0,5 mm. La marge est de 20 mm pour les formats A0 et A1 et de 10 mm pour les formats A2, A3, A4.
COORDONNÉES	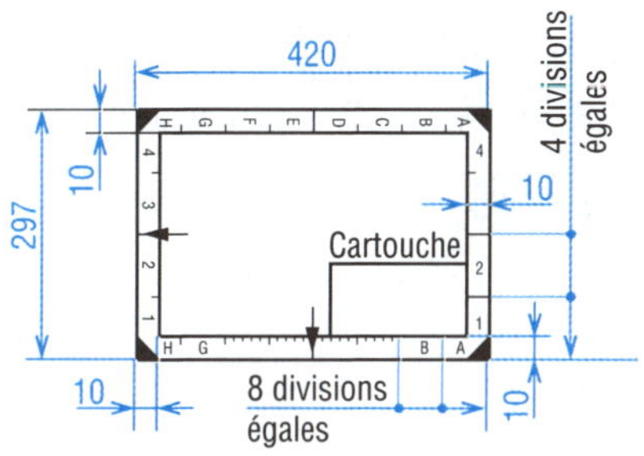	Elles permettent la localisation rapide d'un détail du dessin H : • ***lettres*** pour la largeur ; • ***chiffres*** pour la hauteur.
ONGLETS DE COUPE	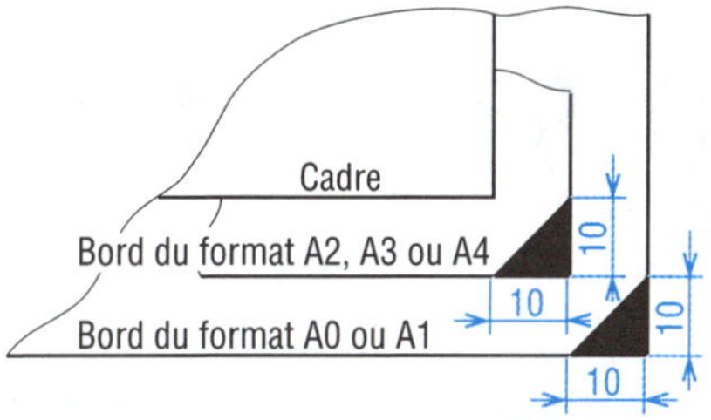	Ils facilitent la découpe des reproductions en format. Il faut prévoir des onglets de coupe dans la marge aux quatre coins du format fini.

8.1.6. ÉCRITURES NF E 04-505/ NF EN ISO 3098-0/NF EN ISO 3098-5

Dans les dessins techniques normalisés, on utilise des caractères et des signes dont les formes, les dimensions et la disposition doivent être conformes à la normalisation. L'écriture doit satisfaire à trois contraintes essentielles:

- la lisibilité ;
- l'homogénéité des caractères et des signes ;
- l'aptitude à la reproduction et à la microcopie.

FORMES DES CARACTÈRES ET DES SIGNES NORMALISÉS	**Écriture B droite** — **Écriture B penchée** 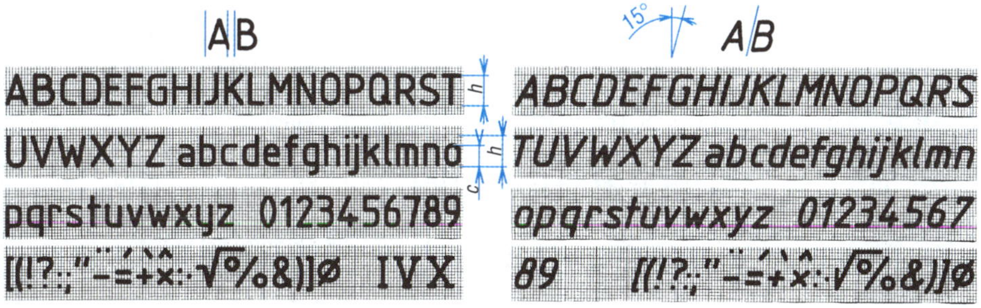
	On se reportera à la norme ISO 3098 pour la présentation de l'alphabet, des chiffres et des signes en CAO.

Règles de présentation des dessins techniques et des éléments associés

FORMES DES CARACTÈRES ET DES SIGNES GRECS NORMALISÉS - NF E 04-509 ISO 3098

Majuscules	Minuscules
Α Β Γ Δ Ε Ζ Η Θ Ι Κ Λ Μ	α β γ δ ε ζ η ϑ ι κ λ μ
Ν Ξ Ο Π Ρ Σ Τ Υ Φ Χ Ψ Ω	ν ξ ο π ρ σ τ υ φ χ ψ ω

Nota : un tableau complet de l'alphabet grec figure dans le chapitre 28.

FORMES DES SYMBOLES POUR LES TOLÉRANCES GÉOMÉTRIQUES - NF E 04-511 ISO 3098

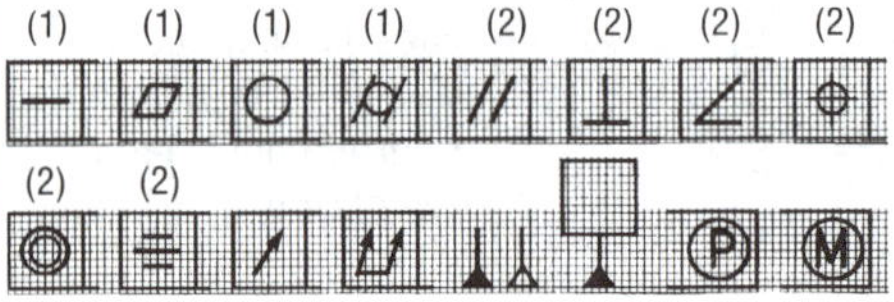

(1) Tolérances géométriques de forme.
(2) Tolérances géométriques de position.

Application: voir chapitre 3.

Pour identifier une référence (surface, axe...), une lettre majuscule est inscrite dans un cadre relié à un triangle de référence noirci ou non.

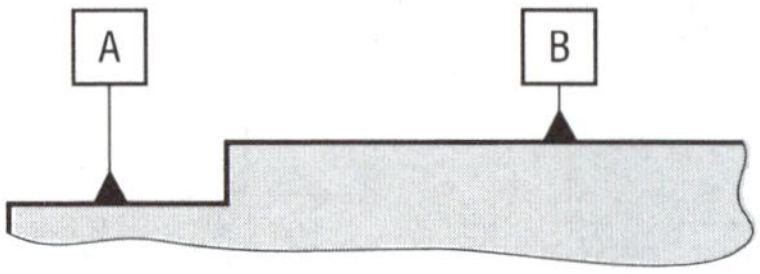

DIMENSIONS DES CARACTÈRES ÉCRITURE B NF E 04-505 ISO 3098

Dimensions				Dimensions en mm						
h	Dimension nominale Hauteur des majuscules (ou chiffres)		= h	2,5	3,5	5	7	10	11	20
c	Hauteur des minuscules	sans jambage	= 0,7 h	1,8	2,5	3,5	5	7	10	14
		avec jambage	h	2,5	3,5	5	7	10	14	20
a	Espace entre les caractères		= 0,2 h	0,5	0,7	1	1,4	2	2,8	4
b	Espace minimale entre les lignes support d'écriture (interligne)		= 1,4 h	3,5	5	7	10	14	20	28
e	Espace minimale entre les mots		= 0,6 h	1,5	2,1	3	4,2	6	8,4	12
d	Largeur de trait		= 0,1 h	0,25	0,35	0,5	0,7	1	1,4	2

Remarque : des planches de caractères et de signes autocollants existent dans le commerce. Elles peuvent être employées pour les dessins techniques.

DISPOSITIONS PARTICULIÈRES ÉCRITURE

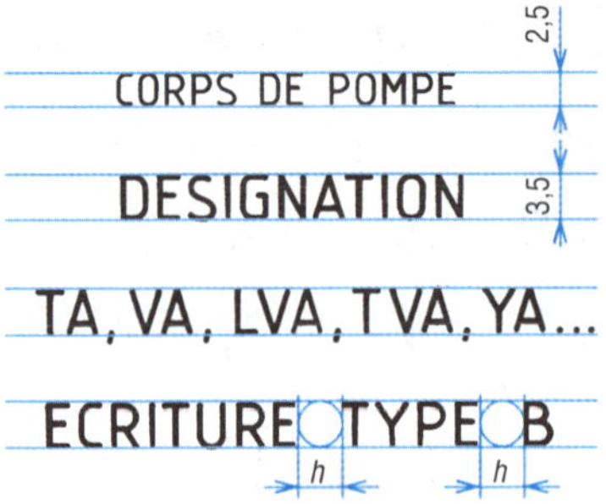

Choix du corps d'écriture

Il est fonction du format utilisé :

- pour les formats A4, A3, A2, écriture B de 2,5 mini ;
- pour les formats Al et A0, écriture B de 3,5 mini.

Espacement des lettres et des mots

La lecture est facilitée par :

- une juxtaposition des lettres lorsqu'elles s'y prêtent ;
- une espace entre les mots bien marquée.

Règles de présentation des dessins techniques et des éléments associés

250±1 26±0,2

25H7 25g6 25H7g6

Cotes et tolérances

Pour éviter toute ambiguïté, on recommande le corps d'écriture de 3,5 pour l'inscription des cotes et de leurs tolérances.

$$y = \frac{5X}{B} \qquad \frac{5x}{b}$$

$$y = \frac{\frac{5a}{b}}{\frac{8b}{a}} \qquad \frac{\frac{5A}{B}}{\frac{8B}{A}}$$

Ecriture des fractions

On s'efforcera de respecter la symétrie au niveau de la barre de fraction.

8.1.7. ÉCHELLES DES DESSINS — NF E 04-506/NF EN ISO 5455

L'échelle d'un dessin industriel est le rapport entre la dimension linéaire de la représentation d'un élément d'un objet sur un dessin original et la dimension linéaire réelle de l'élément correspondant de l'objet lui-même (NF ISO 5455). Elle s'inscrit dans le cartouche et permet de représenter en :

vraie grandeur	→	**échelle**	**1:1**						
réduction	→	**échelles**	**1:2**	**1:2,5**	**1:5**	**1:10**	**1:20**	**1:25**	**1:50...** **1:x**
agrandissement	→	**échelles**	**2:1**	**2,5:1**	**5:1**	**10:1**	**25:1**	**50:1...**	**x:1**

L'échelle s'inscrit dans le cartouche et permet de représenter en :
- vraie grandeur,
- réduction,
- agrandissement.

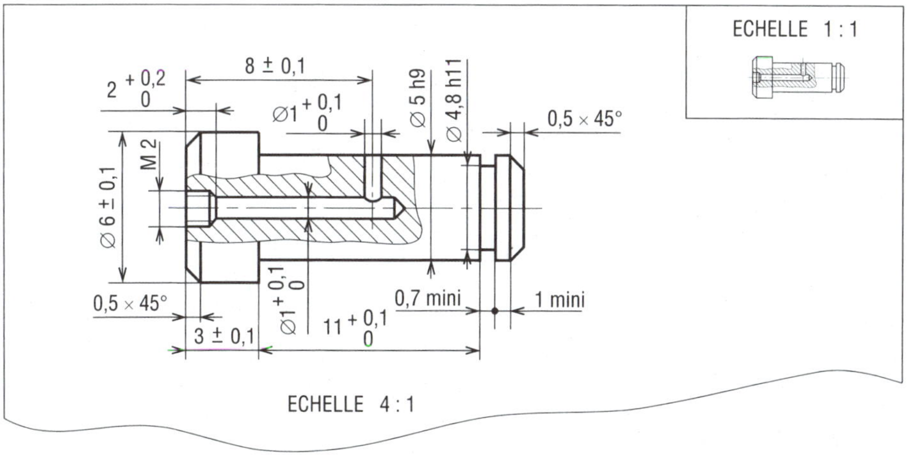

8.1.7. NOMENCLATURE DE DÉFINITION NF E 04-504

La nomenclature fournit avec précision la ***liste*** complète des éléments fonctionnels faisant partie de l'ensemble ou du sous-ensemble de l'objet dessiné. Son emplacement est celui qui permet la lecture du dessin.

CONSTRUCTION ET DISPOSITIONS DE LA NOMENCLATURE SUIVANT L'ORIENTATION ET LES TYPES DE FORMATS

Sens de lecture du cartouche

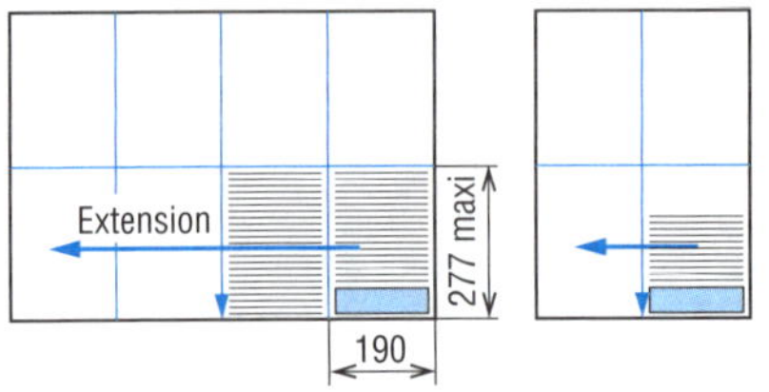

Sens de lecture perpendiculaire à la position du cartouche

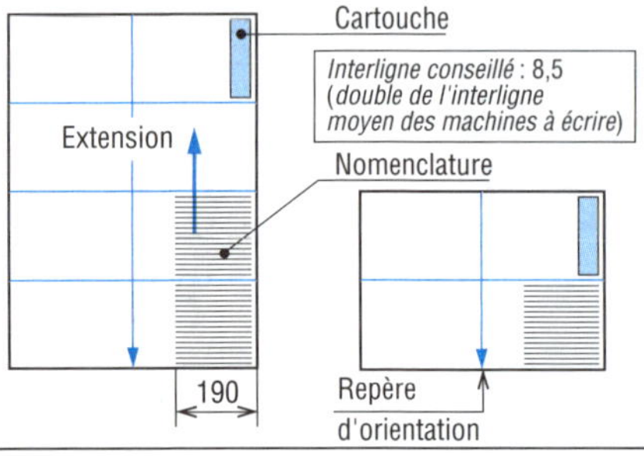

La nomenclature de définition peut être disposée sur le dessin lui-même ou sur feuille indépendante.

Perforations (facultatives) selon la norme NF Q 09-001

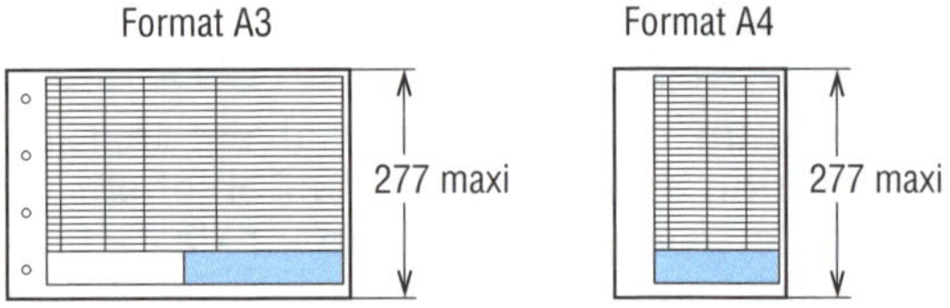

Numéro repère. *Il localise l'élément sur le dessin.*

Nombre de pièces *similaires à l'élément repéré dans l'ensemble.*

Désignation*/nom de l'élément (normalisée à chaque fois que cela est possible).*

Matière *de l'élément désigné (désignations normalisées).*

Observations *éventuelles sur l'élément (traitements thermiques, peinture...).*

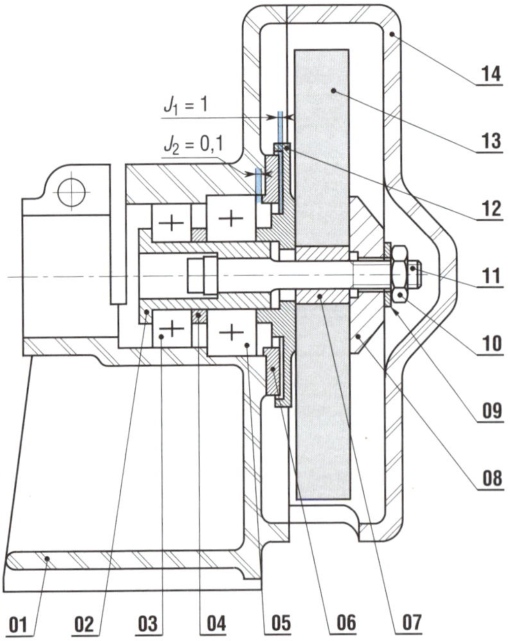

14	1	COUVERCLE	AS4G	Y20
13	1	MEULE		125x16x20(Norton)
12	1	FLASQUE GAUCHE	XC80	
11	1	ARBRE	35CD4	prétraité
10	1	ECROU Hm8	XC38	NFE 27-411
09	1	RONDELLE	XC65	NFE 27-618
08	1	FLASQUE DROIT	XC80	
07	1	BAGUE	XC38F	
06	1	CHAPEAU	XC38F	
05	1	ROULEMENT 20BC02E		
04	1	ENTRETOISE	XC48	
03	1	ROULEMENT 20BC10E		
02	1	MOYEU	30NC6	
01	1	CORPS	AS4G	Y20
Rp	Nb	Désignation	Matière	Observation
LETP LE CORBUSIER Aubervilliers			MODULE 3	
ECH 1:1		BTS PRODUCTIQUE	(symbole de projection)	Dessiné par :
TOURET A MEULER				Vérifié par :

Cartouche et nomenclature

8.1.8. TRAITS

NF E 04-520/ISO 128

Les dessins techniques se composent d'un ensemble de ***traits forts, moyens*** et ***fins*** conformes aux normes et dont chacun possède une signification conventionnelle. La qualité du dessin dépend essentiellement du respect des caractéristiques de ces traits.

TYPES DE TRAITS

Trait	Désignation	Repère (voir application page suivante)	Applications générales et autres figures indiquées
A	Continu fort	A1	Contours vus
		A2	Arêtes vues
B	Continu fin (aux instruments)	B1	Arêtes fictives vues
		B2	Lignes de cote
		B3	Lignes d'attache
		B4	Lignes de repère
		B5	Hachures
		B6	Contours de sections rabattues sur place
		B7	Axes courts
		B8	Constructions géométriques vues
C	Continu fin (1) à main levée	C1	Limites de vues ou coupes, partielles ou interrompues, si ces limites ne sont pas des traits mixtes fins
D	Continu fin (1) (droit avec zigzags) (2)	D1	
E	Interrompu (1) fort	E1	Contours cachés
		E2	Arêtes cachées
F	Interrompu (1) fin	F1	Contours cachés
		F2	Arêtes cachées
		F3	Constructions géométriques cachées
G	Mixte fin (3)	G1	Axes de révolution
		G2	Traces de plans de symétrie
		G3	Trajectoires
H	Mixte fin, avec éléments longs forts aux extrémités et aux changements de plans de coupe	H1	Traces de plans de coupe
J	Mixte fort (3)	J1	Indication de lignes ou de surfaces faisant l'objet de spécifications particulières
K	Mixte fin à deux tirets (3)	K1	Contours de pièces voisines
		K2	Positions intermédiaires et extrêmes de pièces mobiles
		K3	Lignes des centres de gravité
		K4	Contours initiaux modifiés par façonnage
		K5	Parties situées en avant d'un plan de coupe
		K6	Demi – rabattement

(1) Sur un même dessin, il est recommandé de n'utiliser qu'une seule des deux possibilités offertes.
(2) Ce type de trait est utilisé en particulier pour les dessins exécutés d'une façon automatisée. Il est souhaitable de le faire légèrement dépasser de la pièce.
(3) Un trait mixte commence et se termine de préférence par un élément long.

Cas particuliers

Certains schémas sortent du cadre d'une représentation normalisée comme, par exemple, la tuyauterie industrielle, les schémas de câblage. Il est alors nécessaire de préciser les conventions choisies par une légende.

Règles de présentation des dessins techniques et des éléments associés

LARGEUR DES TRAITS

Largeur des traits	Valeurs en millimètres					
	Série principale		Série secondaire			
	Gamme		Gamme			
	N° 1	N° 2	N° 3	N° 4	N° 5	N° 6
Trait fin	0,18	0,25	0,18	0,25	0,35	0,50
Trait moyen	0,35	0,50	0,25	0,35	0,50	0,70
Trait fort	0,70	1,00	0,35	0,50	0,70	1,00

On s'efforcera de fixer le choix dans les gammes de la série principale.

Mines conseillées

	Support papier	Support calque
Trait fin	4 H	5 H
Trait moyen	4 H	5 H
Trait fort	H	2 H

Conseils

- La largeur des traits doit être identique pour toutes les vues d'une même pièce dessinée à la même échelle.
- Choisir la largeur des traits adaptés afin d'assurer la parfaite lisibilité du dessin et des reproductions.

Application des différents types de traits (en relation avec le repérage de la page précédente).

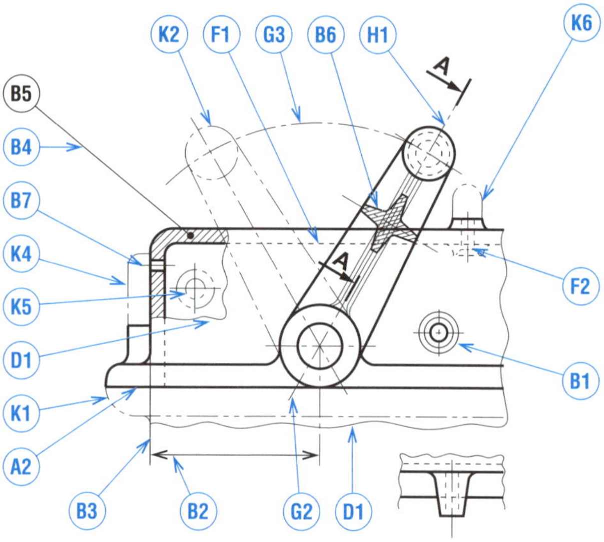

A – A

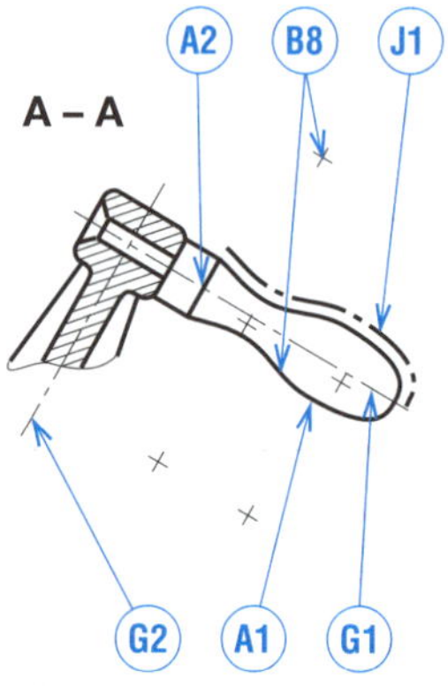

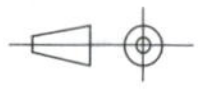

ESPACEMENT ENTRE DEUX TRAITS

- Il doit être au moins égal au double de la largeur (au minimum 0,8).

INTERSECTION DE DEUX TRAITS

- ***Traits interrompus***
  L'intersection de deux traits doit se faire sur les éléments tracés.

- ***Traits mixtes fins***
  L'intersection de deux axes doit se faire sur l'élément le plus long du trait

8.1.9. RACCORDEMENTS

Il y a raccordement entre deux lignes si celles-ci admettent à leur point de jonction une tangente commune. Le raccordement est réussi si le point de jonction entre les deux lignes considérées est invisible.

On distingue deux types de tracés :

- le raccordement de droites ou de circonférences par une circonférence de rayon r.
- le raccordement de circonférences par une droite (tracé de tangente).

RACCORDEMENT DE DROITES OU DE CIRCONFÉRENCES PAR UNE CIRCONFÉRENCE DE RAYON *r*

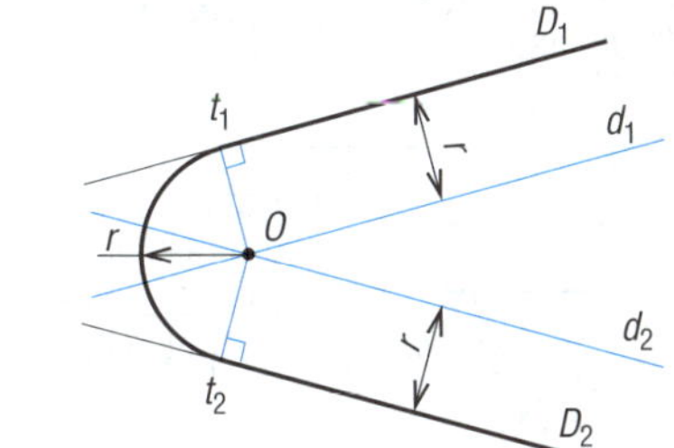

Figure a

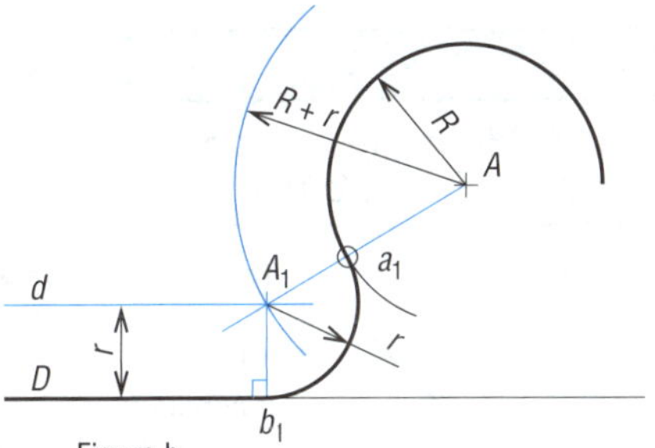

Figure b

Réussir les raccordements suppose que les tracés soient rigoureusement de la même épaisseur et que les points de jonction se trouvent parfaitement définis.

- ***Par rapport à une droite :*** tracer d_1 et d_2 parallèles à D_1 et D_2 à une distance r. Les points de contact sont t_1 et t_2.
- ***Par rapport à une circonférence de rayon R :***
  – à l'extérieur $R + r$;
  – à l'intérieur $R - r$.

Tracer l'intersection A_1 obtenue par l'arc de rayon $(R + r)$ et la parallèle à O menée à une distance r. Les points de contact sont a_1 et b_1.

RACCORDEMENT DE CIRCONFÉRENCES PAR UNE DROITE (Tracé de tangente)

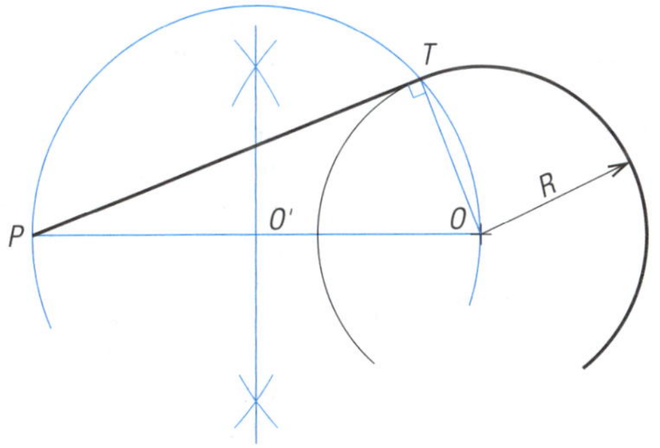

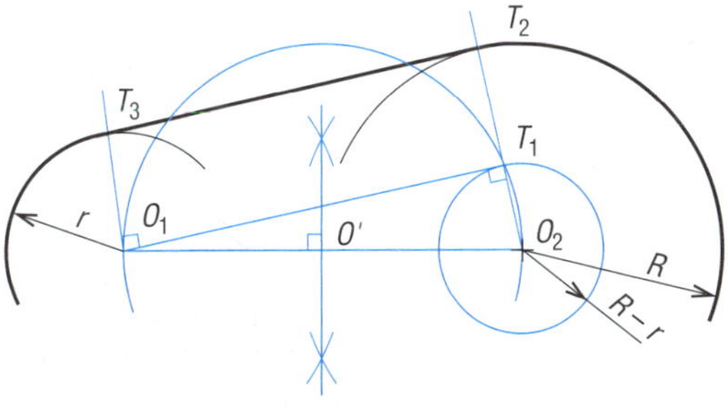

- ***Tracé d'une tangente à partir d'un point P :***
  – joindre $O\,P$;
  – élever la médiatrice du segment $O\,P$;
  – tracer la circonférence de rayon $O'\,P$; coupant la première de rayon R en T, joindre $T\,P$.
- ***Tracé d'une tangente extérieure commune à deux circonférences :*** tracer la circonférence de centre O_2 et de rayon $(R - r)$, puis les tangentes $O_1\,T_1$, à cette circonférence (problème précédent) joindre $O_2\,T_1$, prolonger jusqu'en T_2, tracer $O_1\,T_3$ parallèle à $O_2\,T_2$, joindre $T_2\,T_3$.

Conseil : lors de la mise au net à l'encre, on termine par le tracé des droites afin d'atténuer les légers défauts de raccordement.

8.1.10. CONTOUR APPARENT FICTIF — NF E 04-520

ARÊTE FICTIVE

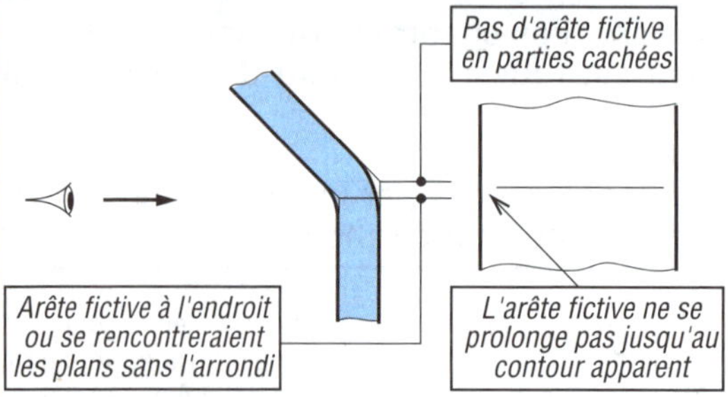

Afin de faciliter la lecture du dessin, on convient de faire figurer un contour apparent fictif par un trait continu fin. Ce dernier doit être arrêté à quelques millimètres des extrémités du contour réel.

Une arête fictive cachée ne se représente pas.

EXEMPLE D'APPLICATION

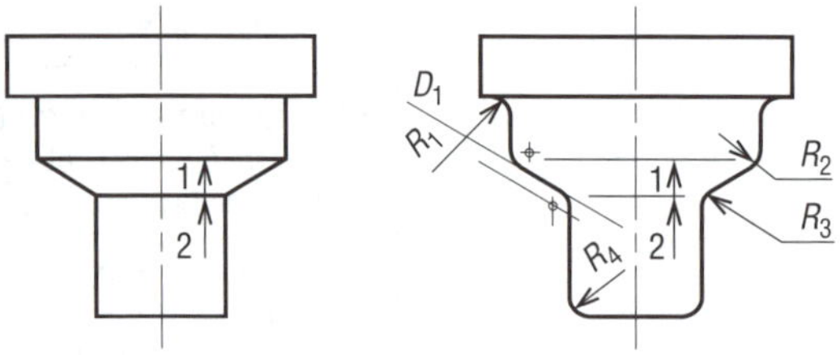

L'arête 1 est donnée par les rayons R_2 et la droite inclinée D_1.
L'arête 2 est donnée par la droite inclinée D_1 et le congé R_3.

8.1.11. HACHURES — NF E 04-520

Les hachures sont destinées à mettre en évidence les parties de pièces traversées par un ou plusieurs plans de coupe. (Voir paragraphes 2.2.15 et 2.2.16).

EMPLOI

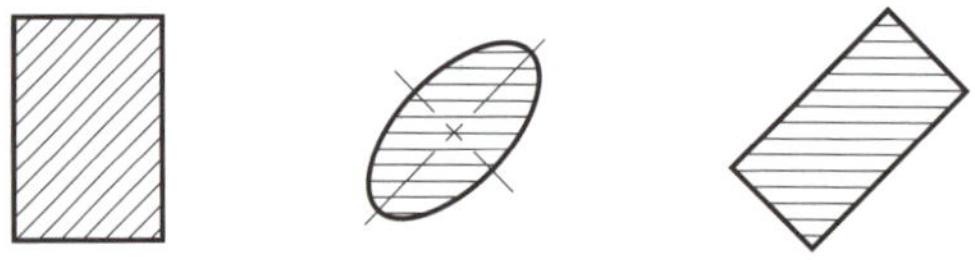

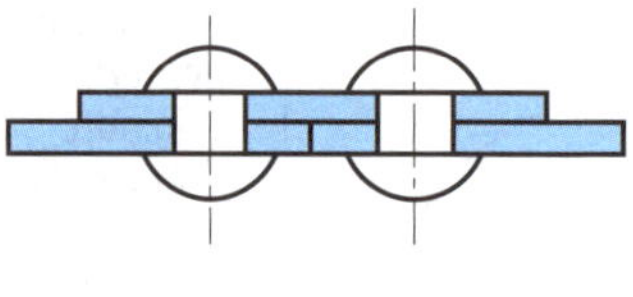

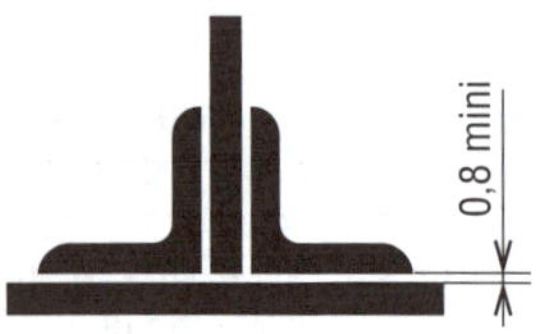

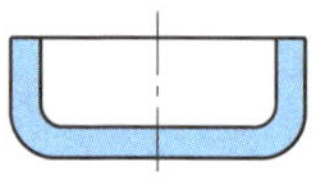

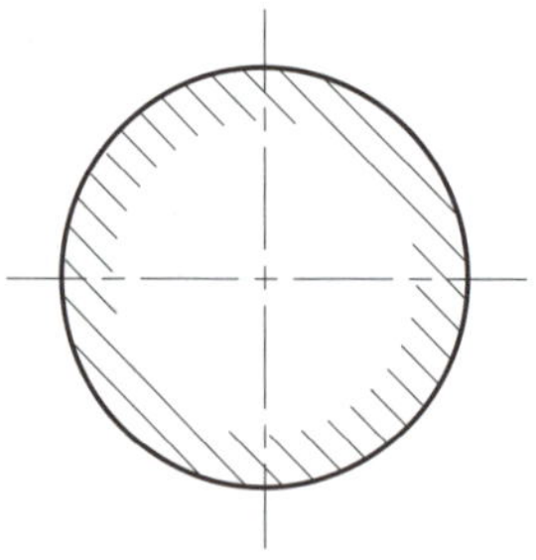

Trait des hachures
Toutes les hachures sont réalisées en traits fins.

Inclinaison
Les hachures sont inclinées de préférence à 45° par rapport aux lignes principales qui définissent le contour. Dans le but d'améliorer la lisibilité, on peut utiliser des inclinaisons de 30° ou de 60°...

Espacement
L'intervalle régulier entre les traits est choisi en fonction de l'importance de la surface à hachurer. Plus la pièce est grande, plus les hachures sont espacées.

Cas particuliers
- *Pièces de faible épaisseur*
  On peut tramer ou colorier la section.
- *Pièces de très faible épaisseur*
  La pièce est représentée par un trait noir épais, elle est séparée de la pièce voisine par un léger espace blanc de 0,8 mm minimum de large.
- *Grande surface*
  On limite la partie hachurée à un simple liseré.

Remarques :
- les hachures ne s'arrêtent jamais sur un trait interrompu fin :
- elles ne traversent jamais un trait continu fort.

Règles de présentation des dessins techniques et des éléments associés

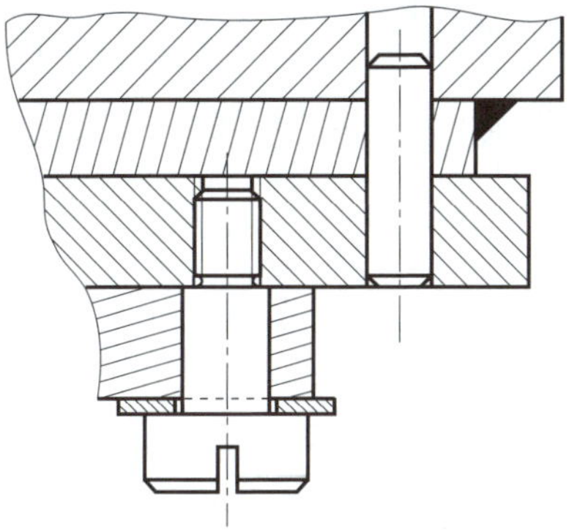

Applications

- Chacune des pièces juxtaposées d'un ensemble se distingue par une inclinaison différente des hachures (45°, 30°, 60°...).
- Pour une même pièce, les différentes parties de la section sont hachurées d'une manière similaire.
- Les hachures ne comportent aucune signification conventionnelle, seule la nomenclature définit clairement la nature de la matière utilisée (voir ci-dessous).

HACHURES CONVENTIONNELLES

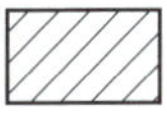	Tous les matériaux et alliages sauf éventuellement ceux prévus ci-dessous	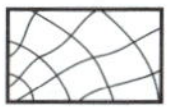	Bois en coupe transversale
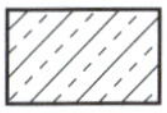	Cuivre et alliages de cuivre et béton léger préfabriqué	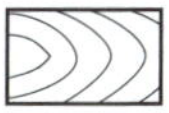	Bois en coupe longitudinale
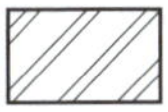	Métaux et alliages légers et maçonnerie creuse	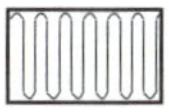	Isolant thermique
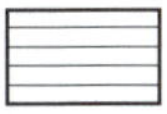	Antifriction et de façon générale toutes matières coulées sur une pièce	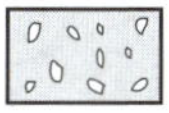	Béton
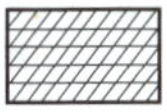	Matières plastiques ou isolantes et garnitures	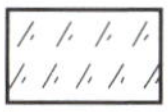	Vitre Verre optique
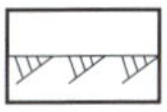	Sol naturel (meuble)		Verre fritté
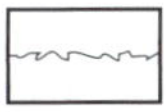	Sol naturel (roche)	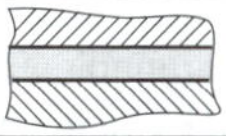	Joint de mortier
	Cloison de plâtre préfabriquée		Enduit plâtre

8.1.12. SYSTÈMES DE PROJECTION

NF E 04-520/ISO 128

POSITION DES VUES

• MÉTHODE E

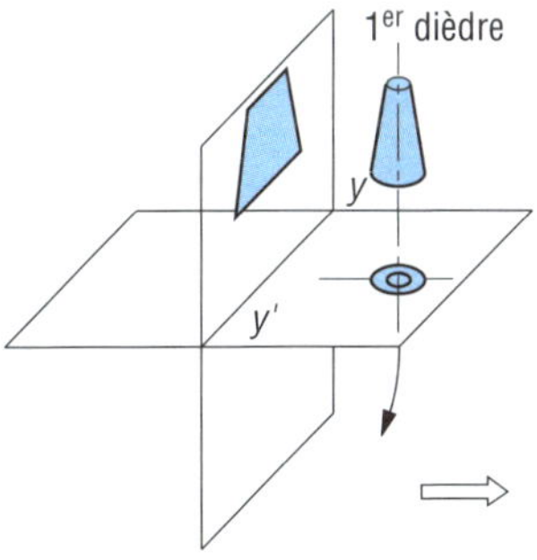

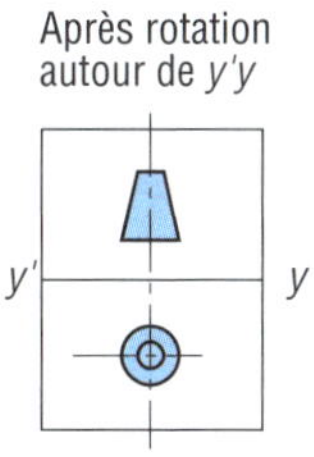

• MÉTHODE A

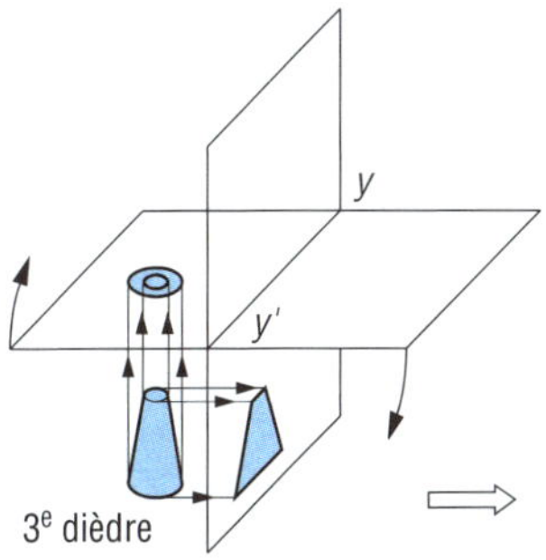

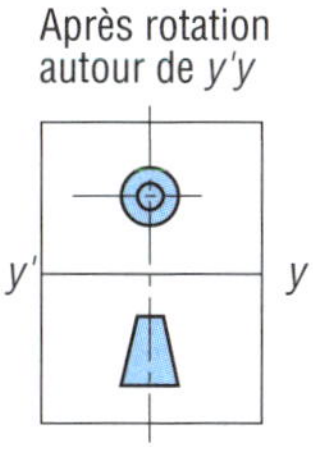

Méthode E (Européenne) ou méthode du 1er dièdre :

Le symbole E est à faire figurer dans le cartouche.

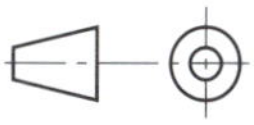

Méthode A (Américaine) ou méthode du 3e dièdre :

la disposition des vues, par rapport à la vue de face est l'inverse de celle de la méthode E.

Le symbole A est à faire figurer dans le cartouche.

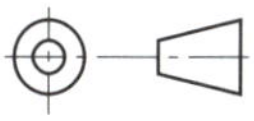

La norme ISO 10209 donne les définitions de l'ensemble des termes relatifs aux systèmes de projection.

REPRÉSENTATION ORTHOGONALE

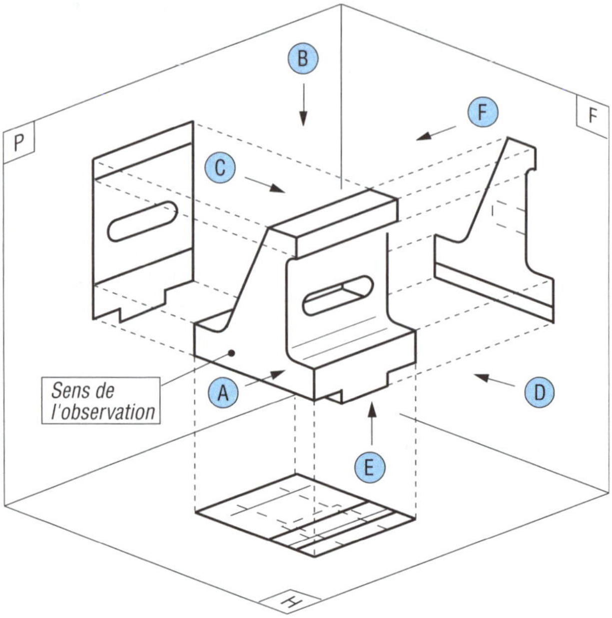

Analyse

- La définition complète des formes de l'objet technique est réalisée à partir de l'observation des différentes directions.
- La vue principale est la vue de face. C'est celle qui donne le maximum de renseignements sur l'objet.

POSITION ET DÉNOMINATION DES VUES

Méthode du 1er dièdre (E)

Sens d'observation :

La direction A est perpendiculaire aux directions B, C, D, E et F.
La direction B est perpendiculaire aux directions A, C, D, E et F.
La direction C est perpendiculaire aux directions A, B, D, E et F.
La direction D est perpendiculaire aux directions A, B, C, E et F.
La direction E est perpendiculaire aux directions A, B, C, D et F.
La direction F est perpendiculaire aux directions A, B, C, D et E.

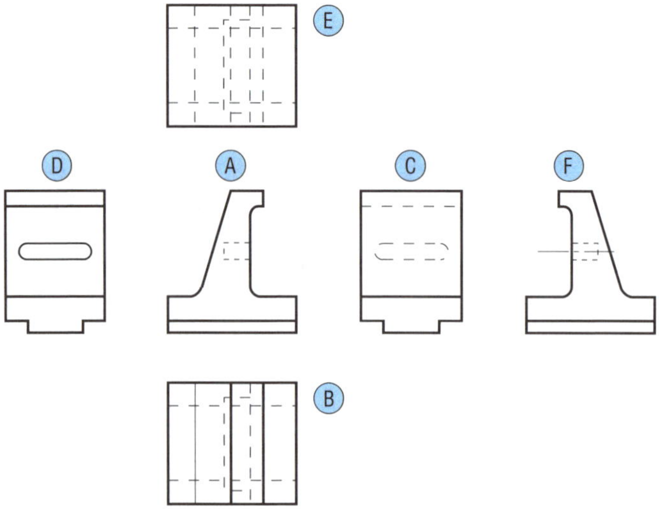

Vue suivant (A) = **Vue de face**

Vue suivant (B) = **Vue de dessus**

Vue suivant (C) = **Vue de gauche**

Vue suivant (D) = **Vue de droite**

Vue suivant (E) = **Vue de dessous**

Vue suivant (F) = **Vue d'arrière**

8.1.13. ISOSTATISME

Avant toute étude de construction, le dessinateur industriel doit s'assurer de la position relative des pièces destinées à assurer la ou les fonctions techniques.
Dans l'exemple ci-dessous, il s'agit d'assurer la ***mise en position isostatique*** de la pièce de fonderie. L'analyse menée doit conduire ensuite à la conception et à la réalisation du montage nécessaire à l'usinage.

PRINCIPE

Tout mouvement quelconque d'un solide de l'espace s'exprime par la somme vectorielle d'une ***Translation*** **T** *et* ***d'une Rotation*** **R**. *Les composantes de* T *et de* R *dans un repère orthonormé* **O,X,Y,Z** *sont :*

T_x, T_y, T_z	*3 Translations*	R_x, R_y, R_z	*3 Rotations*

L'immobilisation de la pièce dans le repère orthonormé **X,O,Y,Z**, *sera assurée après avoir supprimé les 6 degrés de liberté par 6 liaisons. Une seule position de la pièce est donc possible et le montage est dit* ***ISOSTATIQUE***.

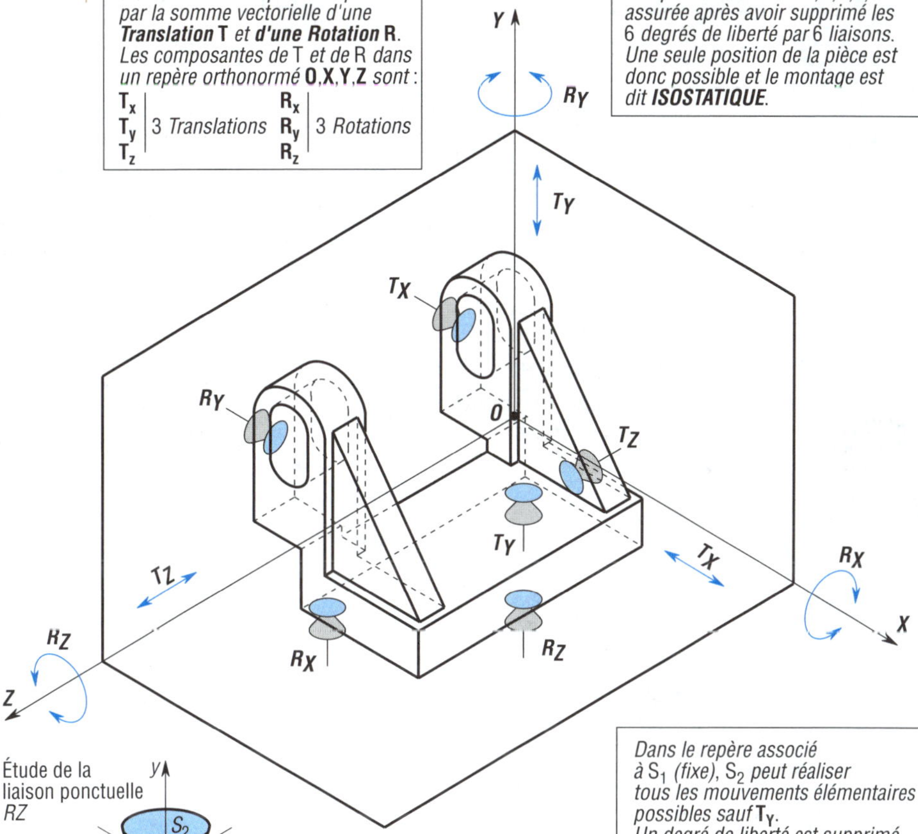

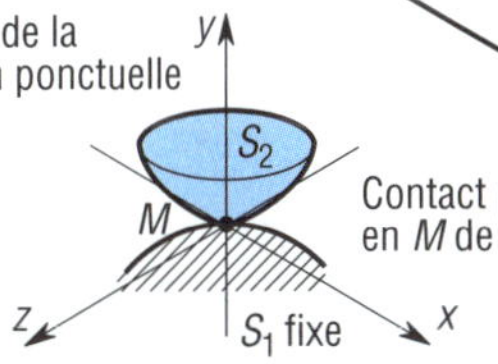

Dans le repère associé à S_1 *(fixe),* S_2 *peut réaliser tous les mouvements élémentaires possibles sauf* T_Y. *Un degré de liberté est supprimé, les 5 autres seront neutralisés par les 5 appuis restants. On assure alors l'équilibre* ***ISOSTATIQUE.***

LIAISON PONCTUELLE

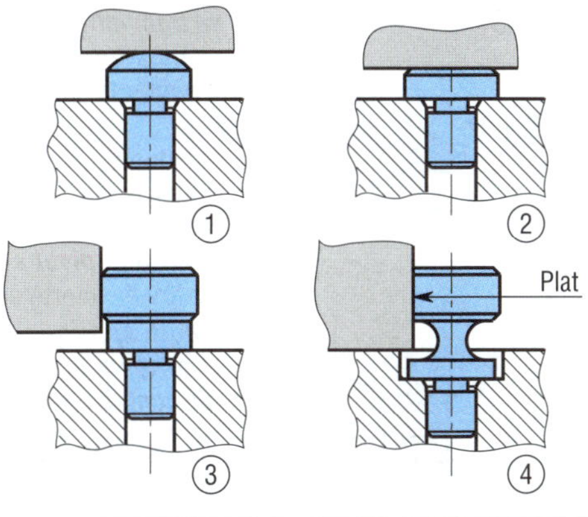

On rencontre des ***liaisons ponctuelles*** dans des appareillages et des montages de positionnement ou de contrôle des pièces.

① - Borne bombée : pour pièces brutes avec bonne correction géométrique.

② - Borne plate : pour pièces brutes ou usinées disposant d'une bonne correction géométrique.

③ - Borne rectifiée : pour appui latéral de pièce usinée.

④ - Borne avec plat rectifié pour appui latéral de pièce usinée.

Isostatisme

IMMOBILISATION D'UNE PIÈCE PRISMATIQUE

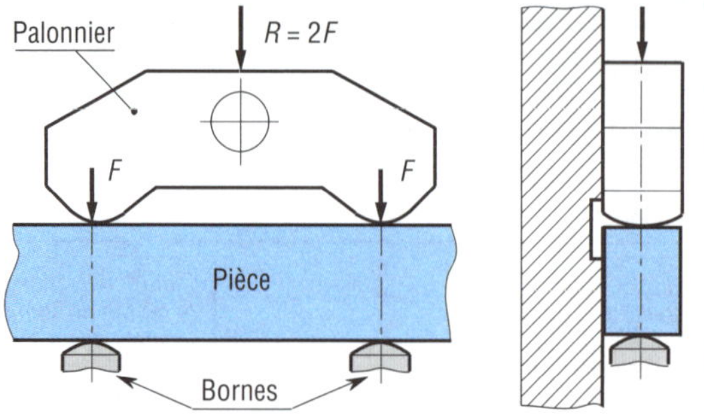

L'immobilisation de la pièce est assurée par une ou plusieurs forces dirigées sur les bornes ou appuis. Afin d'éviter la déformation des pièces, on peut faire porter les efforts sur des petites surfaces.

Cependant, si la pièce est suffisamment résistante et si sa forme le permet, on peut, à l'aide d'un palonnier, remplacer les forces ***F*** nécessaires par leur résultante générale ***R***.

PRINCIPE DU POINT - TRAIT - PLAN (dit principe de Lord Kelvin)

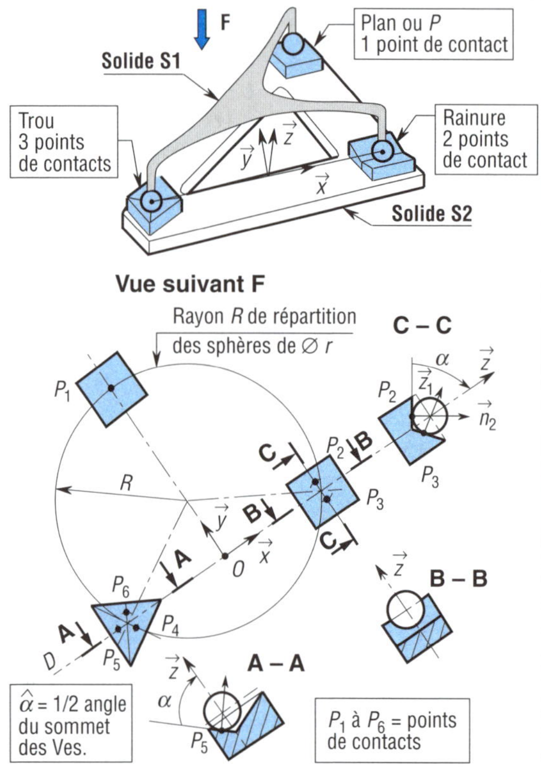

Le positionnement isostatique de deux solides S1 et S2 est assuré à l'aide de ***six points de contacts :***

Le solide S1 possède trois pieds terminés chacun par une sphère. Ces trois pieds viennent se placer sur un solide S2 comportant :

- ***un trou*** en forme de pyramide soit : 3 points de contact, soit 3 degrés de liberté en moins (liaison rotule : – 3) ;
- ***une rainure rectiligne*** en forme de V, soit 2 points de contact, soit 2 degrés de liberté en moins (liaison linéaire rectiligne : – 2) ;
- ***un plan*** soit 1 point de contact soit 1 degré de liberté en moins (liaison appui plan : – 1).

Remarques : le contact entre les deux solides est maintenu uniquement par le poids de S1.

Les axes du trou et de la rainure doivent être confondus (axe *D*).

EXEMPLES DE LIAISONS COURANTES ENTRE DEUX SOLIDES

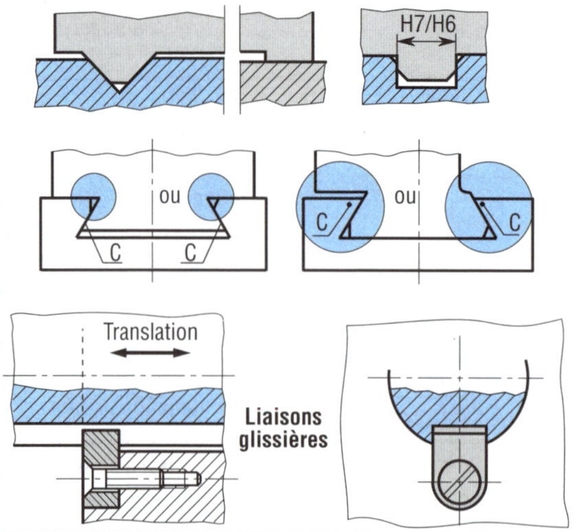

La liaison* entre deux solides est caractérisée par le nombre de degrés de liberté.

On distingue les degrés de liberté :

- ***en translation*** suivant trois axes ;
- ***en rotation*** autour de trois axes.

Les contacts entre deux solides peuvent être :

- ponctuels,
- linéaires,
- surfaciques.

Les liaisons ***pivot et glissière*** assurent un degré de liberté entre deux solides.

On doit appliquer ces principes en évitant toute surabondance de liaisons ou de contacts (voir exemples ci-contre).

* (voir chapitre 28 : symboles de liaison entre pièces).

8.1.14. CONCEPTS FONDAMENTAUX DE LA CAO

Les logiciels de Conception Assistée par Ordinateur (CAO) évoluent pour la plupart dans un environnement WINDOWS et UNIX.

S'appuyant sur un modeleur Filaire, Volumique et Surfacique, ils permettent de :

- Concevoir avec l'outil informatique un dessin d'ensemble ou de sous-ensemble de mécanisme.
- Retirer du dessin d'ensemble les dessins de définition des pièces, en vue de leur fabrication.
- Réaliser les assemblages (vues éclatées...), la nomenclature des composants, les notices explicatives.
- Simuler le fonctionnement de mécanismes (cinématique, dynamique...).
- Effectuer les calculs de dimensionnement (éléments finis), le contrôle de l'amplitude des mouvements, les encombrements et les caractéristiques cinétiques.
- Etudier le comportement d'un mécanisme et des pièces qui le composent en faisant varier les paramètres.
- Rendre l'usinage plus aisé par une maîtrise de la trajectoire des outils (découpe au laser, pliage, emboutissage...)

8.1.15. LES MODÉLISATIONS

La modélisation bidimensionnelle :
Elle est réalisée avec un logiciel 2D (deux dimensions). C'est le plus simple des logiciels. Il permet la création et la manipulation de dessins industriels et les schémas divers.
C'est un outil de traitement de dessins qui gère dans un plan (XOY, XOZ ou YOZ) des points, des lignes et des courbes.
La plupart de ces types de logiciels évoluent vers le 3D.

La modélisation tridimensionnelle :
Elle est réalisée avec un logiciel 3D (trois dimensions). Trois valeurs sont données suivant les trois axes X, Y, Z et définissent un volume (l'objet) dans l'espace.
Ce logiciel apporte la connaissance de la notion de matière, donne une définition exacte et non ambiguë des formes de l'objet et améliore la visualisation de celui-ci en déterminant les intersections de volumes et les perspectives (extérieures et intérieures).

8.1.16. LES PRIMITIVES

Les primitives sont des volumes de construction simple. On peut créer une primitive à partir d'un point, de deux points ou d'une diagonale. Chaque primitive est définie par un jeu unique de caractéristiques que l'on peut éditer. Les guides d'utilisation des logiciels apportent toutes les informations sur l'application de ces primitives.

Exemple : Outil primitive Cylindre 1 point

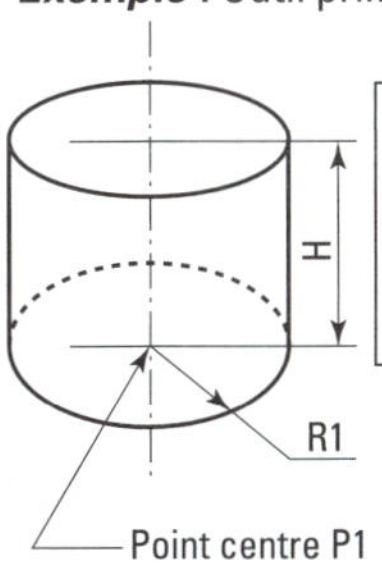

Cet outil dessine un cylindre en utilisant le point centre, le rayon et la hauteur. Les valeurs sont à saisir dans la ligne de statuts.

X = ... R1 = ...
Y = ... H = ...
Z = ...

Outils de création volumique - Primitives

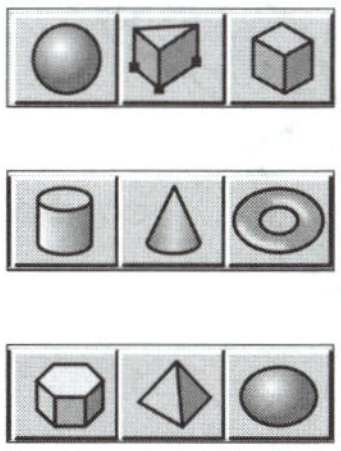

Sphères - Bloc - Prisme

Cylindre - Cône - Tore

Prisme - Pyramide - Ellipsoïde

FONCTIONS PRIMITIVES VOLUMIQUES DE CRÉATION D'ENLEVEMENT MATIÈRE

EXTRUSION

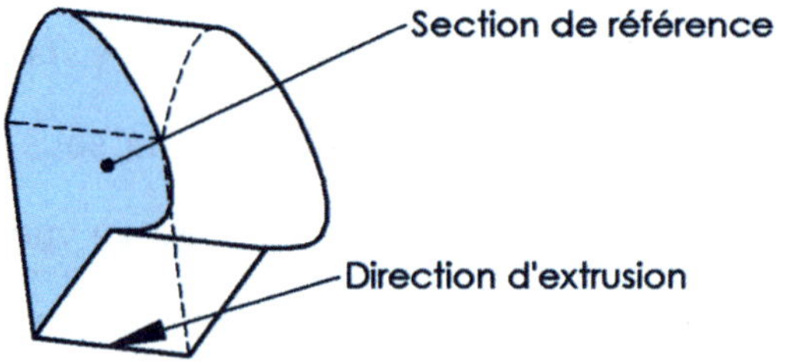

Extrusion volume

Après avoir construit le ***profil*** ou la ***section de référence désirée,*** défini la ***distance*** et la ***direction*** de l'extrusion, on étend le profil ou la section de référence à extruder le long d'un vecteur.

On peut extruder un profil composé de lignes, de courbes fermées, polygones, cercles, courbes groupées et surfaces. (voir fig. ci-contre).

BALAYAGE

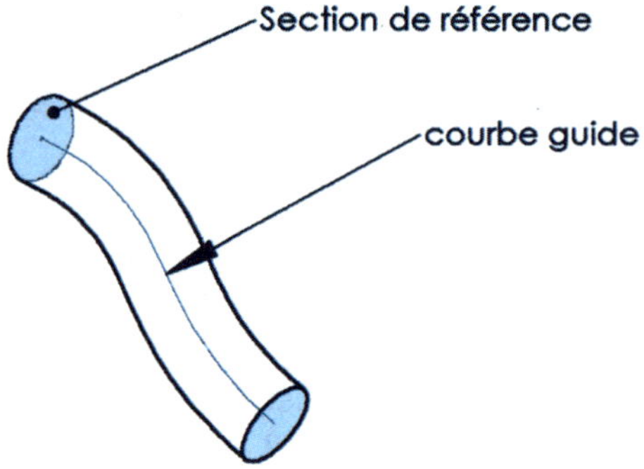

Balayage volume

Après avoir situé ***l'origine*** (point de départ), construit le ***profil*** ou la ***section de référence***, défini ***la courbe guide, un balayage*** est généré suivant la courbe trace ou rail d'extrusion (La trace définit l'orientation de la section).

Pour faire subir à la section de référence un changement d'échelle on utilise des courbes guides.

REVOLUTION

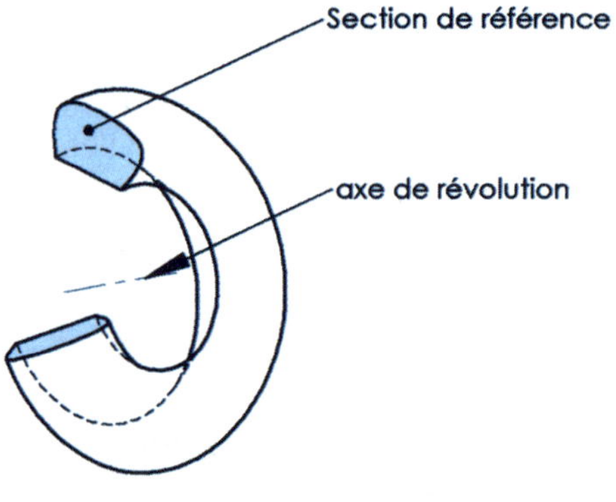

Révolution volume

Après avoir défini ***le profil ou la section de référence, la courbe, l'axe de révolution, ainsi que les caractéristiques dimensionnelles et géométriques (rayons, angles de révolution...), une révolution du profil*** est générée suivant l'axe choisi.

LISSAGE

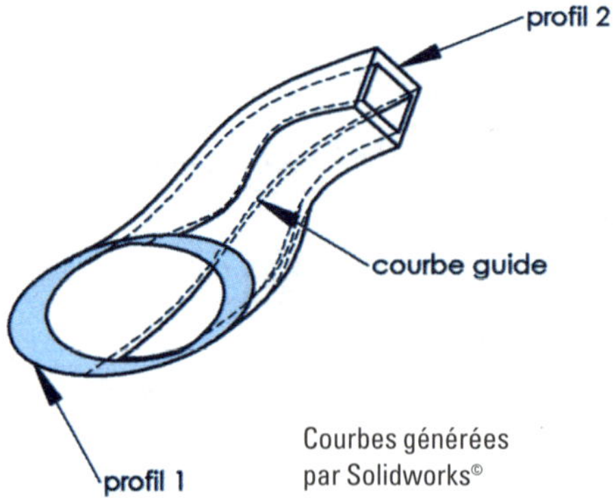

Courbes générées par Solidworks©

Lissage volume

Après avoir situé et précisé ***les différents profils fermés, la courbe guide et les caractéristiques dimensionnelles et géométriques de ces profils (profils 1 et 2), un lissage passant par l'ensemble de ces profils génère un volume.***

Règle à respecter :

Les profils ne sont pas obliques ; ils doivent être fermés et il faut éliminer la superposition des courbes (les profils peuvent être plans ou 3D)

8.1.18. TYPES DE MODÉLISATION VOLUMIQUE

Le modeleur est au cœur du système C.A.O. 3D. C'est la base de données géométriques décrivant l'objet. Les modélisations permettent une représentation réelle des mécanismes, l'élaboration des dossiers d'études et documents associés à la conception.

MODÉLISATION FILAIRE

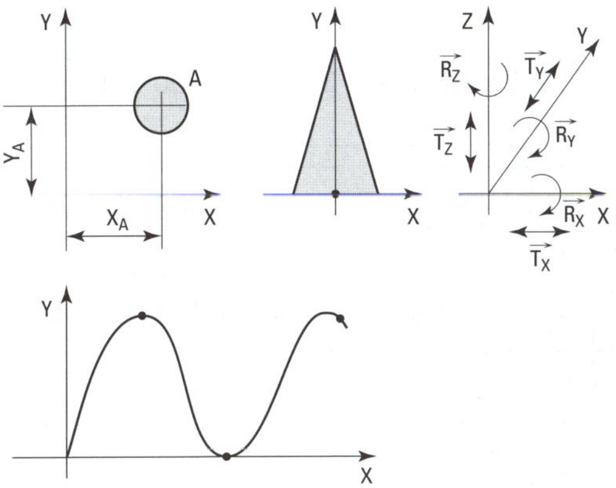

La modélisation Filaire encore appelée fil de fer, linéique ou treillis est le premier niveau de modélisation dans l'espace. Les modèles filaires sont constitués de points, de lignes, d'ellipses, d'arcs de cercles... ou une combinaison de ceux-ci. Ils mettent en œuvre les mêmes entités géométriques que dans la modélisation 2D, en y ajoutant la troisième dimension. On rencontre assez rapidement des difficultés de lecture de dessin compte tenu de la densité des traits qui se superposent.

Voir application :
Pince de levage de tôle

MODÉLISATON SURFACIQUE

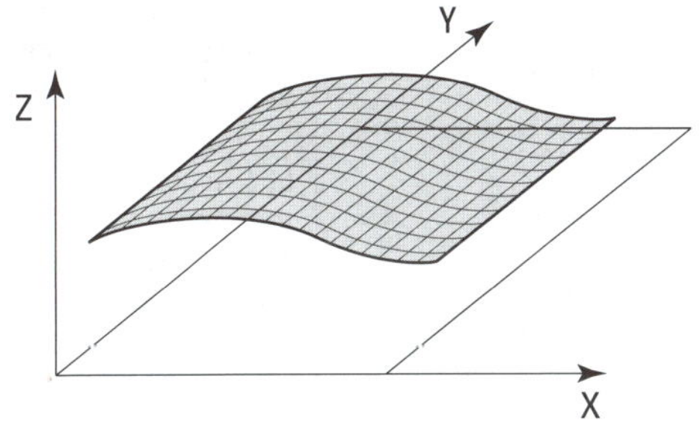

La modélisation surfacique est le premier outil de concepteur des formes, car il prend en compte la notion de surface.

Des surfaces enveloppes délimitent le solide et la gestion des intersections conduisent à la création de l'objet. L'utilisation des fonctions mathématiques pour définir et positionner des surfaces est également possible.

Ce type de modélisation permet une meilleure visualisation sur l'exécution des formes complexes (bateaux, avions, voitures...).

MODÉLISATION VOLUMIQUE

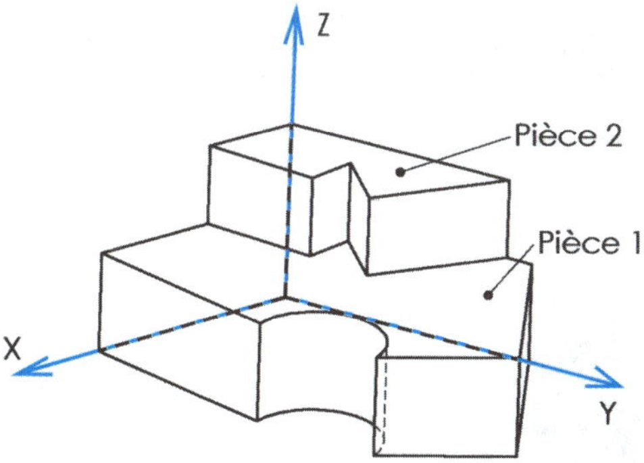

La modélisation volumique permet la réalisation :

- du dessin d'ensemble
- du dessin de définition
- du dessin d'assemblage
- du dessin éclaté

ainsi que la nomenclature et la notice

La modélisation volumique est performante car elle intègre les modélisations filaire et surfacique. Elle permet de représenter l'objet avec précision dans l'espace en prenant en compte la matière.

Pour concevoir un objet en C.A.O. 3D volumique il faut :

- Choisir et utiliser les primitives volumiques.
- Utiliser les opérations logiques pour assembler.
- Assurer les transformations géométriques avec les opérateurs géométriques.
- Afficher la représentation de l'objet sur l'arbre.

Certains logiciels disposent de modeleurs volumiques paramétriques qui intègrent un modeleur 3D volumique de mécanique. Ils peuvent alors traiter des mécanismes bidimensionnels et tridimensionnels en géométrie, en cinématique, en statique, en dynamique...

DÉMARCHE POUR EXÉCUTER EN C.A.O. 3D LES DESSINS TECHNIQUES

La phase d'AVANT-PROJET conduite en C.A.O. 3D passe par le SCHEMA lequel permet une représentation graphique simplifiée ou limitée aux fonctions principales à réaliser. Plusieurs formes de schémas assurent le passage de l'idée au projet du produit. Notons les schémas de principe, technologique, architectural et cinématique minimal (voir normes).

> Pour être efficace, l'exploitation de l'outil CAO 3D implique une préparation du projet à main levée sur papier.

MISE EN SITUATION

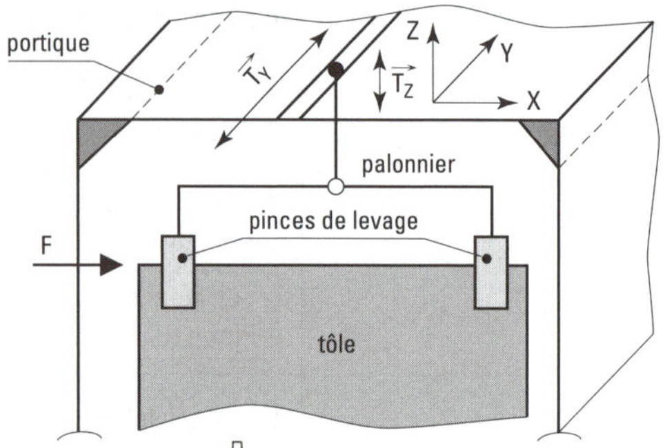

L'ensemble de levage est composé :

- d'un portique
- d'un palonnier
- de deux pinces de serrage

Sur le portique trois trajectoires sont prévues suivant les axes X-Y-Z.

L'épaisseur de la tôle à serrer et à lever devra être comprise entre 1 à 6 mm.

Le mécanisme conçu permet de neutraliser le glissement de la tôle lors du levage et d'établir un auto-serrage.

Les actions de contacts sont obtenues par deux mâchoires excentrées *(une étude mécanique du système a permis de définir les matériaux, les formes et les dimensions).*

SCHÉMA DE PRINCIPE D'UNE PINCE

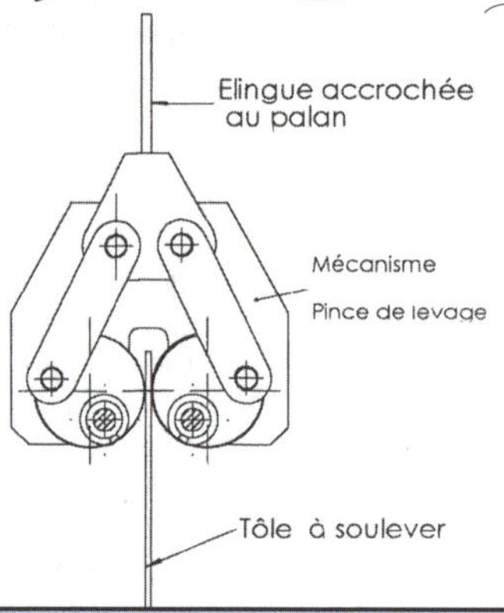

8.1.20. PRÉSENTATION DES VUES POSSIBLES D'UN ENSEMBLE

VUES DE LA PINCE

Vue réaliste de la pince assemblée

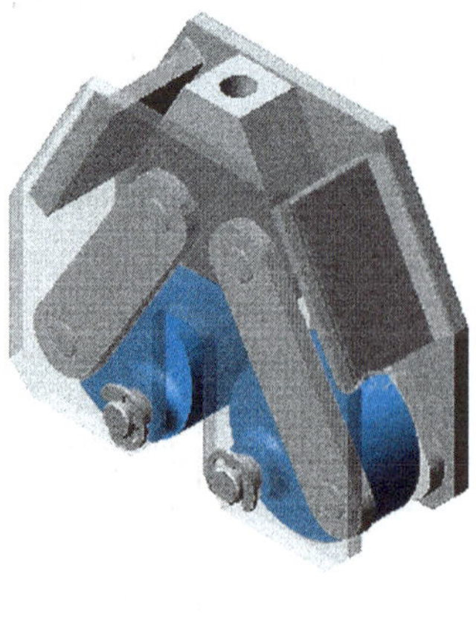

Vue réaliste de la pince éclatée

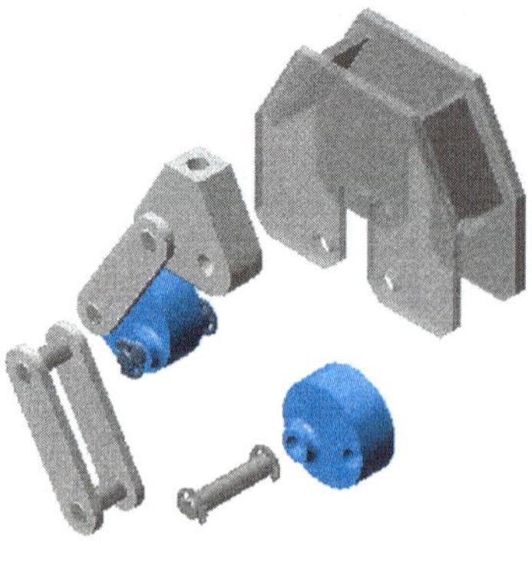

VUES DE LA PINCE (SUITE)

Vue filaire de la pince assemblée

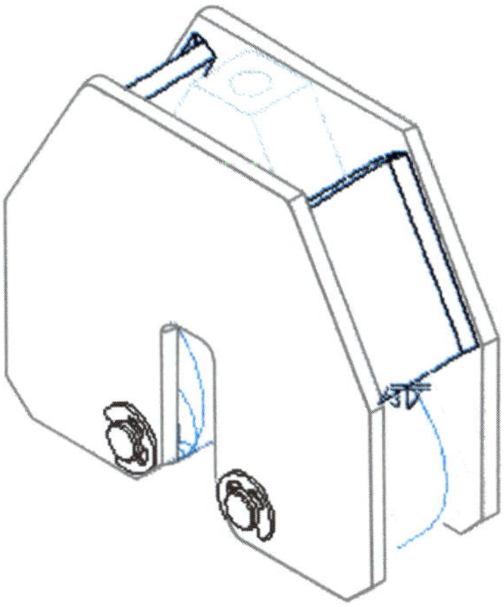

Vue du corps mécano-soudée de la pince

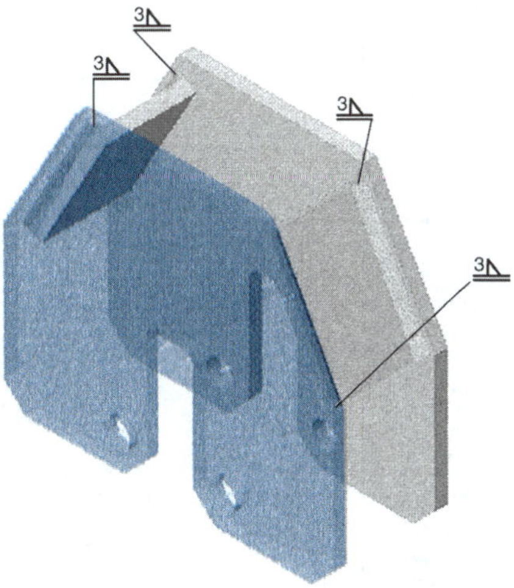

Came montée dans son axe

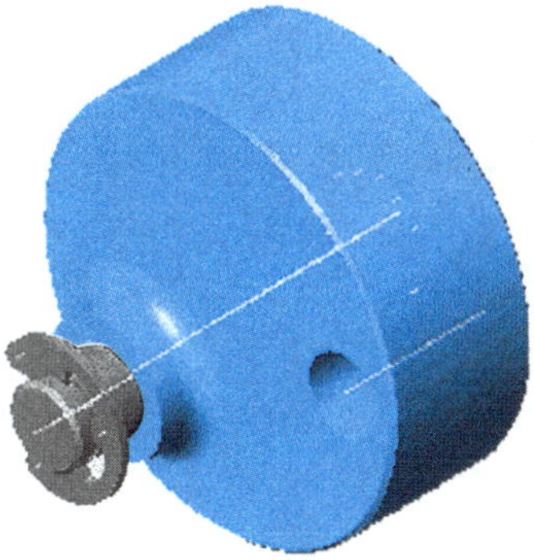

Eclatement du corps seul

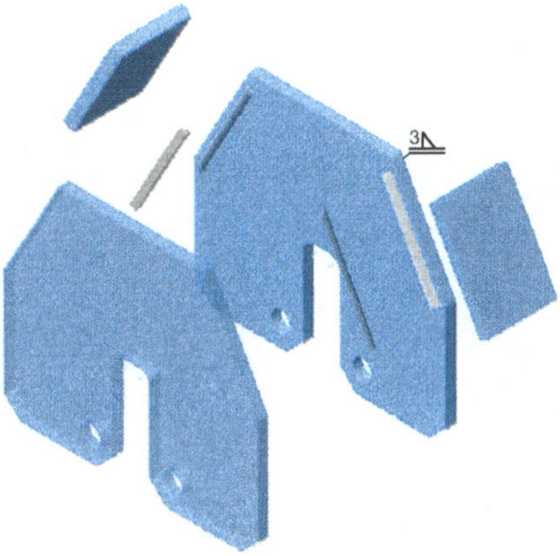

DESSIN D'ENSEMBLE

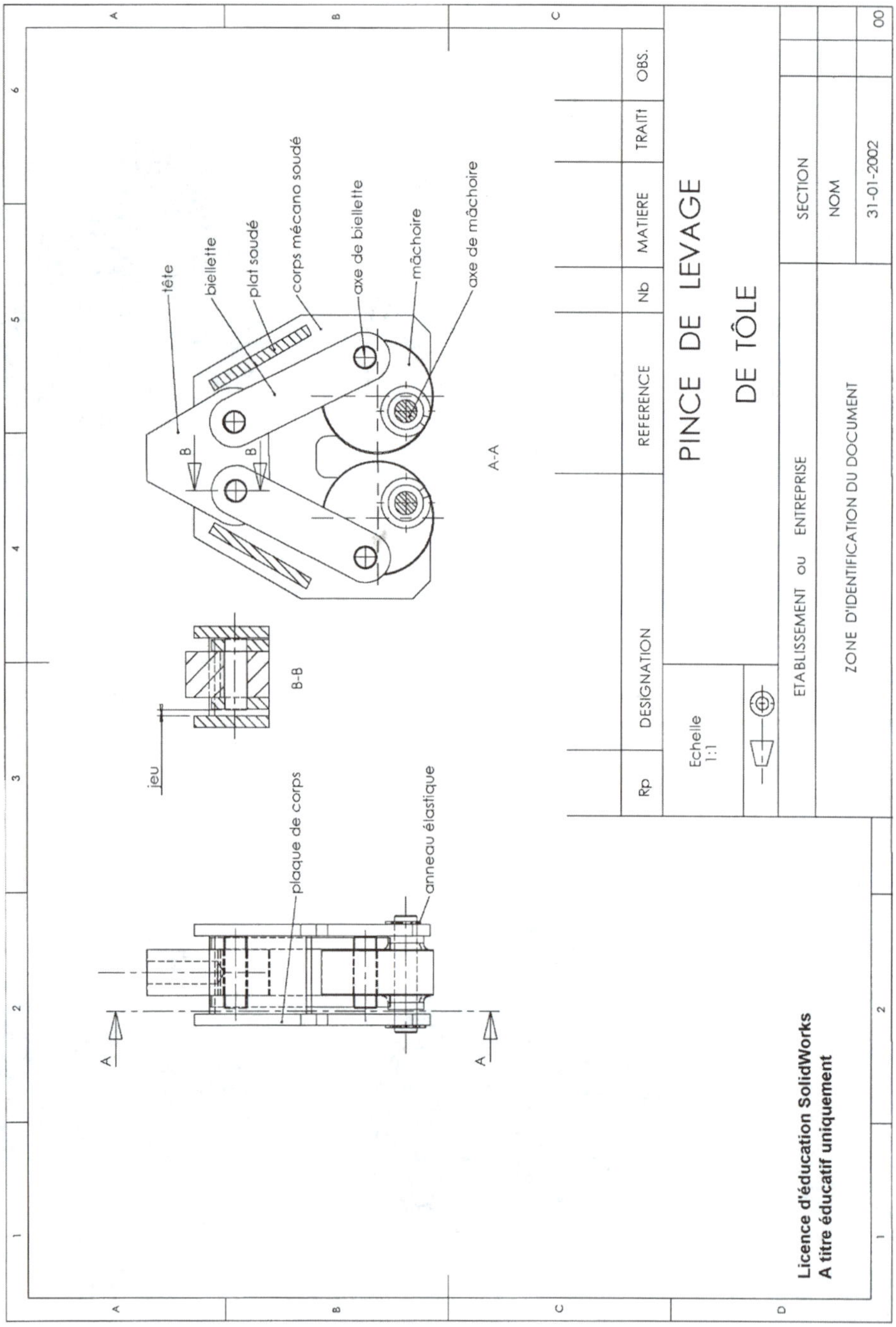

DESSIN ÉCLATÉ

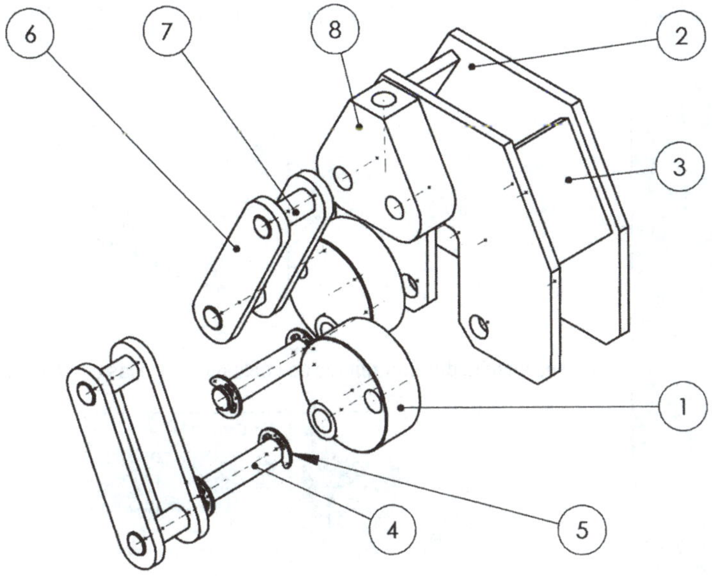

Rp	Nb	Désignation	Matière	Observations
1	2	machoire		
2	2	plaque		
3	2	plat		
4	2	axe long		
5	4	anneau		
6	4	tirant		
7	4	axe court		
8	1	tête		

Echelle
1:1

PINCE DE LEVAGE

DE TÔLE

ETABLISSEMENT | SECTION

ZONE D'IDENTIFICATION DU DOCUMENT | NOM

31-01-2002 | 00

Licence d'éducation SolidWorks
A titre éducatif uniquement

8.1.21.MÉTHODE DE CRÉATION D'UN ASSEMBLAGE

L'outil informatique équipé d'un modeleur paramétrique 3D dispose d'un panneau de ***fonction d'assemblage*** (ex : Solidwords). Cette fonction permet de positionner les différentes pièces, préalablement définies, les unes par rapport aux autres et préciser leurs degrés de mobilité.

FONCTION D'ASSEMBLAGE

Tout d'abord, on amène les composants à assembler dans le document d'assemblage

On place ensuite des contraintes de coaxialité entre les composants

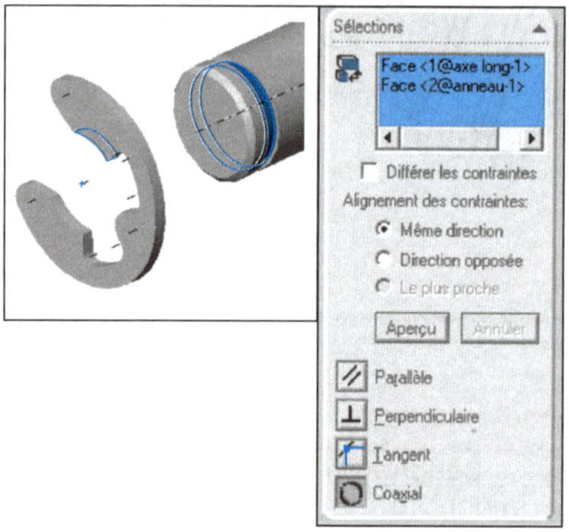

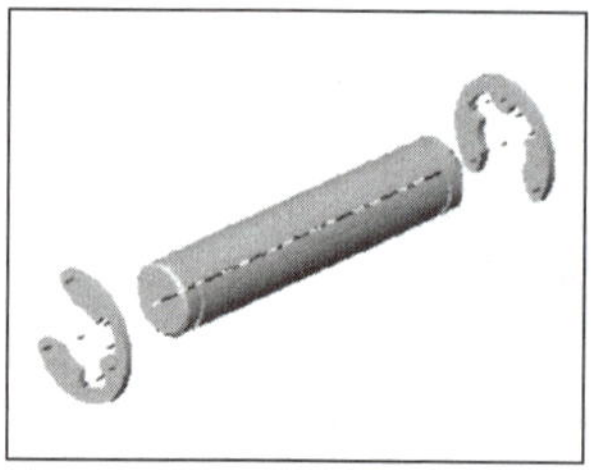

Enfin, on place des contraintes de distance entre les plans des constituants

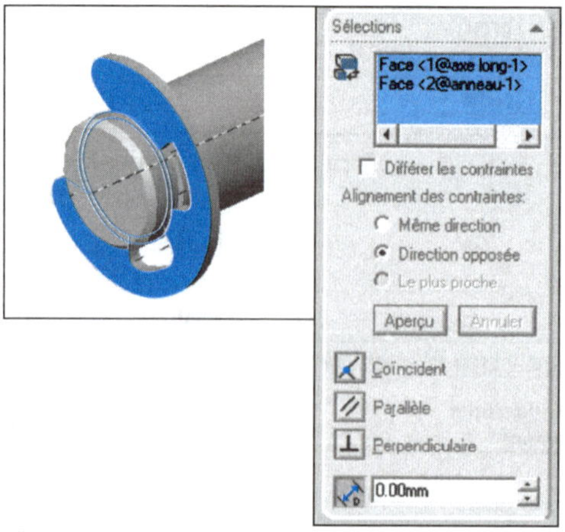

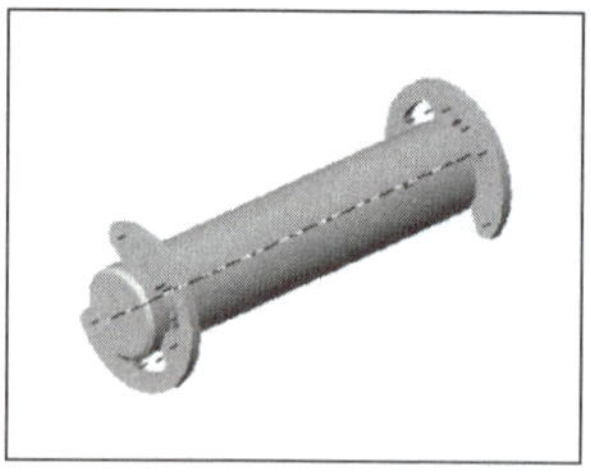

8.1.22. MÉTHODE DE CRÉATION D'UNE PIÈCE EN 3D VOLUMIQUE

Les différentes phases de création d'une pièce en 3D volumique portent sur les menus du logiciel utilisé (ici SOLIDWORKS). Ces menus permettent de créer, d'enregistrer, d'éditer et d'afficher les cotes de ***l'esquisse volumique*** souhaitée pour arriver au dessin 3D volumique, à la mise en plan et fournir le dessin de définition de la pièce.

1 ESQUISSE PLANE

2 EXTRUSION

Dessin d'une esquisse plane : Ici c'est un cercle de ∅ 50

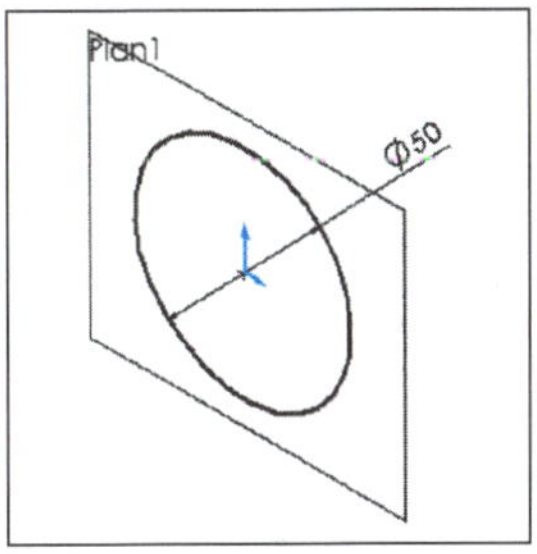

(1)

PUIS

Utilisation de la fonction Bossage-Extrusion

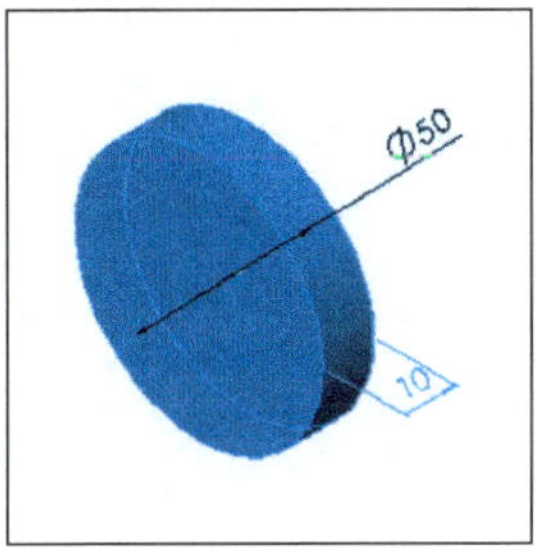

(2)

L'esquisse construction est la trace d'une courbe ou d'une série de courbes en vue d'obtenir un profil ou une section de référence.

Elle permet ensuite de créer des volumes à partir des fonctions primitives volumiques de création et d'enlèvement matière, comme l'***extrusion***, la ***révolution***, le ***balayage*** et le ***lissage*** (voir page 30)

Les congés, chanfreins, trous, bossage, perçage, enlèvement matière et protusion (ajout de matière), peuvent être installés sur le dessin à l'aide de ***fonctions associatives***.

Les logiciels peuvent exécuter des ***symétries volumiques*** par rapport à un axe ou à une face à l'aide d'un outil de symétrie volumique (ex : symétrie volumique par rapport à la face plane non chanfreinée).

3 BOSSAGE EXTRUSION

4 CHANFREINS ET CONGÉS

A partir d'une face plane extérieure, cercle d'esquisse et bossage extrusion :

(3)

Création des congés et chanfreins :

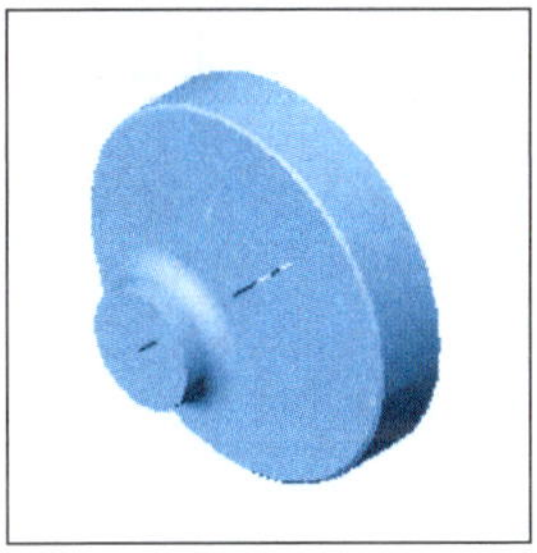

(4)

5 SYMÉTRIE VOLUMIQUE

6 BOSSAGE EXTRUSION PERÇAGE

Symétrie volumique par rapport à la face plane non chanfreinée :

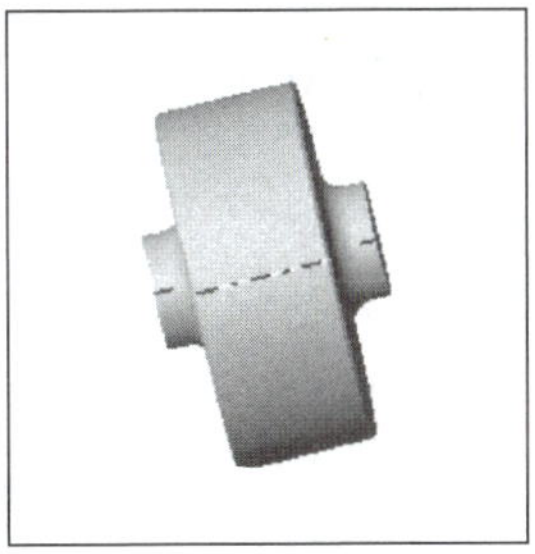

(5)

Enfin, enlèvement de matière par bossage extrusion, pour créer les alésages :

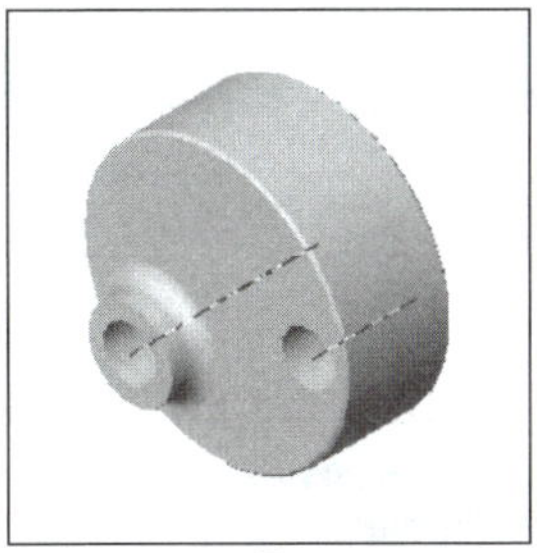

(6)

Arbre de création obtenu :

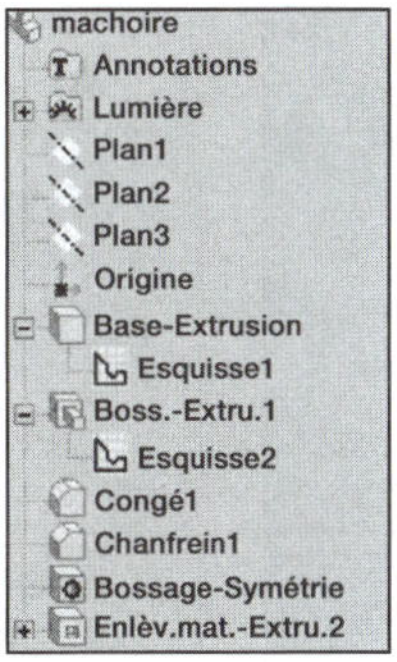

DESSIN DE DÉFINITION

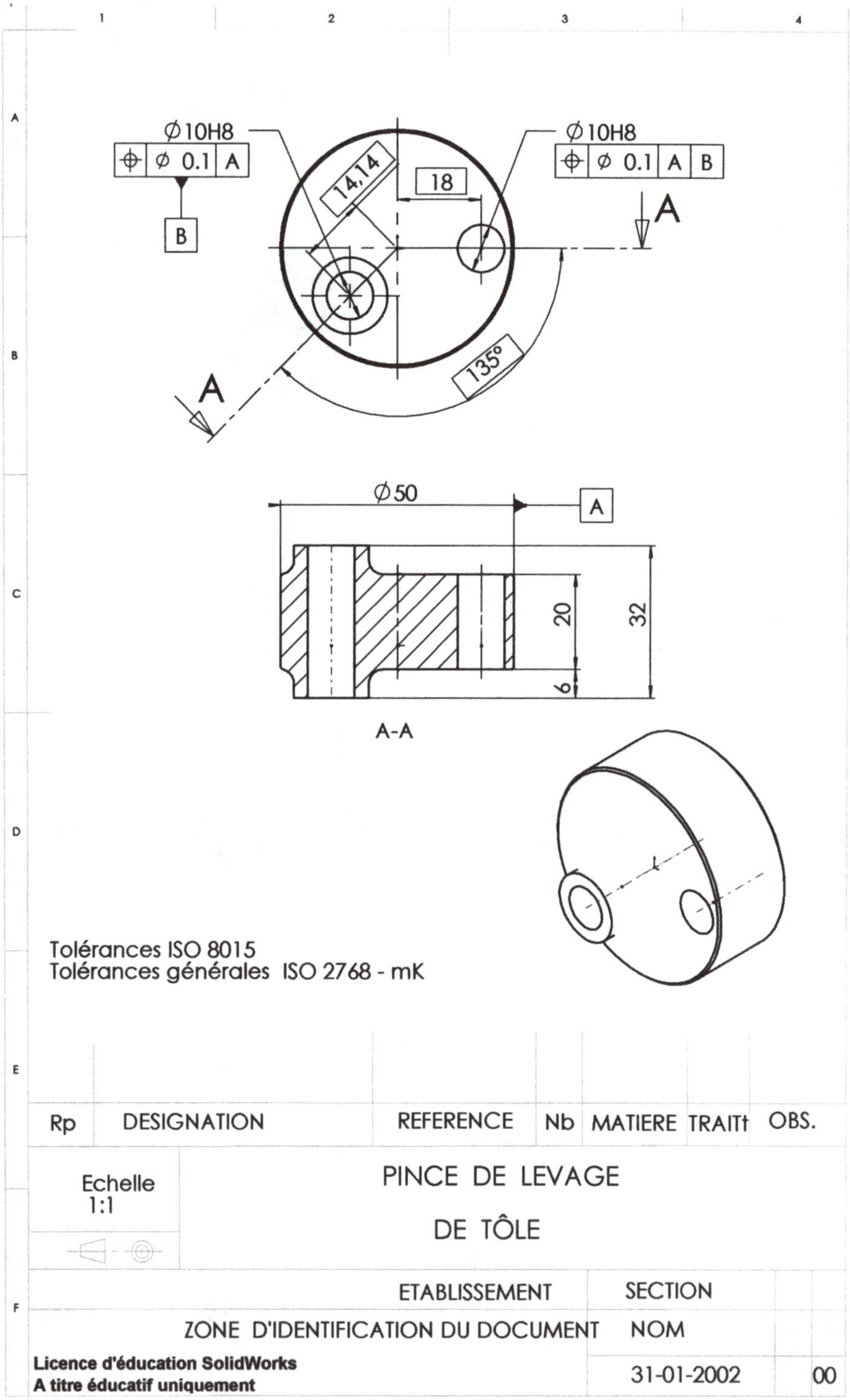

8.2. PROTOTYPAGE RAPIDE

Le prototypage rapide permet de valider l'aspect d'une pièce, l'intégration de celle-ci dans un ensemble et la fonctionnalité d'un mécanisme.

Principe :
Le prototypage rapide consiste à créer et à concevoir le dessin d'un objet en 3 D à partir d'une modélisation informatique et aboutir à la fabrication physique de l'objet modélisé.

Technologies adoptées :

Conception du projet en CAO
(cotation, précision, tolérances et géométrie)

• **Simulation de comportement** *(statique, cinématique, dynamique)*
en déformation et en optique de système

Récupération du fichier informatique au format dédié (STL)

Technologie Stratasys	Technologie Objet
Réalisation de pièces 3D par dépôt de couches successives d'environ 0,25 mm de fil d'ABS fondu	Réalisation de pièces 3D par projection de microgouttelettes de résine acrylate, polymérisées par UV

On utilise :
– Un matériau modèle pour la pièce
– Un matériau support pour soutenir la pièce

On obtient :
– Un bloc compact de modèle et de support

Nettoyage des pièces par dissolution des supports dans une cuve à ultrasons	Nettoyage des pièces par séparation des supports par jet d'eau

Résultats :
Le prototypage permet d'obtenir en quelques heures :

• **La simulation du procédé :**
- des modèles en résine viendront valider la conception et les solutions retenues aux niveaux géométrique, fonctionnel, esthétique.
- la **validation de formes complexes** permettra le développement de produits innovants à l'aide de nouveaux procédés de fabrication (moulage par injection, formage de précision...).
- des pièces métalliques sont obtenues par le procédé de coulée sous vide.
- des pièces plastiques sont réalisées par le procédé de moulage en moule de silicone.

DIFFÉRENTES PHASES D'IMPRESSION SUR IMPRIMANTE DE PROTOTYPAGE (ex : sur EDEN 260 objet).

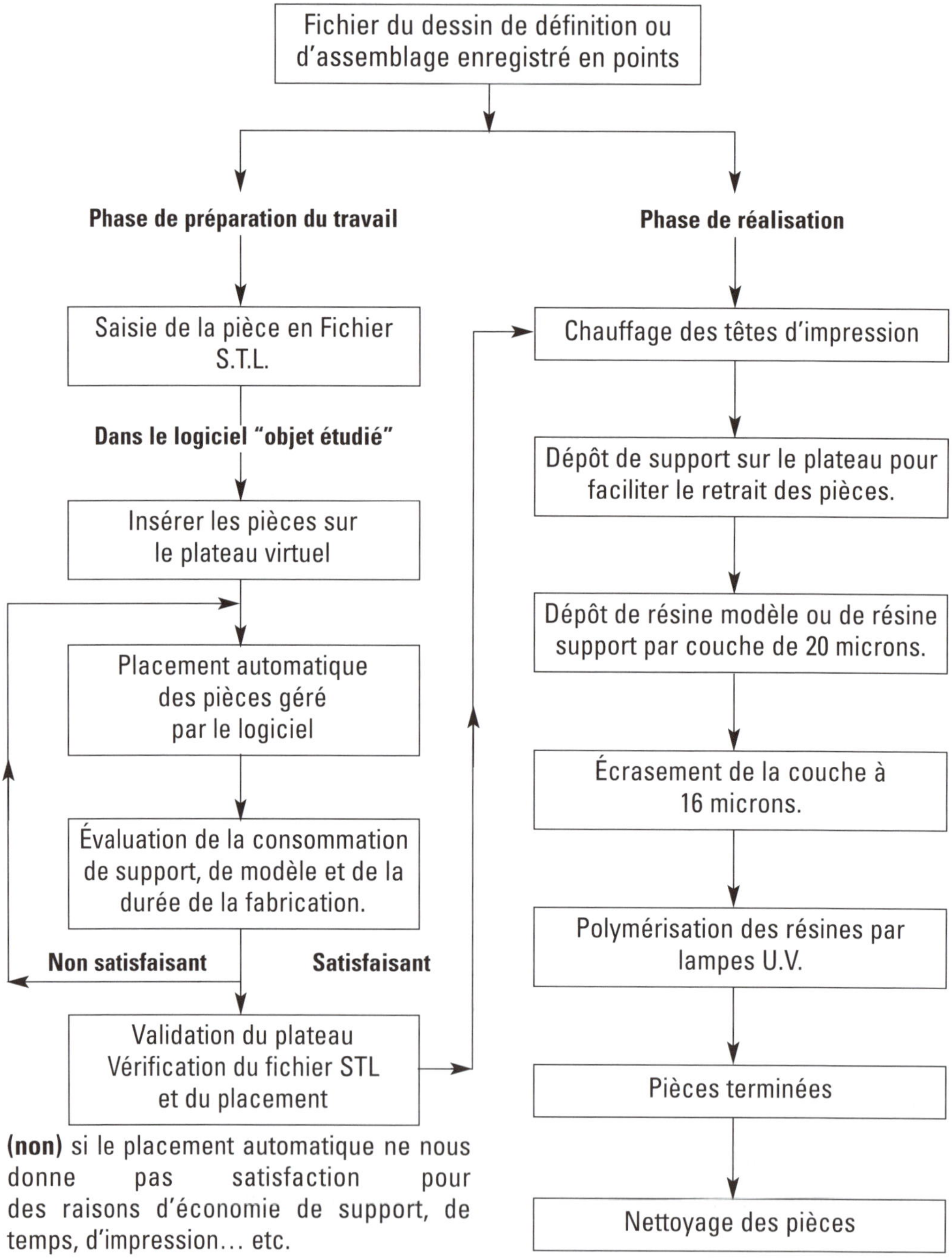

(non) si le placement automatique ne nous donne pas satisfaction pour des raisons d'économie de support, de temps, d'impression… etc.

Prototypage rapide (suite)

Technique d'impression sur imprimante de prototypage (ex : sur EDEN 260).

La technique utilisée est différente de celle de l'usinage traditionnel. Le principe consiste en un dépôt de résine, par couches successives de l'ordre de 20 microns sur un plateau spécifique. L'imprimante travaille suivant les 3 axes x, y, z. (voir schéma ci-dessous).

Schéma de principe des différents déplacements :

Le dépôt de résine se fait par les têtes d'impression, celles-ci travaillant dans le plan XY. Le plateau est motorisé et possède l'axe Z. La capacité d'impression dépend des caractéristiques des imprimantes de prototypage.

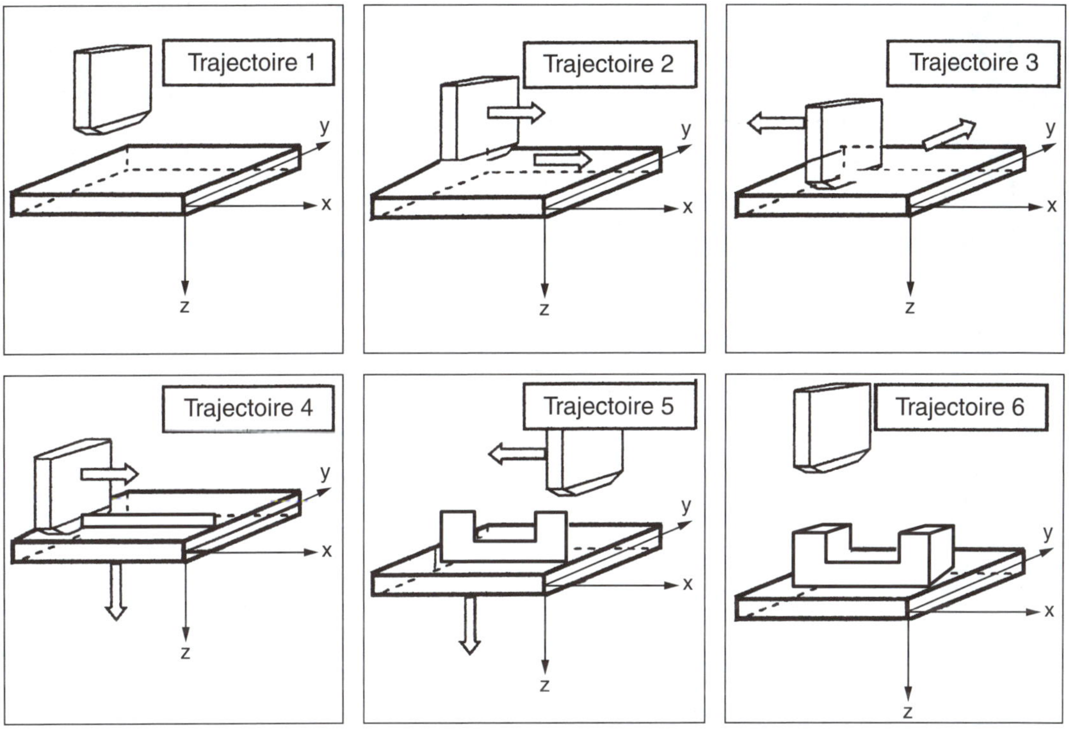

Différentes technologies

- Polymérisation de résine « Stéréolithographie »
- Stratoconception
- Dépôt de fil en fusion – FMD
- Frittage de poudre
- Lamination – LOM
- Injection de cire
- Enlèvement de matière
- Impression 3D
- Impression 3D métallique

Exemple de réalisation

8.3. REPRÉSENTATIONS PARTICULIÈRES — ISO 128

Les représentations particulières permettent de :
- simplifier les représentations en supprimant des tracés inutiles ;
- faciliter la lecture du dessin réalisé.

VUES DÉPLACÉES

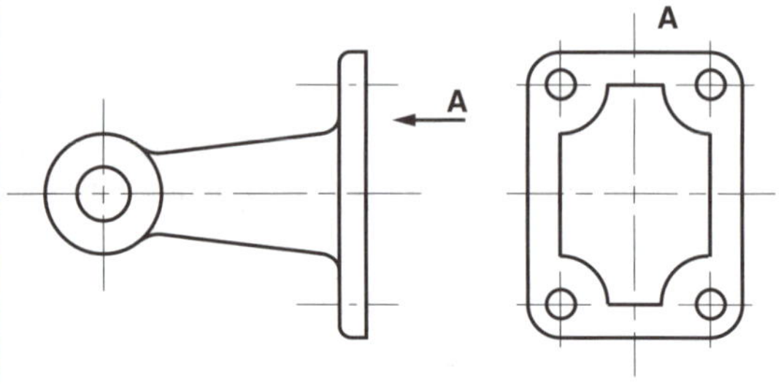

La méthode des flèches repérées est utilisée chaque fois qu'une vue ne peut être disposée dans la position normale (méthode du premier dièdre) ou si une direction d'observation particulière est jugée nécessaire. On emploie une même lettre majuscule pour repérer la vue et sa direction d'observation. La place de la vue est libre.

VUES PARTIELLES

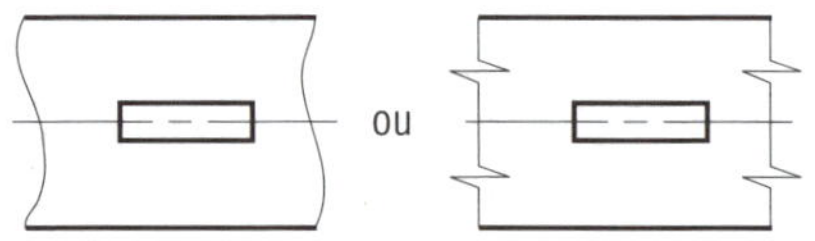

Quand la représentation de la totalité d'un élément n'est pas indispensable à la compréhension du dessin, on peut remplacer la vue entière par une vue incomplète limitée par un trait continu fin tracé à main levée, ou par un trait fin, tracé a la règle, avec zigzags.

VUES INTERROMPUES

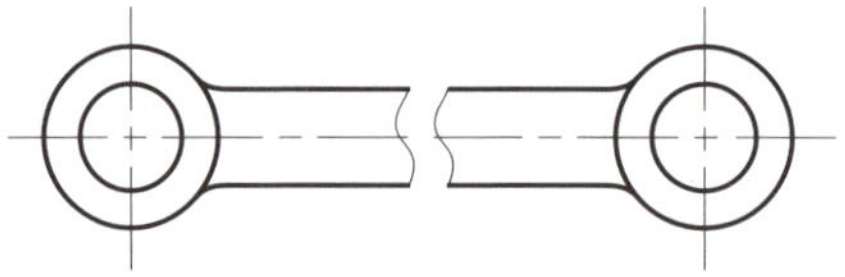

Pour gagner de la place, on peut ne représenter que les parties d'une pièce longue et de section constante qui suffisent à elles seules à définir sa forme.
Les parties conservées sont limitées comme les vues partielles et rapprochées les unes des autres.

VUES OBLIQUES

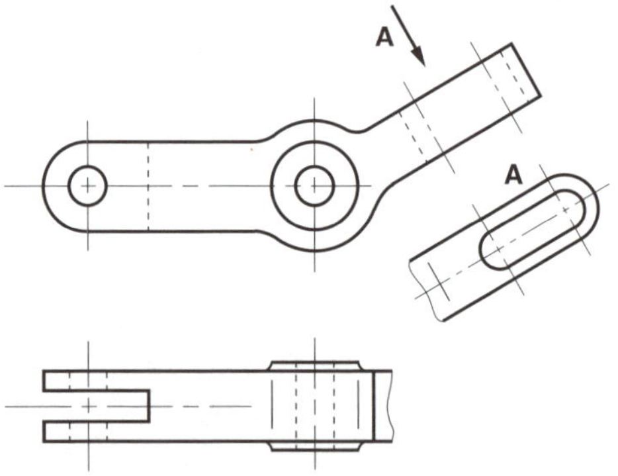

Lorsqu'une partie d'une pièce ne peut être projetée en vraie grandeur sur l'un des plans principaux de projection, on utilise localement la méthode des flèches repérées La vue partielle est limitée comme dans le cas des vues interrompues.

VUES LOCALES

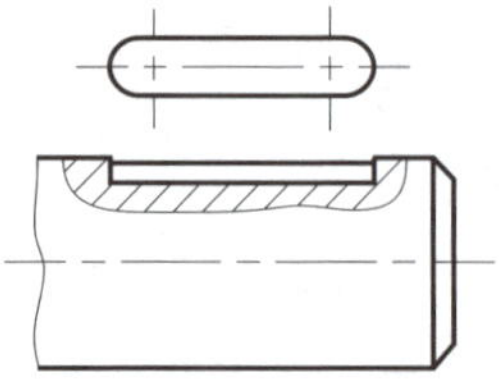

On peut dessiner une vue locale à la place d'une vue complète s'il n'y a pas de confusion possible.
Cette vue doit être reliée à la vue principale par un trait mixte fin.

Règles de présentation des dessins techniques et des éléments associés

DEMI-VUE	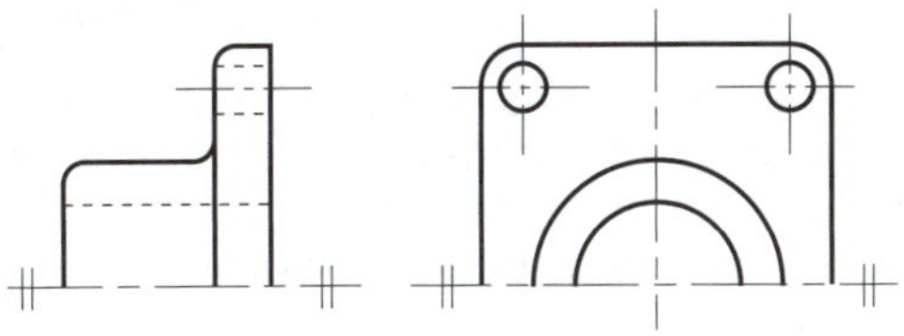	Les pièces symétriques peuvent être représentées par une fraction de leur vue complète. On repère alors chacune des extrémités de la trace du plan de symétrie par ***deux petits traits parallèles perpendiculaires à l'axe***.
QUART DE VUE	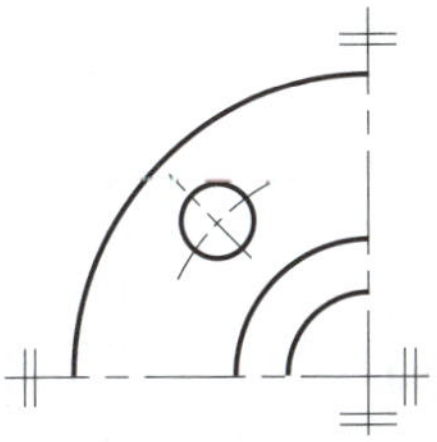	
PIÈCES VOISINES	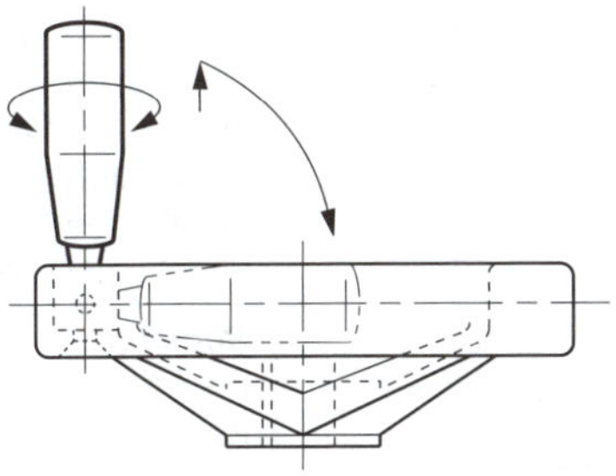	Ces vues sont prévues pour montrer la ou les différentes positions de la pièce dans l'ensemble dessiné et mettre en évidence les anomalies éventuelles. On utilise le ***trait mixte fin à deux tirets***.
FORMES SITUÉES EN AVANT D'UN PLAN DE COUPE	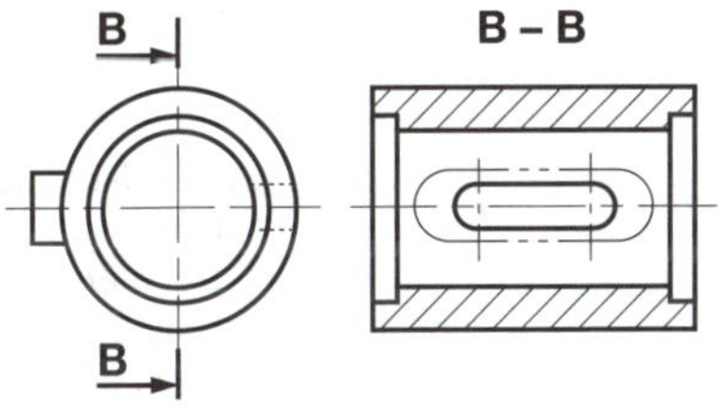	La partie située entre l'observateur et le plan de coupe peut être représentée si nécessaire. On utilise le ***trait mixte fin à deux tirets***.
RABATTEMENTS	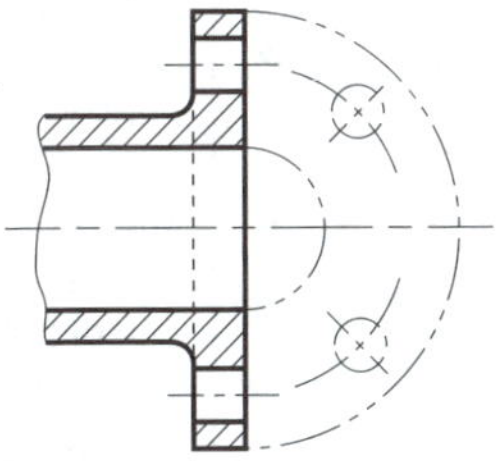	Le rabattement est une vue auxiliaire qui permet de montrer la forme d'une face plane perpendiculaire au plan de projection sans faire une vue supplémentaire. Le rabattement n'est pas normalisé. On utilise le ***trait mixte fin à deux tirets***.
MÉPLATS SUR PIÈCES DE RÉVOLUTION	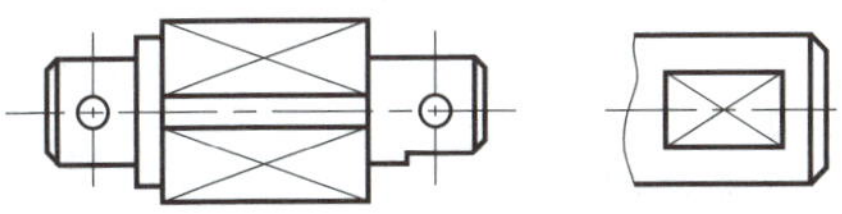	Dans le cas de pièces de révolution comportant deux plats,ou un carré,on fait ressortir les faces planes en traçant leurs diagonales en ***trait continu fin***.

8.3.1. SECTIONS — NF E 04-520/ISO 128

Les sections permettent de préciser les formes exactes de la section droite d'une pièce de forme générale prismatique ou cylindrique lorsque les vues habituelles ne suffisent pas à définir avec clarté ces formes. On évite ainsi de surcharger les vues.

Une section représente la partie de la pièce située dans le plan sécant.

Deux sortes de sections peuvent être faites :

- les sections ***rabattues*** (dessinées en surcharge sur les vues) ;
- les sections ***sorties*** (dessinées à l'extérieur des vues).

SECTION RABATTUE

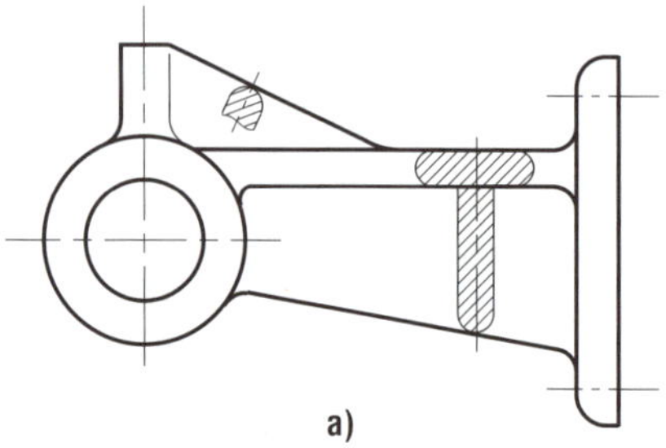

a)

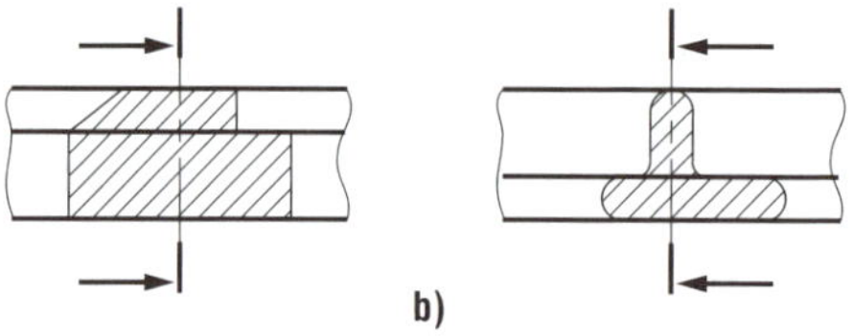

b)

Pour réaliser une section rabattue, il faut :

- situer le plan sécant de la pièce par sa trace, en trait mixte fin (**a**) ;
- préciser sur le dessin le sens d'observation s'il y a risque d'ambiguïté (section du symétrique, voir **b**) ;
- amener, par une rotation de 90° autour de l'axe de la section, le plan sécant de la pièce dans le plan du dessin ;
- dessiner ensuite un trait continu fin sur la surface de la pièce contenue dans le plan sécant ;
- hachurer la section.

Remarque :
les hachures peuvent couper un trait fort.

SECTION SORTIE

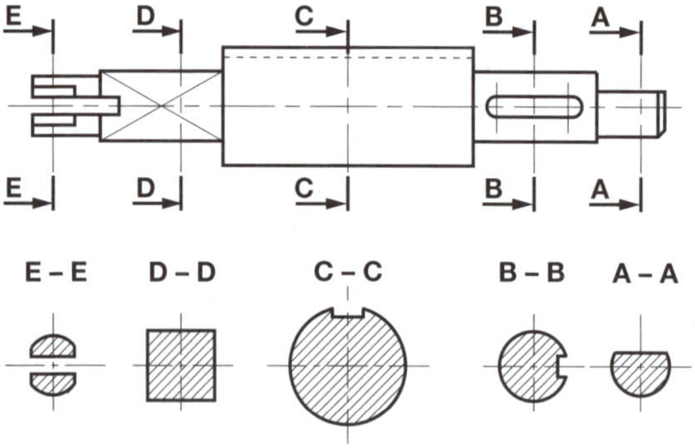

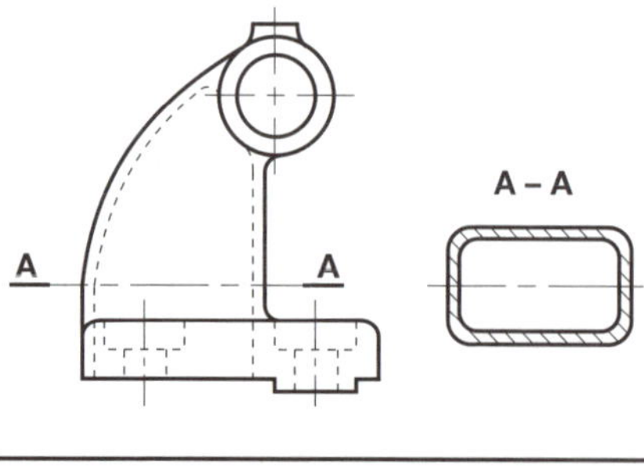

Pour réaliser une section sortie, il faut :

- installer le plan sécant de la pièce par sa trace en trait mixte fin renforcé aux extrémités ;
- préciser sur le dessin le sens d'observation retenu par deux flèches en trait fort situées aux extrémités renforcées ;
- repérer le plan sécant par une lettre majuscule répétée aux extrémités ;
- enlever par la pensée la partie située à l'arrière du plan de coupe ;
- dessiner suivant la direction des flèches et en trait continu fort la surface contenue dans le plan sécant ;
- hachurer la section ;
- désigner la section par les lettres majuscules données au plan sécant.

8.3.2. COUPES — NF E 04-520/ISO 128

Lorsqu'une difficulté de lecture se présente sur un dessin, on peut faire appel à une ***coupe*** qui facilitera le décodage des formes en présentant la partie de la pièce située à l'arrière du plan de coupe. Suivant la norme, les contours cachés (traits interrompus fins) deviennent contours vus (traits continus forts).

LOCALISATION DU PLAN DE COUPE

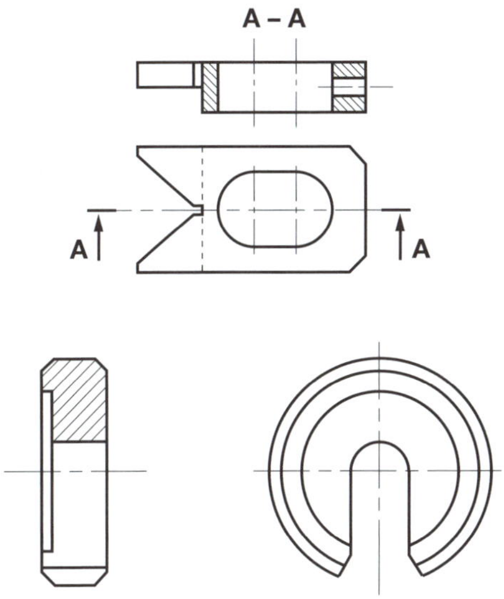

Le plan de coupe **A** est parallèle à l'un des ***six plans de projection*** sur lesquels sont dessinées les vues simples mais aussi les coupes.

Pour le repérer, il faut :
- indiquer le ou les plans de coupe par leur trace dessinée en trait mixte renforcé par un trait fort aux extrémités ;
- indiquer le sens d'observation par des flèches en trait fort ;
- repérer le ou les plans de coupe par une lettre majuscule placée à côté de la flèche.

Ainsi que le rappelle la norme NF E 04-520

> Il n'est pas nécessaire d'indiquer la localisation du plan de coupe lorsque celle-ci est évidente.

COUPE BRISÉE À PLANS PARALLÈLES

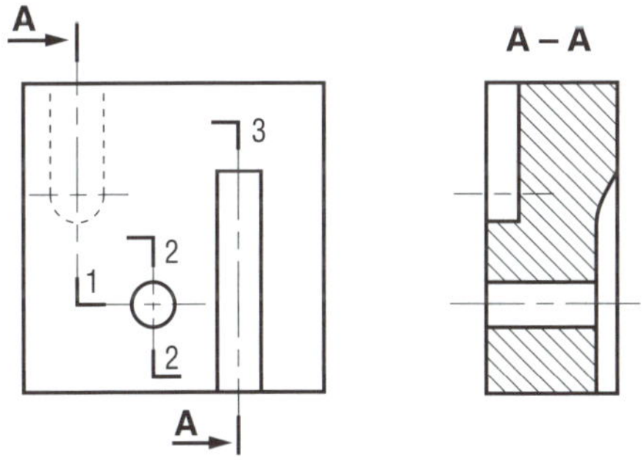

Dans la vue en coupe, le changement de plan de coupe considéré sera matérialisé par un trait mixte fin, si la place le permet.

COUPE BRISÉE À PLANS SUCCESSIFS

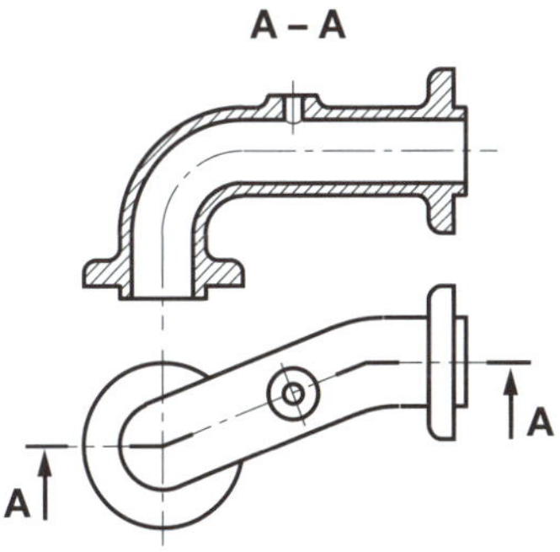

Le bossage et l'alésage sont, dans cet exemple, présentés perpendiculairement au plan de coupe.

Règles de présentation des dessins techniques et des éléments associés

COUPE BRISÉE À DEUX PLANS CONCOURANTS

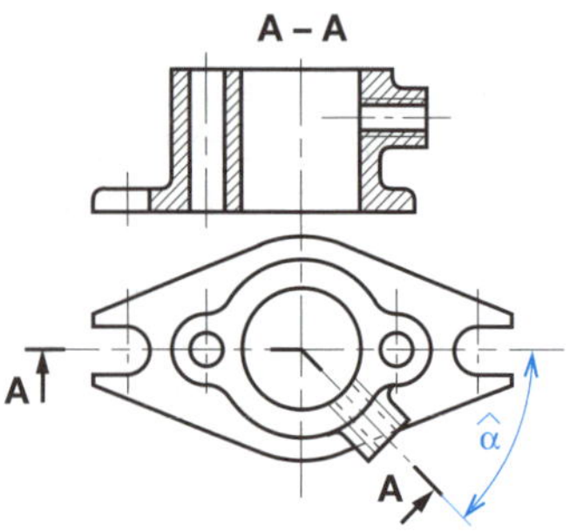

Une coupe par deux plans concourants consiste à rabattre l'un d'eux parallèlement au plan de projection.

Deux traits forts situés au centre précisent le changement de plan.

Après le rabattement, il n'est pas nécessaire de représenter les éléments placés à l'arrière des plans de coupe sauf s'ils permettent une meilleure lecture du dessin.

DEMI-COUPE

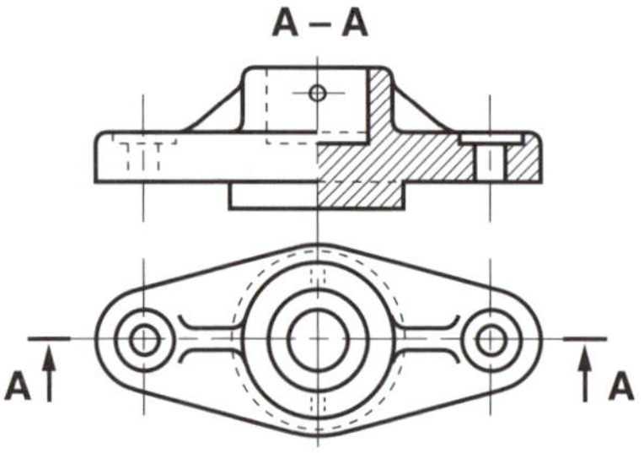

Lorsqu'une pièce est symétrique par rapport à un plan, on peut dessiner une demi-vue contiguë à une demi-coupe.

La demi-vue et la demi-coupe sont séparées par le trait d'axe. Leur désignation est la même que celle utilisée pour la coupe complète.

COUPE LOCALE

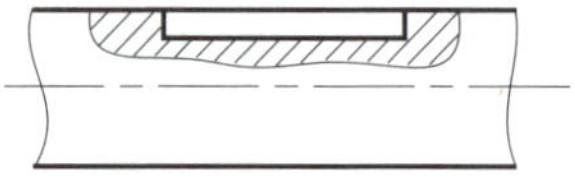

On utilise une coupe locale pour mettre en évidence une partie de la pièce ou une forme particulière.

Elle est limitée soit par un trait continu fin à main levée, soit par un trait fin droit avec zigzags. Il est inutile d'indiquer le plan de coupe.

COUPES DE NERVURES

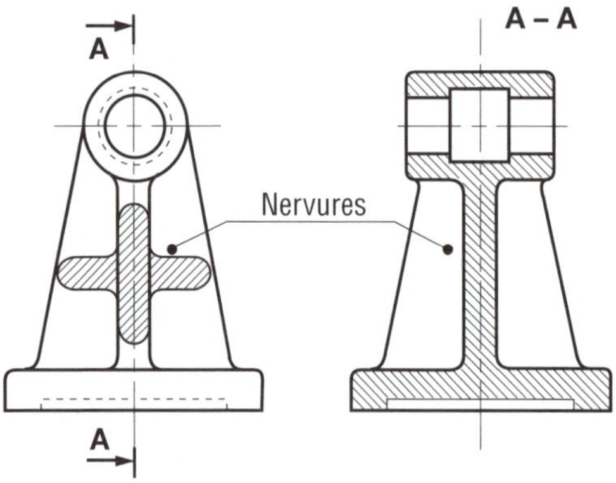

La norme précise que ***les nervures, les éléments de fixation, les arbres, les bras de roues, etc. ne sont pas coupés longitudinalement et, de ce fait, ne sont pas hachurés***.

PIÈCES NON COUPÉES

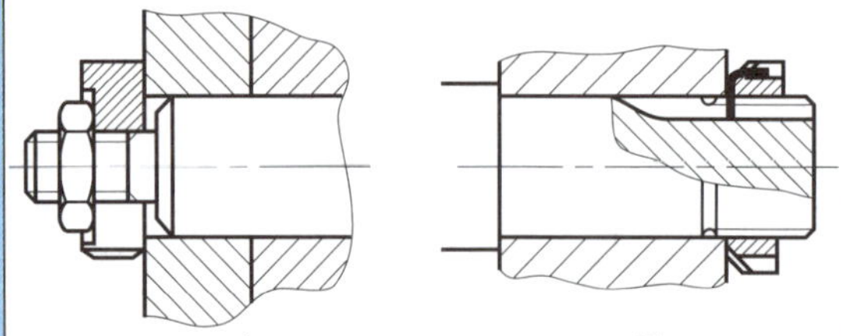

a) b)

Axe plein non coupé (**a**).

Axe avec coupe locale pour montrer la rainure spéciale (**b**).

8.3.3. REPRÉSENTATIONS EN PERSPECTIVE NF E 04-508/ISO 5456

Il s'agit ici de la projection ***oblique*** d'une pièce dont la vue de face est placée parallèlement au plan de projection et définie par l'angle que font les fuyantes sur ce plan.

PROJECTION OBLIQUE "PERSPECTIVE CAVALIÈRE"

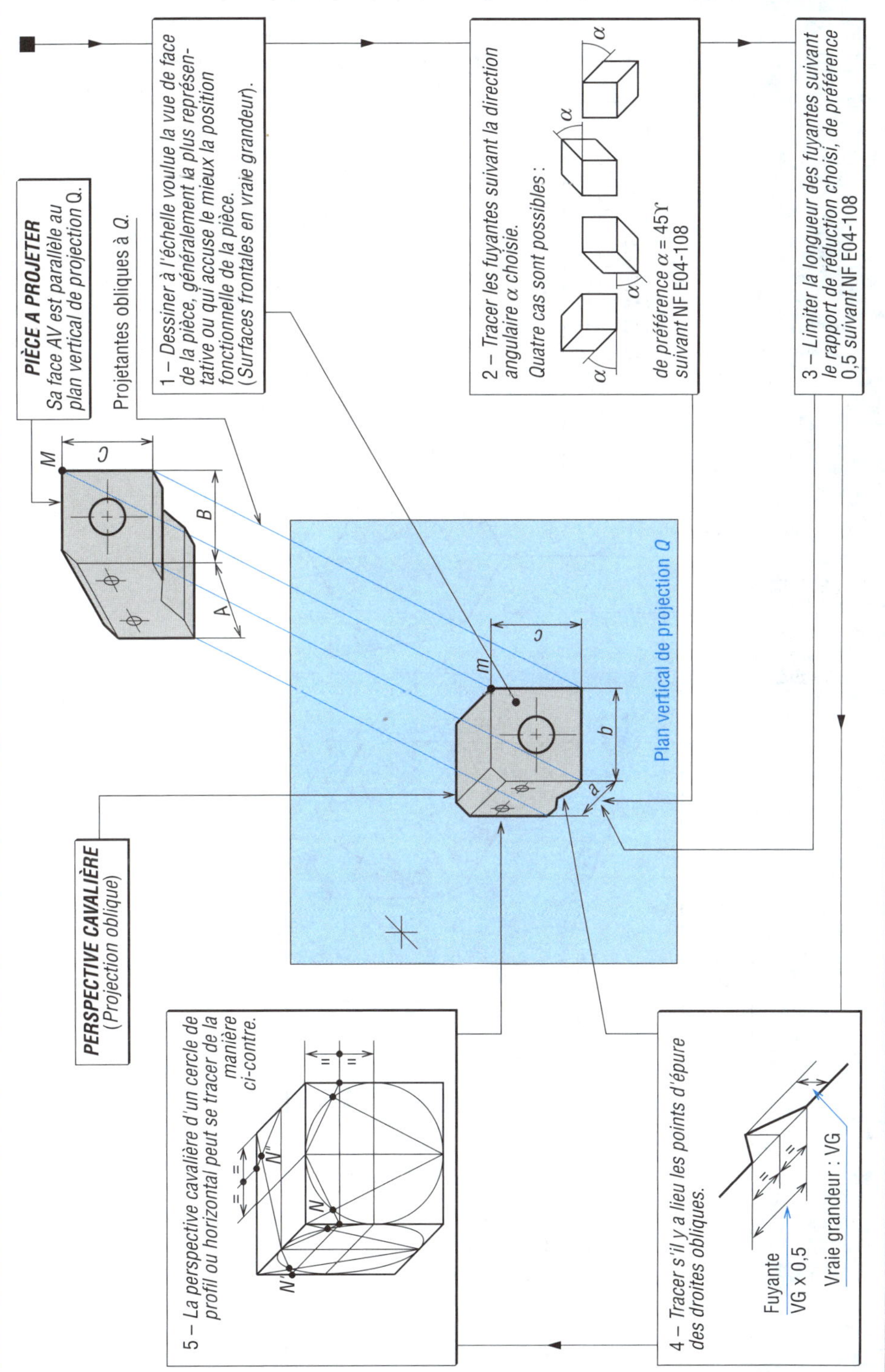

PROJECTION ORTHOGONALE PERSPECTIVE AXONO-MÉTRIQUE

Il s'agit ici de la projection ***orthogonale*** d'une pièce placée obliquement par rapport au plan de projection. Elle est définie par les angles que font entre elles les projections des trois arêtes concourantes d'un cube de référence. Dans la projection isométrique (étudiée ici), ces trois angles sont égaux, le rapport de réduction est le même dans les trois directions.

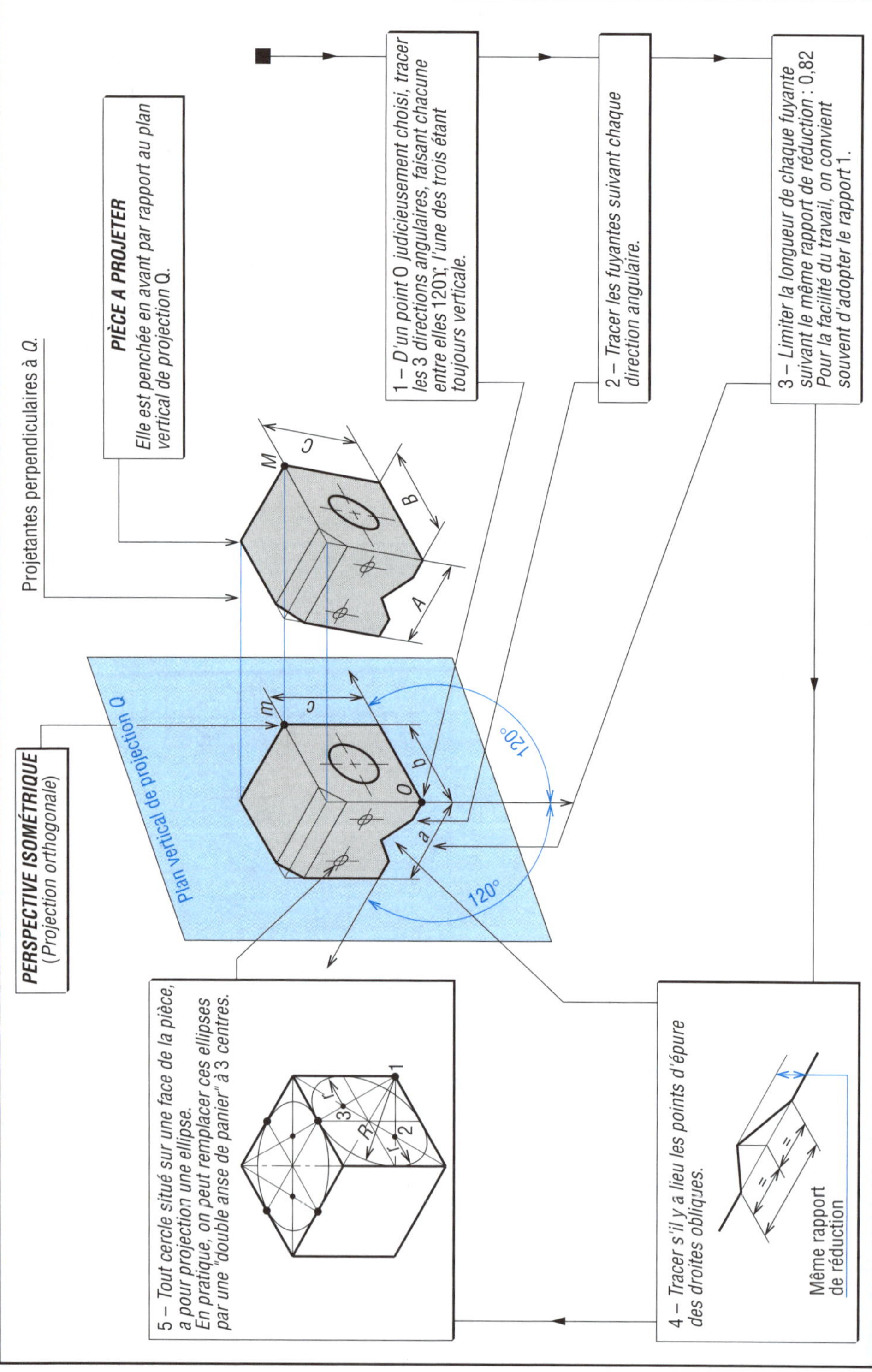

Règles de présentation des dessins techniques et des éléments associés

La perspective isométrique permet de représenter avec une seule vue (feuille de dessin) les trois plans de l'espace : ***horizontal, de profil et frontal.***

Le dessin est réalisé avec un canevas imprimé dont les lignes forment entre elles trois angles égaux de 120°, d'où le nom d'isométrique.

En général toutes les tuyauteries industrielles sont dessinées suivant cette technique. Dans l'exemple ci-dessous le dessinateur industriel donne une "image" de la tuyauterie fonte à comprendre et à dimensionner.

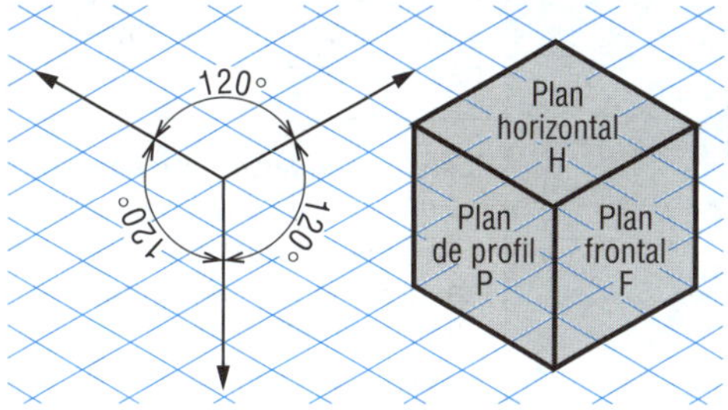

REPRÉSENTATION ISOMÉTRIQUE ISO 6412

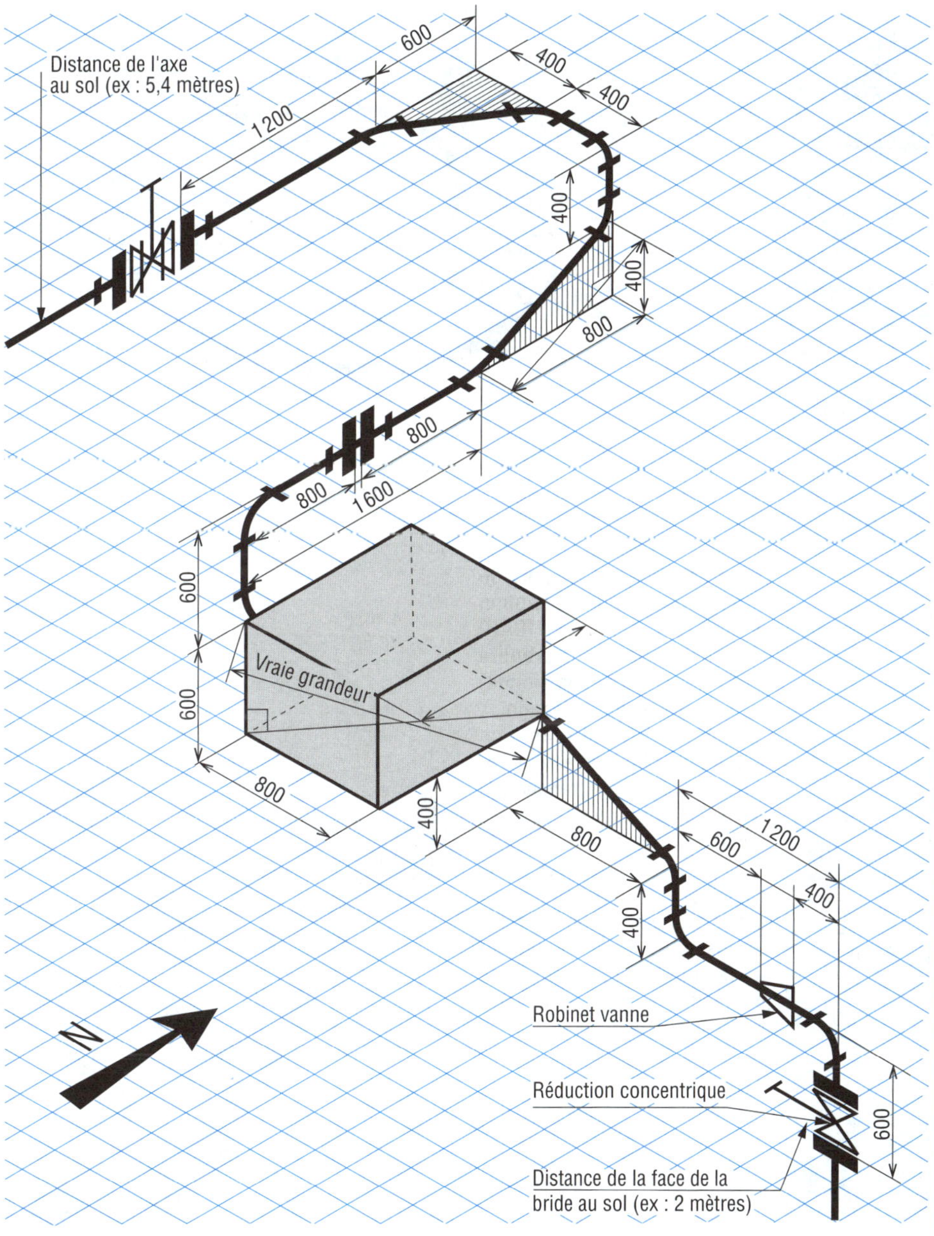

REPRÉSENTATION EN PERSPECTIVE D'UN SYSTÈME AUTOMATISÉ

La représentation en perspective est très utile pour présenter des projets et plus particulièrement des systèmes automatisés pour diverses productions. C'est une représentation complémentaire qui permet de mieux se rendre compte de l'agencement général des composants ou l'aspect général de l'objet.

L'ensemble automatisé se compose :

- d'un poste de chargement ① ;
- de cinq postes d'usinage : perçage simple ②, perçage multiple ③, perçage simple ④, fraisage ⑤, fraisurage ⑦;
- d'un poste de marquage ⑥;
- d'un poste de déchargement ⑧.

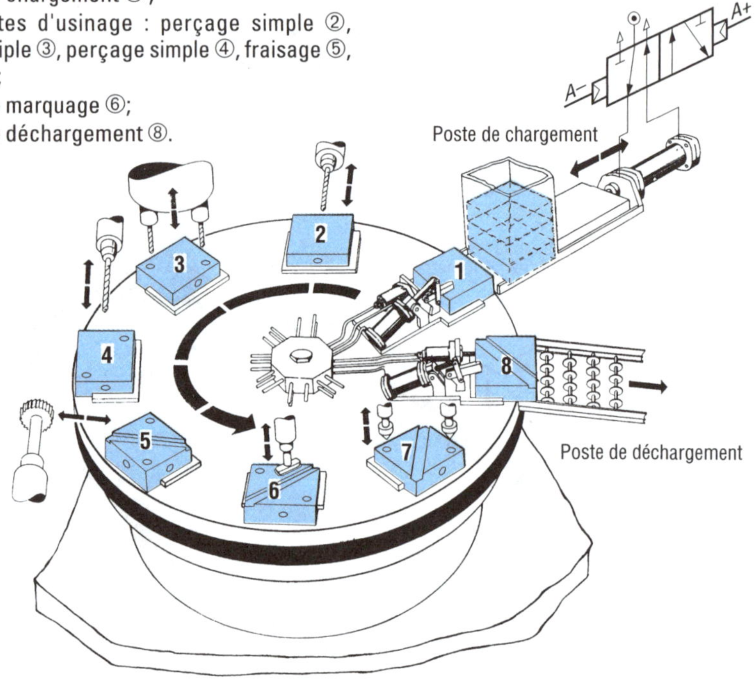

MODÉLISATION VOLUMIQUE (Support de fusée) ISO 10135

La perspective du support de fusée obtenue en conception assistée par ordinateur (CAO) permet de mieux comprendre les formes complexes (fonderie, emboutissage, forgeage...). Les techniques d'ombrage rendent plus faciles la compréhension (rotation et translation) et le décodage rapide du dessin. L'évolution de l'objet sur l'écran suivant les trois dimensions facilite l'analyse et la compréhension de certains détails délicats. Elle permet également de rechercher la perspective la plus représentative de la pièce.

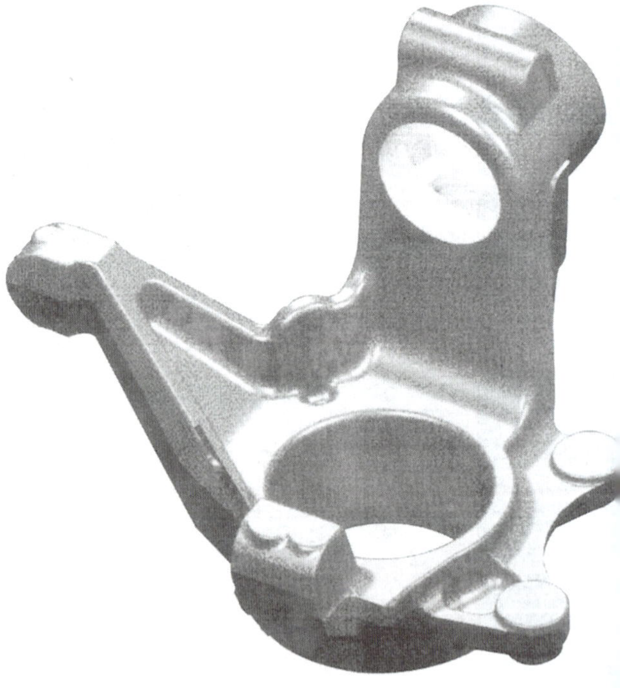

Doc : Citroën Charleville

ÉLÉMENTS MÉCANIQUES DE BASE

A partir d'une station informatique CAO et des éléments mécaniques modulaires de base (profilés, éléments de jonctions, guidage linéaire...) on peut concevoir et réaliser des postes de travail manuel, des bâtis, des dispositifs de protection, des installations ou des unités linéaires automatisées.

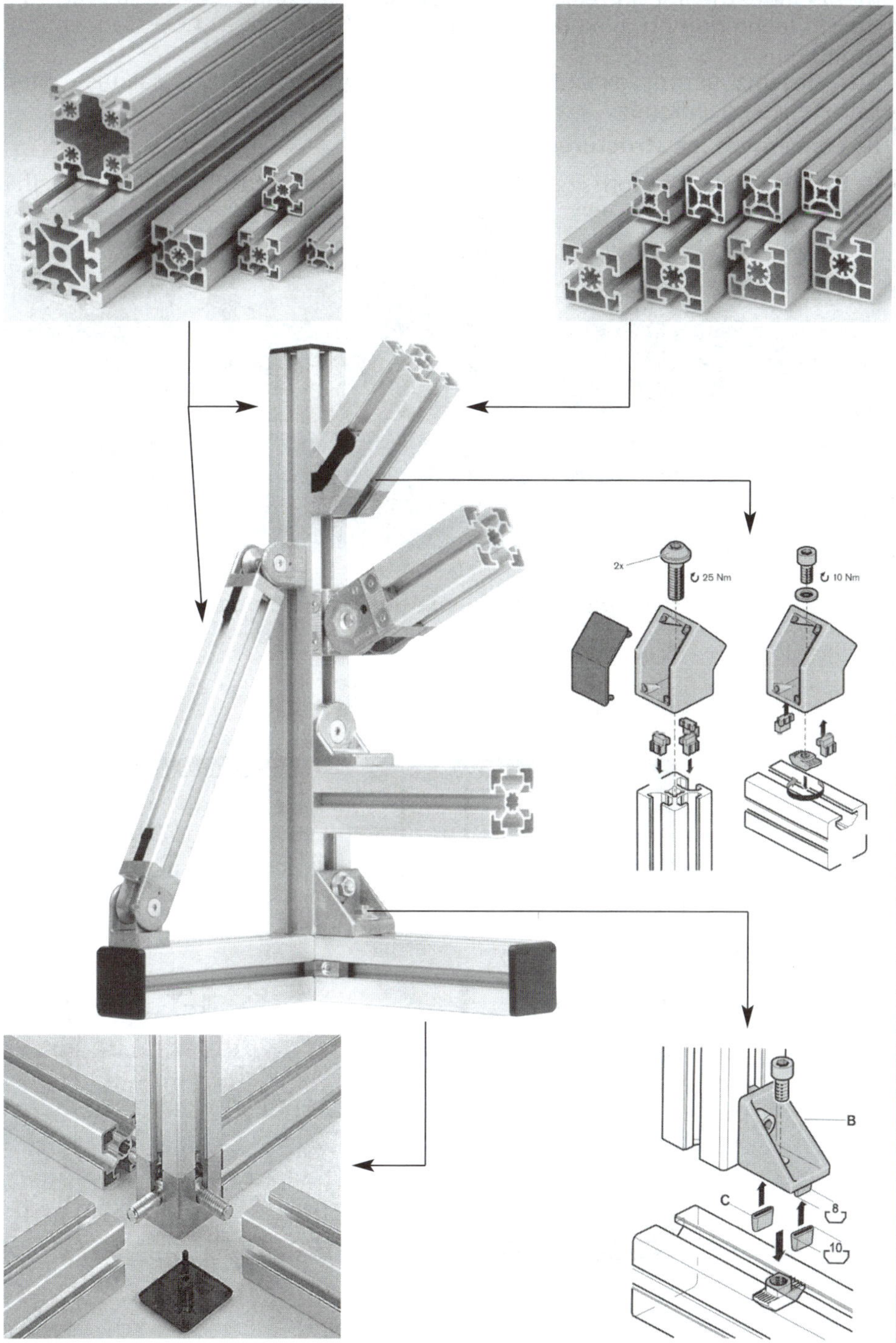

- Les constructions sur les systèmes CAO de type AUTOCAD ou DMT peuvent accueillir les logiciels spécifiques (***M.G.E. Soft*** et ***Paint***).
- Les profilés d'étayage peuvent être choisis sur les pages 385,386.

Doc : Bosch

8.3.5. REPRÉSENTATION DES DIFFÉRENTS TYPES DE STRUCTURES

La représentation des structures en métal (acier, aluminium), en bois (massif ou lamellé collé), en béton (béton ou mixtes béton-acier) et en composite (charpentes, équipements industriels, poutres, coques) peut être dessinée suivant les règles classiques du dessin technique ou avec des logiciels spécifiques de C.A.O.(Conception Assistée par ordinateur).

Ces dessins seront exécutés suivant les normes et les calculs obtenus avec les Eurocodes spécifiques.

Ils concernent les structures en :

BÉTON (acier +béton)

La définition des éléments constructifs doit répondre aux exigences de l'Eurocode 5

MÉTAL (aluminium, acier)

La définition des éléments constructifs doit répondre aux exigences des Eurocodes 9 pour l'aluminium et 3 pour l'acier.

BOIS (massif, lamellé collé)

La définition des éléments constructifs doit répondre aux exigences des Eurocodes 2 et 4.

Exemple : Tracé partiel de la vue de dessus en coupe d'un rez-de-chaussée

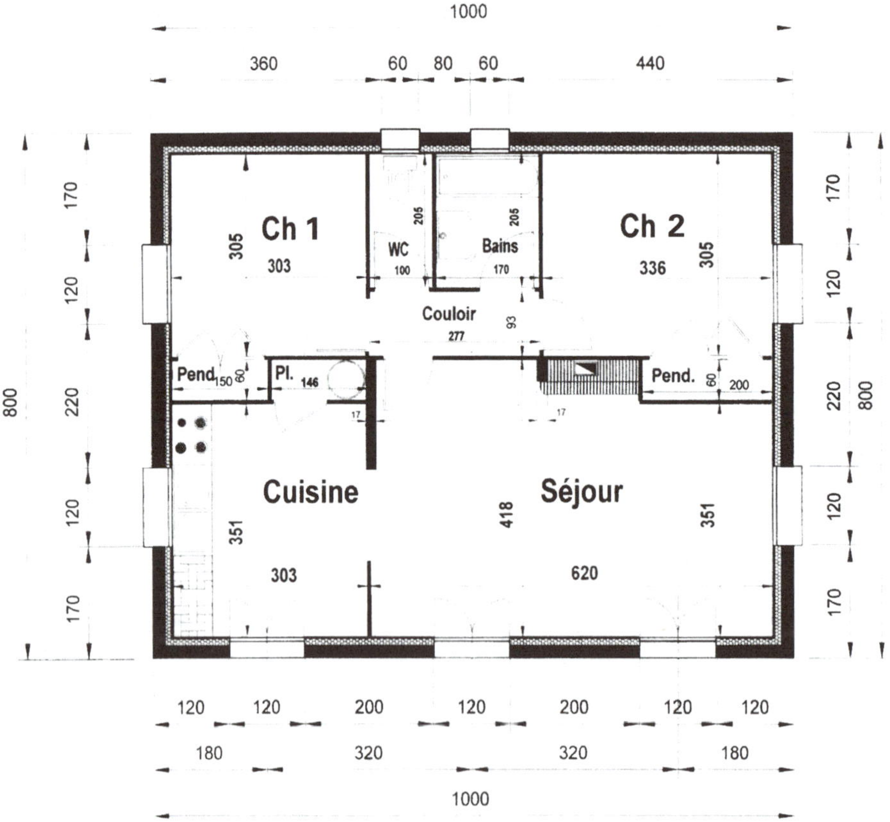

8.3.6. FORMES GÉOMÉTRIQUES USUELLES DES PIÈCES MÉCANIQUES

Les formes dessinées en construction mécanique sont destinées à assurer des fonctions techniques élémentaires. Les formes sont désignées par un vocabulaire spécifique (rainure pour guider, lamage pour loger une tête de vis, etc...), que le dessinateur doit maîtriser.

Repère	Représentation	Définition
ALÉSAGE	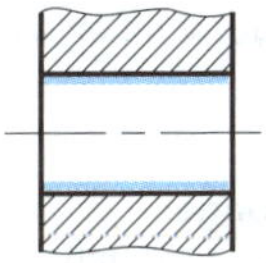 Alésage cylindrique 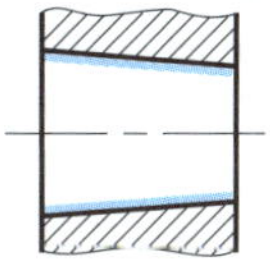 Alésage conique	**Alésage** Paroi intérieure cylindrique ou conique d'une pièce, usinée avec précision en vue de ***recevoir un contenu*** de même géométrie (arbre cylindrique ou conique).
ARBRE	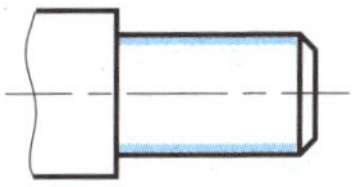 Arbre cylindrique 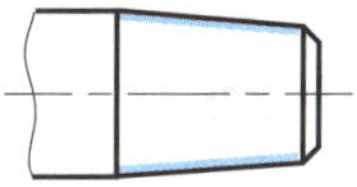 Arbre conique	**Arbre** Paroi extérieure cylindrique ou conique d'une pièce, usinée avec précision en vue de ***pénétrer dans un contenant*** de même géométrie (alésage cylindrique ou conique).
ARRONDI	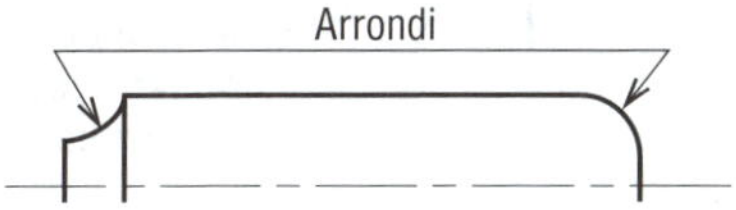	**Arrondi** Surface de section circulaire destinée à supprimer les angles vifs d'un objet.
BOSSAGE	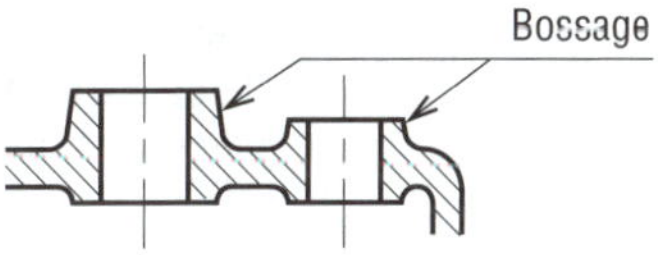	**Bossage** Surépaisseur destinée à limiter la surface à usiner.
BRAS	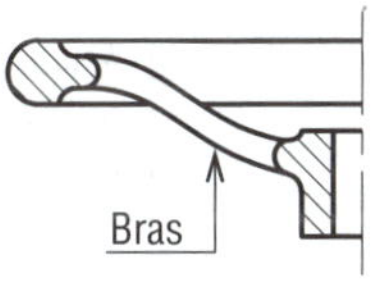	**Bras** Liaison entre la partie centrale (moyeu) et la partie extérieure (volant) d'une pièce (volant de commande).
CENTRAGE	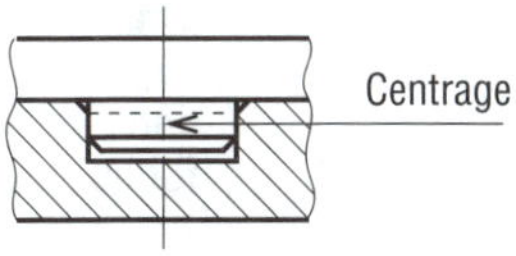	**Centrage** Action de placer les axes de différentes pièces sur une même droite.
CHAMBRAGE	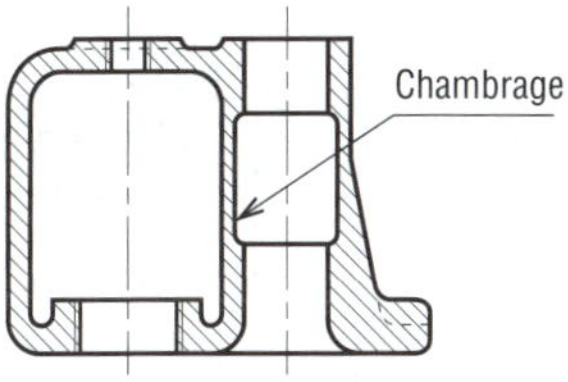	**Chambrage** Évidement réalisé à l'intérieur d'un alésage afin de réduire la portée de l'arbre (diminution du frottement). Il peut servir de réserve de lubrifiant.
CHANFREIN	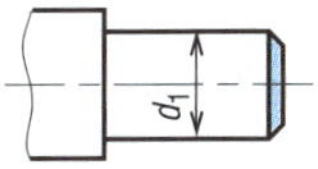 Chanfrein extérieur 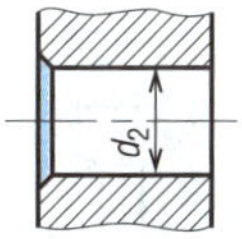 Chanfrein intérieur	**Chanfrein** Surface oblique obtenue par suppression d'une arête vive. L'arête peut être extérieure ou intérieure.

Règles de présentation des dessins techniques et des éléments associés

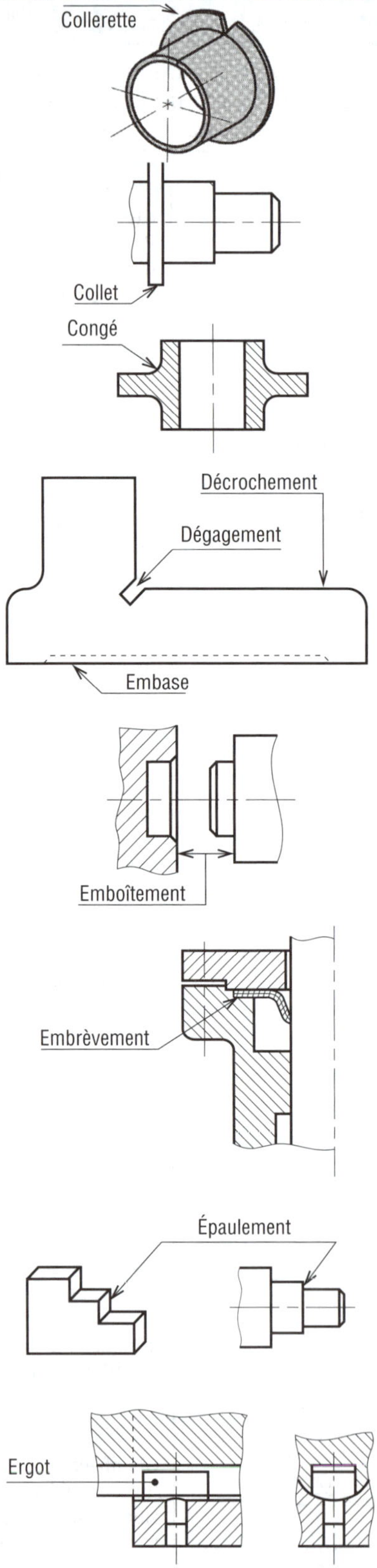

COLLERETTE	**Collerette** Bord rabattu d'une pièce (tuyauterie, membrane...), qui assure une liaison avec une autre.
COLLET	**Collet** Couronne en saillie sur un arbre.
CONGÉ	**Congé** Raccordement par une surface circulaire de deux droites ou deux plans formés par un angle rentrant.
DÉCROCHEMENT	**Décrochement** Écart entre deux surfaces ou deux génératrices qui ne sont plus au même niveau mais parallèles.
DÉGAGEMENT	**Dégagement** Zone ménagée pour réaliser certains usinages (rectification...) ou faciliter l'assemblage de pièces.
EMBASE	**Embase** Pièce servant de support à une autre pièce. Renfort à la base d'une pièce.
EMBOÎTEMENT	**Emboîtement** Assemblage constitué par deux pièces complémentaires préalablement ajustées.
EMBRÈVEMENT	**Embrèvement** Logement destiné à intégrer une pièce dans un ensemble (membrane, joint de forme emboutie...).
ÉPAULEMENT	**Épaulement** Saillie servant d'arrêt de butée. Il sert de surface d'appui.
ERGOT	**Ergot** Élément en saillie chargé de mettre en position et d'immobiliser une pièce en rotation.

ÉVIDEMENT	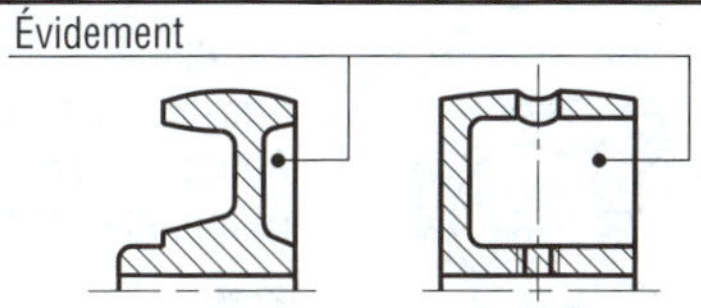	**Évidement** Partie évidée d'une pièce. Elle diminue le poids et réduit la surface d'appui.
FENTE	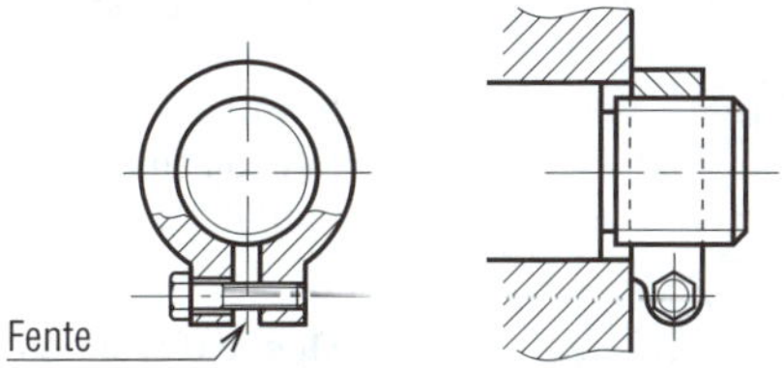	**Fente** Rainure droite et longue.
FRAISURE	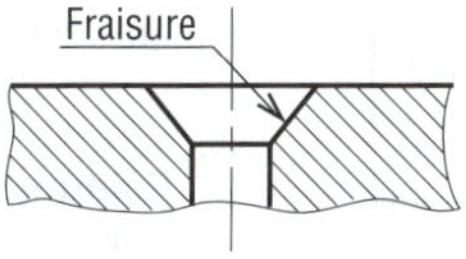	**Fraisure** Surface tronconique chargée de recevoir la tête fraisée d'une vis.
GORGE	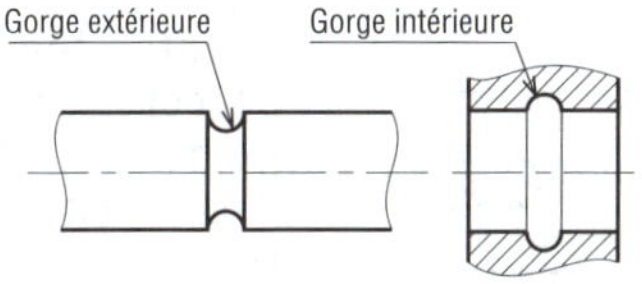	**Gorge** Dégagement sur arbre ou alésage généralement arrondi dans sa partie inférieure pour recevoir un joint torique ou faciliter un usinage.
LAMAGE	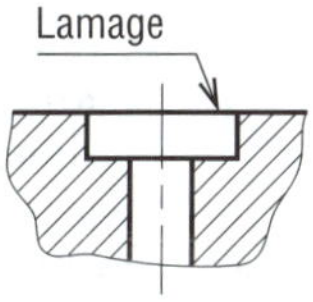	**Lamage** Alésage de faible diamètre épaulé, destiné, de par sa surface d'appui, à recevoir une tête de vis, mais aussi à "noyer" un élément de pièce.
LOCATING	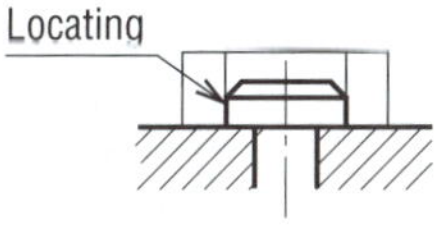	**Locating** Pièce chargée de positionner un élément par rapport à un autre.
MACARON	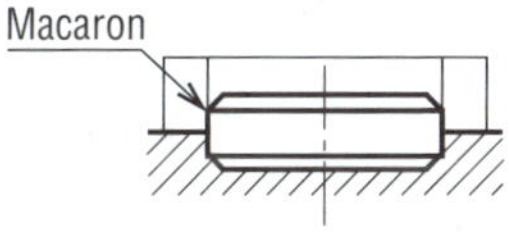	**Macaron** Élément de centrage fourni par un cylindre de diamètre relativement important par rapport à sa hauteur.
MÉPLAT	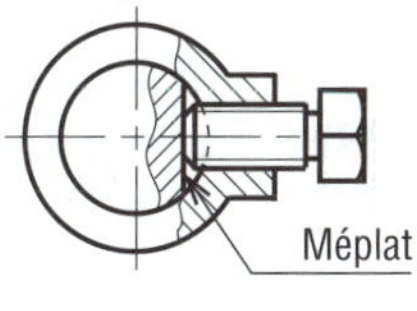	**Méplat** Surface plane réalisée sur un cylindre.
MORTAISE	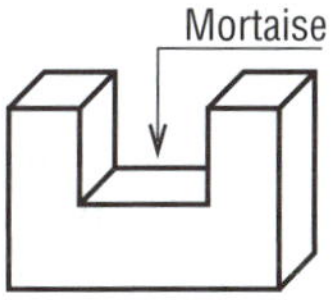	**Mortaise** Élément d'assemblage (***contenant)*** destiné à recevoir le tenon.
NERVURE	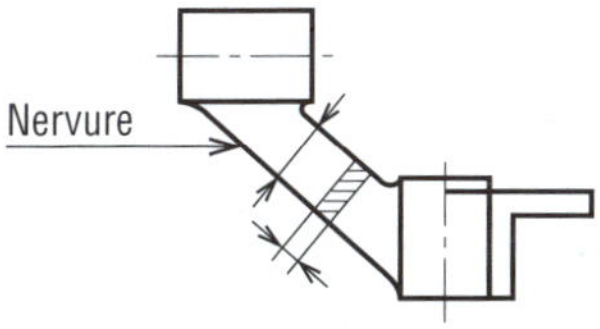	**Nervure** Partie saillante d'une pièce mécanique chargée d'augmenter la résistance ou la rigidité.

Règles de présentation des dessins techniques et des éléments associés

PASTILLE

PATIN

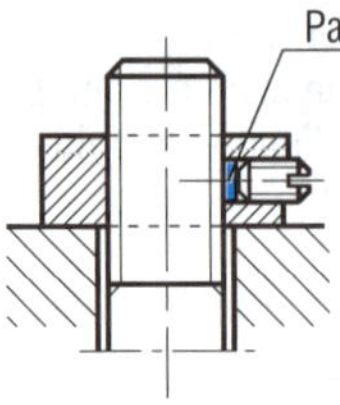

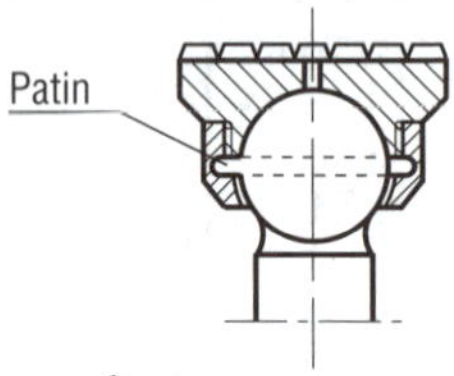

Pastille
(Vis de pression pastillée)
Petite pièce de protection en métal tendre rappelant la forme d'une pastille.

Patin
Pièce orientable servant de support.

PROFILÉ

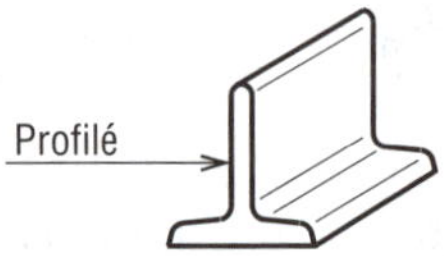

Profilé
Section constante obtenue par laminage (cornières, fer ∪ , ⊥ ,...).

QUEUE D'ARONDE

Queue d'aronde
Assemblage en forme de trapèze (60°,... qui assure une liaison en translation.

RAINURES
- droite
- circulaire
- ouverte

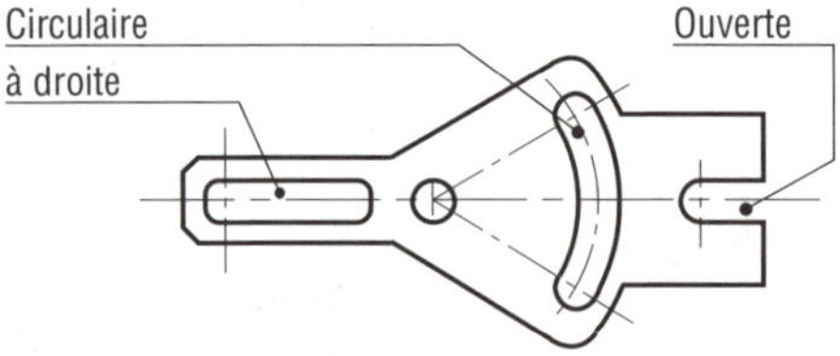

Rainure
Entaille de grande longueur réalisée dans une pièce destinée à assurer différentes fonctions (implantation de tenons, de positionnement, ou d'une languette). Plusieurs types existent (voir représentations).

ROTULE

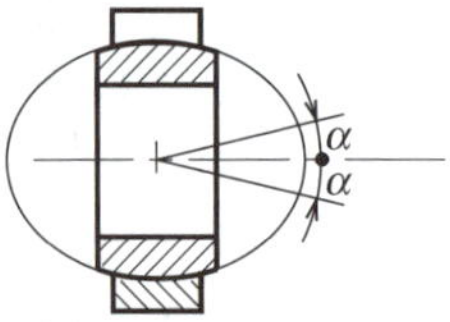

Rotule
Articulation formée d'une pièce sphérique tournant dans un logement, permettant la rotation dans toutes les directions.

SEMELLE

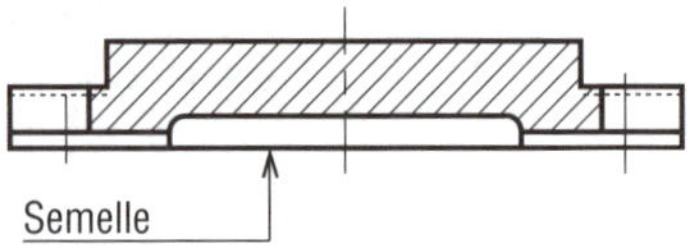

Semelle
Surface d'une pièce généralement plane et servant d'appui.

TENON

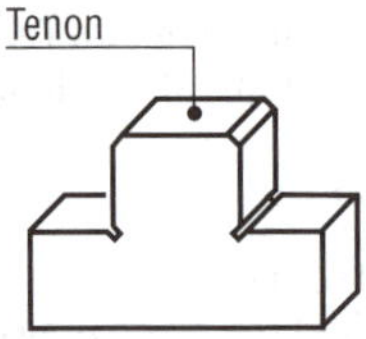

Tenon
Partie saillante de la pièce qui vient pénétrer dans la mortaise.

TÉTON

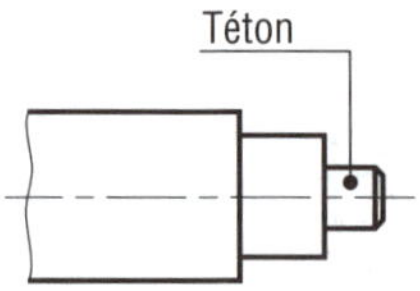

Téton
Partie saillante d'une pièce qui s'emboîte dans la partie creuse d'une autre pièce.

VERROU

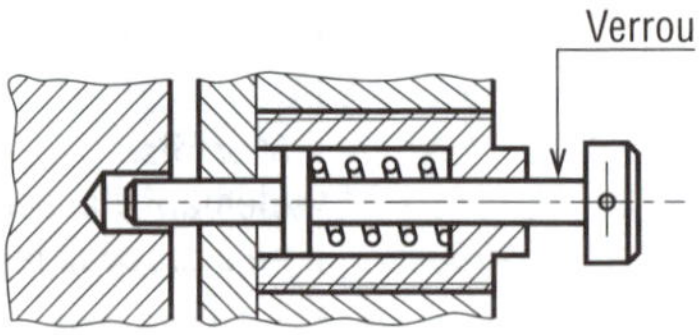

Verrou
Dispositif empêchant l'évolution de tout ou partie d'un appareil.

VOLANT

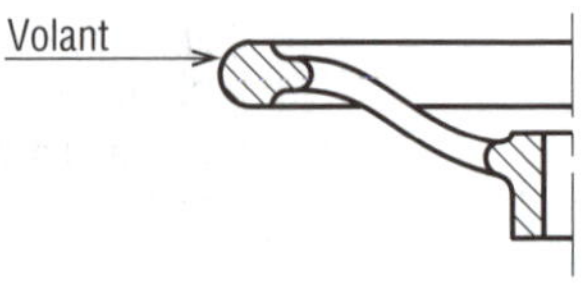

Volant
Élément circulaire destiné à la manœuvre des vis de machines ou d'appareillages.

9. COTATION

NF E 04-521

9.1. EXÉCUTION MATÉRIELLE DE LA COTATION

La cotation doit préciser avec rigueur la valeur des dimensions réelles des différentes surfaces d'une pièce sans qu'on ait besoin de faire le relevé de la mesure sur le dessin technique. C'est une opération importante et délicate. Une mauvaise cotation peut entraîner la mise au rebut de toute une série de pièces. C'est pourquoi elle ne permet ni erreur, ni oubli.

9.1.1. ÉLÉMENTS DE COTATION

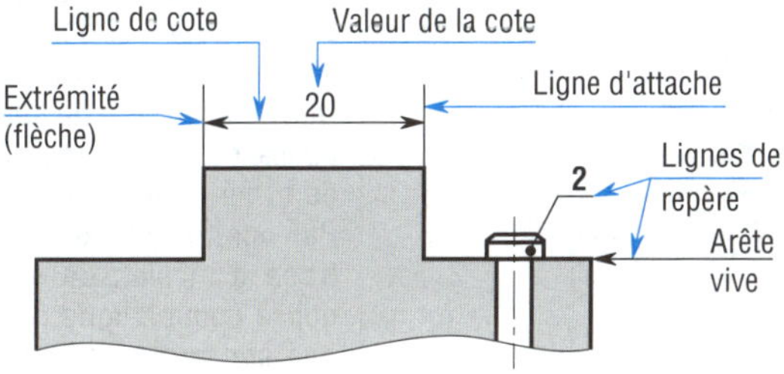

L'inscription d'une ***cote*** sur un dessin comprend le tracé :

- des ***lignes d'attache,***
- de la ***ligne de cote,***
- de la ***ligne de repère,***
- de l'***extrémité*** des cotes (flèches…),
- des ***chiffres*** (les longueurs et tolérances sont exprimées en millimètres, les angles en degrés).

Ces éléments sont tracés en trait continu fin, rectiligne ou curviligne.

COTE :

- **LIGNES D'ATTACHE**
- **LIGNES DE COTE**
- **LIGNES DE REPÈRE**

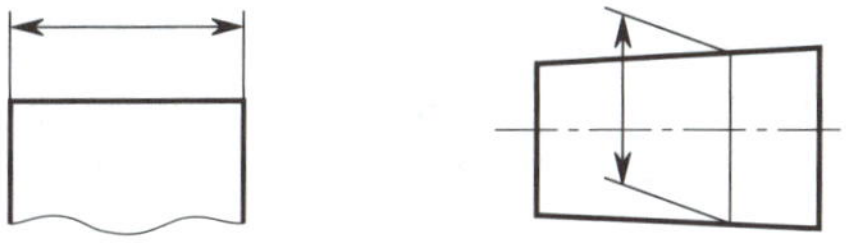

Les ***lignes d'attache*** doivent être tracées perpendiculairement à l'élément à coter et prolongées légèrement au delà des lignes de cotes. En cas de nécessité, ces lignes d'attache peuvent toutefois être tracées obliquement, mais parallèles entre elles.

Les ***lignes de repère*** se terminent par une flèche sur un contour ou par un point à l'intérieur du contour.

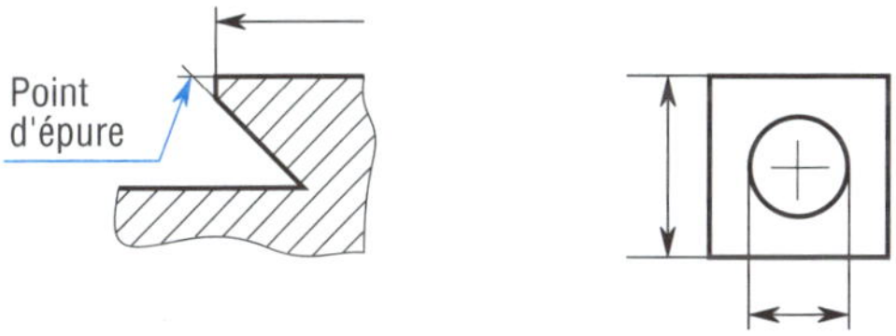

Les ***lignes d'épure*** (ou lignes de construction) concourantes ainsi que la ligne d'attache passant par leur intersection doivent être prolongées légèrement au-delà de leur point d'intersection (point d'épure). Les lignes d'attache et les lignes de cote ne doivent pas, en règle générale, couper d'autres lignes du dessin. Cependant, la clarté du dessin peut nécessiter qu'il y ait intersection.

EXTRÉMITÉS DES COTES :

- **FLÈCHE**
- **POINT**
- **BARRE OBLIQUE**
- **CERCLE D'ORIGINE COMMUNE**

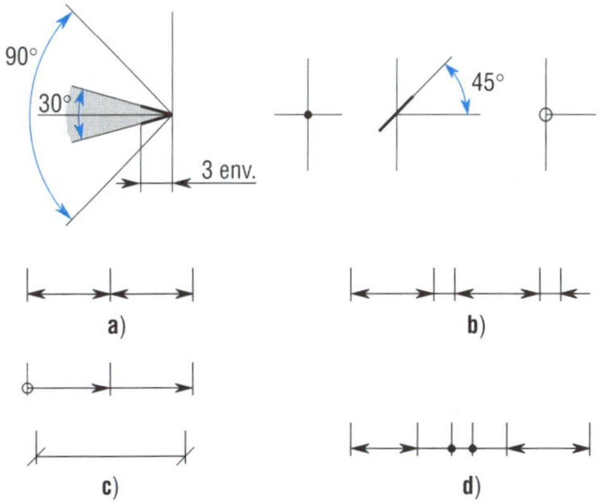

Les flèches doivent être représentées à l'intérieur des lignes de cote (**a**). Par manque de place, elles peuvent être reportées à l'extérieur (**b**). Un même type d'extrémité (flèche ou barre) doit être utilisé sur un même dessin. Toutefois, un dessin comportant une cotation à cotes superposées, laquelle impose des flèches, pourra comporter des barres obliques pour d'autres lignes de cote (**c**). Dans le cas d'une cotation en série, les barres ou les flèches situées à la jonction de deux cotes peuvent être, si l'espace est très limité, remplacées par des points (**d**).

Exécution matérielle de la cotation

COTATION D'UN ÉLÉMENT INTERROMPU

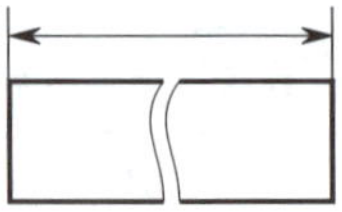

Lorsqu'un élément est représenté en vue interrompue, les lignes de cote s'y référant sont tracées sans interruption.

CHIFFRES

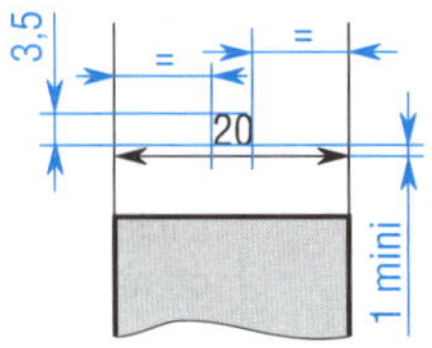

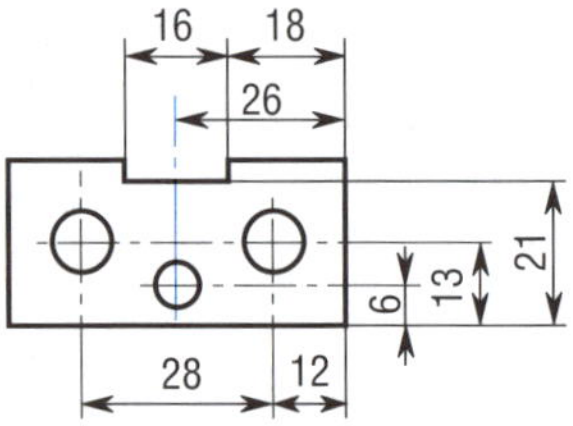

On place les chiffres de cote au-dessus et légèrement détachés de la ligne de cote vers le milieu de sa longueur (utiliser les modèles normalisés).

Les intersections de lignes d'attache et de lignes de cote doivent être évitées. Toutefois, en cas d'impossibilité, aucune ligne ne doit être interrompue.

Une ligne de cote ne peut coïncider avec un axe de révolution ou la trace d'un plan de symétrie ni avec un trait de contour. Par contre, un axe de révolution ou la trace d'un plan de symétrie peut être utilisé comme ligne d'attache ; dans ce cas son prolongement peut être tracé comme une ligne d'attache.

9.1.2. DISPOSITION DES COTES

La disposition des cotes sur un dessin doit être raisonnée, judicieuse et répondre aux exigences fonctionnelles. Cette disposition résulte généralement de la combinaison de différents modes de cotation.

COTATION SÉRIE

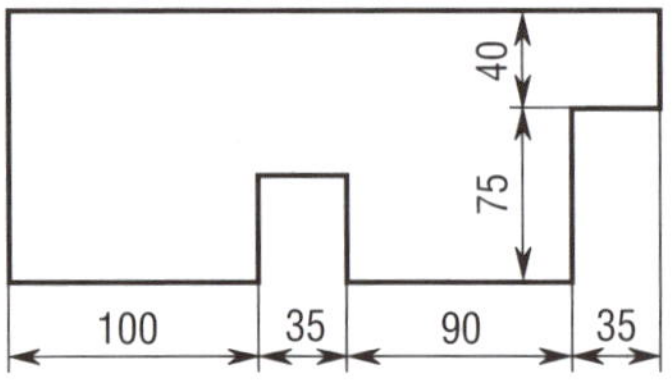

Les cotes apparaissent sur une même ligne en se suivant sans se chevaucher.

COTATION À PARTIR D'UNE MÊME LIGNE D'ATTACHE :

• COTATION PARALLÈLE

• COTATION À COTES SUPERPOSÉES

a)

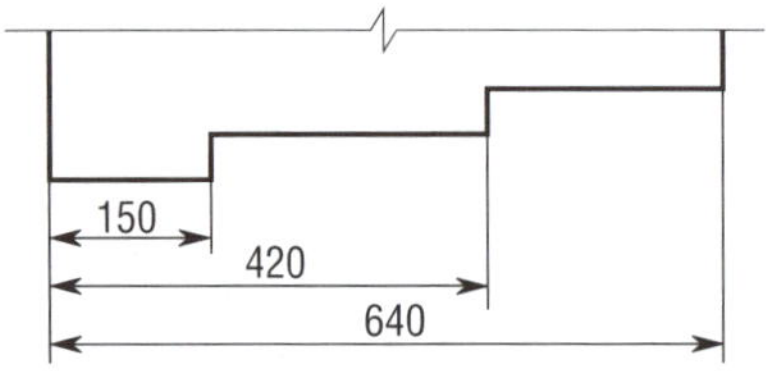

b)

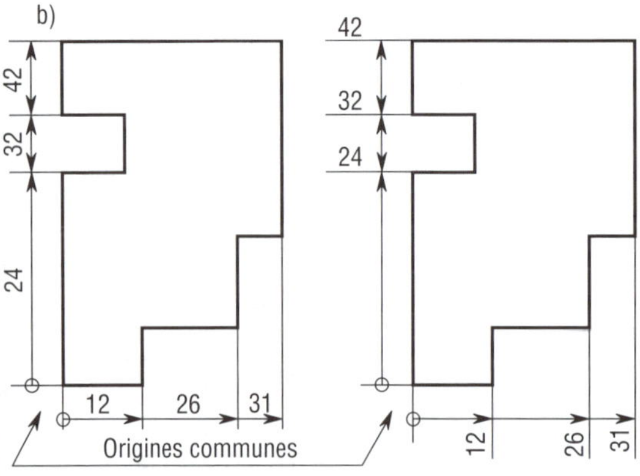

Ce système de cotation est utilisé lorsque plusieurs cotes de même direction ont une origine commune.

La cotation à partir d'une même ligne d'attache peut se faire :

- en parallèle **(a)**,
- à cotes superposées **(b)**.

Dans une ***cotation en parallèle,*** on cote sur des lignes parallèles plusieurs dimensions ayant même direction à partir d'une origine commune.

La ***cotation à cotes superposées*** remplace la cotation en parallèle lorsque aucun risque de confusion n'est à craindre ; les cotes sont inscrites soit au-dessus de la ligne de cote, soit en prolongement de la ligne d'attache, l'origine commune étant matérialisée par un cercle.

Exécution matérielle de la cotation

COTATION EN COORDONNÉES CARTÉSIENNES

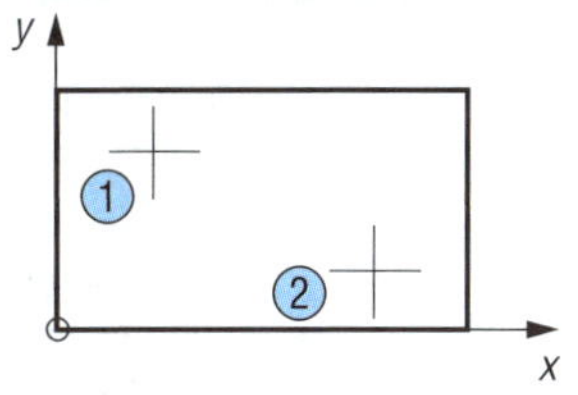

	x	y	z
①	8	20	–
②	30	6	–

La cotation en coordonnées cartésiennes permet d'inscrire les cotes à proximité de la représentation ponctuelle de chaque point.

- L'orientation des axes doit être prévue.
- Les coordonnées des cotes peuvent être regroupées dans un tableau.
- Si l'intersection de leur tracé correspond au point zéro, celui-ci doit être matérialisé par le cercle d'origine commune.

Nota : il est permis d'adopter une combinaison des différents modes de cotation afin de répondre à des objectifs différents.

9.1.3. DESCRIPTION DES COTES

Règle générale

Les caractères utilisés pour la cotation des dessins doivent être de dimension suffisante pour assurer une bonne lisibilité du dessin original comme de ses reproductions.

Les cotes doivent être placées de manière à ne pas être coupées par une autre ligne du dessin et ne figurer qu'une seule fois.

Deux méthodes normalisées existent pour inscrire les cotes sur les dessins.

La méthode choisie sera utilisée pour l'ensemble du dessin.

MÉTHODE 1

COTES LINÉAIRES

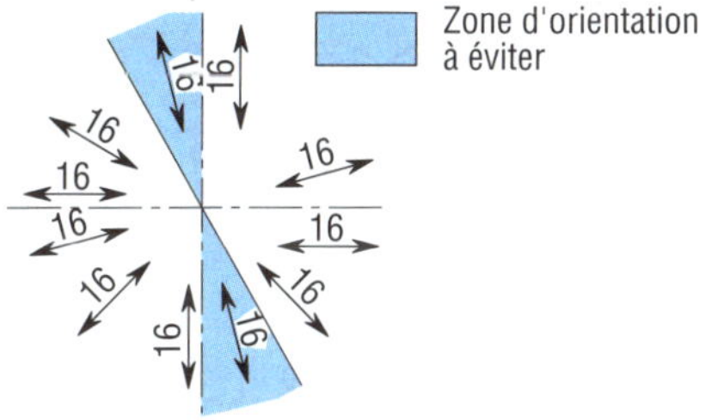

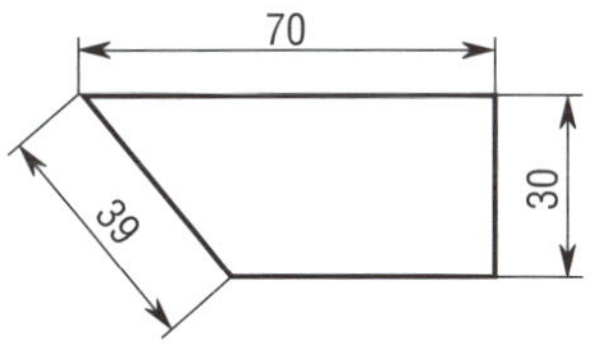

Cette méthode est celle utilisée en Europe.

Les valeurs doivent être disposées parallèlement à leurs lignes de cote et de préférence au milieu, au-dessus et légèrement espacées de celles-ci.

Les valeurs sont inscrites depuis le bas ou depuis la droite du dessin.

COTES ANGULAIRES

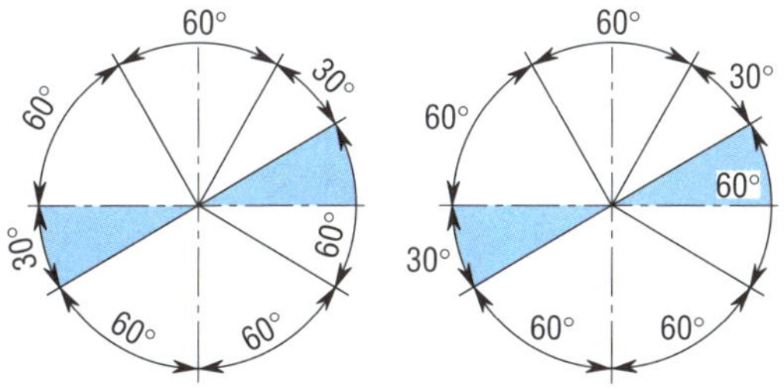

a) b)

Les valeurs angulaires peuvent être orientées conformément à la figure **(a)** ou à la figure **(b)**.

Il faut éviter d'inscrire des cotes angulaires à l'intérieur des zones teintées.

Exécution matérielle de la cotation

MÉTHODE 2

COTES LINÉAIRES

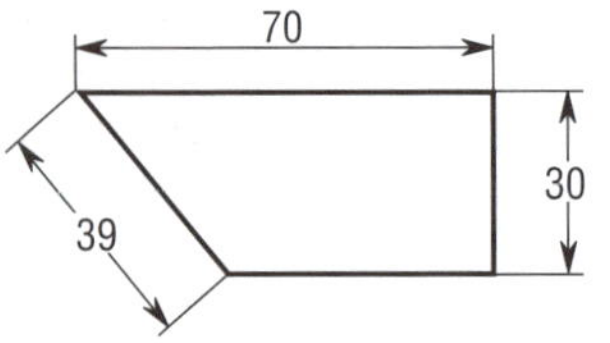

> Cette méthode est utilisée aux U.S.A. mais peu employée en Europe.

Les valeurs sont inscrites pour être lues depuis le bas de la feuille de dessin. Les lignes de cote non horizontales sont interrompues vers le milieu pour l'insertion de la valeur.

COTES ANGULAIRES

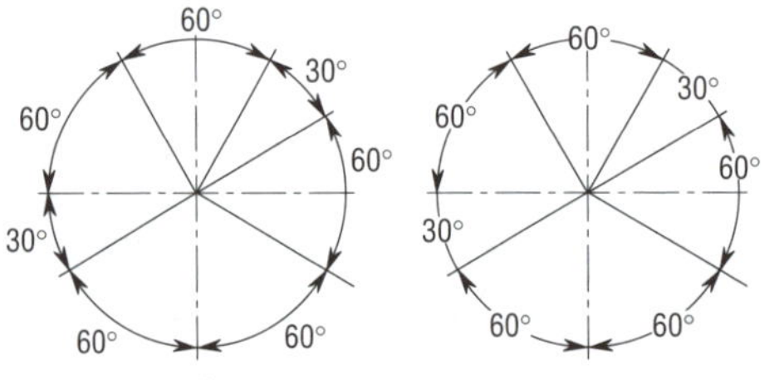

a)

Les valeurs angulaires peuvent être orientées conformément à la figure (**a**) ou à la figure (**b**).

9.1.4. INDICATIONS PARTICULIÈRES

Pour améliorer l'interprétation du dessin, le dessinateur industriel doit fréquemment adapter l'inscription des symboles et des valeurs à la situation du dessin.

LETTRES ET SYMBOLES NORMALISÉS

SYMBOLES À COTER

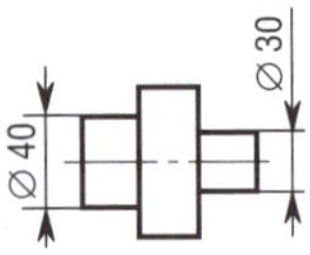

Ø Diamètre ou D

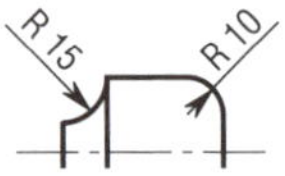

R Rayon

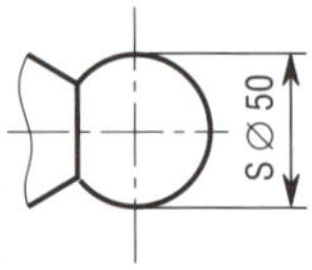

S Ø Sphère de diamètre

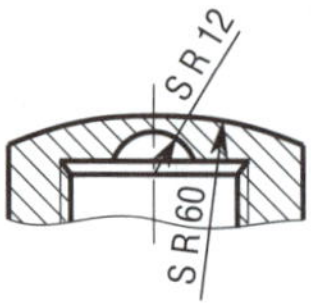

S R Sphère de rayon

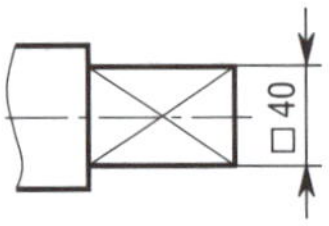

□ 40

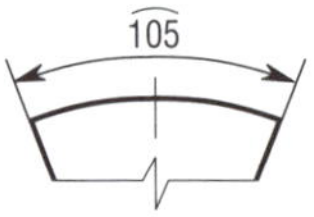

Arc

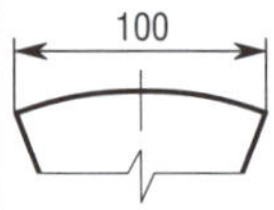

Corde

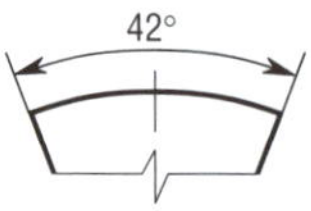

Angle

SYMBOLES POUR BARRES ET PROFILÉS

Section en U ⊔	Section ronde Ø	Section carrée □	Section rectangulaire ▭	Section hexagonale ⬢
Section en I I	Section en T T	Section en Z ˥	Section en Ω ⎍	Pour une cornière L

Exécution matérielle de la cotation

INDICATIONS SPÉCIALES

COTATION DES RAYONS

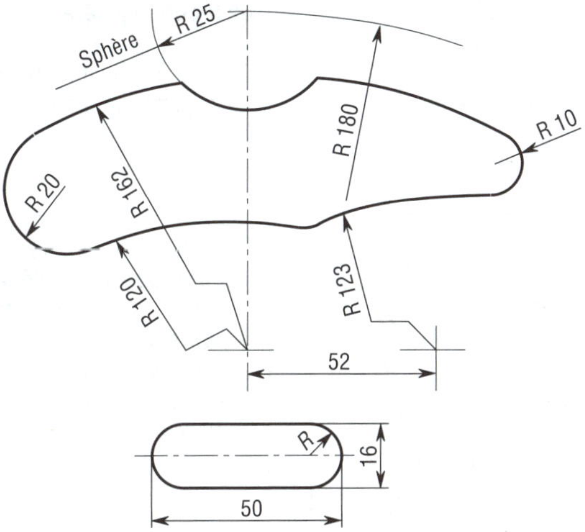

Pour coter un rayon, on trace :

- une ligne de cote ayant pour direction le rayon ;
- une flèche pointée sur l'arc de cercle.

Ligne et flèche se situent normalement à l'intérieur du cercle (côté concave) ; pour les petits rayons, à l'extérieur (côté convexe).

Lorsque le centre d'un arc se situe hors des limites du dessin, la ligne de cote du rayon est brisée ou interrompue, selon qu'il est ou non nécessaire de préciser la position du centre.

Lorsque le rayon se déduit d'autres cotes, on l'indique par une ***flèche*** de rayon et le symbole ***R*** sans dimension.

COTATION DES DIAMÈTRES

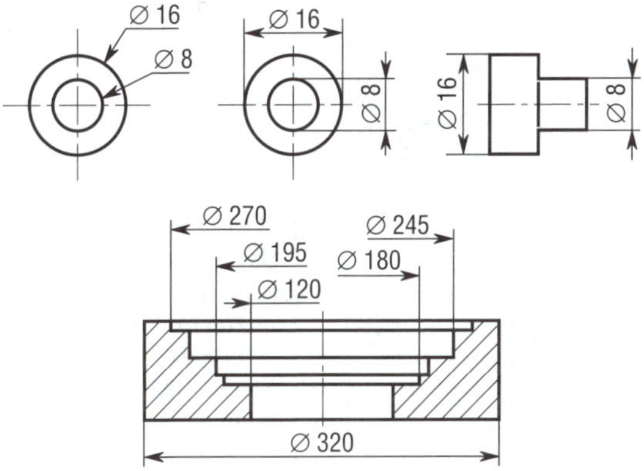

Plusieurs dispositions peuvent être utilisées pour coter un diamètre.

Les cotes sont inscrites le plus près possible des flèches, au besoin alternativement d'une extrémité à l'autre. On évite ainsi la superposition des nombreuses cotes.

COTE OÙ LA PLACE EST INSUFFISANTE

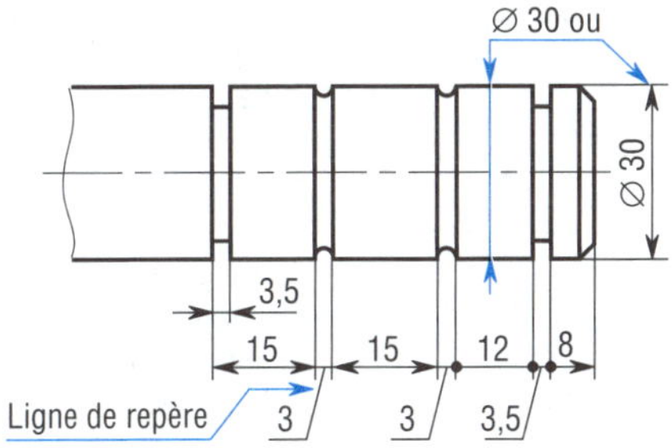

Lorsqu'il y a insuffisance de place, les cotes peuvent être inscrites :

- au-dessus du prolongement horizontal d'une ligne de cote et de préférence à droite.
- au-dessus d'une ligne repère.

COTE ENCADRÉE

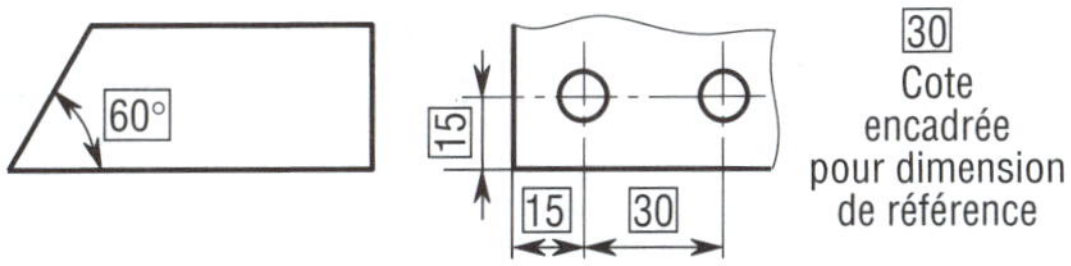

La cote encadrée traduit une ***« dimension de référence »*** ; cette dernière ***définit*** avec précision les caractéristiques de position ou de grandeur de la pièce.

Exécution matérielle de la cotation

ÉLÉMENTS ÉQUIDISTANTS : • **INTERVALLES LINÉAIRES**	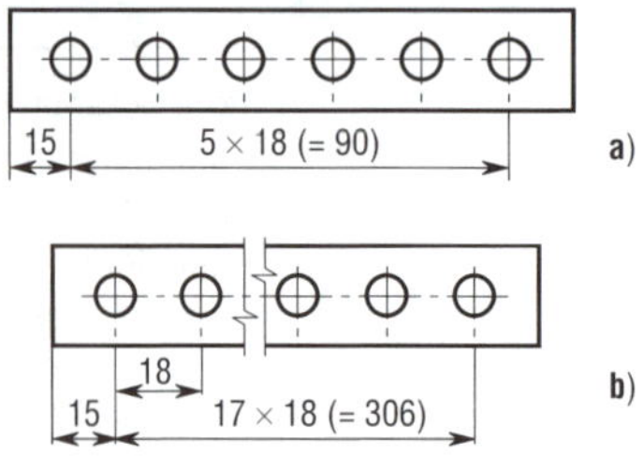	***La méthode* (a) *permet de simplifier la cotation*** chaque fois qu'apparaissent des éléments équidistants ou disposés de façon régulière. Dans le cas où il y a risque de confusion, il est préférable de revenir à la solution **(b)**.
• **INTERVALLES ANGULAIRES**	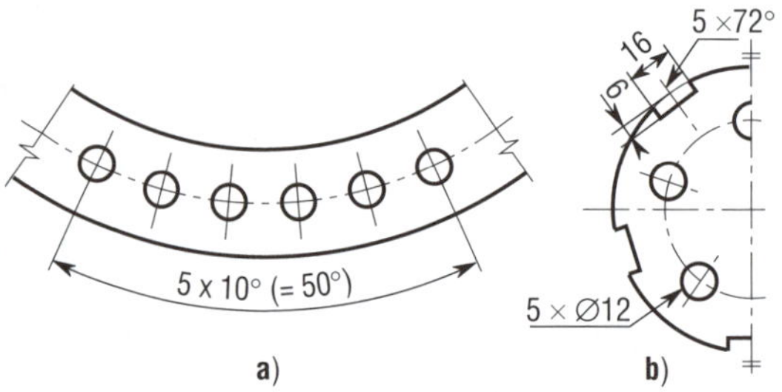	Les éléments disposés à ***intervalles angulaires*** (trous alésés, pénétrations diverses...) peuvent être cotés suivant la figure (**a**). Les intervalles circulaires peuvent être cotés indirectement en précisant le nombre d'éléments (**b**).
ÉLÉMENTS RÉPÉTITIFS	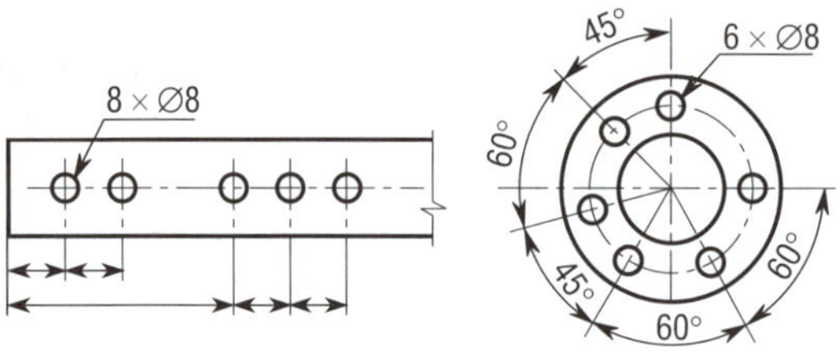	On définit si possible le nombre d'éléments de même dimension afin d'éviter de répéter la même cote (voir exemples ci-contre).
ZONE DE SURFACE AVEC TRAITEMENT	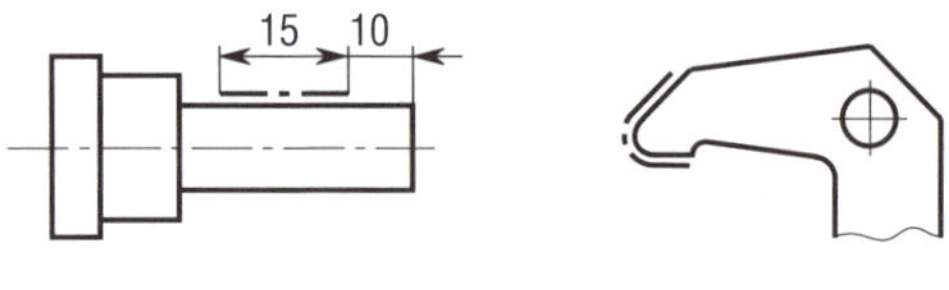	On indique sur le dessin le traitement local d'une surface au moyen d'un ***trait mixte fort*** tracé parallèlement à une distance d'au moins 0,7 mm de la surface traitée. Ce trait est coté en position et en grandeur.
CHANFREINS ET FRAISURES	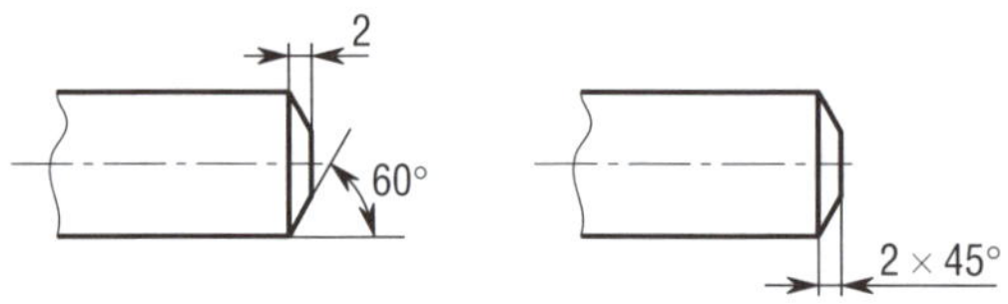	Plusieurs solutions peuvent être adoptées (voir exemples). Lorsque l'angle est égal à 45°, la cotation peut être simplifiée.
COTE NON À L'ÉCHELLE	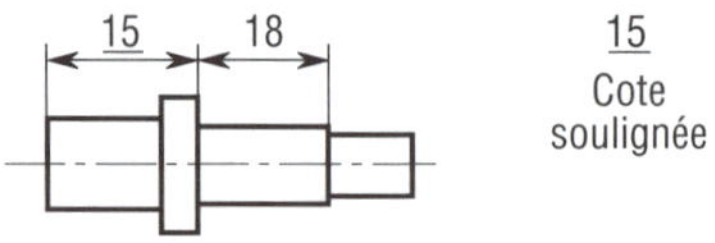	On souligne d'un ***trait continu fort*** la valeur de la cote du dessin qui exceptionnellement n'est pas réalisé à l'échelle (hormis le cas d'une vue interrompue).
COTE AUXILIAIRE	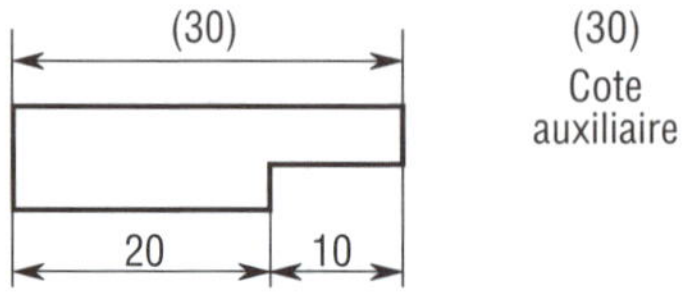	La cote auxiliaire est mise entre parenthèses. Elle est donnée pour information.

Exécution matérielle de la cotation

COTATION D'UNE CORNIÈRE	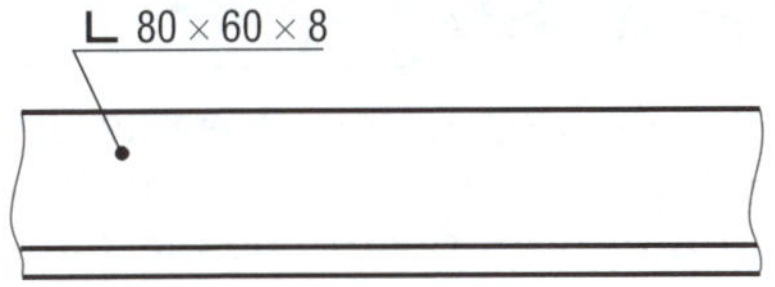	Les dimensions d'une barre ou d'un profilé normalisé sont données à la suite du symbole de forme.
COTATION D'UNE DEMI-VUE	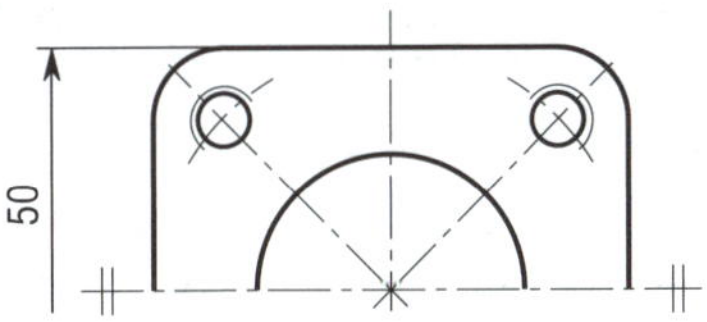	On prolonge la ligne de cote au-delà du plan de symétrie et on supprime la deuxième flèche.
COTATION SUR L'INTERSECTION DES LIGNES D'ÉPURES	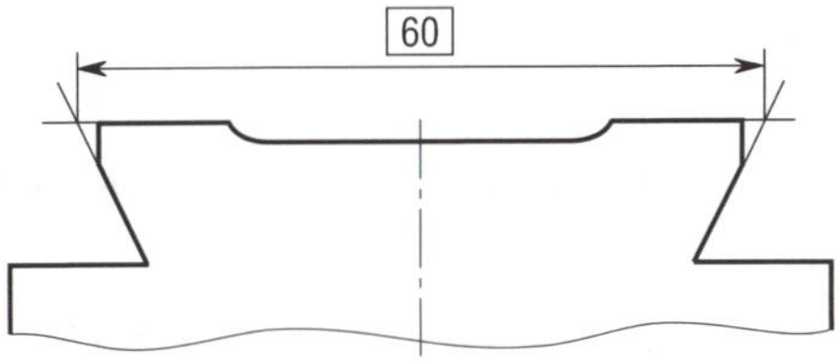	On prolonge les lignes d'épures au-delà de leur point d'intersection et on fait passer les lignes d'attache par ce point.

CONDITIONS À RESPECTER POUR COTER

UNITÉ DE LONGUEUR EN DESSIN

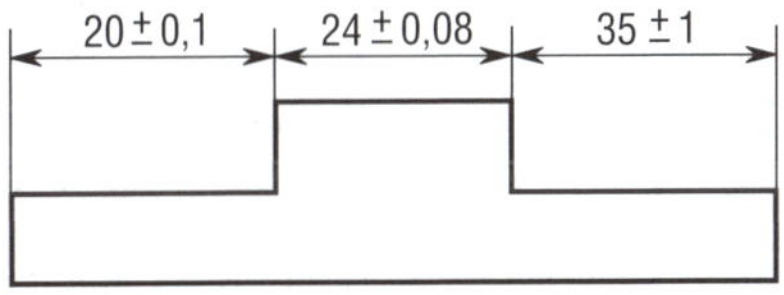

En dessin industriel mécanique on utilise pour les cotes et les tolérances :

> Les multiples et sous-multiples décimaux du millimètre (mm)

- On fait suivre le symbole (m, cm...) d'unité après la valeur de la cote lorsqu'il s'agit d'une unité ***autre que le mm***.
- La cote tolérancée précisée sur le dessin sera celle à réaliser sur la pièce.

COTATION SURABONDANTE

Coussinet : 3 modes de cotation

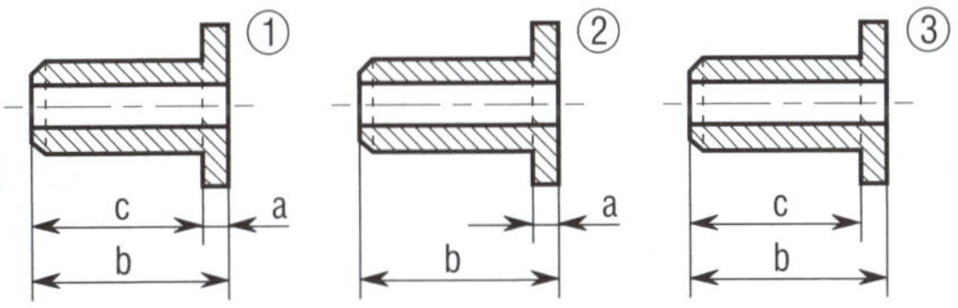

le dessin cote b=40 $^{0}_{-0,05}$, a=5±0,02

Analyse :

De la figure ② on tire la valeur de **c**

cMaxi = bMaxi - amini = 40 - 4,98 = **35,02**

cmini = bmini -aMaxi = 39,95 - 5,02 = **34,93**

Le service contrôle vérifie après usinage les cotes fonctionnelles a et b du dessin

aMaxi = bM - cm = 40 - 34,93 = 5,07

amini = bm - cM = 39,95 - 35,02 = 4,93

Soit **a = 5±0,07**

Transfert de cotes

Recherche de la valeur de **c** compatible avec les IT de **a** et **b**.

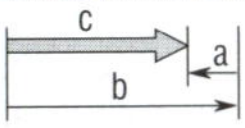

cM = bM - am = 40 - 4,98 = 35,02

cm = bm - aM = 39,95 - 5,02 = 34,93

Soit c = 35 $^{+0,02}_{-0,02}$ = cote de fabrication

① représente une cotation purement géométrique. La valeur de ***c = b - a*** est cohérente et admissible mais ***surabondante***. La mesure des cotes obtenues risque d'être hors tolérances (voir exemple).

> La cote **a** est hors tolérances. La pièce est inutilisable. La cotation donnée en ① montre que la cote **c** est surabondante.

Nota** :* certains impératifs de fabrication impliquent de rechercher par le calcul les cotes de fabrication à partir des cotes fonctionnelles. ***C'est la fonction de « transfert de cotes ».

9.2. TOLÉRANCES DIMENSIONNELLES – AJUSTEMENTS – SYSTÈME ISO

NF E 02-100
NF EN 20286
ISO 286

L'imprécision inévitable des procédés d'exécution ne permet pas de réaliser une pièce à une ***cote absolue***. Une incertitude existe au niveau de l'assemblage. Il faut donc fixer les limites acceptables pour cette cote, en dehors desquelles la pièce considérée n'est plus apte à l'emploi.
La différence entre ces deux limites admissibles constitue la ***tolérance***.

9.2.1. DÉFINITIONS

AJUSTEMENTS (1)

① **AVEC JEU**

② **AVEC SERRAGE**

③ **INCERTAIN**

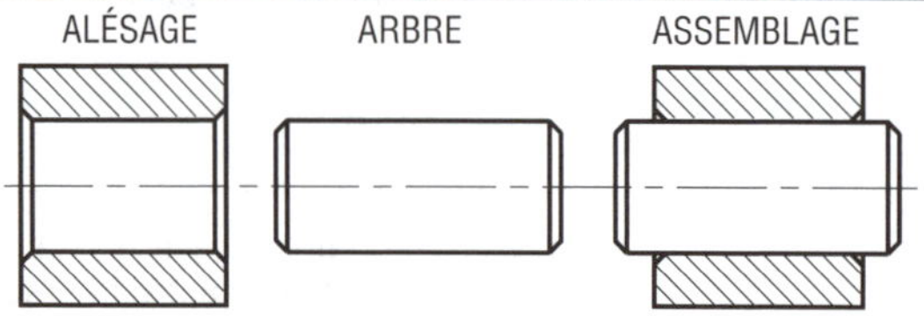

Un ***ajustement*** résulte de la différence entre les dimensions de deux pièces avant leur assemblage (voir application chiffrée p. 55).

① ***Ajustement avec jeu***
La zone de tolérance de l'alésage est entièrement au-dessus de la zone de tolérance de l'arbre.

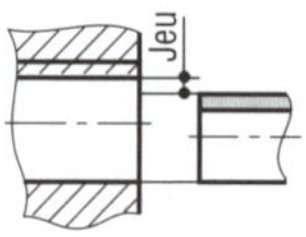

② ***Ajustement avec serrage***
La zone de tolérance de l'alésage est entièrement au dessous de la zone de tolérance de l'arbre.

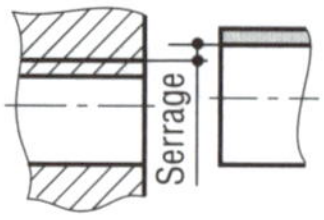

③ ***Ajustement incertain***
Ajustement pouvant comporter tantôt un jeu, tantôt un serrage. Les zones de tolérances de l'alésage et de l'arbre se chevauchent.

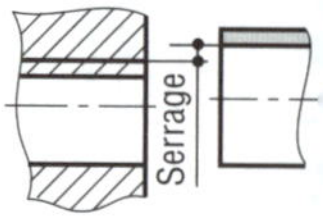

DIMENSION NOMINALE

ÉCART

TOLÉRANCE

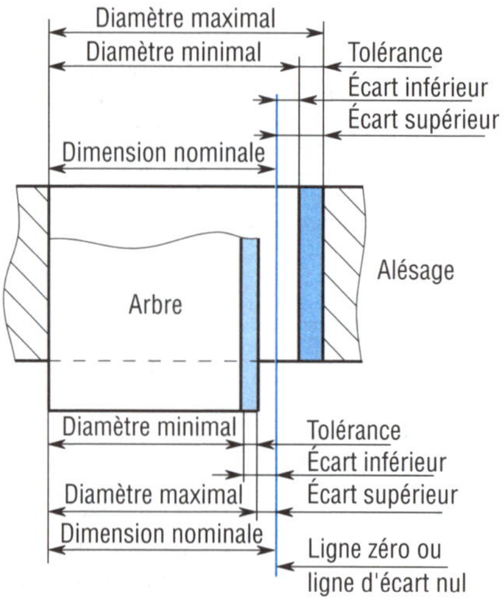

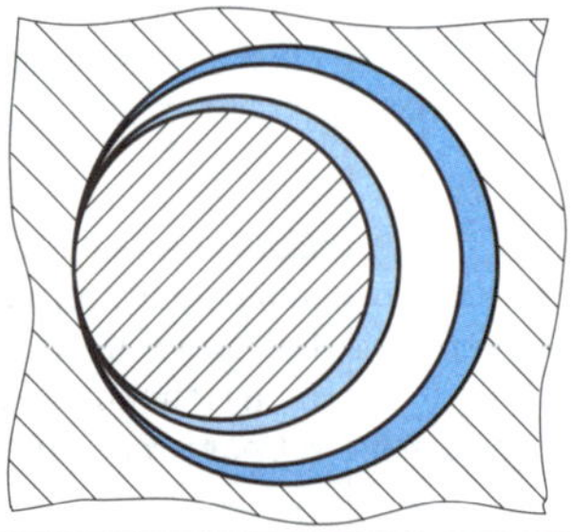

Dimension nominale (D) :
C'est la dimension de référence. Par rapport à celle-ci, on définit chacune des deux limites par son écart.
C'est la cote inscrite sur le dessin, commune à l'alésage et à l'arbre.
ES : écart supérieur de l'alésage.
EI : écart inférieur de l'alésage.
es : écart supérieur de l'arbre.
ei : écart inférieur de l'arbre.
IT : intervalle de tolérance.

$$ITA = ES - EI$$
$$ITa = es - ei$$

Tolérance :
Différence entre les dimensions maximale et minimale ; c'est aussi la différence algébrique entre l'écart supérieur et inférieur. Soit :

$$IT = ES - EI \quad \text{ou} \quad IT = es - ei$$

La tolérance est une valeur absolue sans signe.

Applications :
ES = D maximale - D nominale.
EI = D minimale - D nominale.
es = D maximale - D nominale.
ei = D minimale - D nominale.

(1) La notion d'arbre et d'alésage ne s'applique pas exclusivement à des pièces de forme cylindrique, mais chaque fois qu'il y a deux pièces dont l'une contient l'autre.

9.2.2. TOLÉRANCES FONDAMENTALES

QUALITÉ DES TOLÉRANCES

Tolérances fondamentales en micromètres pour paliers de diamètres en millimètres

Qualité	0,1	0	1	2	3	4	5	6	7	8	9	10	11	12	13	14	15	16
≤ 3	0,3	0,5	0,8	1,2	2	3	4	6	10	14	25	40	60	100	140	250	400	600
> 3 à 6	0,4	0,6	1	1,5	2,5	4	5	8	12	18	30	48	75	120	180	300	480	750
> 6 à 10	0,4	0,6	1	1,5	2,5	4	6	9	15	22	36	58	90	150	220	360	580	900
> 10 à 18	0,5	0,8	1,2	2	3	5	8	11	18	27	43	70	110	180	270	430	700	1100
> 18 à 30	0,6	1	1,5	2,5	4	6	9	13	21	33	52	84	130	210	330	520	840	1300
> 30 à 50	0,6	1	1,5	2,5	4	7	11	16	25	39	62	100	160	250	390	620	1000	1600
> 50 à 80	0,8	1,2	2	3	5	8	13	19	30	46	74	120	190	300	460	740	1200	1900
> 80 à 120	1	1,5	2,5	4	6	10	15	22	35	54	87	140	220	350	540	870	1400	2200
> 120 à 180	1,2	2	3,5	5	8	12	18	25	40	63	100	160	250	400	630	1000	1600	2500
> 180 à 250	2	3	4,5	7	10	14	20	29	46	72	115	185	290	460	720	1150	1850	2900
> 250 à 315	2,5	4	6	8	12	16	23	32	52	81	130	210	320	520	810	1300	2100	3200
> 315 à 400	3	5	7	9	13	18	25	36	57	89	140	230	360	570	890	1400	2300	3600
> 400 à 500	4	6	8	10	15	20	27	40	63	97	155	250	400	630	970	1550	2500	4000

Dix-huit qualités de tolérances sont prévues : 01, 0, 1, 2, 3, 4,... 16. Chacune correspond à l'une des tolérances dites fondamentales IT01, IT0, IT1, IT2... IT16.
Chaque tolérance est fonction de la dimension nominale (13 paliers pour D ≤ 500 mm).
Ces valeurs sont généralisables pour tout autre type de cote dimensionnelle.
On notera que la tolérance la plus faible correspond à la qualité 01.
Les qualités 14 et 16 ne sont prévues qu'au-delà de 1 mm.

POSITION DES ZONES DE TOLÉRANCES

Alésage

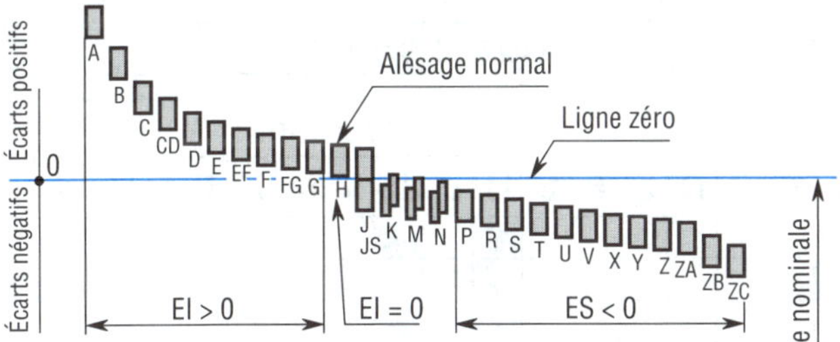

Arbre

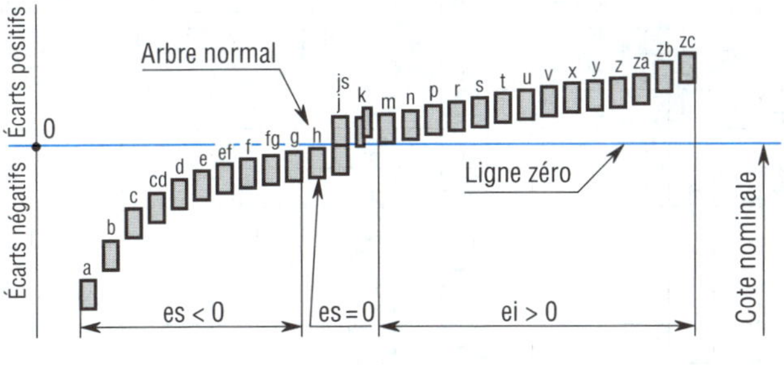

La position des zones de tolérances est définie par la valeur normalisée de l'écart fondamental.
Cette valeur est fonction de la dimension nominale mais, dans la majorité des cas, elle est indépendante de la qualité de la tolérance.

Alésage : la lettre majuscule (une ou parfois deux lettres) A, B, C, D,... ZA, ZB, ZC, symbolise l'écart fondamental de l'alésage.

Arbre : la lettre minuscule (une ou parfois deux lettres) a, b, c, d,... za, zb, zc, symbolise l'écart fondamental de l'arbre.

Remarques :
- L'écart fondamental est ***nul*** pour H et h.
- Pour JS et js, écarts limites :

$$\begin{pmatrix} \text{ES et EI} \\ \text{ou} \\ \text{es et ei} \end{pmatrix} = \pm \frac{IT}{2}$$

Tolérances dimensionnelles – Ajustements

DIFFÉRENTS AJUSTEMENTS

(Principe du système)

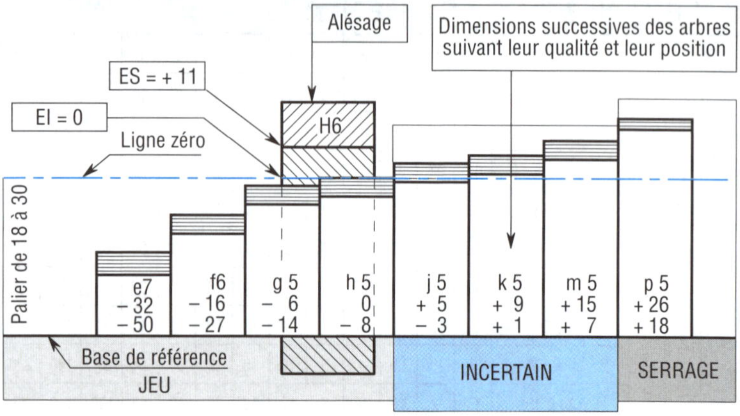

Alésage : si EI = 0
les différents ajustements sont obtenus en faisant ***varier le diamètre de l'arbre.***
Arbre : si ES = 0
les différents ajustements sont obtenus en faisant ***varier le diamètre de l'alésage.***

9.2.3. SYSTÈMES D'AJUSTEMENTS

Pour réduire le nombre d'ajustements possibles et ainsi les moyens de contrôle (calibre,...) on utilise l'un des deux systèmes suivants.

• ***Système de l'alésage normal***
On emploie toujours un alésage H ; les variations de jeu ou de serrage nécessaires pour réaliser des assemblages différents sont obtenues par le choix de l'arbre.

• ***Système de l'arbre normal***
On emploie toujours un arbre h ; les variations de jeu ou de serrage sont obtenues par le choix de l'alésage.

Il est recommandé d'employer le système à alésage normal, sauf en cas de raisons techniques spéciales (montage de roulements...).

TOLÉRANCES POUR USAGES GÉNÉRAUX

ALÉSAGES USUELS

Qualités	Positions																					
	A	**B**	**C**	**D**	**E**	**F**	**G**	**H**	**J**	**JS**	**K**	**M**	**N**	**P**	**R**	**S**	**T**	**U**	**V**	**X**	**Y**	**Z**
1								+		+												
2								+		+												
3								+		+												
4								+		+												
5					+	+	+	+		+	+	+	+	+	+	+						
6				+	+	+	+	+	+	+	+	+	+	+	+	+	+	+	+	+		
7				+	+	+	+	+	+	+	+	+	+	+	+	+	+	+	+	+	+	+
8		+	+	+	+	+		+	+	+	+	+	+	+	+							+
9	+	+	+	+	+	+		+		+			+	+								
10				+	+			+		+			+									
11	+	+	+	+				+		+			+									
12								+		+												
13								+		+												
14								+		+												
15								+		+												
16								+		+												

Tolérances dimensionnelles – Ajustements

TOLÉRANCES POUR USAGES GÉNÉRAUX

ARBRES USUELS

Qualités	a	b	c	d	e	f	g	h	j	js	k	m	n	p	r	s	t	u	v	x	y	z
	Positions																					
1								+		+												
2								+		+												
3								+		+												
4						+	+	+		+	+	+	+	+	+	+						
5				+	+	+	+	+	+	+	+	+	+	+	+	+	+	+	+	+		
6				+	+	+	+	+	+	+	+	+	+	+	+	+	+	+	+	+	+	+
7				+	+	+	+	+	+	+	+	+	+	+	+	+	+	+	+	+	+	+
8		+	+	+	+	+		+		+								+		+		
9	+	+	+	+	+	+		+		+												
10				+				+		+												
11	+	+	+	+				+		+												
12								+		+												
13								+		+												
14								+		+												
15								+		+												
16								+		+												

AJUSTEMENTS COURAMMENT UTILISÉS

Cas d'emploi

(fond bleu) Qualités très souvent employées.

	Cas d'emploi	Mise en place	Arbres (positions)	Alésages H6	Alésages H7	Alésages H8	Alésages H9	Alésages H11
				Arbres (qualités)				
Pièces mobiles l'une par rapport à l'autre	Pièces dont le fonctionnement nécessite un grand jeu (dilatation, mauvais alignement, portées très longues, etc.)		c				9	11
			d				9	11
	Cas ordinaire des pièces tournant ou glissant dans une bague ou palier (bon graissage assuré)		e		7	8	9	
			f	6	6-7	7		
	Pièces avec guidage précis pour mouvements de faible amplitude		g	5	6			
Pièces immobiles l'une par rapport à l'autre	Démontage et remontage possibles sans détérioration des pièces. L'emmanchement ne peut pas transmettre d'effort.	à la main	h	5	6	7	8	
			js	5	6			
		au maillet	k	5				
			m		6			
	Démontage et remontage impossibles sans détérioration des pièces. L'emmanchement peut transmettre des efforts.	à la presse	p		6			
		à la presse ou par dilatation	s			7		
			u			7		
			x			7		
			z			7		

9.2.4. ÉCARTS FONDAMENTAUX DES AJUSTEMENTS — ISO 286

SYSTÈME DE L'ALÉSAGE NORMAL*

Ecarts en micromètre (1μ m = 0,001 mm) - cote nominale en millimètres.

Alésages	H6				H7					H8					H9			H11	
Arbres		h5	js5	k5		g6	h6	m6	p6		e8	f7	h7	s7		e9	h8		d11
> 3 à 6	+ 8 0	0 – 5	± 2,5	+ 6 + 1	+ 12 0	– 4 – 12	0 – 8	+ 12 + 4	+ 20 + 12	+ 18 0	– 20 – 38	– 10 – 22	0 – 12	+ 31 + 19	+ 30 0	– 20 – 50	0 – 18	+ 75 0	– 3 – 10
> 6 à 10	+ 9 0	0 – 6	± 3	+ 7 + 1	+ 15 0	– 5 – 14	0 – 9	+ 15 + 6	+ 24 + 15	+ 22 0	– 25 – 47	– 13 – 28	0 – 15	+ 38 + 23	+ 36 0	– 25 – 61	0 – 22	+ 90 0	– 4 – 13
> 10 à 14	+ 11 0	0 – 8	± 4	+ 9 + 1	+ 18 0	– 6 – 17	0 – 11	+ 18 + 7	+ 29 + 18	+ 27 0	– 32 – 59	– 16 – 34	0 – 18	+ 46 + 28	+ 43 0	– 32 – 75	0 – 27	+ 110 0	– 5 – 16
> 14 à 18	+ 11 0	0 – 8	± 4	+ 9 + 1	+ 18 0	– 6 – 17	0 – 11	+ 18 + 7	+ 29 + 18	+ 27 0	– 32 – 59	– 16 – 34	0 – 18	+ 46 + 28	+ 43 0	– 32 – 75	0 – 27	+ 110 0	– 5 – 16
> 18 à 24	+ 13 0	0 – 9	± 4,5	+ 11 + 2	+ 21 0	– 7 – 20	0 – 13	+ 21 + 8	+ 35 + 22	+ 33 0	– 40 – 73	– 20 – 41	0 – 21	+ 56 + 35	+ 52 0	– 40 – 92	0 – 33	+ 130 0	– 6 – 19
> 24 à 30	+ 13 0	0 – 9	± 4,5	+ 11 + 2	+ 21 0	– 7 – 20	0 – 13	+ 21 + 8	+ 35 + 22	+ 33 0	– 40 – 73	– 20 – 41	0 – 21	+ 56 + 35	+ 52 0	– 40 – 92	0 – 33	+ 130 0	– 6 – 19
> 30 à 40	+ 16 0	0 – 11	± 5,5	+ 13 + 2	+ 25 0	– 9 – 25	0 – 16	+ 25 + 9	+ 42 + 26	+ 39 0	– 50 – 89	– 25 – 50	0 – 25	+ 68 + 43	+ 62 0	– 50 – 112	0 – 39	+ 160 0	– 8 – 24
> 40 à 50	+ 16 0	0 – 11	± 5,5	+ 13 + 2	+ 25 0	– 9 – 25	0 – 16	+ 25 + 9	+ 42 + 26	+ 39 0	– 50 – 89	– 25 – 50	0 – 25	+ 68 + 43	+ 62 0	– 50 – 112	0 – 39	+ 160 0	– 8 – 24
> 50 à 65	+ 19 0	0 – 13	± 6,5	+ 15 + 2	+ 30 0	– 10 – 29	0 – 19	+ 30 + 11	+ 51 + 32	+ 46 0	– 60 – 106	– 30 – 60	0 – 30	+ 83 + 53	+ 74 0	– 60 – 134	0 – 46	+ 190 0	– 10 – 29
> 65 à 80	+ 19 0	0 – 13	± 6,5	+ 15 + 2	+ 30 0	– 10 – 29	0 – 19	+ 30 + 11	+ 51 + 32	+ 46 0	– 60 – 106	– 30 – 60	0 – 30	+ 89 + 59	+ 74 0	– 60 – 134	0 – 46	+ 190 0	– 10 – 29
> 80 à 100	+ 22 0	0 – 15	± 7,5	+ 18 + 3	+ 35 0	– 12 – 34	0 – 22	+ 35 + 13	+ 59 + 37	+ 54 0	– 72 – 126	– 36 – 71	0 – 35	+ 106 + 71	+ 87 0	– 72 – 159	0 – 54	+ 220 0	– 12 – 34
> 100 à 120	+ 22 0	0 – 15	± 7,5	+ 18 + 3	+ 35 0	– 12 – 34	0 – 22	+ 35 + 13	+ 59 + 37	+ 54 0	– 72 – 126	– 36 – 71	0 – 35	+ 114 + 79	+ 87 0	– 72 – 159	0 – 54	+ 220 0	– 12 – 34
> 120 à 140	+ 25 0	0 – 18	± 9	+ 21 + 3	+ 40 0	– 14 – 39	0 – 25	+ 40 + 15	+ 68 + 43	+ 63 0	– 85 – 148	– 43 – 83	0 – 40	+ 132 + 92	+ 100 0	– 85 – 185	0 – 63	+ 250 0	– 14 – 39
> 140 à 160	+ 25 0	0 – 18	± 9	+ 21 + 3	+ 40 0	– 14 – 39	0 – 25	+ 40 + 15	+ 68 + 43	+ 63 0	– 85 – 148	– 43 – 83	0 – 40	+ 140 + 100	+ 100 0	– 85 – 185	0 – 63	+ 250 0	– 14 – 39
> 160 à 180	+ 25 0	0 – 18	± 9	+ 21 + 3	+ 40 0	– 14 – 39	0 – 25	+ 40 + 15	+ 68 + 43	+ 63 0	– 85 – 148	– 43 – 83	0 – 40	+ 148 + 108	+ 100 0	– 85 – 185	0 – 63	+ 250 0	– 14 – 39

Schéma des écarts pour le palier de 24 à 30 mm

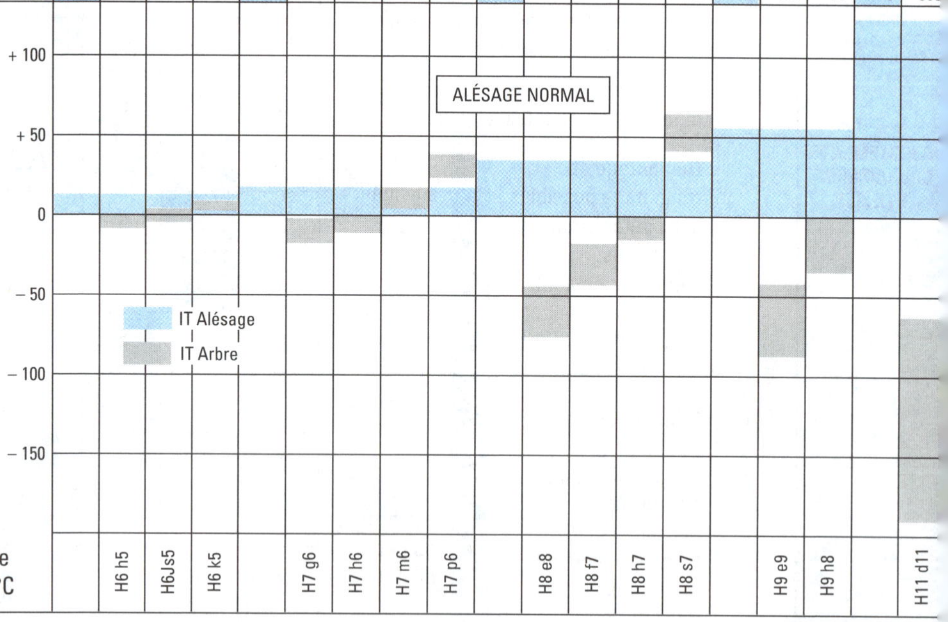

Température de référence : 20 °C

* A employer de préférence, sauf si l'arbre est commercialisé de façon standard.

Tolérances dimensionnelles – Ajustements

SYSTÈME DE L'ARBRE NORMAL*

Ecarts en micromètres (1 μ m = 0,001 mm) - Cote nominale en mm.

Arbres	h5				h6					h7					h9			h11	
Alésages		**H6**	**Js6**	**N6**		**G7**	**H7**	**K7**	**R7**		**F8**	**H8**	**N8**	**R8**		**D9**	**H9**		**D11**
> 3 à 6	0 − 5	+ 8 0	± 4	− 5 − 13	0 − 8	+ 16 + 4	+ 12 0	+ 3 − 9	− 11 − 23	0 − 12	+ 28 + 10	+ 18 0	− 2 − 20	− 15 − 33	0 − 30	+ 60 + 30	+ 30 0	0 − 75	+ 105 + 30
> 6 à 10	0 − 6	+ 9 0	± 4,5	− 7 − 16	0 − 9	+ 20 + 5	+ 15 0	+ 5 − 10	− 13 − 28	0 − 15	+ 35 + 13	+ 22 0	− 3 − 25	− 19 − 41	0 − 36	+ 76 + 40	+ 36 0	0 − 90	+ 130 + 40
> 10 à 14	0 − 8	+ 11 0	± 5,5	− 9 − 20	0 − 11	+ 24 + 6	+ 18 0	+ 6 − 12	− 16 − 34	0 − 18	+ 43 + 16	+ 27 0	− 3 − 30	− 23 − 50	0 − 43	+ 93 + 50	+ 43 0	0 − 110	+ 160 + 50
> 14 à 18	0 − 8	+ 11 0	± 5,5	− 9 − 20	0 − 11	+ 24 + 6	+ 18 0	+ 6 − 12	− 16 − 34	0 − 18	+ 43 + 16	+ 27 0	− 3 − 30	− 23 − 50	0 − 43	+ 93 + 50	+ 43 0	0 − 110	+ 160 + 50
> 18 à 24	0 − 9	+ 13 0	± 6,5	− 11 − 24	0 − 13	+ 28 + 7	+ 21 0	+ 6 − 15	− 20 − 41	0 − 21	+ 53 + 20	+ 33 0	− 3 − 36	− 28 − 61	0 − 52	+ 117 + 65	+ 52 0	0 − 130	+ 195 + 65
> 24 à 30	0 − 9	+ 13 0	± 6,5	− 11 − 24	0 − 13	+ 28 + 7	+ 21 0	+ 6 − 15	− 20 − 41	0 − 21	+ 53 + 20	+ 33 0	− 3 − 36	− 28 − 61	0 − 52	+ 117 + 65	+ 52 0	0 − 130	+ 195 + 65
> 30 à 40	0 − 11	+ 16 0	± 8	− 12 − 28	0 − 16	+ 34 + 9	+ 25 0	+ 7 − 18	− 25 − 50	0 − 25	+ 64 + 25	+ 39 0	− 3 − 42	− 34 − 73	0 − 62	+ 142 + 80	+ 62 0	0 − 160	+ 240 + 80
> 40 à 50	0 − 11	+ 16 0	± 8	− 12 − 28	0 − 16	+ 34 + 9	+ 25 0	+ 7 − 18	− 25 − 50	0 − 25	+ 64 + 25	+ 39 0	− 3 − 42	− 34 − 73	0 − 62	+ 142 + 80	+ 62 0	0 − 160	+ 240 + 80
> 50 à 65	0 − 13	+ 19 0	± 9,5	− 14 − 33	0 − 19	+ 40 + 10	+ 30 0	+ 9 − 21	− 30 − 60	0 − 30	+ 76 + 30	+ 46 0	− 4 − 50	− 41 − 87	0 − 74	+ 174 + 100	+ 74 0	0 − 190	+ 290 + 100
> 65 à 80	0 − 13	+ 19 0	± 9,5	− 14 − 33	0 − 19	+ 40 + 10	+ 30 0	+ 9 − 21	− 32 − 62	0 − 30	+ 76 + 30	+ 46 0	− 4 − 50	− 43 − 89	0 − 74	+ 174 + 100	+ 74 0	0 − 190	+ 290 + 100
> 90 à 100	0 − 15	+ 22 0	± 11	− 16 − 38	0 − 22	+ 47 + 12	+ 35 0	+ 10 − 25	− 38 − 73	0 − 35	+ 90 + 36	+ 54 0	− 4 − 58	− 51 − 105	0 − 87	+ 207 + 120	+ 87 0	0 − 220	+ 340 + 120
> 100 à 120	0 − 15	+ 22 0	± 11	− 16 − 38	0 − 22	+ 47 + 12	+ 35 0	+ 10 − 25	− 41 − 76	0 − 35	+ 90 + 36	+ 54 0	− 4 − 58	− 54 − 108	0 − 87	+ 207 + 120	+ 87 0	0 − 220	+ 340 + 120
> 120 à 140	0 − 18	+ 25 0	± 12,5	− 20 − 45	0 − 25	+ 54 + 14	+ 40 0	+ 12 − 28	− 48 − 88	0 − 40	+ 106 + 43	+ 63 0	− 4 − 67	− 63 − 126	0 − 100	+ 245 + 145	+ 100 0	0 − 250	+ 395 + 145
> 140 à 160	0 − 18	+ 25 0	± 12,5	− 20 − 45	0 − 25	+ 54 + 14	+ 40 0	+ 12 − 28	− 50 − 90	0 − 40	+ 106 + 43	+ 63 0	− 4 − 67	− 65 − 128	0 − 100	+ 245 + 145	+ 100 0	0 − 250	+ 395 + 145
> 160 à 180	0 − 18	+ 25 0	± 12,5	− 20 − 45	0 − 25	+ 54 + 14	+ 40 0	+ 12 − 28	− 53 − 93	0 − 40	+ 106 + 43	+ 63 0	− 4 − 67	− 68 − 131	0 − 100	+ 245 + 145	+ 100 0	0 − 250	+ 395 + 145

Schéma des écarts pour le palier de 24 à 30 mm

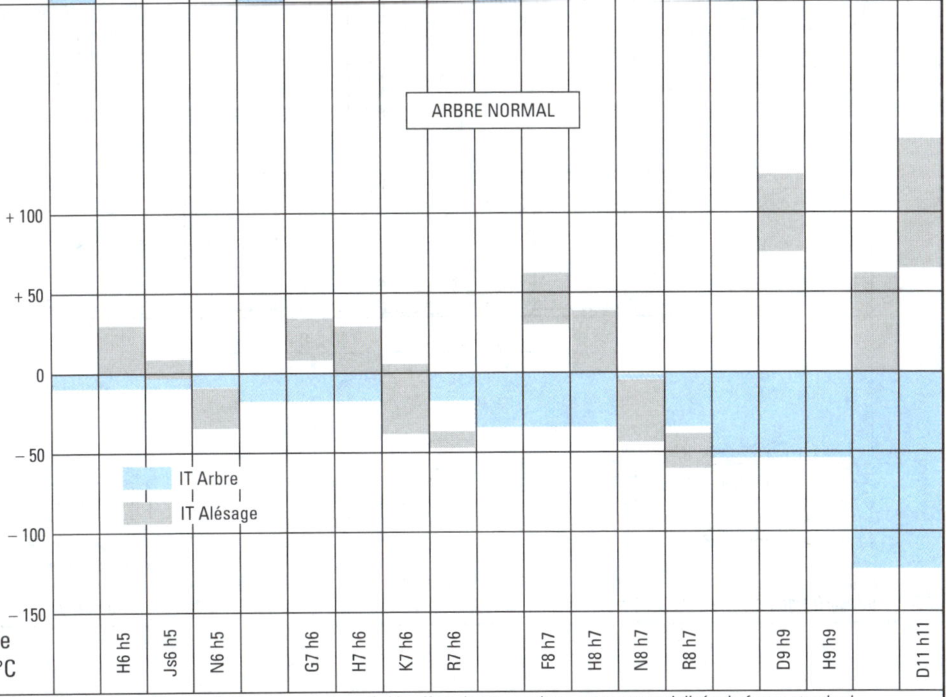

Température de référence : 20 °C

* On doit employer de préférence le système de l'alésage normal, sauf si la pièce de type «arbre» est commercialisée de façon standard. La norme NF R 91-011 ne s'applique pas au système de l'arbre normal.

9.2.5. MÉTHODE POUR LA COTATION DES AJUSTEMENTS

AJUSTEMENT : ∅	**25**	H	7	h	6	Ⓔ

1 – Les deux pièces de l'assemblage ont même cote nominale.

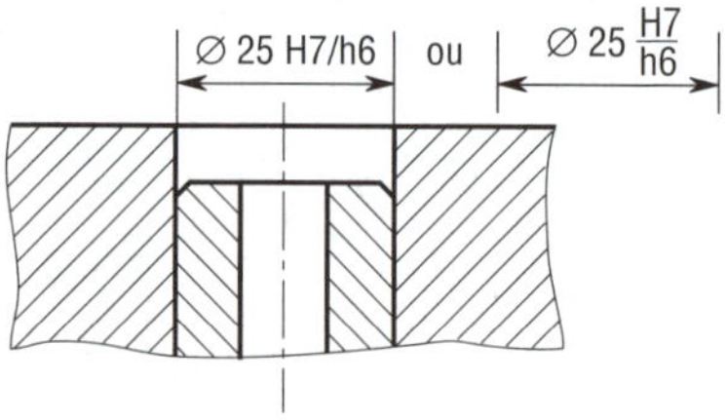

*2 – La cote nominale de la pièce contenant, ou **alésage** est accompagnée d'une **lettre majuscule**.*

*3 – Cette lettre majuscule indique la **position** de la tolérance par rapport à la cote nominale.*

*4 – La lettre majuscule est suivie d'un **nombre** indiquant la **qualité** de cette tolérance.*

*5 – Dans le cas d'inscription de tolérances dimensionnelles, faire suivre la cote nominale des **deux écarts**, celui correspondant à la limite supérieure étant inscrit au-dessus.*

*6 – Si les écarts sont symétriques par rapport à la cote nominale, n'inscrire leur valeur qu'une **seule fois** précédée du signe ± .*

*7 – Exprimer les écarts dans la même unité que la cote nominale (en mm) et donner à l'un et à l'autre le même nombre de décimales inscrites. **Si l'un est nul n'inscrire que 0 sans signe**.*

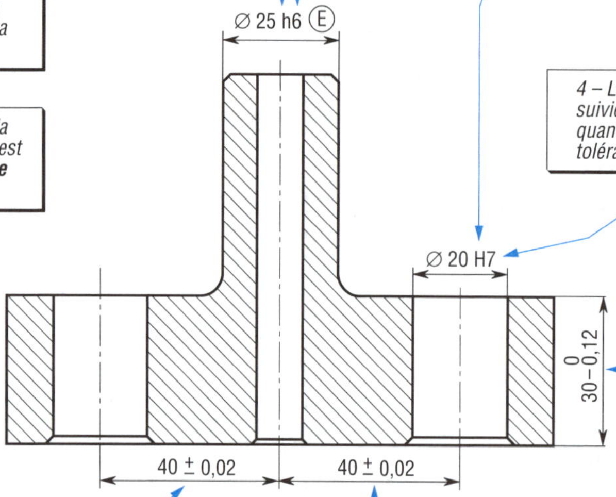

*8 – La cote nominale de la pièce contenue, ou **arbre** est accompagnée d'une **lettre minuscule**.*

*9 – Cette lettre minuscule indique la **position** de la tolérance par rapport à la cote nominale.*

*10 – La lettre minuscule est suivie d'un **nombre** indiquant la **qualité** de cette tolérance.*

11 – Lorsqu'on indique un ajustement, inscrire, en commençant par l'alésage, les deux symboles de cet ajustement. (on peut aussi écrire $\frac{H7}{h6}$ suivant la place utilisable).

12 – L'ajustement doit répondre à l'exigence d'enveloppe Ⓔ (principe de Taylor défini par le système ISO voir paragraphe 3.7.2.)

9.3. DIMENSIONS LINÉAIRES NOMINALES NFX 01-001

Pour faciliter la standardisation des outillages et appareillages, des produits de consommation, des composants, des gabarits de contrôle, on utilise pour le choix des dimensions linéaires nominales, les nombres normaux ou nombres des séries Renard*. Ces nombres sont les termes de progressions géométriques partant d'une puissance entière de 10 et de raisons $\sqrt[5]{10}$, $\sqrt[10]{10}$, $\sqrt[20]{10}$, $\sqrt[40]{10}$ et exceptionnellement $\sqrt[80]{10}$. Le choix des dimensions linéaires nominales des pièces se fait, parmi les valeurs des séries R, dans l'ordre de préférence R10, R20, R40. En cas de nécessité, on retient les valeurs arrondies des séries Ra dans le même ordre de préférence.

1 à 10 mm				10 à 100 mm						100 à 500 mm					
R		Ra		R			Ra			R			Ra		
R10	R20	Ra10	Ra20	R10	R20	R40	Ra10	Ra20	Ra40	R10	R20	R40	Ra10	Ra20	Ra40
1,00	1,00	1	1	10,0	10	10	10	10		100	100	100	100	100	100
												106			105
	1,12		1,1		11,2	11,2		11			112	112		110	110
												118			120
1,25	1,25	1,2	1,2	12,5	12,5	12,5	12	12	12	125	125	125	125	125	125
						13,2			13			132			130
	1,40		1,4		14,0	14,0		14	14		140	140		140	140
						15,0			15			150			150
1,60	1,60	1,6	1,6	16,0	16,0	16,0	16	16	16	160	160	160	160	160	160
						17,0			17			170			170
	1,80		1,8		18,0	18,0		18	18		180	180		180	180
						19,0			19			190			190
2,00	2,00	2	2	20,0	20,0	20,0	20	20	20	200	200	200	200	200	200
						21,2			21			212			210
	2,24		2,2		22,4	22,4		22	22		224	224		220	220
						23,6			24			236			240
2,50	2,50	2,5	2,5	25,0	25,0	25,0	25	25	25	250	250	250	250	250	250
						26,5			26			265			260
	2,80		2,8		28,0	28,0		28	28		280	280		280	280
						30,0			30			300			300
3,15	3,15	3	3	31,5	31,5	31,5	32	32	32	315	315	315	320	320	320
						33,5			34			335			340
	3,55		3,5		35,5	35,5		36	36		355	355		360	360
						37,5			38			375			380
4,00	4,00	4	4	40,0	40,0	40,0	40	40	40	400	400	400	400	400	400
						42,5			42			425			420
	4,50		4,5		45,0	45,0		45	45		450	450		450	450
						47,5			48			475			480
5,00	5,00	5	5	50,0	50,0	50,0	50	50	50	500	500	500	500	500	500
						53,0			53						
	5,60		5,5		56,0	56,0		56	56						
						60,0			60						
6,30	6,30	6	6	63,0	63,0	63,0	63	63	63						
						67,0			67						
	7,10		7		71,0	71,0		71	71						
						75,0			75						
8,00	8,00	8	8	80,0	80,0	80,0	80	80	80						
						85,0			85						
	9,00		9		90,0	90,0		90	90						
						95,0			95						
10,00	10,00	10	10	100,0	100,0	100,0	100,0	100	100						

les termes Ra en couleur dans le tableau sont les seuls qui diffèrent, du fait de l'arrondissage, des termes R correspondants.

* Série normalisées d'après les travaux du Colonel Renard (officier français du Génie).

9.4. INSCRIPTION DES TOLÉRANCES DIMENSIONNELLES

NF E 04-551/ISO 406

Théoriquement les tolérances dimensionnelles sont utilisées chaque fois que l'on porte une dimension (cote) sur le dessin d'une pièce. Pratiquement, seules quelques cotes principales sont tolérancées, les autres pouvant obéir à une tolérance générale.

9.4.1. INSCRIPTION DES COMPOSANTS D'UNE DIMENSION LINÉAIRE TOLÉRANCÉE

RÈGLES D'ÉCRITURE	L'écriture des tolérances chiffrées doit être de la même hauteur que celle retenue pour la dimension nominale. Les écarts inférieur et supérieur doivent se placer à la suite de la cote nominale. Les valeurs sont écrites l'une au-dessous de l'autre, la valeur de l'écart supérieur étant placée au-dessus. Elles doivent figurer sur le dessin avec leur signe dans la même unité que la dimension nominale et avec le même nombre de décimales. Si l'un des écarts est nul, on note le seul chiffre "0" sans signe ni décimale.	
TOLÉRANCE INDIQUÉE PAR UN SYMBOLE ISO	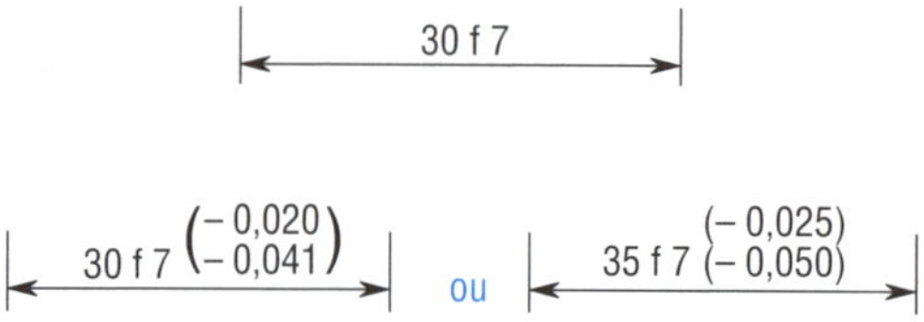	On indique : • la dimension nominale ; • le symbole de tolérance voulue conforme au système ISO des tolérances ; • si on le souhaite la valeur des écarts supérieur et inférieur correspondants, suivant le modèle ci-contre.
TOLÉRANCE INDIQUÉE PAR DES NOMBRES		On indique : • la dimension nominale ; • les valeurs des écarts supérieur et inférieur avec leur signe (écart supérieur au-dessus de l'écart inférieur) ; • l'écart supérieur nul (voir règle ci-dessus).
TOLÉRANCES À ÉCART SYMÉTRIQUE	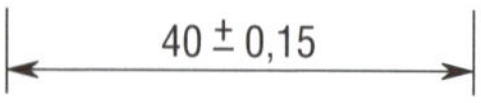	On écrit la valeur des écarts supérieur et inférieur une seule fois précédée du signe ±.
NOTATION DE LA VALEUR DES DIMENSIONS LIMITES	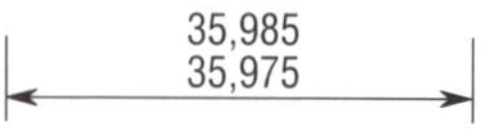	On peut admettre la notation de la valeur des dimensions limites plutôt qu'une dimension tolérancée.
NOTATION D'UNE DIMENSION LIMITÉE DANS UN SEUL SENS		Ce type de notation limite une dimension dans un seul sens. «*mini*» placé à la suite de la valeur spécifiée correspond à la limite inférieure et «*maxi*» à la limite supérieure.

9.4.2. INSCRIPTION DES COMPOSANTS D'UNE DIMENSION TOLÉRANCÉE POUR DES PIÈCES ASSEMBLÉES

TOLÉRANCES D'AJUSTEMENT INDIQUÉES PAR LES SYMBOLES ISO

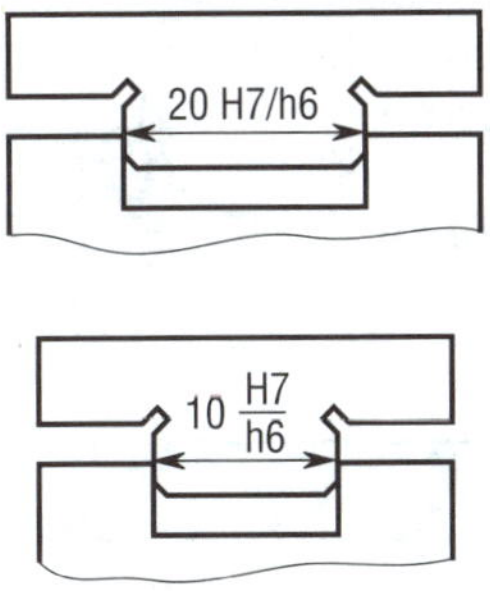

Deux éléments représentés assemblés possèdent la même cote nominale (cote d'ajustement). Tout en respectant les règles énoncées à la page précédente, on inscrit les deux symboles de l'ajustement l'un à la suite de l'autre ou, si l'on manque de place, l'un au dessus de l'autre ; le symbole se rapportant à l'alésage est placé en premier.

TOLÉRANCES D'AJUSTEMENT INDIQUÉES PAR DES NOMBRES

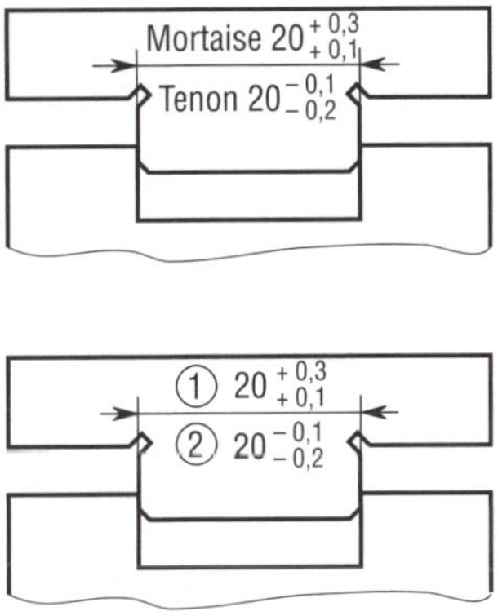

Les dimensions de chacun des composants de l'assemblage sont spécifiées de part et d'autre de la ligne de cote selon les règles définies auparavant et de la manière suivante.

- ***Au-dessus de la ligne de cote :*** on indique le nom ou la référence de l'alésage suivi de la dimension nominale affectée d'une tolérance linéaire.
- ***Au-dessous de la ligne de cote :*** on indique le nom ou la référence de l'arbre suivi de la dimension nominale affectée d'une tolérance linéaire.

9.4.3. INSCRIPTION DES COMPOSANTS D'UNE DIMENSION ANGULAIRE TOLÉRANCÉE

TOLÉRANCES INDIQUÉES PAR LE SYMBOLE ISO

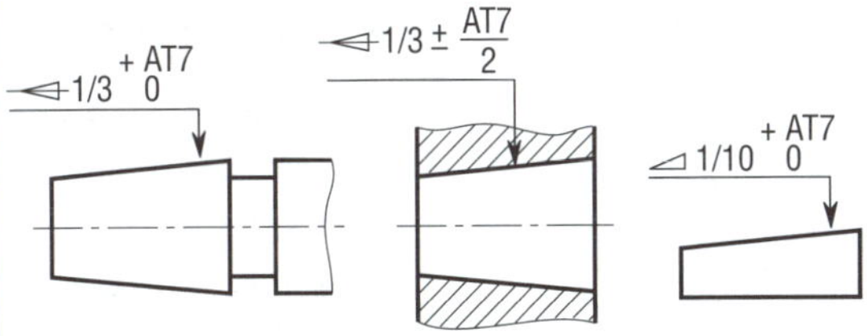

Dans le cas de pièces coniques ou prismatiques, on indique :

- le symbole de conicité ou de pente ;
- la dimension nominale ;
- la position et la valeur de la tolérance précisée par le symbole AT suivi du numéro de la qualité de tolérance souhaitée ;

TOLÉRANCES INDIQUÉES PAR DES NOMBRES

La dimension tolérancée est indiquée soit horizontalement soit le long de la ligne de cote.

TOLÉRANCE SUR UNE DIMENSION LIMITÉE DANS UN SEUL SENS

- ***Pour une limite supérieure,*** il faut ajouter «***maxi***» à la suite de la valeur spécifiée.
- ***Pour une limite inférieure,*** il faut ajouter «***mini***» à la suite de la valeur spécifiée.

9.5. ÉTATS DE SURFACE

NF EN ISO 4287

L'aptitude d'une pièce à remplir une fonction donnée dépend d'un ensemble de facteurs dont son état de surface. Ce dernier terme englobe :

- ***l'état géométrique de la surface*** caractérisé par les écarts constatés entre la forme géométrique réelle de la pièce fabriquée et la forme géométrique idéale ;
- ***l'état physico-chimique de la surface*** (nature de la couche superficielle de la pièce).

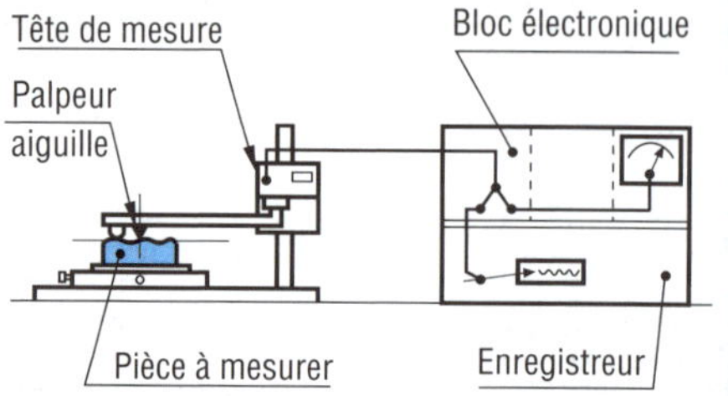

9.5.1. DÉFINITIONS

SURFACE RÉELLE	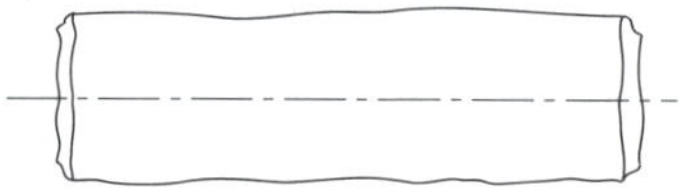	Surface obtenue lors de la ***fabrication.***
SURFACE GÉOMÉTRIQUE	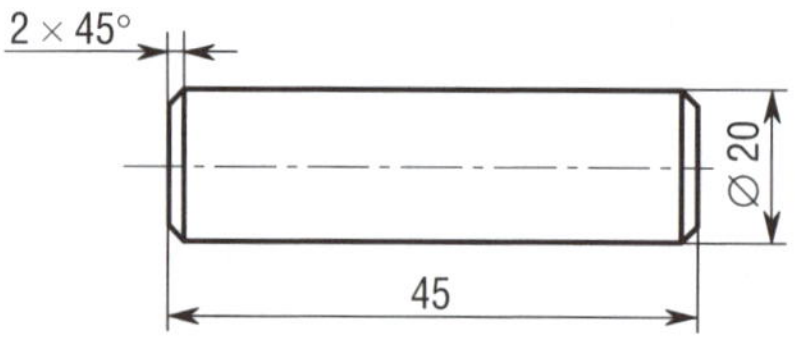	Surface ***parfaite*** définie géométriquement à l'aide des cotes nominales.
SURFACE SPÉCIFIÉE	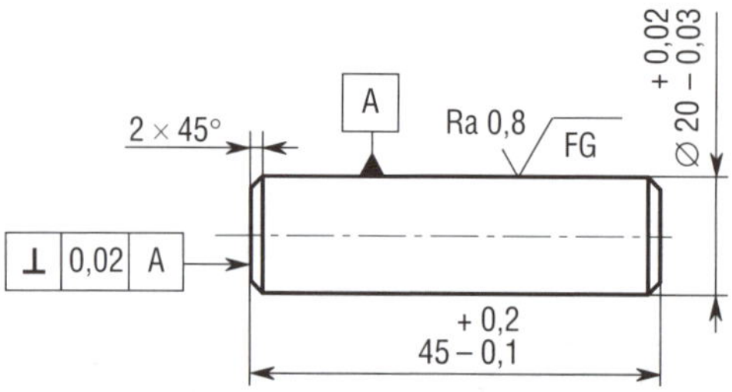	Surface géométrique affectée des tolérances de forme et de position des tolérances dimensionnelles et de l'état de surface. Ces tolérances fixent les surfaces limites entre lesquelles doit se trouver la surface réelle.
SURFACE DE RÉFÉRENCE	Surface à partir de laquelle les écarts géométriques de surface sont déterminés.	
SURFACE MESURÉE	Surface déterminée par les instruments de mesurage à partir de la surface réelle.	
PROFIL	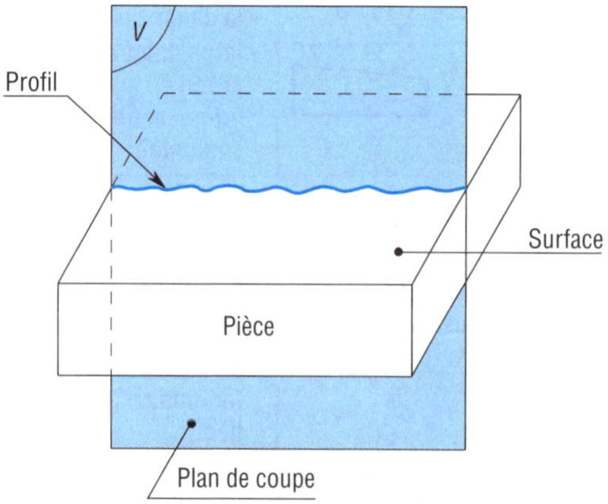	***Le profil*** est donné par la ligne d'intersection de la surface de la pièce et d'un plan de coupe. ***Direction de mesurage*** La direction de mesurage est, sauf indication contraire, celle qui fournit la valeur maximale des paramètres de profondeur de rugosité. ***Nota :*** les divers types d'instruments et les différentes techniques de mesurage des surfaces peuvent donner, à partir d'une même surface réelle, des surfaces mesurées dissemblables. C'est pourquoi il est nécessaire de prévoir sur le dessin ou le cahier des charges : • le type d'appareil de mesure adopté, • les conditions du mesurage.

9.5.2. DÉFAUTS DE SURFACE CLASSÉS PAR NATURE ET PAR NUMÉRO D'ORDRE

<table>
<tr><th>N° d'ordre</th><th>Désignation</th><th>Illustration</th><th>Définition</th></tr>
<tr><td>1</td><td>ÉCART DE FORME</td><td>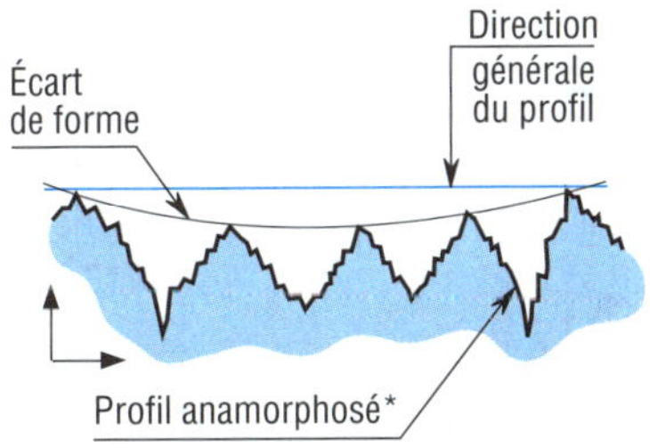
</td><td>Défauts du premier ordre

Ce sont des défauts dus à des écarts de forme (rectitude, circularité, etc.) et de position (perpendicularité, parallélisme, etc.). Ils proviennent de la déformation de la pièce pendant et après l'usinage, des défauts de bridage, de la flexion des éléments de machine ou d'un mauvais guidage des parties mobiles de la machine-outil...</td></tr>
<tr><td>2</td><td>ONDULATION</td><td>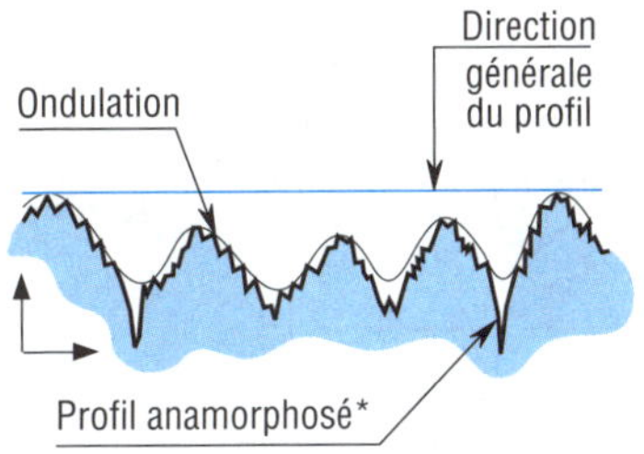
</td><td>Défauts du second ordre

Ce sont des défauts plus petits ayant l'aspect général d'une ondulation. Ils sont provoqués très souvent par des vibrations de basse fréquence de la pièce ou de l'outil ou de l'avance par tour en fraisage.</td></tr>
<tr><td>3</td><td>RUGOSITÉ : STRIE, SILLON (périodique ou pseudo-périodique)</td><td rowspan="2">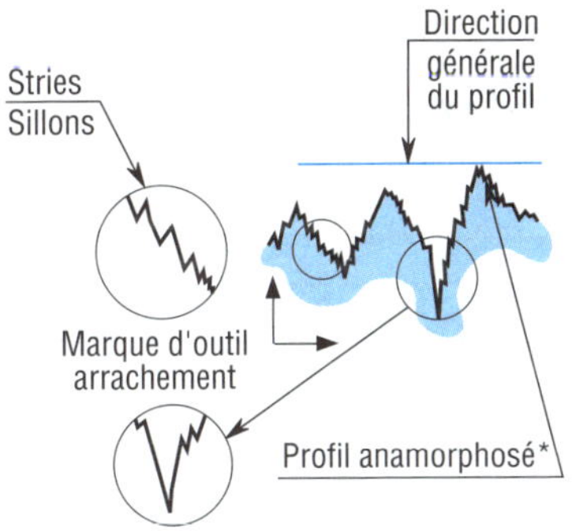

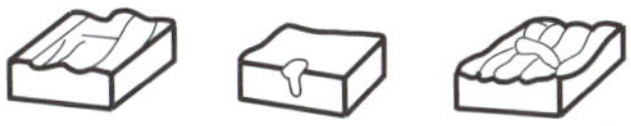</td><td>Défauts du troisième ordre

Ce sont des stries et sillons dus à l'avance de l'arête coupante de l'outil, ou à l'avance par tour de la pièce, ou à des vibrations haute fréquence.</td></tr>
<tr><td>4</td><td>ARRACHEMENT, MARQUE D'OUTIL ET FENTE, PIQÛRE, etc. (apériodique)</td><td>Défauts du quatrième ordre

Ce sont des fentes et piqûres dues à des marques d'outils ou à des vibrations haute fréquence.
L'ensemble des défauts du troisième et quatrième ordre constitue la rugosité de la surface.</td></tr>
<tr><td>SOMME DES ÉCARTS DU 1ER AU 4^E ORDRE</td><td>PROFIL TOTAL</td><td>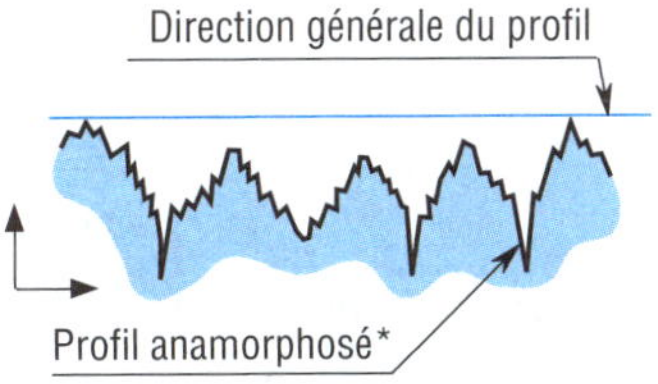
</td><td>Ensemble des défauts de surface dont l'analyse permet de déterminer leur influence spécifique sur une ou plusieurs fonctions données.</td></tr>
</table>

* Un profil anamorphosé est un profil enregistré avec des échelles horizontale et verticale différentes.

9.5.3. CARACTÉRISTIQUES DU PROFIL — NF EN ISO 4287

Désignation	Illustration	Définition
SAILLIE LOCALE	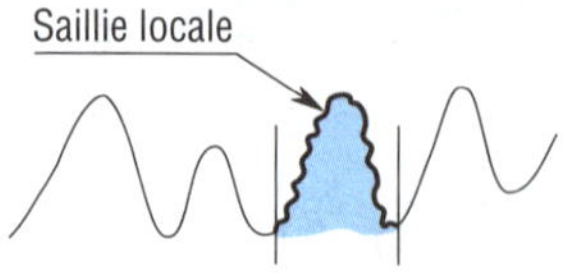	Partie du profil comprise entre deux ***minima adjacents.***
CREUX LOCAL	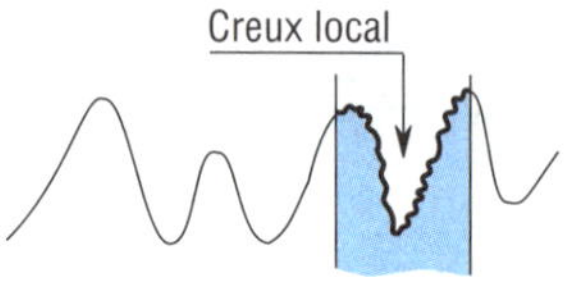	Partie du profil comprise entre deux ***maxima adjacents.***
ÉLÉMENT DE PROFIL	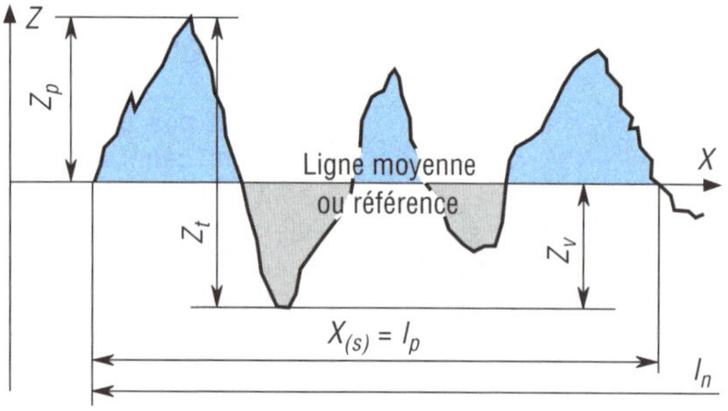	Suivant les déplacements *lp* ou *ln* (direction générale du profil) on peut déduire P : Profil total W : Ondulation R : Rugosité (voir définition p. 60)
LONGUEUR D'ÉVALUATION (*ln*)	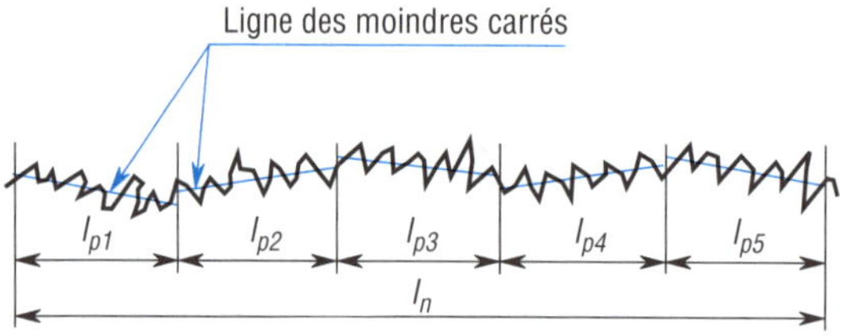	Longueur mesurée suivant la direction générale du profil et utilisée pour le calcul des paramètres. $l_n = l_p . n$
LONGUEUR DE BASE (*lp*)	La longueur de base l_p est la partie de la **longueur d'évaluation** utilisée pour séparer les irrégularités du profil l_n	
LIGNES DE RÉFÉRENCE OU LIGNES MOYENNES : **• LIGNE DES MOINDRES CARRÉS** **• LIGNE CENTRALE ARITHMÉTIQUE**	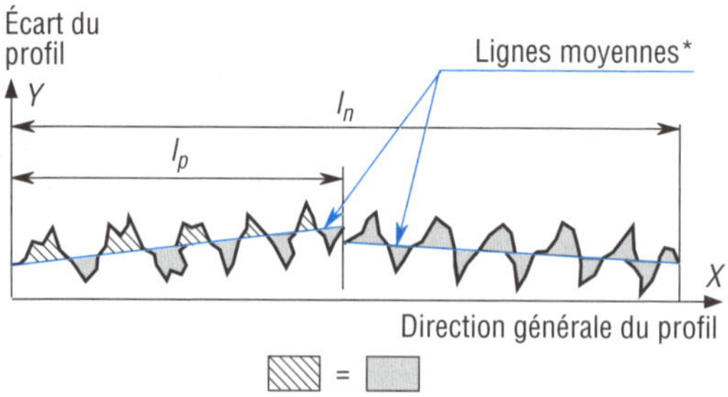 * Lignes centrales arithmétiques	Lignes de référence ou lignes moyennes ayant la forme du profil géométrique et qui divisent le profil de telle sorte qu'à l'intérieur de la longueur de base l_p : ***1 - la somme des carrés des écarts par rapport à cette ligne soit minimale ;*** ***2 - la somme des aires comprises entre elles et le profil soit égale de part et d'autre.***
LIGNE ENVELOPPE : **• Supérieure (LES)** **• Inférieure (LEI)**	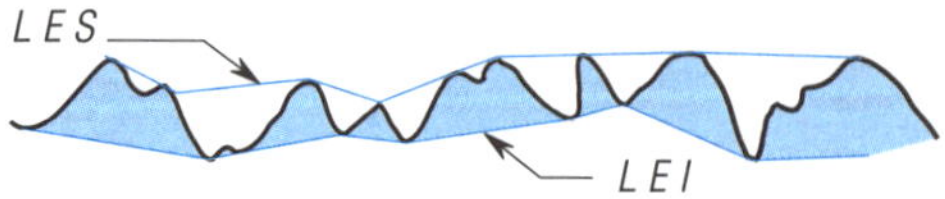	• ***LES*** : segments de droite joignant les points les plus hauts des saillies locales de profil. • ***LEI*** : segments de droite joignant les points les plus bas des creux locaux de profil.

9.5.4. CRITÈRES NORMALISÉS — NF EN ISO 4287

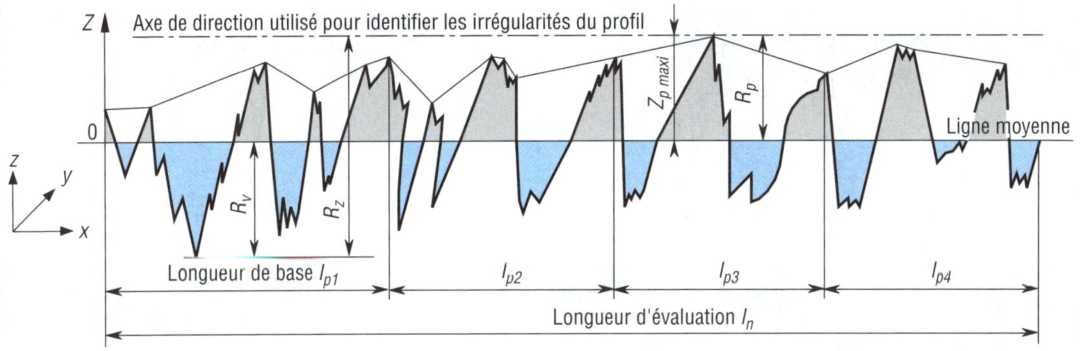

	Désignation et symboles	Formules	Définitions
	Hauteur maximale de saillie P_p - W_p - R_p	$R_p = Z_p \, maxi$	Plus grande des hauteurs de saillie du profil Z_p, à l'intérieur d'une longueur de base l_p.
	Profondeur maximale de creux du profil P_v - W_v - R_v	$R_v = Z_p \, mini$	Plus grande des profondeurs de creux du profil Z_v, à l'intérieur d'une longueur de base l_p.
	Hauteur maximale du profil P_z - W_z - R_z	$R_z = R_p + R_v$	Somme de la plus grande des hauteurs de saillie du profil, Z_p et de la plus grande des profondeurs de creux du profil Z_v, à l'intérieur d'une longueur de base l_p.
PARAMÈTRES D'AMPLITUDE	***Hauteur totale du profil*** P_t - W_t - R_t	$R_t = R_p$	Somme de la plus grande des hauteurs de saillie du profil, Z_p et de la plus grande des profondeurs de creux du profil Z_v, à l'intérieur de la **longueur d'évaluation l_n**. ***Nota :*** P_t-R_t-W_t étant définis sur la longueur d'évaluation l_n et non sur une longueur de base l_p ($P_t \geqslant P_z$, $R_t \geqslant R_z$, $W_t \geqslant W_z$)
	Hauteur moyenne des éléments du profil P_c - W_c - R_c	$P_c, W_c, R_c = \frac{1}{m}\sum_{i=1}^{m} Z_{t_i}$	Valeur moyenne des hauteurs des éléments du profil, Z_t, à l'intérieur d'une longueur de base l_p.
	Écart moyen arithmétique du profil évalué P_a - W_a - R_a	$P_a, W_a, R_a = \frac{1}{l}\int_0^l \lvert Z(x) \rvert dx$	Moyenne arithmétique des valeurs absolues des ordonnées $Z_{(x)}$ à l'intérieur d'une longueur de base l_p.
	Écart moyen quadratique du profil évalué P_q - W_q - R_q	$P_q, W_q, R_q = \sqrt{\frac{1}{l}\int Z^2(x) dx}$ *avec l : l_p, l_r ou l_w suivant les cas*	Moyenne quadratique des valeurs des ordonnées $Z_{(x)}$ à l'intérieur d'une longueur de base l_p.

États de surface

CRITÈRES STATISTIQUES — ISO 1302

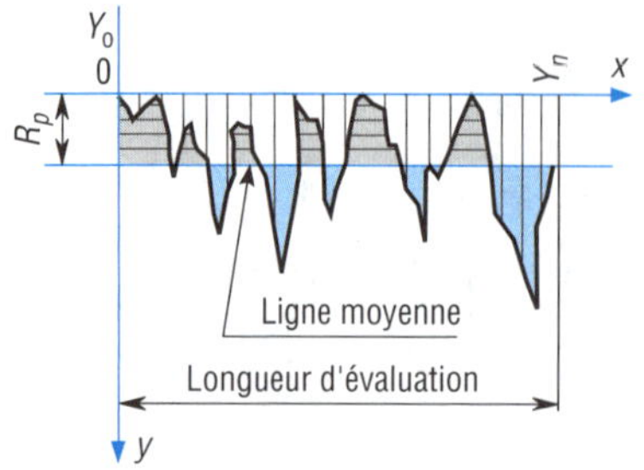

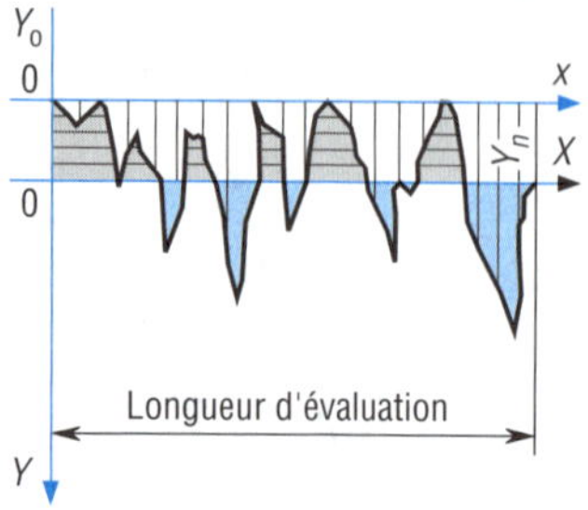

Terme générique	Désignation	Symbole	Formule	Définition
POURCENTAGE PORTANT	***Profil total*** (Somme des écarts du 1er au 4e ordre).	$(T_p)c$		Rapport entre la longueur portante dans une profondeur de coupe donnée et la longueur d'évaluation.
	Ondulation (Ecarts des 1er et 2e ordres).	$(T_W)c$		
	Rugosité, arrachements... (Somme des écarts des 3e et 4e ordres).	$(T_R)c$		
PROFONDEUR D'APLANIS-SEMENT	***Profil total*** (Somme des écarts du 1er au 4e ordre).	P_P		Distance entre le point le plus haut des saillies et la ligne moyenne.
	Ondulation (Écart des 1er et 2e ordres).	W_P		
	Rugosité (Écart du 3e ordre).	R_P	$\frac{Y_0 + Y_1 \ldots + Y_n}{n}$	
ÉCART MOYEN ARITHMÉ-TIQUE PAR RAPPORT A LA LIGNE MOYENNE	***Profil total*** (Somme des écarts du 1er au 4e ordre).	P_d		Moyenne arithmétique des ordonnées du profil définies à partir de la ligne moyenne du profil prise comme origine.
	Ondulation (Écarts des 1er et 2e ordres).	W_a		
	Rugosité (Écarts des 3e ordres).	R_a	$\frac{\lvert Y_0 \rvert + \lvert Y_1 \rvert \ldots + Y_n}{n}$	

Nota : aucun des critères énoncés ci-dessus ne caractérise à lui seul un profil.
On utilise le plus couramment les critères de rugosité *R* et surtout *Ra*, avec un ordre de grandeur de *R* = 3 à 5 *Ra*.

9.5.5. SYMBOLISATION DES SPÉCIFICATIONS DE L'ÉTAT DE SURFACE À PORTER SUR UN DESSIN

La symbolisation d'une surface spécifiée a pour objet d'inscrire sur le dessin, à l'aide d'éléments conventionnels, la surface géométrique d'un produit.

Surface sans fonction particulière :

- ***brute,*** devant subir ou non un usinage quelconque : ne porter aucun signe (ou tout au plus le signe ~)
- ***formée*** et devant subir un usinage définitif : porter le signe √ avec indication du symbole d'usinage.

Surface avec fonction particulière :

voir tableau des fonctions particulières (frottement de glissement FG...) page suivante.

SYMBOLE DE BASE

Le symbole est constitué de deux branches de longueur inégale inclinées de 60° environ par rapport à la surface spécifiée.

Les hauteurs des branches H1 et H2 ainsi que l'épaisseur d du trait doivent être en rapport avec le corps d'écriture h choisi (voir tableau ci-dessous).

Ce symbole de base ne peut être utilisé seul que lorsque sa signification est « surface spécifiée » ou « surface prise en considération », ou encore précisée par une note.

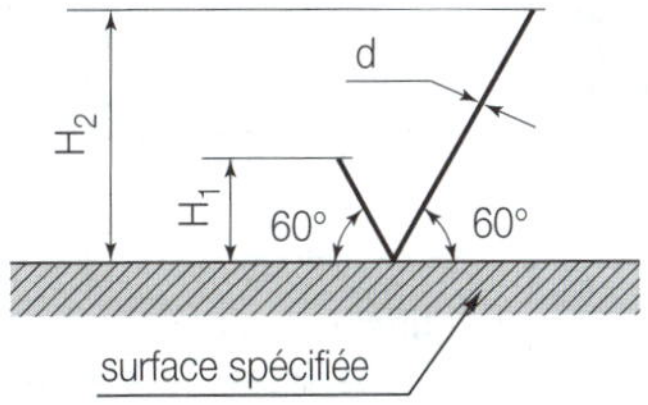

Dimensions en mm							
h	2,5	3,5	5	7	10	11	20
H1	3,5	5	7	10	14	20	28
H2	8	11	15	21	30	42	60

SYMBOLES COMPLÉMENTAIRES

Surface prise en considération

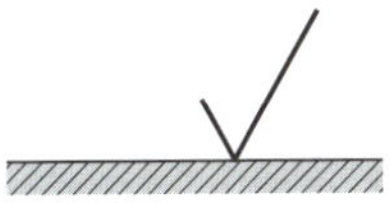

Enlèvement de matière par usinage exigé

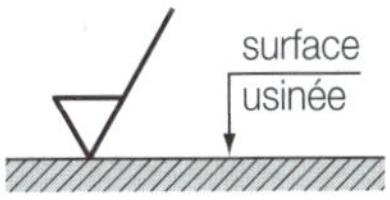

Dans les 2 cas ci-contre, on n'indique pas d'exigence sur la rugosité de la surface

Enlèvement de matière interdit, sans exigence pour l'état de surface

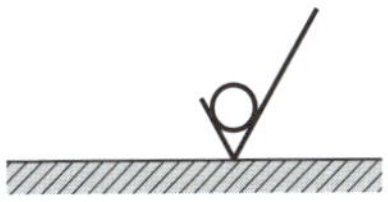

Indication des spécifications de l'état de surface

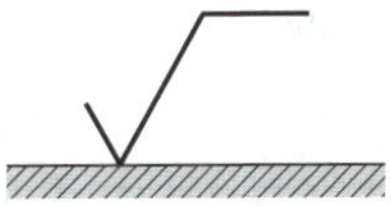

Même état de surface exigé pour l'ensemble des surfaces de la pièce

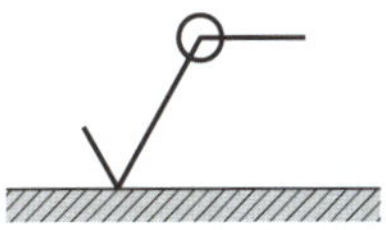

États de surface

PROCÉDÉS D'ÉLABORATION ET SYMBOLE À INDIQUER EN ④

Procédé d'élaboration	Symbole	Procédé d'élaboration	Symbole	Procédé d'élaboration	Symbole
Alésage	al	Electro-érosion	éé	Grenaillage sphérique	gns
Brochage	br	Polissage	po	Grenaillage angulaire	gna
Fraisage en bout	frb	Superfinition	sf	Estampage	es
Fraisage roulant	frr	Sablage à sec	sas	Etirage	et
Lamage	lm	Sablage humide	sah	Filetage	fl
Perçage	pe	Dressage	dr	Forgeage	fo
Pierrage	pi	Grattage	gr	Galetage	ga
Rabotage	rb	Meulage	me	Laminage à froid	laf
Rectification plane	rcp	Sciage	sc	Laminage à chaud	lac
Rectification cylindrique	rcc	Découpage	de	Moulage en sable	mos
Rodage	rd	Electro-formage	ef	Moulage en coquille	moc
Tournage	to	Electro-polissage	ep	Matriçage	ma
Etincelage	éi				

FONCTIONS ET SYMBOLES À INDIQUER EN ①

Surface	Fonction	Symbole
Avec déplacements relatifs	Frottement de glissement	FG
	Frottement de roulement	FR
	Résistance au matage	RM
	Frottement fluide	FF
	Etanchéité dynamique	ED
Avec assemblage fixe	Etanchéité statique	ES
	Ajustement fixe avec contraintes	AC
	Adhérence (collage)	AD
Sans contrainte	Revêtement (peinture)	RE
	Dépôt électrolytique	DE
	Mesure	ME
Avec contraintes	Résistance aux efforts alternés	EA
	Outils coupants (arête)	OC

États de surface

VALEURS NORMALISÉES (EN MICRON) DES CRITÈRES DE PROFIL À INDIQUER EN ② ET ③

Sans façonnage	∿		▽	▽▽		▽▽▽						
Critères de profil R_a	50	25	12,5	6,3	3,2	1,6	0,8	0,4	0,2	0,1	0,05	0,025

Il est recommandé d'utiliser les valeurs de la série Renard R 10/3, de préférence à d'autres valeurs intermédiaires de la série R 10 (non indiquées ici).

INDICATIONS DE RUGOSITÉ DE SURFACE/ ONDULATION

Symbole graphique – L'enlèvement de matière par usinage est : facultatif	obligatoire	interdit	Signification	Symbole graphique	Signification
Ra 6,3 √	Ra 6,3 ▽	Ra 6,3 √○	Surface avec une rugosité *Ra* de limite supérieure 6,3 µm.	√ Wr 0,5	Hauteur d'ondulation
Ra 3,2 / Ra 1,6 √	Ra 3,2 / Ra 1,6 ▽	Ra 3,2 / Ra 1,6 √○	Surface avec une rugosité *Ra* de limite supérieure 3,2 µm et de limite inférieure 1,6 µm.	▽ tourné	Procédé de fabrication : tournage
√ Ry 0,5	▽ Ry 0,5	√○ Ry 0,5	Surface avec une rugosité autre que *Ra*, dans ce cas *Ry*, de limite supérieure 0,5 µm.	√ 3	Longueur de base : 3 mm
Ry 0,5 √	Ry 0,5 ▽	Ry 0,5 √○	Surface avec une rugosité autre que *Ra*.		
√ Rz 0,8 / Rz 0,5	▽ Rz 0,8 / Rz 0,5	√○ Rz 0,8 / Rz 0,5	Surface avec une rugosité autre que *Ra*, dans ce cas *Rz*, de limite supérieure 0,8 µm et de limite inférieure 0,5 µm.	√ =	Irrégularités de surface : direction des stries parallèle au plan de projection de la vue

SYMBOLES D'IRRÉGU-LARITÉS DE SURFACE

Symbole graphique	Schémas	Interprétation	Symbole graphique	Schémas	Interprétation
=	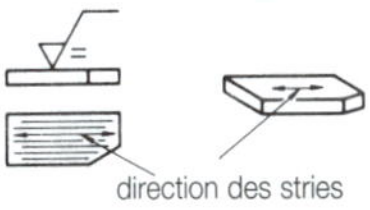	Les stries sont parallèles au plan de projection de la vue sur laquelle figure le symbole.	C		Les stries sont approximativement circulaires par rapport au centre de la surface à laquelle le symbole s'applique.
⊥	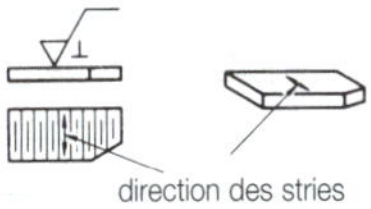	Les stries sont perpendiculaires au plan de projection de la vue sur laquelle figure le symbole.	R	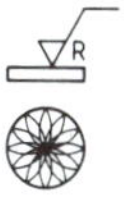	Les stries sont approximativement radiales par rapport au centre de la surface à laquelle le symbole s'applique.
X	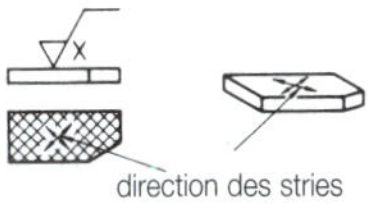	Les stries sont croisées dans 2 directions obliques par rapport au plan de projection de la vue sur laquelle le symbole est appliqué	P	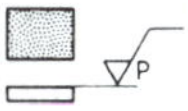	Stries particulières non directionnelles ou protubérantes.
M	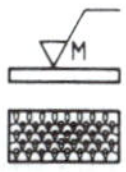	Les stries qui composent la surface sont multidirectionnelles.	*Les irrégularités de surface non définies par l'un de ces symboles feront l'objet d'une note appropriée précisée sur le dessin.*		

États de surface

PROCÉDÉ DE FABRICATION ET ÉTAT DE SURFACE

Rugosité *Ra* en micromètres		0,025	0,05	0,10	0,20	0,4	0,8	1,6	3,2	6,3	12,5	25	50
Alésage	outil acier					—	—	—	—	—			
	à alésoir					—	—	—	—				
Fraisage	en bout					—	—	—	—	—	—	—	—
	en roulant						—	—	—	—	—	—	—
Tournage	sur le diamètre						—	—	—				
	mise à longueur						—	—	—	—			
Rabotage								—	—	—	—	—	—
Mortaisage									—	—	—	—	—
Meulage	à la main									—	—	—	
	au disque									—	—	—	
Rectification	cylindrique				—	—	—	—					
	plane				—	—	—	—	—	—			
Rodage	à la pierre		—	—	—	—	—						
	au rodoir		—	—	—	—							
Superfinition		—	—	—									
Limage										—	—	—	—
Perçage									—	—	—		
Grattage					—	—	—						
Brochage							—	—					
Electro-érosion								—	—	—			
Taillage	outil acier					—	—	—					
	fraise mère							—	—				
Sablage										—	—		
Estampage									—	—	—		

SPÉCIFICATIONS COMPLÉMENTAIRES À INDIQUER ÉVENTUELLEMENT EN NOTA REPÈRES (1), (2), (N)

Si nécessaire, on peut compléter les données ci-dessus par un ou plusieurs nota précisant :

- l'état géométrique à obtenir au cours de l'avant-dernière opération (voir exemple page précédente) ;
- les conditions de mesure ;
- l'échantillonnage ;
- la direction de la mesure lorsqu'elle n'est pas perpendiculaire à l'orientation des ***motifs de surface.***

9.5.6. EXÉCUTION ET DISPOSITION MATÉRIELLE

DÉMARCHE

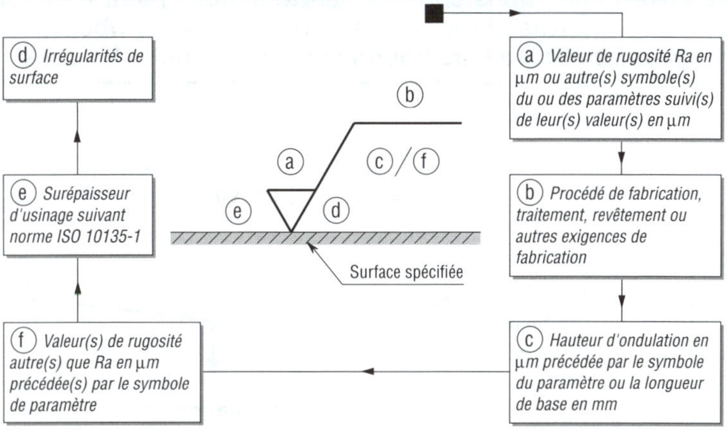

Nota : respecter les dimensions des symboles graphiques et des indications complémentaires définies page précédente. La position relative des divers éléments du symbole est obligatoire.

PIÈCE PRISMATIQUE

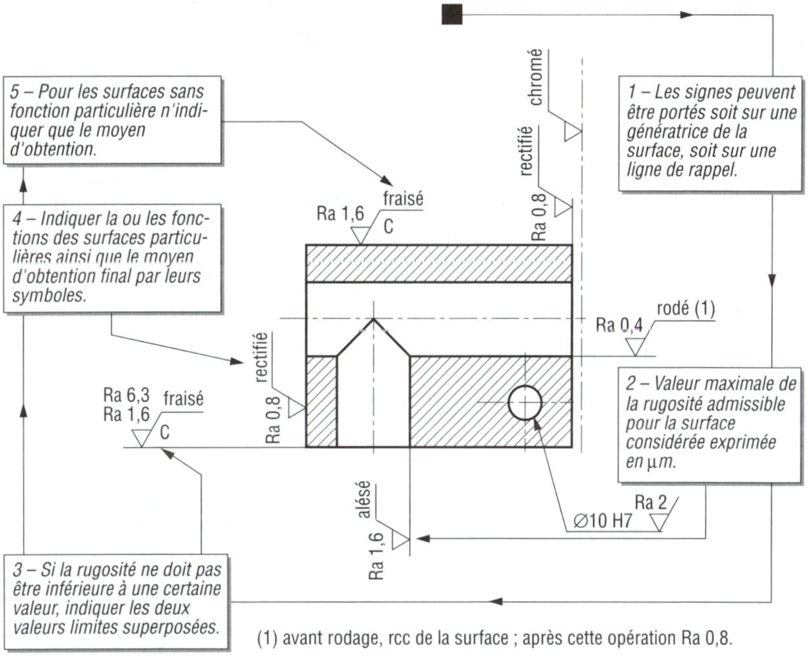

(1) avant rodage, rcc de la surface ; après cette opération Ra 0,8.

PIÈCE DE RÉVOLUTION

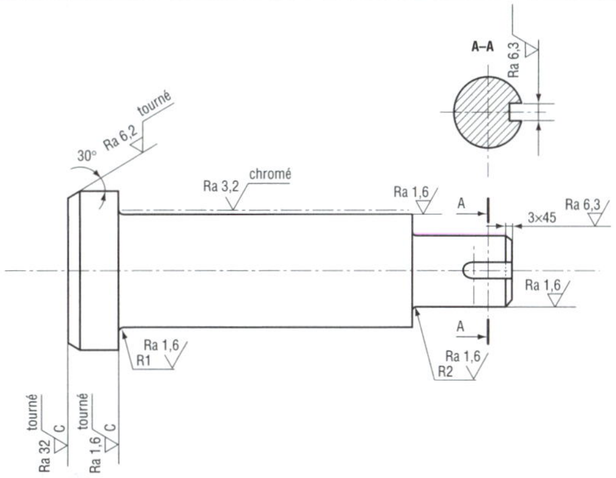

9.6. TOLÉRANCES GÉOMÉTRIQUES ISO 8015

Pour assurer des conditions correctes de fonctionnement et d'aptitude à l'emploi des produits finis, les normes précisent les principes de symbolisation et d'indication ***des tolérances géométriques*** à faire figurer sur les dessins techniques.

LA COTATION

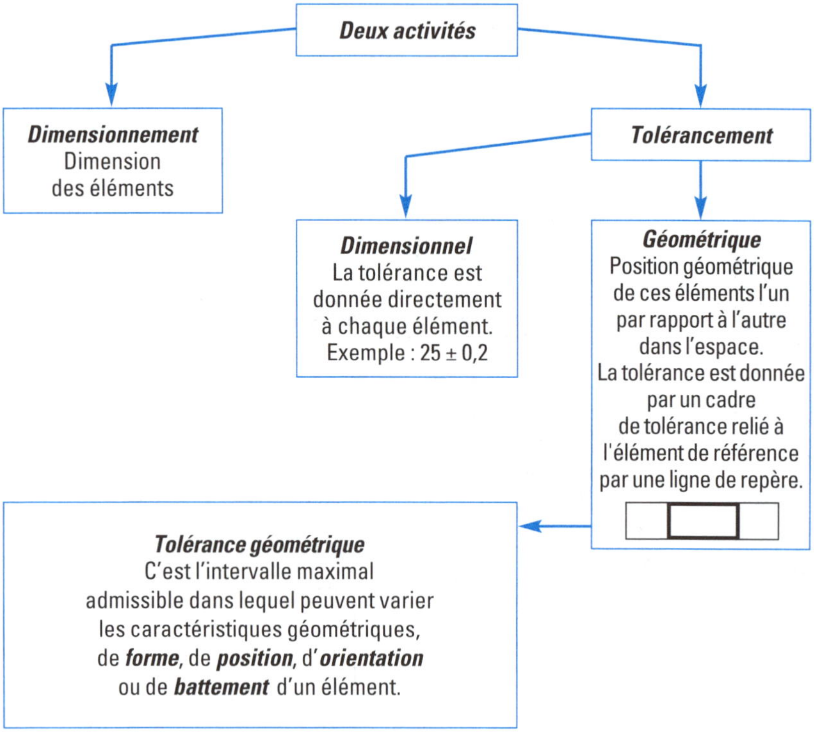

9.6.1. INDICATION DES TOLÉRANCES GÉOMÉTRIQUES

CADRE DE TOLÉRANCE

La ***lecture*** s'effectue de ***gauche à droite***

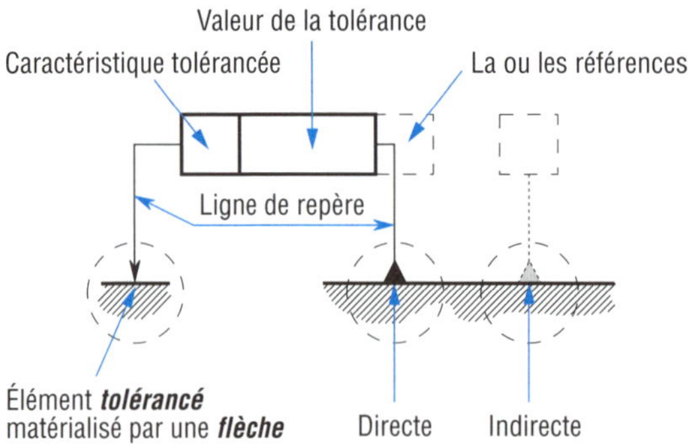

Élément de ***référence*** matérialisé par un ***triangle noirci*** ou non

Le cadre rectangulaire divisé en deux, éventuellement en trois, permet de recevoir :

- ***le symbole*** de la caractéristique tolérancée ;
- ***la valeur de la tolérance*** (écart admissible) dans l'unité utilisée pour la cotation linéaire. Cette valeur est précédée du signe ∅ si la zone de tolérance est circulaire, cylindrique ou sphérique ;
- ***la référence,*** à préciser le cas échéant par la (ou les) lettre(s) permettant d'identifier l'élément ou les éléments de référence.

Tolérances géométriques

MISE EN PLACE DE LA RÉFÉRENCE

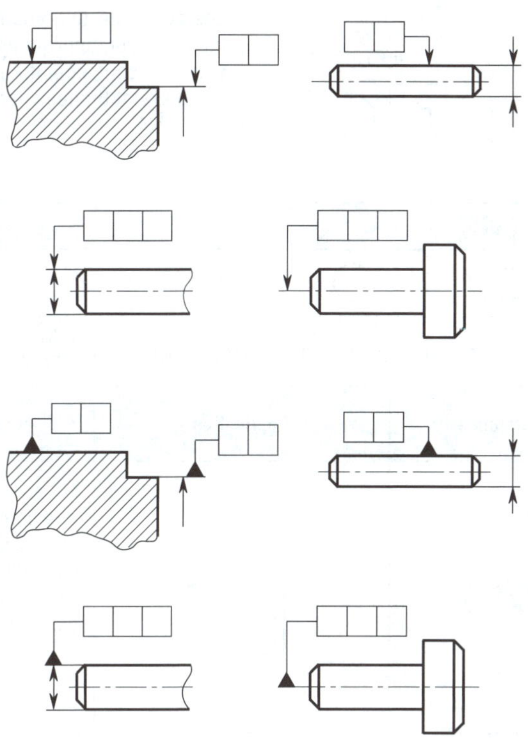

Suivant la position de la flèche ou du triangle, trois indications sur le ou ***les éléments tolérancés*** sont fournies. Elles concernent :

- ***L'élément lui-même***
  La flèche ou le triangle sont appliqués sur le contour ou le prolongement de la ligne de rappel (bien séparée de la ligne de cote).

> La référence ou la tolérance concerne l'élément lui-même.

- ***L'axe ou le plan médian spécifié***
  La flèche ou le triangle sont appliqués dans le prolongement de la ligne de cote.

> La référence ou la tolérance concerne l'axe ou le plan médian ainsi spécifié.

- ***L'axe ou le plan médian***
  La flèche ou le triangle sont appliqués sur l'axe ou sur le plan médian.

> La référence ou la tolérance concerne l'axe ou le plan médian.

9.6.2. RELATIONS ÉLÉMENTS TOLÉRANCÉS ET DE RÉFÉRENCE NF E 04-552

SYSTÈME DE RÉFÉRENCE

Les éléments tolérancés et de référence sont associés dans le tolérancement par une (ou des) cote(s) encadrée(s).

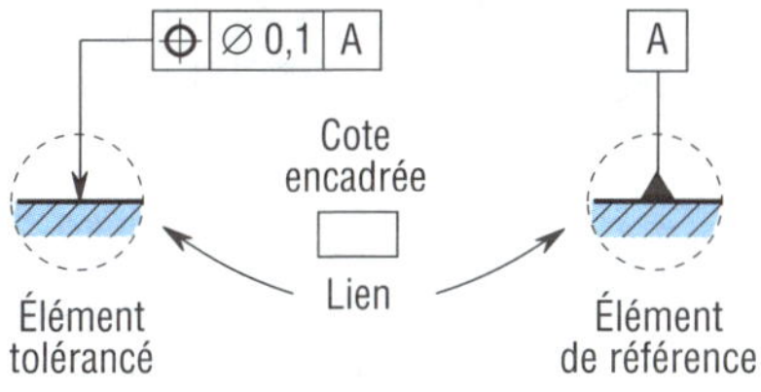

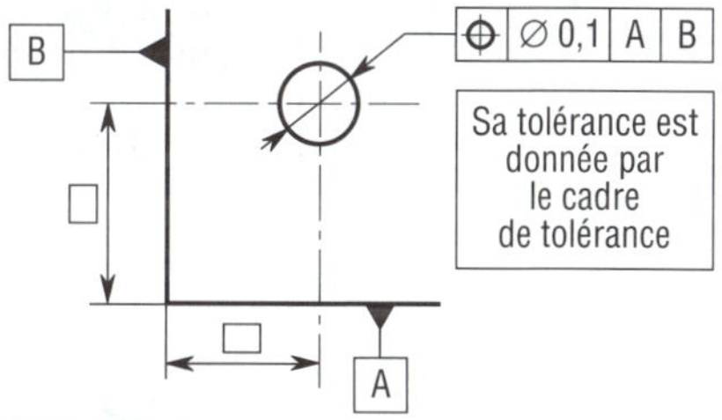

DIMENSIONS DE RÉFÉRENCE

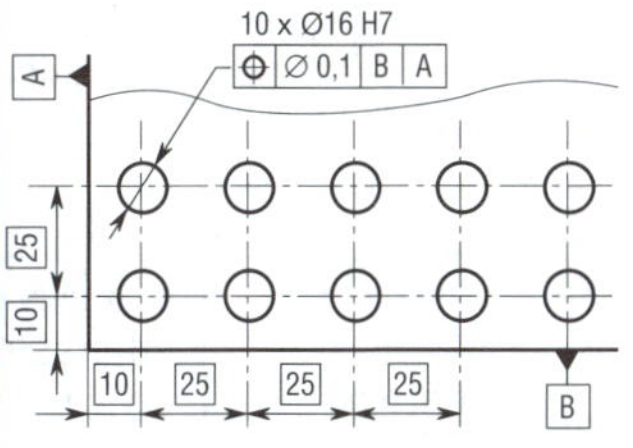

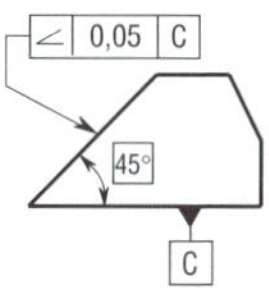

Si les tolérances de position, de forme ou d'orientation sont données pour un élément, les dimensions définissant la position, la forme ou l'angle ne doivent pas être tolérancées.

- Les cotes sont, dans ce cas, encadrées ☐
- Les dimensions effectives de la pièce sont limitées seulement par les tolérances géométriques spécifiées.

APPLICATIONS À DES CAS PARTICULIERS

ÉLÉMENT RESTREINT

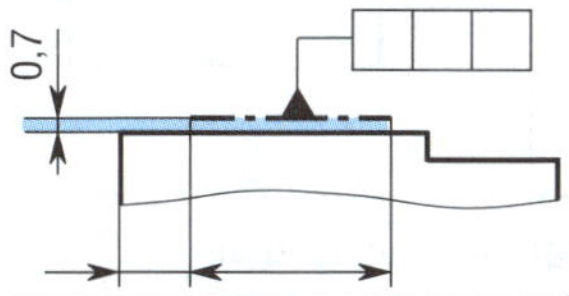

Lorsque la tolérance géométrique ne concerne qu'une zone particulière de la ligne ou de la surface, on représente la partie ciblée par un trait mixte fort distant de 0,7 mm de l'élément concerné.

Tolérances géométriques

ÉLÉMENTS SÉPARÉS	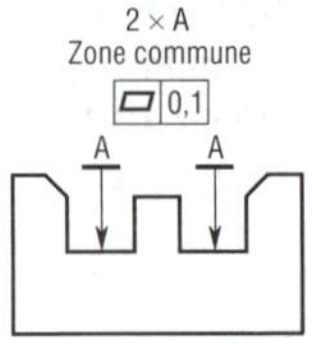 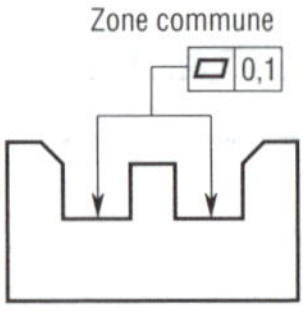	Les zones de tolérance individuelle de même valeur, appliquées à des éléments séparés sont spécifiées suivant l'une des deux méthodes ci-contre.

9.6.3. TOLÉRANCES DE FORME

SYMBOLE	—	▱	○	⌭	⌒	⌓
SIGNIFICATION	RECTITUDE	PLANÉITÉ	CIRCULARITÉ	CYLINDRICITÉ	LIGNE QUELCONQUE	SURFACE QUELCONQUE

Types de tolérance de forme	Zone de tolérance	Application	Interprétation
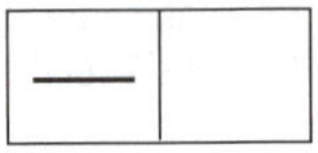 **RECTITUDE** La zone de tolérance dans le plan considéré est limitée : • par deux droites parallèles • par un cylindre de diamètre *t*. • par un parallélépipède de section *t*1 x *t*2	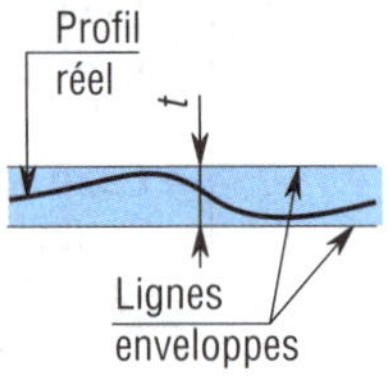	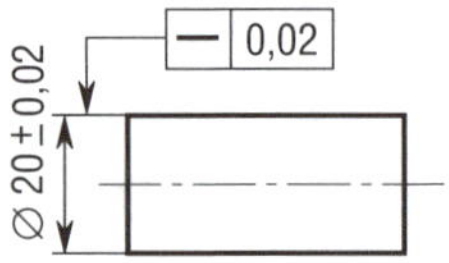	• Chaque génératrice doit être comprise entre deux droites parallèles distantes de 0,02 mm et contenues dans un plan passant par l'axe.
	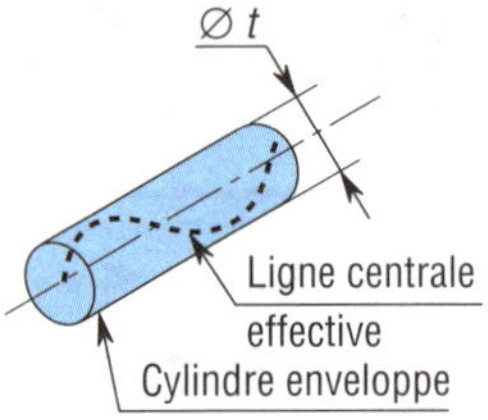	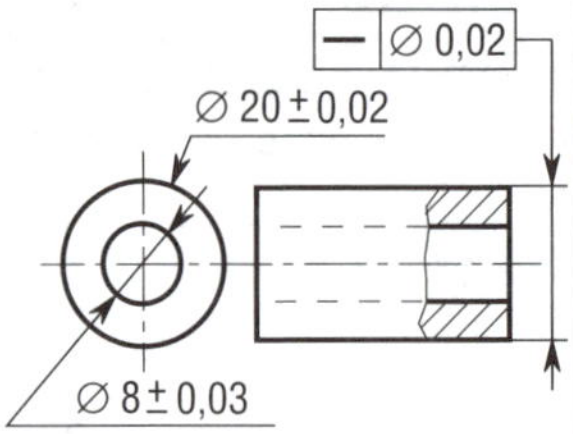	• L'axe du cylindre relié au cadre de la tolérance doit être compris dans un cylindre de 0,02 de diamètre.
	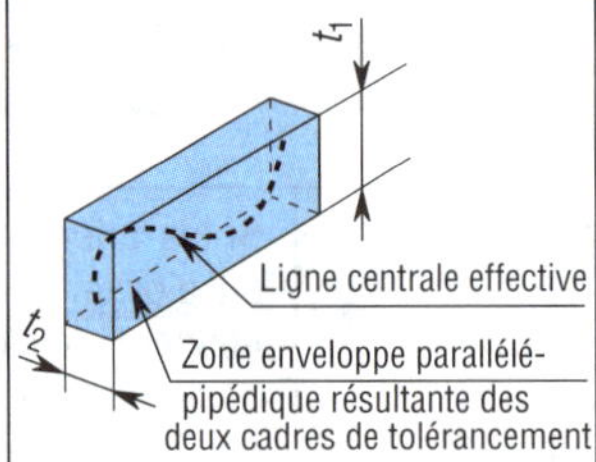	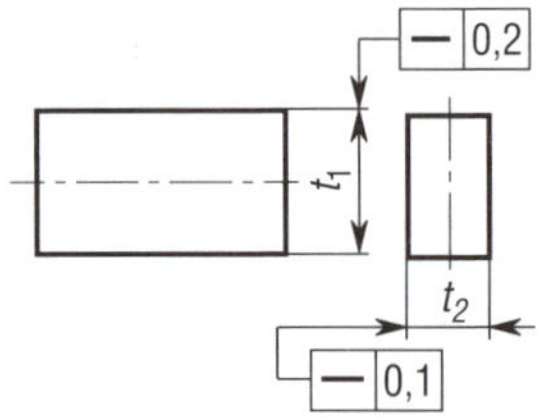	• L'axe de la barre doit être compris dans un parallélépipède de section *t*1 x *t*2 soit 0,2 x 0,1. Sa longueur est celle spécifiée (sauf indication particulière).
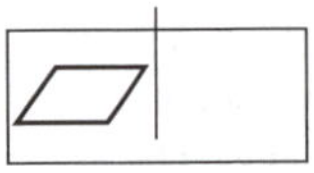 **PLANÉITÉ** La zone de tolérance est limitée par deux plans parallèles distants de *t*.	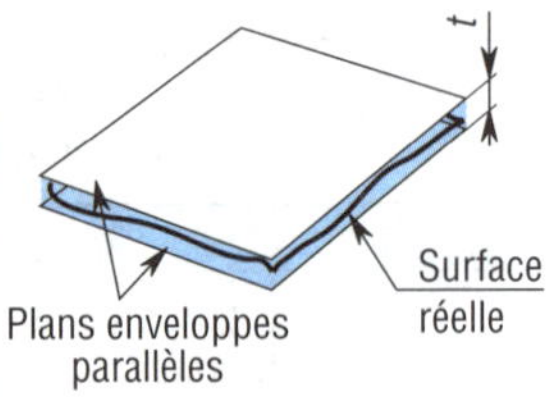	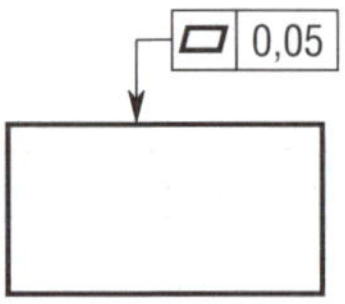	• La plus grande distance admissible entre tout point de la surface considérée et ses plans enveloppes de 0,05 mm.

(1) Tolérances données à titre de première estimation pour les applications.

Tolérances géométriques

Types de tolérance de forme	Zone de tolérance	Application	Interprétation
○ **CIRCULARITÉ** La zone de tolérance dans le plan considéré est limitée par deux cercles concentriques et distants de *t*.	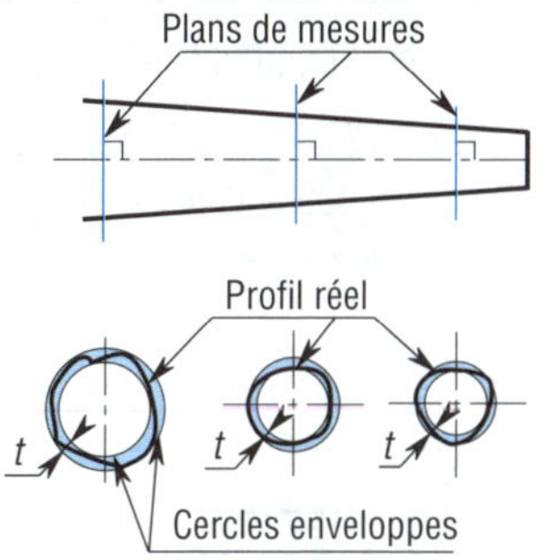	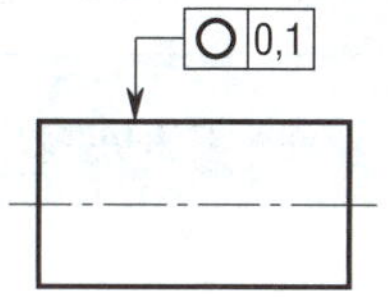	• Le pourtour de chaque section droite du cylindre extérieur doit être compris entre deux cercles coplanaires concentriques distants de 0,1 mm.
⌭ **CYLINDRICITÉ** La zone de tolérance est limitée par deux cylindres coaxiaux distants de *t*.	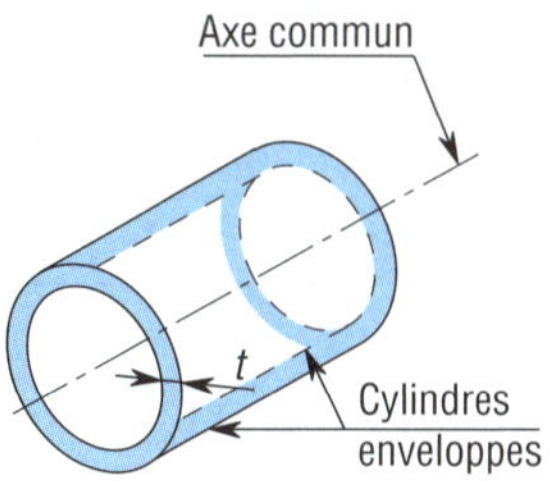	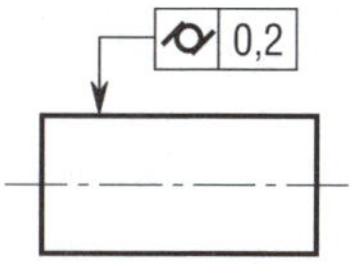	• La surface considérée doit être comprise entre deux cylindres coaxiaux distants de 0,2.
⌒ **LIGNE QUELCONQUE** La zone de tolérance est limitée par deux lignes enveloppées de cercles de diamètre *t* dont les centres sont situés sur une ligne ayant la forme géométrique spécifiée.	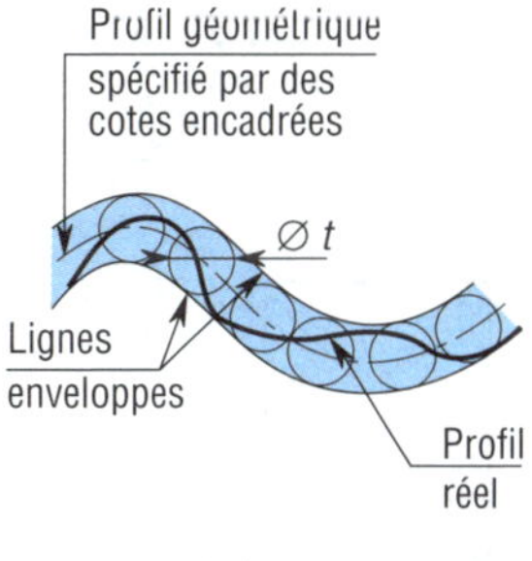	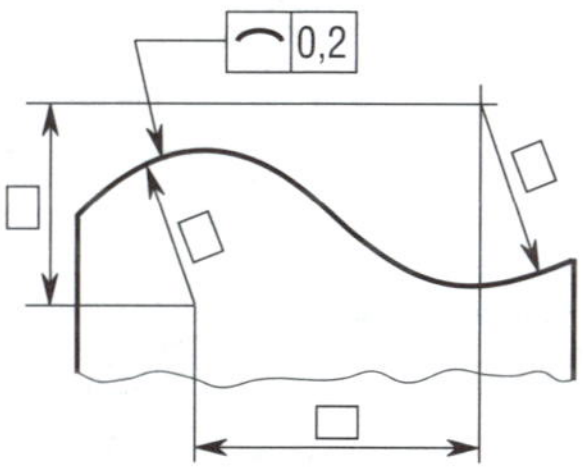	• La ligne tolérancée doit être comprise entre les deux lignes qui enveloppent l'ensemble de cercles de diamètre 0,2 centrés sur la ligne nominale.
⌓ **SURFACE QUELCONQUE** La zone de tolérance est limitée par deux surfaces enveloppes des sphères de diamètre *t* dont les centres sont situés sur une surface ayant la forme géométrique spécifiée.	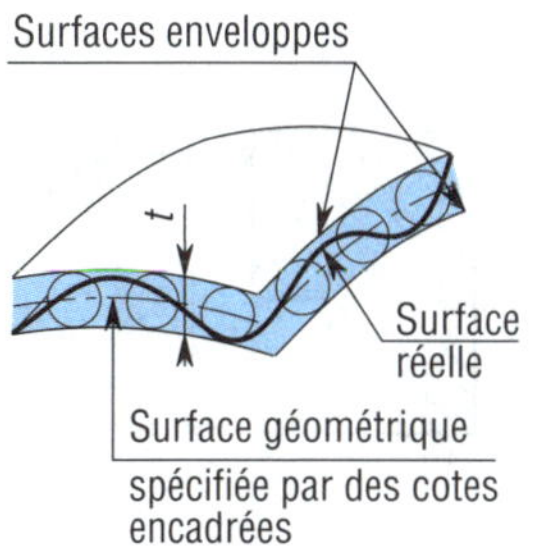	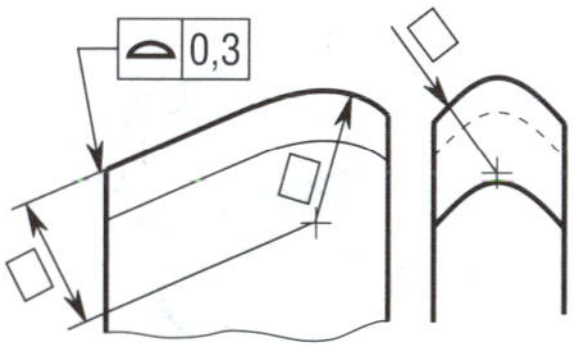	• La surface tolérancée doit être comprise entre les deux surfaces qui enveloppent l'ensemble des sphères de diamètre 0,3 centrées sur la surface nominale.

9.6.4. TOLÉRANCES D'ORIENTATION

SYMBOLE	//	⊥	∠
SIGNIFICATION	PARALLÉLISME	PERPENDICULARITÉ	INCLINAISON

<table>
<tr><th>Types de tolérance d'orientation</th><th>Zone de tolérance</th><th>Application</th><th>Interprétation</th></tr>
<tr><td>// |

PARALLÉLISME
Orientation de deux éléments (plan, ligne, axe) l'un par rapport à l'autre en faisant entre eux un angle de 0° (zéro encadré) jamais indiqué sur dessin.</td>
<td>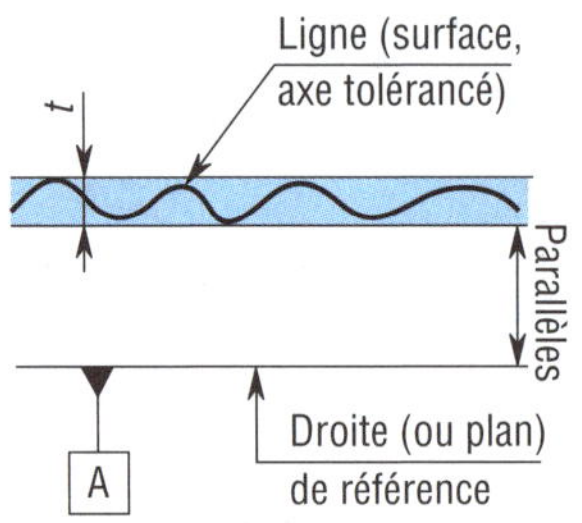
</td>
<td>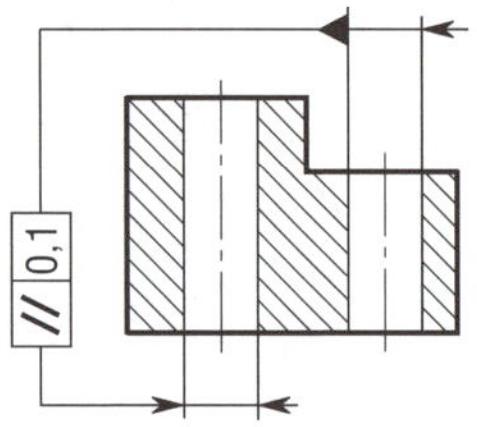
</td>
<td>• L'axe tolérancé doit être compris entre deux plans distants de 0,9 parallèles à l'axe de référence.</td></tr>
<tr><td rowspan="3">⊥ |

PERPENDICULARITÉ
Orientation de deux éléments (plan, ligne, axe) l'un par rapport à l'autre en faisant entre eux un angle de 90°.
L'orientation porte sur la perpendicularité d'une :

• ligne par rapport à un plan,

• surface par rapport à une droite,

• surface par rapport à un plan.</td>
<td>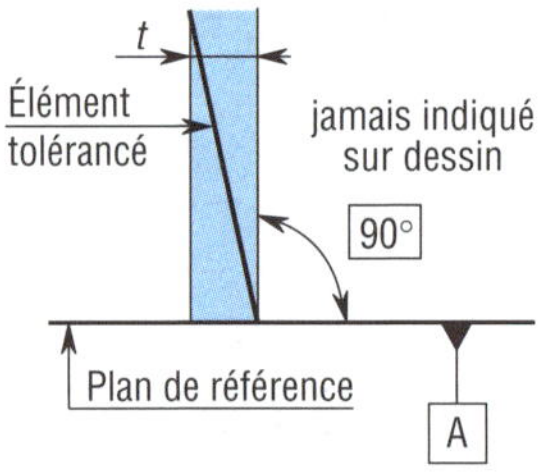
</td>
<td>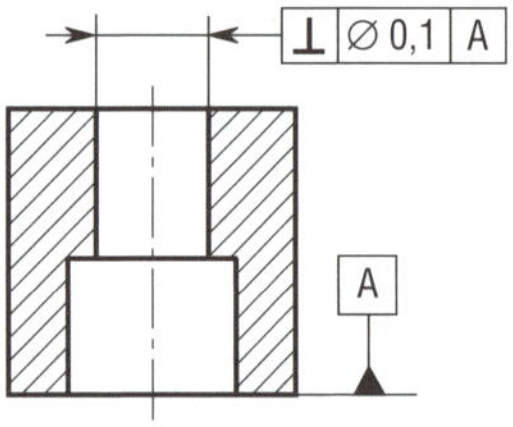
</td>
<td>• L'axe du cylindre doit être compris dans un cylindre de diamètre t = 0,1 perpendiculaire à la surface A.</td></tr>
<tr><td>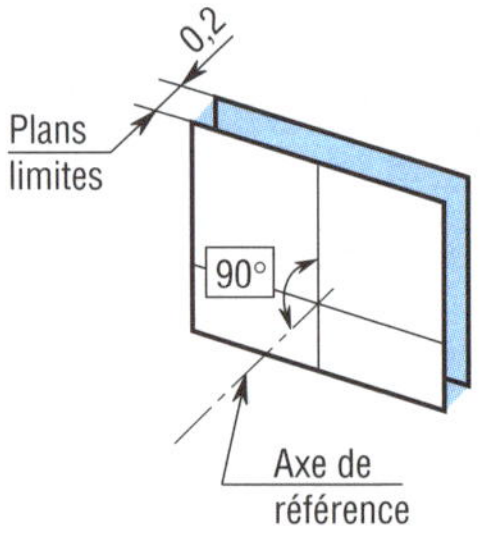
</td>
<td>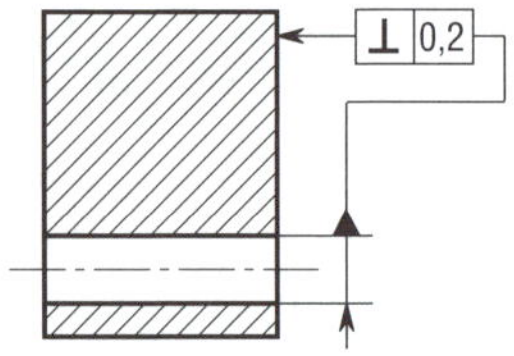
</td>
<td>• La surface tolérancée doit être comprise entre deux plans parallèles distants de t = 0,2 et perpendiculaires à l'axe de référence.</td></tr>
<tr><td>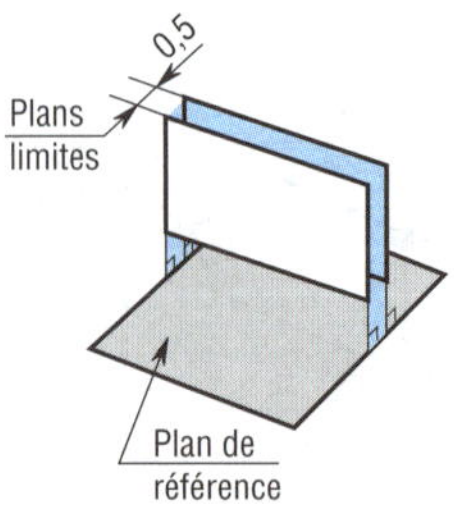
</td>
<td>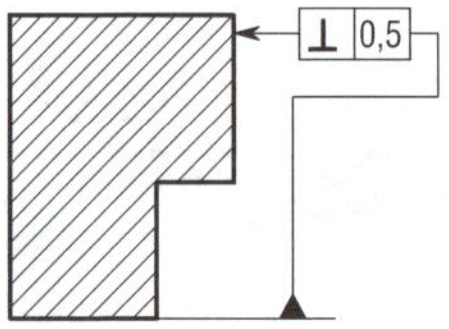
</td>
<td>• La surface tolérancée doit être comprise entre deux plans parallèles distants de t = 0,5 et perpendiculaires à la surface de référence.</td></tr>
</table>

(1) Tolérances données à titre de première estimation pour les applications courantes.

Tolérances géométriques

Types de tolérance d'orientation	Zone de tolérance	Application	Interprétation
∠ **INCLINAISON** La zone de tolérance projetée sur un plan est limitée par deux droites parallèles distantes de *t* et inclinées de l'angle spécifié par rapport au plan de référence. ***Inclinaison :*** • ***d'une ligne*** par rapport ***à une droite de référence.*** • ***d'une surface*** par rapport ***à un plan.*** • ***d'une surface*** par rapport ***à une droite.***	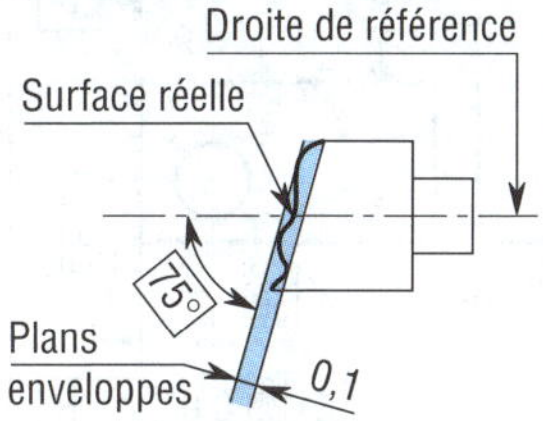	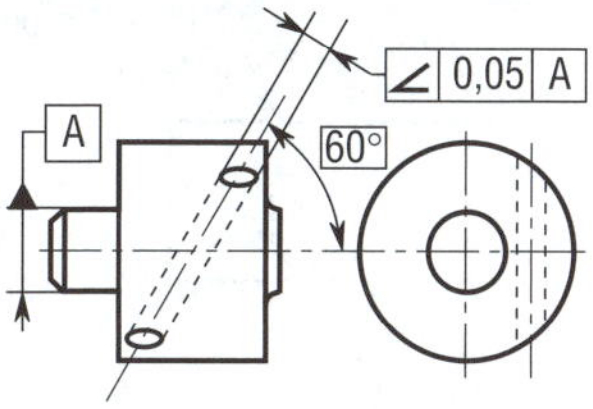	• ***L'axe de l'alésage*** projeté sur le plan contenant l'axe de référence doit être compris entre deux droites parallèles distantes de $t = 0{,}05$ et inclinées de 60° ***par rapport à l'axe de référence A.***
	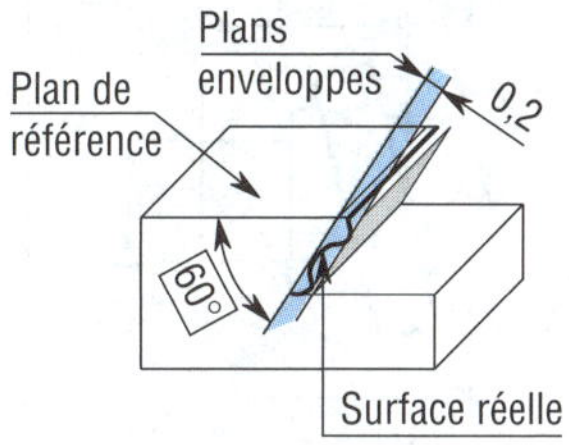	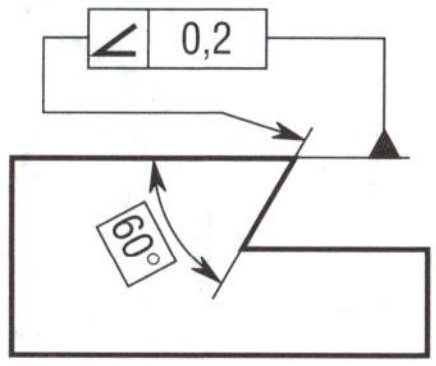	• ***La surface inclinée*** doit être comprise entre deux plans d'enveloppes distants de $t = 0{,}2$ et inclinés de 60° ***par rapport au plan de référence.***
	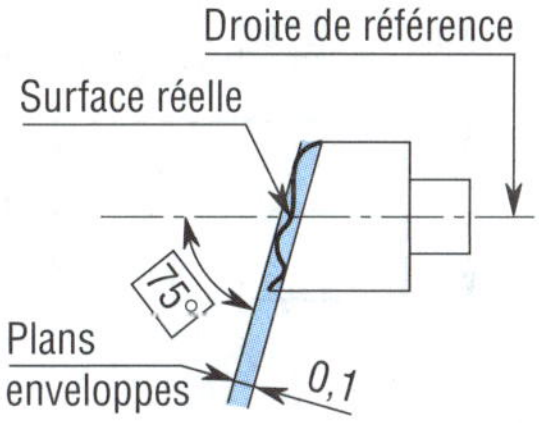	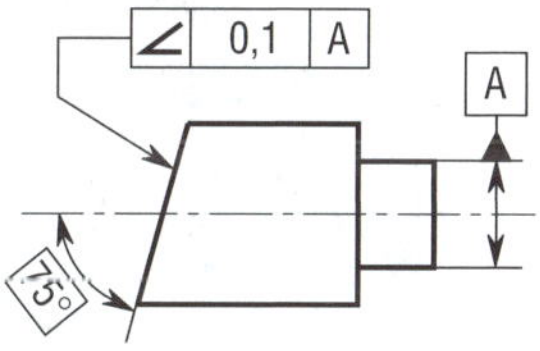	• ***La surface*** inclinée doit être comprise entre deux plans enveloppés distants de 0,1 et inclinés de 75° ***par rapport à l'axe de référence A.***

9.6.5. TOLÉRANCES DE POSITION

SYMBOLE	⌖	⌯	◎
SIGNIFICATION	LOCALISATION	SYMÉTRIE	COAXIALITÉ CONCENTRICITÉ

Types de tolérance de position	Zone de tolérance	Application	Interprétation
⌖ **LOCALISATION** La zone de tolérance est limitée par un cercle de diamètre *t* dont le centre est dans la position exacte du point considéré. ① ***Localisation d'un point***	① 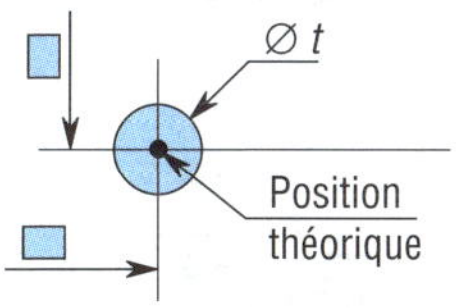	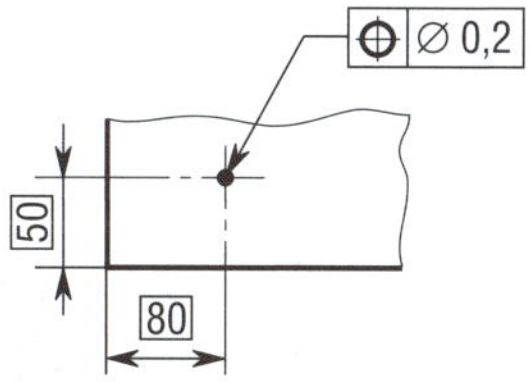	• ***Le point d'intersection*** doit se trouver dans un cercle de diamètre 0,2 dont le centre coïncide avec la position théoriquement exacte du point d'intersection considéré.
	(1) Tolérances données à titre de première estimation pour les applications courantes.		

Tolérances géométriques

Types de tolérance de position	Zone de tolérance	Application	Interprétation
② ***Localisation d'une ligne*** ③ ***Localistion d'une surface plane ou d'un plan médian***	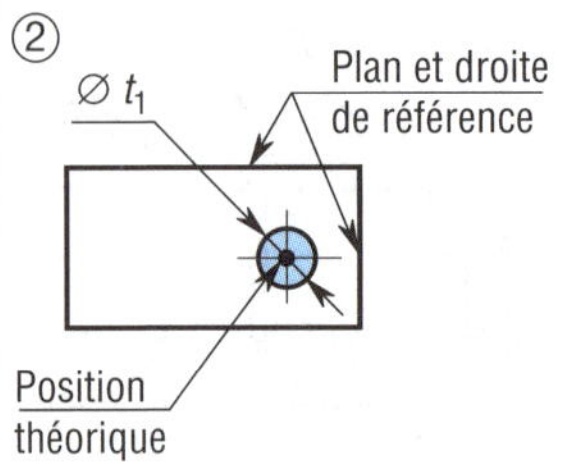	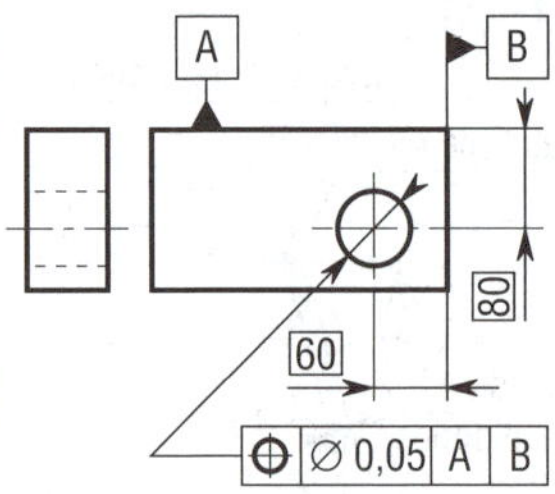	• ***L'axe du trou*** doit être compris dans un cylindre de diamètre 0,05 dont l'axe est dans la position théoriquement exacte spécifiée par rapport aux surfaces primaire A et secondaire B.
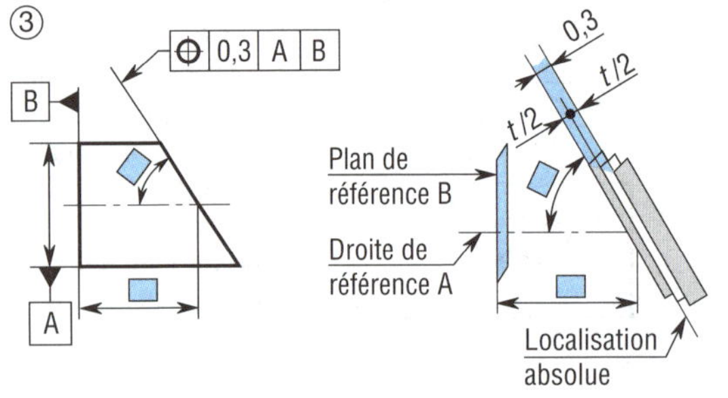		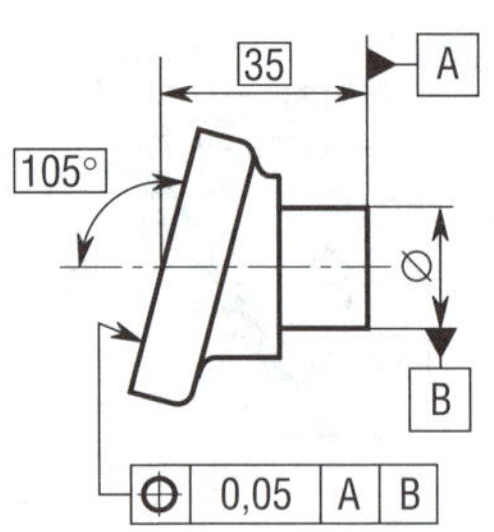	• ***La surface oblique*** doit être comprise entre deux plans parallèles distants de 0,05 et symétriques par rapport à la position théorique du plan considéré.
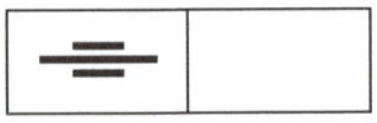 **SYMÉTRIE** Si la tolérance n'est présente que dans une seule direction, la zone de tolérance projetée dans un plan est limitée par deux droites parallèles ou par deux plans parallèles distants de t et disposés symétriquement par rapport à l'axe (ou au plan) de référence. • ***Symétrie d'un plan médian.*** • ***Symétrie d'une ligne ou d'un axe.***	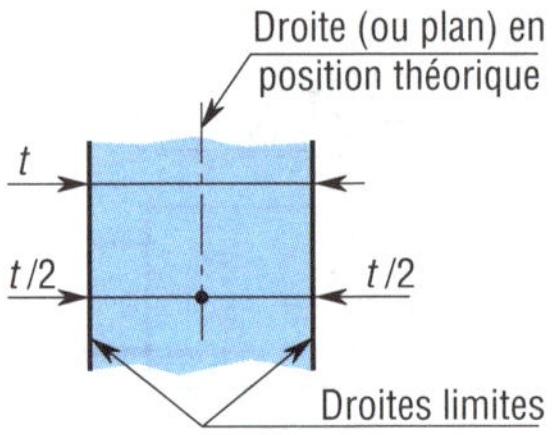	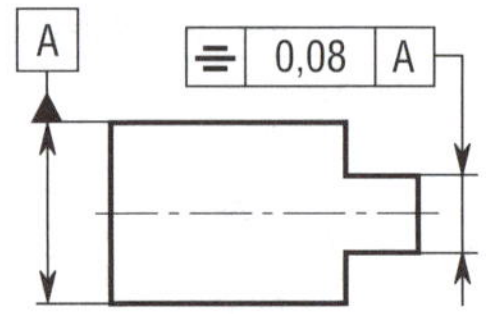	• Le plan médian du ***tenon*** doit être compris entre deux plans parallèles distants de 0,08 mm et disposés symétriquement par rapport au plan médian de référence.
	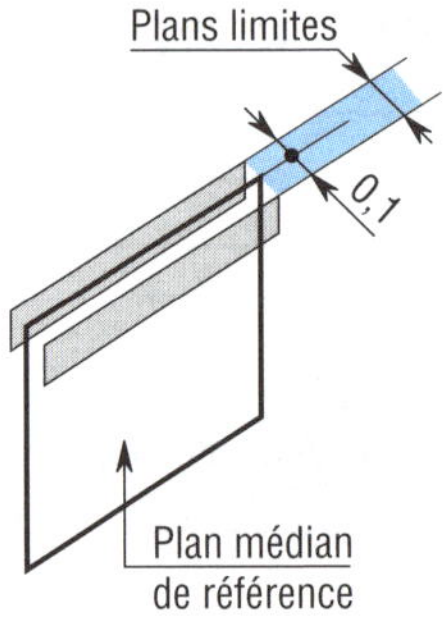	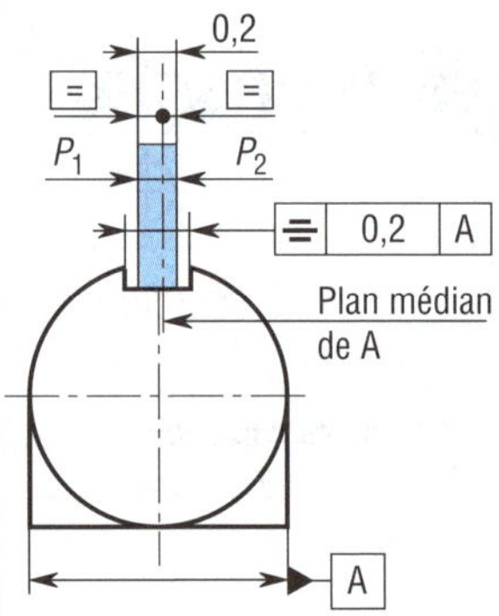	• Le plan médian de la ***rainure*** doit être compris entre les plans $P1$ et $P2$ symétriques par rapport au plan médian de A et espacés de 0,2 mm.
	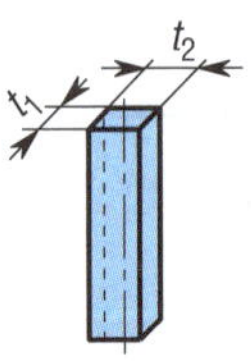	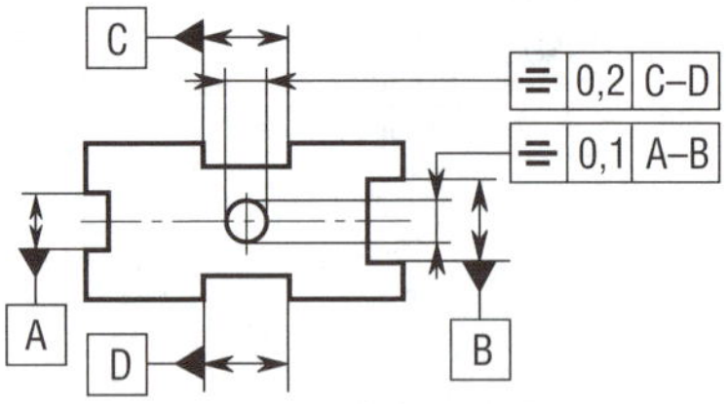	• ***L'axe du trou*** doit être compris dans un parallélépipède de largeur 0,2 dans la direction horizontale et de hauteur 0,1 dans la direction verticale, parallélépipède dont l'axe coïncide avec l'axe de référence formé par l'intersection des plans médians A-B et C-D.

Tolérances géométriques

Types de tolérance de position	Zone de tolérance	Application	Interprétation
◎ | **CONCENTRICITÉ COAXIALITÉ** La zone de tolérance est limitée par un cylindre de diamètre *t* dont l'axe coïncide avec l'axe de référence, si la valeur de la tolérance est précédée du signe ∅. Remarque : les tolérances de coaxialité et de concentricité ne concernent que les éléments associés. Elles ne s'appliquent jamais à une surface mais uniquement à son axe.	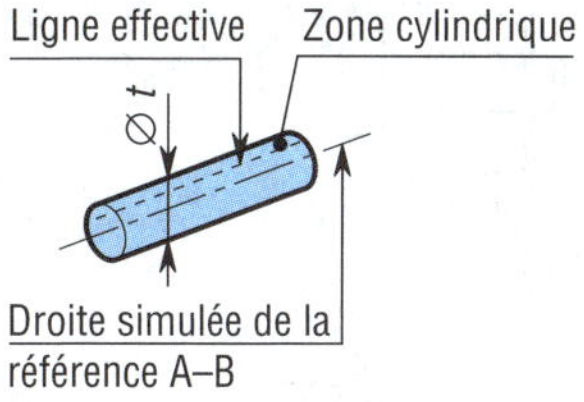	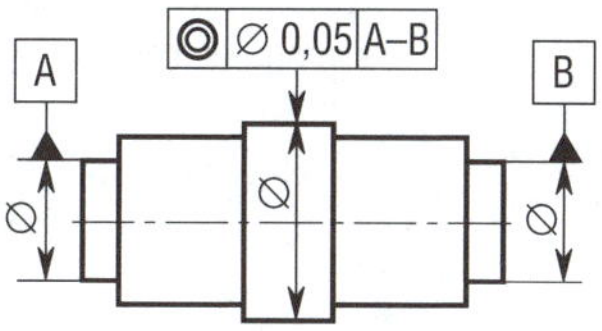	• ***L'axe du cylindre*** dont la cote est reliée au cadre de tolérance doit être compris dans un cylindre de diamètre 0,05 coaxial à l'axe de référence commun.
	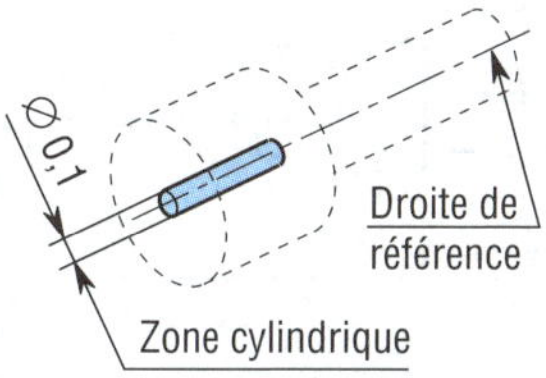	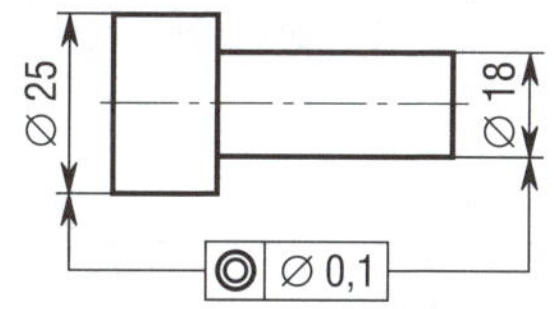	• L'axe du cylindre de ∅ 25 doit être à l'intérieur de la zone cylindrique de ∅ 0,10 dont l'axe est confondu avec celui du cylindre de ∅ 18.

9.6.6. TOLÉRANCES DE BATTEMENT

SYMBOLE	↗	⌰	Les tolérances de battement représentent une variation maximale admissible *t*. Cette variation est mesurée dans la direction indiquée par le pointage de la flèche sur l'élément considéré. Ces tolérances sont appliquées aux surfaces de révolutions telles que jante de roue, roue de friction, volant...
SIGNIFICATION	**BATTEMENT SIMPLE**	**BATTEMENT TOTAL**	

↗ | **BATTEMENT SIMPLE RADIAL** La zone de tolérance est limitée dans chaque plan de mesurage perpendiculaire à l'axe par deux cercles concentriques distants de *t* dont le centre coïncide avec l'axe de référence.	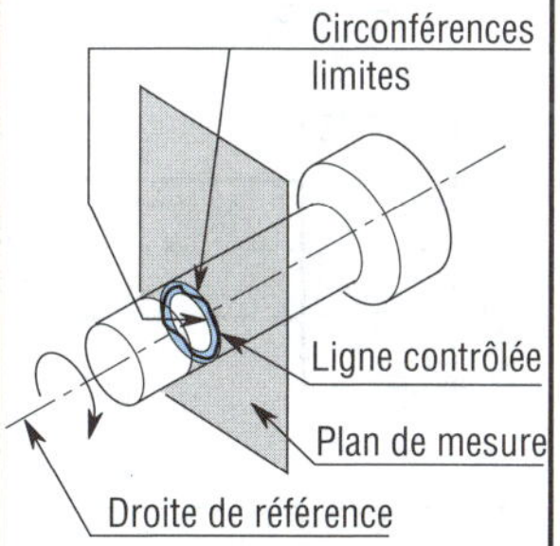	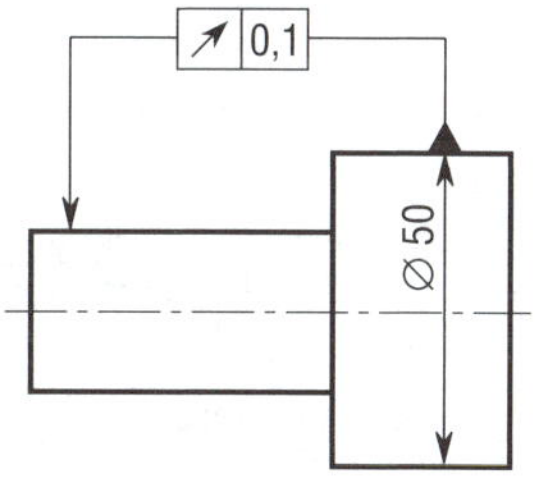	• ***Le battement simple radial*** *t* ne doit pas dépasser 0,1 mm dans chaque plan de mesurage pendant une révolution complète autour de l'axe de référence du cylindre de ∅ 50.
BATTEMENT SIMPLE AXIAL La zone de tolérance est limitée pour chaque position radiale, par deux circonférences distantes de *t* situées sur le cylindre de mesurage dont l'axe coïncide avec l'axe de référence.	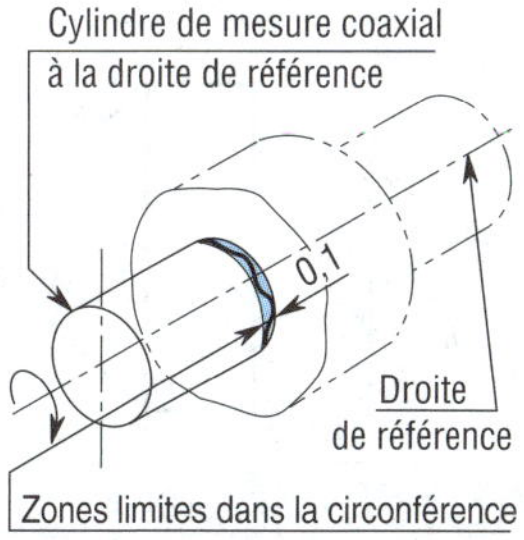	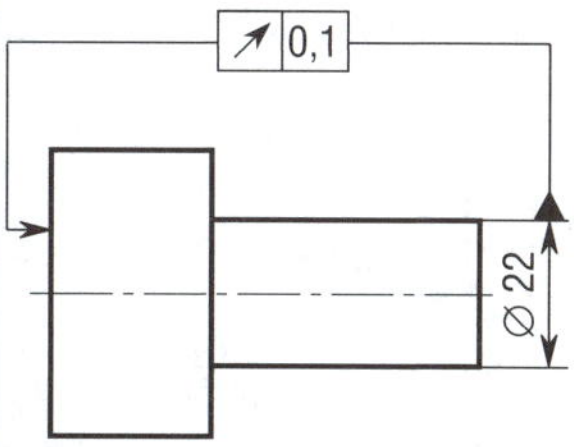	• ***Le battement simple axial*** ne doit pas dépasser 0,1 mm dans chaque position de mesurage pendant une révolution complète autour de l'axe de référence du cylindre de ∅ 22.

Tolérances géométriques

Types de tolérances de battement	Zone de tolérance	Application	Interprétation
BATTEMENT SIMPLE OBLIQUE La zone de tolérance est limitée sur chaque cône de mesurage par deux circonférences distantes de *t*. Chaque cône de mesurage a ses génératrices dans la direction spécifiée et son axe coïncide avec l'axe de référence.	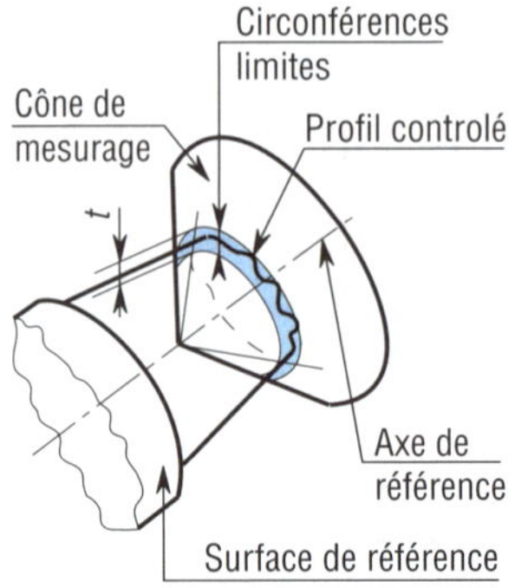	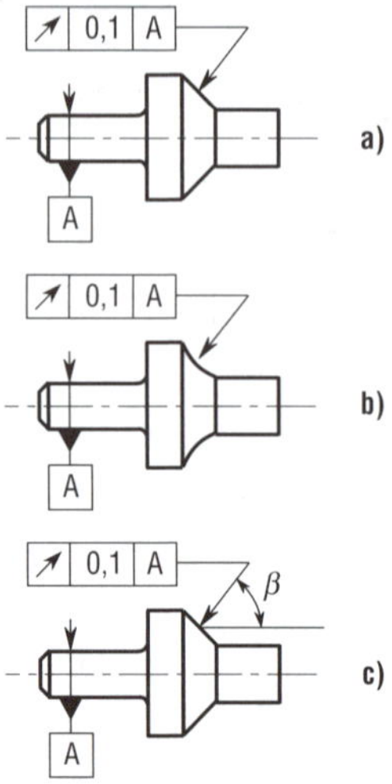	• Suivant les directions, le battement oblique ne doit pas dépasser 0,1 mm pendant une révolution complète de l'axe de référence A. Soit dans *t* : • direction de la flèche sur chaque cône de mesurage (**a**) ; • direction perpendiculaire à la tangente de la surface incurvée (**b**) ; • direction spécifiée par rapport à la surface (**c**).
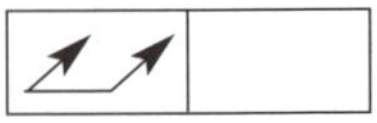 **BATTEMENT TOTAL RADIAL** La zone de tolérance est limitée par deux surfaces cylindriques, distantes de *t* ayant pour axe commun l'axe de référence.	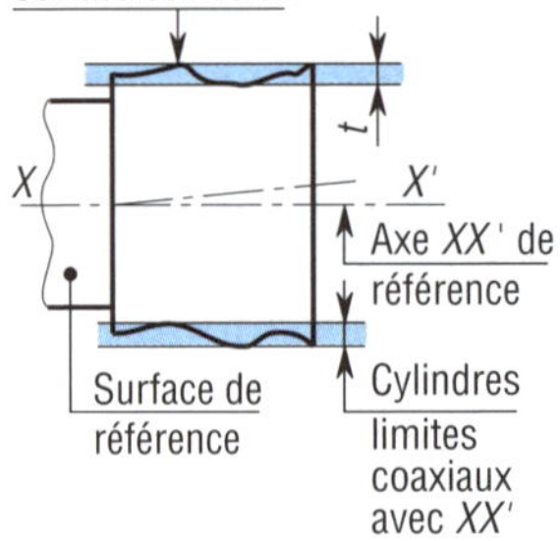	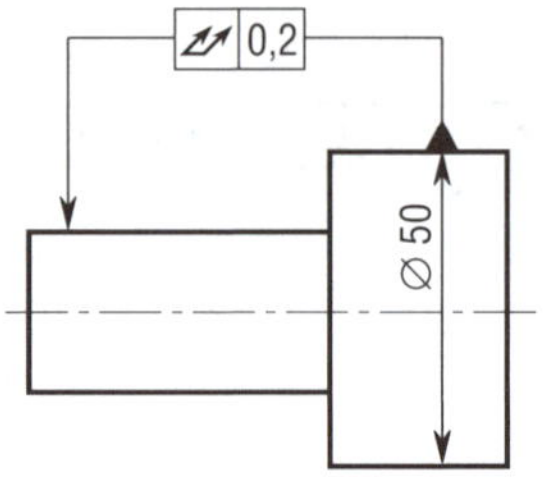	• La surface de l'élément tolérancé *t* doit être comprise entre deux cylindres coaxiaux distants de 0,2 mm, dont les axes coïncident avec l'axe de référence du cylindre de ∅ 50.
BATTEMENT TOTAL AXIAL La zone de tolérance est limitée par deux plans parallèles distants de *t*, perpendiculaires à l'axe de référence.	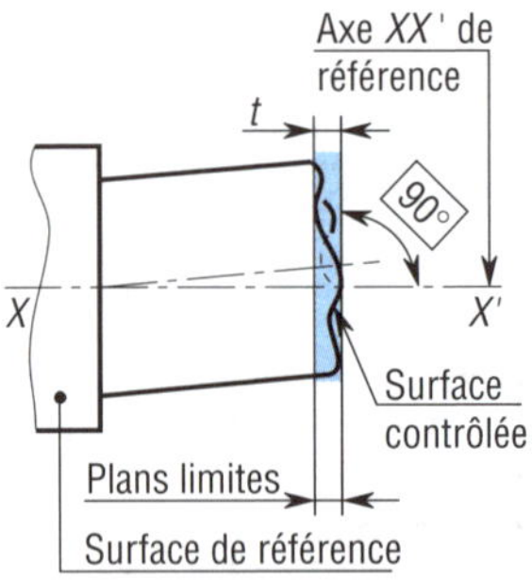	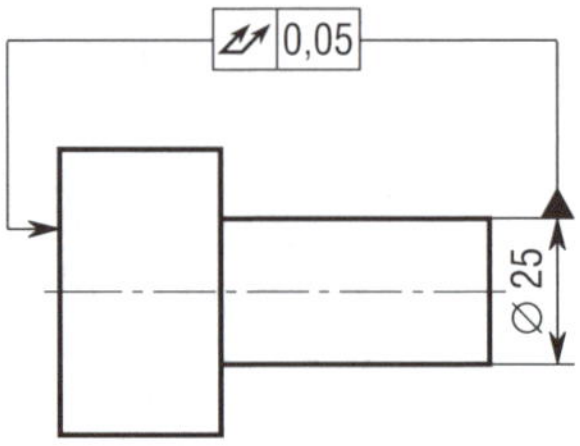	• La surface de l'élément tolérancé doit être comprise entre deux plans distants de 0,05 mm, perpendiculaires à l'axe de référence de ∅ 25.
BATTEMENT TOTAL OBLIQUE La zone de tolérance est limitée par deux surfaces de révolution distantes de *t* ayant pour axe commun l'axe de référence et dont le profil est celui du profil théorique spécifié.	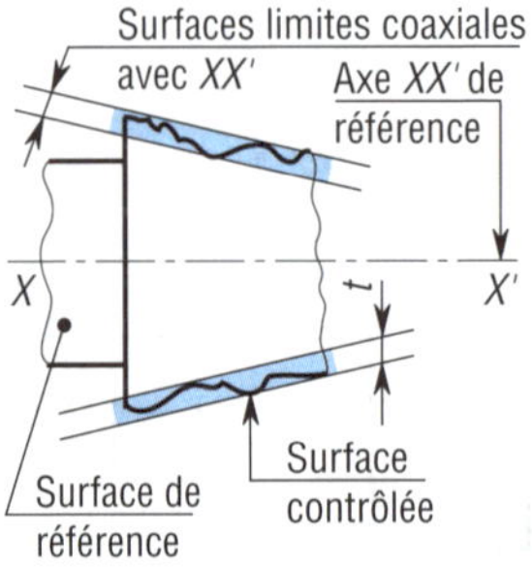	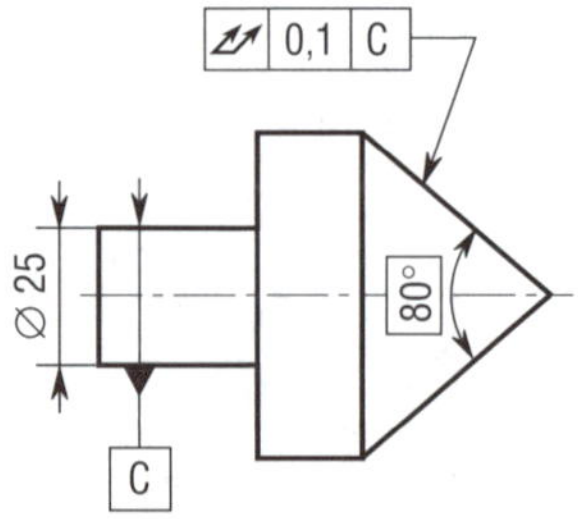	• La surface de l'élément tolérancé doit être comprise entre deux plans distants de 0,1 mm, perpendiculaires à l'axe de référence de ∅ 25.

9.7. PRINCIPE DE TOLÉRANCEMENT DE BASE

NF E 04-541 et 542/ISO 8015

La norme internationale ISO 8015 définit le ***principe de la relation*** entre les ***tolérances dimensionnelles*** (linéaires et angulaires), et les ***tolérances géométriques.***
Ce principe doit être appliqué sur les dessins techniques et les documents connexes aux :

- cotes linéaires et à leurs tolérances,
- cotes angulaires et à leurs tolérances,
- tolérances géométriques,

qui définissent, pour chaque élément d'une pièce, les quatre aspects qui sont la dimension, la forme, l'orientation, la position.

> ***Principe de l'indépendance :***
> Chaque exigence dimensionnelle ou géométrique spécifiée sur un dessin doit être respectée en elle-même (indépendamment) sauf si une relation particulière est spécifiée.

9.7.1. TOLÉRANCES DIMENSIONNELLES

TOLÉRANCES LINÉAIRES

Dimension locale simulée :

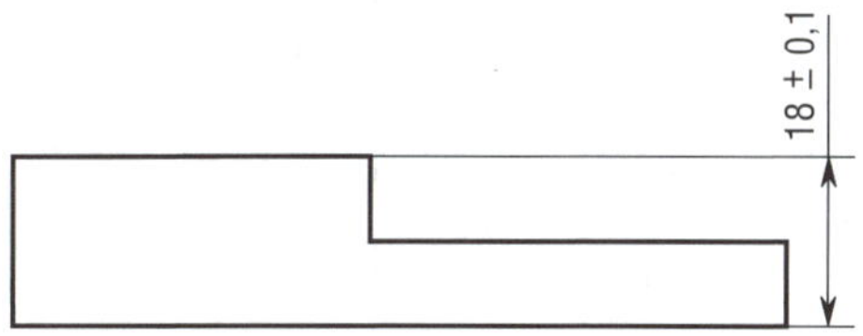

Interprétation :

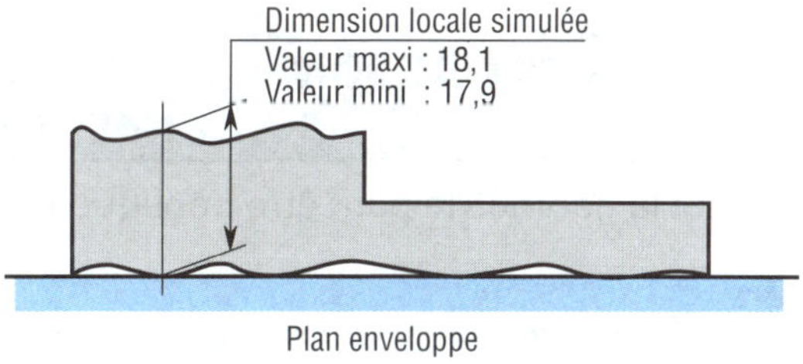

Une ***tolérance linéaire*** limite uniquement les dimensions locales réelles.
ISO 8015

> La ***dimension locale réelle*** se mesure entre deux points suivant la direction précisée par la ligne de cote.

TOLÉRANCES ANGULAIRES

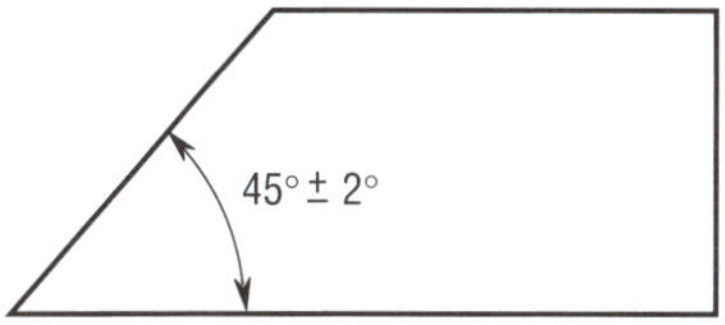

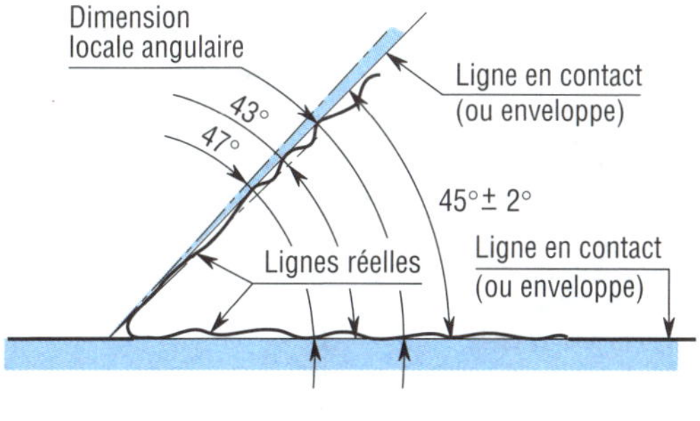

Une ***tolérance angulaire***, spécifiée en unité de mesure angulaire, limite uniquement l'orientation générale des lignes ou des éléments linéaires de surfaces.
ISO 8015

> La ***dimension locale angulaire*** est l'angle mesuré entre deux droites enveloppes des lignes réelles dans tout plan de section droite.

L'orientation générale de la ligne dérivée de la surface réelle est l'orientation de la ligne de contact de forme géométrique parfaite.
La distance maximale entre cette ligne de contact et la ligne réelle doit être la plus faible possible.

Principe de tolérancement de base

TOLÉRANCES GÉOMÉTRIQUES

INDICATION DU DESSIN

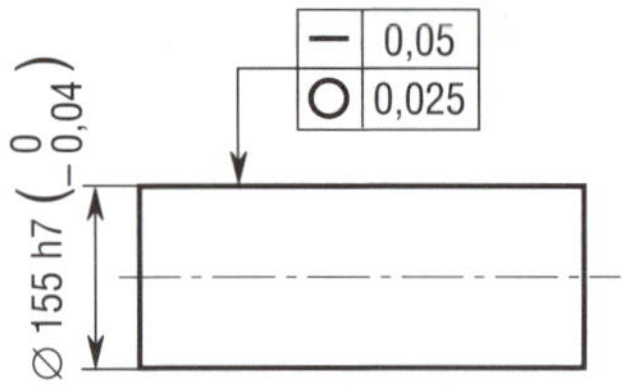

INTERPRÉTATION

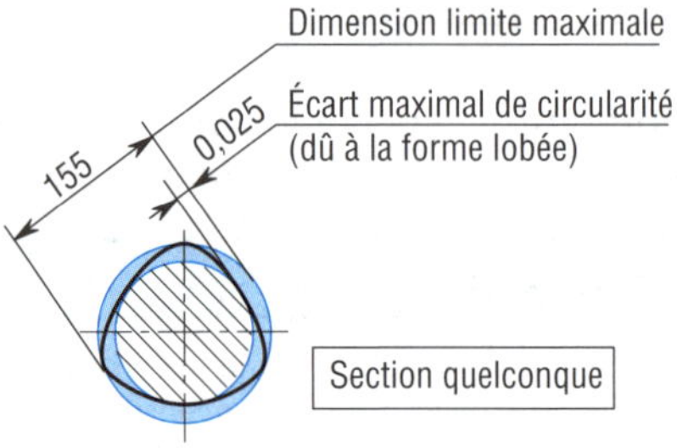

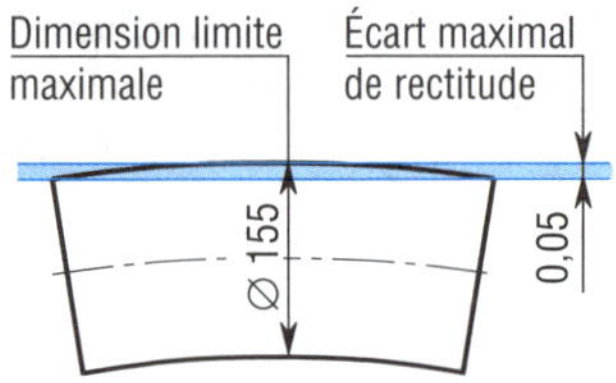

Les ***tolérances géométriques*** limitent l'écart de l'élément par rapport à sa forme, son orientation, sa position théoriquement exacte, sans tenir compte de la dimension de l'élément.

Dans l'exemple ci-contre, un arbre dont toutes les sections sont au maximum de matière, peut avoir une forme lobée à l'intérieur de la tolérance de circularité ; il peut aussi être cintré de la valeur de la tolérance de rectitude. Mais les sections ne peuvent dépasser respectivement les valeurs de 0,025 mm et de 0,05 mm.

9.7.2. INTERDÉPENDANCE ENTRE LA DIMENSION ET LA GÉOMÉTRIE

NF E 04-541/ISO 8015

L'interdépendance entre la dimension et la géométrie peut être impliquée par :

- ***l'exigence d'enveloppe,***
- ***le principe du maximum de matière.***

EXIGENCE D'ENVELOPPE

EXIGENCE D'ENVELOPPE OU PRINCIPE DE TAYLOR Ⓔ

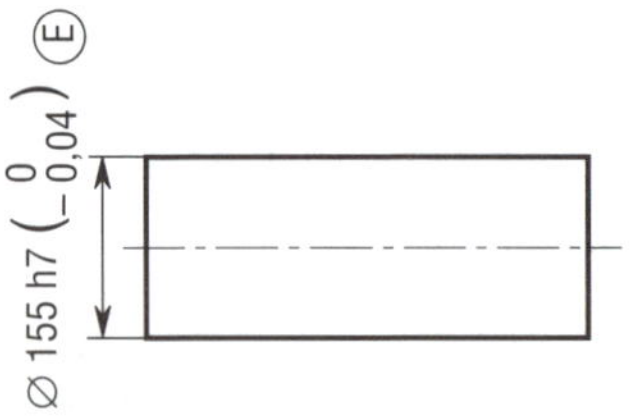

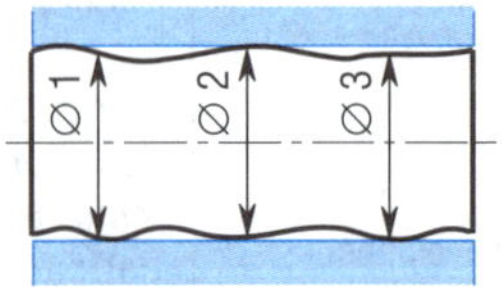

∅ 1, ∅ 2, ∅ 3 : diamètres locaux réels

L'exigence d'enveloppe peut être indiquée par le symbole Ⓔ

Cette exigence d'enveloppe peut être appliquée à un élément isolé, soit un cylindre, soit un élément établi par deux surfaces planes parallèles (élément de dimension).

Cela implique que l'enveloppe de forme parfaite à la dimension au maximum de matière de l'élément ne doit pas être dépassée.

Principe de tolérancement de base

EXIGENCE D'ENVELOPPE OU PRINCIPE DE TAYLOR (suite)

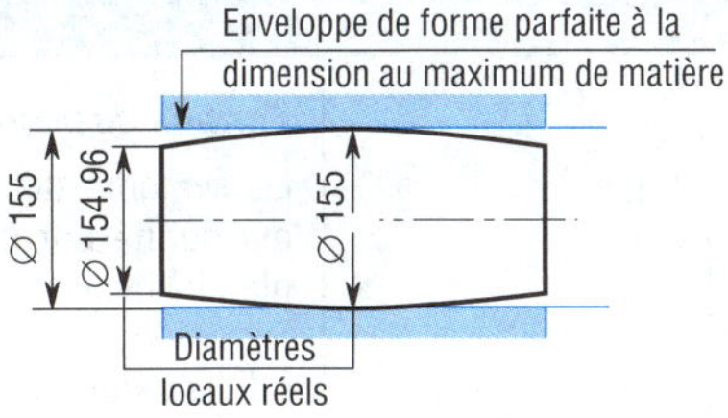

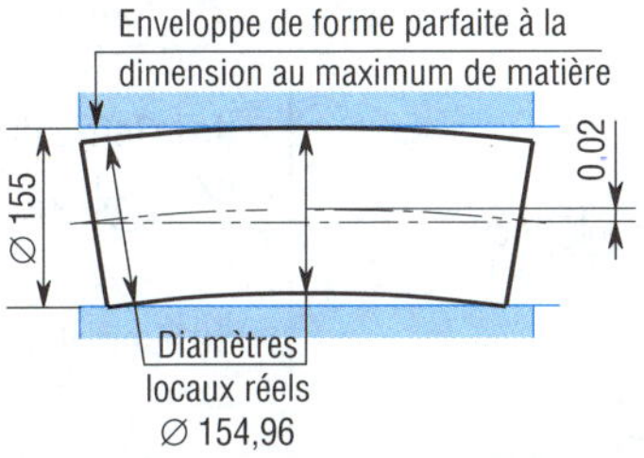

Exigences fonctionnelles de l'exemple

- Diamètre parfait au maximum de matière = 155 mm.
- Diamètre minimum parfait 154,96. Chaque ∅ local (∅ 1, ∅ 2, ∅ 3) reste dans la tolérance dimensionnelle de 0,04 mm.

Remarques :

L'arbre entier doit rester dans la limite de l'enveloppe cylindrique de forme parfaite et dans le diamètre défini.

Le dessin doit spécifier les tolérances dimensionnelles et géométriques nécessaires à la définition complète de la pièce pour sa fonction.

EXIGENCE DU MAXIMUM DE MATIÈRE — NF E 04-555/ISO 2692

L'utilisation du principe du maximum de matière facilite la fabrication sans nuire au libre assemblage des éléments pour lesquels il y a une interdépendance entre la dimension et la géométrie.

PRINCIPE DU MAXIMUM DE MATIÈRE

Jeu minimal de l'assemblage

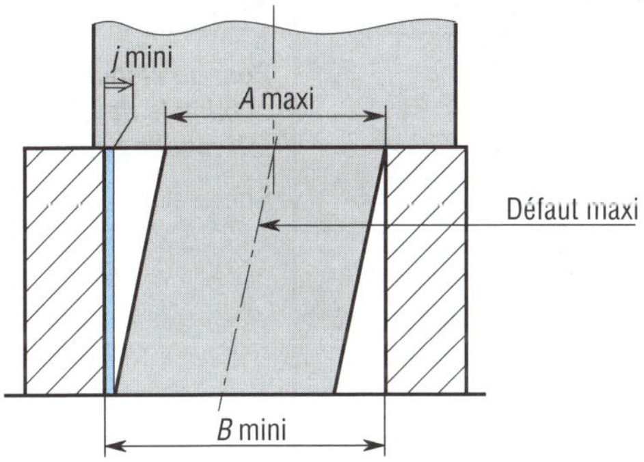

Jeu minimal de l'assemblage J

Il est obtenu lorsque ***l'arbre*** est ***maximal*** et ***l'alésage minimal*** (on dit alors que ces deux éléments sont au maximum de matière) et que, de plus, les erreurs géométriques sont les plus désavantageuses :

$$j\,\text{mini} = B\,\text{mini} - A\,\text{maxi}$$

Jeu disponible pour l'assemblage

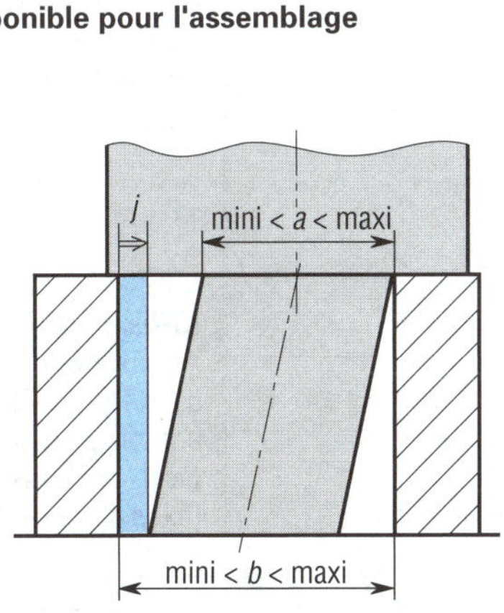

Jeu disponible pour l'assemblage

Cependant, le jeu disponible est plus grand lorsque les dimensions réelles des éléments assemblés s'éloignent des limites au maximum de matière, et lorsque les erreurs géométriques n'atteignent pas les valeurs maximales admises.

Quand les dimensions réelles de pièces assemblées s'éloignent des limites du maximum de matière, on peut accepter un dépassement de la tolérance géométrique spécifiée, sans mettre en danger la possibilité d'assemblage.

Dans tous les cas, le constructeur doit décider si l'application de ce principe peut être admise ou non.

Principe de tolérancement de base

APPLICATIONS

PRINCIPE DU MAXIMUM DE MATIÈRE APPLIQUÉ À L'ARBRE

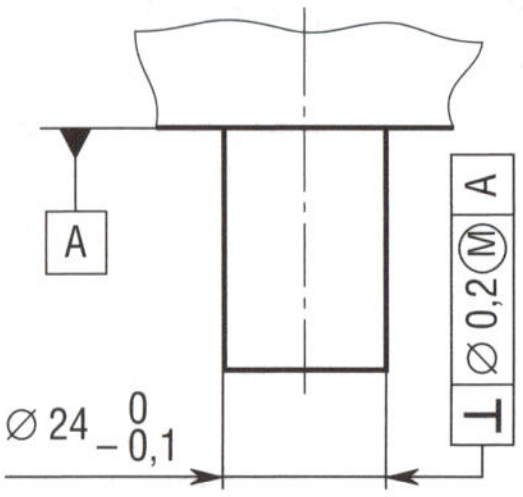

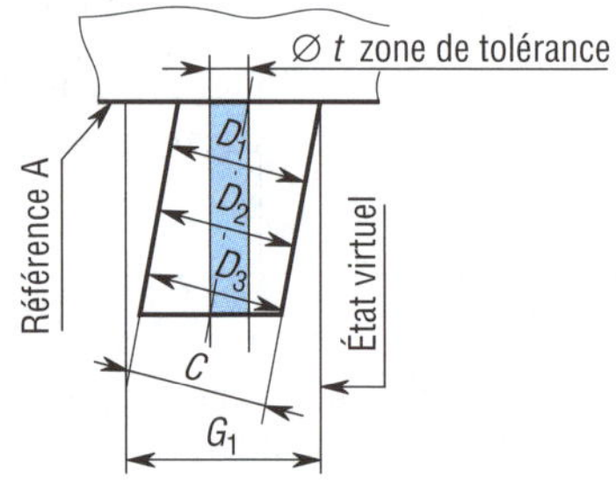

D_1 à D_3 = dimensions locales réelles = 23,9 – 24
C = dimension maximum de matière = 24
G = dimension virtuelle = 24,2
Δt = zone de tolérance géométrique = 0,2 – 0,3

EXIGENCE DU MINIMUM DE MATIÈRE ZONE DE TOLÉRANCE PROJETÉE ISO 2692

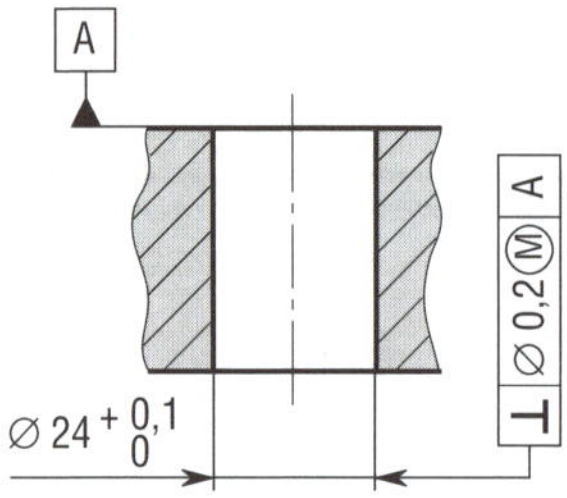

PRINCIPE DU MAXIMUM DE MATIÈRE APPLIQUÉ À L'ALÉSAGE ZONE DE TOLÉRANCE PROJETÉE ISO 10578-1992

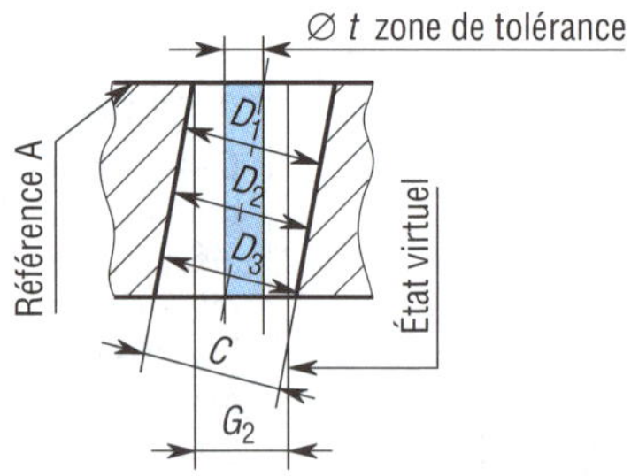

D_1 à D_3 = dimensions locales réelles = 24 – 24,1
C = dimension au maximum de matière = 24
G = dimension virtuelle = 23,8
Δt = zone de tolérance géométrique = 0,2 – 0,3

Ecriture du maximum de matière [1]

Le symbole du «maximum de matière» est donné par la lettre **M** qui peut être placé à la suite :

- de la valeur de la tolérance
  ex : ◎ | ∅0,2 Ⓜ | A
- de la lettre de référence
  ex : ◎ | ∅0,2 | A Ⓜ
- de l'une et de l'autre
  ex : ◎ | ∅0,2 Ⓜ | A Ⓜ

selon que le maximum de matière s'applique respectivement à l'élément tolérancé, à l'élément de référence, ou aux deux éléments.

Etat virtuel

La dimension virtuelle est la dimension qui définit l'état possible d'un élément.

Pour un élément contenu, c'est la limite maximale de dimension augmentée des tolérances géométriques.

Soit :

$$G_1 = C\,\text{maxi} + \varnothing t = 24{,}2$$

Pour un élément contenant, c'est la limite minimale de dimension diminuée des tolérances géométriques.

Soit :

$$G_2 = C\,\text{mini} - 0{,}2 = 24 - 0{,}2 = 23{,}8$$

Utilisation :

Admis pour des entraves d'éléments d'assemblage tels que trous pour boulons, goujons, etc. mais non admis pour certains montages mécaniques (axes d'engrenages...)

(1) Dans tous les cas, le constructeur doit décider si l'application du principe du maximum de matière peut être admise ou non.

Exigence du minimum de matière

PRINCIPE DU MINIMUM DE MATIÈRE À APPLIQUER À UNE FORME PLEINE Ⓛ

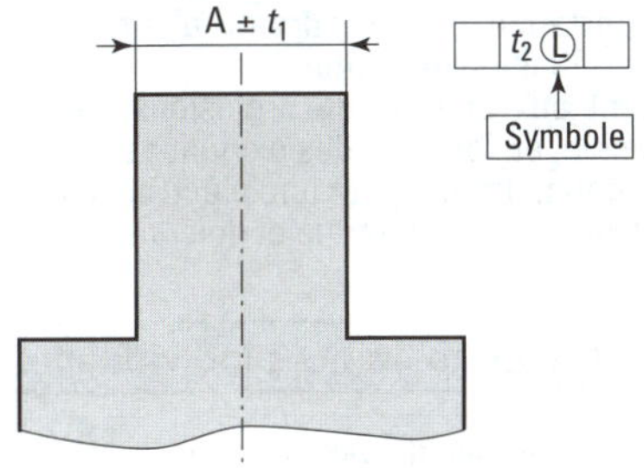

Condition :
L'état virtuel doit être intérieur à la matière.

Dimension au minimum de matière :

A mini

Dimension de l'état virtuel :

A mini – t2

Défaut maximum autorisé

2 tl + t2 (lorsque A = A maxi)

PRINCIPE DU MINIMUM DE MATIÈRE À APPLIQUER À UNE FORME CREUSE Ⓛ

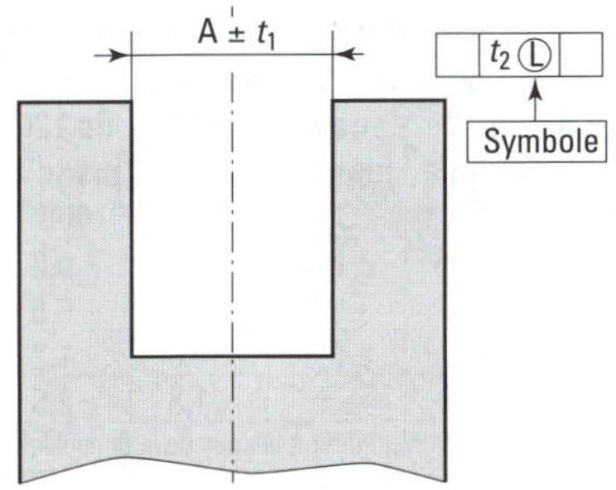

Les dimensions locales doivent respecter la condition A mini ≤ Dli ≤ A Maxi

Condition :
L'état virtuel doit être intérieur à la matière.

Dimension au minimum de matière :

A Maxi

Dimension de l'état virtuel :

A Maxi + t2

Défaut maximum autorisé

2 tl + t2 (lorsque A = A mini)

ZONE DE TOLÉRANCE PROJETÉE — ISO 10578.1992

Les conditions fonctionnelles peuvent conduire les concepteurs à tolérancer non pas l'élément réel lui-même mais sa projection en dehors de la pièce. Cette spécification est applicable aux tolérances d'orientation, de position et de battement.

INDICATIONS SUR LE DESSIN

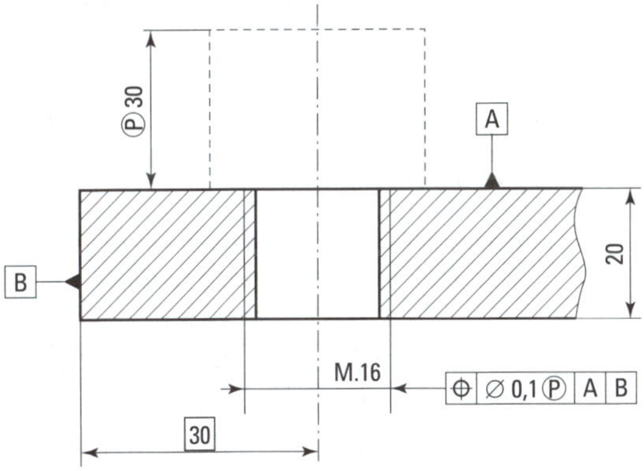

La zone de tolérance projetée répond à un besoin fonctionnel (assemblages par vis, pieds de centrage, guidages...).

Indications sur le dessin :

- **du prolongement** minimum représenté uniquement sur l'élément considéré par un trait mixte fin à deux tirets
- **du symbole P** suivi de la longueur de prise en compte de l'intervalle de tolérance.
- **de la valeur** donnée à la zone de tolérance.
- **du positionnement** de la zone tolérancée (position théorique).

INTERPRÉTATION

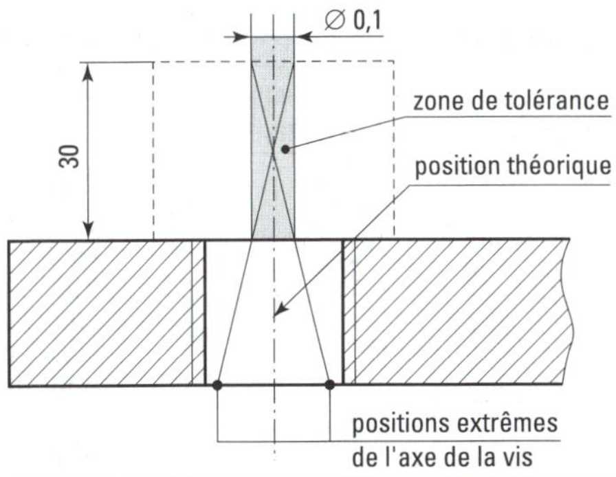

Interprétation de la zone projetée :

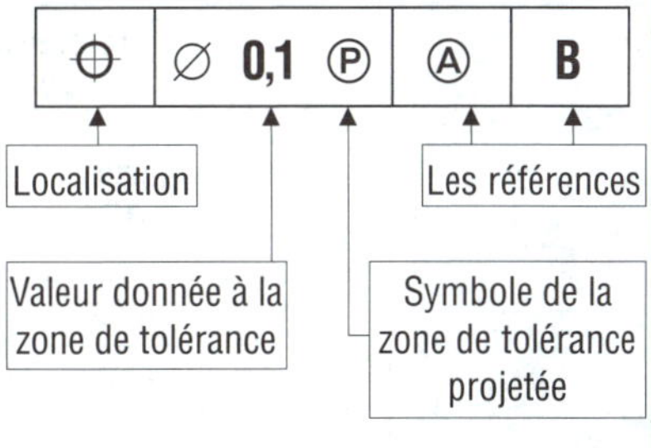

Valeurs des tolérances générales dimensionnelles et géométriques — ISO 2768-1/2

La norme ISO 2768, parties 1 et 2 revêt une grande importance pour les bureaux d'études et les ateliers car elle vise à simplifier les indications données dans les dessins de définition de pièces.
Les valeurs des tolérances générales correspondent aux classes de précisions habituelles adoptées dans les ateliers. On indiquera sur le dessin la classe de précision, en fonction des exigences particulières recherchées pour la pièce. Si la tolérance exigée (dimensionnelle et/ou géométrique) pour une pièce est inférieure à la tolérance générale donnée dans les tableaux, elle sort du cadre de la tolérance générale et doit faire l'objet d'une inscription spécifique à côté de la cote concernée.

Dimensions linéaires et angulaires non affectées de tolérances individuelles — ISO 2768-1

CLASSES DE TOLÉRANCES

Écarts admissibles pour dimensions linéaires à l'exception des dimensions d'arrêtes abattues

Classe de tolérance		Écarts admissibles pour des plages de dimensions nominales					
Désignation	**Description**	**0,5 (1) jusqu'à 3**	**au-delà de 3 jusqu'à 6**	**au-delà de 6 jusqu'à 30**	**au-delà de 30 jusqu'à 120**	**au-delà de 120 jusqu'à 400**	**au-delà de 400 jusqu'à 1000**
f	fine	± 0,05	± 0,05	± 0,1	± 0,15	± 0,2	± 0,3
m	moyenne	± 0,1	± 0,1	± 0,2	± 0,3	± 0,5	± 0,8
c	grossière	± 0,2	± 0,3	± 0,5	± 0,8	± 1,2	± 2
v	très grossière	–	± 0,5	± 1	± 1,5	± 2,5	± 4

1) Pour les dimensions nominales inférieures à 0,5 mm, l'écart doit figurer à la suite de la dimension nominale

Indication

ISO 2768-**f**
ou
m,c,v

Écarts admissibles pour dimensions linéaires d'arrêtes abattues (Rayons extérieurs et hauteurs de chanfrein)

Classe de tolérance		Écarts admissibles pour des plages de dimensions nominales		
Désignation	**Description**	**0,5(1) jusqu'à 3**	**au-delà de 3 jusqu'à 6**	**au-delà de 6**
f	fine	± 0,2	± 0,5	± 1
m	moyenne			
c	grossière	± 0,4	± 1	± 2
v	très grossière			

1) Pour les dimensions nominales inférieures à 0,5 mm, l'écart doit figurer à la suite de la dimension nominale

Indication

ISO 2768-**f**
ou
m,c,v

Écarts admissibles pour dimensions angulaires

Classe de tolérance		Écarts admissibles en fonction de plages de longueurs du côté le plus court de l'angle considéré			
Désignation	**Description**	jusqu'à 10	au-delà de 10 jusqu'à 50	au-delà de 50 jusqu'à 120	au-delà de 120 jusqu'à 400
f m	fine moyenne	± 1°	± 0°30'	± 0°20'	± 0°10'
c	grossière	± 1°30'	± 1°	± 0°30'	± 0°15'
v	très grossière	± 3°	±2°	± 1°	± 0°30'

Indication

ISO 2768-**f**
ou
m,c,v

Dimensions géométriques pour éléments non affectées de tolérances individuelles — ISO 2768-1

TOLÉRANCES – RECTITUDE —— PLANÉITÉ ⏥

	Tolérances générales de rectitude et de planéité pour des plages de longueurs nominales				
Classe de tolérance	**jusqu'à 10**	**au-delà de 10 jusqu'à 30**	**au-delà de 30 jusqu'à 100**	**au-delà de 100 jusqu'à 300**	**au-delà de 300 jusqu'à 1000**
H	0,02	0,06	0,1	0,2	0,3
K	0,05	0,1	0,2	0,4	0,6
L	0,1	0,2	0,4	0,8	1,2

Conditions d'applications
La tolérance donnée par le tableau ci-contre doit :
Pour la rectitude, prendre en compte la longueur de la ligne considérée.
Pour la planéité, prendre en compte la plus grande dimension latérale ou le diamètre pour une surface circulaire (voir rectitude et planéité à la page 83)

Dimensions géométriques pour éléments non affectées de tolérances individuelles.

CIRCULARITÉ ○

Les tolérances générales géométriques de la circularité.

Elles sont égales à la tolérance sur le diamètre, mais dans tous les cas inférieures à la tolérance circulaire radiale du battement circulaire (voir tableau ci-dessous. Battement, voir page 89)

CYLINDRICITÉ ⌭

Les tolérances générales géométriques de la cylindricité ne sont pas prescrites.

L'écart de cylindricité comprend trois composantes :
- l'écart de rectitude.
- l'écart de circularité.
- l'écart de parallélisme des génératrices opposées.

Chaque composante est limitée par sa tolérance générale.
Cylindricité : voir page 84.

PARALLÉLISME //

Les tolérances générales géométriques de parallélisme.

Elles sont égales en valeur numérique, à la tolérance dimensionnelle ou à la tolérance de planité/rectitude en retenant la plus grande.
Le plus long des deux éléments doit être pris comme référence spécifiée.

PERPENDICULARITÉ ⊥

Classe de tolérance	Tolérances générales de perpendicularité pour des plages de longueurs nominales des côtés les plus courts			
	jusqu'à 100	au-delà de 100 jusqu'à 300	au-delà de 300 jusqu'à 1 000	au-delà de 1 000 jusqu'à 3 000
H	0,2	0,3	0,4	0,5
K	0,4	0,6	0,8	1
L	0,6	1	1,5	2

Le plus long côté de l'angle droit doit être pris comme référence spécifiée.
Si les deux côtés sont égaux chacun d'eux peut être utilisé comme référence spécifiée.

SYMÉTRIE ⌯

Classe de tolérance	Tolérances générales de symétrie pour des plages de longueurs nominales			
	jusqu'à 100	au-delà de 100 jusqu'à 300	au-delà de 300 jusqu'à 1 000	au-delà de 1 000 jusqu'à 3 000
H	0,5			
K	0,6		0,8	1
L	0,6	1	1,5	2

L'élément le plus long doit être pris comme référentiel spécifié.
Si les deux éléments ont même longueur chacun d'eux peut être utilisé comme référence spécifiée.

COAXIALITÉ ◎

Les tolérances générales géométriques de la coaxialité ne sont pas prescrites

Dans le cas extrême, l'écart de coaxilité peut être aussi important que la valeur de la tolérance de battement circulaire radial, l'écart de ce dernier étant composé des écarts de coaxilité et de circularité.

BATTEMENT CIRCULAIRE ↗ et ⌰

Classe de tolérance	Tolérances de battement circulaire
H	0,1
K	0,2
L	0,5

Ce sont les surfaces portantes qui doivent être prises comme référence spécifiée.
Dans le cas contraire l'élément le plus long doit être pris comme référence spécifiée.

INDICATION SUR LES DESSINS :
(voir dessin CAO de la pince de levage)

Séparateurs

ISO 2768 – mK – E

N° de la Norme de tolérances générales

Classe de tolérance (Dimensions linéaires et angulaires)
f,m,c,v (lettre minuscule)

Exigence de l'**enveloppe E** (s'applique à tous les éléments de dimension isolé* désignation dans le cartouche)

Classe de tolérance (géométrique)
H, K, L (lettre majuscule)

* Un élément isolé peut être une surface cylindrique ou deux surfaces planes parallèles.

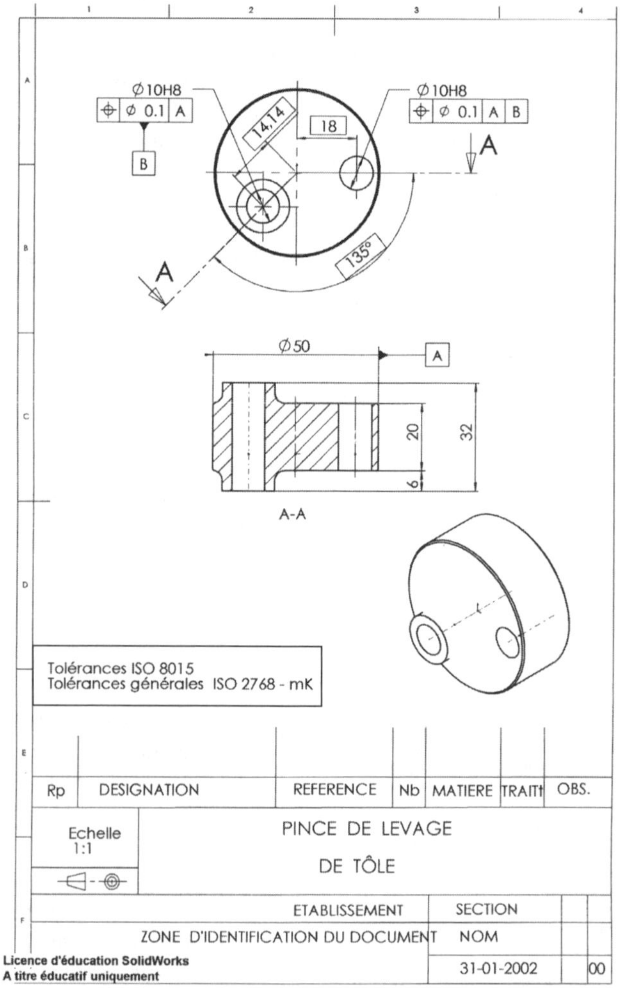

9.8. COTATION FONCTIONNELLE — NF E 04-550

La cotation fonctionnelle est basée sur l'étude approfondie et exhaustive des conditions d'aptitude à l'emploi du produit.
Elle permet de définir sans ambiguïté les dimensions des éléments fonctionnels ***(cotes fonctionnelles)*** et leur position relative ***(cote condition).*** Elle ne doit être ni insuffisante, ni surabondante. La cotation fonctionnelle d'un produit n'a de sens que si l'on connaît la fonction de ce produit.

COTE CONDITION

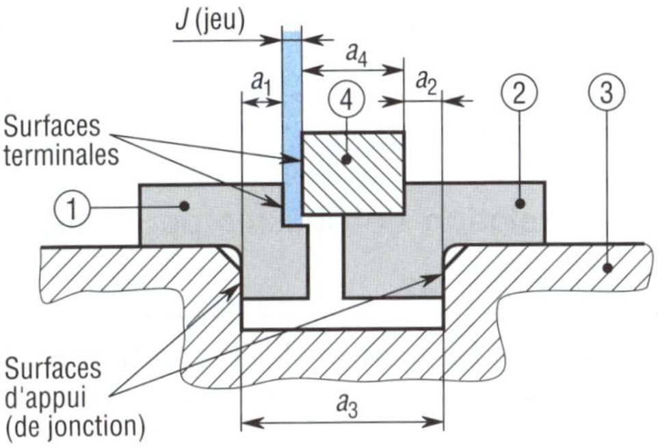

La cote condition* J *est une dimension qui exprime une exigence fonctionnelle.

Par convention les deux éléments limitant la cote condition sont appelés ***surfaces terminales. (NFE 04-521)***

Cote condition positive = jeu

Cote condition négative = serrage

ASSEMBLAGES CHAINES DE COTES

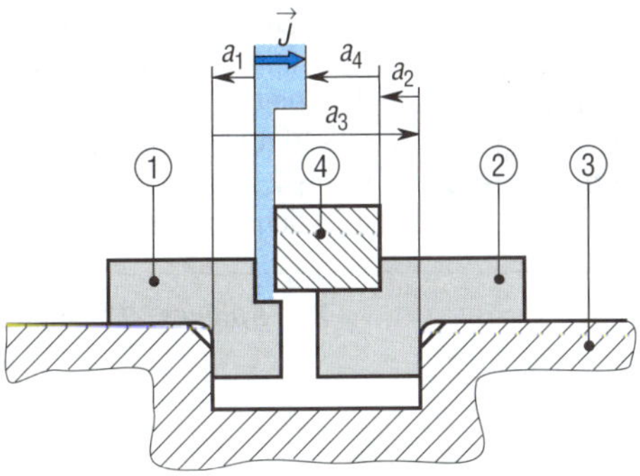

Analyse de la chaîne de cotes

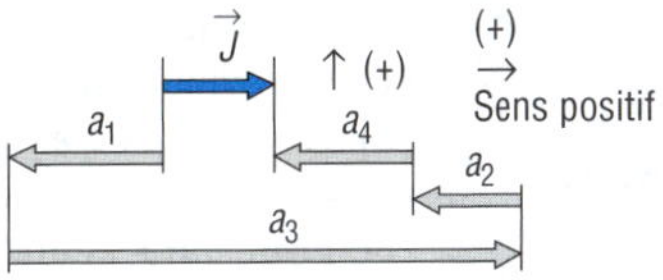

La cote condition permet d'établir la relation vectorielle

$$\vec{J} = \vec{a_1} + \vec{a_3} + \vec{a_2} + \vec{a_4}$$

d'où $J = -a_1 + a_3 - a_2 - a_4$

J maxi = $-\ a_1$ mini + a_3 maxi $-\ a_2$ mini $-\ a_4$ mini

J mini = $-\ a_1$ maxi + a_3 mini $-\ a_2$ maxi $-\ a_4$ maxi

Une chaîne de cotes est un ensemble de cotes nécessaires et suffisantes au respect de la cote condition.

LIAISON DES SURFACES TERMINALES OBLIQUES AUX SURFACES DE CONTACT

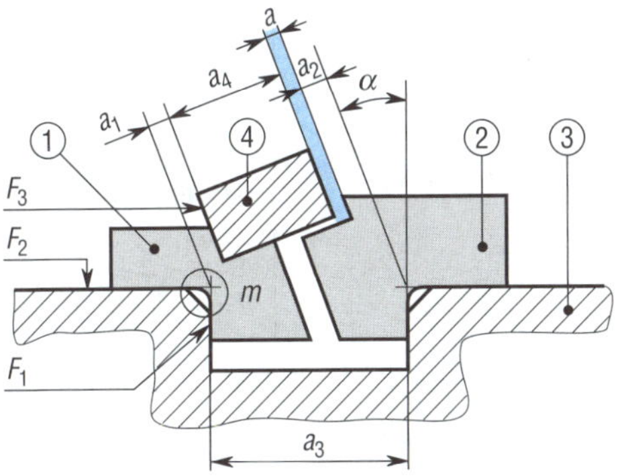

Détail m

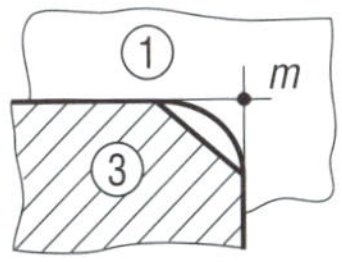

Le vecteur cote condition* J *est égal à la somme des vecteurs dans le sens positif, moins la somme des vecteurs dans le sens négatif.

$$\vec{J} = \sum \vec{a_i}$$

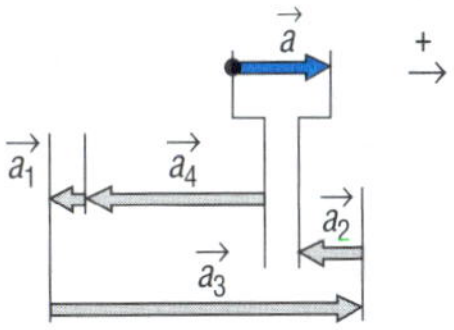

Relation vectorielle

$$\vec{a} = \vec{a_4} + \vec{a_1} + \vec{a_3} + \vec{a_2}$$

$$a = -\ a_4 - a_1 + \frac{a_3}{\cos\alpha} - a_2$$

$$a_3 = a'_3$$

9.8.1. ÉTABLISSEMENT D'UNE CHAÎNE MINIMALE DE COTES

Méthode d'exécution :

- rechercher la fonction à assurer sur le dessin d'ensemble ;
- repérer les surfaces terminales et d'appui ;
- installer le vecteur cote condition $\vec{J}$ (⥣ ou ⇒) ;
- à partir de l'origine du vecteur $\vec{J}$ [première surface terminale], tracer le vecteur qui aboutira à la surface d'appui située sur la même pièce terminale ;
- joindre, dans l'ordre indiqué par le sens, les appuis consécutifs des pièces intermédiaires ;
- le dernier appui appartient à la deuxième pièce terminale, le dernier vecteur va donc du dernier appui à l'extrémité du vecteur cote condition.

Relation : il s'agit ensuite d'établir la relation de Chasles pour des vecteurs le plus souvent parallèles.

> Le ***vecteur condition*** assure la fermeture de la chaîne de cotes
>
> | **condition** | = | **contenant** | – | **contenu** |
> |---|---|---|---|---|
> | ↑ fermeture | | ↑ $\sum$ cotes + | | ↑ $\sum$ cotes – |

RÈGLES

Chaîne minimale

- Une condition entraîne une chaîne de cotes.
- Une chaîne de cotes installe une seule condition.
- Une chaîne minimale de cotes implique, en général, une seule ***cote fonctionnelle par pièce cotée.***

Surfaces fonctionnelles

Pour une condition installée dans un ensemble de N pièces il y a :

- 2 surfaces terminales,
- 2 N – 2 surfaces d'appui.

Il y a donc toujours 2 N surfaces fonctionnelles.

APPLICATION 1 : GUIDAGE EN ROTATION

- Repère des pièces
- Analyse technique du dessin
- Surfaces fonctionnelles
- Chaîne de cotes
- Cotes fonctionnelles

Dessin d'ensemble

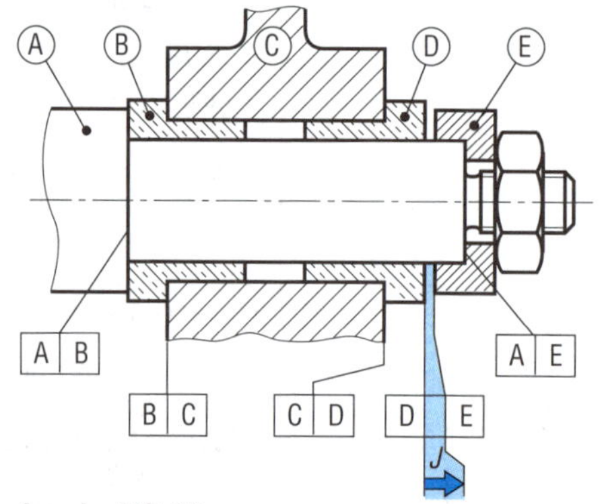

Dessins de définition

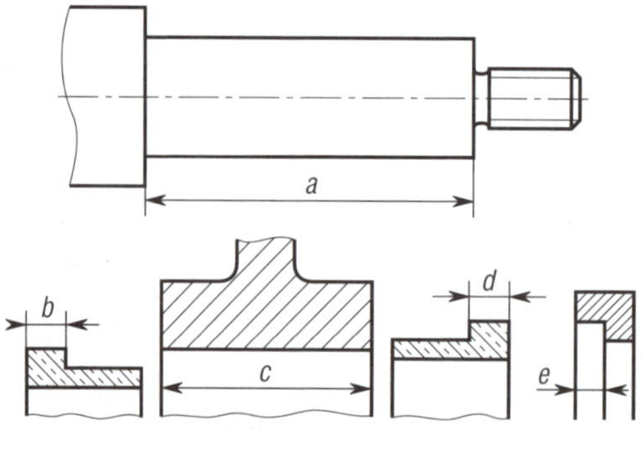

5 pièces – 1 condition = 5 cotes – 1 chaîne

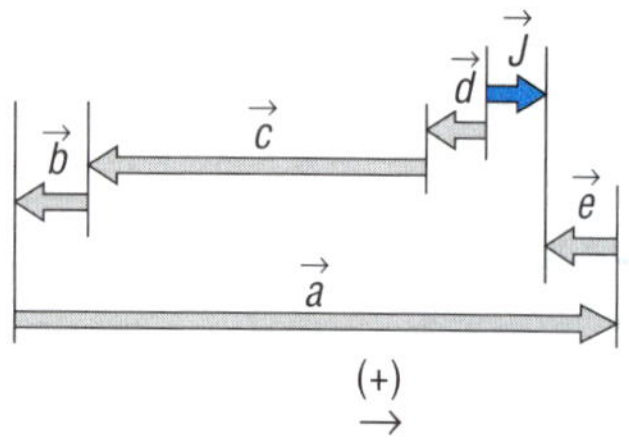

Relation vectorielle

$\vec{J} = \vec{a} + \vec{b} + \vec{c} + \vec{d} + \vec{e}$

$J = a - b - c - d - e$

Le montage étant formé de 5 pièces, la chaîne minimale de cotes comporte 5 maillons.

Cotation fonctionnelle

APPLICATION 2 :

ÉTUDE D'UN CLAVETAGE LIBRE

- **Repères des pièces**
- **Analyse technique du dessin**
- **Surfaces fonctionnelles**
- **Chaîne de cotes**
- **Cotes fonctionnelles**

Dessin d'ensemble

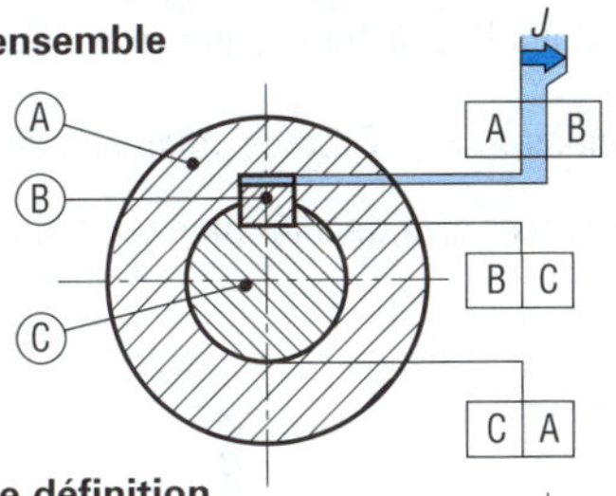

Dessins de définition

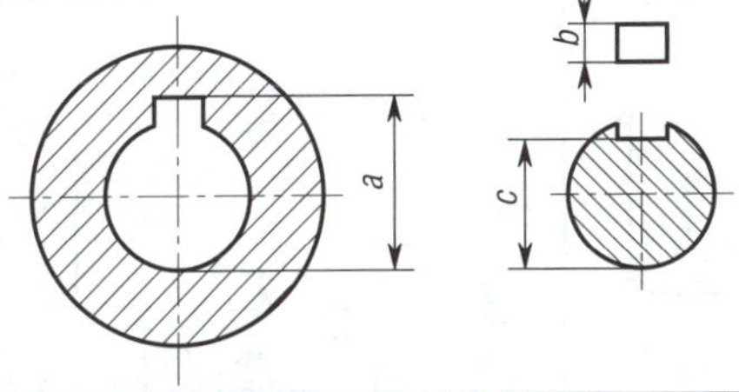

3 pièces – 1 condition = 3 cotes – 1 chaîne

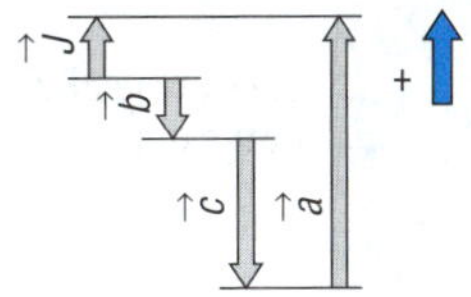

Relation vectorielle

$\vec{J} = \vec{a} + \vec{b} + \vec{c}$

$J = a - b - c$

Ici les vecteurs cotes sont parallèles à l'axe vertical. La chaîne minimale de cotes comporte 3 maillons.

9.8.2. JEUX LIMITES ET TOLÉRANCES

CALCUL DES JEUX LIMITES

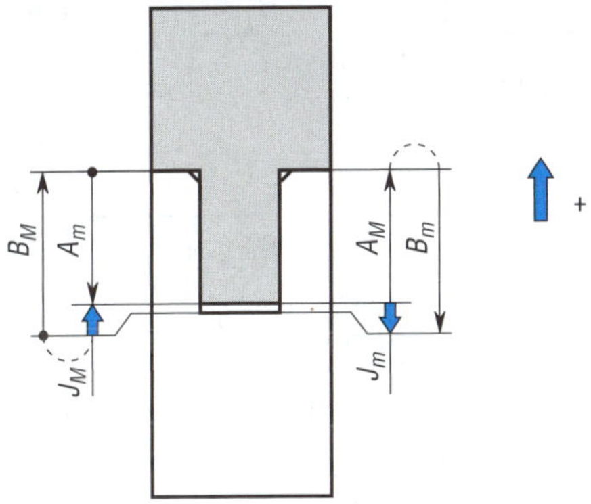

J maxi $= B$ maxi $- A$ mini

J mini $= B$ mini $- A$ maxi

Jeu maximal : si les valeurs des vecteurs sont maximales et celles des vecteurs négatifs minimales

J maxi $= (A$ maxi $+ B$ maxi$) -$
$(C$ mini $+ D$ mini$)$

Jeu minimal : si les valeurs des vecteurs sont minimales et celles des vecteurs négatifs maximales

J mini $= (A$ mini $+ B$ mini$) -$
$(C$ maxi $+ D$ maxi$)$

Plus le nombre de cotes qui composent la chaîne est important, moins il y a de chances d'atteindre ces limites.

NOTATION DES COTES FONCTIONNELLES

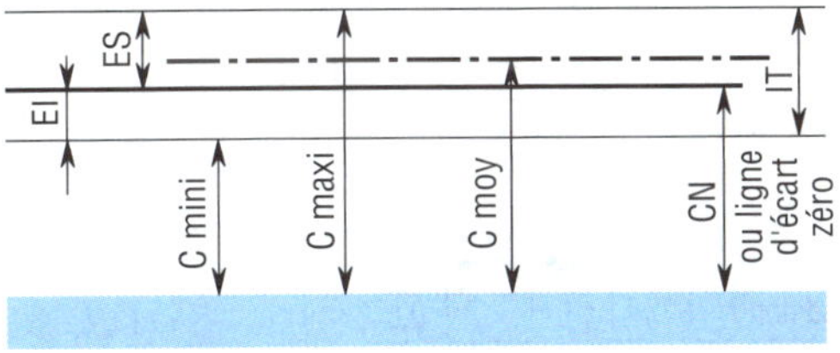

EI : écart inférieur
ES : écart supérieur
C mini : cote C minimale
IT : intervalle de tolérance
C maxi : cote C maximale
C moy : cote C moyenne
CN : cote nominale ou ligne d'écart zéro

Il n'est pas toujours nécessaire de fixer deux limites à une cote fonctionnelle.

On peut donner :

- la cote bilimite :
  30 H7 normalisée
  $25^{+0,2}_{-0,1}$ non normalisée
- la cote unilimite :
  $35^{+0,2}$
- la cote moyenne :
  $C\ moy = \dfrac{C\ mini + C\ maxi}{2}$

ANALYSE DES TOLÉRANCES

On ne peut concevoir la fabrication de pièces avec des cotes constantes. Il est donc nécessaire d'affecter la condition fonctionnelle J d'une tolérance j.

On retient la tolérance qui permet d'obtenir un ***jeu minimal*** et un ***jeu maximal*** compatibles avec un fonctionnement correct. Une répartition sur les cotes de la chaîne de la tolérance j du jeu J est assurée.

À $\boldsymbol{J}$ correspond la tolérance $\boldsymbol{j}$, à $\boldsymbol{A}$ correspond la tolérance $\boldsymbol{a}$, à $\boldsymbol{B}$ correspond la tolérance $\boldsymbol{b}$.

Cotation fonctionnelle

La tolérance *j* sur la cote condition *J* est égale à la somme des cotes composantes de la chaîne de cotes.

$$\sum \text{IT (cote condition)} = \sum \text{IT (cotes composantes)}$$

Lorsque la chaîne de cote est minimale, la plus grande tolérance possible est affectée à chacune des cotes qui la composent.

ANALYSE DES TOLÉRANCES

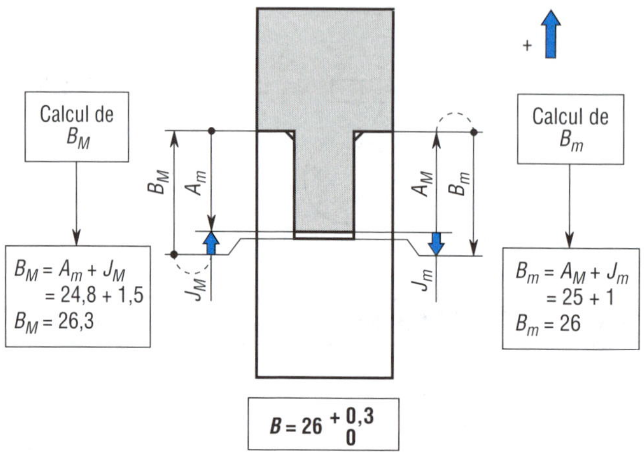

Les cotes *J, A, B,* sont liées par deux relations fondamentales :

- leurs dimensions nominales *n*

$\vec{Jn} = \vec{Bn} + \vec{An}$

$\vec{Jn} = \vec{Bn} - \vec{An}$

- leurs intervalles de tolérances IT

$\sum$ IT cote condition = $\sum$ IT cotes composantes

ITJ = ITA + ITB

Données du problème :

$J = 1\ ^{+0,5}_{0}$

$A = 25\ ^{0}_{-0,2}$

B= à calculer

Résultat : $B = 26\ ^{+0,3}_{0}$

CALCULS DISPOSÉS EN TABLEAU

Condition mini

	← (➡)	→ (⬅)	IT	
Condition $j = 1\ ^{+0,5}_{0}$		1	0,5	
B : cote à calculer	26		0,3	$B = 26\ ^{+0,3}_{0}$
$A = 25\ ^{0}_{-0,2}$		25	0,2	
Total =	26	26		

$B_m = 26$

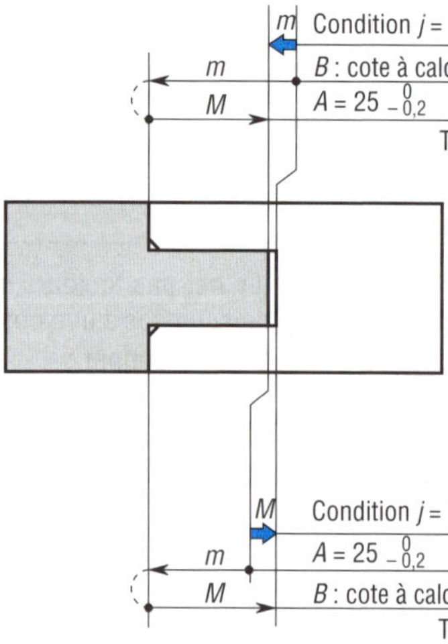

Appliquer la même démarche avec la condition "maxi"

Condition maxi

	← (➡)	→ (⬅)	IT	
Condition $j = 1\ ^{+0,5}_{0}$	1,5		0,5	
$A = 25\ ^{0}_{-0,2}$	24,8		0,2	
B : cote à calculer		26,3	0,3	$B = 26\ ^{+0,3}_{0}$
Total =	26,3	26,3		

$B_M = 26{,}3$

$B = 26\ ^{+0,3}_{0}$

1° Le tracé de la chaîne de cotes est réalisé conformément aux règles établies précédemment.

2° Les sommes des deux premières colonnes sont égales. L'IT de la cote condition est égal à la somme des IT des cotes composantes.

Remarques :

Le vecteur condition s'additionne toujours avec des vecteurs de sens contraire.

DÉMARCHE A SUIVRE

1° Déterminer les valeurs nominales.
2° Répartir les tolérances.
3° Fixer les écarts sur (n – 1) cotes inconnues.
4° Déterminer des écarts sur la dernière cote (1).

(1) Lorsque le choix des tolérances sur (n – 1) cotes donne sur la dernière une tolérance incompatible, il est nécessaire de revoir l'étude du mécanisme.

Cotation fonctionnelle

MONTAGE D'UN AXE SUR UN SUPPORT

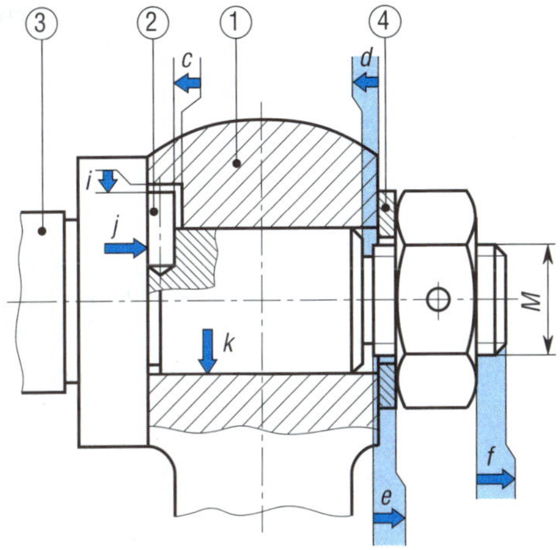

① Support ③ Axe

② Ergot ④ Rondelle

Inventaire des conditions

REP	Condition	Fonction à assurer
c	de montage	Mise en place poss. de 1 et de 3
d	de fonctionnement	Liaison en transl. de 1 et de 3
i	de montage	Mise en place poss. de 1 et de 3
j	de fonctionnement	Liaison complète de 2 et 3
k	de fonctionnement	Guidage de 3 dans 1
e, f	de résistance	Serrage

Evaluation des conditions : en pratique, elle est effectuée par le service d'expérimentation du bureau des méthodes. Les tolérances affectées à ces différentes conditions sont choisies les plus larges possibles en tenant compte des différences de réalisation, des tolérances des éléments normalisés, du nombre de pièces qui participent à l'obtention de la condition, etc.

ÉTUDE DE LA CONDITION $D = 1^{+0,5}_{0}$

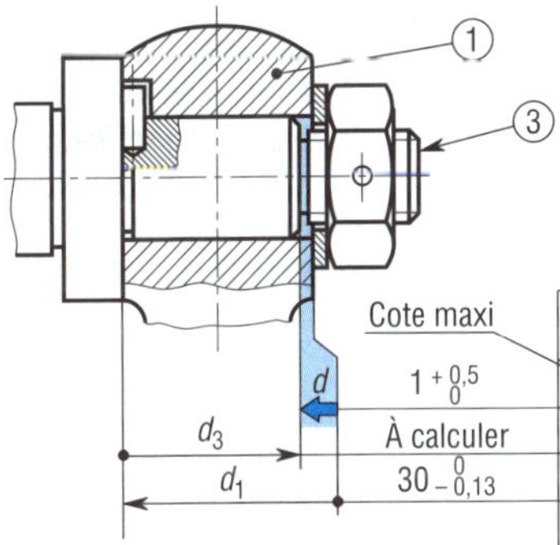

Cote maxi	→	←	IT	
$1^{+0,5}_{0}$		1	0,50	
À calculer		28,87	0,37	= **28,5**
$30^{\;0}_{-0,13}$	29,87		0,13	Cote mini
	29,87	29,87		

$d_3m = 28{,}5$	$d_3M = 28{,}87$

Choix pour l'ensemble étudié

$c = 1^{\pm 0,5}$ $d = 1^{\pm 0,5}$ $i = 1^{\pm 0,5}$

$k = \text{H7g6}$ $j = \text{H7m6}$

L'épaisseur d_1 du support, facilement réalisable et contrôlable, sera affectée d'une tolérance h11, soit :

$d_1 = 30^{\;0}_{-0,13}$

ÉTUDE DE LA CONDITION $C = 1^{\pm 0,5}$

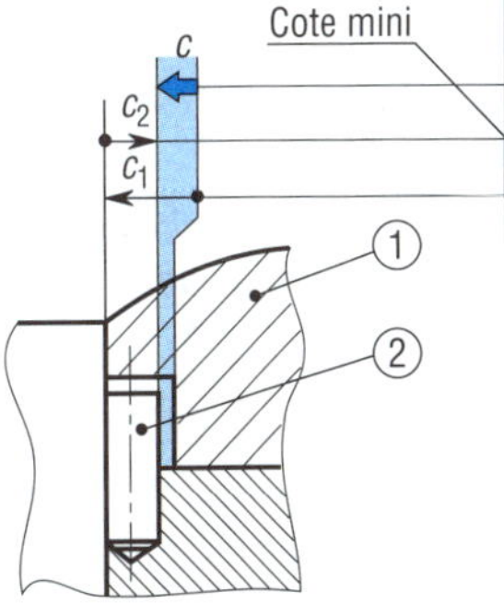

Cote mini	→	←	IT	
		0,5	1	
		5	0,008	
	5,5		0,992	= **6,492**
	5,5	5,5		Cote maxi

L'ergot repère ② sera pris dans un stub ∅ 5 h6 ce qui donne $\varnothing\, 5^{\;0}_{-0,008}$

$c_{1m} = 5{,}5$	$c_{1M} = 6{,}492$

Nota : l'étude de cette condition n'a pas trait à l'axe ③. Complétée par l'étude suivante, elle permet de déterminer à titre d'exemple le logement d'un ergot.

Cotation fonctionnelle

ÉTUDE DE LA CONDITION $C = 1^{\pm 0,5}$

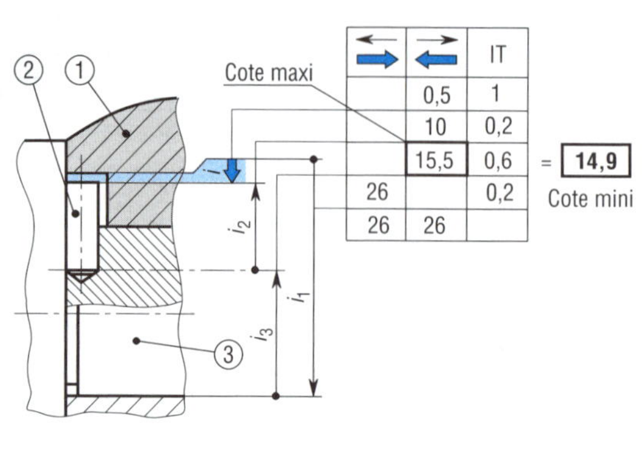

La longueur d'un ergot est égale au double de son diamètre,
soit $i_2 = 2 \times 5 = 10$.
En tenant compte des difficultés de réalisation et de contrôle, en prendra pour la ventilation des IT :

IT $i_2 = 0,2$
IT $i_3 = 0,6$
IT $i_1 = \underline{0,2}$
IT $i = 1,0$

i_3 M = 15,5	i_3 m = 14,9

MÉTHODE DE COTES MOYENNES

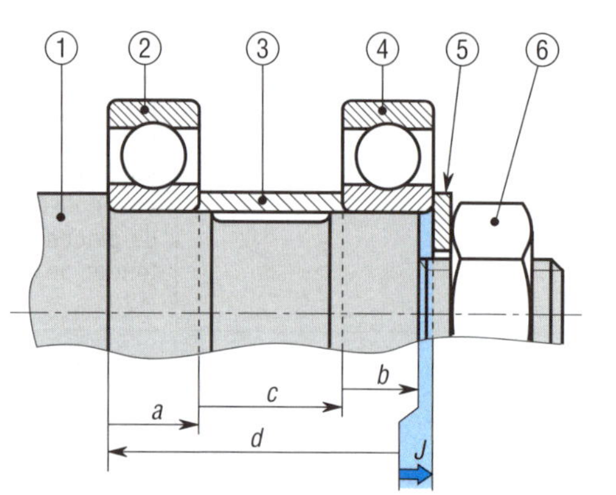

On sait que :

$J\,\text{maxi} = a\,\text{maxi} + b\,\text{maxi} + c\,\text{maxi} - d\,\text{mini}$

$J\,\text{mini} = a\,\text{mini} + b\,\text{mini} + c\,\text{mini} - d\,\text{maxi}$

La moyenne de ces deux égalités donne :

$J\text{moy} = a\text{moy} + b\text{moy} + c\text{moy} - d\text{moy}$. (1)

et

$\text{IT}/J = \text{IT}/a + \text{IT}/d + \text{IT}/c + \text{IT}/d$ (2)

Soit : $J\text{ moy} = 2,5^{\pm 0,5}$

$a = b = 15^{\ 0}_{-0,12}$

$c = 50^{\pm 0,1}$

Valeur IT/d

$1 = 0,12 + 0,12 + 0,2 + \text{IT}/d$

$\text{IT}/d = 1 - 0,44 = \underline{0,56}$

Valeur de d nominal

$2,5 = 14,96 + 14,96 + 30 - d\text{moy}$.

$d\text{moy} = 57,38^{\pm 0,28}$

ou $57^{+0,66}_{+0,10}$

EXEMPLE

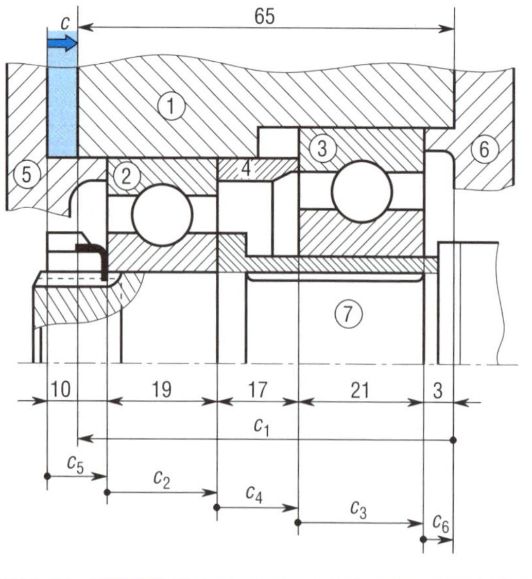

Soit à établir, pour l'ensemble ci-contre, la chaîne minimale des cotes permettant l'immobilisation en translation des pièces ③ ④ ② sur l'arbre à l'aide de la pièce ⑤.

Analyse fonctionnelle

Les pièces ⑥ ③ ④ ② étant montées sur l'arbre ⑦, il faut prévoir le serrage de ② avec ⑤. Cela implique la mise en place entre ① et ⑤ de cales d'appoint calibrées.

Chaîne minimale de cotes (voir ci-contre)

Cotation fonctionnelle

RÉPARTITION DES TOLÉRANCES

Valeur des éléments de la chaîne de cote

$C = ?$

$C_1 = 65^{\ 0}_{-0,05}$ $\quad C_4 = 17^{\ 0}_{-0,03}$

$C_2 = 19^{\ 0}_{-0,12}$ $\quad C_5 = 10^{\ 0}_{-0,03}$

$C_3 = 21^{\ 0}_{-0,12}$ $\quad C_6 = 3^{\ 0}_{-0,02}$

$$C_M = C_{5M} + C_{2M} + C_{4M} + C_{3M} + C_{6M} - C_{1m}$$
$$= \underbrace{10 + 19 + 17 + 21 + 3}_{} - 64,95$$
$$= 70 - 64,95$$

$C_M = 5,05$

$$C_m = C_{5m} + C_{2m} + C_{4m} + C_{3m} + C_{6m} - C_{1M}$$
$$= \underbrace{9,97 + 18,88 + 16,97 + 20,88 + 2,98}_{} - 65$$
$$= 69,68 - 65$$

$C_m = 4,68$

ÉPAISSEUR DE LA CALE

Relevé de mesure ⑤

On constate que l'épaisseur de la cale peut varier entre

5,05 mm	et	4,68 mm

Il faut donc usiner la ou les cales après avoir monté l'ensemble et mesuré la cale d'essai.

Épaisseur de la cale en valeur absolue = cote relevée + serrage

IT fabrication de la cale = 0,01

Exemple :

Relevé épaisseur cale = 5 mm

Serrage = 0,02 mm d'ou épaisseur de la cale : $\mathbf{4,98}^{\ 0}$

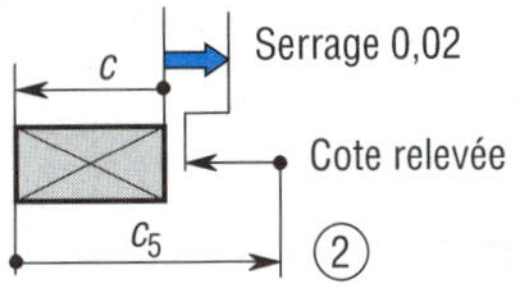

C Serrage = – C + C5 – C relevée

0,02 = – C + 10 – 5

Cm = 10 – 5 – 0,02

= 4,98

9.8.3. APPLICATION

Nous retiendrons sur le dessin d'ensemble ci-dessous deux cotes conditions nécessaires à la réalisation de deux dessins de définition de produit fini :

- le flasque gauche repère 12,
- le chapeau repère 6.

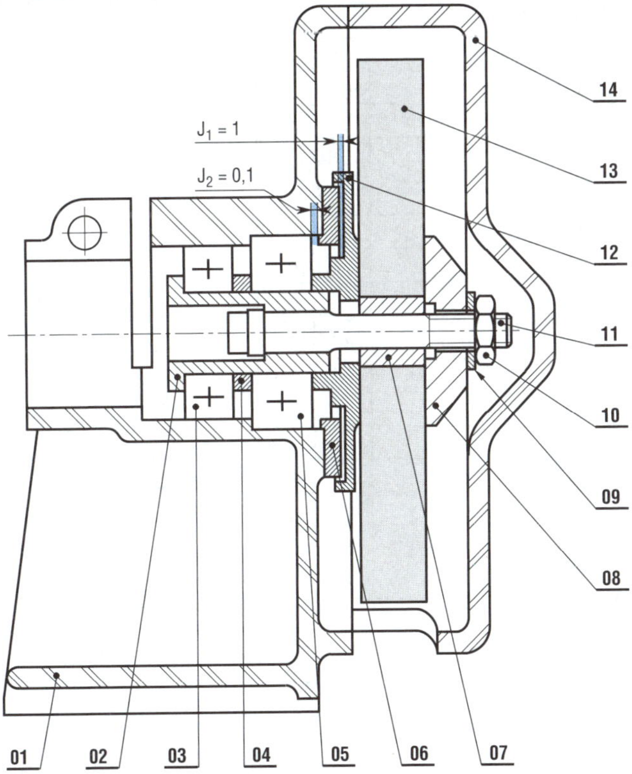

Touret à meuler

14	Couvercle
13	Meule
12	Flasque gauche
11	Arbre
10	Ecrou HmB
09	Rondelle
08	Flasque droit
07	Bague
06	Chapeau
05	Roulement 20BC02E
04	Entreprise
03	Roulement 20BC10E
02	Moyeu
01	Corps

ANALYSE FONCTIONNELLE DE LA MEULE

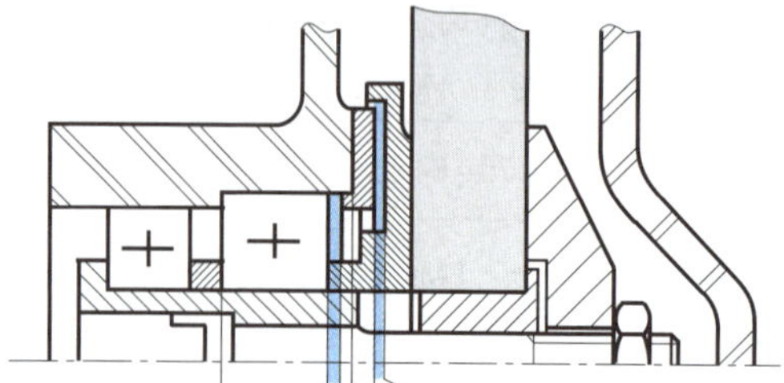

CHAÎNES MINIMALES DES COTES

Repères : 1 2 3 4 5 6

Cote	M ⟶ / m	m ⟵ / M	IT
$J_1m = 0{,}1$		0,1	
$a = ?$		1,4	0,2
$15{,}7_{-0{,}2}^{\ 0}$	15,5		0,2
$14_{-0{,}12}^{\ 0}$		14	0,12
	15,5	15,5	

Cote	M ⟶ / m	m ⟵ / M	IT
$J_2m = 1$		1	
$6{,}3 \pm 0{,}4$	5,9		0,8
$14_{-0{,}12}^{\ 0}$	13,88		0,12
$15{,}7_{-0{,}2}^{\ 0}$		15,7	0,2
$b = ?$		3,08	0,1
	19,78	19,78	

Décision du Bureau des Études $a = 1{,}4_{-0{,}2}^{\ 0}$ (IT économique de réalisation)

Décision du Bureau des Méthodes $3{,}08_{-0{,}1}^{\ 0}$ devient $3_{-0{,}1}^{\ 0}$

$J_1m = 1$

DÉCISION - BUREAU DES MÉTHODES

VÉRIFICATION DES JEUX

Repères : 1 2 3 4 5 6

Cote	M ⟶ / m	m ⟵ / M
$J_1m = ?$		0,1
$1{,}4_{-0{,}2}^{\ 0}$		1,4
$15{,}7_{-0{,}2}^{\ 0}$	15,5	
$14_{-0{,}12}^{\ 0}$		14
	15,5	15,5

Cote	M ⟶ / m	m ⟵ / M
$J_1M = ?$	0,62	
$14_{-0{,}12}^{\ 0}$	13,88	
$15{,}7_{-0{,}2}^{\ 0}$		15,7
$14_{-0{,}2}^{\ 0}$	1,2	
	15,7	15,7

Variation de J_1

$J_M - J_m = 0{,}62 - 0{,}1 = 0{,}52$

$J\text{ moyen} = J_M - \frac{IT}{2} = 0{,}62 - 0{,}26 = 0{,}36$

$J_1 = 0{,}36 \pm 0{,}26$

Cote	M ⟶ / m	m ⟵ / M
$J_2m = ?$		1,08
$6{,}3 \pm 0{,}4$	5,9	
$14_{-0{,}12}^{\ 0}$	13,88	
$15{,}7_{-0{,}2}^{\ 0}$		15,7
$3_{-0{,}1}^{\ 0}$		3
	19,78	19,78

Cote	M ⟶ / m	m ⟵ / M
$J_2M = ?$	2,3	
$3_{-0{,}1}^{\ 0}$	2,9	
$15{,}7_{-0{,}2}^{\ 0}$	15,5	
$14_{-0{,}12}^{\ 0}$		14
$6{,}3 \pm 0{,}4$		6,7
	20,7	20,7

Variation de J_2

$J_M - J_m = 2{,}3 - 1{,}08 = 1{,}22$

$J\text{ moyen} = J_M - \frac{IT}{2} = 2{,}3 - 0{,}61 = 1{,}69$

$J_2 = 1{,}69 \pm 0{,}61$

DESSIN DE DÉFINITION DE PRODUIT FINI - TOURET À MEULER

FLASQUE GAUCHE

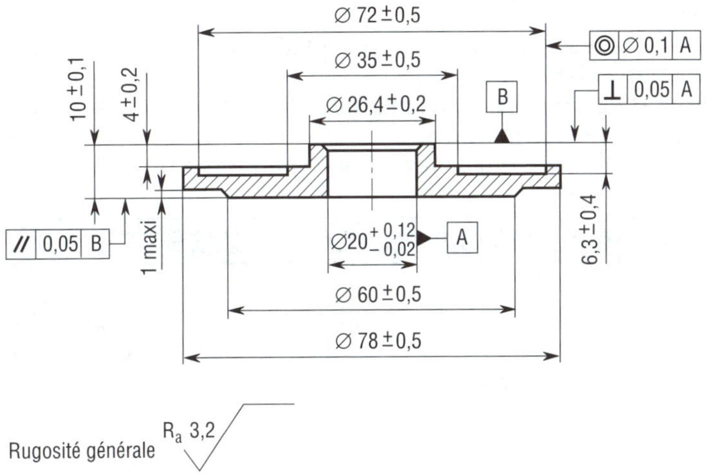

CHAPEAU

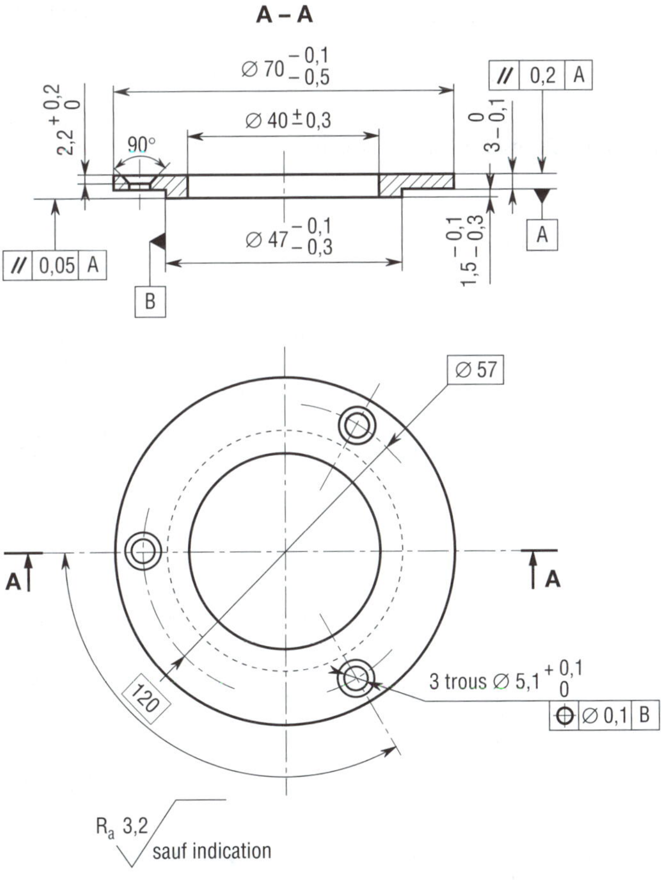

9.9. COTATION DES ÉLÉMENTS CONIQUES NF E 04-557/ISO 1119

En construction mécanique, l'assemblage de deux pièces peut être réalisé également par le contact de deux formes coniques conjuguées (cône femelle et cône mâle).
Dans ce cas la liaison obtenue est rendue complète par adhérence ou par obstacle.
On trouve :

- ***des cônes d'assemblage*** qui assurent simultanément la mise en position radiale et axiale des deux éléments ;
- ***des cônes d'étanchéité*** qui assurent, par la qualité de l'état des surfaces en contact, l'étanchéité entre les éléments.
- ***des cônes d'ajutage*** qui assurent la régulation d'un débit par variations de la section de passage du fluide.

9.9.1. DÉFINITIONS ET CARACTÉRISTIQUES DES CÔNES

Un cône est défini par :

• SON ANGLE $\hat{\alpha}$

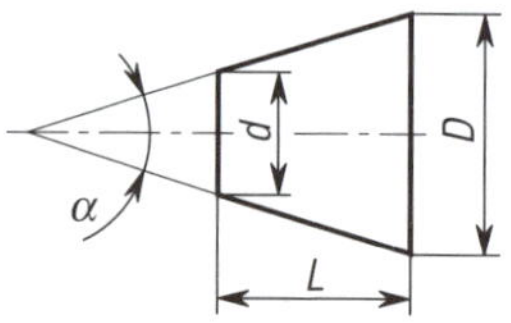

C'est ***l'angle*** $\hat{\alpha}$ formé par les deux génératrices d'intersection de la surface conique avec un plan contenant son axe.

• SA CONICITÉ

$$C = \frac{D-d}{L} = 2\tan\frac{\alpha}{2}$$

• ***La conicité*** est une grandeur sans dimension qui est souvent donnée par une fraction.

• La conicité est le double de la pente *P*.

$$C = 2S$$

• Pour les angles inférieurs à 30°, on emploie habituellement la conicité.

La conicité est le rapport entre la différence des diamètres ***D*** et ***d*** de deux sections et la distance ***L*** qui sépare ces deux sections. Elle s'exprime par un pourcentage, une fraction ou un nombre.

Angles de cône et de conicité recommandés

α	*C*	%	Nombre
0° 6'52"	1/500	0,2	0,002
0°17'11"	1/200	0,5	0,005
0°34'23"	1/100	1	0,01
1° 8'45"	1/50	2	0,02
2°51'51"	1/20	5	0,05
5°43'29"	1/10	10	0,10
11°25'16"	1/5	20	0,20
18°55'29"	1/3	33,3	0,333
30°	1/1,866	53,6	0,536
45°	1/1,207	82,8	0,828
60°	1/0,866	115	1,15
90°	1/0,500	200	2
120°	1/0,288	347	3,47

• LE PLAN DE JAUGE

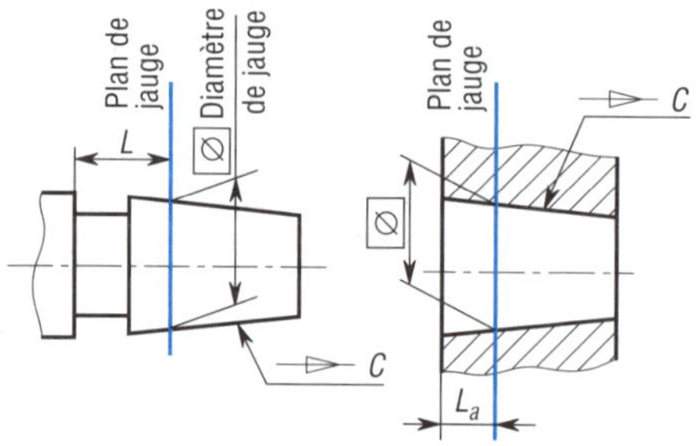

Le diamètre de jauge de la section est identique pour les deux pièces conjuguées.

Le plan de jauge est le plan de section perpendiculaire à l'axe de la surface conique qui sert à définir la position axiale des éléments d'assemblage.
Ce plan est commun aux deux éléments et il figure sur leurs dessins respectifs.
Le diamètre de jauge est le diamètre de la circonférence obtenue par l'intersection du plan de jauge et de la surface conique.

Cotation des éléments coniques

POSITION DU PLAN DE JAUGE

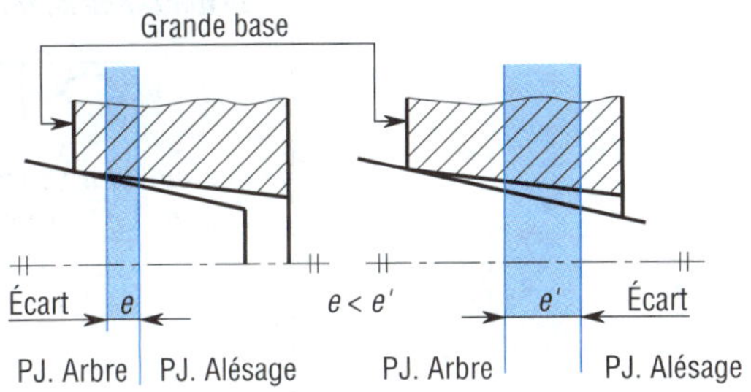

Un plan de jauge doit être situé ***le plus près possible de la grande base de la zone de portée,*** si l'on veut limiter les écarts de position axiale des éléments coniques.

POSITION RELATIVE DES SURFACES CONIQUES

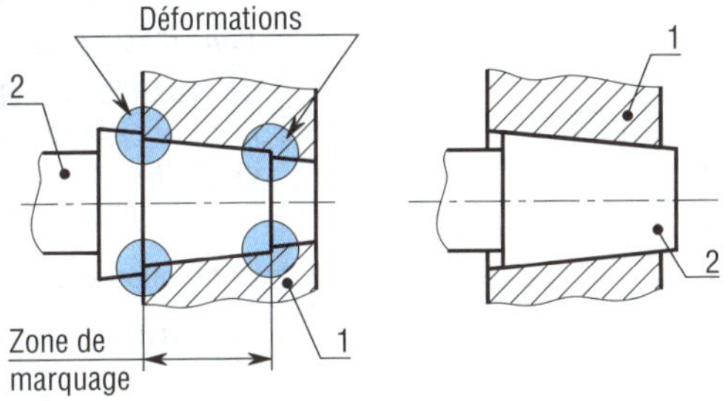

La position relative des surfaces coniques d'un assemblage, lorsque ce dernier est mobile, doit éviter la formation de bourrelets nuisibles à la qualité de la liaison.

SYMBOLE D'ORIENTATION DU CÔNE

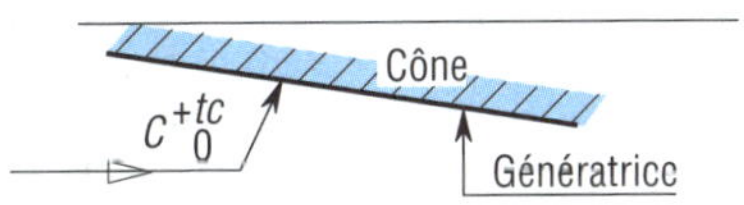

Orientation du symbole identique à celle du cône.

COTATION ET TOLÉRANCEMENT DU CÔNE ASSEMBLAGE

Assemblage : condition *J*

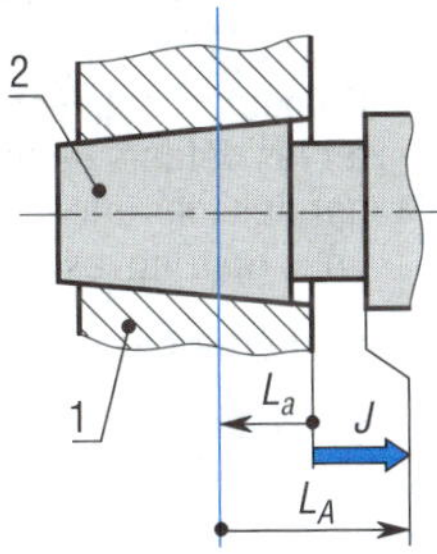

$\vec{J} = \vec{La} + \vec{LA}$

$J = LA + La$

$J\,\text{maxi} = LA\,\text{maxi} - La\,\text{mini}$

$J\,\text{mini} = LA\,\text{mini} - La\,\text{maxi}$

J = cote condition

La = cote alésage ± IT

LA = cote arbre ± IT

Cotation de l'arbre conique

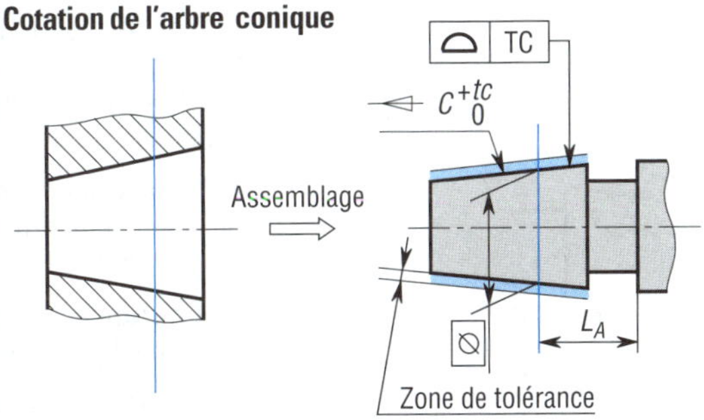

Cône d'assemblage :

La mise en positions radiale et axiale des éléments 1 et 2 est conditionnée par :

- la condition fonctionnelle ***J*** ;
- les cotes de position tolérancée ***LA*** et ***La ;***
- ***le diamètre théorique*** (cote encadrée) de la section dans le plan de jauge ;
- ***la tolérance de conicité :***
  - positive pour l'arbre,
  - négative pour l'alésage ;

Cotation des éléments coniques

COTATION ET TOLÉRANCEMENT :

• DU CÔNE D'ASSEMBLAGE (suite)

Cotation de l'alésage conique

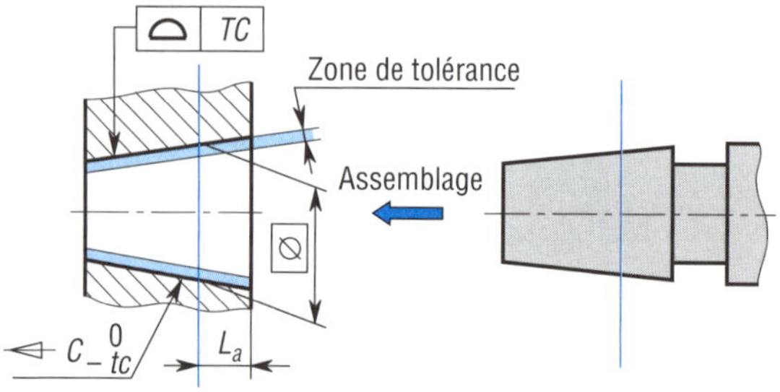

• ***la tolérance de forme :***

⌓	TC

• ***son ouverture*** spécifiée par l'angle du cône **d** ou par la conicité **1 : a**

• DU CÔNE D'ÉTANCHÉITÉ

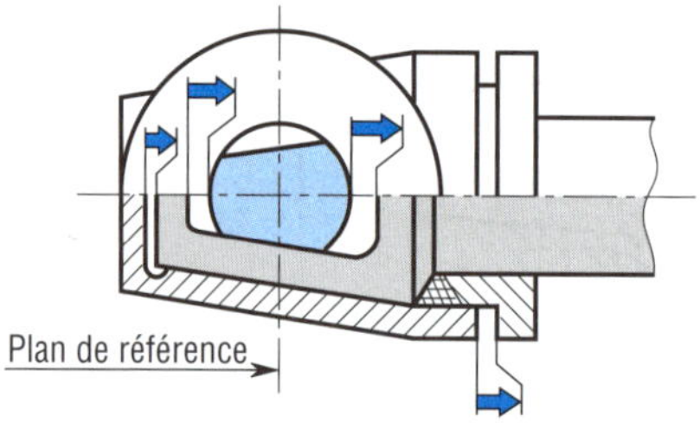

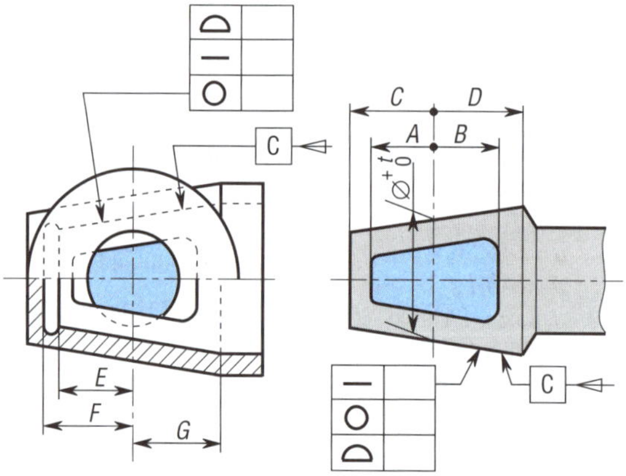

Cône d'étanchéité

Ce type d'assemblage conique doit assurer, par la qualité du contact entre les surfaces, une étanchéité parfaite entre les éléments.

La cotation est définie par :

• ***le plan de référence*** qui contient l'axe de la veine fluide ;

• ***le diamètre tolérancé*** de la section située dans le plan de jauge. Notons que la zone de tolérance obtenue inclut la dispersion de forme de la surface conique. La conicité est encadrée pour éviter une dispersion supplémentaire ;

• ***la tolérance de circularité*** (rotation fonctionnelle).

On peut, si cela est nécessaire, limiter les défauts de forme tronconique par des tolérances ou des spécifications restrictives, par exemple :

• génératrices non concaves,

• limitation du défaut de circularité.

• DU CÔNE D'AJUTAGE

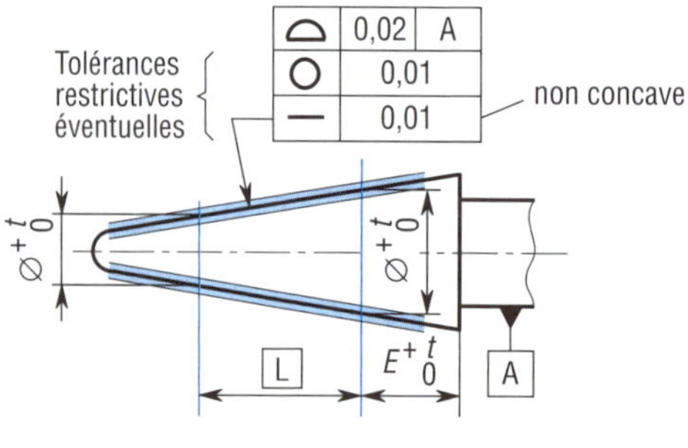

Cône d'ajutage

Ce type d'assemblage assure la régulation de débit par variation de la section de passage du fluide.

La cotation définit :

• ***la surface conique*** de l'arbre par deux sections droites distantes de L encadrée ;

• la tolérance du diamètre dans chacune des sections droites ;

• la rectitude de la génératrice pouvant être spécifiée.

9.10. COTATION DES ÉLÉMENTS PRISMATIQUES NF E 01-012

Les éléments prismatiques permettent de réaliser une ***liaison glissière*** entre deux ensembles, avec interposition possible d'éléments roulants entre les surfaces fonctionnelles.
L'élément pris comme référence fixe constitue la ***glissière.***
La pièce mobile par rapport à la glissière est le ***coulisseau.***
La liaison glissière n'autorise qu'une liberté en translation (sens du déplacement).

9.10.1. DÉFINITIONS ET CARACTÉRISTIQUES DES ÉLÉMENTS PRISMATIQUES

Un prisme est défini par :

• SON ANGLE $\hat{\beta}$

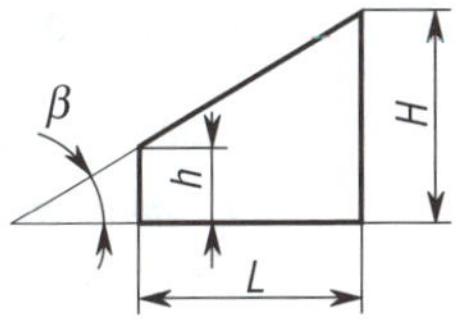

C'est ***l'angle*** $\hat{\beta}$ sous lequel les deux faces du prisme se coupent.

• SA PENTE OU SON INCLINAISON

$$S = \frac{H - h}{L} = \tan\beta$$

- L'inclinaison est une grandeur sans dimension qui est donnée soit :
  - par une fraction (1:10),
  - par un nombre (0,20)
  - par un pourcentage (5 %).

$$S = \frac{C}{2}$$

- L'inclinaison est habituellement adoptée pour les angles inférieurs à 6°.

La pente ou l'inclinaison du prisme est le rapport entre la différence des hauteurs ***H*** et ***h***, de la distance ***L*** entre deux sections planes, parallèles à l'arête fictive du prisme et perpendiculaires à l'une de ses faces.

Angles de prisme et d'inclinaison recommandés

Angles de prisme β						
(0° 30')	(3°)	(6°)	(9°)	20°	45°	90°
(1°)	(4°)	(7°)	(10°)	30°	60°	120°
(2°)	5°	(8°)	15°	(40°)	(75°)	
Les valeurs entre parenthèses sont à éviter.						

Inclinaisons de prisme S						
fraction	1/500	1/200	1/100	1/50	1/20	1/10
nombre	0,002	0,005	0,01	0,02	0,05	0,1
pourcentage	0,2 %	0,5 %	1 %	2 %	5 %	10 %

• LE PLAN DE JAUGE

Position

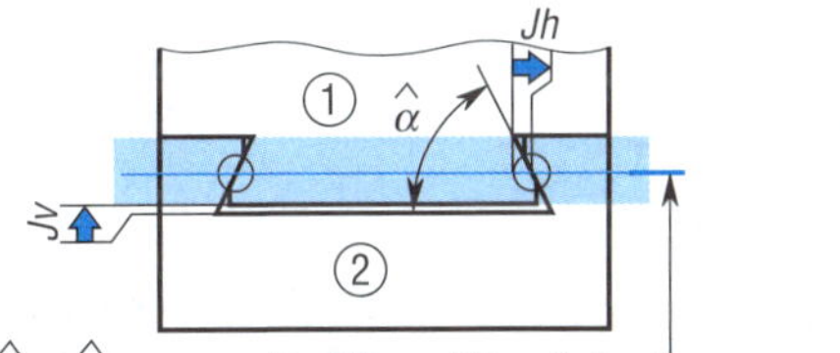

$\hat{\alpha} = \hat{\alpha}_1 = \hat{\alpha}_2$

Position préférentielle et commune du **PLAN DE JAUGE**

Coulisseau

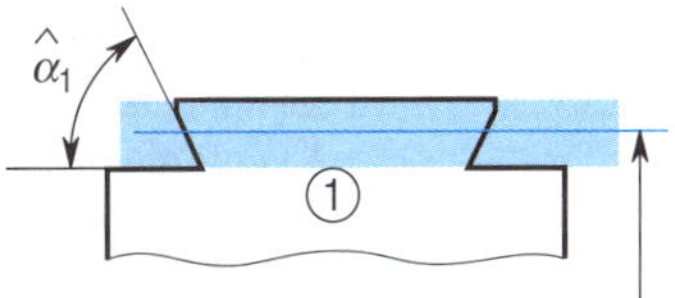

Position du **PLAN DE JAUGE** sur le coulisseau

Glissière

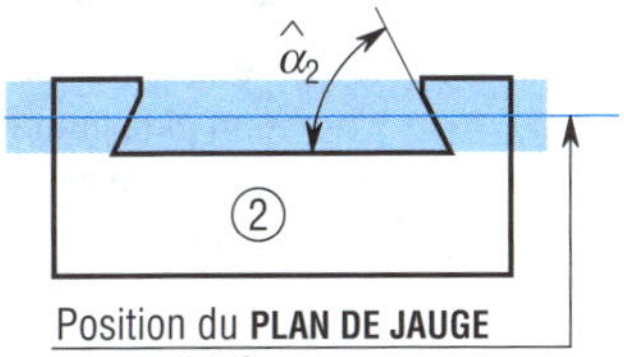

Position du **PLAN DE JAUGE** sur la glissière

Le plan de jauge est le plan de la section droite qui sert à définir la position axiale des éléments d'assemblage.
Ce plan est commun aux deux éléments et il figure sur leurs dessins respectifs.

Condition fonctionnelle

La fonction guidage du coulisseau sur la glissière ② sera conforme si :

- le jeu ***Jh*** permet le guidage avec précision ;
- le jeu ***Jv*** supprime la surabondance des surfaces d'appui ;
- les surfaces en contact assurent une portée correcte (conforme aux exigences du dessin de définition).

Cotation des éléments prismatiques

SYMBOLE DU SENS DE L'INCLINAISON

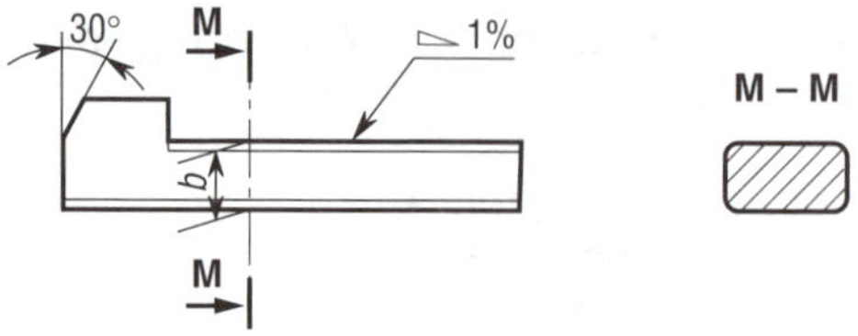

L'inclinaison donnée au symbole est identique à l'inclinaison du prisme. Le symbole est suivi de la valeur de l'inclinaison (exemple : clavette à talon).

SYSTÈME DE GUIDAGE LINÉAIRE (TYPE NADELLA)

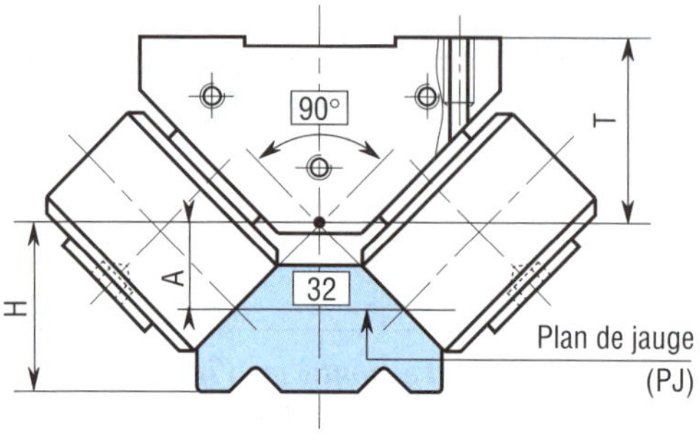

GUIDAGE AVEC 2 GALETS

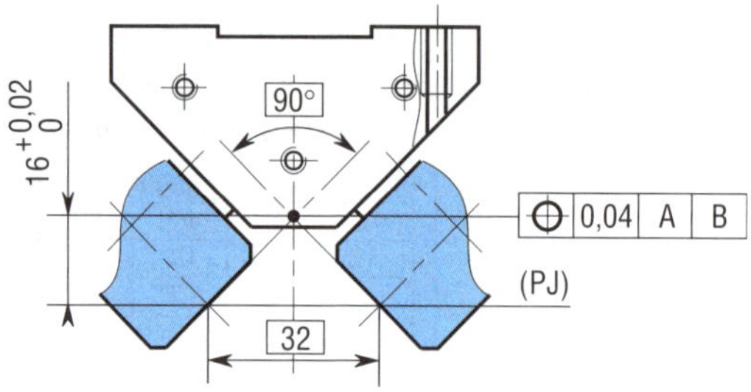

RAIL DE GUIDAGE

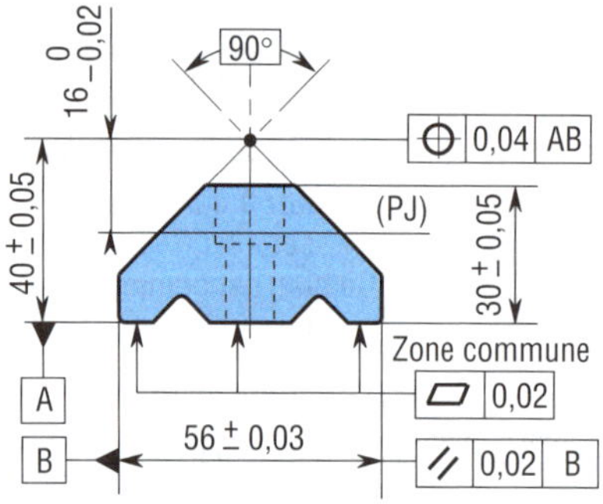

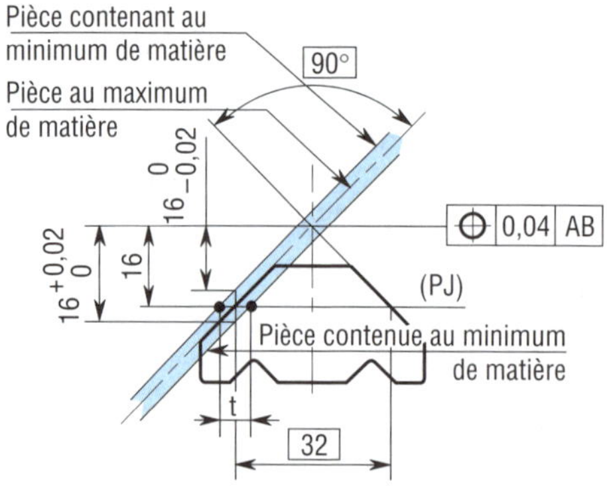

Zone commune

L'expression ***« zone commune »*** est indiquée au-dessus du cadre de référence lorsqu'il s'agit d'une tolérance commune appliquée à plusieurs éléments séparés.

La cotation et le tolérancement seront donnés par :

- la tolérance géométrique de la ***« zone commune »***
- la ou les cotes fonctionnelle(s) (jeux de fonctionnement) J_1, J_2 ;
- la valeur du plan de jauge (cote encadrée) ;
- la cote de position tolérancée du plan de jauge (commun au rail et au guidage) ;
- la valeur de l'angle des surfaces de contact (valeur commune encadrée).

Le dessin représente l'ensemble au maximum et au minimum de matière :

$J = 0$ quand les pièces sont au maximum de matière.

$J = 2t$ quand les pièces sont au minimum de matière.

La cote située dans le plan de jauge et la cote des angles sont des cotes théoriques fixées dans leur état au maximum de matière.

La position du plan de jauge est située par une cote tolérancée :

- en moins pour la pièce contenue,
- en plus pour la pièce contenant.

Le jeu est reporté sur chacune des cotes tel que :

$$b = \frac{t \cdot \tan 45°}{2}$$

10. CONCEPTION DES PIÈCES

10.1. LE MOULAGE

Le moulage est un procédé d'obtention de pièces brutes qui consiste à couler du métal en fusion dans un moule présentant une empreinte. Après solidification et refroidissement de l'alliage, on obtient les formes et les dimensions de la pièce souhaitées.

10.1.1. VOCABULAIRE TECHNIQUE UTILISÉ EN FONDERIE

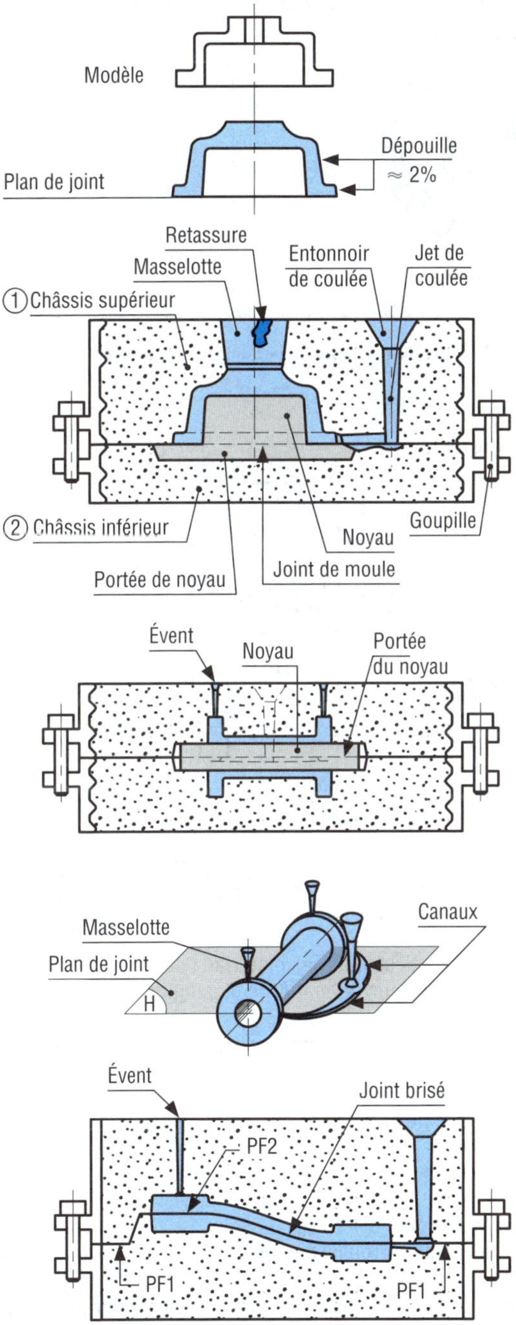

Modèle
Objet destiné à être reproduit. Il est l'œuvre du modeleur.

Moule
Corps suffisamment solide et façonné pour recevoir un métal ou un alliage en fusion.

Châssis (① - ②)
Cadre en métal destiné à maintenir le sable comprimé autour du modèle.

Dépouille
Elle est prévue sur le modèle afin de l'extraire sans provoquer l'effritement du sable lors de sa sortie.

Masselotte
Excédent de matière qui permet de déplacer la retassure hors de la pièce.

Retassure
Principal défaut de fonderie dont la cause est due à la contraction de l'alliage lors de sa solidification.

Joint de moule
Séparation entre les châssis. Une pièce peut être réalisée avec plusieurs châssis donc plusieurs joints (joints busés).

Noyau
Réalisé en sable, il permet d'obtenir les formes intérieures. Il est préparé à partir d'une boîte à noyau.

Évent
Canal destiné à faciliter l'échappement des gaz formés au moment où le métal chaud entre en contact avec la surface de l'empreinte.

Décochage
Opération qui consiste à libérer la pièce du moule lorsque le métal est solidifié.

Ébarbage
Opération qui permet d'approprier la pièce brute.

Chape
Tout châssis intermédiaire entre le châssis supérieur et le châssis inférieur.

10.1.2. PROCÉDÉS DE MOULAGE

MOULAGE EN SABLE (Moule non permanent)

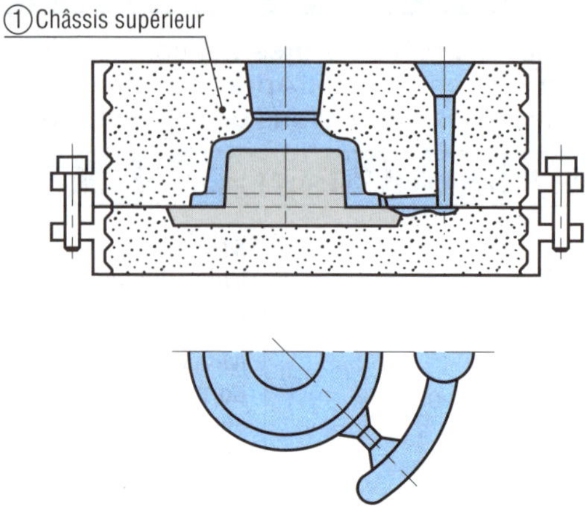

Pièce décochée

Procédé classique, ***le moulage en sable*** convient particulièrement pour les métaux ayant des caractéristiques de fonderie et surtout ceux dont le point de fusion est élevé (fontes, aciers). Très utilisé pour les grosses pièces (bâti de machines...), il permet la production en petite série.

MOULAGE EN COQUILLE

• PAR GRAVITÉ

• SOUS PRESSION

Principe du moulage en coquille sous pression

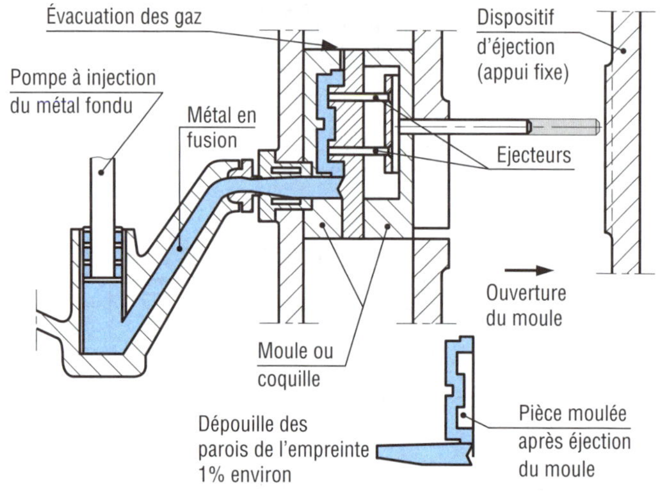

Le moulage en coquille est surtout utilisé pour les matériaux dont le point de fusion est inférieur à 900° (alliages d'aluminium, de zinc, de cuivre, matières plastiques...). Ce procédé convient pour la production en série de pièces petites et moyennes.

La coulée du métal peut être effectuée par gravité, par injection sous pression ou par dépression (une pompe spéciale assure le vide dans le moule).

***Le moulage en coquille* par gravité :**

L'empreinte réalisée dans du métal, au lieu de l'être dans du sable, permet d'obtenir une meilleure précision, une amélioration de l'état de surface et donc une réduction du nombre des surfaces à usiner. Etant donné le prix élevé des moules, ce procédé ne peut être envisagé que pour une série de pièces (amortissement du moule).

Le moulage en coquille sous pression :

On injecte sous pression dans le moule verrouillé mécaniquement ou hydrauliquement un métal liquide qui s'y solidifie rapidement.

L'état de surface et la pression sont encore meilleurs qu'en moulage par gravité. La complexité des formes et les épaisseurs obtenues sont mieux maîtrisées.

MOULAGE DE PRÉCISION À MODÈLE PERDU OU À LA CIRE PERDUE

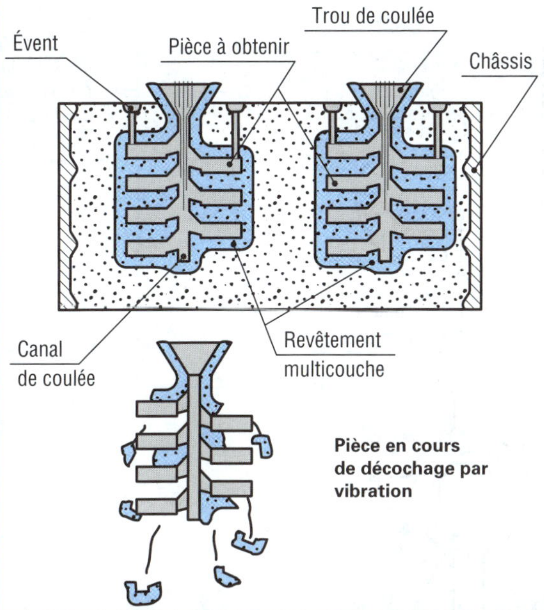

Le moulage de précision à modèle perdu (ou à cire perdue) consiste à réaliser dans une matière facile à éliminer (cire ou résine), par fusion ou par combustion, la réplique la plus exacte possible (modèle) de la pièce métallique envisagée.
Le prix de revient est élevé, mais on obtient des pièces de très haute qualité.

Différentes phases d'obtention :

① - Fabrication du modèle.

② - Revêtement de la pièce à l'enduit réfractaire.

③ - Mise en place et maintien de la grappe de pièces dans le sable fin spécial contenu dans le châssis.

④ - Élimination de la cire ou de la résine par chauffage, le châssis étant retourné.

⑤ - Procéder à la coulée du métal.

⑥ - Après solidification, extraction de la grappe de pièces du moule et décochage.

⑦ - Ebarbage complet.

10.1.3. RÈGLES DE TRACÉ FAVORISANT L'OBTENTION DE PIÈCES MOULÉES SAINES

Afin de réaliser un tracé optimal (en termes techniques et économiques) d'une pièce de fonderie, le dessinateur industriel s'efforcera d'observer un certain nombre de règles fondamentales.

PRODUCTION ÉCONOMIQUE DE PIÈCES MOULÉE SAINES ET RÉSISTANTES

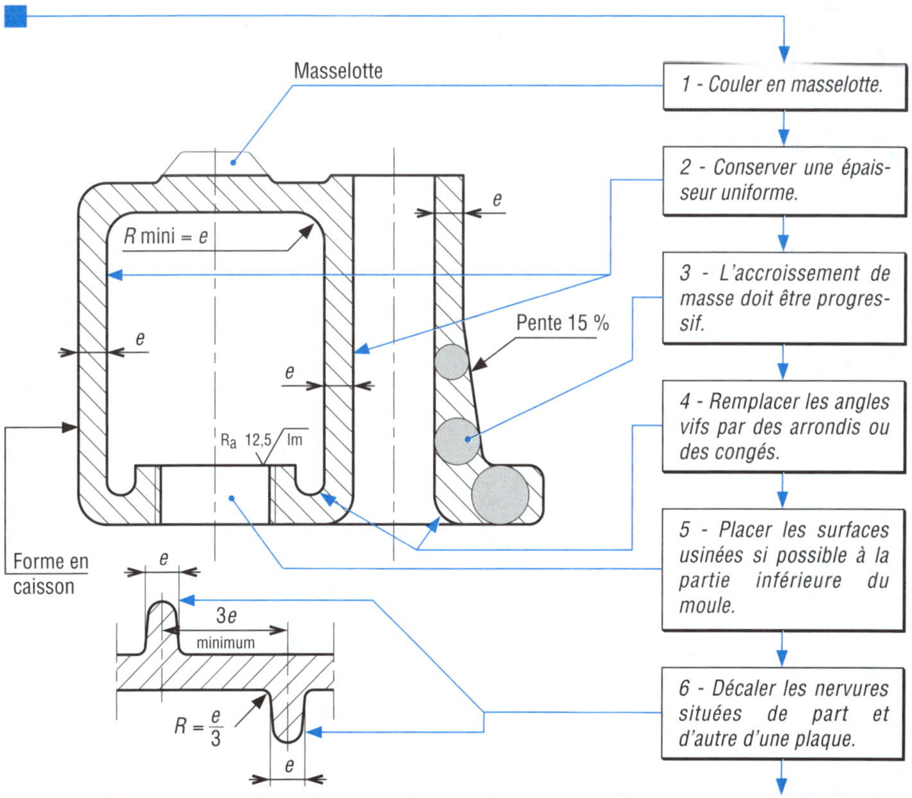

PRODUCTION ÉCONOMIQUE DE PIÈCES MOULÉES SAINES ET RÉSISTANTES (suite)

7 - Les raccordements de sections en croix ne doivent pas faire l'objet d'une augmentation des masses.

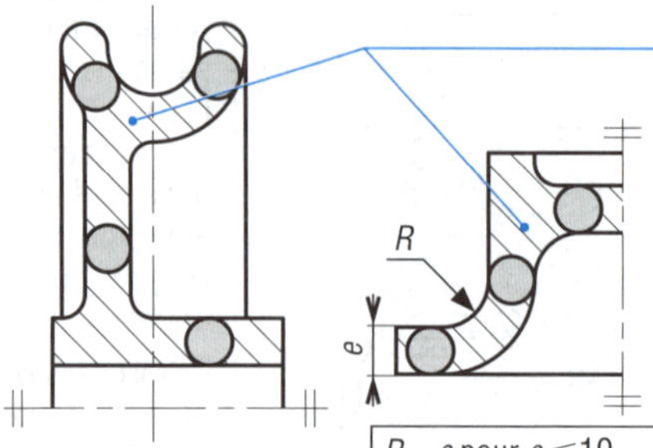

$R = e$ pour $e \leqslant 10$
$R = 0{,}3e$ pour $e > 10$

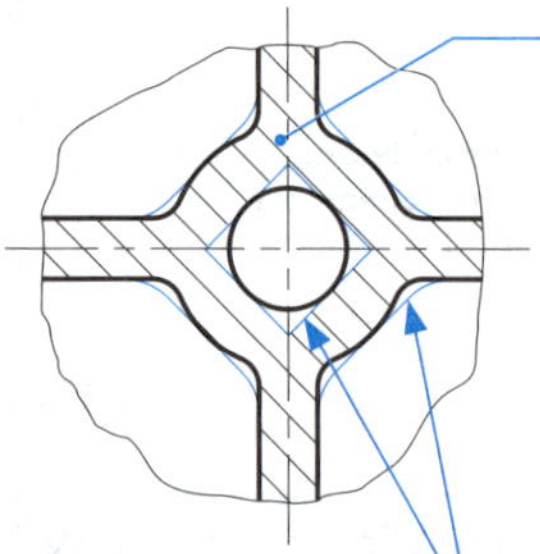

8 - Rechercher des sections profilées permettant d'obtenir la meilleure résistance aux efforts de flexion ou de torsion.

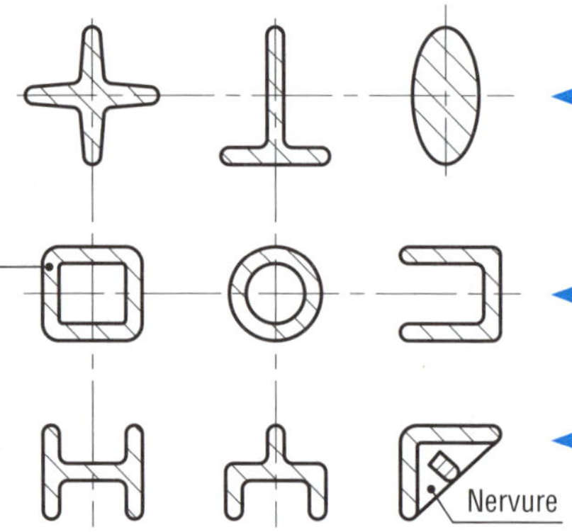

9 - Choisir des formes facilitant moulage et démoulage.

9.1. - En évitant les contre-dépouilles (cd).

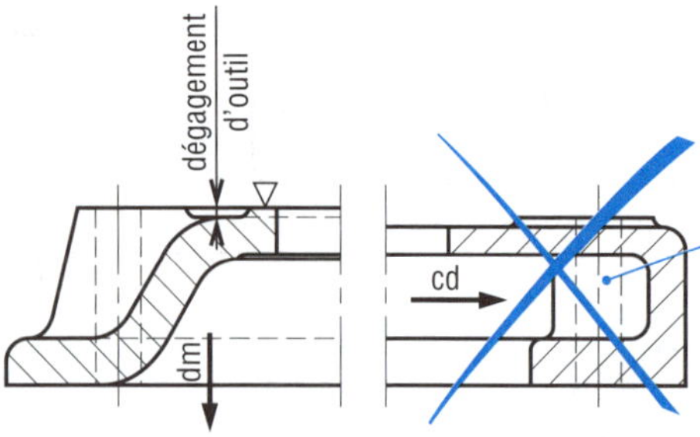

Solution conseillée

PRODUCTION ÉCONOMIQUE E PIÈCES MOU- ÉES SAINES ET RÉSISTANTES (suite)

9.2. - En tenant compte du sens de démoulage (dm).

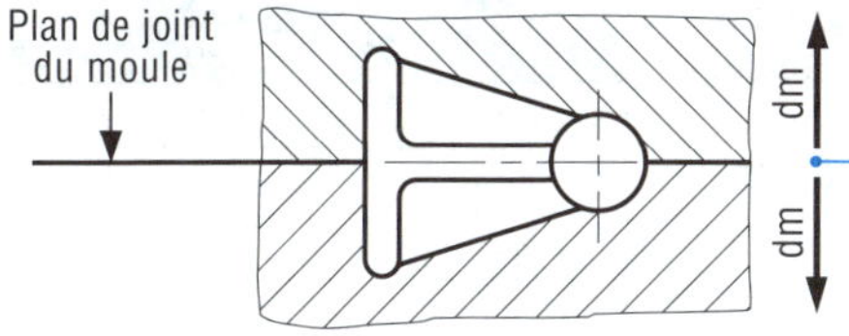

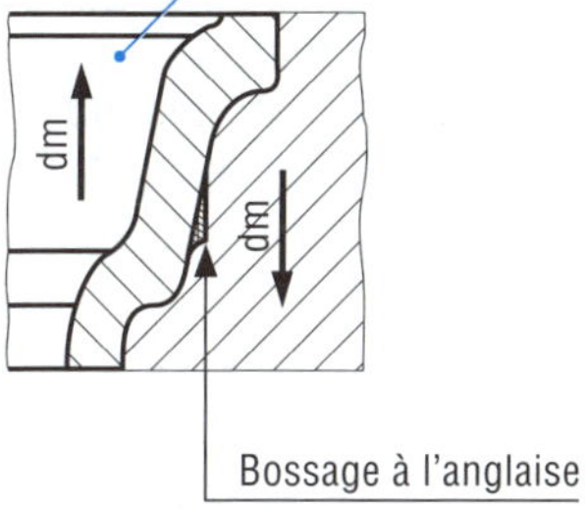

9.3. - En évitant des formes intérieures amenant des noyaux en porte-à-faux.

9.4. - Sinon, prévoir si possible, une seconde portée de noyau, rebouchée ensuite suivant les besoins fonctionnels.

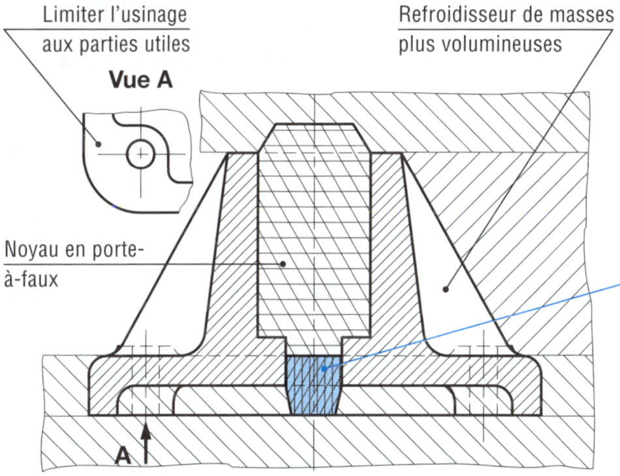

9.5. - En remplaçant, chaque fois que cela est possible les bossages circulaires par des usinages locaux : lamages ou surfaçages.

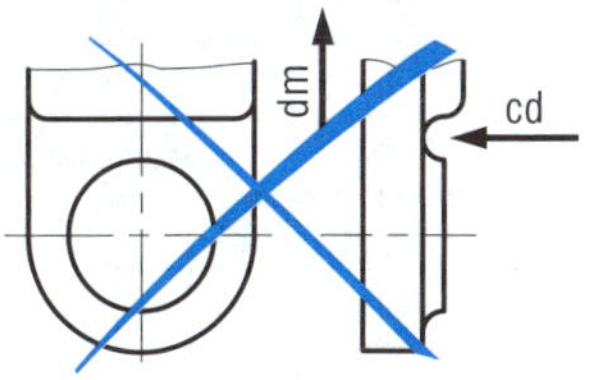

Bossage circulaire
en contre-dépouille

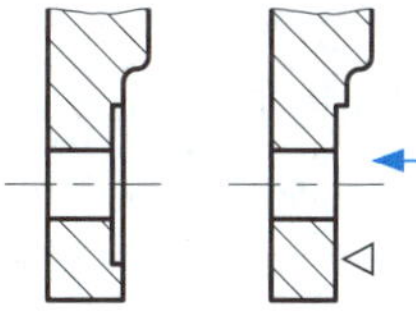

Lamage Surfaçage
Solutions conseillées

9.6. - En évitant, par une conception élastique des pièces, les tensions internes dues au retrait de solidification.

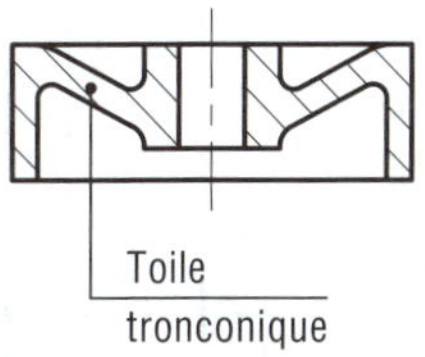

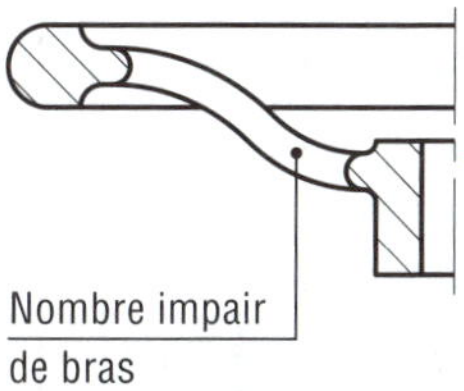

10.1.4. DIMENSIONS

ÉPAISSEUR MINIMALE DES PIÈCES MOULÉES

L'épaisseur minimale de certaines parties d'une pièce moulée est fonction :
- des dimensions de la pièce,
- de la technique de moulage adoptée,
- de l'alliage mis en œuvre,
- de la situation de la partie concernée dans la pièce (difficultés de remplissage, risques de reprises...).

ALLIAGE	MOULAGE EN SABLE	MOULAGE EN COQUILLE PAR GRAVITÉ	MOULAGE EN COQUILLE SOUS PRESSION
Fonte	5 à 10	-	-
Acier	6 à 18	-	-
Alliage de Cu	5 à 10	2,5 à 3	(laitons) 2 à 3
Alliage d'Al	4 à 7	3 à 4	1,5 à 3
Alliage de Zn	-	2 à 3	0,4 à 1

ÉPAISSEUR MAXIMALE DES PIÈCES MOULÉES

L'épaisseur maximale se trouve généralement limitée par :
- le respect des conditions de résistance (tracé de sections ayant une surface minimale et un moment quadratique optimal), tout en recherchant une pièce de masse minimale,
- la conception d'une pièce économisant la matière,
- les capacités et les moyens de mise en œuvre (fusion, moulage, manutention, usinage).

DÉPOUILLE

L'extraction de la pièce moulée du moule ***non permanent*** ou ***permanent*** implique une dépouille (3 à 5 %) ;
Cette dépouille s'ajoute à la surépaisseur nécessaire à l'usinage.
Remarque :
le moulage à modèle perdu se réalise sans dépouille.

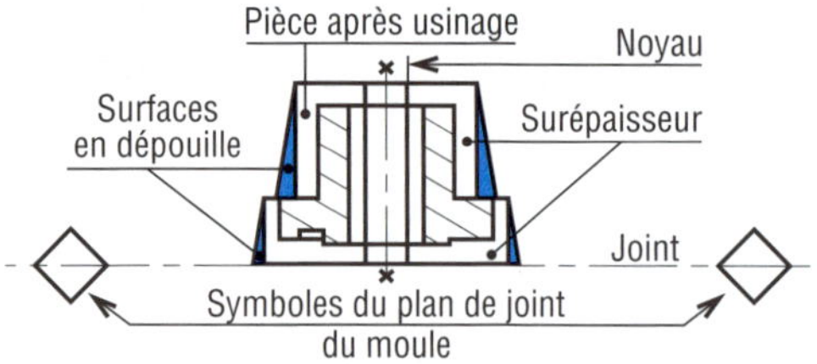

SURÉPAISSEURS D'USINAGE ET TOLÉRANCES

NF A 32-011

Les surépaisseurs d'usinage sont fonction ***de la classe de tolérances*** choisie :
A, B, L et **P** (voir tableaux ci-dessous)

- **Tolérances A**
  C'est le degré de précision apportée aux pièces moulées lorsqu'on utilise des ***modèles en bois fixés sur les plaques du moule.***
- **Tolérances B**
  C'est le degré de précision apportée aux pièces moulées lorsqu'on utilise des ***modèles métalliques.***
- **Tolérances L**
  Ces tolérances s'appliquent aux dimensions de la pièce qui ne sont pas ***fondamentales pour sa fonction.***
- **Tolérances P**
  Ces tolérances spéciales s'appliquent à certaines parties de la pièce en fonction de leurs ***propres dimensions.***

Pièces en fonte

Cote nominale		PLUS GRANDE DIMENSION DE LA PIÈCE																							
		≤ 100			100 - 160			160 - 250			250 - 630			≤ 100			100 - 160			160 - 250			250 - 630		
de	à	SURÉPAISSEURS D'USINAGE												TOLÉRANCES DIMENSIONNELLES ±											
(exclus)	(inclus)	A	B	L	A	B	L	A	B	L	A	B	L	A	B	L	A	B	L	A	B	L	A	B	L
	≤16	2,5	2,5	4	2,5	2,5	4	2,5	2,5	4	4	3,5	4,5	0,5	0,5	1	0,5	0,5	1	0,5	0,5	1	1	0,5	1,5
16	25	3	2,5	4	3	2,5	4	3	3	4	4	3,5	4,5	1	0,5	1	1	0,5	1	1	0,5	1	1	0,5	1,5
25	40	3	2,5	4,5	3	2,5	4,5	3	3	4,5	4	4	4,5	1	0,5	1	1	0,5	1	1	0,5	1,5	1	1	1,5
40	63	3	3	4,5	3	3	4,5	3	3	4,5	4,5	4	5	1	1	1,5	1	1	1,5	1	1	1,5	1,5	1	2
63	100	3,5	3	5	3,5	3	5	3,5	3,5	5	4,5	4	5	1,5	1	1,5	1,5	1	1,5	1,5	1	2	1,5	1	2
100	160			5,5	3,5	3	5	3,5	3,5	5	5	4,5	5,5				1,5	1	2	1,5	1	2,5	2	1,5	2,5
160	250			8			6	4	4	6	5	4,5	6							2	1,5	3	2	1,5	3
250	400						7			7	5,5	5	7										2,5	2	4
400	630						7,5			7,5	6	5,5	7,5										3	2,5	4,5

Le moulage

URÉPAISSEURS D'USINAGE ET TOLÉRANCES

…F A 32-011

Cote minimale de (exclus)	à (inclus)	SURÉPAISSEURS D'USINAGE ≤ 250 A	B	L	250 - 1000 A	B	L	> 1000 A	B	L	TOLÉRANCES DIMENSIONNELLES ± ≤ 250 A	B	L	250 - 1000 A	B	L	> 1000 A	B	L	P ± (en mm) A	B	L
	< 40	5	4	6	5,5	4	6	6	5	8	1	1	2	1,5	1	2	2	2	4	3	2	3
40	65	6	4	6	6	4	6	6,5	5	9	2	1	2	2	1	2	2,5	2	5	4	3	4
65	100	6	4	6	6	4	7	6,5	5	10	2	1	2	2	1	3	2,5	2	6	4	3	6
100	160	6	4	7	7	5	7	7	5	10	2	1	3	3	2	3	3	2	6	5	4	7
160	250	6	6	8	7	6	8	7	7	10	2	2	4	3	2	4	3	3	6	6	5	8
250	400				7	6,5	9	8	7	11				3	2,5	5	4	3	7			
400	630				8	7	10	9	8	12				4	3	6	5	4	8			

PLUS GRANDE DIMENSION DE LA PIÈCE	Moulage en sable $\ell < 250$	Moulage en sable $250 < \ell < 1000$	Moulage en sable $\ell > 1000$	Moulage en coquilles $\ell < 500$	Moulage en coquilles $\ell > 500$
Surépaisseur d'usinage	2 à 3 + $(3\ell / 1000)$	2 à 3,25 +$(3\ell / 1000)$	2 à 3,5 +$(3\ell / 1000)$	1 à 1,3 + $(\ell / 1000)$	1 à 1,3 + $(1{,}25\ell / 1000)$
Tolérance dimensionnelle	0,5 + $(2\ell / 1000)$	0,75 + $(2\ell / 1000)$	1 + $(2\ell / 1000)$	0,5 + $(\ell / 1000)$	0,3 + $(1{,}25\ell / 1000)$

DIAMÈTRE MINIMAL DES NOYAUX

La résistance mécanique et la déformation due au poids conditionnent le diamètre minimal du noyau. ***Ce dernier varie donc en fonction de sa longueur.***

Il est bon quelquefois de privilégier l'usinage du trou dans la masse plutôt que de le faire venir de fonderie.

DIAMÈTRE MINIMUM DES TROUS VENANT DE FONDERIE
∅ 15 mm pour le moulage en sable
∅ 1 mm environ pour le moulage en coquille sous pression
∅ 5 mm environ pour le moulage en coquille par gravité

10.1.5. MOULAGE DE PIÈCES EN MATIÈRE PLASTIQUE

La conception de pièces où interviennent des matières plastiques doit faire l'objet d'études techniques et économiques approfondies (fonction de la pièce, sollicitations mécaniques, nombre de pièces, techniques et matériaux à mettre en œuvre et investissements nécessaires). Ces études menées pour différents matériaux et pour des séries identiques montrent que l'utilisation des matières plastiques est assez souvent avantageuse.

Les plastiques se répartissent en deux groupes : les thermoplastiques et les thermodurcissables dont les caractéristiques sont étudiées dans le chapitre 18.

PRINCIPE DU MOULAGE …AR INJECTION

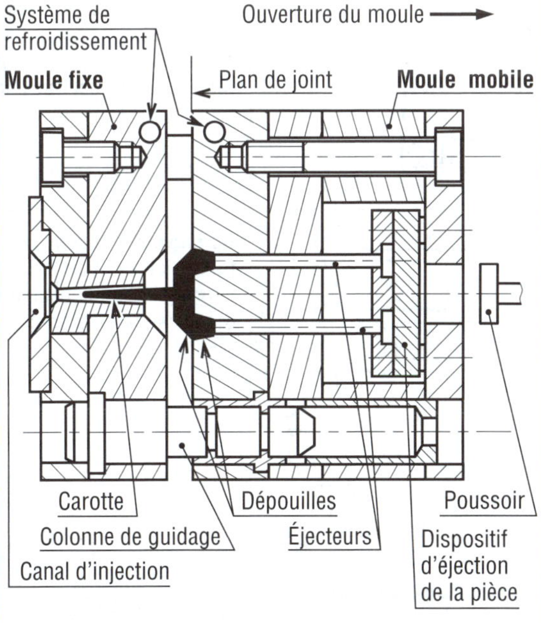

Le moulage par injection permet de réaliser une pièce en matière plastique utilisable immédiatement.

L'obtention de celle-ci se fait en ***trois phases principales :***

- dépôt du métal en fusion dosé dans l'empreinte du moule ;
- fermeture du moule puis injection dans l'empreinte ;
- refroidissement de la pièce, éjection de la pièce finie, élimination de la carotte.

La conception de pièces moulées implique à partir de la ***fonction d'usage*** de procéder aux choix :

- de la matière,
- de la forme optimale,
- du procédé d'élaboration le plus économique.

La forme des moules à injection est quelquefois très complexe et nécessite une étude approfondie enrichie de l'expérience de spécialistes.

10.1.6. TRACÉ DES PIÈCES EN MATIÈRES PLASTIQUES MOULABLES

Les règles adoptées pour le moulage des matières plastiques sont voisines de celles valables pour les pièces moulées métalliques. Néanmoins l'on se doit d'apporter quelques précisions afin d'obtenir des pièces de formes et de dimensions réussies, et de qualité optimale (exemptes de retassures et de criques).

ÉCOULEMENT DE LA MATIÈRE

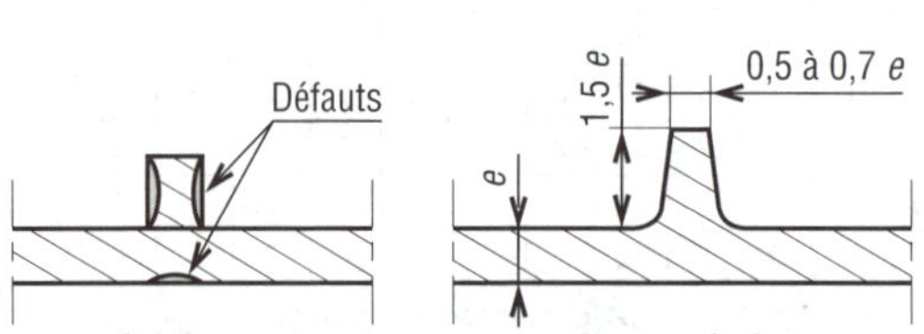

A éviter — Autre solution

Faciliter ***l'écoulement de la matière*** en créant des arrondis suffisants. On évite ainsi des tensions internes qui peuvent créer des ruptures.

ÉPAISSEUR

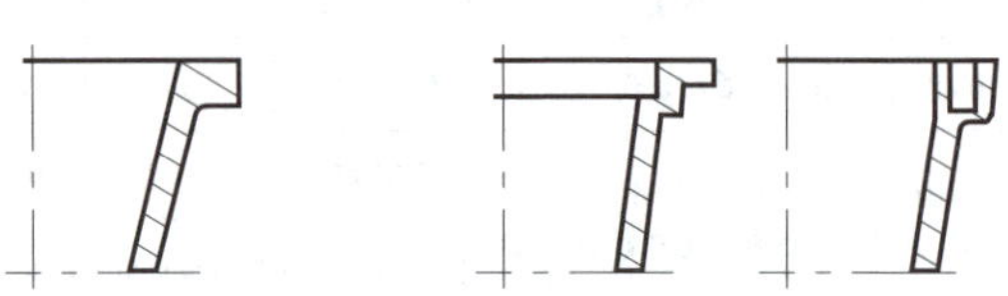

A éviter — Autres solutions

Respecter ***une épaisseur constante sur toute la pièce*** afin d'éviter retassures et déformations.

Epaisseur normale :
Thermoplastiques : 1 à 4 mm.
Thermodurcissables : 2 à 6 mm.

ANGLES

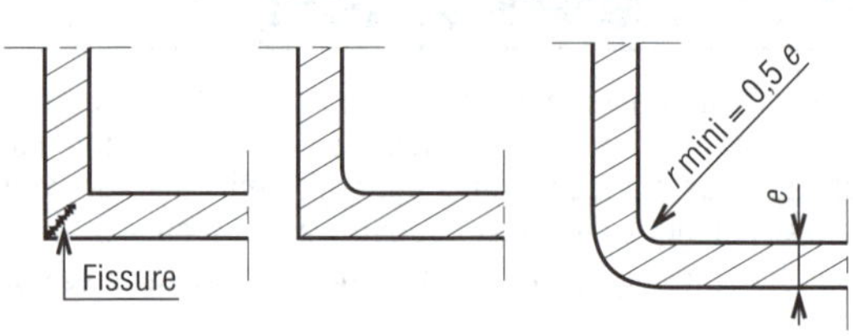

Eviter les angles vifs extérieurs et intérieurs générateurs de l'effet d'entaille dans les pièces (fissures).

DÉPOUILLE

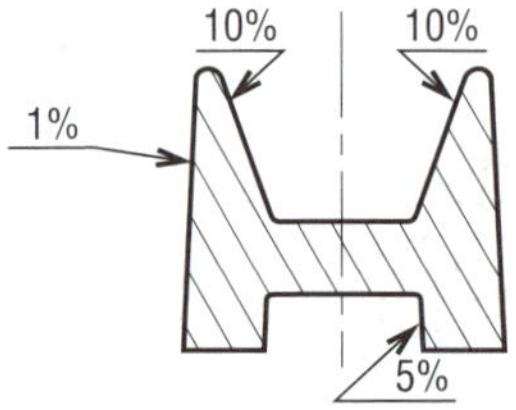

Prévoir une forte dépouille intérieure pour assurer une bonne éjection des pièces, sachant que le retrait des matières plastiques est très important.

NERVURE

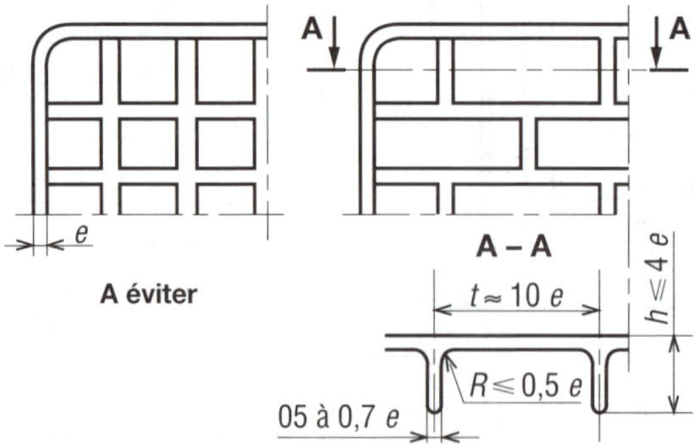

A éviter — Autre solution

Concevoir un réseau de nervures évitant toute déformation. Les nervures seront alternées, judicieusement disposées et d'épaisseur constante.

Le moulage

NERVURE

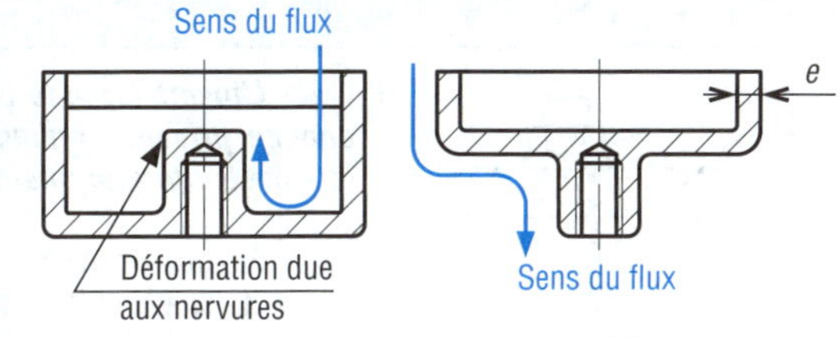

A éviter — **Autre solution**

Choisir le bon écoulement de la matière pour éviter la déformation due aux nervures.

FILETAGES ET TARAUDAGES

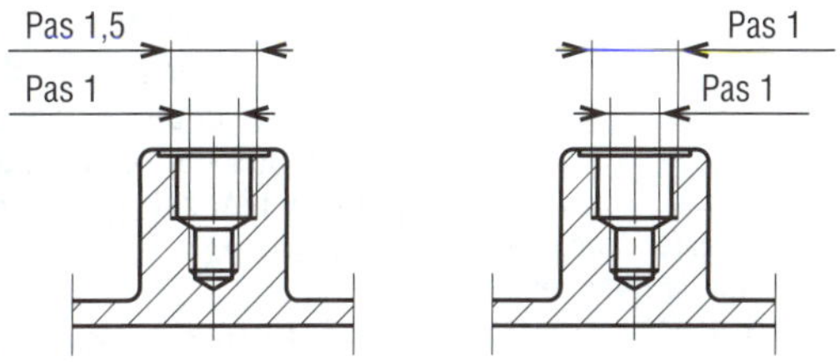

A éviter — **Autre solution**

Unifier le pas des filetages pour permettre le dévissage des broches.

DÉFORMATIONS DES PIÈCES

A éviter — **Autres solutions**

Adapter la forme des fonds des parois pour éviter que la pièce ne se bombe et ne puisse remplir sa fonction.

SURFACES PLANES DE GRANDES DIMENSIONS

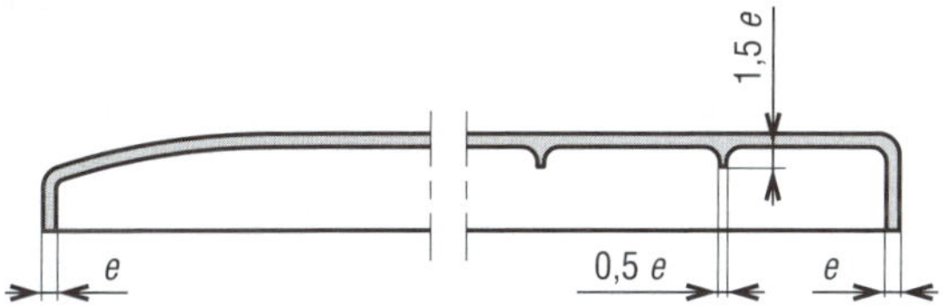

Solution1 — **Solution 2**

Remédier aux déformations des grandes surfaces en implantant des nervures, et en assurant des contre-courbures pour rigidifier la pièce.

10.1.7. TOLÉRANCES DIMENSIONNELLES DES PIÈCES PLASTIQUES MOULÉES PAR INJECTION

NF T 58-000

ÉCARTS PAR COTES NE COMPRENANT PAS DE PLAN DE JOINT

Classe de précision	Cote nominale (CN)	≤ 1	3	6	10	15	22	30	40	53	70	90	115	150	200	250
	Normale	± 0,13	± 0,15	± 0,17	± 0,20	± 0,22	± 0,25	± 0,27	± 0,30	± 0,35	± 0,38	± 0,43	± 0,50	± 0,60	± 0,75	± 0,90
	Réduite	± 0,06	± 0,07	± 0,08	± 0,09	± 0,10	± 0,11	± 0,13	± 0,15	± 0,17	± 0,20	± 0,24	± 0,29	± 0,35	± 0,44	± 0,55
	De précision	± 0,04	± 0,05	± 0,06	± 0,07	± 0,08	± 0,09	± 0,10	± 0,11	± 0,13	± 0,15	± 0,17	± 0,20	± 0,24	± 0,30	± 0,36

Désignation : Tolérances générales classe normale (NF T 58-000) - ex : C.N = 10 ■ IT ± 0,20
En principe, les cotes non tolérancées sur le dessin sont celles de la classe normale.

Les emplacements des éjecteurs, plans de joints... sont précisés sur le dessin après consultation du fabricant.

Les tolérances sont valables pour les plastiques : **PPO, PS, PA, PMMA, PS, PVC** et approchées pour

10.1.8. ASSEMBLAGES DÉMONTABLES

① INSERTS TARAUDÉS NOYÉS DANS LA MATIÈRE PLASTIQUE

② GOUJONS FILETÉS ANCRÉS DANS LA MATIÈRE

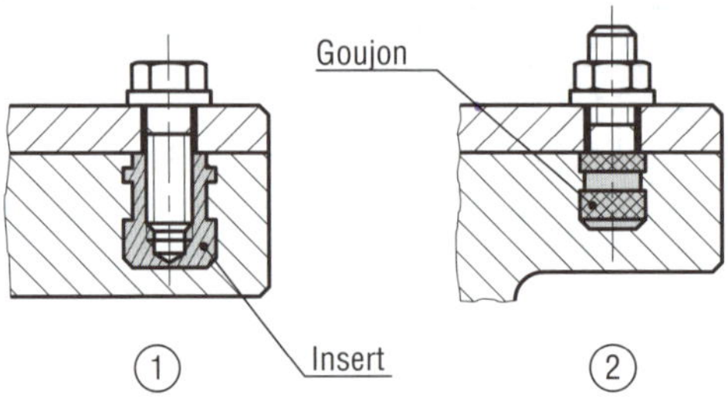

① - ***L'insert taraudé*** peut être inséré ***comme prisonnier dans le moule,*** ou être posé ***ultérieurement*** par ultra-sons.

② - ***Le goujon fileté*** spécial est soit inséré dans le moule avant injection, soit enfoncé par ultra-sons après moulage dans un avant-trou.
Ces inserts assurent à la fois une résistance plus élevée et plus durable pour des fonctions avec d'autres pièces (écrous, goujons...) mais augmentent aussi les caractéristiques mécaniques de la pièce (rigidité, résistance à la rupture...).

③ COMBINAISON DOUILLE FENDUE + BOULON OU DOUILLE FENDUE + INSERT TARAUDÉ + VIS

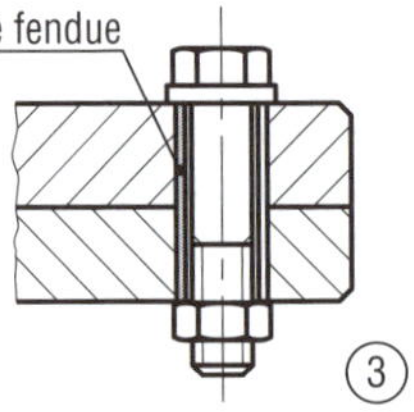

La douille fendue absorbe la force de précontrainte.

③ - La pose de vis normalisées dans les matières plastiques convient moins bien en raison de la faible taille du profil des filets d'où les combinaisons possibles.

④ VIS AUTO-TARAUDEUSE

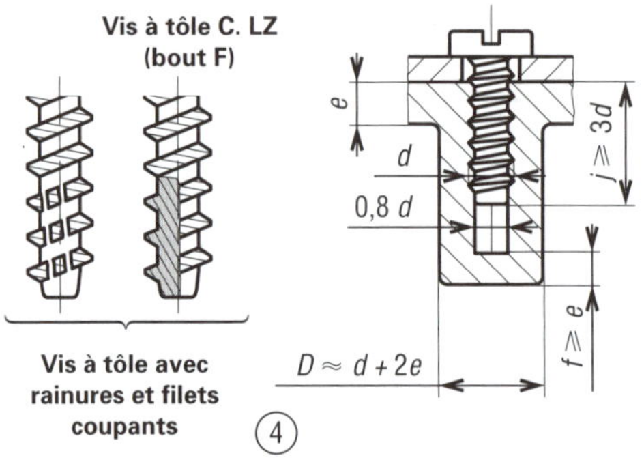

④ les ***vis autotaraudeuses*** peuvent être implantées en agissant par :

- *déformation* :
  les vis à bois et les vis à tôle conviennent pour assurer la formation du filet par "refoulement" de la matière plastique.
- *enlèvement de copeau* :
  pour les matières plastiques ayant une moins bonne aptitude au formage (Thermoplastiques cristallins). Les vis autotaraudeuses à filets coupants conviennent mieux.

ÉCROU RAPIDE

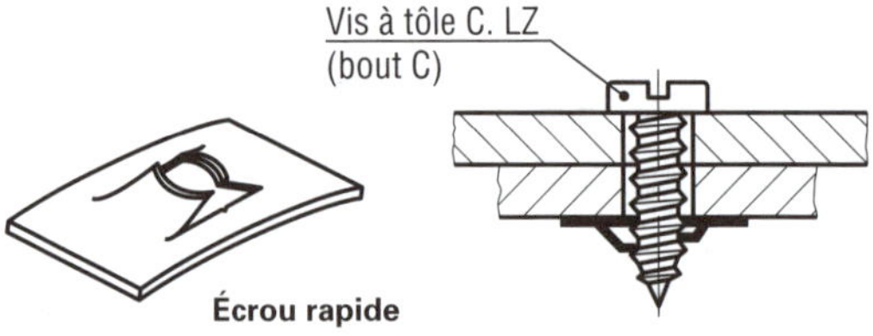

La combinaison des ***vis à tôle*** avec des ***écrous à languettes*** à fixateur rapide est utilisée pour des assemblages de pièces en matières plastiques de faible épaisseur.

EMBOÎTEMENT

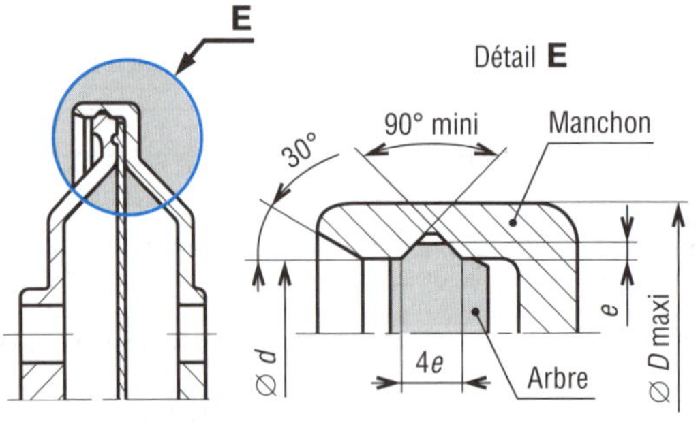

L'emboîtement est obtenu par la déformation élastique du manchon sur l'arbre.

d mm	***D*** (Maxi) mm	***e*** mm
2	5	0,05
3	8	0,05
4	10	0,1
5	11	0,1
10	17	0,2
15	22	0,35
20	28	0,5
25	33	0,65

Le moulage

CLIPSAGE OU ENCLIQUETAGE

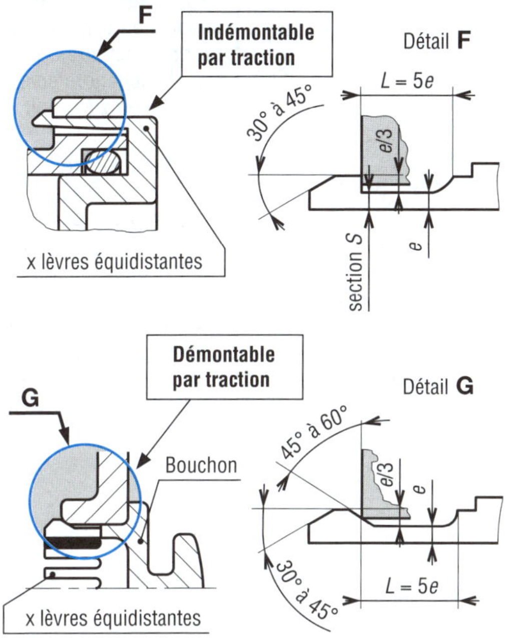

Sections S possibles

Ces types d'assemblages constituent un moyen simple et rapide pour solidariser des pièces en matière plastique. Ils ne sont généralement pas étanches.

En général un élément en contre-dépouille de l'une des deux pièces à assembler s'engage dans une lèvre correspondante de l'autre pièce. On joue alors sur la flexibilité de la matière.

10.1.9. ASSEMBLAGES NON DÉMONTABLES

SOUDAGE PAR ULTRA-SONS

• JOINT BOUT À BOUT

• JOINT EN ESCALIER

• JOINT À LANGUETTE

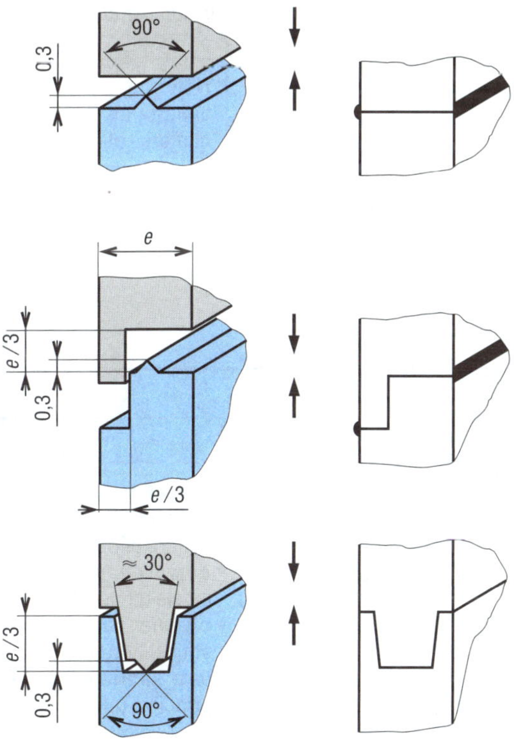

Préparation des pièces — **Pièces soudées**

Les matières thermoplastiques chauffées localement en dessous de la température de décomposition passent à ***l'état plastique*** (pour les matières amorphes) ou à ***l'état visqueux*** (pour les matières cristallines) et se solidifient de nouveau après refroidissement.

Ce sont ces propriétés qui sont utilisées pour assurer les ***assemblages par soudage.***

Le soudage par ultra-sons s'applique uniquement aux thermoplastiques.

L'état de la matière obtenue après soudage est homogène et la résistance de la zone soudée est similaire à celles des pièces assemblées.

On utilise également d'autres techniques de soudage basées sur la haute fréquence, le frottement (rotation, friction...).

RIVETAGE

• RIVURE APPARENTE

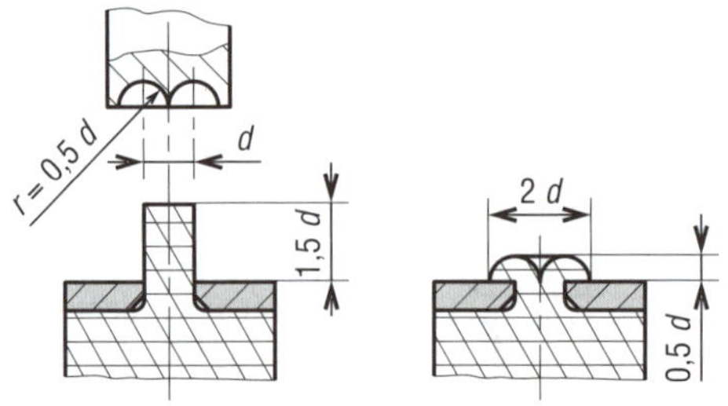

Le rivetage consiste à assembler deux ou plusieurs pièces à partir de rivets thermoplastiques. La tige du rivet (ou téton) est généralement solidaire de l'un des éléments à réunir.

La rivure peut être :

- ***apparente :*** l'excédent de longueur du téton est prévue pour former la tête du rivet (ronde, goutte de suif, plate...).
- ***noyée :*** la quantité de matière appartenant au téton vient remplir un logement formant la tête du rivet. Le dispositif de rivetage assure l'affleurement.

• RIVURE NOYÉE

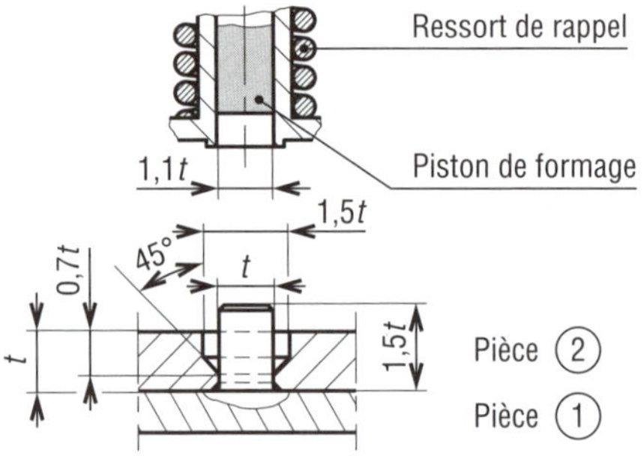

COLLAGE

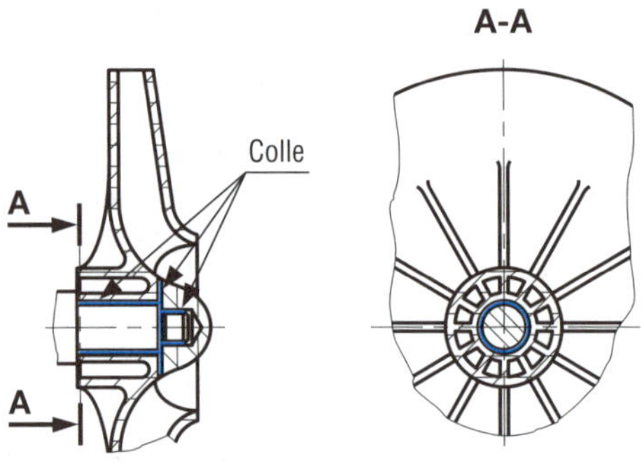

Petite turbine centrifuge d'extraction

Se reporter au chapitre 6 paragraphe *Liaison par collage.*

> Notons que le collage prend une part importante dans l'assemblage des matières plastiques.

10.2. LE FRITTAGE*

10.2.1. PRINCIPE

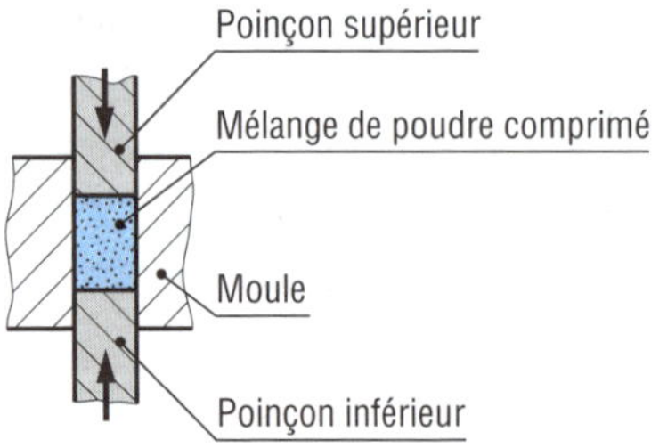

fig. 1

Le procédé consiste à :

- ***préparer*** une poudre ou un mélange de poudre généralement métallique ;
- ***comprimer*** cette poudre dans un moule (phase de compression - fig. **1**) ;
- ***chauffer*** dans un four sous vide ou à atmosphère contrôlée à une température inférieure à celle de l'élément principal (phase de frittage).

* D'après la Fédération des Chambres Syndicales des Minerais et des Métaux non ferreux.

10.2.2. TRACÉ

ÉPAULEMENT ET DÉPOUILLE

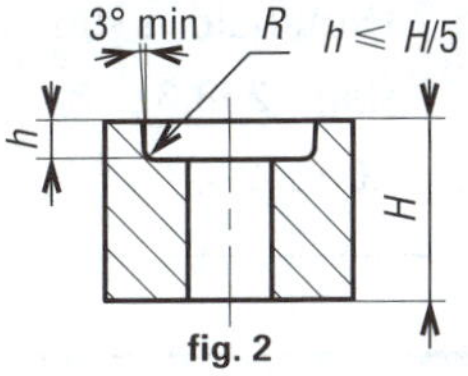

fig. 2

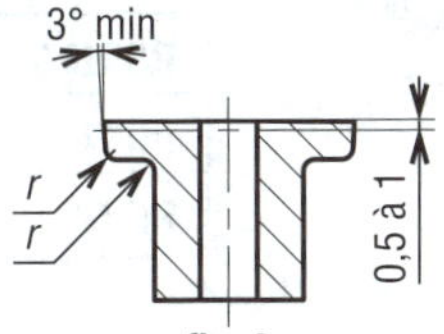

fig. 3

CHANFREINS

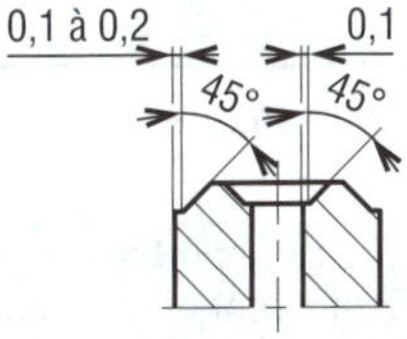

fig. 4

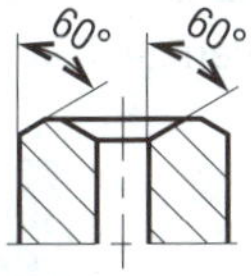

fig. 5

RAYONS

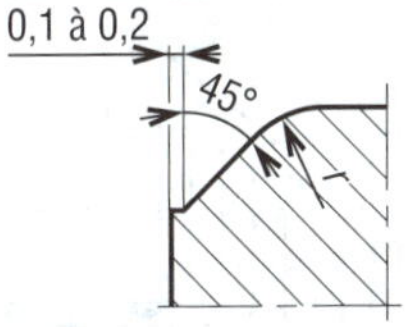

fig. 6

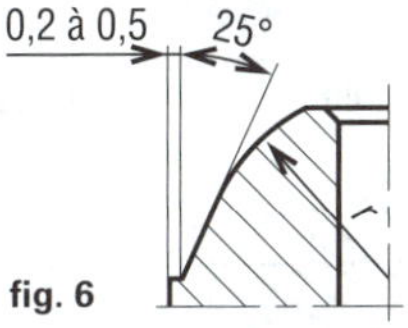

fig. 7

Épaulement et dépouilles : pour les pièces non épaulées, la dépouille n'est pas nécessaire (les forces d'éjection sont supérieures aux forces de frottement) (fig. **2**).

Pour les pièces épaulées ou comportant des embrèvements, des dépouilles minimales de 3° sont nécessaires (fig. **3**).

Chanfreins : casser l'angle vif par un méplat de 0,1 (on diminue la fragilité des poinçons) (fig. **4**). De préférence choisir des chanfreins à 60° (fig. **5**).

Rayons : comme pour les chanfreins, on réalise un méplat de 0,1. (fig. **6**).

Le dessinateur peut exécuter des rayons tangents à la face et au cylindre au lieu et place des chanfreins. (fig. **7**).

D'après la Fédération des Chambres Syndicales des Minéraux et des Métaux non ferreux.

10.3. L'ESTAMPAGE ET LE MATRIÇAGE

PRINCIPES

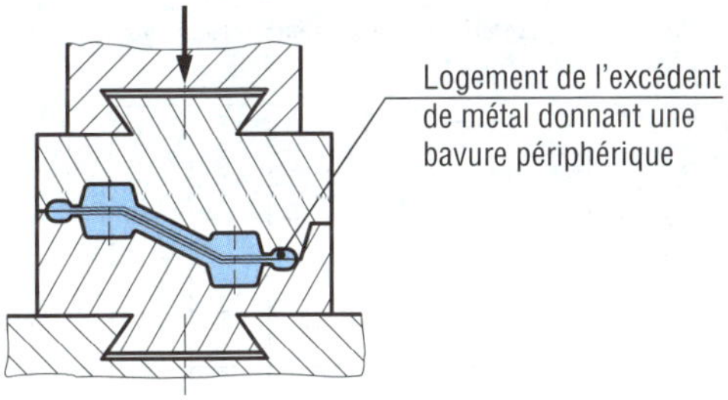

Le ***matriçage*** s'applique au forgeage mécanique des métaux non ferreux.

L'***estampage*** s'applique au forgeage mécanique des aciers.

Le procédé consiste à chauffer un lopin de métal à une température adaptée et à l'écraser entre deux matrices gravées conformément aux formes définitives à obtenir.

TRACÉ

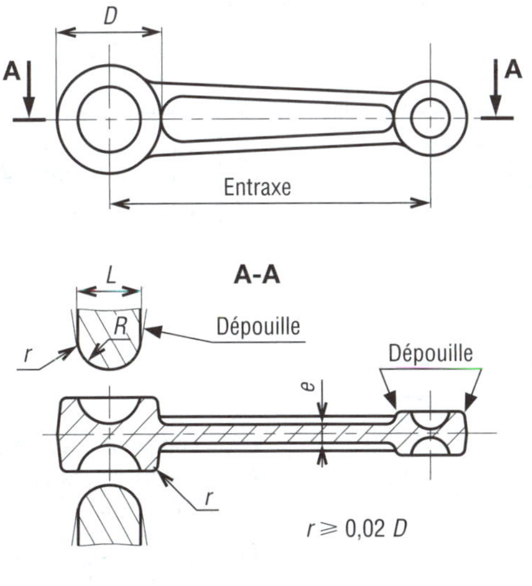

Dépouille :

Engin	Dépouille intérieure	Dépouille extérieure
Pilon	9°	7°
Presse sans éjecteur	7°	3°
Presse avec éjecteur	3°	1°

Variation de sections :

- Raccorder les différentes sections de la pièce par des congés.
- Supprimer les variations brusques de sections.

Arrondi d'arêtes : choisir $r \geqslant 0{,}02\,D$

Rayons des noyaux : $R = L$
Toile : $r = L/4$
Prendre $e = 2$ à 5 mm

Surépaisseur d'usinage :
1 à 2 mm sur chaque face usinée en sus de la dépouille.

10.4. LE PLIAGE À FROID

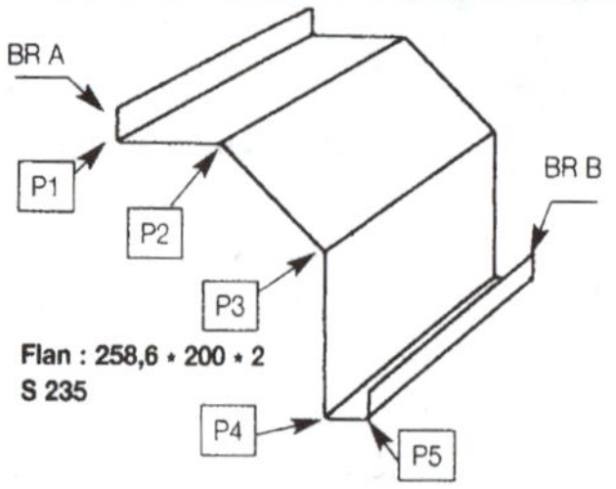

Nature
Pli N° 2
Pli N° 3
Pli N° 4
Pli N° 1

Matière : S.235
Dimensions du flan : 258,6 ± 2
200 ± 2

10.4.1. RAYON DE PLIAGE MINIMAL — NF EN 1002

TYPES DE PLIAGE

Les valeurs du rayon ***r*** minimal intérieur, données ci-dessous pour les angles de ***pliage à froid*** 90°, sont fonction :

- de la nuance de l'acier,
- du sens de laminage de la tôle.

t : transversal par rapport à la direction de laminage
l : parallèle à la direction de laminage

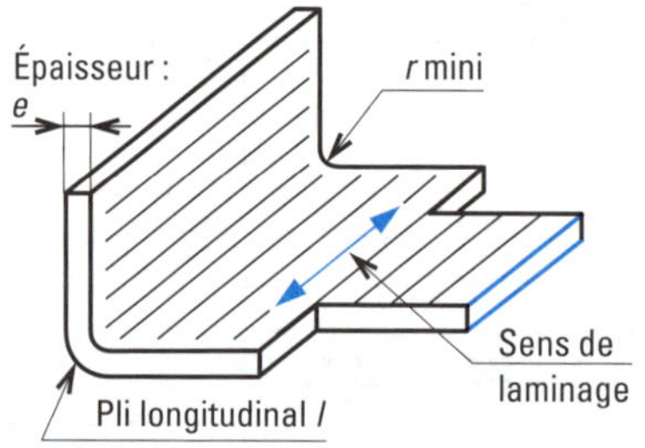

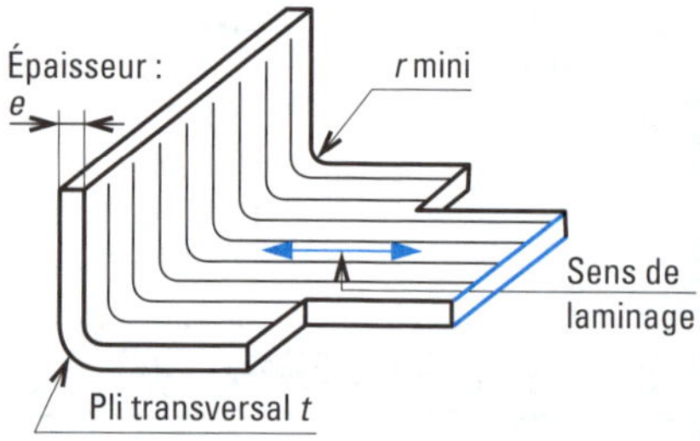

VALEUR DES RAYONS DE PLIAGE

Désignation de l'acier (exemples)	Direction du pliage	Rayon de pliage intérieur minimal recommandé pour les épaisseurs nominales (mm)													
		> 1 ≤ 1,5	> 1,5 ≤ 2,5	> 2,5 ≤ 3	> 3 ≤ 4	> 4 ≤ 5	> 5 ≤ 6	> 6 ≤ 7	> 7 ≤ 8	> 8 ≤ 10	> 10 ≤ 12	> 12 ≤ 14	> 14 ≤ 16	> 16 ≤ 18	> 1 ≤ 2
S 235 (E.24)	*t*	1,6	2,5	3	5	6	8	10	12	16	20	25	28	36	40
	l	1,6	2,5	3	6	8	10	12	16	20	25	28	32	40	45
S 275 (E.28)	*t*	2	3	4	5	8	10	12	16	20	25	28	32	40	45
	l	2	3	4	6	10	12	16	20	25	32	36	40	45	50
S 355 (E.36)	*t*	2,5	4	5	6	8	10	12	16	20	25	32	36	45	50
	l	2,5	4	5	8	10	12	16	20	25	32	36	40	50	63

LONGUEUR DÉVELOPPÉE

épaisseur ⩽ 2 mm

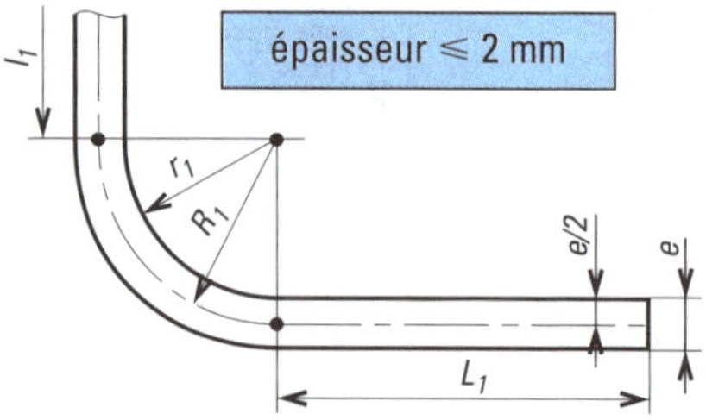

LD_1 = Longueur développée
Fibre neutre ou fibre moyenne située à la mi-épaisseur du rayon de pliage.

$$LD_1 = l_1 + \left[\frac{\pi \,.\, (r_1 + e/2)}{2}\right] + L_1$$

épaisseur > 2 mm

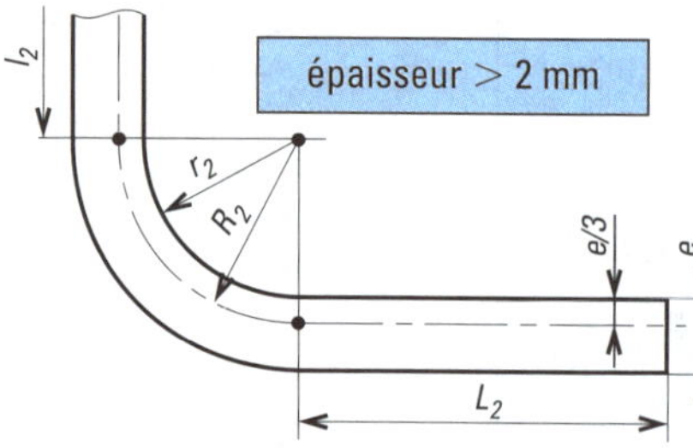

LD_2 = Longueur développée
Fibre neutre située au tiers de l'épaisseur du rayon de pliage intérieur (R2).

$$LD_2 = l_2 + \left[\frac{\pi \,.\, (r_2 + e/3)}{2}\right] + L_2$$

13.6 PLIAGE DES TÔLES

PRESSE-PLIEUSE

Opération de déformation plastique linéaire.
Les facteurs à considérer sont :
- l'épaisseur « e » de la tôle,
- la longueur du pli.

Les paramètres :
(en pliage en l'air pour un acier non-allié)
- l'ouverture du *Vé* en mm « **V** »
  - e ⩽ 10 mm **V** = 8e
  - e > 10 mm **V** = 10e
- le rayon intérieur « **Ri** » en mm

$$\mathbf{Ri} = \frac{\mathbf{V}}{6}$$

- l'effort de pliage « **F** » en kN (1)

$$\mathbf{F} = \frac{66\ e^2}{\mathbf{V}}$$

(1) 10 kN = 0,981 tonne

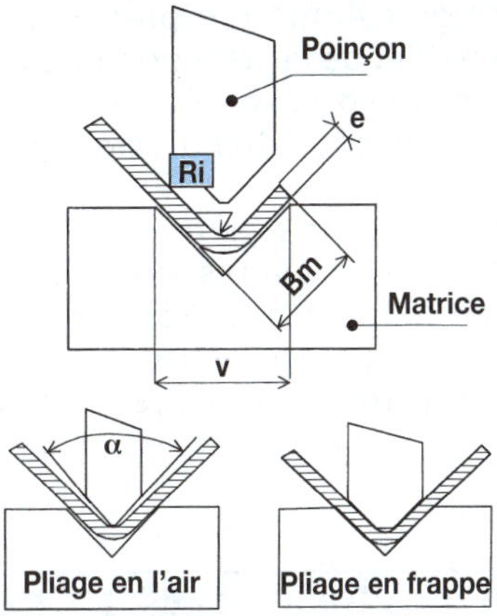

Bm : bord mini

Le pliage en l'air utilise les outils dont l'angle α < 90°. Le point mort bas doit compenser l'élasticité résiduelle par une pénétration plus importante.
En pliage en frappe, les outils sont taillés à l'angle précis à obtenir. La tôle est matricée, l'écrouissage est important. Il n'y a plus d'élasticité résiduelle.
L'effort nécessaire est de 4 à 5 fois supérieur à l'effort du pliage en l'air.

ABAQUE

V	6	8	10	12	16	20	25	32	40	50	63	80	100	125	160	200
Bm	4	5,5	7	8,5	11	14	17,5	22	28	35	45	55	71	89	113	140
Ri	1	1,3	1,6	2	2,6	3,3	4	5	6,5	8	10	13	16	20	26	33
Ép.																
0,6	40	40														
0,8	70	50	40													
1	110	80	70	60												
1,2	160	120	100	80	60											
1,5		170	150	130	90	80										
2			270	220	170	130	110									
2,5				350	260	210	170	130								
3					380	300	240	190	150							
4						540	420	340	270	210						
5							670	520	420	330	260					
6								750	600	480	380	300				
8									1070	850	680	530	430			
10										1 340	1 050	850	670	530		
12												1 200	960	780	600	
15													1 500	1 200	950	750

F en kN/m

: Utilisation conseillée

Exemple : pour une tôle en S 235; épaisseur 5 mm; **F** = 420 kN; **V** = 40 ; **Bm** = 28 ; **Ri** = 6,5

Abaque d'après AMADA-PROMECAM

11. ASSEMBLAGES DÉMONTABLES ISO 6410/1/2/3

11.1. FILETAGES

Une tige cylindrique présentant une partie saillante en hélice (filet de la vis) constitue une ***tige filetée*** ou une ***vis***. Un alésage présentant une partie saillante en hélice (filet de l'écrou) constitue un ***alésage fileté, un trou taraudé*** ou un ***écrou***.

Le système ***vis + écrou*** permet de réaliser :

— *des assemblages normalisés* assurant des liaisons démontables (p. 125) ;

— *des machines simples* capables de transformer un mouvement circulaire en un mouvement rectiligne.

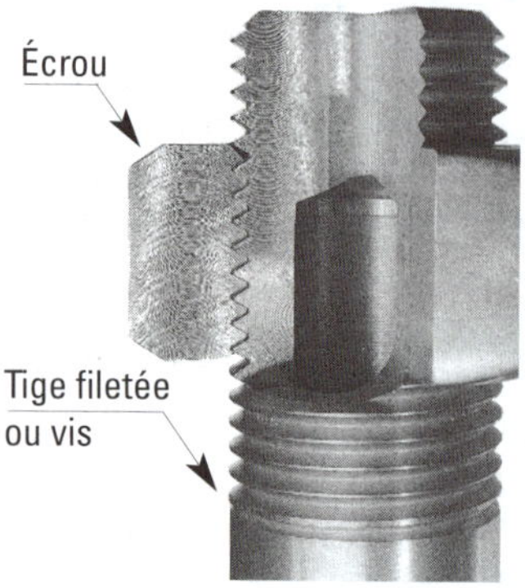

11.1.1. DÉFINITIONS ET CARACTÉRISTIQUES

Caractéristiques	Symboles	Représentations	Définitions
DIAMÈTRE NOMINAL DE LA VIS	*d*	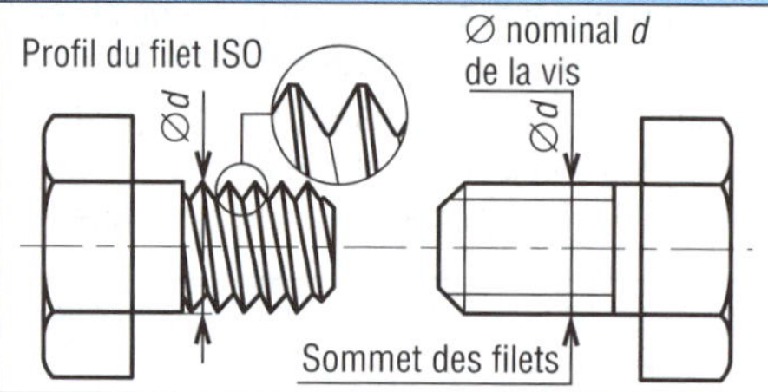	*d* est le diamètre nominal de la vis mesuré sur le diamètre extérieur de la vis (voir grossissement). (Profil et caractéristiques du filetage, voir pp. 127 et 128)
DIAMÈTRE NOMINAL DE L'ÉCROU	*D*	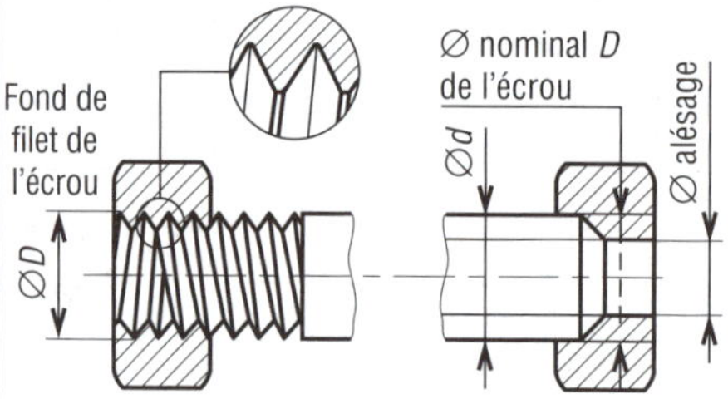	*D* est le diamètre nominal de l'écrou figurant au fond du filet (voir grossissement). $D = d$ Diamètre de l'alésage = *d* - 1,0825 P (voir p. 127)
PAS DE LA VIS ET DE L'ÉCROU	*P*	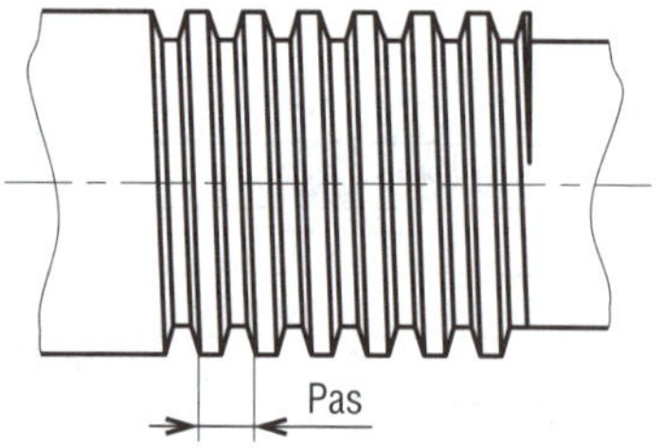	C'est la distance mesurée sur la génératrice, dans un plan contenant l'axe, entre deux points homologues de deux profils consécutifs d'un même filet. C'est aussi la distance sur laquelle se déplace, selon l'axe, l'écrou par rapport à la vis quand on fait un tour (cas d'une vis à un seul filet). Se reporter aux tableaux de l'AFNOR pour les caractéristiques dimensionnelles : — des pas ISO (visserie et boulonnerie commerciales) ; — des pas fins utilisés en micromécanique (vis et écrou micrométriques pour réglage de précision).
PAS GROS	*P* « gros »	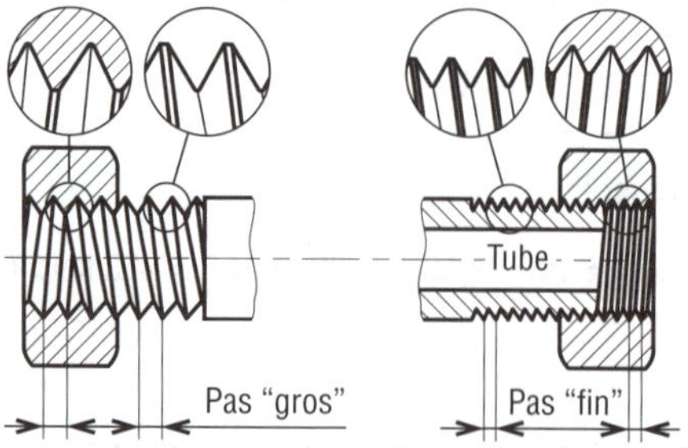	
PAS FIN	*P* « fin »		

iletages

aractéristiques	Symboles	Représentations	Définitions
SENS)E L'HÉLICE : • À DROITE • À GAUCHE		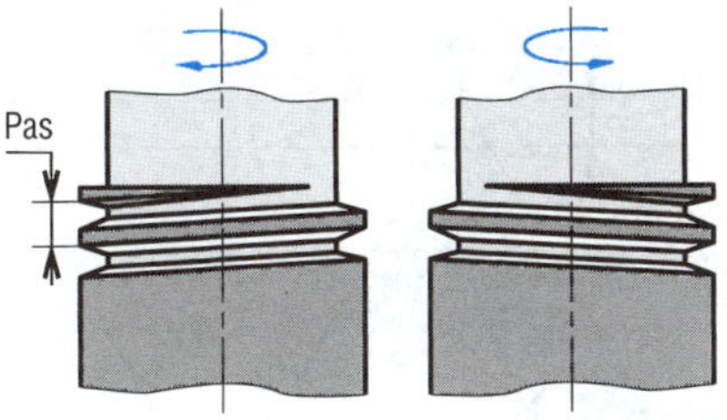 **Hélice à droite** **Hélice à gauche**	L'hélice d'un filetage est dite ***à droite***, lorsque le ***filet monte vers la droite***, la vis étant en position verticale et elle est dite ***à gauche*** lorsque le filet monte vers la gauche. **Les vis avec filetage à gauche doivent être obligatoirement marquées.**
REPÉRAGE DU SENS DE L'HÉLICE JR UNE PIÈCE TUBULAIRE		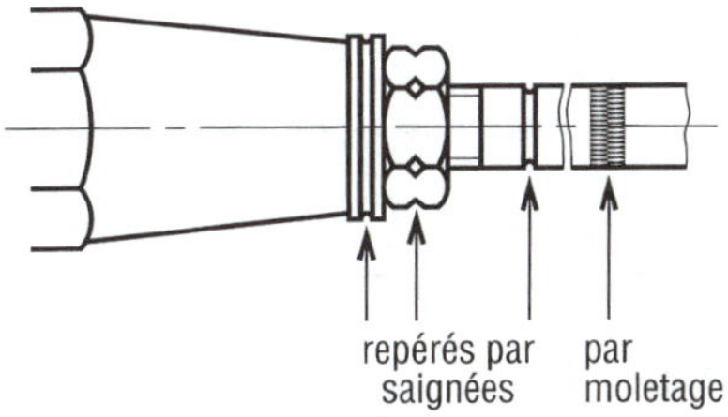 	Ce marquage est réalisé : – par saignée circulaire très peu profonde sur l'écrou (raccord de tuyauterie sur une bouteille de gaz) ; – par moletage pour les pièces tubulaires de faible épaisseur.
ιEPÉRAGES : POUR LES VIS À SIX PANS CREUX POUR LES VIS À TÊTE FENDUE		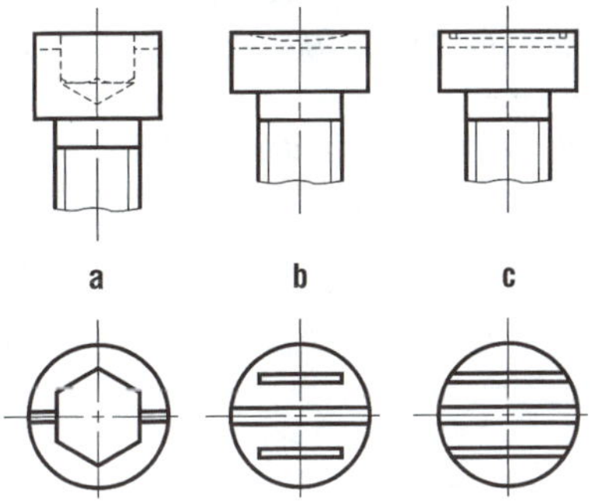 	Pour les vis à six pans creux ⓐ le repère consiste en un seul trait diamétral. Pour les vis à tête fendue ⓑ et ⓒ il consiste en deux traits de scie parallèles à la fente de la tête, mais moins larges et moins profonds.
NOMBRE DE FILETS DE LA VIS ET DE L'ÉCROU	$\boxed{N}$	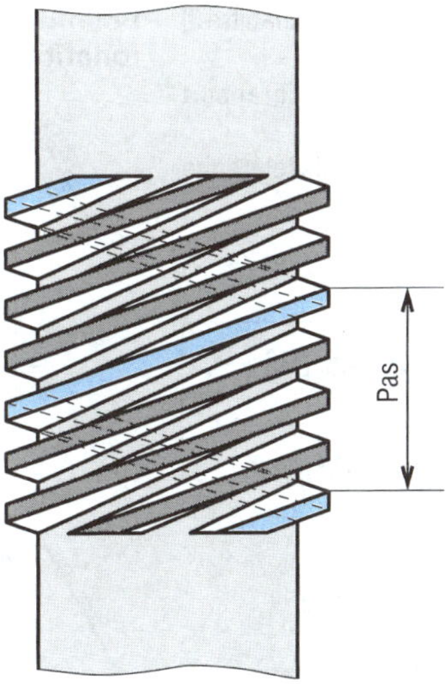 	Une seule hélice : vis à un filet. Plusieurs hélices : vis à plusieurs filets. $\boxed{P}$ = pas de l'hélice du filet $\boxed{N}$ = nombre de filets Déplacement axial pour un tour de la vis ou de l'écrou : ***N*** × ***P*** = *déplacement pour un tour* La vis à plusieurs filets permet d'obtenir un déplacement plus important de l'écrou ou de la vis pour un tour (ex. : fermeture de stylo).

CARACTÉRISTIQUES ET REPRÉSENTATION

Le profil est défini à partir d'un triangle équilatéral de hauteur ***H*** - Le symbole du profil ISO est précisé par la lettre ***M***.

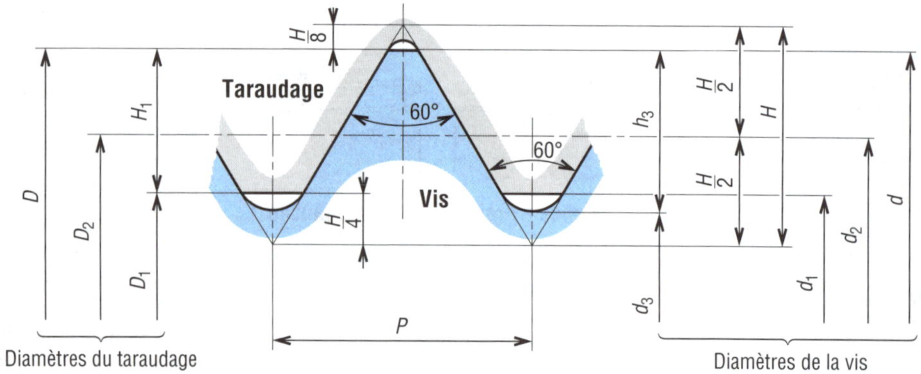

Diamètre nominal	$D = d$
Hauteur du filetage	$H = 0{,}866\ P$
Diamètre sur flanc	$D_2 = d_2 = d - 3/4\ h = d - 0{,}6495\ P$
Diamètre intérieur du taraudage	$D_1 = d_1 = d_2 - 2\ (H/2 - H/4) = d - 1{,}0825\ P$
Diamètre intérieur du filetage	$d_3 = d_2 - 2\ (H/2 - H/6) = d - 1{,}2268\ P$
Hauteur utile du filetage	$H_3 = \frac{D - D_1}{2} = 0{,}5412\ P$
Hauteur du filet de la vis	$h_3 = \frac{d - d_2}{2} = 0{,}6134\ P$
Rayon à fond de filet	$rf = \frac{H}{6} = 0{,}1443\ P$
Rayon à fond de taraudage	$rt = \frac{H}{12} = 0{,}07215\ P$

- Le tracé en trait fort est celui du profil de base à partir duquel sont définis les profils de la vis et celui du taraudage, et leurs tolérances.
- Le montage ***vis + écrou*** sera assuré si le profil de base correspond pour la vis, au ***profil maximal*** et pour l'écrou au ***profil minimal.***

TOLÉRANCES DES FILETAGES ISO

NF E 03-050/055 ISO 965

Les filetages comme les pièces lisses (voir chapitre 3) sont tolérancés.

Les ***lettres*** donnent la position de l'écart par rapport au profil théorique de base.

Les ***chiffres*** fixent la valeur de l'intervalle de tolérance admis.

Les tolérances portent sur :

> **Le diamètre sur le flanc du taraudage [D_2] par T_{D_2}**
>
> **Le diamètre intérieur du taraudage [D_1] par T_{D_1}**

Position de l'intervalle de tolérance en fonction de la lettre d'écart

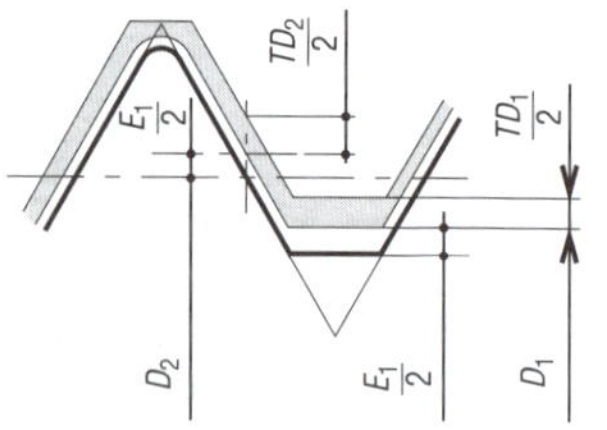

Filetage intérieur écart *G*

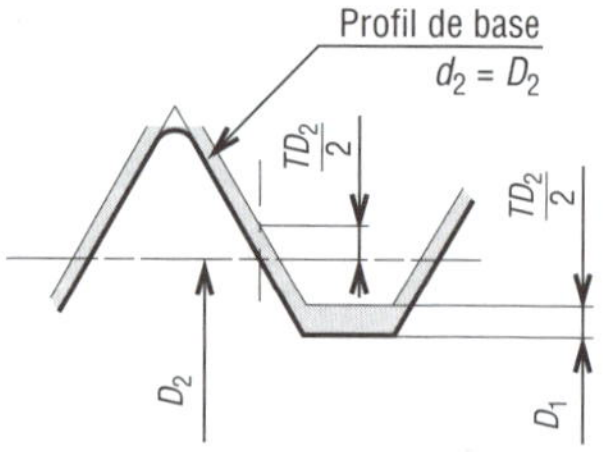

Filetage intérieur écart nul *H*

TOLÉRANCES DES FILETAGES

Le diamètre extérieur de la vis [*d*] par *Td*

Le diamètre sur le flanc de la vis [d_2] par Td_2

Position de l'intervalle de tolérance en fonction de la lettre d'écart

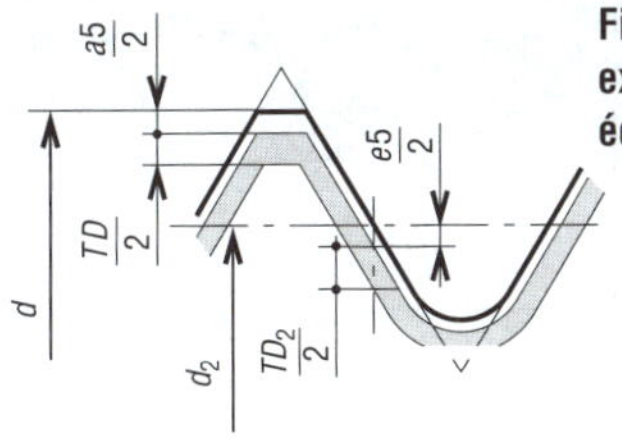

Filetage extérieur écarts *g*, *f* ou *e*

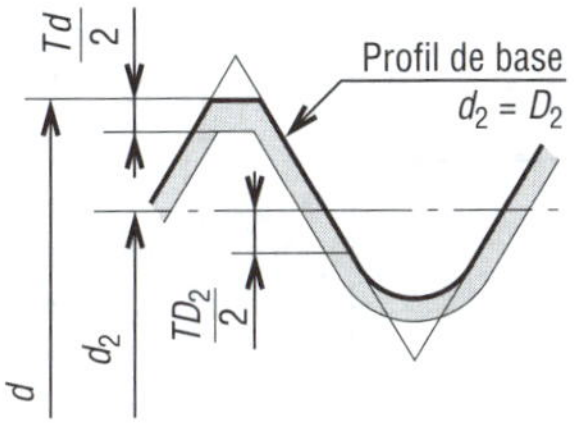

Filetage extérieur écart nul *h*

Classe de tolérances recommandées NF E 03-051 / ISO 965

Classe de tolérances pour filetage extérieur		Normale	Longue	Courte
Longueur en prise		Normale	Longue	Courte
Qualité fine		4 h	5 h 4 h	3 h 4 h
Qualité moyenne	avec écart	6 g	7 g 6 g	5 g 6 g
	à écart nul	6 h	7 h 6 h	5 h 6 h
Qualité grossière		8 g	9 g 8 g	-

Classe de tolérances pour filetage intérieur			
Longueur en prise	Normale	Longue	Courte
Qualité fine	4 H 5 H	6 H	4 H
Qualité moyenne	6 H	7 H	5 H
Qualité grossière	7 H	8 H	-

DÉSIGNATION NORMALISÉE DU FILETAGE ISO

NF E 03-051
ISO 965

- **Écrou ou taraudage**

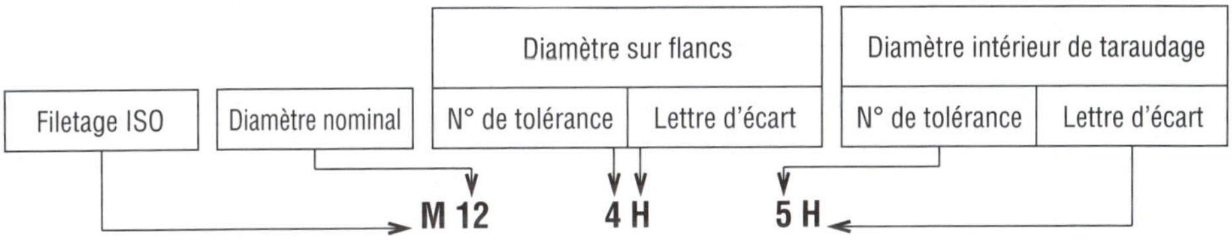

- **Vis ou filetage extérieur**

(Les numéros sur flanc et sur sommet sont identiques)

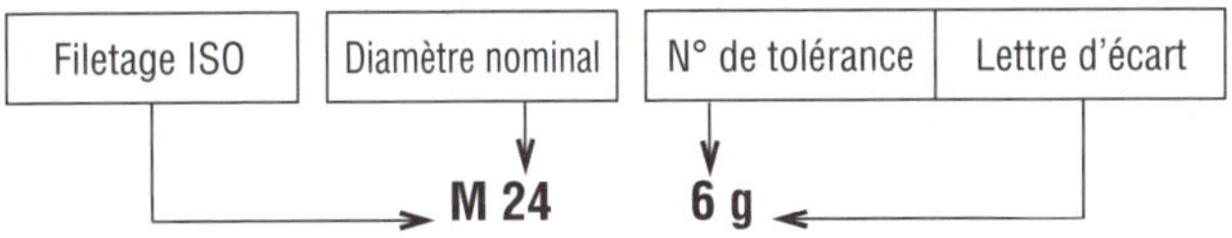

Vis + écrou ou assemblage fileté (profil ISO)

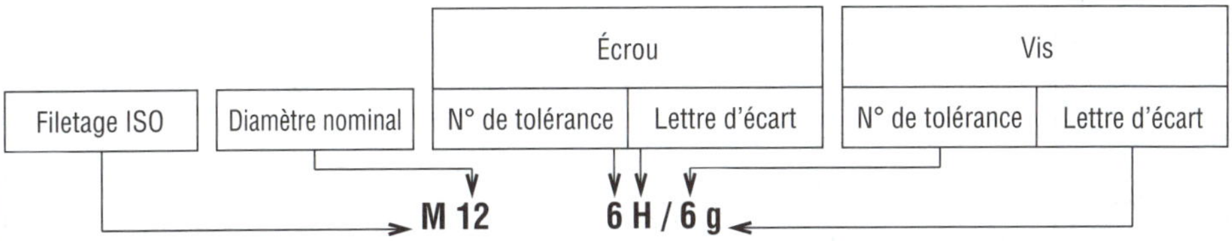

Filetages

	d ou D	Filetage à pas gros (boulonnerie et autres applications courantes) – Tolérances 6H/6g (μ)										Filetage à pas fins
		Pas	Section du noyau mm^2	$d_2 = D_2$	Tolérances sur d_2 Maxi	Tolérances sur d_2 Mini	Tolérances sur D_2 Maxi	Tolérances sur D_2 Mini	D_1	Tolérances sur D_1 Maxi	Tolérances sur D_1 Mini	Pas fins recommandés
DIMENSIONS NORMALISÉES ISO ISO 965	1,6	0,35	1,08	1,373	– 19	– 82	+ 85	0	1,221	+ 100	0	0,2
	2	0,4	1,79	1,740	– 19	– 86	+ 90	0	1,567	+ 112	0	0,25
	2,5	0,45	2,98	2,208	– 20	– 91	+ 95	0	2,013	+ 125	0	0,35
	3	0,5	4,47	2,675	– 20	– 95	+ 100	0	2,459	+ 140	0	0,35
	4	0,7	7,75	3,545	– 22	– 112	+ 118	0	3,242	+ 180	0	0,5
	5	0,8	12,7	4,480	– 24	– 119	+ 125	0	4,134	+ 200	0	0,5
	6	1	17,9	5,350	– 26	– 138	+ 150	0	4,918	+ 235	0	0,75
	8	1,25	32,9	7,188	– 28	– 146	+ 160	0	6,647	+ 265	0	0,75 – 1
	10	1,5	52,3	9,026	– 32	– 164	+ 180	0	8,376	+ 300	0	0,75 – 1 – 1,25
	12	1,75	76,2	10,863	– 34	– 184	+ 200	0	10,106	+ 335	0	1 – 1,25 – 1,5
	16	2	144	14,701	– 38	– 198	+ 212	0	13,835	+ 375	0	1 – 1,5
	20	2,5	225	18,376	– 42	– 212	+ 224	0	17,294	+ 450	0	1 – 1,5 – 2
	24	3	324	22,051	– 48	– 248	+ 265	0	20,752	+ 500	0	1 – 1,5 – 2
	30	3,5	519	27,727	– 53	– 265	+ 280	0	26,211	+ 560	0	1 – 1,5 – 2
	36	4	759	33,402	– 60	– 284	+ 300	0	31,670	+ 600	0	1,5 – 2 – 3
	42	4,5	1050	39,077	– 63	– 299	+ 315	0	37,129	+ 670	0	1,5 – 2 – 3 – 4
	48	5	1380	44,753	– 72	– 322	+ 334	0	42,588	+ 710	0	1,5 – 2 – 3 – 4
	56	5,5	1910	52,428	– 75	– 340	+ 355	0	50,047	+ 750	0	1,5 – 2 – 3 – 4
	64	6	2520	60,103	– 80	– 360	+ 375	0	57,505	+ 800	0	1,5 – 2 – 3 – 4

1.1.3. PROFILS SPÉCIAUX

Les profils spéciaux sont limités dans leur emploi et répondent à des besoins spécifiques. Ces profils sont dessinés à grande échelle pour rappeler leurs caractéristiques. Leur réalisation est plus onéreuse que celle conduite pour le profil ISO.

PROFIL TRAPÉZOÏDAL SYMÉTRIQUE

NF E 03-615
NF E 03-616
NF E 03-617

Le filet de forme trapézoïdale symétrique est résistant, peu encombrant, facile à exécuter; il est utilisé pour les vis de transformation de mouvement (vis de machines...).
Les filetages à un seul filet présentés dans le tableau page suivante sont en principe irréversibles. Pour les vis à plusieurs filets, l'irréversibilité n'est plus assurée dès que le pas hélicoïdal $P_h \geqslant 0,2\, d$.

Caractéristiques et représentation

P = pas NF E 03-615	
Diamètre nominal (diamètre extérieur vis)	d
Hauteur du triangle de définition	$H = 1,866\, P$
Hauteur du filetage en contact	$H_1 = 0,5\, P$
Vide à fond de filet	a_c
Hauteur filetage de la vis	$h_3 = H_1 + a_c = 0,5\, P + a_c$
Hauteur filetage de l'écrou	$H_4 = H_1 + a_c = 0,5\, P + a_c$
Diamètre sur flancs	$D_2 = d_2 = d - \frac{H_1}{2} = d - 0,5\, P$
Diamètre noyau de la vis	$d_3 = d - 2\, h_3 = d - P - 2\, a_c$
Diamètre intérieur écrou (sommet taraudage)	$D_1 = d - 2\, H_1 = d - P$
Diamètre extérieur écrou (fonds taraudage)	$D_4 = d + 2\, a_c$
Rayon au sommet	$R_{1\,max} = 0,5\, a_c$
Rayon de raccordement aux fonds de filets	$R_{2\,max} = a_c$

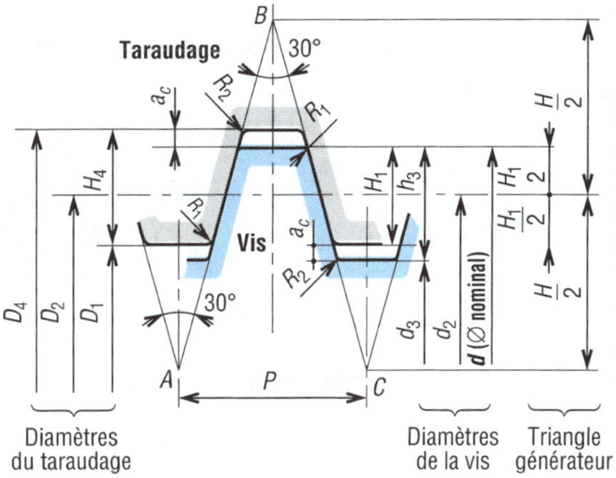

Tolérances

Tolérances	Écrou	Vis	Vide à fond de filet a_c			
Qualité moyenne	7 *H*	7 *e*	*p*	1,5	2 à 5	6 à 12
Qualité grossière	8 *H*	8 *c*	*a*	0,15	0,25	0,5

Profil pour filetages à deux filets

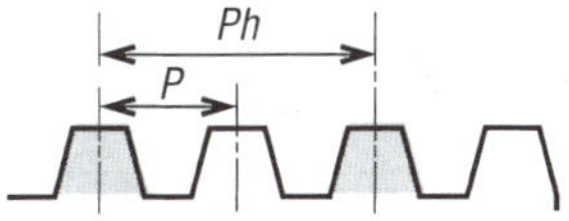

Définition des pas :

P_h : pas hélicoïdal (avance axiale par tour)
P : pas du profil
– vis à un seul filet : $P_h = P$
– vis à n filets : $P_h = n \times P$

Valeur du vide à fond de filet :
(a_c en fonction de P)

P (mm)	1,5	2 à 5	6 à 12	14 à 40
a_c (mm)	0,15	0,25	0,5	1

PROFIL TRAPÉZOÏDAL SYMÉTRIQUE

Désignation

• **Filetage à un seul filet – vis**

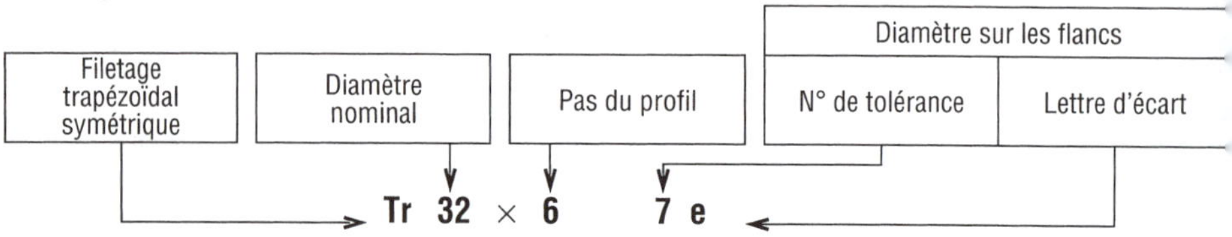

• **Filetage à plusieurs filets - vis à n filets**

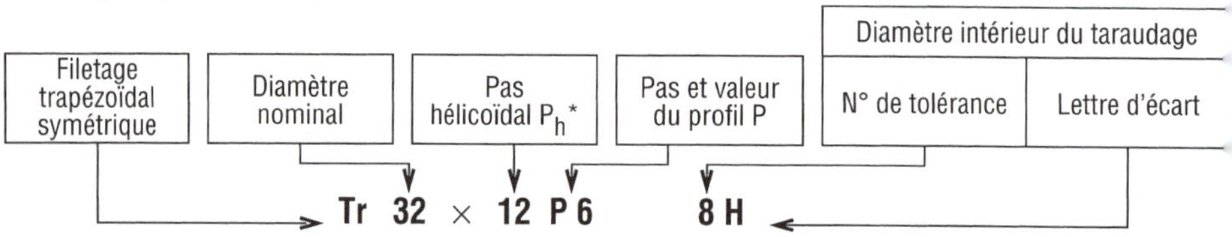

* $Ph = P \times$ nombre de filets (ex : ici $Ph = 12$, $P = 6$, d'où nombre de filets = 12/6 = 2)

• **Assemblage fileté trapézoïdal**

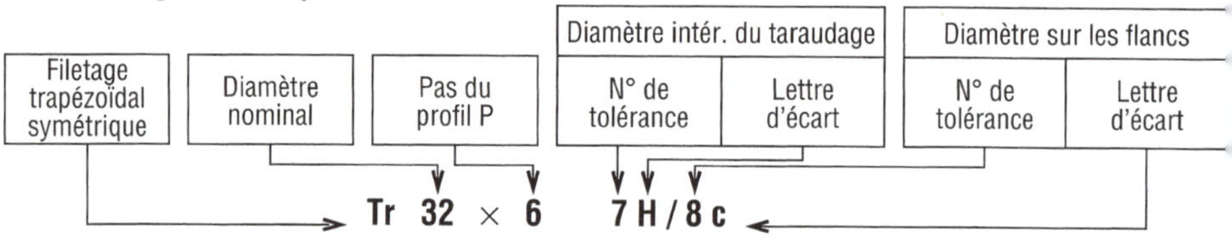

Valeurs des pas recommandés en fonction du diamètre nominal

Diamètre nominal (mm)		Pas *P* du profil (mm)													
		1,5	2	3	4	5	6	8	10	12	16	20	24	32	40
8	9	×													
10	11	×	×												
12	14	×	×												
16	18		×	×											
20	22		×	×	×										
25	28			×	×	×									
32	36				×	×	×								
40	45				×		×	×							
50	56					×		×	×						
63	70					×		×		×					
80	90					×			×		×				
100	110						×			×		×			
125	140						×			×		×			
160	180							×			×		×		
200	220								×			×		×	
250	280									×			×		×
320										×			×		×

Nota : – Ce tableau est valable aussi bien pour les vis à un seul filet que pour les vis à plusieurs filets.
– Les filetages à un seul filet sont en principe irréversibles.

PROFIL ROND

NF F 00-016
NF F 00-032

Le profil spécial des filetages à filet rond procure une très faible valeur de la surface de contact ***écrou et vis.*** Très arrondi, ce profil permet une réduction maximum des concentrations de contrainte et assure une résistance valable aux efforts importants ainsi qu'aux chocs. De ce fait, il est retenu pour les vis d'attelage de wagons.

Caractéristiques et représentation

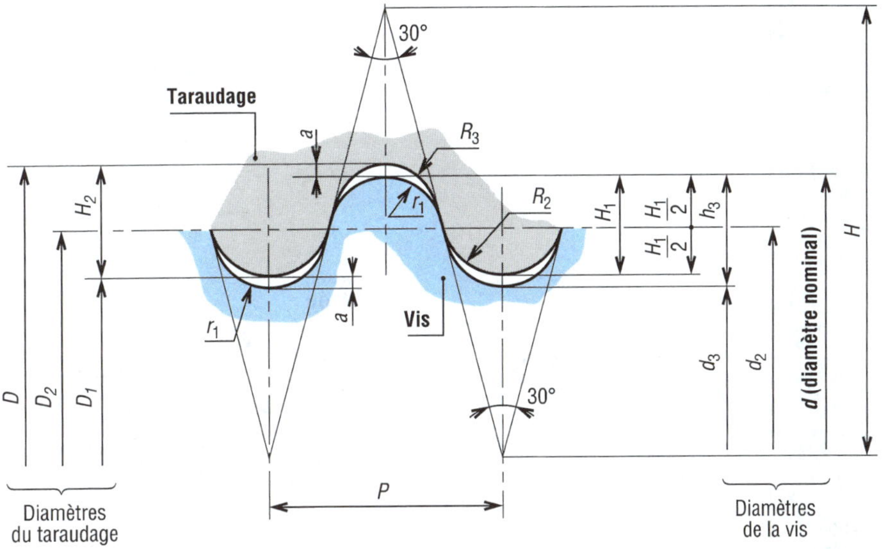

***P* = pas du profil**			
Diamètre nominal (diamètre extérieur vis)	d	**Diamètre sur flancs**	$D_2 = d_2 = d - H_1$
Hauteur du triangle de définition	$H = 1{,}866\ P$	**Diamètre noyau de la vis**	$d_3 = d - 2\ h_3$
Hauteur du filetage en contact	$H_1 = 0{,}45\ p$	**Diamètre intérieur écrou (sommet taraudage)**	$D_1 = D - 2\ H_2 = d - 2\ H_1$
Vide à fond de filet	$a = 0{,}05\ p$	**Diamètre extérieur écrou (fonds taraudage)**	D
Hauteur filetage de la vis	$h_3 = H_1 + a_c = 0{,}5\ P$	**Rayon au sommet**	$R_2 = r_1$
Hauteur filetage de l'écrou	$H_4 = H_1 + a_c = 0{,}5\ P$	**Rayon de raccordement aux fonds de filets**	$R_3 = r_1$

- ***Le choix du diamètre nominal*** est le même que pour le profil ISO.
- ***Le pas P*** est exprimé en mm et il est recommandé de choisir les pas : 2, 3, 4, 6…

Désignation

Filetage à filet rond | Diamètre nominal | Pas du profil | Sens de l'hélice | Nombre de filets

Rd 40 . 4, à gauche, 2 filets

Ce profil est intéressant et s'utilise pour les pièces tubulaires minces subissant des efforts importants dans un seul sens axial. Il offre également l'avantage de posséder une faible composante radiale de l'action de contact d'une pièce sur l'autre (voir schéma ci-dessous).

PROFIL TRAPÉZOÏDAL DISSYMÉTRIQUE « EN DENTS DE SCIE »

NF L 05-420

Caractéristiques et représentation

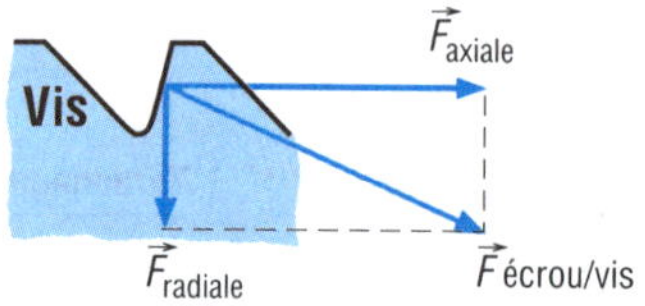

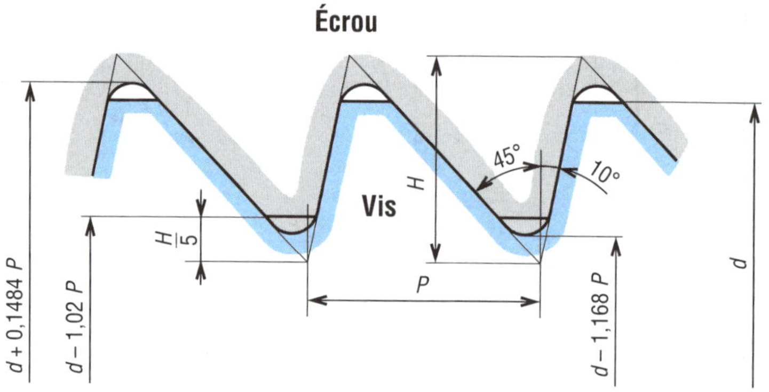

Diamètre nominal = *d*	Pas = *P*
Hauteur du triangle de définition	*H* = 0,850 *P*
Vide à fond de filet	*H*/5
Diamètre noyau de la vis	*d* – 1,168 *P*
Diamètre extérieur de l'écrou (Fonds taraudage)	*d* + 0,1484 *P*
Diamètre intérieur de l'écrou (Sommet du taraudage)	*d* – 1,02 *P*
***R*. max**	0,0899 *P*

- ***Le choix du diamètre nominal*** est le même que pour le profil ISO.
- ***Le pas P*** est exprimé en mm et il est recommandé de choisir les pas : 3, 4, 6, 8…

Désignation

Désignation	Diamètre nominal	Pas	Indications complémentaires
Dents de scie	42	4,5	à gauche, 3 filets

Dents de scie 42 . 4,5 à gauche, 3 filets

1.1.4. FILETAGES POUR TUYAUTERIES ET RACCORDS DITS « GAZ »

PROFIL DES FILETAGES POUR TUYAUTERIE AVEC ÉTANCHÉITÉ DANS LE FILET

NF E 03-004

Ces types de profils sont généralement utilisés pour les assemblages de tubes dans lesquels l'étanchéité du filetage est impérative.

La liaison étanche est assurée par un ***filetage extérieur conique*** monté dans un ***taraudage cylindrique.***

Ce profil est adopté dans le commerce pour les raccordements « tubes gaz ».

Caractéristiques et représentation des éléments filetés

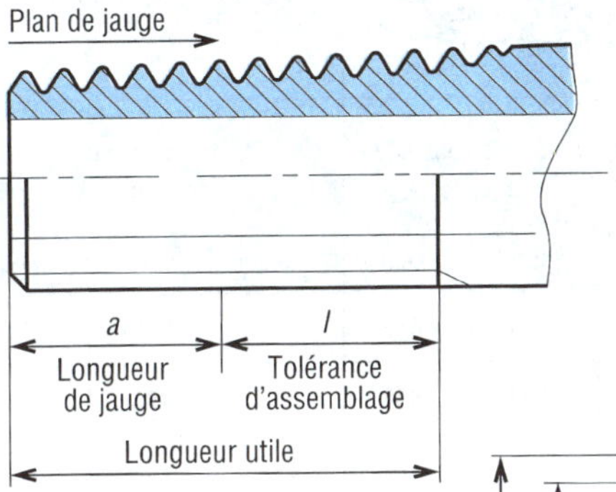

Filetage extérieur conique

(symbole R_c)

$H = 0{,}960237 \times P$	P } Voir tableau
$h = 0{,}640327 \times P$	a } page suivante
$r = 0{,}137278 \times P$	

Profil vis

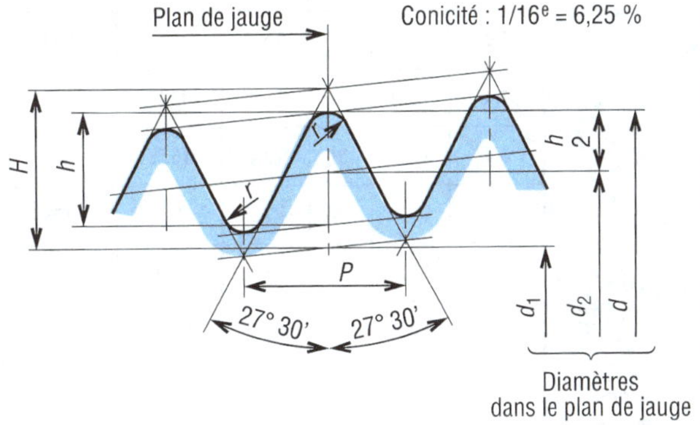

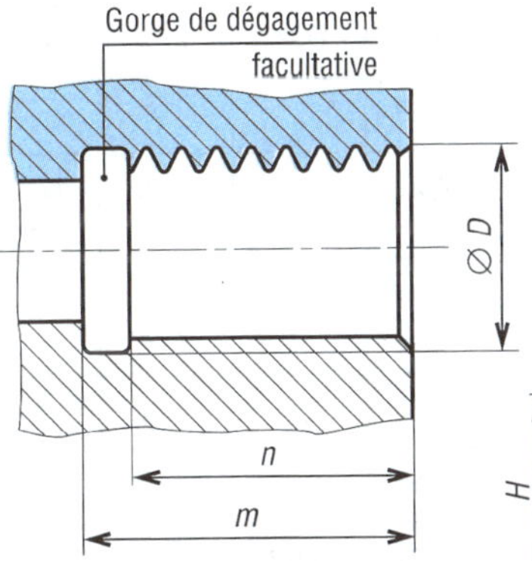

Taraudage cylindrique (symbole R_p)

$H = 0{,}960491 \times P$	
$h = 0{,}640327 \times P$	$n \geqslant 0{,}8$ (a mini + 1)
$r = 0{,}137329 \times P$	$m \geqslant a$ maxi + 1

Profil écrou

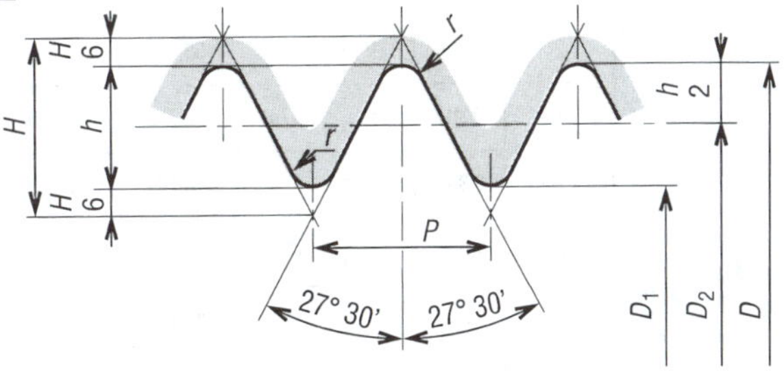

Désignation

Filetage **intérieur** cylindrique (tuyauterie avec étanchéité)	Dénomination	(Norme de référence)
Rp	**2 1/2,**	**NF E 03-004**

Filetage **extérieur** cônique (tuyauterie avec étanchéité)		
R	**2 1/2,**	**NF E 03-004**

PROFIL DES FILETAGES POUR TUYAUTERIE AVEC ÉTANCHÉITÉ DANS LE FILET

Dimensions et tolérances

DÉNOMINATION	PROFIL						FILETAGE AVEC ÉTANCHÉITÉ DANS LE FILET				
	PAS (mm)	Nombre de filets au pouce (25,4 mm)	Profondeur	DIAMÈTRES (Pris dans le plan de jauge pour le filetage extérieur conique)			Filetage extérieur conique				Filetage intérieur cylindriqu
				extérieur	sur flancs	du noyau	Longueur de jauge *a* (mm)			(mm)	Tolérance diamétrale sur flancs (mm)
	P		*h* (mm)	*D = d* (mm)	$D_2 = d_2$ (mm)	$D_1 = d_1$ (mm)	nominale	mini	maxi	/ mini	T_{D2}
1/16	0,907	28	0,581	7,723	7,142	6,561	3,970	3,063	4,877	2,5	±0,071
1/8	0,907	28	0,581	9,728	9,147	8,566	3,970	3,063	4,877	2,5	±0,071
1/4	1,337	19	0,856	13,157	12,301	11,445	6,012	4,675	7,349	3,7	±0,104
3/8	1,337	19	0,856	16,662	15,806	14,950	6,350	5,013	7,687	3,7	±0,104
1/2	1,814	14	1,162	20,955	19,793	18,631	8,164	6,350	9,978	5,00	±0,142
5/8	1,814	14	1,162	22,911	21,749	20,587					
3/4	1,814	14	1,162	26,441	25,279	24,117	9,525	7,711	11,399	5,00	±0,142
7/8	1,814	14	1,162	30,201	29,039	27,877					
1	2,309	11	1,479	33,249	31,770	30,291	10,391	8,082	12,700	6,4	±0,180
1 1/8	2,309	11	1,479	37,897	36,418	34,939					
1 1/4	2,309	11	1,479	41,910	40,431	38,952	12,700	10,391	15,009	6,4	±0,180
1 1/2	2,309	11	1,479	47,803	46,324	44,845	12,700	10,391	15,009	6,4	±0,180
1 3/4	2,309	11	1,479	53,746	52,267	50,788					
2	2,309	11	1,479	59,614	58,135	56,656	15,875	13,566	18,184	7,5	±0,180
2 1/4	2,309	11	1,479	65,710	64,231	62,752					
2 1/2	2,309	11	1,479	75,184	73,703	72,226	17,463	14,000	20,926	9,2	±0,217
2 3/4	2,309	11	1,479	81,534	80,055	78,576					
3	2,309	11	1,479	87,884	86,405	84,926	20,638	17,175	24,101	9,2	±0,217
3 1/2	2,309	11	1,479	100,330	98,851	97,372	22,225	18,762	25,668	9,2	±0,217
4	2,309	11	1,479	113,030	111,551	110,072	25,400	21,937	28,863	10,4	±0,217
4 1/2	2,309	11	1,479	125,730	124,251	122,772					
5	2,309	11	1,479	138,430	136,951	135,472	28,575	25,112	32,038	11,5	±0,217
5 1/2	2,309	11	1,479	151,130	149,651	148,172					
6	2,309	11	1,479	163,830	162,351	160,872	28,575	25,112	32,038	11,5	±0,217

Le profil permet à un filetage extérieur cylindrique (vis) de s'assembler avec un taraudage cylindrique (écrou).
Le taraudage cylindrique doit permettre l'assemblage indifféremment avec le filetage extérieur cylindrique ou avec le filetage extérieur conique.

PROFIL DES FILETAGES POUR TUYAUTERIE SANS ÉTANCHÉITÉ DANS LE FILET

NF E 03-005

Caractéristiques et représentation des éléments filetés

Filetage intérieur cylindrique

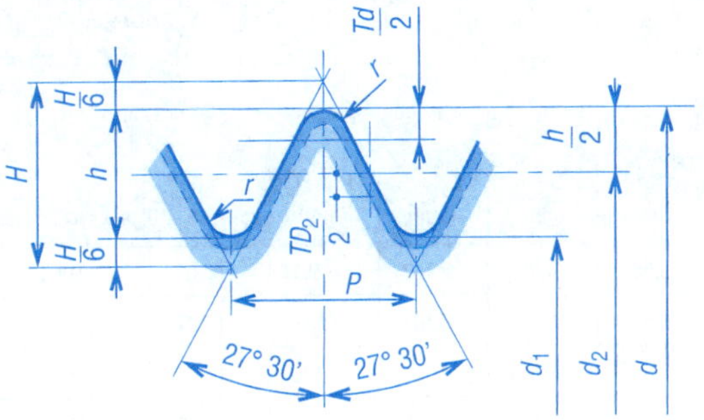

$H = 0{,}960491 \times P$
$h = 0{,}640327 \times P$
$r = 0{,}137329 \times P$

Filetage extérieur cylindrique

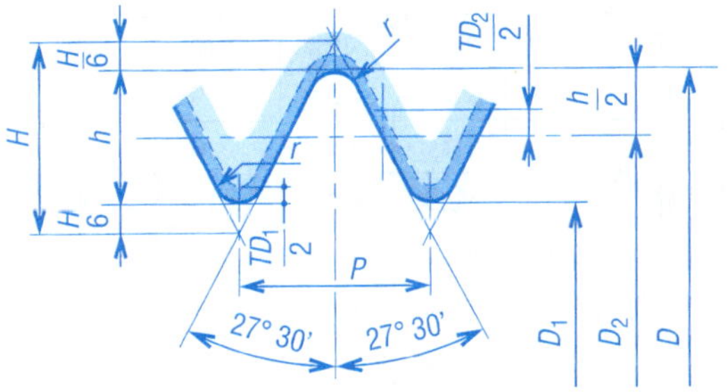

Désignation

- ***Filetage intérieur cylindrique***

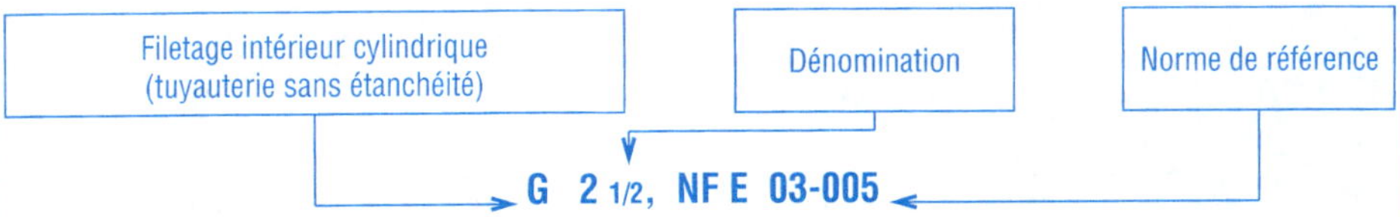

- ***Filetage extérieur cylindrique***

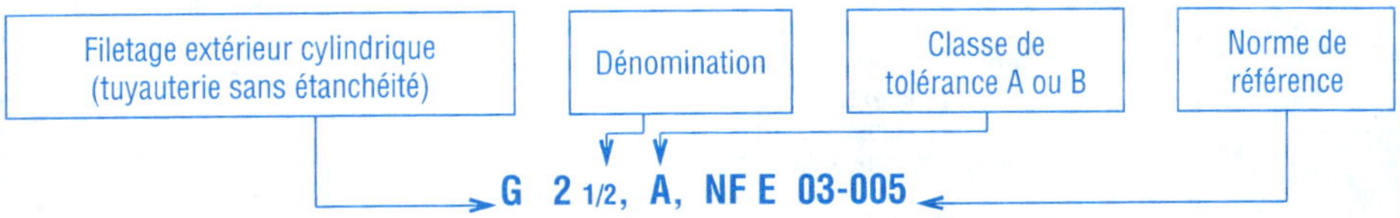

PROFIL DES FILETAGES POUR TUYAUTERIE SANS ÉTANCHÉITÉ DANS LE FILET

NF E 03-005

Dimensions et tolérances

DÉNOMINATION	PROFIL						FILETAGE AVEC ÉTANCHÉITÉ DANS LE FILET				
	PAS (mm)	Nombre de filets au pouce (25,4 mm)	Profondeur	DIAMÈTRES (Pris dans le plan de jauge pour le filetage extérieur conique)			Filetage extérieur cylindrique Tolérances (Écarts supérieurs nuls) écarts inférieurs (mm)			Filetage intérieur cylindrique Tolérances écarts supérieurs (mm)	
				extérieur	sur flancs	du noyau	sur flancs		sur sommets	sur flancs	sur sommets
	P		h (mm)	$D = d$ (mm)	$D_2 = d_2$ (mm)	$D_1 = d_1$ (mm)	classe A	classe B	Td	T_{D2}	T_{D1}
1/16	0,907	28	0,581	7,723	7,142	6,561	– 0,107	– 0,214	– 0,214	+ 0,107	+ 0,282
1/8	0,907	28	0,581	9,728	9,147	8,566	– 0,107	– 0,214	– 0,214	+ 0,107	+ 0,282
1/4	1,337	19	0,856	13,157	12,301	11,445	– 0,125	– 0,250	– 0,250	+ 0,125	+ 0,445
3/8	1,337	19	0,856	16,662	15,806	14,950	– 0,125	– 0,250	– 0,250	+ 0,125	+ 0,445
1/2	1,814	14	1,162	20,955	19,793	18,631	– 0,142	– 0,284	– 0,284	+ 0,142	+ 0,541
5/8	1,814	14	1,162	22,911	21,749	20,587	– 0,142	– 0,284	– 0,284	+ 0,142	+ 0,541
3/4	1,814	14	1,162	26,441	25,279	24,117	– 0,142	– 0,284	– 0,284	+ 0,142	+ 0,541
7/8	1,814	14	1,162	30,201	29,039	27,877	– 0,142	– 0,284	– 0,284	+ 0,142	+ 0,541
1	2,309	11	1,479	33,249	31,770	30,291	– 0,180	– 0,360	– 0,360	+ 0,180	+ 0,640
1 1/8	2,309	11	1,479	37,897	36,418	34,939	– 0,180	– 0,360	– 0,360	+ 0,180	+ 0,640
1 1/4	2,309	11	1,479	41,910	40,431	38,952	– 0,180	– 0,360	– 0,360	+ 0,180	+ 0,640
1 1/2	2,309	11	1,479	47,803	46,324	44,845	– 0,180	– 0,360	– 0,360	+ 0,180	+ 0,640
1 3/4	2,309	11	1,479	53,746	52,267	50,788	– 0,180	– 0,360	– 0,360	+ 0,180	+ 0,640
2	2,309	11	1,479	59,614	58,135	56,656	– 0,180	– 0,360	– 0,360	+ 0,180	+ 0,640
2 1/4	2,309	11	1,479	65,710	64,231	62,752	– 0,217	– 0,434	– 0,434	+ 0,217	+ 0,640
2 1/2	2,309	11	1,479	75,184	73,703	72,226	– 0,217	– 0,434	– 0,434	+ 0,217	+ 0,640
2 3/4	2,309	11	1,479	81,534	80,055	78,576	– 0,217	– 0,434	– 0,434	+ 0,217	+ 0,640
3	2,309	11	1,479	87,884	86,405	84,926	– 0,217	– 0,434	– 0,434	+ 0,217	+ 0,640
3 1/2	2,309	11	1,479	100,330	98,851	97,372	– 0,217	– 0,434	– 0,434	+ 0,217	+ 0,640
4	2,309	11	1,479	113,030	111,551	110,072	– 0,217	– 0,434	– 0,434	+ 0,217	+ 0,640
4 1/2	2,309	11	1,479	125,730	124,251	122,772	– 0,217	– 0,434	– 0,434	+ 0,217	+ 0,640
5	2,309	11	1,479	138,430	136,951	135,472	– 0,217	– 0,434	– 0,434	+ 0,217	+ 0,640
5 1/2	2,309	11	1,479	151,130	149,651	148,172	– 0,217	– 0,434	– 0,434	+ 0,217	+ 0,640
6	2,309	11	1,479	163,830	162,351	160,872	– 0,217	– 0,434	– 0,434	+ 0,217	+ 0,640

Pour les filetages extérieurs **sans étanchéité**, il existe 2 classes de tolérance sur le diamètre à flanc de filet.

classe A = écart négatif, égal à la valeur de l'écart sur le filetage intérieur

classe B = écart entièrement négatif, valeur double de celui de la classe A

11.1.5. REPRÉSENTATION DES FILETAGES NF E 04-012/ISO 6410

Désignation | **Représentation normalisée** | **Conventions**

TIGE FILETÉE

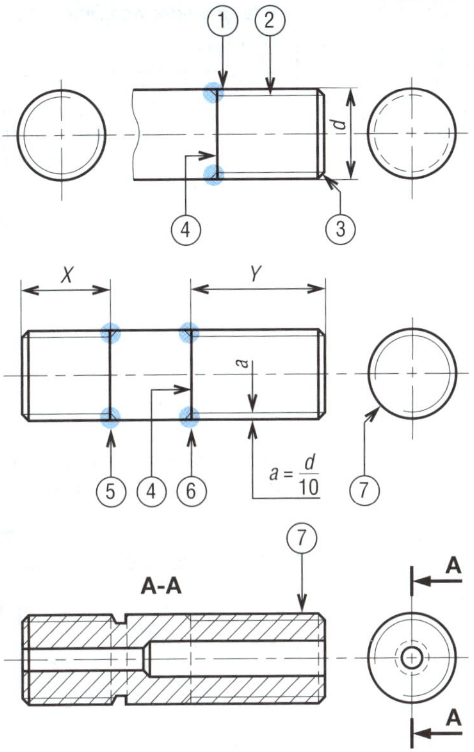

Vue longitudinale des filetages

(1) ***Le sommet du filet*** est représenté par un trait continu fort.

(2) ***Le fond de filet*** est précisé par un trait continu fin.

(3) Les vis dont le filetage est usiné présentent un ***chanfrein d'extrémité.***
Notons que les vis roulées ne possèdent pas de chanfrein.

(4) ***L'arrêt du filetage*** ou du taraudage est indiqué par un trait fort. En principe, au-delà, les filets incomplètement formés (5) et (6) n'ont pas à être représentés. Cependant la nécessité fonctionnelle implique de représenter cette partie incomplètement formée par un trait fin incliné à 30° par rapport au contour apparent. Ce trait fin supprime l'ambiguïté de texture entre la longueur de filetage utilisable et la longueur totale filetée.

(7) Pour les ***pièces filetées représentées coupées,*** les hachures sont prolongées jusqu'au trait limitant le sommet des filets.
Nota : le chanfrein d'extrémité ne se représente pas dans le cas des pièces filetées vues en bout.

TROUS TARAUDÉS

Trou taraudé débouchant

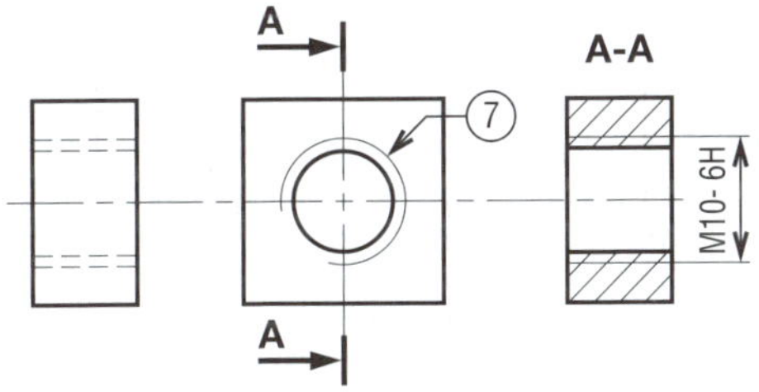

Trou taraudé borgne

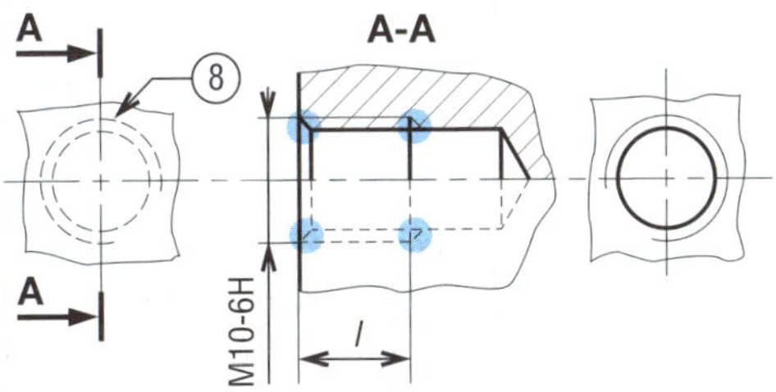

Vue en bout des filetages

(7) Le sommet des filets est représenté en trait fort et le fond de filet par une portion de cercle sensiblement égale aux 3/4 de la longueur de ce cercle, réalisé en trait continu fin.

(8) Dans le cas du ***filetage vu en bout et caché***, le sommet et le fond de filet sont représentés par des traits interrompus fins.

TIGE FILETÉE DANS TROU BORGNE TARAUDÉ

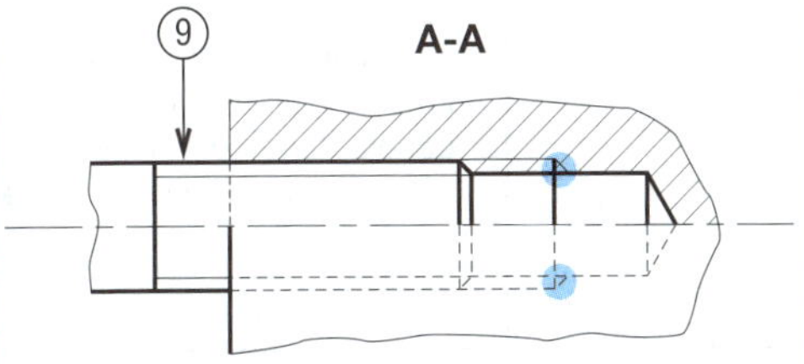

(9) La représentation du filetage de la vis l'emporte sur celle du trou taraudé.

Les filetages extérieurs cachent toujours les filetages intérieurs.

11.1.6. COTATION DES FILETAGES

TRACE ET COTATION D'UN EMBOUT FILETÉ EXTÉRIEUREMENT

Forme A

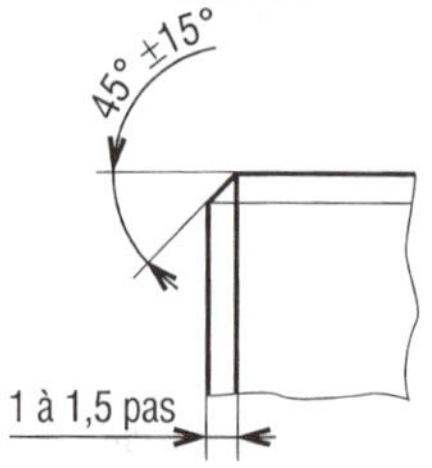

Chanfrein extérieur A

Forme B

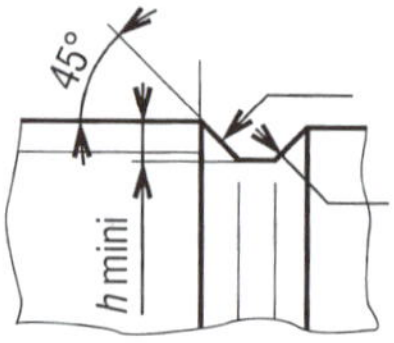

Gorge extérieure B

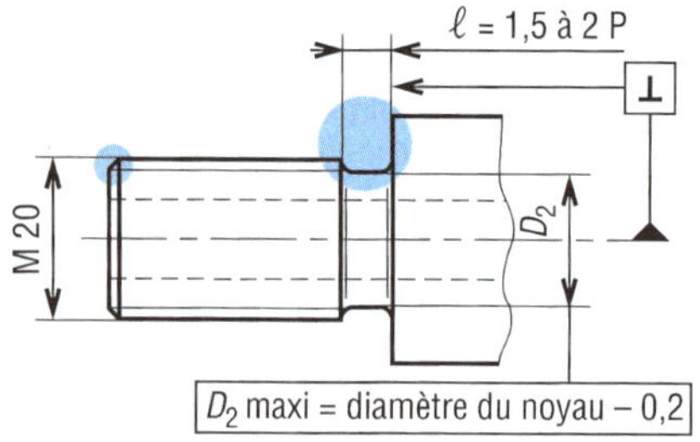

Forme C

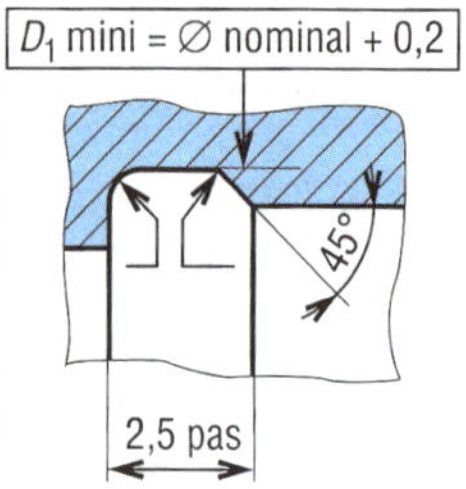

Gorge intérieure C

Forme D

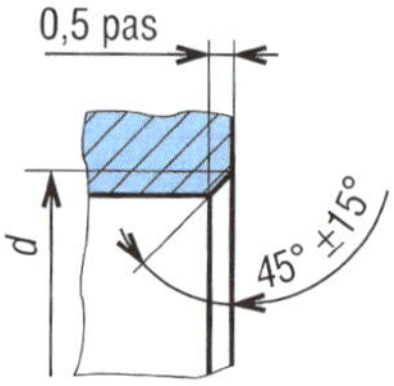

Chanfrein intérieur D

La cotation des filetages doit fournir :

- ***le diamètre nominal :*** commun à la vis et à l'écrou ;
- ***le profil utilisé :*** désigné par la normalisation ;
- ***la longueur filetée :*** déterminée par la cotation fonctionnelle. (On tiendra compte d'une longueur de 1,5 à 2,5 pas pour les filets imparfaitement formés) ;
- ***les chanfreins d'entrée et les gorges de dégagement.***

Dimensions des rayons et des IT

(Intervalles de tolérance)

PAS	r_1	r_2	IT r_1	IT r_2
0,5	0,4	0,2	0,08	0,04
0,7	0,6	0,3	0,12	0,06
0,8	0,6	0,3	0,12	0,06
1	0,6	0,3	0,12	0,06
1,25	1	0,5	0,2	0,10
1,5	1	0,5	0,2	0,10
1,75	1,2	0,6	0,24	0,12
2	1,5	0,8	0,30	0,16
2,5	1,8	0,9	0,36	0,18
3	2,2	1	0,44	0,20
3,5	2,5	1,2	0,50	0,24
4	2,8	1,4	0,56	0,28

TRACE ET COTATION D'UN RACCORD FILETÉ INTÉRIEUREMENT

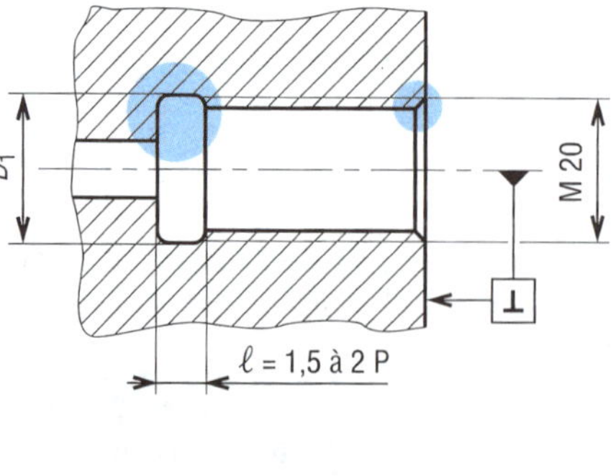

Remarque :

- Il faut obligatoirement éviter les angles vifs à fond de gorge afin de diminuer les amorces de rupture.
- Lorsqu'il s'agit de deux pièces filetées et bloquées le long d'un axe et sur un plan d'appui commun, ce plan doit être prévu et coté perpendiculairement à cet axe, afin d'éviter la déformation des pièces de l'assemblage.

11.1.7. MONTAGES D'ENSEMBLES FILETÉS NF E 27-025/040/041/NF EN 20898/ISO 898

Pour réaliser des assemblages rigides et démontables, on utilise les vis, les écrous, les goujons, les boulons. Chacun de ces éléments doit être monté en respectant certains critères (longueurs de taraudage, d'implantation...). Le serrage de l'écrou provoque une ***liaison par adhérence*** entre les différentes surfaces des pièces.

Désignation	Représentation	Critères de montage
ASSEMBLAGE PAR VIS	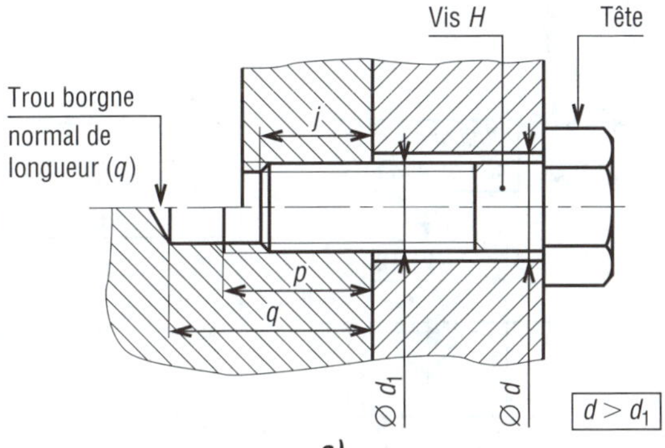 ***a)***	**Trou lisse de diamètre (*d*)** Le diamètre est choisi dans le tableau des dimensions en fonction du diamètre nominal de la vis. **Implantation (*J*)** Longueur du filetage en prise a) Pour la vis $0,5\,d \leqslant J \leqslant 1,5\,d$ b) Pour le goujon $1,5\,d \leqslant J \leqslant 2\,d$
ASSEMBLAGE PAR GOUJON	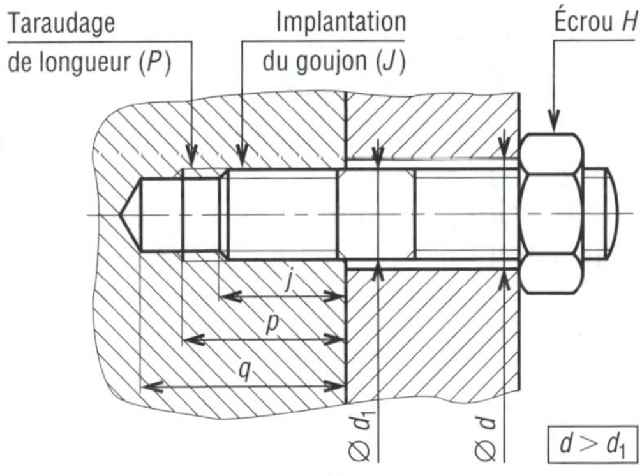 ***b)***	**Profondeur du perçage (*q*)** $q = J + 8$ à 9 pas **Profondeur du taraudage (*P*)** $P = J + 3$ à 4 pas
ASSEMBLAGE PAR BOULON	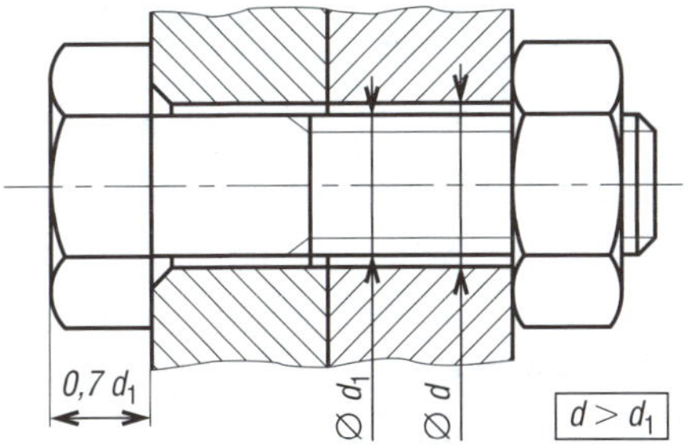	***Remarque :*** Afin de faciliter le montage, il est recommandé de chanfreiner l'entrée du trou ou de l'alésage qui reçoit la vis.

Filetages

Désignation	Représentation	Critères de montage

ASSEMBLAGE AVEC LAMAGE (assurant une meilleure portée de la rondelle, de la tête de vis)

ASSEMBLAGE AVEC CHAMBRAGE (évitant le dépassement de la tête de vis)

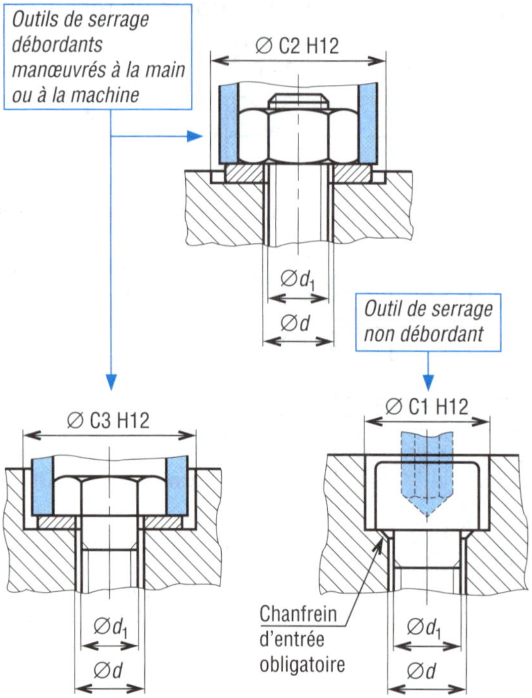

Dimensions

Diamètre nominal d_1	Diamètre trou de passage Ø *d* H12 fine	H13 moyenne	H14 large
M 2	2,2	2,4	2,6
M 2,5	2,7	2,9	3,1
M 3	3,2	3,4	3,6
(M 3, 5)	3,7	3,9	4,2
M 4	4,3	4,5	4,8
M 5	5,3	5,5	5,8
M 6	6,4	6,6	7
M 8	8,4	9	10
M 10	10,5	11	12
M 12	13	13,5	14,5
(M 14)	15	15,5	16,5
(M 16)	17	17,5	18,5
M 20	21	22	24
M 24	25	26	28
M 30	31	33	35
M 36	37	39	42

11.1.8. DOUILLES DE CENTRAGE

Les douilles de centrage sont très utilisées pour assurer le positionnement des éléments les uns par rapport aux autres (outillage de presse et de mécanique générale). L'alésage central permet le passage de la vis de fixation, qui maintient l'ensemble des éléments. Les douilles de centrage protègent également les vis de fixation contre toute sollicitation éventuelle au cisaillement.

On trouve ces douilles de centrage sous forme :
- ***lisse,***
- ***taraudée.***

DOUILLE DE CENTRAGE LISSE (pour alésage débouchant)

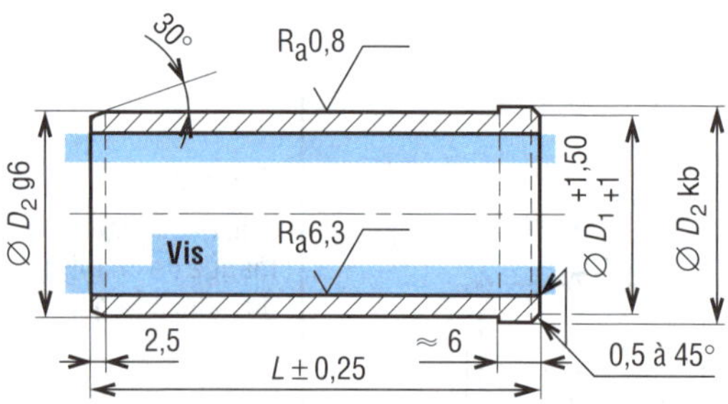

Matière

Acier cementé trempé
Dureté HRc 65

Désignation

Douille de centrage lisse
$D = 16$, $L = 80$

Dimensions

	Ø inter. D_1	12	16	20	25
	Ø exter. D_2	18	22	28	32
L	50	15,50			
	56	16,50	20,60	26,80	31,90
	63	17,50	21,60	28,80	34,00
	71	18,50	22,70	30,90	36,10
	80	19,60	23,70	33,00	38,10
	90	20,60	25,80	35,00	40,20
	100	21,60	27,80	37,10	43,30
	112		29,90	40,20	46,40
	125			43,30	49,40
	140			46,40	52,50

DOUILLE DE CENTRAGE TARAUDÉE (pour alésage borgne)

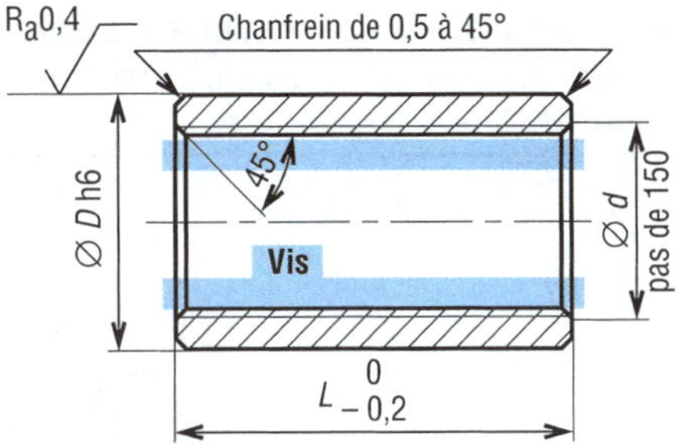

Matière

Acier cementé trempé
Dureté HRc 65

Désignation

Douille de centrage taraudée
$D = 20$, $L = 17$

Dimensions

Pour vis de		8	10	12	14	16
d		10	12	14	16	18
D		15	18	20	24	26
L	6	10,30	11,30	12,40	14,40	
	8			13,40	15,50	17,50
	12	11,30				
	15		13,40			
	17			16,50		
	18				18,50	20,60
	20	14,40	15,50			
	25			18,50	20,60	22,70
	30	17,50	18,50	20,60	22,70	24,70
	40	19,60	20,60	22,70	24,70	26,80

APPLICATIONS

- **Montage avec douilles de centrage lisses**

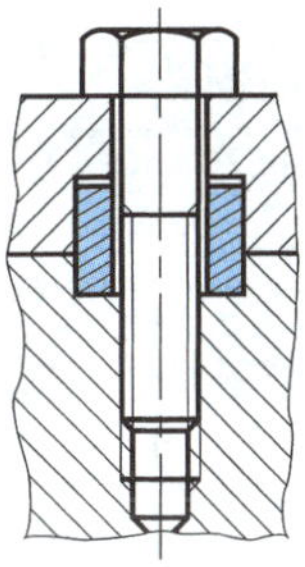

Protection de la vis de fixation contre toute sollicitation au cisaillement.

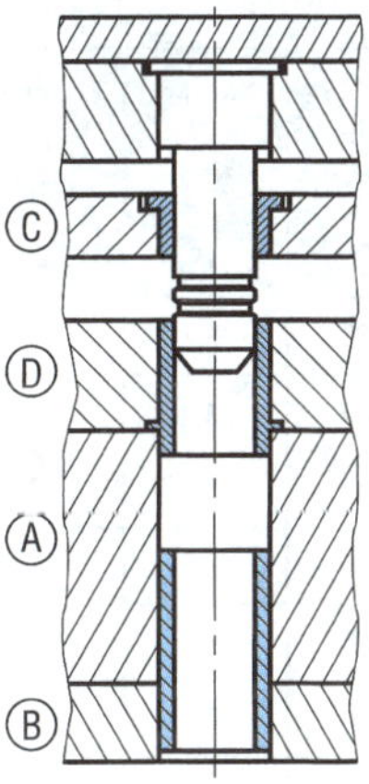

Positionnement des pièces
Ⓐ - Ⓑ
Guidage avec les bagues
Ⓒ - Ⓓ

- **Montage avec douilles de centrage taraudées**

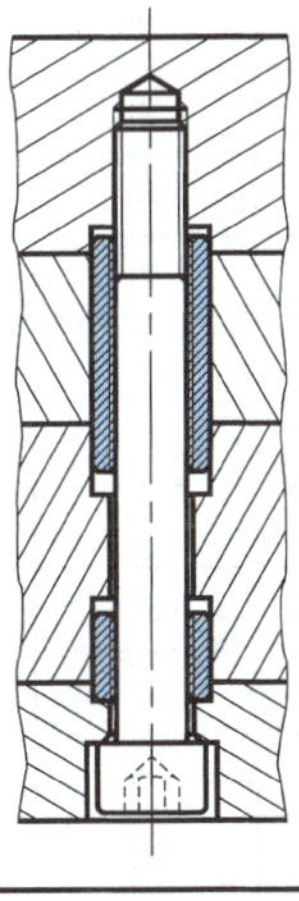

L'alésage des douilles permet le passage de la vis (jeu mini de 1 mm) et la fixation de l'ensemble.

- **Principe d'extraction d'une douille de centrage**

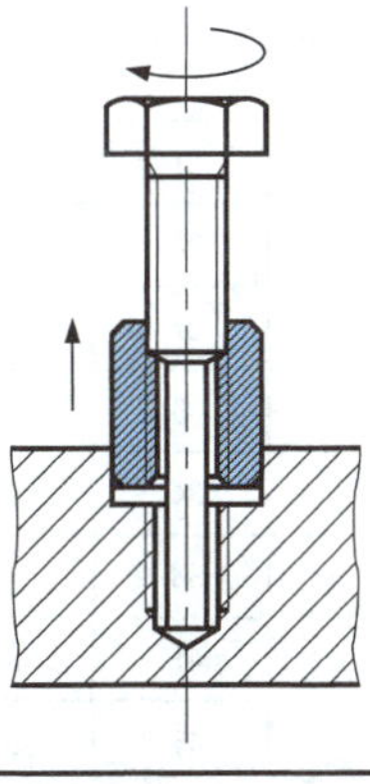

Exemple de montage pour l'extraction d'une douille de centrage engagée dans un trou borgne.

11.1.9. CLÉS DE MANŒUVRE DES VIS ET ÉCROUS NF E 74-306

Les outils de manœuvre des vis et écrous sont nombreux et variés. Leurs formes et leurs dimensions tiennent compte du débordement ou du non-débordement de la tête de manœuvre et du couple de serrage à assurer.

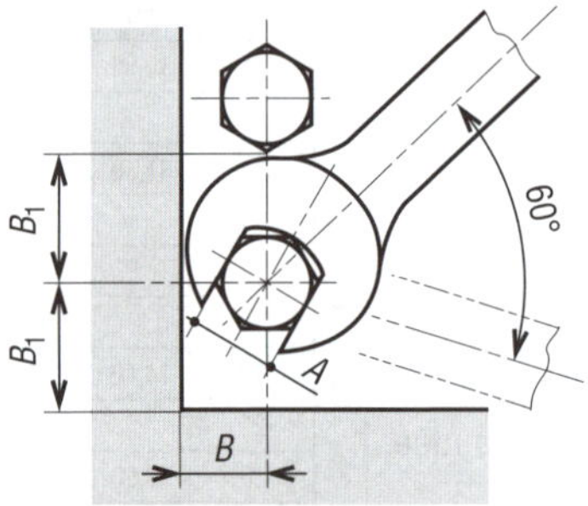

Sans retournement de clé

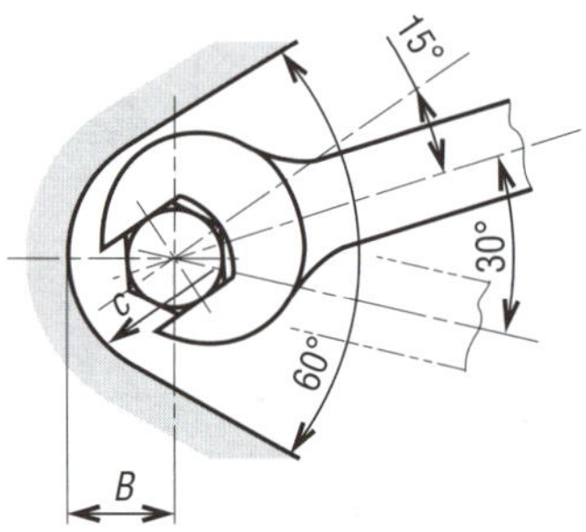

Avec retournement de clé

Dimensions

DÉGAGE-MENTS

DÉGAGEMENTS - LAMAGES - CHAMBRAGES									
Diamètre nominal	Pas de la vis	Surplat de la tête	Zone de dégagement		OUTIL DE SERRAGE			∅ clé	∅ clé
					Non débordant	Débordant			
						Serrage main	Serrage machine		
D	*P*	*A*	*B*	B_1	C_1	C_2	C_3	*E*	*E*
1,6	0,35	3,2	5	7	5	8	10	7	6
2	0,40	4	7	9	6	10	11	8	8
2,5	0,45	5	7	9	7	12	13	10	9,5
3	0,50	5,5	7	10	8	12	14	10,5	10
3,5	0,60	6	8	12	8	12	16	11	10,5
4	0,70	7	8	13	10	14	18	12,5	11,5
5	0,80	8	10	16	11	16	22	14	13
6	1	10	11	18	13	20	24	17	16
7	1	11	11	18	16	20	26	18,5	17
8	1,25	13	13	20	18	24	30	21,5	20,5
10	1,50	16	17	26	20	30	38	26	24,5
12	1,75	18	19	28	22	34	45	29	27
14	2	21	21	31	26	38	53	33,5	30,5
16	2	24	23	34	30	42	53	38	34,5
18	2,5	27	25	37	32	45	63	42,5	38,5
20	2,5	30	29	42	36	48	63	47	42
22	2,5	34	32	45	38	53	63	53	48
24	3	36	33	46	42	56	85	56	50
27	3	41	36	53	48	63	95	63,5	57
30	3,5	46	37	60	53	75	95	71	63

CLÉ À FOURCHE PLATE DOUBLE

NF E 74-304

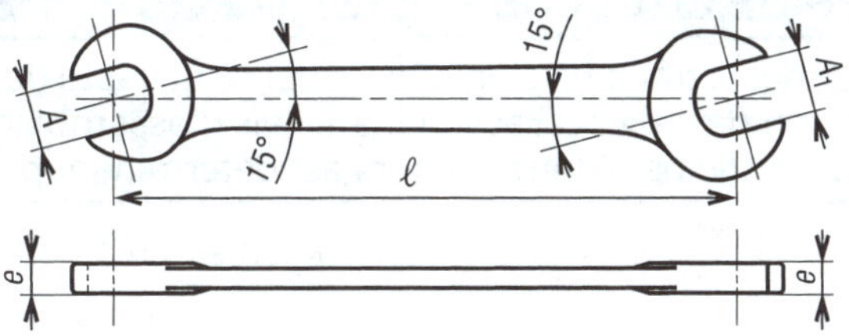

Dimensions

	Désignation $A \times A_1$	e_{maxi}	ℓ_{maxi}
SÉRIE PRINCIPALE	3,2 × 4	4	95
	5 × 5,5	4	105
	6 × 7	4,5	130
	7 × 8	4,5	130
	10 × 11	6	145
	13 × 17	7,5	200
	19 × 22	10	240
	24 × 27	12	270
	30 × 32	14	305
	36 × 41	17	380

	Désignation $A \times A_1$	e_{maxi}	ℓ_{maxi}
SÉRIE SECONDAIRE	4 × 5	4	105
	5,5 × 7	4,5	130
	8 × 10	5,5	140
	11 × 13	6	160
	12 × 14	6,5	175
	17 × 19	8,5	210
	22 × 24	10	255
	27 × 30	13	290
	32 × 36	14	320
	41 × 46	19	415

CLÉ POLYGONALE DOUBLE DROITE

NF E 74-304

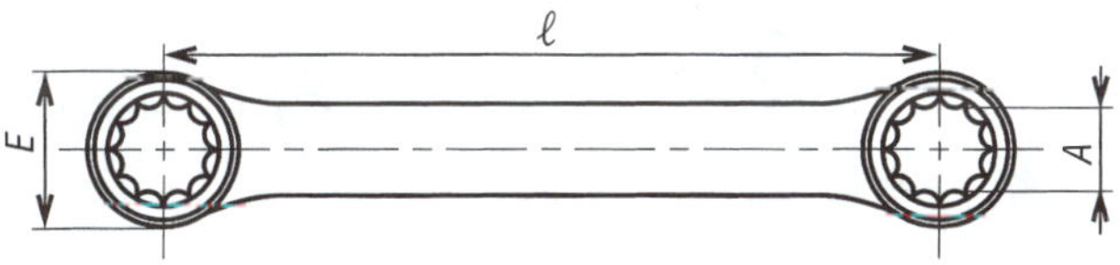

① CLÉ À BEQUILLE ② CLÉ EN TUBE

NF E 74-303

①

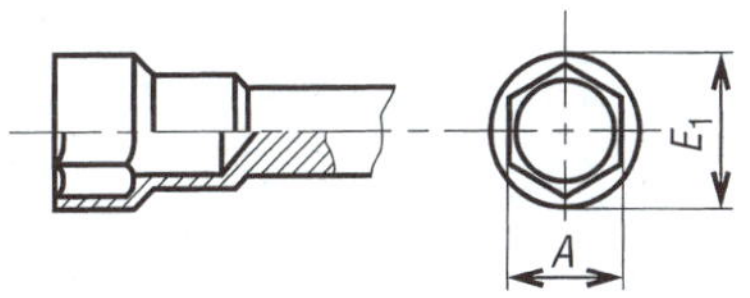

②

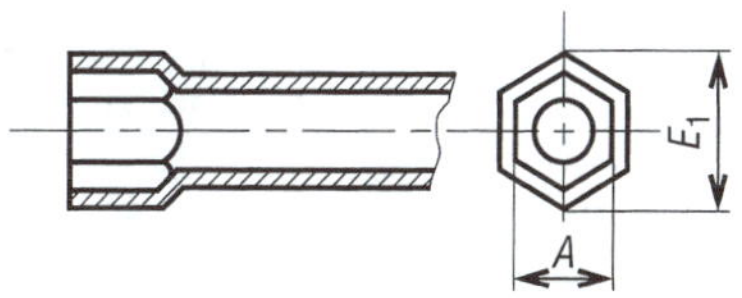

CLÉ COUDÉE POUR VIS À 6 PANS CREUX

NF E 74-331

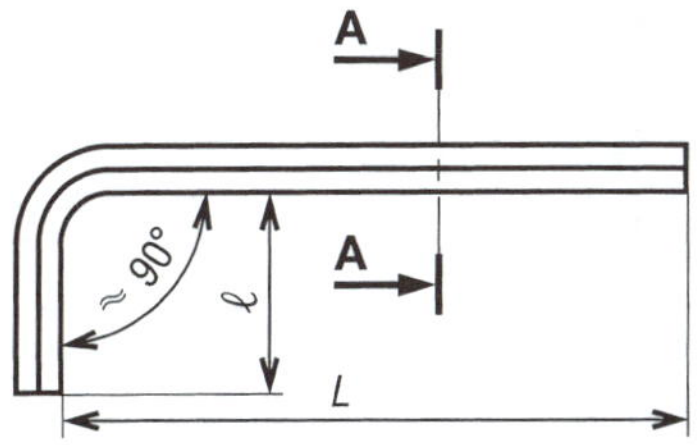

A-A

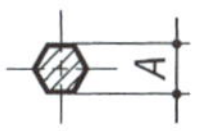

A	L	ℓ	A	L	ℓ	A	L	ℓ
0,7	32	6	4	70	25	17	160	63
0,9	32	10	5	80	28	19	180	70
1,3	40	12	6	90	32	22	200	80
1,5	45	14	8	100	36	24	224	90
2	50	16	10	112	40	27	250	100
2,5	56	18	12	125	45	32	315	125
3	63	20	14	140	56	36	355	140

11.2. BOULONNERIE - VISSERIE

11.2.1. CRITÈRES DE CHOIX DES TÊTES DE VIS ET DES BOULONS NF E 25-031

L'entraînement permet la transmission d'un couple à une tête de vis (ou à un écrou) au moyer de l'outil adéquat, afin de serrer un assemblage (vis d'assemblage) ou d'exercer une pressior (vis de pression). Le principe d'entraînement est déterminant pour une bonne conception.

	Modes d'entraînements ↓ / Critères →	Symboles	Dégagement inutile autour de la tête de l'outil	Capacité de transmission de couple	Classe de qualité maximale théorique	Aptitude au montage automatisé	Longévité de l'outil de serrage	Aptitude au dévissage	Aptitude à recevoir un revêtement	Facilité de nettoyage (hygiène alimentaire)	Absence de risque de blessure	EXEMPLES D'UTILISATION
Entraînements externes	Hexagonal	H	nulle	très bonne	12,9	très bonne	très bonne	très bonne	très bonne	très bonne	très bonne	Vis à métaux Vis à bois Vis à tôle Écrous Toute utilisation mécanique.
Entraînements externes	Carré	Q	nulle	passable	10,9	moyenne	moyenne	nulle	très bonne	bonne	moyenne	Vis à métaux Vis à bois Écrous Utilisation fréquente pour le matériel agricol charpentes en bois…
Entraînements externes	Six lobes externes		très bonne	très bonne	12,9	très bonne	très bonne	très bonne	très bonne	moyenne	passable	Intéressant par son faible encombrement et s capacité de transmission du couple (vis d bardage).
Entraînements internes (Empreintes)	Six pans creux	HC	très bonne	bonne	10,9	moyenne	moyenne	moyenne	moyenne	nulle	bonne	Vis à métaux Utilisation en construction mécanique (pe met de noyer la tête de vis).
Entraînements internes (Empreintes)	Six lobes internes	X	très bonne	très bonne	12,9	très bonne	très bonne	très bonne	bonne	nulle	très bonne	Vis à métaux Vis à tôle Remplace avantageusement la vis 6 pans creu Transmet les couples importants, engrène ment aisé des outils de vissage automatique
Entraînements internes (Empreintes)	Cruciforme (dit « Pozdriv »)	Z	très bonne	moyenne	6,8	très bonne	moyenne	moyenne	très bonne	nulle	très bonne	Vis à métaux Vis à bois Utilisé pour les vissages mécanisés, difficulté de dévissage (appareils ménager garnitures automobiles…).
Entraînements internes (Empreintes)	Cruciforme (dit « Philips »)	H	très bonne	passable	5,8	très bonne	moyenne	moyenne	moyenne	nulle	bonne	Utilisation identique à l'empreinte Z. Échappement de l'outil plus important qu l'empreinte Z en montage mécanique ains que lors du dévissage.
Entraînements internes (Empreintes)	Fente (tournevis)	S	très bonne	passable	4,8	moyenne	passable	passable	très bonne	moyenne	moyenne	Vis à métaux Vis à bois Vis à tôle Utilisation, très répandue, en prévision d'u mastiquage ou d'une peinture.
Entraînements internes (Empreintes)	Encoches		passable	moyenne	8,8	passable	passable	très bonne	très bonne	nulle	passable	Écrous Utilisé pour le montage des roulements ave rondelle frein.
Multi entraînements	Hexagonal fendu	HS	passable	moyenne	8,8	bonne	moyenne	passable	très bonne	passable	passable	Vis à métaux Permet le montage automatique par l'empreint et le dévissage par la fente.
Multi entraînements	Six pans creux fendu	HCS	très bonne	passable	8,8	moyenne	très bonne	passable	moyenne	nulle	passable	
Multi entraînements	Cruciforme fendu ou six lobes fendu	ZS XS	très bonne	passable	8,8	bonne	bonne	passable	bonne	nulle	passable	

Légende : très bonne — bonne — moyenne — passable — nulle

11.2.2. VIS D'ASSEMBLAGE

Les vis sont des composants filetés munis d'une tête permettant l'entraînement et d'une extrémité adaptée pour réaliser différentes fonctions mécaniques telles que assemblage, pression, arrêt, guidage et blocage.

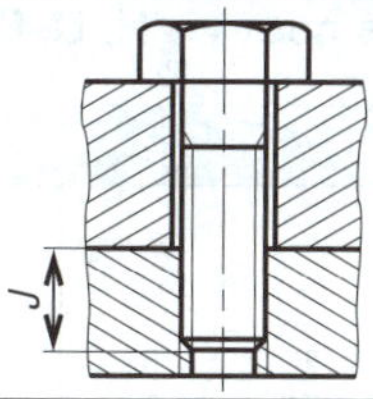

VIS D'ASSEMBLAGE
H

ENTRAINEMENT HEXAGONAL

L'entraînement hexagonal est très utilisé, il permet de fournir un couple de serrage important.

- **Vis à tête hexagonale H**

Filetage usiné
ISO 24014

Filetage roulé
NF EN 24015

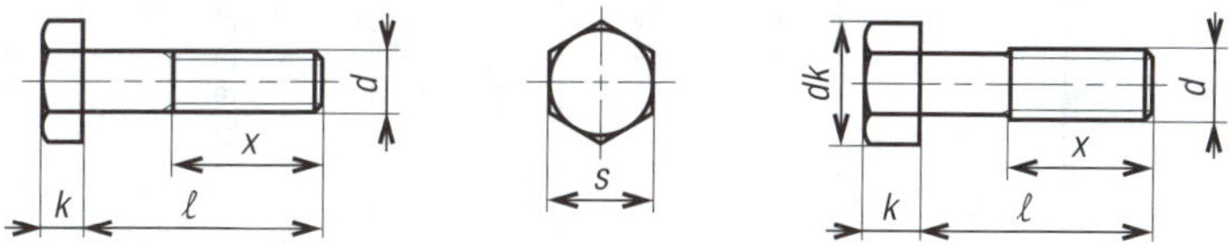

DÉSIGNATION COMPLÈTE NORMALISÉE

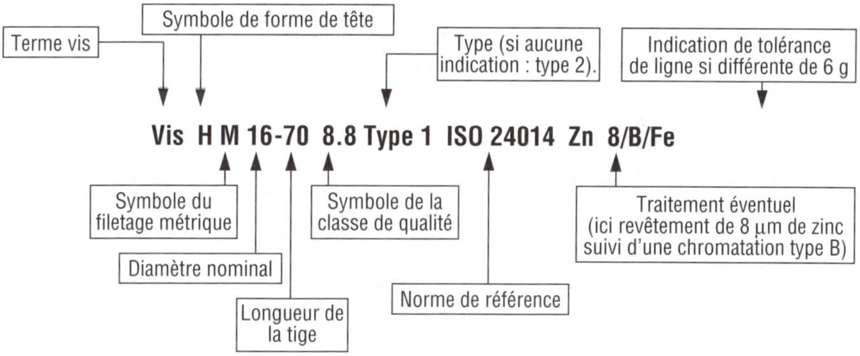

ENTRAINEMENT CARRÉ

L'entraînement carré est très utilisé lorsque les démontages et remontages sont répétés (les angles du carré résistent mieux que ceux de l'hexagone). Bonne transmission du couple de serrage.

- **Vis à tête carrée Q**

NF E 25-117

Filetage roulé
NF E 25-116

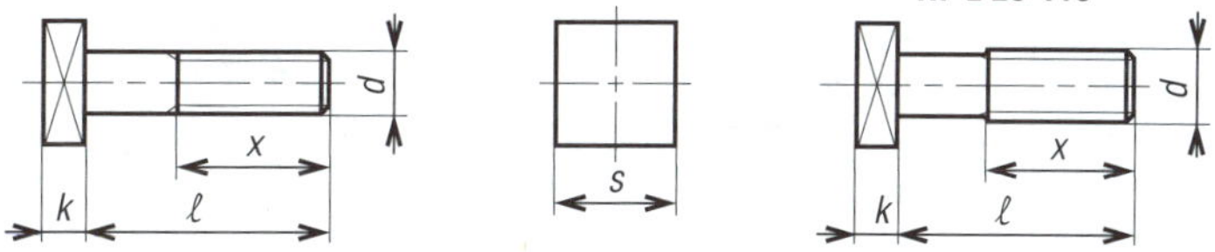

DÉSIGNATION

Vis H M 16-70 8.8 Type 1 { **NF EN 24117** / **ou** / **NF E 25-116** } **Zn 8/B/Fe**

Dimensions pour vis H, Q, CHC

d	*k*	*s*	*c* maxi	*dk*	*SC*	*t*	*b*	n° *X*	n° *Z*	Pas
M 1,6	–	–	–	3	1,5	0,7	15	–	–	0,35
M 2	–	–	–	3,8	1,5	1	16	–	–	0,4
M 2,5	–	–	–	4,5	2	1,1	17	8	1	0,45
M 3	2	5,5	0,4	5,5	2,5	1,3	18	10	1	0,5
M 4	2,8	7	0,4	7	3	2	20	25	2	0,7
M 5	3,5	8	0,5	8,5	4	2,5	22	25	2	0,8
M 6	4	10	0,5	10	5	3	24	30	3	1
M 8	5,3	13	0,6	13	6	4	28	40	4	1,25
M 10	6,4	16	0,6	16	8	5	32	50	4	1,5
M 12	7,5	18	0,6	18	10	6	36	55	–	1,75
(M 14)	8,8	21	0,6	21	12	7	40	–	–	2
M 16	10	24	0,8	24	14	8	44	60	–	2
(M 18)	11,5	27	0,8	27	14	9	48	–	–	2,5
M 20	12,5	30	0,8	30	17	10	52	–	–	2,5
(M 22)	14	34	0,8	33	17	11	56	–	–	2,5
M 24	15	36	0,8	36	19	12	60	–	–	3
(M27)	17	41	0,8	40	19	13,5	66	–	–	3
M 30	18,7	46	0,8	45	22	15,5	72	–	–	3,5
(M 33)	21	50	0,8	50	24	18	78	–	–	3,5
M 36	22,5	55	0,8	54	27	19	84	–	–	4
(M 39)	25	60	1	–	–	–	–	–	–	4
M 42	26*	65*	1*	63	32	24	96	–	–	4,5
M 48	30*	75*	1*	72	36	29	108	–	–	5

* Fabriqué sur commande. L'emploi des dimensions entre parenthèses doit être évité si possible.

ENTRAINEMENT SIX PANS CREUX

L'entraînement six pans creux présente une capacité de transmission du couple de serrage plus faible que les modes d'entraînement H et Q mais également :
– un faible encombrement du mode d'entraînement,
– l'absence d'arêtes vives extérieures (sécurité - esthétique…).

- **Vis à tête cylindrique à six pans creux** **CHC**

ISO 4762

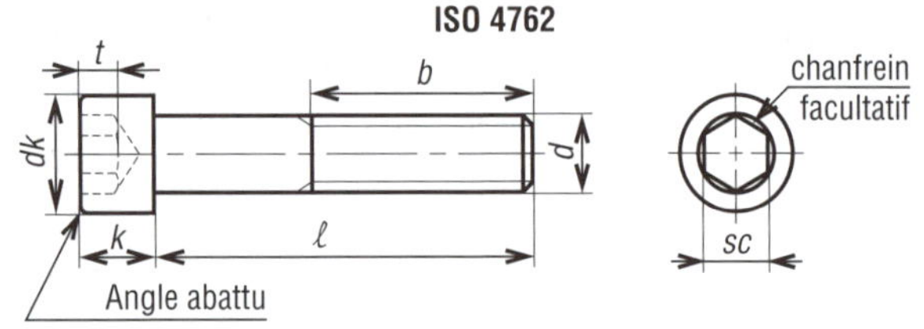

DÉSIGNATION

VIS CHC M 16-70 8.8 Type 1 ISO 4762 Zn 8/B/Fe

- **Vis à tête fraisée à six pans creux** **FHC**

ISO 4766

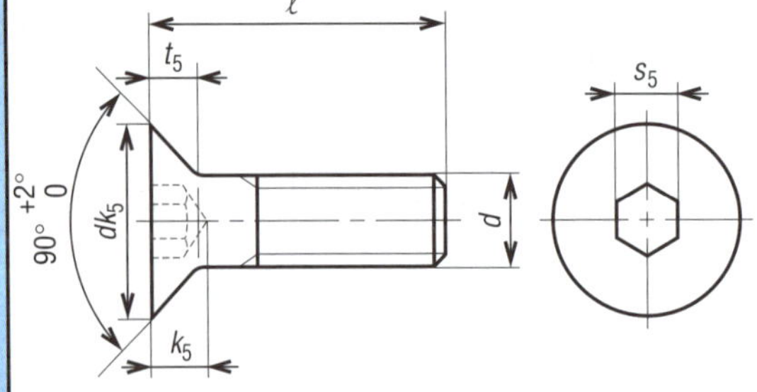

Dimensions

d	dk_5	k_5	t_5	s_5
3	5,5	1,65	1,3	2
4	8,4	2,7	2	2,5
5	9,3	2,7	2,4	3
6	11,3	3,3	2,8	4
8	15,8	4,65	3,8	5
10	18,3	5	4,8	6
12	22,5	6	5	8
14	26	7	5,3	10
16	30	8	5,8	10
20	38	10	6,5	12

DÉSIGNATION

VIS FHC M 6-35 10.9 ISO 4766 Zn 8/B/Fe

ENTRAINEMENT PAR FENTE

Les vis d'assemblage à entraînement par fente sont adoptées pour des assemblages aux faibles sollicitations mécaniques. Elles se prêtent difficilement au vissage mécanique.

- **Vis à tête fraisée fendue plate FS**

ISO 2009

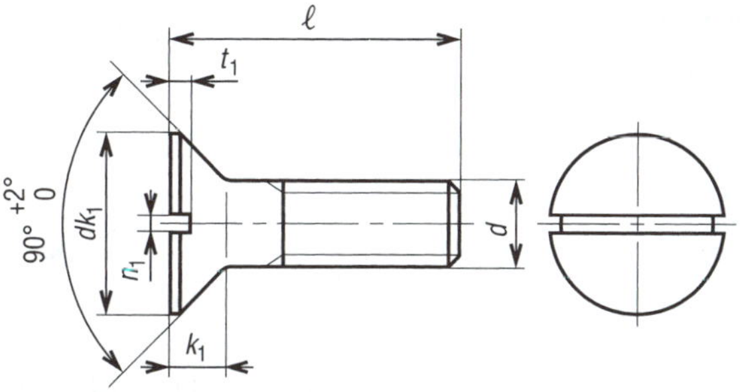

DÉSIGNATION

VIS FS M8-40 4.8 ISO 2009 Zn8/B/Fe

- **Vis à tête fraisée bombée fendue FBS**

ISO 2010

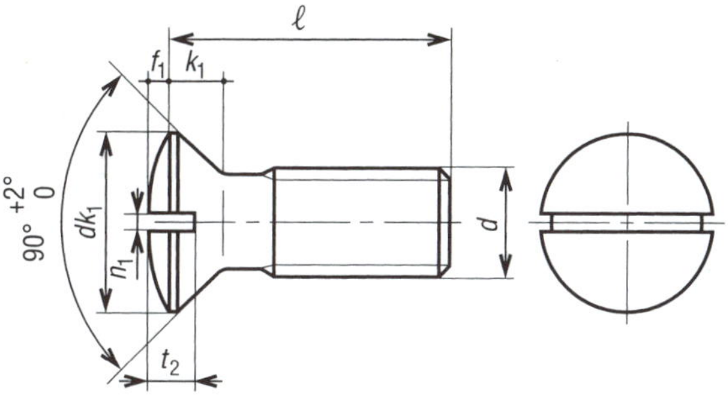

DÉSIGNATION

VIS FBS M8-40 4.8 ISO 2010 Zn 8/B/Fe

Dimensions pour vis FS, FBS

d	dK_1	k_1	t_1	n_1	f_1	t_2	dk_2	k_2	t_3	n_2	dk_3	k_3	t_4
1,6	3,6	1	0,5	0,4	0,4	0,8				0,4	3,2	1	0,35
2	4,4	1,2	0,6	0,5	0,5	1				0,5	4	1,3	0,5
2,5	5,5	1,5	0,75	0,6	0,6	1,2	4,5	1,6	0,7	0,6	5	1,5	0,6
3	6,3	1,65	0,85	0,8	0,7	1,45	5,5	2	0,9	0,8	5,6	1,8	0,7
4	9,4	2,7	1,3	1	1	1,9	7	2,6	1,1	1,2	8	2,4	1
5	10,4	2,7	1,4	1,3	1,2	2,4	8,5	3,3	1,3	1,2	9,5	3	1,2
6	12,6	3,3	1,6	1,5	1,4	2,8	10	3,9	1,6	1,6	12	3,6	1,4
8	17,3	4,65	2,3	2	2	3,7	13	5	2	2	16	4,8	1,9

ENTRAINEMENT PAR FENTE

• **Vis à tête cylindrique large fendue CLS**

ISO 1580

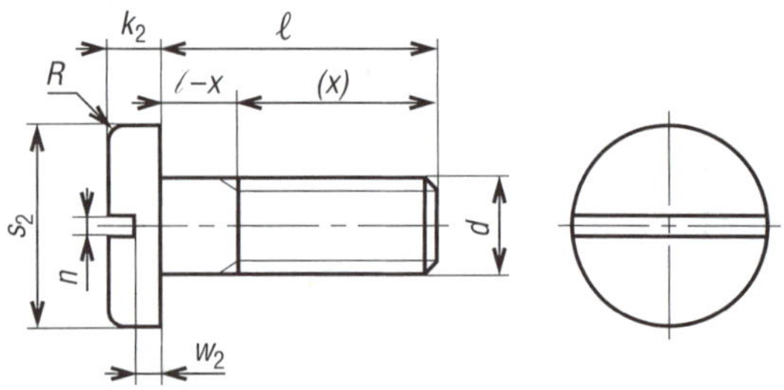

DÉSIGNATION

VIS CLS M10-40 4.8 ISO 1580 Zn8/B/Fe

• **Vis à tête cylindrique fendue CS**

ISO 1207

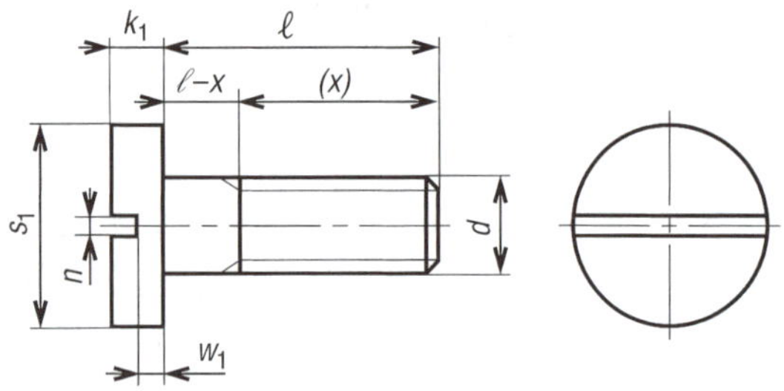

DÉSIGNATION

VIS CS M10-40 4.8 ISO 1207 Zn8/B/Fe

Dimensions pour vis CS, CLS

d	Pas	S_1	K_1	*n*	W_1 mini	S_2	K_2	W_2 mini	*R*
1	0,25	2	0,7	0,25	0,26				
1,2	0,25	2,3	0,8	0,3	0,31				
1,6	0,35	3	1	0,4	0,35				
2	0,40	3,8	1,3	0,5	0,45				
2,5	0,45	4,5	1,6	0,6	0,6	5	1,5	0,6	1
3	0,5	5,5	2	0,8	0,7	6	1,8	0,72	1
4	0,7	7	2,6	1	1	8	2,4	0,96	1,6
5	0,8	8,5	3,3	1,2	1,3	10	3	1,2	2
6	1	10	3,9	1,6	1,6	12	3,6	1,44	2,5
8	1,25	13	5	2	2,2	16	4,8	1,92	3,5
10	1,5	16	6	2,5	2,8	20	6	2,4	4
12	1,75	18	7	3	3,2				
(14)	2	21	8	3	3,8				
16	2	24	9	4	4,4				
20	2,5	30	11	5	5,4				

Les vis à entraînement cruciforme sont généralement adoptées pour des assemblages soumis à de faibles sollicitations mécaniques. Elles répondent aux critères de sécurité et d'esthétique pour la fabrication courante.

- **Vis cylindrique bombée à empreinte cruciforme CBLZ**

ISO 7045

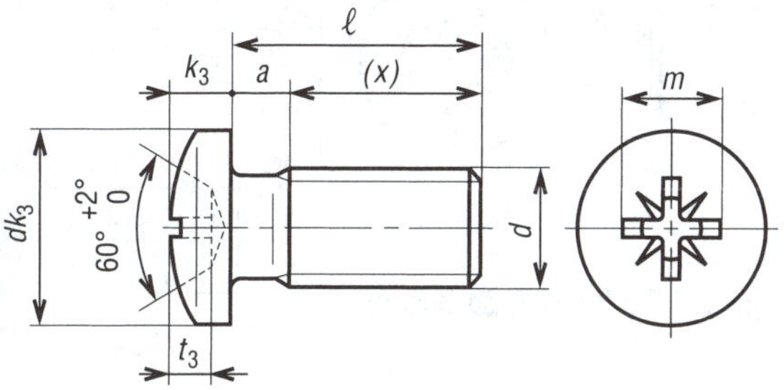

DÉSIGNATION

VIS CBLZ M10-40 4.8 ISO 7045 Zn 8/B/Fe

Dimensions pour vis CBLZ

d	Pas	*dk_3*	*k_3*	*t_3*	*m*	*a*
2,5	0,45	5	2,1	1,3	2,6	0,90
3	0,50	5,6	2,4	1,45	3	1
(3,5)	0,60	7	2,6	1,45	4	1,20
4	0,70	8	3,1	1,90	4,3	1,40
5	0,80	9,5	3,7	2,30	4,7	1,60
6	1	12	4,6	3,05	6,8	2
8	1,25	16	6	3,70	8,5	2,5
10	1,50	20	7,5	4,10	10	3

ENTRAINEMENT CRUCIFORME

- **Vis à tête fraisée à empreinte cruciforme FZ**

ISO 7046

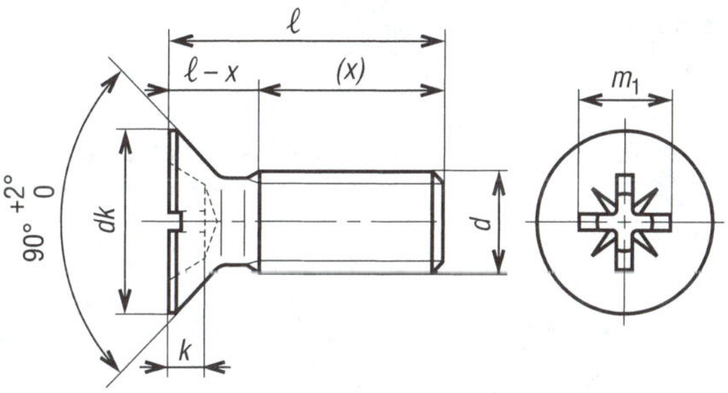

DÉSIGNATION

VIS FZ M10-40 4.8 ISO 7046 Zn 8/B/Fe

- **Vis à tête fraisée bombée à empreinte cruciforme FBZ**

ISO 7047

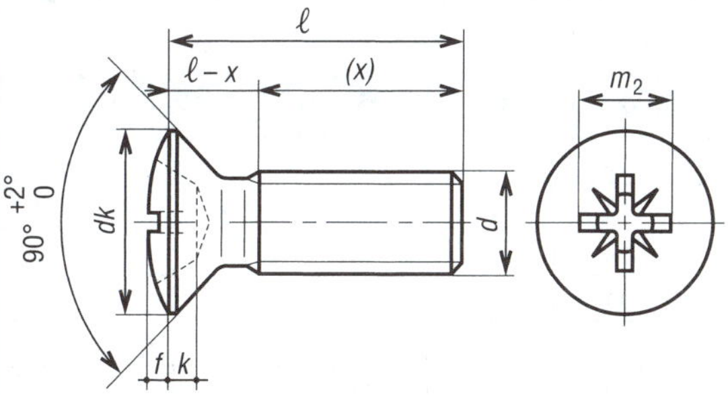

DÉSIGNATION

VIS FBZ M10-40 4.8 ISO 7047 Zn 8/B/Fe

Dimensions pour vis FZ et FBZ

d	Pas	*dk*	*k*	*a*	*m_1*	*m_2*	*f*
M2,5	0,45	4,7	1,50	0,9	2,9	3	0,6
M3	0,50	5,5	1,65	1	3,1	3,8	0,7
M3,5	0,60	7,3	2,35	1,2	4,2	4,8	0,8
M4	0,70	8,4	2,70	1,4	4,5	5,2	1
M5	0,80	9,3	2,70	1,6	5	5,6	1,2
M6	1	11,3	3,30	2	6,7	7,2	1,4
M8	1,25	15,8	4,65	2,5	8,9	9,6	2
M10	1,50	18,3	5	3	9,9	10,4	2,3

ENTRAINEMENT PAR SIX LOBES INTERNES

• Vis à tête fraisée à six lobes internes FX

NF E 25-107

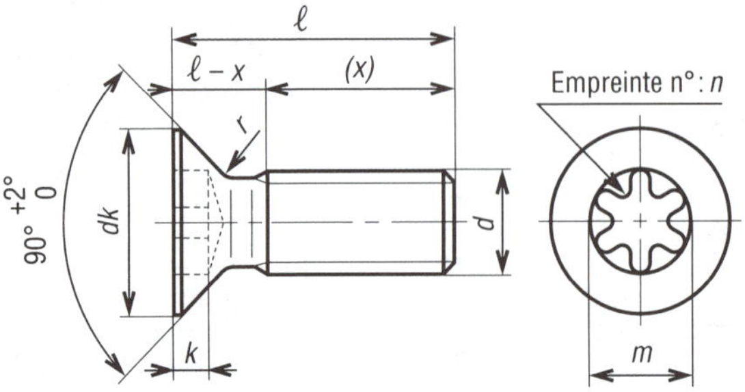

DÉSIGNATION

VIS FX M6-30 10.9 Type 1 NF E 25-107 Zn 8/B/Fe

Dimensions pour vis FX, FBX

d	Pas	*dk*	*k*	*r*	*f*	*m*
M2	0,4	3,8	1,2	0,5	0,7	1,75
M2,5	0,45	4,7	1,5	0,7	1	2,40
M3	0,5	5,5	1,65	0,8	1	2,80
M4	0,7	8,4	2,7	1	1	3,95
M5	0,8	9,3	2,7	1,3	1,55	3,95
M6	1	11,3	3,3	1,5	1,8	2,60
M8	1,25	15,8	4,65	2	2,5	6,75
M10	1,5	18,3	5	2,5	3,3	11,35
M12	1,75	22,5	6,6	3	4	11,35

• Vis à tête fraisée bombée à six lobes internes FBX

ISO 14584

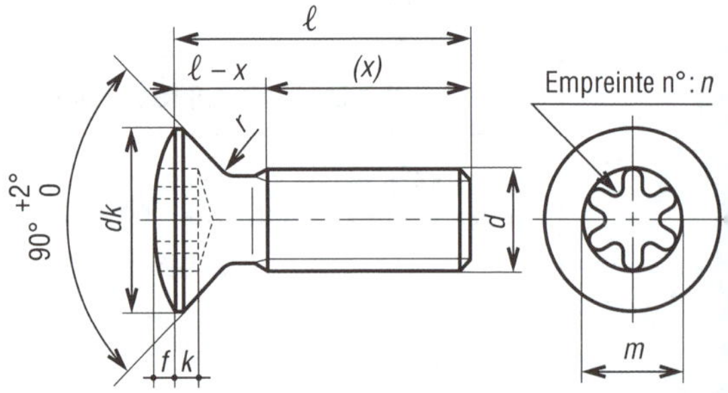

DÉSIGNATION

VIS FBX M6-30 10.9 Type 1 ISO 14584 Zn 8/B/Fe

• Vis à tête cylindrique basse à six lobes internes CZX

ISO 14580

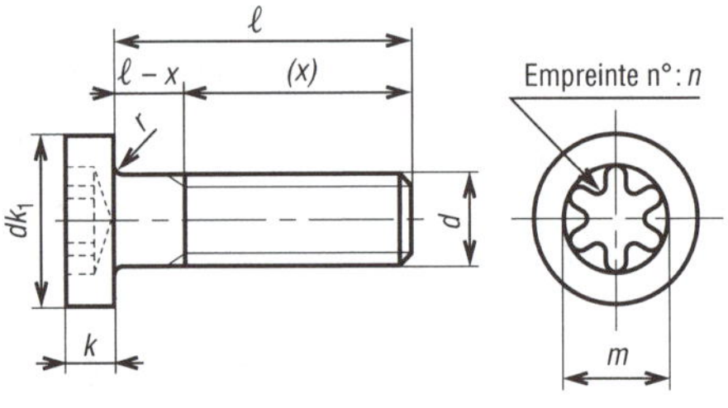

DÉSIGNATION

VIS CZX M6-30 10.9 Type 1 ISO 14580 Zn 8/B/Fe

• Vis à tête cylindrique bombée large à six lobes internes CBLX

ISO 14583

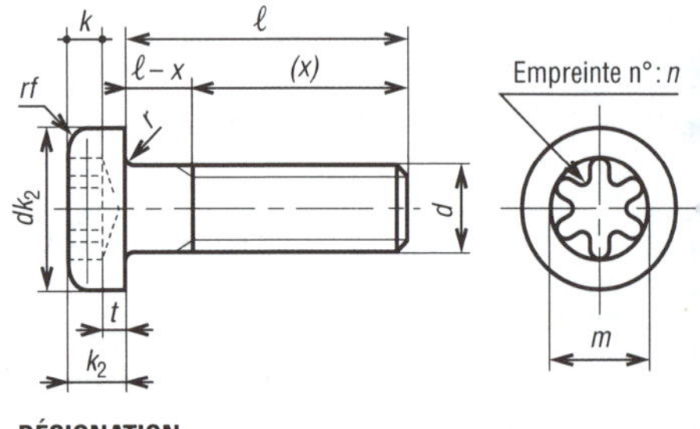

DÉSIGNATION

VIS CBLX M6-30 10.9 Type 1 ISO 14583 Zn 8/B/Fe

Dimensions pour vis CZX, CBLX

d	Pas	k_1	k_2	dk_1	dk_2	*r*	*rf*	*t*	*m*
M2	0,4	1,4	1,6	3,8	4	0,1	3,2	0,7	1,70
M2,5	0,45	1,7	2,1	4,5	5	0,4	4	1	2,40
M3	0,5	2	2,4	5,5	5,6	0,1	5	1	2,80
M4	0,7	2,8	3,1	7	8	0,2	6,5	1	3,95
M5	0,8	3,5	3,7	8,5	9,5	0,2	8	1,55	3,95
M6	1	4	4,6	10	12	0,25	10	1,8	5,80
M8	1,25	5	6	13	16	0,4	13	2,5	6,75
M10	1,5	6	7,5	16	20	0,4	16	3,3	11,35
M12	1,75	7	9	18	24	0,6	20	4	11,35

1.2.3. GOUJONS - BOULONS

Le goujon est constitué d'un cylindre dont la ***partie centrale*** est ***lisse*** et les ***deux extrémités*** filetées.
L'une de ces extrémités est implantée dans une partie massive, qui ne peut généralement être traversée par un boulon, l'autre reçoit un écrou de même diamètre.
On trouve des applications sur les culasses de voiture, sur diverses brides de liaison des tuyauteries industrielles.

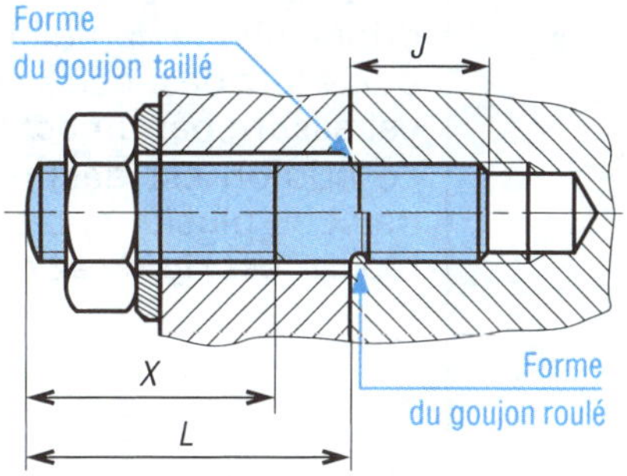

GOUJONS

- **Goujons à tige normale**

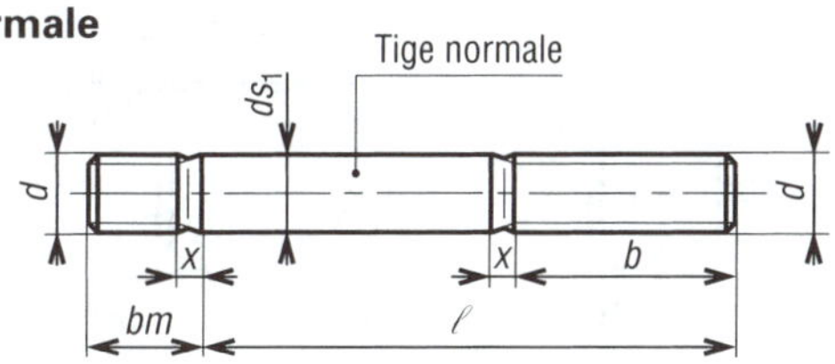

- **Goujons à tige réduite**

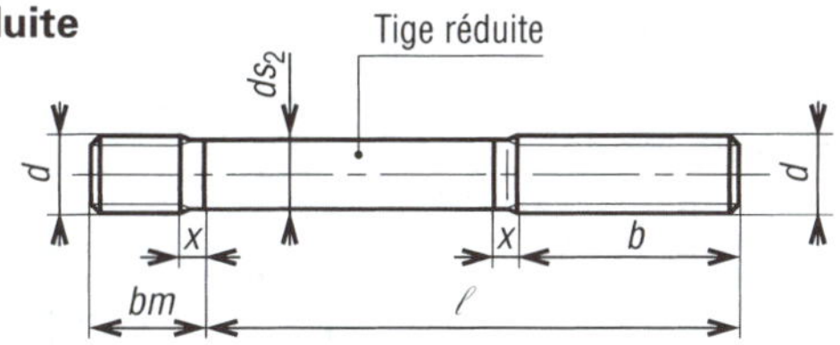

DÉSIGNATION COMPLÈTE NORMALISÉE D'UN GOUJON

Terme goujon | Diamètre nominal | Implantation | Longueur filetée | Norme de référence

Goujon M 16-90 bm 24 – RL 88 type 1 NF E 25-135

Symbole de filetage métrique | Longueur libre | Classe de qualité | Type (si aucune indication : type 2)

Dimensions

d	Pas	*bm*	ds_1	ds_2	*X*	*b*	
						$\ell \leq 125$	$\ell \geq 125$
M5	0,8	7,5	5	4,4	2	16	–
M6	1	9	6	5,3	2,5	18	–
M8	1,25	12	8	7,1	3,2	22	–
M10	1,5	15	10	8,9	3,8	26	–
M12	1,75	18	12	10,7	4,4	30	–
(M14)	2	21	14	12,5	5	34	40
M16	2	24	16	14,5	5	38	44
(M18)	2,5	27	18	16,2	6,3	42	48
(M20)	2,5	30	20	18,2	6,3	46	52
(M22)	2,5	33	22	20,2	6,3	50	56
M24	3	36	24	21,8	7,5	54	60

Le filetage peut être taillé ou roulé (RL)
Tige réduite :
ds_2 = tige réduite = ∅ fond de filet
bm = *J* = implantation (bm ≈ 1,5 *d*)

BOULONS

Le boulon est constitué d'une partie cylindrique filetée partiellement ou entièrement et d'une tête destinée à l'immobiliser. Le serrage est assuré par un ***écrou.***

Le boulon est destiné à lier par ***adhérence*** deux ou plusieurs pièces ; ***l'assemblage*** ainsi réalisé ***est rigide et démontable.***

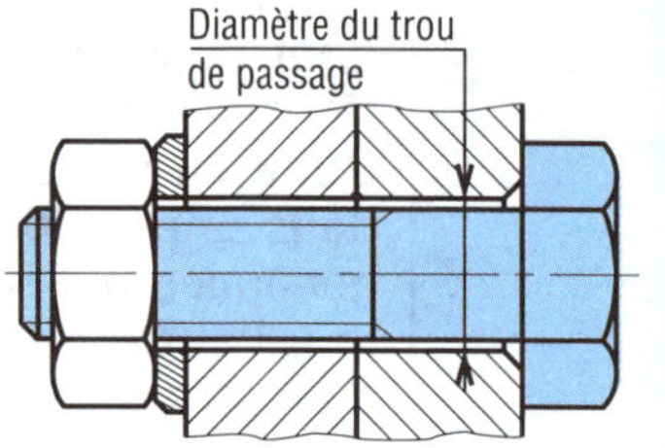

- **Boulons à tête cylindrique**

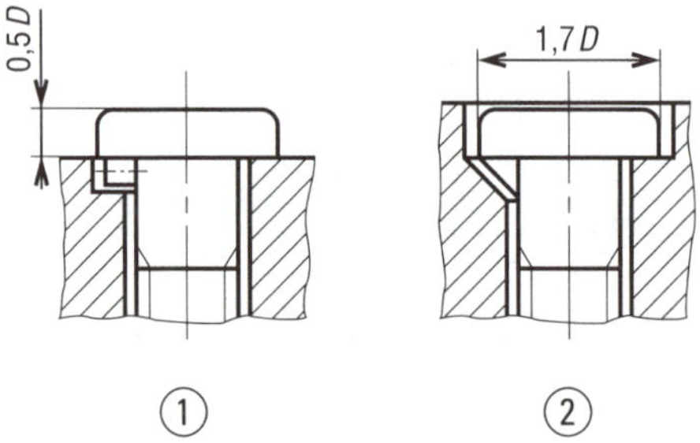

① ***Ergot brut:***
Symbole : **CE**

② ***Ergot cylindrique emmanché à force***
Symbole : **CET**

- **Boulons à tête ronde**

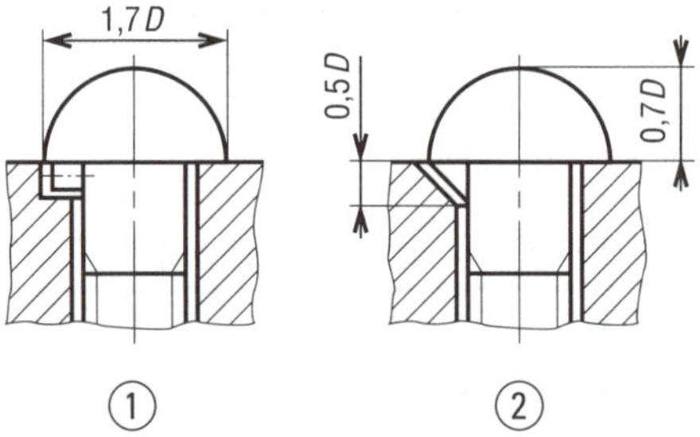

① ***Ergot brut:***
Symbole : **RE**

② ***Ergot cylindrique emmanché à force***
Symbole : **RET**

Nota: ce boulon est peu employé

- **Boulons à tête fraisée**

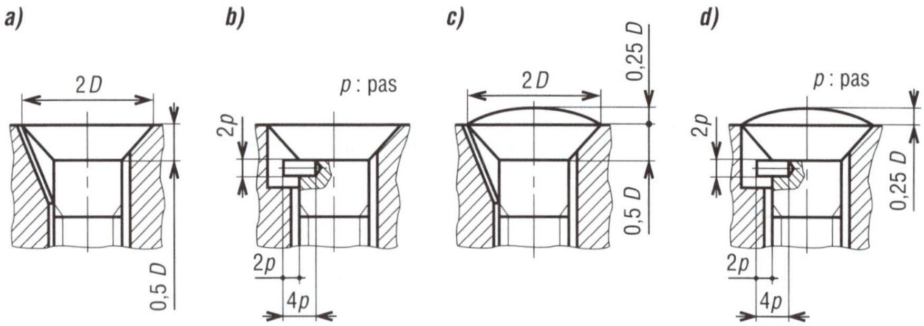

Tête plate:
- Ergot brut, symbole **F/90 E**
- Ergot cylindrique emmanché à force, symbole : **F/90 ET**

Tête bombée:
- Ergot brut, symbole **FB/90 E**
- Ergot cylindrique emmanché à force, symbole : **FB/90 ET**

• Exemples d'utilisation

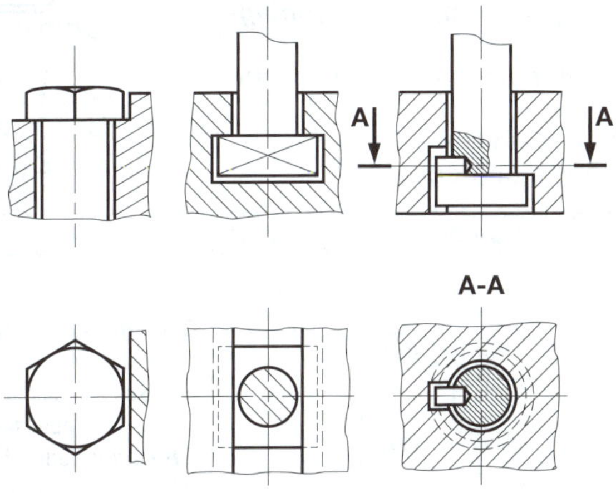

Boulons à tête hexagonale — Boulons à tête carrée — Boulons à tête cylindrique

Boulons à tête hexagonale:
La tête hexagonale s'appuie sur un rebord, évitant ainsi la rotation de la vis pendant le serrage de l'écrou. Boulon très utilisé.

Boulons à tête carrée:
La tête est immobilisée par un trou carré ou par une rainure en T (tables ou supports de machines-outils).

Boulons à tête cylindrique:
La tête est munie d'un ergot qui s'engage dans un logement, évitant ainsi la rotation de la vis pendant le serrage de l'écrou.
La tête peut être noyée dans un lamage.

• Boulons à œil

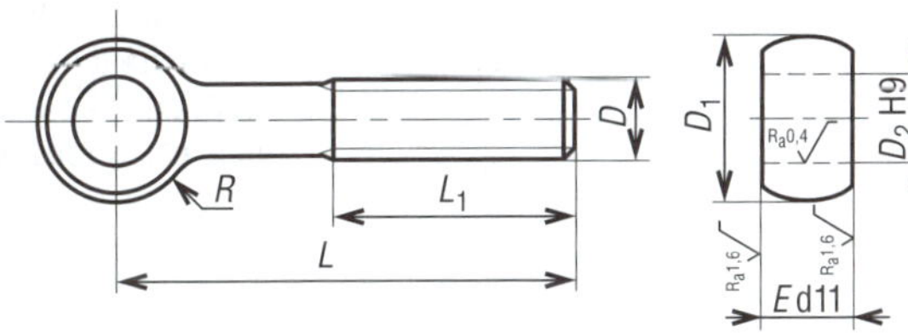

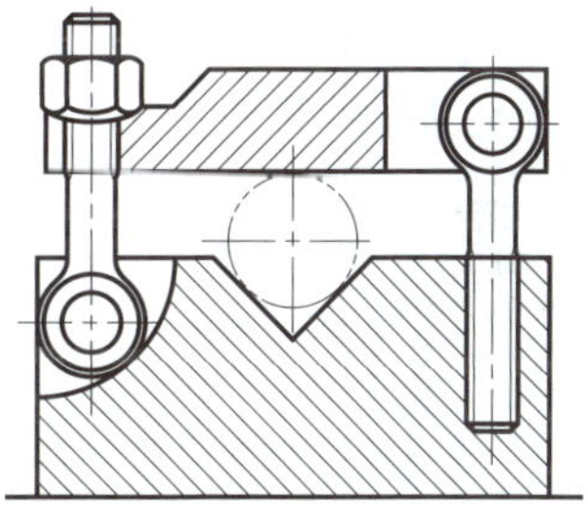

Matière: XC. 38 bruni

Dimensions pour la fixation

D	M5	M5	M6	M6	M8	M8	M10	M10	M12	M12	M16	M20
L	50	75	50	75	50	75	75	100	75	120	130	140
L_1	22	22	24	24	28	28	45	45	49	49	57	65

Dimensions pour la construction

D_1	12	12	14	14	18	18	20	20	25	25	32	40
D_2 H 9	5	5	6	6	8	8	10	10	12	12	16	18
*E*d 11	6	6	7	7	9	9	12	12	14	14	17	22
R	2,5	2,5	4	4	4	4	4	4	6	6	6	6

11.2.4. VIS DE PRESSION — NF E 25-019

Ces vis aux caractéristiques spéciales sont normalisées. La forme adaptée de leur extrémité permet d'assurer différentes fonctions mécaniques telles que ***pression, arrêt, guidage, blocage***...
Les fonctions résultent d'une combinaison des deux parties principales :
- la forme de l'extrémité de la tige filetée,
- la forme de la tête ou mode d'entraînement.

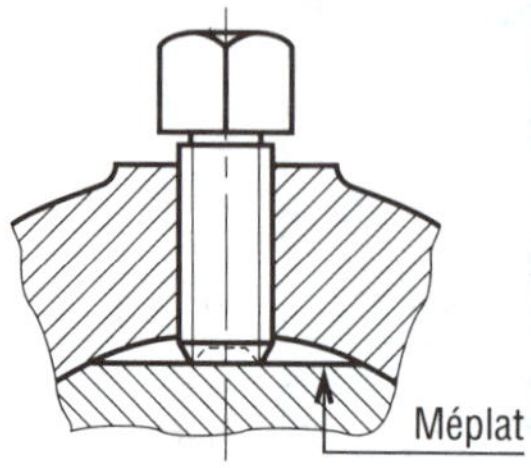

	Types	Représentation	Remarques
CHOIX DE LA FONCTION	Vis à bout plat, forme de la tête au choix	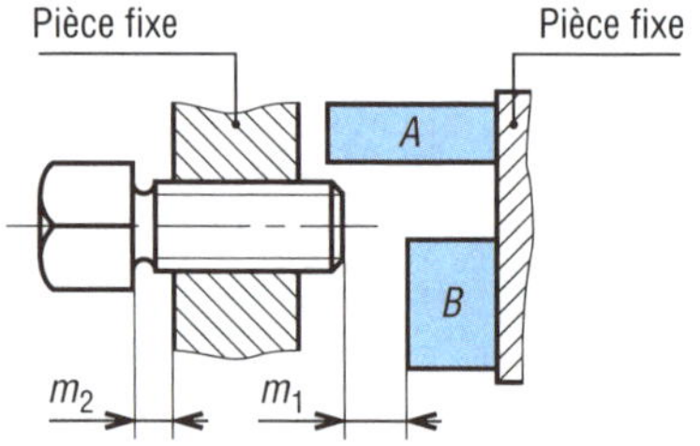	***Conditions de serrage :*** $m1 < m2$ Serrage *A* possible *B* impossible ($m1 > m2$) ***Utilisation :*** pour des serrages fragiles et peu fréquents.
	Vis à téton court	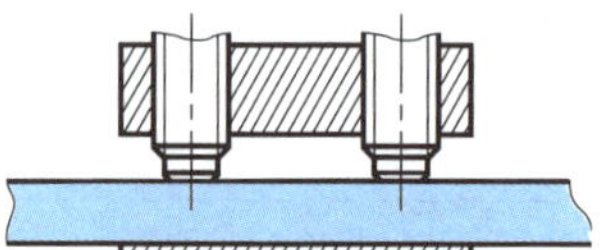	Ce type de montage permet d'effectuer un serrage énergique tout en protégeant les filets de la vis.
	Vis à bout cuvette	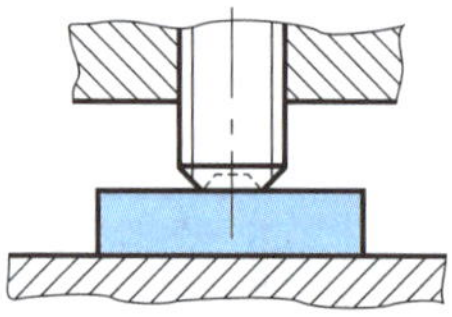	La concentration de l'effort de serrage se fait sur les lèvres aiguës de l'extrémité de la vis à bout cuvette. Ce type de serrage améliore l'adhérence et interdit tous déplacements.
	Vis à téton long	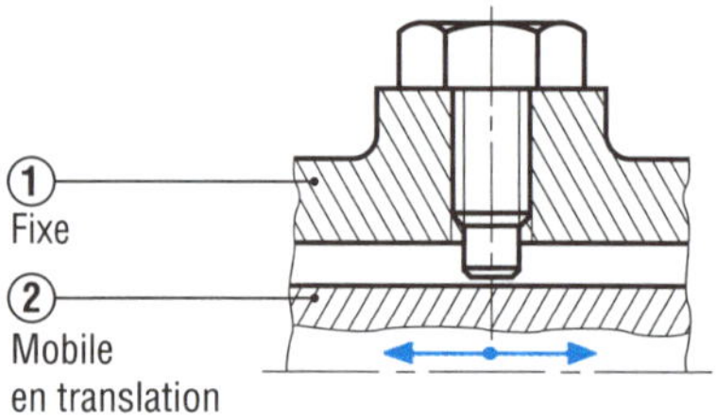	Le téton seul s'engage dans la rainure longitudinale de la pièce ② et permet un seul déplacement en translation.
		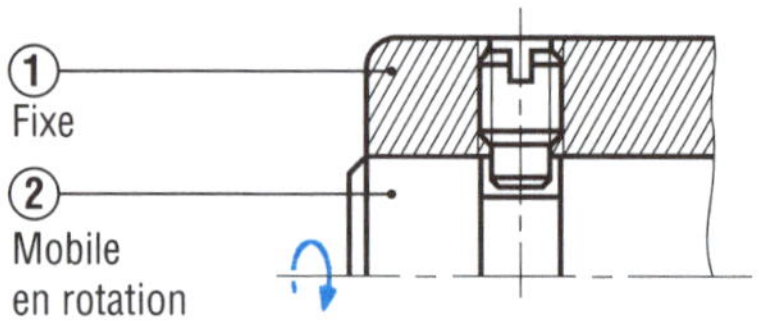	Le téton seul s'engage dans la rainure circulaire (gorge) de la pièce ② et permet un mouvement unique en rotation.
	Vis à bout pointu	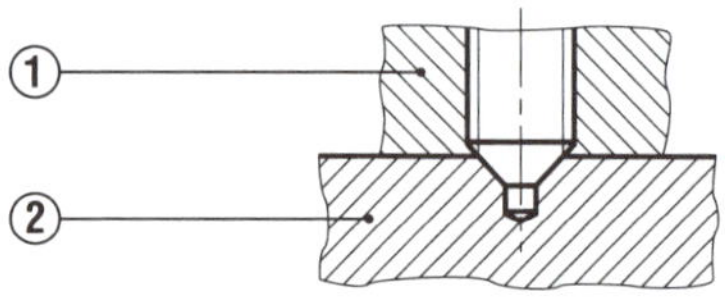	Le bout pointu est très utilisé pour obtenir un positionnement précis d'une pièce par rapport à une autre et permettre les serrages correspondants.

FORME DE L'EXTRÉMITÉ DE LA VIS

NF E 25-019

• **Brut de roulage**

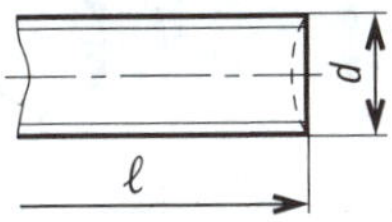

• **Bout chanfreiné**

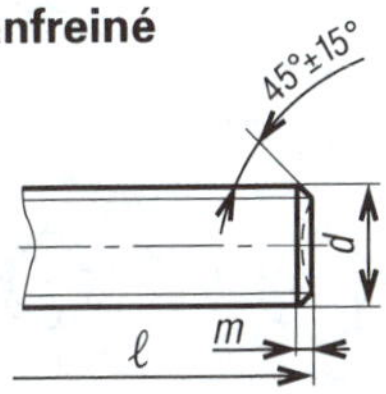

• **Bout bombé**

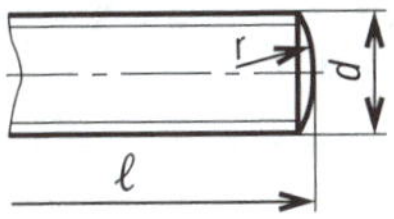

• **Bout plat**

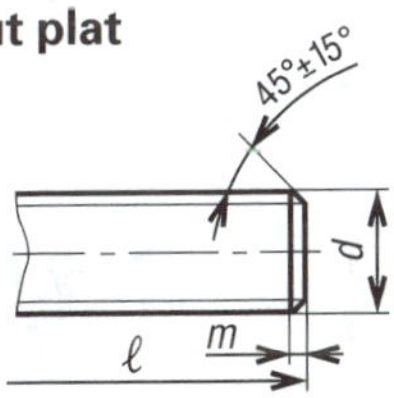

Caractéristiques dimensionnelles de l'extrémité des vis de pression

d	m	r	p	d_1	d_2	d_3	n_1	n_2	n_3
2	0,2		0,2	1	1,5	1,5	0,8	0,8	1,5
2,5	0,3		0,3	1,3	1,8	1,8	1	0,9	1,8
3	0,3		0,3	1,5	2	2	1,1	1	2
4	0,4	0,3	0,4	2	2,5	2,5	1,5	1,5	2,5
5	0,5		0,5	2,5	3,5	3,5	1,9	1,5	3,5
6	0,6	0,4	0,6	3	4,5	4,5	2,3	2	4,5
8	0,7		0,7	4	6	6	3	3	6
10	0,9	0,5	0,9	5	7	7	3,8	3	7
12	1		1	6	9	9	4,5	4	9
14	1,2	0,8	1,2	7	10	10	5,3	5	10
16	1,2		1,2	8	12	12	6	5	12
18	1,4		1,4	9	14	14	6,8	6	14

• **Téton court**

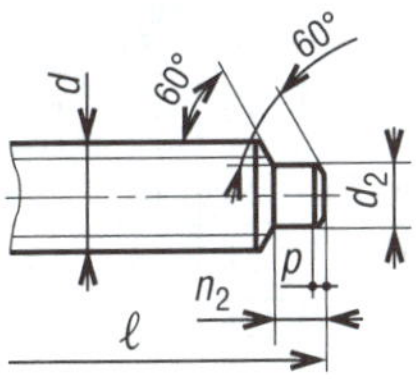

• **Téton long**

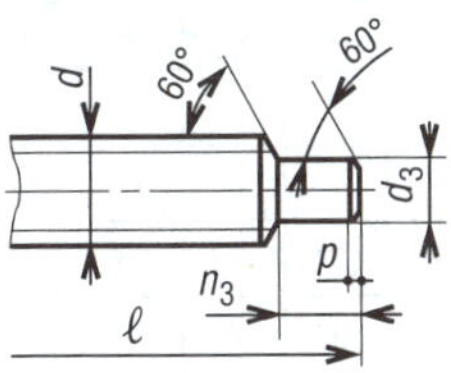

• **Bout pointu**

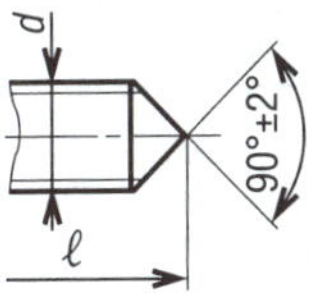

• **Bout tronconique**

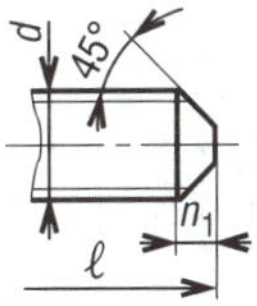

• **Bout cuvette**

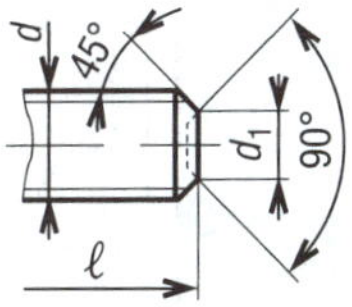

FORME DE LA TÊTE DE VIS

NF E 27-110

Désignation	Représentation	Symbole
• **Tête hexagonale étroite**	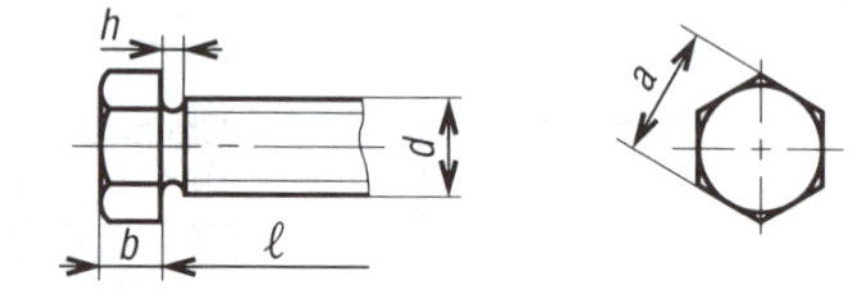	HZ
• **Tête carrée ordinaire**	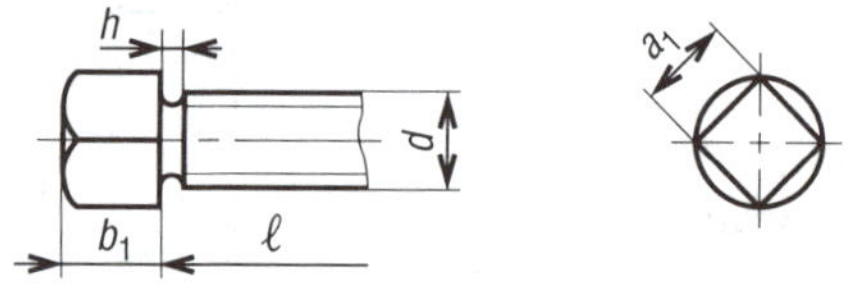	QZ
• **Petite tête carrée ordinaire**	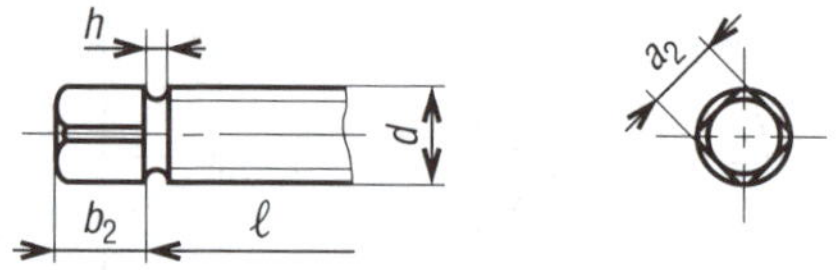	QZ
• **Tête cylindrique étroite**	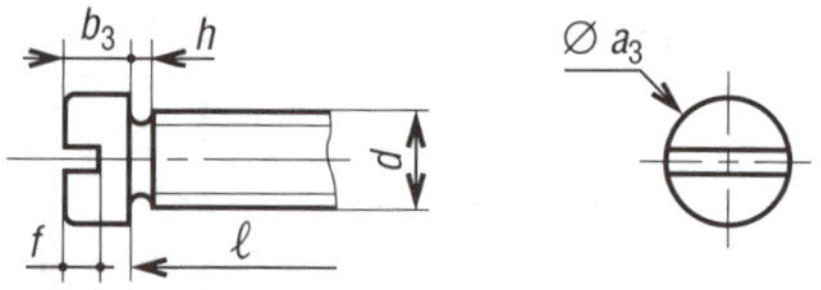	CZ
• **Sans tête et fendue**	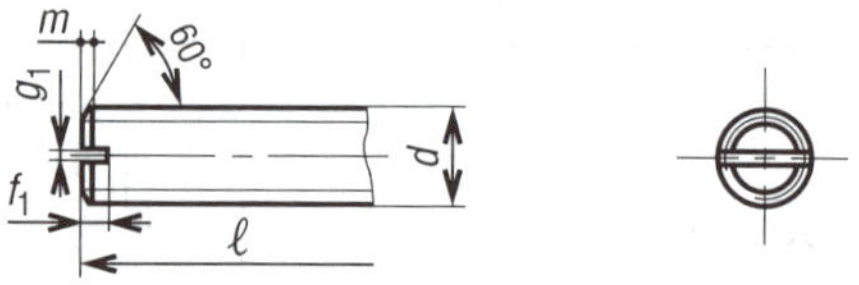	–
• **Sans tête à six pans creux**	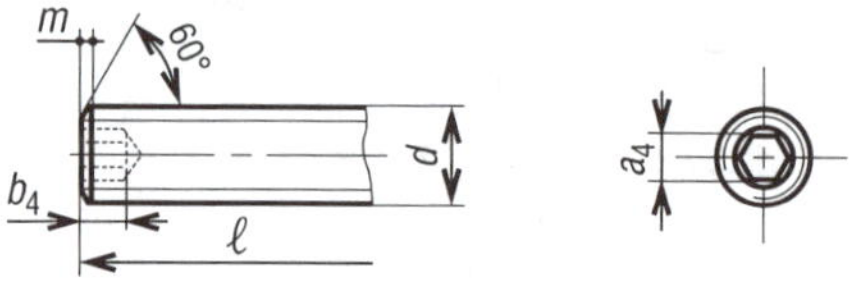	HC

Caractéristiques dimensionnelles de la tête de vis

d	Pas	a	a_1	a_2	a_3	a_4	b	b_1	b_2	b_3	b_4	f	f_1	g	g_1	h	m
2	0,4				3,5	0,9				2	1,7	1	0,8	0,6	0,5	0,8	0,2
2,5	0,45				4	1,3				2,5	2	1,2	1	0,6	0,5	0,9	0,3
3	0,5		3,2	2,2	4,5	1,5		3	3	3	2,5	1,4	1,2	0,8	0,6	1	0,3
4	0,7		4	3,2	6	2		4	4	4	3	1,6	1,6	1	0,8	1,4	0,4
5	0,8		5	4	7	2,5		5	5	4,5	3,5	2,2	2	1,2	1	1,6	0,5
6	1	8	6	5	9	3	4	6	6	5	4	2,4	2	1,6	1	2	0,6
8	1,25	11	8	6	11	4	5,5	8	8	6	5	3,2	3	2	1,6	2,5	0,7
10	1,5	13	10	8	14	5	7	10	10	7	6	4	4	2	2	3	0,9
12	1,75	17	13	10	18	6	8	12	12	9	8	4	4	2,5	2	3,5	1
14	2	19	17	11	20	6	9	14	14	10	9	4	5	2,5	2,5	4	1,2
16	2	22	17	13	22	8	10	16	16	12	10	5	5	3	2,5	4	1,2
18	2,5	24	19	13	24	8	12	18	18	13	11	5	6	3	3	5	1,4

LONGUEURS

d	2	2,5	3	3,5	4	4,5	5	6	8	10	12	14	16	18
	Valable pour les vis sans tête fendue et les vis HC													
Longueur sous tête (ℓ)	2	2,5	3	3,5	4	6	5	6	8	10	12	14	16	18
	2,5	3	3,5	4	6	8	6	8	10	12	16	16	20	20
	3	4	4	6	8	10	8	10	12	16	20	20	25	25
	4	6	6	8	10	12	10	12	16	20	25	25	30	30
	6	8	8	10	12	14	12	16	20	25	30	30	35	35
	8	10	10	12	14	16	16	20	25	30	35	35	40	40
	10	12	12	14	16	18	20	25	30	35	40	40	45	45
	12	14	14	16	18	20	22	28	32	38	42	45	50	50
	Valable pour les vis HZ, QZ, CZ													
Sous fond couleur : longueur filetée (*X*)[1]	14 12	16 13	16 14	18 16	20 18	22 20	25 22	30 26	35 30	40 34	45 38	50 42	55 46	55 50
	16 12	18 13	18 14	20 16	22 18	25 20	28 22	35 26	40 30	45 34	50 38	55 42	60 46	60 50
	18 12	20 13	20 14	22 16	25 18	28 20	30 22	40 26	45 30	50 34	55 38	60 42	65 46	65 50
	20 12	22 13	22 14	25 16	28 18	30 20	35 22	45 26	50 30	55 34	60 38	65 42	70 46	70 50
	22 12	25 13	25 14	28 16	30 18	35 20	40 22	50 26	55 30	60 34	65 38	70 42	75 46	75 50
	25 12	28 13	28 14	30 16	35 18	40 20	45 22	55 26	60 30	65 34	70 38	75 42	80 46	80 50
	28 12	30 13	30 14	35 16	40 18	45 20	50 22	60 26	65 30	70 34	75 38	80 42	85 46	85 50
	30 12	35 13	35 14	40 16	45 18	50 20	55 22	65 26	70 30	75 34	80 38	85 42	90 50	90 50
			40 14	45 16	50 18	55 20	60 22	70 26	75 30	80 34	85 38	90 42	100 46	100 50
				50 16	55 18	60 20	65 22	75 26	80 30	85 35	90 38	100 42	110 46	110 50
					60 18	65 20	70 22	80 26	85 30	90 34	100 38	110 42	120 46	120 50
						70 20	75 22	85 26	90 30	100 34	110 38	120 42	130 52	130 56
							80 22	90 26	100 30	110 34	120 38	130 48	140 52	140 56
								100 26	110 30	120 34	130 44	140 38	150 52	150 56
								110 26	120 30	130 40	140 44	150 48	160 52	160 56
								120 26	130 36	140 40	150 44	160 48	170 52	170 56
								130 32	140 36	150 40	160 44	170 48	180 52	180 56
									150 36	160 40	170 44	180 48	190 52	190 56
									160 36	170 40	180 44	190 48	200 52	200 56
									170 36	180 40	190 44	200 48		
									180 36	190 40	200 44			
										200 40				

1. Pour les tiges partiellement filetées sur une longueur X.

1.2.5. VIS DE RÉGLAGE, DE BLOCAGE

NF E 27-163 / 164 / 165

VIS DE RÉGLAGE

- **Vis sans tête à six pans creux, à téton à bout sphérique**
  NF E 27-163

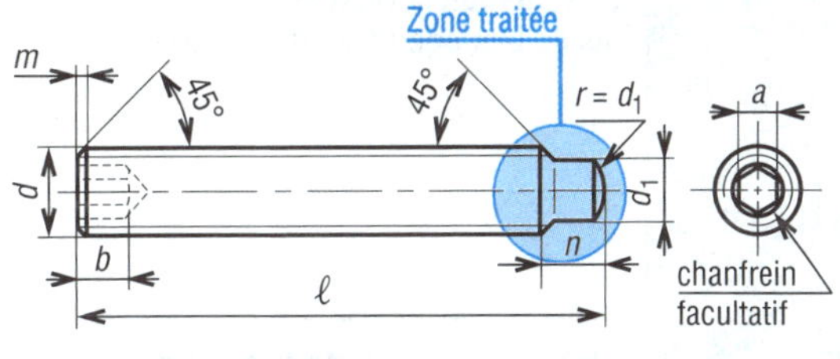

Matière :
Acier : classe de qualité 6.8

Traitement thermique :
Dureté : HRC = 42

Désignation normalisée :
Vis de réglage M 16-95, NF E 27-163.
(Préciser le pas fin s'il y a lieu.)

CARACTÉRISTIQUES DIMENSIONNELLES							
d	M6	M8	M10	M12	M14	M16	M20
a	3	4	5	6	6	8	10
b mini	4	5	6	8	8	10	12
d c11	4,5	6	7,5	9	10	12	15
m	0,6	0,7	0,9	1	1,2	1,2	1,4
n	3,5	5	5,5	7	8	9	9
Longueur ℓ	15	18	20	22	25	30	40
	25	30	35	40	45	50	60
	40	45	50	60	65	70	85
	55	60	65	80	90	95	110
		75	85	95	110	120	125

VIS DE BLOCAGE

• Ensemble de bridage pivotant

1 Vis de blocage
2 Patin

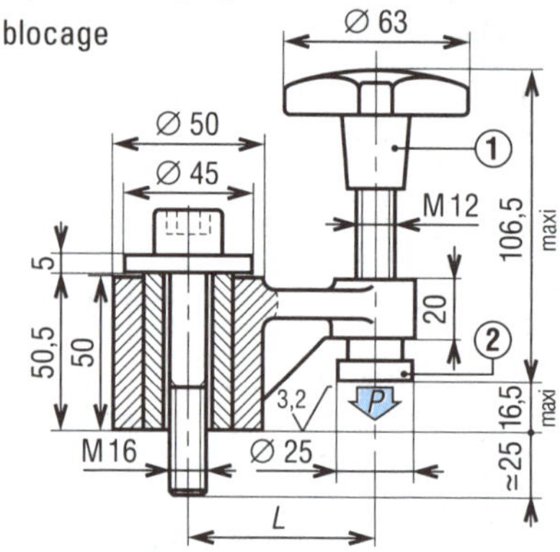

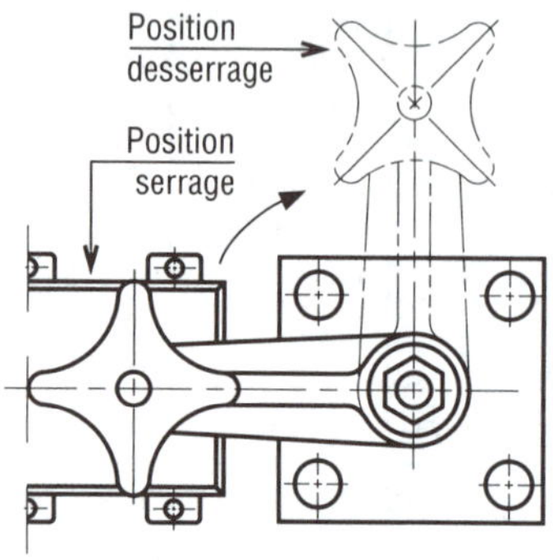

Exemple de bridage

• Vis de blocage sans tête NF E 27-164

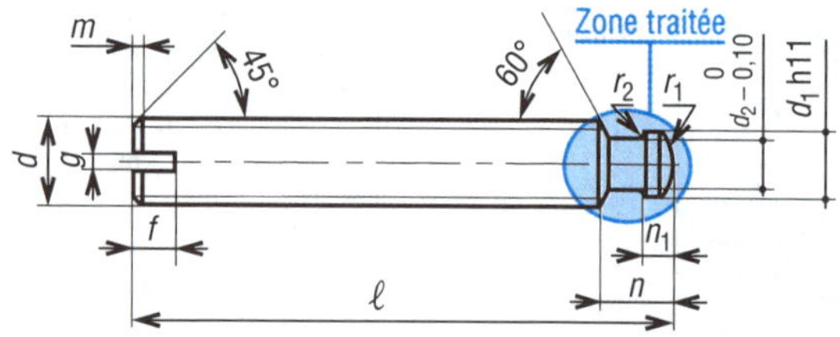

Matière :
Acier : classe de qualité 6.8

Traitement thermique :
Dureté HRC = 42

Désignation normalisée :
Vis de blocage M12-60, NF E 27-164.

• Patin pour vis de blocage NF E 27-165

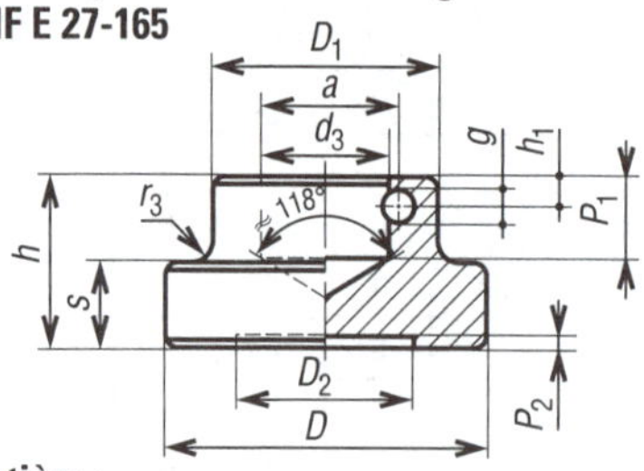

Matière :
Acier non allié

Traitement thermique :
Dureté HRC = 58.60

Désignation normalisée :
Patin 10, NF E 27-165

CARACTÉRISTIQUES DIMENSIONNELLES							
d	**M6**	**M8**	**M10**	**M12**	**M14**	**M16**	**M20**
d_1	4,5	6	8	8	10	12	15,5
d_2	3,8	5,2	6,9	6,9	8,7	10,7	14,1
f	2	3	4	4	5	5	6
g	1	1,6	2	2	2,5	2,5	3
m	0,6	0,7	0,9	1	1,2	1,2	1,4
n	6	7,5	9	10	12	12	14
n_1	2,5	3	4,5	4,5	5	5	5,5
r_1	3	5	6	6	8	9	13
r_2	0,2	0,2	0,5	0,5	0,5	0,5	0,5
Longueur ℓ	30	40	60	60	60	80	100
	50	60	80	80	80	100	125
				100	100	125	150
D	12	16	20	25	28	32	40
D_1	10	12	15	18	20	22	28
D_2	5	7	8	10	10	14	18
d_3	4,6	6,1	8,1	8,1	10,1	12,1	15,6
g	1,5	1,5	2	2	2,5	2,5	2,5
h	7	9	11	13	14	15	16
h_1	1,8	2	2,7	2,7	2,5	2,5	3
P_1	4,2	5	7	7	7,5	7,5	8
P_2	0,5	0,5	0,5	0,5	0,7	0,7	1
r_3	1,5	2	2	2	3	3	3
r_4	0,6	0,6	0,6	1	1	1	1
S	2,5	4	5	6	6	7	9

1.2.6. VIS À TÔLE (AUTOTARAUDEUSE)

Ce type de vis, très utilisé, permet d'assurer un assemblage de tôles de différentes matières.
Le profil du filetage s'énonce **ST**.
L'extrémité de ces vis peut être à ***bout pointu*** ou à ***bout plat***.

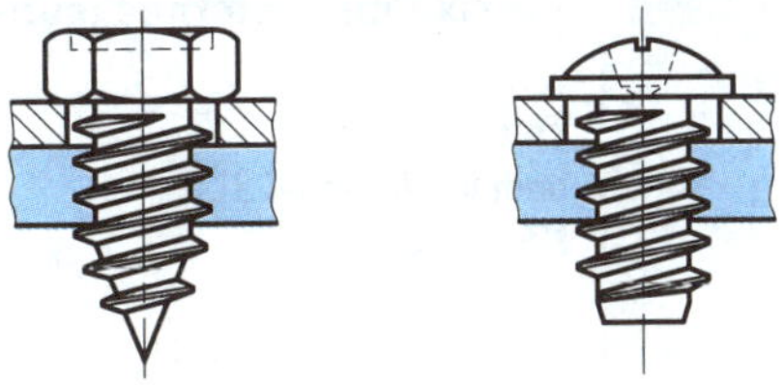

EXTRÉMITÉS DES VIS

• À bout pointu

Symbole **C**
Utilisée pour tôles minces
$e < 1{,}5$ mm.

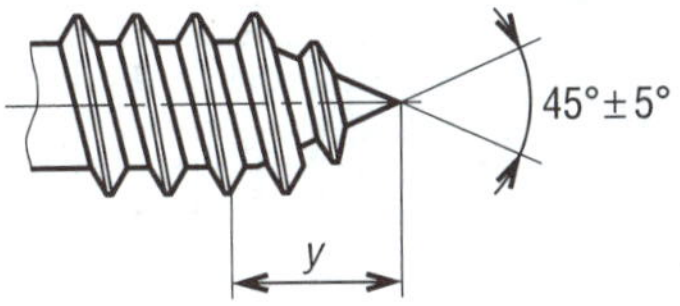

• À bout plat

Symbole **F**
Utilisée pour tôles plus épaisses, matières plastiques, métaux tendres.

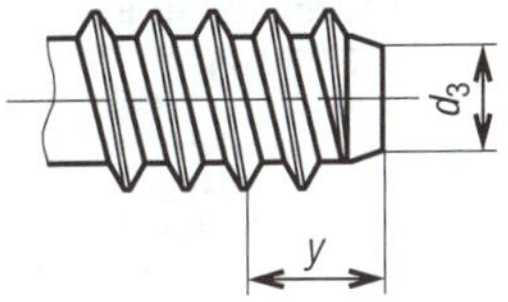

Profil du filetage ST

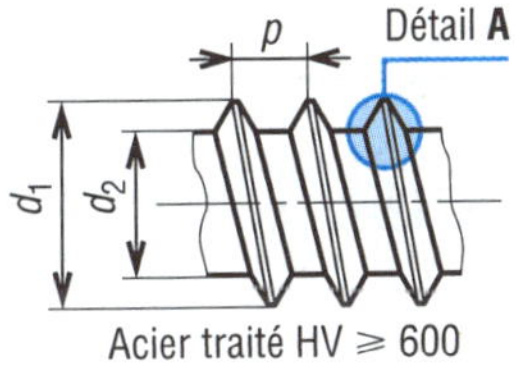

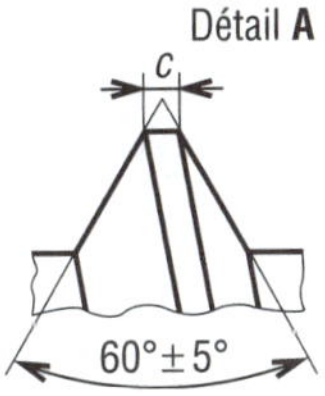

Échelle 5:1

FORME DE LA TÊTE DE LA VIS

• À six lobes internes

Tête fraisée plate FX
NF E 25-652

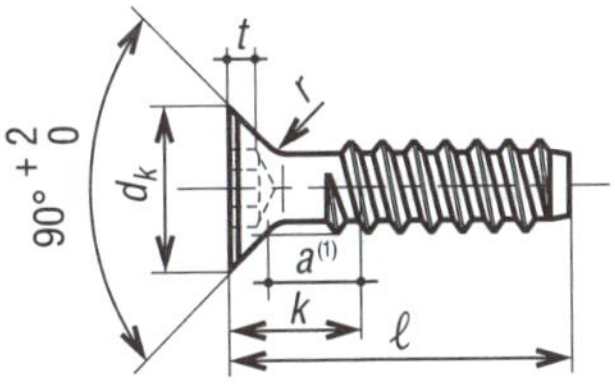

Tête fraisée bombée FBX
NF E 25-653

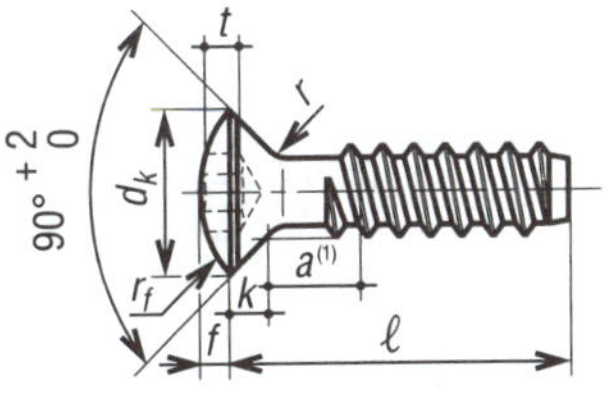

CARACTÉRISTIQUES DIMENSIONNELLES

Diamètre nominal *d*		ST 2,2	ST 2,9	ST 3,5	ST 4,2	ST 4,8	ST 5,5	ST 6,3	ST 8
P (1)	≈	0,8	1,1	1,3	1,4	1,6	1,8	1,8	2,1
a	maxi	0,8	1,1	1,3	1,4	1,6	1,8	1,8	2,1
d_k	maxi	3,8	5,5	7,3	8,4	9,3	10,3	11,3	15,8
	mini	3,5	5,2	6,9	8	8,9	9,9	10,9	15,4
k (réf.)	maxi	1,1	1,7	2,35	2,6	2,8	3	3,15	4,65
f		0,5	0,7	0,8	1	1,2	1,3	1,4	2
r_f		4	6	8,5	9,5	9,5	11	12	16,5
r	maxi	0,8	1,2	1,4	1,6	2	2,2	2,4	3,2
Empreinte X	n	6	10		20		30		40
t	maxi	0,80	1,10	1,20	1,15	1,70	1,60	2,00	2,70
	mini	0,60	0,85	0,95	0,85	1,40	1,25	1,65	2,30
ℓ		Voir tableau général ci-après.							

(1) *P* : pas du filetage.

FORME DE LA TÊTE DE LA VIS

• À six lobes internes (suite)

Tête cylindrique bombée large CBLX
NF E 25-654

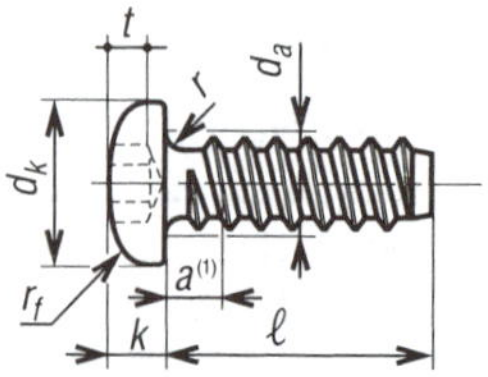

Tête ronde large RLX
NF E 25-655

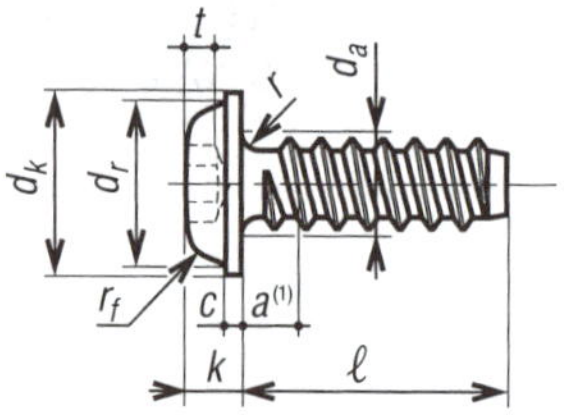

CARACTÉRISTIQUES DIMENSIONNELLES							
Diamètre nominal	*d*	ST 2,9	ST 3,5	ST 4,2	ST 4,8	ST 5,5	ST 6,3
P(1)		1,1	1,3	1,4	1,6	1,8	1,8
a	maxi	1,1	1,3	1,4	1,6	1,8	1,8
d_a	maxi	3,5	4,1	5	5,6	6,3	7,3
d_k	maxi	5,6	7	8	9,5	11	12
	mini	5,3	6,64	7,64	9,14	10,57	11,57
d_{k1}	maxi	6,6	8	9,5	11	13	13,5
	mini	6	7,5	9	10,50	12,5	13
k	maxi	2,4	2,6	3,1	3,7	4	4,6
	mini	2,15	2,35	2,8	3,4	3,7	4,3
k_1	maxi	1,7	2,4	2,6	2,9	3,2	3,7
	mini	1,4	2,1	2,3	2,5	2,7	3,1
c		0,7	0,9	1,0	1,0	1,2	1,4
d_r		5,5	7	8	9	11	11
r	mini	0,1	0,1	0,2	0,2	0,25	0,25
r_f	~	5	6	6,5	8	9	10
Empreinte X	n	10		20		30	
t	maxi	1,10	1,20	1,15	1,70	1,60	2,00
	mini	0,85	0,95	0,85	1,40	1,25	1,65
ℓ		Voir tableau général ci-après.					

(1) *P*: pas du filetage.

• Empreinte cruciforme

Diamètre nominal		*d*	ST 2,9	ST 3,5	ST 4,2	ST 4,8	ST 5,5	ST 6,3	ST 8	ST 9,5
P(1)			1,1	1,3	1,4	1,6	1,8	1,8	2,1	2,1
d		maxi	1,1	1,3	1,4	1,6	1,8	1,8	2,1	2,1
d_k	théorique	maxi	6,3	8,2	9,4	10,4	11,5	12,6	17,3	20,0
	réel	maxi	5,5	7,3	8,4	9,3	10,3	11,3	15,8	18,3
		mini	5,2	6,9	8,0	8,9	9,9	10,9	15,4	17,8
k réf.		maxi	1,7	2,35	2,6	2,8	3,0	3,15	4,65	5,25
r		maxi	1,2	1,4	1,6	2,0	2,2	2,4	3,2	4,0
Empreinte Z		n	1	2			3		4	
m		réf.	3,1	4,2	4,5	5,1	6,5	6,7	8,9	9,9
t	(jauge)	maxi	2,0	2,2	2,5	3,05	3,2	3,45	4,6	5,65
		mini	1,7	1,75	2,05	2,6	2,75	3,0	4,15	5,2
f		~	0,7	0,8	1,0	1,2	1,3	1,4	2,0	2,3
r_1		≈	6	8,5	9,5	9,5	11	12	16,5	19,5
m_1		réf.	3,1	4,6	5,0	5,3	6,6	7,2	9,6	10,4
t_1	(jauge)	maxi	2,1	2,7	3,1	3,35	3,4	3,85	5,2	6,05
		mini	1,8	2,25	2,65	2,9	2,95	3,4	4,75	5,6
ℓ			Voir tableau général ci-après.							

(1) *P*: pas du filetage.

Tête fraisée plate FZ
NF E 25-656

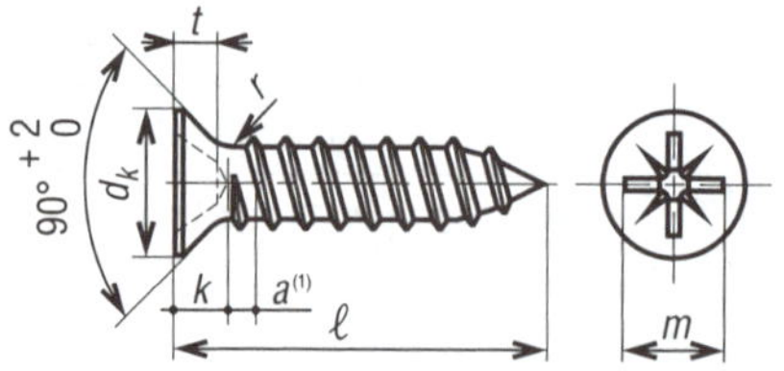

Tête fraisée bombée FBZ
NF E 25-657

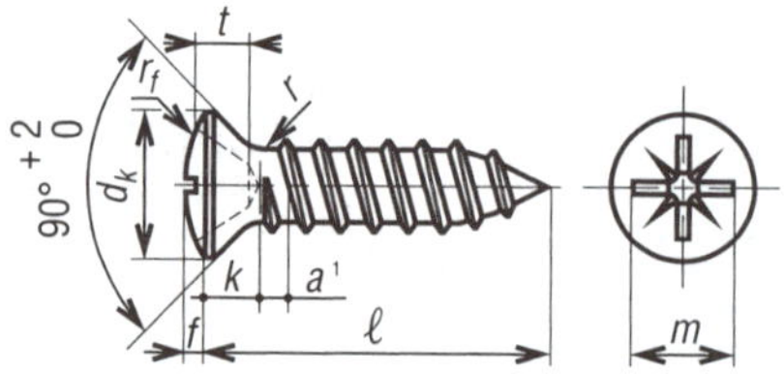

FORME DE LA TÊTE DE LA VIS

- **Empreinte cruciforme (suite)**

Tête cylindrique bombée large CBLZ
NF E 25-658

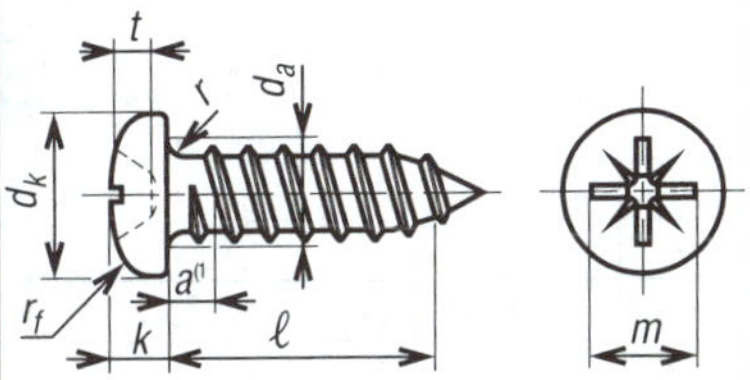

(1) *P*: pas du filetage.

CARACTÉRISTIQUES DIMENSIONNELLES									
Diamètre nominal		ST 2,9	ST 3,5	ST 4,2	ST 4,8	ST 5,5	ST 6,3	ST 8	ST 9,5
P (1)		1,1	1,3	1,4	1,6	1,8	1,8	2,1	2,1
a	maxi	1,1	1,3	1,4	1,6	1,8	1,8	2,1	2,1
d_a	maxi	3,5	4,1	4,9	5,6	6,3	7,3	9,2	10,7
d_k	maxi	5,6	7	8	9,5	11	12	16	20
	mini	5,30	6,64	7,64	9,14	10,57	11,57	15,57	19,48
k	maxi	2,4	2,6	3,1	3,7	4,0	4,6	6,0	7,5
	mini	2,15	2,35	2,8	3,4	3,7	4,3	5,6	7,1
r	mini	0,1	0,1	0,2	0,2	0,25	0,25	0,4	0,4
r_1		5	6	6,5	8	9	10	13	16
Empreinte Z	n	1	2			3		4	
m	réf.	3	4	4,3	4,7	6,2	6,8	8,5	10,0
t (jauge)	maxi	1,75	1,9	2,35	2,75	3,0	3,5	4,15	5,7
	mini	1,45	1,45	1,9	2,3	2,55	3,05	3,70	5,25
ℓ		Voir tableau général ci-après.							

Tête ronde large (dite « poelier ») RLZ
NF E 25-659

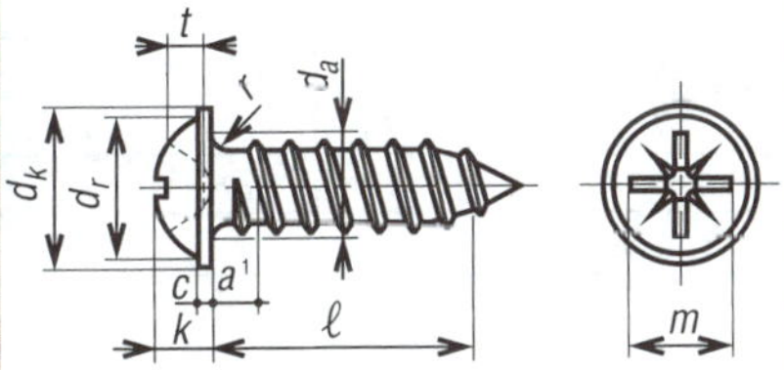

Diamètre nominal		ST 2,9	ST 3,5	ST 4,2	ST 4,8	ST 5,5	ST 6,3
P (1)		1,1	1,3	1,4	1,6	1,8	1,8
a	maxi	1,1	1,3	1,4	1,6	1,8	1,8
d_a	maxi	3,5	4,1	4,9	5,6	6,3	7,3
d_k	maxi	6,6	8	9,5	11	13	13,5
	mini	6	7,5	9	10,5	12,5	13
k	maxi	1,7	2,4	2,6	2,9	3,2	3,7
	mini	1,4	2,1	2,3	2,5	2,7	3,1
c	~	0,7	0,9	1,0	1,0	1,2	1,4
d_r	≈	5,5	7	8	9	11	11
r	mini	0,1	0,1	0,2	0,2	0,25	0,25
Empreinte Z	n	1	2			3	
m	réf.	2,6	4,0	4,1	4,5	6,0	6,7
t (jauge)	maxi	1,6	1,9	2,15	2,5	2,7	3,5
	mini	1,3	1,45	1,7	2,05	2,25	3,05
ℓ		Voir tableau général ci-après.					

(1) *P*: pas du filetage.

- **À fente**

Tête fraisée bombée FBS NF E 25-661

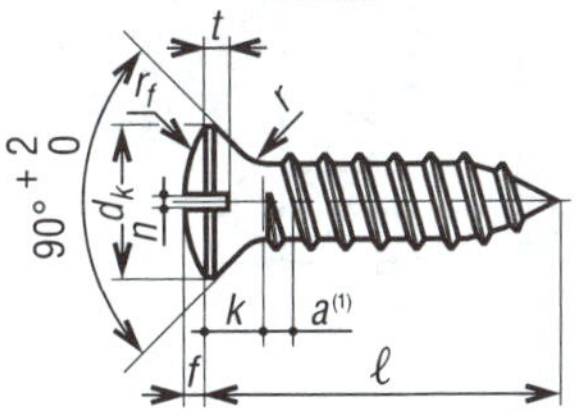

Tête fraisée plate FS
NF E 25-660

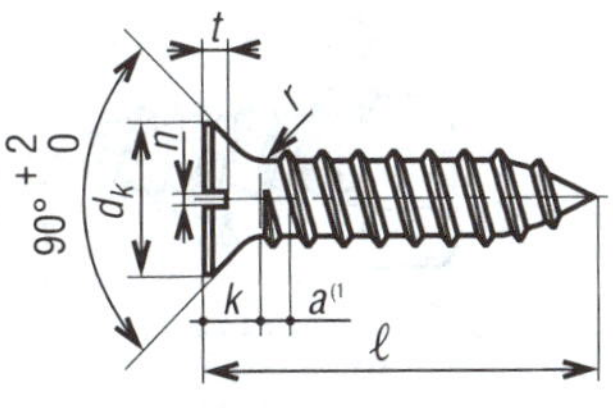

Tête cylindrique large CLS NF E 25-663

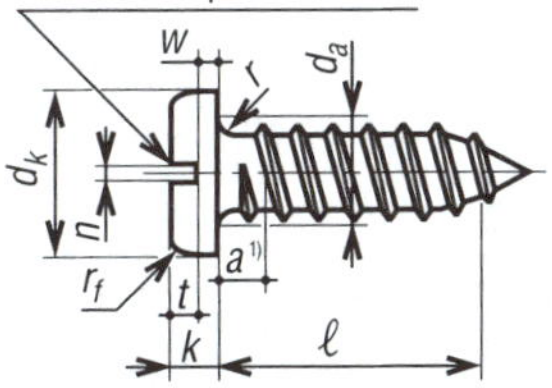

FORME DE LA TÊTE DE LA VIS

• À fente (suite)

CARACTÉRISTIQUES DIMENSIONNELLES										
Diamètre nominal		ST 2,2	ST 2,9	ST 3,5	ST 4,2	ST 4,8	ST 5,5	ST 6,3	ST 8	ST 9,5
P (1)		0,8	1,1	1,3	1,4	1,6	1,8	1,8	2,1	2,1
a	maxi	0,8	1,1	1,3	1,4	1,6	1,8	1,8	2,1	2,1
d_a	maxi	2,8	3,5	4,1	4,9	5,5	6,3	7,1	9,2	10,7
d_k	maxi	4,0	5,6	7	8	9,5	11	12	16	20
	mini	3,7	5,3	6,6	7,6	9,1	10,6	11,6	15,6	19,5
k	maxi	1,3	1,8	2,1	2,4	3,0	3,2	3,6	4,8	6,0
	mini	1,1	1,6	1,9	2,2	2,7	2,9	3,3	4,5	5,7
	nom.	0,5	0,8	1,0	1,2	1,2	1,6	1,6	2,0	2,5
n	maxi	0,70	1,00	1,20	1,51	1,51	1,91	1,91	2,31	2,81
	mini	0,56	0,86	1,06	1,26	1,26	1,66	1,66	2,06	2,56
r	mini	0,1	0,1	0,1	0,2	0,2	0,25	0,25	0,4	0,4
r_f	réf.	0,6	0,8	1,0	1,2	1,5	1,6	1,8	2,4	3,0
t	mini	0,5	0,7	0,8	1,0	1,2	1,3	1,4	1,9	2,4
w	mini	0,5	0,7	0,8	0,9	1,2	1,3	1,4	1,9	2,4
théorique	maxi	4,4	6,3	8,2	9,4	10,4	11,5	12,6	17,3	20,0
dk_1 réel	maxi	3,8	5,5	7,3	8,4	9,3	10,3	11,3	15,8	18,3
	mini	3,5	5,2	6,9	8,0	8,9	9,9	10,9	15,4	17,8
k réf.	maxi	1,1	1,7	2,35	2,6	2,8	3	3,15	4,65	5,25
r_1	maxi	0,8	1,2	1,4	1,6	2,0	2,2	2,4	3,2	4
t_1	maxi	0,6	0,85	1,2	1,3	1,4	1,5	1,6	2,3	2,6
	mini	0,4	0,6	0,9	1,0	1,1	1,1	1,2	1,8	2,0
L	≈	0,5	0,7	0,8	1,0	1,2	1,3	1,4	2,0	2,3
n_1	≈	4	6	8,5	9,5	9,5	11	12	16,5	19,5
t_2	maxi	1,0	1,45	1,7	1,9	2,4	2,6	2,8	3,7	4,4
	mini	0,8	1,2	1,4	1,6	2,0	2,2	2,4	3,2	3,8
ℓ		Voir tableau général ci-après.								

(1) *P* : pas du filetage.

• Hexagonale

Tête hexagonale fendue HS NF E 25-664

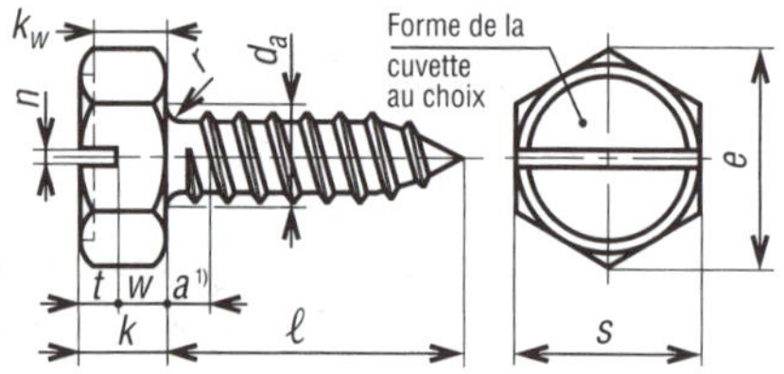

Tête hexagonale H NF E 25-662

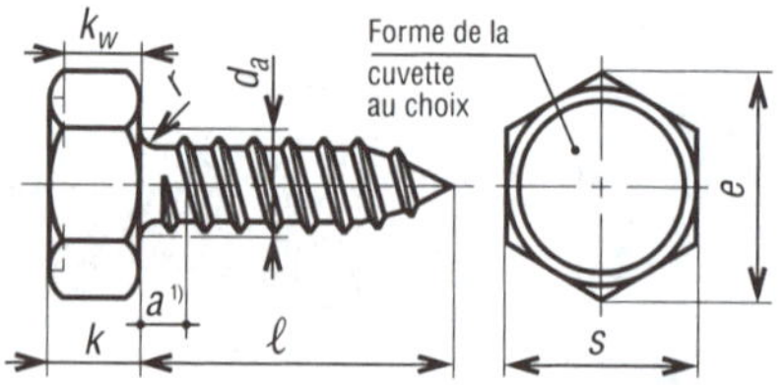

FORME DE LA TÊTE DE LA VIS

• Hexagonale (suite)

CARACTÉRISTIQUES DIMENSIONNELLES										
Diamètre nominal		ST 2,2	ST 2,9	ST 3,5	ST 4,2	ST 4,8	ST 5,5	ST 6,3	ST 8	ST 9,5
P(1)		0,8	1,1	1,3	1,4	1,6	1,8	1,8	2,1	2,1
a	maxi	0,8	1,1	1,3	1,4	1,6	1,8	1,8	2,1	2,1
d_a	maxi	2,8	3,5	4,1	4,9	5,5	6,3	7,1	9,2	10,7
s	maxi	3,2	5	5,5	7	8	8	10	13	16
	mini	3,02	4,82	5,32	6,78	7,78	7,78	9,78	12,73	15,73
e	mini	3,38	5,40	5,96	7,59	8,71	8,71	10,95	14,26	17,62
k	maxi	1,6	2,3	2,6	3,0	3,8	4,1	4,7	6,0	7,5
	mini	1,3	2,0	2,3	2,6	3,3	3,6	4,1	5,2	6,5
k_w	mini	0,9	1,4	1,6	1,8	2,3	2,5	2,9	3,6	4,5
n	nom.	0,5	0,8	1,0	1,2	1,2	1,6	1,6	2,0	2,5
	maxi	0,70	1,00	1,20	1,51	1,51	1,91	1,91	2,30	2,81
	mini	0,56	0,86	1,06	1,26	1,26	1,66	1,66	2,05	2,56
r	mini	0,1	0,1	0,1	0,2	0,2	0,25	0,25	0,4	0,4
t	mini	0,6	0,8	1,0	1,2	1,5	1,6	1,8	2,2	2,6
w	mini	0,45	0,7	1,0	1,0	1,3	1,4	1,6	2,0	2,4
ℓ	nom.	Voir tableau général ci-dessous.								

(1) P : pas du filetage

LONGUEUR DES VIS

TABLEAU GÉNÉRAL

ℓ	Bout C		Bout F		ST 2,2	ST 2,9	ST 3,5	ST 4,2	ST 4,8	ST 5,5	ST 6,3	ST 8
nom.	mini	maxi	mini	maxi								
4,5	3,7	5,3	3,7	4,5				Longueurs non fabriquées				
6,5	5,7	7,3	5,7	6,5								
9,5	8,7	10,3	8,7	9,5		Gamme						
13	12,2	13,8	12,2	13								
16	15,2	16,8	15,2	16			des					
19	18,2	19,8	18,2	19					longueurs			
22	21,2	22,8	20,7	22							normalisées	
25	24,2	25,8	23,7	25								
32	30,7	33,3	30,7	32								
38	36,7	39,3	36,7	38			Longueurs non normalisées					
45	43,7	46,3	43,5	45								
50	48,7	51,3	48,5	50								

DÉSIGNATION DES VIS À TÔLE

Symbole de forme de la tête — Diamètre nominal du filetage — Type (si aucune indication, type 3)

Vis à tôle FBX ST4,2 – 22 F Type 2 NF E 25-653 Zn 8/B/Fe

Terme «vis à tôle» — Symbole de forme de l'empreinte (pour l'empreinte X) — Longueur — Symbole de forme de l'extrémité — Norme de référence — Revêtement éventuel

Nota : Il n'existe pas de classe de qualité ni de grade pour les vis à tôle.

11.2.7. VIS À BOIS

NF E 25-60

La vis à bois est autotaraudeuse et permet d'assurer une liaison fixe démontable entre des pièces de bois. Elle se monte toujours dans un trou borgne et peut comporter selon le cas une tête avec des caractéristiques de manœuvre variées.

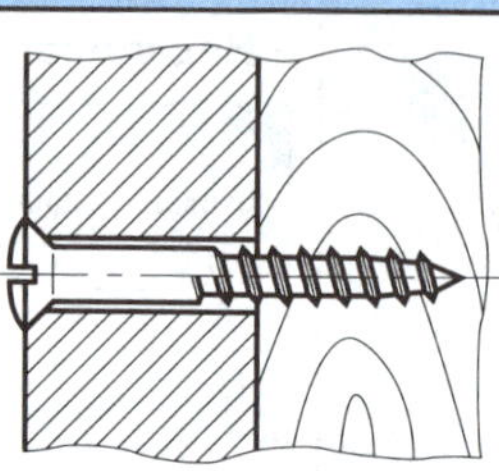

EXTRÉMITÉS DES VIS À BOIS

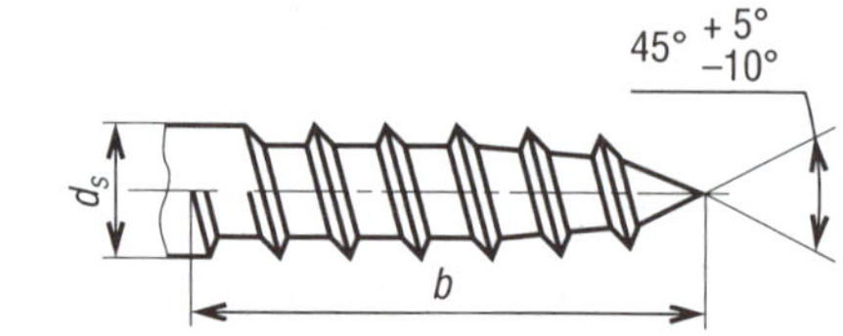

Détail de l'extrémité (1)

L'extrémité définie ci-dessus existe sur la famille des vis à bois (vis, pistons, etc.).

(1) choix de l'extrémité du filetage à l'initiative du fabricant.

Profil théorique du filet

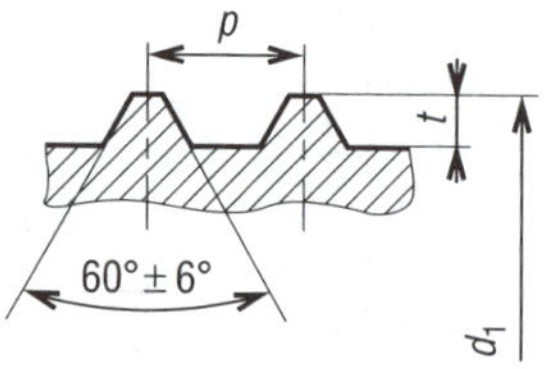

Un plat est admis à la partie supérieure du filet.

FORME DE LA TÊTE DE LA VIS

• **À empreinte cruciforme**

Tête fraisée FZ **NF E 25-601**

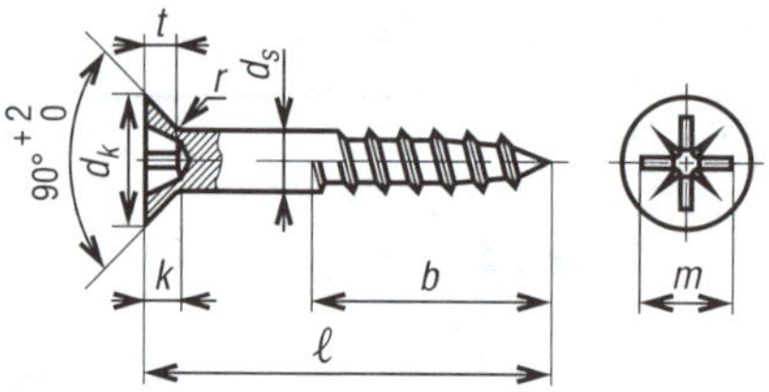

Tête fraisée bombée FBZ **NF E 25-602**

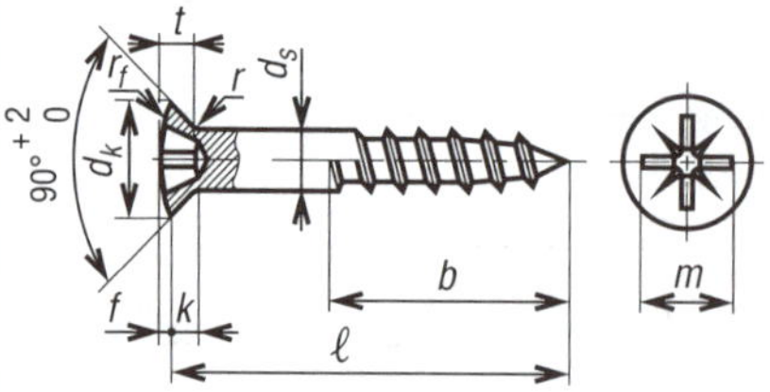

Tête ronde RZ **NF E 25-603**

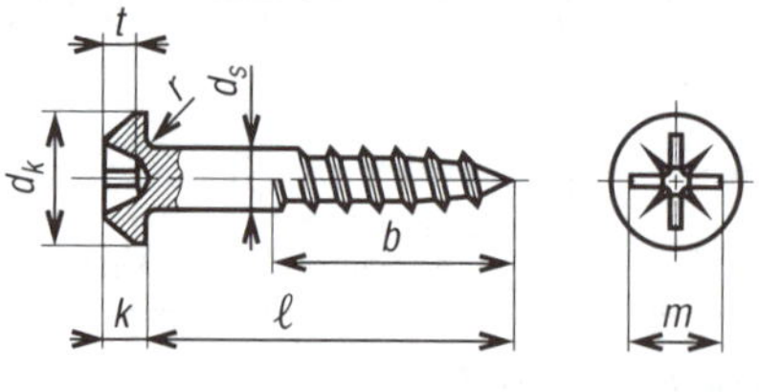

CARACTÉRISTIQUES DIMENSIONNELLES								
Diamètre nominal *d*		**2,5**	**3**	**3,5**	**4**	**4,5**	**5**	**6**
***P*(1)**		1,25	1,50	1,50	1,75	2,00	2,00	2,50
d_s	**maxi**	2,50	3,00	3,50	4,00	4,50	5,00	6,00
	mini	2,10	2,60	3,02	3,52	4,02	4,52	5,52
d_k	**maxi**	4,7	5,5	7,3	8,4	8,9	9,3	11,3
	mini	4,4	5,2	6,9	8,0	8,5	8,9	10,9
k	**maxi**	1,50	1,65	2,35	2,70	2,70	2,70	3,30
f	≈	0,6	0,7	0,8	1,0	1,1	1,2	1,4
r_f	~	5	6	8,5	9,5	9,5	9,5	12
r	**maxi**	0,7	0,8	0,9	1,0	1,2	1,3	1,5
Empreinte n	1	1	1	2	2	2	2	3
m	**réf.**	2,6	3,1	4,3	4,6	4,7	5,3	7,2
t_1	**maxi**	1,55	2,1	2,35	2,7	2,75	3,35	3,85
	mini	1,25	1,8	1,9	2,25	2,3	2,9	3,4
m_1	**réf.**	3,0	3,0	4,0	4,3	4,5	5,3	6,2
m	**réf.**	2,9	3,1	4,2	4,5	4,7	5,5	7,1
t	**maxi**	1,75	2,0	2,2	2,5	2,7	3,5	3,85
	mini	1,45	1,7	1,75	2,05	2,25	3,05	3,4
d_{k1}	**maxi**	4,5	5,5	6,5	7,0	8,0	9,0	11,0
	mini	4,2	5,2	6,1	6,6	7,6	8,6	10,6
k_1	**maxi**	2,20	2,50	2,50	3,00	3,50	4,00	4,50
	mini	1,95	2,25	2,25	2,75	3,20	3,80	4,30
r_1	≈	0,30	0,30	0,40	0,40	0,40	0,40	0,50
ℓ	**nom.**	Voir tableau général ci-après.						

(1) *P*: pas du filetage

FORME DE LA TÊTE DE LA VIS

• **À fente**

Tête fraisée plate FS
NF E 25-604

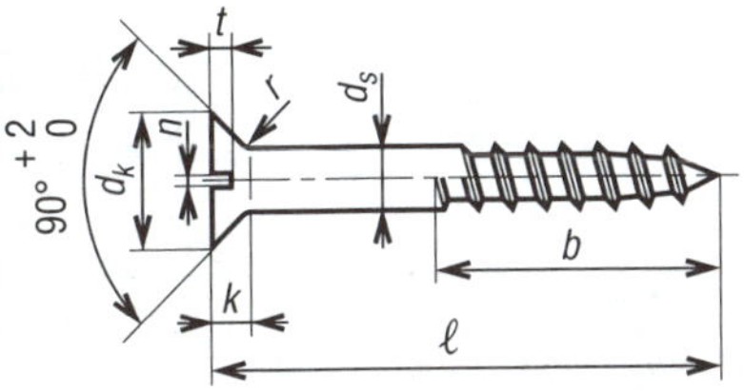

(1) *P* : pas du filetage.

CARACTÉRISTIQUES DIMENSIONNELLES										
Diamètre nominal *d*		VB 1,6	VB 2	VB 2,5	VB 3	VB 3,5	VB 4	VB 4,5	VB 5	VB 6
P (1)	nom.	0,8	1	1,25	1,5	1,5	1,75	2	2	2,5
d_s	maxi	1,6	2,0	2,5	3,0	3,5	4,0	4,5	5,0	6,0
	mini	1,20	1,60	2,10	2,60	3,02	3,52	4,02	4,52	5,52
d_k	maxi	3,0	3,8	4,7	5,5	7,3	8,4	8,9	9,3	11,3
	mini	2,7	3,5	4,4	5,2	6,9	8,0	8,5	8,9	10,9
k	maxi	0,9	1,1	1,5	1,65	2,35	2,7	2,7	2,7	3,3
r	maxi	0,3	0,5	0,7	0,8	0,9	1,0	1,2	1,3	1,5
n	nom.	0,4	0,5	0,6	0,8	1,0	1,2	1,2	1,2	1,6
	maxi	0,60	0,70	0,80	1,00	1,20	1,51	1,51	1,51	1,91
	mini	0,46	0,56	0,66	0,86	1,06	1,26	1,26	1,26	1,66
t	maxi	0,50	0,60	0,75	0,85	1,20	1,30	1,30	1,40	1,60
	mini	0,32	0,40	0,50	0,60	0,90	1,00	1,00	1,10	1,20
ℓ	nom.	Voir tableau général ci-après.								

Tête fraisée bombée FBS
NF E 25-605

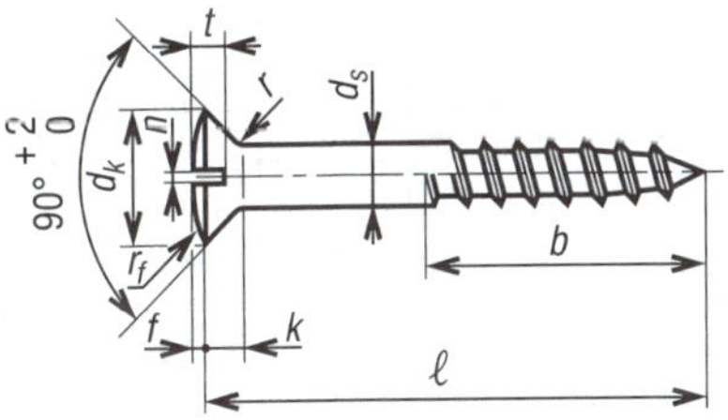

CARACTÉRISTIQUES DIMENSIONNELLES										
Diamètre nominal d_s		VB 1,6	VB 2	VB 2,5	VB 3	VB 3,5	VB 4	VB 4,5	VB 5	VB 6
d_s	maxi		2,00	2,50	3,00	3,50	4,00	4,50	5,00	6,00
	mini		1,60	2,10	2,60	3,02	3,52	4,02	4,52	5,52
d_k	maxi		3,8	4,7	5,5	7,3	8,4	8,9	9,3	11,3
	mini		3,5	4,4	5,2	6,9	8,0	8,5	8,9	10,9
k	maxi		1,10	1,50	1,65	2,35	2,70	2,70	2,70	3,30
f	≈		0,5	0,6	0,7	0,8	1,0	1,1	1,2	1,4
r_f	≈		4	5	6	8,5	9,5	9,5	9,5	12
r	maxi		0,5	0,7	0,8	0,9	1,0	1,2	1,3	1,5
n	nom.		0,5	0,6	0,8	1,0	1,2	1,2	1,2	1,6
	maxi		0,70	0,80	1,00	1,20	1,51	1,51	1,51	1,91
	mini		0,56	0,65	0,86	1,06	1,26	1,26	1,26	1,66
t	maxi		1,00	1,20	1,45	1,70	1,90	2,00	2,40	2,80
	mini		0,80	1,00	1,20	1,40	1,60	1,70	2,00	2,40
ℓ	nom.	Voir tableau général ci-après.								

Tête ronde RS
NF E 25-606

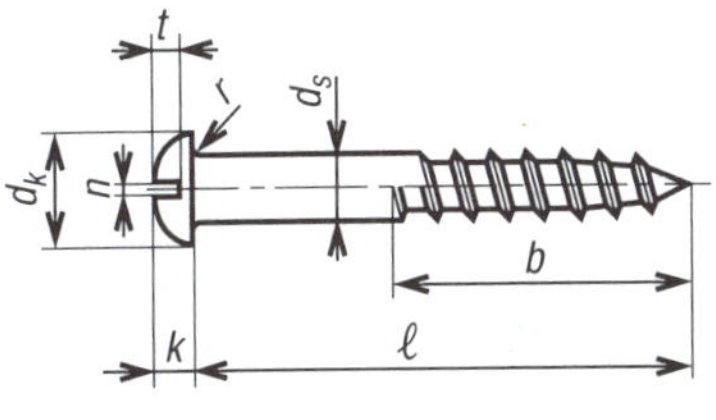

CARACTÉRISTIQUES DIMENSIONNELLES										
Diamètre nominal d_s		VB 1,6	VB 2	VB 2,5	VB 3	VB 3,5	VB 4	VB 4,5	VB 5	VB 6
d_s	maxi	1,6	2,0	2,5	3,0	3,5	4,0	4,5	5,0	6,0
	mini	1,20	1,60	2,10	2,60	3,02	3,52	4,02	4,52	5,52
d_k	maxi	2,8	3,5	4,5	5,5	6,5	7,0	8,0	9,0	11,0
	mini	2,5	3,2	4,2	5,2	6,1	6,6	7,6	8,6	10,5
k	maxi	1,2	1,6	2,2	2,5	2,5	3,0	3,5	4,0	4,5
	mini	0,9	1,3	1,9	2,2	2,2	2,7	3,2	3,7	4,2
r	≈	0,2	0,2	0,3	0,3	0,4	0,4	0,4	0,4	0,5
n	nom.	0,4	0,5	0,6	0,8	1,0	1,2	1,2	1,2	1,6
	maxi	0,60	0,70	0,80	1,00	1,20	1,51	1,51	1,51	1,91
	mini	0,46	0,56	0,66	0,86	1,06	1,26	1,26	1,26	1,66
t	maxi	0,50	0,60	0,75	0,85	1,20	1,30	1,30	1,40	1,60
	mini	0,32	0,40	0,50	0,60	0,90	1,00	1,00	1,10	1,20
ℓ	nom.	Voir tableau général ci-après.								

FORME DE LA TÊTE DE LA VIS

• Tête hexagonale (tire-fond) H
NF E 25-607

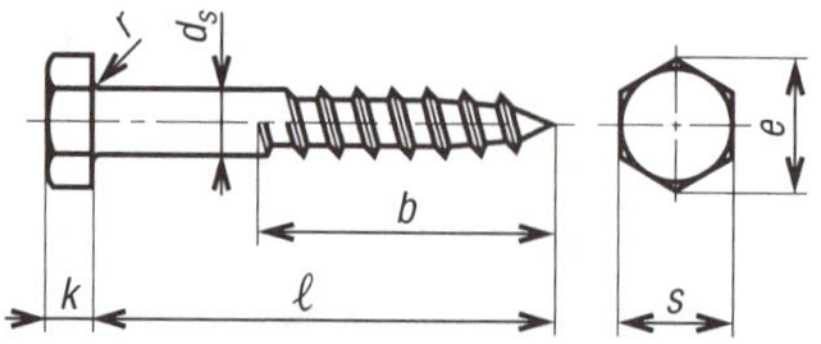

• Tête carrée (tire-fond) Q
NF E 25-608

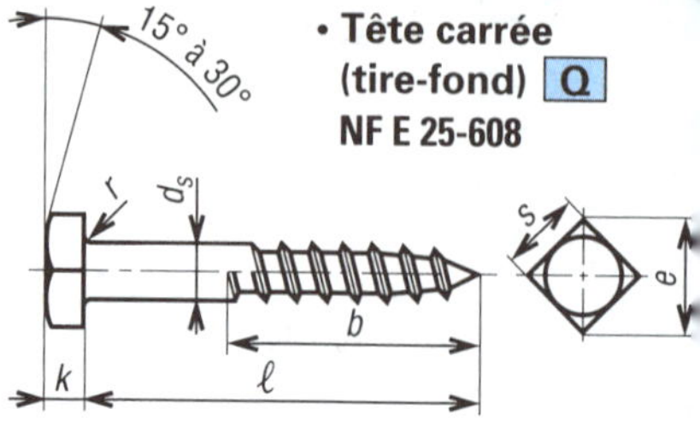

		CARACTÉRISTIQUES DIMENSIONNELLES									
Diamètre nominal *d*		VB 5	VB 6	VB 7	VB 8	VB 10	VB 12	VB 14	VB 16	VB 18	VB 20
P = pas du filetage	nom.	2	2,5	3	3,5	4	4,5	5	6	7	7
d_s	maxi	5,0	6,0	7,0	8,0	10,0	12,0	14,0	16,0	18,0	20,0
	mini	4,52	5,52	6,42	7,42	9,42	11,30	13,30	15,30	17,30	19,16
k	nom.	3,5	4,0	5,0	5,3	6,4	7,5	8,8	10,0	11,5	12,5
	maxi	3,88	4,38	5,38	5,68	6,85	7,95	9,25	10,75	12,4	13,4
	mini	3,12	3,62	4,62	4,92	5,95	7,05	8,35	9,25	10,6	11,6
r	~	0,4	0,5	0,8	1,0	1,0	1,2	1,4	1,6	1,8	2,0
s	maxi	8	10	11	13	17	19	22	24	27	30
	mini	7,64	9,64	10,57	12,57	16,57	18,16	21,16	23,16	26,16	29,16
e	mini	8,6	10,8	11,9	14,2	18,7	20,5	23,9	26,1	29,5	32,9
e_1	mini	9,9	12,5	13,7	16,3	21,3	23,8	27,6	30,1	34,0	37,9
ℓ nominal		Voir tableau général ci-dessous.									

LONGUEUR DES VIS A BOIS

TABLEAU GÉNÉRAL

Longueur nominale \ Diamètre nominal *d*	1,6	2	2,5	3	3,5	4	4,5	5	(5,5)	6	(7)	8	10	12	(14)	16	(18)	20
8	5	5	5															
10	6	6	6	6	6	6												
12		8	8	8	8	8												
16		10	10	10	10	10	10	10	10									
20		12	12	12	12	12	12	12	12	12								
25			15	15	15	15	15	15	15	15								
30				18	18	18	18	18	18	18	18	18						
35				21	21	21	21	21	21	21	21	21						
40				24	24	24	24	24	24	24	24	24	24					
45					27	27	27	27	27	27	27	27	27					
50						30	30	30	30	30	30	30	30	30				
60						36	36	36	36	36	36	36	36	36				
70								43	43	43	43	43	43	43				
80								47	47	47	47	47	47	47	47			
90								50	50	50	50	50	50	50	50	50		
100								53	53	53	53	53	53	53	53	53		
120										60		60	60	60	60	60		
140										67		67	67	67	67	67		
160													73	73	73	73		
180														80	80	80		
200															87	87	87	87

Longueurs non fabriquées (zone supérieure droite) – Longueurs non normalisées (zone inférieure gauche)

L'emploi des dimensions entre parenthèses doit être évité autant que possible.
Les vis normalisées figurent entre les lignes de démarcation en trait plein. Les vis situées au-dessus du trait pointillé (zone tramée) peuvent être filetées jusqu'à proximité de la tête, la longueur non filetée devant être au plus égale à 0,5 pas.

DÉSIGNATION DES VIS A BOIS

Vis à bois RS 8-50 NF E 25-603

- Terme « vis à bois » → Vis à bois
- Symbole de forme de la tête → RS
- Diamètre nominal → 8
- Longueur de la vis → 50
- Norme de référence → NF E 25-603

Nota : Pour les vis à bois, il n'existe pas de classe de qualité, ni de grade, ni de type.

11.2.8. ÉCROUS

L'écrou est une pièce d'assemblage présentant un trou taraudé destiné à se visser sur la partie filetée de la vis, du corps du boulon et du goujon pour réaliser un serrage.
Il existe de nombreux types d'écrous normalisés ou non afin de répondre à des conditions d'utilisation particulières (sécurité, encombrement, manœuvre à la main, protection du bout de la vis…).

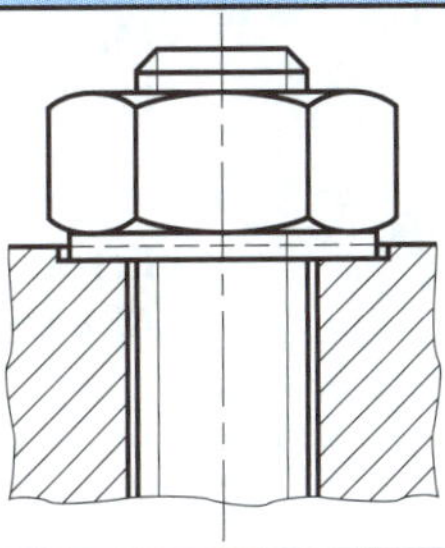

ÉCROUS MANŒUVRÉS PAR CLÉS

• Mode d'entraînement hexagonal

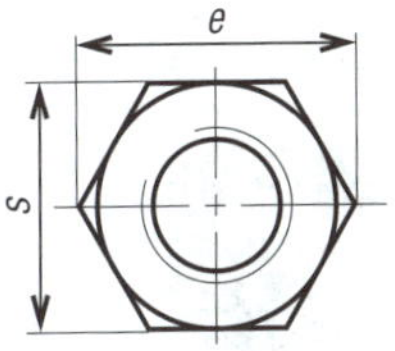

Écrou hexagonal H
NF EN 24302 ISO 4032

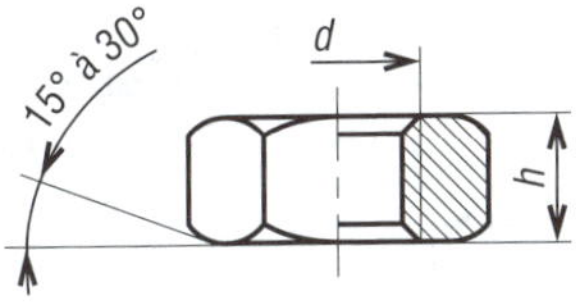

Écrou bas hexagonal HM
NF N 24035
ISO 4035

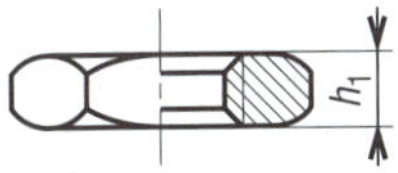

Écrou haut hexagonal HH
NF EN 24036
ISO 4036

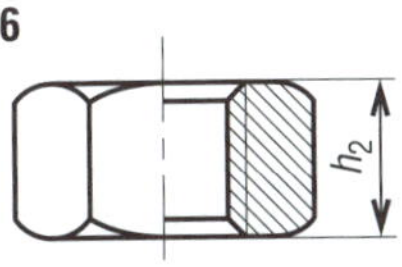

Écrou avec collerette

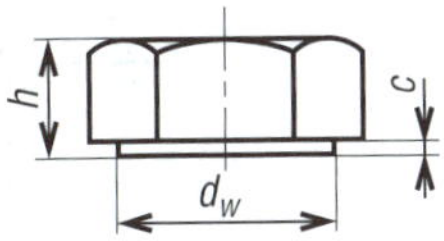

Écrou à embase HE
NF E 25-406

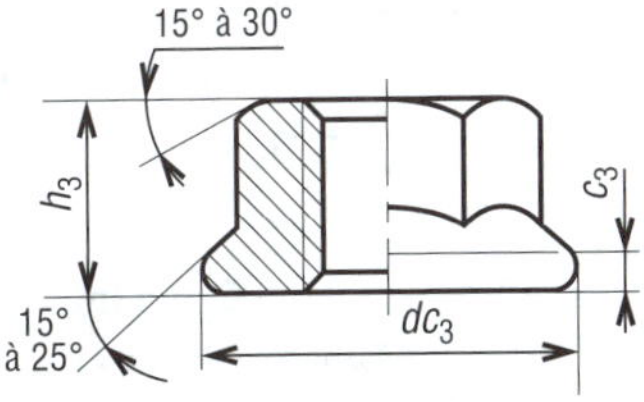

• Tracé de l'écrou hexagonal (H)

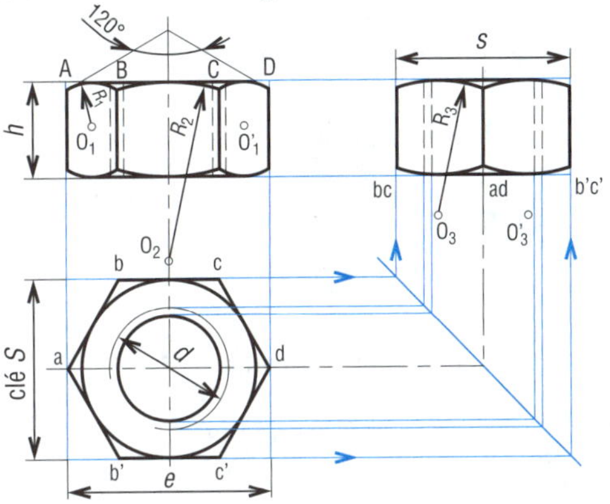

Tracé des rectangles capables :

$e \cdot h$ et $s \cdot h$

h (variable suivant la nature de l'écrou)

Tracé des arcs de cercle :

$R_1 \approx S/4$ $R_2 \approx S$ $R_3 \approx 3\,S/4$ $e = 1{,}1555$

CARACTÉRISTIQUES DIMENSIONNELLES										
d	Pas	*h*	h_1	h_2	*e*	*s*	*c*	*dw*	h_3	dc_3
1,6	0,35	1,3	1	–	3,41	3,2	0,2	2,4	–	–
2	0,4	1,6	1,2	–	4,32	4	0,2	3,1	–	–
2,5	0,45	2	1,6	–	5,45	5	0,3	4,1	–	–
3	0,5	2,4	1,8	–	6,01	5,5	0,4	4,6	–	–
4	0,7	3,2	2,2	–	7,66	7	0,4	5,9	–	–
5	0,8	4,7	2,7	5,1	8,79	8	0,5	6,9	5	12
6	1	5,2	3,2	5,7	11,05	10	0,5	8,9	6	14
8	1,25	6,8	4	7,5	14,38	13	0,6	11,6	8	18
10	1,5	8,4	5	9,3	17,77	16	0,6	14,6	10	22
12	1,75	10,8	6	12	20,03	18	0,6	16,6	12	26
(14)	2	12,8	7	14,1	23,35	21	0,6	19,6	14	30
16	2	14,8	8	16,4	26,75	24	0,8	22,5	16	34
20	2,5	18	10	20,3	32,95	30	0,8	27,7	20	43
24	3	21,5	12	23,9	39,55	36	0,8	33,2	24	–
30	3,5	25,6	15	28,6	50,85	46	0,8	42,7	30	–

Les dimensions entre parenthèses doivent être évitées autant que possible (norme ISO).

ÉCROUS MANŒUVRÉS PAR CLÉS

• Mode d'entraînement carré

• Écrou carré Q
NF E 25-403

Les écrous carrés ont les mêmes dimensions que les écrous H de même diamètre nominal.

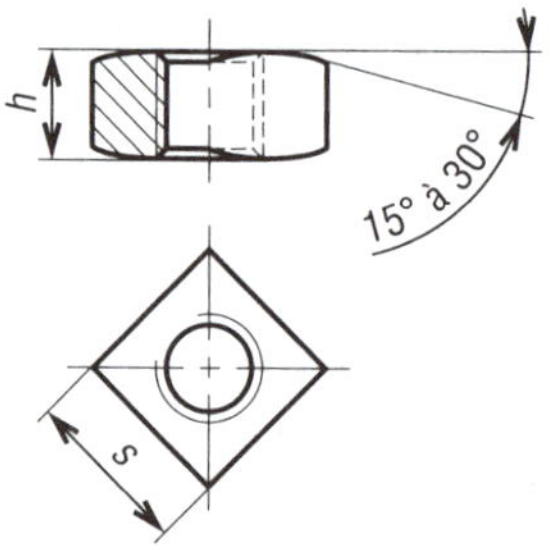

Moins répandu que l'écrou hexagonal, l'écrou carré Q permet un serrage important et possède l'avantage par rapport à l'écrou H de s'arrondir beaucoup moins lors des démontages remontages (la face d'appui est opposée au côté chanfreiné).
Utilisé surtout dans le bâtiment.

• Écrou borgne
NF E 27-453

Norelem

Matière : XC 38 bruni

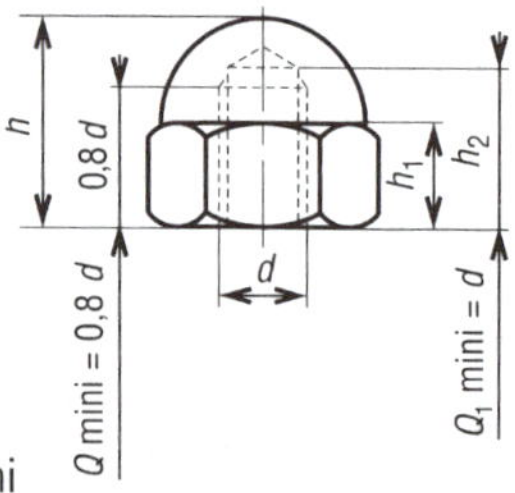

• Écrou à portée sphérique
NF E 27-458

Norelem

Matière : XC 38 bruni

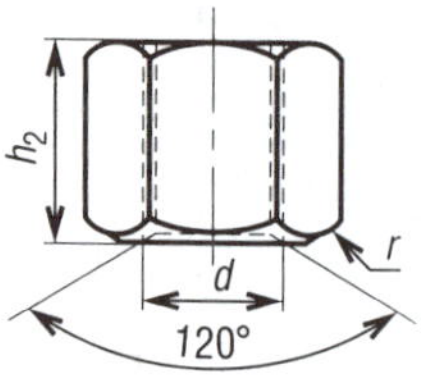

• Écrou à créneaux
NF E 27-414

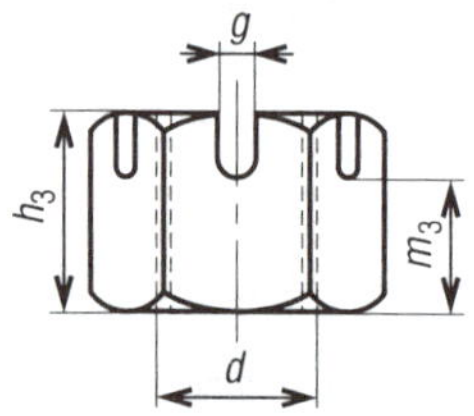

HK

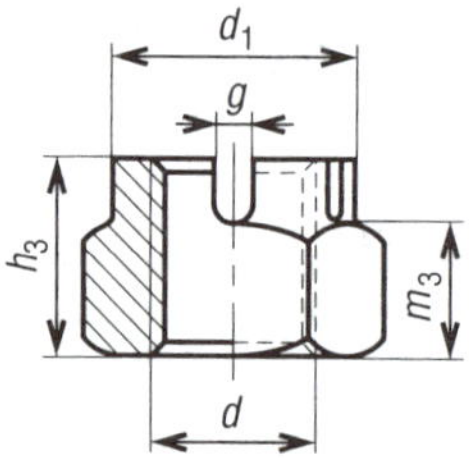

HK dégagé

• Écrou cylindrique
NF E 27-413

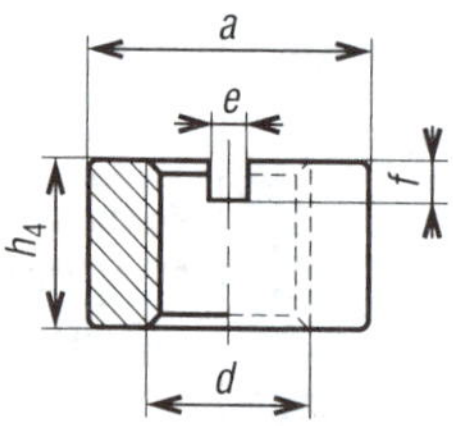

C

Exemples de montage

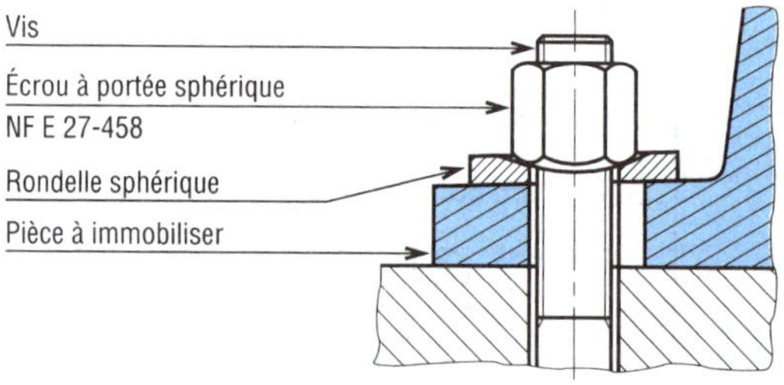

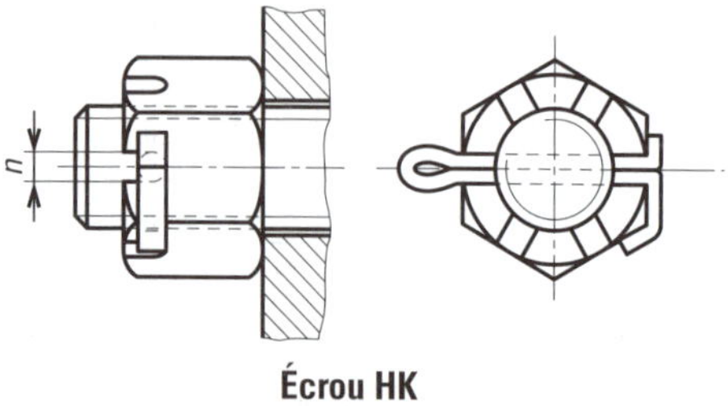

Écrou HK

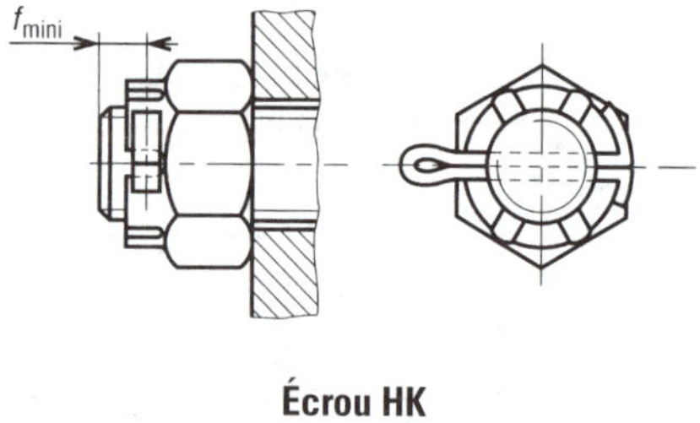

Écrou HK

Dégagé à partir de $d = 12$ seulement

ÉCROUS MANŒUVRÉS PAR CLÉS

CARACTÉRISTIQUES DIMENSIONNELLES													
d	Pas	h	h_1	h_2	h_3	h_4	m_3	r	g	d_1	a	e	f
2	0,4	–	–	–	–	2	–	–	–	–	4	0,5	1
2,5	0,45	–	–	–	–	2,5	–	–	–	–	5	0,8	1
3	0,5	5,1	2,4			3			–		5	1	1
4	0,7	6,7	3,2	6	5	4	3,2	8	1,2		7	1,5	1,5
5	0,8	8	4,7	–	6	5	4	–	1,4		9	1,5	1,5
6	1	10	5,2	8	7,5	6	5	14	2		11	2	2
8	1,25	13	6,8	11	9,5	8	6,5	14	2,5	–	14	2,5	2,5
10	1,50	16,5	8,4	13	12	10	8	22	2,8	–	18	3	3
12	1,75	19,5	10,8	15	15	12	10	22	3,5	17	22	3,5	3,5
(14)	2	22	12,8	18	16	14	11	30	3,5	19	24	4	4
16	2	25	14,8	21	19	16	13	30	4,5	22	27	4	4
20	2,5	31	18	25	22	20	16	44	4,5	28	33	5	5
24	3	37	21,5	29	27	24	19	44	5,5	34	39	6	6
30	3,5	47	25,6	35	33	30	24	66	7	42	48	7	7

ÉCROUS À SERRAGE MANUEL

• Bouton croisillon taraudé

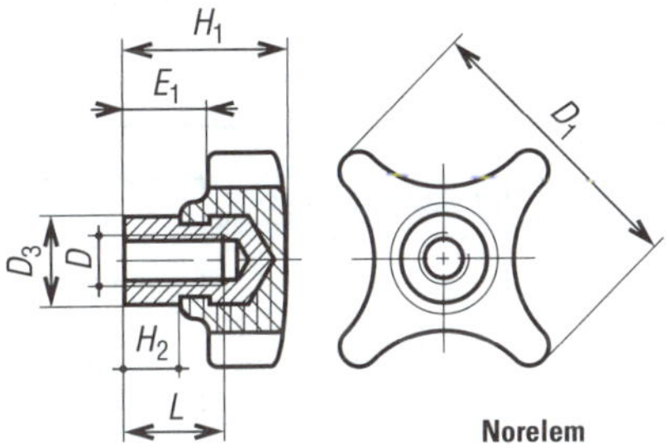

Norelem

CARACTÉRISTIQUES DIMENSIONNELLES						
d	D_1	D_3	E_1	H_1	H_2	L
M3	32	12	12	23	9	12
M8	40	14	13	26	10	14
M10	50	18	18	32	12	18
M12	63	20	23	40	14	22
M16	80	25	28	50	17	30

Matière :
Corps phénoplaste : PF2 - NOIR
Insert : Acier XC 38 zingué

Désignation :
Écrou à croisillon M12 (DIN 6325)

• Écrou croisillon

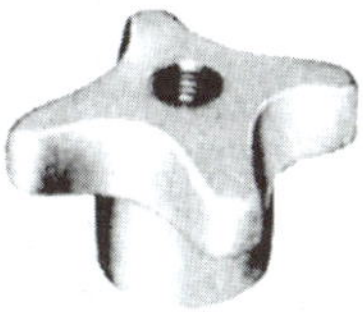

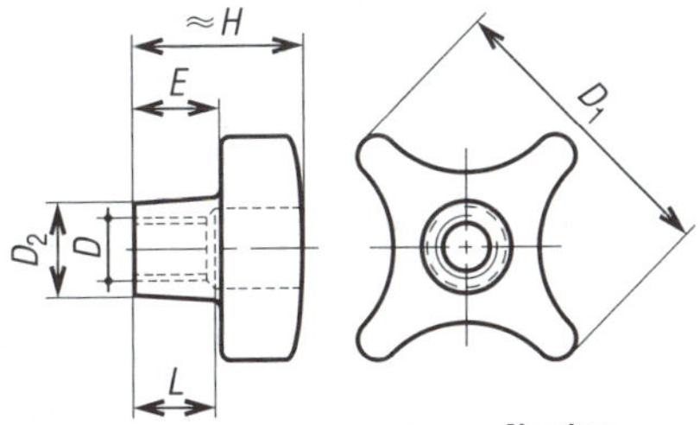

Norelem

CARACTÉRISTIQUES DIMENSIONNELLES					
d	D_1	D_2	E	H	L
M6	32	12	10	20	10
M8	40	14	14	25	13
M10	50	18	20	32	16
M12	63	20	25	40	20
M14	80	25	30	50	30
M16	80	25	30	50	20

Matière :
Fonte malléable

Désignation :
Écrou à croisillon en fonte M30 (DIN 6335)

ÉCROUS À SERRAGE MANUEL

• Écrou moleté NF E 27-455

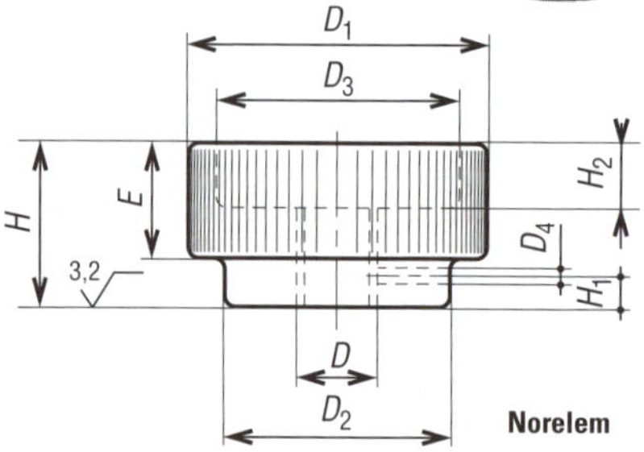

Norelem

CARACTÉRISTIQUES DIMENSIONNELLES								
D	D_1	D_2	D_3	D_4	E	H	H_1	H_2
M5	20	14	15	1,5	8	12	2,5	5
M6	24	16	18	1,5	10	14	2,5	6
M8	30	20	24	2	12	17	3	7
M10	36	28	30	3	14	20	4	8
M12	40	32	34	4	16	24	4	10

Matière : Acier XC 38 bruni (Rmini : 500 MPa)
Désignation : Écrou moleté, M10, NF E 27-455

• Petit volant

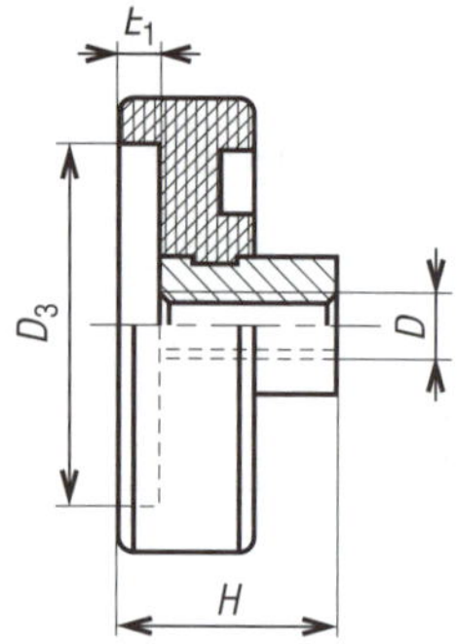

Norelem

CARACTÉRISTIQUES DIMENSIONNELLES							
D	P	D_1	D_2	D_3	E	E_1	H
M10	1,5	50	18	39	15	5	25
M12	1,75	63	20	51	18	6	30
M16	2	80	25	67	22	7	36

Matière : Corps bakélite noire
Noyau : acier XC 38 bruni

Désignation : Petit volant, bakélite M12

• Écrou à oreilles NF E 27-454

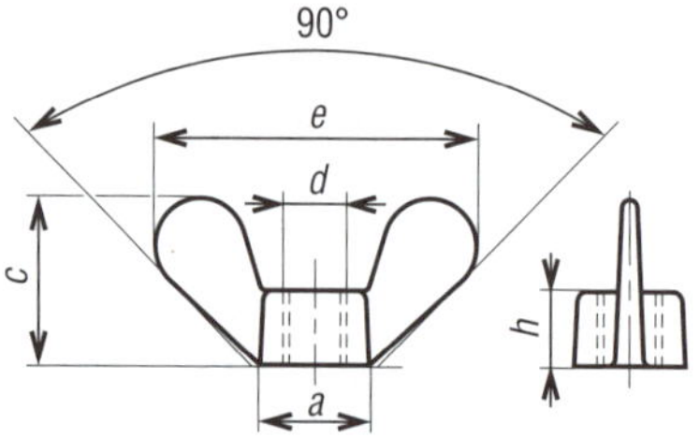

Matière : Acier matricé
Désignation : Écrou O, M16, NF E 27-454

d	ah	c	e	
3	8	4	12	22
4	9	5	13	26
5	11	6	15	30
6	13	8	18	35
8	15,5	10	22	42
10	18	11	25	48
12	21	12	28	54
14	24	14	31	62
16	28	16	35	70
18	31	18	39	78

DÉSIGNATION DES ÉCROUS

Terme écrou → **Écrou**

Symbole de forme, s'il existe, ou définition normalisée de la forme → **H**

Symbole du filetage métrique / Diamètre nominal → **M20**

Classe de qualité → **10**

Type : si aucune indication : type 2 → **Type 1**

Norme de référence → **ISO 4032**

Traitement éventuel. Ceci revêtement de 8 µm de zinc suivie d'une chromatation type B → **Zn 8/B/Fe**

Écrou H M20 10 Type 1 ISO 4032 Zn 8/B/Fe

11.2.9. FILETS RAPPORTÉS « HÉLI-COIL »

Le filet héli-coïl se présente sous l'apparence d'un ressort. Il est réalisé à partir d'un fil laminé en section losange. Il forme deux filetages concentriques de haute précision, l'un intérieur, l'autre extérieur. L'entraîneur servant à l'enroulement du filet et à sa pose peut être rompu au niveau de l'encoche, après pose.

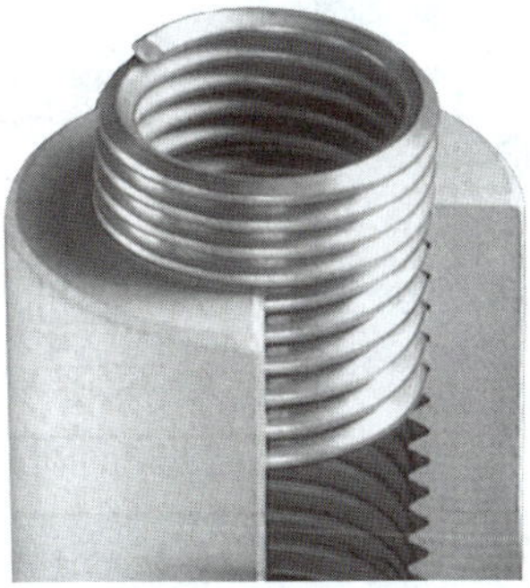

Otalu

Deux types existent :

- ***l'héli-coïl type standard :*** toutes les spires du filet héli-coïl sont cylindriques.
- ***l'héli-coïl type screw-lock*** (à freinage interne). Identique au filet type standard, mais possède en plus une ou plusieurs spires polygonales de freinage provoquant un serrage important sur les flancs de filets de la vis.

CARACTÉRISTIQUES

• Type standard ST

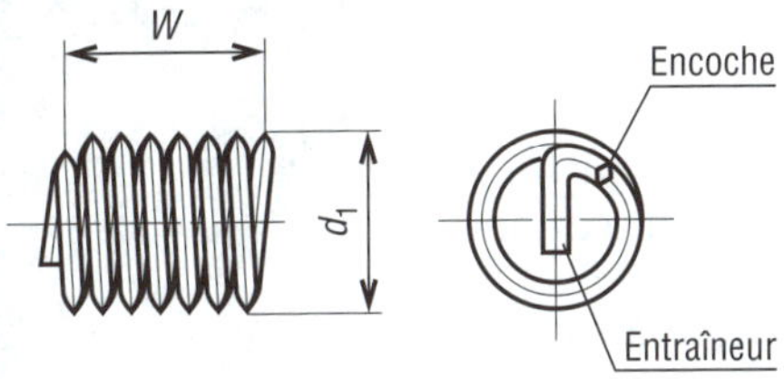

• Type screw-lock SL

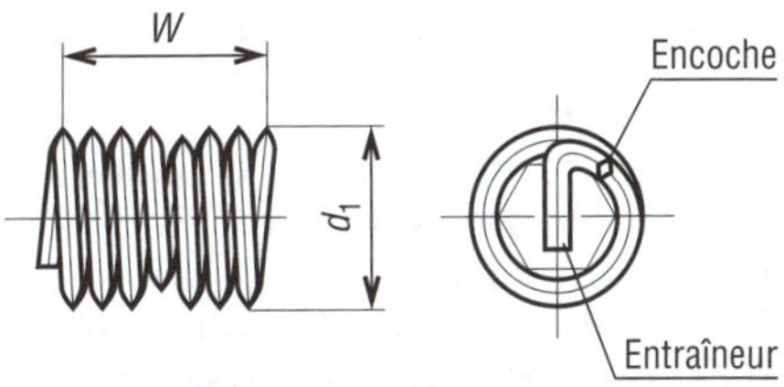

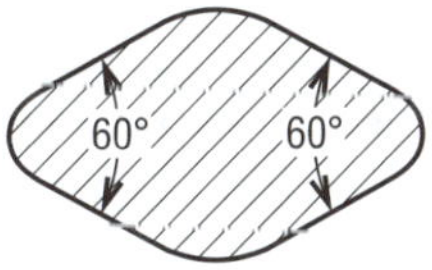

Section du fil

Matière : acier inoxydable (chrome nickel 188)

d : diamètre nominal du filet rapporté
d_1 HC : diamètre de perçage
D_1 : diamètre extérieur du filet à l'état libre
D_{HC} : diamètre extérieur du taraudage
L_2 : longueur du filet héli-coïl monté
t_1 : profondeur mini de perçage

d	ℓ_2 1d	ℓ_2 1,5d	ℓ_2 2d	ℓ_2 3d	D_{1HC}	d_1 mini	d_1 maxi	D_{HC}
	t_1							
M2,5	5,1	6,35	7,6	10,1	2,6	3,3	3,5	3,08
M3	5,8	7,3	8,8	11,8	3,2	3,8	4	3,65
M4	7,8	9,8	11,8	15,8	4,2	5,15	5,35	4,91
M5	9,2	11,7	14,2	19,2	5,2	6,35	6,6	6,04
M6	11,1	14,1	17,1	23,1	6,3	7,6	7,85	7,30
M8	14,2	18,2	22,2	30,2	8,4	9,85	10,1	9,62
M10	17,3	22,3	27,3	37,3	10,5	12,1	12,5	11,95
M12	20,3	26,3	32,3	44,3	12,5	14,4	14,8	14,27
(M14)	23,3	30,3	37,3	–	14,5	17,2	17,7	16,60
M16	25,3	33,3	41,3	–	16,5	19,4	19,9	18,60
M20	31,2	41,2	51,2	–	20,75	23,7	24,2	23,25
M24	37,1	49,1	61,1	–	24,75	28,6	29,1	27,90
M30	45,2	60,2	75,2	–	31	35,2	35,7	34,55
M36	52,8	70,8	88,8	–	37	42,1	42,6	41,20

TECHNIQUE DE POSE

Taraudage

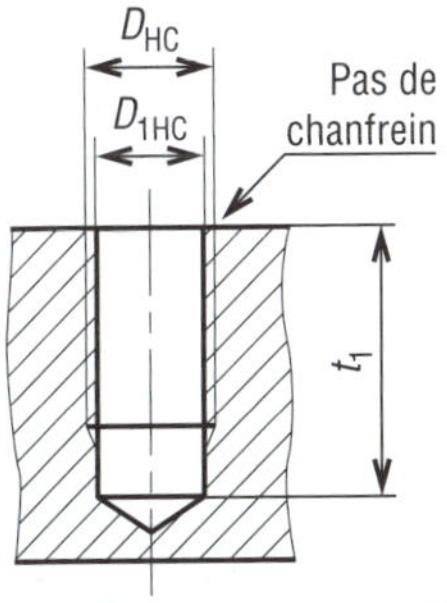

Montage

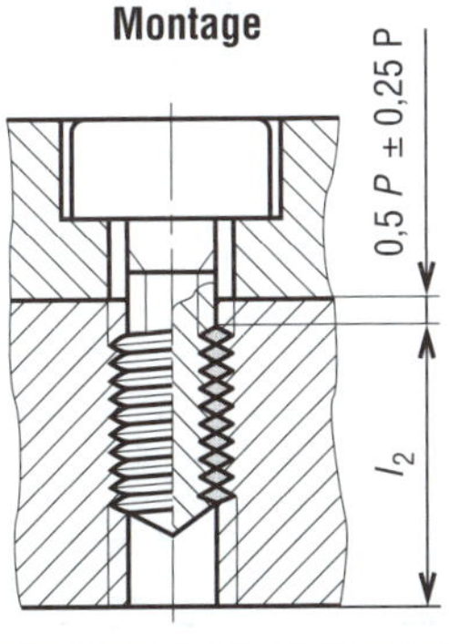

Préparation :

- Perçage avec un foret standard ;
- Taraudage du trou recevant le filet héli-coïl avec tarauds spéciaux héli-coïl ;
- Pose du filet héli-coïl avec un appareil manuel ou automatique.

REPRÉSENTATION NORMALISÉE

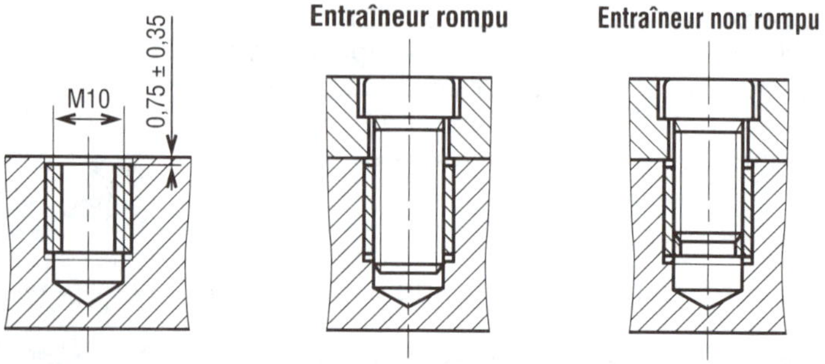

Désignation :
- Type standard : HC ST M10 15CN
- Type screw-lock HC SL M10 15CN

11.2.10. INSERTS

Les inserts constituent une solution efficace lorsqu'il s'agit de réaliser des fixations filetées dans les matières plastiques ou composites.

On distingue :
- ***les inserts surmoulés,*** réalisés en vinyle et de faible coût, mais dont la mise en place s'avère délicate et onéreuse (peu utilisés).
- ***les inserts post-moulés*** implantés après moulage en utilisant l'échauffement créé par l'effet thermique ou par ultrasons.

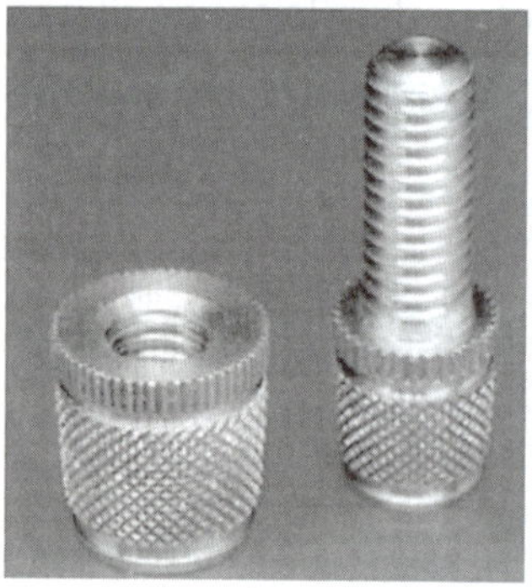

Otalu

INSERTS TARAUDÉS ET GOUJONS FILETÉS

- **Hit-sert taraudé (pour matière plastique, pose après moulage)**

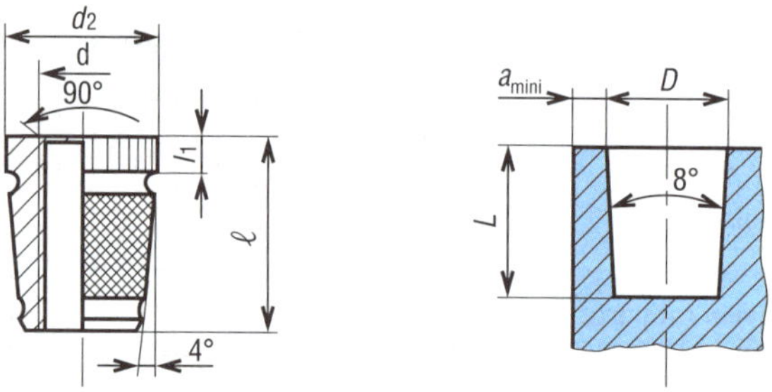

Exemple de désignation :
Hit-sert 2, M4 7,5 NF E 03-051

Matière : laiton – Cu Zn 36 Pb 3

CARACTÉRISTIQUES DIMENSIONNELLES						
Filetage	Longueur implantée	Hauteur moletage	∅ moletage	Logement		
d	ℓ	ℓ_1	d_2	D	L mini	a mini
M2	5,0	1,0	4,1	3,7	6,5	1,5
M2,5	5,0	1,0	4,1	3,7	6,5	1,5
M3	5,5	1,0	4,7	4,3	7	1,8
M3,5	6,0	1,2	5,5	5,1	7,5	1,8
M4	7,5	1,4	6,1	5,7	9	2
M5	9,0	1,75	7,3	6,9	10,5	2
M6	10,0	1,75	8,7	8,3	12	2,5
M8	12,0	2,0	11,3	10,8	14,5	3

• Hit-sert goujon (pour matière plastique, pose après moulage)

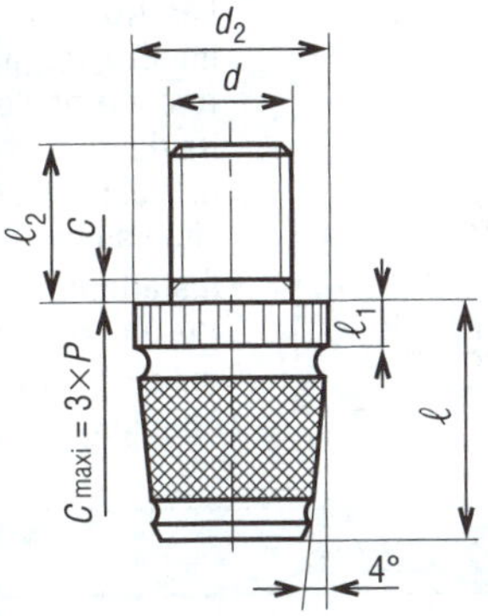

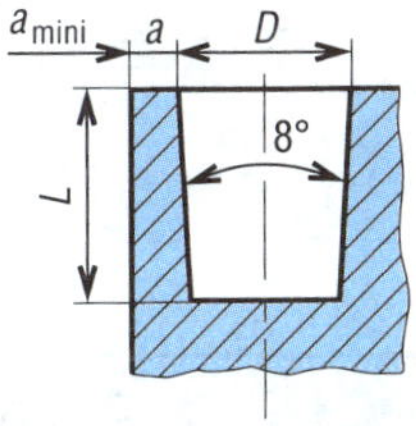

Exemple de désignation :
Hit-sert goujon M4 10 NF E 03-051

Matière : laiton Cu Zn 36 Pb 3

CARACTÉRISTIQUES DIMENSIONNELLES										
Filetage		Longueur du goujon			Longueur implantée	Hauteur moletage	∅ moletage	Logement		
d	*P*		ℓ_2		ℓ	ℓ_1	d_2	*D*	*L* mini	*a* mini
M2,5	0,45	5	10	–	5,0	1,0	4,1	3,7	6,5	1,5
M3	0,5	5	10	15	5,5	1,0	4,7	4,3	7	1,8
M3,5	0,6	5	10	15	6,0	1,2	5,5	5,1	7,5	1,8
M4	0,7	5	10	15	7,5	1,4	6,1	5,7	9	2
M5	0,8	10	15	20	9,0	1,75	7,3	6,9	10,5	2
M6	1,0	10	15	20	10,0	1,75	8,7	8,3	12	2,5

• Sonic-lock (pour matières thermoplastiques) P.S.M. Fixation

Insert

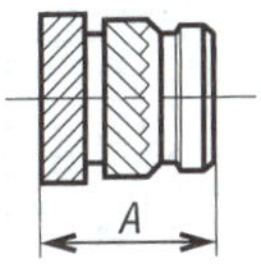

Dimension plus courtes

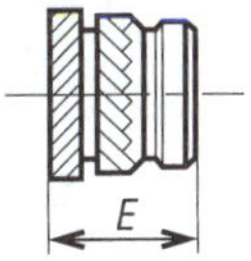

Insert à tête

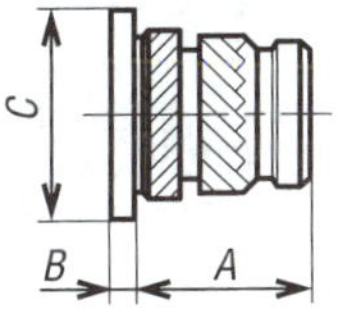

Goujon

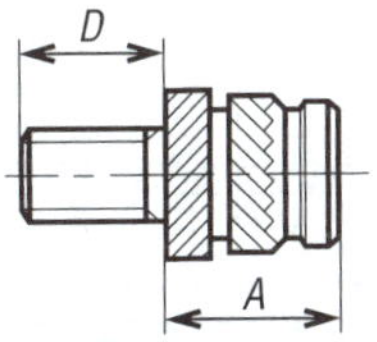

Goujon à tête

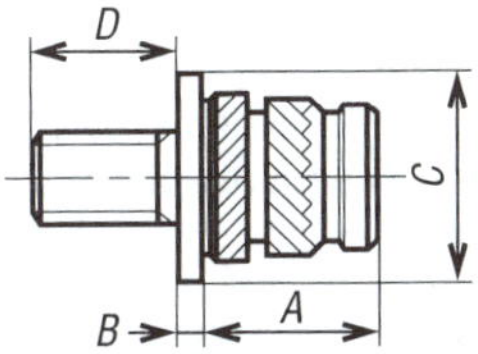

Exemples de désignation :

Nom du produit	Matière	Filetage
SL	B	M5
SLTS	B	M6
SHK	B	M5

Matière :
laiton = B → Cu Zn39 Pb 2

CARACTÉRISTIQUES DIMENSIONNELLES							
d ISO métr.	*A*	*E*	*B*	*C*	*D*	∅ du trou recom.	Épais. mini paroi
M2	4,0	–	0,45	4,8		3,2	1,3
M2,5	5,8	4	0,55	5,6		4,0	1,6
M3	5,8	4	0,55	5,6		4,0	1,6
M3,5	7,2	4	0,70	6,4		4,8	1,8
M4	8,2	6	0,80	7,2	5 à 25	5,6	2,1
M5	9,5	6	1,00	8,0		6,4	2,6
M6	12,7	7	1,30	9,5		8,0	3,3
M8	12,7	–	1,30	11,0		9,6	4,5
M10	12,7	–	1,60	14,0		11,9	6,0

SÉQUENCES DE MISE EN PLACE DES INSERTS

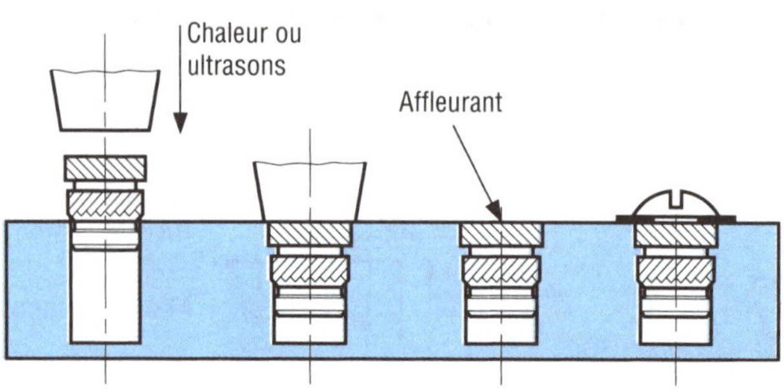

- **Préparation du trou :**
  Les trous peuvent être soi moulés soit percés. (De pré férence moulés). La dépouill ne devra pas dépasser 1° 3 et le diamètre du trou est celu situé au bas de l'insert.
- **Installation :**
  L'insert sera mis en place er utilisant un procédé de pré- chauffage ou par ultrasons.

11.2.11. INTERVIS (OU DOUILLE AUTOTARAUDEUSE)

L'intervis est une douille métallique, traitée ou non, comportant un taraudage normalisé et un filetage extérieur approprié.
A sa base on trouve :
1 une troncature de filetage extérieur ;
2 deux fentes aux arêtes coupantes.
Cet ensemble se comporte comme un taraud et permet de visser directement l'intervis dans un **trou lisse** percé préalablement. L'intervis taille lui-même le filetage dans la pièce.
La pose se fait avec un outil (BR ou S) livré par le fabricant.

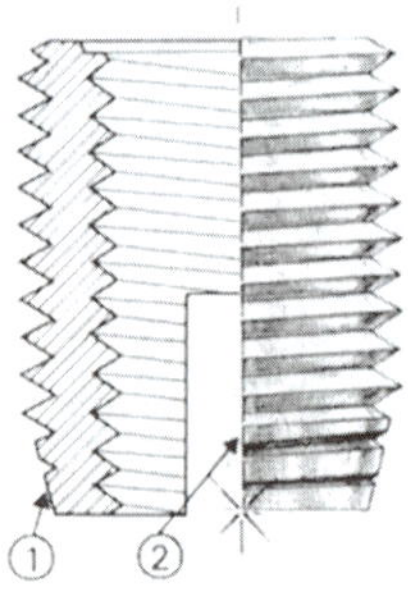

P.S.M.

TYPE SCT

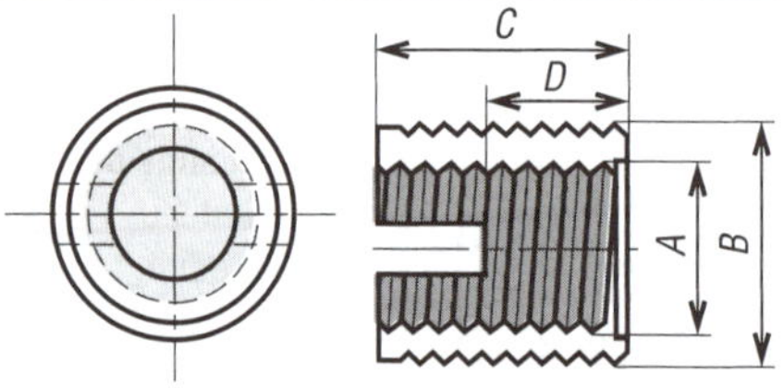

Gammes :
- SCTA – acier S 250 brut.
- SCT S250 – acier S 250
- SCT laiton – UZ 37 Pb3
- SCT CNF – inox Z 10 CNF 18/9

Destiné à être vissé dans des matières résistantes (fonte douce, bakélites dures, alliages légers traités).

CARACTÉRISTIQUES DIMENSIONNELLES								
TYPE	Filetage ISO Int. A	Filetage ISO Ext. B	Long. C	Long. non fendue D	Prof. du trou E	Groupe I	Groupe II	Groupe III
M2,5	2,5 × 0,45	4,5 × 0,5	6	3,3	8	4,3	4,2	4,1
M3	3 × 0,50	5 × 0,5	6	3,3	8	4,8	4,7	4,6
M3,5	3,5 × 0,60	6 × 0,75	8	4,3	10	5,6	5,5	5,4
M4	4 × 0,70	6,5 × 0,75	8	4,3	10	6,1	6,0	5,9
M5	5 × 0,80	8 × 1,00	10	5,3	13	7,5	7,4	7,2
M6a	6 × 1,00	9 × 1,00	12	6,1	15	8,5	8,4	8,2
M6	6 × 1,00	10 × 1,50	14	7,3	17	9,3	9,0	8,7
M8	8 × 1,25	12 × 1,50	15	8	18	11,2	11,0	10,8
M10	10 × 1,50	14 × 1,50	18	10,3	22	13,2	13,0	12,8
M12	12 × 1,75	16 × 1,50	22	12	26	15,2	15,0	14,8

TYPE B

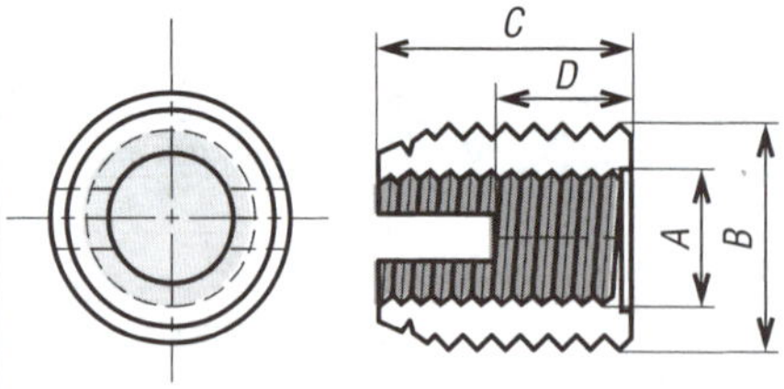

Gammes :
- BA – acier S250 brut
- BL – laiton UZ 37 Pb3

Destiné aux matières très tendres (bois, contreplaqué armé ou non...)

CARACTÉRISTIQUES DIMENSIONNELLES								
TYPE	Filetage ISO Int. A	Filetage ISO Ext. B	Long. C	Long. non fendue D	Prof. du trou E	Groupe IV	Groupe V	Groupe VI
M3	3 × 0,50	5,5 × 1,00	6	4,5	8	5,0	4,0	4,8
M3,5	3,5 × 0,60	6,5 × 1,25	7	5,0	9	5,8	4,8	5,7
M4	4 × 0,70	8 × 1,50	8	5,5	10	7,4	5,8	7,2
M5	5 × 0,80	9 × 1,50	10	7,0	13	8,4	6,8	8,2
M6	6 × 1,00	11 × 1,75	12	9,5	15	10,2	8,5	10,0
M8	8 × 1,25	14 × 2,00	15	11,0	18	13,0	11,0	12,7
M10	10 × 1,50	18 × 2,50	18	13,0	22	16,8	14,2	16,5
M12	12 × 1,75	20 × 2,50	22	17,0	26	18,8	16,2	18,5

TABLEAU D'UTILISATION

Choix de l'intervis en fonction de la matière des pièces

Matière des pièces			Type d'intervis à utiliser	Groupe de perçage	Vitesse maxi de pose en m/minute	Outil de pose
ALLIAGES LÉGERS MÉTAUX TENDRES	alliages légers de filage R > 35 hbar cuivre rouge		SCT S 250	I	4 à 5	BR
	alliages légers de fonderie R > 25 hbar alliages légers de filage 25 < R < 35 hbar fonte douce < 190 HB		SCT S 250	II	5 à 6	BR
	alliages légers de filage < 25 hbar zamack 5		SCT S 250	III	6 à 8	BR
	alliages légers de fonderie R : 20 à 25 hbar zamack 3		SCT A	III	6 à 8	BR
	alliages légers de fonderie R < 20 hbar		SCT A	III	8 à 10	BR
	alliages légers de fonderie R < 15 hbar		BA	IV	8 à 10	BR ou S
MATIÈRES PLASTIQUES	THERMO-DURCIS-SABLES	polyesters chargés de fibre de verre	SCT S 250	II	5 à 6	BR ou S
		matières dures et fragiles, bakélites, céloron, permali...	SCT A SCT laiton	II	8 à 10	BR ou S
		matières de dureté et de fragilité moyennes	SCT A SCT laiton	III	10 à 12	BR ou S
	THERMO-PLASTIQUES	polyamides chargés de fibre de verre, nylon...	SCT S 250	II	5 à 6	BR ou S
		poly-acriliques, plexiglas...	SCT A SCT laiton	III	10 à 12	BR ou S
		matières tendres et tenaces polyamides, ABS, nylon, P.V.C., rilsan...	SCT A ou SCT laiton	III	12 à 15	BR ou S
BOIS ET PANNEAUX	bois durs, contreplaqués armés ou non, panneaux comprimés (déchets de bois, lin, etc.)		BA ou BL	V	12 à 15	BR ou S
	panneaux comprimés à base d'amiante, liant minéral, etc.		BA ou BL	VI	6 à 8	BR

Les ***intervis SCT S250*** sont recommandés pour les montages dans l'aluminium car leur traitement de surface supprime le couple électrolytique entre les deux matières.

Tolérance sur dimensions des types SCT et B :

- sur la longueur : ±0,2 mm.
- sur le taraudage : + 0,1 pas.
  − 0
- sur filetage extérieur ±0,1 pas.

Groupes de perçage :

Ils constituent une indication moyenne. Il est toujours utile de procéder à un essai de pose en perçant au 1/10e au-dessus ou au-dessous du diamètre indiqué pour tenir compte des caractéristiques particulières de certains matériaux.

Perçage chanfreinage :

Préparation du logement destiné à l'insert intervis.

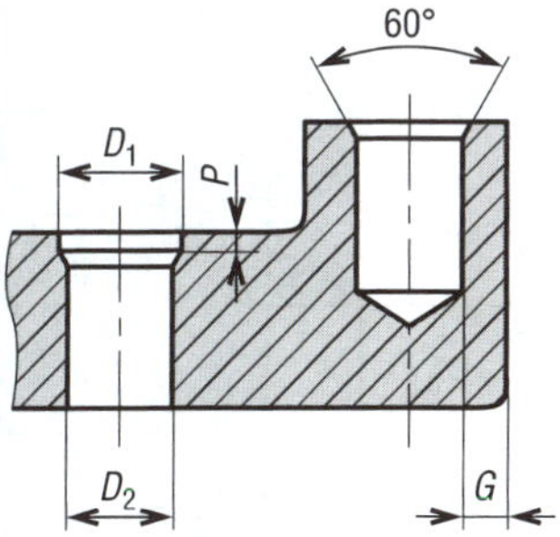

D_1 ⌀ du chambrage
$= D + 0{,}3$ mm
D_2 ⌀ du perçage
P chambrage
1 pas $\leqslant P \leqslant$ 2 pas
G épaisseur de la paroi
D ⌀ extérieur de la vis.

Épaisseur minimum de paroi :

On peut prendre comme base pour G
0,25 D à 0,9 D pour les plastiques.
0,25 D à 0,6 D pour alliages légers.
0,30 D à 0,5 D pour la fonte.

Exemples de désignation :

SCTA M6 – intervis ⌀ M6 intérieur en acier S 250 brut.
BL M6 lait. – intervis ⌀ M6 intérieur en laiton.
SCT M6 ⌀ lait. – intervis ⌀ M6 intérieur en laiton.

11.2.12. RONDELLES

CHOIX D'UNE RONDELLE POUR UN ASSEMBLAGE

Rondelles			Classes de qualité de la vis pour un assemblage rationnel	Protection contre les meurtrissures	Diminution de la pression moyenne	Répartition de la force de serrage	Trous de passage élargis	Opposition au dévissage	Opposition au desserrage	Liaison électrique
	Plates grade C grade A	NF E 25-513* NF E 25-514*	≤ 6,8 8,8-10,9	bonne	bonne	nulle	moyenne	nulle	nulle	nulle
	Ressort sans bec	NF E 27-613 NF E 27-622 NF E 27-623	≤ 10,9	moyenne	nulle	nulle	nulle	nulle	passable	nulle
	Ressort avec becs	NF E 25-613 NF E 25-622 NF E 27-623	≤ 10,9	nulle	nulle	nulle	nulle	moyenne	passable	nulle
	A dents chevauchantes extérieures, forme concave	NF E 27-627*	≤ 8,8	nulle	nulle	nulle	nulle	bonne	moyenne	nulle
	A dents chevauchantes planes	NF E 27-624* NF E 27-625*	≤ 6,8	nulle	nulle	nulle	nulle	bonne	moyenne	moyenne
	Ondulées à deux ondes	NF E 27-620*	≤ 8,8	bonne	bonne	moyenne	nulle	nulle	moyenne	nulle
	Coniques à dents intérieures	NF E 25-512*	8,8	moyenne	moyenne	nulle	bonne	bonne	moyenne	nulle
	A double denture	NF E 27-626*	≤ 8,8	nulle	nulle	nulle	moyenne	bonne	moyenne	moyenne
	Coniques striées	NF E 25-511*	6,8 8,8	bonne	bonne	moyenne	bonne	bonne	moyenne	nulle
	Coniques lisses	NF E 25-510*	8,8 (10,9)	bonne	bonne	bonne	bonne	moyenne	bonne	nulle
	Coniques striées à picots (non normalisées)	*	≤ 8,8	nulle	bonne	moyenne	bonne	bonne	moyenne	bonne
	Plates trempées épaisses (non normalisées)		10,9 12,9	bonne	bonne	moyenne	bonne	nulle	nulle	nulle

Fonctions assurées →

* rondelles de fabrication **Nomel s.a.**

Légende : bonne — moyenne — passable — nulle

RONDELLES D'APPUI

Les rondelles d'appui ont pour but :

- ***d'augmenter la surface d'appui des écrous***, lorsque celle-ci est insuffisante ;
- ***d'éviter le frottement de l'écrou sur la pièce*** (détérioration de la surface de la pièce).

La surface d'appui est généralement plane, elle peut être sphérique pour certains montages.
Ce type de rondelle est complété par des rondelles freins d'écrous (voir paragraphe 5. 2. 13.).

• Rondelles plates NF E 25-513/514

Norelem

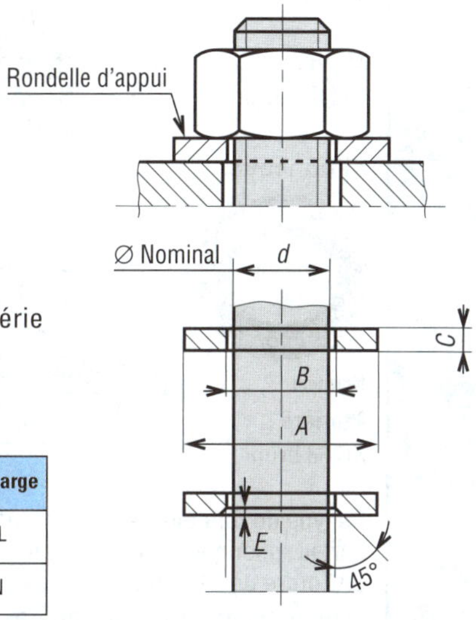

Matière :
10 F 1 – Z 6 CN – 18-09

Désignation :
Rondelle M16 U NF E 25-513 (rondelle plate série moyenne, usinée pour vis de diamètre 16).

Qualité des rondelles plates

Série	étroite	moyenne	large	très large
Symbole	Z	M	L	LL
État de finition	U	U ou N	U ou N	N

CARACTÉRISTIQUES DIMENSIONNELLES											
RONDELLE PRÉCISE U						d	RONDELLE BRUTE N				
E	C j 13 si $C \leqslant 3$ j 14 si $C > 3$	B H 13	A j 14 rondelle Z	A j 14 rondelle M	A j 14 rondelle L		A ± 2,5 % rondelle M	A ± 2,5 % rondelle L	A ± 2,5 % rondelle LL	B ± 2,5 %	C ± 10 %
0,25	0,8	3,25	6	8	12	3	8	12	14	3,5	0,8
0,25	0,8	4,25	8	10	14	4	10	14	16	4,5	0,8
0,25	1	5,25	10	12	16	5	12	16	20	5,5	1
0,5	1,2	6,25	12	14	18	6	14	18	24	7	1,2
0,5	1,5	8,25	16	18	22	8	18	22	30	9	1,5
0,5	2	10,25	20	22	27	10	22	27	36	11	2
0,75	2,5	12,5	24	27	32	12	27	32	40	14	2,5
0,75	2,5	14,5	27	30	36	14	30	36	45	16	2,5
1	3	16,5	30	32	40	16	32	40	50	18	3
1	3	19	32	36	45	18	36	45	55	20	3
1	3	21	36	40	50	20	40	50	60	22	3
1	3	23	40	45	55	22	45	55	65	24	3
1,5	4	25	45	50	60	24	50	60	70	27	4
1,5	4	28	48	55	65	27	55	65	75	30	4
1,5	4	31	52	60	70	30	60	70	80	33	4

RONDELLES D'APPUI

• Rondelles à portée sphérique NF E 27-615

a) convexe

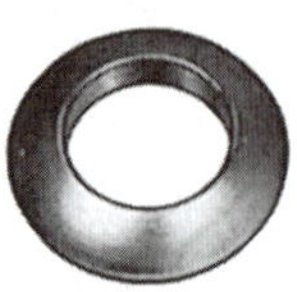

Norelem

Matière :
16 NC 6 bruni

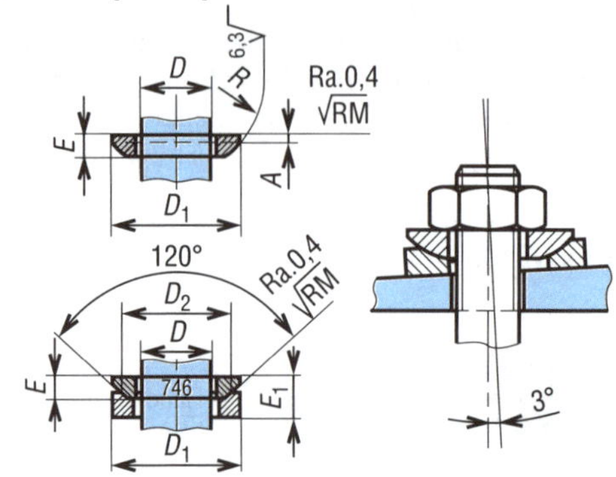

RONDELLES CONVEXES				
D	*D*₁	*E*	*R*	*A*
5,25	10,5	2	7,5	0,4
6,4	12	2,3	9	0,7
8,4	17	3,2	12	0,6
10,5	21	4	15	0,8
13	24	4,6	17	1,1
15	28	5	22	1,2
17	30	5,3	22	1,3
21	36	6,3	27	2

b) concave

Norelem

Matière :
XC 38 bruni

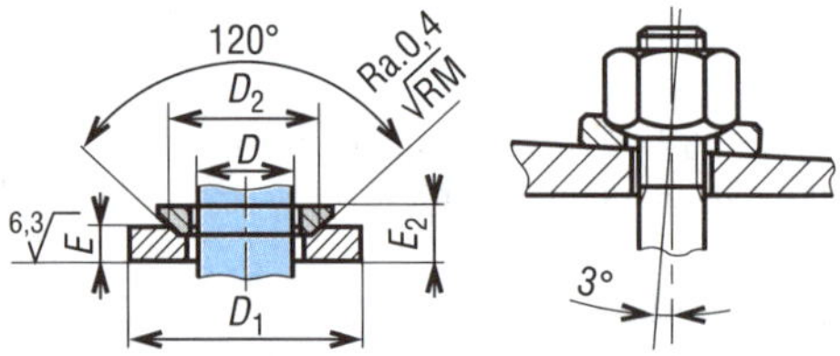

RONDELLES CONCAVES ORDINAIRES – LARGES			
D	*D*₁	*D*₂	*E*
6	10,5	9,25	2,1
7,1	12	11	2,8
9,6	17	14,5	3,5
12	21	18,5	4,2
14,2	24	20	5
16,5	28	24,8	5,6
19	30	26	6,2
23,2	36	31	7,5

Ce type de rondelles est employé avec des écrous à portée sphérique et autorise une inclinaison maximale de l'ordre de 3 degrés.
Elles permettent le serrage des surfaces d'appui légèrement obliques.
Une autre solution consiste à utiliser les deux rondelles (convexe et concave).

ÉPAISSEUR RONDELLES ASSEMBLÉES								
E_1	3	4	5	6,3	8	8,2	9,3	11,5
E_2	3,4	5,2	6,5	7,1	9	8,6	10,1	12

• Rondelles fendues amovibles NF E 27-616

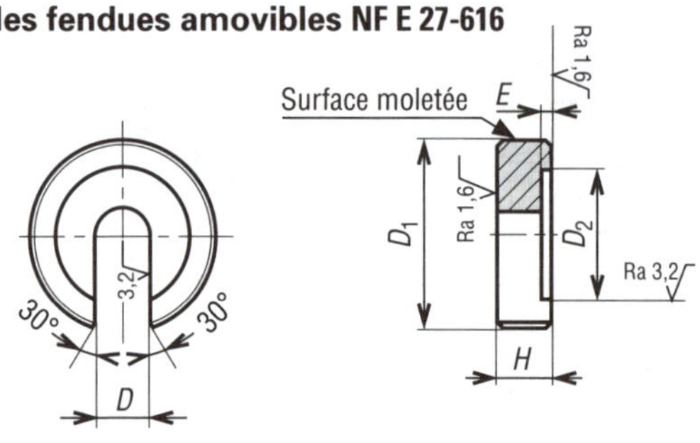

AXE	ENCOMBREMENT		CONSTRUCTION	
D	*D*₁	*H*	*D*₂	≈ *E*
5,25	17	5	12	0,75
6,4	22	6	16	0,8
8,4	28	7	20	1
10,5	34	8	25	1,2
13	40	9	30	1,8
14,5	48	12	33	1,8
17	56	12	37	1,8
21	64	14	45	2
25	75	16	52	2
31	90	18	65	2
37	100	20	75	2,5

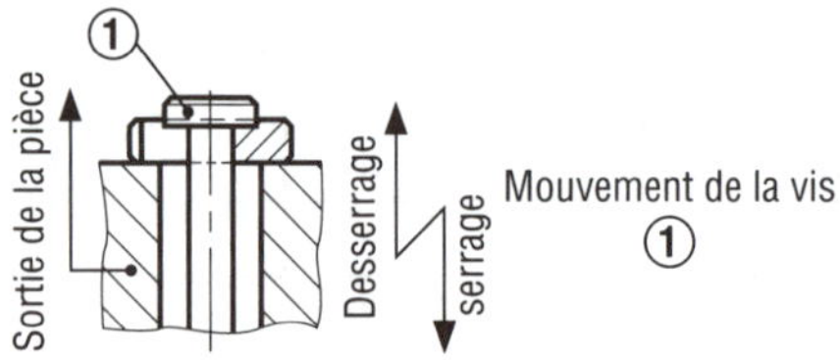

Norelem

Matière :
XC 38 bruni
Désignation :
Rondelle fendue amovible 12, NF E 27-616
Les rondelles fendues amovibles évitent le dévissage complet de l'écrou ou de la vis, améliorant ainsi le temps de manœuvre. Elles trouvent leur emploi dans les montages d'usinage.

RONDELLES D'APPUI

• Rondelles pivotantes NF E 27-617

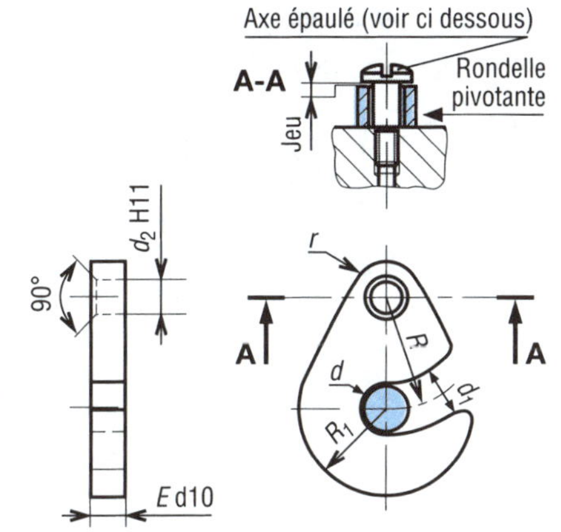

CARACTÉRISTIQUES DIMENSIONNELLES						
d	d_1	*R*	R_1	d_2	*E*	*r*
4	4,25	13	8	6	6	6
6	6,25	19	11	8	10	8
8	8,25	21	14	8	10	8
10	10,25	23	17	8	10	8
12	12,5	29	20	10	14	10
14	14,5	31	24	10	14	10
16	16,5	33	28	10	14	10
20	21	35	32	10	14	10
24	25	45	37	12	20	12
30	31	51	43	12	20	12
36	37	57	50	12	20	12

L'écrou desserré, la rondelle peut s'escamoter grâce à la fente circulaire.
Ces rondelles remplissent la même fonction que les rondelles fendues, avec l'avantage d'être solidaires au bâti d'où chute et perte impossibles.

Matière : XC 38 traité

• Axe épaulé pour rondelle pivotante

L'axe épaulé permet la rotation de la rondelle pivotante.

Norelem

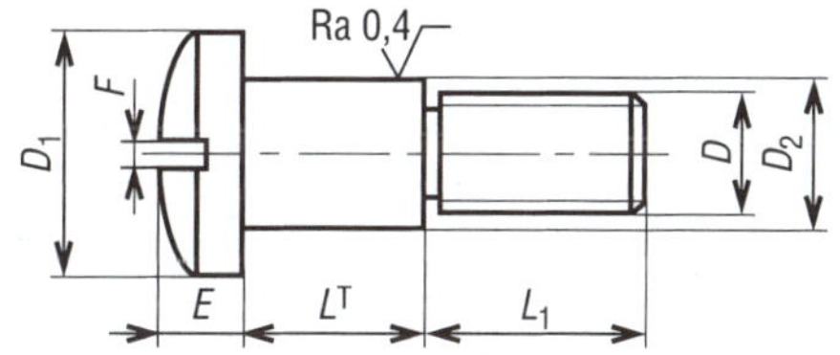

Matière :
Acier classe 6.8 traité HRC ⩾ 40

Désignation d'un ensemble rondelle pivotante :
Rondelle fendue pivotante ∅ nominal *d* = 10 NF E 27-617

Axe épaulé M6

CARACTÉRISTIQUES DIMENSIONNELLES								
D	D_1	D_2	*E*	*L*	L_1	*T*		*F*
M6	13	8 h9	3,1	10	9	+ 0,07	+ 0,15	1,6
M8	16	10 h9	3,8	12	11	+ 0,1	+ 0,2	1,6
M6	14	8	6	10,2	9,8	C11		1,6
M8	18	10	7	12,2	11,8	C11		1,6
M10	22	12 e9	9	14,2	14,8	C11		2
M12	22	14 e9	9	16,2	15,8	C11		2

RONDELLES ÉLASTIQUES

• Rondelles Grower NF E 25-515/516/517

Avec bec **Sans bec**

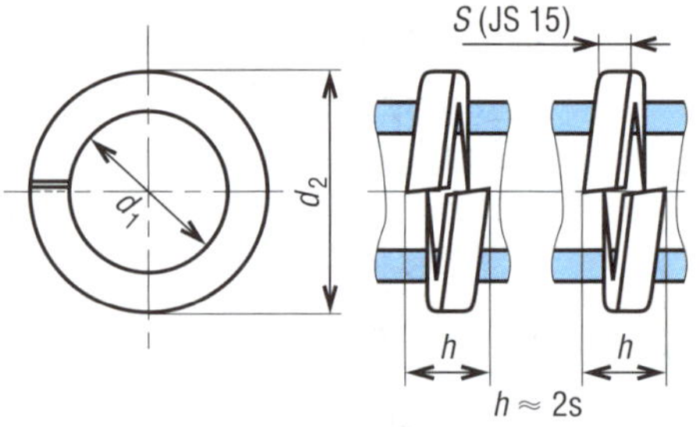

Série courante

W

Série réduite

WZ

Série forte

WL

Matière :

Acier XC 65 traité - 44 ⩽ HRC ⩽ 50

CARACTÉRISTIQUES DIMENSIONNELLES									
diamètre nominal *d*	Série réduite symbole WZ NF E 25-516			Série courante symbole W NF E 25-515			Série forte symbole WL NF E 25-517		
	d_1	d_2 env.	*S*	d_1	d_2 env.	*S*	d_1	d_2 env.	*S*
3	3,2	5,2	0,6	3,2	5,2	1	3,2	6,2	1
(3,5)	3,7	5,7	0,6	3,7	5,7	1	3,7	6,7	1
4	4,3	7,3	1	4,3	7,3	1,5	4,3	8,3	1,2
5	5,3	8,3	1	5,3	8,3	1,5	5,3	10,3	1,5
6	6,4	10,4	1,2	6,4	10,4	2	6,4	12,4	1,8
(7)	7,4	11,4	1,2	7,4	11,4	2	7,4	13,4	1,8
8	8,4	13,4	1,5	8,4	13,4	2,5	8,4	15,4	2
(9)	9,4	14,4	1,5	9,4	14,4	2,5	9,4	17,4	2,5
10	10,5	16,5	1,8	10,5	16,5	3	10,5	18,5	2,5
12	13	20	2	13	20	3,5	13	23	3
14	15	23	2,5	15	23	4	15	25	3
16	17	25	2,5	17	25	4	17	29	3,5
18	19	29	3	19	29	5	19	31	3,5
20	21	31	3	21	31	5	21	35	4,5
22	23	33	3	23	33	5	23	37	4,5
24	25	37	3,5	25	37	6	25	39	4,5
27	28	40	3,5	28	40	6	–	–	–
30	31	45	4,5	31	45	7	–	–	–

Exemples d'ensembles montés

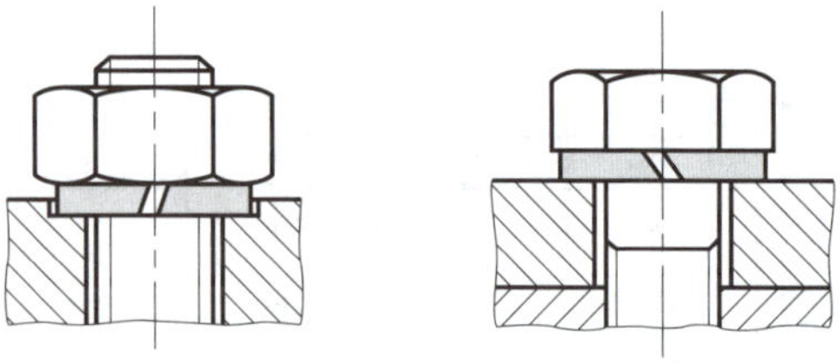

Désignation :

Rondelle W 20 NF E 25-516

Le freinage est obtenu par l'élasticité de la rondelle après serrage. Le modèle avec becs augmente l'efficacité du freinage car les becs pénètrent à la fois dans l'***écrou*** (ou la tête de vis) et dans la ***pièce.***

RONDELLES ÉLASTIQUES

• Rondelles à dents chevauchantes planes (éventail)

Denture extérieure

DEC

NF E 27-624

Désignation :

Rondelle à dents DEC 12 NF E 27-624

Nomel

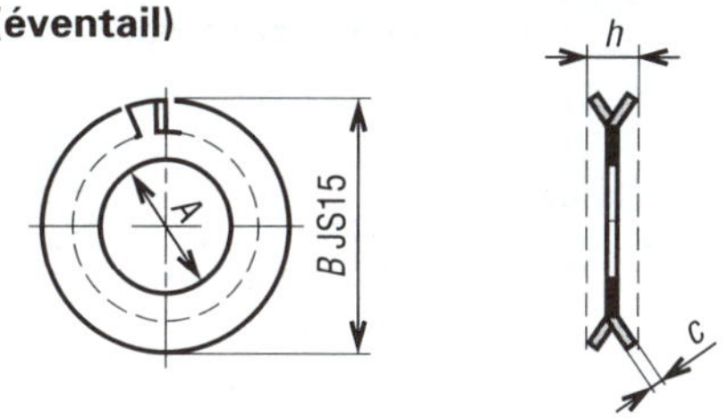

Denture intérieure

DIC

NF E 27-625

Désignation :

Rondelle à dents DIC 12 NF E 27-625

Nomel

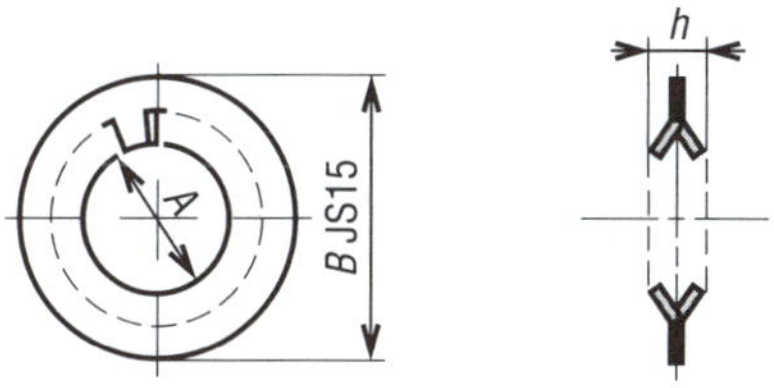

Double denture plane

DD

NF E 27-626

Désignation :

Rondelle à dents DD 12 NF E 27-626

Nomel

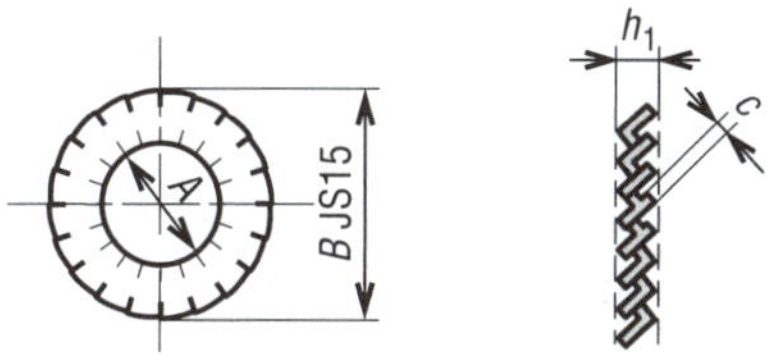

Dents extérieures chevauchantes concaves

DEF

NF E 27-627

Désignation :

Rondelle à dents DEF 12 NF E 27-627

Nomel

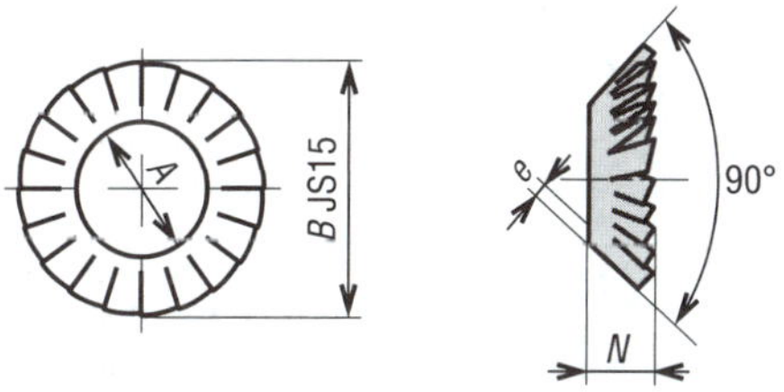

Le freinage est obtenu par l'élasticité des dents et la pénétration des arêtes dans les pièces à freiner.

Ce type de denture chevauchante augmente de 40 % le couple de freinage obtenu par rapport à une denture non chevauchante.

Matière :

- Acier XC 60 avec ou sans protection
- Bronze phosphoreux Cu Sn 9 P
- Aciers inoxydables Z 6 CN 18-09 t

CARACTÉRISTIQUES DIMENSIONNELLES							
	Symbole DEC-DIC			Symbole DD		Symbole DEF	
d nominal	*A*	*B*	*h**	*B1*	h_1	*B2*	h_2
2	2,05	4,5	0,6	–	–	4,5	0,45
2,5	2,55	5,5	0,6	–	–	5,5	0,6
3	3,05	6	0,7	12	1,25	6	0,6
4	4,1	8	0,9	15,5	2	8	0,75
5	5,1	9,2	1	17,5	2	10	0,9
6	6,1	11	1,1	18	2,25	12	0,9
8	8,2	14	1,3	22	2,5	15,5	1,2
10	10,2	18	1,4	26	2,75	19	1,2
12	12,3	20	1,5	30	3	23	1,5
(14)	14,3	24	1,6	33	3,5	27	1,8
16	16,3	26	1,8	36	3,5	31	1,8
20	20,5	32,5	2	–	–	–	–
24	24,5	38	2,2	–	–	–	–
30	30,6	48	2,4	–	–	–	–

* hauteur mini après application de la charge

RONDELLES ÉLASTIQUES

Exemples d'ensembles montés

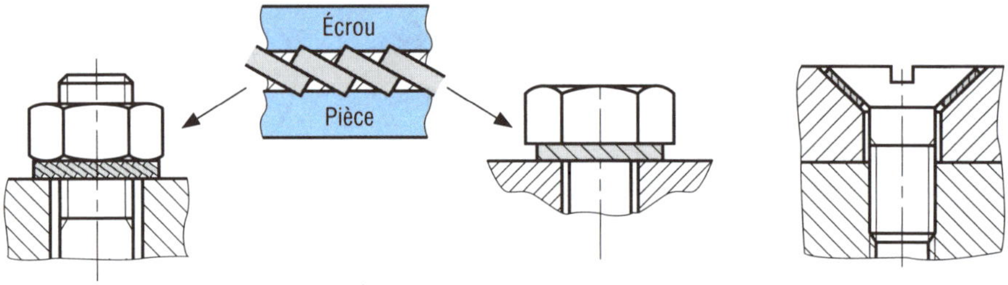

Liaison élastique et pénétration entre les éléments de l'assemblage ont lieu grâce à une denture **réellement chevauchante.**

• Rondelles coniques striées CS
NF E 25-511

Nomel

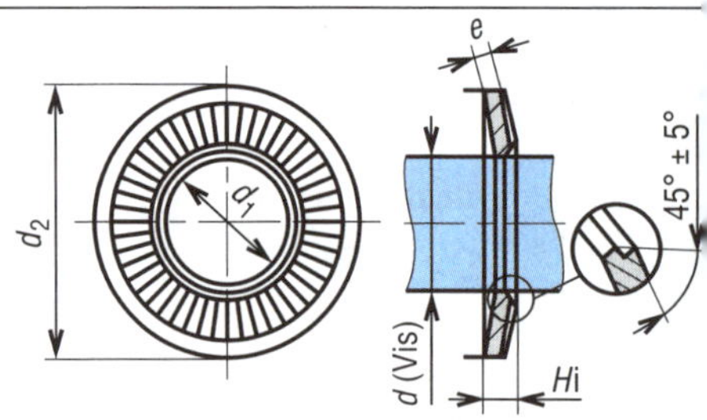

Matière : Acier XC 60

Désignation : Rondelle CS 6, 14, 2.1

d_1 (H14)
d_2 (JS15)

Ce type de rondelle permet :
- la suppression d'un empilage de deux rondelles sur une boutonnière ;
- la diminution de la pression spécifique exercée sur le support ;
- de bons contacts électriques.

CARACTÉRISTIQUES DIMENSIONNELLES									
d vis	d_2	*e*	*Hi*	Charge	*d* vis	d_2	*e*	*Hi*	Charge
3	8	0,6	1	2400	10	22	1,6	2,75	27500
4	10	0,9	1,4	4200	12	27	1,8	3,10	40000
5	12	1,1	1,8	6800	(14)	30	2,4	3,70	55000
6	14	1,4	2,1	9500	16	32	2,8	4,10	75000
8	18	1,4	2,35	17500	20	40	3,2	4,91	100000

Classe de qualité des vis > 10,8

• Rondelles coniques lisses CL
NF E 25-510

Nomel

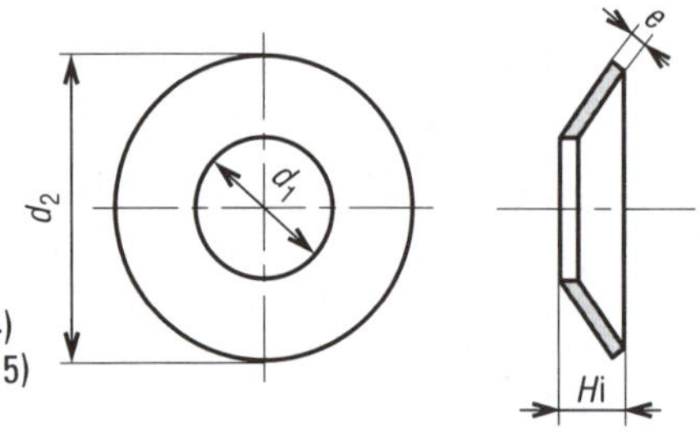

Matière : Acier XC 60

Désignation : Rondelle CL 6, 14, 2.1

d_1 (H14)
d_2 (JS15)

Ce type de rondelle permet :
- de maintenir une tension élevée dans l'assemblage sans risque de desserrage ;
- de compenser les jeux dus aux tassements des pièces et à la dilatation différentielle entre les divers éléments de l'assemblage.

CARACTÉRISTIQUES DIMENSIONNELLES									
d vis	d_2	*e*	*Hi*	Charge	*d* vis	d_2	*e*	*Hi*	Charge
5	15	1,4	2,1	8200	12	24	3,2	4,2	48900
6	12	1,4	2	11600	(14)	32	3,4	4,25	66700
6	18	1,7	2,4	11600	16	32	3,4	4,3	91000
8	16	1,9	2,6	21200	20	38	4	5,1	147000
10	20	2,2	3,1	33700	24	46	6,2	7	212000

Classe de qualité des vis > 8,8

RONDELLES ÉLASTIQUES

• Rondelles ondulées deux ondes NF E 27-620

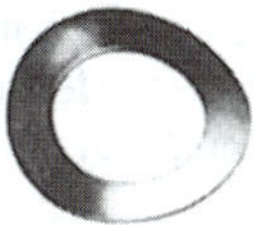

Nomel

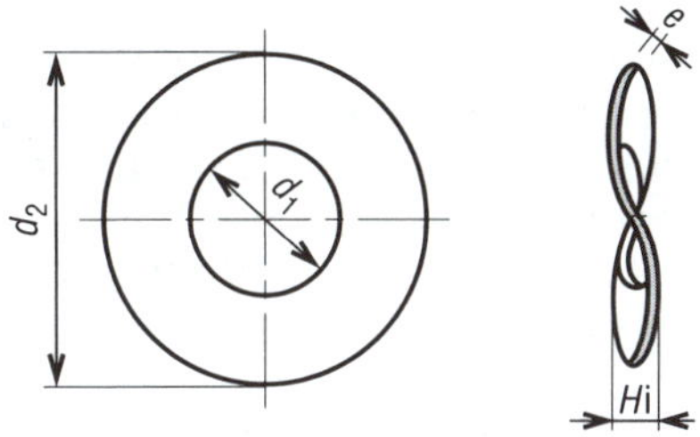

Matière : Acier X 60

Désignation : Rondelle ondulée, 16 d_1 (H14) d_2 (JS15)

Ce type de rondelle est utilisé lorsque l'on désire diminuer la pression spécifique sur le support.
La fixation est réalisée sur un support tendre (alliages légers, matières plastiques).

CARACTÉRISTIQUES DIMENSIONNELLES									
d vis	d_2	*e*	*Hi*	Charge	*d* vis	d_2	*e*	*Hi*	Charge
2	4,5	0,3	0,9	900	10	21	1	3,4	25000
2,5	5	0,3	1	1500	12	24	1,2	3,8	37000
3	6	0,4	1,2	2200	(14)	28	1,5	4,4	50000
4	9	0,5	1,5	3800	16	30	1,5	4,8	68000
5	10	0,5	1,7	6100	(18)	34	1,5	5,4	83000
6	12	0,5	2	8700	20	36	1,6	5,6	105000
8	17	0,8	2,8	16000	24	44	1,8	6,4	150000

Classe de qualité des vis < 8,8

• Rondelles « Flex » FLEX

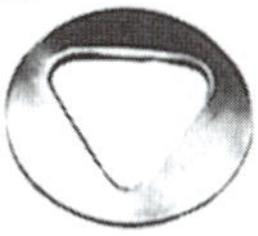

Nomel

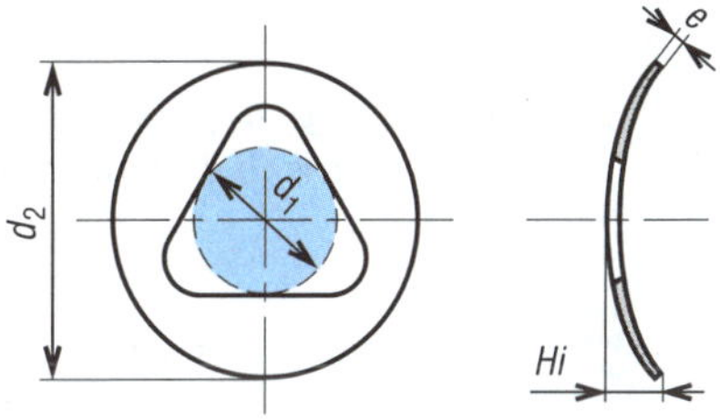

Matière : Acier X 60

Désignation : Rondelle « Flex » 12 d_1 (H14) d_2 (JS15)

Le freinage de l'écrou s'obtient au desserrage grâce à la résistance offerte par les arêtes de l'évidement triangulaire.
Les rondelles « Flex » sont recommandées pour les matières plastiques et alliages légers.

CARACTÉRISTIQUES DIMENSIONNELLES							
d vis	d_2	*e*	*Hi*	*d* vis	d_2	*e*	*Hi*
3	7,8	0,5	1,2	8	18,3	0,9	2,1
4	11	0,5	1,3	10	22,3	1	2,4
5	11,9	0,7	1,4	12	26,9	1,1	2,8
6	13,9	0,8	1,6	(14)	29,9	1,2	3

Classe de qualité des vis < 8,8

• Rondelles cuvettes NF E 27-619

Usinée

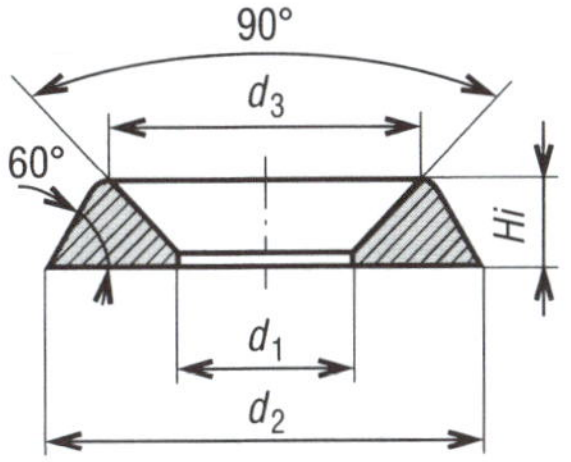

Emboutie

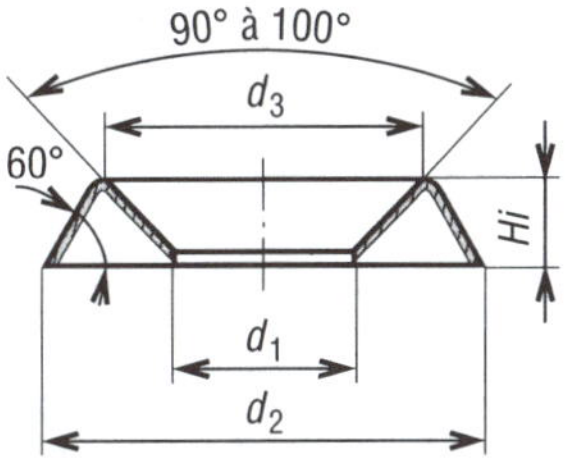

CARACTÉRISTIQUES					
d vis	d_1	d_2	d_3	*Hi*	*e*
3	3,5	9	6,5	2	0,25
4	4,5	11	8	2,5	0,25
5	5,5	14	10	3	0,25
6	7	16	12	3,5	0,30
8	9	22	16	4,5	0,30
10	11	28	20	5,5	0,30
12	14	32	24	6,5	0,40
14	16	36	28	7,5	0,40

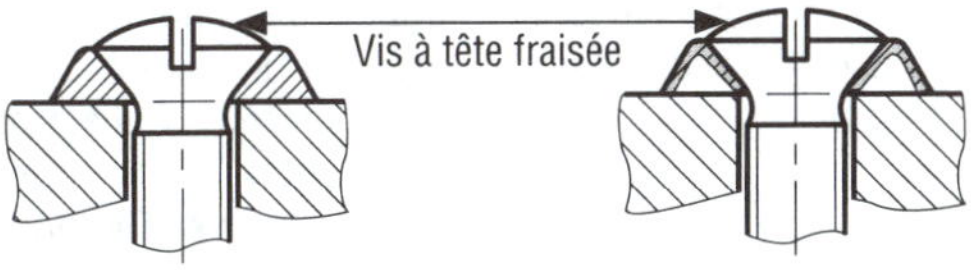

Désignation : Rondelle M.12.U

11.2.13. FREINS D'ÉCROUS ET DE VIS

Les chocs, les vibrations répétées ou les augmentations de température auxquels est sou-mis un assemblage ***vis/écrou*** peuvent entraîner des pertes de pression de contact et, de ce fait, provoquer le desserrage spontané de la vis ou de l'écrou mettant ainsi en cause la sécurité des personnes et des biens.
Les freins d'écrous et de **vis** sont des ***dispositifs de sécurité*** ayant pour fonction de ***s'opposer au desserrage*** des éléments de l'assemblage (écrous et vis).

ANALYSE DU SERRAGE

• **Position du jeu avec un seul écrou**

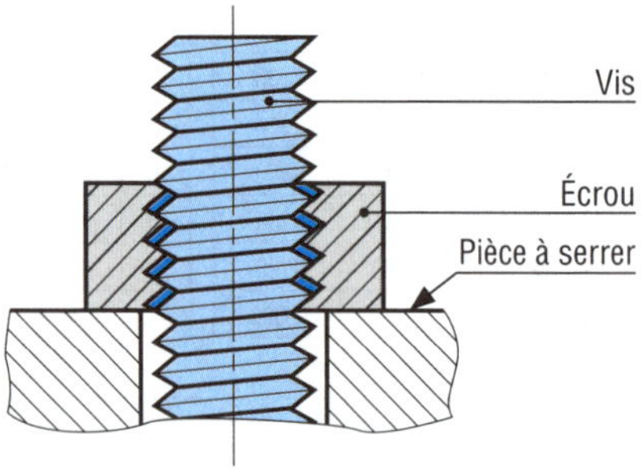

Le contact ***vis/écrou*** peut être rompu s'il y a allon-gement de la vis et entraîner ainsi le ***desserrage.***

• **Position des jeux avec un écrou et un contre-écrou**

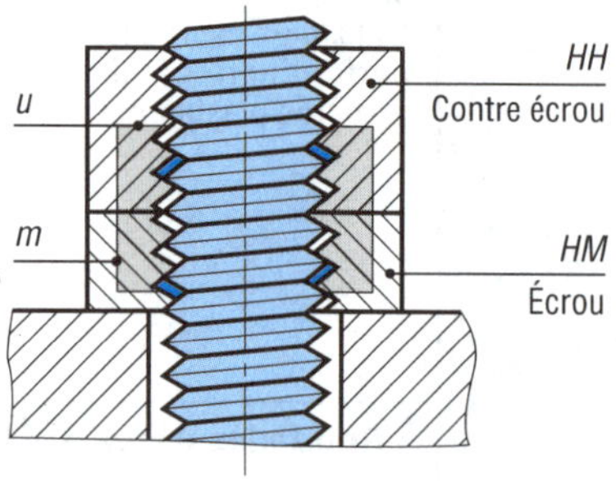

Le blocage de l'écrou *HH* sur *HM* entraîne le changement de contact. Les jeux sont annulés. La cause du ***desserrage*** est ***supprimée.***

Remarques : L'analyse montre qu'il est plus logique de monter d'abord l'écrou *HM* puis *HH*. Ce der-nier supportant l'effort de serrage sur ses flancs.
Le desserrage n'est pas impossible. Le freinage ainsi obtenu n'apporte qu'une ***sécurité relative.***

FREINAGES À SÉCURITÉ RELATIVE

• **Écrou et contre-écrou**

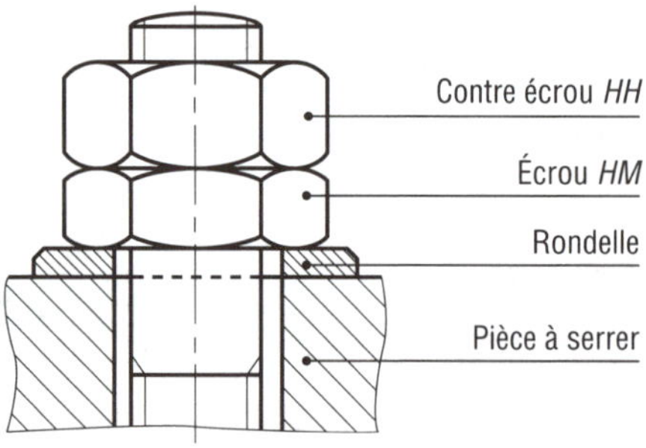

Ce dispositif de freinage est simple mais ne per-met pas de dire avec certitude que le desserrage est impossible. Il se trouve peu employé indus-triellement car il est encombrant et le blocage des deux écrous peu facile à réaliser.

• **Écrou élastique type « Pal » NF E 27-460**

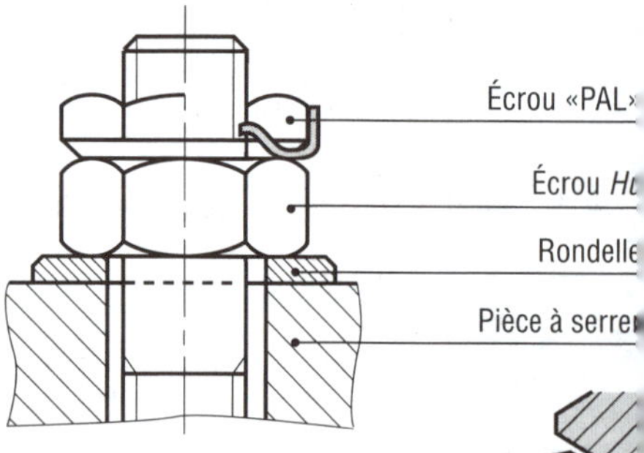

Avec chanfrein

Ce type d'écrou, en tôle d'acier trempé, se monte sur les boulons et les vis, tel un écrou classique (pour des assemblages non soumis à des efforts importants). Il est utilisé également comme contre-écrou car il supporte bien les vibrations importantes. Au blocage, les ailettes élastiques font pression sur le fond de filet et évitent ainsi le desserrage.

FREINAGES À SÉCURITÉ RELATIVE

• **Freinage par collage***

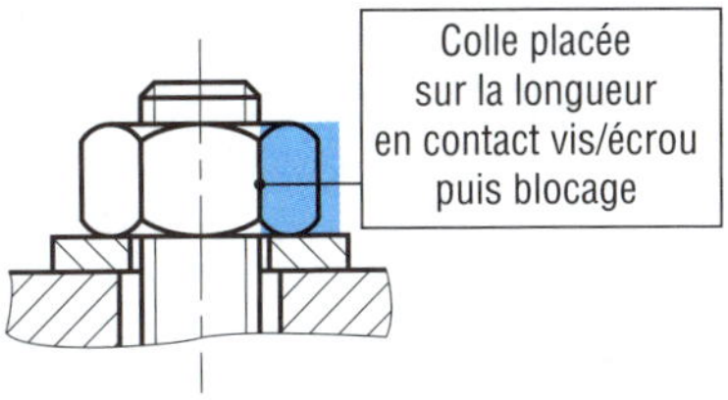

* Voir chapitre 6, liaison par collage.

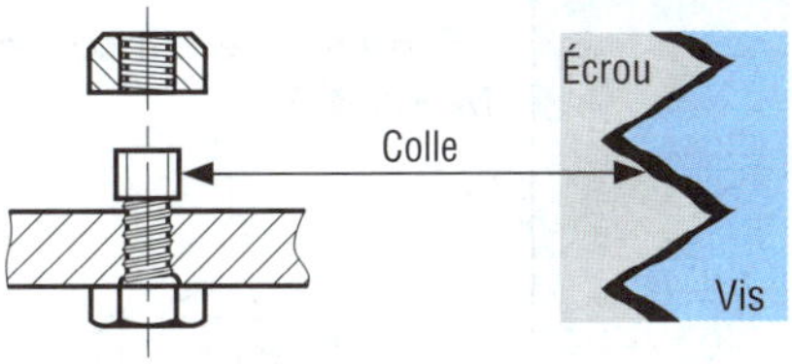

Les filets de la vis sont enduits d'une colle (Loctite, Araldite...) sur une hauteur égale à la hauteur de l'écrou.

• **Écrous élastiques PAL**
NF E 27-460

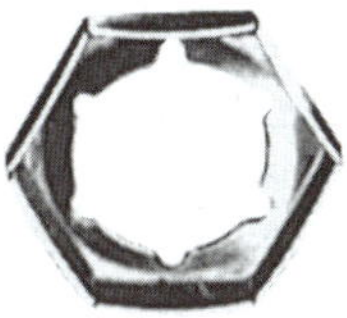

Nomel

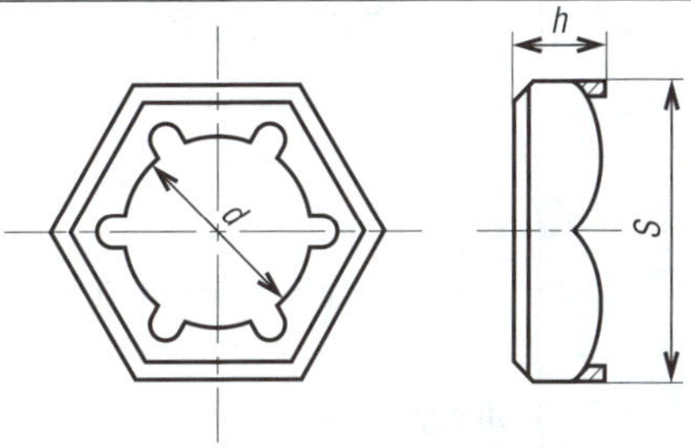

Matière :
Acier XC 60 - Bronze Cu Sn 9P
Acier inox Z 8 CNDT 17.12

Désignation :
Écrou élastique en tôle M16

L'écrou PAL s'utilise pour l'assemblage de pièces légères en métal ou en matière plastique.
Il ne doit pas subir d'effort important.
Douille, presse-étoupe, interrupteurs, ...

CARACTÉRISTIQUES DIMENSIONNELLES							
Pour vis ∅		*S*	*h*	*e*		*d* maxi	Nb
M	Pas	h 14	js 16	Nominale	Tolérance		d'ailettes
3	0,5	5,5	2	0,2		2,55	
4	0,7	7	2,2	0,3	± 0,02	3,40	1
5	0,8	8	2,5	0,3		4,30	
6	1	10	3	0,4		5,10	
8	1,25	13	3,5	0,5		6,80	
10	1,5	17 (16)	4,2	0,5		8,60	
12	1,75	19 (18)	4,5	0,6	± 0,03	10,30	6
14	2	22 (21)	5	0,6		12	
16	2	24	5	0,6		14,10	
20	2,5	30	6,2	0,8		17,60	
24	3	36	7,2	0,9		21,20	

• **Écrous haute température MHT**

Matière :
Acier demi-dur classe 10 cadmié.

Désignation :
Écrou MHT, M16

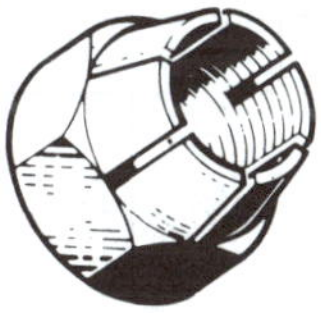

Simmonds

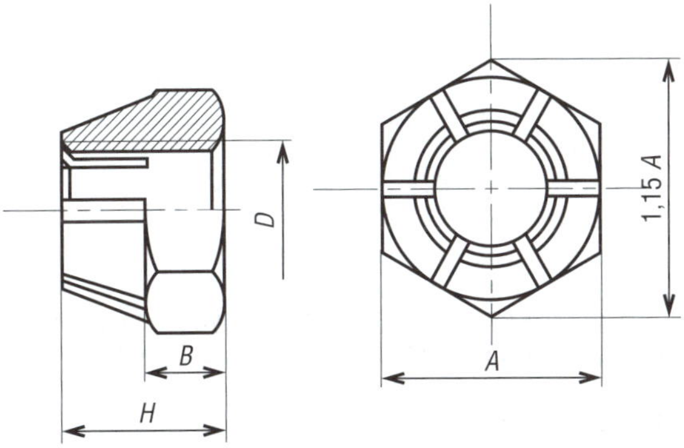

CARACTÉRISTIQUES				
D Nominal	Pas	*A* h 13	*B* h 14	*H* h 14
5	0,80	8	3,1	6,5
6	1,00	10	4,4	8,4
8	1,25	13	4,6	9,2
10	1,50	17	5,9	12
12	1,75	19	7,7	15,6
14	2,00	22	8,5	17,2
16	2,00	24	9,5	19,2
18	2,50	27	10,4	21
20	2,50	30	11,5	22,4

L'écrou MHT se présente comme un écrou ordinaire prolongé par une partie conique qui assure le rôle d'élément autofreineur.
Il est recommandé pour les assemblages de sécurité soumis à des températures allant jusqu'à 550 °C.

FREINAGES À SÉCURITÉ RELATIVE

• Écrous à frein incorporé NYLSTOP

NF E 27-415

Simmonds

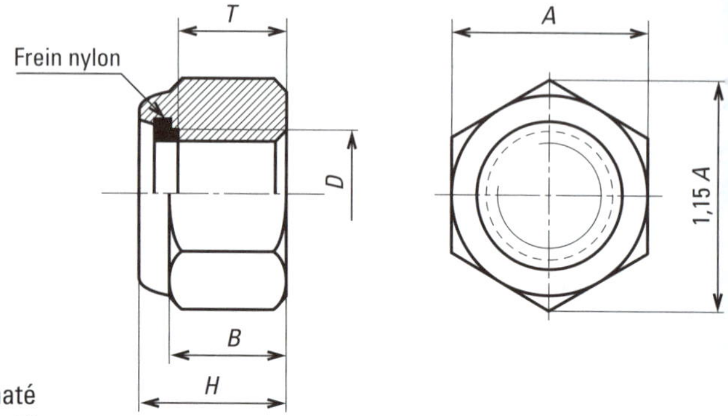

Matière :

Acier classe 8 zingué bichromaté
Acier classe 10 zingué bichromaté

Désignation :

Écrou autofreiné par frein incorporé, M16

CARACTÉRISTIQUES DIMENSIONNELLES

D nominal	Pas	*A* h 13	*B* Mini	*H* Maxi	*T* Mini
2,5	0,45	5	1,7	4,3	2
3	0,50	5,5	1,7	4,9	2,1
4	0,70	7	2,3	6	2,9
5	0,80	8	3,5	6,8	4,4
6	1,00	10	3,9	8	4,9
7	1,00	11	4,9	9,1	6,1
8	1,25	13	5,1	10,6	6,4
	1,00				
9	1,25	14	6	12	7,5
10	1,50	16	6,4	12,6	8
	1,25				
	1,00				
12	1,75	18	8,3	15	10,4
	1,50				
	1,25				
14	2,00	21	9,7	17,5	12,1
	1,50				
16	2,00	24	11,3	20,1	14,1
	1,50				

D nominal	Pas	*A* h 13	*B* Mini	*H* Maxi	*T* Mini
18	2,50	27	12,1	22,3	15,1
	1,50				
20	2,50	30	13,5	23,5	16,9
	1,50				
22	2,50	32	14,5	26	18,1
	1,50				
24	3,00	36	16,2	28,2	20,2
	2,00				
27	3,00	41	18	32,5	22,5
	2,00				
30	3,50	46	19,4	35	24,3
	2,00				
33	3,50	50	21,9	38,4	27,4
36	4,00	55	23,5	41,5	29,4
39	4,00	60	25,4	44,7	31,8
42	4,50	65	25,9	47,5	32,4
45	4,50	70	27,5	51,5	34,4
48	5,00	75	29,1	55	36,4

L'autofreinage de l'***écrou Nylstop*** est obtenu par un anneau cylindrique, non fileté en nylon « TECHNYL » et serti dans un logement situé à la partie supérieure de l'écrou.
Excellente tenue aux vibrations.
Température d'emploi : – 40 °C à + 100 °C.

FREINAGES À SÉCURITÉ RELATIVE

• Écrous à déformation plastique du filetage TOPLOCK

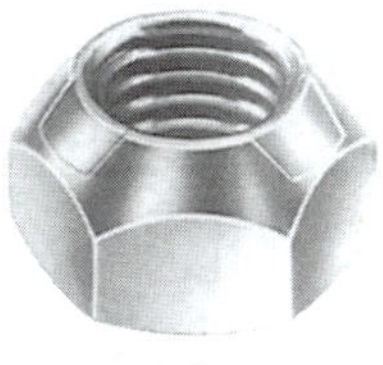

Gally

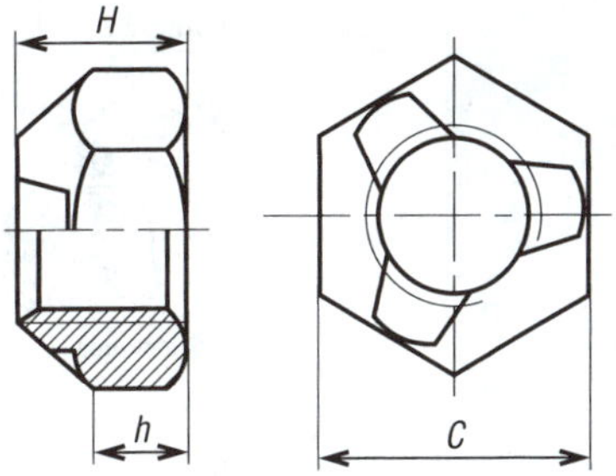

Matière :
Acier classe 8 et 10 zingué

Désignation :
Écrou autofreiné par déformation du filetage M12

Le freinage de l'***écrou Toplock*** est obtenu grâce à une déformation plastique, frontale, triangulaire et rigoureusement contrôlée des premiers filets extérieurs. L'écrou ***Toplock*** est conseillé pour les ***installations robotisées.*** Il peut supporter des écarts de températures compris entre – 100 °C et + 250 °C.

CARACTÉRISTIQUES DIMENSIONNELLES					
D	PAS		*C*	*H*	*h*
	Normal	Fin			
5	0,8	–	8	5	3
6	1	–	10	5,8	3,6
8	1,25	1	13	7,4	4,8
10	1,5	1,25	17	9,4	6
12	1,75	1,5	19	11,2	7,2
12	–	1,25	19	11,2	7,2

• Écrous autofreinés borgnes avec insert DAX

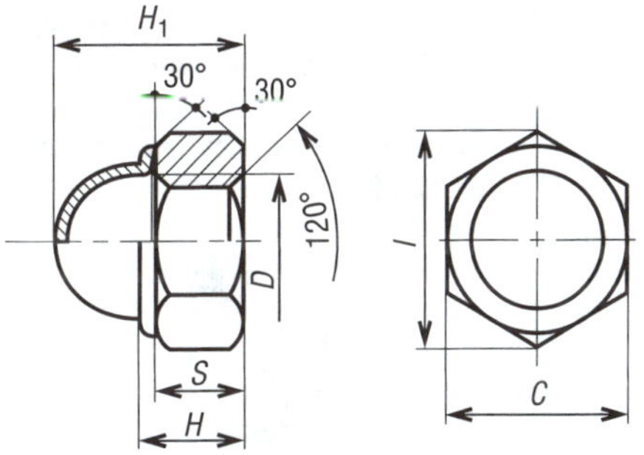

Matière :
Acier classe 8
Acier inox Z 8 CNDT 17.12

Désignation :
Écrou borgne « Dax » M20

Les ***écrous Dax*** borgnes résistent bien à tout type de vibrations grâce à l'insert freinant en acier inox.
Température d'emploi : – 100 °C à + 350 °C

CARACTÉRISTIQUES DIMENSIONNELLES							
D	Pas		*C*	*l*	*H*	H_1	*S*
	Normal	Fin					
5	0,8	–	8	9,2	4,6	8,8	3,8
6	1	–	10	11,5	5,3	10,2	4,4
8	1,25	–	13	14,9	7,3	13,0	6,3
10	1,5	1,25	17	19,5	8,3	15,0	7,1
12	1,75	1,25	19	21,8	10,5	19,0	9,0
14	2	1,5	22	25,3	12,5	24,0	10,8
16	2	1,5	24	27,6	14,5	25,0	13,0
18	2,5	1,5	27	31,0	16,0	28,0	14,0
20	2,5	1,5	30	34,5	17,5	31,0	15,2

• Écrous Serpress

TYPE SP
EMBASE NORMALE

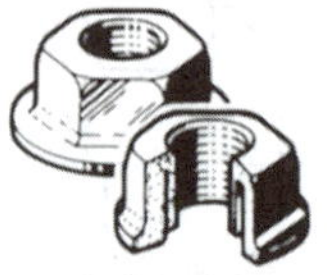

Simmonds

TYPE SPE
EMBASE LARGE

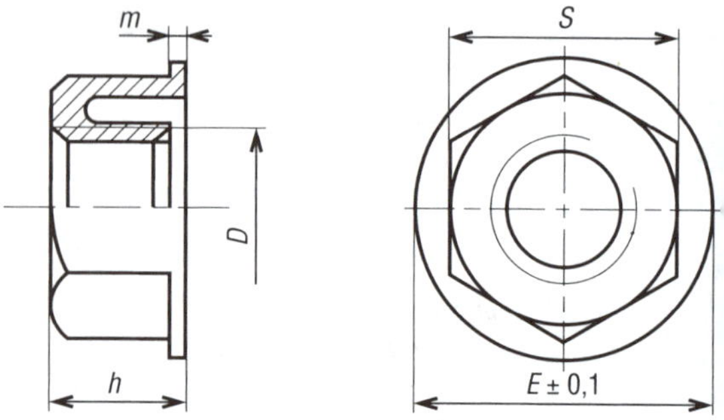

Matière :
Acier E24

Désignation :
Écrou Serpress SP, M12

CARACTÉRISTIQUES DIMENSIONNELLES						
D	**Pas**	**S**	**E ± 0,1**		**h** + 0,25 / − 0,15	**m** − 0 / − 0,3
			Embase normale	**Embase large**		
3	0,50	5,5 *h* 12	7,5		3	0,5
4	0,70	7 *h* 12	9		3,7	0,5
5	0,80	8 *h* 12	10,5	11,5	4,4	0,6
6	1,00	10 *h* 13	12,5	14	5,2	0,7
7	1,00	11 *h* 13	14	16	6,2	0,8
8	1,25	13 *h* 13	16	18	7	1

FREINAGES À SÉCURITÉ RELATIVE

C'est un écrou élastique entièrement métallique, monobloc, à vissage libre, s'utilisant sans rondelle et garantissant, en toutes circonstances, une pression de serrage entre les éléments à assembler. L'élasticité propre à l'écrou ***Serpress*** s'ajoute à l'allongement élastique de la ***vis***. On obtient ainsi une « réserve élastique » environ 7 fois supérieure à celle que donne un écrou ordinaire.

• Écrous Nylstop cylindriques à encoches

NF E 22-306

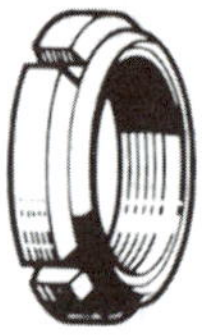

Simmonds

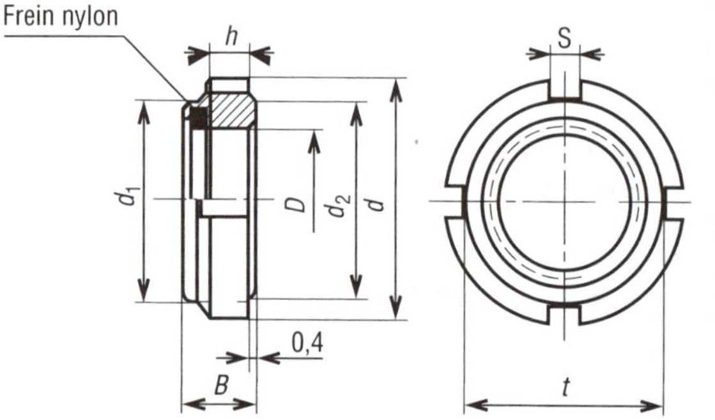

Matière :
Acier XC 48

Désignation :
Écrou **Nylstop** à encoches M20

CARACTÉRISTIQUES DIMENSIONNELLES								
D Nominal	**Pas**	**B** ± 0,2	**h**	**d** *h* 13	**d1**	**d2** *j* 13	**t** *j* 13	**S** *H* 13
10	0,75	7	4,4	18	15	14,5	15	4
12	1,00	7,5	4,8	21	18	17	18	4
15	1,00	7,5	4,8	25	21	20	21	4
17	1,00	8,3	5,6	28	24	23	24	4
20	1,00	8,3	5,6	32	27	26	27	4
25	1,50	10	6,4	38	33	32	33	5
30	1,50	11	7,2	44	38	37	38	5

L'autofreinage de l'***écrou Nylstop*** est obtenu par un anneau cylindrique, non fileté, en nylon « ***Technil*** » et serti dans un logement situé à la partie supérieure de l'écrou.

Excellente tenue aux vibrations.

Nota : Ce type d'écrou ***Nylstop*** existe également en série renforcée.

FREINAGES À SÉCURITÉ RELATIVE

• Écrous « Twolock »

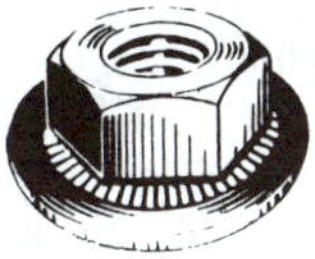

Nomel

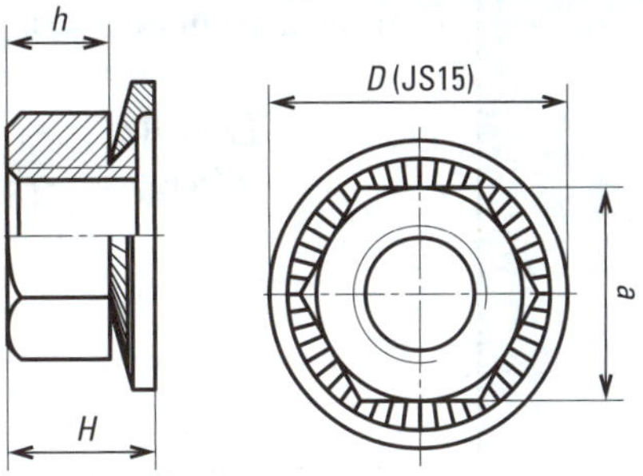

Matière :
Acier classe 8
Rondelle XC 60 - 420 à 510 HV

Désignation :
Écrou « Twolock » M12

CARACTÉRISTIQUES DIMENSIONNELLES											
d	*Pas*	*a*	*D*	*h*	*H*	*d*	*Pas*	*a*	*D*	*h*	*H*
4	0,7	7	10,2	2,8	4,60	8	1,25	13	18,2	6,44	8,98
5	0,8	8	12,2	4,4	5,55	10	1,50	16	20,2	8,04	11
6	1	10	14,2	4,9	6,90	12	1,75	18	27,25	10,37	13,75

Classe de qualité des vis ≥ 8,8

La déformation élastique de la rondelle limite les pertes de pression de contact et la denture de la rondelle s'oppose au dévissage de l'écrou. L'écrou « Twolock » s'utilise quand :

- on désire une grande surface portante ;
- l'accessibilité de la fixation est difficile.

Notons que le sertissage libre de l'écrou sur la rondelle évite la rotation de cette dernière lors du serrage (supprimant ainsi les dégradations des surfaces).

LIAISONS COMPLÈTES RIGIDES DÉMONTABLES À SÉCURITÉ ABSOLUE

Certaines liaisons nécessitent une sécurité absolue, ce qui suppose le choix d'un freinage qui évitera impérativement le desserrage, quel que soit le phénomène rencontré.

- Les freins de vis et d'écrous réalisés par obstacle présentent cette sécurité absolue.
- Le desserrage ne peut avoir lieu sans suppression de l'obstacle.
- Le réglage de la position de l'écrou ne peut être réalisé que par sixième de tour.
- La goupille ne peut être réemployée après un démontage.

FREINS AGISSANT PAR OBSTACLE

• Écrous à encoches et rondelles à languettes NF E 22-306/307

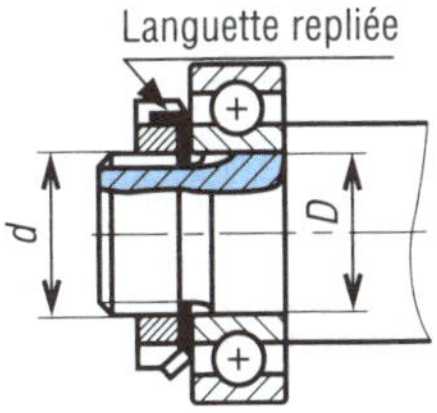

Écrou

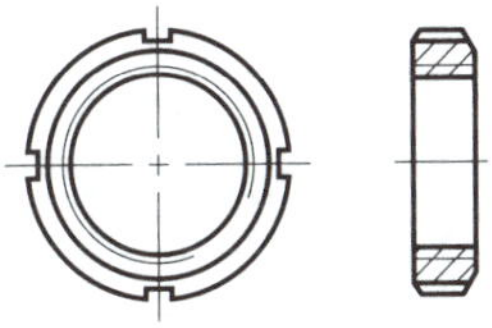

Rondelle

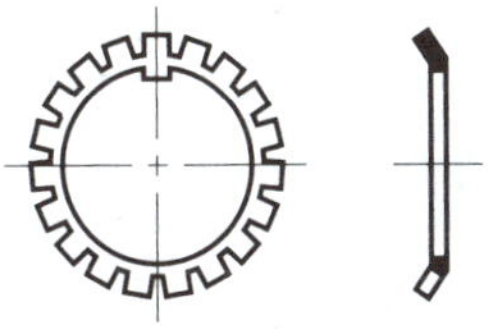

Dimensions : voir roulement chapitre 7, section 10-13

• Écrous à créneaux HK et goupilles fendues V

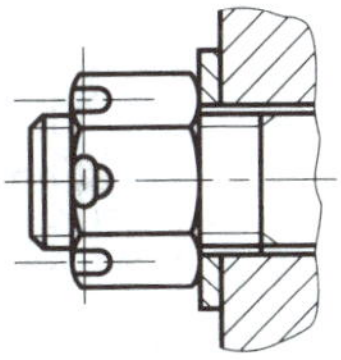

Écrou HK

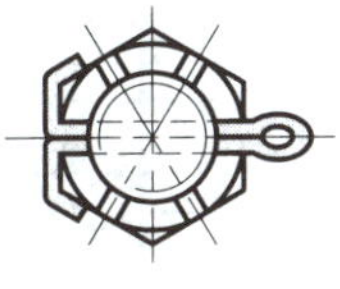

Goupille V

• Écrous à créneaux HK Dégagé et goupilles fendues V

Écrou HK dégagé

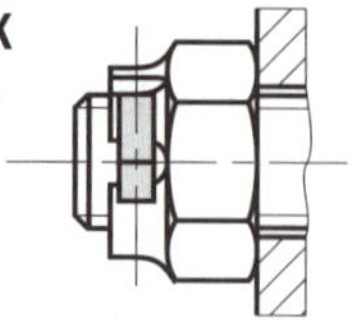

Goupille V

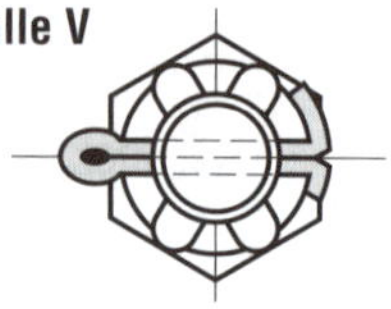

• Freins en tôle ou plaquettes arrêtoirs NF E 27-614

Frein rectangulaire

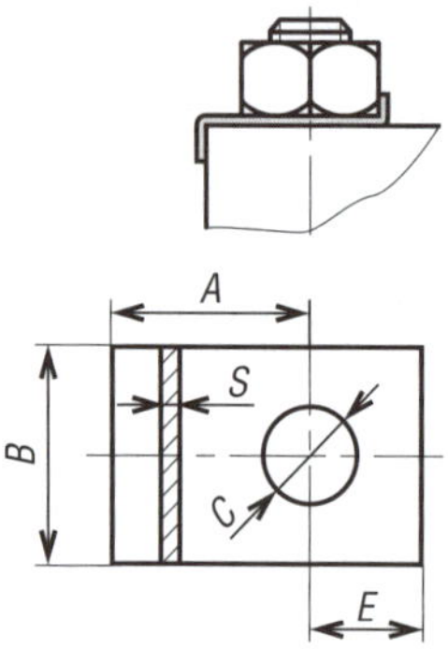

Frein droit à ailerons

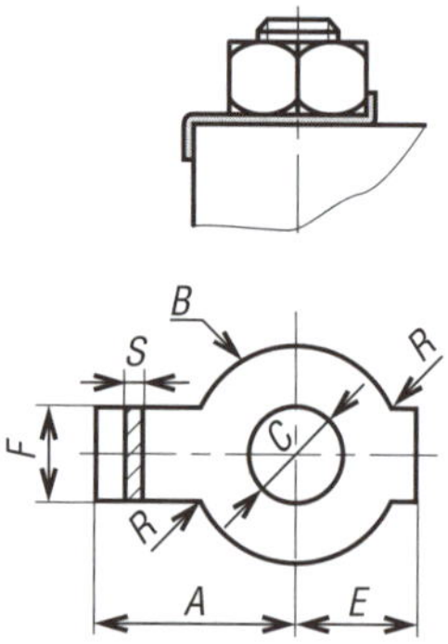

Frein d'équerre à ailerons

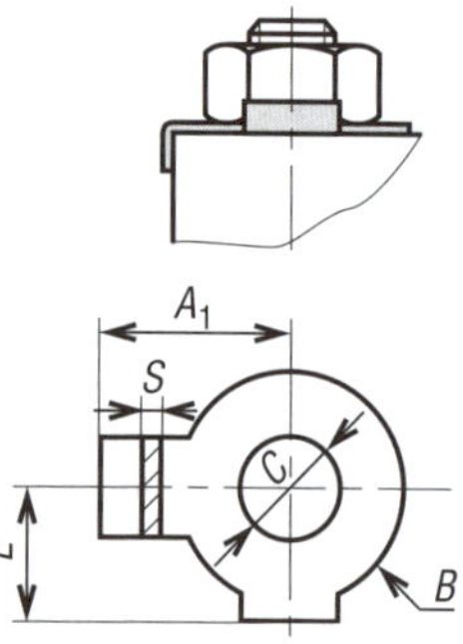

Désignation : Frein d'équerre à ailerons, 16

LIAISONS COMPLÈTES RIGIDES DÉMONTABLES À SÉCURITÉ ABSOLUE

DIMENSIONS DES FREINS EN TÔLE OU PLAQUETTES ARRÊTOIRS

∅ nominal	*C*	*B*	*A*	A_1	*F*	*R*	*E* mini	Épaisseur *S*	
								Acier inoxydable	Cuivre Laiton
6	7	16	16	16	6	2	8	0,5	1
8	9	20	20	18	8	2	11	1	2
10	11	23	22	23	9	2	14	1	2
12	14	28	24	25	12	3	17	1	2
14	16	30	28	28	13	4	19	1	2
16	18	34	32	32	15	5	21	1	2
18	20	36	36	36	16	6	23	1	2
20	22	40	40	40	18	6	26	1	2
22	24	42	45	45	20	8	28	1	2
24	27	45	48	48	22	8	31	1,5	3
27	30	48	55	55	24	10	34	1,5	3
30	33	55	60	60	26	10	38	1,5	3

• Autres types de freinage adaptés aux pièces à serrer

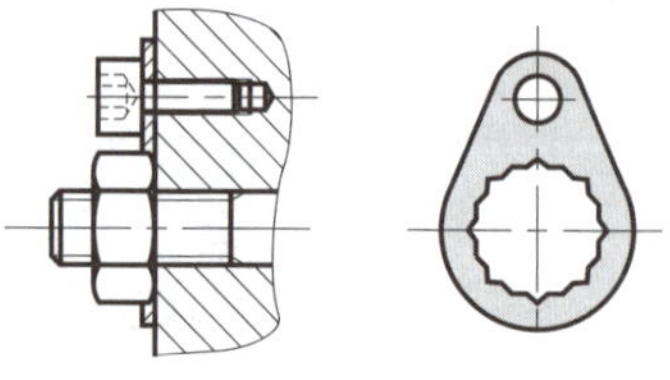

Plaque de freinage

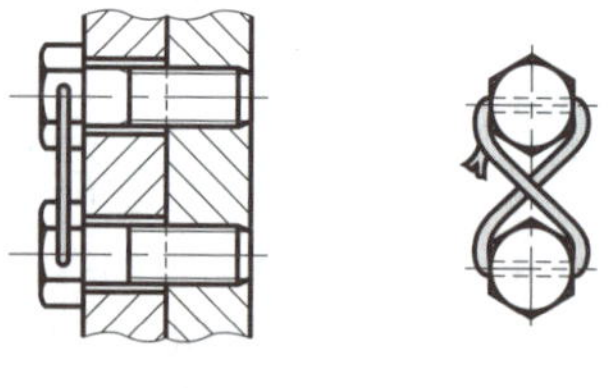

Bouclage des têtes de vis

11.3. CLAVETAGE

NF E 22-177

L'assemblage par clavetage est une liaison par obstacle (clavettes).
Ces liaisons rendent solidaires en rotation (clavettes disques, parallèles,...) ou en translation (clavettes transversales...) un organe de machine et un arbre.
La liaison peut être complète (aucune liberté) ou partielle (liberté de mouvement).

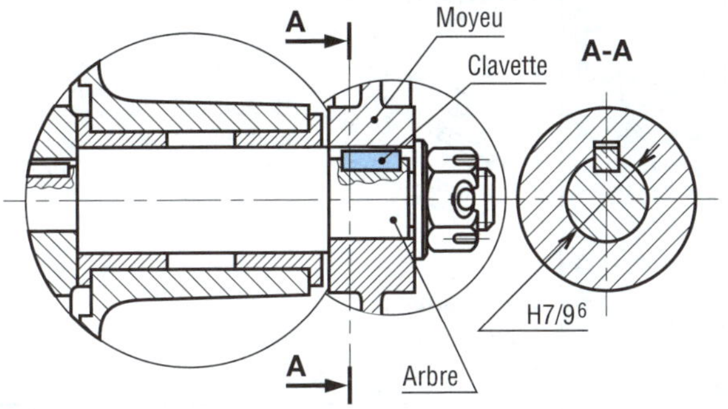

11.3.1. CLAVETTES PARALLÈLES

Section transversale de l'arbre

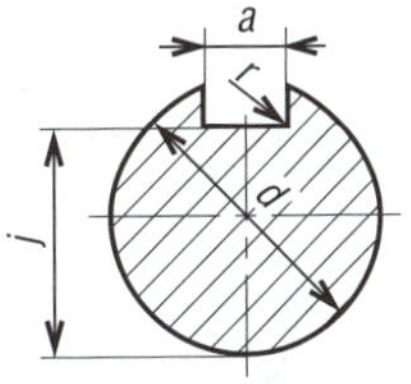

Clavette section

Section transversale du moyeu

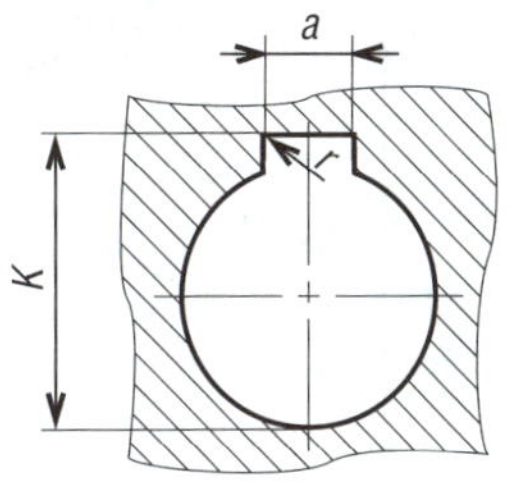

CARACTÉRISTIQUES DIMENSIONNELLES								
Arbre	**clavette**	**logement de clavette**						
d	**section nominale**	**nom. *a***	***j* nom.**	***j* tol.**	***k* nom.**	***k* tol.**	***r* maxi**	***r* mini**
de 6 jusqu'à 8	2 × 2	2	$d - 1,2$	0 / − 100	$d + 1$	+ 100 / 0	0,16	0,08
au-delà de 8 jusqu'à 10	3 × 3	3	$d - 1,8$	0 / − 100	$d + 1,4$	+ 100 / 0	0,16	0,08
au-delà de 10 jusqu'à 12	4 × 4	4	$d - 2,5$	0 / − 100	$d + 1,6$	+ 100 / 0	0,16	0,08
au-delà de 12 jusqu'à 17	5 × 5	5	$d - 3$	0 / − 100	$d + 2,3$	+ 100 / 0	0,26	0,16
au-delà de 17 jusqu'à 22	6 × 6	6	$d - 3,5$	0 / − 100	$d + 2,8$	+ 100 / 0	0,26	0,16
au-delà de 22 jusqu'à 30	8 × 7	8	$d - 4$	0 / − 200	$d + 3,3$	+ 200 / 0	0,26	0,16

TYPES ET REPRÉSENTATIONS

- **Forme A**

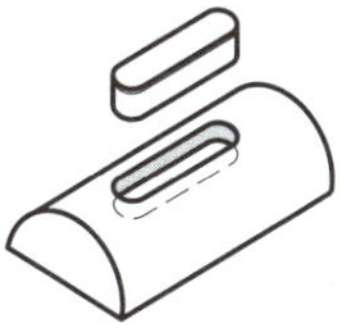

Rainures obtenues avec une fraise 2 tailles travaillant en bout

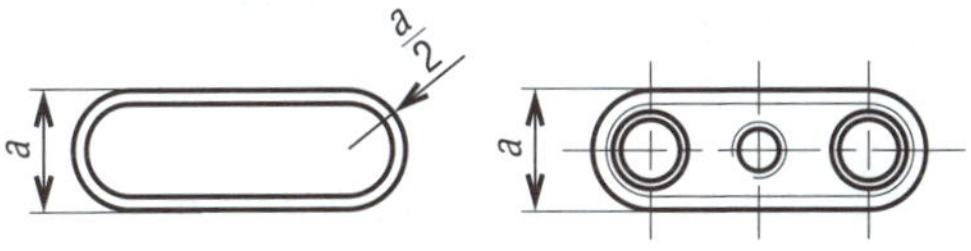

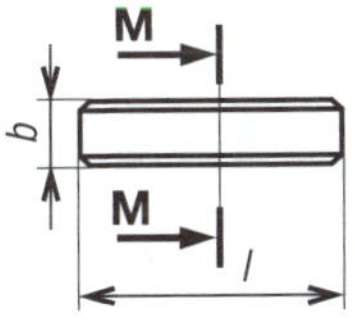

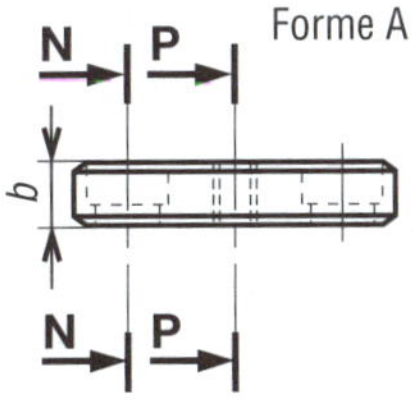

N-N

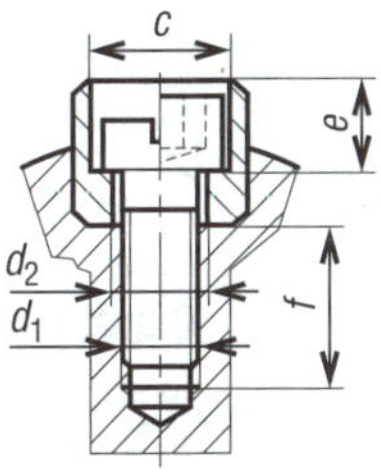

P-P

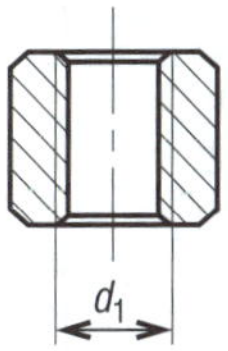

Désignation :
Clavette parallèle forme A 8 × 7 × 40 NF E 22-177

Clavetage

TYPES ET REPRÉSENTATIONS

• Forme B

Rainure obtenue avec une fraise 3 tailles

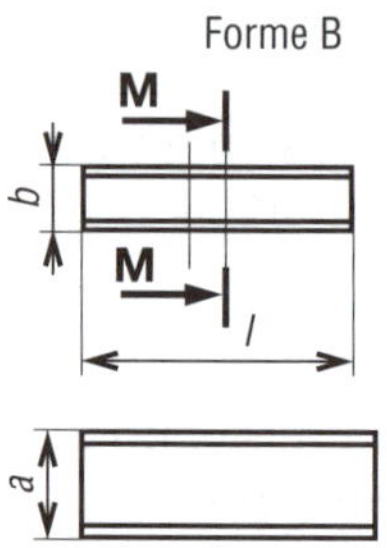

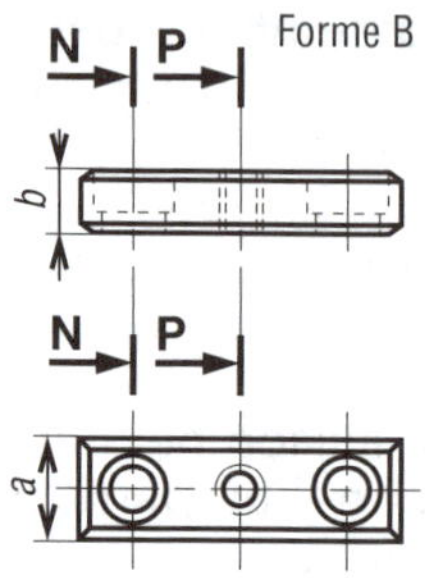

Désignation :
Clavette parallèle forme B 8 × 7 × 50
Entraxe = 40 NF E 22-177

• Forme C

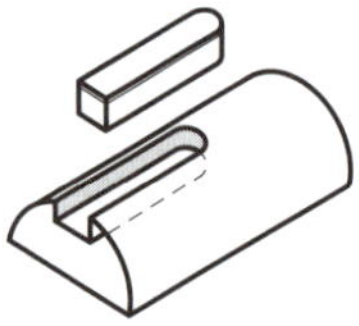

Rainure obtenue avec une fraise 2 tailles travaillant en bout

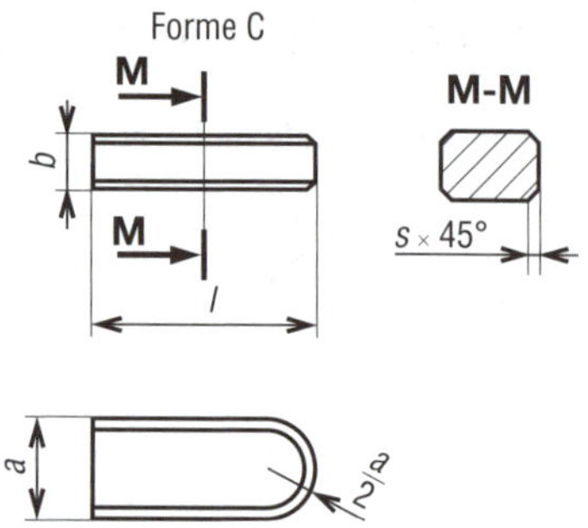

CARACTÉRISTIQUES DIMENSIONNELLES						
Section nominale $a \times b$	*c*	d_1	Vis C NF E 27-115 ou Vis CHc NF E 27-161	d_2	*e*	*f*
6 × 6	5,0	M2,5	M 2,5 - 6	2,9	3	
8 × 7	6,5	M3	M 3 - 8	3,4	3,5	
10 × 8	8,0	M4	M 4 - 10	4,6	4,5	
12 × 8	10,0	M5	M 5 - 10	5,5	5,5	
14 × 9	12,0	M6	M 6 - 10	6,5	6,5	11,5
16 × 10	12	M6	M 6 - 10	5,6	6,5	10,5
18 × 11	16	M8	M 8 - 12	9	8,5	14,5
20 × 12	16	M8	M 8 - 12	9	8,5	13,5
22 × 14	20	M10	M10 - 12	11	10,5	14,5
25 × 14	20	M10	M10 - 12	11	10,5	14,5

TOLÉRANCES DE MONTAGE

Moyeu

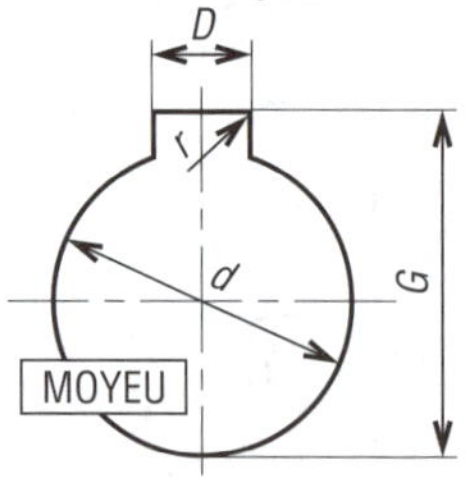

Arbre

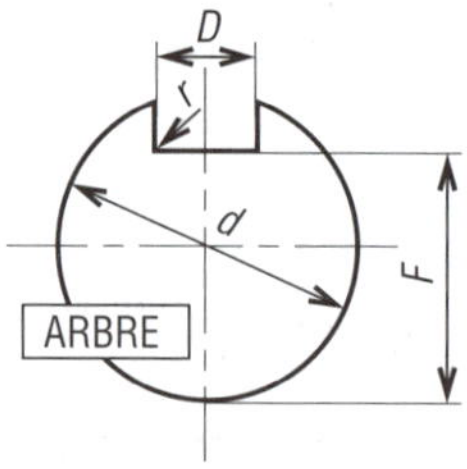

Clavette parallèle

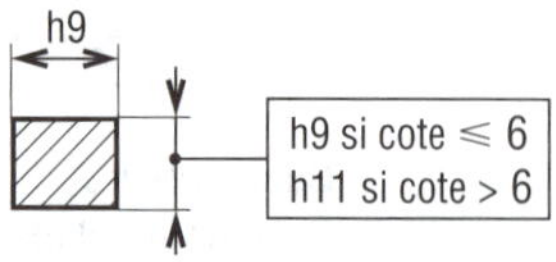

Tolérances sur *D*	Moyeu	Arbre
Clavetage libre	D10	H9
Clavetage normal	Js9	N9
Clavetage serré	P9	P9

Tolérances :	*G*	*F*
$d \leq 22$	+ 0,1 0	0 − 0,1
$22 < d \leq 130$	+ 0,2 0	0 − 0,2

Clavetage

DESSIN TECHNIQUE (Exemples)

- **Clavette parallèle à bouts ronds**

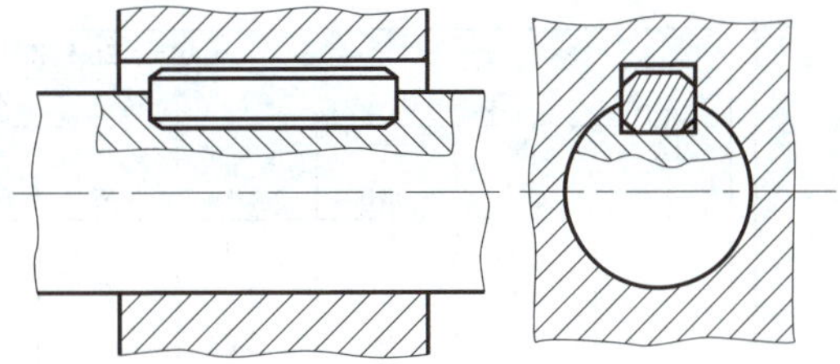

Clavette parallèle forme A de 12 × 8 × 40 NF E 22-178

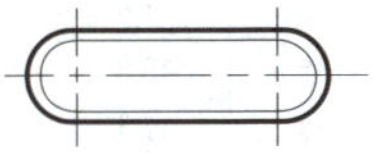

- **Clavette parallèle à bouts droits**

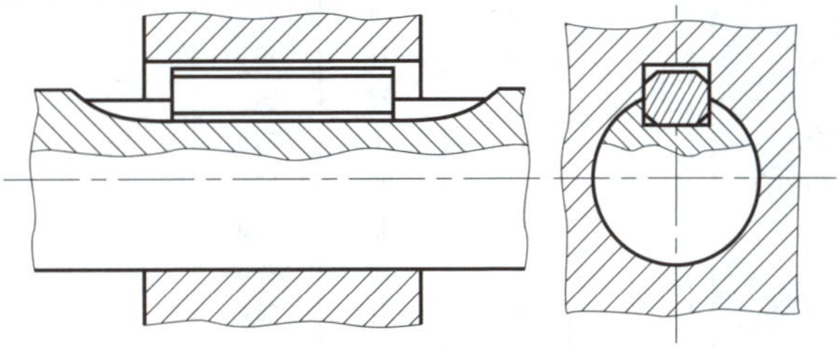

Clavette parallèle forme B de 12 × 8 × 40 NF E 22-178

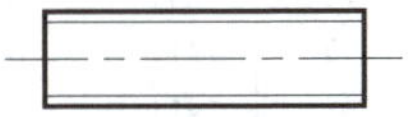

11.3.2. CLAVETTES DISQUES

Faciles à réaliser, les clavettes disques sont utilisées pour des arbres de petit diamètre transmettant des couples faibles. L'arbre se trouve affaibli par le logement de la clavette.

REPRÉSENTATION

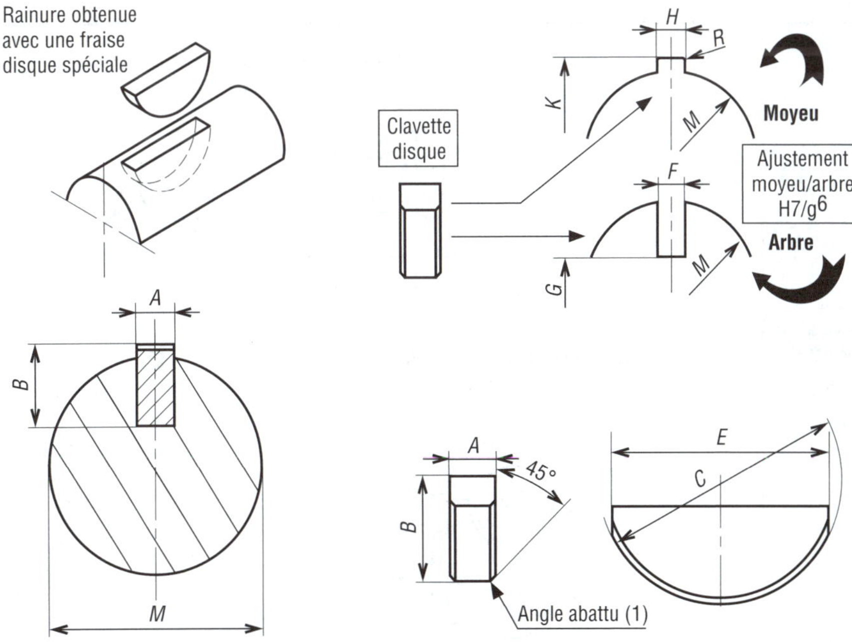

Clavetage

CARACTÉ-RISTIQUES

CARACTÉRISTIQUES DIMENSIONNELLES								
CLAVETTE				ARBRE		MOYEU		
A *h9*	*B* *h11*	*C* *h11*	*E* *h11*	*F* *P9*	*G* *h11*	*H* *E9*	*K* *H13*	*R*
3	3,7	10	9,0	3	M – 2,7	3	M – 12	0,1
	5,0	13	11,5		M – 4,0		M – 12	
	6,5	16	15,0		M – 5,5		M – 12	
4	5,0	13	11,5	4	M – 3,5	4	M – 1,8	
	6,5	16	15,0		M – 5,0		M – 1,8	
	7,5	19	17,5		M – 6,0		M – 1,8	
5	6,5	16	15,0	5	M – 4,5	5	M – 2,3	
	7,5	19	17,5		M – 5,5		M – 2,3	
	9,0	22	20,5		M – 7,0		M – 2,3	
6	9,0	22	20,5	6	M – 6,5	6	M – 2,8	
	10	25	23,0		M – 7,5		M – 2,8	
	11	28	25,5		M – 8,5		M – 2,8	
	13	32	30,0		M – 10,5		M – 2,8	
8	11	28	25,5	8	M – 8	8	M – 3,3	0,2
	13	32	30,0		M – 10		M – 3,3	
	15	38	35,0		M – 12		M – 3,3	
	16	45	41,0		M – 13		M – 3,3	
10	16	45	41,0	10	M – 13	10	M – 3,3	

AJUSTEMENTS				
A	moyeu clavette		clavette arbre	
	jeu maxi	jeu mini	jeu maxi	serrage maxi
1,5 – 2 – 2,5 – 3	64	14	19	31
4 – 5 – 6	80	20	18	42
8 – 10	97	25	21	51

DESSIN TECHNIQUE (Exemples)

Clavette disque de 8 × 15
NF E 22-179

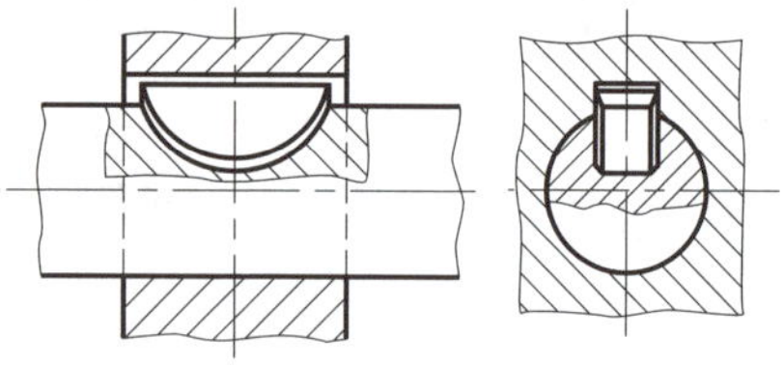

Clavette disque de 5 × 9
NF E 22-179

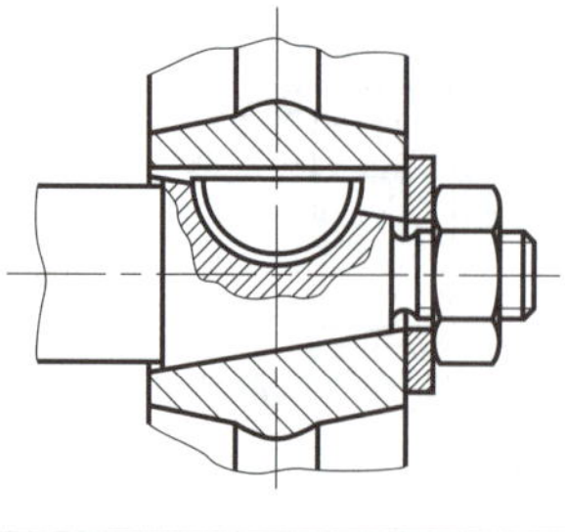

Clavette disque de 5 × 9
NF E 22-179

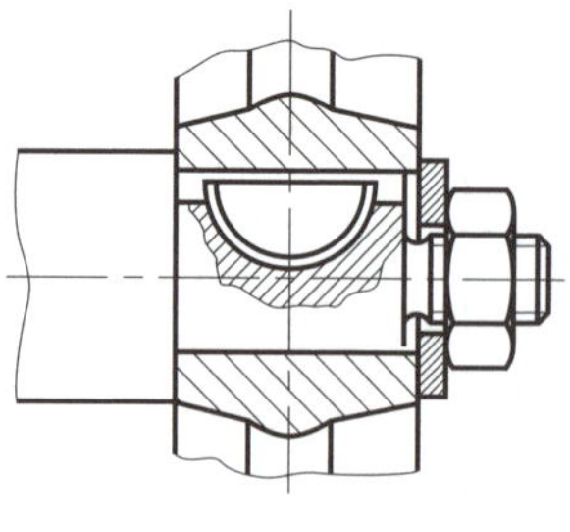

11.3.3. CLAVETTES INCLINÉES — NF E 22-182

La clavette inclinée est utilisée pour le clavetage longitudinal forcé.
Le fond de la rainure de l'***arbre*** est parallèle à l'axe ; celui de la rainure du ***moyeu*** présente une pente de 1 % par rapport à l'axe.
La clavette inclinée peut comporter un ***talon*** (clavette à talon), elle exige alors une rainure longue sur l'arbre.

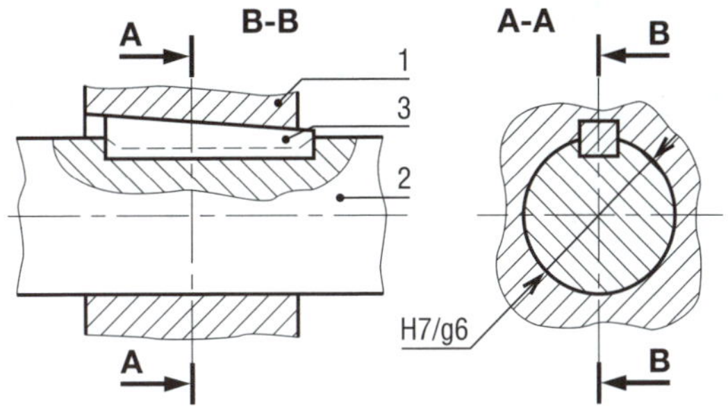

1 - Moyeu 2 - Arbre 3 - Clavette usuelle

CLAVETAGE PAR CLAVETTES USUELLES

Section transversale de l'arbre

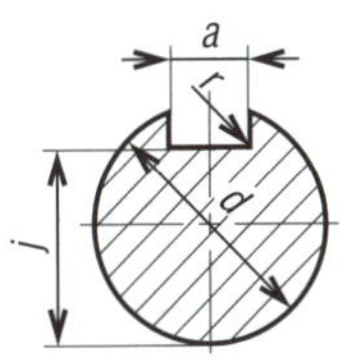

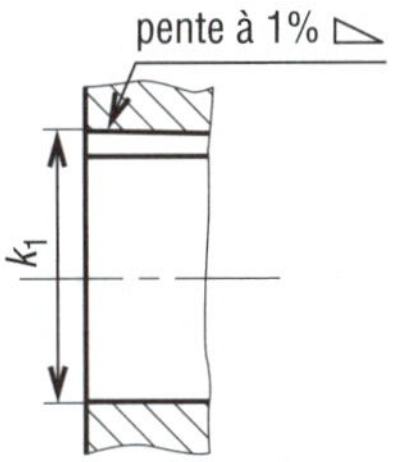

Coupe longitudinale et vue en bout du moyeu

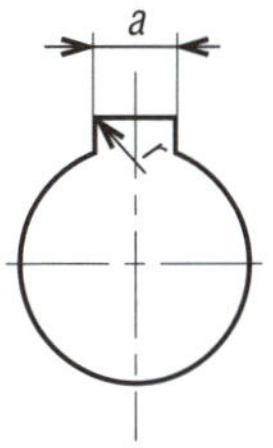

DIMENSIONS						
ARBRES	ARBRE-MOYEU			CLAVETTES		
d	*j*	k_1	*r*	*a*	*b*	*h*
6 ≤ *d* ≤ 8	*d* – 1,2	*d* + 0,5	0,08	2	2	—
			mini			
8 < *d* ≤ 10	*d* – 1,8	*d* + 0,9	0,16	3	3	—
10 < *d* ≤ 12	*d* – 2,5	*d* + 1,2	maxi	4	4	7
12 < *d* ≤ 17	*d* – 3	*d* + 1,7	0,16	5	5	8
			mini			
17 < *d* ≤ 22	*d* – 3,5	*d* + 2,2	0,25	6	6	10
22 < *d* ≤ 30	*d* – 4	*d* + 2,4	maxi	8	7	11
30 < *d* ≤ 38	*d* – 5	*d* + 2,4	0,25	10	8	12
38 < *d* ≤ 44	*d* – 5	*d* + 2,4	mini	12	8	12
44 < *d* ≤ 50	*d* – 5,5	*d* + 2,9	0,4	14	9	14
50 < *d* ≤ 58	*d* – 6	*d* + 3,4	maxi	16	10	16
58 < *d* ≤ 65	*d* – 7	*d* + 3,4		18	11	18
65 < *d* ≤ 75	*d* – 7,5	*d* + 3,9	0,4	20	12	20
75 < *d* ≤ 85	*d* – 9	*d* + 4,4	mini	22	14	22
85 < *d* ≤ 95	*d* – 9	*d* + 4,4	0,6	25	14	22
95 < *d* ≤ 110	*d* – 10	*d* + 5,4	maxi	28	16	25
110 < *d* ≤ 130	*d* – 11	*d* + 6,4		32	18	28

Tolérances sur les clavettes :

d	*b*
*h*9	*h*9 si *b* = *a*
	*h*11 si *b* ≠ *a*

Tolérances arbre-moyeu :

d	*a*	*J*	k_1
d ≤ 22	D10	0 à – 100	+ 100 à 0
22 < *d* ≤ 130	D10	0 à – 200	+ 200 à 0

CLAVETAGE PAR CLAVETTES USUELLES

• Clavettes inclinées à talon

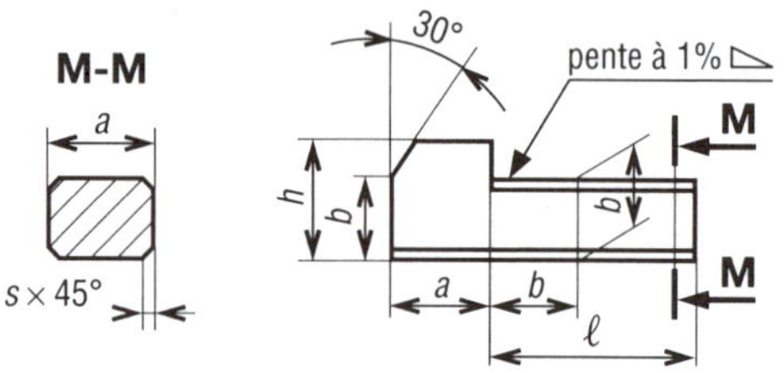

Forme de la clavette **inclinée + talon** = clavette inclinée à talon

• Clavettes inclinées sans talon

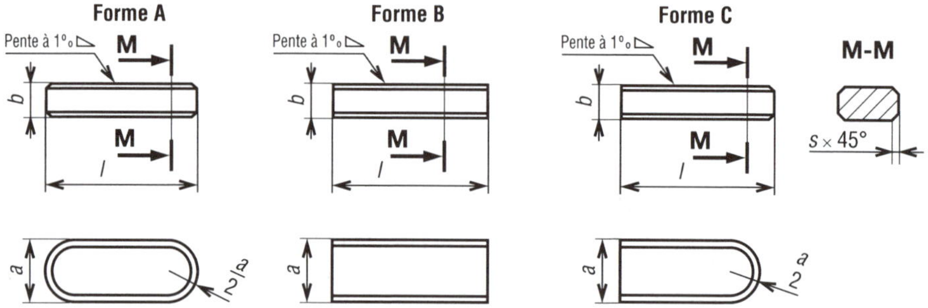

CLAVETAGE PAR CLAVETTES MINCES

Section transversale de l'arbre

Coupe longitudinale et vue en bout du moyeu

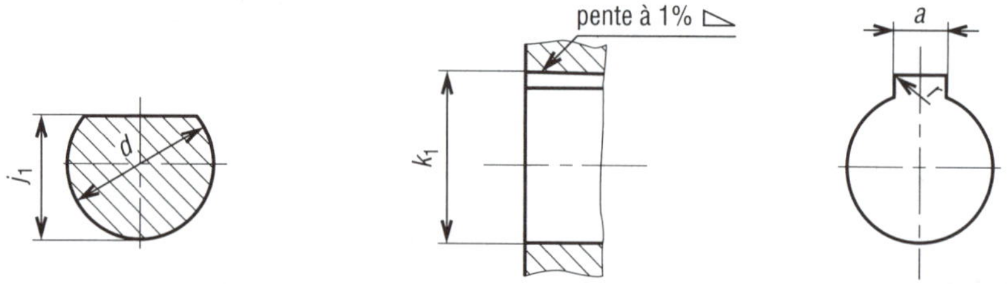

DIMENSIONS						
ARBRES	**ARBRE-MOYEU**			**CLAVETTES**		
d	J_1	k_1	*r*	*a*	*b*	*h*
6 < d < 8	–	–	0,08		–	–
			mini	–	–	–
8 < *d* < 10	–	–	0,16	–	–	–
10 < *d* < 12	–	–	maxi	–	–	–
12 < *d* < 17	–	–	0,16	–	–	–
17 < *d* < 22	–	–	mini	–	–	–
22 < *d* < 30	*d* – 3	*d* + 1,7	0,25	8	5	8
			maxi			
30 < *d* < 38	*d* – 3,5	*d* + 2,2	0,25	10	6	10
38 < *d* < 44	*d* 3,5	*d* + 2,2	min	12	6	10
44 < *d* < 50	*d* – 3,5	*d* + 2,2	0,4	14	6	10
50 < *d* < 58	*d* – 4	*d* + 2,4	maxi	16	7	11
58 < *d* < 65	*d* – 4	*d* + 2,4		18	7	11
65 < *d* < 75	*d* – 5	*d* + 2,4	0,4	20	8	12
75 < *d* < 85	*d* – 5,5	*d* + 2,9	mini	22	9	14
85 < *d* < 95	*d* – 5,5	*d* + 2,9	0,6	25	9	14
95 < *d* < 110	*d* – 6	*d* + 3,4	maxi	28	10	16

Tolérances arbre-moyeu :

d	*a*	J_1	k_1
d ⩽ 50	D10	0 à – 100	+ 100 à 0
50 < *d* ⩽ 230	D10	0 à – 200	+ 200 à 0

Clavetage

DESSIN TECHNIQUE (Exemples)

• **Clavette à talon**

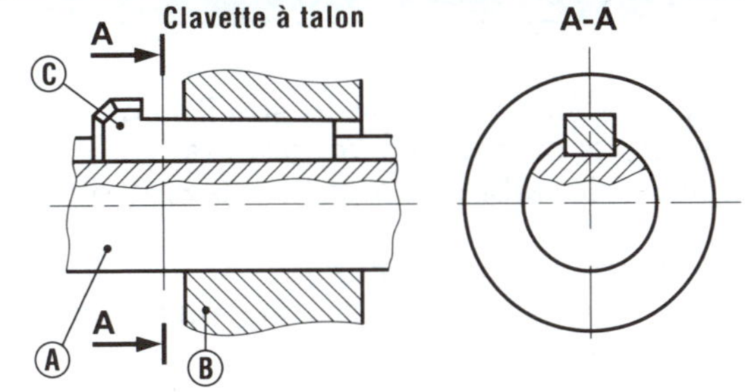

• **Clavette mince à talon**

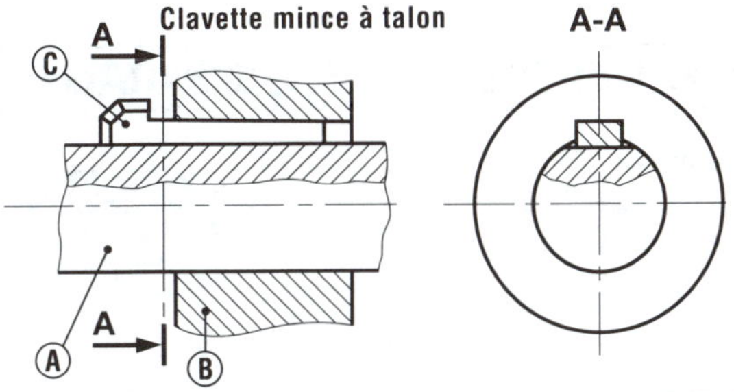

1.3.4. CLAVETTES TRANSVERSALES

La liaison de deux pièces A et B est assurée par un assemblage (cylindrique ou conique) traversé par une clavette, qui immobilise en ***rotation*** et en ***translation (liaison par obstacle)*** les deux ensembles A et B généralement coaxiaux.
Cette clavette prend appui sur l'une et l'autre pièce, dans un sens opposé au démontage. Elle supporte une contrainte de cisaillement si l'assemblage transmet un effort axial ou un couple. Les efforts axiaux et les couples transmis sont assez importants.

DESSIN TECHNIQUE (Exemples)

• **Assemblage conique**

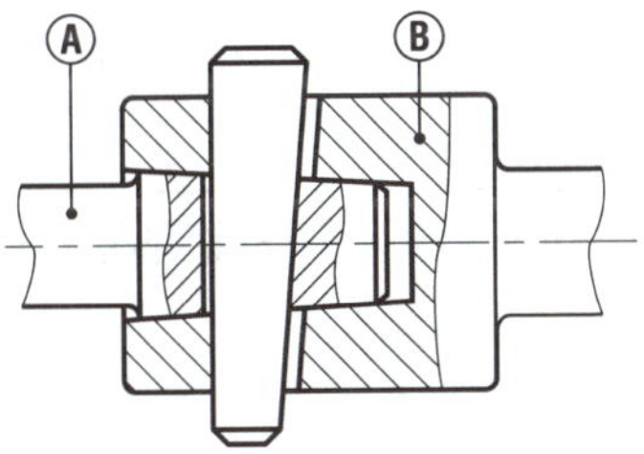

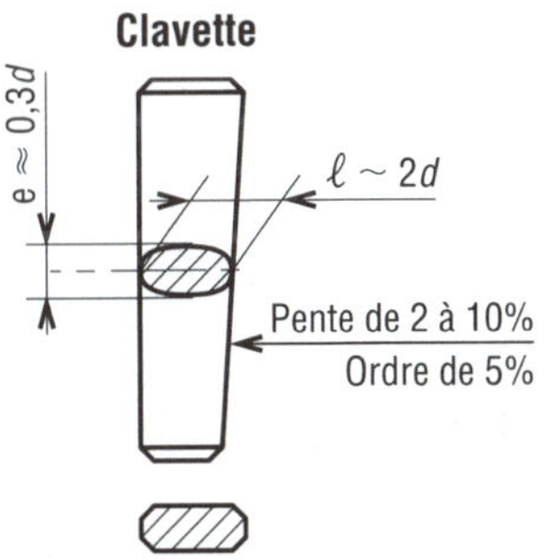

• **Assemblage cylindrique**

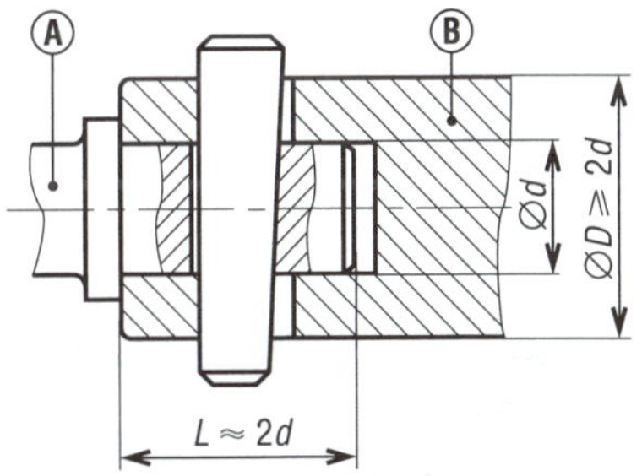

1.3.5. CLAVETTES TANGENTES

La clavette tangente assure une liaison en ***rotation*** et en ***translation par obstacle et par adhérence***. Cette liaison peut transmettre un moment moteur ou un couple avec des efforts axiaux assez limités.
La clavette C est une tige cylindrique sur laquelle a été fraisé un plat qui vient s'appuyer sur celui de l'axe B et l'alésage Ⓐ.
Nota : Cette clavette peut être freinée par un écrou dans le cas d'un axe de pédalier de bicyclette.

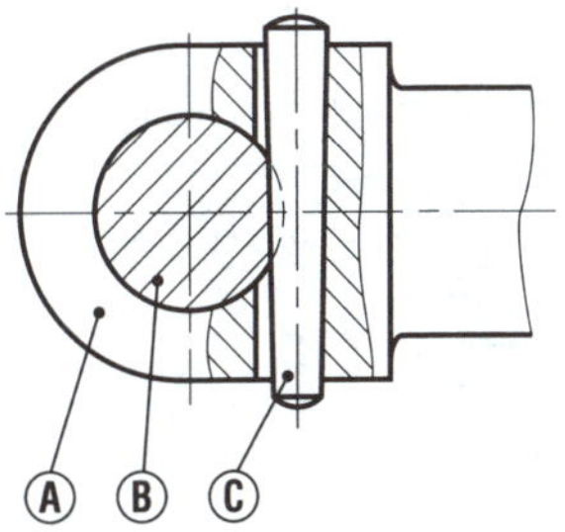

11.4. CANNELURES

NF E 22-131/NF EN ISO 6413

Les arbres cannelés sont choisis lorsqu'il s'agit de transmettre des efforts ou couples importants.
On peut trouver des arbres comportant 6, 8, 10 ou 20 cannelures.
Le moyeu est obtenu par brochage.
Les cannelures de l'arbre sont fraisées ou obtenues par déformation plastique de l'arbre.

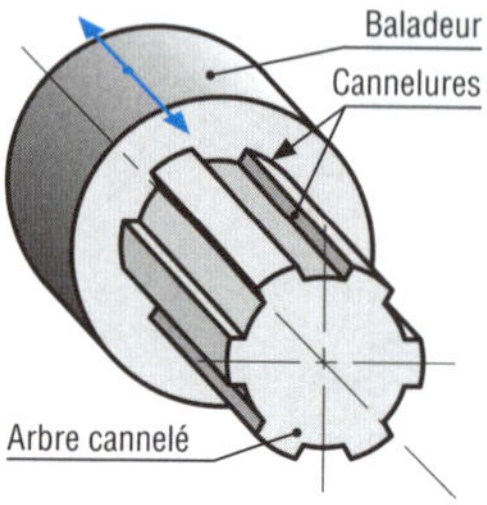

11.4.1. CANNELURES A FLANCS PARALLÈLES

Arbres cannelés

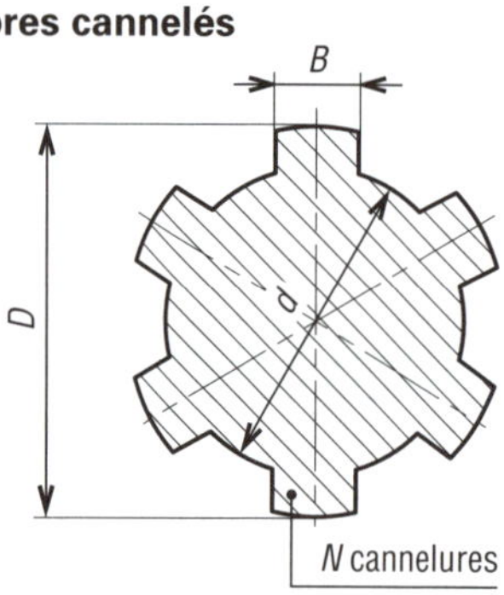

DIMENSIONS						
N	*d*	*B*	Série légère		Série moyenne	
			D_1	S_1	D_2	S_2
6	11	3			14	5
6	13	3,5			16	5
6	16	4			20	7,2
6	18	5			22	7,2
6	21	5			25	7,2
6	23	6	26	5	28	9,5
6	26	6	30	7,2	32	10,8
6	28	7	32	7,2	34	10,8
8	32	6	36	8,4	38	14,4
8	36	7	40	8,4	42	14,4
8	42	8	46	8,4	48	14,4
8	46	9	50	8,4	54	18
8	52	10	58	12	60	18
8	56	10	62	12	65	21
8	62	12	68	12	72	24
10	72	12	78	15	82	30
10	82	12	88	15	92	30
10	92	14	98	15	102	30
10	102	16	108	15	112	30
10	112	18	120	22,5	125	41

Centrage

intérieur

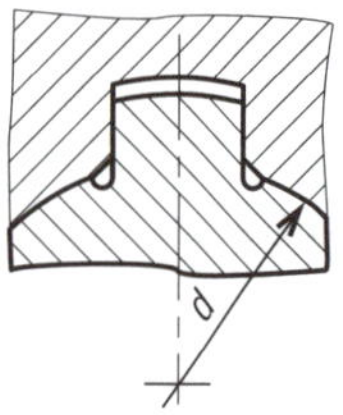

extérieur

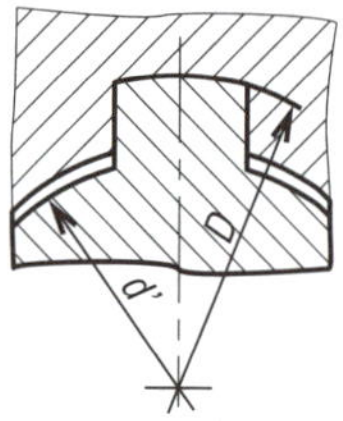

Tolérances

Moyeu

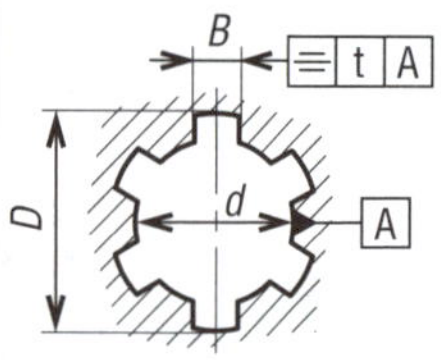

Arbre
(centrage intérieur)

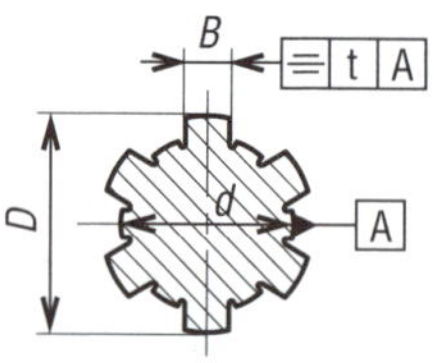

d (mm)	2 R mini fraise	2 R mini meule*
10 à 30	65	150
30 à 60	75	
60 à 100	85	
100 à 150	90	

* Cannelures fraisées suivies d'une rectification

Suivant la destination et les fonctions de l'assemblage, les tolérances dimensionnelles peuvent changer

Moyeu (Tolérances obligatoires)						Arbre (Tolérances recommandées)						Type de montage
Non traité après brochage			Traité après brochage			Centrage intérieur			Centrage extérieur (à éviter)			
B	D	d	B	D	d	B	D	d	B	D	d	
H9	H7	H7	H11	H10	H7	h10	a11	h7	h10	h7	a11	Fixe
						d10	a11	f7	d10	f7	a11	Glissant

Cannelures

Désignation :

Arbre cannelé
à flancs parallèles de N d D glissant NF E 22-131
N → 8, d → 42, D → 46

Moyeu cannelé
à flancs parallèles de N d D NF E 22-131
N → 8, d → 42, D → 46

Précautions pour l'usinage des arbres

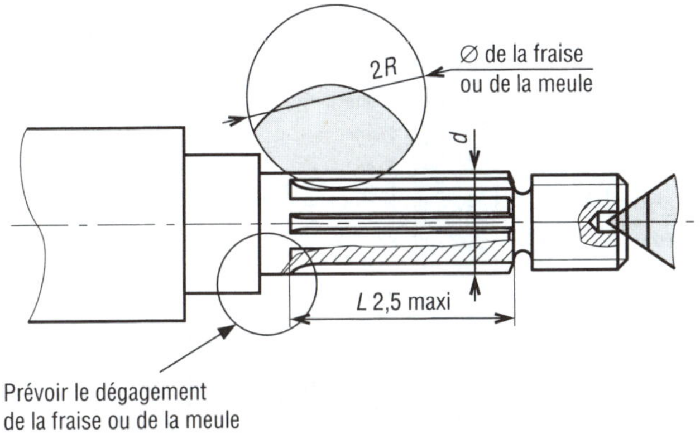

Dès la **conception** de l'arbre, penser au passage de l'outil fraise nécessaire lors de l'usinage des rainures cannelées.

11.4.2. CANNELURES A FLANCS EN DÉVELOPPANTE

Ce type de cannelures relevant des concepts de denture des engrenages, permet d'obtenir ***l'autocentrage*** de l'arbre et du moyeu sur les flancs des cannelures et de transmettre des couples importants à de grandes vitesses.
Les procédés de fabrication sont ceux employés pour les dents d'engrenages (usinage précis et économique).

Arbre

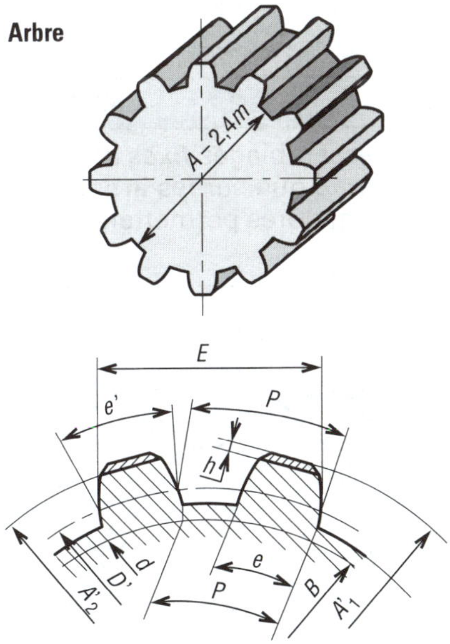

Moyeu

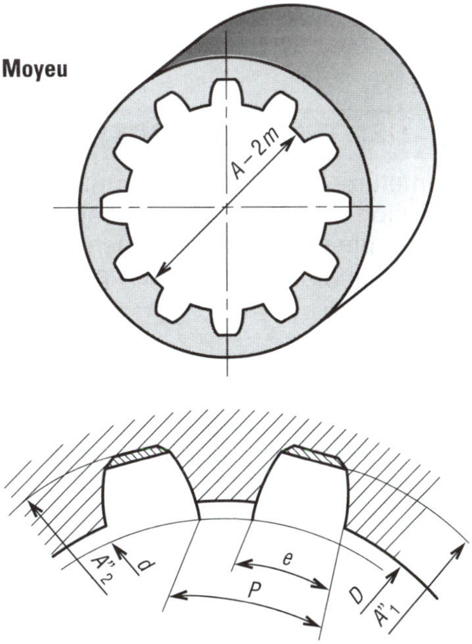

Crémaillère de référence

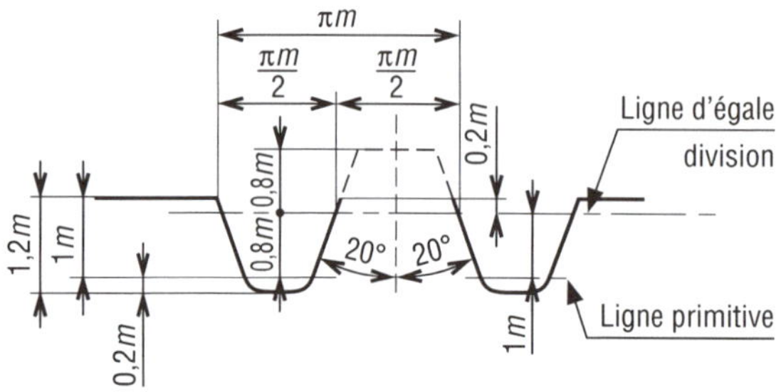

DIMENSIONS								
$m = 1{,}00$ $A'_2 = A - 0{,}20$ $A''_2 = A + 0{,}30$			**$m = 1{,}25$ $A'_2 = A - 0{,}25$ $A''_2 = A + 0{,}37$**			**$m = 1{,}667$ $A'_2 = A - 0{,}33$ $A''_2 = A + 0{,}50$**		
A	***N***	***D***	***A***	***N***	***D***	***A***	***N***	***D***
8	6	6	10	6	7,5	15	7	11,7
9	7	7	12	8	9,5	17	8	13,7
10	8	8	15	10	12,5	20	0	16,7
12	10	10	17	12	14,5	25	13	21,7
15	13	13	20	14	17,5	30	16	26,7
17	15	15	25	18	22,5	35	19	31,7
20	18	18	30	22	27,5	40	22	36,7
25	23	23	35	26	32,5	45	25	41,7
30	28	28	40	30	37,5	50	28	46,7
35	33	33	45	34	42,5	55	31	51,7

CARACTÉRISTIQUES		
Symb.	**Désignation**	**Valeur**
m	module	voir tableau ci-contre
N	nb de dents	voir tableau ci-contre
A	∅ nom. alésage de roul. à billes	voir tableau ci-contre
A'_1	∅ extérieur	$A'_1 = A$
A'_2	∅ arbre	$A'_2 = a - 0{,}2\,m$
A''_1	∅ extérieur	$A''_1 = A$
A''_2	∅ moyeux	$A''_2 = A + 0{,}3\,m$
B	∅ inté. de l'arbre	$B = A - 2{,}4\,m$
D	∅ inté. moyeux	$D = a - 2\,m$
D'	∅ prim. taillage	$D' = N \cdot m$
d	∅ de base	$d = D' \cos \varnothing$
E	écartement K dents	
e	épais. curviligne de base	$e = e' \cos \varnothing + 0{,}0149\,d$
e'	épais. curviligne au prim. taillage	$e' = \dfrac{pm}{2} + 2\,X\,\text{mtg}$
h	haut. chanfreins	$h = \dfrac{A'_1 - A'_2}{2}$
K	nb de dents pour la mesure de E	
P	pas au ∅ prim.	$P = \pi \cdot m$
p	p pas au ∅ curviligne de base	$p = \pi \cdot m \cos \alpha$
α	angle de pression	$\alpha = 20$
X	déport de profil de l'outil à tailler	$X = \dfrac{A - m\,(N + 0{,}4)}{2\,m}$

Désignation : NF E 22-141

- **Moyeu cannelé à flancs en développante**

cote A	N	m
30	22	1,25

- **Arbre cannelé à flancs en développante**

A	N	m	*
30	22	1,25	glissant

* L'arbre précise si l'ajustement est glissant, fixe, ou serré.

11.4.3. DENTELURES RECTILIGNES — NF E 22-151

Les dentelures rectilignes sont utilisées pour réaliser des assemblages ***fixes ou bloqués***. La précision du centrage et de l'ajustement est moins bonne que sur les arbres cannelés. Le couple pouvant être transmis est plus faible. Ces dentelures permettent de régler la position angulaire du moyeu par rapport à l'arbre.

Moyeu

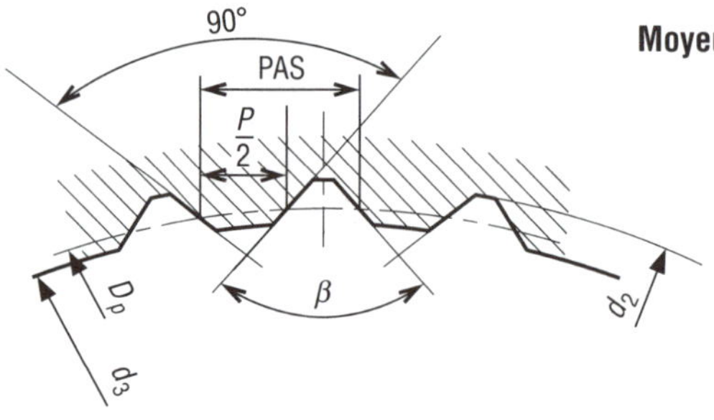

Arbre

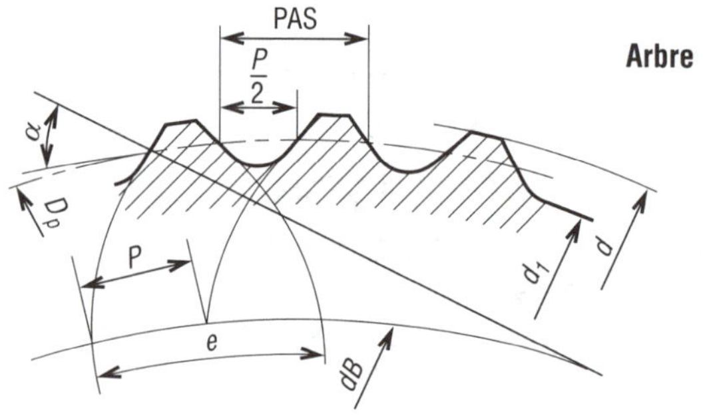

Cannelures

Diamètre primitif $D_p = m \cdot Z$
Diamètre nominal de l'arbre $d = m(Z+1)$
Diamètre de pied de l'arbre $d_1 = m(Z-1)$
Pas $= m \cdot \pi$
Z = nombre de dents

DIMENSIONS						
d	Module *m*	Nombre de dents *Z*	Diamètre primitif *Dp*	d_1	d_2	d_3
8	0,5	15	7,5	7	8,2	7,3
10	0,5	19	9,5	9	10,2	9,3
12	0,5	23	11,5	11	12,2	11,3
14	0,5	27	13,5	13	14,2	13,3
16	0,5	31	15,5	15	16,2	15,3
18	0,5	35	17,5	17	18,2	17,3
20	0,5	39	19,5	19	20,2	19,3
22	0,5	43	21,5	21	22,2	21,3
24	0,75	31	23,25	22,5	24,3	22,95
27	0,75	35	26,25	25,5	27,3	25,95
30	0,75	39	29,25	28,5	30,3	28,95
33	1	32	32	31	33,4	31,6
36	1	35	35	34	36,4	34,6
39	1	38	38	37	39,4	37,6
42	1,5	27	40,5	39	42,6	39,9
45	1,5	29	43,5	42	45,6	42,9
48	1,5	31	46,5	45	48,6	45,9

11.4.4. AXES DENTELÉS CYLINDRIQUES — NF L 32-350 A

Caler un organe de commande dans plusieurs positions est chose aisée avec les axes dentelés cylindriques. Ceux-ci trouvent leurs applications dans les petits leviers de commande ou axe de volant de robinets.
Le serrage entre l'axe et le moyeu peut être assuré par pincement et/ou par expansion de l'axe.

Cotes de construction

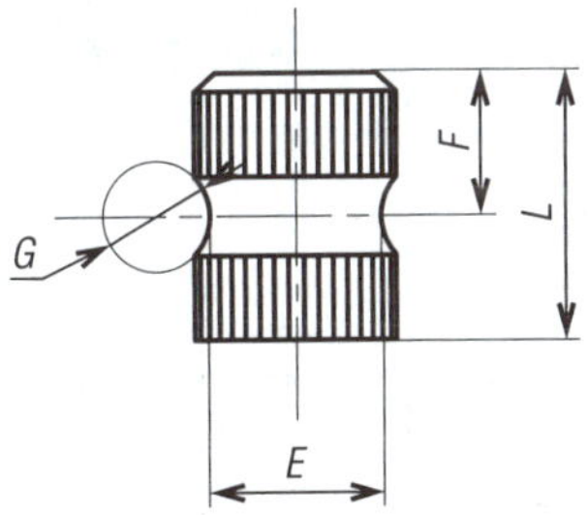

Barre de torsion

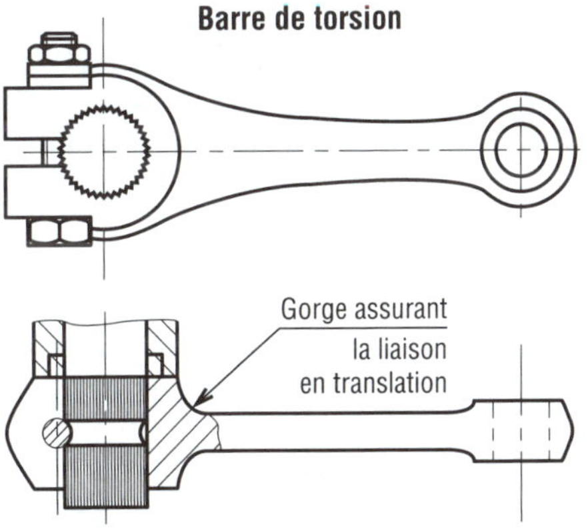

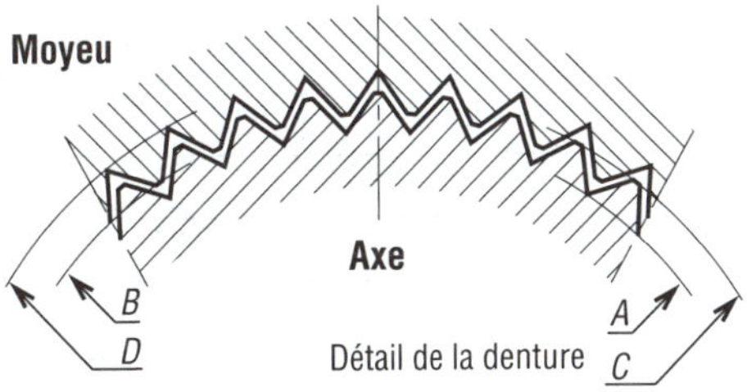

DIMENSIONS										
d	*Z*	*A*	*B* +0,1 0	*C* +0,1	*D*		*E* maxi	*F*	*G* mini	*L* mini
8	24	6,88	7,1	7,8	8	+0,1 0	6,7	5,5	4	10,5
10	36	8,9	9,1	9,8	10	+0,1 0	8	7	5	14
15	48	13,98	14,1	14,8	15	+0,15 0	12	9	6	18

d = diamètre nominal de l'axe, *Z* = nombre de dents.

Désignation :
Dentures pour axe 15 NF L 32-350

11.4.5. STRIES RADIALES

Les stries radiales sont utilisées pour des accouplements n'exigeant pas une grande précision (levier de serrage de machine).

Vue de dessous

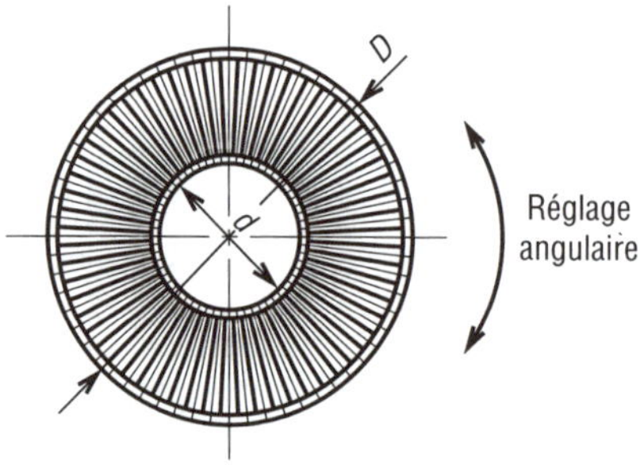

Cotes de constructions

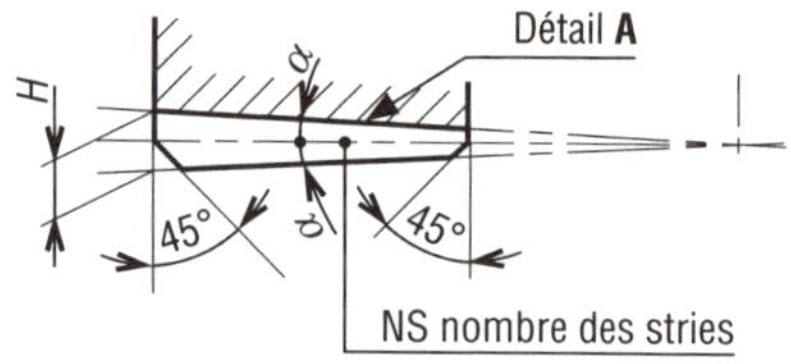

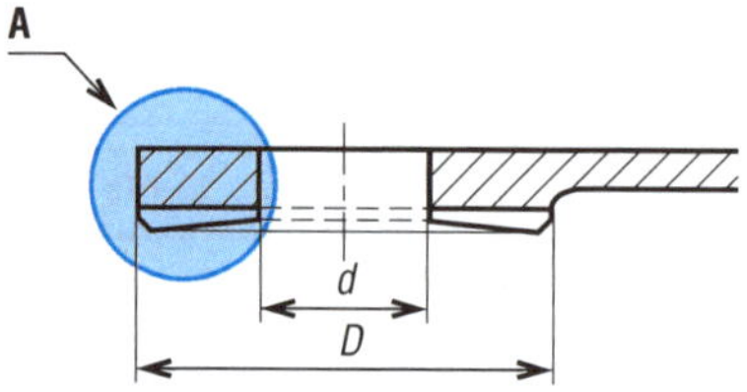

Profil et cotes des stries

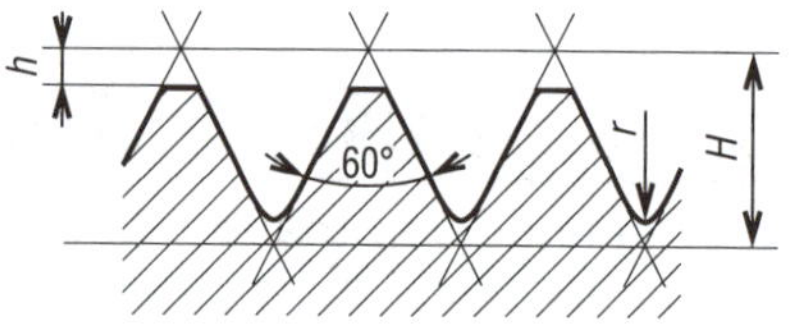

<table>
<tr><th colspan="10">DIMENSIONS</th></tr>
<tr><th rowspan="2">D</th><th colspan="4">Série normale</th><th colspan="4">Série fine (*)</th><th rowspan="2">d mini</th></tr>
<tr><th>NS</th><th>H</th><th>h</th><th>r</th><th>NS</th><th>H</th><th>h</th><th>r</th></tr>
<tr><td>20</td><td rowspan="5">60</td><td>0,91</td><td rowspan="5">0,2</td><td rowspan="5">0,1</td><td rowspan="3">90</td><td></td><td rowspan="2"></td><td rowspan="2"></td><td>8</td></tr>
<tr><td>25</td><td>1,13</td><td>0,75</td><td>10</td></tr>
<tr><td>32</td><td>1,45</td><td>0,97</td><td rowspan="5">0,2</td><td rowspan="5">0,1</td><td>12</td></tr>
<tr><td>40</td><td>1,81</td><td rowspan="4">120</td><td>0,91</td><td>16</td></tr>
<tr><td>50</td><td>2,27</td><td>1,13</td><td>20</td></tr>
<tr><td>63</td><td rowspan="2">90</td><td>1,90</td><td rowspan="4">0,3</td><td rowspan="4">0,15</td><td>1,43</td><td>25</td></tr>
<tr><td>80</td><td>2,42</td><td>1,81</td><td>32</td></tr>
<tr><td>100</td><td rowspan="2">120</td><td>2,27</td><td></td><td></td><td></td><td></td><td>40</td></tr>
<tr><td>120</td><td>2,72</td><td></td><td></td><td></td><td></td><td>50</td></tr>
<tr><td colspan="10">NS = nombre de stries</td></tr>
<tr><td colspan="10">(*) Les stries de la série fine sont à utiliser pour le réglage angulaire.</td></tr>
</table>

Désignation : On indique le nombre de stries suivi de la référence de la norme.
60 stries, série normale, NF L 32-630

11.5. ANNEAUX ÉLASTIQUES

NF E 22-163

Les liaisons interdisant le déplacement axial d'un arbre grâce à des anneaux élastiques sont simples, robustes et très aisées.
La mise en place de ces anneaux se fait par déformation élastique ; ils se maintiennent en l'état par élasticité. Le montage ou le démontage en est assez facile mais ils nécessitent une pince spéciale à ergots.

ANALYSE DU COMPORTEMENT DES ANNEAUX ÉLASTIQUES

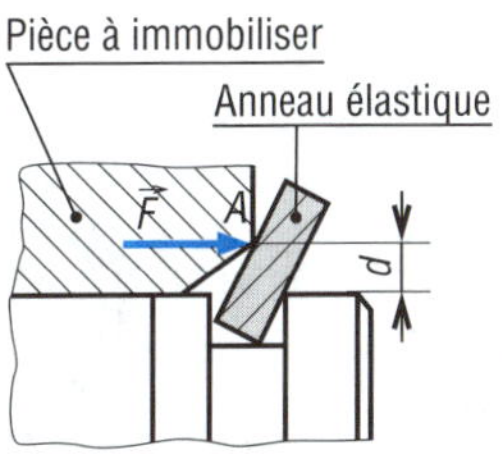

1er cas

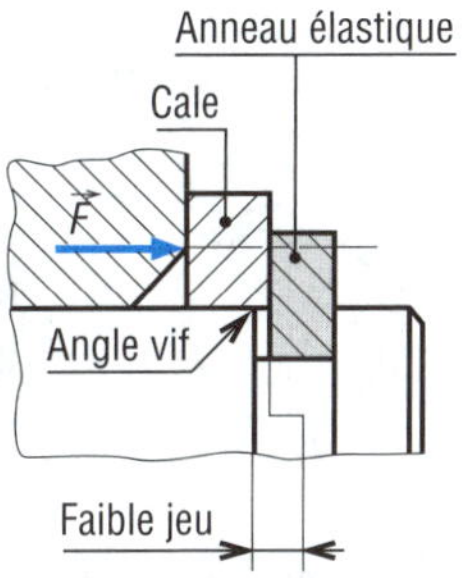

2e cas

1er cas : L'action de contact A produit un couple de bras de levier égal à ***d*** qui tend à déformer l'anneau. (Résistance de la matière, jeu…).

2e cas : La cale placée entre la pièce à immobiliser et l'anneau élastique réalise un angle vif, d'où une meilleure répartition de l'effort, ce qui évite le basculement de l'anneau.

DÉTERMINATION DE LA GORGE

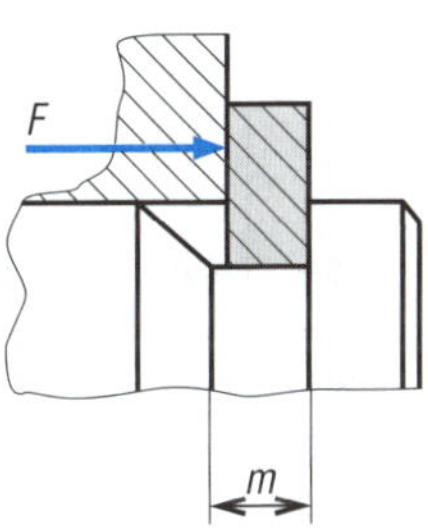

Effort axial unidirectionnel
1er cas

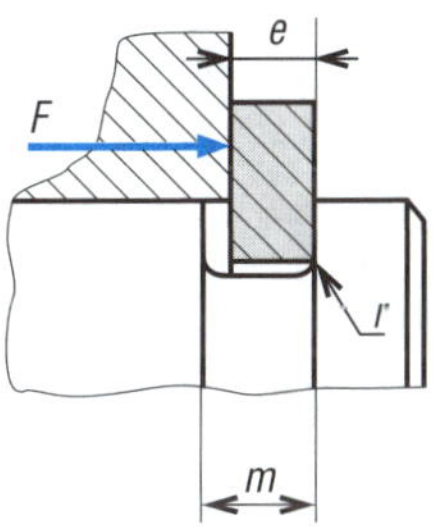

Congé à fond de gorge
2e cas

1er cas : Quand l'effort ne s'exerce que sur une face de l'anneau, la gorge peut être élargie ou chanfreinée du côté opposé au sens de cet effort.

2e cas : Pour une meilleure tenue de l'anneau d'arrêt, le rayon de raccordement à fond de gorge ***r***, du côté supportant la charge, doit être inférieur à $\frac{e}{10}$.

MONTAGES DES ANNEAUX ÉLASTIQUES

Type extérieur

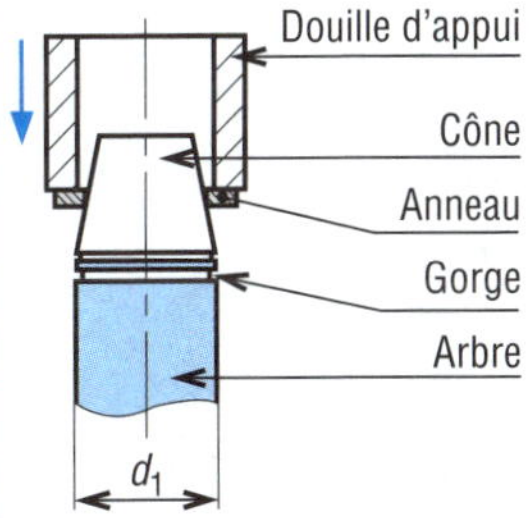

∅ du cône égal à 1,01 d_1

Type intérieur

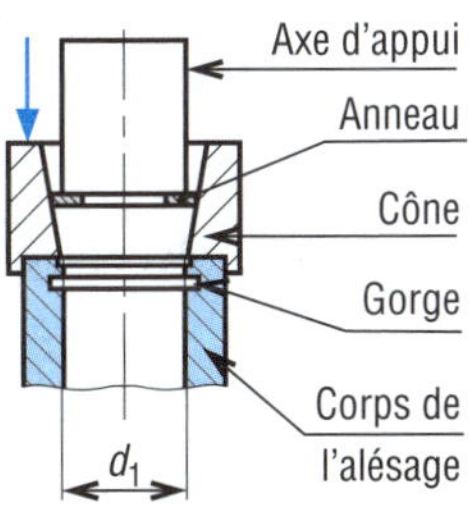

∅ du cône égal à 0,99 d_1

Les anneaux d'arrêt intérieur ou extérieur comportent des oreilles pour assurer le montage avec une pince spéciale. Cependant il est recommandé d'utiliser un cône de montage selon les schémas ci-contre.

11.5.1. ANNEAUX À MONTAGE AXIAL

ANNEAUX ÉLASTIQUES POUR ARBRES

NF E 22-163

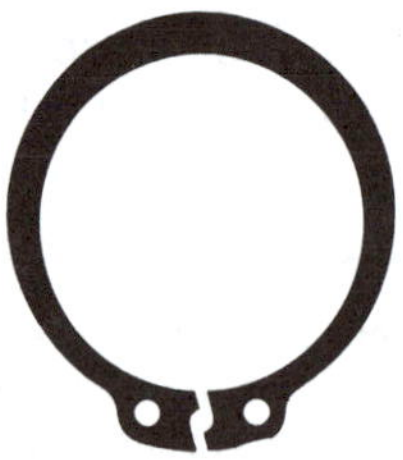

Nomel

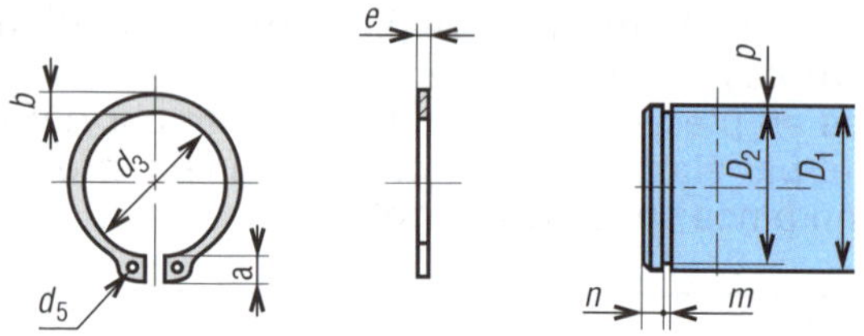

$n_{mini} = 3\ p$

Au montage **Monté**

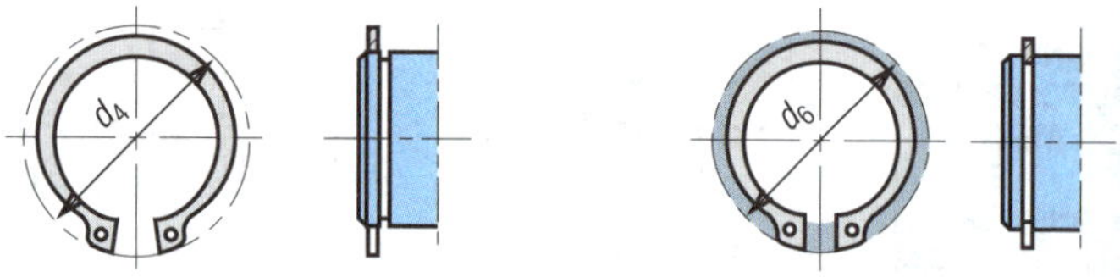

CARACTÉRISTIQUES DIMENSIONNELLES											
Arbre	Anneau						Gorge				*Fr* (kN)
d_1	d_3	Tol.	*e* h11	*a* maxi	*b* ≈	d_5	d_2	Tol.	m mini	*p*	
3	2,7	+ 0,06	0,4	1,9	0,8	1	2,8	0	0,5	0,1	0,47
4	3,7	– 0,12	–	2,2	0,9	–	3,8	– 0,06	–	–	0,60
5	4,7	+ 0,075	0,6	2,5	1,1	–	4,8		0,7	–	1,00
6	5,6	– 0,15	0,7	2,7	1,3	1,2	5,7	0	0,8	0,15	1,45
7	6,5		0,8	3,1	1,4	–	6,7	– 0,075	0,9	0,15	2,60
8	7,4	+ 0,09	–	3,2	1,5	–	7,6		–	0,2	3
9	8,4	– 0,18	1	3,3	1,7	1,3	8,6	0	1,1	–	3,50
10	9,3		–	–	1,8	1,5	9,6	– 0,09	–	–	4
11	10,2		–	–	–	–	10,5		–	0,25	4,50
12	11,0		–	–	–	1,7	11,5		–	–	5
13	12,1		–	3,4	2,0	–	12,4		–	0,3	5,80
14	13,0	+ 0,18	–	3,5	2,1	–	13,4	0	–	–	6,40
15	13,8	– 0,36	–	3,6	2,2	–	14,3	– 0,11	–	0,35	6,90
16	14,7		–	3,7	–	–	15,2		–	0,4	7,40
17	15,7		–	3,8	2,3	–	16,2		–	–	8,00
18	16,5		1,2	3,9	2,4	–	17,8		1,3	0,5	17,00
19	17,5		–	–	2,5	2	18,0		–	–	17,00
20	18,5	+ 0,21	–	4,0	2,6	–	19,0	0	–	–	17,10
21	19,5	– 0,42	–	4,1	2,7	–	20,0	– 0,21	–	–	16,80

$d_4 = d_1 + 2a$ pour $d_1 \leqslant 165$
$d_6 = d_2 + 2a$ pour $d_1 \leqslant 165$ (espace libre nécessaire au montage)

Matière :
Acier XC 75 dureté HRC 50

Désignation :
Anneau élastique 30 · 1,5 NF E 22-163 (diamètre $d_1 = 30$ et s = 1,5)

ANNEAUX ÉLASTIQUES POUR ALÉSAGE

NF E 22-165

Nomel

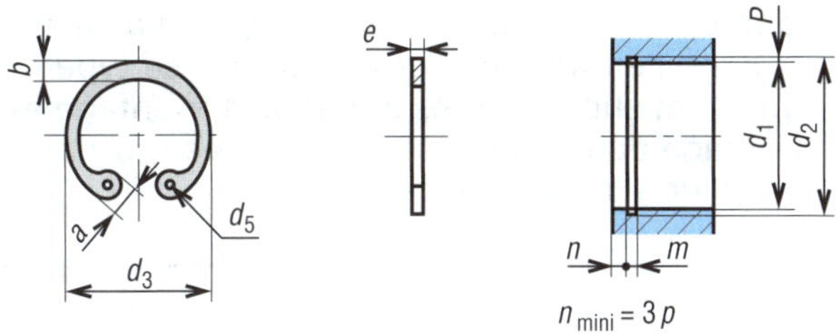

Au montage

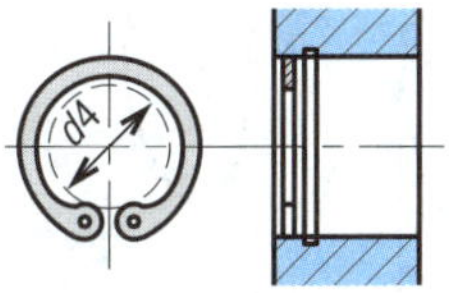

Monté

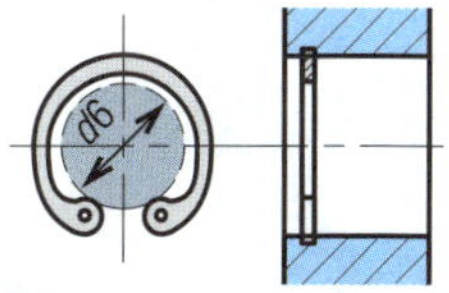

Alésage	CARACTÉRISTIQUES DIMENSIONNELLES										
	Anneau						Gorge				
d_1	d_3	Tol.	*e* h11	*a* maxi	*b* ≈	d_5	d_2	Tol.	*m* mini	*p*	*Fr* (kN)
8	8,7	+ 0,36 − 0,18	0,8	2,4	1,1	1	8,4	+ 0,09 0	0,9	0,2	2
9	9,8		–	2,5	1,3	–	9,4		–	–	2
10	10,8		1	3,2	1,4	–	10,4	+ 0,11 0	–	–	4
11	11,8		–	3,3	1,5	–	11,4		1,1	–	4
12	13,0		–	3,4	1,7	1,5	12,5		–	0,25	4
13	14,1		–	3,6	1,8	–	13,6		–	0,3	4,2
14	15,1		–	3,7	1,9	1,7	14,6		–	–	4,5
15	16,2		–	–	2	–	15,7		–	0,35	5
16	17,3		–	3,8	–	–	16,8		–	0,4	5,5
17	18,3	+ 0,42 − 0,21	–	3,9	2,1	–	17,8		–	–	6
18	19,5		–	4,1	2,2	2	19	+ 0,21 0	–	0,5	6,5
19	20,5		–	–	–	–	20		–	–	6,8
20	21,5		–	4,2	2,3	–	21		–	–	7,2
21	22,5		–	–	2,4	–	22		–	–	7,6
22	23,5		–	–	2,5	–	23		–	–	8
24	25,9		1,2	4,4	2,6	–	25,2		–	0,6	13,9
25	26,9		–	4,5	2,7	–	26,2		–	–	14,6
26	27,9		–	4,7	2,8	–	27,2		1,3	–	13,8
28	30,1	+ 0,50 − 0,25	–	4,8	2,9	–	29,4		–	0,7	13,3

$d_4 = d_1 - 2a$ pour $d_1 \leqslant 165$

$d_6 = d_2 - 2a$ pour $d_1 \leqslant 165$ (espace libre nécessaire au montage)

Matière :

Acier XC 75 dureté HRC 50

Désignation :

Anneau élastique 50.2 NF E 22-165 (diamètre d_1 = 50 et S = 2)

11.5.2. ANNEAUX A MONTAGE RADIAL

La géométrie des anneaux à montage radial offre un épaulement de hauteur importante ; cependant, l'effort axial admissible sur ce type d'anneau est nettement inférieur à celui que peuvent supporter les anneaux à montage axial.
Le montage doit se faire sur des arbres tournant à faible vitesse. Les anneaux résistent mal à l'action de la force centrifuge.

ANNEAUX OU SEGMENTS D'ARRÊT À MONTAGE RADIAL

NF L 23-203

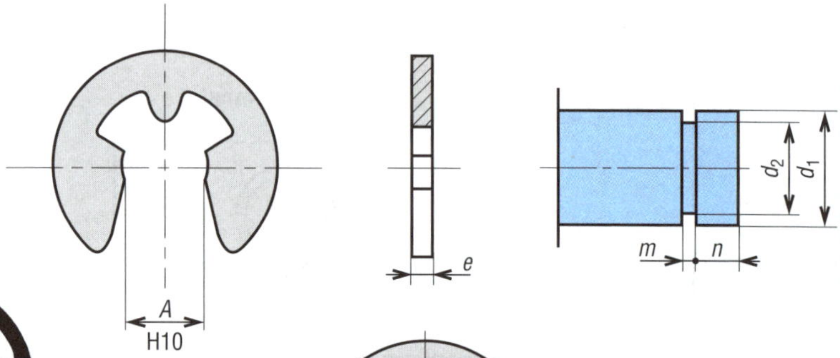

Nomel

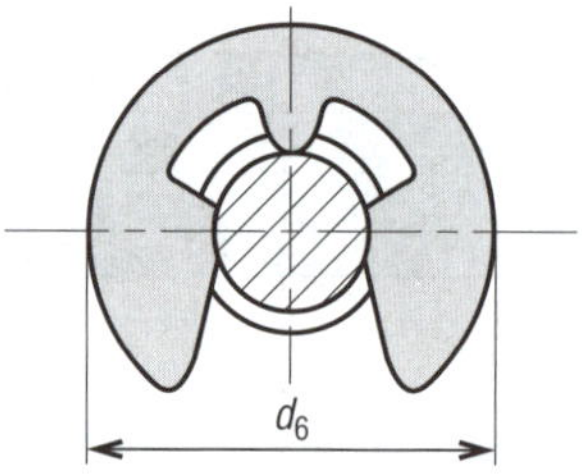

Matière :
Acier XC 75, HRC 50, code AM
Bronze au beryllium CuBe - HRC 40 code UJ

Désignation : Norme - Code du matériau - Code du diamètre - Code du traitement
NF L 23-203 AM 10 T

Traitement de surface :
Pour l'acier : phosphatation code T
Pour le bronze : aucun traitement

CARACTÉRISTIQUES DIMENSIONNELLES											
Arbre			Anneau				Gorge				
d_1	pour arbre de	à	d_6	A H10	e	Tol.	d_2	Tol.	m mini	n mini	Fr (daN)
1	1	1,4	2	0,58	0,2		0,8		0,24	0,4	80
1,4	1,4	2	3	1,01	0,3		1,2	0 – 0,03	0,34	0,6	120
2	2	2,5	4	1,28	0,4		1,5		0,44	0,8	220
2,5	2,5	3	4,5	1,61	0,5		1,9		0,54	1	350
3	3	4	6	1,94	0,6	± 0,02	2,3		0,64	–	500
4	4	5	7	2,7	–		3,2		–	–	650
5	5	7	9	3,34	0,7		4		0,74	1,2	950
6	6	8	11	4,11	–		5		–	–	1150
7	7	9	12	5,26	–		6	0 – 0,05	–	–	1350
8	8	11	14	5,84	0,9		7		0,94	1,5	1800
9	9	12	16	6,52	1		8		1,05	1,8	2500
10	10	14	18,5	7,63	1,1		9		1,15	2	3000
11	11	15	20	8,32	1,2		10		1,25	–	3500
13	13	18	23	10,45	1,3	± 0,003	12		1,35	2,5	4700
16	16	24	29	12,61	1,5		15	0 – 0,10	1,55	3	7800
20	20	31	37	15,92	1,75		19		1,8	3,5	11 000
25	25	38	44	21,88	2		24		2,05	4	15 000

1.5.3. ANNEAUX D'ARRÊT A ARC-BOUTEMENT

Ces anneaux se montent normalement dans l'alésage ou sur l'axe, mais aussi dans une gorge.
La pénétration des nombreuses branches dans l'alésage ou l'arbre provoque une déformation élastique. Tout effort opposé au sens de montage imprime ces branches dans l'alésage ou l'arbre. La charge axiale admise est faible.
Le démontage de ces anneaux entraîne leur destruction et une dégradation partielle de l'alésage ou de l'axe.

ANNEAUX « SELF LOCKING » POUR ALÉSAGE

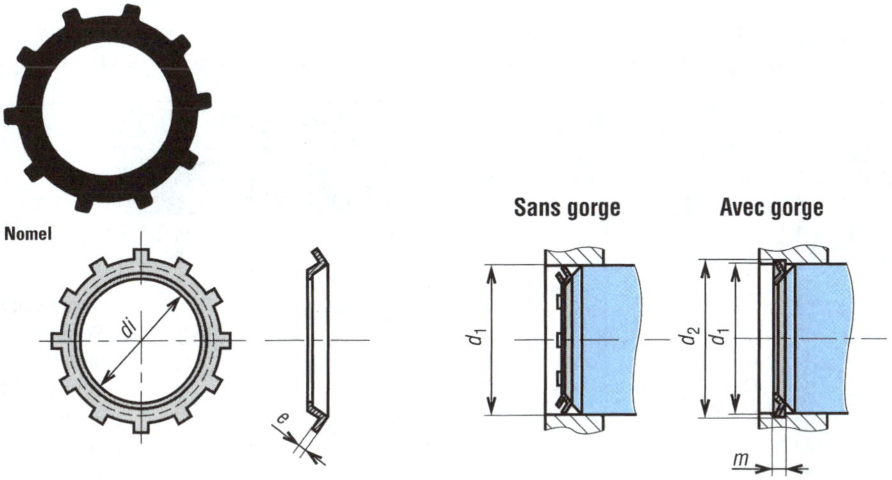

Caractéristiques :
Permettent de réaliser des montages économiques supportant des efforts modérés.
Le montage avec ***gorge*** augmente la charge admissible, mais rend le démontage quasi impossible.

Matière :
Acier XC 75 - Dureté HRC 50

Désignation :
Anneau « self locking » Type 872 de 20, NF A 35-553 (diamètre $d_1 = 20$)

CARACTÉRISTIQUES DIMENSIONNELLES								
Alésage		Anneau			Montage avec gorge			*Fh* Charge axiale admissible sans gorge (daN)
d_1	Tol.	*di*	*e*	Nombre de branches	d_2	Tol.	*m* mini	
8		4	0,25	5	8,1		0,5	45
10	– 0,03	5	–	6	10,1		–	50
12		6	–	–	12,15	+ 0,05 0	–	–
15		9	–	8	15,15		–	60
16		9,4	0,3	6	16,2		–	–
17		9,6	0,3	8	17,2		–	–
18		10,5	0,4	–	18,2		0,8	70
19	– 0,05	10	–	–	19,2		–	80
20		11	–	–	20,2	+ 0,07 0	–	–
22		13	0,5	10	22,2		–	–
25		16	–	–	25,2		–	–

ANNEAUX « SELF LOCKING » POUR ARBRE

Nomel

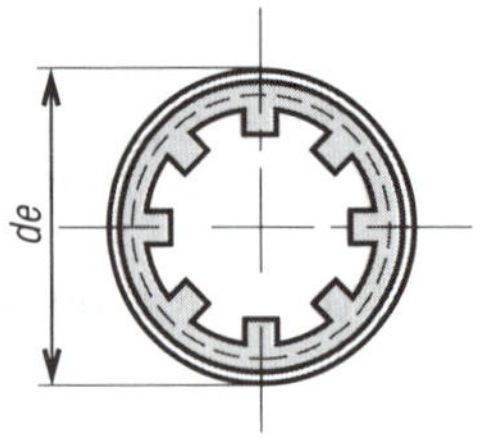

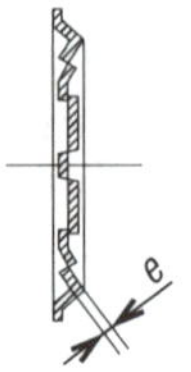

Sans gorge

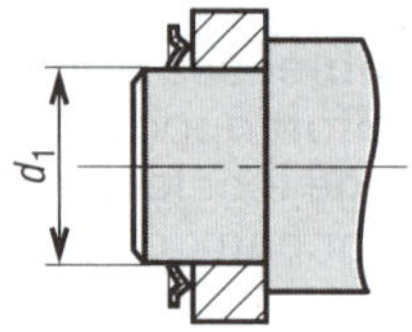

Avec gorge

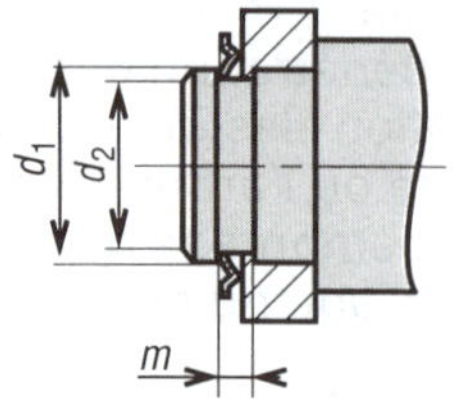

Matière : Acier XC 75 - Dureté HRC 50

Désignation : Anneau « self locking » Type 876 de 14 (diamètre de d_1 = 14)

CARACTÉRISTIQUES DIMENSIONNELLES								
Alésage		Anneau			Montage avec gorge			*Fh* Charge axiale admissible sans gorge (daN)
d_1	Tol.	*de*	*e*	Nombre de branches	d_2	Tol.	*m* mini	
2		6,5	0,25	3	1,8		0,5	15
3		9,1	–	4	2,76	0	–	20
4		10,1	–	5	3,76	– 0,05	–	–
5	± 0,03	11,5	–	6	4,76		–	–
6		12	0,4	–	5,86		0,8	–
8		14,8	–	8	7,82		–	–
10		17,2	–	–	9,8		–	35
12		18	–	10	11,8		–	–
14		20,5	–	–	13,75	0	–	45
15		23	–	–	14,7	– 0,07	–	60
16		24,5	–	7	15,7		–	70
17	± 0,05	26	–	–	16,7		–	80
18		27		8	17,7		–	–
20		29	0,5	–	19,7		–	90

Caractéristiques :
Permettent de réaliser des montages économiques supportant des efforts modérés.
Le montage avec gorge augmente la charge admissible, mais rend le démontage quasi impossible.

ANNEAUX « GRIFAXE PLUS » POUR ARBRE

Nomel

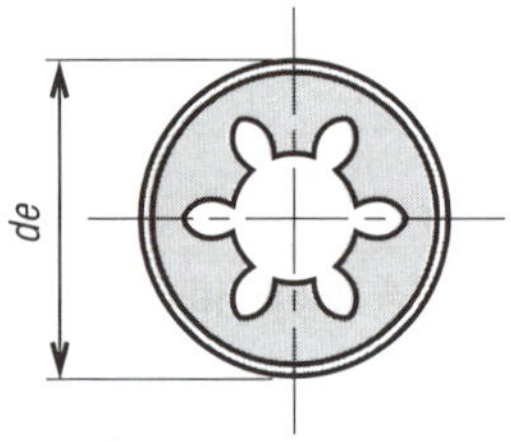

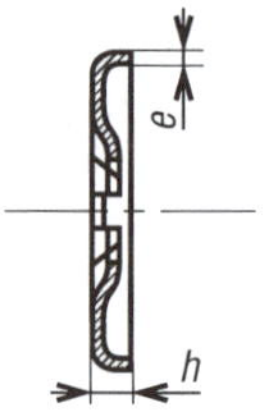

Anneau monté

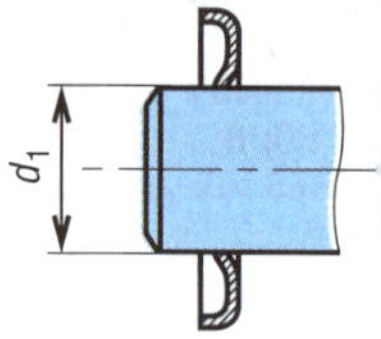

Matière : Acier XC 75 - Dureté HRC 50
Acier inox Z6 CN 18.09

Désignation : Anneau « grifaxe plus », type 873, de 10 (diamètre d_1 = 10)

CARACTÉRISTIQUES DIMENSIONNELLES							
Arbre		Anneau					N de base de la pièce
d_1	Tol.	*de*	*e*	*h*	Nombre de branches	Charge axiale admissible (daN)	
2	0	9,7	0,20	1,25	4	40	873,020
3*	– 0,06	–	–	–	–	–	873,030
4*		11,5	–	–	5	75	873,040
5*	0	–	–	–	6	80	873,050
6*	– 0,075	15,3	0,25	–	–	–	873,060
7	0	–	–	–	–	–	873,070
8*	– 0,09	–	–	–	–	–	873,080
10		18,5	0,30	1,9	–	115	873,100
12		25	0,40	2,3	–	220	873,120
14	0	28,2	–	–	–	–	873,140
16	– 0,11	–	–	–	–	–	873,160

Caractéristiques :
Ce type d'anneau admet des charges axiales élevées. Sa forme emboutie permet une distribution automatique.
Sa géométrie offre un épaulement de hauteur importante.

11.6. GOUPILLAGE

Une goupille a pour ***fonction*** :
- d'immobiliser une pièce par rapport à une autre ;
- d'assurer un positionnement relatif précis de deux pièces ;
- de transmettre un mouvement ;
- de jouer un ***rôle de sécurité*** (cisaillement de la goupille en cas de surcharge brutale).

Conditions d'utilisation :
- le montage d'une goupille doit tenir compte des propositions précisées ci-dessus ;
- les efforts doivent être relativement faibles (risque de cisaillement) ;
- les démontages doivent être peu fréquents ;
- prévoir des trous débouchants.

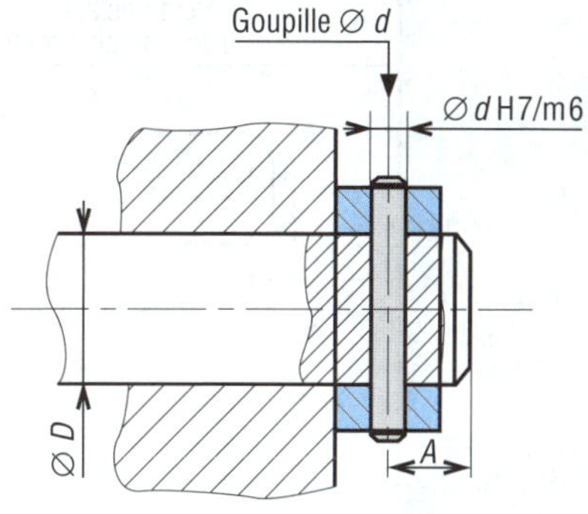

$d = 0{,}2D$	$A = 2d$

11.6.1. GOUPILLES CYLINDRIQUES

GOUPILLES CYLINDRIQUES NON TREMPÉES

ISO 8734

- **Type A**

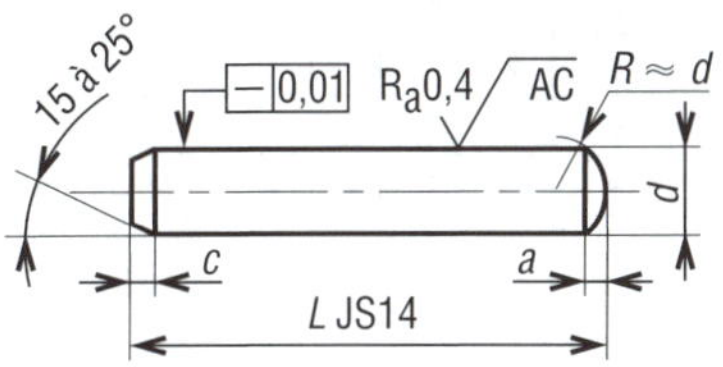

- **Type C**

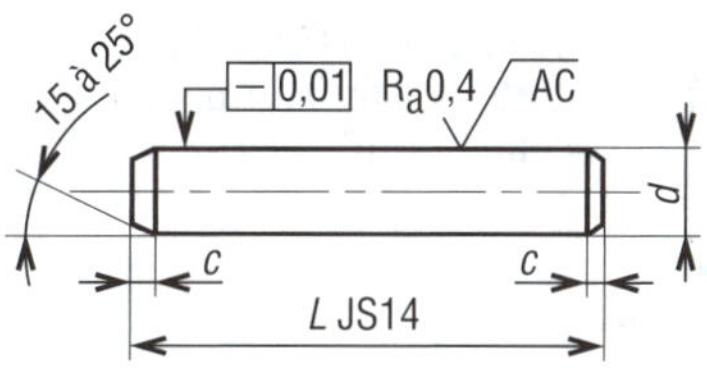

- **Type B**

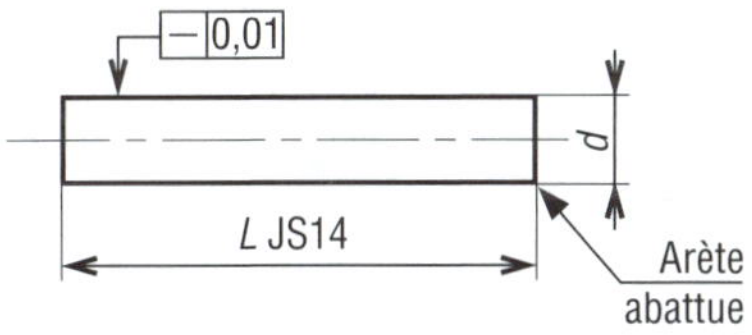

ASSEMBLAGE

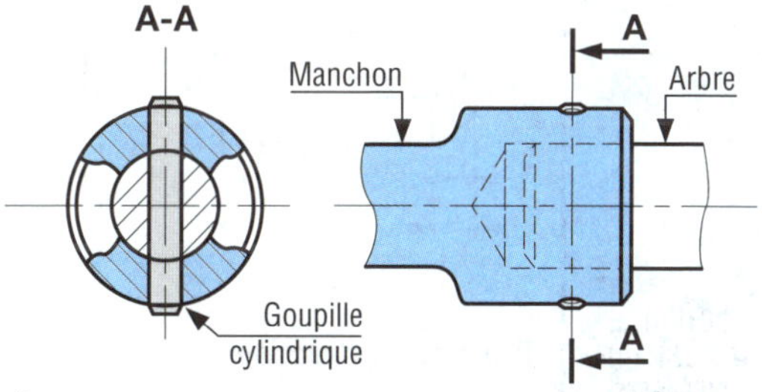

Désignation : goupille cylindrique type A, $d \times L$

CARACTÉRISTIQUES DIMENSIONNELLES			
d	***a***	***c***	**Longueurs *L***
1	0,12	0,2	4 - 5 - 6 - 8 - 10
1,2	0,16	0,25	4 - 5 - 6 - 8 - 10 - 12
1,5	0,20	0,30	4 - 5 - 6 - 8 - 10 - 12 - 14 - 16
2	0,25	0,35	6 - 8 - 10 - 12 - 14 - 16 - 20 - 25
2,5	0,3	0,4	6 - 8 - 10 - 12 - 14 - 16 - 20 - 25
3	0,4	0,5	8 - 10 - 12 - 14 - 16 - 20 - 25 - 30
4	0,5	0,63	8 - 10 - 12 - 14 - 16 - 20 - 25 - 30 - 35 - 40 - 45
5	0,63	0,80	10 - 12 - 14 - 16 - 20 - 25 - 30 - 35 - 40 - 45 - 50
6	0,8	1,2	12 - 14 - 16 - 20 - 25 - 30 - 35 - 40 - 45 - 50 - 55 - 60
8	1	1,6	14 - 16 - 20 - 25 - 30 - 35 - 40 - 50 - 55 - 60 - 65 - 70 - 75 - 80
10	1,2	2	20 - 25 - 30 - 35 - 40 - 45 - 50 - 55 - 60 - 65 - 70 - 75 - 80 - 90 - 100

Goupillage

GOUPILLE DE POSITIONNEMENT CYLINDRIQUE

ISO 8734

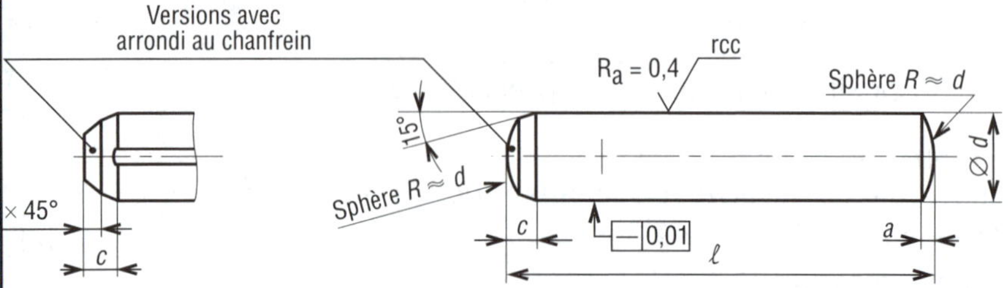

CARACTÉRISTIQUES DIMENSIONNELLES			
d	***a***	***c***	**Longueurs *L* JS14**
2	0,25	0,7	6 - 8 -10 - 12 - 14 - 16 - 18 - 20
2,5	0,4	0,9	6 - 8 - 10 - 12 - 14 - 16 - 18 - 20 - 24
3	0,4	0,9	8 - 10 - 12 - 14 - 16 - 18 - 20 - 24 - 28 - 32 - 36
4	0,5	1,2	14 - 16 - 18 - 20 - 24 - 28 - 32 - 36 - 40
5	0,63	1,5	14 - 16 - 18 - 20 - 24 - 28 - 32 - 36 - 40 - 45 - 50
6	0,8	2	14 - 16 - 18 - 20 - 24 - 28 - 32 - 36 - 40 - 45 - 50 - 55 - 60
8	1	2,5	18 - 20 - 24 - 28 - 32 - 36 - 40 - 45 - 50 - 55 - 60 - 70 - 80
10	1,2	3,2	24 - 28 - 32 - 36 - 40 - 45 - 50 - 55 - 60 - 70 - 80 - 90 - 100
12	1,6	4	28 - 32 - 36 - 40 - 45 - 50 - 55 - 60 - 70 - 80 - 90 - 100
16	2	5	40 - 45 - 50 - 55 - 60 - 70 - 80 - 90 - 100 - 120
20	2,5	6	50 - 55 - 60 - 70 - 80 - 90 - 100 - 120

Matière :

- En acier de cémentation (16NC6) traité pour obtenir une dureté HRC ⩾ 60 en surface.
- En acier calibré (50CV4) pouvant être traité pour obtenir une dureté HRC ⩾ 60 en surface.

Désignation :

Goupille de positionnement cylindrique cémentée 10, 45 ISO 8734

GOUPILLE DE POSITIONNEMENT CYLINDRIQUE À TROU TARAUDÉ

ISO 8735

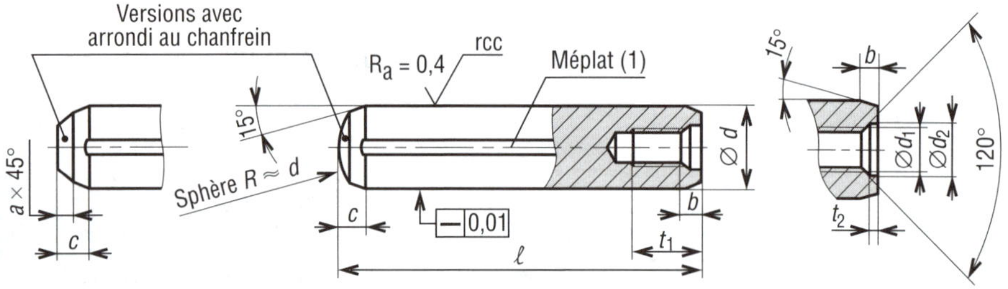

Principe d'extraction

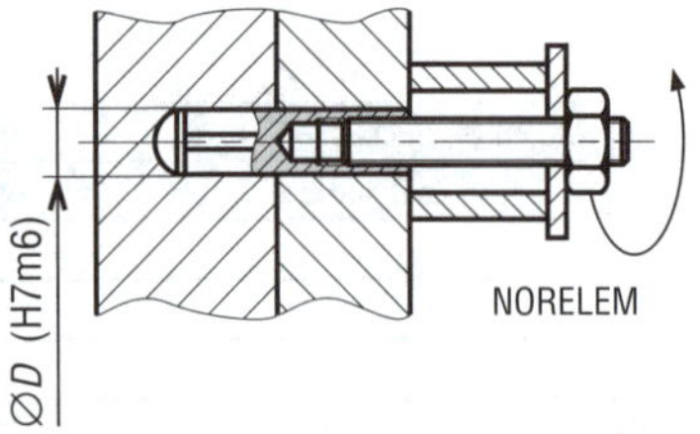

Matière :

– Acier de cémentation

– Acier allié

Désignation :

Goupille de positionnement à trou taraudé trempé à cœur 16,60 ISO 8735

d	***b***	***c***	***d*₁**	***d*₂**	***t*₁**	***t*₂**	***a***	**Longueurs *L* JS14**
6	1,2	1,8	M4	4,3	6	1	0,8	16 - 20- 24 - 28 - 32 - 36 - 40 - 45 - 50
8	16	2,5	M5	5,3	8	1,2	1	16 - 20- 24 - 28 - 32 - 36 - 40 - 45 - 50
10	2	3,2	M6	6,4	10	1,2	1,2	20 - 24 - 28 - 32 - 36 - 40 - 45 - 50 - 55
12	2,5	4	M6	6,4	10	1,2	1,6	24 - 28 - 32 - 36 - 40 - 45 - 50 - 55 - 60
16	3	5	M8	8,4	12	1,2	2	32 - 36 - 40 - 45 - 50 - 55 - 60 - 70 - 80
20	3,5	6	M10	10,5	16	1,6	2,5	40 - 45 - 50 - 55 - 60 - 70 - 80 - 90

1.6.2. GOUPILLES CYLINDRIQUES FENDUES

Ces goupilles sont surtout utilisées pour le goupillage des écrous et des rondelles. Elles sont formées d'un ***fil demi-rond*** replié sur lui-même pour constituer le corps cylindrique et l'œil de la goupille. Après la mise en place sur l'élément à freiner, les extrémités des branches sont écartées. La goupille ne peut être remontée après démontage.

GOUPILLE CYLINDRIQUE FENDUE

NF E 27-487

Symbole **V**

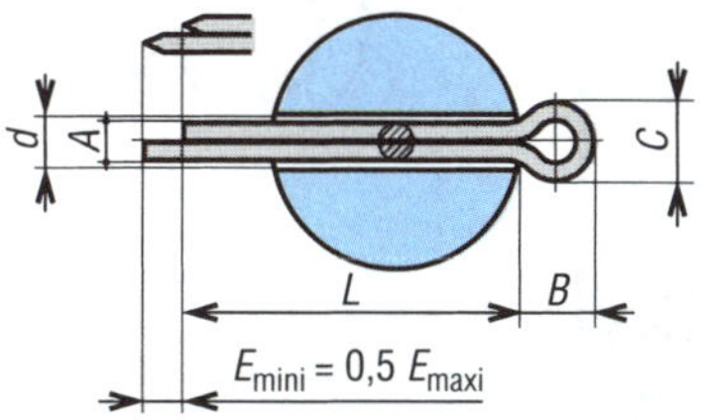

Forme des extrémités de la goupille au choix

CARACTÉRISTIQUES DIMENSIONNELLES														
d diamètre nominal		0,6	0,8	1	1,2	1,6	2	2,5	3,2	4	5	6,3	8	10
A	mini	0,4	0,6	0,8	0,9	1,3	1,7	2,1	2,7	3,5	4,4	5,7	7,3	9,3
	maxi	0,5	0,7	0,9	1	1,4	1,8	2,3	2,9	3,7	4,6	5,9	7,5	9,5
E	maxi		1,6			2,5			3,2			4		6,3
L à choisir dans le tableau	mini	4	5	6	8	8	10	12	14	18	22	32	40	45
	maxi	12	16	20	25	32	40	50	63	80	100	125	160	200
Tableau :	4 – 5 – 6 – 8 – 10 – 12 – 14 – 16 – 18 – 20 – 22 – 25 – 28 – 32 – 36 – 40 45 – 50 – 56 – 63 – 71 – 80 – 90 – 100 – 112 – 125 – 140 – 160 – 180 – 200 – 224 – 250													
B	2	2,4	3	3	3,2	4	5	6,4	8	10	12,6	16	20	26
C	1	1,4	1,8	2	2,8	3,6	4,6	5,8	7,4	9,2	11,8	15	19	24,8

- **Sur tige filetée à travers l'écrou**

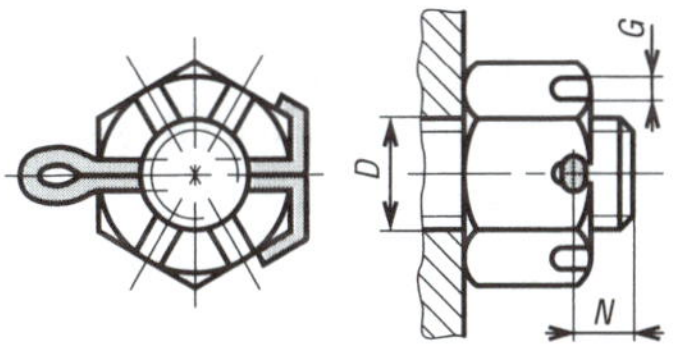

- **Sur tige filetée derrière l'écrou**

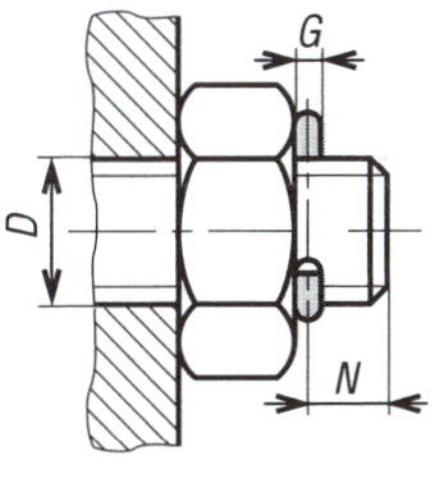

diamètre nominal ***D***	dimensions communes		à travers écrou	derrière écrou
	G H 13	***N*** mini	désignation de la goupille	désignation de la goupille
1,6-2-2,5	0,6	1,2	V 0,6-5.6.8	V 0,6-4
3	0,8	1,5	V 0,8-8	V 0,8-5
4	1	1,8	V 1-10	V 1-8
5	1,2	2	V 1,2-12	V 1,2-8
6	1,6	2,5	V 1,6-14	V 1,6-10
8	2	3,2	V 2-18	V 2-14
10	2,5	3,8	V 2,5-25	V 2,5-18
12	3,2	4,5	V 3,2-28	V 3,2-22
14			V 3,2-32	V 3,2-25
16	4	5,3	V 4-36	V 4-28
18			V 4-40	
20				V 4-32
22	5	6,8	V 5-45	V 5-36
24			V 5-50	V 5-40
27			V 5-56	
30	6,3	8,7	V 6,3-63	V 6,3-50
33			V 6,3-71	
36				V 6,3-56
39			V 6,3-80	

Goupillage

GOUPILLE CYLINDRIQUE FENDUE

NF E 27-487

- **Sur tige lisse derrière la rondelle**

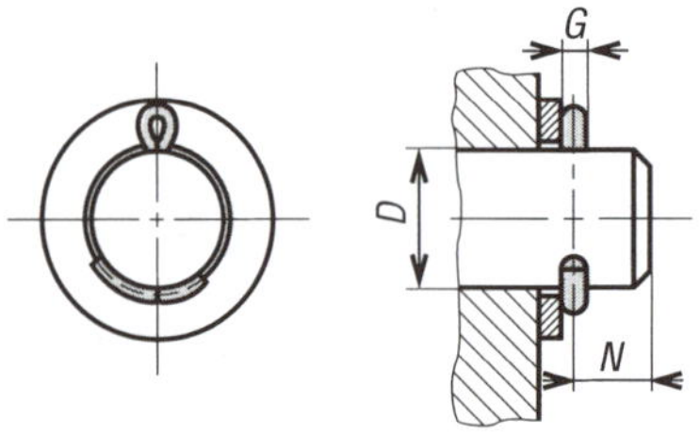

diamètre nominal *D*	dimensions communes *G* H 13	dimensions communes *N* mini	derrière rondelle désignation de la goupille
1,6-2-2,5	0,6	1,2	V 0,6-5 6 8
3	0,8	1,6	V 0,8-5
4	1	2,2	V 1-8
5	1,2	2,9	V 1,2-8
6	1,6	3,2	V 1,6-10
8	2	3,5	V 2-14
10	3,2	4,5	V 3,2-18
12		5,5	V 3,2-22
14	4	6	V 4-25
16			V 4-32
18	5	7	V 5-26
20		8	V 5-36
22			
24	6,3	9	V 6,3-45
27			
30	8	10	V 8-56
33			
36			V 8-63

Exemple d'articulation

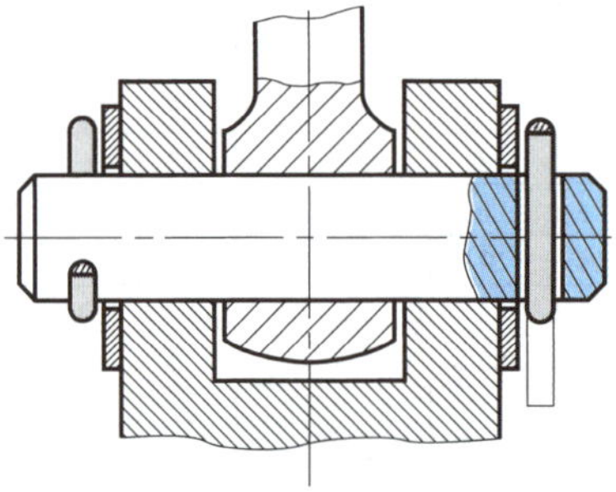

Désignation :
Goupille V4, 32

11.6.3. GOUPILLES CONIQUES

GOUPILLE CONIQUE

NF E 27-490

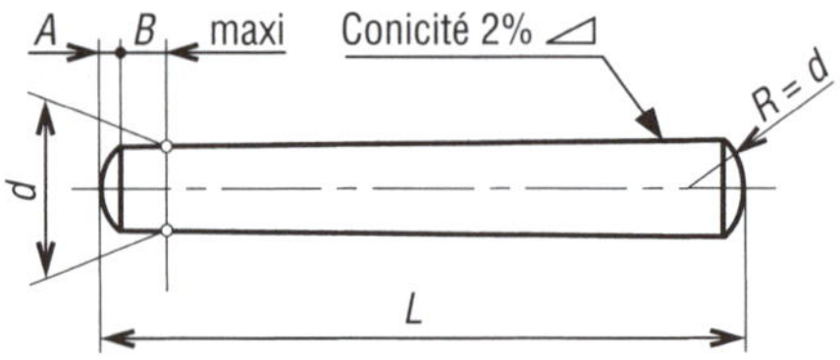

- **NR :** non rectifié, tolérance de conicité qualité 10.
- **R :** rectifié, tolérance de conicité qualité 8.

Désignation :
Goupille conique *R*, $d \times L$ ACIER
NF E 27-490

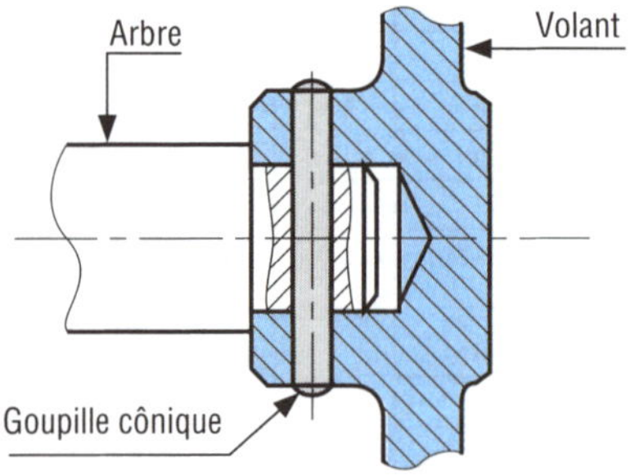

DIMENSIONS *d*	*A*	*B*	longueurs *L*
1	0,12	2	Voir les longueurs des goupilles cylindriques
1,2	0,16		
1,5	0,20		
2	0,25		
2,5	0,30		
3	0,40		
4	0,50	2,4	Longueur préférentielle $L = 10d$
5	0,63		
6	0,80		
8	1	2,9	
10	12		

GOUPILLE DE POSITIONNEMENT CONIQUE

NF E 27-482

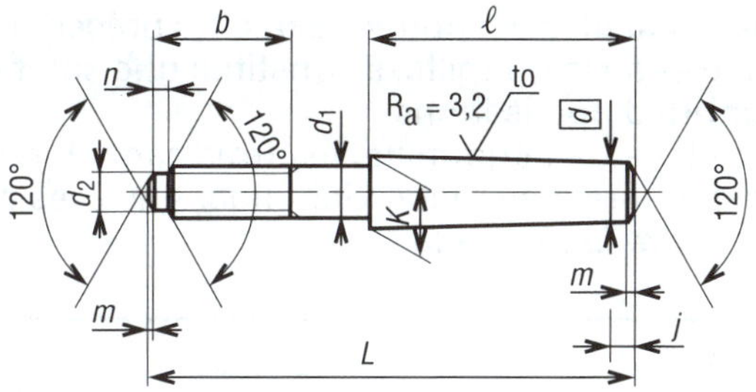

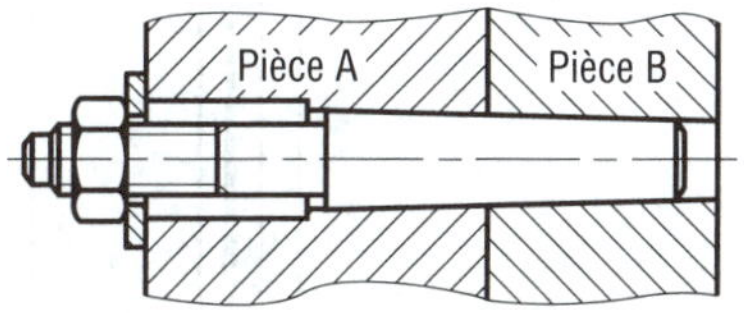

Matière : • En acier de cémentation
• En acier allié

Désignation : goupille de position filetée A ; 10 × 65 NF E 27-482

CARACTÉRISTIQUES DIMENSIONNELLES												
d		5	6	8	10	12	16	20	25	30	40	50
d_1		M3	M4	M6	M8	M10	M12	M16	M20	M24	M30	M36
$b\ ^{+2p}_{0}$		15	15	15	20	30	35	45	50	55	75	85
***j* maxi**		2,4	2,4	2,9	2,9	3,5	3,5	4,2	4,2	4,2	5	5
m		0,3	0,4	0,6	0,7	0,9	1	1,2	1,4	1,6	2,5	3
d_2		2	2,5	4,5	6	7	9	12	16	18	24	27
n		1,25	1,5	2	3	3	4	5	6	8	10	12
Série normale A	***ℓ***	25	30	40	45	55	65	75	90	105	145	165
	***L* (JS14)**	**40**	**45**	**55**	**65**	**85**	**100**	**120**	**140**	**160**	**220**	**250**
		45	50	60	75	100	120	140	160	190	250	280
		50	55	65	85	120	140	160	190	220	280	320
										250	320	360
	K	5,5	6,6	8,8	10,9	13,1	17,3	21,5	26,8	32,1	42,9	53,3
Série courte C	***ℓ***		15	20	25	30	45	50	60	75	100	120
	***L* (JS 14)**		30	35	45	65	85	100	120	140	160	220
			35	**40**	**55**	**75**	**100**	**120**	**140**	**160**	**190**	**250**
			40	45	65	85	120	140	160	190	220	280
										220	250	280
	K		6,3	8,4	10,5	12,6	16,9	21	26,2	31,5	42	52,4

Les longueurs en gras sont recommandées.

11.6.4. GOUPILLES ET CLOUS CANNELÉS

Ce type de goupillage est plus économique que les précédents puisqu'il diminue les ajustements de l'alésage et de la goupille. Il constitue une solution rapide, efficace et précise pour un grand nombre d'applications.
Lors de la mise en place de la goupille, les trois cannelures se referment partiellement sous la pression extérieure et le métal vient fluer entre les cannelures, réalisant ainsi un ***ajustement parfait entre la tige et le trou***.

GOUPILLES CANNELÉES

- **Type G 1**
  NF E 27-492
  Pièces longues $\ell > 6d$

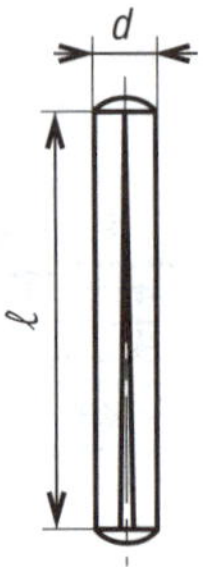

Fixation d'une bague d'arrêt

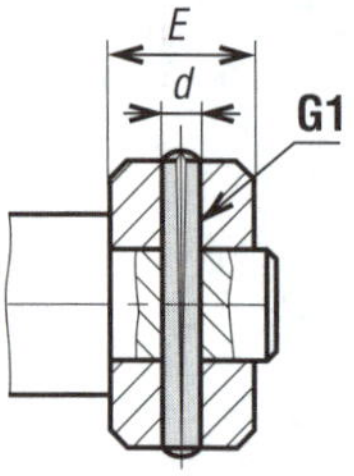

$E \geqslant 3\,d$ pour bague acier
$E \geqslant 4\,d$ pour bague fonte

- **Type G 2**
  NF E 27-493
  Trous débouchants

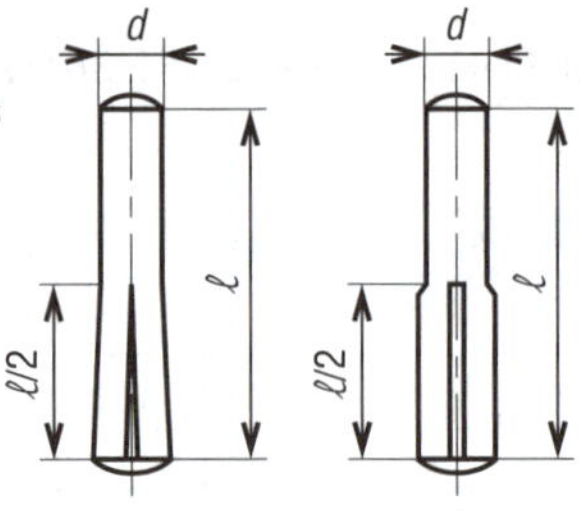

Goujon de centrage

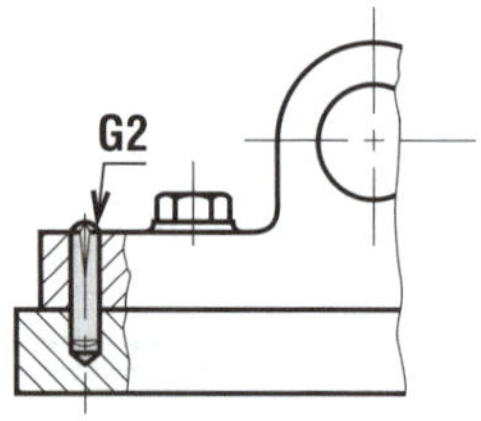

- **Type G 5**
  NF E 27-494
  Trous borgnes

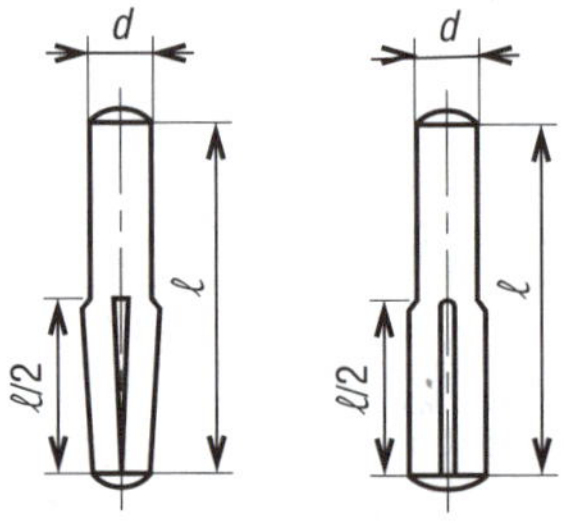

Doigt de commande

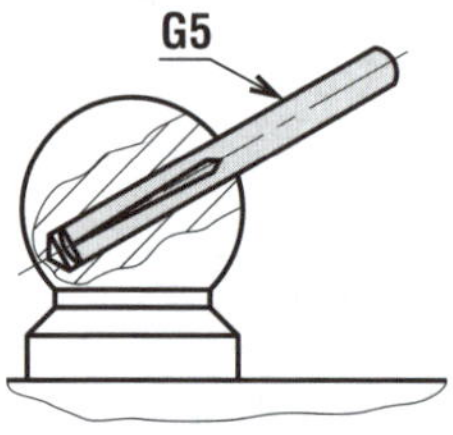

- **Type G 6**
  NF E 27-495
  Axe de chape

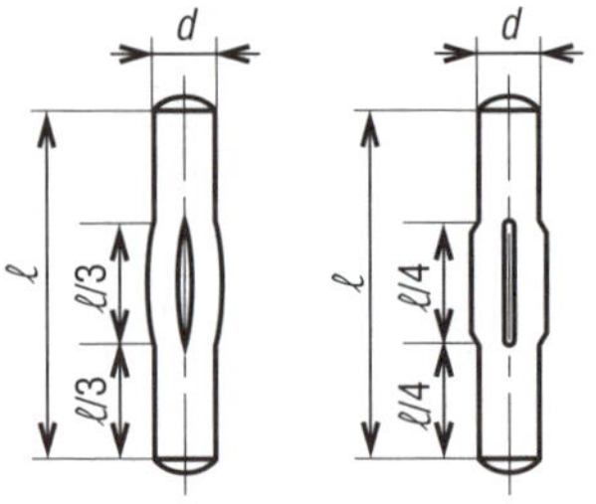

Axe de chape

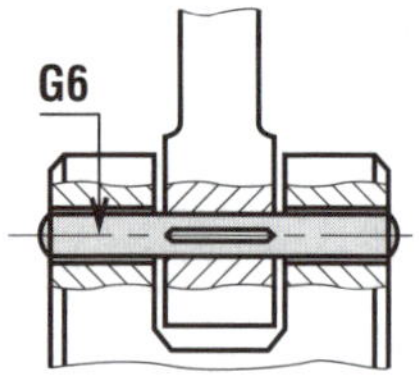

Goupillage

GOUPILLES CANNELÉES

• **Type G 7**
NF E 27-496
Pièces courtes $\ell \leqslant 6d$

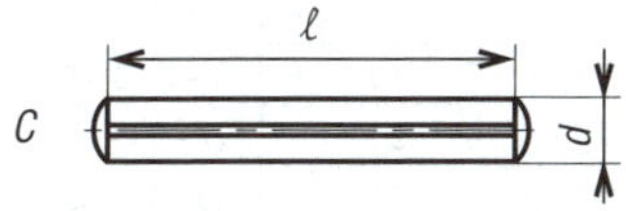

• **Type G 8**
NF E 27-497
Axe de rouleau

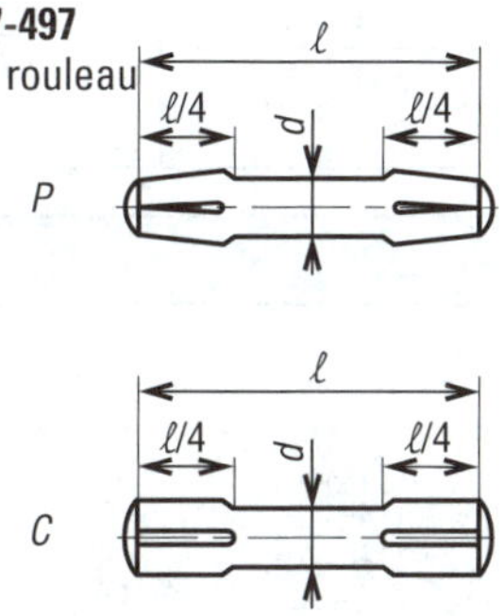

Assemblage invisible de 2 pièces | **Axe de rouleau**

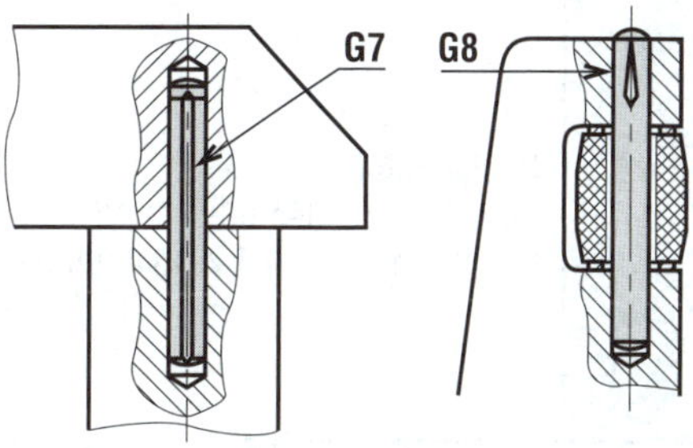

• **Type GGP 2**
NF E 27-498
Trous débouchants

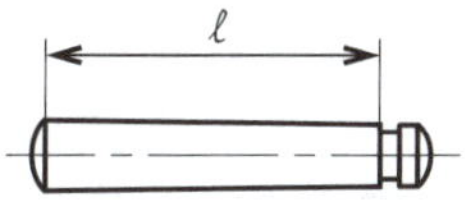

Attache-ressort

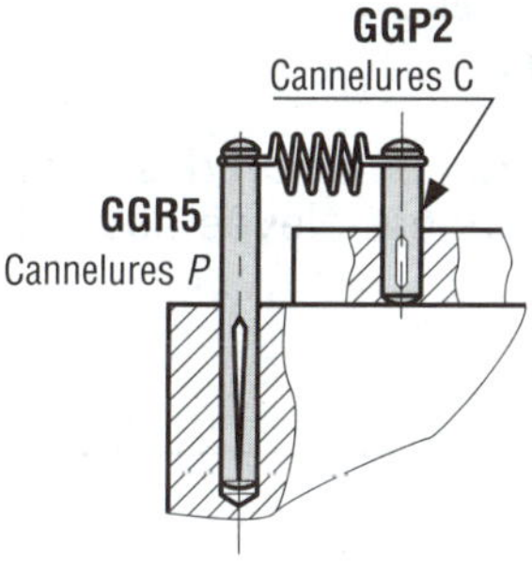

Préparation des trous

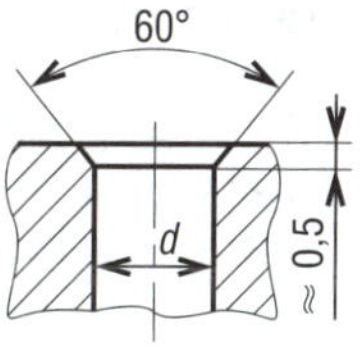

$d \leqslant 3 \rightarrow$ H9
$d \geqslant 3 \rightarrow$ H11

• **Type GGR 5**
NF E 27-498
Trous borgnes

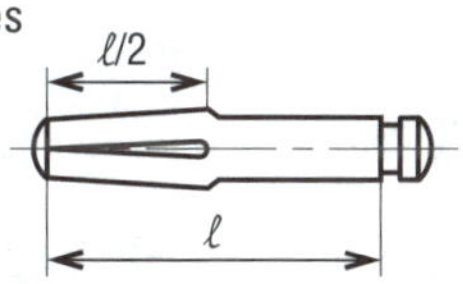

C : cannelures constantes
P : cannelures progressives

CLOUS CANNELÉS

• **Type CTR 1**
NF E 27-499
Fixation de pièces minces sur pièces épaisses

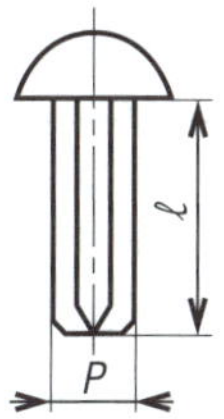

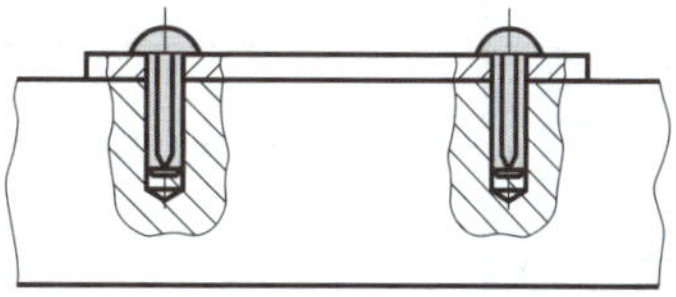

• **Type CTF 1**
NF E 27-500
Fixation de pièces minces sur pièces épaisses

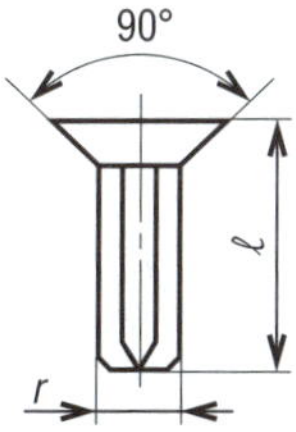

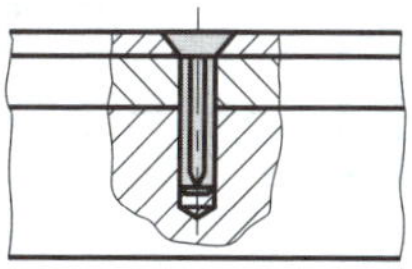

Goupillage

Désignation :
Goupille cannelée G6-8 · 40 NF E 27-495
Clou cannelé : CRT 1 2 · 10 Acier nickelé
NF H 27-499

DIMENSIONS				
Diamètres				longueurs ℓ possibles
Goupilles		Clous		
1	6	1,4	6	
1,2	7	1,7	8	6 – 7 – 8 – 9 – 10 – 12 – 14 – 16 – 18 – 20
1,5	8	2		22 – 24 – 26 – 28 – 30 – 32 – 34 – 36 – 38
2	9	2,5		40 – 45 – 50 – 55 – 60 – 65 – 70 – 75 – 80
2,5	10	3		85 – 90 – 95 – 100
3	12	3,5		110 – 120 – 130 – 140 – 150 – 160
3,5	14	4		
4	16	5		
5				

11.6.5. GOUPILLES ÉLASTIQUES ISO 8752

Les goupilles élastiques sont obtenues par

revenu pour Rr ≃ 1400 MPa).

Principales propriétés :
- simple à monter ;
- économique ;
- fiable lors de la transmission des efforts ;
- résistance permanente élevée sous charge vibrante ;
- résistance à l'usure etc. ;

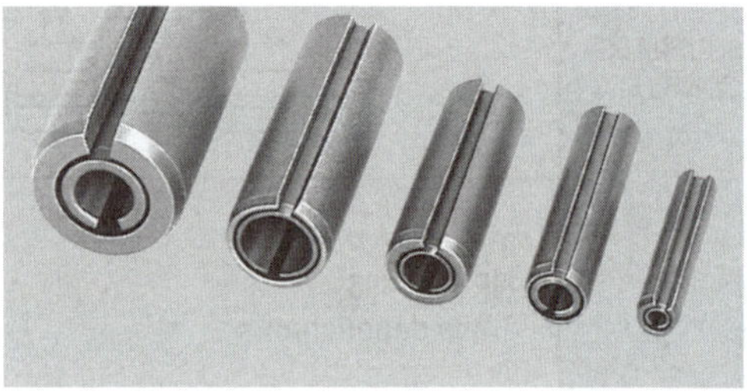

Mubea

MONTAGE

- **Montage normal**

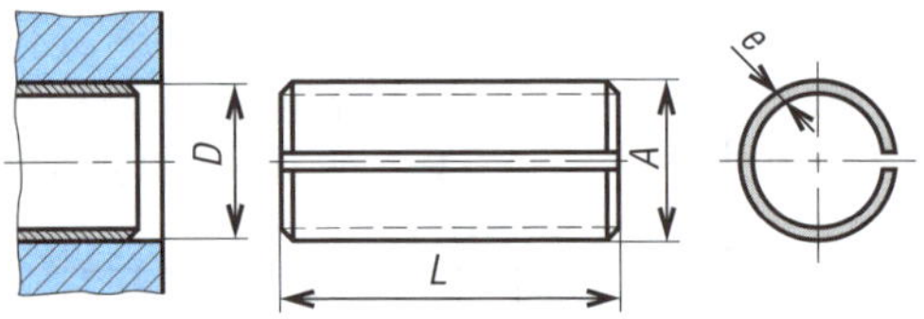

- **Montage « compound »**

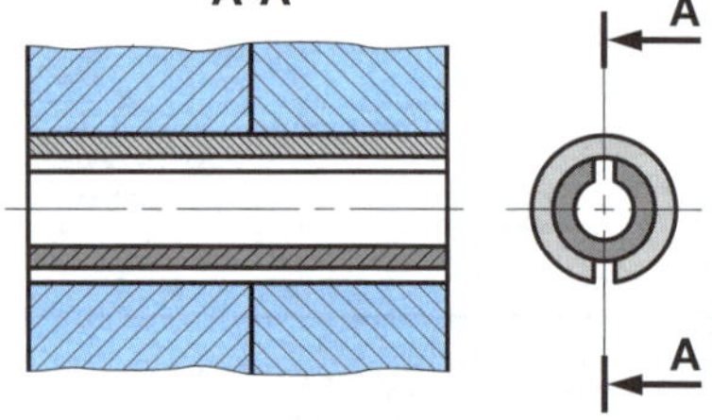

EXEMPLES

- **Barre de traction** (cisaillement)

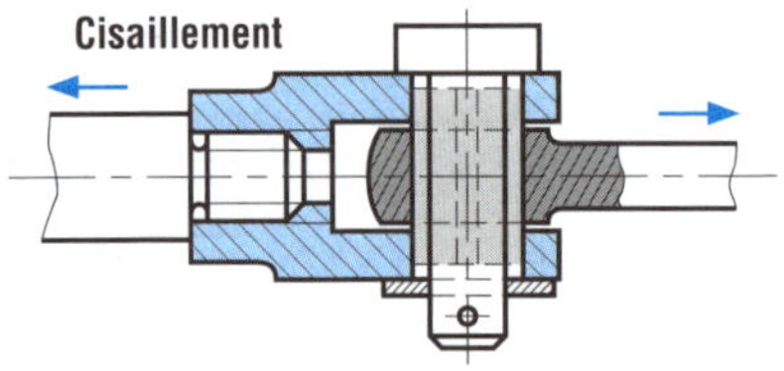

- **Bague d'arrêt** (liaison fixe)

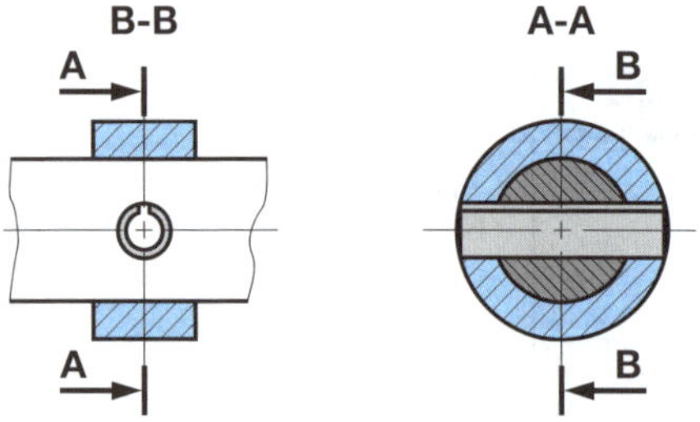

Goupillage

Deux épaisseurs de goupilles élastiques :

- Série épaisse
- Série mince

C'est la série épaisse qui est normalement utilisée.

Matière :
Acier allié ou non, traité pour une dureté Vickers HV de 420 à 540.

Désignation :
Goupille élastique, épaisse de 12.35 ISO 8752

Longueurs *L* des goupilles :
5 – 6 – 8 – 10 – 12 – 14 – 15 – 18 – 20 – 22 – 25 – 28 – 30 – 35 – 40 – 45 – 50 – 55 – 60 – 70 – 80 – 90 – 100 – 110 – 120 – 130 – 140.

		DIMENSIONS		
		e		
D	*A*	épaisse	mince	*L* à choisir dans la liste ci-contre
2	2,2	0,4	0,2	5 à 40
2,5	2,75	0,5	0,25	5 à 40
3	3,3	0,6	0,3	6 à 50
3,5	3,8	0,6	0,3	6 à 55
4	4,35	0,8	0,4	8 à 60
4,5	4,85	1	0,4	8 à 70
5	5,35	1	0,5	10 à 80
6	6,4	1,2	0,6	10 à 80
7	7,45	1,2	0,6	10 à 100
8	8,45	1,5	0,75	12 à 120
9	9,5	2	1	12 à 120
10	10,5	2	1	15 à 140
11	11,5	2	1	15 à 150

1.6.6. AUTRES GOUPILLES

ÉPINGLES D'AXE (Safil S.A.)

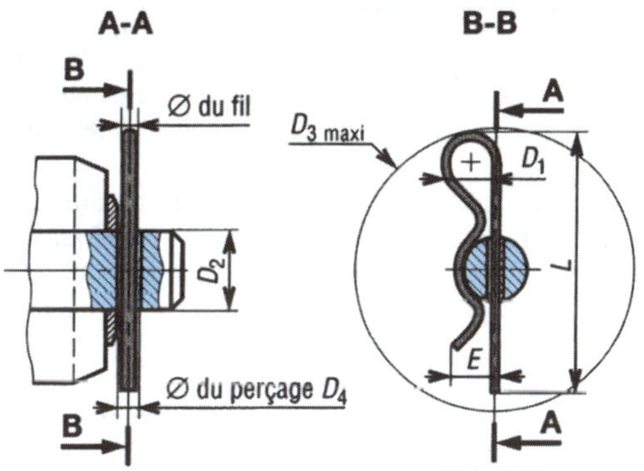

Type 4000

DIMENSIONS					
D_2	L_1	D_1	Ø fil	D_3 maxi	D_4 mini
4 à 6	22	6	0,9	25	1,1
6 à 10	37	10,5	1,5	42	1,7
7 à 12	46	12	1,8	48	2
9 à 14	53	15	2	62	2,2
10 à 16	60	17	2,4	70	2,6
11 à 18	70	20	2,7	78	3
12 à 20	76	21,5	3	84	3,4
13 à 22	84	24	3,5	96	4
15 à 25	96	27,5	4	110	4,5
18 à 30	115	32	4,5	124	5

Très pratiques à utiliser, ces goupilles peuvent être montées et démontées sans être altérées et cela sans outillage spécifique.

Matière : Acier XC.65
Désignation : Goupille épingle type 4 000 6.22

GOUPILLE CAVALIER (Safil S.A.)

Matière :
Acier XC 65 ou acier inox 18/8
Désignation :
Goupille cavalier 15-1,5

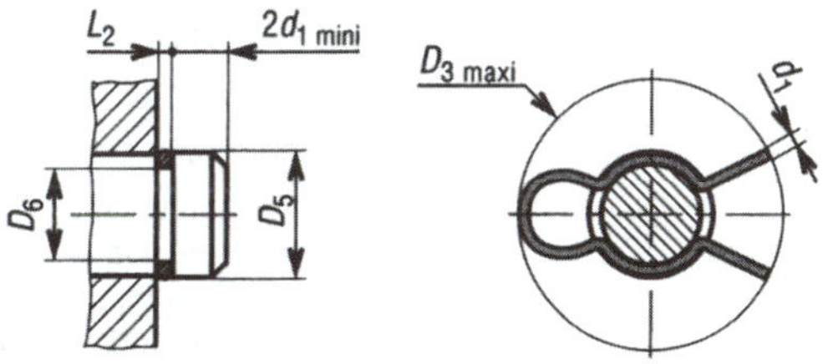

DIMENSIONS				
D_5	d_1 = Ø fil	D_3	D_3 maxi	L_2 mini
2,4 à 2,6	0,5	1,5 ± 0,1	9,5	0,6
2,9 à 3,2	0,5	2 ± 0,1	9,5	0,6
3,9 à 4,2	0,6	2,8 ± 0,15	10	0,7
3,9 à 4,2	0,7	2,6 ± 0,15	10,2	0,8
3,9 à 4,2	0,7	2,6 ± 0,15	15	0,8
4,9 à 5,3	0,7	3,6 ± 0,2	13	0,8
4,9 à 5,3	0,8	3,4 ± 0,2	13	0,9
5,8 à 6,3	1	4 ± 0,2	16	1,1
6,8 à 7,3	1	5 ± 0,2	19	1,1
7,7 à 8,4	1,2	5,6 ± 0,3	21	1,3
9,6 à 10,4	1,5	7 ± 0,3	27	1,7
11,6 à 12,4	1,5	9 ± 0,3	30	1,7
13,6 à 14,4	1,5	11 ± 0,3	32	1,7
15 à 16	1,5	12,5 ± 0,5	34	1,7
18 à 19	2	14,5 ± 0,5	48	2,2

12. ASSEMBLAGES NON DÉMONTABLES

12.1. LE SOUDAGE

SOUDURE AUTOGÈNE

$e \leqslant 1{,}5$ mm

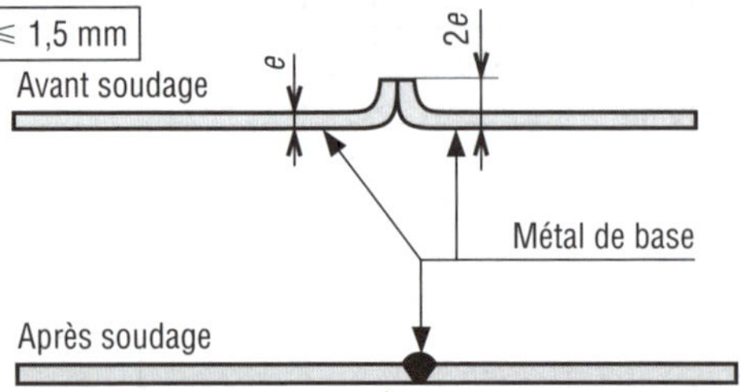

1,5 mm < $e \leqslant 5$ mm

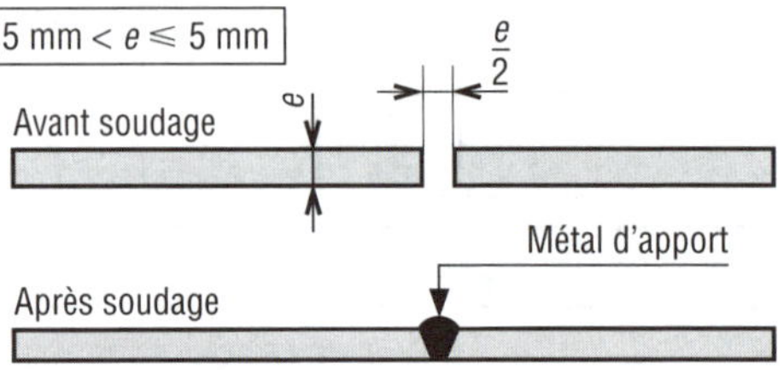

5 mm < $e \leqslant 15$ mm

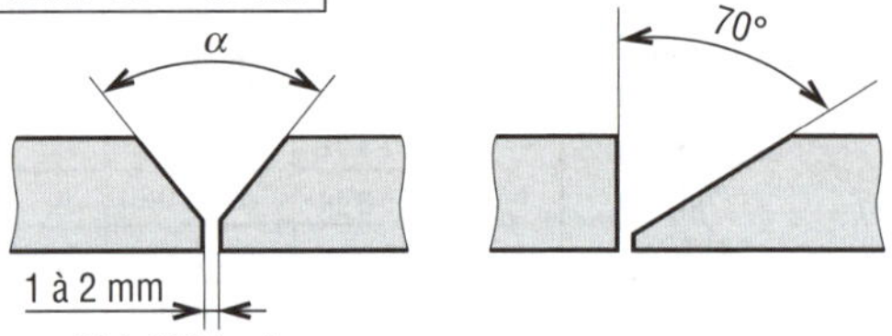

α = 60 à 80° (arc)
α = 70 à 90° (gaz)

$e > 15$ mm

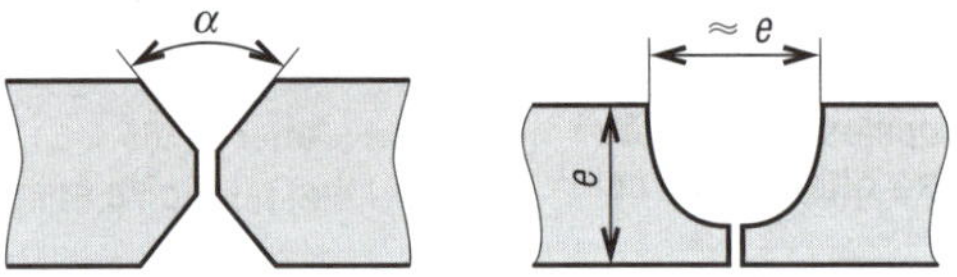

α = 60 à 80° (arc)
α = 70 à 90° (gaz)

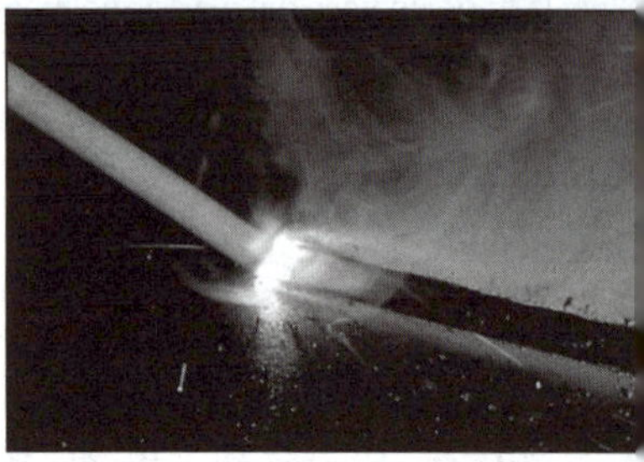

Le soudage permet d'assembler des pièces à l'aide d'un joint (cordon de soudure) obtenu par fusion localisée et progressive des pièces à réunir. Le métal ou alliage des pièces à assembler est le même, c'est le ***métal de base.***

Un métal d'apport est généralement nécessaire à la liaison des deux éléments. Sa composition est très voisine de celle du métal de base.

Dans ces conditions on réalise une ***soudure autogène,*** qui offre la même résistance que celle des pièces assemblées.

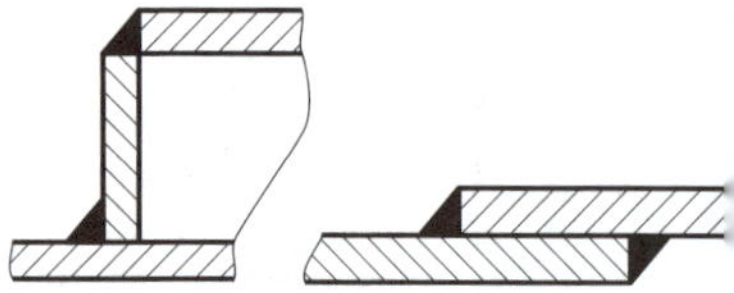

Soudage en angle — Soudage à clin

LE BRASAGE

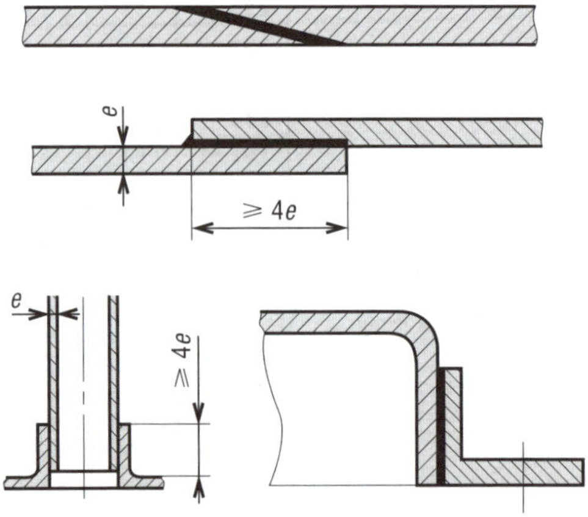

Le brasage est une technique d'assemblage hétérogène, qui consiste à chauffer les pièces à lier ***(métal de base)*** en présence d'un métal ou alliage différent ***(métal d'apport)*** dont la température est inférieure à celle du métal de base (formation du joint par capillarité). On distingue :

- ***le brasage tendre :*** température de fusion du métal d'apport T° < 450 °C (Plomb + Etain, Etain Argent...),
- ***le brasage fort :*** température de fusion du métal d'apport T° > 450 °C (Alliages de Cuivre, Aluminium...).

Les qualités de résistance mécanique et de corrosion obtenues par brasage sont différentes de celles du soudage.

Le soudage

SOUDO-BRASAGE

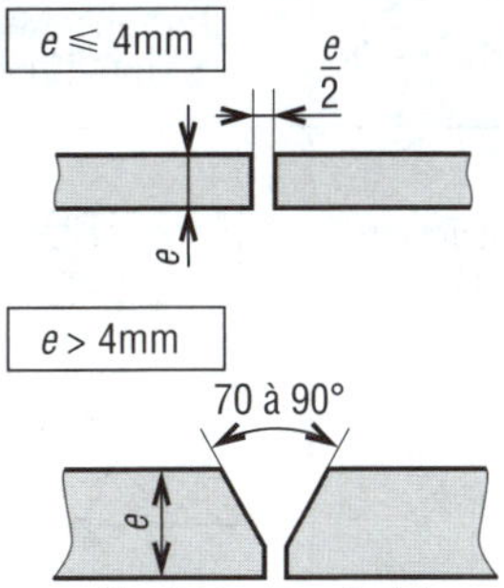

Soudo-brasage à plat

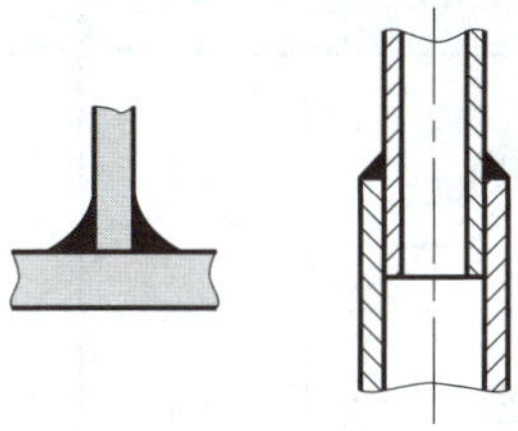
Soudo-brasage en angle ou à clin (tubes)

En soudo-brasage, les pièces à assembler (métal de base) ne sont généralement pas chauffées. Le métal d'apport a une température de fusion supérieure à 450 °C (comparable à la soudure autogène par fusion).

12.1.1. REPRÉSENTATION DES SOUDURES — NF EN 22553/ISO 2553

SYMBOLISATION D'UNE SOUDURE

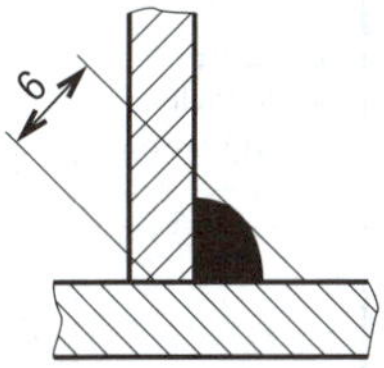

Représentation simplifiée

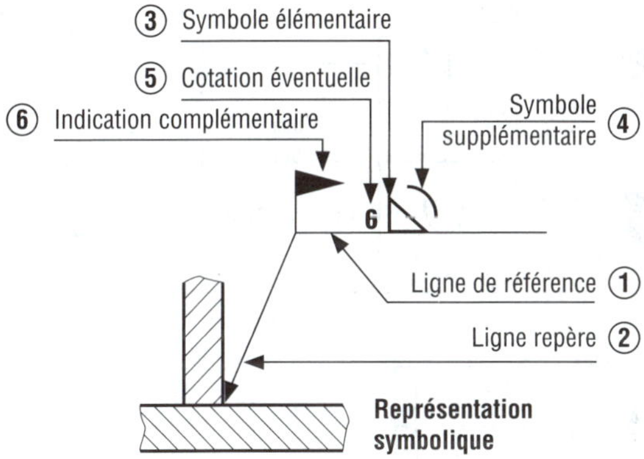

Représentation symbolique

La représentation symbolique précise :

① ***Une ligne de référence,*** toujours parallèle au bord inférieur du cadre du dessin.

② ***Une ligne de repère*** inclinée terminée par une flèche qui touche la ligne de joint.

③ ***Un symbole élémentaire***

Voir tableau page suivante.

④ ***Un symbole supplémentaire*** caractérise la forme extérieure de la soudure :

———	⌒	‿
Soudure PLATE	Soudure CONVEXE	Soudure CONCAVE

⑤ Une cotation conventionnelle.

⑥ Des indications complémentaires.

POSITION DE LA LIGNE REPÈRE

Cas général

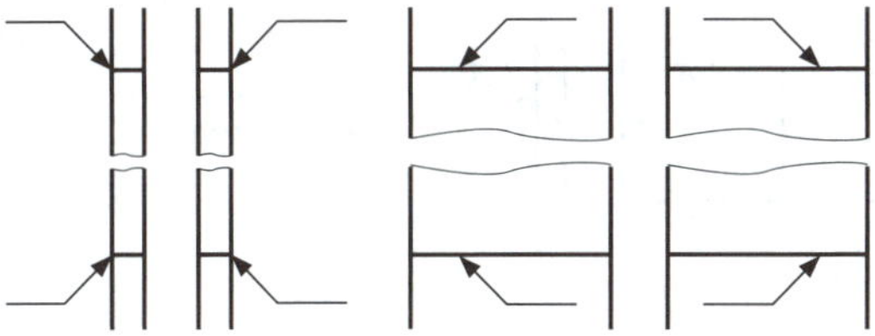

La position de la ***ligne repère*** par rapport à la représentation schématique de la soudure peut être quelconque.

Soudures 

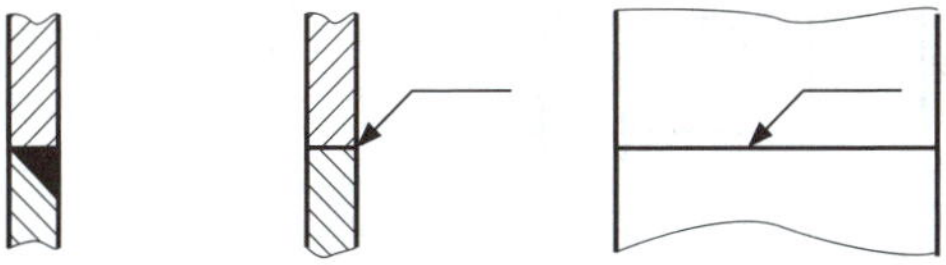
Tôles préparées

Lorsque la soudure est l'un des types cités ci-contre, la ligne de repères doit être dirigée vers la tôle qui est préparée.

Le soudage

SYMBOLES ÉLÉMENTAIRES

Désignation	Représentation simplifiée	Symbole	Désignation	Représentation simplifiée	Symbole
Soudure sur bords relevés			Soudure en demi U		
Soudure sur bords droits			Reprise à l'envers		
Soudure en V			Soudure d'angle	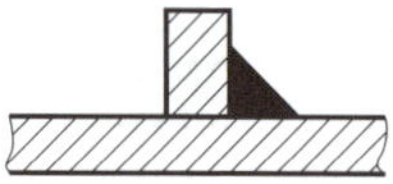	
Soudure en demi V			Soudure en entailles (en bouchon)	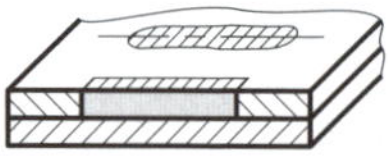	
Soudure en Y			Soudure par points	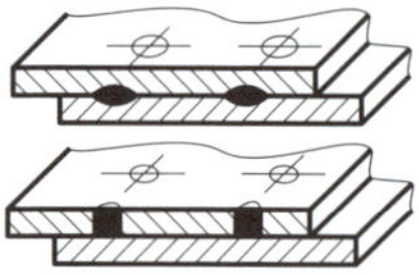	
Soudure en demi Y			Soudure en ligne continue avec recouvrement	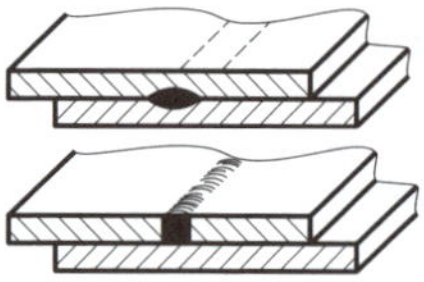	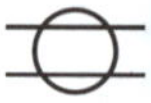
Soudure en U (ou en tulipe)					

POSITION DU SYMBOLE PAR RAPPORT À LA LIGNE DE RÉFÉRENCE

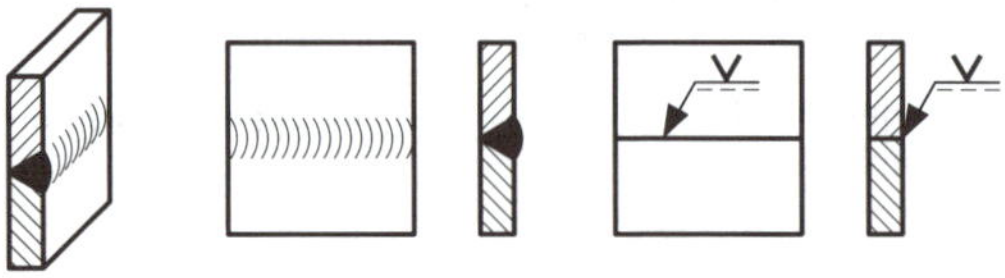	Le symbole se trouve au-dessus de la ligne de référence, si la surface extérieure de la soudure est du côté de la ligne de repère du joint.
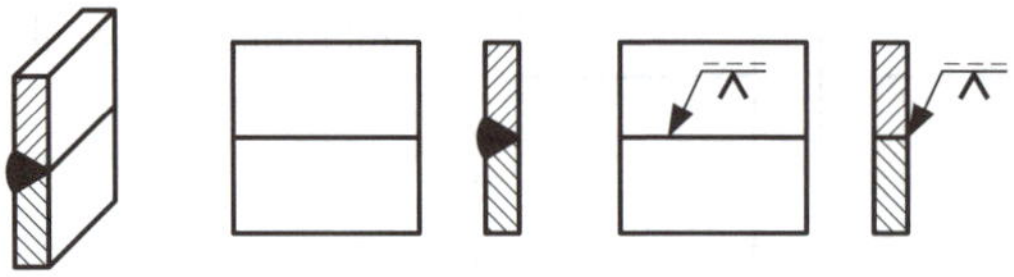	Le symbole se trouve au-dessous de la ligne de référence si la surface extérieure de la soudure est du côté opposé à la ligne de repère du joint.
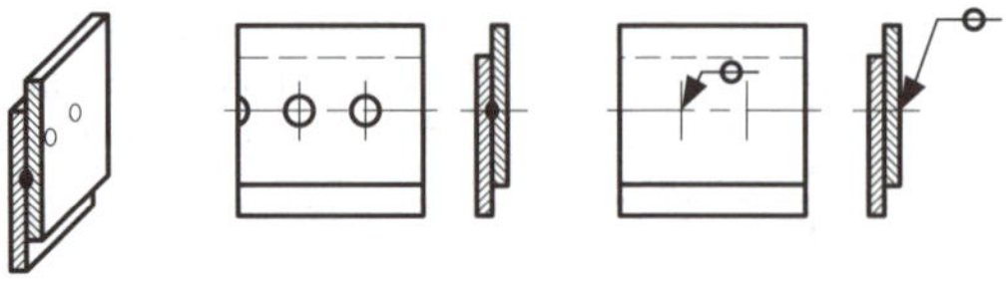	Le symbole se trouve «à cheval» sur la ligne de référence dans le cas des soudures faites dans le plan du joint.

Le soudage

COTATION CONVENTIONNELLE

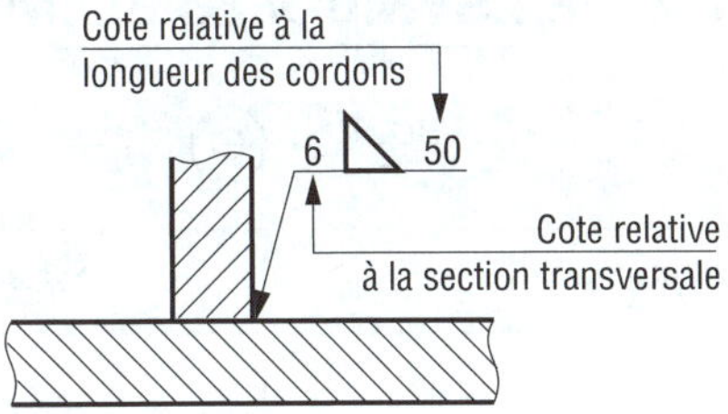

On peut préciser :

- à gauche du symbole élémentaire, la cote principale relative à la section transversale,
- à droite du symbole, la longueur l du cordon dans le cas d'une soudure discontinue.

COTATION DES SOUDURES

Désignation de la soudure	Représentation	Inscription
Soudure sur bords relevés complétement pénétrée	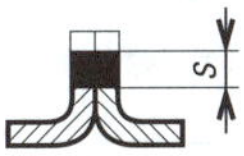	s ||
Soudure bout à bout	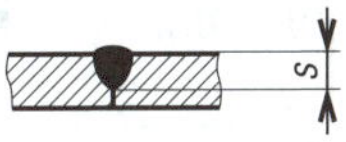	s ||
	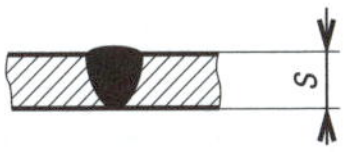	V
	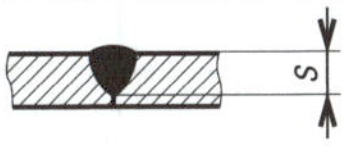	s Y
Soudure d'angle continue	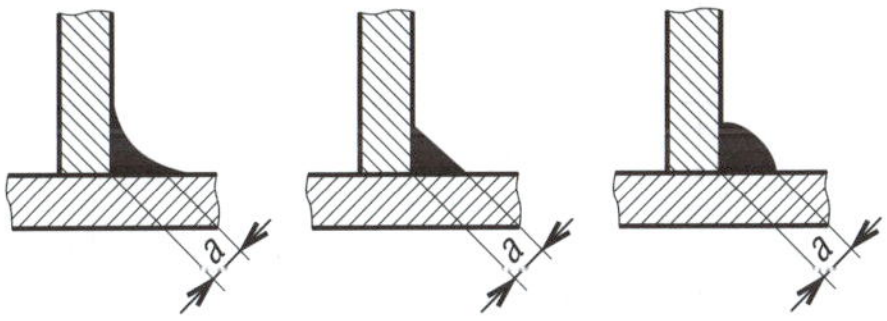	n ◺
Soudure en ligne	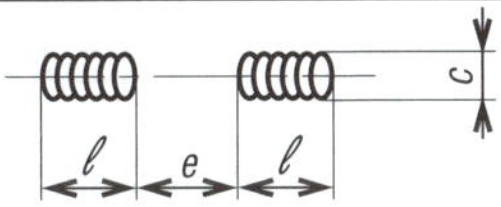	c ⊖ $n \times \ell \times (e)$ n : nombre d'éléments de soudure
Soudure d'angle discontinue	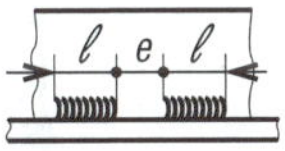	a ◺ $n \times \ell \times (e)$ n : nombre d'éléments de soudure
Soudure d'angle à éléments alternés	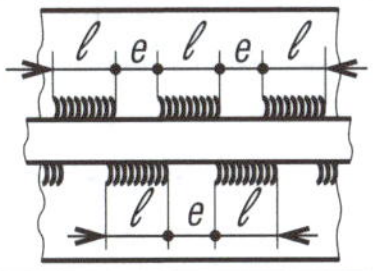	a ▷ $n \times \ell$ (e) a $n \times \ell$ (e) n : nombre d'éléments de soudure
Soudure en entailles	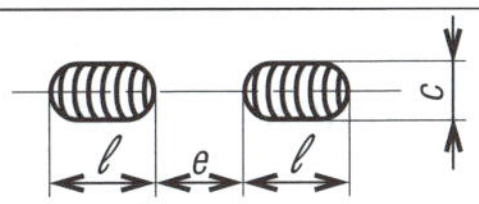	c ▭ $n \times \ell \times (e)$ n : nombre d'entailles
Soudure en bouchons	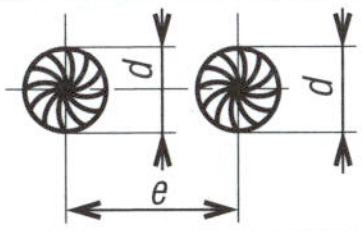	d ▭ $n \times (e)$ n : nombre de bouchons
Soudure par points	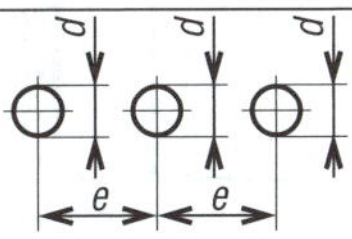	d ○ $n \times (e)$ n : nombre de points

12.1.2. EXEMPLES D'APPLICATION DES SYMBOLES ÉLÉMENTAIRES

DÉSIGNATION SYMBOLE	ÉPAISSEUR À SOUDER	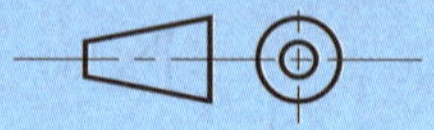 Représentation	Symbolisation
Soudure sur bords relevés	$e < 1,5$ mm	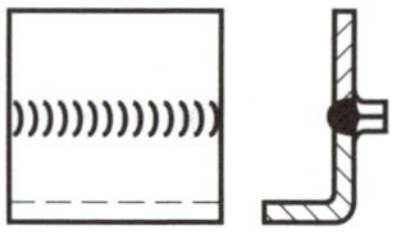	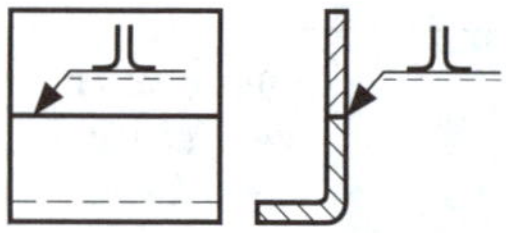
Soudure sur bords droits ||	$1,5$ mm $< e < 5$ mm	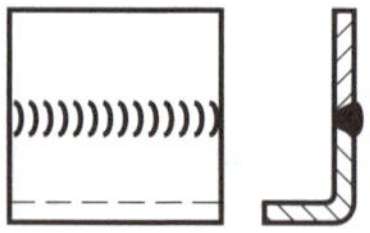	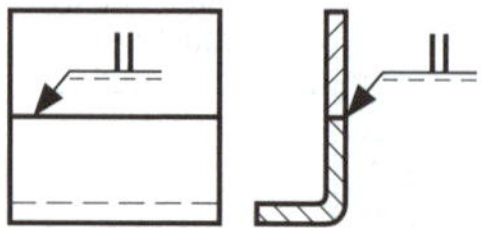
		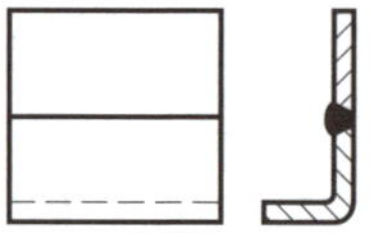	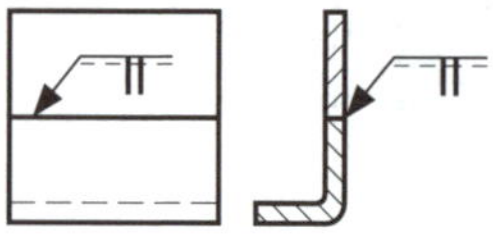
Soudure en V V	5 mm $< e < 15$ mm	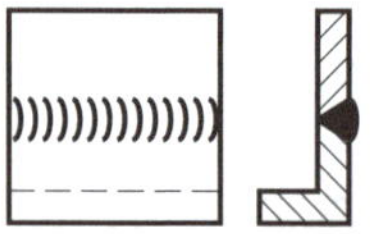	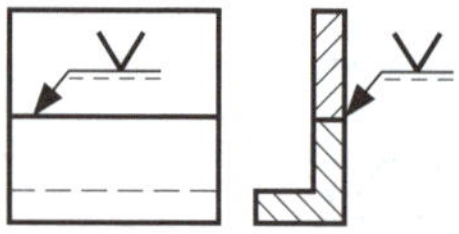
		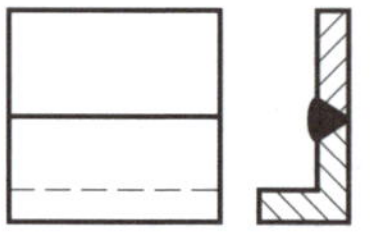	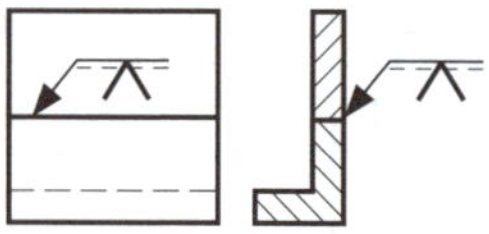
Soudure en demi V	15 mm $< e < 20$ mm	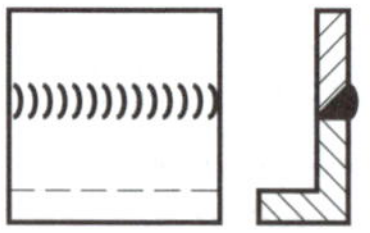	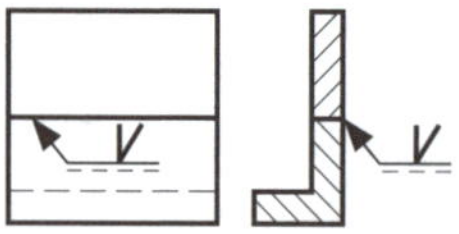
		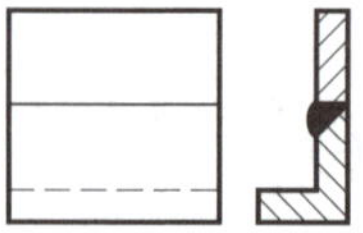	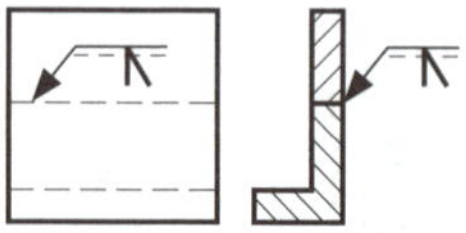

Le soudage

DÉSIGNATION SYMBOLE	ÉPAISSEUR À SOUDER	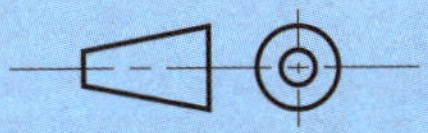	
		Représentation	Symbolisation
Soudure en entailles 	$e \geqslant 1{,}5$ mm	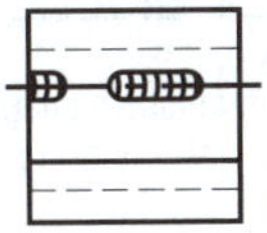	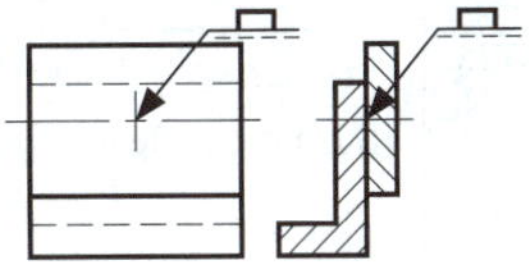
Soudure en U 	1,5 mm $< e <$ 35 mm	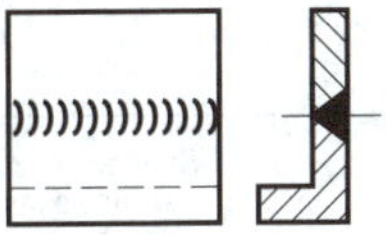	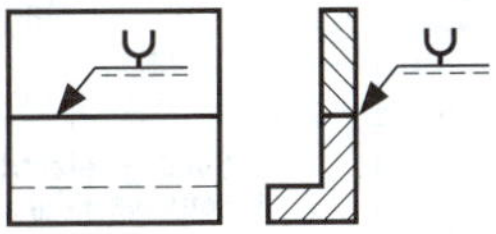
Soudure en demi Y 		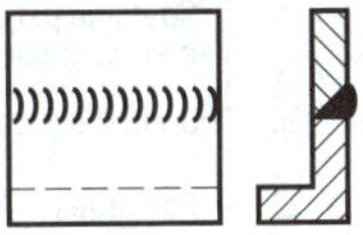	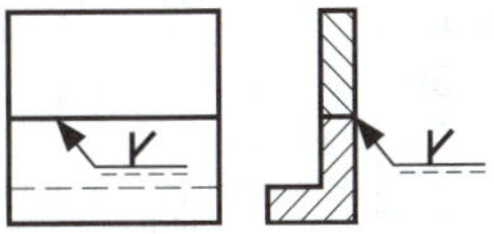
Soudure en demi U 	15 mm $< e <$ 35 mm	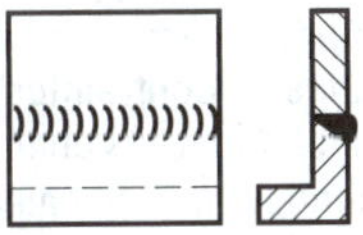	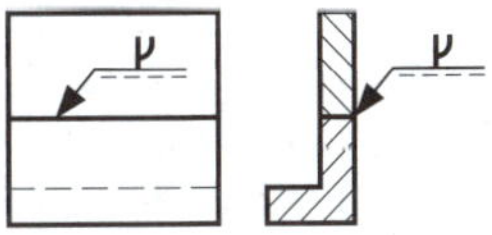
Soudure d'angle 		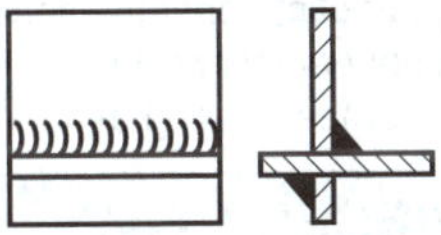	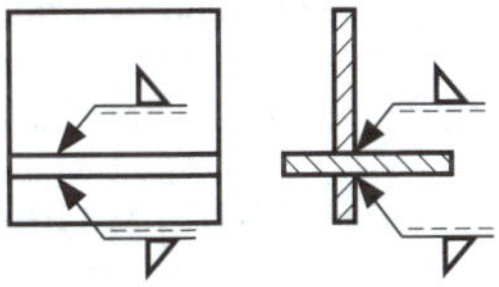
Soudure par points 	0,5 mm $< e <$ 5 mm	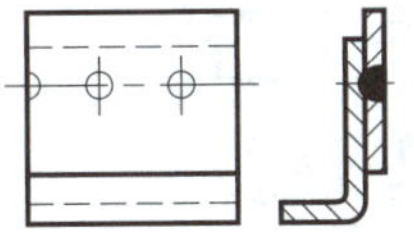	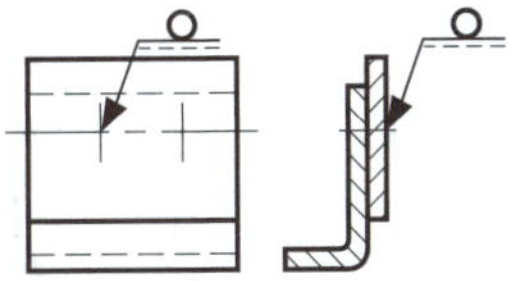
		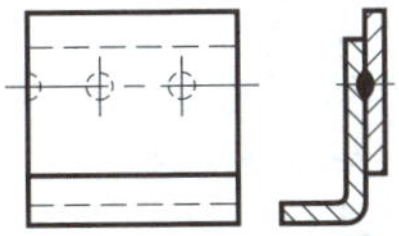	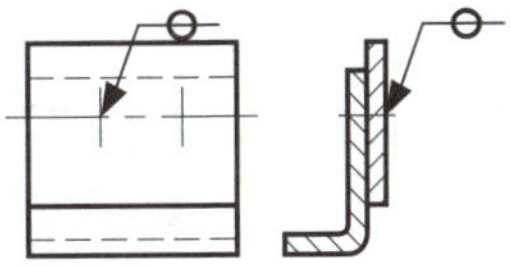

Le soudage

INDICATIONS COMPLÉMENTAIRES

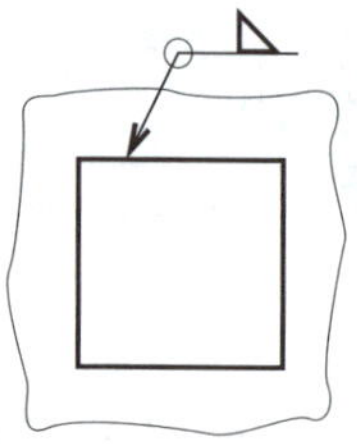

Soudures périphériques

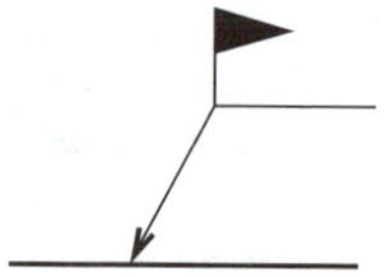

Soudures faites au chantier

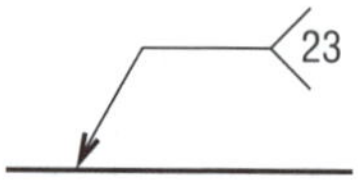

Indication du procédé de soudage

Des indications complémentaires peuvent s'avérer nécessaires pour fournir des précisions sur la soudure souhaitée.

① **Soudures périphériques**
Lorsque la soudure doit être exécutée sur tout le pourtour de la pièce, on l'indique en traçant un cadre.

② **Soudure faite au chantier**
Lorsque la soudure doit être exécutée sur le chantier, on l'indique par un drapeau.

③ **Indication du procédé de soudage**
Si cela est nécessaire, on précise le procédé de soudage par un nombre inscrit entre les deux branches d'une fourche terminant la ligne de référence.

PROCÉDÉS DE SOUDAGE (Extraits de NF E 04-021)

1	**Soudage électrique à l'arc ; soudage à l'arc.**	14	Soudage sous protection gazeuse avec éléctrode réfractaire.	**4**	**Soudage par pression ; soudage à l'état solide.**
11	Soudage à l'arc avec électrode fusible sans protection gazeuse.	**2**	**Soudage par résistance.**	41	Soudage par ultrasons.
		21	Soudage par points (par résistance).	**7**	**Autres procédés de soudage.**
12	Soudage à l'arc sous flux en poudre ; soudage à l'arc sous flux.	22	Soudage à la molette.	751	Soudage au laser.
		23	Soudage par bossages.	**9**	**Brasage.**
		24	Soudage par étincelage.	91	Brasage fort.
13	Soudage à l'arc sous protection gazeuse avec fil électrode fusible.	**3**	**Soudage aux gaz.**	92	Brasage tendre.
		31	Soudage oxyacétylénique.	93	Soudo-brasage.

TRAITEMENTS THERMIQUES

Lors du soudage, des déformations et contraintes apparaissent. Elles sont dues à l'échauffement brutal et local des pièces à assembler (parties chaudes et parties froides).

Les traitements thermiques deviennent pratiquement obligatoires afin de réduire les tensions internes provoquées par le soudage et d'améliorer les qualités physiques de la structure.

Deux traitements thermiques sont recommandés :

– ***le recuit de stabilisation,*** pour éliminer seulement les tensions internes dues au soudage.

– ***le recuit de normalisation,*** pour améliorer les qualités physico-chimiques de la granulation et éliminer également les tensions internes dues à l'échauffement.

12.1.3. CONCEPTION DES PIÈCES SOUDÉES

SUPPORT SOUDÉ (avant usinage)

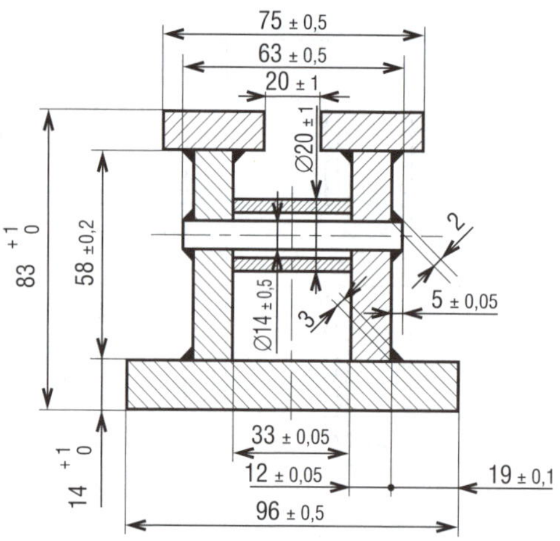

Conçue à partir d'éléments standardisés (profilés, plats, tubes,...) ***la construction soudée*** permet une préparation du travail plus rapide. Elle supprime les perçages et les taraudages nécessaires aux différents organes de liaison.

Dès la conception d'un ensemble soudé, le dessinateur doit :

① choisir les matériaux dotés des caractéristiques nécessaires au soudage,

② optimiser et simplifier les formes (épaisseur à peu près constante),

③ placer les soudures dans les plans de symétrie,

④ utiliser des soudures symétriques (en X ou en double ◡),

⑤ prévoir les surépaisseurs pour l'usinage.

12.2. LE RIVETAGE

Le ***rivetage*** permet de réaliser un assemblage rigide et non démontable (liaison complète permanente) entre deux ou plusieurs pièces, généralement planes et de faible épaisseur (tôles et/ou profilés). Le démontage est impossible sans détériorer au moins un élément constitutif.
Deux modes de rivetage : à froid ou à chaud.

RIVETS POSÉS À FROID

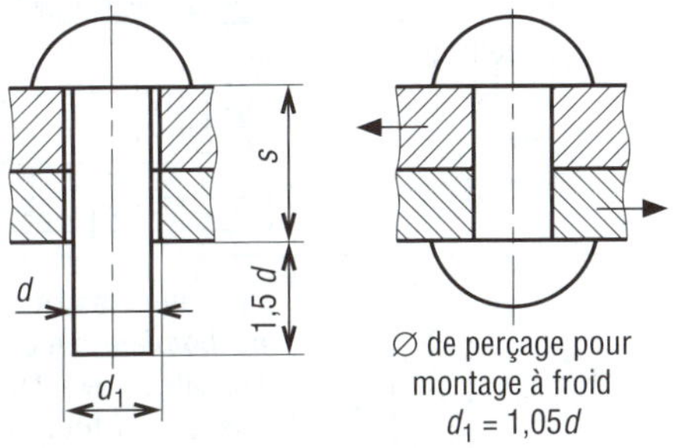

∅ de perçage pour montage à froid
$d_1 = 1{,}05d$

Le serrage des pièces assemblées est faible. L'assemblage est dit par ***obstacle*** et les rivets sont soumis au ***cisaillement transversal.***

RIVETS POSÉS À CHAUD

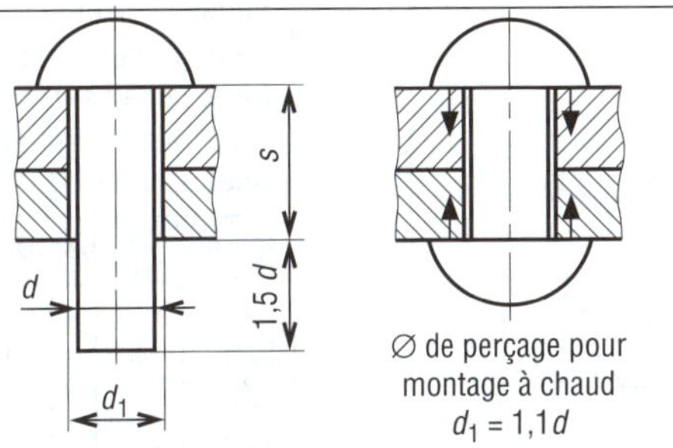

∅ de perçage pour montage à chaud
$d_1 = 1{,}1d$

Lors du refroidissement, les rivets se contractent et produisent un serrage énergique des pièces assemblées. L'assemblage est dit par ***adhérence*** et les rivets sont sollicités à ***l'extension.***

12.2.1. RIVETS NORMALISÉS

RIVETS : A TÊTE RONDE R - Ra A TÊTE RONDE AVEC BAVURE ET ARRONDI Rb NF E 27-153

Symbole **R** — Symbole **Ra** — Symbole **Rb**

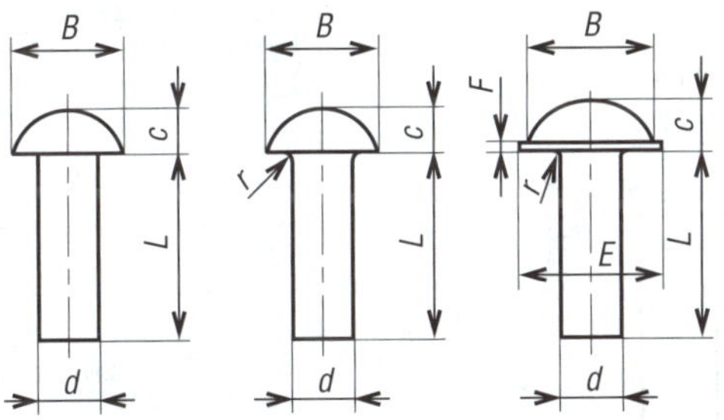

• ***Les rivets à tête ronde*** peuvent être réalisés avec un arrondi sous tête plus important (symbole *Ra*).

• **Utilisation des rivets :**

R = Assemblages courants

Rb = Assemblages étanches.

DIMENSIONS												
d	2	3	4	5	6	8	10	12	14	16	18	20
B	3,5	5,5	7	9	11	14	17	21	24	28	31	34
C	1,5	2,5	3	4	4,5	5,5	7	8	10	11	12	14
E	-	-	-	-	-	-	-	28	30	34	38	42
F	-	-	-	-	-	-	-	0,8	1	1	1,5	2
r	$0{,}08\ d < r < 0{,}12\ d$											

RIVETS A TÊTE CYLINDRIQUE PLATE C - Cf. NF E 27-151

Symbole **C** — Symbole **Cf**

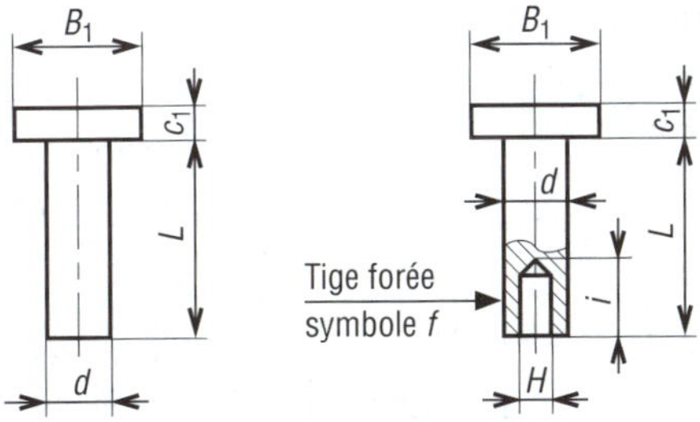

• Les rivets à tête cylindrique se font également avec tige forée, ce qui facilite la formation de la rivure (symbole Cf.).

• **Utilisation des rivets :**

C pour la petite chaudronnerie.

Cf. pour faciliter la formation de la rivure.

DIMENSIONS												
d	2	3	4	5	6	8	10	12	14	16	18	20
B1	4	6	8	10	12	16	20					
C1	1	1,5	2	2,5	3	4	5					
H	-	1,8	2,4	3	3,6	4,8	6					
i	-	3	4	5	6	8	10					

Le rivetage

RIVETS À TÊTE GOUTTE DE SUIF
G - Gf.
NF E 27-152

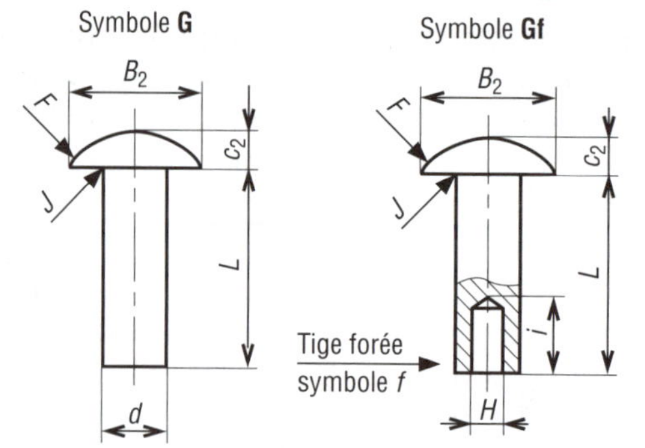

- Les rivets à tête goutte de suif se font également avec tige forée.
- **Utilisation des rivets :**

G pour la charpente métallique, les constructions navales...

Gf. pour faciliter la formation de la rivure.

DIMENSIONS												
d	2	3	4	5	6	8	10	12	14	16	18	20
B_2	4	6	8	10	12	16	20	24	28	32	36	40
C_2	1	1,5	2	2,5	3	4	5	6	7	8	9	10
F	0,5	0,75	1	1,25	1,5	2	2,5	3	3,5	4	4,5	5
H	-	1,8	2,4	3	3,6	4,8	6					
i	-	3	4	5	6	8	10					

RIVETS

① **A TÊTE FRAISÉE**
F/90 - MF/60 - F/120 ou F/90 f - MF/60 f - F/120 f

② **A TÊTE FRAISÉE BOMBÉE**
FB/90 - FB/60 - FB/120 ou FB/90 f - FB/60 f - FB/120 f

NF E 27-154

Les rivets à tête fraisée plate ou bombée sont prévus soit en tige pleine soit à tige forée.

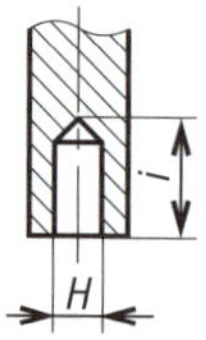

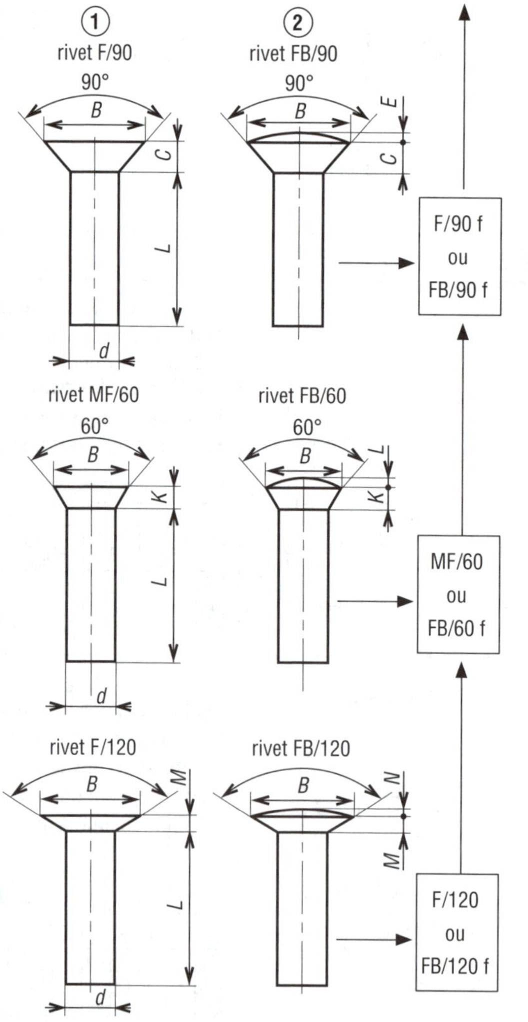

On trouve les rivets à tête fraisée ***plate ou bombée*** avec un angle de 60°, 90°, 120°. Ils trouvent leur application chaque fois que la tête doit être noyée dans la pièce à serrer.

- La fraisure est usinée pour e > d/2 (pièce épaisse).
- La fraisure est embrevée pour e < d/2 (pièce mince).

DIMENSIONS série 90°												
d	2	3	4	5	6	8	10	12	14	16	18	20
B	4	6	8	10	12	16	20	24	28	32	36	40
C	1	1,5	2	2,5	3	4	5	6	7	8	9	10
E	-	0,75	1	1,25	1,5	2	2,5	3	3,5	4	4,5	5

DIMENSIONS série 60°												
d	2	3	4	5	6	8	10	12	14	16	18	20
B	/	/	/	/	/	/	15	18,5	21,5	24,5	27,5	30,5
K	/	/	/	/	/	/	4,4	5,6	6,5	7,4	8,2	9,1
L	/	/	/	/	/	/	2,1	2,5	3	3,4	3,7	4,1

DIMENSIONS série 120°												
d	2	3	4	5	6	8	10	12	14	16	18	20
B	/	6	8	10	12	16	20	/	/	/	/	/
M	/	0,86	1,15	1,44	1,73	2,31	2,88	/	/	/	/	/
N	/	0,15	0,20	0,25	0,31	0,41	0,51	/	/	/	/	/

Remarques :

On trouve des rivets de formes particulières. Ils donnent plus de résistance à la tête.

On recherche également des rivets de qualités décoratives. (Têtes en forme de cône, de tronc de cône, de pyramides...).

Le rivetage

DÉSIGNATION DES RIVETS (Exemples)

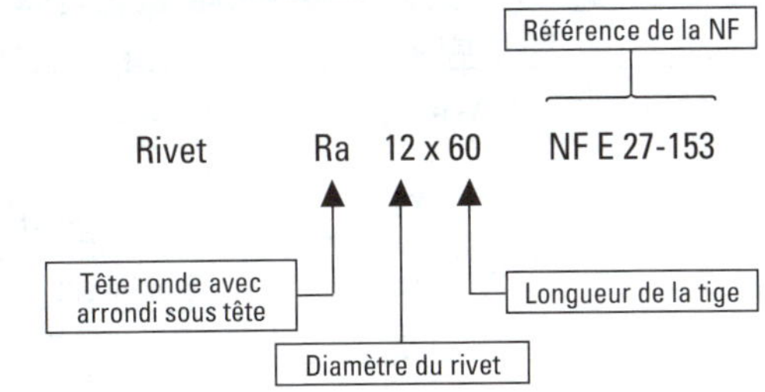

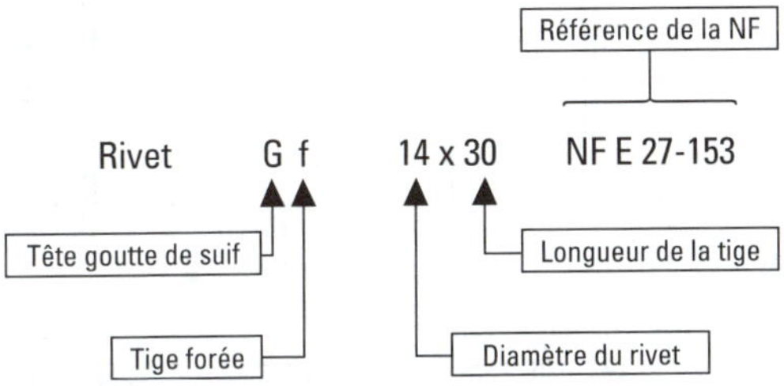

Un rivet est désigné par :
- **La forme de la tête.**
- **Son diamètre.**
- **Sa longueur.**

La longueur ***L*** est donnée à partir de l'épaisseur des pièces à serrer et de la forme de la rivure.

Longueur *L* de la tige					
3	4	5	6	◤ 7	8
◤ 9	10	◤ 11	12	14	16
(18)	20	(22)	25	(28)	30
32	33	38	40	45	50
55	60	65	70	75	80
90	100	110	120	130	140
150	140	170	180	200	220

- Eviter d'utiliser les longueurs entre parenthèses.
- ◤ à utiliser seulement pour les rivets F/90.

RIVURE RONDE

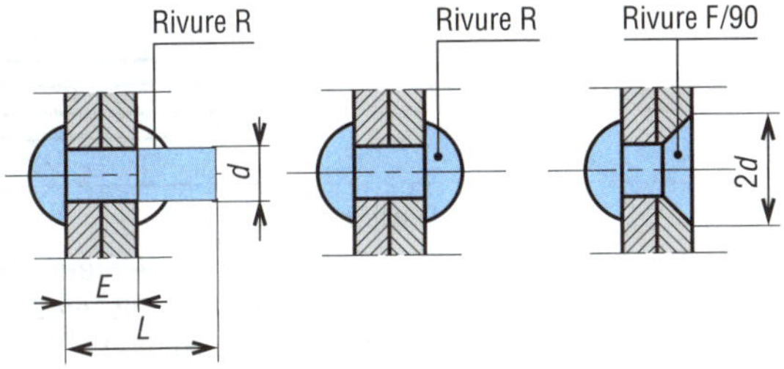

Valeur de *L* (Rivure R)

$L = 1{,}1\,E + 1{,}6\,d$

Valeur de L_1 (Rivure F/90)

$L_1 = 1{,}1\,E + 0{,}7\,d$

RIVURE FRAISÉE

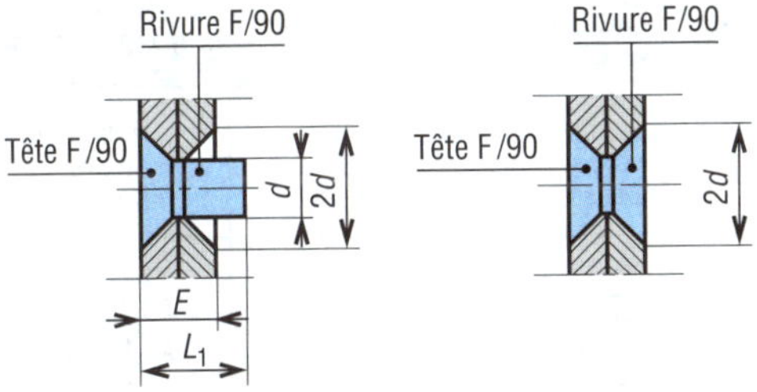

Diamètre minimal d'un rivet :
- Pour rivure résitante et étanche

$$d \approx \frac{45\,e^*}{15 + e}$$

- **Cas courant**

$d = 1{,}6\,e^*$

Diamètre de perçage ou trou de passage du rivet :
(Voir modes de rivetage page 211)

* e = plus grande épaisseur des tôles assemblées.

FRAISURES
- **USINÉE**
- **EMBREVÉE**

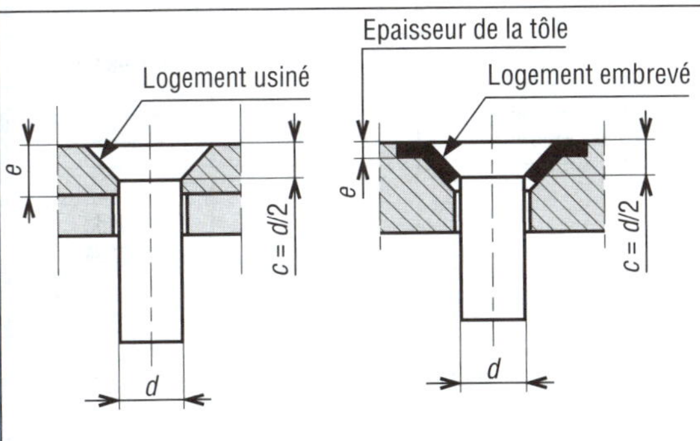

Usinage suivant forme du rivet : voir "Rivure fraisée"

Emboutissage de la tôle suivant forme du rivet

Suivant l'assemblage, l'une ou l'autre des deux solutions peut être retenue.

DIMENSIONS											
d	3	4	5	6	8	10	12	14	16	18	20
e	0,75	1	1,25	1,5	2	2,5	3	3,5	4	4,5	5

Le rivetage

• POSITIONNEMENT DES RIVETS

Assemblages à recouvrement

Simple

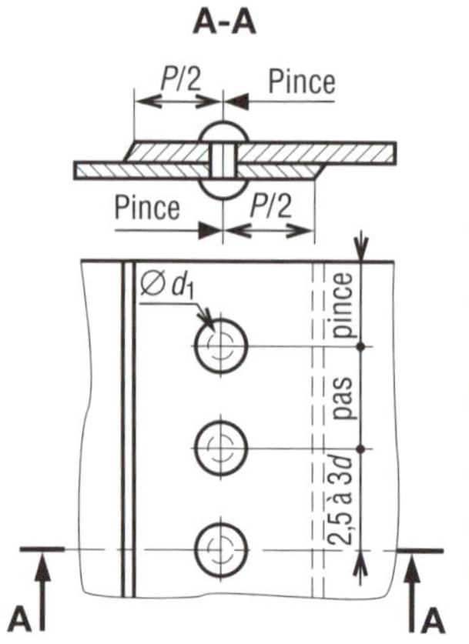

En quinconce

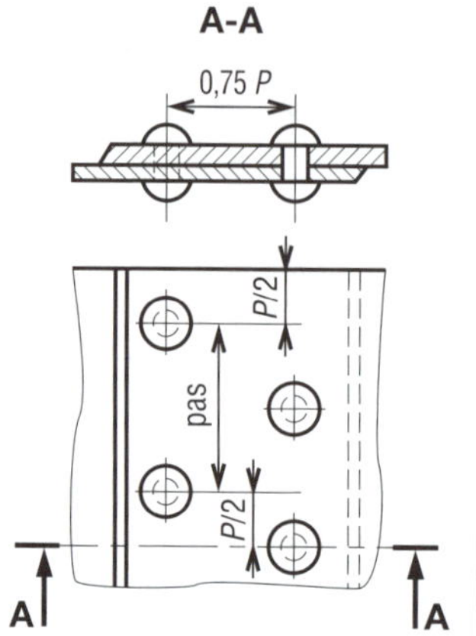

En carré

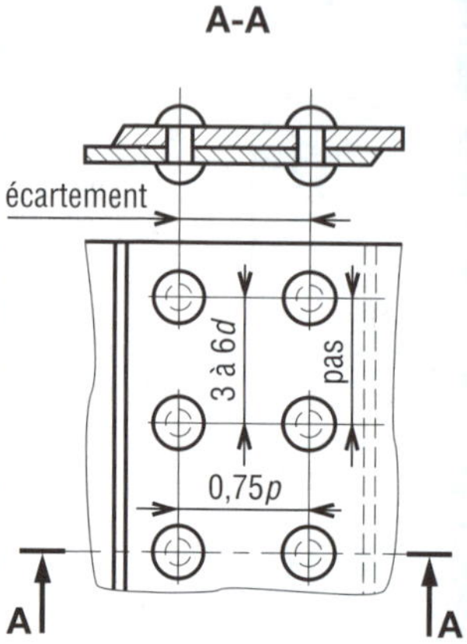

Assemblages à couvre-joint

Simple $e_1 \geqslant 1{,}5e$

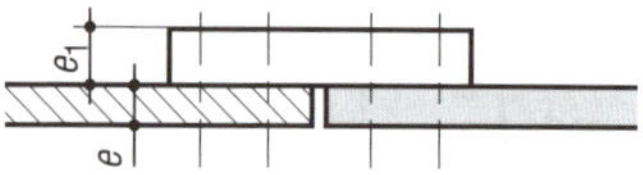

Double $e_1 \geqslant 0{,}75e$

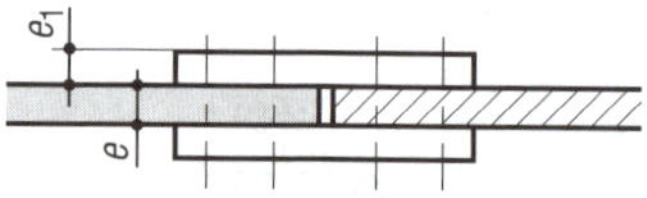

• CHOIX DU PAS

Choix du pas

Rivetage courant : $3\ d1 \leqslant P < 10\ d1$

Rivetage étanche : $2{,}5\ d1 \leqslant P \leqslant 4\ d1$

d1 = diamètre du trou de perçage.

• MATIÈRE

Matière

Il faut choisir le même métal ou un métal voisin de celui des pièces à assembler (afin d'éviter la corrosion électrolytique).

(Par exemple : E24, E28 pour les pièces en Acier ; Aluminium pour pièces alliage d'aluminium...).

	Rivets posés à l'atelier			Rivets posés au chantier		
TYPES D'ASSEMBLAGES	Tête et rivures rondes	Tête ou rivure fraisée	Tête et rivures fraisées	Tête et rivures rondes	Tête ou rivure fraisée	Tête et rivures fraisées

REPRÉSENTATIONS DES RIVETS EN COUPE

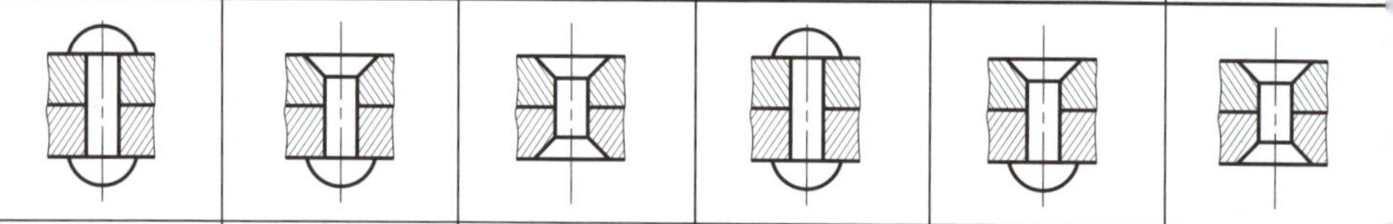

REPRÉSENTATIONS SYMBOLIQUES NF E 04-104

Vue de face

Vue de dessus

FRAISURES CACHÉES

Le rivetage

REPRÉSENTATIONS DES RIVETS EN COUPE

Pour les dessins de détails réalisés à l'échelle 1, les rivets sont en général, ***représentés*** normalement.
Sur une coupe, 2 cas peuvent se présenter :

1er cas : le plan de coupe passe par le rivet.

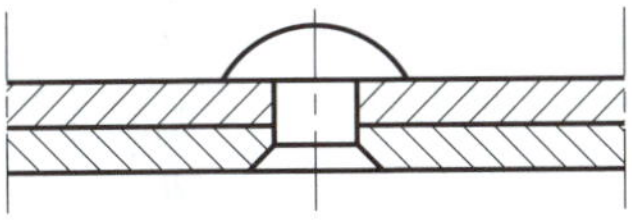

2e cas : le plan de coupe est en avant du rivet.

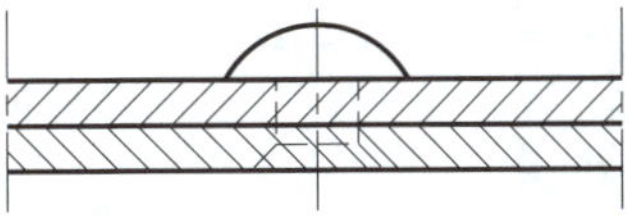

Lorsque la tête ou la rivure sont fraisées et qu'il n'y a pas de vue de face pour préciser la position de la fraisure par rapport aux pièces assemblées, on utilise les signes ci-dessus.

COTATION

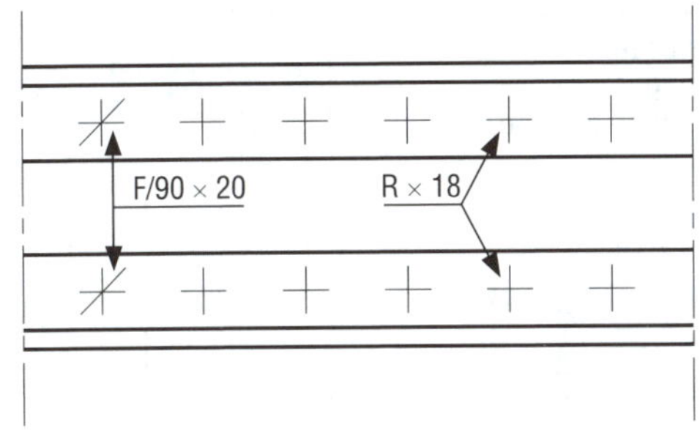

Les rivets non cotés sont des rivets R 20 NF E 27-153

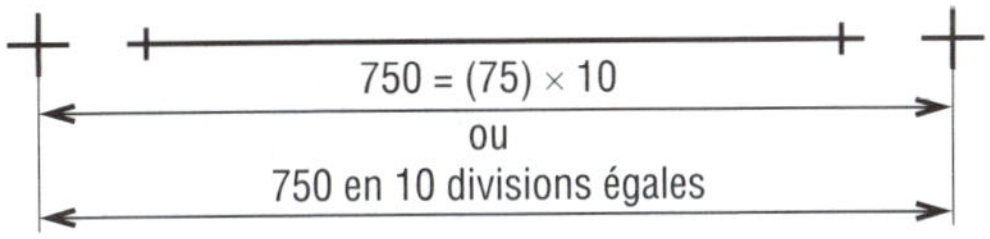

• Chaque rivet est désigné par son ***symbole*** suivi de son ***diamètre*** en mm.

On porte cette désignation :

• ***dans une légende*** en dehors du tracé pour les rivets courants.

• ***sur le dessin*** pour les rivets spéciaux ou exceptionnels.

Pour une série de rivets équidistants, on indique le premier et le dernier rivet de la série par son symbole et par un trait normal à la ligne d'axe, le deuxième et l'avant dernier. La cote entre les deux rivets extrêmes constitue la somme des distances partielles entre chaque rivet.

12.2.2. RIVETS SPÉCIAUX NON NORMALISÉS

Les rivets à expansion (ou rivets aveugles) permettent d'effectuer des assemblages solides et sûrs de pièces accessibles que d'un seul côté.
Les applications sont nombreuses (Aéronautique, carrosserie...).
On trouve :

– les rivets aveugles simples,
– les rivets étanches.

ASSEMBLAGE AVEC RIVETS RIVSET*

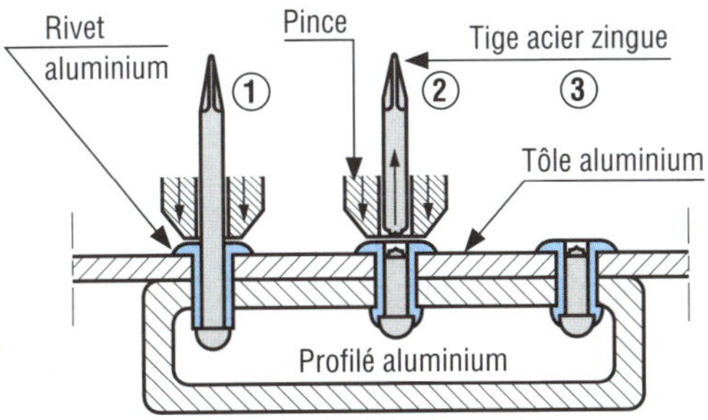

Principe de l'assemblage :
Phase ① : implanter le rivet et mettre en position la pince spéciale.
Phase ② : exercer l'effort de traction sur la tige.
Phase ③ : fin de rivetage et rupture de la tige.

* Otalu SA

Le rivetage

RIVETS AVEUGLES À GRANDE PLAGE DE SERRAGE

TÊTE PLATE

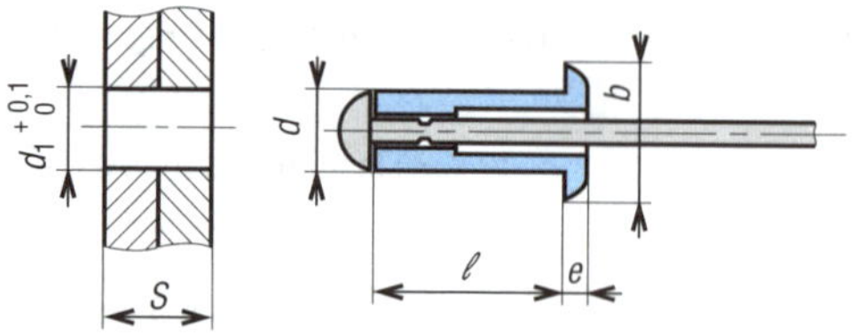

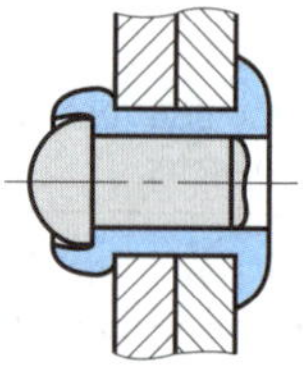

La tige est ajustée à la longueur du rivet.

Avantages :

- Renforce la tenue mécanique
- Réduit le nombre de rivets

Désignation : Rivet alu, tige acier zingué TP 3,2 x 10 Type RIVSET 211
TP = Tête Plate - ø = 3,2 - L = 10 -
TF = Tête Fraisée.

Matière : Rivet alu - Tige acier zingué.

Traitement : Laquage ou anodisation colorée.

DIMENSIONS				
d d_1	b	e	ℓ	S
3,0 3,1 - 3,6 600 N (1) 580 N (2)	6	0,85	0,8	0,5 - 5,0
			13,6	5,0 - 10,0
3,2 3,3 - 3,8 610 N (1) 650 N (2)	6,5	0,85	8,0	0,5 - 5,0
			13,6	5,0 - 10,0
4,0 4,1 - 4,8 1470 N (1) 1600 N (2)	8,0	1,0	10,0	0,5 - 6,0
			16,5	6,0 - 12,0
4,8 4,9 - 5,8 2300 N (1) 1600 N (2)	9,5	1,3	11,5	0,5 - 6,0
			16,5	6,0 - 11,5
			21,0	10,5 - 16,0
			26,0	16,0 - 22,0

(1) : Test de traction
(2) : Test de cisaillement

RIVETS AVEUGLES À FORTE TENUE AU CISAILLEMENT

TÊTE FRAISÉE

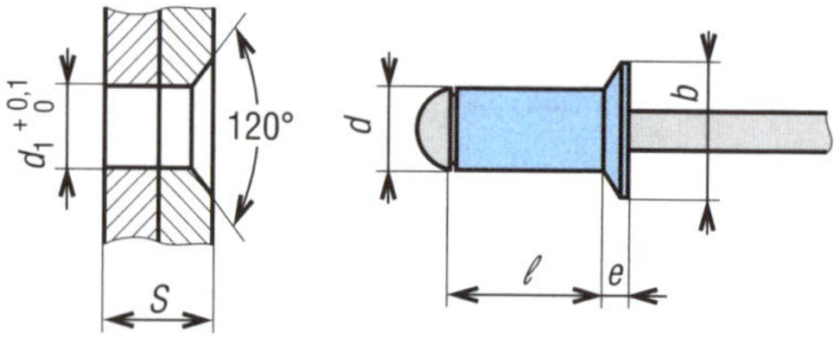

Désignation : Rivet alu, tige acier zingué TF 4x 15 Type RIVSET 641.

Matière : Rivet alu - Tige acier zingué.

Traitement : Laquage ou anodisation colorée.

DIMENSIONS				
d d_1	b	e	ℓ	S
4,0 $4,1^{+0,1}$ 1910 N (1) 3280 N (2)	7,5	1,0	6,0	2,5 - 3,5
			7,0	3,5 - 4,5
			8,0	4,5 - 5,5
			10,0	5,5 - 7,5
			12,0	7,5 - 9,5
			15,0	9,5 - 12,5
			18,0	12,5 - 15,5
5,0 $5,1^{+0,1}$ 3140 N (1) 5200 N (2)	9,0	1,2	7,5	3,5 - 4,5
			8,5	4,5 - 5,5
			9,5	5,5 - 6,5
			10,5	6,5 - 7,5
			11,5	7,5 - 8,5
			13,0	8,5 - 10,0
			15,5	10,0 - 12,5

(1) Test de traction
(2) Test de cisaillement

RIVETS AVEUGLES ÉTANCHES

TÊTE PLATE

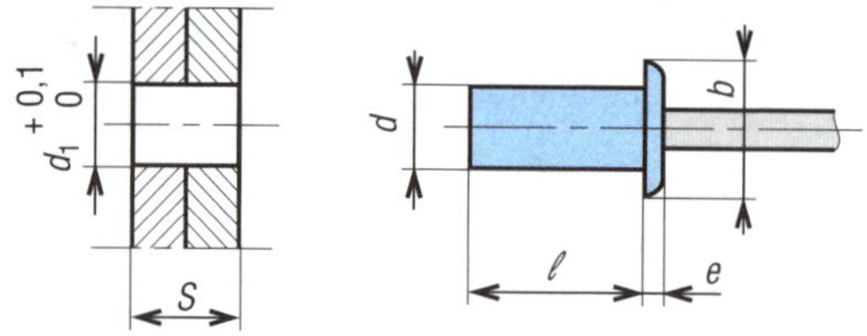

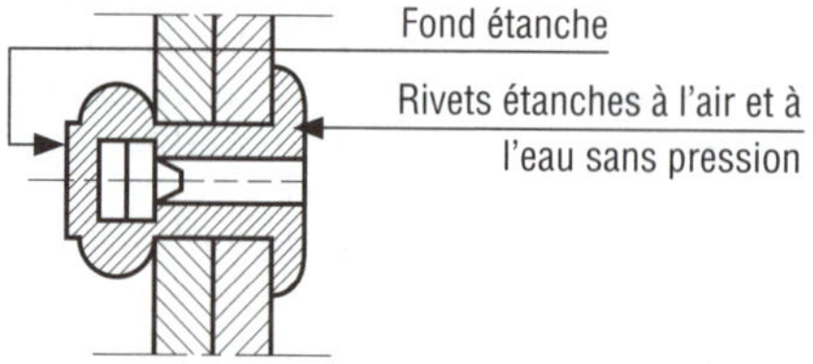

Désignation : Rivet alu, Tige inox TP 4 x 12,5 Type RIVSET 451.

Matière :
Rivet alu - Tige inox.

Traitement :
Laquage ou anodisation colorée.

DIMENSIONS				
d d_1	b	e	ℓ	S
3,2 $3,3^{+0,1}$ 1570 N (1) 1160 N (2)	6,0	0,9	6,5	0,5 - 2,0
			8,0	2,0 - 3,5
			9,5	3,5 - 5,0
			11,0	5,0 - 6,5
			12,5	6,5 - 8,0
4,0 $4,1^{+0,1}$ 2160 N 1820 N	8,0	1,3	8,0	0,5 - 3,5
			9,5	3,5 - 5,0
			11,0	5,0 - 6,5
			12,5	6,5 - 8,0
4,8 $4,9^{+0,1}$ 3660 N (1) 2640 N (2)	9,5	1,5	8,0	0,5 - 3,5
			9,5	3,5 - 5,0
			11,0	5,0 - 6,5
			12,5	6,5 - 8,0
			14,0	8,0 - 9,5
			16,0	9,5 - 11,0
			18,0	11,0 - 13,0
			21,0	13,0 - 16,0

(1) Test de traction
(2) Test de cisaillement

Le rivetage

RIVETS À EXPANSION L.G.C.

PRINCIPE DE MONTAGE

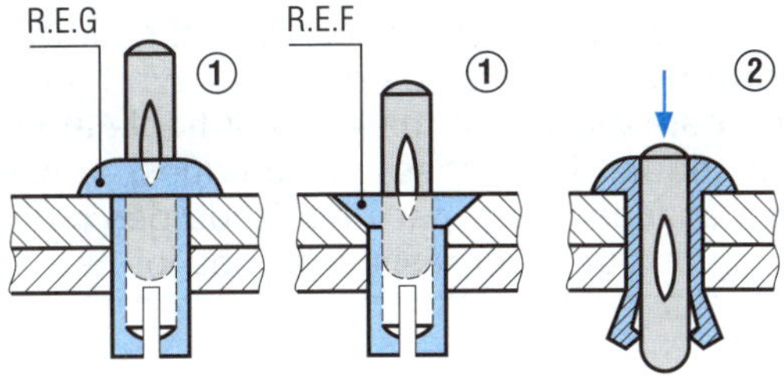

Le rivet L.G.C. permet le rivetage d'éléments accessibles d'un seul côté.

Principe de l'assemblage.

Phase ① : implanter le rivet (Type REG ou type REF) et le mettre en position.

Phase ② : enfoncer la tige à l'aide d'un marteau jusqu'à affleurement.

RIVET L.G.C.*

TÊTE GOUTTE DE SUIF R.E.G.

TÊTE FRAISÉE R.E.F.

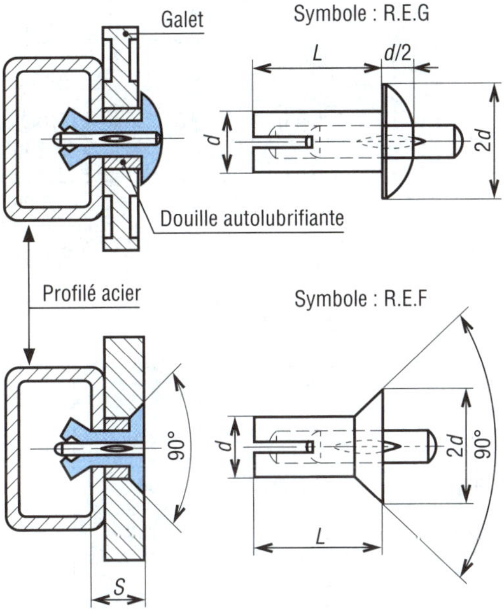

∅ nominal	Longueur	Epaisseur à serrer
d	L	S ± 0,5
3	6	3,5
	7	4,5
	8	5,5
4	7	4,5
	8	5,5
	9	6,5
	10	7,5
	11	8,5
	12	9,5
5	8	5
	9	6
5 et 6	10	7
	11	8
	12	9
	13	10
	14	11
	15	12

Désignation

Rivet L.G.C. - R.E.F. 4.12.

(4.12 signifie d = 4, L = 12)

Matières : Corps du rivet : Acier A42

Clou : Acier S250

RIVETS CREUX NF R 93-507

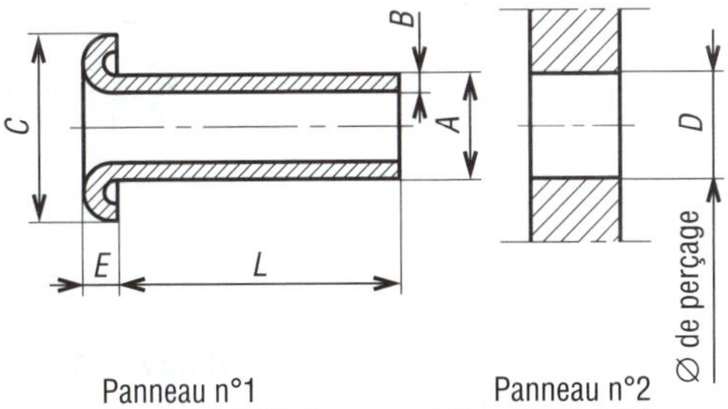

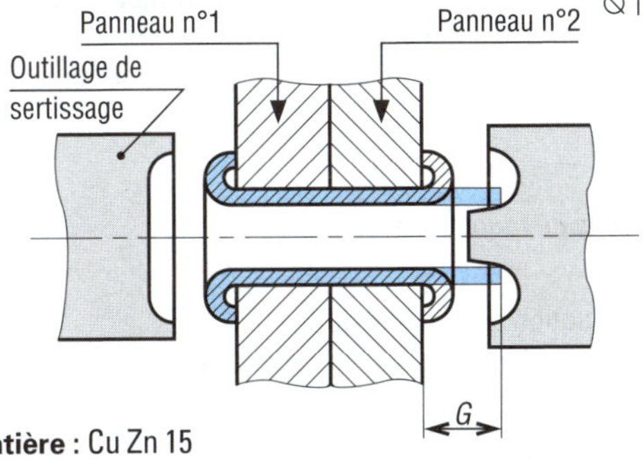

Matière : Cu Zn 15

Très légers, les rivets creux sont à sertir avec l'outillage spécial.

Les applications sont nombreuses en aéronautique et en électrotechnique.

A	*E*	*C*	*G*	*B*	*D*	*F*
1,5	0,35	2,5	1,2	0,25	1,5	1,2
2	0,40	3,2	1,5	0,3	2,2	1,5
2,5	0,40	4	1,7	0,3	2,7	1,7
3	0,50	4,5	2	0,3	3,2	2
3,5	0,50	5	2,3	0,3	3,7	2,2
4	0,60	6,5	2,2	0,4	4,3	2,3
5	0,80	8	2,5	0,4	5,3	2,5
6	1	9,5	3	0,5	6,4	3
8	1,20	12,5	3,5	0,5	8,4	3,5

L = Longueurs de tiges

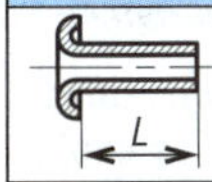	2	2,5	3	4	5	6	8	10	12	14
	16	20	25	30	32	35	38	40	45	50

Désignation :

Rivet creux 5.16 NFR 93-507

(5.16 signifie ø nominal 5, longueur 16).

*LGC
49240
AVRILLE

12.3. LE COLLAGE

Réaliser une ***liaison par collage*** consiste à utiliser les caractéristiques physico-chimiques et les qualités d'adhésion fournies par certaines matières synthétiques.
La technique moderne d'assemblage par collage est maintenant fiable et souvent utilisée dans toutes les industries (aéronautique, industries mécaniques, milieu médical...). Néanmoins la conception des pièces collées passe par une étude des contraintes mécaniques et l'application de certaines règles dues à la résistance des joints.

LIAISON PAR COLLAGE

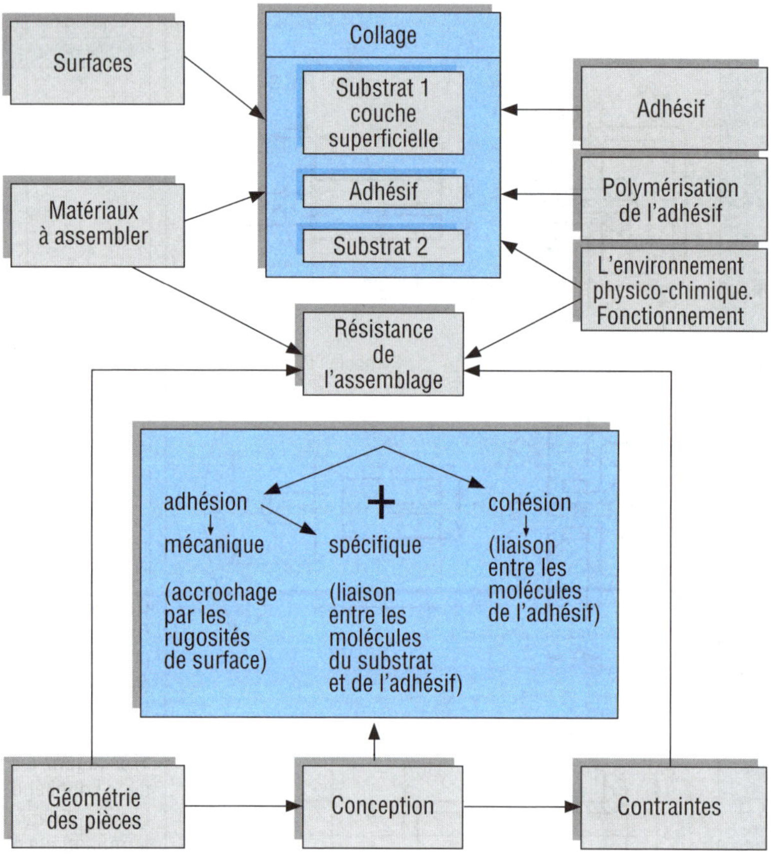

RÉSISTANCE DE L'ASSEMBLAGE

MÉCANISME DU COLLAGE

Résistance de l'assemblage

La résistance de l'assemblage collé repose sur l'équilibre des ***FORCES D'ADHESION*** entre colle et substrat et les ***FORCES DE COHESION*** de l'adhésif polymérisé.

Il est donc nécessaire de considérer lors de la conception les points particuliers suivants :

– ***les surfaces,***
– ***les matériaux à assembler,***
– ***l'adhésif et sa polymérisation,***
– ***l'environnement de l'assemblage en fonctionnement.***

Mécanisme du collage

Le phénomène s'explique par une action simultanée de :

- l'ancrage mécanique de la colle dans les pores ou les aspérités des surfaces collées,
- la polarité des éléments en présence,
- l'interpénétration moléculaire.

Le collage

CONCEPTION DES ASSEMBLAGES COLLÉS

Méthodes classiques d'assemblage
- RIVETAGE
- SOUDAGE
- COLLAGE

Ponctuel

Linéaire

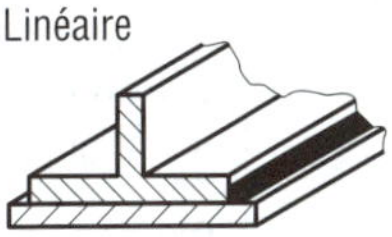

Surfacique

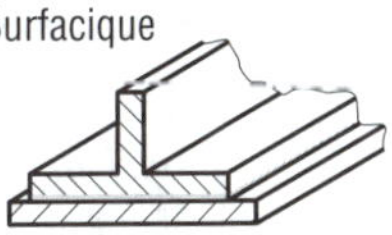

Sollicitations
- Effort de traction
- Traction-Cisaillement
- Pelage
- Clivage

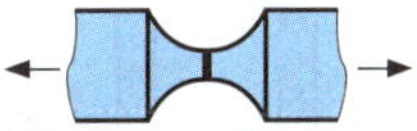

Effort de traction

Traction cisaillement

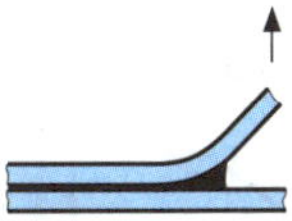

Pelage

Clivage

Quelques formes de joint recommandées

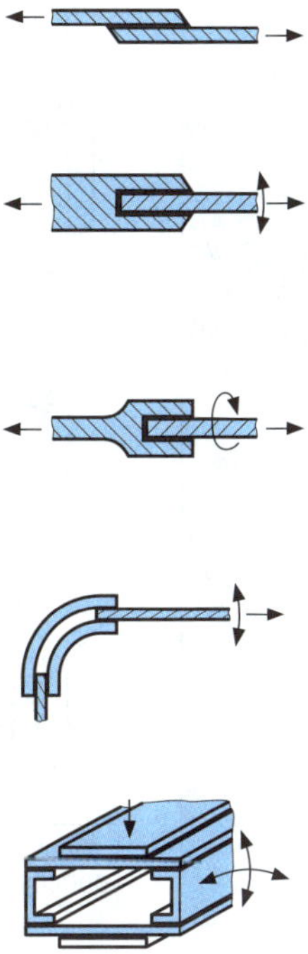

- La conception des assemblages collés nécessite, au niveau des contraintes mécaniques, d'appliquer certaines règles de calculs dues à la résistance des joints.
- Le joint collé supporte assez bien les contraintes provoquées par les efforts de traction et de cisaillement ;
  - les contraintes de clivage sont à éviter ;
  - les contraintes de pelage sont à proscrire.
- On s'efforcera dans tout assemblage collé :
  - de prévoir une surface suffisante pour le joint (calcul suivant fabricant).
  - d'éviter des matériaux à coefficients de dilatation très différents.
  - d'éviter impérativement les concentrations de contraintes.

PROPRIETÉS DU COLLAGE

AVANTAGES	LIMITES
– Légèreté	– Tenue en température
– Résistance aux agressions chimiques	– Résistance au pelage
– Etanchéité et anti-corrosion	– Temps de polymérisation
– Tenue aux vibrations	– Préparation de surfaces
– Isolations électrique et thermique	– Essais non destructifs
– Esthétique	– Démontage
– Prix de revient	

Le collage

GÉOMETRIES CONSEILLÉES S'OPPOSANT AU DÉCOLLEMENT

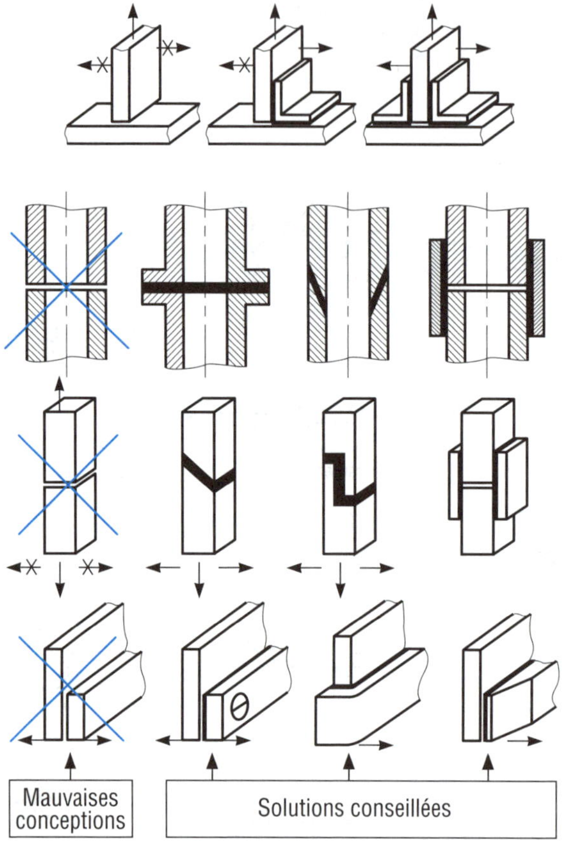

Les différents types d'assemblages classiques ne conviennent pas toujours pour assurer une liaison collée, aussi quelques géométries conseillées sont proposées ci-contre.

Calculs des joints (exemples)

S = surface de collage
a = épaisseur du substrat
b = largeur du substrat

Bout à bout
$S = a \cdot b$

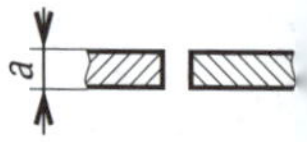

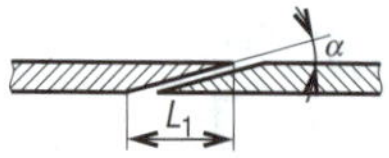

Biseautage $S = \dfrac{L_1 \cdot b}{\cos \alpha}$

L_1 = Longueur du recouvrement
α = angle de biseautage

Simple recouvrement
$S = L_1 \cdot b$

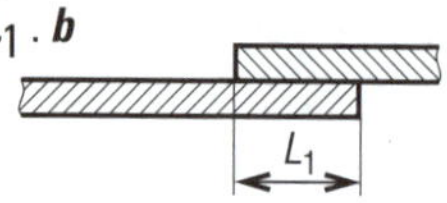

Emmanchement
$S = \pi \cdot D \cdot L_1$

Torsion
$M_t = \dfrac{\pi \cdot D^2 \cdot L_1}{2}$

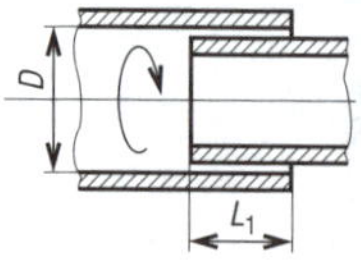

EXEMPLE D'APPLICATION Collage de roulements

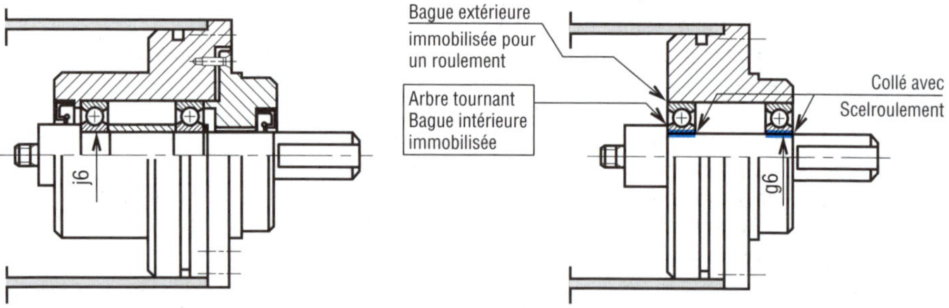

Un plus technique :
- réduction de l'encombrement,
- réduction du poids,
- amélioration du couple de frottement (chaîne de cotes simplifiée : IT seul du jeu initial du roulement).

Un plus économique :
- réduction du nombre de pièces (de 14 à 5),
- simplification de l'usinage.

12.3.1. PRINCIPALES COLLES

D'après documents Hendel Loctite

Familles de produits	Références	Caractéristiques principales	Types d'applications
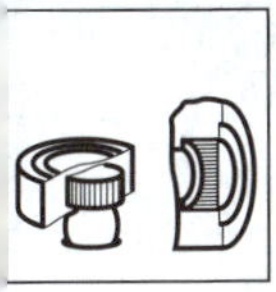 **Le collage instantané** Jeu : < 0,2 mm temps de prise : 2 à 6 s. traction cisaillement : 14 à 30 MPa temp. de pointe : – 50 à + 120 °C Adhésifs cyanocrylates monocomposants polymérisant par l'humidité présente sur les surfaces.	Loctite 401 Loctite 431 Loctite 454 Loctite 406 Loctite 460 Loctite 480	Multi-usages, matériaux poreux Métaux traités ou non Multi-usage gel Plastique et élastomères Odeur et trace faibles Grande résilience	Tissu pour abat-jour Bilame de thermostat Huisserie ameublement Stylos, sigles, façonnages Membrane de haut-parleur
 **Le collage rigide** Jeu : 0,05 à 3 mm temps de prise : 0,5 à 3 min traction cisaillement : 12 à 30 MPa temp. de pointe : - 50 à + 150 °C Adhésifs anaérobies durcissant en absence d'air (317-326), acryliques (329-330), époxy 1/1 (Loctite 3422)	Loctite 317 Loctite 326 Loctite 329 Loctite 330 Loctite 3422	Multi-usages Ferrites, céramiques Tolérant aux surfaces grasses Résistant au pelage Jeux importants, remplissage	Charnière de porte en verre Moteur de lave-glace Armoire métallique Raidisseurs de cloison Bijouterie
 **Le collage souple** Jeu : 0,05 à 10 mm temps de prise : 5 min à 3 heures traction cisaillement : 1 à 3,5 MPa temp. de pointe : - 55 à + 300 °C Elastomère silicone et polyuréthane Adhésifs MS Polymères vulcanisant par l'humidité ou grâce à un accélérateur.	Loctite 5366 Loctite 5368 Loctite 5375 Loctite 5390A/B Flexcomet PU 60 Système PLX Loctite 5069	Multi-usages Neutre, non corrosif Neutre, auto-adhérent Prise rapide, système activé Jeux importants, potting	Aquarium Optique de phare Four à micro-onde électronique Réservoir de fer à repasser Sertis de tôles
 **Le collage U.V.** Jeu : 0,05 à 3 mm temps de prise : 1 à 60 s. traction cisaillement : 3 à 30 MPa temp. de pointe : - 50 à + 150 °C Résines acryliques anaérobies polymérisant sous l'effet des rayons ultraviolets.	Loctite 350 Loctite 302 Loctite 360 Loctite 369 Loctite 372	Multi-usages Spécial plastique Montage de composants de surface Marquage, inviolabilité Revêtement, protection	Flacons de parfum Aiguilles hypodermiques Composants électroniques Vis de réglage Boucle de ceinture
 **Le freinage** Jeu : < 0,5 mm temps de prise : 10 à 30 min traction cisaillement : 3 à 24 MPa temp. de pointe : - 50 à + 150 °C Résines anaérobies durcissant en absence d'air et en présence de métal.	Loctite 222 Loctite 243 Loctite 2701	Résistance faible Résistance normale Résistance forte	Visserie Boulonnerie Goujons
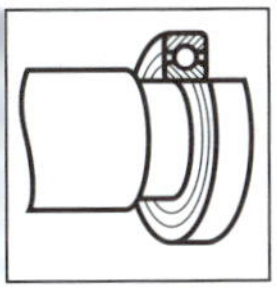 **Le fixation** Jeu : < 0,25 mm temps de prise : 5 à 10 min traction cisaillement : 18 à 40 MPa temp. de pointe : - 50 à + 180 °C Résines anaérobies durcissant en absence d'air et en présence de métal.	Loctite 603 Loctite 638 Loctite 648 Loctite 660	Tolérant aux surfaces grasses Très forte résistance Forte résistance Gel thyxo	Roulements, bagues Pignons, axes Frettes Clavettes, cannelures
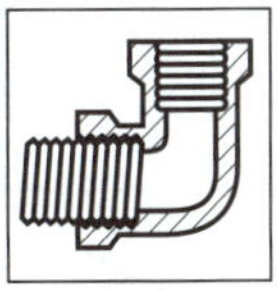 **L'étanchéité filetée** Jeu : < 1 mm - temps de prise : 15 à 45 min traction cisaillement : 3 à 7,5 MPa temp. de pointe : - 50 à + 150 °C (542-572-577) temp. de pointe : - 55 à + 225 °C (5331) Résines anaérobies durcissant en absence d'air et en présence de métal (542-572-577), élastomère de silicone vulcanisant par l'humidité (Loctite 5331)	Loctite 542 Loctite 572 Loctite 577 Loctite 5331	Pressions élevées Faible résistance Multi-usages Spécial plastique	Asservissement capteur Bouchons, pas fins et gros diamètre Canalisation, tubes Raccords
 **L'étanchéité plane** Jeu : < 3 mm, temps de prise : 20 à 45 min traction cisaillement : 2 à 15 MPa temp. de pointe : - 50 à + 150 °C (518), + 200 °C (510) temp. de pointe : - 55 à + 225 °C (Loctite 5900) Résines anaérobies durcissant en absence d'air et en présence de métal (510-518), élastomère de silicone vulcanisant par l'humidité ou grâce à un accélérateur (Loctite 5900 - Loctite5389A/B)	Loctite 510 Loctite 518 Loctite 5900 Loctite 5389A/B	Rigide Semi-flexible Souple Souple accélérable	Brides Carters Couvercles Portes de visite

13 . GUIDAGE EN ROTATION

13 .1. PALIERS LISSES

13.1.1. COUSSINETS OU BAGUES AUTOLUBRIFIANTES

Les coussinets ou bagues autolubrifiantes sont composés de poudre de bronze (cuivre + étain) ou d'alliages ferreux (fer + cuivre + plomb) compactés ; le frittage (chauffage) soude les grains composant cette poudre. La porosité de cette structure permet ainsi une imprégnation de lubrifiant pour une quantité sensiblement égale à 30 % du volume du métal fritté.

Doc : INA

Avantages : bon coefficient de frottement et fonctionnement silencieux.

COUSSINETS FRITTÉS

NF E 22-510

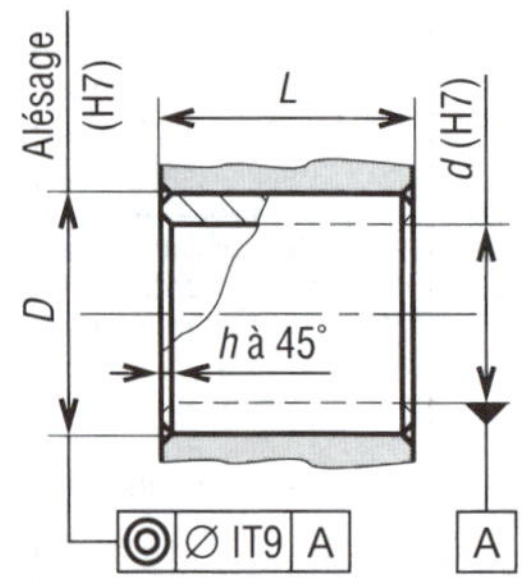

Coussinet cylindrique *d* × *D* × *L*
NF E 22-510
Matières : *Bronze fritté BP 25*
Alliages ferreux FP 15

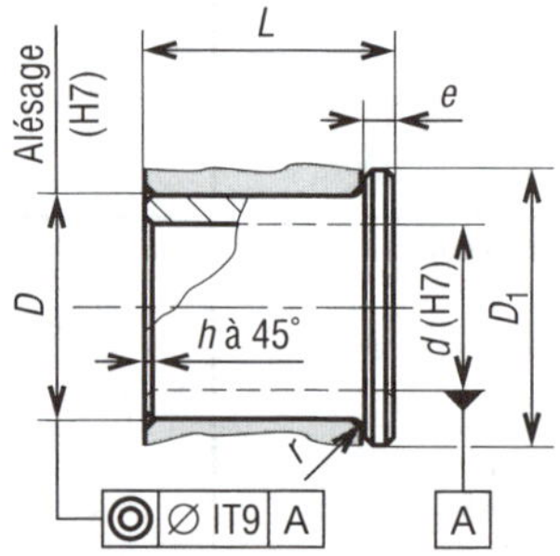

Coussinet à collerette *d* × *D* × *L*
NF E 22-510

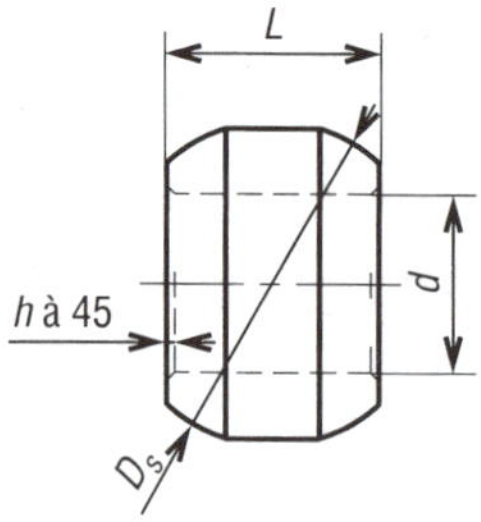

Coussinet sphérique $d \times D_s \times L$
NF E 22-510

	Coussinet cylindrique				À collerette				Sphérique	
d	***D***	***D'***	***L* JS13**	***h***	**D_1 JS13**	***e* JS13**	***L* JS13**	***r***	**D_s h11**	***L* JS13**
4	8	7	3- 4- 6	0,3	12	2	3- 4- 6	0,6	10	8
5	9	8	4- 5- 8	0,3	13	2	4- 5- 8	0,6	12	9
6	10	9	4- 6-10	0,3	14	2	4- 6-10	0,6	14	10
8	12	11	6- 8-12	0,3	16	2	6- 8-12	0,6	16	11
10	16	14	8-10-16	0,4	22	3	8-10-16	0,6	20	14
12	18	16	8-12-20	0,4	24	3	8-12-20	0,6	22	15
14	20	18	10-14-20	0,4	26	3	10-14-20	0,6	24	17
15	21	19	10-15-25	0,4	27	3	10-15-25	0,6	27	20
16	22	20	12-16-25	0,4	28	3	12-16-25	0,6	28	20
18	24	22	12-18-30	0,4	30	3	12-18-30	0,6	30	20
20	26	25	15-20-25-30	0,4	32	3	15-20-25-30	0,6	36	25
22	28	27	15-20-25-30	0,4	34	3	15-20-25-30	0,6		
25	32	30	20-25-30-35	0,6	39	3,5	20-25-30	0,6		
28	36	33	20-25-30-40	0,6	44	4	20-25-30	0,6		
30	38	35	20-25-30-40	0,6	46	4	20-25-30	0,6		
32	40	38	20-25-30-40	0,6	48	4	20-25-30	0,8		
35	45	41	25-35-40-50	0,7	55	5	25-35-40	0,8		
40	50	46	30-40-50-60	0,7	60	5	30-40-50	0,8		
45	55	51	35-45-55-65	0,7	65	5	35-45-55	0,8		
50	60	58	35-50-70	0,7	70	5	35-50	0,8		

Série normale (colonne *D*) — *Série mince* (colonne *D'*)

Détermination des caractéristiques d'un coussinet fritté :

$$P \cdot V = 18$$

P : Pression spécifique en N/mm² : $\frac{\text{charge radiale}}{\text{surface projetée}} = \frac{C}{S} = P$

V : Vitesse linéaire d'un point situé sur la périphérie de l'arbre en m/s

18 : Valeur expérimentale maximale admise pour les matériaux BP 25 FP 15

Surface projetée

COUSSINETS FRITTÉS

Application : recherche de *L* à partir de l'abaque

Données :
charge radiale de 130 daN sur un ∅ de 25 mm et une vitesse de rotation de 700 tr/min

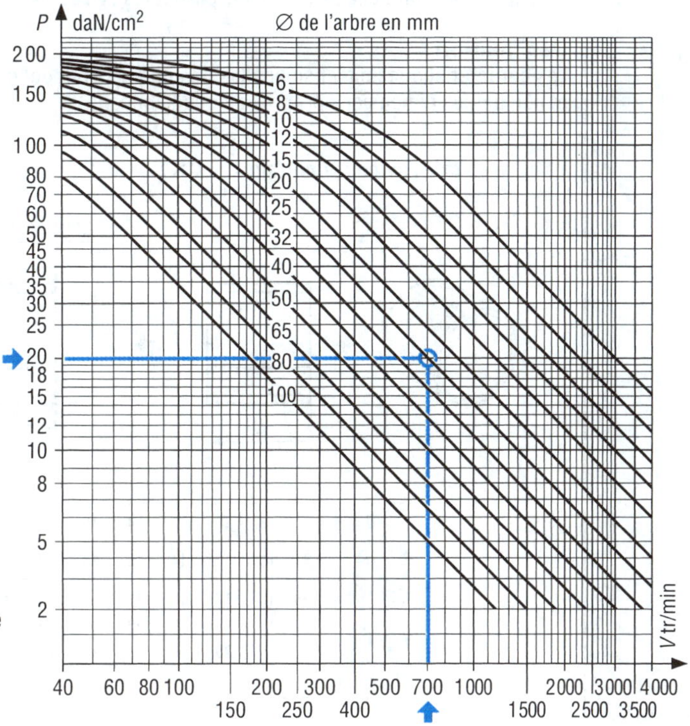

Solution :
1° Lecture de l'abaque
Pour 700 tr/min
et un ∅ de 25 mm
$\Rightarrow P = 20$ daN/cm²

2° $S = \dfrac{C}{P} = \dfrac{130}{20} = 6{,}5\ \text{cm}^2 = 650\ \text{mm}^2$

3° $L = \dfrac{S}{d} = \dfrac{650}{25} = 26\ \text{mm}$

COUSSINETS CYLINDRIQUES EN CARBONE

NF E 22-512

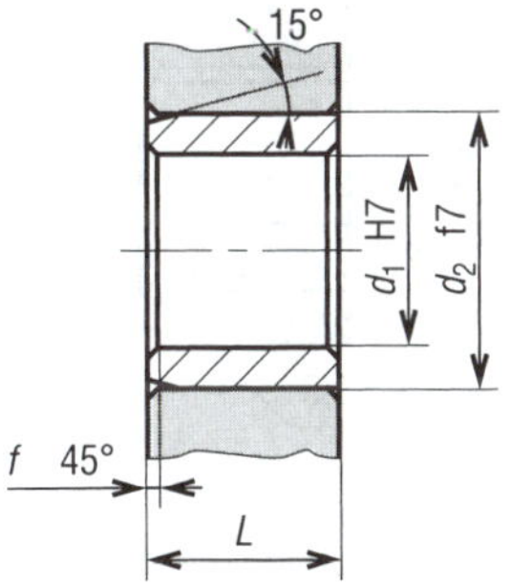

Coussinet cylindrique $d \times D \times L$

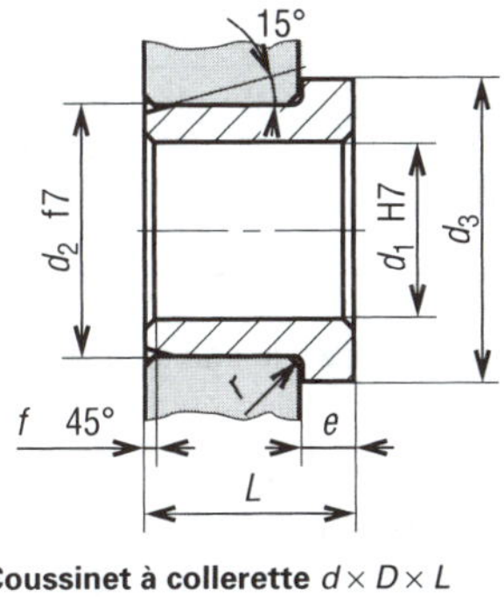

Coussinet à collerette $d \times D \times L$

Les coussinets en carbone sont utilisés le plus souvent emmanchés dans un logement métallique, à la presse à froid, pour les températures d'utilisation ne dépassant pas 200 °C. Pour obtenir l'alésage voulu, le coussinet peut être réalésé après emmanchement.

d_1	d_2	d_3	*L*		*e*	*f*	*r*
10	16	20	6	10	3	0,3	0,3
12	18	22	10	15	3	0,3	0,3
14	20	25	10	15	3	0,3	0,3
16	22	28	12	15	3	0,4	0,4
18	24	30	12	20	3	0,4	0,4
20	26	32	15	20	3	0,4	0,4
22	28	34	15	20	3	0,4	0,4
25	32	38	20	30	4	0,6	0,6
28	36	42	20	30	4	0,6	0,6
32	40	46	20	30	4	0,6	0,6
36	46	52	30	40	5	0,6	0,6
40	50	58	30	40	5	0,6	0,6
45	55	63	30	40	5	0,8	0,8
50	60	68	40	50	5	0,8	0,8
60	75	83	40	60	7,5	0,8	0,8
70	85	95	50	70	7,5	1	1
80	95	105	60	80	7,5	1	1
90	110	120	60	80	10	1	1
100	120	130	80	100	10	1	1

BAGUES EN TÔLE ROULÉE

NF E 22-511

Ces bagues sont constituées d'un support en tôle d'acier cuivré sur lequel est frittée une couche poreuse de bronze dans laquelle se logent les particules de résine.

Désignation :
Les caractéristiques dimensionnelles des bagues sont définies par l'alésage et l'arbre du montage et non par les dimensions propres de ces bagues.

• ***Bague en tôle roulée cylindrique*** $d \times D \times L$

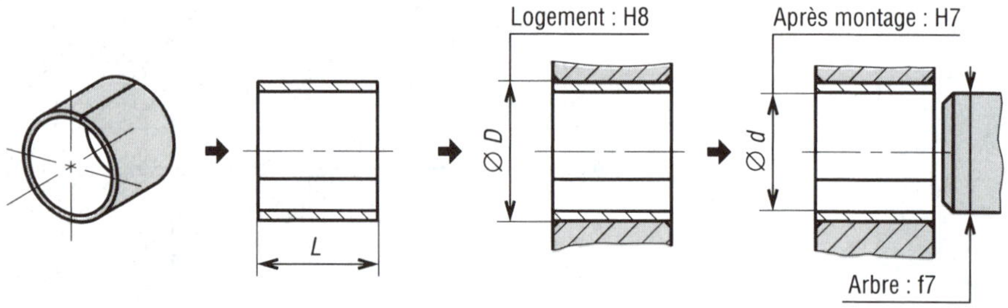

d	6	8	10	12	14	15	16	18	20	22	25	28
D	8	10	12	14	16	17	18	20	22	24	28	32
L	10	10	10	10	15	15	15	15	15	15	20	20
	15	15	15	15	20	20	20	20	20	20	25	25
			20	20	25	25	25	25	25	25	30	30
									30	30	40	40

• ***Bague en tôle roulée à collerette*** $d \times D \times L$

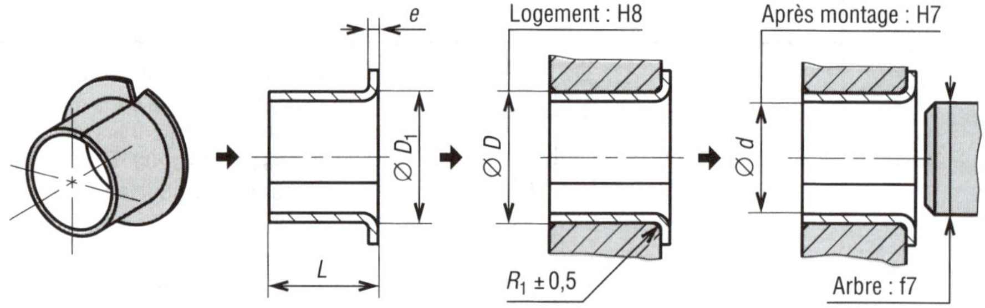

d	6	8	10	12	14	15	16	18	20	25	30	35
D	8	10	12	14	16	17	18	20	23	28	34	35
D_1	12	15	18	20	22	23	24	26	30	35	42	47
e	1	1	1	1	1	1	1	1	1,5	1,5	2	2
L	10	10	10	10	15	15	15	15	15	15	25	20
	15	15	15	15	20	20	20	20	20	20	40	40
			20	20	25	25	25	25	25	25	50	50
									30	30		

Détermination des caractéristiques d'une bague : le calcul est le même que pour les coussinets frittés.

Contraintes de fonctionnement :
• températures limites de fonctionnement comprises entre – 40 °C et + 100 °C ;
• rugosité de l'arbre 0,4 µm $\leqslant$ Ra $\leqslant$ 0,8 µm

13.2. ARTICULATIONS

13.2.1. ARTICULATIONS ÉLASTIQUES

CARACTÉRISTIQUES STATIQUES

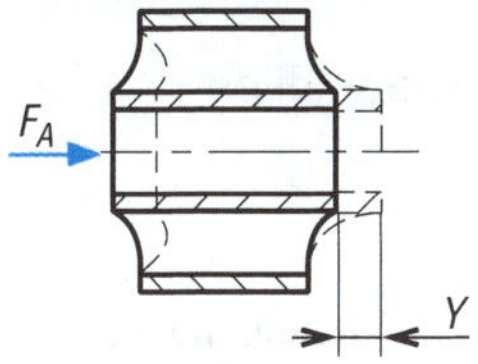

Caractéristiques axiales

L'application d'un effort axial F_A sur le tube intérieur (le tube extérieur est immobilisé) provoque un déplacement élastique Y parallèle à l'axe de l'articulation par cisaillement de l'élastomère.

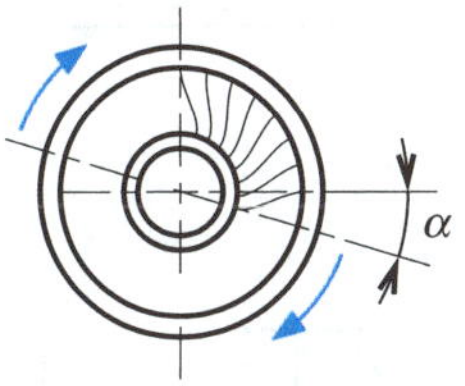

Caractéristiques de torsion

L'application d'un couple autour de l'axe de révolution de l'articulation provoque une déformation élastique angulaire α. Cette déformation provoque un couple de rappel élastique exprimé en daN.m.

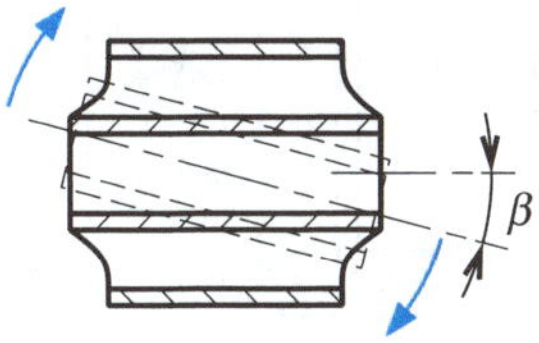

Caractéristiques coniques

L'application d'un couple d'axes perpendiculaires à l'axe de révolution de l'articulation provoque une déformation élastique angulaire β.

Cette déformation provoque un couple de rappel élastique exprimé en daN.m.

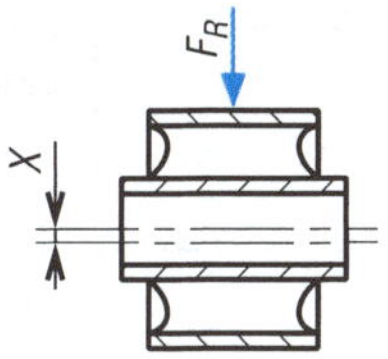

Caractéristiques radiales

L'application d'un effort radial F_R provoque un excentrage élastique X par compression de l'élastomère d'un côté et par détente du côté diamétralement opposé.

CARACTÉRISTIQUES DYNAMIQUES

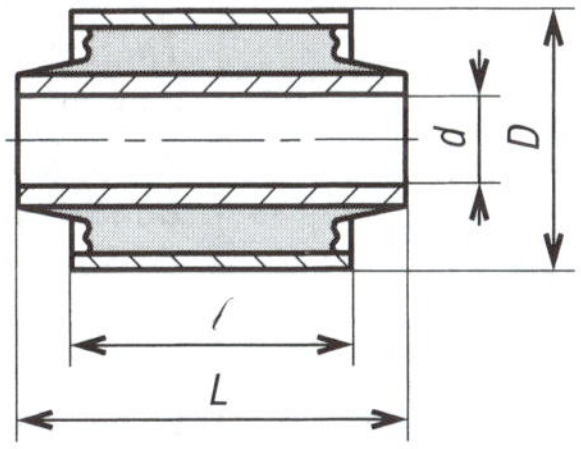

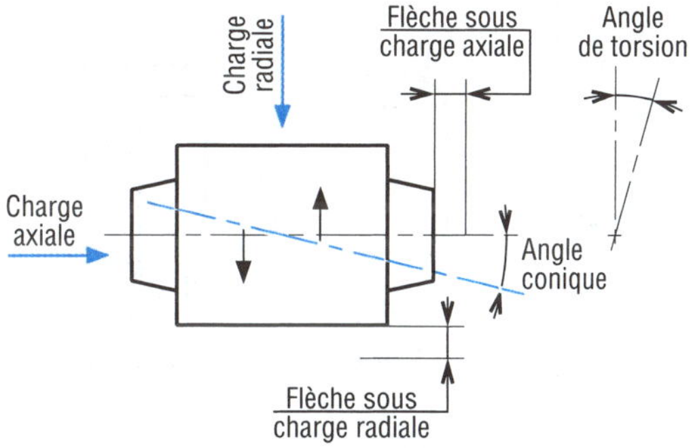

				RADIAL		TORSION	AXIAL		CONIQUE
d mm	**D** mm	**L** mm	**ℓ** mm	**Charge statique daN**	**Flèche mm**	**Angle maxi degré**	**Charge statique daN**	**Flèche mm**	**Angle maxi degré**
6	16	14	12	10	0,07	30	5	0,3	7
8	16	17	15	30	0,1	15	15	1,3	3
10	22	17	15	40	0,3	25	15	0,8	6
12	25	23	20	55	0,04	20	25	0,2	3
14	27	28	25	120	0,2	20	50	1,8	4
16	32	26	20	70	0,05	20	35	0,3	2
18	34	33	30	150	0,05	20	75	0,4	3
20	38	42	38	230	0,2	25	75	1	3
22	40	45	40	250	0,05	20	130	0,4	3
24	42	50	45	340	0,06	20	170	0,4	3

Suivant la fréquence des oscillations il y a lieu de réduire les charges et amplitudes angulaires données dans la nomenclature ci-dessus. Pour les dimensions intermédiaires, consulter les catalogues des fabricants.

13.2.2. ARTICULATIONS SPHÉRIQUES

ISO 6124 ET 612[illegible]

Les ***rotules*** permettent :

- l'alignement et le parallélisme entre l'arbre et le logement (elles remédient aux légers défauts géométriques) ;
- les mouvements oscillants de faibles vitesses.

Rotule radiale (photo INA)

ROTULES ACIER/ACIER (SKF et FAG)	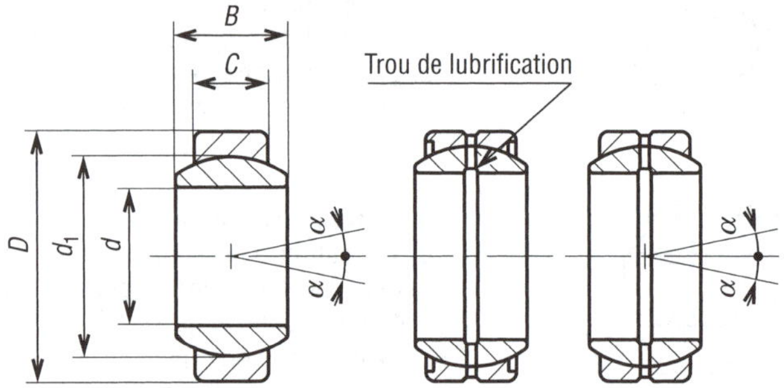	***Utilisation*** Pour : • les fortes charges statiques ; • les charges élevées discontinues ; • les chocs importants ; • les grandes oscillations. ***Tolérances :*** Logement ∅ *D* : M7 Arbre ∅ *d* : J6 ***Conditions de fonctionnement :*** Température d'utilisation : – 60 °C à + 200 °C Lubrification à la graisse.
ROTULES AUTO-LUBRIFIANTES (SKF et FAG)	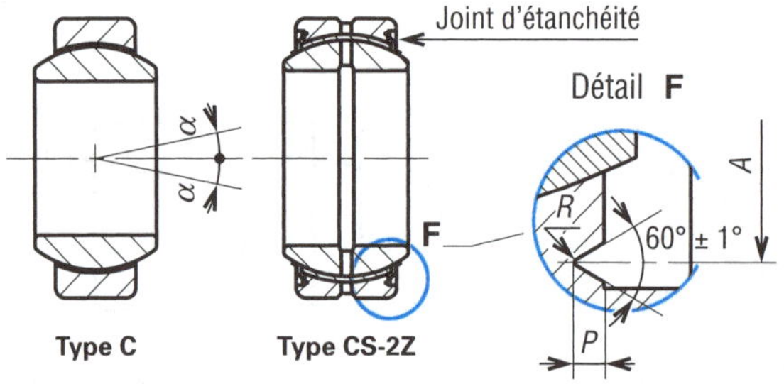	***Utilisation*** Pour : • les faibles frottements ; • les charges élevées discontinues ; • la durée de service importante sans entretien. ***Tolérances :*** Logement ∅ *D* : J7 Arbre ∅ *d* : J6 ***Conditions de fonctionnement :*** Température d'utilisation : – 50 °C à + 120 °C Pas d'entretien. ***Désignation :*** ∅ *d* = 20 NF L 31-513 *d* = diamètre nominal
EXEMPLE DE MONTAGE D'ARTICULATION	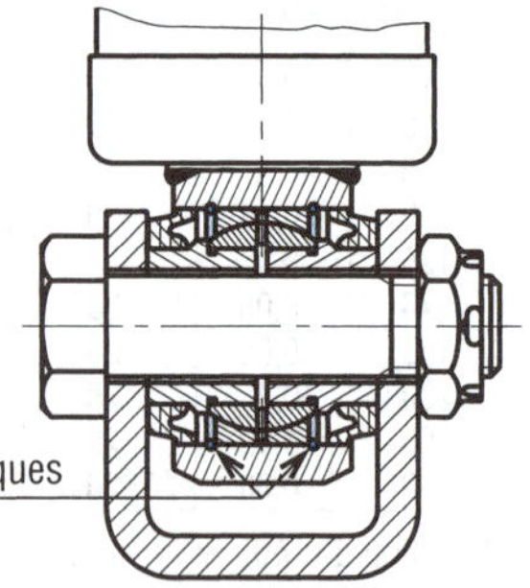 **Amortisseur de camion** (doc. SKF)	

Articulations

Nomenclature des articulations sphériques

d	Série E (extraits)					Série G (extraits)					Extrait des catalogues SKF et FAG					
											Rotules acier / acier			Rotules acier / bronze fritté		
d	D	B	C	d_1 mini	α	D	B	C	d_1 mini	$\alpha°$	Références GE : série E GEM : série M	Capacités de charges (1)		Références GE : série E GEM : série M	Capacités de charges (1)	
	Cotes en mm					Cotes en mm						C (kN)	C_0 (kN)		C (kN)	C_0 (kN)
4	12	5	3	6	16	14	7	4	7	20	GE 4 E	0,6	14	GE 4 C	2,36	5,85
6	14	6	4	8	13	16	9	5	9	21	GE 6 E	0,93	23,6	GE 6 C	3,9	9,8
8	16	8	5	10	15	19	11	6	11	21	GE 8 E	1,53	38	GE 8 C	6,3	15,6
0	19	9	6	13	12						GE 10 E	2,16	56	GE 10 C	9,5	23,6
0						22	12	7	13	18				GEM 10 C	12,5	31
2	22	10	7	15	10						GE 12 E	2,9	73,5	GE 12 C	12,5	31
2						26	15	9	16	18				GEM 12 C	17,6	44
5	26	12	9	18	8						GE 15 ES	4,65	116	GE 15 C	17,6	44
5						30	6	10	19	16				GEM 15 C	23,6	58,5
7	30	14	10	20	10						GE 17 ES	5,85	146	GE 17 C	23,6	58,5
7						35	20	12	21	19				GEH 17 C	34,5	86,5
0	35	16	12	24	9						GE 20 ES	8,15	204	GE 20 C	34,5	86,5
0						42	25	16	24	17	GEH 20 ES	13,4	335	GEH 20 C	52	129
5	42	20	16	29	7						GE 25 ES	13,4	335	GE 25 C	52	129
5						47	28	18	29	17	GEH 25 ES	17,3	430	GEH 25 C	71	176
0	47	22	18	34	6						GE 30 ES	17,3	430	GE 30 C	71	176
0						55	32	20	34	17	GEH 30 ES	21,6	550			
5	55	25	20	39	6						GE 35 ES	21,6	550	GE 35 CS	73,5	183
5											GEH 35 ES	27,5	680			
0	62	28	22	45	7						GE 40 ES	27,5	680	GE 40 CS	91,5	228
0											GEH 40 ES	35,5	880			
5	68	32	25	50	7						GE 45 ES	35,5	880	GE 45 CS	118	290
5											GEH 45 ES	43	1 080			
0	75	35	28	55	6						GE 50 ES	43	1 080	GE 50 CS	143	360
0											GEH 50 ES	67	1 700			
0	90	44	36	66	6						GE 60 ES	67	1 700	GE 60 CS	224	560
0											GEH 60 ES	86,5	2 160			
0	105	49	40	77	6						GE 70 ES	86,5	2 160	GE 70 CS	305	750
0											GEH 70 ES	110	2 800			
0	120	55	45	88	6						GE 80 ES	110	2 800	GE 80 CS	375	950
0											GEH 80 ES	134	3 350			
0	130	60	50	98	5						GE 90 ES	134	3 350	GE 90 CS	450	1 120
0											GEH 90 ES	166	4 250			

1) Les capacités de charges dépendent des définitions proposées par chaque constructeur : leurs valeurs ne sont comparables que dans une même fabrication. Le calcul ne peut donc se faire que par les méthodes propres à chacun des fabricants.

MONTAGES DE ROTULES

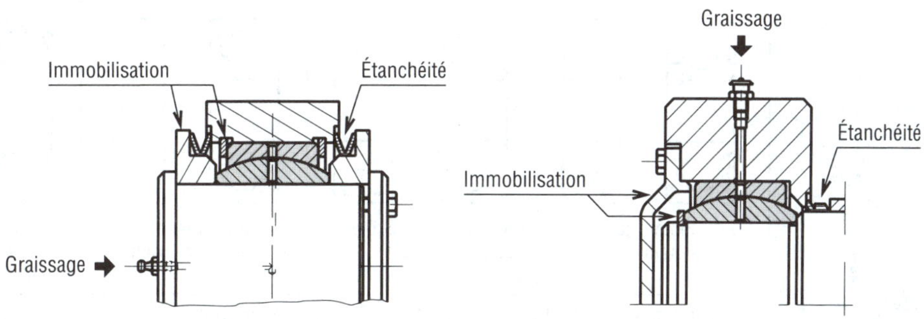

13.3. ROULEMENTS ISO 281/492

Un roulement est un organe qui assure une ***liaison mobile*** entre deux éléments d'un mécanisme roulant l'un sur l'autre. Il permet leur rotation relative, sous charge, avec précision et avec un frottement minimal.

13.3.1. CONSTITUTION D'UN ROULEMENT

*4 – **Cage** assurant l'écartement régulier des éléments roulants :*
- *cage emboutie ;*
- *cage usinée ;*
- *cage moulée.*

*1 – **Bague extérieure** constituant un des éléments de roulement :*
- *rainure sur bague extérieure ;*
- *alésage intérieur sphérique.*

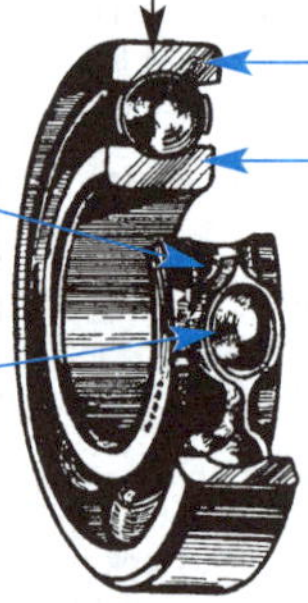

Doc. SNR

*3 – **Élément roulant** interposé entre les deux bagues :*
- *billes ;*
- *aiguilles ;*
- *rouleaux cylindriques ;*
- *rouleaux coniques ;*
- *rouleaux sphériques.*

*2 – **Bague intérieure** constituant un autre élément de roulement :*
- *alésage cylindrique ou conique ;*
- *alésage extérieur sphérique.*

13.3.2. ROULEMENTS À BILLES SNR

ROULEMENTS À BILLES À CONTACT RADIAL À UNE RANGÉE DE BILLES

Désignation

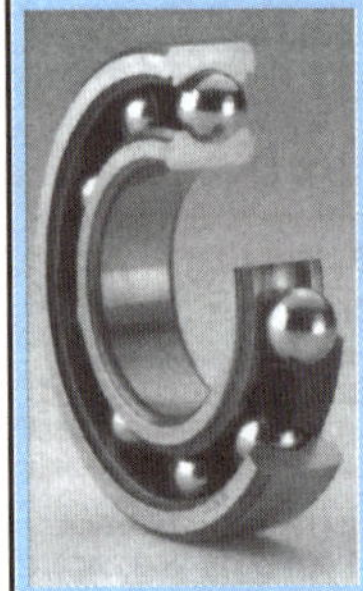

Représentations

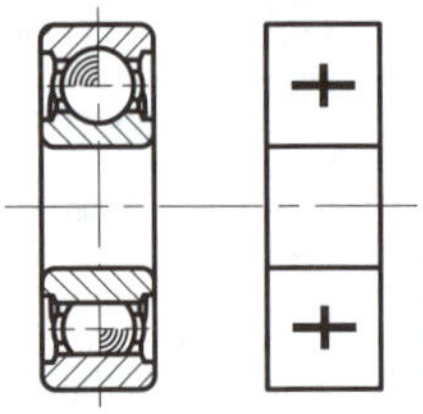

Sans encoche de remplissage

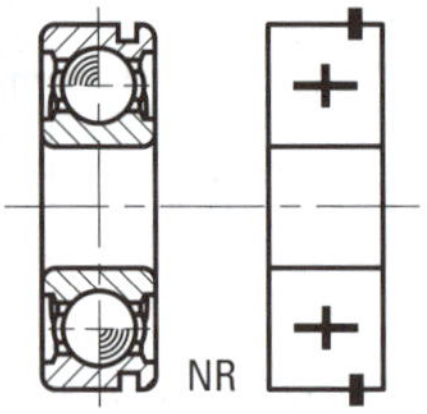

Avec rainure sur la périphérie de la bague extérieure

Exemples de déflecteurs et de joints

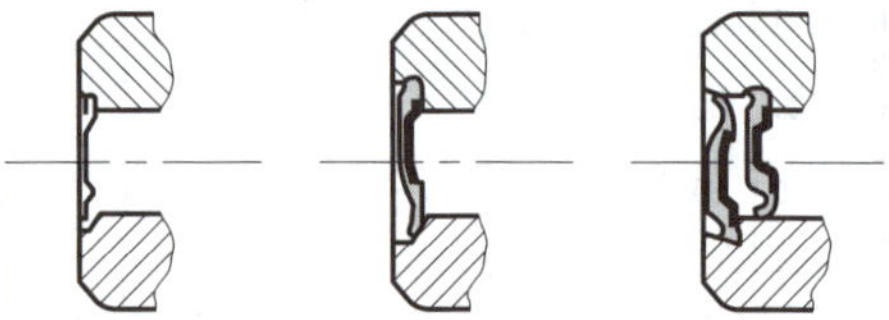

Déflecteur. Suffixe Z

Joint radial standard. Suffixe E

Joint radial double. Suffixe E 32

Représentations

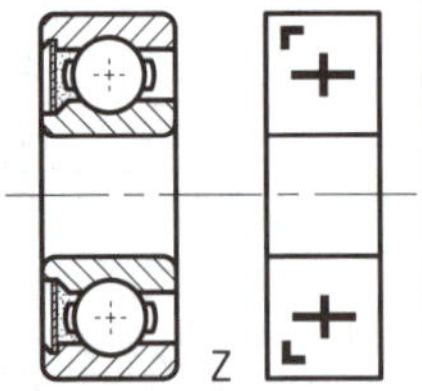

Roulement protégé par un déflecteur

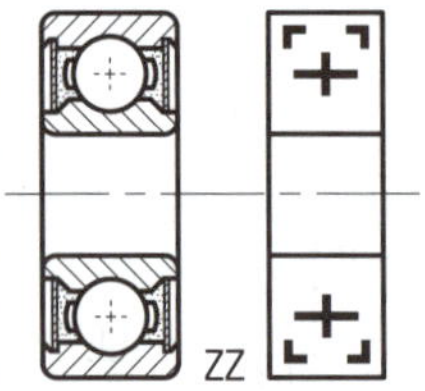

Roulement protégé par deux déflecteurs
Voir page 248.

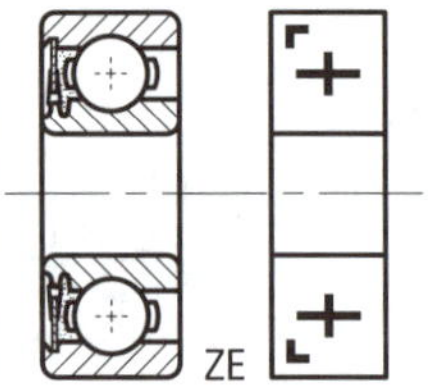

Roulement étanche un déflecteur + joint

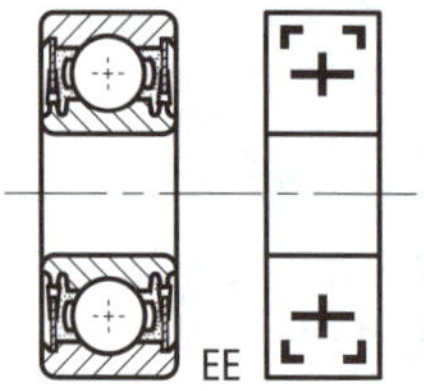

Roulement étanche deux déflecteurs + 2 joints. Voir page 248.

Charges supportées

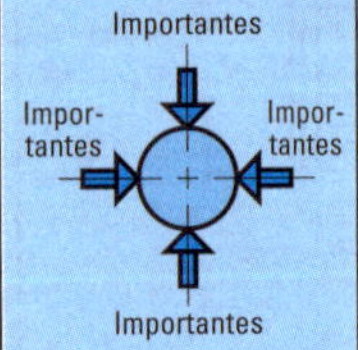

Informations : De symboles[1] 6.., 6..., 6...., 16..., ces roulements :
- assurent un bon contact entre les billes et les chemins de roulements,
- s'accommodent bien des vitesses très élevées,
- exigent une bonne coaxialité des portées de l'arbre et des alésages.

[1] Pour la désignation des roulements se reporter au paragraphe 7.6.

ROULEMENTS À BILLES À CONTACT RADIAL À DEUX RANGÉES DE BILLES

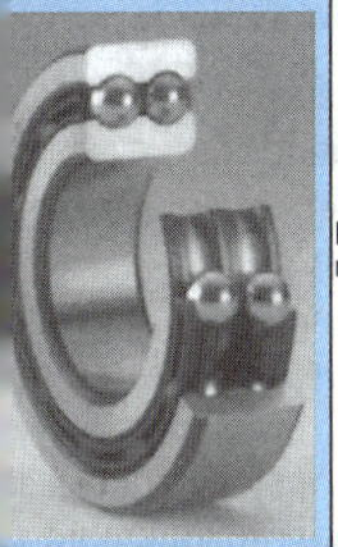

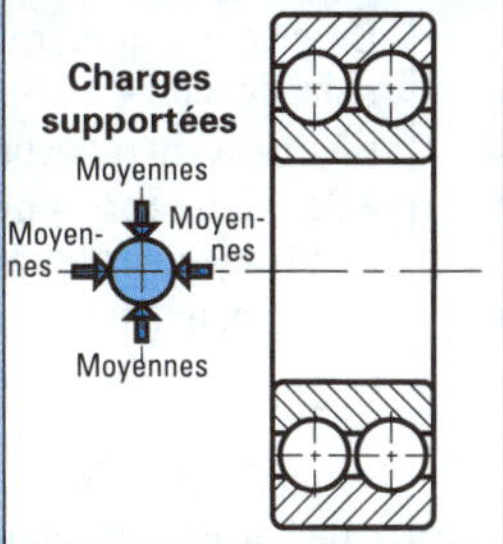

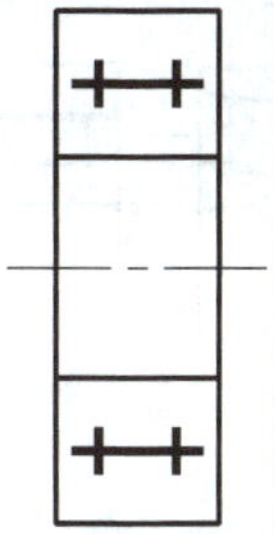

De symbole 4. . ., ces roulements (habituellement à gorges profondes)

- exigent une bonne coaxialité des portées de l'arbre et des alésages du bâti ;
- permettent de grandes vitesses de rotation ;
- ne supportent pas les chocs.

Emploi : arbres courts et peu chargés.

ROULEMENTS À ROTULE SUR BILLES

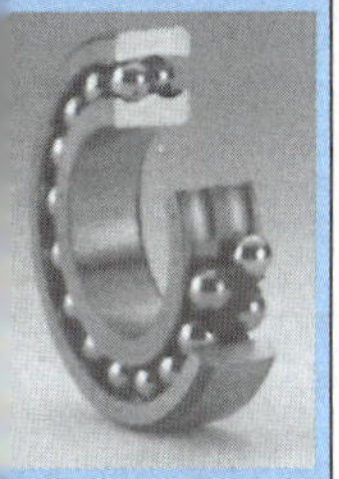

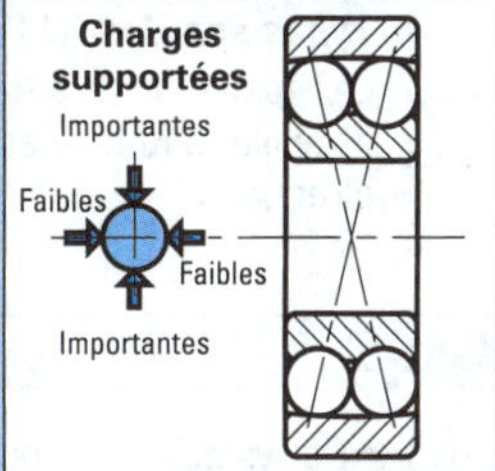

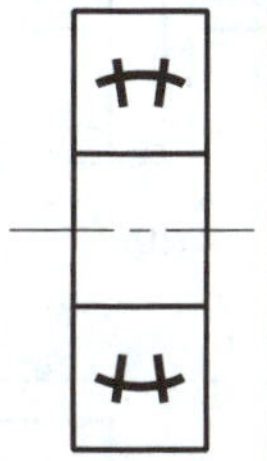

De symbole 1 . . . ou 2 . . ., ces roulements disposent sur la bague extérieure d'un chemin de roulement sphérique et peuvent donc s'accomoder d'un désalignement des axes (2 à 4 °).

- Ils répondent à des fréquences de rotation élevées.
- Ils sont recommandés lorsque la coaxialité des portées de l'arbre et des alésages est difficile à assurer.

ROULEMENTS À ROTULE SUR BILLES AVEC MANCHON DE SERRAGE

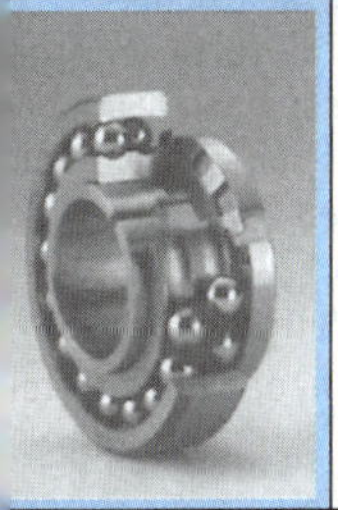

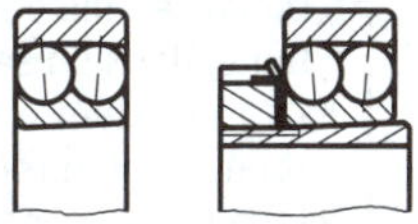

alésage conique (K)

alésage conique et manchon de serrage

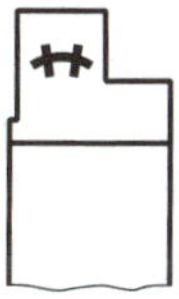

Les roulements dont le symbole est suivi de la lettre K possèdent un alésage conique. Ils peuvent être montés sur des arbres à portée conique sur manchon de serrage ou sur manchon de démontage. On évite alors l'épaulement d'appui sur l'arbre.

Emploi : paliers de transmission (flexion de l'arbre).

ROULEMENTS À BILLES A CONTACT OBLIQUE À UNE RANGÉE DE BILLES

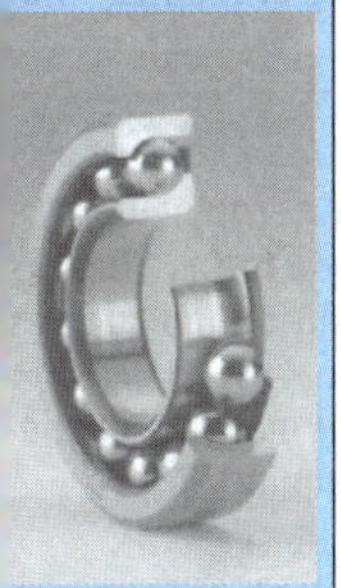

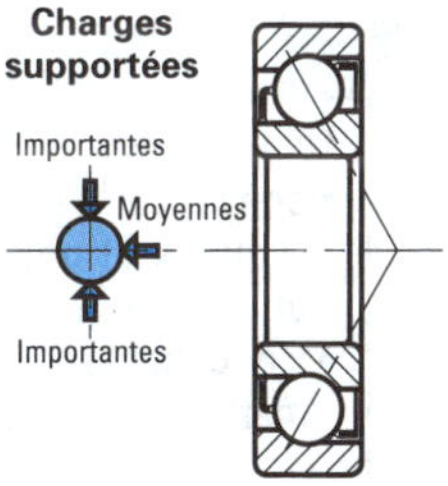

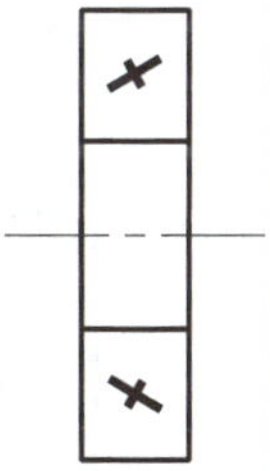

De symbole 7 . . ., ces roulements, en général sont montés par paire en opposition ; ils :

- permettent de grandes vitesses de rotation ;
- exigent une bonne coaxialité des portées de l'arbre et des alésages ;
- nécessitent l'immobilisation en translation des bagues intérieures et extérieures ;
- permettent le réglage du jeu de fonctionnement par translation axiale relative entre les deux bagues ;
- ne supportent pas les chocs.

Emploi : paliers précis, moteurs électriques, broches de machines-outils...

ROULEMENTS À BILLES À CONTACT OBLIQUE À DEUX RANGÉES DE BILLES

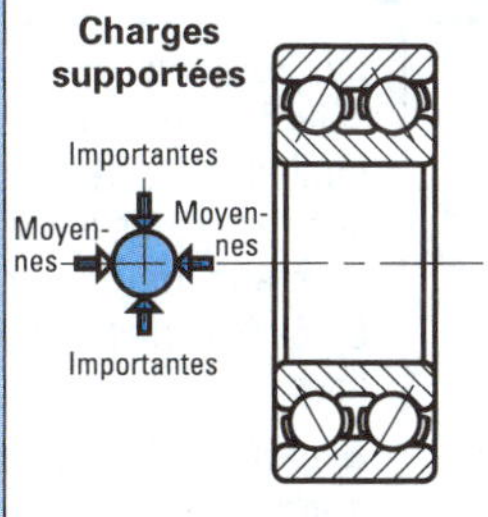

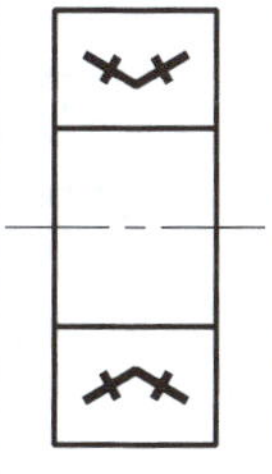

De symbole 3 . . ., ces roulements sont destinés à supporter des charges radiales assez importantes et des charges axiales alternées.

- Ils répondent à des fréquences de rotation modérées.
- Ils exigent une bonne coaxialité des portées de l'arbre et des alésages.
- Ils peuvent être montés seuls pour supporter un arbre court.

Emploi : réducteurs, arbres en porte-à-faux, grosse mécanique.

13.3.3. ROULEMENTS À ROULEAUX

ROULEMENTS À ROULEAUX CYLINDRIQUES

Charges supportées

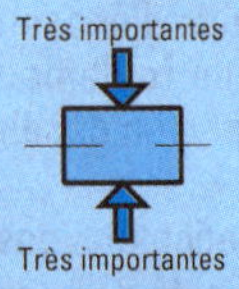

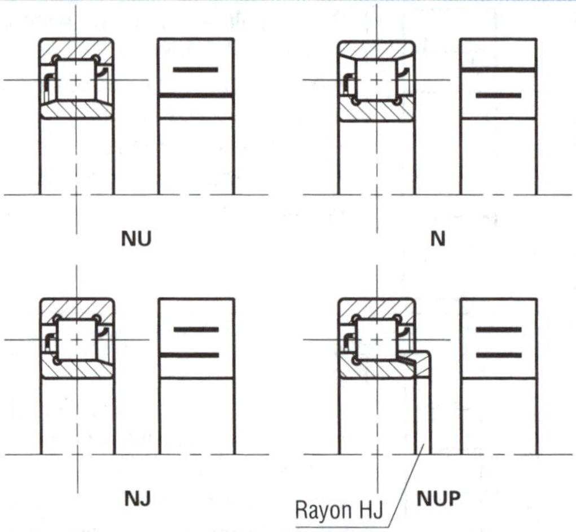

De symbole général NU, N, NJ, NUP suivi de 3 ou 4 chiffres.

- Ne peuvent recevoir de charge axiale.
- Conviennent pour de grandes vitesses de rotation.
- Exigent une très bonne coaxialité des portées de l'arbre et des alésages du bâti.
- Autorisent un léger déplacement axial de l'arbre par rapport au logement.
- Bonne résistance aux chocs.

Types épaulés : NJ et NUP.
Les épaulements permettent d'accepter de faibles efforts axiaux suivant certaines directions.

ROULEMENTS À ROULEAUX CONIQUES

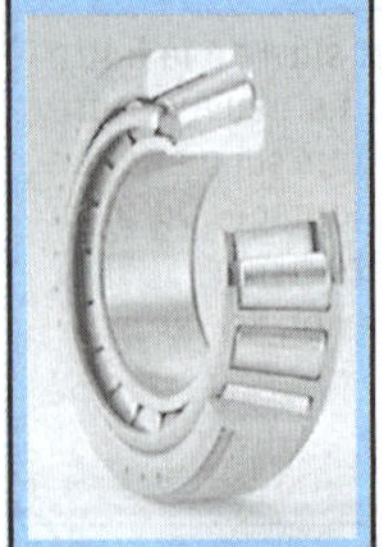

Charges supportées

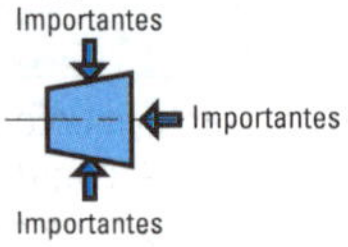

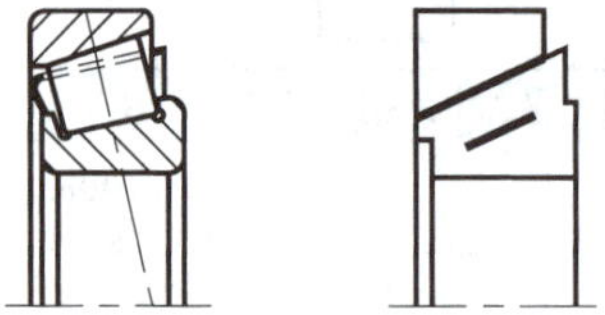

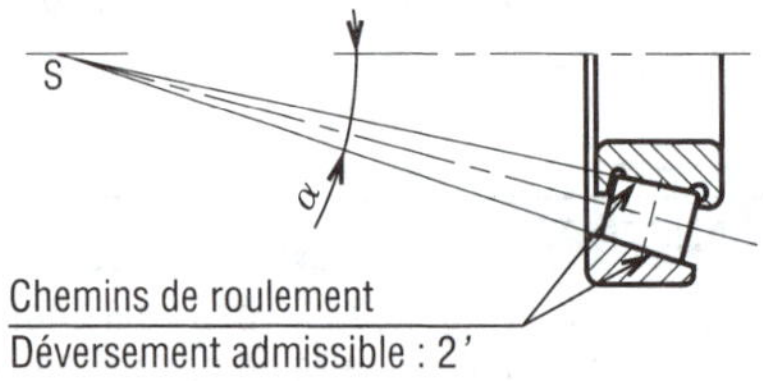

- De symbole 3. . . ., ou T suivi de 6 chiffres (nouvelle série), ces roulements doivent être montés en opposition.
- Ils supportent une forte charge radiale et une poussée axiale importante, dans un seul sens seulement.
- Ils répondent à des fréquences de rotation modérées.
- Le jeu de fonctionnement est réglable.

Emploi : systèmes mécaniques fortement sollicités.

Nota : la charge axiale sera d'autant plus grande que l'inclinaison de l'axe des rouleaux est plus grande par rapport à l'axe.

ROULEMENTS À ROULEAUX SPHÉRIQUES

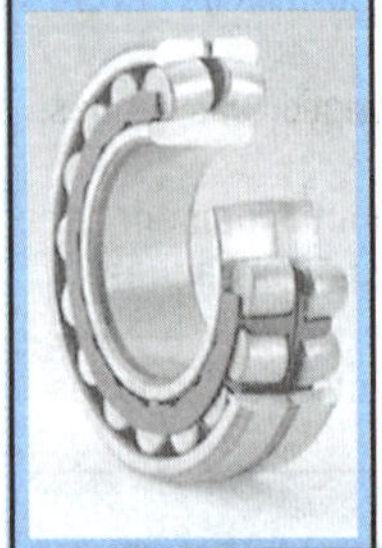

Charges supportées

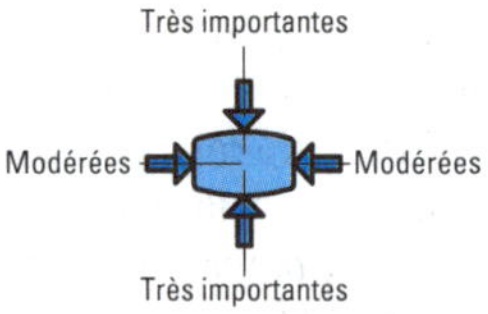

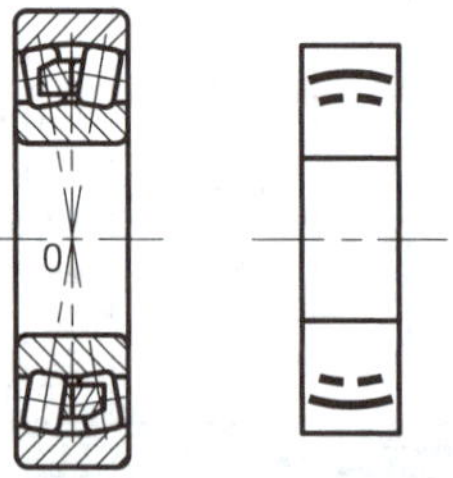

De symbole 2. . . ., ces roulements :

- conviennent pour de fortes charges radiales et peuvent supporter des charges axiales ;
- s'accomodent d'un mauvais alignement des axes (jusqu'à 1/2 °) ;

ROULEMENTS À ROULEAUX SPHÉRIQUES AVEC MANCHON DE SERRAGE

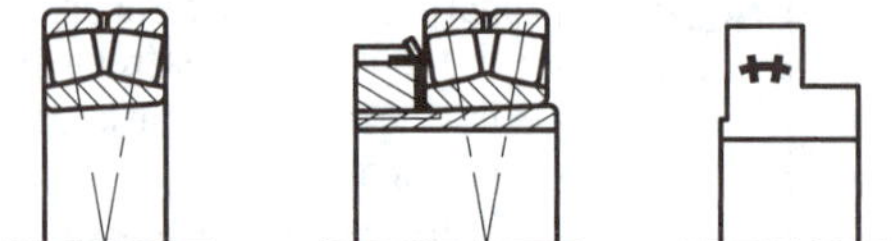

alésage conique (K) — **alésage conique et manchon de serrage**

Les roulements dont le symbole est suivi de la lettre K possèdent un alésage conique. Ils peuvent donc être montés sur des arbres à portée conique ou sur un manchon de serrage démontable. On évite alors l'épaulement d'appui sur l'arbre.

Emploi : paliers fortement chargés. Ils autorisent une flexion de l'arbre.

 Nadella

Désignation	Caractéristiques	Représentation normalisée	Représentation conventionnelle	Informations
ROULEMENTS À BAGUE MASSIVE  NA **Charges supportées** 	À aiguilles jointives	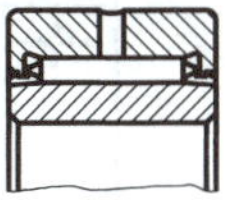 **NA** 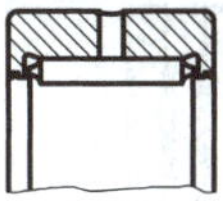 **RNA**	 **Bague extérieure**	• Supportent une charge radiale élevée mais pas de charge axiale. • Acceptent de grandes vitesses de rotation. • Nécessitent un bon alignement de l'arbre et du moyeu. • Peuvent être utilisés sans bague intérieure si la portée de l'arbre présente une dureté suffisante et un état de surface convenable (58 à 64 HRC). • Occupent un faible encombrement. ***Emploi :*** Axes à articulation, têtes de bielles, galets de cames.
	À cages	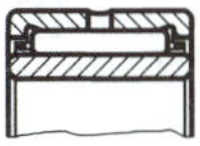 **NBI, NA 48/49** 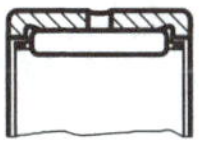 **NB, RNA 48/49** 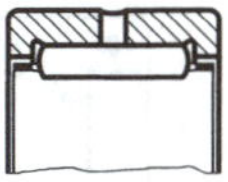 **RNA...Δ** 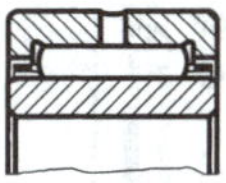 **NA...Δ**	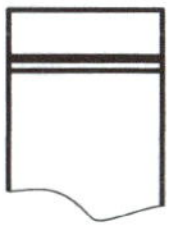 **Bague intérieure**	
CAGES À AIGUILLES 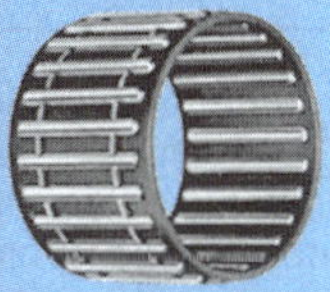 B	À une rangée À deux rangées	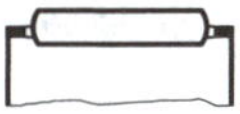 **B**  **BB**	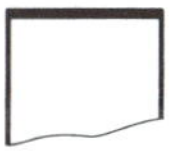	• Grande rigidité évitant ainsi les déformations lors des manipulations. • Résistance mécanique importante, insensibilité au vieillissement. • Insensibilité aux composants synthétiques présents dans les lubrifiants. • Masse faible diminuant les effets des accélérations et des forces centrifuges. • Fonctionnement silencieux.
DOUILLES À AIGUILLES JOINTIVES 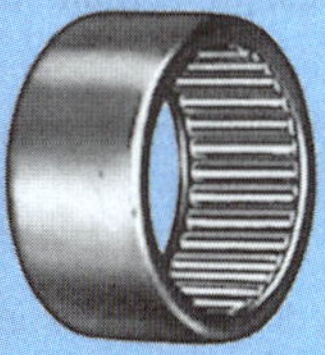 SL	À retenue par graisse À retenue mécanique	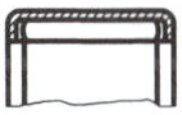 **SL Sans fond** 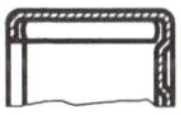 **CN Avec fond** 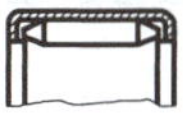 **DL Sans fond** 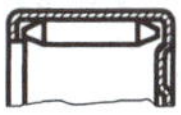 **DLF Avec fond**		• Faible encombrement et un emploi économique. • Capacité de charges élevée. • Fonctionnement sans bague intérieure (dureté de l'arbre 650 HV mini) tout en gardant la capacité de charge maximale admise. • Emploi de l'arbre au diamètre optimal.
DOUILLES À AIGUILLES À CAGE 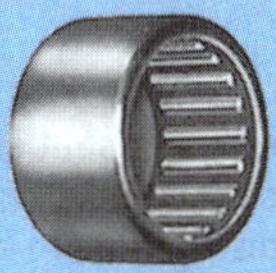 DB	Sans fond Avec fond	 **DB** 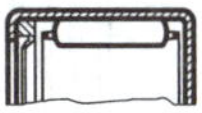 **DBE Joint d'étanchéité incorporé** 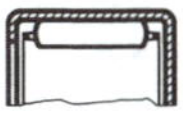 **DBF**		Ce type de douilles à aiguilles est moins sensible aux défauts d'alignement et est généralement choisi pour les montages à axe vertical sans charge faible ou moyenne. Le joint d'étanchéité incorporé facilite la mise en place de l'étanchéité.

13.4. BUTÉES

SNR

Désignation	Caractéristiques	Représentations normalisée	Représentations conventionnelle	Informations
BUTÉES À BILLES  **NF E 22-320**	À simple effet À double effet	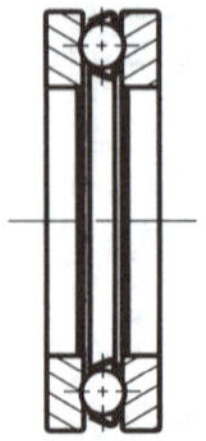 **Type 51 000** 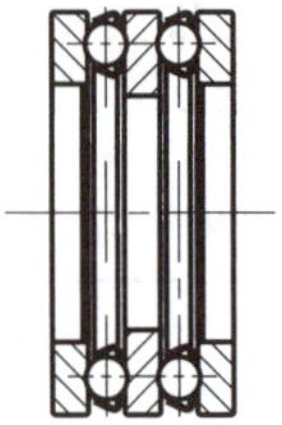 **Type 52 000**	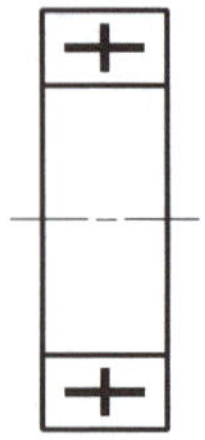 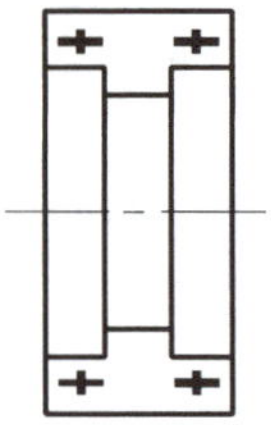	De symbole 51000 : • cette butée n'admet aucun déversement entre les rondelles ; • elle encaisse les poussées axiales et dans un seul sens ; • sa vitesse de rotation est limitée (force centrifuge sur les billes) ; • elle n'assure pas le guidage en rotation, ce qui nécessite la présence de roulements. • Cette butée est peu utilisée et souvent remplacée par un montage à deux butées simples ; • elle est conçue pour supporter des charges axiales alternées ; • elle est utilisée pour les arbres verticaux, fortement chargés axialement avec une rotation lente.
BUTÉES À ROULEAUX SPHÉRIQUES 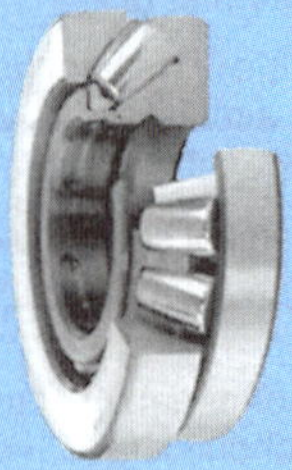 **NF E 22-320**	À cage emboutie en tôle d'acier	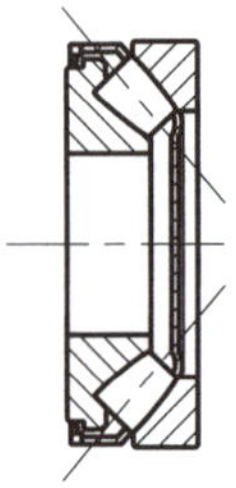 **Type 29 000**	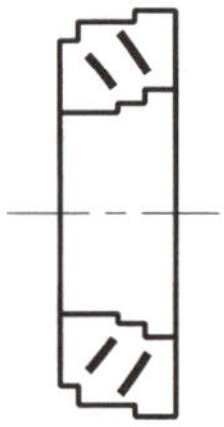	Ce type de butée (symbole 29000), par son chemin de roulement sphérique, tolère un léger déversement de la rondelle-logement par rapport à l'axe de rotation ; • la fréquence de rotation est moyenne ; • la charge axiale est très élevée dans un seul sens, la charge radiale est limitée. ***Emploi :*** pivots fortement chargés, turbines, ponts roulants, grues.

13.5. BUTÉES ET ROULEMENTS NON NORMALISÉS

Désignation	Caractéristiques	Représentations normalisée	Représentations conventionnelle	Informations
BUTÉES À ROULEAUX CYLINDRIQUES 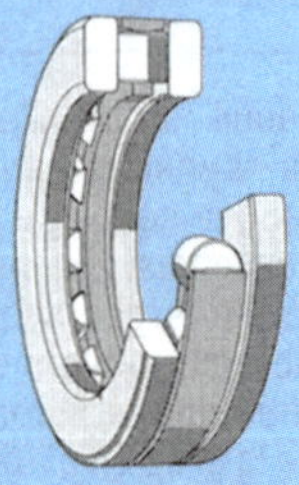 Doc : SKF	AX = sans contreplaque • série moyenne • série forte AXZ = avec contreplaque	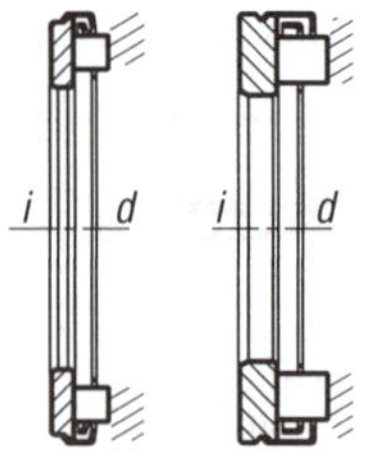 **AX** 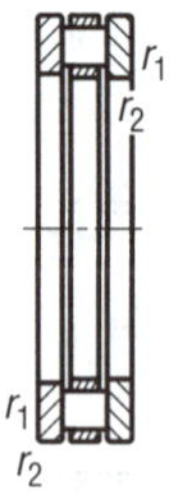 **AXZ**		Plusieurs combinaisons sont possibles. De conception simple, ces butées comprennent : • une rondelle-logement ; • une cage à rouleaux ; • une rondelle arbre. La cage à rouleaux peut être utilisée sans rondelle lorsque le chemin de roulement est trempé et rectifié.

Butées et roulements

BUTÉES À AIGUILLES

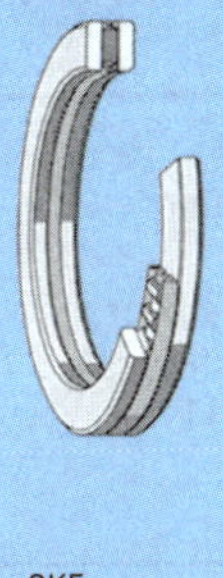

Doc : SKF

AR = sans contreplaque
- série mince
- série épaisse

ARZ = avec contreplaque incorporée

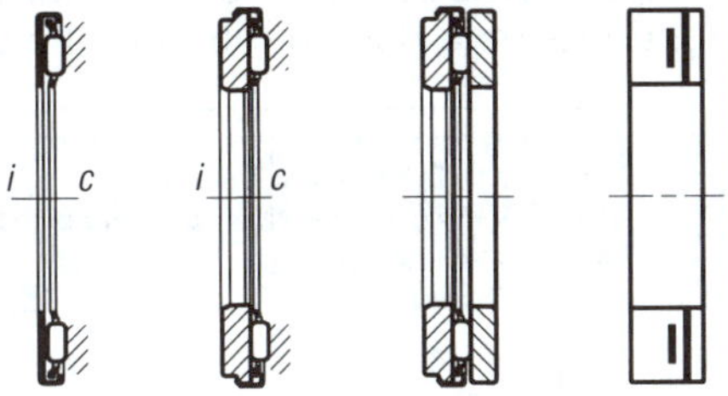

Les butées à aiguilles :

- supportent de très fortes charges axiales et sont peu sensibles aux chocs ;
- sont d'un encombrement réduit.

Une butée à double effet peut être réalisée à partir de deux butées à simple effet (minces ou épaisses).

Les butées à aiguilles ont une capacité de charge axiale et une fréquence de rotation admise plus importantes que les butées à billes.

ROULEMENTS COMBINÉS À DOUILLES

Doc : NADELLA

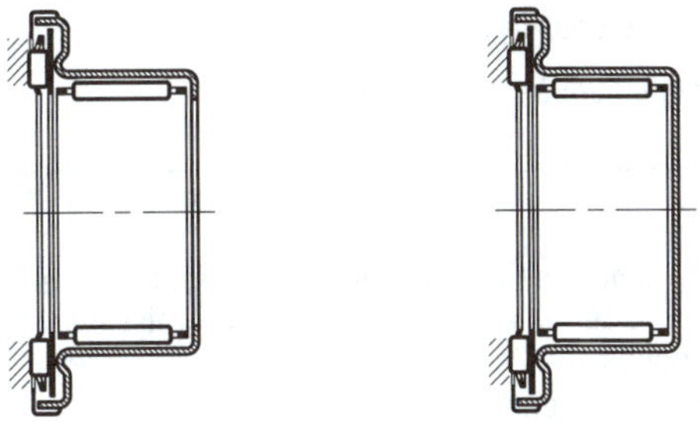

À aiguilles sans fond — **À aiguilles avec fond**

ROULEMENTS COMBINÉS :

• À CAGE À AIGUILLES

Doc : NADELLA

• À CAGE À ROULEAUX

Doc : NADELLA

Sans contreplaque de retenue	**Avec contreplaque de retenue**

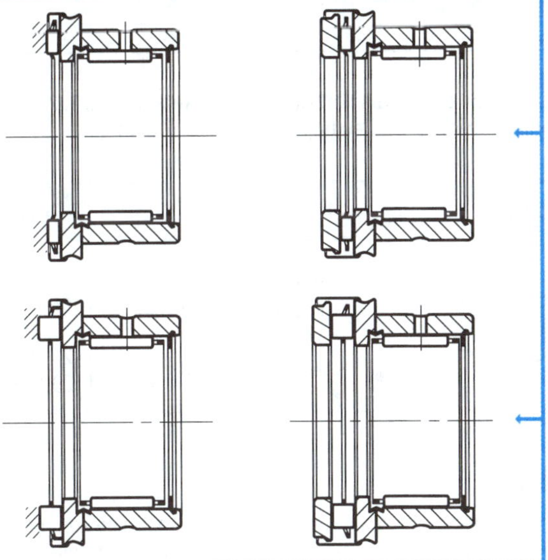

CONTREPLAQUE DE RETENUE :
1 mince 2 épaisse

BAGUE INTÉRIEURE :
3 sans trou
4 avec trou

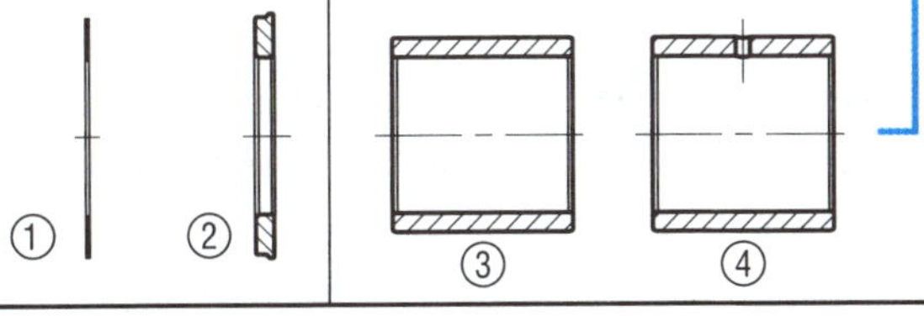

Les roulements combinés comportent :

- un roulement à aiguilles combiné avec une butée à billes ou une butée à rouleaux cylindriques.

Ils peuvent :

- être avec ou sans fond ;
- être munis d'une contreplaque de retenue mince ou épaisse ;
- comporter une bague intérieure avec ou sans trou de graissage.

Conditions géométriques

- L'épaulement de l'arbre contre lequel s'appuie la butée doit être plan, rigide et perpendiculaire à l'axe de rotation.
- L'état de surface doit être de qualité Ra maxi = 0,4.
- Les surfaces de roulement doivent répondre à une dureté HRe mini égale à 57.

Conditions fonctionnelles

Les roulements combinés du type Nadella supportent :

- des ***charges axiales et radiales importantes*** ;
- des ***vitesses de rotation élevées***.

Montages ***économiques*** et ***peu encombrants.***

Emploi : *axes d'articulation, têtes de bielles, machines-outils, galets tendeurs ou de cames.*

13.6. DÉSIGNATION D'UN ROULEMENT

SNR

Les roulements étant interchangeables, leur désignation doit faire référence à celles utilisées actuellement par les fabricants européens de roulements. Elle assure la cohérence entre les calculs correspondants et la désignation établie par ces fabricants.

ÉLÉMENTS DE DÉSIGNATION D'UN ROULEMENT

Code du type	Code de la série de largeur	Code de la série de diamètre	Code de l'alésage	
2	2	3	1	4

Cette désignation est indiquée dans les tableaux des caractéristiques paragraphe 7.11.

CODE TYPE

Le code type d'un roulement est défini suivant sa conception par un chiffre de 0 à 7 ; la lettre N est reservée aux roulements à rouleaux cylindriques.

Exemple : *type 2* pour le roulement à rotule sur rouleaux.

CODE DE LA SÉRIE DE LARGEUR

La série de largeur définit les proportions du roulement, c'est-à-dire la relation entre la largeur et la hauteur de sa section. Quatre séries courantes de largeur croissante : 0, 1, 2, 3. Ces largeurs croissantes donnent des enveloppes adaptées :

- au nombre de rangées de corps roulants (1 ou 2) ;
- à la conception interne du roulement (angle de contact).

Remarque : le code de la série de largeur n'est indiqué que dans les symboles à cinq chiffres.

Exemple : série de largeur 2 pour le roulement à rotule sur rouleaux.

CODE DE LA SÉRIE DE DIAMÈTRE

La norme définit 7 séries de diamètres extérieurs croissants (8, 9, 0, 1, 2, 3, 4). Ces séries définissent la taille du roulement (renforcement des bagues et corps roulants).

CODE DE L'ALÉSAGE

Alésages < 10 mm	10 ⩽ Alésages ⩽ 17	Alésages ⩾ 20
Pour les roulements du *type 6*, le dernier chiffre du symbole (qui ne comporte que 3 chiffres) indique l'alésage en mm.	10 mm : code 00 12 mm : code 01 15 mm : code 02 17 mm : code 03	Le code est donné par le 1/5e de l'alésage en mm 20 mm : code 04 25 mm : code 05 30 mm : code 06

Alésages intermédiaires

Les trois alésages dits « intermédiaires » sont 22, 28 et 32 mm. Ce ne sont pas des multiples de 5. L'alésage est donné en clair, précédé des trois premiers chiffres du symbole usuel.

Exemples :

620/28 (roulement à billes à gorge profonde d'alésage 28 mm).

320/32 (roulement à rouleaux coniques de la série 32000 d'alésage 32 mm).

SYMBOLISATION ET PLANS DE DIMENSIONS — D'après SNR

Désignation	Schéma	Symboles	Caractéristiques
Roulements à deux rangées de billes à contact oblique	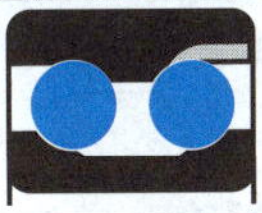	32 . . 33 . .	cf. § 7.11.2.
Roulements à rotule sur deux rangées de billes		12 . . 13 . . 22 . . 23 . . .	cf. § 7.11.3.
Roulements à rotule sur rouleaux		213 . . 222 . . 223 . . 230 . . 231 . . 232 . . 240 . . 241 . .	—
Roulements à rouleaux coniques		302 . . 303 . . 313 . . 320 . . 322 . . 323 . . 330 . . 331 . . 332 . .	cf. § 7.11.5.
Roulements à deux rangées de billes		42 . . 43 . .	cf. § 7.11.1.
Butées à billes	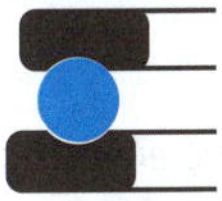	Butée à double effet 511 . . 512 . . 513 . . 522 . . 523 . .	cf. § 7.11.7.
Roulements à une rangée de billes		60 . 62 . 63 . 60 . . 62 . . 63 . . 64 . . 160 . . 622 . . 623 . . 618 . . 619 . .	cf. § 7.11.1.
Roulements à billes à contact oblique		70 . . 718 . . 719 . . 72 . . 73 . .	cf. § 7.11.2.
Roulements à rouleaux cylindriques		N2 . . N3 . . N4 . . N10 . . N22 . . N23 . . (NU, NJ, ou NUP suivis de 3 ou 4 chiffres)	cf. § 7.11.4.

Exemple de constitution d'un symbole

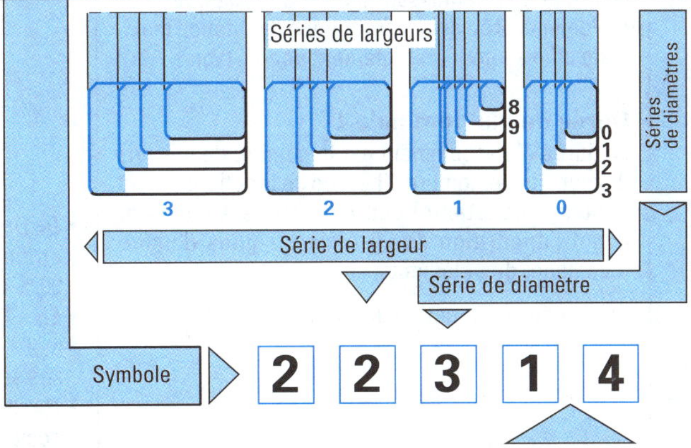

Indication d'alésage

00 = 10 mm d'alésage
01 = 12
02 = 15 à partir de 04 multiplier par 5 les deux derniers chiffres.
03 = 17 exemple : 22314 × 5 → 70 mm d'alésage.

Nota : aux paragraphes cités, on trouvera les caractéristiques nécessaires pour calculer, choisir et monter un roulement.

13.7. CHOIX ET CALCULS D'UN ROULEMENT NF E 22-391/392

CALCULS

Pour choisir un roulement, il faut connaître :
- la ***nature des charges*** supportées ;
- la ***vitesse de rotation maximale*** à ne pas dépasser ;
- l'***encombrement dimensionnel*** à respecter ;
- les ***conditions d'utilisation*** (lubrification, fonctionnement avec chocs, nature du montage...).

Une fois le type de roulement choisi, le calcul précise les caractéristiques dimensionnelles du roulement capable de supporter les efforts appliqués pour une certaine durée de vie.

Charge dynamique équivalente *P*

C'est la charge radiale fictive dont l'influence sur la durée serait la même que celle des charges agissant réellement.

Selon la norme :

$$P = Fr \quad \text{si} \quad \frac{Fa}{Fr} \leqslant e$$

$$P = X.Fr + Y.Fa \quad \text{si} \quad \frac{Fa}{Fr} > e$$

et dans ce cas ***P*** est toujours supérieur à ***Fr.***

Notes :

- Roulements à rouleaux cylindriques ou à aiguilles :

P = Fr car ils ne peuvent accepter une charge axiale.

- Butées à billes, à rouleaux cylindriques ou à aiguilles :

P = Fa car elles ne peuvent accepter une charge radiale.

Nota : Pour les roulements à contacts obliques voir procédure de calcul page 252.

Fréquence de rotation

Les tableaux définissant les caractéristiques des roulements précisent la fréquence de rotation maximale admise pour un roulement donné. (Voir § 7.11.)

Durée de vie nominale *L*

La durée d'un roulement est le nombre de millions de tours (ou le nombre d'heures de fonctionnement à vitesse constante) que celui-ci peut effectuer avant l'apparition des premiers signes d'usure (écaillage) des éléments.

Son calcul est fonction du rapport $L = \left(\frac{C}{P}\right)^n$

avec :

n = 3 pour les roulements et butées à billes
n = 10/3 pour les roulements à rouleaux et butées à aiguilles.

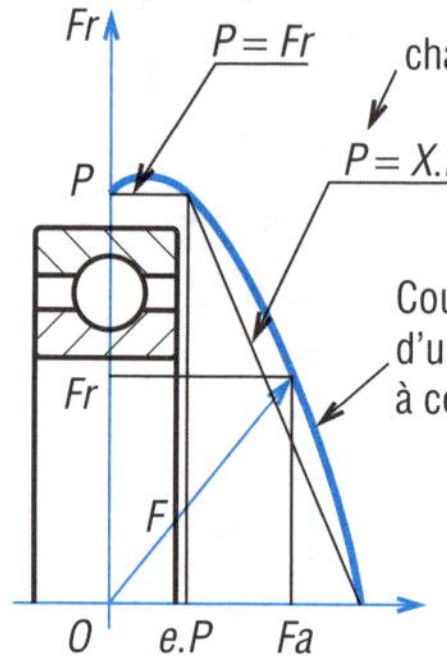

Doc : SNR

- ***Fa*** = Effort axial supporté par le roulement ou la butée.
- ***Fr*** = Effort radial supporté par le roulement.
- ***X*** = Coefficient de charge radiale.
- ***Y*** = Coefficient de charge axiale.

X et ***Y*** sont donnés dans les tableaux de dimensions (pages 248 à 269).

Relations

$$L = \left(\frac{C}{P}\right)^n \text{ en millions de tours}$$

$$\underset{\text{(heures)}}{Lh} = \left(\frac{C}{P}\right)^n \cdot \frac{10^6}{60\,N}$$

- ***L*** = Durée de vie nominale en millions de tours atteinte ou dépassée sans dommages par 90 % des roulements.
- ***Lh*** = Durée de vie en heures de fonctionnement à vitesse constante atteinte ou dépassée sans dommages par 90 % des roulements.
- ***C*** = Charge dynamique de base (voir tableaux des dimensions § 7.11.).
- ***P*** = Charge dynamique équivalente.
- ***n*** = Coefficient suivant type de roulement.
- ***N*** = Vitesse de rotation en tr/min.

CHARGES SUR LES ROULEMENTS À CONTACT OBLIQUE

Arbre monté sur deux roulements à billes à contact oblique

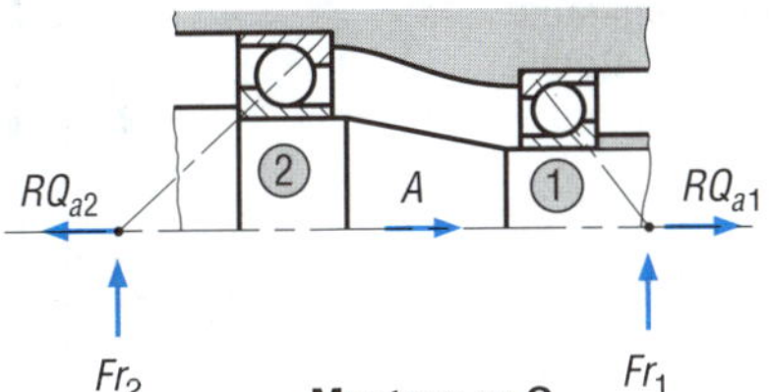

Montage en O

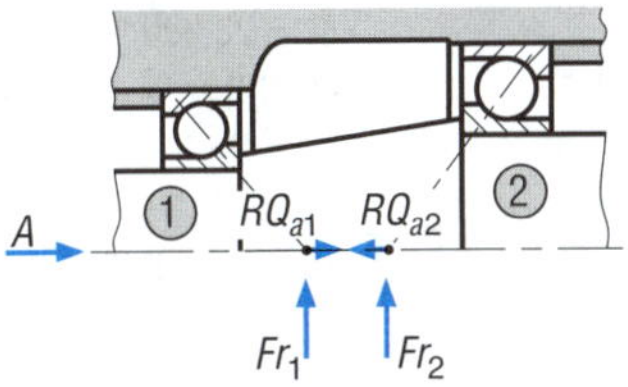

Montage en X

Arbre monté sur deux roulements à rouleaux coniques

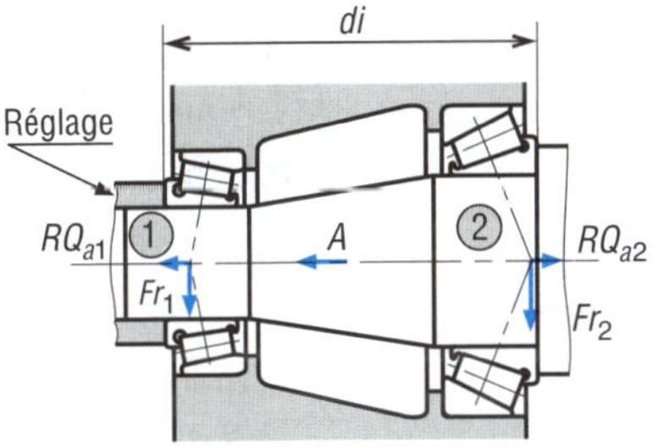

Montage en O

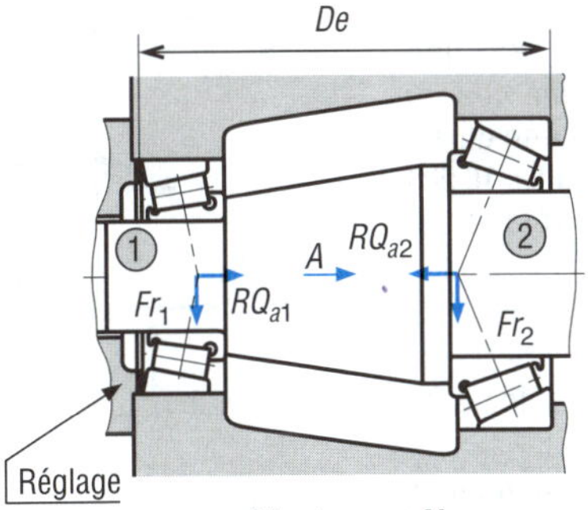

Montage en X

Roulements à billes à contact oblique ou roulements à rouleaux coniques

L'équilibre axial de l'arbre dépend non seulement des ***efforts extérieurs*** à celui-ci (Fr_1, Fr_2, A) mais aussi des ***forces induites*** par les charges radiales appliquées sur chaque roulement.

La force induite par chacun des roulements tend à séparer la bague intérieure de la bague extérieure. Cette force se comporte vis-à-vis du roulement antagoniste comme ***une force axiale supplémentaire***.

L'équilibre axial de l'arbre est assuré lorsqu'il y a équilibre du système composé des trois forces :

- A = force axiale extérieure
- RQ_{a1} = force induite par le roulement ①
- RQ_{a2} = force induite par le roulement ②

On démontre que la force induite d'un roulement à contact oblique qui fonctionne avec jeu nul (ou presque nul) a une valeur déterminée sensiblement égale à

$\mathbf{\frac{Fr}{2Y}}$; d'où :

On applique alors la règle suivante :

Indice 1 : roulement dont la force induite a le sens de la force axiale extérieure A.

P_1 = charge équivalente du roulement ①

P_2 = charge équivalente du roulement ②

- Si $A + \frac{Fr_1}{2Y_1} > \frac{Fr_2}{2Y_2}$, le roulement ① fonctionne avec du jeu.

Donc $\boxed{P_1 = Fr_1}$

et $Fa_2 = A + \frac{Fr_1}{2Y_1}$, d'où :

$$P_2 = Fr_2 \quad \text{si} \quad \frac{Fa_2}{Fr_2} \leqslant e_2$$

$$P_2 = X \cdot Fr_2 + Y_2\, Fa_2 \quad \text{si} \quad \frac{Fa_2}{Fr_2} > e_2$$

- Si $A + \frac{Fr_1}{2Y_1} < \frac{Fr_2}{2Y_2}$, le roulement ② fonctionne avec du jeu.

Donc $\boxed{P_2 = Fr_2}$

et $Fa_1 = \frac{Fr_2}{2Y_2} - A$, d'où :

$$P_1 = Fr_1 \quad \text{si} \quad \frac{Fa_1}{Fr_1} \leqslant e_1$$

$$P_1 = X \cdot Fr_1 + Y_1\, Fa_1 \quad \text{si} \quad \frac{Fa_1}{Fr_1} > e_1$$

Pour les roulements à billes à contact oblique :
$X = 0{,}35$ $Y = 0{,}57$ $e = 1{,}14$

Pour les roulements à rouleaux coniques :
$X = 0{,}4$ Y et e : voir tableau des caractéristiques.

Choix et calculs d'un roulement

Méthode de calcul	Calculs

EXEMPLE DE CALCUL 1

Problème Un roulement à billes à contact radial 6308 ZZ doit fonctionner à la vitesse de 600 tr/min sous une charge radiale constante $Fr = 7\,500$ N. Il est admis que l'on se trouve dans des conditions d'extrême propreté.

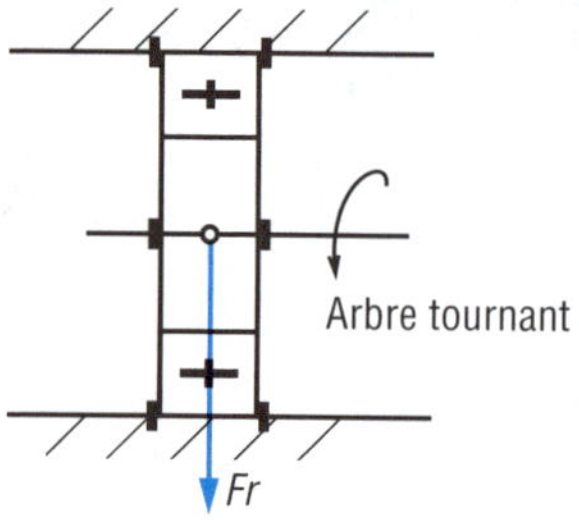

Question Connaître la durée de vie nominale en tours et en heures.

Examen de la fiche précisant les caractéristiques du roulement (page 248) 6308 ZZ.

Roulement (40 – 90 – 23)
$C = 40\,500$ N
$C_0 = 23\,900$ N
N limite = 7 700 tr/min

Calcul **1.** Charge dynamique équivalente P.
L'arbre n'est pas soumis à une charge axiale donc :

$$P = Fr$$

$P = Fr =$ **7 500 N**

2. Charge dynamique de base C (données du catalogue)

$C =$ **40 500 N**

3. Durée de vie nominale en tours.
Appliquons la formule :

$$Lt = \left(\frac{C}{P}\right)^n \cdot 10^6$$

avec $n = 3$ (puisque roulement à billes).

$$Lt = \left(\frac{40\,500}{7\,500}\right)^3 \cdot 10^6 = 157\,400\,000 \text{ tours}$$

ou **157,4 M.T**

Résultat **4.** Durée de vie nominale en heures.
Appliquons la formule :

$$Lh = \left(\frac{C}{P}\right)^n \cdot \frac{10^6}{60\,.\,N \text{ tr/min}}$$

$$Lh = \left(\frac{40\,500}{7\,500}\right)^3 \cdot \frac{10^6}{60\,.\,N} = \mathbf{4\,372\ h}$$

avec N = 600 tr/min

EXEMPLE DE CALCUL 2

Problème Le montage d'un roulement à billes à contact radial est soumis à la fois à une charge radiale $Fr = 750$ N et une charge axiale de 250 N et l'on souhaite une durée de fonctionnement au moins égale à 10 000 heures avec une fréquence de rotation N = 6 000 tr/min.
Le diamètre de l'arbre est de 25 mm.

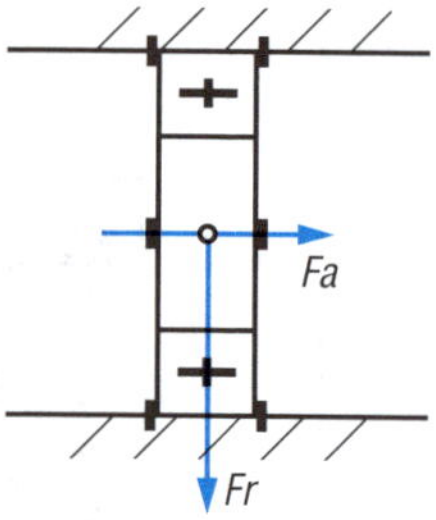

Question Déterminer les dimensions du roulement.

Calcul **1.** La charge axiale étant relativement importante, on supposera que $\frac{Fa}{Fr} > e$.
De ce fait la charge équivalente sera :
$P = X.Fr + Y.Fa$ supérieure à Fr.

Hypothèse : $P = 800$ N

EXEMPLE DE CALCUL 2 (suite)

2. Charge dynamique de base C

Appliquons la formule :

$$Lh = \left(\frac{C}{P}\right)^3 \cdot \frac{10^6}{60 \, . \, N}$$

d'où $$C = P \sqrt[n]{\frac{Lh \, . \, N \, . \, 60}{10^6}}$$

$n = 3$

$$C = 800 \sqrt[3]{\frac{10\,000 \times 6\,000 \times 60}{10^6}}$$

$C =$ **12 260 N**

Résultat

3. $C > 12\,260$ N

On trouve dans le tableau de dimension des roulements, le roulement 6 205 d'alésage 25, avec $C = 14\,000$ N

$C_0 = 7\,900$ N

Le tableau des coefficients de calcul donne pour $\frac{Fa}{C_0}$ les valeurs de Y et e.

On calcule alors la charge équivalente selon la norme (p. 262) et on vérifie que le roulement choisi (6 205) atteint bien la durée de vie requise.

6 205 (25 × 52 × 15)

$$\frac{Fa}{C_0} = \frac{250}{7\,900} = 0{,}032$$

d'où $Y = 1{,}95$

$e = 0{,}23$

$$\frac{Fa}{F_r} = \frac{250}{750} = 0{,}33 > e$$

$P = 0{,}56 \times 750 + 1{,}95 \times 250$

$= 907$ N

$$L_h = \left(\frac{14\,000}{907}\right)^3 \frac{10^6}{60 \times 6\,000}$$

$L_h = 10\,200$ heures

EXEMPLE DE CALCUL 3

Problème Arbre monté sur 2 roulements à rouleaux coniques, montés en O. Ces roulements doivent fonctionner à la vitesse N = 1 600 tr/min sous les charges radiales constantes $Fr_1 = 500$ daN et $Fr_2 = 700$ daN, l'arbre étant soumis à un effort axial $A = 200$ daN.

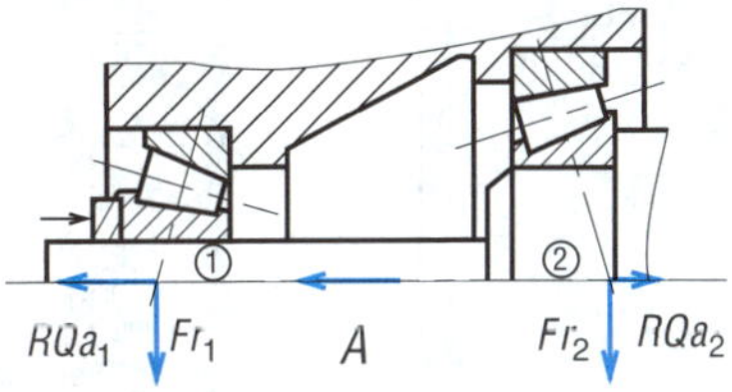

Question Connaître la durée de vie nominale du roulement ② en tours et en heures.

Examen des caractéristiques des roulements ① 30207

et ② 30209 (page 256)

Roulement ① (35 – 72 – 18,25)

$C_1 = 5\,800$ daN ; $Y_1 = 1{,}6$; $e_1 = 0{,}37$

$C_{10} = 6\,200$ daN ; N_1 limite = 7 000 tr/min

Roulement ② (45 – 85 – 20,75)

$C_2 = 6\,700$ daN ; $Y_2 = 1{,}48$; $e_2 = 0{,}40$

$C_{22} = 7\,400$ daN ; N_2 limite = 5 600 tr/min

Calcul

1. Selon procédure p. 237 :

on compare $A + \frac{Fr_1}{2Y_1}$ à $\frac{Fr_2}{2Y_2}$

Ce qui conduit au calcul des charges équivalentes :

$P_1 = Fr_1$

$$\begin{cases} P_2 = Fr_2 \text{ si } \dfrac{Fa_2}{Fr_2} \leqslant e_2 \\ P_2 = X \, . \, Fr_2 + Y_2 Fa_2 \text{ si } \dfrac{Fa_2}{Fr_2} > e_2 \end{cases}$$

$$\frac{Fr_1}{2Y_1} = 156 \text{ daN} \qquad \frac{Fr_2}{2Y_2} = 237 \text{ daN}$$

$$A + \frac{Fr_1}{2Y_1} = 356 \text{ daN} > \frac{Fr_2}{2Y_2}$$

$P_1 = Fr_1 = 500$ daN

$$Fa_2 = A + \frac{Fr_1}{2Y_1} = 356 \text{ daN}$$

$$\frac{Fa_2}{Fr_2} = \frac{356}{700} = 0{,}51 > e_2 = 0{,}40$$

$P_2 = 0{,}4 \times 700 + 1{,}48 \times 356 = 807$ daN

2. Durées

$$L_h = \left(\frac{C}{\mathrm{P}}\right)^n \frac{10^6}{60 \, \mathrm{N}}$$

$$n = \frac{10}{3}$$

$$L_{h1} = \left(\frac{5\,800}{500}\right)^{10/3} \frac{10^6}{60 \times 1\,600} = 36\,800 \text{ heures}$$

$$L_{h2} = \left(\frac{6\,700}{807}\right)^{10/3} \frac{10^6}{60 \times 1\,600} = 12\,000 \text{ heures}$$

13.7.1. CALCULS, CHOIX ET CORRESPONDANCE DES ROULEMENTS STANDARDS (d'après CD-Rom S.N.R.)

Le CD-Rom S.N.R. est constitué de plusieurs modules qui permettent, à partir de critères fixés par le Cahier des Charges :

- d'accéder aux gammes des roulements standards et de Haute Précision (HP),
- de calculer ou de valider la quantité minimale d'huile, la qualité initiale de graisse, la durée de vie en heures, les fréquences vibratoires en hertz, le contrôle du jeu radial au montage (pour les roulements à rouleaux sphériques à alésage conique) et d'imprimer tout ou partie de ces informations ou de les exporter directement vers le logiciel de **C.A.O**,
- d'établir la correspondance des roulements standards entre S.N.R. et la concurrence (équivalence de roulements),
- de fournir à l'utilisateur la fiche technique pour tous les éléments standards.

Les problèmes traités **page 302**sur le choix et les calculs de roulements sont repris ci-dessous avec le **CD-Rom S.N.R.**

FICHE À INSTRUIRE

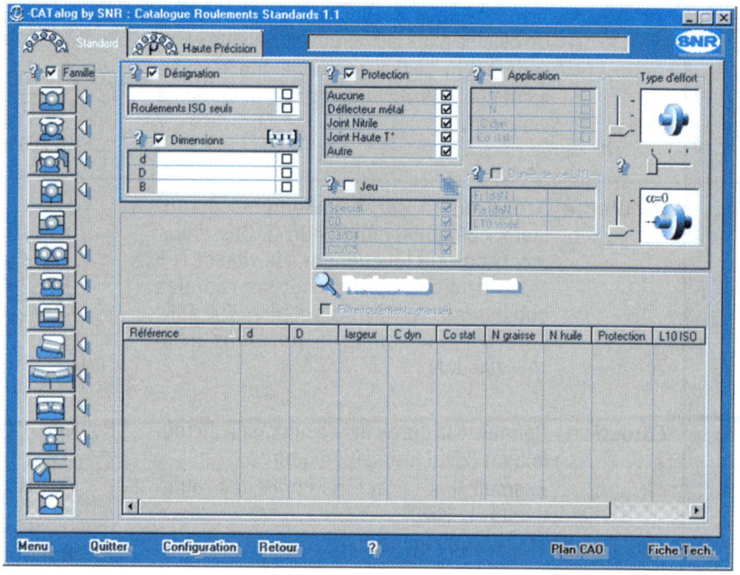

APPLICATION (Voir données du problème page 253)

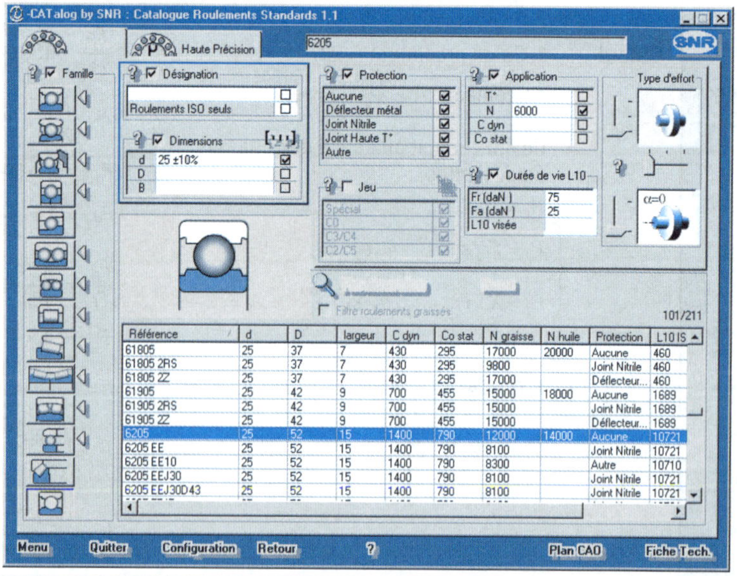

Choix et calculs d'un roulement

Les problèmes traités **pages 302 et 303** sur le choix et les calculs de roulements sont repris ci-dessous avec le **CD-Rom S.N.R.**

FICHE À INSTRUIRE

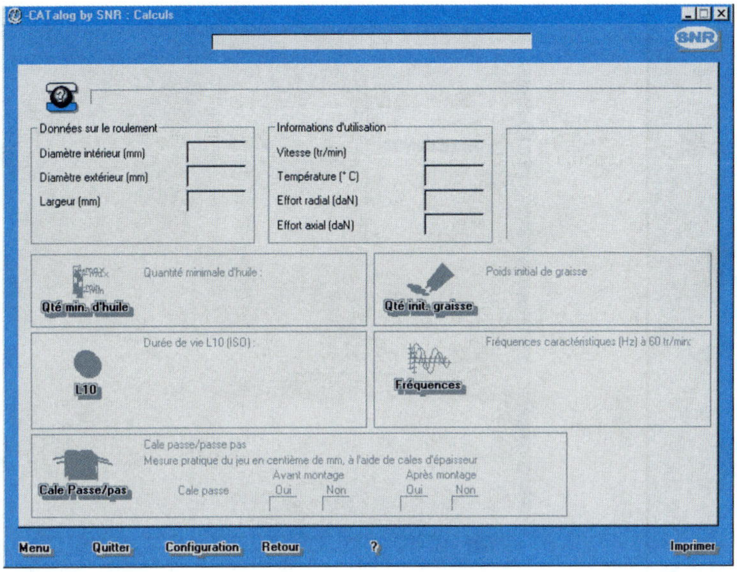

APPLICATION (Voir données du problème pages 253 et 254)

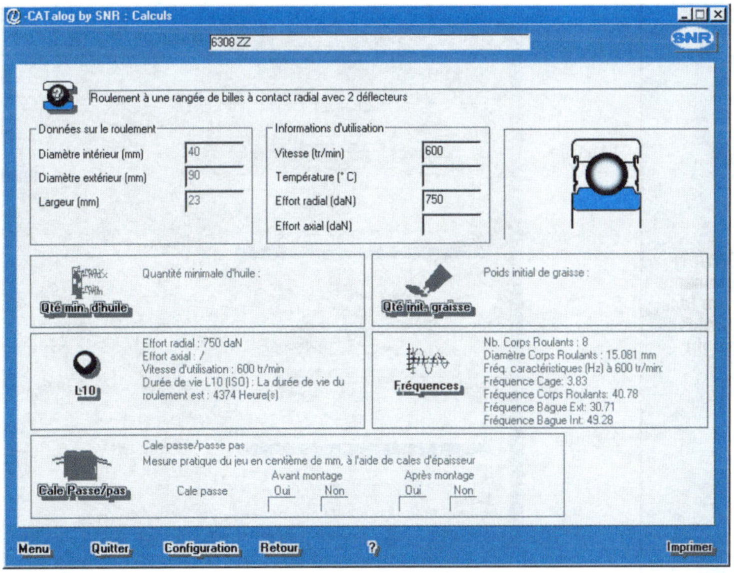

Choix et calculs d'un roulement

Le CD-Rom S.N.R. donne accès à un écran qui se divise en deux parties permettant de rechercher :
- la correspondance du produit S.N.R. par rapport à la concurrence,
- la correspondance préfixe/suffixe S.N.R. par rapport à la concurrence et chez S.N.R.

FICHE À INSTRUIRE

1re partie

2e partie

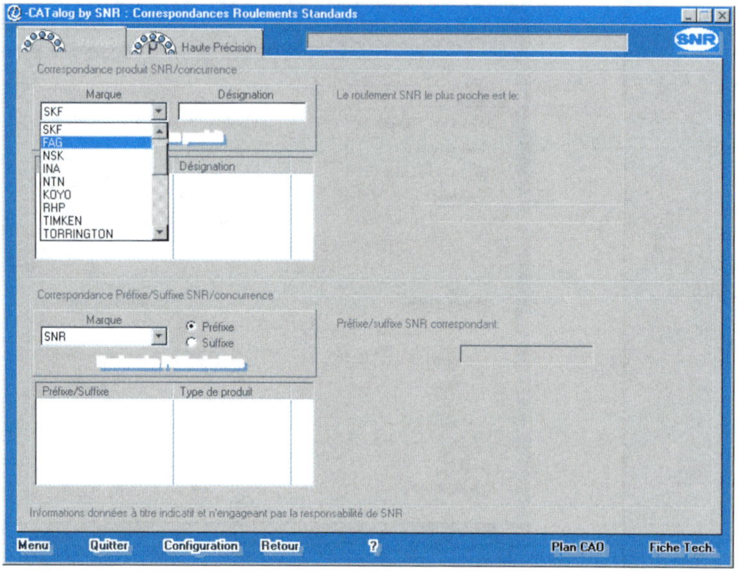

APPLICATION (Renseignements fournis par les deux parties de l'écran)

1re partie

2e partie

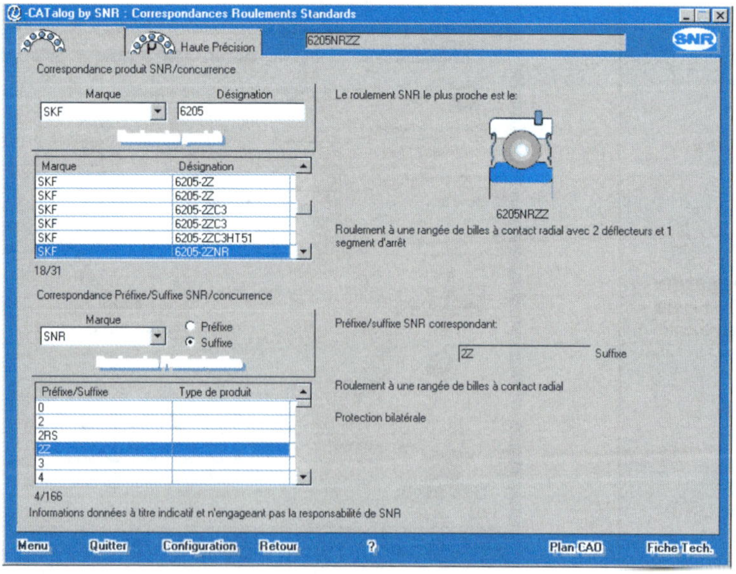

13.8. AJUSTEMENTS DES PORTÉES DE ROULEMENTS NF E 22-396/397

Sous l'action de la charge radiale les bagues d'un roulement en rotation ont tendance à tourner sur leur portée ou leur logement (laminage) ce qui provoque une usure de la portée voire une détérioration. Il faut donc lier les bagues aux éléments du montage (arbre, logement) afin qu'elles en deviennent parties intégrantes.

CHOIX DES AJUSTEMENTS

Il est fonction de $\frac{C}{P}$

C Charge dynamique de base du roulement.
P Charge radiale équivalente.

	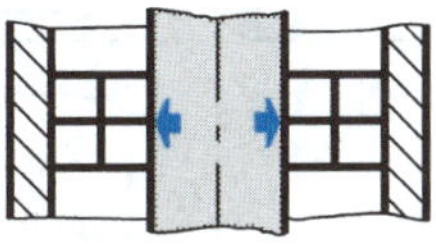	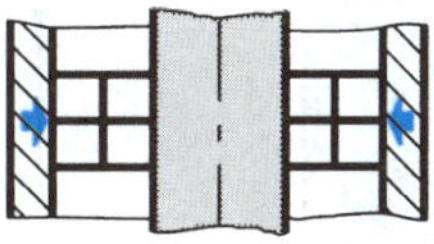
$\frac{C}{P} > 5$	j6, k6	M7, N7
$\frac{C}{P} < 5$	m6, p6	N7, P7

AJUSTEMENTS RECOMMANDÉS (pour les roulements à billes, à rouleaux, à rotule sur rouleaux)

Montage des bagues	Charge C/P	Ø de l'arbre	Tolérances – Arbre – Type de roulement: à billes	à rouleaux	à rotule sur rouleaux	Alésage	Observations	Exemples d'utilisation
Bagues intérieures montées serrées	faible > 10	< 40	h6	j6	j6	H7	Déplacement de la bague extérieure possible facilement	– petits moteurs électriques; – machines-outils; – ventilateurs, pompes; – mécanique courante; – transporteurs.
		40 – 140	j6	k6	k6			
		140 – 200	k6	m6	m6			
	normale > 5 < 10	< 40	j6	k6	k6	H7		– mécanique générale; – moteurs électriques; – turbines, pompes; – réducteurs à engrenages.
		40 – 140	k6	m6	m6			
		140 – 200	m6	n6	p6			
	élevée < 5	< 40	–	n6	n6	J7	Déplacement de la bague extérieure encore possible	– boîtes d'essieux pour véhicules sur rails; – laminoirs; – gros compresseurs.
		40 – 140	–	n6	p6			
		140 – 200	–	p6	p6			
Bagues extérieures montées serrées	faible > 10	tous Ø	g6			K7 – M7	Déplacement de la bague extérieure impossible. La bague intérieure peut être déplacée axialement	– roues folles; – rouleaux transporteurs.
	normale > 5 < 10	tous Ø	g6			N7		– poulies-tendeurs; – têtes de bielles; – galets-porteurs.
	élevée < 5	tous Ø	g6			P7		– poulies-tendeurs; – poulies à gorges; – têtes de bielles; – galets-porteurs.

Ajustements des portées de roulements

CAS PARTICULIERS

- charges purement axiales	j6	H7	tous types de roulements
- roulements à alésage conique sur manchons	h9 - h10		transmissions, matériel agricole
- roulements type N sans bague extérieure		G7	
- roulements type NU sans bague intérieure	f6 - g6		

Les ajustements concernant les cages, les douilles et les butées sont donnés par les catalogues constructeurs.

AJUSTEMENTS DES ROULEMENTS NORMALISÉS (classe 0 extraits)

Tout roulement sauf roulements à rouleaux coniques d'alésage $d \leqslant 30$ mm et de diamètre extérieur $D \leqslant 150$ mm

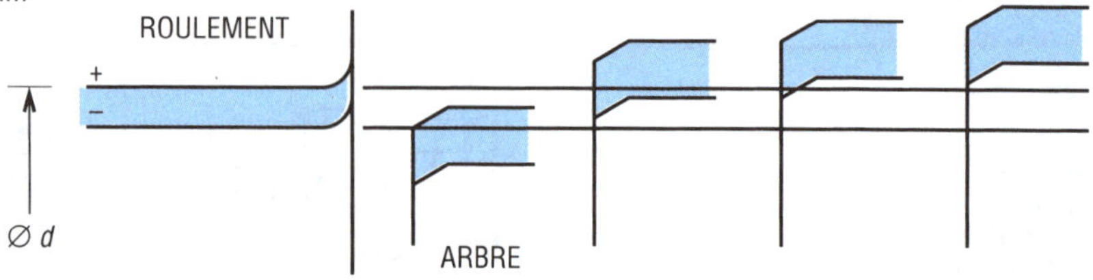

Diamètre nominal de l'arbre mm	Tolérance de l'alésage du roulement µm	Ajustement	g6	j6	k6	m6
$3 < d \leqslant 6$	– 8 0	Tolérance de l'arbre (µm)	– 12 – 4	– 1 + 7	+ 1 + 9	+ 4 + 12
		Différence des diamètres théorique	+ 12 – 4	+ 1 – 17	– 1 – 17	– 4 – 20
			+ 4	– 7	9	– 12
		Différence des diamètres probable	+ 9,5 – 1,5	– 1,5 – 12,5	– 3,5 – 14,5	– 6,5 – 17,5
$6 < d \leqslant 10$	– 8 0	Tolérance de l'arbre (µm)	– 14 – 5	– 2 + 7	+ 1 + 10	+ 6 + 15
		Différence des diamètres théorique	+ 14 – 3	+ 2 – 15	– 1 – 18	– 6 – 23
			+ 5,5	– 6,5	– 9,5	– 14,5
		Différence des diamètres probable	+ 11,5 – 0,5	– 0,5 – 12,5	– 3,5 – 15,5	– 8,5 – 20,5
$10 < d \leqslant 18$	– 8 0	Tolérance de l'arbre (µm)	– 17 – 6	– 3 + 8	+ 1 + 12	+ 7 + 18
		Différence des diamètres théorique	+ 17 – 2	+ 3 – 16	– 1 – 20	– 7 – 26
			+ 7,5	– 6,5	– 10,5	– 16,5
		Différence des diamètres probable	+ 14,5 + 0,5	+ 0,5 – 13,5	– 3,5 – 17,5	– 9,5 – 23,5
$18 < d \leqslant 30$	– 10 0	Tolérance de l'arbre (µm)	– 20 – 7	– 4 + 9	+ 2 + 15	+ 8 + 21
		Différence des diamètres théorique	+ 20 – 3	+ 4 – 19	– 2 – 25	– 8 – 31
			+ 8,5	– 7,5	– 13,5	– 19,5
		Différence des diamètres probable	+ 17 0	+ 1 – 16	– 5 – 22	– 11 – 28
$30 < d \leqslant 50$	– 12 0	Tolérance de l'arbre (µm)	– 25 – 9	– 5 + 11	+ 2 + 18	+ 9 + 25
		Différence des diamètres théorique	+ 25 – 3	+ 5 – 23	– 2 – 30	– 9 – 37
			+ 11	– 9	– 16	– 23
		Différence des diamètres probable	+ 21 + 1	+ 1 – 19	– 6 – 26	– 13 – 33
$50 < d \leqslant 65$	– 15 0	Tolérance de l'arbre (µm)	– 29 – 10	– 7 + 12	+ 2 + 21	+ 11 + 30
		Différence des diamètres théorique	+ 29 – 5	+ 7 – 27	– 2 – 36	– 11 – 45
			+ 12	– 10	– 19	– 28
		Différence des diamètres probable	+ 24 0	+ 2 – 22	– 7 – 31	– 16 – 40
$65 < d \leqslant 80$	– 15 0	Tolérance de l'arbre (µm)	– 29 – 10	– 7 + 12	+ 2 + 21	+ 11 + 30
		Différence des diamètres théorique	+ 29 – 5	+ 7 – 27	– 2 – 36	– 11 – 45
			+ 12	– 10	– 19	– 28
		Différence des diamètres probable	+ 24 0	+ 2 – 22	– 7 – 31	– 16 – 40
$80 < d \leqslant 100$	– 20 0	Tolérance de l'arbre (µm)	– 34 – 12	– 9 + 13	+ 3 + 25	+ 13 + 35
		Différence des diamètres théorique	+ 34 – 8	+ 9 – 33	– 3 – 45	– 13 – 55
			+ 13	– 12	– 24	– 34
		Différence des diamètres probable	+ 28 – 2	+ 3 – 27	– 9 – 39	– 19 – 49
$100 < d \leqslant 120$	– 20 0	Tolérance de l'arbre (µm)	– 34 – 12	– 9 + 13	+ 3 + 25	+ 13 + 35
		Différence des diamètres théorique	+ 34 – 8	+ 9 – 33	– 3 – 45	– 13 – 55
			+ 13	– 12	– 24	– 34
		Différence des diamètres probable	+ 28 – 2	+ 3 – 27	– 9 – 39	– 19 – 49
$120 < d \leqslant 140$	– 25 0	Tolérance de l'arbre (µm)	– 39 – 14	– 11 + 14	+ 3 + 28	+ 15 + 40
		Différence des diamètres théorique	+ 39 – 11	+ 11 – 39	– 3 – 53	– 15 – 65
			+ 14	– 14	– 28	– 40
		Différence des diamètres probable	+ 31,5 – 3,5	+ 3,5 – 21,5	– 10,5 – 45,5	– 22,5 – 57,5

Ajustements des portées de roulements

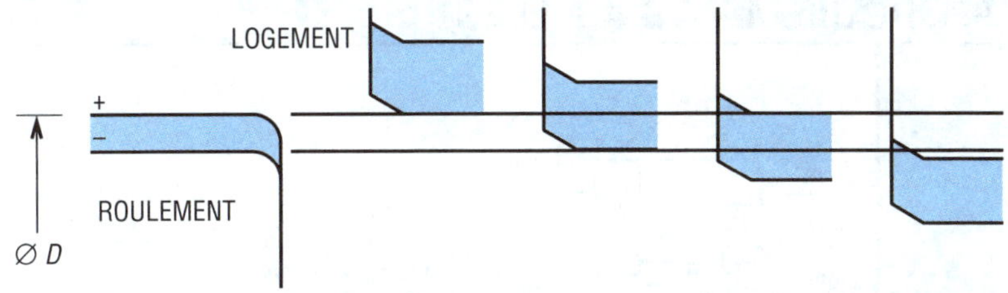

Diamètre nominal du logement mm	Tolérance du diamètre ext. du roulement µm		Ajustement		H7			J7			M7			P7		
$10 < D \leqslant 18$	− 8	0	Tolérance du logement (µm)		0		+ 18	− 8		+ 10	− 18		0	− 29		− 11
			Différence des diamètres	théorique	+ 26	+ 13	0	+ 18	+ 5	− 8	+ 8	− 5	− 18	− 3	− 16	− 29
				probable	+ 23		+ 3	+ 15		− 5	+ 5		− 15	− 6		− 26
$18 < D \leqslant 30$	− 9	0	Tolérance du logement (µm)		0		+ 21	− 9		+ 12	− 21		0	− 35		− 14
			Différence des diamètres	théorique	+ 30	+ 15	0	+ 21	+ 6	− 9	+ 9	− 6	− 21	− 5	− 20	− 35
				probable	+ 26,5		+ 35	+ 17,5		− 5,5	+ 5,5		− 17,5	− 8,5		− 31,5
$30 < D \leqslant 50$	− 11	0	Tolérance du logement (µm)		0		+ 25	− 11		+ 14	− 25		0	− 42		− 17
			Différence des diamètres	théorique	+ 36	+ 18	0	+ 25	+ 7	− 11	+ 11	− 7	− 25	− 6	− 24	− 42
				probable	+ 31,5		+ 4,5	+ 20,5		− 6,5	+ 6,5		− 20,5	− 10,5		− 37,5
$50 < D \leqslant 65$	− 13	0	Tolérance du logement (µm)		0		+ 30	− 12		+ 18	− 30		0	− 51		− 21
			Différence des diamètres	théorique	+ 43	+ 21,5	0	+ 31	+ 9,5	12	+ 13	− 8,5	− 30	− 8	− 29,5	− 51
				probable	+ 38		+ 5	+ 26		− 7	+ 8		− 25	− 13		− 46
$65 < D \leqslant 80$	− 13	0	Tolérance du logement (µm)		0		+ 30	− 12		+ 18	− 30		0	− 51		− 21
			Différence des diamètres	théorique	+ 43	+ 21,5	0	+ 31	+ 9,5	− 12	+ 13	− 8,5	− 30	− 8	− 29,5	− 51
				probable	+ 38		+ 5	+ 26		− 7	+ 8		− 25	− 13		− 46
$80 < D \leqslant 100$	− 15	0	Tolérance du logement (µm)		0		+ 35	− 13		+ 22	− 35		0	− 59		− 24
			Différence des diamètres	théorique	+ 50	+ 25	0	+ 37	+ 12	− 13	+ 15	− 10	− 35	− 9	− 34	− 59
				probable	+ 44		+ 6	+ 31		− 7	+ 9		− 29	− 15		− 53
$100 < D \leqslant 120$	− 15	0	Tolérance du logement (µm)		0		+ 35	− 13		+ 22	− 35		0	− 59		− 24
			Différence des diamètres	théorique	+ 50	+ 25	0	+ 37	+ 12	− 13	+ 15	− 10	− 35	− 9	− 34	− 59
				probable	+ 44		+ 6	+ 31		− 7	+ 9		− 29	− 15		− 53
$120 < D \leqslant 140$	− 18	0	Tolérance du logement (µm)		0		+ 40	− 14		+ 26	− 40		0	− 68		− 28
			Différence des diamètres	théorique	+ 58	+ 29	0	+ 44	+ 15	− 14	+ 18	− 11	− 40	− 10	− 39	− 68
				probable	+ 51		+ 7	+ 37		− 7	+ 11		− 33	− 17		− 61
$140 < D \leqslant 150$	− 18	0	Tolérance du logement (µm)		0		+ 40	− 14		+ 26	− 40		0	− 68		− 28
			Différence des diamètres	théorique	+ 58	+ 29	0	+ 44	+ 15	− 14	+ 18	− 11	− 40	− 10	− 39	− 68
				probable	+ 51		+ 7	+ 37		− 7	+ 11		− 33	− 17		− 61
$150 < D \leqslant 160$	− 25	0	Tolérance du logement (µm)		0		+ 40	− 14		+ 26	− 40		0	− 68		− 28
			Différence des diamètres	théorique	+ 65	+ 32,5	0	+ 51	+ 18,5	− 14	+ 25	− 7,5	− 40	− 3	− 35,5	− 68
				probable	+ 56		+ 9	+ 42		− 5	+ 16		− 31	− 12		− 59

Notes : 1. Les valeurs négatives signifient qu'il y a serrage.
2. Les valeurs probables sont calculées en supposant que la distribution statistique des cotes à l'intérieur des tolérances suit une loi « normale » (loi de Gauss).

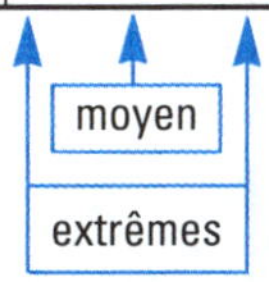

13.9. MONTAGE DE ROULEMENTS, FIXATION, RÉGLAGE

13.9.1. ROULEMENTS À BILLES

BÂTI FIXE, ARBRE TOURNANT

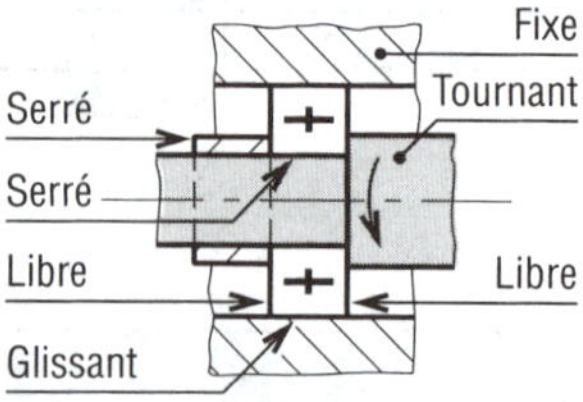

Règles :

*La bague qui est **fixe** par rapport à la direction de la charge doit être montée **glissante**.*

*La bague qui **tourne** par rapport à la direction de la charge doit être montée avec **serrage**.*

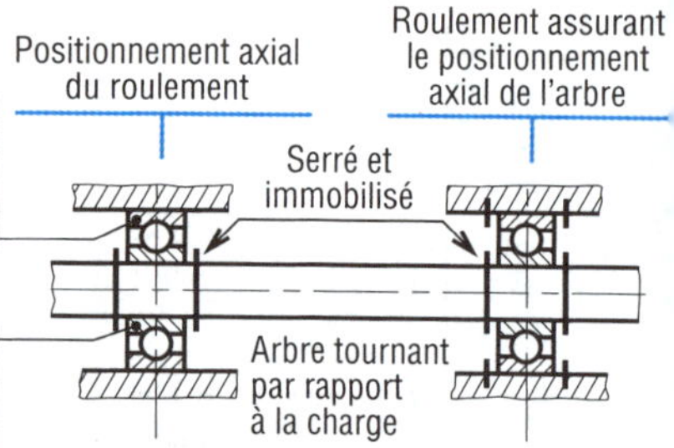

Bâti fixe – Arbre tournant

Montage général

Les deux roulements peuvent être quelquefois de diamètres différents.

BAGUES INTÉRIEURES

Montage diamétral

Ajustement légèrement serré sur l'arbre (j6,k6). Les deux bagues intérieures sont maintenues latéralement.

Montage axial

Les deux roulements sont bloqués latéralement sur l'arbre.

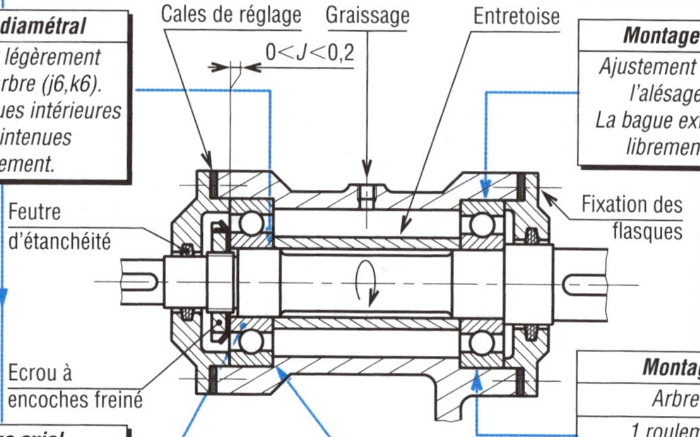

BAGUES EXTÉRIEURES

Montage diamétral

Ajustement glissant dans l'alésage (H7, J7). La bague extérieure prend librement sa place.

Montage axial

Arbre court :

1 roulement bridé

1 roulement avec jeu : 0<J<0,2

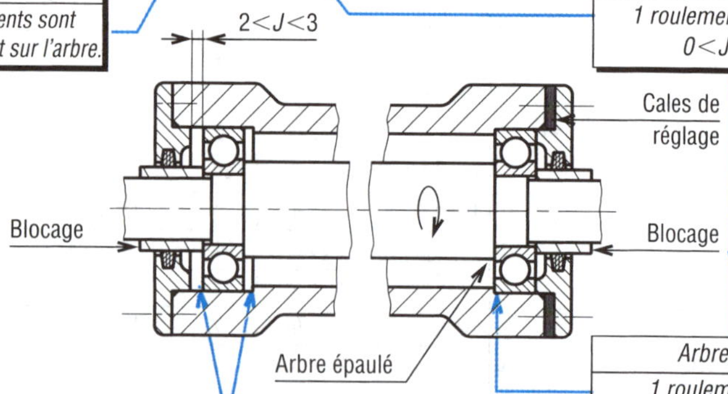

Arbre long :

1 roulement bridé

1 roulement libre : 2<J<3

Flexion possible de l'arbre : les roulements doivent être à double rangée de billes à rotule.

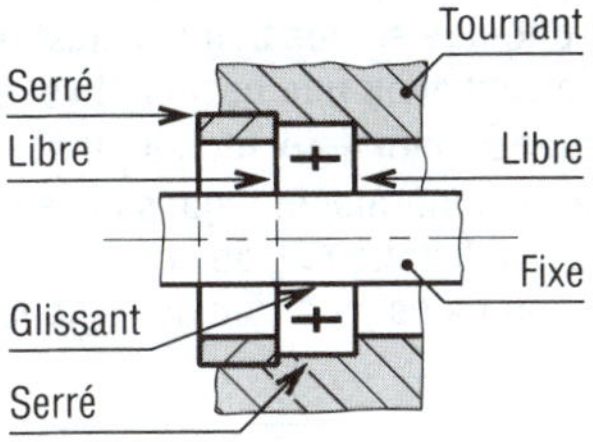

Règles :

*La bague qui **tourne** par rapport à la direction de la charge doit être montée avec **serrage**.*

*La bague qui est **fixe** par rapport à la direction de la charge doit être montée **glissante**.*

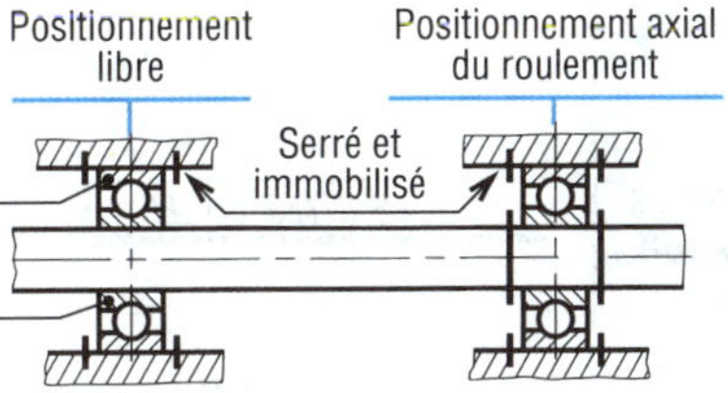

BÂTI TOURNANT, ARBRE FIXE

Dans le cas d'un bâti tournant, la bague intérieure de l'un des roulements est liée en translation à l'arbre, les autres roulements sont laissés ***libres*** latéralement (dilatation). Il y a exception lorsque les roulements sont semblables (voir ci-dessous).

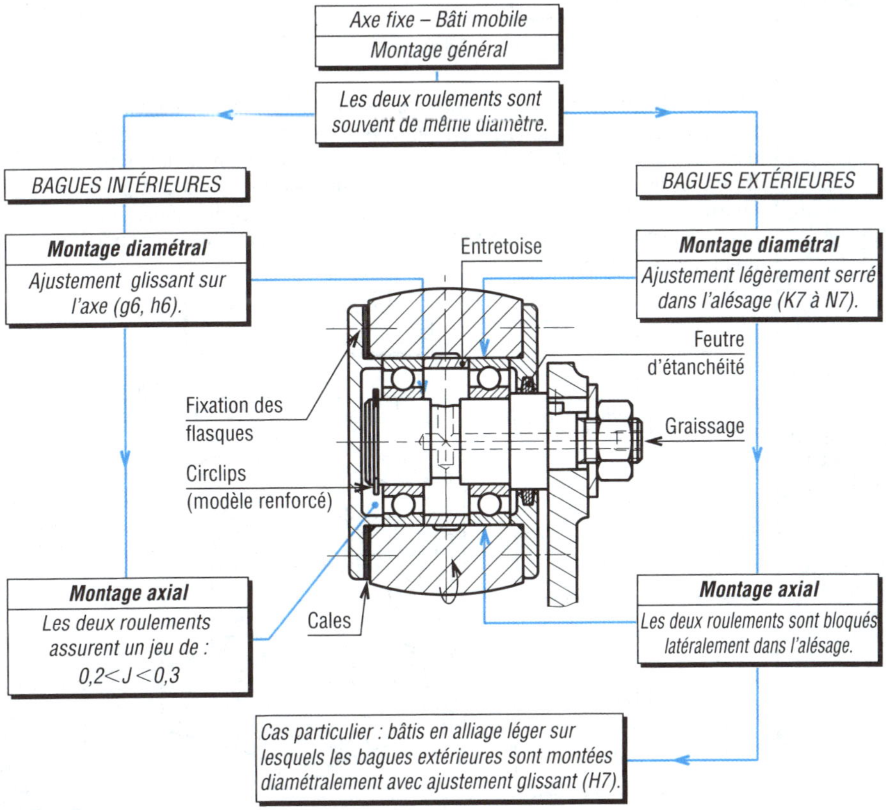

13.9.2. ROULEMENTS À ROULEAUX CONIQUES ET À UNE RANGÉE DE BILLES À CONTACT OBLIQUE

TECHNIQUES DE MONTAGE :

• ROULEMENTS À ROULEAUX CONIQUES

Ces types de roulements sont montés par paires et en opposition et nécessitent un réglage de fonctionnement. Le réglage s'effectue sur les bagues ajustées « glissant juste ». Il en résulte que celles-ci « légèrement dures » doivent avoir une position fixe.

Le montage peut s'effectuer suivant deux techniques :

- **le montage en X** : utilisé généralement dans le cas d'un arbre tournant. Le réglage se fait sur la distance D_e des cuvettes des deux roulements qui est déterminée par cales ou écrou de réglage.

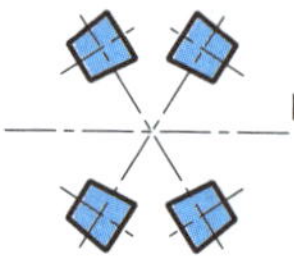

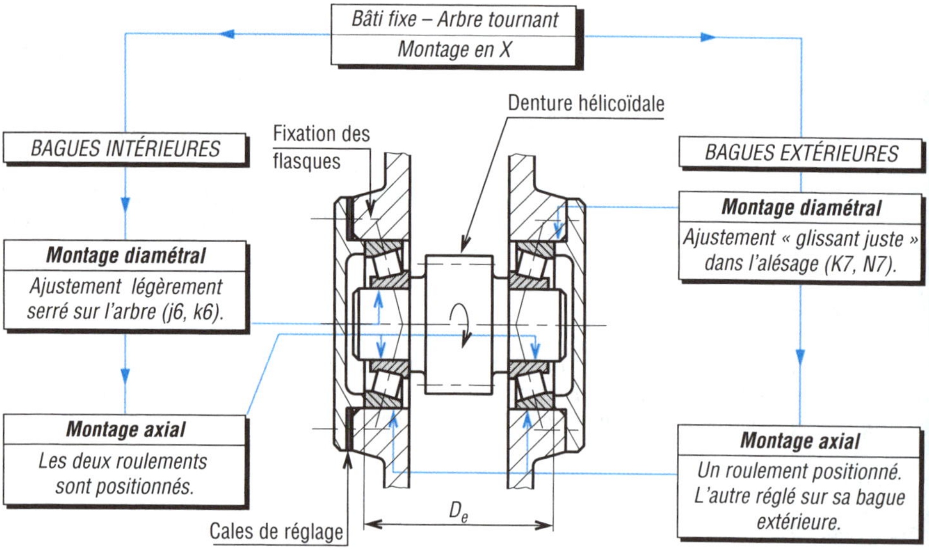

- **le montage en O** : utilisé généralement dans le cas d'un logement tournant, lors de variations de température ou lorsqu'on doit éloigner le plus possible les points d'application de la charge des deux roulements. Il permet en particulier de réaliser des montages compacts soit préchargés, soit avec jeu. Le réglage se fait sur la distance D_i des cônes des deux roulements, déterminée soit par une longueur d'entretoise, soit par un écrou de réglage.

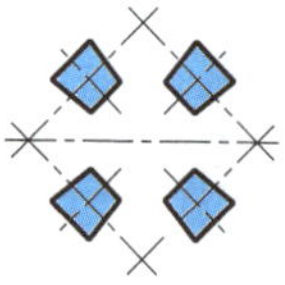

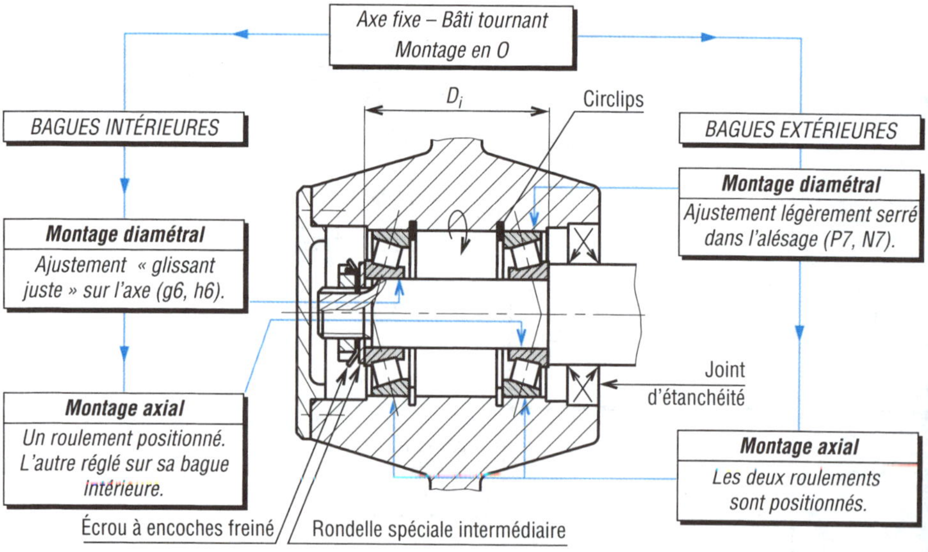

Montage de roulements

• ROULEMENTS À UNE RANGÉE DE BILLES À CONTACT OBLIQUE

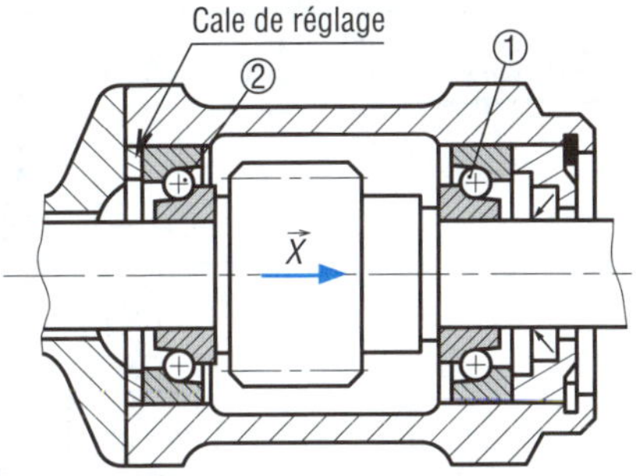

Bâti fixe – Arbre tournant – Montage en X

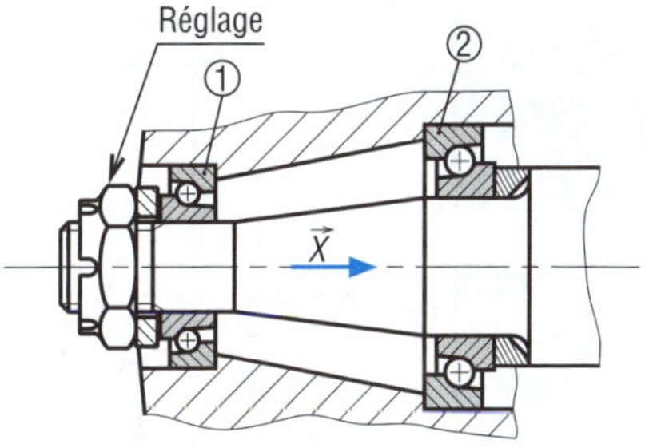

Axe fixe – Bâti tournant – Montage en O

13.9.3. ROULEMENTS À ROULEAUX CYLINDRIQUES

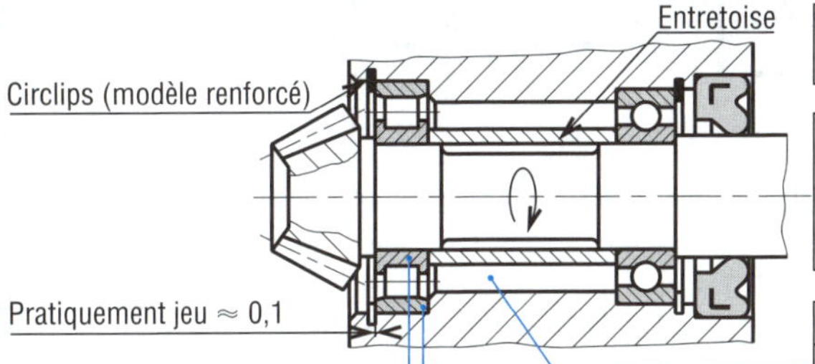

Leur conception permet un déplacement latéral dans le roulement même.

Leur positionnement axial est toujours assuré par un second roulement complémentaire (billes ou rouleaux coniques).

Montage axial

Les deux bagues sont bloquées latéralement sur l'arbre ou l'axe et dans l'alésage.

Montage diamétral

La possibilité de montage séparé des deux bagues permet un ajustement diamétral légèrement serré.
– arbre ou axe : j6, k6. – alésage : N7, M7.

13.9.4. SOLUTIONS DE FIXATIONS AXIALES DE ROULEMENTS

POUR BAGUES INTÉRIEURES

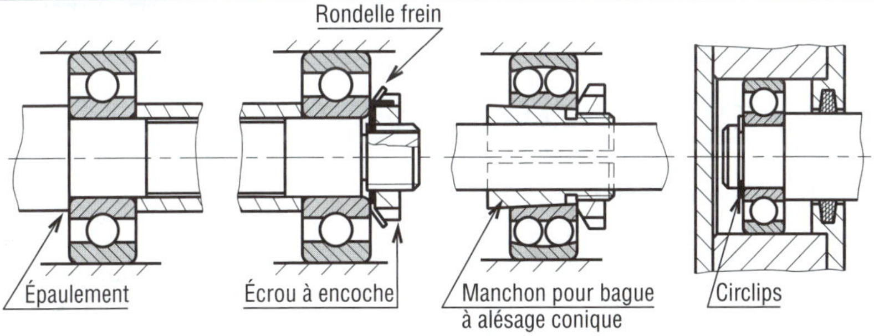

POUR BAGUES EXTÉRIEURES

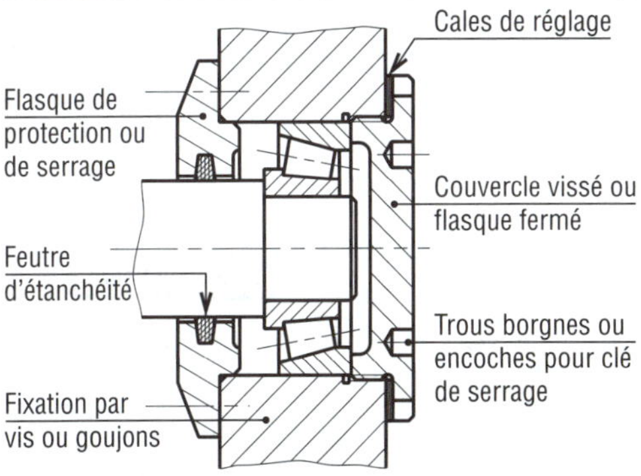

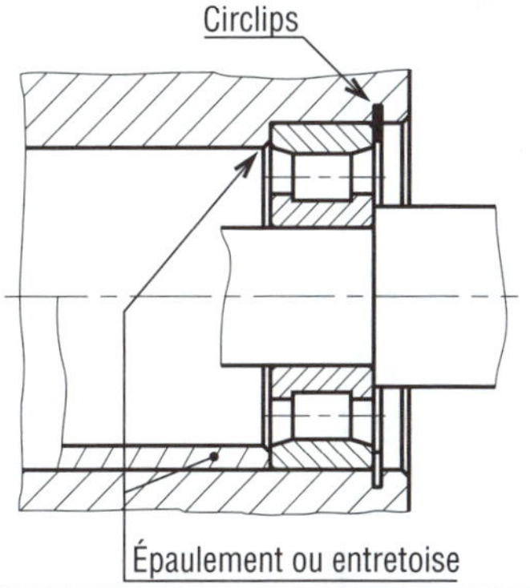

13.10. MONTAGE DE BUTÉES (FIXATION, RÉGLAGE)

13.10.1. BUTÉES À BILLES

EXEMPLES DE MONTAGE

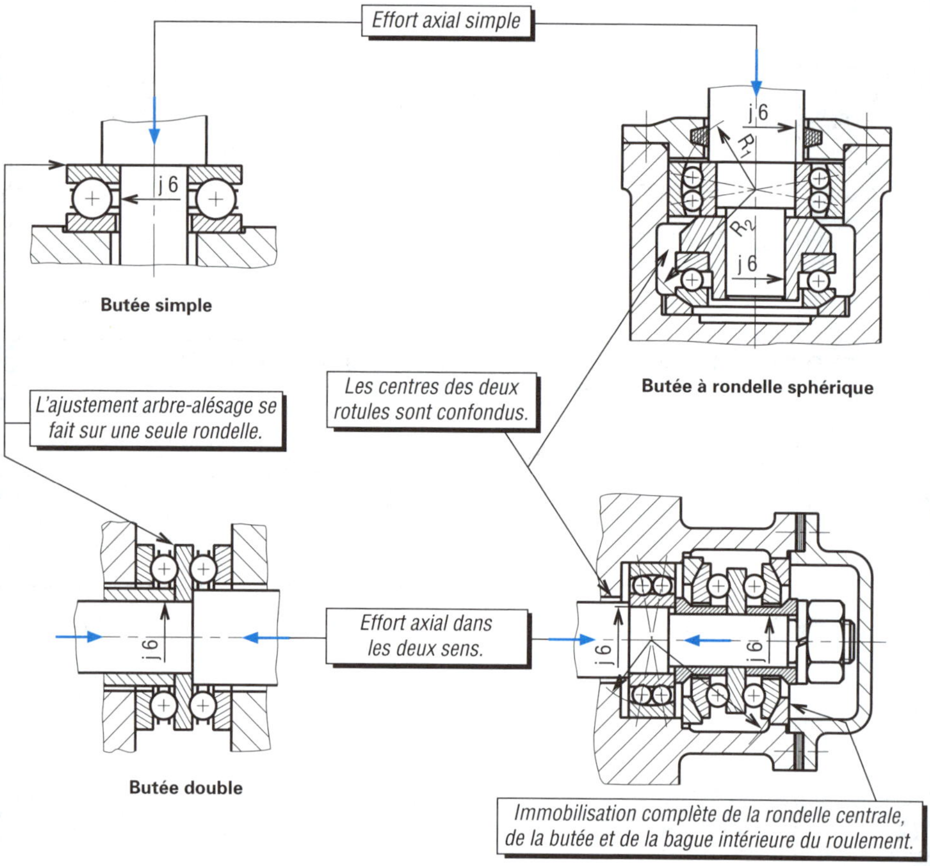

Butée simple

Butée à rondelle sphérique

Butée double

Butée à rondelles sphériques

13.10.2. ROULEMENTS COMBINÉS À CAGES

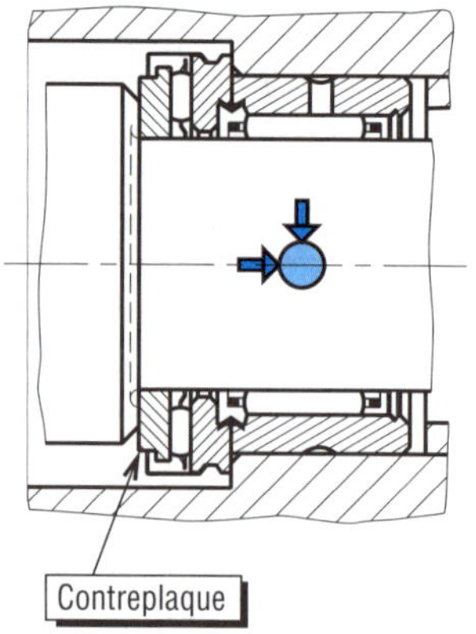

Avec contreplaque incorporée, sans bague intérieure

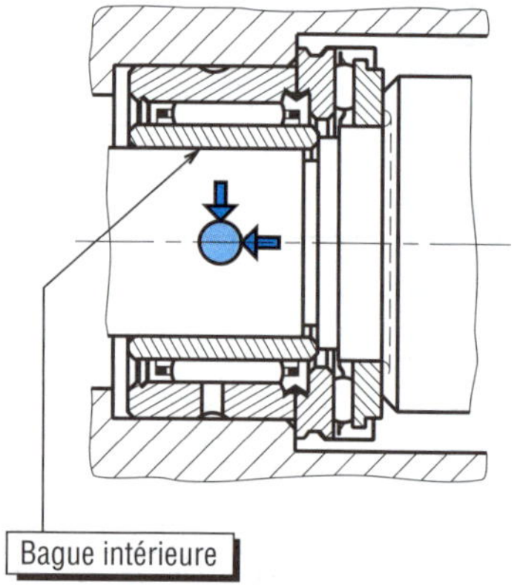

Avec contreplaque incorporée, avec bague intérieure

13.11. TABLEAUX DES CARACTÉRISTIQUES (documentation SNR)

13.11.1. ROULEMENTS À BILLES À CONTACT RADIAL

À UNE RANGÉES DE BILLES

Types

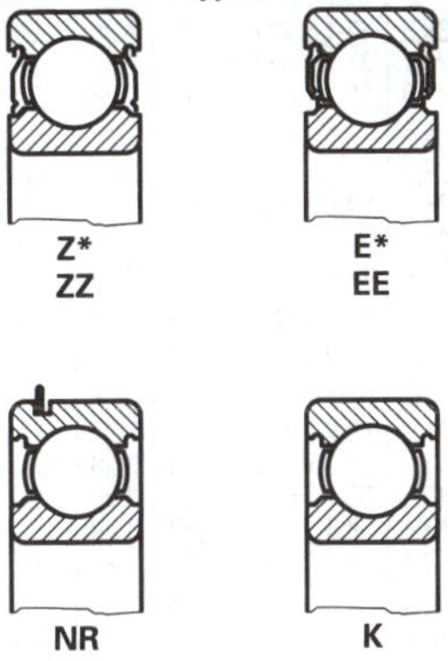

Charges équivalentes

Charge dynamique			
$F_a/F_r \leqslant e : P = F_r$			
$F_a/F_r > e : P = 0{,}56\ F_r + YF_a$			
F_a/C_0	X	Y	e
0,014		2,30	0,19
0,028		1,99	0,22
0,056		1,71	0,26
0,084		1,55	0,28
0,11	0,56	1,45	0,30
0,17		1,31	0,34
0,28		1,15	0,38
0,42		1,04	0,42
0,56		1,00	0,44

Charge statique
La plus grande des deux valeurs :
$P_0 = F_r$ et $P_0 = 0{,}6\ F_r + 0{,}5\ F_a$

Tolérances sur la largeur *B* des roulements

Alésage *d* inclus	Écart ΔB supérieur	Écart ΔB inférieur
de 2,5 à 10	0	– 40
10 à 18	0	– 80
18 à 50	0	– 120
50 à 80	0	– 150
80 à 120	0	– 200

Désignation

6308 ZZ

*Z et ZZ : protection par déflecteurs
*E et EE : étanchéité latérale ou bilatérale par joint.

NR : rainure et segment d'arrêt
K : alésage conique (conicité 1/12)

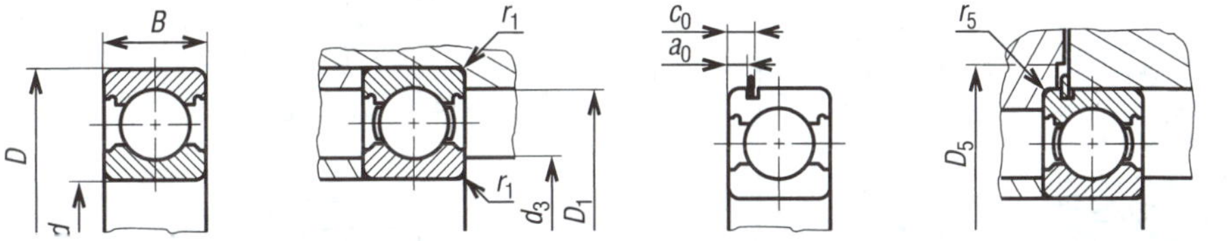

SYMBOLE	DIMENSIONS (mm)			CHARGE DE BASE (10^3 N)		VITESSE (tr/min) graisse		VITESSE (tr/min) huile	ÉPAULEMENTS ET CONGÉS (mm)					COTES DE MONTAGE COMPLÉMENTAIRES pour roulements type NR (mm)					
						roul. Z et ZZ	roul. E et EE		d_3		D_1		r_1	a_0		C_0		D_5	r_5
	d	*D*	*B*	dyn. *C*	stat. C_0				mini	maxi	mini	maxi	maxi	maxi	mini	maxi	mini	mini	maxi
6000	10	26	8	4,60	1,97	31 000	21 000	36 000	12,0	12,8	23,6	24,0	0,30						
6200		30	9	6,00	2,65	25 000	17 000	31 000	14,0	14,6	25,8	26,0	0,60	2,06	1,90	3,18	2,92	36,0	0,6
6300		35	11	8,10	3,45	22 000	15 000	27 000	14,0	16,6	29,2	31,0	0,60	2,06	1,90	3,18	2,92	41,0	0,6
6001	12	28	8	5,10	2,37	27 000	18 000	32 000	14,0	14,8	25,6	26,0	0,30						
6201		32	10	6,90	3,10	23 000	15 000	28 000	16,0	16,5	27,9	28,0	0,60	2,06	1,90	3,18	2,92	38,0	0,6
6301		37	12	9,70	4,20	20 000	13 000	24 000	17,9	18,1	31,3	31,5	1,00	2,06	1,90	3,18	2,92	42,5	0,6
16002	15	32	8	5,60	2,85	23 000		28 000	17,0	18,3	29,1	30,0	0,30						
6002		32	9	5,60	2,85	23 000	15 000	28 000	17,0	18,3	29,1	30,0	0,30	2,06	1,90	3,18	2,92	38,0	0,3
6202		35	11	7,70	3,75	20 000	13 000	25 000	19,0	19,6	31,0	31,2	0,60	2,06	1,90	3,18	2,92	41,0	0,6
6302		42	13	11,30	5,40	18 000	12 000	21 000	21,0	21,2	36,1	36,3	1,00	2,06	1,90	3,18	2,92	47,5	0,6
16003	17	35	8	6,00	3,25	21 000		25 000	19,0	20,7	31,7	33,0	0,30						
6003		35	10	6,00	3,25	21 000	14 000	25 000	19,0	20,7	31,7	33,0	030	2,06	1,90	3,18	2,92	41,0	0,3
6203		40	12	9,60	4,75	18 000	12 000	22 000	21,0	22,4	35,0	36,0	0,60	2,06	1,90	3,18	2,92	46,0	0,6
6303		47	14	13,50	6,60	16 000	11 000	19 000	23,0	24,5	40,3	41,0	1,00	2,46	2,31	3,58	3,33	54,0	0,6
6403		62	17	22,70	10,80	12 000		15 000	25,0	30,3	48,7	54,0	1,10	3,28	3,07	4,98	4,67	69,0	0,6
16004	20	42	8	9,40	5,00	15 000		21 000	22,0	25,1	37,1	40,0	0,30						
6004		42	12	9,40	5,00	18 000	12 000	21 000	24,0	25,1	37,1	38,0	0,60	2,06	1,90	3,18	2,92	47,5	0,6
6204		47	14	12,80	6,60	15 000	10 000	19 000	26,0	26,2	41,1	41,3	1,00	2,46	2,31	3,58	3,33	54,0	0,6
6304		52	15	15,90	7,90	14 000	9 300	17 000	27,0	27,9	44,5	45,0	1,10	2,46	2,31	3,58	3,33	59,0	0,6
6404		72	19	29,50	15,50	10 000		13 000	28,0	37,4	59,6	64,0	1,10	3,28	3,07	4,98	4,67	80,0	0,6
600/22	22	44	12	14,70	6,50	17 000	11 000	20 000	26,0	26,5	39,9	40,0	0,60	2,06	1,90	3,18	2,92	49,5	0,6
620/22		50	14	20,80	8,90	14 000	9 300	17 000	28,0	28,4	43,9	44,1	1,00	2,46	2,31	3,58	3,33	57,0	0,6
630/22		56	16	23,90	10,40	13 000	8 700	15 000	29,0	30,7	48,7	49,0	1,10	2,46	2,31	3,58	3,33	63,0	0,6
16005	25	47	8	10,10	5,90	15 000		18 000	27,0	30,1	42,1	45,0	0,30						
6005		47	12	10,10	5,90	15 000	10 000	18 000	29,0	30,1	42,1	43,0	0,60	2,06	1,90	3,18	2,92	54,0	0,6
6205		52	15	14,00	7,90	13 000	8 700	16 000	31,0	31,4	46,3	46,5	1,00	2,46	2,31	3,58	3,33	59,0	0,6
6305		62	17	23,70	12,20	11 000	7 300	14 000	32,0	34,9	53,1	55,0	1,10	3,28	3,07	4,98	4,67	69,0	0,6
6405		80	21	36,00	19,30	9 000		11 000	35,0	42,1	66,3	70,0	1,50	3,28	3,07	4,98	4,67	88,0	0,6

Tableaux des caractéristiques (d'après documentation SNR)

SYMBOLE	DIMENSIONS (mm)			CHARGE DE BASE (10^3 N)		VITESSE (tr/min)			ÉPAULEMENTS ET CONGÉS (mm)					COTES DE MONTAGE COMPLÉMENTAIRES pour roulements type NR (mm)					
						graisse		huile	d_3		D_1		r_1	a_0		C_0		D_5	r_5
						roul.	roul.												
	d	*D*	*B*	dyn. *C*	stat. C_0	Z et ZZ	E et EE		mini	maxi	mini	maxi	maxi	maxi	mini	maxi	mini	mini	maxi
600/28	28	52	12	19,10	9,30	14 000	9 300	16 000	32,0	33,3	47,1	48,0	0,60	2,06	1,90	3,18	2,92	59,0	0,6
620/28		58	16	23,60	11,10	12 000	8 000	15 000	34,0	35,1	51,3	52,0	1,00	2,46	2,31	3,58	3,33	65,0	0,6
630/28		68	18	36,00	16,40	10 000	6 700	13 000	35,0	38,8	59,7	61,0	1,10	3,28	3,07	4,98	4,67	76,0	0,6
16006	30	55	9	12,60	8,20	13 000		15 000	32,0	36,2	48,8	53,0	0,30						
6006		55	13	12,60	8,20	13 000	8 700	15 000	35,0	36,2	48,8	50,0	1,00	2,08	1,88	3,20	2,90	62,0	0,6
6206		62	16	19,50	11,30	11 000	7 300	14 000	36,0	38,0	54,6	56,0	1,00	3,28	3,07	4,98	4,67	69,0	0,6
6306		72	19	28,00	15,80	9 800	6 500	12 000	37,0	41,7	62,3	65,0	1,10	3,28	3,07	4,98	4,67	80,0	0,6
6406		90	23	43,50	23,80	7 900		9 600	40,0	47,0	73,0	80,0	1,50	3,28	3,07	5,74	5,43	97,5	0,6
600/32	32	58	13	22,40	11,20	12 000	8 000	14 000	37,0	37,9	52,5	53,0	1,00	2,08	1,88	3,20	2,90	65,0	0,6
620/32		65	17	30,50	14,60	10 000	6 700	13 000	38,0	39,3	57,5	59,0	1,00	3,28	3,07	4,98	4,67	72,0	0,6
630/32		75	20	41,50	19,40	9 300	6 200	11 000	39,0	43,2	65,6	68,0	1,10	3,28	3,07	4,98	4,67	83,0	0,6
16007	35	62	9	13,90	9,30	11 000		13 000	37,0	41,2	56,2	60,0	0,30						
6007		62	14	16,00	10,30	11 000	7 300	13 000	40,0	41,2	56,2	57,0	1,00	2,08	1,88	3,78	3,48	69,0	0,6
6207		72	17	25,50	15,30	9 800	6 200	12 000	42,0	43,8	63,7	65,0	1,10	3,28	3,07	4,98	4,67	80,0	0,6
6307		80	21	33,50	19,10	8 700	5 800	10 000	44,0	46,4	68,4	71,0	1,50	3,28	3,07	4,98	4,67	88,0	0,6
6407		100	25	55,00	31,00	7 000		8 500	45,0	53,1	81,9	90,0	1,50	3,28	3,07	5,74	5,43	107,5	0,6
16008	40	68	9	15,20	11,10	10 000		12 000	42,0	46,5	61,9	66,0	0,30						
6008		68	15	17,40	11,50	10 000	6 700	12 000	45,0	46,5	61,9	63,0	1,00	2,49	2,29	4,19	3,89	76,0	0,6
6208		80	18	29,00	17,90	8 300	5 500	10 000	47,0	49,8	70,7	73,0	1,10	3,28	3,07	4,98	4,67	88,0	0,6
6308		90	23	40,50	23,90	7 700	5 100	9 200	49,0	52,9	77,6	81,0	1,50	3,28	3,07	5,74	5,43	97,5	0,6
6408		110	27	64,00	36,50	6 300		7 700	52,0	59,6	90,4	98,0	2,00	3,28	3,07	5,74	5,43	118,0	0,6

À CONTACT RADIAL À RAINURE SUR BAGUE EXTÉRIEURE ET SEGMENTS D'ARRÊT

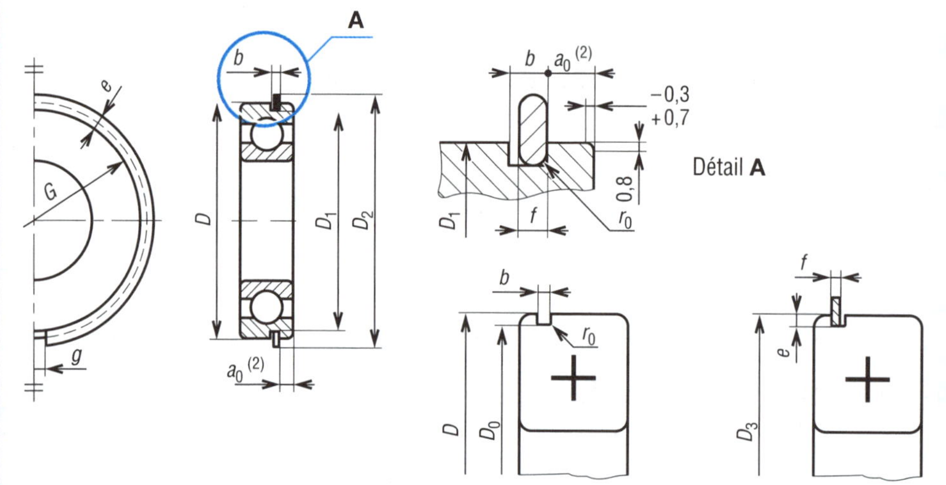

D (mm)	D_0		*b*		r_0	D_3 (1)	*e*		*f*	
	mini	maxi	mini	maxi	maxi	maxi	mini	maxi	mini	maxi
30	27,91	28,17	1,35	1,65	0,4	34,7	3,10	3,25	1,02	1,11
32	29,90	30,15	1,35	1,65	0,4	36,7	3,10	3,25	1,02	1,12
35	32,92	33,17	1,35	1,65	0,4	39,7	3,10	3,25	1,02	1,12
37	34,52	34,77	1,35	1,65	0,4	41,3	3,10	3,25	1,02	1,12
40	37,85	38,10	1,35	1,65	0,4	44,6	3,10	3,25	1,02	1,12
42	39,50	39,75	1,35	1,65	0,4	46,3	3,10	3,25	1,02	1,12
47	44,35	44,60	1,35	1,65	0,4	52,7	3,89	4,04	1,02	1,12
50	47,35	47,60	1,35	1,65	0,4	55,7	3,89	4,04	1,02	1,12
52	49,48	49,73	1,35	1,65	0,4	57,9	3,89	4,04	1,02	1,12
55	52,35	52,60	1,35	1,65	0,4	60,7	3,89	4,04	1,02	1,12
56	53,35	53,60	1,35	1,65	0,4	61,7	3,89	4,04	1,02	1,12
58	55,35	55,60	1,35	1,65	0,4	63,7	3,89	4,04	1,02	1,12
62	59,11	59,61	1,90	2,20	0,6	67,7	3,89	4,04	1,60	1,70
65	62,10	62,60	1,90	2,20	0,6	70,7	3,89	4,04	1,60	1,70
68	64,31	64,82	1,90	2,20	0,6	74,6	4,70	4,85	1,60	1,70
72	68,30	68,81	1,90	2,20	0,6	78,6	4,70	4,85	1,60	1,70
75	71,32	71,83	1,90	2,20	0,6	81,6	4,70	4,85	1,60	1,70
80	76,30	76,81	1,90	2,20	0,6	86,6	4,70	4,85	1,60	1,70

(1) Les dimensions données pour D_3 s'appliquent aux segments montés. Les segments doivent être ajustés dans la rainure sans jeu radial. Ils sont par conséquent en état d'expansion lorsqu'ils sont montés.

(2) La valeur de a_0 du roulement NR est donnée dans le tableau précédent.

13.11.2. ROULEMENTS À USAGE EXTRÊME DISPONIBLES EN STANDARD

Une gamme de roulements à billes existe pour répondre aux utilisations extrêmes. C'est la gamme **TOPLINE** qui répond aux exigences des nouveaux mécanismes soumis à des contraintes de vitesse ou de température de plus en plus éprouvantes. Le roulement **TOPLINE** possède des caractéristiques techniques de très haut niveau et couvre un grand nombre d'applications (moteurs électriques, machines textiles, alternateurs, pompes de chauffage, coupleurs, séchoirs, compresseurs...).

CARACTÉRISTIQUES PHYSIQUES

- Géométrie interne optimisée, avec des tolérances resserrées et une plus grande précision pour la série HV.
- Un traitement thermique adapté aux conditions d'utilisation.
- Une lubrification à la graisse choisie pour sa performance en application.
- Deux types d'étanchéité possibles :
  - étanchéité par joint : très efficace contre la pollution extérieure et la température pour les séries FT et HT, avec joint en élastomère fluoré.
  - Protection par déflecteur : appropriée aux plus grandes vitesses de rotation de roulement, plus économique.

CARACTÉRISTIQUES DIMENSIONNELLES ET D'UTILISATION

TOLÉRANCES DE MONTAGE MAXI

	Arbre	Logement en acier ou en fonte
Bague intérieure tournante par rapport à la charge	**m6**	**H7**
Bague extérieure tournante par rapport à la charge	**h6**	**M7**

GAMME TOPLINE Critères de choix

Quatre familles répondent aux diverses applications techniques les plus pointues :

APPLICATIONS	VERSION ÉTANCHE	VERSION PROTÉGÉE
Forte température, 150 °C en pointe Vitesse élevée : jusqu'à 500 000 N.Dm	FT 150	FT 150 ZZ
Haute température, 200 °C en pointe Vitesse moyenne : jusqu'à 150 000 N.Dm	HT 200	HT 200 ZZ
	LT	LT ZZ
Haute vitesse, jusqu'à 700 000 N.Dm		HV ZZ

Tableau des caractéristiques des roulements TOPLINE (d'après documentation S.N.R.)

RÉFÉRENCES Commande

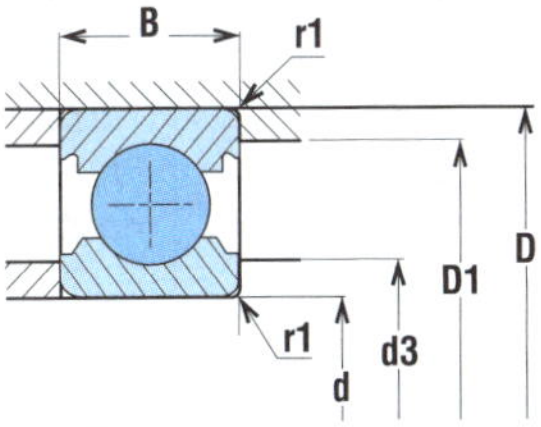

SÉRIES FT 150, FT 150 ZZ
Forte température (150 °C en pointe)
Vitesse élevée (jusqu'à 500 000 N.Dm*)

* N.Dm : facteur vitesse = diamètre moyen du roulement (mm) × vitesse de rotation (tr/min).

Ex. *: roulement 6206 = 46 mm × 10 000 tr/min = 460 000 N.Dm*

RÉFÉRENCES	DIMENSIONS (mm)			CHARGE DE BASE DYNAMIQUE C × 1000 newtons	VITESSE (tr/min)	ÉPAULEMENTS ET CONGÉS (mm)		
	d	D	B			D1 min	d3 max	r1 max
608 FT 150	8	22	7	3,30	23 000	19,30	10,50	0,30
6000 FT 150	10	26	8	4,60	19 000	23,60	12,80	0,30
6000 FT 150 ZZ	*10*	*26*	*8*	*4,60*	*28 000*	*23,60*	*12,80*	*0,30*
6200 FT 150 ZZ	*10*	*30*	*9*	*6,00*	*23 000*	*25,80*	*14,60*	*0,60*
6300 FT 150 ZZ	*10*	*35*	*11*	*8,10*	*20 000*	*29,20*	*16,60*	*0,60*

Tableau des caractéristiques (d'après documentation S.N.R.)

RÉFÉRENCES
Commande

RÉFÉRENCES	DIMENSIONS (mm)			CHARGE DE BASE DYNAMIQUE C × 1000 newtons	VITESSE (tr/min)	ÉPAULEMENTS ET CONGÉS (mm)		
	d	D	B			D1 min	d3 max	r1 max
6001 FT 150	12	28	8	5,10	17 000	25,60	14,80	0,30
6201 FT 150	12	32	10	6,90	15 000	27,90	16,50	0,60
6001 FT 150 ZZ	*12*	*28*	*8*	*5,10*	*25 000*	*25,60*	*14,80*	*0,30*
6201 FT 150 ZZ	*12*	*32*	*10*	*6,90*	*19 000*	*27,90*	*16,50*	*0,60*
6301 FT 150 ZZ	*12*	*37*	*11*	*9,70*	*18 000*	*31,30*	*18,10*	*1,00*
6002 FT 150	15	32	9	5,60	14 000	29,10	18,30	0,30
6202 FT 150	15	35	11	7,70	13 000	31,00	19,60	0,60
6002 FT 150 ZZ	*15*	*32*	*9*	*5,60*	*21 000*	*29,10*	*18,30*	*0,30*
6202 FT 150 ZZ	*15*	*35*	*11*	*7,70*	*19 000*	*31,00*	*19,60*	*0,60*
6302 FT 150 ZZ	*15*	*42*	*13*	*11,30*	*16 000*	*36,10*	*21,20*	*1,00*
6003 FT 150	17	35	10	6,00	13 000	31,70	20,70	0,30
6203 FT 150	17	40	12	9,50	11 000	35,00	22,40	0,60
6303 FT 150	17	47	14	13,60	9 300	40,30	24,50	1,00
6003 FT 150 ZZ	*17*	*35*	*10*	*6,00*	*19 000*	*31,70*	*20,70*	*0,30*
6203 FT 150 ZZ	*17*	*40*	*12*	*9,50*	*17 000*	*35,00*	*22,40*	*0,60*
6303 FT 150 ZZ	*17*	*47*	*14*	*13,60*	*14 000*	*40,30*	*24,50*	*1,00*
6004 FT 150	20	42	12	9,40	10 000	37,10	25,10	0,60
6204 FT 150	20	47	14	12,80	9 300	41,10	26,20	1,00
6304 FT 150	20	52	15	15,90	8 600	44,50	27,90	1,10
6004 FT 150 ZZ	*20*	*42*	*12*	*9,40*	*16 000*	*37,10*	*25,10*	*0,60*
6204 FT 150 ZZ	*20*	*47*	*14*	*12,80*	*14 000*	*41,10*	*26,20*	*1,00*
6304 FT 150 ZZ	*20*	*52*	*15*	*15,90*	*12 000*	*44,50*	*27,90*	*1,10*
6005 FT 150	25	47	12	10,10	9 300	42,10	30,10	0,60
6205 FT 150	25	52	15	14,00	8 300	46,30	31,40	1,00
6305 FT 150	25	62	17	23,70	7 000	53,10	34,90	1,10
6005 FT 150 ZZ	*25*	*47*	*12*	*10,10*	*14 000*	*42,10*	*30,10*	*0,60*
6205 FT 150 ZZ	*25*	*52*	*15*	*14,00*	*12 000*	*46,30*	*31,40*	*1,00*
6305 FT 150 ZZ	*25*	*62*	*17*	*23,70*	*11 000*	*53,10*	*34,90*	*1,10*
6006 FT 150	30	55	13	12,60	7 800	48,80	36,20	1,00
6206 FT 150	30	62	16	19,50	7 000	54,60	38,00	1,00
6306 FT 150	30	72	19	28,00	6 000	62,30	41,70	1,10
6006 FT 150 ZZ	*30*	*55*	*13*	*12,60*	*12 000*	*48,80*	*36,20*	*1,00*
6206 FT 150 ZZ	*30*	*62*	*16*	*19,50*	*10 000*	*54,60*	*38,00*	*1,00*
6306 FT 150 ZZ	*30*	*72*	*19*	*28,00*	*8 900*	*62,30*	*41,70*	*1,10*
6007 FT 150	35	62	14	16,00	6 900	56,20	41,20	1,00
6207 FT 150	35	72	17	25,50	6 000	63,70	43,80	1,10
6307 FT 150	35	80	21	33,50	5 400	68,40	46,40	1,50
6007 FT 150 ZZ	*35*	*62*	*14*	*16,00*	*10 000*	*56,20*	*41,20*	*1,00*
6207 FT 150 ZZ	*35*	*72*	*17*	*25,50*	*9 000*	*63,70*	*43,80*	*1,10*
6307 FT 150 ZZ	*35*	*80*	*21*	*33,50*	*8 100*	*68,40*	*46,40*	*1,50*
6008 FT 150	40	68	15	17,40	6 200	61,90	46,50	1,00
6208 FT 150	40	80	18	29,00	5 300	70,70	49,80	1,10
6308 FT 150	40	90	23	40,50	4 800	77,60	52,90	1,50
6008 FT 150 ZZ	*40*	*68*	*15*	*17,40*	*9 300*	*61,90*	*46,50*	*1,00*
6208 FT 150 ZZ	*40*	*80*	*18*	*29,00*	*8 000*	*70,70*	*49,80*	*1,10*
6308 FT 150 ZZ	*40*	*90*	*23*	*40,50*	*7 200*	*77,60*	*52,90*	*1,50*

Tableau des caractéristiques (d'après documentation S.N.R.)

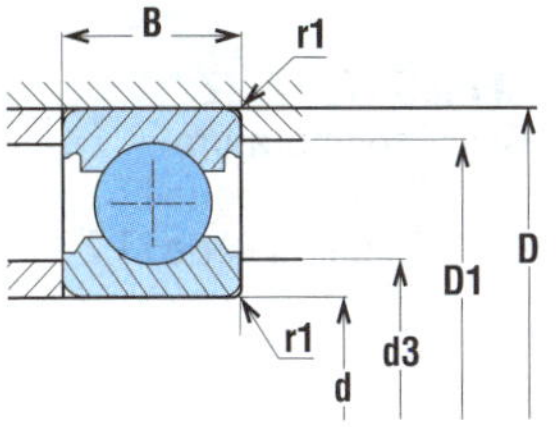

SÉRIES HT 200, HT 200 ZZ

Haute température (200 °C en pointe)

Vitesse élevée (jusqu'à 150 000 N.Dm*)

* N.Dm : facteur vitesse = diamètre moyen du roulement (mm) × vitesse de rotation (tr/min).

***Ex.** : roulement 6206 = 46 mm × 10 000 tr/min = 460 000 N.Dm*

RÉFÉRENCES Commande

RÉFÉRENCES	**DIMENSIONS (mm)**			**CHARGE DE BASE DYNAMIQUE C × 1000 newtons**	**VITESSE (tr/min)**	**ÉPAULEMENTS ET CONGÉS (mm)**		
	d	D	B			D1 min	d3 max	r1 max
6204 HT 200	20	47	14	12,80	4 400	41,10	26,20	1,00
6304 HT 200	20	52	15	15,90	4 100	44,50	27,90	1,10
6204 HT 200 ZZ	*20*	*47*	*14*	*12,80*	*4 400*	*41,10*	*26,20*	*1,00*
6304 HT 200 ZZ	*20*	*52*	*15*	*15,90*	*4 100*	*44,50*	*27,90*	*1,10*
6205 HT 200	25	52	15	14,00	3 800	46,30	31,40	1,00
6305 HT 200	25	62	17	23,70	3 400	53,10	34,90	1,10
6205 HT 200 ZZ	*25*	*52*	*15*	*14,00*	*3 800*	*46,30*	*31,40*	*1,00*
6305 HT 200 ZZ	*25*	*62*	*17*	*23,70*	*3 400*	*53,10*	*34,90*	*1,10*
6206 HT 200	30	62	16	19,50	3 200	54,60	38,00	1,00
6306 HT 200	30	72	19	28,00	2 900	62,30	41,70	1,10
6206 HT 200 ZZ	*30*	*62*	*16*	*19,50*	*3 200*	*54,60*	*38,00*	*1,00*
6306 HT 200 ZZ	*30*	*72*	*19*	*28,00*	*2 900*	*62,30*	*41,70*	*1,10*
6207 HT 200	35	72	17	25,50	2 800	63,70	43,80	1,10
6307 HT 200	35	80	21	33,50	2 600	68,40	46,40	1,50
6207 HT 200 ZZ	*35*	*72*	*17*	*25,50*	*2 800*	*63,70*	*43,80*	*1,10*
6307 HT 200 ZZ	*35*	*80*	*21*	*33,50*	*2 600*	*68,40*	*46,40*	*1,50*
6208 HT 200	40	80	18	29,00	2 500	70,70	49,80	1,10
6308 HT 200	40	90	23	40,50	2 300	77,60	52,90	1,50
6208 HT 200 ZZ	*40*	*80*	*18*	*29,00*	*2 500*	*70,70*	*49,80*	*1,10*
6308 HT 200 ZZ	*40*	*90*	*23*	*40,50*	*2 300*	*77,60*	*52,90*	*1,50*
6209 HT 200	45	85	19	32,50	2 300	76,10	54,40	1,10
6309 HT 200	45	100	25	53,00	2 000	86,70	59,20	1,50
6209 HT 200 ZZ	*45*	*85*	*19*	*32,50*	*2 300*	*76,10*	*54,40*	*1,10*
6309 HT 200 ZZ	*45*	*100*	*25*	*53,00*	*2 000*	*86,70*	*59,20*	*1,50*
6210 HT 200	50	90	20	35,00	2 100	81,10	59,40	1,10
6310 HT 200	50	110	27	62,00	1 800	95,10	65,80	2,00
6210 HT 200 ZZ	*50*	*90*	*20*	*35,00*	*2 100*	*81,10*	*59,40*	*1,10*
6310 HT 200 ZZ	*50*	*110*	*27*	*62,00*	*1 800*	*95,10*	*65,80*	*2,00*

Remarque : Les roulements de la série HT et HT ZZ sont garnis d'une graisse garantissant le meilleur compromis entre la température et la vitesse, d'où une limitation de ce dernier critère.

Tableau des caractéristiques (d'après documentation S.N.R.)

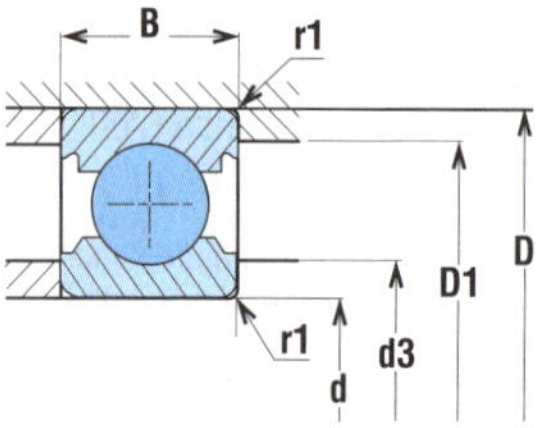

SÉRIES LT , LT ZZ
Basse température
- 40 °C pour la série LT.
- 60 °C pour la série LT ZZ.

RÉFÉRENCES Commande

RÉFÉRENCES	DIMENSIONS (mm)			CHARGE DE BASE DYNAMIQUE C × 1000 newtons	VITESSE (tr/min)	ÉPAULEMENTS ET CONGÉS (mm)		
	d	D	B			D1 min	d3 max	r1 max
6000 LT	10	26	8	4,60	19 000	23,60	12,80	0,30
6200 LT	10	30	9	6,00	16 000	25,80	14,60	0,60
6000 LT ZZ	*10*	*26*	*8*	*4,60*	*28 000*	*23,60*	*12,80*	*0,30*
6200 LT ZZ	*10*	*30*	*9*	*6,00*	*23 000*	*25,80*	*14,60*	*0,60*
6001 LT	12	28	8	5,10	17 000	25,60	14,80	0,30
6201 LT	12	32	10	6,90	15 000	27,90	16,50	0,60
6001 LT ZZ	*12*	*28*	*8*	*5,10*	*25 000*	*25,60*	*14,80*	*0,30*
6201 LT ZZ	*12*	*32*	*10*	*6,90*	*22 000*	*27,90*	*16,50*	*0,60*
6002 LT	15	32	9	5,60	14 000	29,10	18,30	0,30
6202 LT	15	35	11	7,70	13 000	31,00	19,60	0,60
6002 LT ZZ	*15*	*32*	*9*	*5,60*	*21 000*	*29,10*	*18,30*	*0,30*
6202 LT ZZ	*15*	*35*	*11*	*7,70*	*19 000*	*31,00*	*19,60*	*0,60*
6003 LT	17	35	10	6,00	13 000	31,70	20,70	0,30
6203 LT	17	40	12	9,50	11 000	35,00	22,40	0,60
6003 LT ZZ	*17*	*35*	*10*	*6,00*	*19 000*	*31,70*	*20,70*	*0,30*
6203 LT ZZ	*17*	*40*	*12*	*9,50*	*17 000*	*35,00*	*22,40*	*0,60*
6004 LT	20	42	12	9,40	10 000	37,10	25,10	0,60
6204 LT	20	47	14	12,80	9 300	41,10	26,20	1,00
6004 LT ZZ	*20*	*42*	*12*	*9,40*	*16 000*	*37,10*	*25,10*	*0,60*
6204 LT ZZ	*20*	*47*	*14*	*12,80*	*14 000*	*41,10*	*26,20*	*1,00*
6005 LT	25	47	12	10,10	9 300	42,10	30,10	0,60
6205 LT	25	52	15	14,00	8 200	46,30	31,40	1,00
6005 LT ZZ	*25*	*47*	*12*	*10,10*	*14 000*	*42,10*	*30,10*	*0,60*
6205 LT ZZ	*25*	*52*	*15*	*14,00*	*12 000*	*46,30*	*31,40*	*1,00*
6006 LT	30	55	13	12,60	7 800	48,80	36,20	1,00
6206 LT	30	62	16	19,50	7 000	54,60	38,00	1,00
6006 LT ZZ	*30*	*55*	*13*	*12,60*	*12 000*	*48,80*	*36,20*	*1,00*
6206 LT ZZ	*30*	*62*	*16*	*19,50*	*10 000*	*54,60*	*38,00*	*1,00*

Tableau des caractéristiques (d'après documentation S.N.R.)

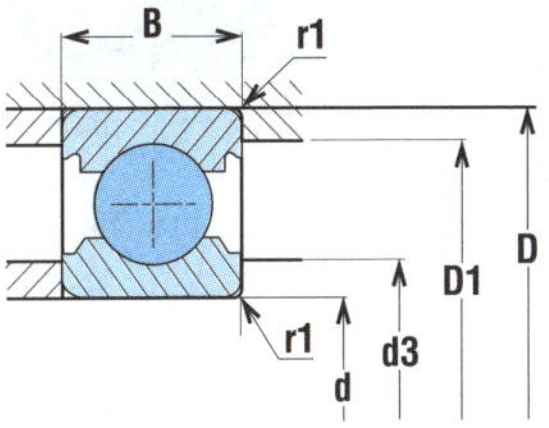

SÉRIES HV ZZ

Haute vitesse (jusqu'à 700 000 N.Dm*)

* N.Dm : facteur vitesse = diamètre moyen du roulement (mm) × vitesse de rotation (tr/min).

***Ex.** : roulement 6206 = 46 mm × 10 000 tr/min = 460 000 N.Dm*

RÉFÉRENCES Commande

RÉFÉRENCES	DIMENSIONS (mm)			CHARGE DE BASE DYNAMIQUE C × 1000 newtons	VITESSE (tr/min)	ÉPAULEMENTS ET CONGÉS (mm)		
	d	D	B			D1 min	d3 max	r1 max
6000 HV ZZ	10	26	8	4,60	38 800	23,60	12,80	0,30
6001 HV ZZ	12	28	8	5,10	35 000	25,60	14,80	0,30
6201 HV ZZ	12	32	10	6,90	31 800	27,90	16,50	0,60
6002 HV ZZ	15	32	9	5,60	29 700	29,10	18,30	0,30
6202 HV ZZ	15	35	11	7,70	28 000	31,00	19,60	0,60
6003 HV ZZ	17	35	10	6,00	26 900	31,70	20,70	0,30
6203 HV ZZ	17	40	12	9,50	24 500	35,00	22,40	0,60
6004 HV ZZ	20	42	12	9,40	22 500	37,10	25,10	0,60
6204 HV ZZ	20	47	14	12,80	20 800	41,10	26,20	1,00
6005 HV ZZ	25	47	12	10,10	19 400	42,10	30,10	0,60
6205 HV ZZ	25	52	15	14,00	18 100	46,30	31,40	1,00
6006 HV ZZ	30	55	13	12,60	16 400	48,80	36,20	1,00
6206 HV ZZ	30	62	16	19,50	15 200	54,60	38,00	1,00
6007 HV ZZ	35	62	14	16,00	14 400	56,20	41,20	1,00
6207 HV ZZ	35	72	17	25,50	13 000	63,70	43,80	1,10
6008 HV ZZ	40	68	15	17,40	12 900	61,90	46,50	1,00
6208 HV ZZ	40	80	18	29,00	11 600	70,70	49,80	1,10
6209 HV ZZ	45	85	19	32,50	10 700	76,10	54,40	1,10
6210 HV ZZ	50	90	20	35,00	10 000	81,10	59,40	1,10

* Vitesse donnée pour une utilisation dans une plage de température allant de – 20 à + 80 °C.

Tableaux des caractéristiques (d'après documentation SNR)

À CONTACT RADIAL À DEUX RANGÉES DE BILLES

Charges équivalentes

Charge dynamique			
$F_a/F_r < e$: $P = F_r$			
$F_a/F_r > e$: $P = 0{,}56\ F_r + YF_a$			
F_a/C_0	X	Y	e
0,014		2,30	0,19
0,028		1,99	0,22
0,056		1,71	0,26
0,084		1,55	0,28
0,11	0,56	1,45	0,30
0,17		1,31	0,34
0,28		1,15	0,38
0,42		1,04	0,42
0,56		1,00	0,44

Charge statique
La plus grande des deux valeurs : $P_0 = F_r$ ou $P_0 = 0{,}6\ F_r + 0{,}5\ F_a$

Tolérances sur la largeur *B* des roulements

Alésage *d* inclus	Écart ΔB	
	supérieur	inférieur
de 2,5 à 10	0	– 40
10 à 18	0	– 80
18 à 50	0	– 120
50 à 80	0	150
80 à 120	0	– 200

Désignation

4200 A

A : indice de conception interne

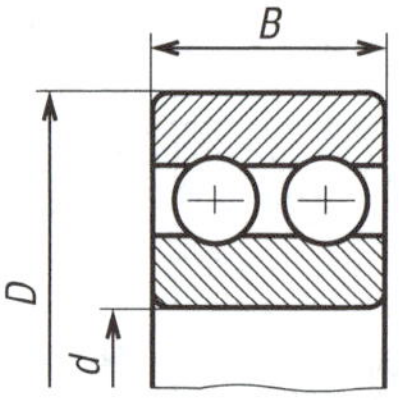

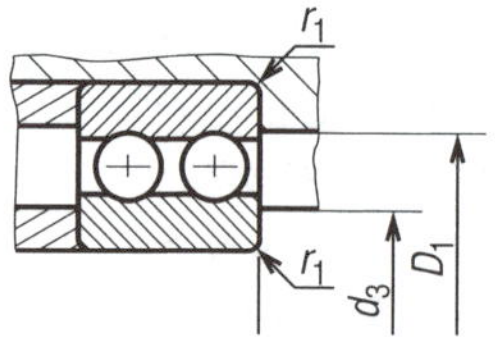

SYMBOLE	DIMENSIONS (mm)			CHARGE DE BASE (10^3 N)		VITESSE LIMITE (tr/min)		ÉPAULEMENTS ET CONGÉS (mm)				
								d_3		D_1		r_1
	d	*D*	*B*	dyn. *C*	stat. C_0	graisse	huile	mini	maxi	mini	maxi	maxi
4200 A	10	30	14	9,20	5,20	18 000	23 000	14,0	16,0	24,0	26,0	0,60
4201 A	12	32	14	9,40	5,50	16 000	20 000	16,0	18,0	26,0	28,0	0,60
4202 A	15	35	14	10,40	6,60	14 000	18 000	19,0	21,0	29,0	31,0	0,60
4302 A		42	17	14,80	9,10	12 000	16 000	21,0	24,0	33,0	36,0	1,00
4203 A	17	40	16	14,70	9,50	12 000	16 000	21,0	24,0	33,0	36,0	0,60
4303 A		47	19	19,70	13,20	11 000	14 000	23,0	26,0	38,0	41,0	1,00
4204 A	20	47	18	17,80	12,70	10 000	13 000	26,0	29,0	39,0	41,0	1,00
4304 A		52	21	23,40	16,00	9 700	13 000	27,0	30,0	42,0	45,0	1,10
4205 A	25	52	18	19,20	14,70	9 100	12 000	31,0	34,0	43,0	46,0	1,00
4305 A		62	24	22,40		8 000	10 000	32,0	37,0	50,0	55,0	1,10
4206 A	30	62	20	26,00	20,70	7 600	9 800	36,0	40,0	52,0	56,0	1,00
4306 A		72	27	39,50	30,50	6 900	8 800	37,0	44,0	59,0	65,0	1,10
4207 A	35	72	23	32,00	26,00	6 500	8 400	42,0	47,0	60,0	65,0	1,10
4307 A		80	31	51,00	38,00	6 100	7 800	44,0	49,0	66,0	71,0	1,50
4208 A	40	80	23	34,00	30,00	5 800	7 500	47,0	53,0	67,0	73,0	1,10
4308 A		90	33	63,00	48,00	5 400	6 900	49,0	56,0	74,0	81,0	1,50
4209 A	45	85	23	36,00	33,00	5 400	6 900	52,0	59,0	71,0	78,0	1,10
4309 A		100	36	72,00	60,00	4 800	6 200	54,0	62,0	83,0	91,0	1,50
4210 A	50	90	23	37,50	36,50	5 000	6 400	57,0	63,0	77,0	83,0	1,10
4310 A		110	40	89,00	76,00	4 400	5 600	61,0	67,0	93,0	99,0	2,00
4211 A	55	100	25	43,00	43,00	4 500	5 800	64,0	71,0	84,0	91,0	1,50
4311 A		120	43	104,00	90,00	4 000	5 100	66,0	73,0	102,0	109,0	2,00
4212 A	60	110	28	57,00	58,00	4 100	5 300	69,0	77,0	93,0	101,0	1,50
4312 A		130	46	120,00	106,00	3 700	4 700	73,0	79,0	111,0	117,0	2,10

13.11.3. ROULEMENTS À BILLES À CONTACT OBLIQUE

À UNE RANGÉE DE BILLES

Types BG pour montage par paire (appariement universel)

O

X

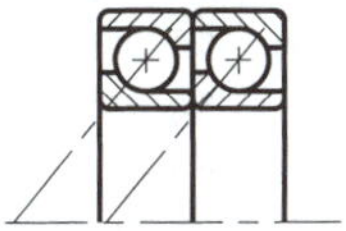

Tandem

Désignation

7204 BG

Charges équivalentes

Charge dynamique
$F_a/F_r \leq 1{,}14 : P = F_r$
$F_a/F_r > 1{,}14 : P = 0{,}35\ F_r + 0{,}57\ F_a$
Charge statique
P_0 est la plus grande des deux valeurs :
$P_0 = F_r$ ou $P_0 = 0{,}5\ F_r + 0{,}26\ F_a$

Charge équivalente dynamique d'une paire, montage en « O » et « X »	
$F_a/F_r \leq 1{,}14$	$P = F_r + 0{,}55\ F_a$
$F_a/F_r > 1{,}14$	$P = 0{,}57\ F_r + 0{,}93\ F_a$
Charge dynamique de base (paire)	
$Ce = 1{,}625\ C$ (avec C pour un roulement)	

Charge équivalente dynamique d'une paire, montage en tandem	
$F_a/F_r \leq 1{,}14$	$P = F_r$
$F_a/F_r > 1{,}14$	$P = 0{,}35\ F_r + 0{,}57\ F_a$
Charge dynamique de base (paire)	
$Ce = 1{,}625\ C$ (avec C pour un roulement)	

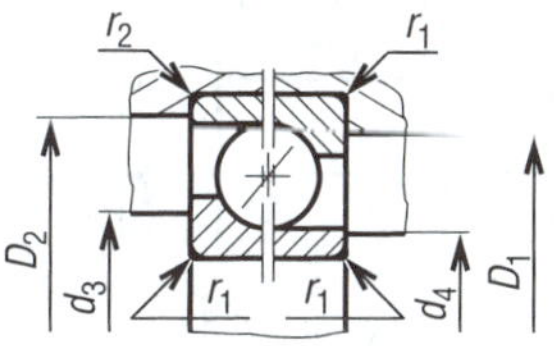

Tolérances sur la largeur *B* des roulements

Alésage *d* inclus	Écart ΔB Sup.	Inf.
de 10 à 18	0	– 80
18 à 50	0	– 120
50 à 80	0	– 150
80 à 120	0	– 200

Désignation

7204 B

Charge équivalente statique :
La plus grande des deux valeurs
$P_0 = X_0 F_r + Y_0 F_a$
– montages « O » et « X » :
$X_0 = 1 \quad Y_0 = 0{,}52$
– montage en tandem
$X_0 - 0{,}5 \quad Y_0 = 0{,}26$

Charge statique de base :
$C_{oe} = 2C_0$ (avec C_0 pour un roulement)

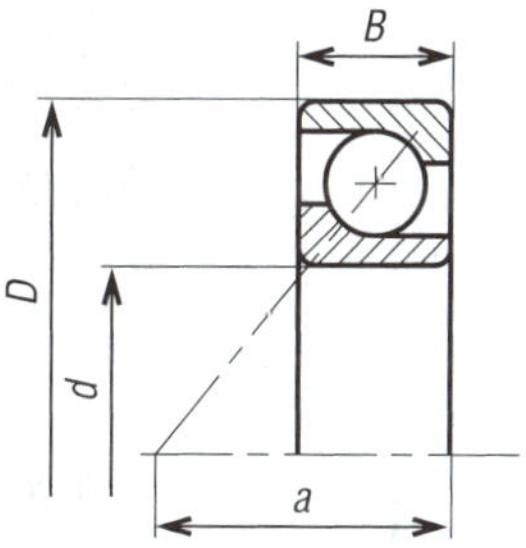

Angle de contact 40°

SYMBOLE	DIMENSIONS (mm)				CHARGE DE BASE (10^3 N)		VITESSE LIMITE (tr/min)		ÉPAULEMENTS ET CONGÉS (mm)									
	d	D	B	a	dyn. C	stat. C_0	graisse	huile	d_3 mini	d_3 maxi	d_4 mini	d_4 maxi	D_1 mini	D_1 maxi	D_2 mini	D_2 maxi	r_1 maxi	r_2 maxi
7202 B	15	35	11	16,0	8,10	4,35	18 000	23 000	19,0	22,0	19,0	19,0	28,5	30,0	32,0	32,6	0,6	0,3
7203 B	17	40	12	18,0	9,90	5,50	15 000	19 000	20,5	25,0	20,5	21,0	33,0	36,5	36,0	36,5	0,6	0,6
7303 B		47	14	20,5	14,80	8,00	12 500	17 500	23,0	26,0	22,0	23,0	38,0	41,0	41,0	43,0	1,0	0,6
7204 B	20	47	14	21,0	13,30	7,60	13 000	17 000	24,5	30,0	24,5	25,4	39,0	42,5	42,0	43,6	1,0	0,6
7204 BG		47	14	21,0	21,60	15,20	13 000	17 000	24,5	30,0	24,5	25,4	39,0	42,5	42,0	43,6	1,0	0,6
7304 B		52	15	22,5	17,30	9,70	11 000	15 000	26,0	30,5	25,5	26,5	42,0	46,0	47,0	48,5	1,0	0,6
7304 BG		52	15	22,5	28,10	18,80	11 000	15 000	26,0	30,5	25,5	26,5	42,0	46,0	47,0	48,5	1,0	0,6
7205 B	25	52	15	23,5	14,80	9,40	11 000	14 000	29,5	35,0	29,5	30,5	44,0	47,5	47,5	48,5	1,0	0,6
7205 BG		52	15	23,5	24,00	18,90	11 000	14 000	29,5	35,0	29,5	30,5	44,0	47,5	47,5	48,5	1,0	0,6
7305 B		62	17	26,5	24,40	14,70	9 200	12 000	31,0	37,5	31,0	32,0	50,0	56,0	56,0	58,5	1,0	0,6
7305 BG		62	17	26,5	39,70	29,40	9 200	12 000	31,0	37,5	31,0	32,0	50,0	56,0	56,0	58,5	1,0	0,6
7206 B	30	62	16	27,5	20,50	13,50	9 500	12 000	34,5	40,0	34,5	35,8	52,0	57,5	56,0	58,0	1,0	0,6
7206 BG		62	16	27,5	33,50	27,00	9 500	12 000	34,5	40,0	34,5	35,8	52,0	57,5	56,0	58,5	1,0	0,6
7306 B		72	19	31,0	31,00	19,90	7 700	10 000	36,0	45,5	36,0	38,0	59,0	66,0	65,5	68,5	1,0	0,6
7306 BG		72	19	31,0	50,50	39,80	7 700	10 000	36,0	45,5	36,0	38,0	59,0	66,0	65,5	68,5	1,0	0,6

Tableaux des caractéristiques (d'après documentation SNR)

SYMBOLE	DIMENSIONS (mm)				CHARGE DE BASE (10^3 N)		VITESSE LIMITE (tr/min)		ÉPAULEMENTS ET CONGÉS (mm)									
	d	D	B	a	dyn. C	stat. C_0	graisse	huile	d_3 mini	d_3 maxi	d_4 mini	d_4 maxi	D_1 mini	D_1 maxi	D_2 mini	D_2 maxi	r_1 maxi	r_2 maxi
7207 B	35	72	17	31,0	27,00	18,40	8 000	10 000	41,0	47,0	41,0	41,8	60,0	66,0	66,0	68,5	1,0	0,[illegible]
7207 BG		72	17	31,0	44,00	36,50	8 000	10 000	41,0	47,0	41,0	41,8	60,0	66,0	66,0	68,5	1,0	0,[illegible]
7307 B		80	21	34,5	36,50	24,10	7 000	9 500	42,0	50,5	42,0	43,0	66,0	73,0	72,5	75,5	1,5	1,[illegible]
7307 BG		80	21	34,5	60,00	48,00	7 000	9 500	42,0	50,5	42,0	43,0	66,0	73,0	72,5	75,5	1,5	1,[illegible]
7208 B	40	80	18	34,0	32,00	23,00	7 000	9 000	46,0	52,0	46,0	47,4	66,0	74,0	70,0	76,5	1,0	0,[illegible]
7208 BG		80	18	34,0	52,00	46,00	7 000	9 000	46,0	52,0	46,0	47,4	66,0	74,0	70,0	76,5	1,0	0,[illegible]
7308 B		90	23	39,0	45,00	30,00	6 300	8 500	47,0	57,0	47,0	48,5	74,0	83,0	82,0	85,5	1,5	1,[illegible]
7308 BG		90	23	39,0	73,00	60,00	6 300	8 500	47,0	57,0	47,0	48,5	74,0	83,0	82,0	85,5	1,5	1,[illegible]
7209 B	45	85	19	37,0	36,00	26,50	6 500	8 500	51,0	56,0	51,0	51,8	72,0	79,0	79,5	81,5	1,0	0,[illegible]
7209 BG		85	19	37,0	59,00	53,00	6 500	8 500	51,0	56,0	51,0	51,8	72,0	79,0	79,5	81,5	1,0	0,[illegible]
7309 B		100	25	43,0	58,00	40,00	5 600	7 500	52,0	63,5	52,0	53,5	82,5	93,0	92,0	95,5	1,5	1,[illegible]
7309 BG		100	25	43,0	95,00	80,00	5 600	7 500	52,0	63,5	52,0	53,5	82,5	93,0	92,0	95,5	1,5	1,[illegible]

À CONTACT OBLIQUE À DEUX RANGÉES DE BILLES

Charges équivalentes

Charge dynamique

Roulements type A	Roulements type B
$\frac{F_a}{F_r} \leqslant 0,68$ $P = F_r + 0,92\ F_a$	$\frac{F_a}{F_r} \leqslant 0,86$ $P = F_r + 0,73\ F_a$
$\frac{F_a}{F_r} > 0,86$ $P = 0,67\ F_r + 1,17\ F_a$	$\frac{F_a}{F_r} > 0,86$ $P = 0,67\ F_r + 1,17\ F_a$

Charge statique

Roulements type A
$P_0 = F_r + 0,76\ F_a$
Roulements type B
$P_0 = F_r + 0,63\ F_a$

Tolérances sur la largeur *B* des roulements

Alésage d inclus	Écart ΔB Sup.	Écart ΔB Inf.
de 10 à 18	0	– 80
18 à 50	0	– 120
50 à 80	0	– 150
80 à 120	0	– 200

Désignation

3205 B

(d = 25 ; type : B)

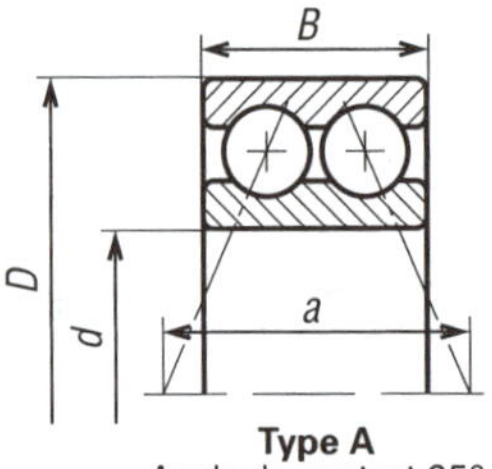

Type A
Angle de contact 25°

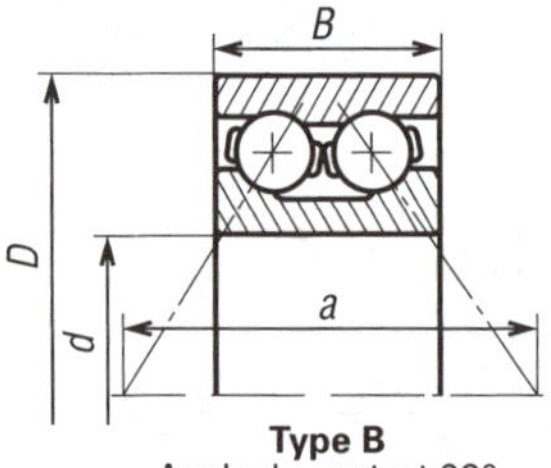

Type B
Angle de contact 32°

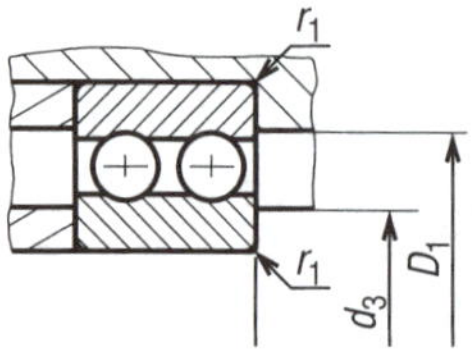

SYMBOLE	DIMENSIONS (mm)				CHARGES DE BASE 10^3N		VITESSE LIMITE (tr/min)		ÉPAULEMENTS ET CONGÉS (mm)				
	d	D	B	a	dyn. C	stat. C_0	graisse	huile	d_3 mini	d_3 maxi	D_1 mini	D_1 maxi	r_1 maxi
3200 A	10	30	14,0	15,1	7,80	4,55	16 000	23 000	15,0	17,0	24,0	25,0	0,6
3201 A	12	32	15,9	16,6	10,70	5,90	15 000	20 000	17,0	18,0	26,0	27,0	0,6
3202 A	15	35	15,9	18,0	11,80	7,10	13 000	18 000	20,0	21,0	29,0	30,0	0,6
3302 A		42	19,0	21,2	16,20	10,10	11 000	16 000	21,0	23,5	35,0	36,0	1,0
3203 A	17	40	17,5	20,5	14,60	9,00	11 000	16 000	22,0	23,5	33,0	35,0	0,6
3303 A		47	22,2	24,1	20,90	12,40	10 000	14 000	23,0	24,2	38,0	41,0	1,0
3204 A	20	47	20,6	24,2	19,60	12,50	9 700	13 000	26,0	27,5	39,0	41,0	1,0
3304 B		52	22,2	33,6	24,60	18,30	9 000	13 000	27,0	29,0	43,0	45,0	1,0
3205 B	25	52	20,6	34,8	22,40	18,20	8 400	12 000	31,0	32,5	45,0	46,0	1,0
3305 B		62	25,4	39,6	34,00	26,50	7 500	10 000	32,0	35,0	53,0	55,0	1,0
3206 B	30	62	23,8	40,8	32,00	27,00	7 100	9 800	36,0	38,0	54,0	56,0	1,0
3306 B		72	30,2	46,9	48,00	38,00	6 400	8 800	37,0	41,5	62,0	65,0	1,0
3207 B	35	72	27,0	46,9	43,50	37,50	6 100	8 400	42,0	45,0	63,0	65,0	1,0
3307 B		80	34,9	52,7	61,00	49,50	5 700	7 800	44,0	46,5	69,0	71,0	1,5
3208 B	40	80	30,2	52,6	53,00	46,50	5 400	7 500	47,0	51,0	71,0	73,0	1,0
3308 B		90	36,5	59,3	71,00	63,00	5 000	6 900	49,0	52,5	80,0	81,0	1,5
3209 A	45	85	30,2	43,2	48,00	37,00	5 000	6 900	52,0	55,0	74,0	78,0	1,0
3309 A		100	39,7	50,1	69,00	51,00	4 500	6 200	54,0	59,0	83,0	91,0	1,5

3.11.4. ROULEMENTS À ROTULES SUR BILLES

À ALÉSAGE CYLINDRIQUE

Charges équivalentes

Charge dynamique

$$\frac{F_a}{F_r} \leqslant e : P = F_r + Y \cdot F_a$$

$$\frac{F_a}{F_r} > e : P = 0{,}65\ F_r + Y \cdot F_a$$

Charge statique

Les valeurs de e, Y et Y_0 sont indiquées dans les tableaux ci-après.

Tolérances sur la largeur *B* des roulements

Alésage *d* inclus	Écart ΔB supérieur	Écart ΔB inférieur
de 10 à 18	0	– 80
18 à 50	0	– 120
50 à 80	0	– 150
80 à 120	0	– 200

Désignation

1203

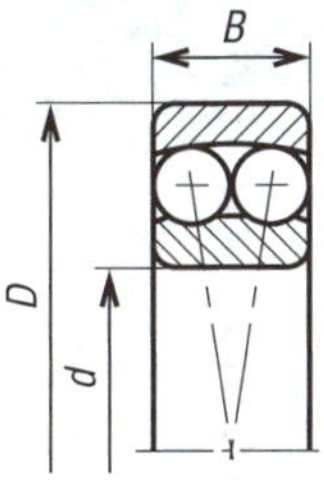

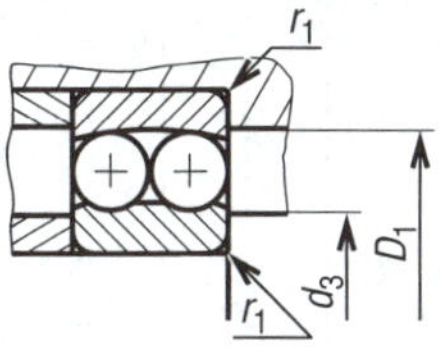

SYMBOLE	DIMENSIONS (mm) *d*	*D*	*B*	CHARGES DE BASE 10^3N dyn. *C*	stat. C_0	Coefficients de calculs *e*	*Y* $F_a/F_r \leqslant e$	*Y* $F_a/F_r > e$	Y_0	VITESSE LIMITE (tr/min) graisse	huile	ÉPAULEMENTS ET CONGÉS (mm) d_3 maxi	*D1* mini	*D1* maxi	r_1 maxi
1200	10	30	9	5,70	1,19	0,31	2,0	3,1	2,0	23 000	31 000	16	25,0	26	0,6
2200		30	14	7,60	1,58	0,31	2,0	3,1	2,0	23 000	31 000	15	27,0	26	0,6
1201	12	32	10	5,70	1,26	0,31	2,0	3,1	2,0	20 000	28 000	18	27,0	28	0,6
2201		32	14	7,80	1,71	0,31	2,0	3,1	2,0	20 000	28 000	18	27,0	28	0,6
1301		37	12	9,80	2,14	0,33	1,9	2,9	1,9	18 000	22 000	20	31,0	31	1,0
1202	15	35	11	7,70	1,75	0,31	2,0	3,1	2,0	18 000	25 000	21	30,5	31	0,6
2202		35	14	7,80	1,82	0,31	2,0	3,1	2,0	18 000	24 000	21	30,0	31	0,6
1302		42	13	9,80	2,28	0,33	1,9	2,9	1,9	16 000	20 000	22	35,0	36	1,0
2302		42	17	12,40	2,90	0,50	1,2	2,0	1,2	16 000	18 000	23	34,0	36	1,0
1203	17	40	12	8,10	2,03	0,31	2,0	3,1	2,0	16 000	22 000	24	34,0	36	0,6
2203		40	16	10,10	2,41	0,31	2,0	3,1	2,0	16 000	19 000	24	35,0	36	0,6
1303		47	14	12,90	3,20	0,33	1,9	2,9	1,9	14 000	18 000	26	41,0	41	1,1
2303		47	19	14,90	3,55	0,50	1,2	2,0	1,2	14 000	16 000	26	39,0	41	1,1
1204	20	47	14	10,10	2,65	0,28	2,2	3,4	2,2	13 000	18 000	28	40,0	42	1,0
2204		47	18	12,20	3,00	0,36	1,8	2,7	1,8	13 000	18 000	28	40,0	41	1,0
1304		52	15	12,70	3,35	0,28	2,2	3,4	2,2	13 000	16 000	31	44,0	47	1,1
2304		52	21	17,50	4,25	0,50	1,2	2,0	1,2	13 000	14 000	29	46,0	45	1,1
1205	25	52	15	12,30	3,30	0,28	2,2	3,4	2,2	12 000	16 000	32	46,0	47	1,0
2205		52	18	12,70	3,50	0,36	1,8	2,7	1,8	12 000	16 000	33	46,0	46	1,0
1305		62	17	18,40	5,00	0,28	2,2	3,4	2,2	10 000	13 000	37	53,0	55	1,5
2305		62	24	20,70	5,40	0,44	1,5	2,2	1,5	10 000	12 000	36	54,0	55	1,1
1206	30	62	16	15,90	4,70	0,23	2,7	4,2	2,7	10 000	13 000	39	54,0	57	1,0
2206		62	20	16,60	4,75	0,36	1,8	2,7	1,8	10 000	14 000	40	56,0	56	1,0
1306		72	19	21,70	6,30	0,26	2,4	3,8	2,4	9 000	11 000	43	61,0	65	1,5
2306		72	27	27,50	7,30	0,44	1,5	2,2	1,5	9 000	10 000	43	63,0	65	1,1
1207	35	72	17	16,00	5,10	0,23	2,7	4,2	2,7	8 500	11 000	46	61,0	65	1,1
2207		72	23	22,00	6,70	0,36	1,8	2,7	1,8	8 500	11 000	47	65,0	65	1,1
1307	35	80	21	25,50	7,90	0,26	2,4	3,8	2,4	8 000	9 500	51	69,0	72	1,5
2307		80	31	35,00	9,60	0,44	1,5	2,2	1,5	8 000	9 000	48	70,0	71	1,5

Tableaux des caractéristiques (d'après documentation SNR)

AVEC MANCHON DE SERRAGE À ALÉSAGE CONIQUE

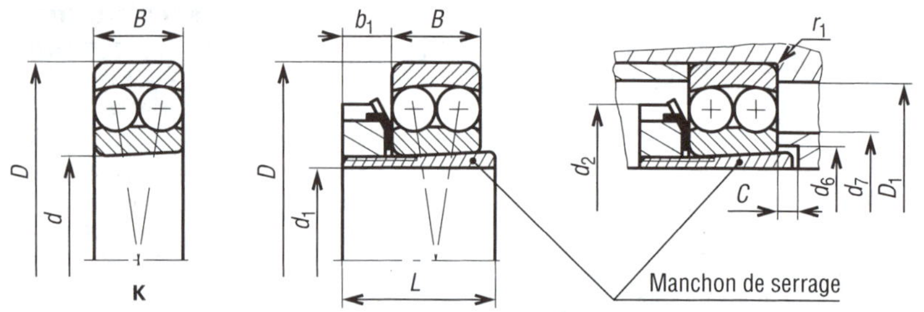

SYMBOLE	d_1 (mm)	DIMENSIONS roulement (mm)		DIMENSIONS manchon (mm)			ÉPAULEMENTS ET CONGÉS (mm)					
		D	B	L	d_2	b_1	d_7 maxi	d_6 mini	C mini	D_1 mini	D_1 maxi	r_1 maxi
1204K/H204	17	47	14	24	32	7,00	28	23	5	40	42	1,0
1304K/H304		52	15	28	32	7,00	31	23	8	44	47	1,1
2304K/H2304		52	21	31	32	7,00	29	24	5	45	46	1,1
1205K/H205	20	52	15	26	38	8,25	32	28	5	46	47	1,0
2205K/H305		52	18	29	38	8,25	33	28	5	46	47	1,0
1305K/H305		62	17	29	38	8,25	37	28	6	53	55	1,1
2305K/H2305		62	24	35	38	8,25	36	30	5	54	55	1,1
1206K/H206	25	62	16	27	45	8,25	39	33	5	54	56	1,0
2206K/H306		62	20	31	45	8,25	40	33	5	56	56	1,0
1306K/H306		72	19	31	45	8,25	43	33	6	61	65	1,1
2306K/H2306		72	27	38	45	8,25	43	35	5	63	65	1,1
1207K/H207	30	72	17	29	52	9,25	46	38	5	61	65	1,1
2207K/H307		72	23	35	52	9,25	47	39	5	65	65	1,1
1307K/H307		80	21	35	52	9,25	51	39	8	69	71	1,5
2307K/H2307		80	31	43	52	9,25	48	40	5	70	71	1,5
1208K/H208	35	80	18	31	58	10,25	53	43	5	70	73	1,1
2208K/H308		80	23	36	58	10,25	53	44	5	71	73	1,1
1308K/H308		90	23	36	58	10,25	57	44	5	77	81	1,5
2308K/H2308		90	33	46	58	10,25	55	45	5	78	81	1,5
1209K/H209	40	85	19	33	65	11,25	57	48	5	74	78	1,1
2209K/H309		85	23	39	65	11,25	58	50	8	76	78	1,1
1309K/H309		100	25	39	65	11,25	63	50	5	86	91	1,5
2309K/H2309		100	36	50	65	11,25	62	50	5	87	91	1,5
1210K/H210	45	90	20	35	70	12,25	61	53	5	81	83	1,1
2210K/H310		90	23	42	70	12,25	63	55	10	82	83	1,1
1310K/H310		110	27	42	70	12,25	69	55	5	94	99	2,0
2310K/H2310		110	40	55	70	12,25	67	56	5	98	99	2,0
1211K/H211	50	100	21	37	75	12,25	68	60	6	90	91	1,5
2211K/H311		100	25	45	75	12,25	70	60	10	90	91	1,5
1311K/H311		120	29	45	75	12,25	76	60	6	105	109	2,0
2311K/H2311		120	43	59	75	12,25	74	61	56	107	109	2,0
1212K/H212	55	110	22	38	80	12,50	76	64	5	99	101	1,5
2212K/H312		110	28	47	80	12,50	77	65	8	99	101	1,5
1312K/H312		130	31	47	80	12,50	85	65	5	115	117	2,1
2312K/H2312		130	46	62	80	12,50	81	66	5	115	117	2,1
1213K/H213	60	120	23	40	85	13,50	84	70	5	107	111	1,5
2213K/H313		120	31	50	85	13,50	83	70	8	107	111	1,5
1214K/H214		125	24	41	92	13,50	86	75	5	110	116	1,5
2214K/H314		125	31	52	92	13,50	88	75	11	112	118	1,5
1313K/H313		140	33	50	85	13,50	90	70	5	122	127	2,1
2313K/H2313		140	48	65	85	13,50	88	72	5	123	127	2,1
1314K/H314		150	35	52	92	13,50	95	75	5	133	137	2,1
2314K/H2314		150	51	68	92	13,50	94	77	5	132	137	2,1

Tableaux des caractéristiques (d'après documentation SNR)

13.11.5. ROULEMENTS À ROULEAUX CYLINDRIQUES

Types

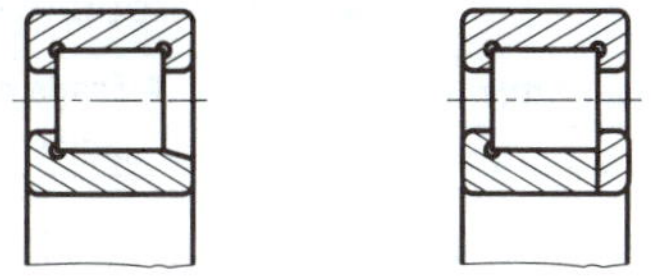

NJ
Poussée axiale possible dans un seul sens

NUP
Poussée axiale possible dans les deux sens ; jeu axial limité

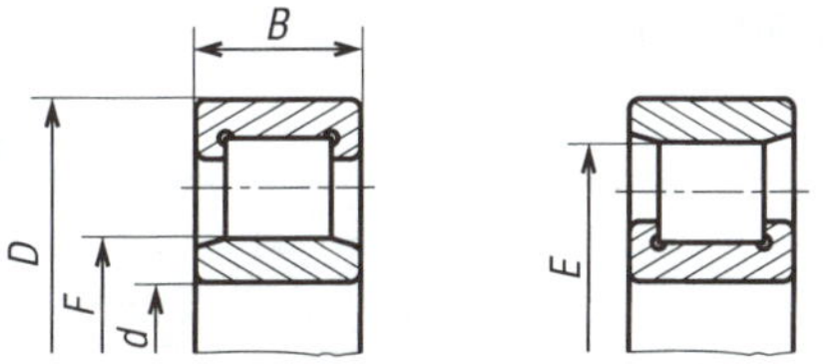

NU **N**

Pas de poussée axiale

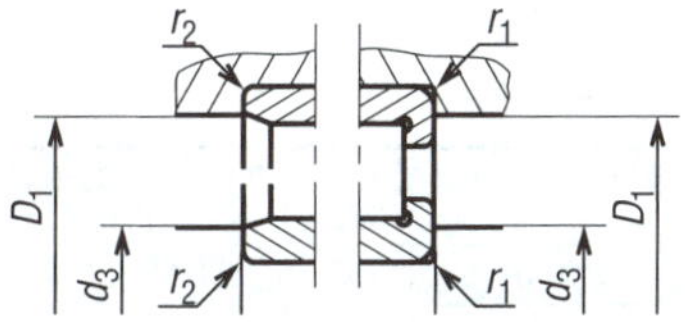

Charges équivalentes

- Charge statique : $P_0 = F_r$
- Charge dynamique : $P = F_r$

Tolérances sur la largeur *B* des roulements

Alésage *d* inclus	Écart ΔB Sup.	Écart ΔB Inf.
de 18 à 30	0	– 12 0
30 à 50	0	– 120
50 à 80	0	– 150
80 à 120	0	– 200

Désignation

NU 2204

SYMBOLE	DIMENSIONS (mm) *d*	*D*	*B*	*F*	*E*	CHARGES DE BASE 10^3N dyn. *C*	stat. C_0	VITESSE LIMITE (tr/min) graisse	huile	ÉPAULEMENTS ET CONGÉS (mm) d_3 maxi	D_1 mini	r_1 maxi	r_2 maxi
NU 204 E G15	20	47	14	26,5	41,5	28,00	24,70	13 500	16 500	24,2	41,4	1,0	0,6
NU 2204 E G15		47	18	26,5	41,5	33,50	31,00	13 500	16 500	24,2	41,4	1,0	0,6
NU 304 E G15		52	15	27,5	45,5	35,00	29,50	11 500	14 500	24,2	45,0	1,0	0,6
NU 2304 E G15		52	21	27,5	45,5	46,50	42,50	11 500	14 500	24,2	45,0	1,0	0,6
NU 205 E G15	25	52	15	31,5	46,5	32,00	30,00	11 500	14 000	29,2	46,4	1,0	0,6
NU 2205 E G15		52	18	31,5	46,5	38,00	37,50	11 500	14 000	29,2	46,4	1,0	0,6
NU 305 E G15		62	17	34,0	54,0	45,50	41,00	9 500	11 500	32,0	55,0	1,0	1,0
NU 2305 E G15		62	24	34,0	54,0	62,00	61,00	9 500	11 500	32,0	55,0	1,0	1,0
NU 405		80	21	38,8	62,8	46,00	37,50	8 500	10 000	36,0	69,0	1,5	1,5
NU 206 E G15	30	62	16	37,5	55,5	42,50	40,00	9 500	12 000	34,2	56,4	1,0	0,6
NU 2206 E G15		62	20	37,5	55,5	53,00	54,00	9 500	12 000	34,2	56,4	1,0	0,6
NU 306 E G15		72	19	40,5	62,5	56,00	51,00	8 000	9 500	37,0	65,0	1,0	1,0
NU 2306 E G15		72	27	40,5	62,5	79,00	81,00	8 000	9 500	37,0	65,0	1,0	1,0
NU 207 E G15	35	72	17	44,0	64,0	54,00	54,00	8 500	10 500	39,2	65,0	1,0	0,6
NU 2207 E G15		72	23	44,0	64,0	67,00	70,00	8 500	10 500	39,2	65,0	1,0	0,6
NU 307 E G15		80	21	46,2	70,2	70,00	68,00	7 000	8 500	42,0	71,0	1,5	1,0
NU 2307 E G15		80	31	46,2	70,2	99,00	106,00	7 000	8 500	42,0	71,0	1,5	1,0
NU 208 E G15	40	80	18	49,5	71,5	57,00	56,00	7 500	9 000	47,0	73,0	1,0	1,0
NU 2208 E G15		80	23	49,5	71,5	76,00	80,00	7 500	9 000	47,0	73,0	1,0	1,0
NU 308 E G15		90	23	52,0	80,0	88,00	85,00	6 300	7 500	49,0	81,0	1,5	1,5
NU 2308 E G15		90	33	52,0	80,0	122,00	129,00	6 300	7 500	49,0	81,0	1,5	1,5
NU 209 E G15	45	85	19	54,5	76,5	65,00	67,00	7 000	8 500	52,0	78,0	1,0	1,0
NU 2209 E G15		85	23	54,5	76,5	79,00	86,00	7 000	8 500	52,0	78,0	1,0	1,0
NU 309 E G15		100	25	58,5	88,5	100,00	98,00	5 600	6 700	54,0	91,0	1,5	1,5
NU 2309 E G15		100	36	58,5	88,5	141,00	153,00	5 600	6 700	54,0	91,0	1,5	1,5
NU 210 E G15	50	90	20	59,5	81,5	68,00	72,00	6 300	8 000	57,0	83,0	1,0	1,0
NU 2210 E G15		90	23	59,5	81,5	83,00	93,00	6 300	8 000	57,0	83,0	1,0	1,0
NU 310 E G15		110	27	65,0	97,0	120,00	122,00	5 000	6 100	61,0	99,0	2,0	2,0
NU 2310 E G15		110	40	65,0	97,0	176,00	201,00	5 000	6 100	61,0	99,0	2,0	2,0

13.11.6. ROULEMENTS À ROULEAUX CONIQUES

Charges équivalentes

Charge dynamique
si $\frac{F_a}{F_r} \leqslant e^*$: $P = F_r$
si $\frac{F_a}{F_r} > e$: $P = 0,4\,F_r + Y^* \cdot F_a$

(*voir tableau ci-dessous)

Charge statique
Po est la plus grande des deux valeurs :
$P_0 = F_r$
ou $P_0 = 0,5\,F_r + Y_0^* \cdot F_a$

Tolérances sur la largeur *T* des roulements

Alésage *d* inclus	Écart ΔB	
	Sup.	Inf.
de 10 à 18	+ 200	– 200
18 à 30	+ 200	– 200
30 à 50	+ 200	– 200
50 à 80	+ 200	– 200
80 à 120	+ 200	– 200
120 à 180	+ 350	– 250

Désignation 32006

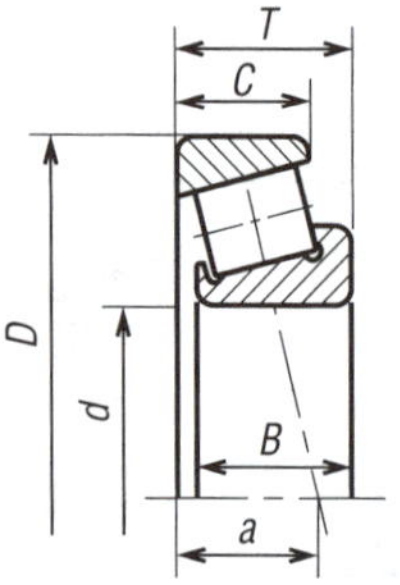

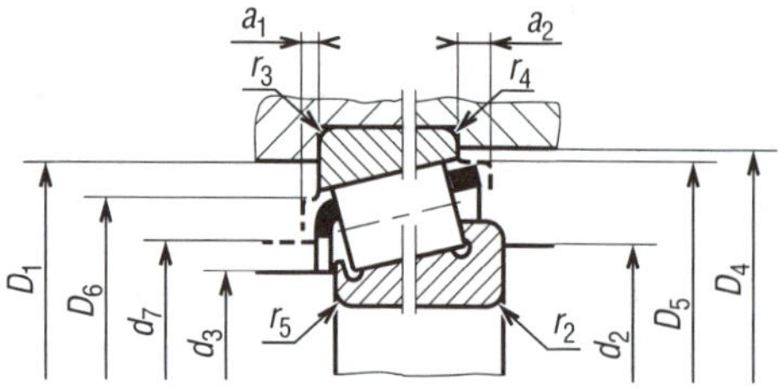

SYMBOLE	d (mm)	DIMENSIONS (mm) D	T	B	C	a	CHARGES DE BASE 10^3N dyn. C	stat. C_0	COEFFICIENTS DE CALCUL e	Y	Y_0	VITESSE LIMITE (tr/min) huile	graisse	CODE ISO
30203	17	40	13,25	12,0	11,0	9,75	20,80	19,00	0,34	1,74	0,96	13 300	9 800	2 DB
32203		40	17,25	16,0	14,0	11,25	31,00	31,00	0,31	1,92	1,06	13 300	9 800	2 DD
32004	20	42	15,00	15,0	12,0	10,50	26,50	27,50	0,37	1,60	0,88	12 300	9 000	3 CC
30204		47	15,25	14,0	12,0	11,25	31,00	31,50	0,35	1,74	0,96	11 300	8 400	2 DB
32005	25	47	15,00	15,0	11,5	11,50	28,50	31,50	0,43	1,39	0,76	11 000	8 000	4 CC
30205		52	16,25	15,0	13,0	12,75	36,00	39,50	0,37	1,60	0,88	10 000	7 500	3 CC
32205B		52	19,25	18,0	15,0	16,75	41,50	49,00	0,58	1,03	0,57	9 600	7 000	5 CD
33205		52	22,00	22,0	18,0	14,50	52,00	65,00	0,35	1,71	0,94	9 800	7 200	2 DE
30305		62	18,25	17,0	15,0	12,75	46,00	43,00	0,31	2,00	1,07	9 000	6 700	2 FB
320/28	28	52	16,00	16,0	12,0	12,50	35,00	42,50	0,43	1,39	0,77	9 400	6 900	4 CC
322/28B		58	20,25	19,0	16,0	17,25	46,50	55,00	0,56	1,07	0,59	8 600	6 300	5 DD
332/28		58	24,00	24,0	19,0	15,50	62,00	72,00	0,34	1,77	0,97			2 DE
32006	30	55	17,00	17,0	13,0	13,50	38,50	45,00	0,43	1,39	0,76	9 000	6 700	4 CC
30206		62	17,25	16,0	14,0	13,75	46,00	49,00	0,37	1,60	0,88	8 500	6 300	3 DE
32206		62	21,25	20,0	17,0	14,75	50,00	55,00	0,37	1,60	0,88	8 500	6 300	3 DC
32206B		62	21,25	20,0	17,0	18,25	55,00	64,00	0,56	1,07	0,59	8 000	5 900	5 DC
33206		62	25,00	25,0	19,5	16,00	69,00	80,00	0,34	1,76	0,97	8 500	6 300	2 DE
30306		72	20,75	19,0	16,0	16,25	55,00	52,00	0,31	1,90	1,05	7 500	5 600	2 FB
32306B		72	28,75	27,0	23,0	21,75	74,00	86,00	0,55	1,10	0,61	7 500	5 600	5 FD
320/32	32	58	17,00	17,0	13,0	14,00	38,00	45,00	0,45	1,32	0,73	8 400	6 200	4 CC
322/32B		65	22,00	21,5	17,0	19,00	59,00	71,00	0,55	1,10	0,61			5 DC
332/32		65	26,00	26,0	20,5	17,00	75,00	88,00	0,35	1,73	0,95			2 DE
32007		62	18,00	18,0	14,0	15,00	46,50	56,00	0,45	1,32	0,73	8 000	6 000	4 CC
30207		72	18,25	17,0	15,0	15,25	58,00	62,00	0,37	1,60	0,88	7 000	5 300	3 DB
32207		72	24,25	23,0	19,0	18,25	70,00	80,00	0,37	1,60	0,88	7 000	5 300	3 DC
32207B		72	24,25	23,0	19,0	21,75	63,00	85,00	0,58	1,03	0,57	6 900	5 000	5 DC
33207		72	28,00	28,0	22,0	18,50	89,00	108,00	0,35	1,70	0,94	7 000	5 300	2 DE
30307		80	22,75	21,0	18,0	16,75	73,00	73,00	0,31	1,90	1,05	6 700	5 000	2 fb
31307		80	22,75	21,0	15,0	25,75	62,00	65,00	0,81	0,74	0,41	6 300	4 800	7 fb
32307B		80	32,75	31,0	25,0	25,25	95,00	113,00	0,55	1,10	0,61	6 300	4 800	5 fe
32008	40	68	19,00	19,0	14,5	15,00	53,00	65,00	0,38	1,58	0,87	7 000	5 300	3 CD
33108		75	26,00	26,0	20,5	18,00	87,00	109,00	0,35	1,69	0,93	6 600	4 800	2 CE
30208		80	19,75	18,0	16,0	16,75	60,00	64,00	0,37	1,60	0,88	6 300	4 800	3 DE
32208		80	24,75	23,0	19,0	19,75	78,00	88,00	0,37	1,60	0,88	6 300	4 800	3 DC
32208B		80	24,75	23,0	19,0	22,25	81,00	92,00	0,55	1,10	0,60	6 400	4 700	5 DC
33208		80	32,00	32,0	25,0	21,00	109,00	145,00	0,36	1,68	0,92	6 300	4 600	2 DE
30308		90	35,25	33,0	27,0	23,25	115,00	133,00	0,35	1,74	0,96	5 800	4 300	2 FD
32308B		90	35,25	33,0	27,0	27,75	113,00	134,00	0,55	1,10	0,61	5 800	4 300	5 FD
30209	45	85	20,75	19,0	16,0	17,75	67,00	74,00	0,40	1,48	0,81	4 300	5 600	3 DB

Tableaux des caractéristiques (d'après documentation SNR)

ROULEMENTS À ROULEAUX CONIQUES

	ÉPAULEMENTS ET CONGÉS (mm)										COTES DE MONTAGES				
d	d_2 mini	d_2 maxi	r_2 maxi	d_3 maxi	r_5 maxi	D_1 mini	D_1 maxi	r_3 maxi	D_4 mini	r_4 maxi	d_7 maxi	D_5 mini	a_2 mini	D_6 mini	a_1 mini
17	23,8	24,3	1,0	22,0	0,30	34,9	35,2	1,0	38,1	0,30	24,5	36,0	1,6	32,5	0,0
	23,8	25,4	1,0	22,1	0,30	33,6	34,2	1,0	37,9	0,30	24,5	34,5	2,8	31,0	0,2
20	25,6	28,1	0,6	23,5	0,20	35,6	36,4	0,6	39,7	0,15	25,0	39,0	2,8	32,0	1,9
	26,8	30,8	1,0	27,2	0,30	40,8	41,2	1,0	44,2	0,30	30,5	42,5	2,7	37,0	0,3
25	30,6	33,6	0,6	29,0	0,15	40,2	41,4	0,6	44,9	0,15	29,5	44,5	3,1	36,5	2,1
	31,8	35,3	1,0	31,2	0,30	44,6	45,8	1,0	49,0	0,30	35,5	47,0	2,8	40,5	0,3
	31,8	37,3	1,0	29,2	0,30	41,0	45,2	1,0	50,4	0,30	31,5	49,5	2,9	37,5	0,8
	32,4	36,5	1,0	30,4	0,30	44,2	44,6	1,0	49,9	0,30	33,0	48,5	2,5	39,5	0,9
	33,2	37,0	1,5	33,9	0,50	53,6	54,8	1,5	58,8	0,50	36,5	55,0	2,4	48,5	1,7
28	35,4	37,8	1,0	32,7	0,60	45,7	46,5	1,0	49,9	0,30	35,0	48,5	2,7	41,5	1,1
	35,4	40,3	1,0	31,8	0,30	46,2	50,6	1,0	56,0	0,30	34,0	54,5	2,9	42,0	1,2
30	36,8	39,7	1,0	34,7	0,30	47,9	48,2	1,0	51,9	0,30	38,0	51,5	3,4	43,5	2,0
	36,8	42,2	1,0	36,5	0,30	53,4	55,8	1,0	58,5	0,30	41,5	56,0	2,8	49,0	0,7
	36,8	42,0	1,0	37,0	0,30	52,4	55,2	1,0	59,0	0,30	39,5	56,5	2,9	47,5	1,4
	36,8	44,3	1,0	34,5	0,60	49,8	55,2	1,0	60,1	0,30	38,0	58,5	3,1	45,5	1,0
	36,8	43,3	1,0	36,1	0,30	53,0	55,2	1,0	59,4	0,30	39,5	55,5	3,1	44,5	1,8
	38,2	44,6	1,5	42,0	0,60	62,4	63,8	1,5	67,4	0,60	43,5	63,0	4,4	56,5	0,0
	38,2	47,4	1,5	37,6	0,60	54,7	63,8	1,5	68,8	0,50	39,5	65,5	2,9	49,0	0,8
32	38,8	42,8	1,0	37,0	0,30	50,2	51,2	1,0	55,5	0,30	38,5	55,0	3,9	45,5	2,5
	41,8	45,1	1,0	39,0	0,30	54,0	55,2	1,0	59,9	0,30	41,0	59,0	3,8	49,0	2,4
	43,2	48,8	1,5	43,9	0,50	63,0	63,8	1,5	67,7	0,50	48,5	65,0	2,4	57,5	1,1
	43,2	48,3	1,5	43,1	0,60	61,2	63,8	1,5	67,5	0,60	45,0	65,5	3,8	56,0	0,1
	43,2	50,6	1,5	41,4	0,30	57,2	63,8	1,5	68,7	0,30	42,5	68,0	4,5	52,0	1,7
	43,2	50,2	1,5	41,5	0,60	61,3	63,8	1,5	68,5	0,60	47,0	66,5	4,1	55,5	1,7
35	45,2	49,5	2,0	45,6	0,50	70,0	71,8	1,5	75,7	0,50	48,5	71,5	4,0	63,5	1,2
	45,2	54,5	2,0	44,1	0,60	63,0	71,8	1,5	77,7	0,50	46,0	74,5	4,9	57,0	0,0
	45,2	53,2	2,0	42,2	0,50	61,2	71,8	1,5	76,8	0,50	44,5	74,5	5,0	55,5	1,1
40	46,8	50,0	1,0	44,2	0,30	60,3	61,2	1,0	65,2	0,30	46,5	64,5	4,4	55,5	2,3
	49,2	53,4	1,5	46,0	0,60	65,8	65,8	1,5	71,9	0,60	50,0	69,5	3,4	59,5	1,9
	48,2	53,3	1,5	49,6	0,60	69,9	71,8	1,5	75,3	0,60	51,5	71,5	2,5	63,5	0,2
	48,2	54,4	1,5	48,5	0,60	68,9	71,8	1,5	75,4	0,60	51,0	73,0	4,8	63,5	0,0
	49,2	55,6	1,5	45,9	0,60	66,1	70,8	1,5	76,3	0,60	50,0	74,5	3,9	59,5	1,3
	49,2	57,2	1,5	48,2	0,60	68,1	70,8	1,5	76,4	0,60	53,0	74,5	3,5	61,5	1,3
	50,2	57,7	2,0	52,8	0,60	77,6	80,8	1,5	84,5	0,60	56,0	80,0	3,5	70,5	0,7
	50,2	61,1	2,0	47,6	0,60	69,7	80,8	1,5	86,3	0,60	51,0	83,5	4,5	63,0	1,2

13.11.7. ROULEMENTS À ROULEAUX SPHÉRIQUES

Charges équivalentes

Charge dynamique

$$\frac{F_a}{F_r} \leq e : P = F_r + Y \cdot F_a$$

$$\frac{F_a}{F_r} > e : P = 0{,}67\ F_r + Y \cdot F_a$$

La valeur de Y est différente selon le cas

Charge statique

$$P_0 = F_r + Y_0\, F_a$$

Les valeurs de e, Y et Y_0 figurent dans les tableaux.

Désignation

22205 E

E = capacité augmentée

Tolérances sur la largeur *B* des roulements

Alésage d inclus	Écart ΔB Sup.	Écart ΔB Inf.
de 18 à 30	0	– 120
30 à 50	0	– 120
50 à 80	0	– 150
80 à 120	0	– 200

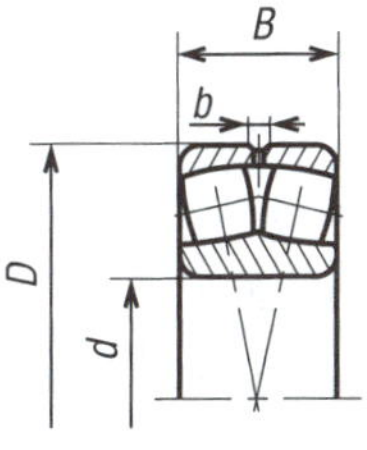

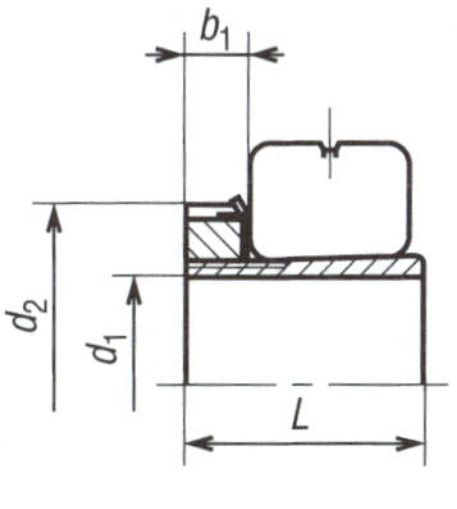

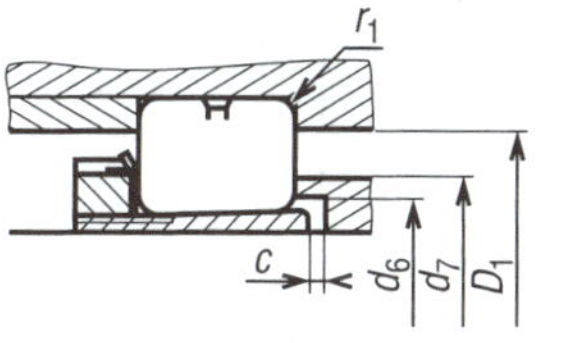

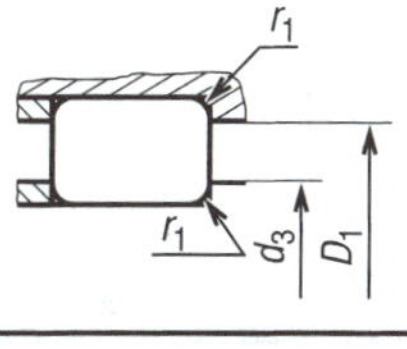

Roulements à rouleaux sphériques

SYMBOLE	DIMENSIONS (mm)				CHARGES DE BASE 10^3N		COEFFICIENTS DE CALCUL				VITESSE LIMITE (tr/min)		ÉPAULEMENTS ET CONGÉS (mm)			
								Y								
	d	D	B	b	dyn. C	stat. C_0	e	$F_a/F_r < e$	$F_a/F_r \geqslant e$	Y_0	graisse	huile	d_3 maxi	D_1 mini	D_1 maxi	r_1 min
22205 E	25	52	18	2,6	44,00	43,00	0,34	2,0	3,0	2,0	8 900	11 400	30	47	47	1,0
21305		62	17		44,00	41,00	0,29	2,3	3,5	2,3	6 700	9 000	33	54	54	1,1
22206 E	30	62	20	3,3	58,00	61,00	0,31	2,1	3,2	2,1	7 400	9 500	36	56	56	1,0
21306		72	19		57,00	55,00	0,28	2,4	3,6	2,4	5 800	7 700	39	62	63	1,1
22207 E	35	72	23	3,3	78,00	88,00	0,31	2,2	3,3	2,1	6 200	8 000	43	65	65	1,1
21307		80	21		71,00	71,00	0,27	2,5	3,7	2,4	5 100	6 800	44	70	71	1,5
22208 E	40	80	23	3,8	90,00	100,00	0,27	2,5	3,7	2,4	5 600	7 200	48	73	73	1,1
21308		90	23		85,00	90,00	0,26	2,5	3,8	2,5	4 500	6 000	51	78	81	1,5
22308 E		90	33	4,4	133,00	147,00	0,36	1,9	2,8	1,8	4 400	5 900	50	80	81	1,5
22209 E	45	85	23	3,9	94,00	108,00	0,26	2,6	3,9	2,6	5 200	6 700	53	77	78	1,1
21309		100	25		104,00	110,00	0,26	2,6	3,9	2,6	4 000	5 400	57	88	91	1,5
22309 E		100	36	4,4	162,00	182,00	0,36	1,9	2,8	1,9	3 900	5 300	56	88	91	1,5
22210 E	50	90	23	3,9	101,00	118,00	0,24	2,8	4,2	2,8	4 900	6 300	58	82	83	1,1
21310		110	27		124,00	140,00	0,25	2,7	4,0	2,7	3 600	4 900	64	96	99	2,0
22310 E		110	40	5,5	197,00	226,00	0,36	1,9	2,8	1,8	3 600	4 800	61	97	99	2,0
22211 E	55	100	25	4,4	120,00	142,00	0,23	2,9	4,4	2,9	4 400	5 600	63	92	92	1,5
21311		120	29		150,00	171,00	0,24	2,8	4,2	2,8	3 300	4 400	70	106	109	2,0
22311 E		120	43	5,5	234,00	265,00	0,36	1,9	2,8	1,8	3 300	4 400	66	106	109	2,0
22212 E	60	110	28	5,0	146,00	174,00	0,24	2,8	4,2	2,8	4 000	5 100	69	101	101	1,5
21312		130	31		167,00	193,00	0,24	2,8	4,2	2,8	3 100	4 100	76	114	118	2,1
22312 E		130	46	6,1	270,00	310,00	0,35	1,9	2,9	1,9	3 000	4 000	73	115	117	2,1
22213 E	65	120	31	5,5	177,00	216,00	0,24	2,8	4,1	2,7	3700	4 700	75	110	111	1,5
21313		140	33		195,00	223,00	0,23	2,9	4,3	2,8	2 800	3 800	82	123	128	2,1
22313 E		140	48	6,6	290,00	330,00	0,33	2,1	3,1	2,0	2 800	3 800	79	124	127	2,1
22214 E	70	125	31	5,0	184,00	231,00	0,22	3,0	4,5	2,9	3 400	4 400	81	115	116	1,5
21314		150	35		214,00	248,00	0,23	2,9	4,3	2,8	2 600	3 500	88	131	138	2,1
22314 E		150	51	7,2	330,00	385,00	0,34	2,0	3,0	2,0	2 600	3 500	84	132	137	2,1
22215 E	75	130	31	5,0	191,00	240,00	0,22	3,1	4,7	3,1	3 300	4 200	86	120	121	1,5
21315		160	37		243,00	285,00	0,23	2,9	4,4	2,9	2 500	3 300	94	141	148	2,1
22315 E		160	55	7,2	385,00	455,00	0,34	2,0	3,0	2,0	2 500	3 300	89	142	147	2,1

SYMBOLE	d_1 (mm)	DIMENSIONS DU ROULEMENT (mm)			DIMENSIONS DU MANCHON (mm)			ÉPAULEMENTS ET CONGÉS (mm)					
		d	D	B	L	d_2	b_1	d_7 maxi	d_6 mini	c mini	D_1 mini	D_1 maxi	r_1 maxi
21305 K/H 305	20	25	62	17,0	29	38	8,25	33	31	5	54	54	1,1
22205 EK/H 305		25	52	18,0	29	38	8,25	30	28	5	47	47	1,0
21306 K/H 306	25	30	72	19,0	31	45	8,25	39	36	5	62	63	1,1
22206 EK/H 306		30	62	20,0	31	45	8,25	36	33	5	56	56	1,0
21307 K/H 307	30	35	80	21,0	35	52	9,25	44	40	5	70	71	1,5
22207 EK/H 307		35	72	23,0	35	52	9,25	43	39	5	65	65	1,1
21308 K/H 308	35	40	90	23,0	36	58	10,25	51	44	5	78	81	1,5
22208 EK/H 308		40	80	23,0	36	58	10,25	48	44	5	73	73	1,1
22308 EK/H 2308		40	90	33,0	46	58	10,25	50	45	5	80	81	1,5
21309 K/H 309	40	45	100	25,0	39	65	11,25	57	50	5	88	91	1,5
22209 EK/H 309		45	85	23,0	39	65	11,25	53	50	8	77	78	1,1
22309 EK/H 2309		45	100	36,0	50	65	11,25	56	50	5	88	91	1,5
21310 K/H 310	45	50	110	27,0	42	70	12,25	64	55	5	96	99	2,0
22210 EK/H 310		50	90	23,0	42	70	12,25	58	55	10	82	83	1,1
22310 EK/H 2310		50	110	40,0	55	70	12,25	61	56	5	97	99	2,0
21311 K/H 311	50	55	120	29,0	45	75	12,25	70	60	6	106	109	2,0
22211 EK/H 311		55	100	25,0	45	75	12,25	63	60	10	92	92	1,5
22311 EK/H 2311		55	120	43,0	59	75	12,25	66	61	6	106	109	2,0
21312 K/H 312	55	60	130	31,0	47	80	12,25	76	65	5	114	118	2,1
22212 EK/H 312		60	110	28,0	47	80	12,50	69	65	8	101	101	1,5
22312 EK/H 2312		60	130	46,0	62	80	12,50	73	66	5	115	117	2,1
21313 K/H 313	60	65	140	33,0	50	85	13,50	82	70	5	123	128	2,1
21314 EK/H 314		70	150	35,0	52	92	13,50	88	75	5	131	138	2,1
22213 EK/H 313		65	120	31,0	50	85	13,50	75	70	8	110	111	1,5
22214 EK/H 314		70	125	31,0	52	92	13,50	81	75	11	115	116	1,5
22313 EK/H 2313		65	140	48,0	65	85	13,50	79	72	5	124	127	2,1
22314 EK/H 2314		70	150	51,0	68	92	13,50	84	77	5	132	137	2,1
21315 K/H 315	65	75	160	37,0	55	98	14,50	94	80	5	141	148	2,1
22215 EK/H 315		75	130	31,0	55	98	14,50	86	80	12	120	121	1,5
22315 EK/H 2315		75	160	55,0	73	98	14,50	89	82	5	142	147	2,1
21316 K/H 316	70	80	170	39,0	59	105	16,75	100	85	5	149	158	2,1
22216 EK/H 316		80	140	33,0	59	105	16,75	92	85	12	129	129	2,0
22316 EK/H 2316		80	170	58,0	78	105	16,75	96	88	5	151	157	2,1

13.11.8. BUTÉES À BILLES

À SIMPLE EFFET

Charges équivalentes : *

Charge statique et dynamique :
$P = F_a \quad P_0 = F_a$
Charge minimale :
$F_{am} = 10^{-14}(N \cdot C_0)^2$ F_{am} et C_0 en newtons N en tr/min.

Tolérances : *

Centrage sur l'arbre : j6

Centrage sur logement : H7

Désignation

51105

* Les charges équivalentes et les tolérances sont identiques pour les deux types de butées.

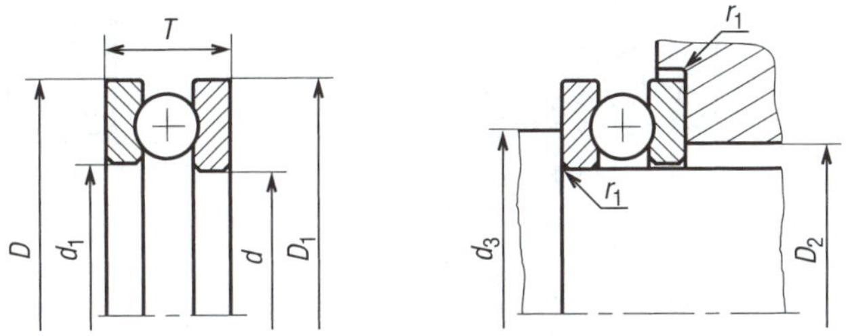

SYMBOLE	DIMENSIONS (mm)					CHARGES DE BASE 10^3N ISO		VITESSE LIMITE (tr/min)		ÉPAULEMENTS ET CONGÉS (mm)			
	d_2	d_1	D	D_1	T	dyn. C	stat. C_0	graisse	huile	d_3 mini	D_2 maxi	r_1 maxi	Masse (kg)
51102	15	16	28	28	9	10,20	12,00	7 100	9 400	23	20	0,3	0,020
51202		17	32	32	12	15,20	16,40	6 000	7 900	25	22	0,6	0,050
51103	17	18	30	30	9	11,00	14,40	7 100	9 400	25	22	0,3	0,030
51203		19	35	35	12	15,60	18,80	5 600	7 500	28	24	0,6	0,050
51104	20	21	35	35	10	14,50	19,70	6 300	8 400	29	26	0,3	0,040
51204		22	40	40	14	21,60	26,00	5 000	6 700	32	28	0,6	0,080
51105	25	26	42	42	11	17,60	27,50	5 300	7 100	35	32	0,6	0,060
51205		27	47	47	15	27,00	36,00	4 500	6 000	38	34	0,6	0,120
51305		27	52	52	18	34,50	42,00	3 800	5 000	41	36	1,0	0,180
51405		27	60	60	24	54,00	56,00	2 600	3 400	46	39	1,0	0,340
51106	30	32	47	47	11	18,20	31,50	5 000	6 700	40	37	0,6	0,070
51206		32	52	52	16	28,50	43,50	4 000	5 300	43	39	0,6	0,140
51306		32	60	60	21	41,50	56,00	3 300	4 500	48	42	1,0	0,270
51406		32	70	70	28	70,00	80,00	2 200	3 000	54	46	1,0	0,530
51107	35	37	52	52	12	19,50	38,00	4 700	6 300	45	42	0,6	0,080
51207		37	62	62	18	38,00	58,00	3 500	4 700	51	46	1,0	0,220
51307		37	68	68	24	54,00	74,00	2 800	3 800	55	48	1,0	0,390
51407		37	80	80	32	84,00	101,00	2 000	2 800	62	53	1,0	0,790
51108	40	42	60	60	13	26,00	51,00	4 200	5 600	52	48	0,6	0,120
51208		42	68	68	19	42,50	70,00	3 200	4 200	57	51	1,0	0,270
51308		42	78	78	26	67,00	95,00	2 700	3 500	63	55	1,0	0,550
51408		42	90	90	36	109,00	132,00	1 700	2 200	70	60	1,0	1,140
51109	45	47	65	65	14	27,00	57,00	4 000	5 300	57	53	0,6	0,150
51209		47	73	73	20	45,00	82,00	3 000	4 000	62	56	1,0	0,320
51309		47	85	85	28	78,00	117,00	2 400	3 200	69	61	1,0	0,690
51409		47	100	100	39	126,00	158,00	1 600	2 000	78	67	1,0	1,470
51110	50	52	70	70	14	28,00	64,00	3 800	5 000	62	58	0,6	0,160
51210		52	78	78	22	46,00	88,00	2 800	3 800	67	61	1,0	0,390
51310		52	95	95	31	94,00	145,00	2 200	2 800	77	68	1,0	1,000
51410		52	110	110	43	153,00	205,00	1 400	1 800	86	74	1,5	1,990
51111	55	57	78	78	16	33,50	79,00	3 300	4 500	69	64	0,6	0,240
51211		57	90	90	25	67,00	123,00	2 500	3 300	76	69	1,0	0,610
51311		57	105	105	35	116,00	174,00	2 000	2 500	85	75	1,0	1,340
51411		57	120	120	48	199,00	250,00	1 300	1 700	94	81	1,5	2,640

Tableaux des caractéristiques (d'après documentation SNR)

À DOUBLE EFFET

Charges équivalentes : *

Charges statique et dynamique :
$P = F_a \quad P_0 = F_a$
Charge minimale :
$F_{am} = 10^{-14}(N \cdot C_0)^2$ F_{am} et C_0 en newtons N en tr/min.

Tolérances : *

Centrage sur l'arbre : j6
Centrage sur logement : H7

Désignation

52204

* Les charges équivalentes et les tolérances sont identiques pour les deux types de butées.

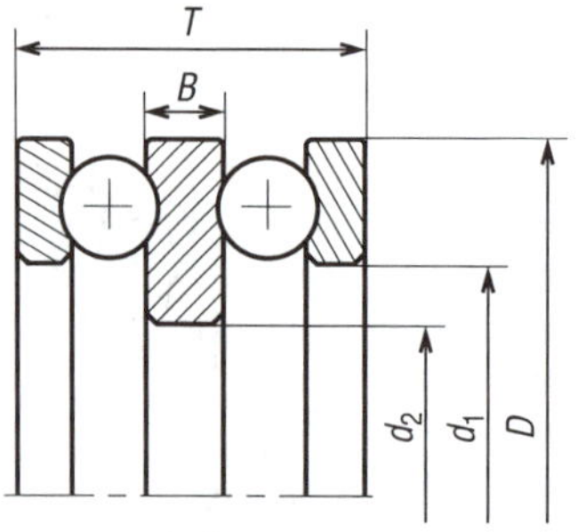

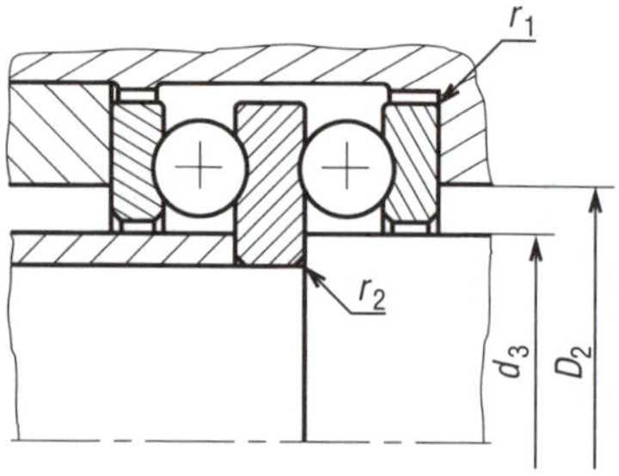

SYMBOLE	DIMENSIONS (mm)					CHARGE DE BASE 10^3N ISO		VITESSE LIMITE (tr/min)		ÉPAULEMENTS ET CONGÉS (mm)				Masse (kg)
	d_2	d_1	D	T	B	dyn. C	stat. C_0	graisse	huile	d_3 maxi	D_2 maxi	r_1 maxi	r_2 maxi	
52204	15	22	40	26	6	21,60	26,00	4 000	5 000	20	28	0,6	0,3	10,150
52205	20	27	47	28	7	27,00	36,00	3 800	4 800	25	34	0,6	0,3	0,230
52305		27	52	34	8	34,50	42,00	3 200	4 000	25	36	1,0	0,3	0,330
52206	25	32	52	29	7	28,50	43,50	3 600	4 500	30	39	0,6	0,3	0,280
52306		32	60	38	9	41,50	56,00	2 800	3 600	30	42	1,0	0,3	0,490
52207	30	37	62	34	8	38,00	58,00	3 000	3 800	35	46	1,0	0,3	0,420
52307		37	68	44	10	54,00	74,00	2 400	3 200	35	48	1,0	0,3	0,710
52208		42	68	36	9	42,50	70,00	2 800	3 600	40	51	1,0	0,6	0,540
52308		42	78	49	12	67,00	95,00	2 200	3 000	40	55	1,0	0,6	1,060
52408		42	90	65	15	109,00	132,00	1 700	2 200	40	60	1,0	0,6	2,030
52209	35	47	73	37	9	45,00	82,00	2 400	3 200	45	56	1,0	0,6	0,620
52309		47	85	52	12	78,00	117,00	2 000	2 800	45	61	1,0	0,6	1,209
52409		47	100	72	17	126,00	158,00	1 600	2 000	45	67	1,0	0,6	2,710
52210	40	52	78	39	9	46,00	88,00	2 400	3 200	50	61	1,0	0,6	0,710
52310		52	95	58	14	97,00	139,00	1 800	2 400	50	68	1,0	0,6	1,860
52410		52	110	78	18	153,00	205,00	1 400	1 800	50	74	1,5	0,6	3,560
52211	45	57	90	45	10	67,00	123,00	2 200	3 000	55	69	1,0	0,6	1,120
52311		57	105	64	15	116,00	174,00	1 600	2 000	55	75	1,0	0,6	2,510
52411		57	120	87	20	199,00	250,00	1 300	1 700	55	81	1,5	0,6	4,700
52212	50	62	95	46	10	71,00	141,00	2 000	2 800	60	74	1,0	0,6	1,250
52312		62	112	64	15	120,00	193,00	1 600	2 000	60	80	1,0	0,6	2,680
52412		62	130	93	21	216,00	285,00	1 200	1 600	60	88	1,5	0,6	5,910
52413		68	140	101	23	225,00	330,00	1 100	1 500	65	95	2,0	1,0	7,450
52213	55	67	100	47	10	73,00	150,00	1 900	2 600	65	79	1,0	0,6	1,360
52313		67	115	65	15	124,00	212,00	1 600	2 000	65	85	1,0	0,6	2 900
52214		72	105	47	10	74,00	160,00	1 900	2 600	70	84	1,0	1,0	1,480
52314		72	125	72	16	144,00	250,00	1 400	1 800	70	92	1,0	1,0	3 900
52414		73	150	107	24	242,00	370,00	1 000	1 400	70	102	2,0	1,0	8,970
52215	60	77	110	47	10	95,00	130,00	1 800	2 400	75	89	1,0	1,0	1,570
52315		77	135	79	18	178,00	310,00	1 300	1 700	75	99	1,5	1,0	4,830
52415		78	160	115	26	290,00	440,00	950	1 300	75	110	2,0	1,0	11,000

13.11.9. BUTÉES À ROULEAUX SPHÉRIQUES

Charges équivalentes

Charge dynamique :

$F_r/F_a < 0{,}55 : P = F_a + 1{,}2\ F_r$

Charge statique :

$F_r/F_a < 0{,}55 : P_0 = F_a + 2{,}7\ F_r$

Charge axiale dynamique minimale :

$F_{am} = 10^{-16}\,(N \cdot C_0)^2$

F_{am} et C_0 en newtons

N en tr/min.

Ajustements :

La rondelle-arbre est montée serrée sur l'arbre (m6, p6).

La rondelle-logement est centrée dans le logement H7 si la butée n'est pas associée à un roulement radial.

Dans le cas où elle est associée à un roulement radial, elle n'est pas centrée dans le logement.

Désignation

29412

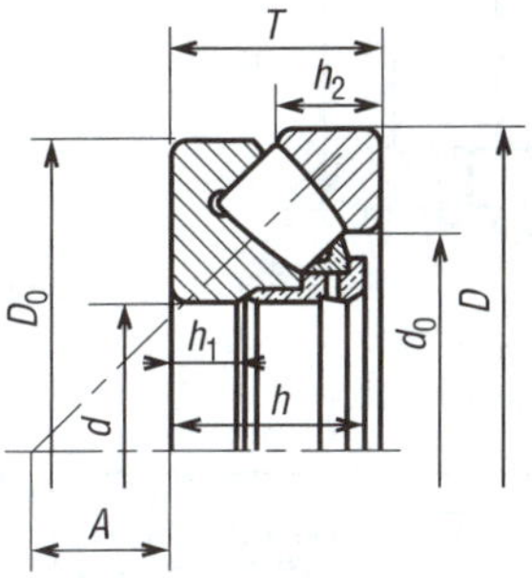

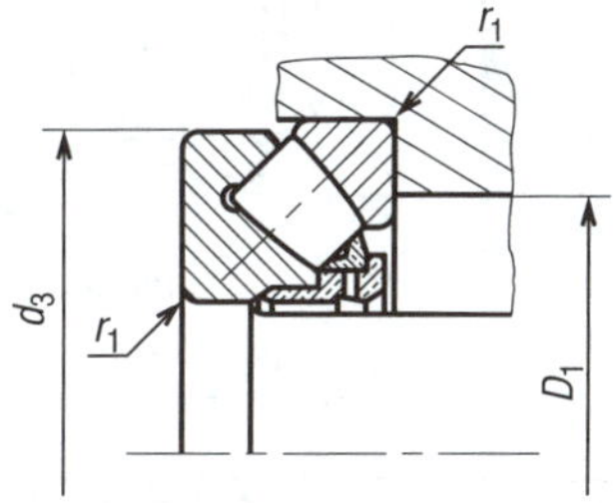

SYMBOLE	DIMENSIONS (mm)									CHARGE DE BASE 10^3N ISO		VITESSE LIMITE	ÉPAULEMENTS ET CONGÉS (mm)			Masse (kg)
	d	D	T	d_0	D_0	h	h_1	h_2	A	dyn. C	stat. C_0	(tr/min)	d_3 mini	D_1 maxi	r_1 maxi	
29412	60	130	42	88,0	123	39,5	15	20	38	295,00	830,00	2 400	90	109	1,5	2,650
29413	65	140	45	96,5	133	42,5	16	21	42	350,00	990,00	2 200	100	118	2,0	3,300
29414	70	150	48	102,0	142	45,5	17	23	44	380,00	1 090,00	2 000	105	126	2,0	4,000
29415	75	160	51	109,0	152	48,0	18	24	47	440,00	1 280,00	2 000	115	134	2,0	4,870
29416	80	170	54	116,0	162	51,0	19	26	50	475,00	1 390,00	1 900	120	143	2,0	5,840
29417	85	180	58	125,0	170	55,0	21	28	54	540,00	1 600,00	1 800	130	153	2,0	6,950
29418	90	190	60	130,0	180	57,0	22	29	56	600,00	1 820,00	1 700	135	161	2,0	8,080
29420	100	210	67	144,5	200	64,0	24	32	62	720,00	2 210,00	1 500	150	178	2,5	11,800
29322	110	190	48	143,0	182	45,0	16	23	64	445,00	1 460,00	1 600	145	166	2,0	5,480
29422		230	73	160,0	220	69,0	26	35	69	840,00	2 650,00	1 400	165	196	2,5	14,500
29324	120	210	54	157,5	200	51,0	18	26	70	560,00	1 880,00	1 400	160	184	2,0	7,580
29424		250	78	172,0	236	74,0	29	37	74	960,00	3 050,00	1 300	180	212	3,0	18,100
29326	130	225	58	170,0	215	55,0	20	28	76	630,00	2 130,00	1 300	170	198	2,0	9,300
29426		270	85	188,0	255	81,0	31	41	81	1 120,00	3 600,00	1 200	195	229	3,0	22,500
29328	140	240	60	183,0	230	57,0	20	29	82	690,00	2 400,00	1 300	185	211	2,0	11,000
29428		280	85	197,5	268	81,0	31	41	86	1 160,00	3 800,00	1 200	205	239	3,0	24,200
29330	150	250	60	193,0	240	57,0	20	29	87	710,00	2 500,00	1 200	195	222	2,5	11,500
29430		300	90	211,5	285	86,0	32	44	92	1 320,00	4 350,00	1 100	220	257	3,0	29,400
29332	160	270	67	207,0	260	64,0	23	32	92	820,00	2 900,00	1 100	210	239	2,5	15,200
29334	170	280	67	215,0	217	64,0	23	32	96	820,00	2 900,00	1 100	220	248	2,5	16,000
29434		340	103	240,0	324	99,0	37	50	104	1 640,00	5 500,00	950	245	291	4,0	43,700
29436	180	360	109	255,0	342	105,0	39	52	110	1 840,00	6 300,00	900	260	307	4,0	52,000
29440	200	400	122	284,0	380	117,0	43	59	122	2 240,00	7 800,00	800	290	343	4,0	69,000
29444	220	420	122	305,0	400	117,0	43	58	132	2 310,00	8 200,00	750	310	364	5,0	74,000

15.3.1. BUTÉES À ROULEAUX

Charges équivalentes : *

Charge dynamique :
$P = F_a$
Charge statique :
$P_0 = F_a$

Tolérances : *

Centrage de l'arbre : h10
Centrage sur le logement : H10

* Les charges équivalentes et les tolérances sont identiques pour les deux types de butées.

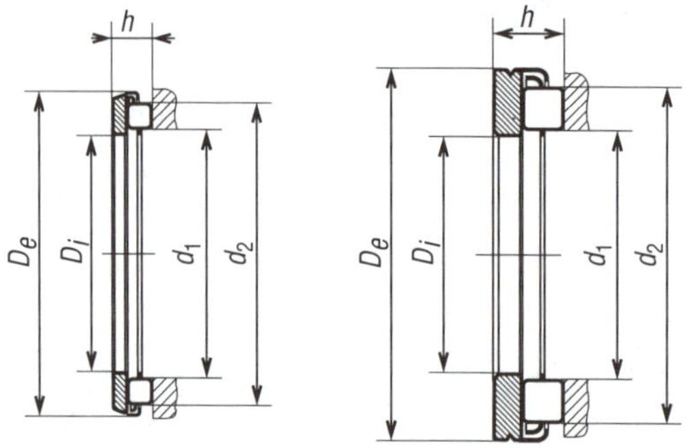

Dimensions des butées

AR
Série légère

AR
Série lourde

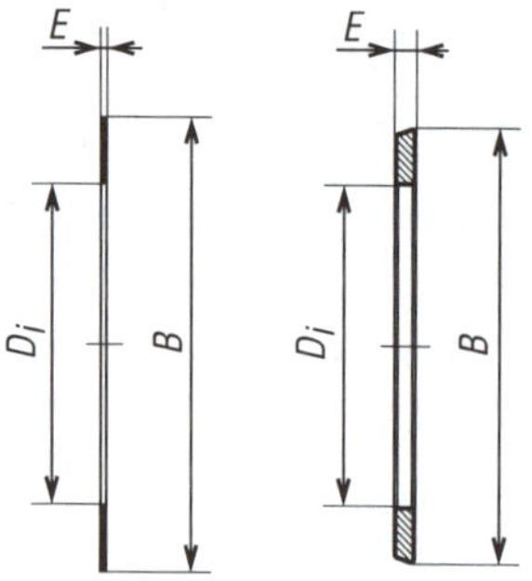

Dimensions des contreplaques

CP
Série mince

CP
Série épaisse

SÉRIES LÉGÈRE ET LOURDE

Arbre ∅ (mm)	DIMENSIONS (mm) D_i nom.	D_e maxi	h	d_1	d_2	CHARGE DE BASE 10^3N ISO dyn. C	stat. C_0	VITESSE LIMITE tr/min	MASSE APPROX. (g)	CONTREPLAQUES Séries mince	épaisse	Dimensions D_i nom.	B maxi	E
10	10	22	4,5	12,2	18,5	7 100	7 550	15 500	7,3	•	 •	10 10	21,5 21,5	0,8 2
12	12	26	5	14,8	22,9	11 200	12 700	13 000	11	•	 •	12 12	25,5 25,5	0,8 2
15	15	28	5	16,8	24,9	12 400	14 800	11 500	11	•	 •	15 15	27,5 27,5	0,8 2
17	17	30	5	18,8	26,9	13 400	16 900	10 500	12,5	•	 •	17 17	29,5 29,5	0,8 2
20	20	35	7	22	31,6	19 000	23 000	9 000	22	•	 •	20 20	34,5 34,5	0,8 3
25	25	42	7	27,7	37,3	22 100	29 600	7 500	31	•	 •	25 25	41,5 41,5	0,8 3
30	30	47	7	32,7	42,3	23 100	32 900	6 500	36	•	 •	30 30	46,5 46,5	0,8 3
35	35	53,4	8	37,8	47,8	30 000	41 000	5 500	52	•	 •	35 35	51,5 51,5	0,8 3
40	40	60,4	9	42,8	54,8	41 600	57 000	5 000	70	•	 •	40 40	59,5 59,5	0,8 3
45	45	65,4	9	47,8	59,8	43 900	63 500	4 500	77	•	 •	45 45	64,4 64,4	0,8 3
50	50	70,4	9	52,8	64,8	46 100	70 000	4 000	82	•	 •	50 50	69,4 69,4	0,8 3
55	55	78,4	10	58,5	72,5	54 300	90 000	3 800	125	•	 •	55 55	77,4 77,4	0,8 4
60	60	85,4	10	63,5	79,5	63 300	113 000	3 500	150	•	 •	60 60	84,3 84,3	0,8 4
65	65	90,4	10	68,5	84,5	66 000	122 000	3 200	160	•	 •	65 65	89,3 89,3	1,5 4
70	70	95,4	10	73,5	89,5	68 000	130 000	3 000	170	•	 •	70 70	94,3 94,3	1,5 4

13.11.11. BUTÉES À AIGUILLES

Charges équivalentes : *

Charge dynamique
$P = F_a$
Charge statique
$P_0 = F_a$

Tolérances : *

Centrage sur l'arbre : h10

Centrage sur le logement : H10

* Les charges équivalentes et les tolérances sont identiques pour les deux types de butées.

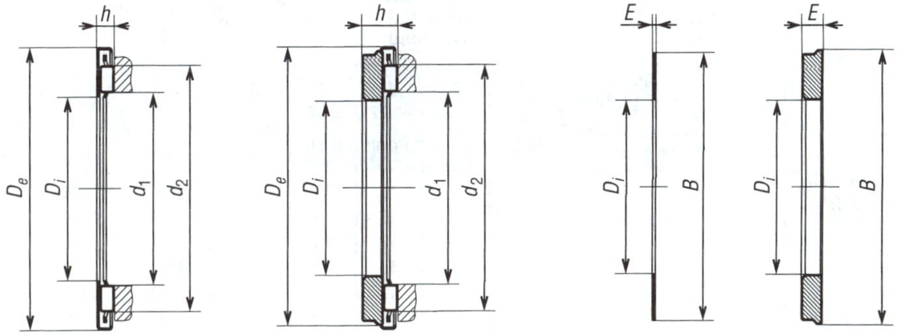

Dimensions des butées — **Dimensions des contreplaques**

AX Série mince — **AX Série épaisse** — **CP Série mince** — **CP Série épaisse**

SÉRIES MINCE ET ÉPAISSE

Arbre Ø mm	Série mince	Série épais.	DIMENSIONS (mm) D_i nom.	D_e maxi	h	d_1	d_2	CHARGE DE BASE 10^3N ISO dyn. C	stat. C_0	VITESSE LIMITE tr/min	MASSE APPROX. (g)	CONTREPLAQUES Séries mince	épais.	Dimensions D_i nom.	B maxi	E
5	•		5	13	2,3	6,3	10,9	2 600	2 500	25 000	1,3	•		5	12,4	0,8
		•	5	13	3,5	6,3	10,9	2 600	2 500	25 000	2,3		•	5	12,4	2
6	•		6	14	2,3	7,3	11,9	2 800	2 800	22 000	1,4	•		6	13,4	0,8
		•	6	14	3,5	7,3	11,9	2 800	2 800	22 000	2,4		•	6	13,4	2
7	•		7	15	2,3	8,3	12,9	3 100	3 250	22 000	1,7	•		7	14,4	0,8
		•	7	15	3,5	8,3	12,9	3 100	3 250	22 000	2,9		•	4	14,4	2
8	•		8	16	2,3	9,3	13,9	3 250	3 600	22 000	1,7	•		8	15,4	0,8
		•	8	16	3,5	9,3	13,9	3 250	3 600	22 000	3		•	8	15,4	2
9	•		9	17	2,3	10,3	14,9	3 600	4 200	19 000	2,1	•		9	16,4	0,8
		•	9	17	3,5	10,3	14,9	3 600	4 200	19 000	3,6		•	9	16,4	2
10	•		10	22	2,8	12	18,6	4 850	5 300	15 500	4	•		10	21,5	0,8
		•	10	22	4	12	18,6	4 850	5 300	15 500	6,6		•	10	21,5	2
12	•		12	26	2,8	15	22,6	6 700	8 650	13 000	6	•		12	25,5	0,8
		•	12	26	4	15	22,6	6 700	8 650	13 000	10		•	12	25,5	2
15	•		15	28	2,8	17	24,6	7 100	9 750	11 500	6,9	•		15	27,5	0,8
		•	15	28	4	17	24,6	7 100	9 750	11 500	9		•	15	27,5	2
17	•		17	30	2,8	19	26,6	7 500	10 800	10 500	7,6	•		17	29,5	0,8
		•	17	30	4	19	26,6	7 500	10 800	10 500	10		•	17	29,5	2
19	•		19	32	2,8	21	28,6	7 600	11 400	10 000	8,6	•		19	31,5	0,8
		•	19	32	4	21	28,6	7 600	11 400	10 000	13		•	19	31,5	2
20	•		20	35	2,8	22	31,6	10 500	17 700	9 000	10,2	•		30	34,5	0,8
		•	20	35	5	22	31,6	10 500	17 700	9 000	18		•	20	34,5	3
25	•		25	42	2,8	27,7	37,4	11 700	22 100	7 500	11,5	•		25	41,5	0,8
		•	25	42	5	27,7	37,4	11 700	22 100	7 500	25		•	25	41,5	3
27		•	27	44	2,8	30	39,6	12 000	23 600	7 200	12,1	•		27	43,7	0,8
30	•		30	47	2,8	32,7	42,4	12 600	25 800	6 500	13,7	•		30	46,5	0,8
		•	30	47	5	32,7	42,4	12 600	25 800	6 500	29		•	30	46,5	3
35	•		35	52	2,8	37,2	49	16 100	37 300	5 500	18,5	•		35	51,5	0,8
		•	35	52	5	37,2	49	16 100	37 300	5 500	35		•	35	51,5	3

13.11.12. DOUILLES À AIGUILLES

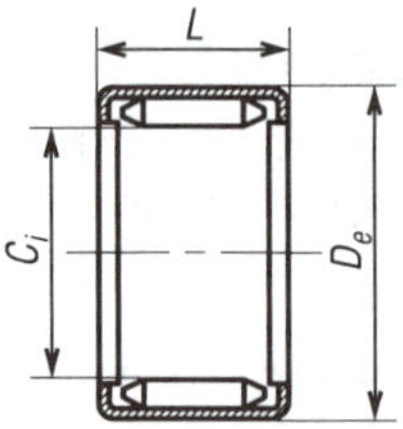

DL, DL...P
Sans fond

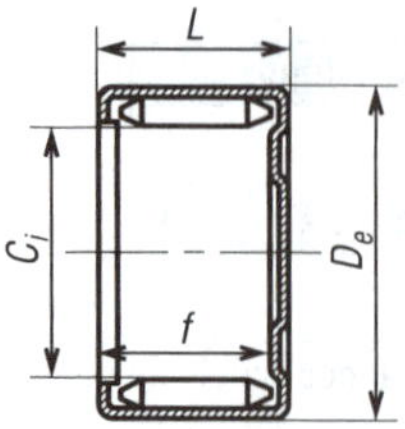

DLF, DLF...P
Avec fond

Tolérances

Sur l'arbre (sans bague intérieure)

C_i	Rotation	h5 (h6)
	Mouvements oscillants	j5 (j6)

Sur le logement

D_e	Acier - fonte	H6 (H7)
	Métaux non ferreux Parois minces en acier	M6 (M7)

SANS FOND AVEC FOND

Arbre ∅ mm	Désignation Séries DL, DLF Séries DL... P, DLF... P à tolérances ISO	C_i (mm)	D_e (mm)	L 0/– 0,25 (mm)	f mini (mm)	CHARGES DE BASE Dyn. Cr N	Stat. Cor. N	CHARGE LIMITE N	VITESSE LIMITE min^{-1}	MASSE APPROX. DL g	DLF g
6	DL, DLF 6 10	6	12	10	7,7	2 900	3 800	1 450	50 000	4,2	4,4
8	DL, DLF 8 10	8	14	10	7,7	4 500	6 500	2 000	37 500	5,3	5,6
9	DL, DLF 9 14 12	9	14	12	9,7	6 100	9 200	2 950	33 000	6,1	6,5
10	DL, DLF 10 12	10	16	12	9,7	7 000	10 900	3 400	30 000	8	8,5
12	DL, DLF 12 10	12	18	10	7,7	6 000	9 700	2 800	25 000	7,6	8,4
	DL, DLF 12 12	12	18	12	9,7	7 000	11 500	4 000	25 000	9,4	10,2
13	DL, DLF 13 12	13	19	12	9,7	8 500	14 200	4 200	23 000	9,9	10,9
14	DL, DLF 14 12	14	20	12	9,7	7 900	13 500	4 600	21 500	10,5	11,6
15	DL, DLF 15 12	15	21	12	9,7	9 400	16 400	4 800	20 000	11	12,2
16	DL, DLF 16 12	16	22	12	9,7	8 700	15 500	5 200	18 500	12	13,4
17	DL, DLF 17 12	17	23	12	9,7	9 000	16 200	5 400	17 500	13	14,4
	DL, DLF 17 23 12 P	17	23	12	9,7	9 000	16 200	5 400	17 500	13	14,4
18	DL, DLF 18 12	18	24	12	9,7	10 700	19 500	5 700	16 500	14	16
	DL, DLF 18 16	18	24	16	13,7	16 000	29 500	9 000	16 500	19	21
	DL, DLF 18 24 16 P	18	24	16	13,7	16 000	29 500	9 000	16 500	19	21
20	DL, DLF 20 12	20	26	12	9,7	10 200	19 500	6 300	15 000	15	17
	DL, DLF 20 16	20	26	16	13,7	16 000	30 500	10 000	15 000	20	22

13.11.13 ROULEMENTS À AIGUILLES À CAGE DE HAUTE PRÉCISION

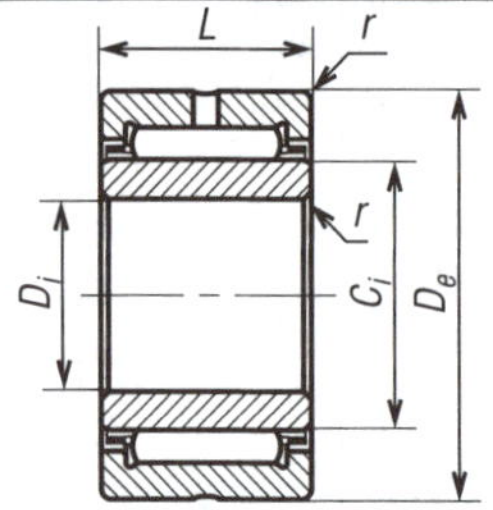

NA
Avec bague

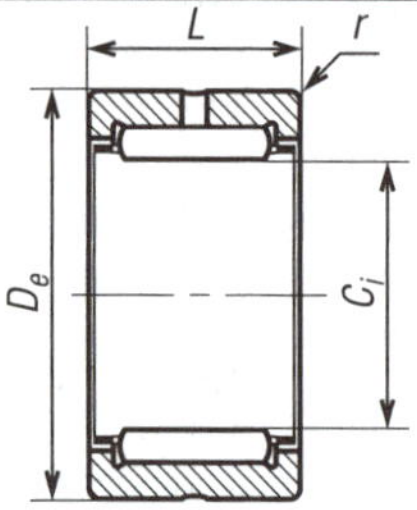

RNA
Sans bague

Tolérances		C_i	D_e
Arbre tournant	charge fixe	k5	JS7
	charge tournante	h5	M7
Arbre fixe	charge fixe	h5	M7
	charge tournante	k5	JS7

SANS BAGUE AVEC BAGUE

D_i mm	DÉSIGNATIONS Série NA... DELTA	Série RNA... DELTA	C_i (mm)	D_e (mm)	L mini (mm)	r (mm)	CHARGES DE BASE LIMITE K Dyn. Cr N	Stat. Cor N	VITESSE APPROX. min^{-1}	RIGIDITÉ Num^{-1}	MASSE RNA g	NA g
12	NA 1 012 DELTA	RNA 1 012 DELTA	17,55	28	15	0,35	11 500	13 500	23 900		35,5	50
15	NA 1 015 DELTA	RNA 1 015 DELTA	20,75	32	15	0,65	12 400	15 500	20 250		44	62
15	NA 2 015 DELTA	RNA 2 015 DELTA	22,05	35	22	0,65	22 900	31 000	19 000		81	115
17	NA 1 017 DELTA	RNA 1 017 DELTA	23,65	35	15	0,65	13 600	18 500	17 600		49	73
20	NA 2 020 DELTA	RNA 2 020 DELTA	28,65	42	22	0,65	26 500	41 000	14 650	470	103	158
25	NA 2 025 DELTA	RNA 2 025 DELTA	33,45	47	22	0,65	28 500	47 000	12 550	520	120	183
30	NA 2 030 DELTA	RNA 2 030 DELTA	38,15	52	22	0,65	31 000	55 000	11 000	550	137	210
35	NA 2 035 DELTA	RNA 2 035 DELTA	43,95	58	22	0,65	33 000	62 000	9 550	590	157	250
40	NA 2 040 DELTA	RNA 2 040 DELTA	49,65	65	22	0,85	35 500	70 000	8 450	700	197	310
45	NA 2 045 DELTA	RNA 2 045 DELTA	55,35	72	22	0,85	37 500	78 000	7 600	710	240	375
50	NA 2 050 DELTA	RNA 2 050 DELTA	62,06	80	28	0,85	45 500	105 000	6 750	1 190	375	600

13.11.14. ROULEMENTS COMBINÉS À CAGE

Coefficients de calcul ; tolérances des arbres et logements : voir page 287

Roulements combinés pouvant être utilisés avec une bague intérieure avec ou sans trou de graissage.
La portée de l'arbre récepteur doit posséder dans ce cas une dureté de 58 à 64 HRC.

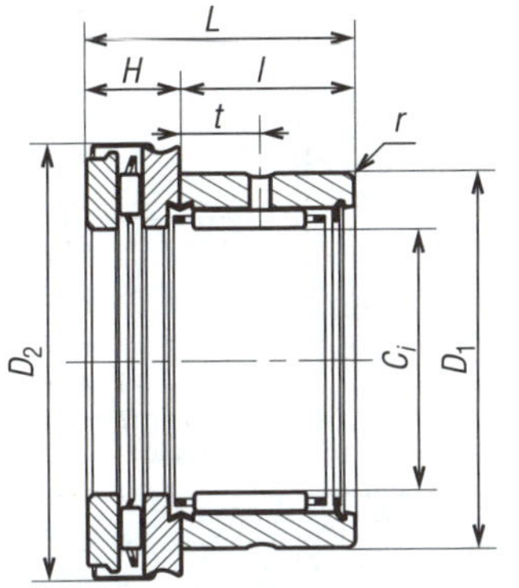

RAX 700
À aiguilles

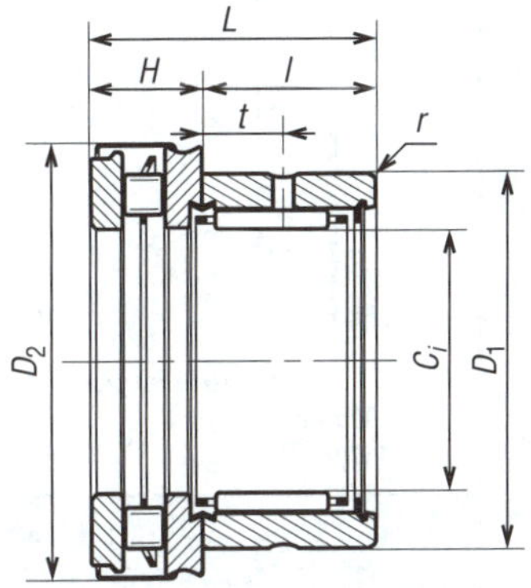

RAX 500
À rouleaux

Arbre ∅ (mm)	Désignation BUTÉE Aig.	roul.	C_i (mm)	D_1 (mm)	D_2 maxi (mm)	l (mm)	H (mm)	L (mm)	t (mm)	r mini (mm)	CHARGES DE BASE (N) radiales dyn. C	stat. C_0	axiales dyn. C	stat. C_0	MASSE APPROX. (g)	VITESSE LIMITE (tr/min)
10	•		10	19	22,4	14	7	21	6	0,35	5 300	4 030	4 860	5 300	29	15 500
		•	10	19	22,4	14	7,5	21,5	6	0,35	5 300	4 030	7 110	7 550	31	15 500
12	•		12	21	26,4	14	7	21	6	0,35	5 800	4 610	6 700	8 650	38	13 000
		•	12	21	26,4	14	8	22	6	0,35	5 800	4 610	11 200	12 700	39	13 000
15	•		15	24	28,4	14	7	21	6	0,35	8 200	6 450	7 100	9 750	40	11 500
		•	15	24	28,4	14	8	22	6	0,35	8 200	6 450	12 400	14 800	44	11 500
17	•		17	26	30,4	16	7	23	8	0,65	10 300	8 850	7 500	10 800	48	10 500
		•	17	26	30,4	16	8	24	8	0,65	10 300	8 850	13 400	16 900	53	10 500
20	•		20	30	35,4	18	9	27	9	0,85	12 900	12 100	10 500	17 700	79	9 000
		•	20	30	35,4	18	11	29	9	0,85	12 900	12 100	19 100	23 000	86	9 000
25	•		25	37	43	18	9	27	9	0,85	14 200	14 400	11 700	22 100	118	7 500
		•	25	37	43	18	11	29	9	0,85	14 200	14 400	22 100	29 600	131	7 500
30	•		30	42	48	18	9	27	9	0,85	16 500	18 200	12 600	25 800	133	6 500
		•	30	42	48	18	11	29	9	0,85	16 500	18 200	23 100	32 900	147	6 500
35	•		35	47	54	18	9	27	9	0,85	19 600	20 500	16 100	37 300	157	5 500
		•	35	47	54	18	12	30	9	0,85	19 600	20 500	30 000	41 000	181	5 500
40	•		40	52	61	18	9	27	9	0,85	21 000	23 300	17 300	42 900	184	5 000
		•	40	52	61	18	13	31	9	0,85	21 000	23 300	41 600	57 000	218	5 000
45	•		45	58	66	18	9	27	9	0,85	22 300	26 000	18 500	48 500	216	4 500
		•	45	58	66	18	13	31	9	0,85	22 300	26 000	43 900	63 500	255	4 500
50	•		50	62	71	21	9	30	11	1,3	24 900	30 900	19 100	52 000	245	4 000
		•	50	62	71	21	13	34	11	1,3	24 900	30 900	46 100	70 000	287	4 000

ROULEMENTS COMBINÉS À CAGE :

CONTRE-PLAQUES DE RETENUE ET BAGUES INTÉRIEURES

Coefficients de calcul ; tolérances des arbres et logements : voir page 287

Roulements combinés pouvant être utilisés avec une bague intérieure avec ou sans trou de graissage.
La portée de l'arbre récepteur doit posséder dans ce cas une dureté de 58 à 64 HRC.

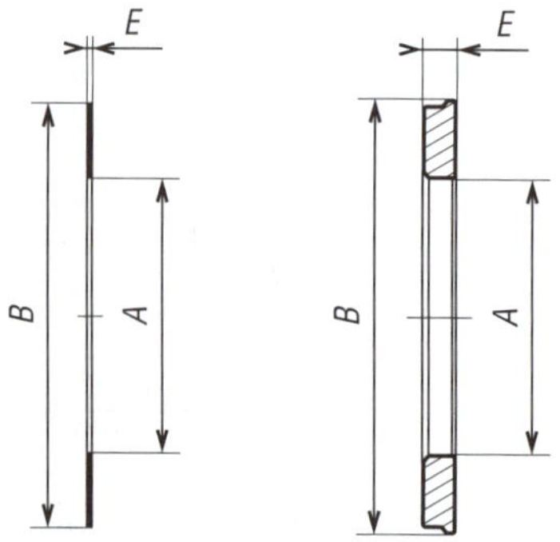

Contreplaques
Mince **Type CP** — **Épaisse** **Type CPN**

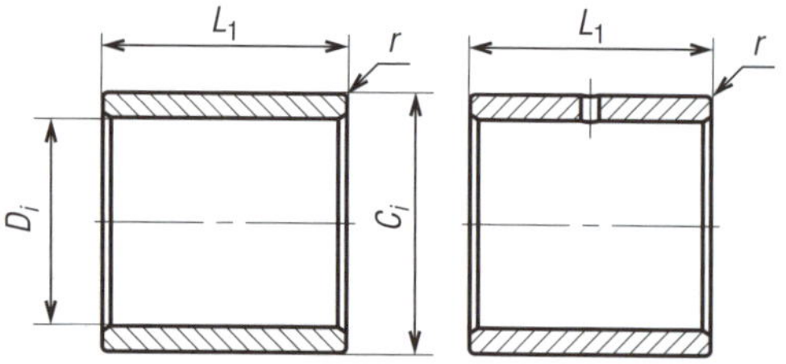

Bagues intérieures
Sans trou de graissage **Type IM** — **Avec trou de graissage** **Type IMC**

CONTREPLAQUES

Arbre ∅ (mm)	Contreplaque mince	Contreplaque épaisse	*A* nom. (mm)	*B* maxi (mm)	*E* (mm)	Masse approx. (g)
10	•		10	21,5	0,8	1,7
		•	10	21,5	2	4,3
12	•		12	25,5	0,8	2,5
		•	12	25,5	2	6,2
14	•		14	25,5	0,8	2,3
		•	14	25,5	2	5,6
15	•		15	27,5	0,8	2,5
		•	15	27,5	2	6
17	•		17	29,5	0,8	2,8
		•	17	29,5	2	7
18	•		18	29,5	0,8	2,3
		•	18	29,5	2	5,7
20	•		20	34,5	0,8	3,8
		•	20	34,5	3	13
25	•		25	41,5	0,8	5,3
		•	25	41,5	3	19
30	•		30	46,5	0,8	6
		•	30	46,5	3	22
35	•		35	51,5	0,8	7
		•	35	51,5	3	26
40	•		40	59,5	0,8	9,3
		•	40	59,5	3	34
45	•		45	64,4	0,8	10
		•	45	64,4	3	37
50	•		50	69,4	0,8	11
		•	50	69,4	3	40
60	•		60	84,3	0,8	17
		•	60	84,3	4	83
70	•		70	94,3	1,5	32
		•	70	94,3	4	93

BAGUES

Arbre ∅ (mm)	D_i (mm)	C_i (mm)	L_1 (mm)	*r* mini (mm)	Masse approx. (g)
7	7	10	16	0,2	4,8
8	8	12	12,4	0,3	5,8
9	9	12	16	0,2	5,9
10	10	14	12,4	0,3	7
12	12	15	12,4	0,2	5,8
	12	15	16	0,2	7,6
13	13	18	16,4	0,35	15
14	14	17	17	0,2	9,3
15	15	20	16,4	0,35	17
	15	20	20	0,35	20,5
20	20	25	20	0,35	26,5
	20	25	20,4	0,35	27
25	25	30	20	0,35	32
	25	30	20,4	0,35	33
30	30	35	20	0,35	38
	30	35	20,4	0,35	39
35	35	40	20	0,35	44
	35	40	20,4	0,35	45
40	40	45	20	0,35	50
	40	45	20,4	0,35	51
45	45	50	25	0,65	69
55	55	60	25	0,65	84
60	60	70	25	0,85	190
62	62	70	25	0,85	155

13.11.15. ROULEMENTS COMBINÉS NADELLA

Coefficients de calculs :

Les calculs des roulements se font séparément suivant la charge radiale et la charge axiale.
Sens radial → $P = F_r$
Sens axial → $P = F_a$

Tolérances des arbres et des logements :

Roulements	ARBRE				LOGEMENT	
	sans bague intérieure		avec bague intérieure		acier ou fontes	métaux non ferreux
	rotation	oscillation	rotation	oscillation		
À douilles	h_5 (h_6)	j_5 (j_6)	k_5 (k_6)	m_5 (m_6)	H_6 (H_7)	M_6 (M_7)
À cages	h_5	j_5	k_5	m_5	K_6	M_6
À cage avec contreplaque	k_5	k_5	k_5	m_5	K_6	M_6

SANS FOND, AVEC FOND

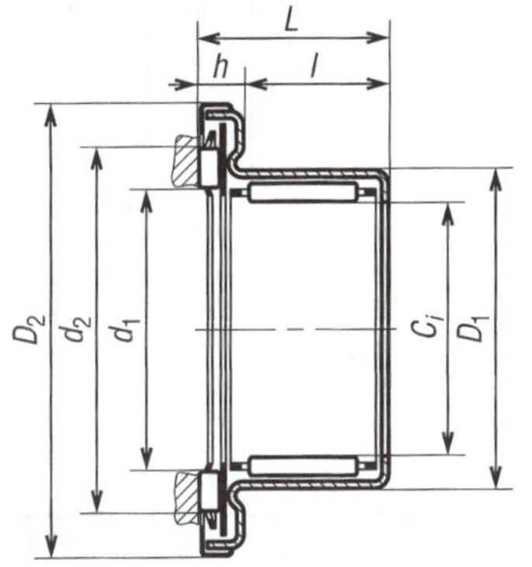

Sans fond
Type RAX 700

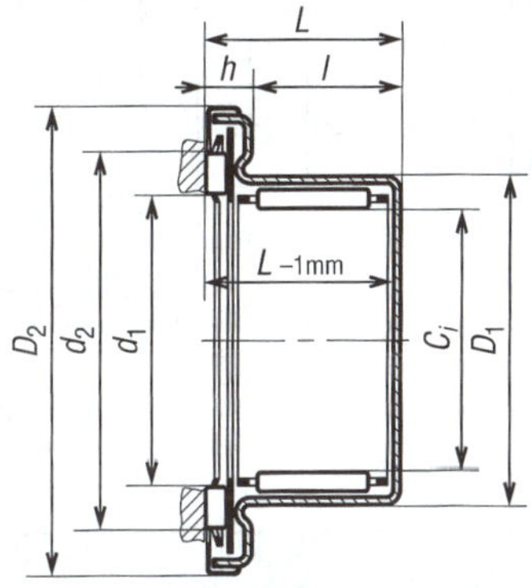

Avec fond
Type RAX F-700

Arbre Ø (mm)	C_i (mm)	D_1 (mm)	D_2 maxi (mm)	l (mm)	h (mm)	L (mm)	d_1 (mm)	d_2 (mm)	Masse approx. sans fond (g)	Masse approx. avec fond (g)	CHARGES DE BASE (N) radiales dyn. C	radiales stat. C_0	axiales dyn. C	axiales stat. C_0	Charges limites (N) radiale	Charges limites (N) axiale	Vitesse limite (tr/min)
12	12	18	27,5	10	4,2	14,2	15	22,6	16,5	17,5	6 350	4 230	6 700	8 650	2 500	11 000	13 000
14	14	20	29,5	10	4,2	14,2	17	24,6	18	20	6 900	4 850	7 100	9 750	2 900	12 500	11 500
15	15	21	31,5	10	4,2	14,2	19	26,6	20	22	7 200	5 150	7 500	10 800	3 100	14 000	10 500
18	18	24	33,5	14	4,2	18,2	21	28,6	27	30	11 400	9 650	7 600	11 400	5 800	16 000	10 000
20	20	26	36,5	14	4,2	18,2	22	31,6	31	35	12 100	10 600	10 500	17 700	6 400	18 000	9 000
25	25	33	45,5	18	4,2	22,2	30	39,6	55	60	20 200	17 400	12 000	23 600	10 500	22 000	7 200
30	30	38	50,5	18	4,2	22,2	35	44,7	63	70	22 100	20 200	12 900	27 300	12 000	25 000	6 300
35	35	43	56,5	18	4,2	22,2	39	50,9	75	84	24 500	23 800	16 500	39 200	14 300	27 000	5 500
40	40	48	61,5	18	4,2	22,2	43	54,9	86	96	26 000	26 600	17 300	42 900	16 000	30 000	5 000
45	45	52	66,5	18	4,2	22,2	48	59,9	88	99	24 700	28 400	18 500	48 500	17 000	32 000	4 500

Tableaux des caractéristiques (d'après documentation NADELLA)

ROULEMENTS COMBINÉS NADELLA À CAGE

Coefficients de calculs :

Les calculs des roulements se font séparément suivant la charge radiale et la charge axiale.
Sens radial → $P = F_r$
Sens axial → $P = F_a$

Tolérances des arbres et des logements :

Roulements	ARBRE				LOGEMENT	
	sans bague intérieure		avec bague intérieure		acier ou fontes	métaux non ferreux
	rotation	oscillation	rotation	oscillation		
À douilles	h_5 (h_6)	j_5 (j_6)	k_5 (k_6)	m_5 (m_6)	H_6 (H_7)	M_6 (M_7)
À cages	h_5	j_5	k_5	m_5	K_6	M_6
À cage avec contreplaque	k_5	k_5	k_5	m_5	K_6	M_6

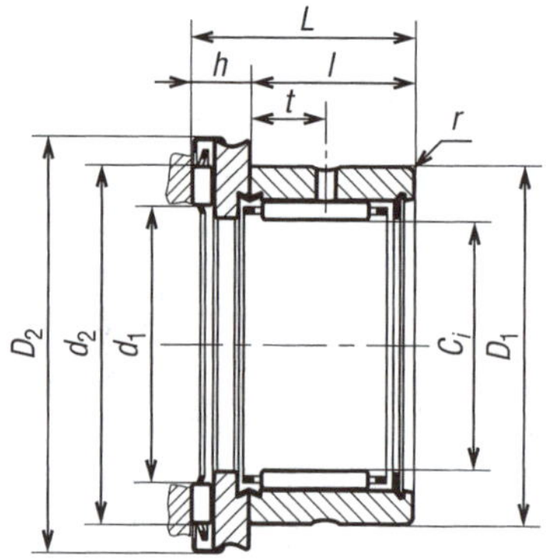

À aiguilles
Type RAX 400

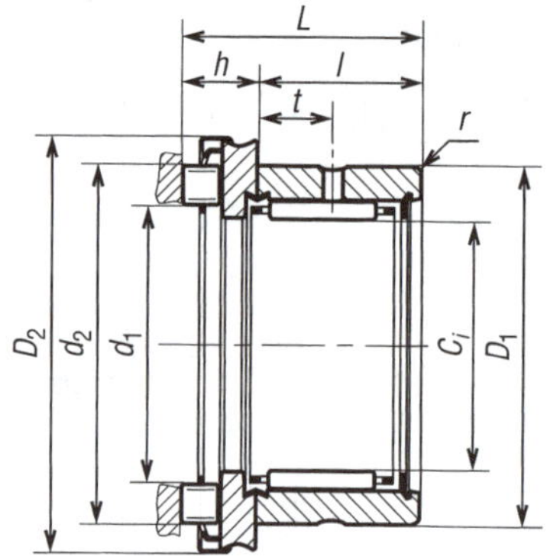

À rouleaux
Type RAX 500

Arbre ∅ (mm)	Désignation BUTÉE Aig.	roul.	C_i (mm)	D_1 (mm)	D_2 maxi (mm)	l (mm)	h (mm)	L (mm)	t (mm)	r mini (mm)	d_1 (mm)	d_2 (mm)	CHARGES DE BASE (N) radiales dyn. C	radiales stat. C_0	axiales dyn. C	axiales stat. C_0	Masse approx. (g)	Vitesse limite (tr/min)
10	•		10	19	22	14	5	19	6	0,35	12	18,6	5 300	4 030	4 860	5 300	15 500	25
		•	10	19	22	14	5,5	19,5	6	0,35	12,2	18,5	5 300	4 030	7 110	7 550	15 500	26
12	•		12	21	26	14	5	19	6	0,35	15	22,6	5 800	4 610	6 700	8 650	13 000	32
		•	12	21	26	14	6	20	6	0,35	14,8	22,9	5 800	4 610	11 200	12 700	13 000	33
15	•		15	24	28	14	5	19	6	0,35	17	24,6	8 200	6 450	7 100	9 750	11 500	34
		•	15	24	28	14	6	20	6	0,35	16,8	24,9	8 200	6 450	12 400	14 800	11 500	36
17	•		17	26	30	16	5	21	8	0,65	19	26,6	10 300	8 850	7 500	10 800	10 500	41
		•	17	26	30	16	6	22	8	0,65	18,8	26,9	10 300	8 850	13 400	16 900	10 500	44
20	•		20	30	35	18	6	24	9	0,85	22	31,6	12 900	12 100	10 500	17 700	9 000	66
		•	20	30	35	18	8	26	9	0,85	22	31,6	12 900	12 100	19 100	23 000	9 000	70
25	•		25	37	42	18	6	24	9	0,85	27,7	37,4	14 200	14 400	11 700	22 100	7 500	99
		•	25	37	42	18	8	26	9	0,85	27,7	37,4	14 200	14 400	22 100	29 600	7 500	105
30	•		30	42	47	18	6	24	9	0,85	32,7	42,4	16 500	18 200	12 600	25 800	6 500	111
		•	30	42	47	18	8	26	9	0,85	32,7	42,3	16 500	18 200	23 100	32 900	6 500	118
35	•		35	47	53	18	6	24	9	0,85	37,2	49	19 600	20 500	16 100	37 300	5 500	130
		•	35	47	53,4	18	8	27	9	0,85	37,8	47,8	19 600	20 500	30 000	41 000	5 500	146
40	•		40	52	60	18	6	24	9	0,85	43	54,9	21 000	23 300	17 300	42 900	5 000	150
		•	40	52	60,4	18	9	28	9	0,85	42,8	54,8	21 000	23 300	41 600	57 000	5 000	174
45	•		45	58	65	18	6	24	11	1,3	48	59,9	22 300	26 000	18 500	48 500	4 500	179
		•	45	58	65,4	18	10	28	11	1,3	47,8	59,8	22 300	26 000	43 900	63 500	4 500	206

13.11.16. ÉCROUS À ENCOCHES, RONDELLES FREINS, BOUTS D'ARBRES

NF E 22-306/307

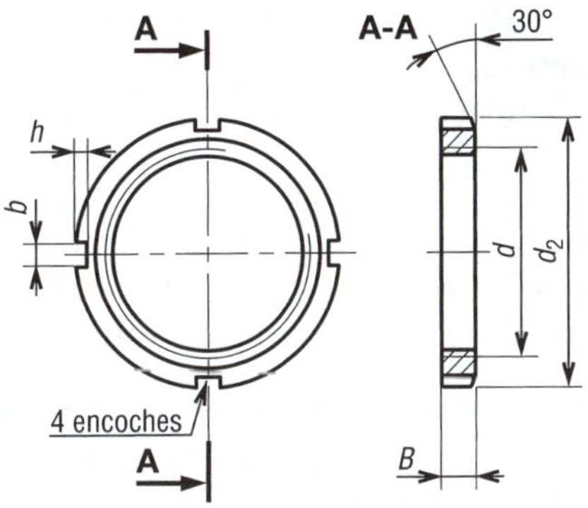

Écrou à encoches

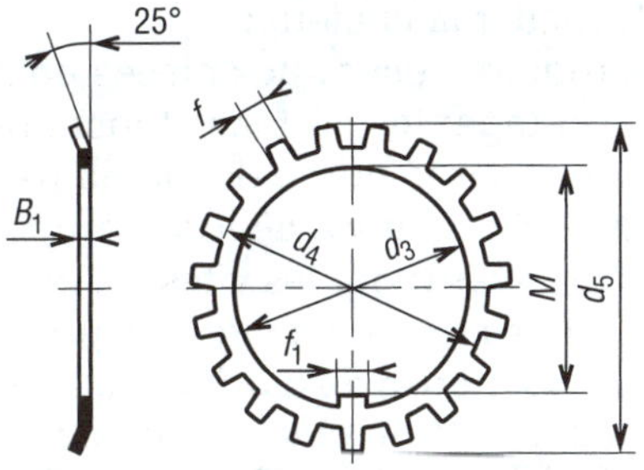

Rondelle-frein

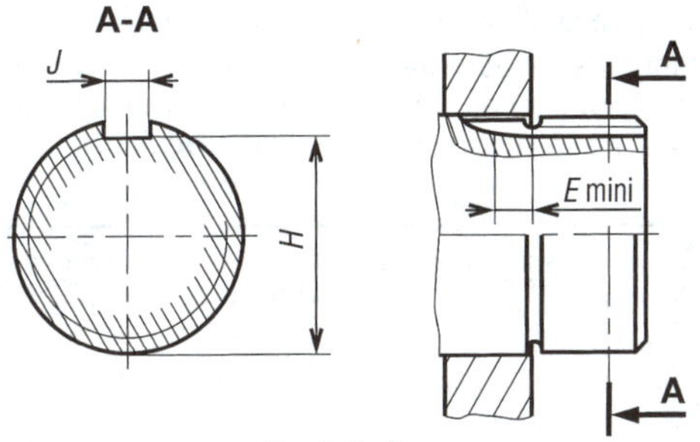

Bout d'arbre

Tableau des dimensions « Série légère » (1)

Diamètre nominal	Écrous à encoches				Rondelles-freins								Bouts d'arbres	
	Pas *M*	d_2	*B*	*h*	d_3 C11	d_4	d_5 env.	*M* C11	f_1	*f*	B_1	*N*	*H* h 13	*J*
10	0,75	18	4		10	15	21	8,5	3	3		9	8,5	3
12		22	4		12	17	25	10,5	3	3			10,5	4
15		25	5		15	21	28	13,5	4	4			13,5	5
17	1	28	5		17	24	32	15,5	4	4	1	11	15,5	5
20		32	6		20	26	36	18,5	4	4			18	5
22		34	6	2	22	28	38	20,5	4	4			20	5
25		38	7		25	32	42	23	5	5			23	6
28		42	7		28	36	46	26	5	5			26	6
30		45	7		30	38	49	27,5	5	5			28	6
32		48	8		32	40	52	29,5	5	5			30	6
35	1,5	52	8		35	44	57	32,5	6	5	1,25	13	31	6
40		58	9		40	50	62	37,5	6	6			37,5	8
45		65	10	2,5	45	56	69	42,5	6	6			42,5	8
50		70	11		50	61	74	47,5	6	6			47,5	8
55		75	11		55	67	81	52,5	8	7			52,5	8
60		80	11	3	60	73	86	57,5	8	7			57,5	8
65		85	12		65	79	92	62,5	8	7			62,5	8
70		92	12		70	85	98	66,5	8	8	1,5		67	10
75		98	13		75	90	104	71,5	8	8			72	10
80		105	15	3,5	80	95	112	76,5	10	8			77	10
85		110	16		85	102	119	81,5	10	8		17	82	12
90	2	120	16		90	108	126	86,5	10	10			87	12
95		125	17	4	95	113	133	91,5	10	10			92	12
100		130	18		100	120	142	96,5	12	10	1,8		97	12
105		140	18		105	125	146	100,5	12	12			101	13
110		145	19		110	133	154	105,5	12	12			105	13
115		150	19	5	115	137	159	110,5	12	12			110	13
120		155	20		120	138	164	115	14	12	2		115	13

(1) Le fabricant peut fournir sur demande une « série forte ».

13.12. LUBRIFICATION DES ROULEMENTS

La qualité de la lubrification des roulements permet :

– de diminuer le frottement entre les éléments mobiles ;
– d'évacuer la chaleur ;
– de réduire l'usure des pièces en mouvement ;
– de protéger les surfaces fonctionnelles contre la corrosion ;
– de garantir la durée de vie du roulement.

Il existe deux types de lubrifiants :

– les graisses (pour les vitesses modérées) ;
– les huiles (pour les vitesses proches de la vitesse limite de roulement).

Plusieurs modes de lubrification sont adoptés suivant les types de roulement, leurs conditions d'utilisation et leurs montages.

13.12.1. LES GRAISSES

Plusieurs types de graisses sont proposés suivant l'utilisation souhaitée :

- Elles sont à utiliser en très faible quantité.
- Elles conviennent pour une large gamme de vitesses.
- Elles autorisent un fonctionnement sans entretien pendant de longues périodes (durée, fonction des variations de charges et de vitesses, de la nature des graisses, etc. (voir tableau).
- Elles permettent très souvent un graissage aisé et une étanchéité facile.

Cependant il est nécessaire de s'assurer de leur compatibilité avec les autres éléments du roulement (joint, cage, etc.).

APPLICATIONS		AUTOMOBILE, MACHINES AGRICOLES, MATÉRIEL DE MANUTENTION, OUTILLAGE ÉLECTRIQUE, MECANIQUE GÉNÉRALE.	SIDÉRURGIE, MATÉRIEL TRAVAUX PUBLICS, MACHINES À PAPIER, MATÉRIEL DE FORAGE.	MOTEURS ÉLECTRIQUES CLASSE « E », ALTERNATEURS, VENTILATEURS.	AVIATION BROCHES DE MACHINE-OUTIL, MACHINES À BOIS, BROCHES, TEXTILE, PETITS MOTEURS ÉLECTRIQUES, MÉCANISMES DE HAUTE PRÉCISION.	COURONNES D'ORIENTATION, CRIBLES ET BROYEURS, CONCASSEURS, ENSEMBLES VIBRANTS, LAMINOIRS.	ÉQUIPEMENTS DE FOUR, WAGONNETS DE FOUR, MOTEURS ÉLECTRIQUES CLASSE « H », COUPLEURS.
TYPES DE GRAISSES		**MS** MULTISERVICE	**EP** EXTRÊME PRESSION	**HT** HAUTE TEMPÉRATURE	**GV** GRANDE VITESE BASSE TEMPÉRATURE	**VX** MILIEU VIBRATOIRE	**THT** TRÈS HAUTE TEMPÉRATURE
CONDITIONS D'UTILISATION — TEMPÉRATURE	Haute Temperature	+ 120 °C	+ 110 °C	+ 150 °C	+ 120 °C	+ 130 °C	+ 180 °C / + 250 °C
	Basse Température	– 30 °C	– 30 °C	– 20 °C	– 60 °C	– 20 °C	– 20 °C
CHARGES	Moyennes C/P ⩾ 5	Bonne performance	Très bonne performance	Bonne performance	Bonne performance	Très bonne performance	Très bonne performance
	Élevées C/P < 5	Non recommandée	Très bonne performance	Non recommandée	Non recommandée	Très bonne performance	180 °C : Très bonne performance / 250 °C : Bonne performance
VITESSE	Faibles Ndm < 100 000*	Bonne performance	Bonne performance	Non recommandée	Non recommandée	Très bonne performance	Très bonne performance
	Élevées (Vitesse limite du roulement)	Bonne performance	Bonne performance	Bonne performance	Très bonne performance	Non recommandée	180 °C : Bonne performance / 250 °C : Non recommandée
AMBIANCE	Humidité Présence d'eau	Très bonne performance	Très bonne performance	Bonne performance	Très bonne performance	Bonne performance	Bonne performance
	Oscillations faible amplitude	Bonne performance	Bonne performance	Très bonne performance	Bonne performance	Très bonne performance	Très bonne performance
	Vibration à l'arrêt	Non recommandée	Non recommandée	Non recommandée	Très bonne performance	Non recommandée	Non recommandée

* Ndm = Nombre de tr/min – diamètre moyen du roulement en mm,
Très bonne performance — Bonne performance — Non recommandée

Modes de lubrification	Représentation	Observations
GRAISSAGE À VIE OU POUR PLUSIEURS ANNÉES	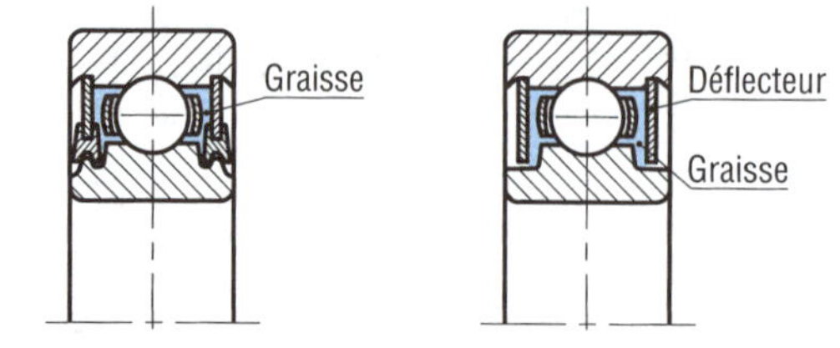 **Roulement étanche** — **Roulement protégé**	Un graissage à vie ou pour plusieurs années est effectué au montage ou lors de révision d'entretien. Le dispositif de graissage devient inutile. Ce mode de graissage est très utilisé pour les appareils domestiques, petites transmissions, micro-moteurs électriques, etc.

Lubrification des roulements

Modes de lubrification	Représentation	Observations
GRAISSAGE INITIAL AVEC REGRAISSAGE PÉRIODIQUE	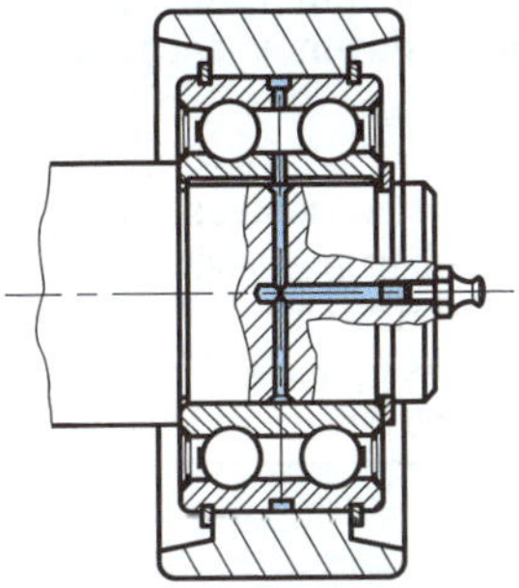 **Galet de guidage d'un entraînement tangentiel par courroie** d'après INA	Ce type de graissage est très répandu. Le dispositif utilisé permet à la graisse de déboucher de préférence dans la partie inférieure du roulement et aussi près que possible du chemin de roulement.
GRAISSAGE ANNUEL OU SEMI-ANNUEL	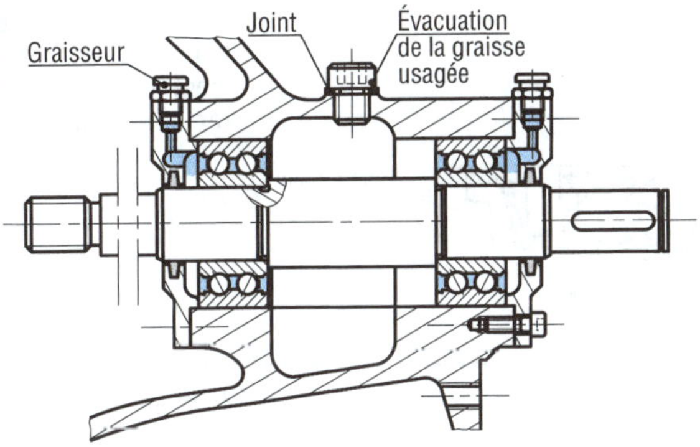 **Palier de pompe** d'après INA	Le palier de pompe est composé de deux roulements à billes INA à contact oblique. Les ajustements sont pour l'arbre j6 et pour l'alésage H6. Ce palier se place entre l'arbre récepteur et le moteur de commande. Il est soumis à un graissage annuel ou semi-annuel. Pour les roulements à rouleaux coniques, ***l'arrivée de la graisse doit se faire du côté du petit diamètre des galets***. On assure ainsi une circulation automatique de la graisse sous l'effet de pompage dû aux surfaces coniques du roulement. Pour les butées, la graisse doit arriver ***par la partie centrale*** de celles-ci.
GRAISSAGE AUTOMATIQUE	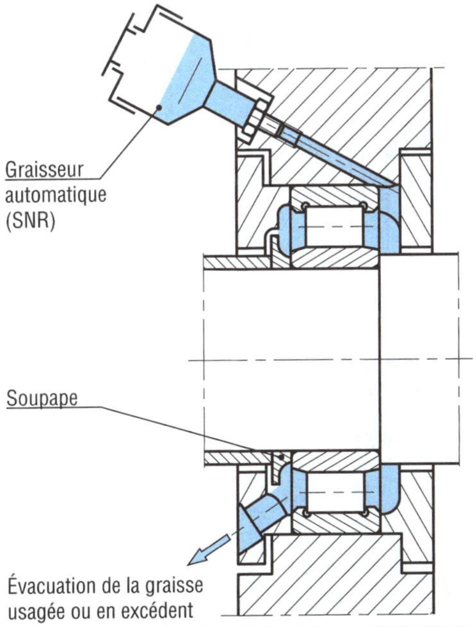	Ce type de graisseur autonome SNR. LUB permet des graissages fréquents automatiques. Une résistance calibre un courant provenant de deux piles alcalines. Ce courant assure, en passant dans une cellule électrochimique, la production d'un gaz inerte dans une membrane extensible. En se détendant, cette membrane pousse le piston qui injecte le lubrifiant dans le palier. Toutes les 20 secondes, un flash clignote pour certifier que le processus est en fonctionnement. On peut éventuellement compléter le système de graissage par une soupape à graisse constituée d'un disque tournant qui facilite l'évacuation automatique de la graisse usagée ou celle en excédent (force centrifuge).

13.12.2. LES HUILES

Le recours à la lubrification à l'huile est souvent dû aux températures de fonctionnement élevées (température ambiante ou chaleur engendrée dans le roulement, en raison du frottement causé par des vitesses ou des charges élevées).

Plusieurs types d'huiles sont proposés :

- **les huiles minérales :** de bonne qualité, elles sont les mieux adaptées pour la lubrification des roulements.
- **les huiles synthétiques :** elles ne sont utilisées pour lubrifier les roulements que dans des cas spéciaux. Il s'agit surtout de températures de fonctionnement supérieures à 90 °C.
- **les huiles animales et végétales :** elles ne doivent pas normalement être utilisées pour la lubrification des roulements, car elles risquent de perdre leurs propriétés ou de devenir acides rapidement.

Modes de lubrification	Représentation	Observations
SOLUTION A **LUBRIFICATION PAR BAIN D'HUILE**	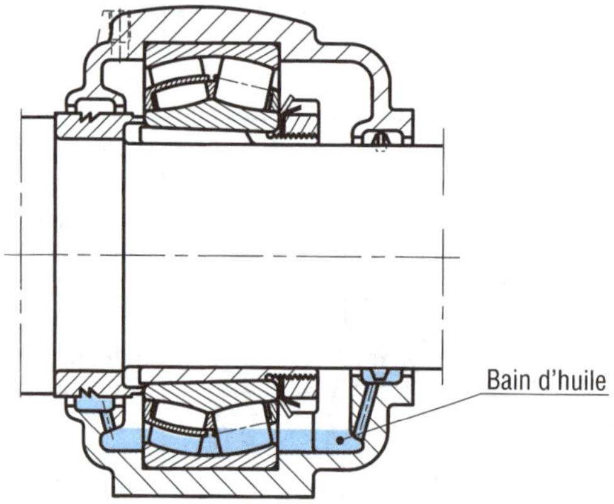 **Palier à rouleaux**	***Le graissage par bain d'huile*** est la forme la plus simple de lubrification à l'huile, adapté aux faibles vitesses de rotation. Lorsque le roulement est à l'arrêt, le niveau du bain doit se situer juste au-dessous du centre de l'élément roulant le plus bas. En rotation, l'huile est entraînée par les éléments du roulement qu'elle lubrifie, et retourne au bain.
SOLUTION B **LUBRIFICATION PAR CIRCULATION D'HUILE**	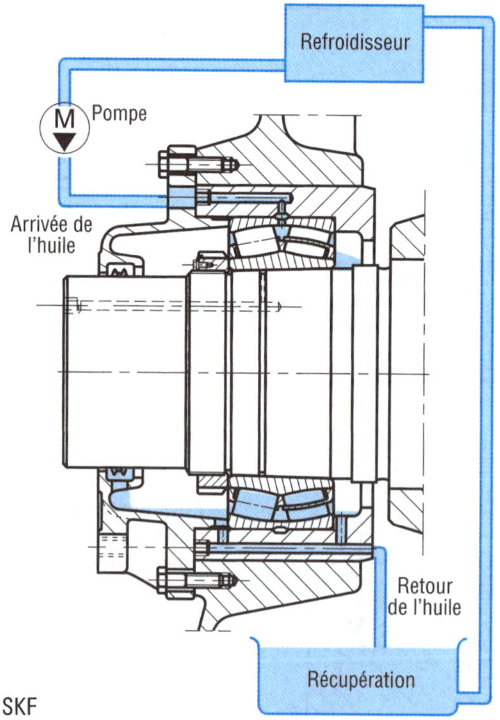 SKF	***Le dispositif de circulation d'huile*** est utilisé pour des montages de roulements à fréquence de rotation élevée. Il permet de garder plus longtemps les caractéristiques de l'huile, qui est maintenue en circulation en général à l'aide d'une pompe. Après passage à travers le roulement, l'huile est nettoyée avant d'être renvoyée dans le circuit. Le système peut être complété par un dispositif de refroidissement qui maintient à un faible niveau la température du roulement.

Lubrification des roulements

Modes de lubrification	Représentation	Observations
SOLUTION C **LUBRIFICATION PAR INJECTION D'HUILE**	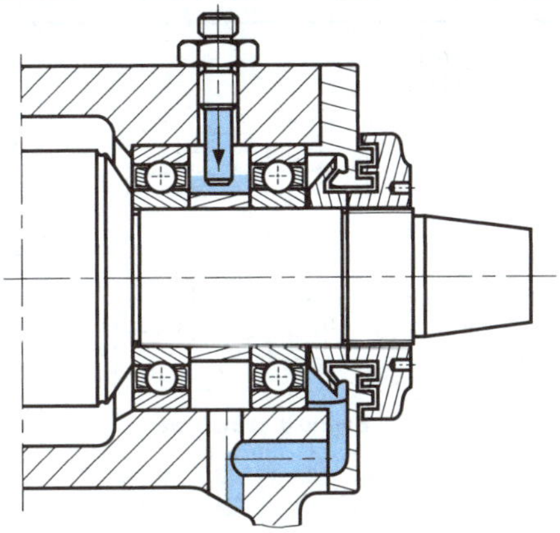 **Palier à billes**	On fait appel à ***l'injection d'huile*** dans le cas des grandes vitesses, quand il est nécessaire de veiller à ce que l'huile ne soit pas renvoyée mais atteigne effectivement l'intérieur du roulement et en élimine la chaleur. La vitesse du jet doit être suffisante (au moins 15 m/s) pour que la quantité d'huile nécessaire puisse franchir le tourbillon d'air créé.
SOLUTION D **LUBRIFICATION « OIL-SPOT » (AIR-HUILE)**	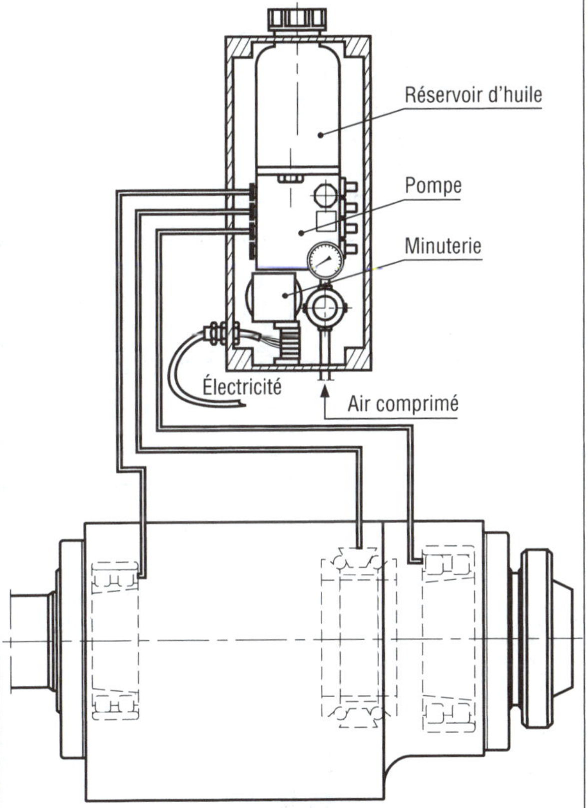 **Poupée fixe**	Le système ***« oil-spot »*** (air-huile) consiste à acheminer jusqu'aux roulements de l'huile en très petites quantités, selon leur taille à partir de dix mg/h. On peut obtenir un film porteur qui donne un frottement minimal et par suite une température faible et constante des roulements. Le procédé consiste à injecter de l'huile dans une canalisation, à intervalles déterminés, à l'aide d'une unité de lubrification, et d'utiliser l'air comprimé pour faire progresser l'huile dans la canalisation jusqu'au roulement. L'huile délivrée par l'injecteur est répartie le long de la paroi du tube par le flux permanent d'air comprimé qui la fait avancer contre celle-ci. L'huile est injectée dans le roulement par un ajutage. Il se crée alors dans le montage une surpression qui évite la pénétration des impuretés. L'huile est drainée après avoir traversé le roulement.
REMARQUES	**Une huile abondante entraîne un frottement élevé.** Les trois solutions A, B, C assurent la lubrification sans tenir compte du degré de frottement. **Une faible quantité d'huile donne un frottement minime.** La solution moderne D maintient le frottement par l'acheminement continu d'une petite quantité d'huile fine. **La durée de vie d'un mécanisme** dépend du sérieux apporté à la lubrification.	

13.13. PROTECTION DES ROULEMENTS

Les dispositifs de protection des roulements doivent éviter la pénétration d'impuretés dans le mécanisme, mais aussi empêcher les fuites de lubrifiant.

DISPOSITIFS DE PROTECTION AVEC FROTTEMENT

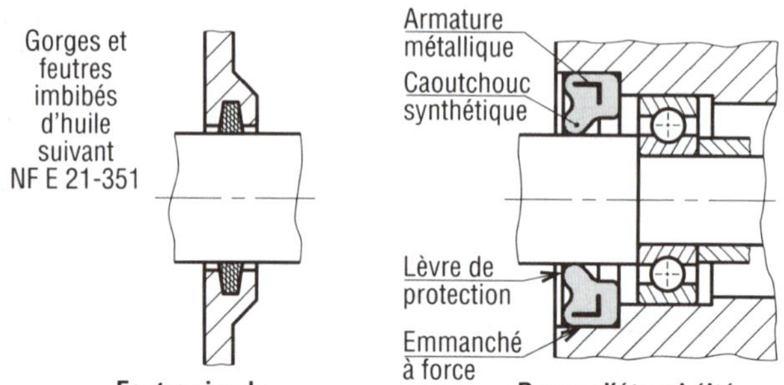

Feutre simple — **Bague d'étanchéité**

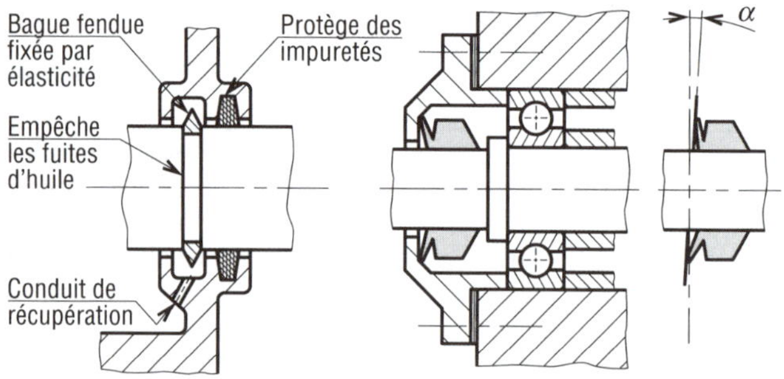

Déflecteur — **Joint V-RING**

Les dispositifs de protection avec frottement assurent surtout une ***étanchéité absolue***. (voir chapitre 11 pour critères de choix et exemples d'utilisation des joints).

Il est recommandé de protéger ces dispositifs par des déflecteurs simples ou à chicanes lorsqu'ils sont employés en atmosphère abrasive.

Nota : il existe des roulements à une rangée de billes à contact radial graissés à vie et étanches (voir section 7.12.).

DISPOSITIFS DE PROTECTION SANS FROTTEMENT

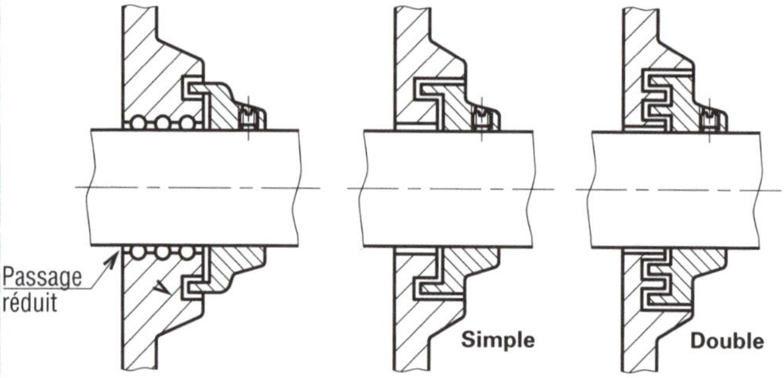

Rainures annulaires — **Bagues à chicanes**

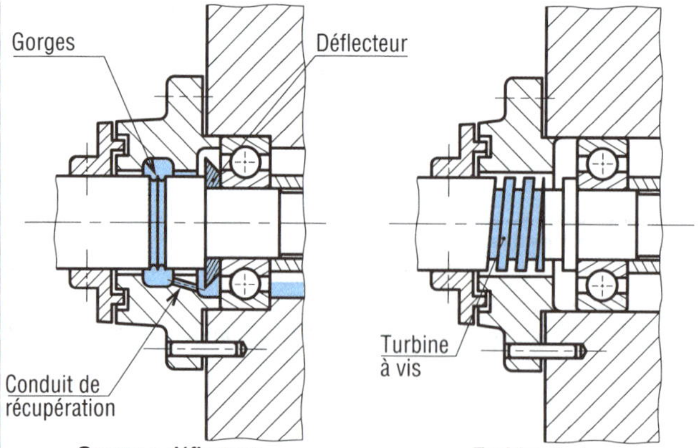

Gorges + déflecteur — **Turbine à vis**

Dispositifs pour lubrification à la graisse :

- passage étroit + rainures annulaires où l'étanchéité est assurée par le faible jeu entre l'arbre et le flasque dans lequel des rainures annulaires sont usinées ;
- chicanes dont la disposition et le nombre empêchent les impuretés de pénétrer.

Dispositifs pour lubrification à l'huile :

- gorges + déflecteur ; l'arbre est doté de gorges qui empêchent la sortie de l'huile. La force centrifuge assure une lubrification permanente en faisant circuler l'huile dans les gorges et les conduits de récupération ;
- turbine à vis : le sens du filet hélicoïdal dirige l'huile vers l'intérieur du palier et évite ainsi toutes fuites vers l'extérieur.

14. ACCOUPLEMENTS DES ARBRES DE TRANSMISSION

La liaison mécanique entre un arbre moteur et un arbre récepteur est assurée par un ***accouplement***, qui accepte et compense de légers défauts géométriques. Un accouplement transmet un couple nominal sans modifier la vitesse angulaire.

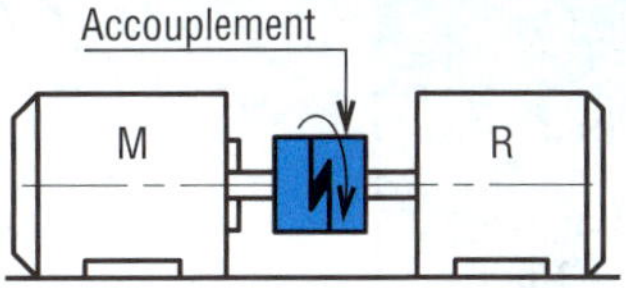

Examen des déformations possibles :

Les constructeurs classent les déformations suivant quatre modes : ***axial, radial, conique*** et ***torsionnel*** pour chacun desquels est définie une ***rigidité***.

14.1. TYPES DE RIGIDITÉ

Rigidité torsionnelle ou polaire	Rigidité radiale	Rigidité axiale	Rigidité conique
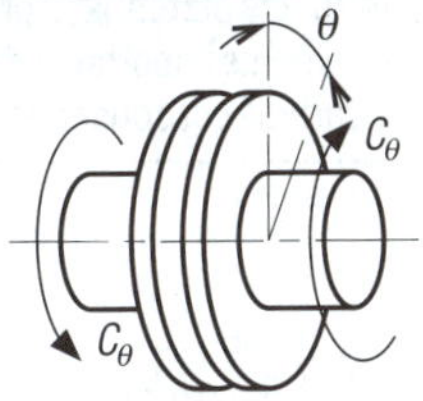	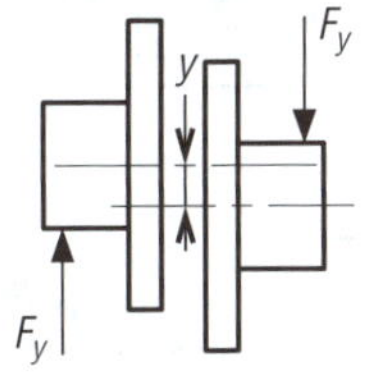	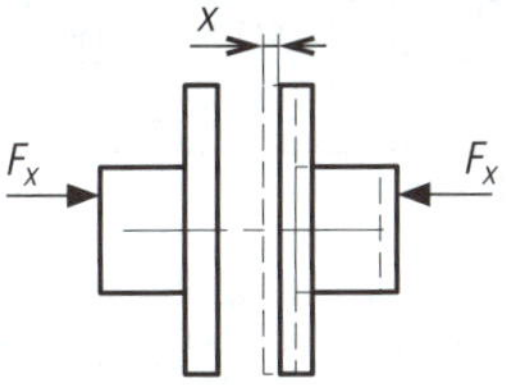	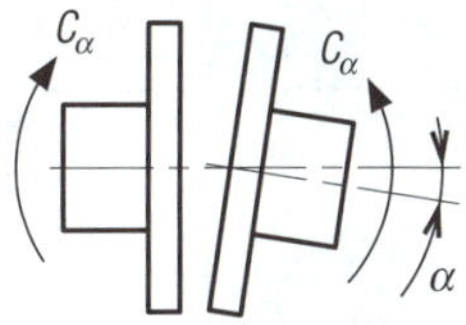
$K_\theta = \frac{\text{Couple de torsion}}{\text{Angle de torsion}} = \frac{C_\theta}{\theta}$ exprimée en kN.m/radian	$K_y = \frac{\text{Effort radial}}{\text{Décalage radial correspond.}} = \frac{F_y}{y}$ exprimée en daN/mm	$K_x = \frac{\text{Effort radial}}{\text{Déformation axiale correspond.}} = \frac{F_x}{x}$ exprimée en daN/mm	$K_\alpha = \frac{\text{Couple de désalignement}}{\text{Désalignement angulaire}} = \frac{C_\alpha}{\alpha}$ exprimée en kN.m/radian

14.2. LES ACCOUPLEMENTS

MANCHON À FRETTES

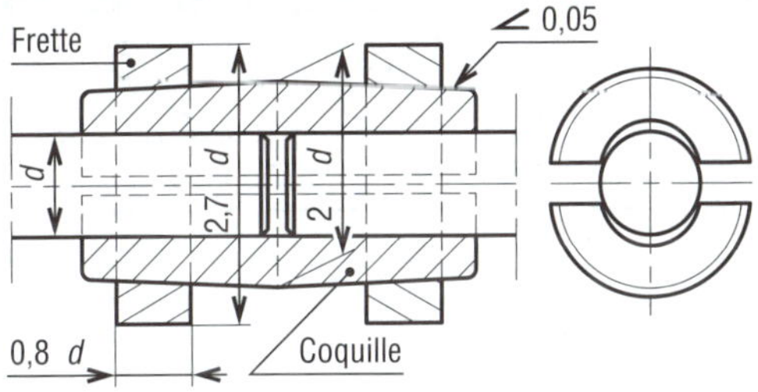

Matière : manchon : FGL 300 ou AS 13 – frettes : XC 38

Les coquilles sont moulées puis alésées à un diamètre inférieur à celui de l'arbre. Au montage, les frettes provoquent un pincement ce qui augmente l'adhérence. On constate une bonne rigidité de l'assemblage et un bon alignement des arbres. Cet accouplement résiste bien aux intempéries.

Nota : souvent non claveté, on peut ajouter un clavetage de sécurité (chocs répétés…)

ACCOUPLEMENT ÉLASTIQUE MINIFLEX

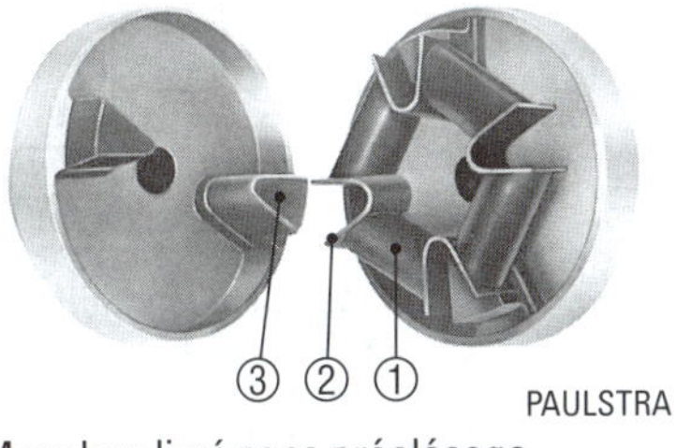

Manchon livré sans préalésage

Matière : manchon : FGL 300 ou AS 13

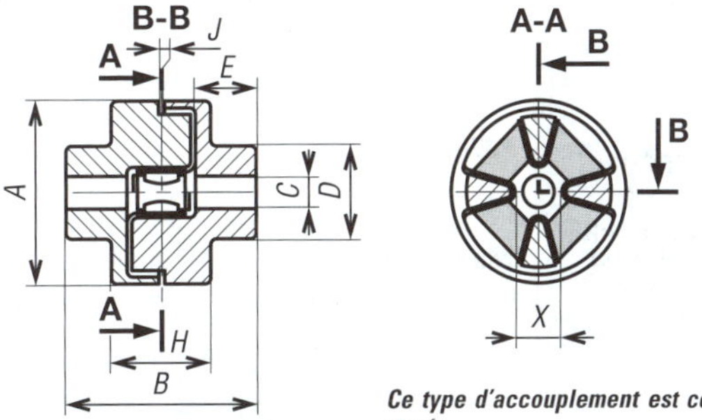

	Couple nominal m.daN	Couple maxi m daN	Vitesse maxi tr/mn	Alésage C. maxi mm	*A* mm	*B* mm	*D* mm	*E* mm	*H* mm	*J* mm	*X* mm
Manchons aluminium	0,25 1 2	0,5 2 4	10 000 9 000 7 000	14 19 28	45 58 80	41 61 88	28 36 48	14 20 30	21 31 40	2 2 4	14 16 28
Manchons fonte	0,25 1 2	0,5 2 4	10 000 9 000 7 000	14 28 42	45 58 84	41 61 88	28 42 63	14 20 30	21 31 40	2 2 4	14 16 28

Ce type d'accouplement est composé :

- d'un élément élastique
  - ① élément en caoutchouc naturel adhésif
  - ② armature métallique en forme de V
- d'un manchon en fonte ou en aluminium
  - ③ doigt d'entraînement

TRANSMISSION HOMOCINÉTIQUE AVEC ACCOUPLEMENT TYPE OLDHAM

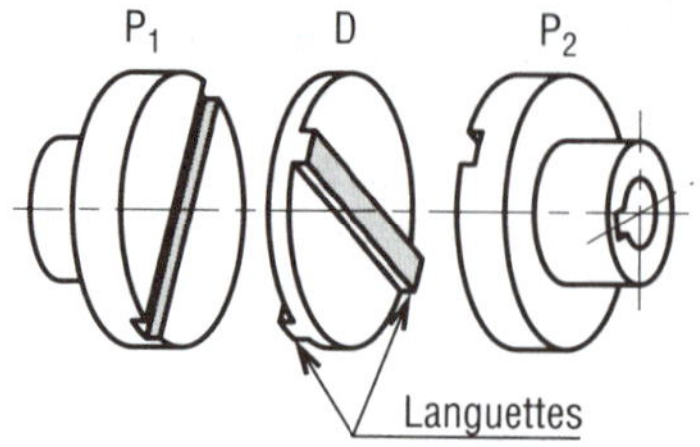

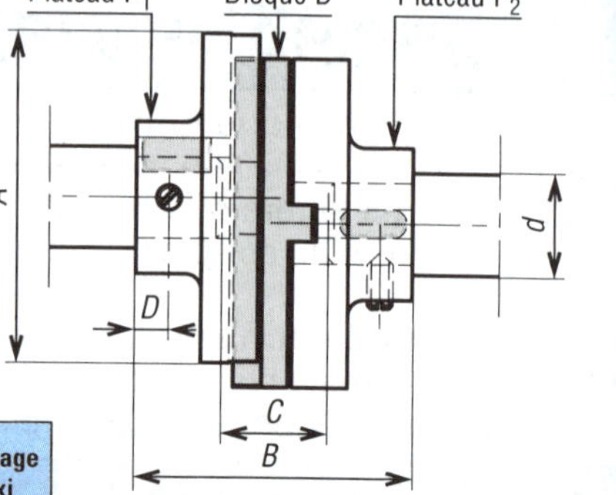

Taille	*d*	*A*	*B*	*D*	*C*	Couple transmissible en N/cm	Décalage angulaire maxi	Décalage maxi en mm
19	3-6	19	22	3	9,5	235	0,75°	2,4
25	6-8-10	25	28,5	3,5	11	450	1°	3
41	10-12-16	41	51	5	17,5	2250	1,25°	5

Le fonctionnement amène le glissement des languettes dans les rainures et des surfaces du disque sur les plateaux ; il provoque alors des frottements importants dès que le décalage des arbres est conséquent.

TRANSMISSION HOMOCINÉTIQUE AVEC MINI-ACCOUPLEMENT À SOUFFLET MÉTALLIQUE

Serrage par vis d'arrêt / **Serrage par pince**

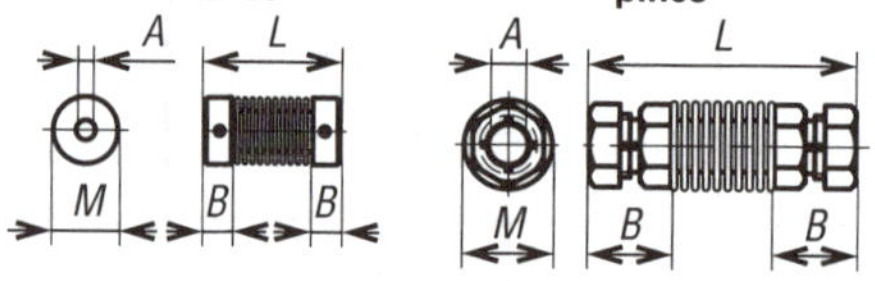

Déformations possibles

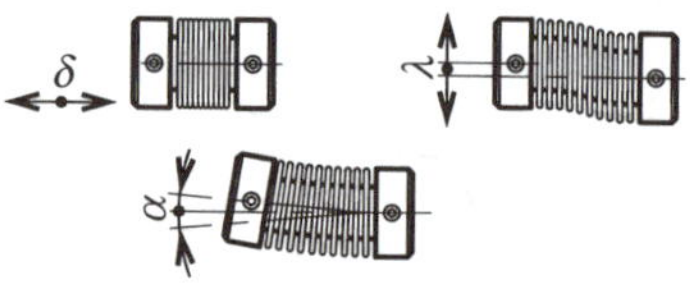

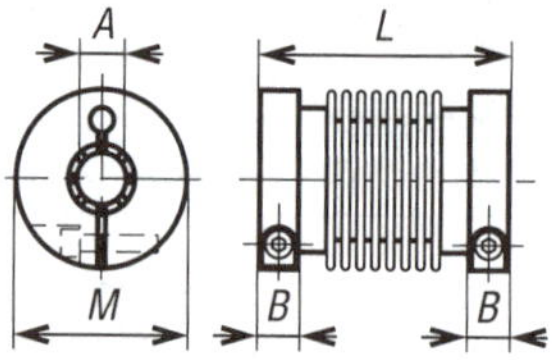

Serrage par vis tangente

Matière : Acier inoxydable 18/10

INOX	*M*	*L*	*B*	*AH7*	Débattement maxi			Angle de torsion sous charge de Ncm					
					axial	ang.	latéral	30	50	80	120	200	300
	10	24	5,5	3	1 mm	10°	1 mm	0° 6	3°	maxi			
à vis d'arrêt	13	24	5,5	6	1,5	7°	0,5	–	0° 1	0° 5	3°		
à pince	10	40	13	6	1,5	7°	0,5	–	0° 1	0° 5	3°		
à vis tangente	22	32	8,5	8-10	1,5	7°	0,5	–	–	0° 1	0° 3	1°	2°

ACCOUPLEMENT À DENTURE BOMBÉE

PRUD'HOMME

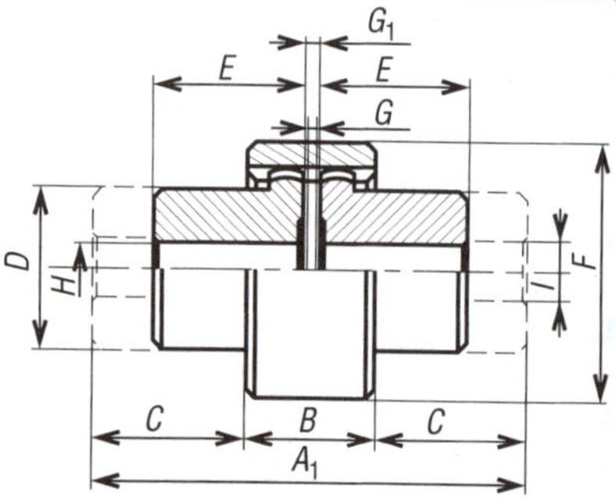

Matière : Couronne : polyamide
Moyeu : XC 38 usiné, taillé

	A$_1$	*B*	*C*	*D*	*E*	*F*	*G*	*G$_1$*	*H* préal.	*H* maxi	Désalignement maxi		
											angulaire α°	radial mm	axial mm
40	42	25	8,5	25	19	41	2	4	6	14	±2	±0,3	±1
50	50	29	10,5	32	23	50	2	4	6	19	±2	±0,4	±1
60	55,5	29	13,2	37	25	60	3,5	5,5	11	24	±2	±0,4	±1
70	85	34	25,5	43	40	70	3	5,5	14	28	±2	±0,4	±1
90	95,5	41	27,2	56	49	81	3,5	5,5	16	38	±1	±0,4	±1
100	116	45	35,5	64	55	91	4	6	16	48	±1	±0,4	±1

Ce type d'accouplement se compose :

- de deux moyeux comportant chacun une couronne de dents ;
- d'un fourreau en polyamide à l'intérieur duquel est moulée une denture s'engrenant parfaitement avec celle des moyeux.

Cet accouplement offre des avantages :

- il est précis, silencieux, dynamiquement équilibré et léger ;
- il accepte des décalages angulaires axiaux et radiaux notables ;
- pas de graissage ni d'entretien ;
- facile à monter et à démonter.

JOINTS DE CARDANS

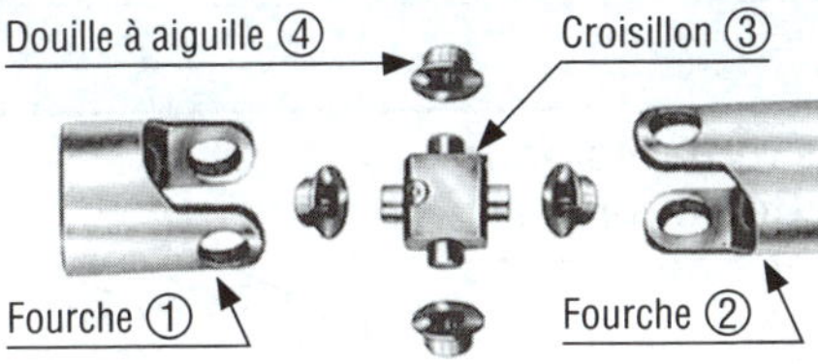

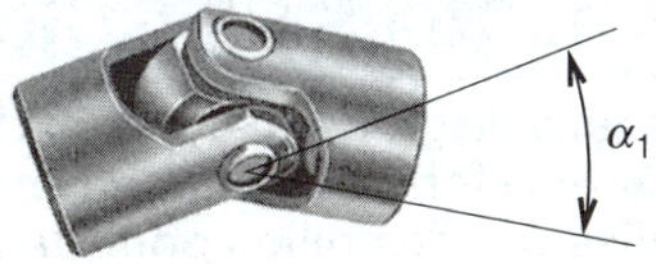

PRUD'HOMME

Le joint de cardan est composé de 2 fourches ① et ②, d'un croisillon ③. La liaison entre les deux éléments est assurée par quatre douilles à aiguilles ④.

- **Analyse des différents montages**

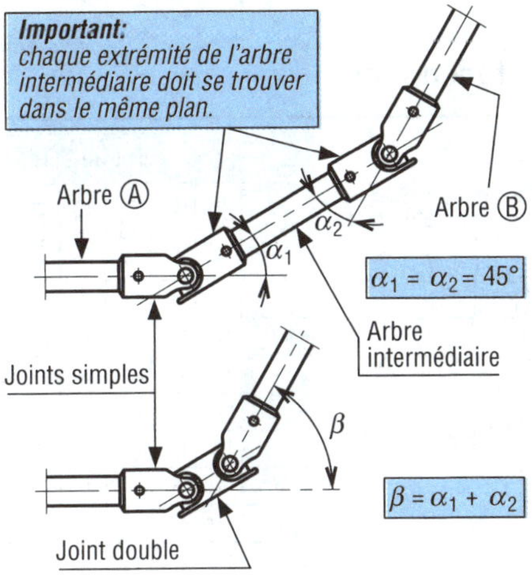

Trois montages peuvent être envisagés :

- ***Joint simple uniquement :***
  On remarque une différence entre la vitesse d'entrée et la vitesse de sortie de l'ordre de ±5 % pour une inclinaison de l'arbre de sortie de 20°. La transmission est ***non homocinétique***.
- ***Deux joints simples :***
  Le second joint corrige le défaut de vitesse noté dans le premier joint en présentant le même défaut mais en sens opposé. La transmission est ***homocinétique***.
- ***Joint double :***
  Fonction identique à celle constituée par deux joints simples mais avec un encombrement réduit.

- **Joint simple (référence PA)**

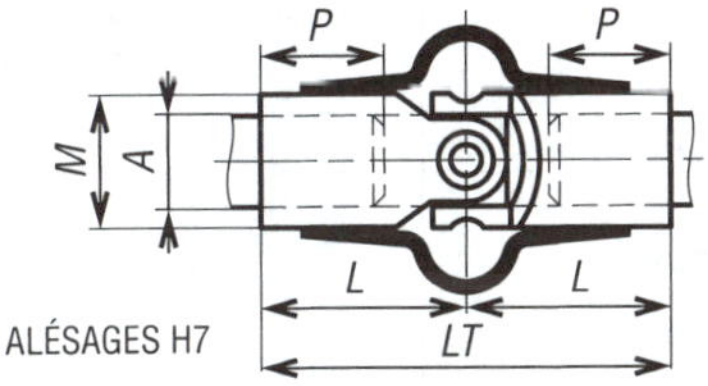

Réf.	*M*	*A*	*L*	*LT*	*P*	b × t
PA 16	16	8	26	52	15	2 × 9
PA 20	20	10	31	62	18	5 × 11,4
PA 25	25	14	37	74	20	5 × 16,3
PA 32	32	16	43	86	23	5 × 18,3
PA 40	40	20	54	108	30	6 × 22,8
PA 50	50	25	66	132	32	8 × 28,3
PA 63	63	30	83	166	38	8 × 33,3

- **Joint double (référence PPA)**

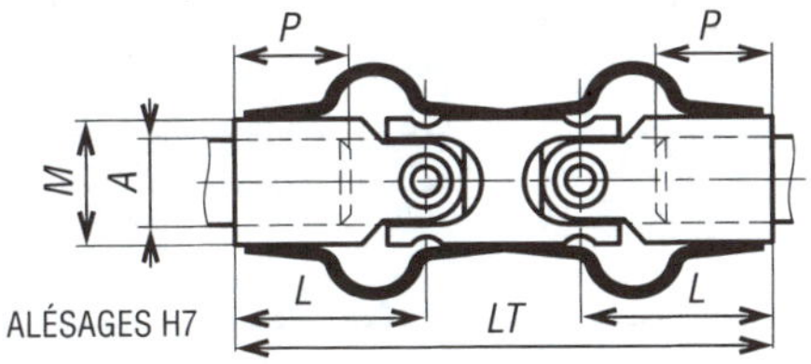

Réf.	*M*	*A*	*L*	*LT*	*P*	b × t
PPA 25	25	14	37	104	20	5 × 16,3
PPA 32	32	16	43	124	23	5 × 18,3
PPA 40	40	20	54	156	30	6 × 22,8
PPA 50	50	25	66	188	32	8 × 28,3
PPA 63	63	30	79	238	38	8 × 33,3
PPA 70	70	35	67	212		

- **Manchons protecteurs souples (MPS)**

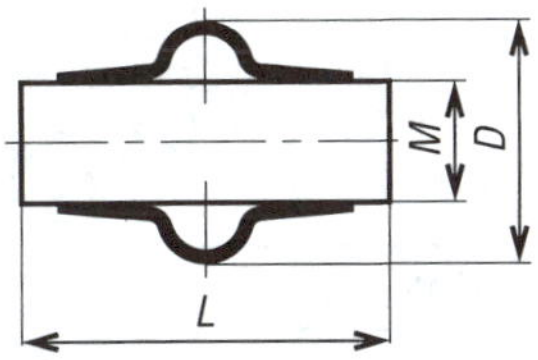

Ces gaines en matière plastique insensibles à la graisse permettent de faire travailler le joint dans un bain de graisse permanent et d'en accroître la longévité.

M	**16**	**20**	**24**	**28**	**32**	**36**	**40**	**45**
L	32	40	45	50	55	65	75	85
D	35	36	44	51	62	65	73	80
M	**50**	**55**	**60**	**65**	**70**	**80**	**90**	**100**
L	95	105	115	125	137	150	160	170
D	90	90	100	110	125	135	150	170

Pour un joint double on peut jumeler deux manchons.

Désignation : M PS × M

15. GUIDAGES EN TRANSLATION

15.1. RAILS DE GUIDAGE

Les rails de guidage utilisent des éléments roulants pour assurer la fonction ***guidage en translation***. Ce guidage est réalisé par des billes pour de faibles charges ou par des galets croisés pour de fortes charges.
Ces billes ou galets croisés roulent entre deux rails et un chariot et constituent un système de guidage qui présente :

- une grande précision de guidage,
- une grande résistance à l'usure,
- un frottement très faible,
- un réglage périodique possible du jeu fonctionnel.

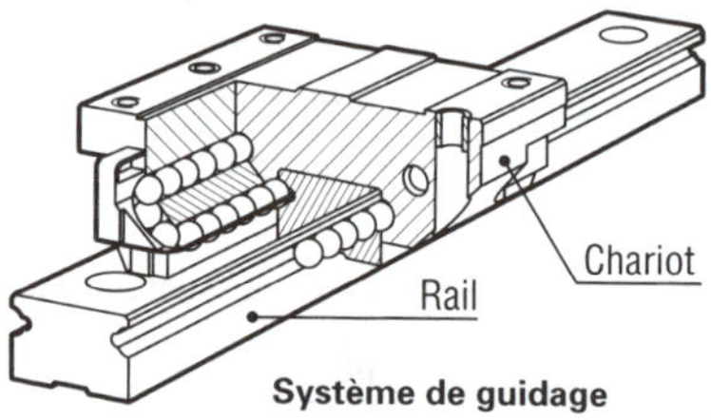

Système de guidage

INA

SYSTÈME DE GUIDAGE À BILLES

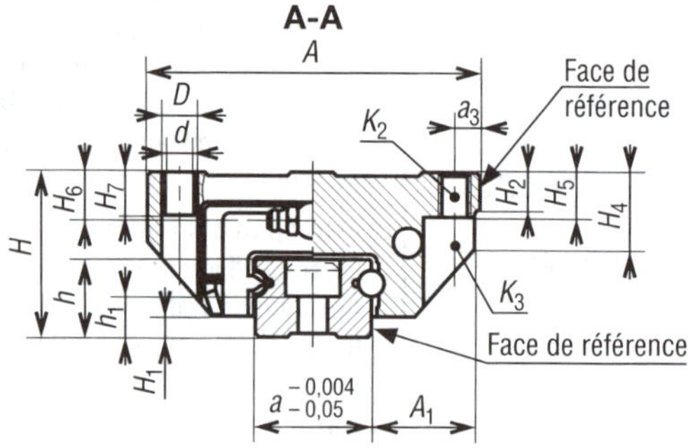

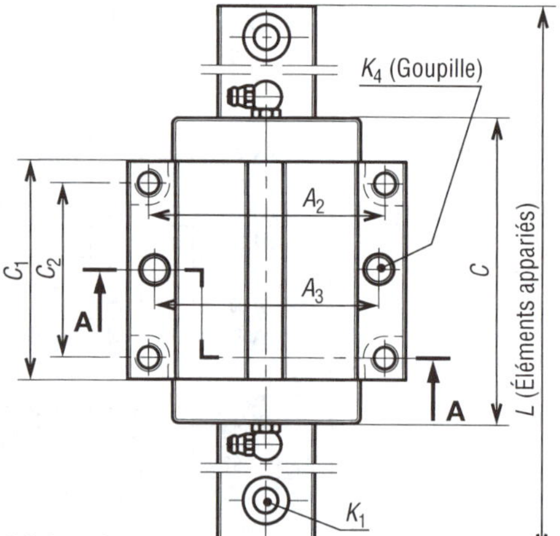

Désignation :
1 système KUE 25L

Tableau de dimensions (INA)

TYPE	KUE 15	KUE 20	KUE 20L	KUE 25	KUE 25L	KUE 30	KUE 30L	KUE 35	KUE 35L	KUE 45
a	15	20	20	23	23	28	28	34	34	45
H	24	30	30	36	36	42	42	48	48	60
A	47	63	63	70	70	90	90	100	100	120
C	54,5	70	87	79	102	93	114	106	134	133
h	15	16,5	16,5	18	18	21,5	21,5	23	23	30,5
H_1	4,8	5	5	6,5	6,5	7	7	8	8	10
C_1	38,6	49,3	66	56	79	65,7	87,1	76	104	97
A_1	16	21,5	21,5	23,5	23,5	31	31	33	33	37,5
h_1	7,7	8,3	8,3	8,7	8,7	10	10	11,5	11,5	15
K_1	M4	M5	M5	M6	M6	M8	M8	M12	M12	M12
K_2	M5	M6	M6	M8	M10	M10	M10	M10	M12	M12
K_3	M4	M5	M5	M6	M6	M8	M8	M8	M8	M10
H_5	7	10	10	10	10	10	10	13	13	15
A_3	38	51	51	55	55	70	70	80	80	98
H_7	7	11,5	11,5	11,5	11,5	14,5	14,5	14,5	14,5	15
d	3,7	5,7	5,7	5,7	5,7	7,7	7,7	7,7	7,7	9,7
D	7	9	9	9	9	12	12	12	12	14
k_4	4	6	6	6	6	8	8	8	8	10
A_2	38	53	53	57	57	72	72	82	82	100
a_3	4,5	5	5	6,5	6,5	6	6	6,5	6,5	9
H_2	4,5	5	5	5	5	6	6	6,5	6,5	9
H_4	8	11	11	10	10	14	14	20	20	22
C_2	30	40	40	45	45	52	52	62	62	80
H_6	4	6,5	6,5	10	10	13	13	16	16	18,5

EXEMPLE DE MONTAGE

Guidage de la table avec un palier libre et un palier fixe

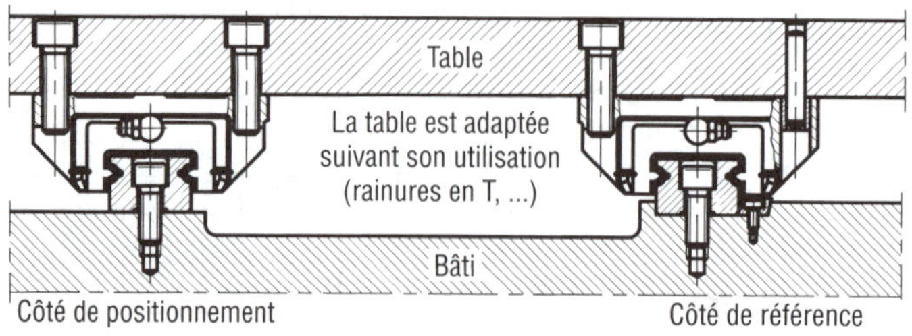

Le montage comporte un palier fixe et un palier libre. Le rail et le chariot côté « fixe » sont arrêtés axialement par des clavettes ou des goupilles.

Doc : INA

Rails de guidage

GUIDAGE EN APPUI LIBRE

Solution A

Rails type W, Z, R

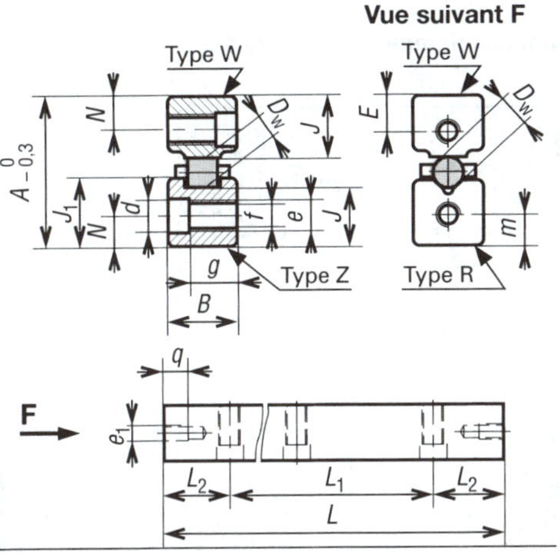

Rails type R

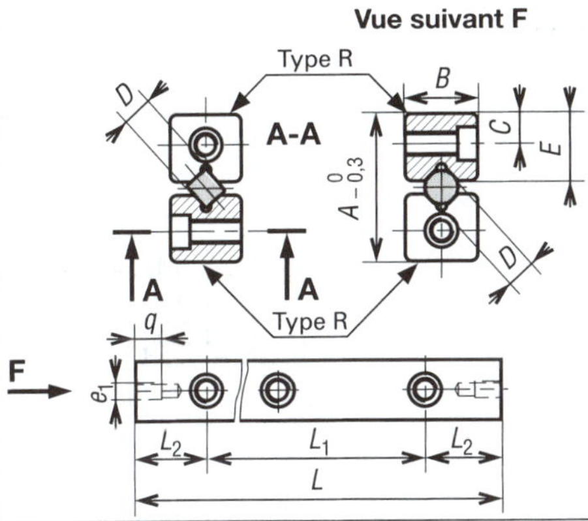

GUIDAGE MAINTENU

Solution B

Rails type F, G

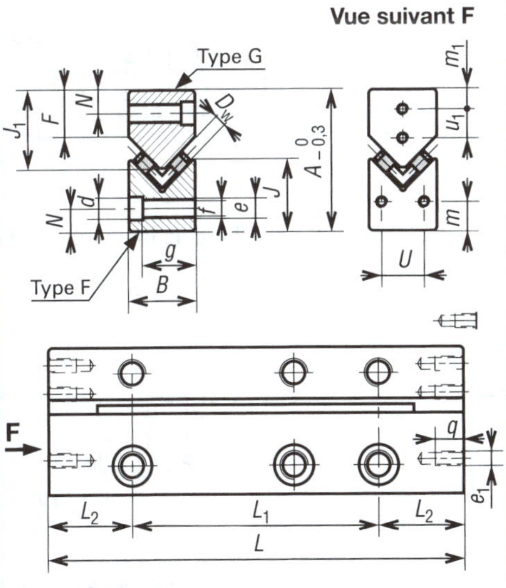

On distingue :

- ***Le guidage en appui libre*** : utilisé lorsqu'aucun risque de basculement n'est à craindre (le maintien en position se fait ***par gravité***) (solution A).
- ***Le guidage maintenu*** qui évite tout risque de basculement quelle que soit la direction de l'effort (solution B).

RAILS DE GUIDAGE À ROULEAUX A × B × L

	A	B	D_w	J	J_1	L_2	N	d	e	e_1	f	g	m	q
①	18	8	3	7,5	8,4	12,5	3,5	6	M4	M3	3,3	4,8	4,1	7
②	31	15	6	12,5	14,3	25	6	9,5	M6	M5	5,2	9,8	6,9	9

	L	L_1	L	L_1	L	L_1	L	L_1
①	50 75 100	1 × 25 2 × 25 3 × 25	125 150 175	4 × 25 5 × 25 6 × 25	200 225 250	7 × 25 8 × 25 9 × 25	275 300	10 × 25 11 × 25
②	100 150 200	1 × 50 2 × 50 3 × 50	250 300	4 × 50 5 × 50	350 400	6 × 50 7 × 50	450 500	8 × 50 9 × 50

RAILS DE GUIDAGE À ROULEAUX CROISÉS A × B × L

	A	B	D_w	J	L_2	N	d	e	e_1	f	g	m	q
①	8,5	4	1,5	3,9	5	1,8	3	M2	M1,7	1,65	2,6	1,9	2,5
②	12	6	2	5,5	7,5	2,5	4,4	M3	M2,5	2,55	4	2,7	3,5
③	18	8	3	8,3	12,5	3,5	6	M4	M3	3,3	4,8	4,1	7

	L	L_1	L	L_1	L	L_1	L	L_1
①	20 30 40	1 × 10 2 × 10 3 × 10	50 60	4 × 10 5 × 10	70 80	6 × 10 7 × 10	100 120	9 × 10 11 × 10
②	30 45 60	1 × 15 2 × 15 3 × 15	75 90	4 × 15 5 × 15	105 120	6 × 15 7 × 15	150 180	9 × 15 11 × 15
③	50 75 100 125	1 × 25 2 × 25 3 × 25 4 × 25	150 175 200 225	5 × 25 6 × 25 7 × 25 8 × 25	250 275 300 350	9 × 25 10 × 25 11 × 25 13 × 25	400 500 600	15 × 25 19 × 25 23 × 25

**RAILS DE GUIDAGE À ROULEAUX TYPE F. A × B × L
TYPE G. A × B × L**

	A	B	D_w	F	J	J_1	L_2	N	d	e	e_1	f	g	m	m_1	q	u_1
①	44	22	2	15	24	24,5	50	9	10,5	M8	M4	6,8	15,8	11	6	11	10
②	52	25	2	18	28	29	50	10	13,5	M10	M6	8,5	16,8	12	7	11	14
③	62	30	2,5	22	34	35	50	12	16,5	M12	M6	10,5	19,8	15	8	11	18

	L	L_1	L	L_1	L	L_1	L	L1
①	200 300 400	1 × 100 2 × 100 3 × 100	500 600 700	4 × 100 5 × 100 6 × 100	800 900 1000	7 × 100 8 × 100 9 × 100	1100 1200	10 × 100 11 × 100
②	200 300 400	1 × 100 2 × 100 3 × 100	500 600 700	4 × 100 5 × 100 6 × 100	800 900 1000	7 × 100 8 × 100 9 × 100	1100 1200 1400	10 × 100 11 × 100 13 × 100
③	300 400 500	2 × 100 3 × 100 4 × 100	600 700 800	5 × 100 6 × 100 7 × 100	900 1000 1100	8 × 100 9 × 100 10 × 100	1200 1400 1600	11 × 100 13 × 100 15 × 100

EXEMPLES DE MONTAGE DE RAILS DE GUIDAGE

Guidage maintenu à galets croisés

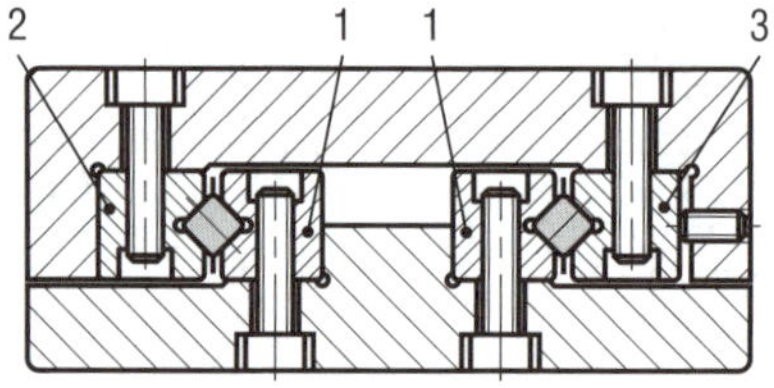

ordre de montage
1 + 1 → 2 → 3 → blocage

Guidage maintenu à billes

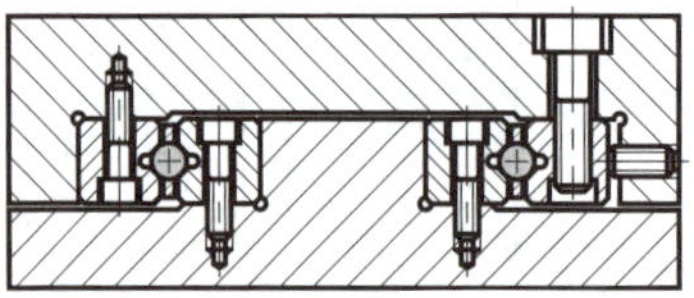

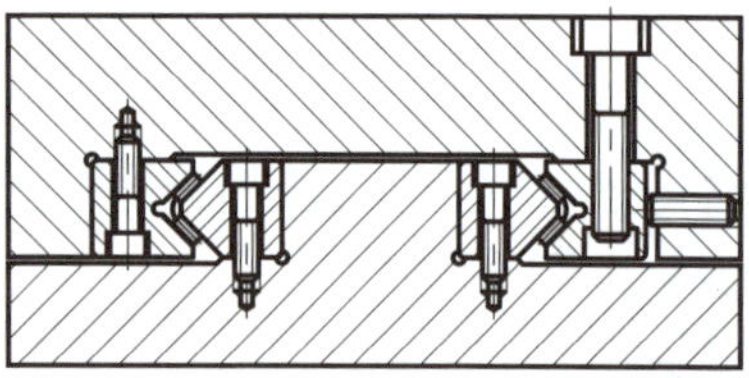

Doc : SCHNEEBERGER

RÉGLAGE DU JEU DES GUIDAGES

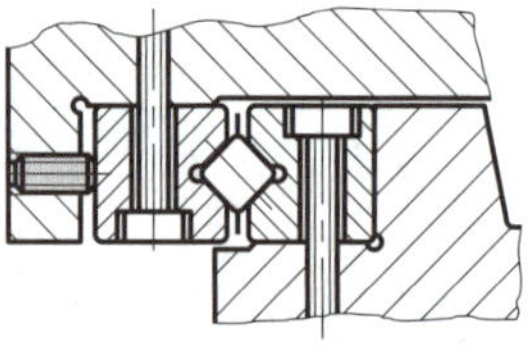

Par vis de pression

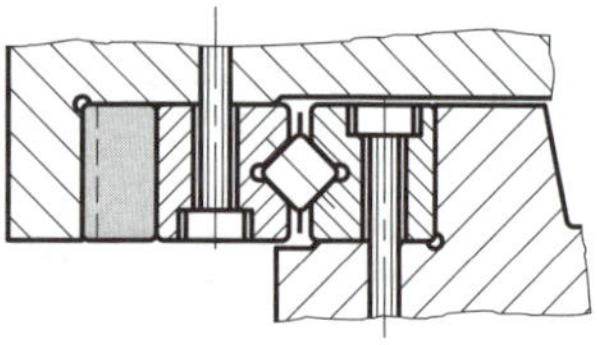

Par cale longitudinale simple

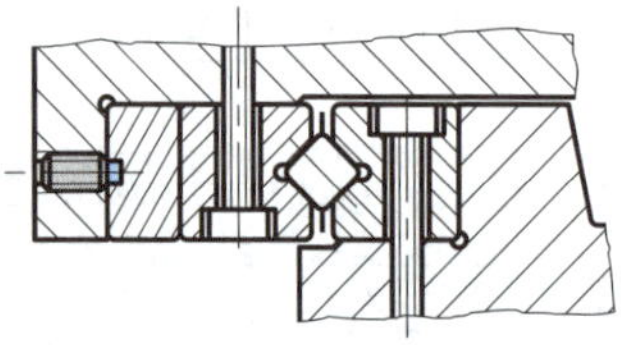

Par vis de pression sur cale

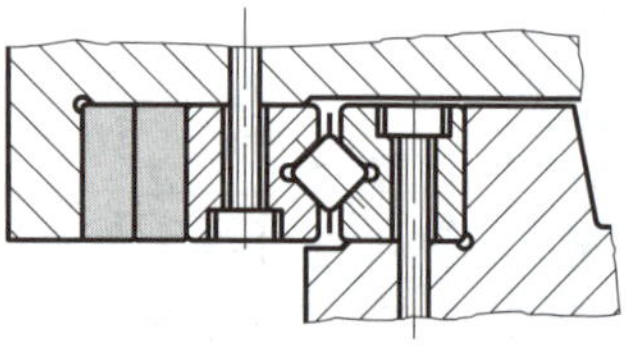

Par cale longitudinale double

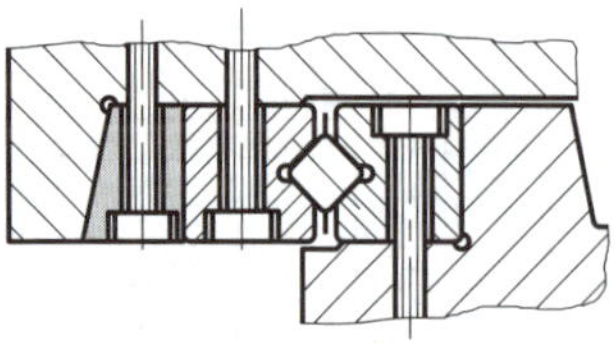

Par cale pentée

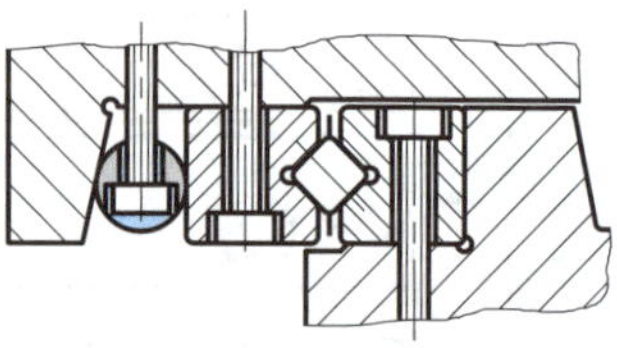

Par cale cylindrique

Rails de guidage

UNITÉS DE GUIDAGE LINÉAIRE (exemples)

Les guidages linéaires permettent de réaliser des courses linéaires sans jeu et silencieuses. Ils sont également des unités de positionnement à un ou plusieurs axes dotées d'une grande précision et d'une grande fidélité.

Différents guidages répondent aux exigences de charges à déplacer, de temps de montage…

Série ①

Série ②

Série ③

On trouve différents modèles classés suivant Bosch :

- Série ① : L'écartement du chariot est donné par le profilé de guidage (ce guidage est de haute précision, la longueur du chariot est libre au choix).
- Série ② : Le guidage du chariot est réalisé par des profilés de serrage. L'écartement du chariot est libre de choix et peut accueillir des couples importants.
- Série ③ : Le guidage du chariot est équipé d'une tête d'entraînement.

Doc. Bosch

PROTECTION DES RAILS DE GUIDAGE

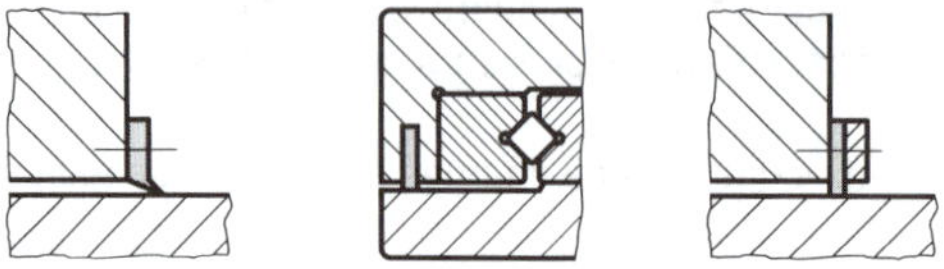

Par dispositifs racleurs

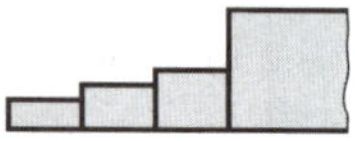

Par tablier télescopique

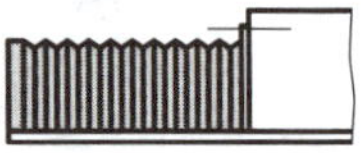

Par soufflet

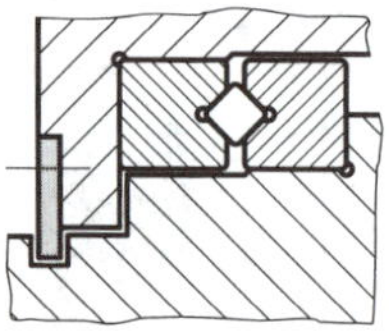

Étanchéité par labyrinthe

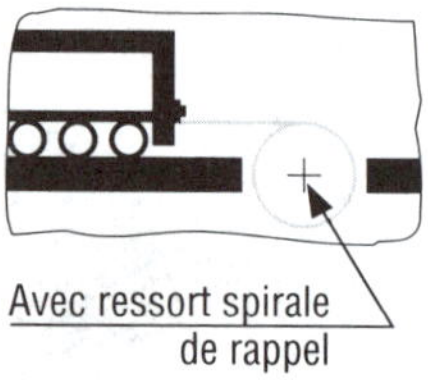

Par rideau sur enrouleur

Doc : SCHHNEEBERGER

15.2. PLAQUETTES À AIGUILLES

À CAGE PLASTIQUE

• à une rangée

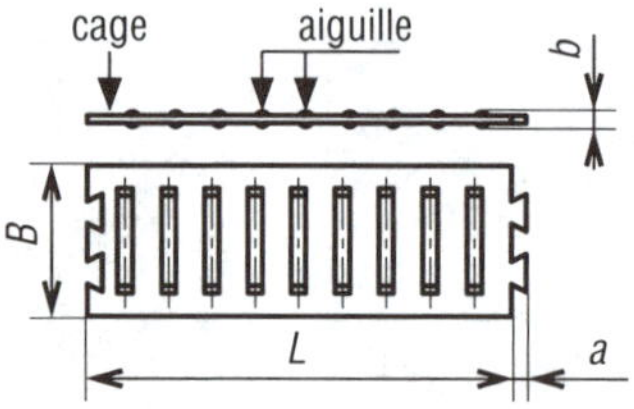

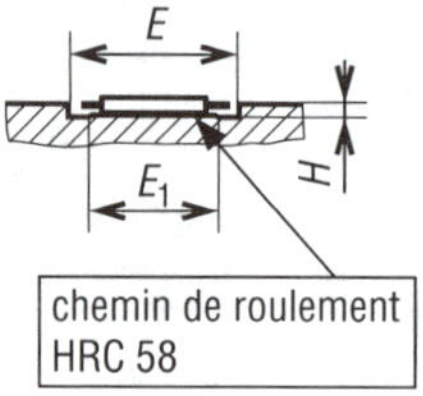

Assemblage en queue d'aronde pour obtenir la longueur voulue.

On retrouve avec les plaquettes à aiguilles les fonctions assurées avec les rails de guidage.

Dimensions				Cotes de montage		
B	*L*	*a*	$b^{0}_{-2\mu m}$	*E*	E_1 mini	$H^{0}_{-0,2}$
10	32	2	2^{0}_{2}	$10,3^{+0,2}_{0}$	7	$1,7^{0}_{0,2}$
15	45	2,4	$2,5^{0}_{2}$	$15,3^{+0,2}_{0}$	10	$2,2^{0}_{0,2}$
20	60	3	3^{0}_{2}	$20,4^{+0,2}_{0}$	14	$2,7^{0}_{0,2}$
25	75	3,2	$3,5^{0}_{2}$	$25,4^{+0,2}_{0}$	18	$3,2^{0}_{0,2}$

- Faible encombrement
- Entretien nul
- Frottements réduits

• à deux rangées

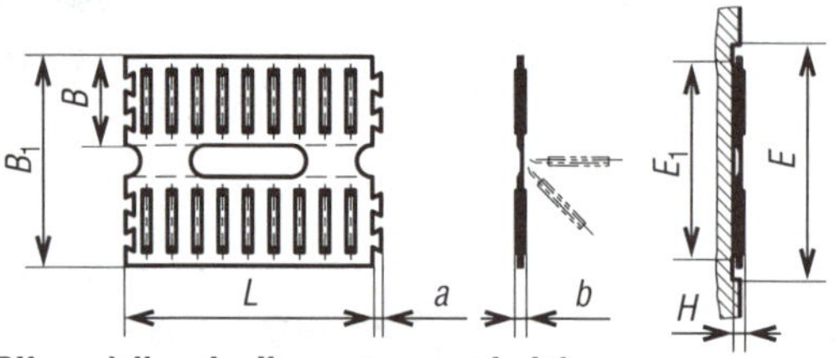

Pliage à l'angle d'ouverture souhaité
(dans un bain d'huile de 70 à 90 °)

Dimensions					Cotes de montage		
B	B_1	*L*	*a*	*b*	*E*	E_1 mini	$H^{0}_{-0,2}$
10	25	32	2	$2^{0}_{0,002}$	$25,4^{+0,2}_{0}$	22	$1,7^{0}_{0,2}$
15	35	45	2,4	$2,5^{0}_{0,002}$	$35,5^{+0,3}_{0}$	30	$2,2^{0}_{0,2}$
20	45	60	3	$3^{0}_{0,002}$	$45,5^{+0,3}_{0}$	39	$2,7^{0}_{0,2}$
25	55	75	3,2	$3,5^{0}_{0,002}$	$55,5^{+0,2}_{0}$	48	$3,2^{0}_{0,2}$

À CAGE MÉTALLIQUE

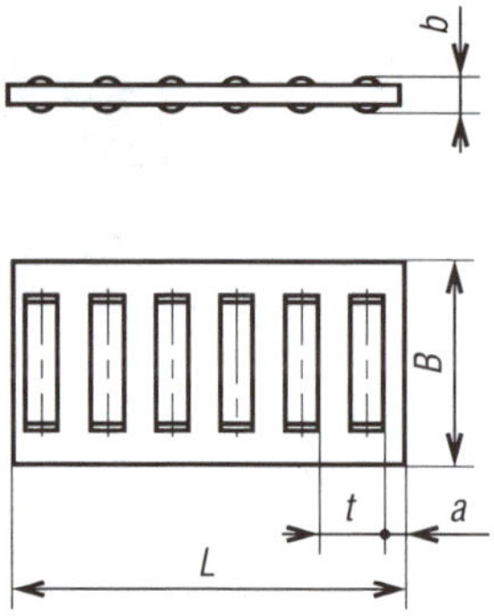

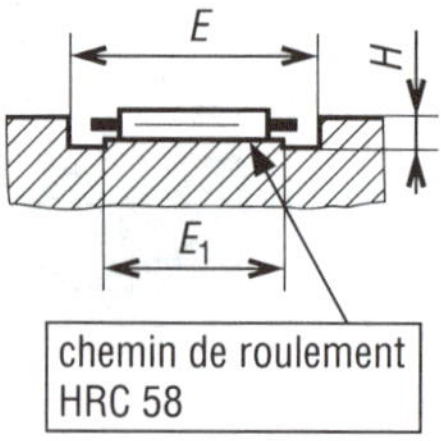

Matière :

- Cage : A42
- Aiguilles : 100 C6

Doc : INA ROULEMENTS

Les plaquettes à aiguilles à cage métallique possèdent une durée de vie supérieure aux plaquettes à cage plastique.

Dimensions					Cotes de montage		
B	*L* maxi	*t*	*a*	$b^{0}_{-2\mu m}$	*E*	E_1 mini	$H^{0}_{-0,2}$
20	2 000	6	3	$3^{0}_{0,002}$	$20,4^{+0,2}_{0}$	16	$2,7^{0}_{0,2}$
15	2 000	8	3	$5^{0}_{0,002}$	$15,3^{+0,2}_{0}$	12	$4,6^{0}_{0,2}$
23	2 000	8	3	$5^{0}_{0,002}$	$23,4^{+0,2}_{0}$	20	$4,6^{0}_{0,2}$
32	2 000	8	3	$5^{0}_{0,002}$	$32,5^{+0,3}_{0}$	28	$4,6^{0}_{0,2}$
28	2 000	11	4	$7^{0}_{0,002}$	$28,4^{+0,2}_{0}$	24	$6,5^{0}_{0,2}$
35	2 000	11	4	$7^{0}_{0,002}$	$35,5^{+0,3}_{0}$	30	$6,5^{0}_{0,2}$
22	2000	16	4	$12^{0}_{0,002}$	$22,4^{+0,2}_{0}$	18	$11^{0}_{0,2}$
40	2 000	16	4	$12^{0}_{0,002}$	$40,5^{+0,2}_{0}$	36	$11^{0}_{0,2}$

15.3. DOUILLES À BILLES

NF E 63-120

Les douilles à billes sont des roulements qui permettent d'assurer les mouvements rectilignes. Elles apportent à la translation les mêmes avantages que les roulements apportent à la rotation (durée de vie, précision, frottement réduit...).

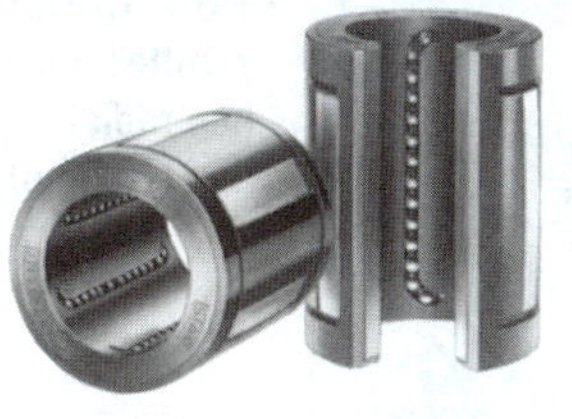

Doc : STAR

TYPES DE DOUILLES

A-A

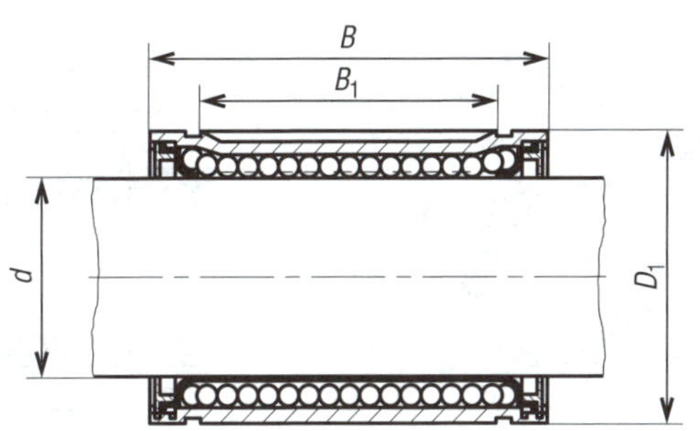

Les douilles à billes standard se composent :

- d'un manchon rectifié en acier traité dur,
- d'une cage de guidage en acier,
- de billes en acier à roulement,
- de segments d'arrêt en métal ou de racleurs.

La douille à billes peut être :

- sans racleur,
- avec un racleur,
- avec deux racleurs.

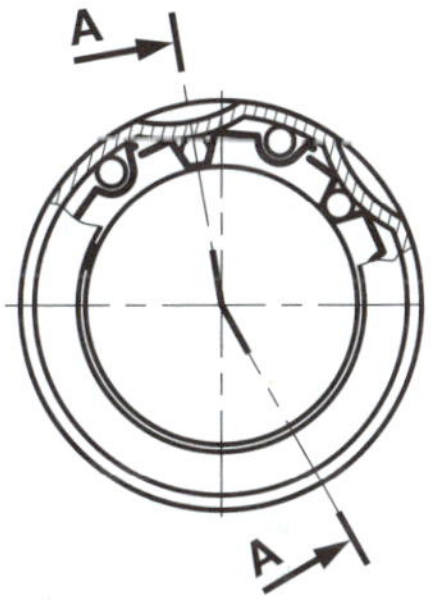

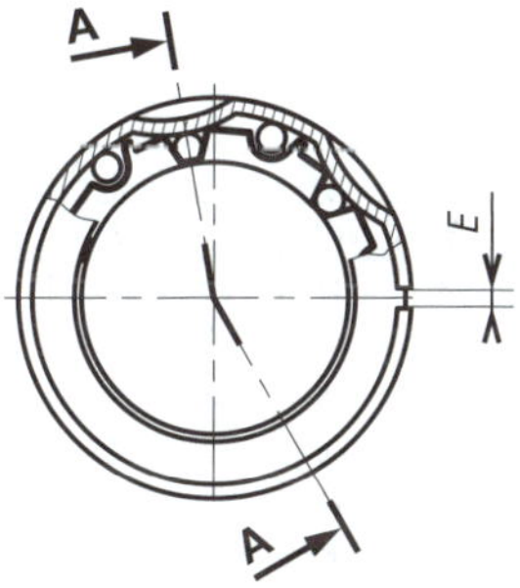

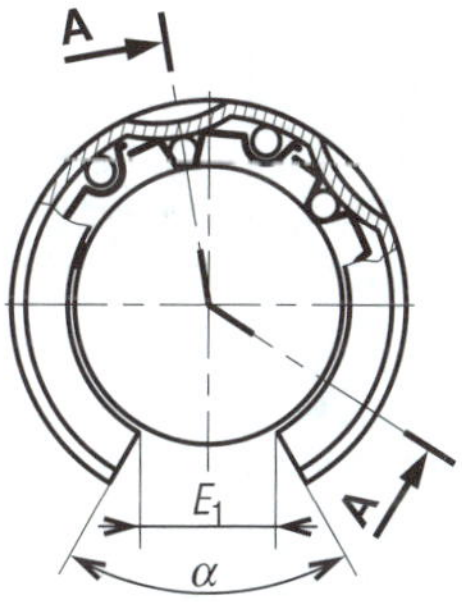

Douilles à billes fermées

Exécution classique dans laquelle le manchon est rigide. Le réglage du jeu radial n'est pas possible.

Douilles à billes fendues

Ces douilles à billes permettent de réaliser des guidages sans jeu ou avec précharge.

Douilles à billes ouvertes

Pour les guidages de grande longueur, où il est nécessaire de monter les arbres sur des supports pour éviter qu'ils ne fléchissent.

DOUILLES À BILLES FERMÉES, FENDUES

Dimensions (mm)					Nombre de rangées de billes	Capacités de charge (N)		Circlips DIN 471
d	D_1	B	B_1	E		dyn. C	stat. C_0	
5	12	22	12	1,5	4	130	180	12 × 1
8	16	25	14	1,5	4	180	300	16 × 1
12	22	32	20	1,5	4	230	430	22 × 1,2
16	26	36	22	1,5	4	280	520	27 × 1,2[3]
20	32	45	28	2,0	5	560	1 000	33 × 1,5[3]
25	40	58	40	2,0	5	1 100	1 800	42 × 1,75
30	47	68	48	2,0	6	1 400	2 500	48 × 1,75

DOUILLES À BILLES OUVERTES

Dimensions (mm)					Angle (°) α	Nombre de rangées de billes	Capacités de charge (N)	
d	D_1	B	B_1	E_1			dyn. C	stat. C_0
12	22	32	20	7,5	78	3	260	500
16	26	36	22	10	78	3	320	590
20	32	45	28	10	60	4	600	1100
25	40	58	40	12,5	60	4	1170	1900
30	47	68	48	12,5	50	5	1 500	2 700
40	62	80	56	16,8	50	5	2790	4650

CORPS DE PALIER DE PRÉCISION

- **Pour douilles à billes fermées**
(jeu radial non réglagle)

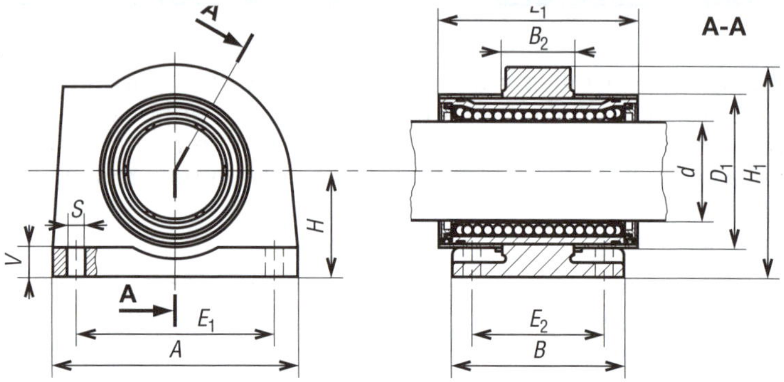

- **Pour douilles à billes fendues**
(jeu radial réglable)

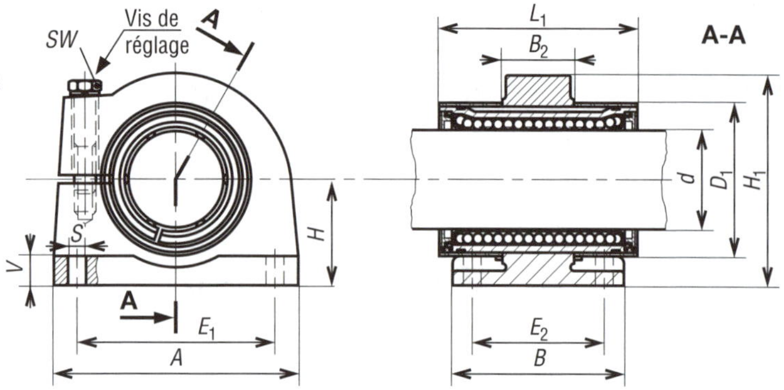

Diamètre nominal d	Dimensions (mm)											
	D_1	H	H_1	L	L_1	A	B	B_2	E_1	E_2	S	V	SW
12	23,5	18	35	39	32	42	32	12	32 ± 0,15	23 ± 0,15	4,3	5,5	7
16	27,5	22	42	43	36	50	35	15	40 ± 0,15	26 ± 0,15	4,3	6,5	7
20	33,5	25	50	54	45	60	42	18	45 ± 0,15	32 ± 0,15	4,3	8	7
25	42	30	60	67	58	74	54	23	60 ± 0,15	40 ± 0,15	5,3	9	8
30	49,5	35	70	80	68	84	60	26	68 ± 0,20	45 ± 0,20	6,4	10	10
40	65	45	90	92	80	108	78	36	86 ± 0,20	58 ± 0,20	8,4	12	13

- **Pour douilles à billes ouvertes**
(jeu radial réglable)

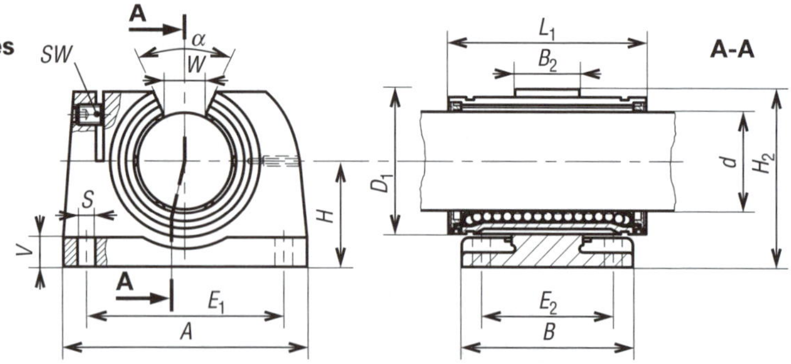

Diamètre nominal d	Dimensions (mm)													
	D_1	H	H_2	L_1	A	B	B_2	E_1	E_2	S	V	W	SW	Angle α
20	33,5	25	42	45	60	42	18	45	32	4,3	8	10	2,5	60
25	42	30	51	58	74	54	23	60	40	5,3	9	12,5	3	60
30	49,5	35	60	68	84	60	26	68	45	6,4	10	12,5	3	50
40	65	45	77	80	108	78	36	86	58	8,4	12	16,8	4	50

15.3.1. BUTÉES À ROULEAUX

Charges équivalentes : *

Charge dynamique :
$P = F_a$
Charge statique :
$P_0 = F_a$

Tolérances : *

Centrage de l'arbre : h10

Centrage sur le logement : H10

* Les charges équivalentes et les tolérances sont identiques pour les deux types de butées.

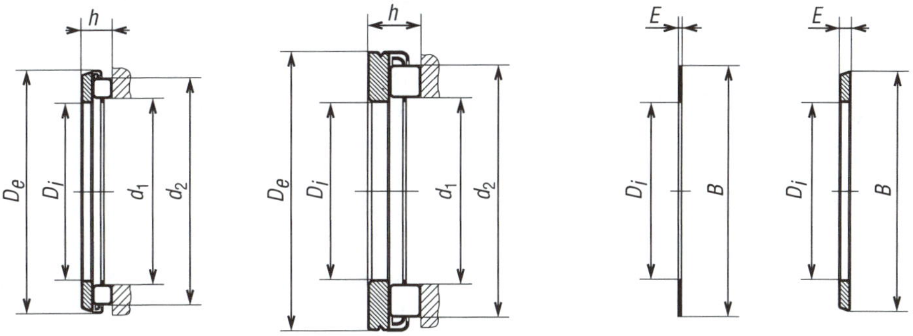

Dimensions des butées — **Dimensions des contreplaques**

AR Série légère — **AR Série lourde** — **CP Série mince** — **CP Série épaisse**

SÉRIES LÉGÈRE ET LOURDE

Arbre Ø (mm)	DIMENSIONS (mm)					CHARGE DE BASE 10^3N ISO		VITESSE LIMITE tr/min	MASSE APPROX. (g)	CONTREPLAQUES				
										Séries		Dimensions		E
	D_i nom.	D_e maxi	h	d_1	d_2	dyn. C	stat. C_0			mince	épaisse	D_i nom.	B maxi	
10	10	22	4,5	12,2	18,5	7 100	7 550	15 500	7,3	• 	 •	10 10	21,5 21,5	0,8 2
12	12	26	5	14,8	22,9	11 200	12 700	13 000	11	• 	 •	12 12	25,5 25,5	0,8 2
15	15	28	5	16,8	24,9	12 400	14 800	11 500	11	• 	 •	15 15	27,5 27,5	0,8 2
17	17	30	5	18,8	26,9	13 400	16 900	10 500	12,5	• 	 •	17 17	29,5 29,5	0,8 2
20	20	35	7	22	31,6	19 000	23 000	9 000	22	• 	 •	20 20	34,5 34,5	0,8 3
25	25	42	7	27,7	37,3	22 100	29 600	7 500	31	• 	 •	25 25	41,5 41,5	0,8 3
30	30	47	7	32,7	42,3	23 100	32 900	6 500	36	• 	 •	30 30	46,5 46,5	0,8 3
35	35	53,4	8	37,8	47,8	30 000	41 000	5 500	52	• 	 •	35 35	51,5 51,5	0,8 3
40	40	60,4	9	42,8	54,8	41 600	57 000	5 000	70	• 	 •	40 40	59,5 59,5	0,8 3
45	45	65,4	9	47,8	59,8	43 900	63 500	4 500	77	• 	 •	45 45	64,4 64,4	0,8 3
50	50	70,4	9	52,8	64,8	46 100	70 000	4 000	82	• 	 •	50 50	69,4 69,4	0,8 3
55	55	78,4	10	58,5	72,5	54 300	90 000	3 800	125	• 	 •	55 55	77,4 77,4	0,8 4
60	60	85,4	10	63,5	79,5	63 300	113 000	3 500	150	• 	 •	60 60	84,3 84,3	0,8 4
65	65	90,4	10	68,5	84,5	66 000	122 000	3 200	160	• 	 •	65 65	89,3 89,3	1,5 4
70	70	95,4	10	73,5	89,5	68 000	130 000	3 000	170	• 	 •	70 70	94,3 94,3	1,5 4

15.4. VIS À BILLES

NF E 22-201

On désigne par vis à billes un ensemble ***vis-écrou à billes*** transformant un mouvement de rotation en un mouvement de translation et inversement.
La circulation continue des billes est assurée par un canal de transfert situé à l'intérieur de l'écrou, qui permet le retour de celles-ci au point d'origine.
La haute technicité de cet ensemble fait que ses applications sont nombreuses et variées.

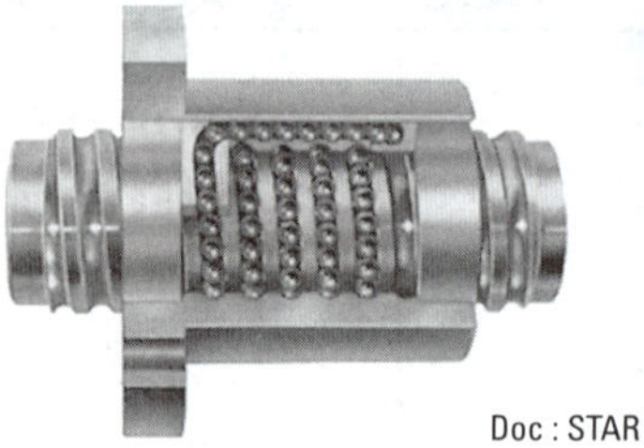

Doc : STAR

Vis à billes à filet roulé,
Écrou simple à bride

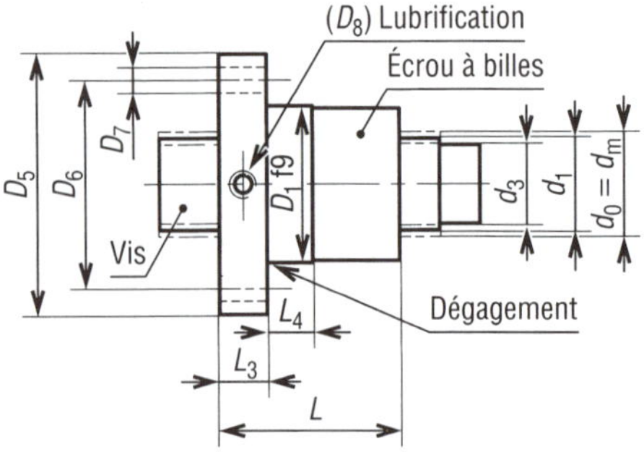

Diamètre nominal (mm) d_0	Exécution rectifiée Pas (mm) 5	10	20	Longueur maxi (mm)	Exécution roulée de précision Pas (mm) 2,5	5	10	20	25	Longueur maxi (mm)
8					•					3 000-3 500
12						•				3 000-3 500
16	•			1 000		•				3 000-3 500
20	•			1 200		•				3 000-3 500
25	•	•		1 500		•	•			4 500-5 000
32	•	•		2 000		•	•			4 500-5 000
40	•	•		4 000		•	•			4 500-5 000

Dans le cas d'une utilisation de la longueur maxi, neutraliser le filetage sur environ 150 à 200 mm de chaque côté de la vis.

Avantages de la vis à billes par rapport à la vis à filet trapézoïdal :

- Rendement mécanique des vis plus important
  - Vis à filet trapézoïdal : rendement $\mu \leqslant 50\ \%$
  - Vis à billes : rendement $\mu \leqslant 98\ \%$
- Durée de vie plus élevée
- Puissance d'entraînement réduite
- Pas de jeu
- Positionnement précis
- Vitesse de déplacement élevée
- Échauffement réduit
- Le rendement élevé dû au faible frottement de roulement évite tout effet d'autoblocage.

Désignation (exemple) :

- Vis à billes à filet roulé, écrou simple : d × pas : 20 × 5
- Longueur totale : 1200
- Longueur filetée : 900
- Type d'extrémité : suivant plan
- Classe de précision : 50 µ

Écart de pas total $\Delta P_{tot} = \Delta P_{300} \times \frac{L}{300} = 50 \times \frac{900}{300} = 150\ \mu$ (Écart de pas courants : 50 µm, 100 µm, 200 µm)

$d_0 \times$ pas	L_3	L_4	L	d_3	d_1	D_1f9	D_6	D_5	n × D_7	D_8	c (1)	c_0 (1)
8 × 2,5	8	8	16	6,2	7,5	16	23	30	6 × 3,4	M11	3	3,2
12 × 5	12	10	32	9,2	11,2	24	32	40	6 × 4,5	M6	6,9	7,8
16 × 5	12	11	45	12,5	15	28	40	53	4 × 6,6	M6	11,9	16,4
20 × 5	12	11	45	16,5	19	33	45	58	6 × 6,6	M6	12,3	20,8
25 × 5	12	11	45	21,5	24	38	50	63	6 × 6,6	M6	13,3	27,4
32 × 5	13	15	48	28	31	48	60	73	6 × 6,6	M6	17,7	40,3

(1) Capacité de charge axiale (C dynamique - C_0 statique) en kN.

15.5. APPLICATION

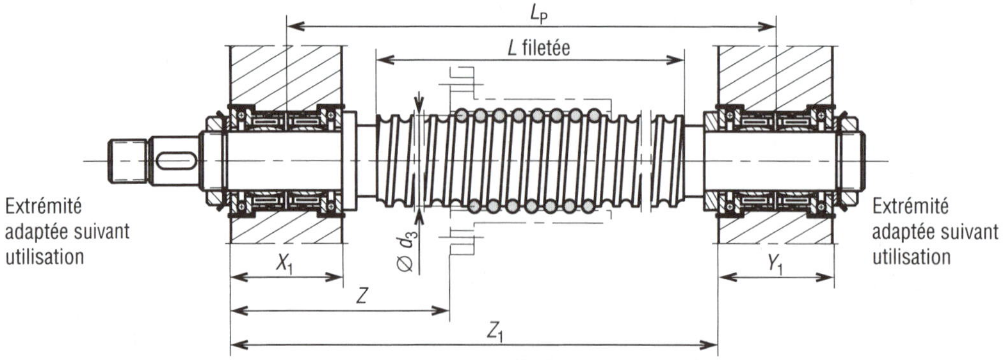

16. LUBRIFICATION

La lubrification doit être assurée afin :
- de réduire l'usure,
- d'éviter la corrosion,
- de diminuer le coefficient de frottement.

16.1. GRAISSEURS

Ces dispositifs sont destinés à amener les lubrifiants usuels pâteux (graisses) et liquides (huiles) ou à ménager une réserve de ces lubrifiants. Ils permettent le graissage sous pression à l'aide de pompes à graisse manuelles ou pneumatiques.

GRAISSEURS HYDRAULIC

• Standard

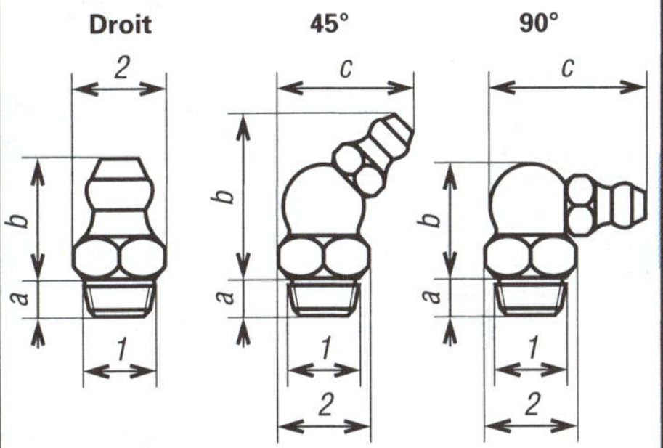

Ils conviennent pour le graissage à haute pression ($p < 25$ MPa)
- Lubrifiant : la graisse
- Graissages fréquents sous pression
- L'accrochage de l'agrafe est instantané par simple poussée.

CARACTÉRISTIQUES COMMUNES	GRAISSEURS STANDARD								
	DROIT			45				90	
	six pans	*a*	*b*	six pans	*a*	*b*	*c*	*b*	*c*
M6 × 100 court	7	3	10,3						
M6 × 100	7	5	10	11	5	20	17	13	20
M7 × 100	8	5	10	11	5	20	17	13	20
M8 × 100	10	5	10	11	5	20	17	13	20
M8 × 125	10	5	10	11	5	20	18,5	13	21,5
M10 × 100	11	5	10	11	5	20	17	13	20
M10 × 150	11	5	10	11	5	19	18,5	12	21,5

• Autotaraudants

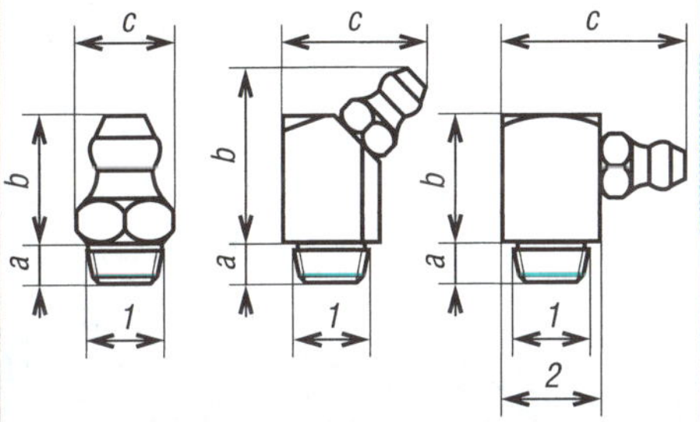

Ils sont destinés à être montés dans des trous lisses.
Le lubrifiant : la graisse.

CARACTÉRISTIQUES COMMUNES		GRAISSEURS AUTOTARAUDANTS									
		DROITS			45				90		
∅ perçage	1	2 sur plats	*a*	*b*	2 sur plats	*a*	*b*	*c*	*a*	*b*	*c*
5,6	6 × 100	7	5	10	9	5	13	18,8	5	15,5	14,5
7,6	8 × 100	9	5	10	9	5	13	18,8	5	15,5	14,5
9,6	10 × 100	11	5	10	11	5	13	20,8	5	15,5	16,5

Nota : les diamètres de perçage des trous lisses sont valables pour les métaux les plus usuels (laiton UZ 39, acier A 37, et fonte FT 22).

Un graisseur autotaraudant peut remplacer un graisseur standard et inversement à condition de posséder les diamètres et les pas identiques.

GRAISSEURS SIX PANS

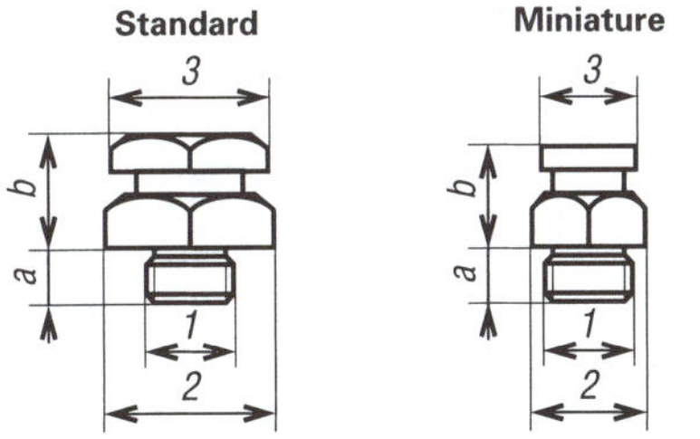

Ils conviennent pour le graissage à moyenne pression.

CARACTÉRISTIQUES COMMUNES	GRAISSEURS SIX PANS							
	STANDARD				MINIATURES			
1	2 six pans	3	*a*	*b*	2 six pans	3	*a*	*b*
M6 × 100	15	16,5	5	10	8	8	5,5	6,5
M7 × 100	15	16,5	5	10				
M8 × 100	15	16,5	5	10				
M8 × 125	15	16,5	5	10				
M10 × 100	15	16,5	5	10				
M10 × 150	15	16,5	5	10				
M12 × 175	15	16,5	5	10				

GRAISSEURS LUB ET METROLUB

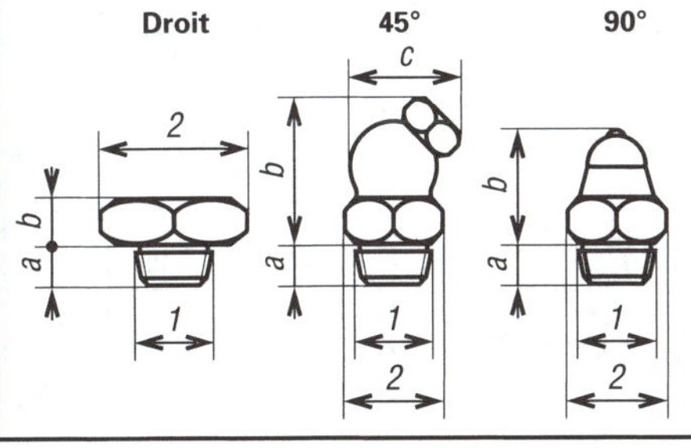

Ils conviennent pour le graissage à l'huile ou la graisse légère à basse pression.

CARACTÉRISTIQUES COMMUNES	GRAISSEURS LUB ET METROLUB									
	LUB DROITS			LUB 45				METROLUB		
1	2 six pans	*a*	*b*	2 six pans	*a*	*b*	*c*	2 six pans	*a*	*b*
M6 × 100 court	7	2,7	5,3							
M6 × 100	7	5	3	11	5	16	15,5	7	5	8,5
M8 × 125	9	5	3	11	5	16	15,5			
M10 × 150	11	5	3							
∅ 8,1 lisse (1)	9	5	3							
∅ 6,1 lisse (2)	8	5	3							

(1) destinés à être enfoncés dans un trou lisse ∅ 8.
(2) destinés à être enfoncés dans un trou lisse ∅ 6.

16.2. ACCESSOIRES

ÉLÉMENTS DE GRAISSAGE

d'après TECALEMIT

Pompe manuelle

Ou poignée de distribution graisse

Adaptateur

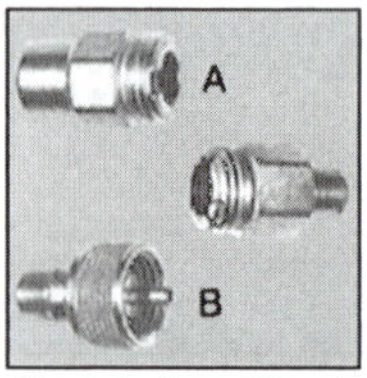

Choisir A ou B selon l'allonge C nécessaire

Allonge

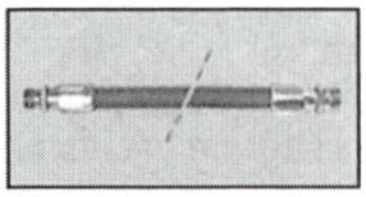

Flexible ou rigide selon les besoins

Agrafe

Choisir l'agrafe correspondant au graisseur

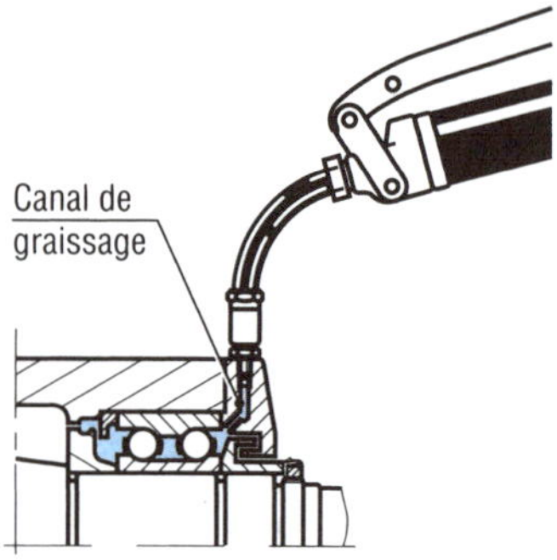

La graisse est injectée dans le montage de roulement à l'aide d'une pompe à levier.

16.3. BOUCHONS DE VIDANGE — NF E 27-432

TYPES DE BOUCHONS

Bouchon ordinaire

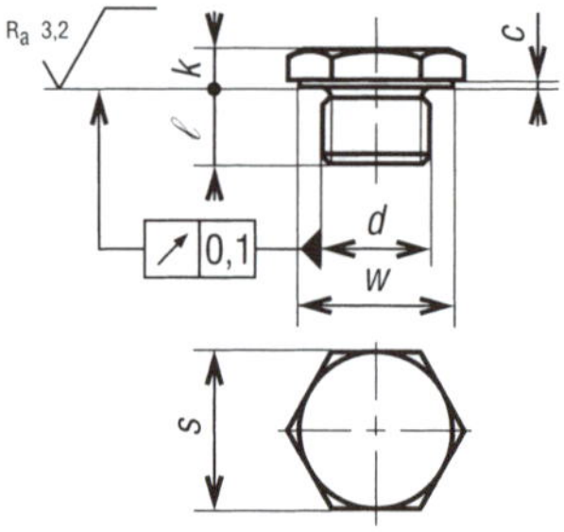

Bouchon évidé avec collerette

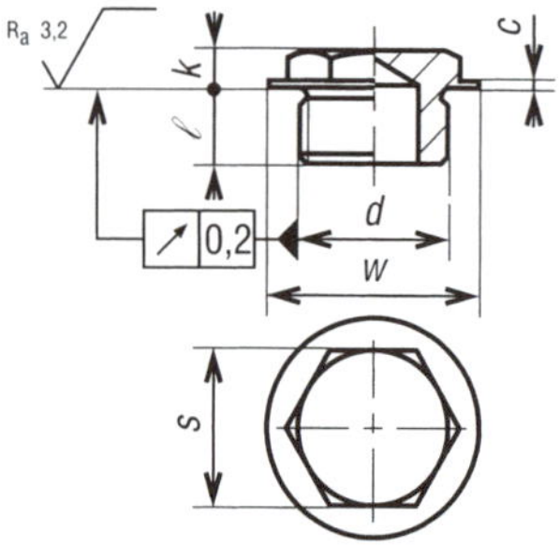

Bouchon ordinaire

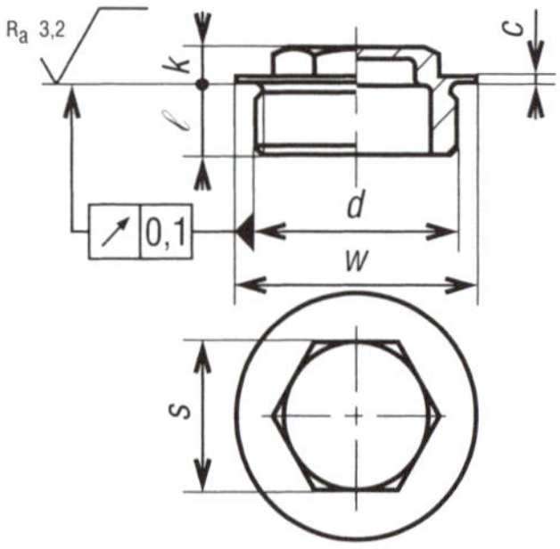

DIMENSIONS (mm)					
Filetage tolérance 6 g $d \times p$	Surplat s	Collerette w	Collerette c	Longueur sous tête ℓ	Hauteur sous tête k
M6 × 1,0	10	10	0,5	6	4,0
M7 × 1,0	11	11	0,5	6	4,0
M8 × 1,25	13	13	0,5	7	4,0
M10 × 1,25	17	15	0,5	8	5,0
M12 × 1,25	17	17	0,5	9	5,0
M14 × 1,5	19	19	0,5	10	5,0
M16 × 1,5	17	22	2,0	10	6,5
M18 × 1,5	17	24	2,0	10	7,0
M20 × 1,5	17	26	2,5	10	7,5
M22 × 1,5	22	30	2,5	10	7,5
M24 × 2,0	22	32	2,5	10	7,5
M27 × 2,0	22	35	2,5	11	8,5
M30 × 2,0	27	38	2,5	11	8,5

Matière : selon le fluide en contact et la pression de service

Désignation : Bouchon H, M14 × 1,5 S300 – NF E 27 432

16.4. VOYANTS DE CONTRÔLE DE NIVEAU D'HUILE

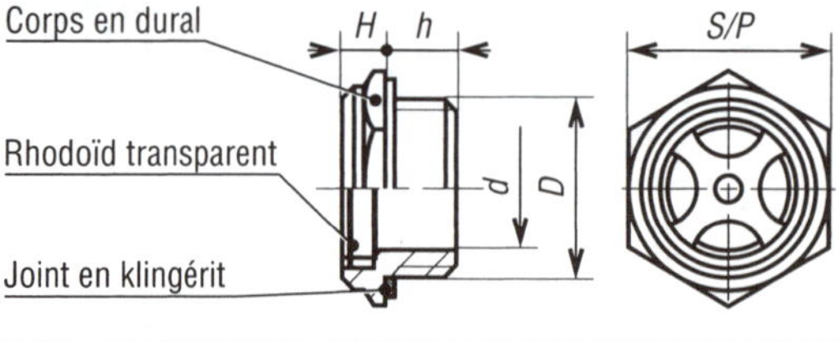

DIMENSIONS (mm)				
D	d	S/P	H	h
M14 × 1,5	10	17	7	8
M18 × 1	14	24	8	8
M20 × 1,5	15	26	8	9,5

17. ÉTANCHÉITÉ STATIQUE ET DYNAMIQUE DES SYSTÈMES

Un organe assure une fonction d'***étanchéité*** lorsqu'il empêche le passage d'un fluide ou interdit la pénétration d'éléments étrangers à l'intérieur d'une enceinte ou d'un mécanisme. Les ***joints d'étanchéité*** assurent cette fonction.

On distingue :
- L'étanchéité ***statique*** : liaison mécanique entre deux pièces sans mouvement relatif (pas de degré de liberté).
- L'étanchéité ***dynamique*** : liaison mécanique entre deux pièces autorisant un mouvement relatif (au moins un ***degré de liberté***).

Dispositifs et choix d'une étanchéité :
Les joints seront choisis selon :
- la différence de pression à maîtriser ;
- la liaison entre les pièces ;
- l'état du fluide (liquide, vapeur ou gaz) ;
- les caractéristiques physiques : température, viscosité ;
- les caractéristiques chimiques : action sur les différents matériaux.

17.1. JOINTS CIRCULAIRES PLATS

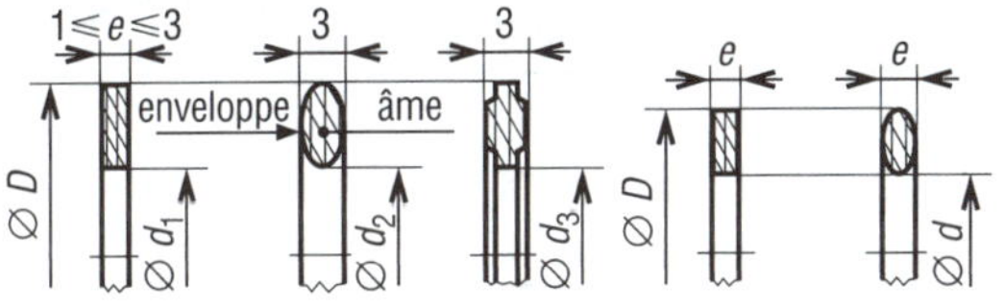

Type	Joint	Caractéristiques
TYPE I	**Joint plat**	amiante et élastomère; PN(1) Maxi : 40 bars(2); θ maxi : 300 °C
TYPE II	**Joint spiralé**	Enveloppe Z6 CND. 17.11; Ame : amiante et élastomère; PN maxi : 150 bars; θ maxi : 500 °C
TYPE III	**Joint métallique**	Entièrement métallique strié 15 CD 4.03; PN maxi : 150 bars; θ maxi : 500 °C
TYPE IV	**Joint plat pour bride à emboîtement**	Amiante et élastomère; PN maxi : 150 bars (avec emboîtement); θ maxi : 300 °C
TYPE V	**Joint spiralé pour bride à emboîtement**	Enveloppe : Z6 CND 17.11; Ame : amiante et élastomère; PN maxi : 200 bars (avec emboîtement); θ maxi : 500 °C

(1) PN = Pression Nominale.
(2) L'unité de pression est le pascal (1 N/m²). Néanmoins les fabricants dans leurs catalogues utilisent encore le bar (1 bar = 10^5 Pa).

Les surfaces en contact avec les joints seront planes, non déformables, et leur rugosité sera $0{,}8 \leq R_a \leq 1{,}6$ mm.

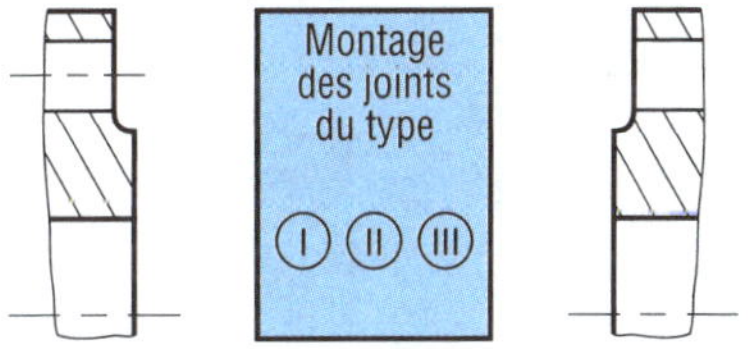

Avantage : solution simple et rapide.
Inconvénient : déformation possible du joint.

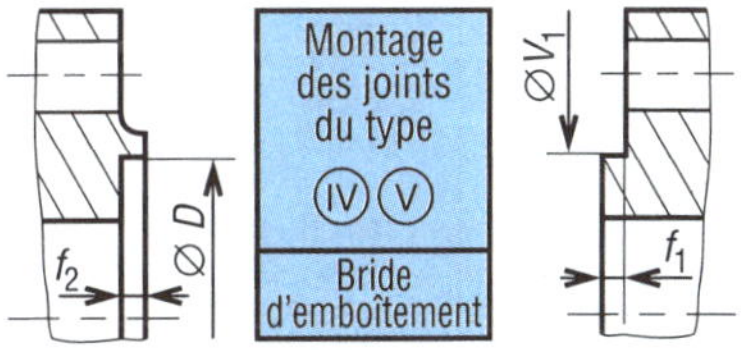

Avantage : solution adaptée aux fortes pressions.
Inconvénient : usinages supplémentaires.

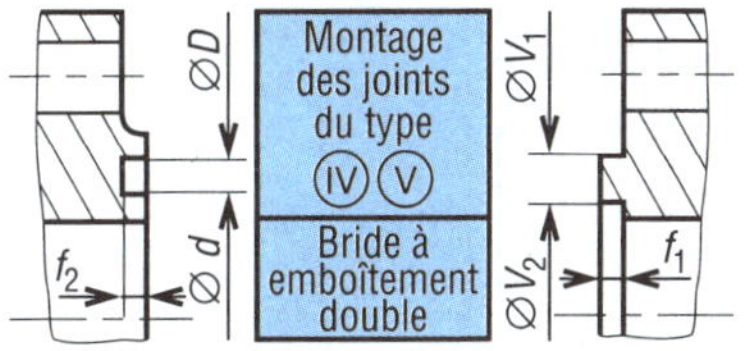

Avantage : solution adaptée aux très fortes pressions.
Inconvénient : usinages plus importants.

Joints circulaires plats

DN	Valeurs de D (∅ extérieur) communes en fonction de PN (Pression Nominale en bars)			∅ INTÉRIEURS Type I	Type II	Type III	ÉPAISSEUR pour types I, II, III	Caractéristiques dimensionnelles des brides et collets							DN
	$10 \leqslant PN \leqslant 16$	$16 \leqslant PN \leqslant 64$	$64 \leqslant PN \leqslant 150$	d_1	d_2	d_3	e	D (1)	d (1)	V1	V2	e (1)	f_1	f_2	
10	48	58	58	23	23	21	Au choix	34	24	34	24	2,5	4	3	10
15	53	63	63	27	28	26		39	29	39	29	2,5	4	3	15
20	63	74	74	33	37	35	1	50	36	50	36	2,5	4	3	20
25	73	84	84	40	47	45	1,5	57	43	57	43	2,5	4	3	25
32	84	90	90	48	56	55	2	65	51	65	51	2,5	4	3	32
40	94	105	105	54	66	65	3	75	61	75	61	2,5	4	3	40
50	109	115	121	66	79	79		87	73	87	73	2,5	4	3	50

DN = Diamètre nominal. Il représente un numéro de correspondance entre les éléments interchangeables.
(1) = Dimensions communes.

Désignation : Joint plat N° 50, PN 20 e = 2 NF E 29-911 { N° 50 signifie DN 50 ; PN 20 signifie $16 \leqslant PN \leqslant 64$ bars

17.2. BAGUES « BS »

L'anneau en caoutchouc dont la section est de forme trapézoïdale, est solidaire d'une bague en acier traité contre l'oxydation. Au serrage, l'anneau en caoutchouc se déforme en 2 lèvres qui assurent l'étanchéité pour une pression maximale de 60 MPa.

Doc : LE JOINT FRANÇAIS

CONDITIONS DE MONTAGE

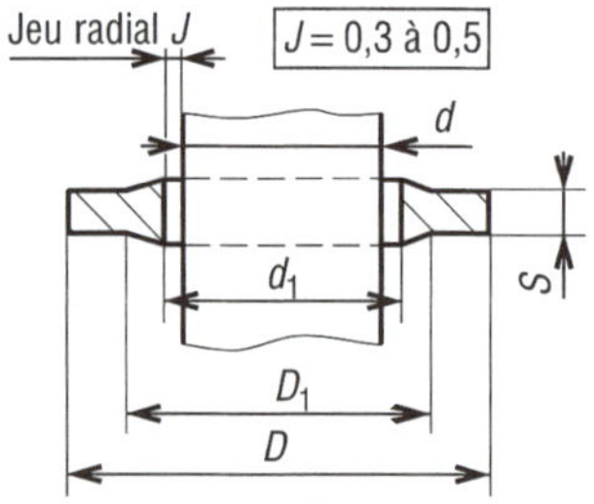

Tolérances :

$d_1 \pm 0{,}10$
$D_1 \pm 0{,}10$
D série A + 0,10 / − 0,15
D série B + 0,10 / − 0,20
D série C + 0,10 / − 0,25
D' série D + 0,10 / − 0,35
S = 1 à 1,3 ± 0,07 ; 1,5 à 2,1 ± 0,08 ; 2,5 ± 0,10 ; 3,38 ± 0,13

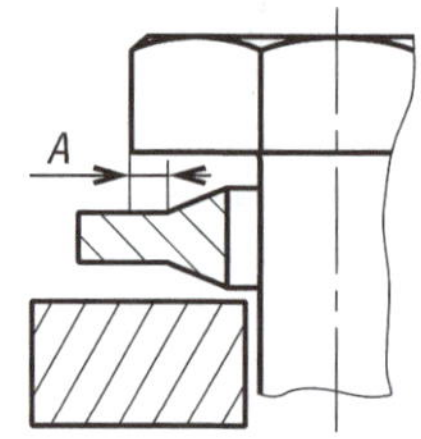

La portée A sur la bague métallique doit avoir une valeur minimale de 0,7 mm.

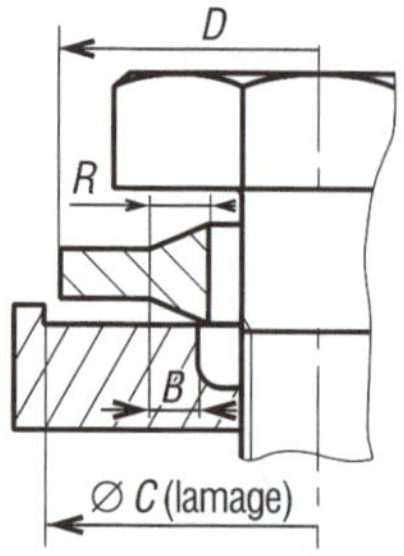

Avant serrage :
partie B mini = 75 % de la cote R.
Si J important :
Centrage du joint par un lamage C (en rapport avec le ∅ extérieur de la bague métallique).

CARACTÉRISTIQUES DIMENSIONNELLES DES JOINTS BS (d'après Le Joint Français)

Désignation	d	d_1	D	D_1	S	Désignation	d	d_1	D	D_1	S
A 4	4	4,6	9	6	1	C 22	22	24,4	31	22,7	2
A 5	5	5,6	10	7	1	C 24	24	26,4	33	24,7	2
A 6	6	6,6	11	8	1	C 27	27	29,4	36	27,7	2
A 8	8	8,6	13	10	1	C 30	30	32,4	39	30,7	2
B 10	10	10,7	17	12,1	1,5	C 33	33	35,4	42	33,7	2
B 12	12	12,7	19	14,1	1,5	D 36	36	39,6	48	37	2,5
B 14	14	14,7	21	16,1	1,5	D 39	39	42,6	51	40	2,5
B 16	16	16,7	23	18,1	1,5	D 42	42	45,6	54	43	2,5
C 18	18	18,7	27	20,4	2	D 45	45	48,6	57	46	2,5
C 20	20	20,7	29	22,4	2	D 48	48	51,6	60	49	2,5

Désignation : Bague BS – B14 (signifie ∅ int. bague = 14,7)
Matière : Anneau en élastomère – Bague acier (R_r = 700 MPa)

17.3. JOINTS TORIQUES

DIMENSIONS

Dimensions du joint

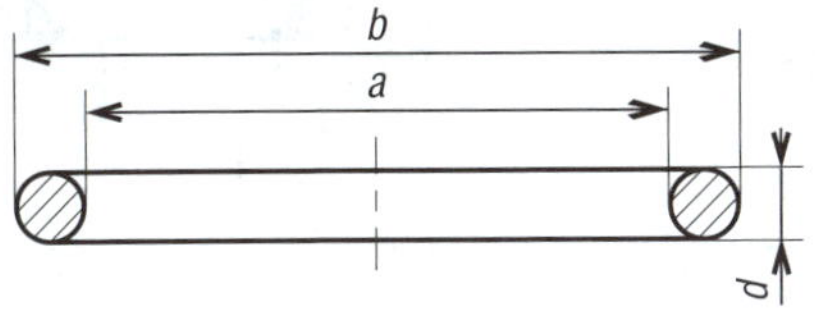

Désignation :
Joint torique $a \cdot d$

Ce type de joint assure une excellente étanchéité pour des pressions de l'ordre de 100 MPa.
Il trouve son application dans l'étanchéité de :
– montages statiques,
– mouvements de translation linéaire alternative,
– mouvements de rotation lents.

Choix d'un joint :
Le diamètre moyen de la gorge et le diamètre moyen du joint doivent être égaux. On admet une extension de 2 à 5 % selon les proportions.

ENSEMBLE MONTÉ

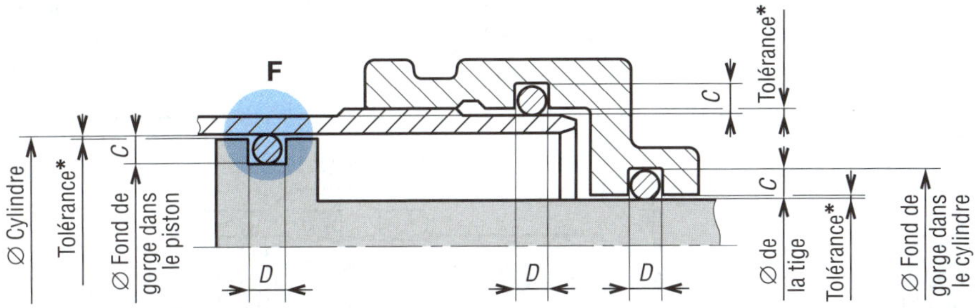

DÉTAIL DES GORGES

Détail F

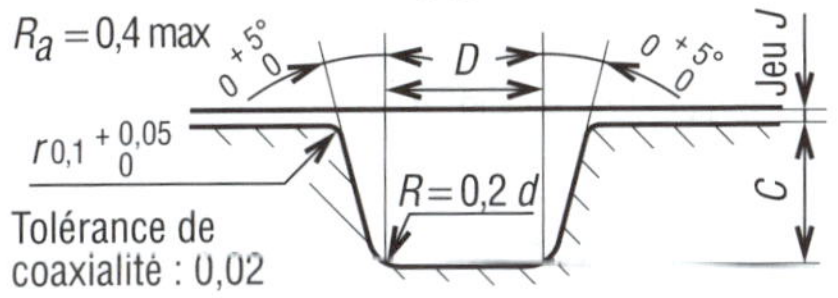

*** Tolérances :** Pour éviter l'extrusion du joint, le jeu J de la liaison (alésage-arbre) doit diminuer lorsque la pression s'élève.

Tore		Serrage de la section		C Profondeur maxi de la gorge pour serrage mini		$D^{+0}_{+0{,}13}$ Largeur de la gorge		$R \pm 0{,}25$ Rayon en fond de gorge
∅ d	Tolérance	Dynam.	Statique	Dynam.	Statique	Mini	Maxi	
1,78	± 0,08	0,25	0,4	1,45	1,3	2,2	2,4	0,4
2,62	± 0,08	0,25	0,5	2,30	2,1	3,2	3,6	0,4
3,53	± 0,1	0,30	0,6	3,15	2,9	4,2	4,8	0,8
5,33	± 0,13	0,40	0,8	4,80	4,4	6,3	7,15	1,2
6,99	± 0,15	0,75	1,3	6,10	5,6	8,5	9,53	1,6

COMPORTEMENT DU JOINT

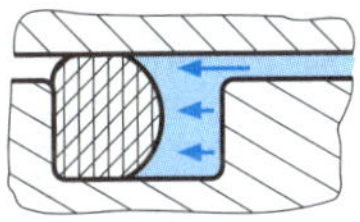

sous pression normale

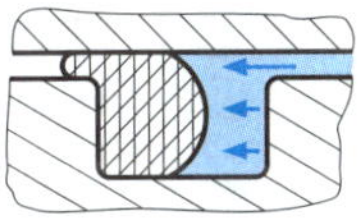

sous pression trop élevée

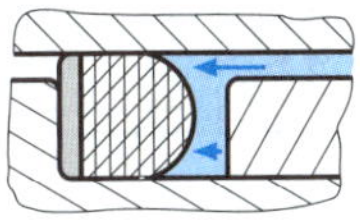

avec bague anti-extrusion

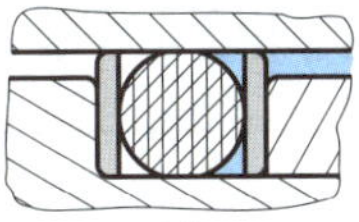

avec 2 bagues anti-extrusion

Dimensions des joints											
d	a (∅ intérieur)										
1,78	1,78	2,56	2,90	3,68	4,47	5,28	6,07	7,65	9,25	10,82	12,42
	14	17,2	18,8	20,35	22	23,5	25,1	26,7	28,3	29,9	31,5
2,62	9,19	10,78	12,37	13,95	15,54	17,13	18,72	20,30	21,90	23,50	25,07
	26,65	28,25	29,8	31,42	33	34,6	36,2	37,77	39,3	41	42,5
3,53	18,64	20,22	21,82	23,40	24,99	26,58	28,17	29,75	31,34	32,92	34,52
	36,09	37,69	40,87	44,05	47,82	50,40	53,57	56,75	59,92	63,1	66,3
5,33	43,82	46,99	50,17	53,34	56,52	59,69	62,87	66,04	69,22	72,39	75,57
	78,74	81,92	85,09	88,27	91,44	94,62	97,79	100,97	104,14	107,32	110,49
6,99	113,67	116,84	120,02	123,19	126,37	129,54	132,72	135,89	139,07	142,24	145,42

AJUSTEMENT MOYEU/ARBRE

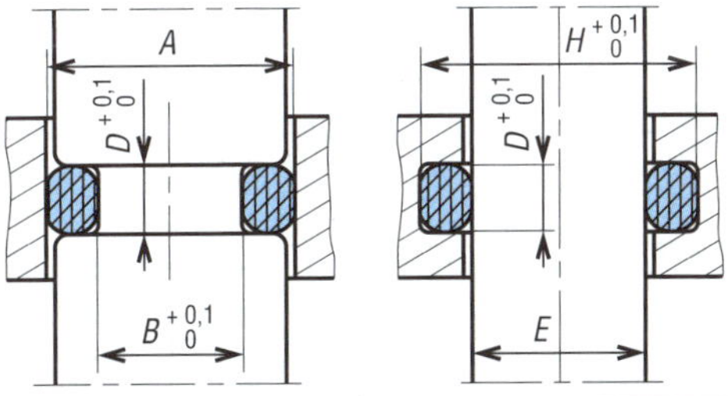

Pression p	Ajustements
$p < 8$ MPa	H 7 f7
$p \geqslant 8$ MPa	H 7 g6

États de surface :
Tige cylindrique → $0{,}2 < R_a < 1$ µm
Plan en statique → $0{,}2 < R_a < 1$ µm

MONTAGES STATIQUES

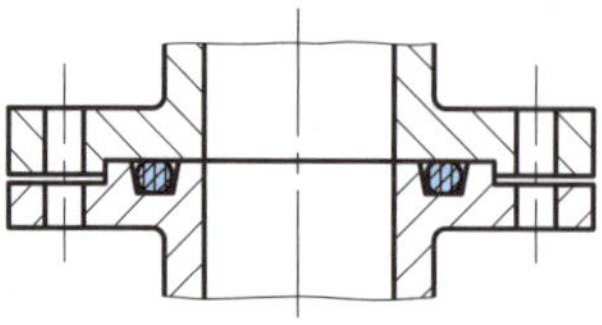

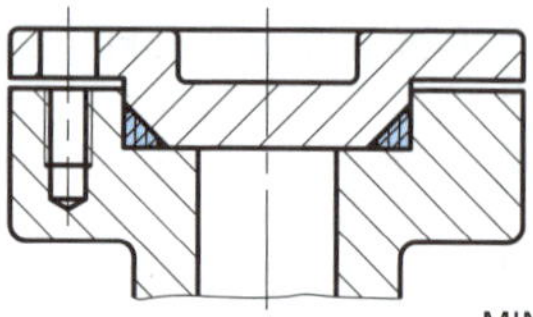

MINESOTA RUBBER

17.4. JOINTS QUADRILOBES

DIMENSIONS

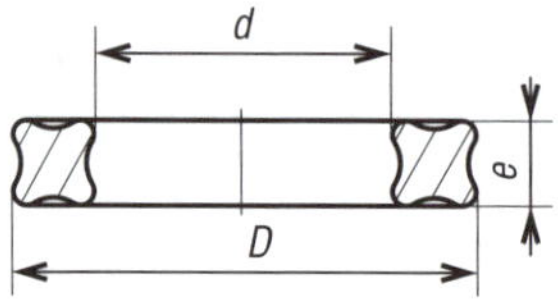

Ces joints couvrent intégralement les applications des joints toriques. Ils présentent d'autres avantages :
- ils admettent une vitesse circonférencielle de 1 m/s,
- leur forme réduit le frottement d'environ 50 %,
- ils sont utilisés en statique.

ENSEMBLE MONTÉ

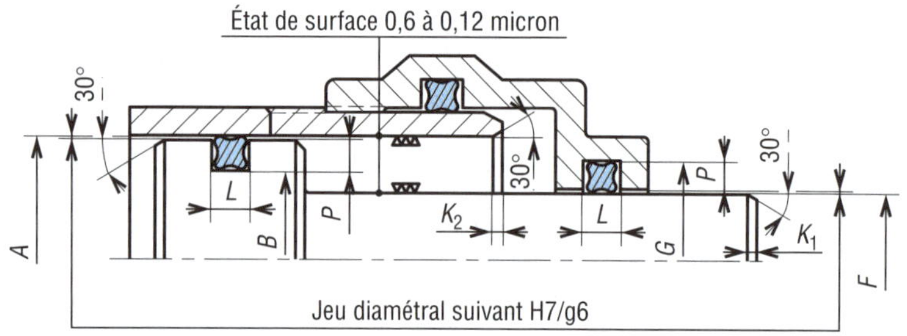

Montage piston		Montage cylindre		Gorge		Joint Quad Ring		
A	*B*	*F*	*G*	*L*	*P*	*d*	*D*	*e*
6	2,872	2,5	5,637	2	1,57	2,90	6,46	1,78
6,5	3,372	3	6,137	2	1,57	2,90	6,46	1,78
7	3,875	3	6,637	2	1,57	3,68	7,24	1,78
7,5	4,375	4	7,128	2	1,57	4,47	8,03	1,78
8	4,875	4,5	7,628	2	1,57	4,47	8,03	1,78
9	5,875	5	8,128	2	1,57	5,28	8,84	1,78
10	6,875	6	9,128	2	1,57	6,07	9,63	1,78
11	7,878	7	10,128	2	1,57	7,65	11,21	1,78
11,5	8,378	8	11,128	2	1,57	7,65	11,21	1,78
12	8,878	8,5	11,628	2	1,57	9,25	12,81	1,78
13	9,878	9	12,128	2	1,57	9,25	12,81	1,78
14	9,198	10	14,806	2,9	2,41	9,19	14,43	2,62
15	10,198	10,5	15,503	2,9	2,41	9,19	14,43	2,62
16	11,198	11	15,803	2,9	2,41	10,78	16,02	2,62
17	12,198	12	16,803	2,9	2,41	12,37	17,61	2,62
18	13,198	12,5	17,303	2,9	2,41	12,37	17,61	2,62
19	14,201	13,5	18,303	2,9	2,41	13,95	19,19	2,62
20	15,201	14	18,803	2,9	2,41	13,95	19,19	2,62

Montage piston		Montage cylindre		Gorge		Joint Quad Ring		
A	*B*	*F*	*G*	*L*	*P*	*d*	*D*	*e*
20,5	15,701	15	19,803	2,9	2,41	15,54	20,78	2,62
21	16,201	16	20,803	2,9	2,41	15,54	20,78	2,62
22	17,201	17	21,803	2,9	2,41	17,13	22,37	2,62
23	18,201	17,5	22,303	2,9	2,41	17,13	22,37	2,62
24	19,201	18,5	23,303	2,9	2,41	18,72	23,96	2,62
25	18,461	18	24,540	3,9	3,28	18,64	25,70	3,53
26	19,461	19	25,540	3,9	3,28	18,64	25,70	3,53
27	20,461	20	26,540	3,9	3,28	20,22	27,28	3,53
28	21,461	20,5	27,040	3,9	3,28	20,22	27,28	3,53
29	22,461	22	28,540	3,9	3,28	21,82	28,88	3,53
30	23,461	23	29,540	3,9	3,28	23,40	30,46	3,53
31	24,465	24	30,540	3,9	3,28	23,40	30,46	3,53
32	25,465	25	31,540	3,9	3,28	24,99	32,05	3,53
33	26,465	26	32,540	3,9	3,28	26,58	33,64	3,53
34	27,465	27	33,540	3,9	3,28	26,58	33,64	3,53
35	28,465	27,5	34,040	3,9	3,28	28,17	35,23	3,53
36	29,465	28	34,540	3,9	3,28	28,17	35,23	3,53
37	30,465	29	35,540	3,9	3,28	29,75	36,81	3,53

DÉTAIL DES GORGES

Montage dynamique

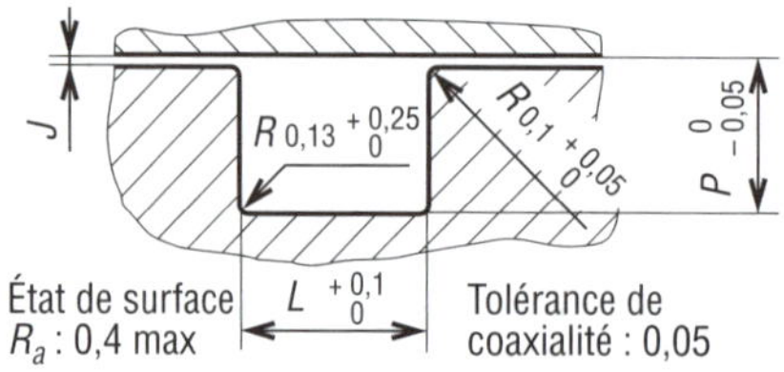

Montage statique

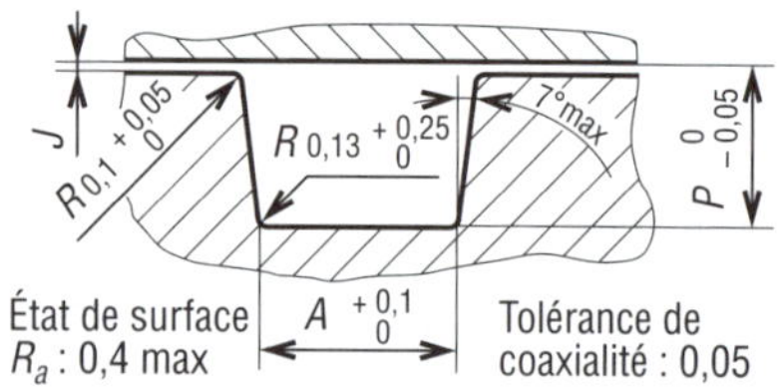

d	1,78	2,62	3,53	5,33	6,99
A	2,14	3,15	4,10	6,40	8,40
P	1,42	2,15	2,86	4,33	5,70

Joints quadrilobes

COMPORTEMENT DU JOINT

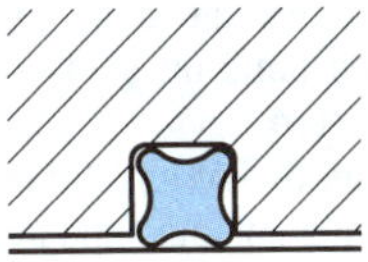

Sous pression normale

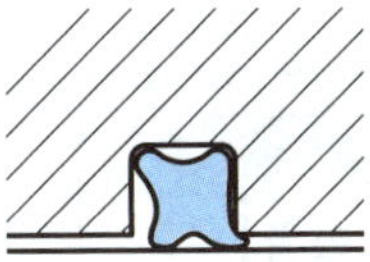

Sous pression trop élevée

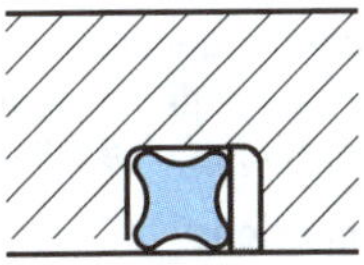

Avec bague anti-extrusion

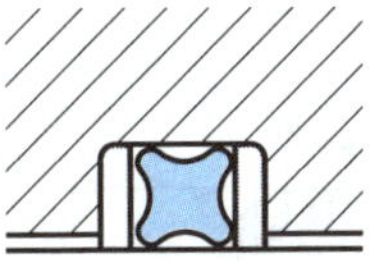

Avec 2 bagues anti-extrusion

Chanfreins

N QR	K1	K2
178	1,5	2,5
2,62	1,5	2,5
3,53	1,5	2,5
5,33	2,5	3,5
6,99	3,0	4,0
	1,5	2,5

Tolérances :

Pour éviter l'extrusion du joint, le jeu *J* de la liaison (alésage - arbre) doit diminuer lorsque la pression s'élève.

∅ *d*	Valeurs des tolérances sur			
	B	*G*	*L*	*e*
1,78	+ 0,100 + 0	− 0 − 0,100	+ 0,130 + 0	± 0,080
2,62	+ 0,100 + 0	− 0 − 0,100	+ 0,130 + 0	± 0,080
3,53	+ 0,120 + 0	− 0 − 0,120	+ 0,150 + 0	+ 0,100
5,33	+ 0,150 + 0	− 0 − 0,150	+ 0,180 + 0	± 0,130
6,99	+ 0,200 + 0	− 0 − 0,200	+ 0,200 + 0	± 0,150

Pression	Ajustements
$p < 1$ MPa	*H* 9 f 8
$1 < p < 10$ MPa	*H* 8 f 7
$p > 10$ MPa	*H* 7 g 6

MONTAGES

Montage dynamique

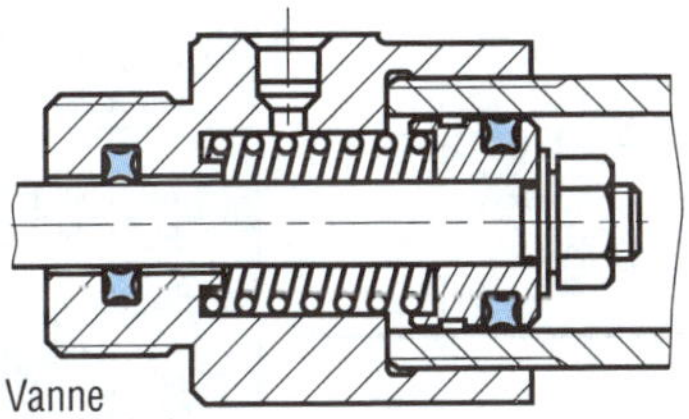

Vanne de régulation

Montage statique

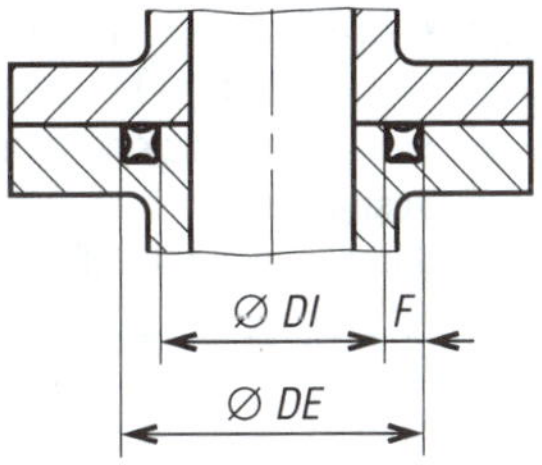

17.5. JOINTS À LÈVRES À FROTTEMENT RADIAL

DIMENSIONS

CONDITIONS D'ASSEMBLAGE

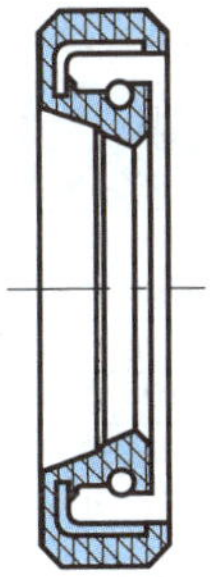

Joint type IE

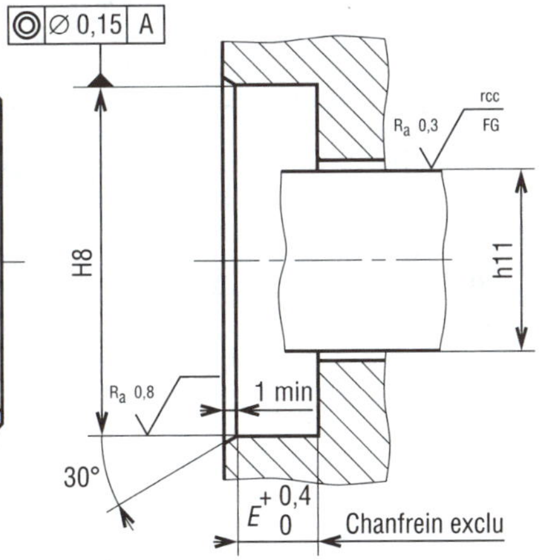

Logement

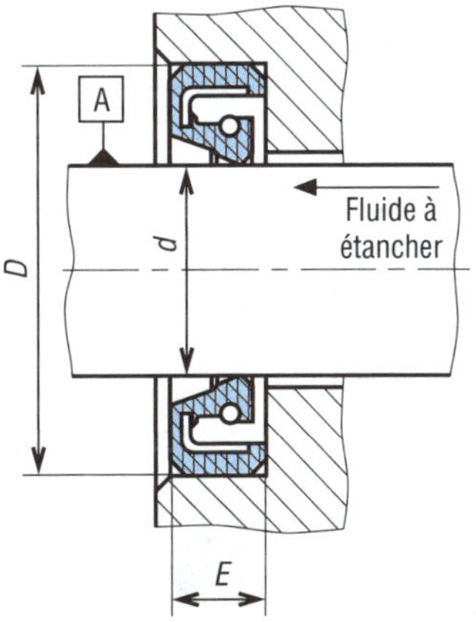

Montage

Joints à lèvres à frottement radial

TYPES DE JOINTS À LÈVRE ARBRE TOURNANT

Joints avec ressort torique apparent

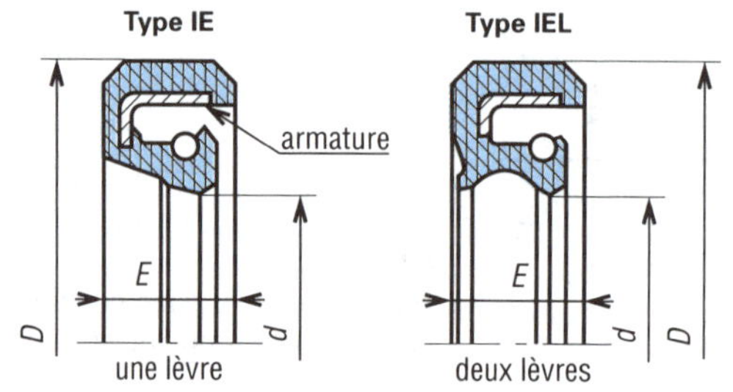

Joints avec ressort torique noyé

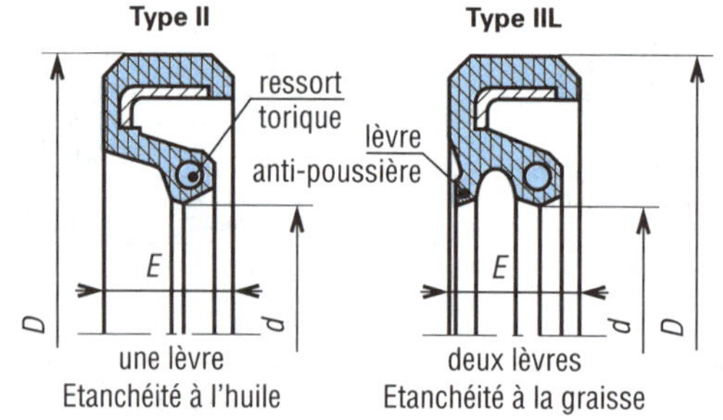

Matière :

- NBR Butanière acrylonitrite (pour θ de – 40 °C à + 100 °C)
- FPM Fluocarbone (pour θ de – 30 °C à + 170 °C)

Désignation :

Joint à lèvre type IE, d · D · E

On trouve des joints :

- à une seule lèvre : l'étanchéité est assurée dans un seul sens par contact sur l'arbre ;
- à deux lèvres : l'étanchéité est assurée dans un seul sens avec en plus une protection antipoussière dans les deux sens.

Étanchéité au graissage du mécanisme

- Lubrification à la graisse

L'orientation de la lèvre se fait vers l'extérieur du palier pour assurer l'écoulement de la graisse usagée.

- Lubrification à l'huile

La retenue de l'huile est assurée par une lèvre orientée vers l'intérieur du palier.

Dimensions

d	8	**9** 10	12	15	**17** 18	20	22	25
D	22	25	28	30	35	38	40	42
E	8	8	8	8	8	8	8	8
Type	IE	IE	IE IEL	IE IEL	IE IEL	IE II	IE IEL	IE
d	28	30	32	35	38	40	42	45
D	45	48	50	52	55	58	60	62
E	8			10			12	
Type	IE	IE	IE II	IE IEL II	IE IEL II		IE II	
d	48	50	52 55	58 60	62 65	68 70	72 75	78 90
D	68	72	75	80	85	90	95	100
E	12							13
Type	IE II	IE	IE IEL II	IE II	IE II	IE IEL II	IE II	IE II

Coaxialité entre *D* et *d*

Type IE = ∅ 0,15

Type IEL = ∅ 0,04

Dureté de la surface frottante de l'arbre :

$V < 5$ m/s	HRC $\geqslant$ 45
$V > 5$ m/s	HRC $\geqslant$ 60

DISPOSITION DES JOINTS

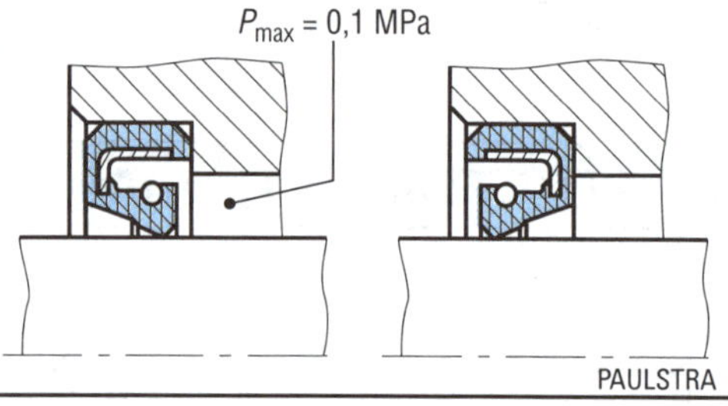

JOINT D'ÉTANCHÉITÉ POUR ROULEMENTS À AIGUILLES

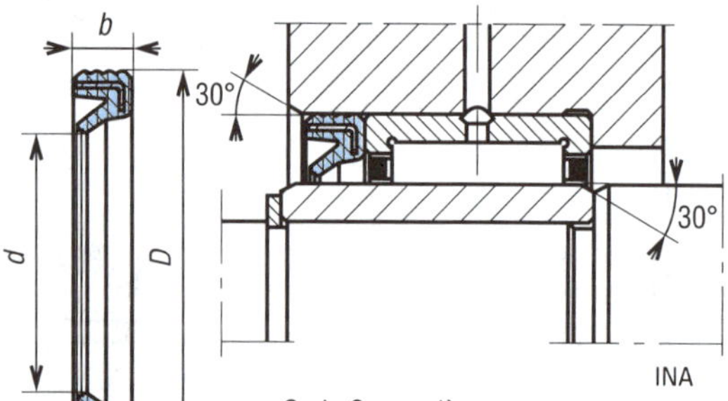

Serie G : une lèvre
Serie S.D : deux lèvres

Désignation :

Joint à lèvre INA type G, d · D

d	*D*	*b* +0,4 −0,2	*d*	*D*	*b* +0,4 −0,2	*d*	*D*	*b* +0,4 −0,2	*d*	*D*	*b* +0,4 −0,2
4	8	2	12	16	3	18	24	3	26	34	4
5	9	2	12	18	3	18	26	3	28	35	4
5	10	2	12	19	3	19	27	4	28	37	4
6	10	2	13	19	3	20	26	4	29	37	4
6	12	2	14	20	3	20	28	4	29	38	4
7	11	2	14	21	3	21	29	4	30	37	4
7	14	2	14	22	3	22	28	4	30	40	4
8	12	3	15	21	3	22	30	4	32	42	4
8	15	3	15	23	3	24	32	4	32	45	4
9	13	3	16	22	3	25	32	4	35	42	4
9	16	3	16	24	3	25	33	4	35	45	4
10	14	3	16	25	3	25	35	4	37	47	4
10	17	3	17	23	3				38	48	4

Joints à lèvres à frottement radial

JOINT V-RING S

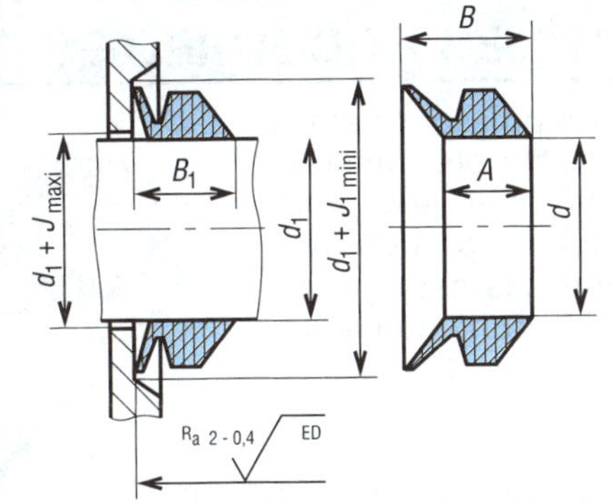

- Le joint V-ring se monte sur l'arbre avec lequel il tourne ;
- il supporte des défauts de perpendicularité importants de l'axe par rapport à la surface frottante ;
- il admet un faux rond de rotation ;
- il peut subir un allongement important (jusqu'à 200 %).
- Vitesse périphérique limite $V < 12$ m.s^{-1} (décollement de la lèvre au-delà).
- Obliquité 0 à 4° avec 2° pour un ∅ de 60 mm.

VALEURS COMMUNES				V-ring S			V-ring A		
∅ arbre d_1 (mm)	∅ joint d (mm)	J	J_1	A (mm)	B (mm) avant montage	B_1 (mm) après montage	A (mm)	B (mm) avant montage	B_1 (mm) après montage
4,5 – 5,5	4	1	6	3,9	5,2	4,5 ± 0,4	2,4	3,7	3,0 ± 0,4
5,5 – 6,5	5			3,9	5,2	–	2,4	3,7	–
6,5 – 8,0	6			3,9	5,2	–	2,4	3,7	–
8,0 – 9,5	7			3,9	5,2	–	2,4	3,7	–
9,5 – 11,5	9	2	9	5,6	7,7	6,7 ± 0,6	3,4	5,5	4,5 ± 0,6
11,5 – 13,5	10,5			5,6	7,7	–	3,4	5,5	–
13,5 – 15,5	12,5			5,6	7,7	–	3,4	5,5	–
15,5 – 17,5	14			5,6	7,7	–	3,4	5,5	–
17,5 – 19,0	16			5,6	7,7	–	3,4	5,5	–
19 – 21	18			7,9	10,5	9,0 ± 0,8	4,7	7,5	6,0 ± 0,8
21 – 24	20			7,9	10,5	–	4,7	7,5	–
24 – 27	22			7,9	10,5	–	4,7	7,5	–
27 – 29	25	3	12	7,9	10,5	–	4,7	7,5	–
29 – 31	27			7,9	10,5	–	4,7	7,5	–
31 – 33	29			7,9	10,5	–	4,7	7,5	–
33 – 36	31			7,9	10,5	–	4,7	7,5	–
36 – 38	34			7,9	10,5	–	4,7	7,5	–
38 – 43	36		15	9,5	13,0	11,0 ± 1,0	5,5	9,0	7,0 ± 1,0
43 – 48	40			9,5	13,0	–	5,5	9,0	–
48 – 53	45			9,5	13,0		5,5	9,0	–
53 – 58	49			9,5	13,0	–	5,5	9,0	–
58 – 63	54			9,5	13,0	–	5,5	9,0	–
63 – 68	58			9,5	13,0	–	5,5	9,0	–

JOINT V-RING A

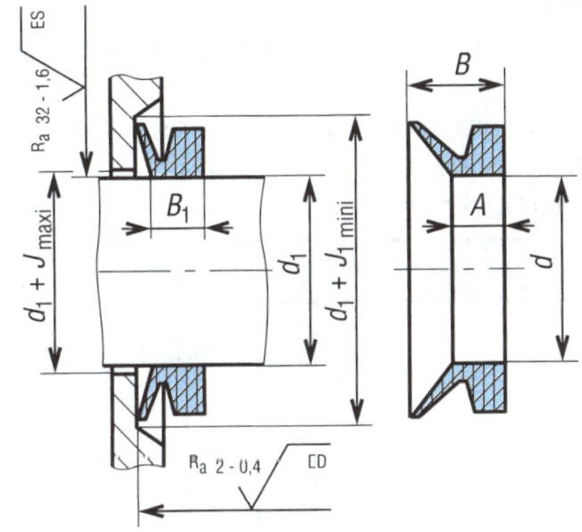

Désignation : Joint V. 165
Joint V. 20 A

17.6. REPRÉSENTATION SIMPLIFIÉE DES JOINTS À LÈVRES

REPRÉSENTATION GÉNÉRALE

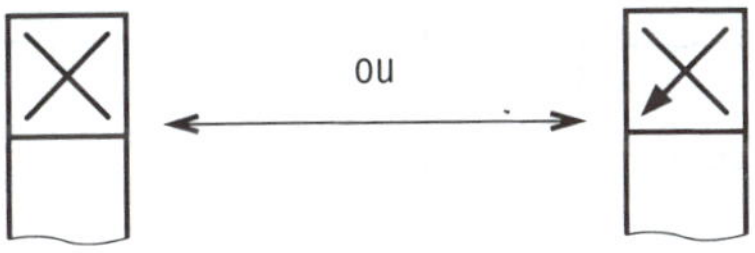

Tracer le logement exact du joint et représenter une croix située au centre.
Préciser par une flèche l'étanchéité principale à assurer.

REPRÉSENTATION PARTICULIÈRE

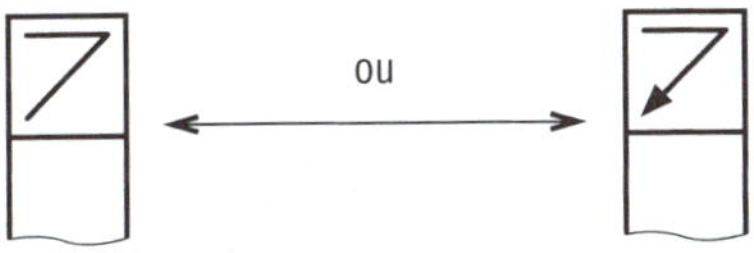

Joint d'étanchéité à lèvre
à frottement radial

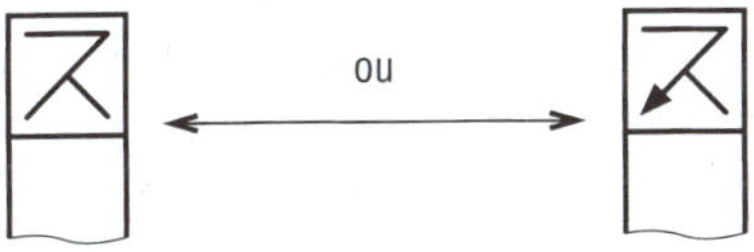

Joint d'étanchéité à lèvre
à frottement radial
avec lèvre antipoussière

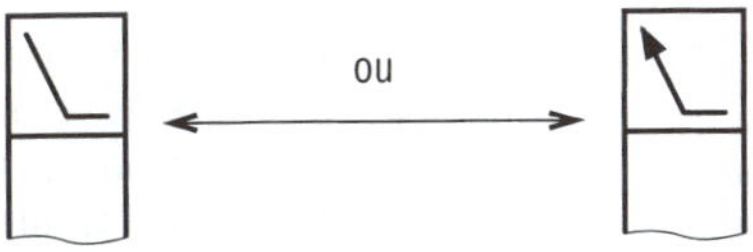

Joint d'étanchéité annulaire
en V à frottement radial
V-Ring S ou A.

18. TRANSMISSION DE PUISSANCE

18.1. TRANSMISSION PAR POULIES ET COURROIES NF E 24-210/ ISO 5291

Les courroies permettent la transmission de puissance entre deux arbres éloignés, avec modification du couple transmis et de la vitesse de rotation. Les arbres moteurs et récepteurs sont souvent parallèles mais peuvent cependant prendre des positions quelconques. Le rapport des vitesses est égal en principe au rapport inverse des diamètres. Notons qu'il existe toujours un glissement de l'ordre de 2 à 3 % entre poulies et courroies.

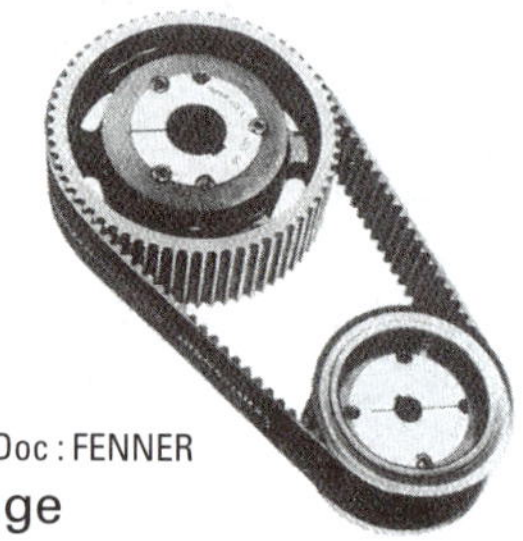

Doc : FENNER

Conditions d'emploi :

- Transmission souple, silencieuse, de bon rendement, montage et entretien faciles.
- L'enroulement de la courroie se situe à la fois dans le plan médian des poulies et le plan médian de la courroie.
- La présence d'un galet enrouleur placé le plus près possible de la petite poulie et sur le brin mou permet :
  - d'augmenter l'axe d'enroulement de la courroie sur les poulies ;
  - donc d'élever le rapport entre les diamètres des deux poulies,
  - et de transmettre des couples plus importants.

18.1.1. COURROIES PLATES

TRANSMISSION PAR COURROIE PLATE SUR CÔNE ÉTAGÉ

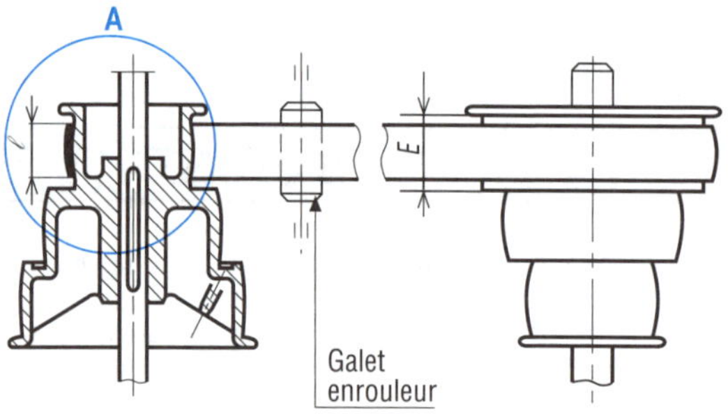

COURROIE		POULIE	
ℓ	IT	E	IT
16		20	
20		25	
25	± 2	32	
32		40	
40		50	± 1
50		63	
63		71	
71		80	
80		90	
90	± 3	100	± 1,2
100		112	
112		125	± 1,6
125		140	± 2
140		160	

FORME EXTÉRIEURE DE LA JANTE

Détail A

Profil recommandé — **Profil admis**

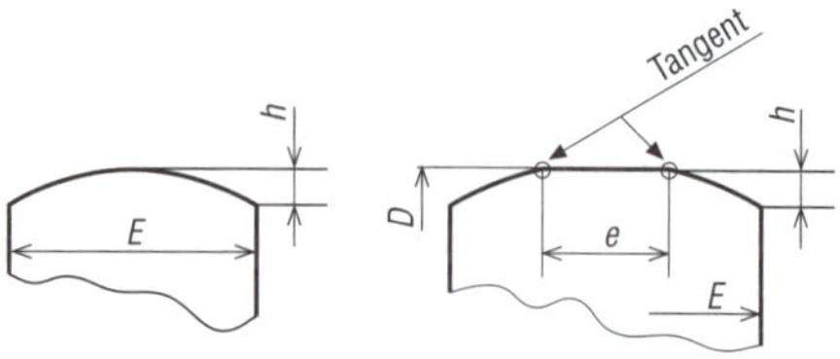

Courbe régulière symétrique — **Méplat cylindrique e ⩽0,4**

La forme bombée permet l'alignement de la courroie dans le plan médian défini par les poulies.

Longueur intérieure des courroies (*L*)						
	400	630	1000	1600	2500	4000
	450	710	1120	1800	2800	4500
	500	800	1250	2000	3150	5000
	560	900	1400	2240	3550	5600

***D* poulies**	40 à 112	125 à 140	160 à 180	200 à 224	250 à 280	315 à 355
h	0,3	0,4	0,5	0,6	0,8	1

- De grandes fréquences de rotation sont possibles avec les courroies plates.
- On dose l'action de la force centrifuge sur les courroies, en limitant généralement les vitesses circonférentielles.

Transmission par poulies et courroies

MONTAGE

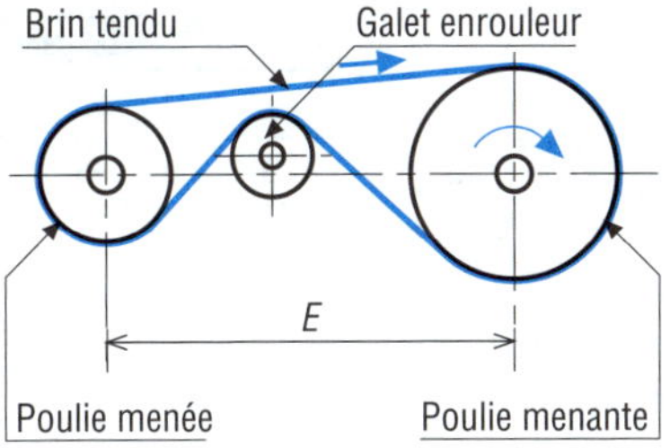

E maxi = entraxe nominal + 3% L
E mini = entraxe nominal –1,5% L
L = longueur de la courroie

Vitesse circonférencielle	f	Rem en MPa	Matériau
25 m/s	0,50	50	Chloroprêne + coton
50 à 80 m/s	0,4	8	Acrylique

f : coefficient de frottement moyen sur poulies en fonte.
Rem. : limite minimale apparente d'élasticité.

18.1.2. COURROIES TRAPÉZOÏDALES

Les courroies et les gorges à section trapézoïdale fournissent un effort tangentiel important. L'adhérence par coincement de la courroie dans la gorge de la poulie est très forte (trois fois plus importante que pour une courroie plate réalisée dans la même matière). L'axe d'enroulement peut être réduit ainsi que les entraxes. Le chloroprène associé à la fibre de verre et à des fils d'acier constituent le matériau composite utilisé (température d'utilisation – 25° C à + 85° C).

TRANSMISSION PAR COURROIES TRAPÉZOÏDALES

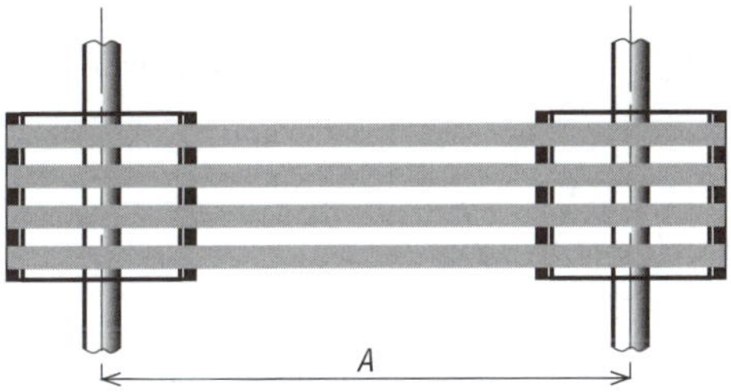

Prévoir un réglage de l'entraxe A entre les poulies afin de remédier aux tolérances de la longueur des courroies, et d'éviter les contraintes au montage.

A = entraxe (mm)
d_W = diamètre primitif de la petite poulie (mm)
D_W = diamètre primitif de la grande poulie (mm)
n_1 = nombre de tours de la petite poulie (tr/min)
n_2 = nombre de tours de la grande poulie (tr/min)
L_W = longueur primitive de la courroie (mm)
V = vitesse de la courroie (m/s)
$\alpha = 90° - \beta/2$ (°)
β = angle d'enroulement de la petite poulie (°)

Les diamètres primitifs de la poulie se mesurent au niveau de la largeur de la gorge qui est égale à la largeur de référence de la courroie.

CARACTÉRISTIQUES

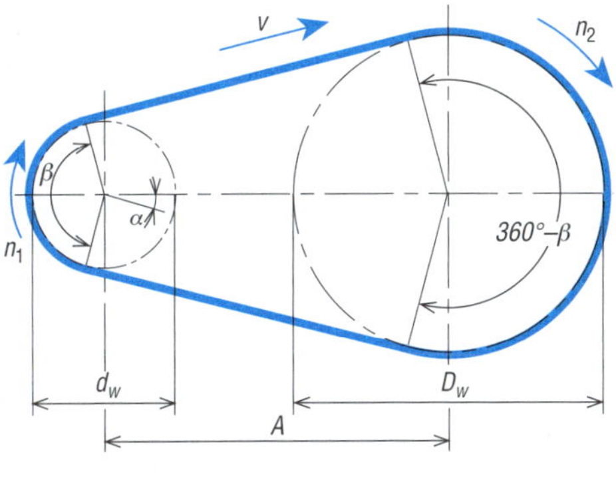

Vitesse de la courroie

Elle est fonction du diamètre primitif et du nombre de tours de la poulie à gorges correspondante :

$$V = \frac{d_W \cdot n_1}{19100} = \frac{D_W \cdot n_2}{19100} \quad \text{(en m/s)}$$

Rapport

$$i = \frac{n_1}{n_2} = \frac{D_W}{d_W}$$

Entraxe

Calcul d'après L_W

$$A \approx p + \sqrt{p^2 - q}$$

$$p = 0{,}25\, L_W - 0{,}393\,(D_W + d_W)$$

$$q = 0{,}125\,(D_W - d_W)^2$$

Longueur primitive de la courroie

C'est la longueur de la courroie, au niveau de la longueur de référence et sous tension normalisée.

De manière exacte :

$$L_W = 2A\sin\frac{\beta}{2} + \frac{\pi}{2}(D_W + d_W) + \frac{\pi.\alpha}{180°}(D_W - d_W)$$

Transmission par poulies et courroies

COURROIES classiques (A- B-C)

étroites (Y-Z)

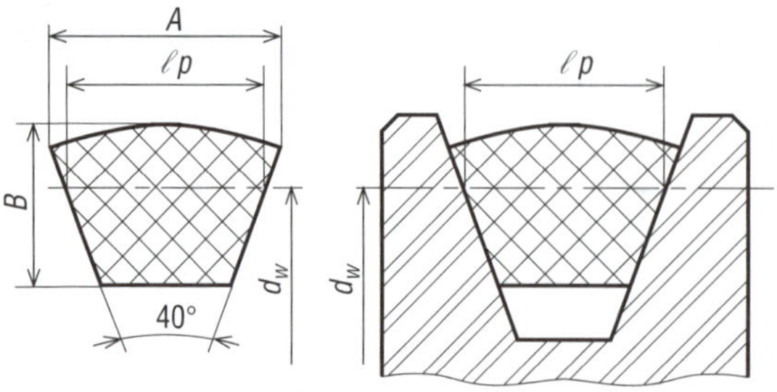

Désignation	ℓp	Section A x B	Long. mini	Long. maxi
Y	5,3	6 x 4	200	500
Z	8,5	10 x 6	400	1 400
A	11	13 x 8	630	2 500
B	14	17 x 11	1 000	7 100
C	19	22 x 14	1 800	12 500

Longueur à choisir			
200	224	250	280
315	355	400	450
500	560	630	710
800	900	1000	1120
1250	1400	1600	1800

Exemple de désignation d'une courroie

Courroie A de longueur de référence 630.

L'angle α des gorges est variable en fonction du diamètre des poulies. En effet les dimensions de la section transversale d'une courroie varient en fonction du rayon d'incurvation auquel elles sont soumises. Pour réduire cette contrainte d'incurvation, choisir un diamètre aussi grand que possible pour la poulie de petit diamètre et éviter de dépasser les vitesses circonférencielles de 25 m/s pour les courroies classiques et de 30 m/s pour les courroies étroites.

POULIES (Forme des gorges)

Gorge unique — **Gorge multiple (2 gorges ou davantage)**

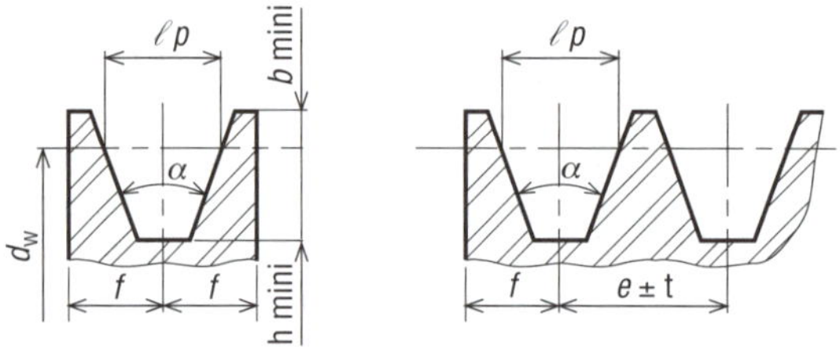

Courroie	ℓ p	b mini	h mini	e	IT	f mini	d_p mini	d_p maxi
Y	5,3	1,3	3,5	8	± 0,2	6	37,5	90
Z	8,5	2,1	6	12	± 0,3	8	60	140
A	11	2,8	7,7	15	± 0,3	10	80	190
B	14	3,5	9,8	19	± 0,4	12	112	236
C	19	4,8	13,3	25	± 0,5	16	180	315

Diamètre d_p à choisir							
25	26,5	28	30	31,5	33,5	35,5	37,5
40	42,5	45	47,5	50	53	56	60
63	67	71	75	80	85	90	95
100	106	112	118	125	132	140	150
160	170	180	190	200	212	224	236

18.1.3. COURROIES SYNCHRONES

TRANSMISSION PAR COURROIE SYNCHRONE

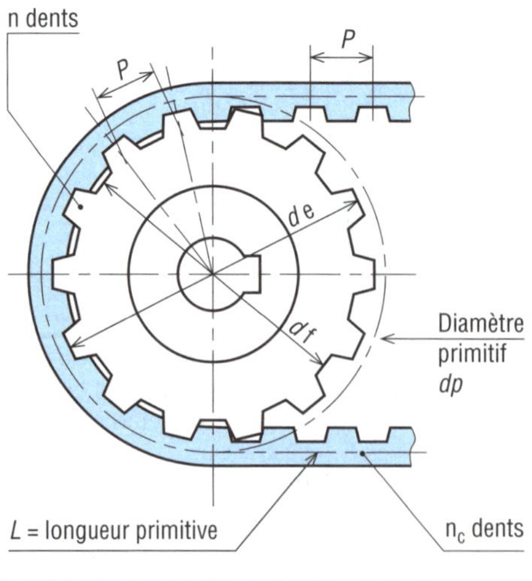

Les courroies synchrones possèdent des crans qui engrènent les dents creusées dans les poulies. La transmission est alors synchrone avec un rapport des vitesses rigoureux (pas de glissement).
Des flasques latéraux sont disposés sur les poutres dentées de la poulie afin d'assurer le guidage et le maintien de la courroie.

n_c = nbre de dents de la courroie
N = nbre de dents de la grande poulie
n = nbre de dents de la petite poulie
l = entraxe en mm
P = pas en mm
L = longueur primitive de la courroie
N_t = nbre de dents en prise sur la petite poulie

POULIES

Poulie standard

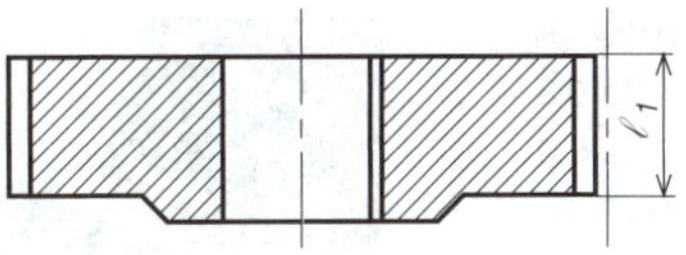

Poulie flasquée

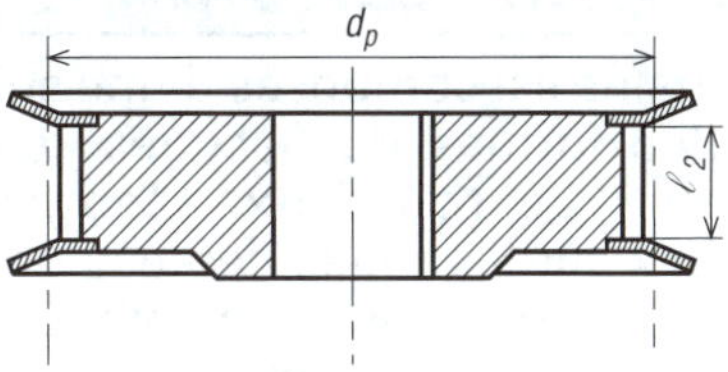

DÉTERMINATION DES CARACTÉRISTIQUES D'UNE COURROIE SYNCHRONE

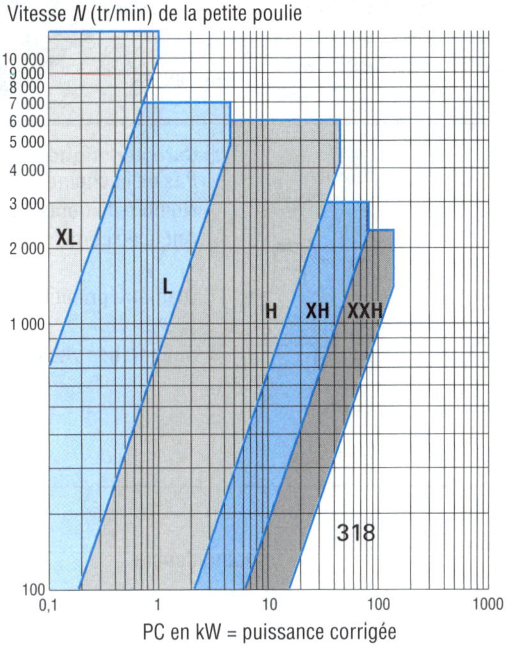

Choix d'un type de courroie

Il se fait à partir de la valeur de rotation souhaitée et la puissance corrigée à transmettre (PC).

PC = produit de la puissance absorbée par le récepteur par un coefficient de correction Cc en fonction du type de la machine motrice et des conditions de fonctionnement.

On prendra Cc :

– 2 pour les puissances moyennes,

– 1,5 pour les faibles puissances.

Choix du pas

Il est fonction du type de courroie retenu.

Largeur de la courroie

- Sur le diagramme, déduire la largeur minimale de la courroie.
- Choisir dans le tableau la valeur adoptée.

Désignation et marquage des courroies

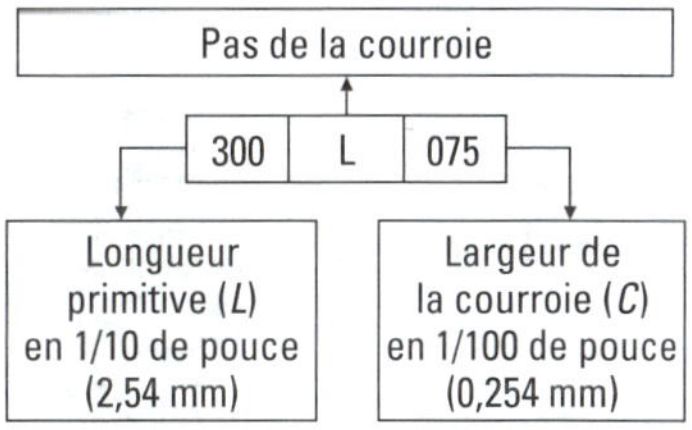

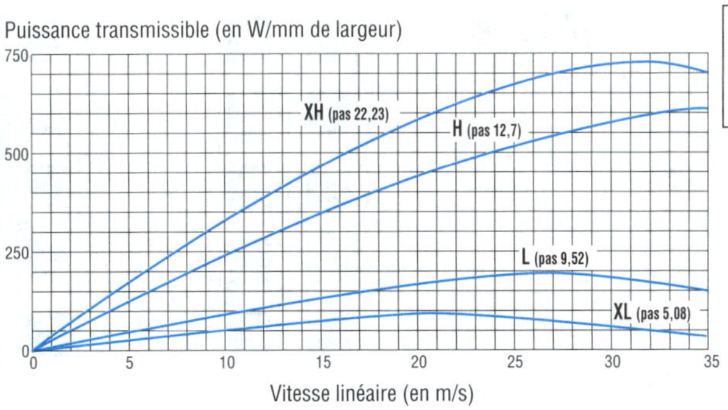

COURROIES CRANTÉES

Type	p = pas		Largeur de la courroie (C)	Nombre de dents n de la courroie n_c dents	Nombre de dents (M, n) des roues	Largeur de denture	
	Pouces	mm				ℓ_1	ℓ_2
XL (extra légère)	1/5	5,08	6,3 - 7,9 - 9,4	30 - 35 - 40 - 45 - 120 - 125 - 130	10 - 11 - 12 - 14 - 15 - 1 6 - 18 - 20 - 21 - 22 - 24 - 28 - 30 - 32 - 36 - 40 - 42 - 44 - 48 - 60 - 72	14,3	10,7
L (légère)	3/8	9,52	12,7 - 19 - 25,4	33 - 40 - 50 - 54 - 56 - 60 - 64 - 68 - 72 - 76 - 80 - 86 - 92 - 98 - 104 - 112 - 120 - 128 - 136 - 144 - 160	10 - 12 - 14 - 15 - 16 - 18 - 20 - 22 - 24 - 26 - 28 - 30 - 32 - 36 - 40 - 48 - 60 - 72 - 84 - 96 - 120	19 25,4 31,8	14,4 20,8 27,2
H (lourde)	1/2	12,70	19 - 25,4 - 38,1 - 50,8 - 76,2	48 - 54 - 60 - 66 - 72 - 78 - 84 - 90 - 96 - 102 - 108 - 114 - 120 - 126 - 132 - 140 - 150 - 160 - 170 - 180 - 200 - 220 - 250 - 280 - 340	14 - 16 - 18 - 20 - 22 - 24 - 26 - 28 - 30 - 32 - 36 - 40 - 48 - 60 - 72 - 84 - 96 - 120 - 156	31,8 46 - 58,7 85,7	27,2 - 41,4 54,1 81,1
XH (extra lourde)	7/8	22,22	50,8 - 76,2 - 101,6	58 - 64 - 72 - 80 - 88 - 96 - 112 - -128 - 144 - 150 - 176 - 220	18 - 20 - 22... 32 - 40 - 48 - 60 - 72 - 84 - 96 - 120	58,7-85,7 111,1	54,1-81,1 106,5
XXH (extra lourde renforcée)	1 1/4	31,75	50,8 - 76,2 101,6 - 127	56 - 64 - 72 - 80 - 96 - 112 - 128 - 144	16 - 20 - 22 - 24 - 26 - 30 - 34 - 40 - 48 - 60 - 72 - 90	58,7-85,7 111,1-136,5	54,1-81,1 106,5-132

(*source* Isovar Pirelli)

18.2. TRANSMISSION PAR CHAÎNES DE PRÉCISION À ROULEAUX

NF E 26-102/ISO 606

Une chaîne est composée d'une suite de maillons articulés formés de flasques reliant des axes porteurs de rouleaux. L'engrènement des rouleaux sur les roues dentées permet de transmettre le mouvement de rotation entre la roue menante et la roue menée sans contact entre elles. Trois séries de dimensions sont normalisées : la ***série A*** (chaînes dérivées des séries américaines), la ***série B*** (chaînes européennes), la ***série pour cycles et motocycles***.

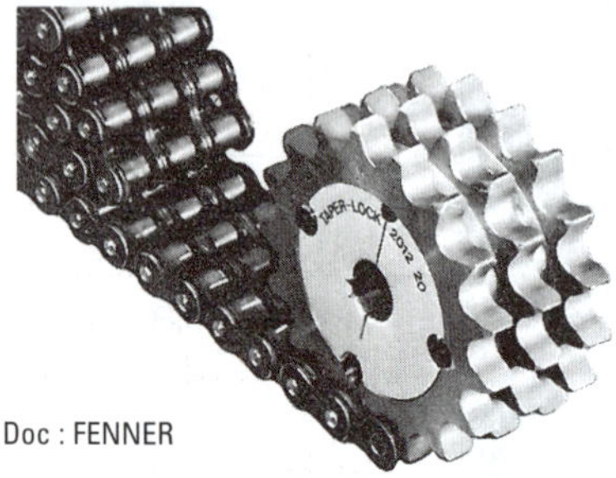

Doc : FENNER

ROUE

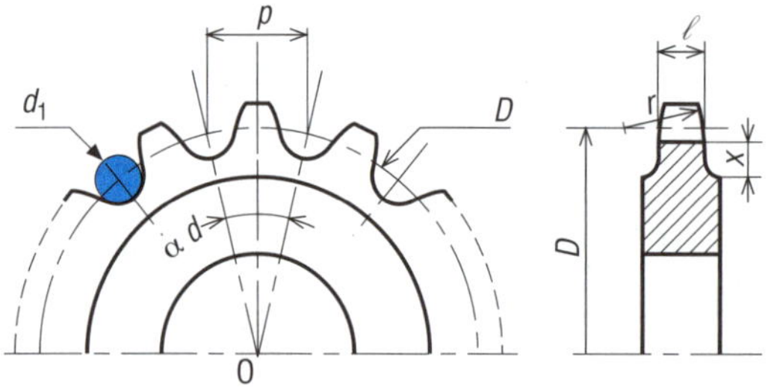

Caractéristiques

Pas de la chaîne = p

Nombre de dents = z

Angle au centre = $2\alpha = \dfrac{360}{z}$

Diamètre primitif = $D = \dfrac{p}{\sin\alpha}$

Rapport des vitesses

$$\frac{z_A}{z_B} = \frac{n_B}{n_A}$$

TYPES DE CHAÎNES

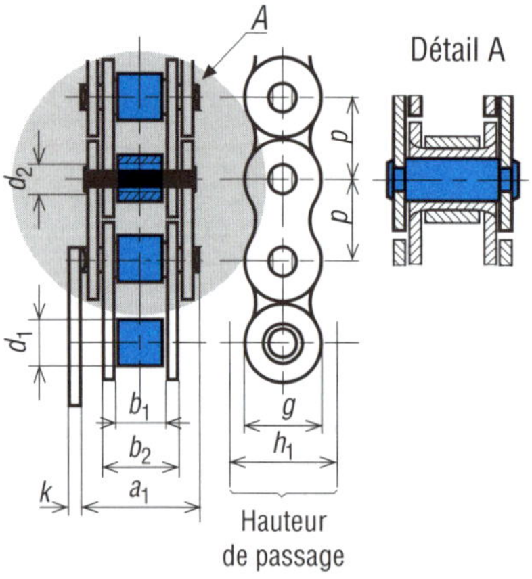

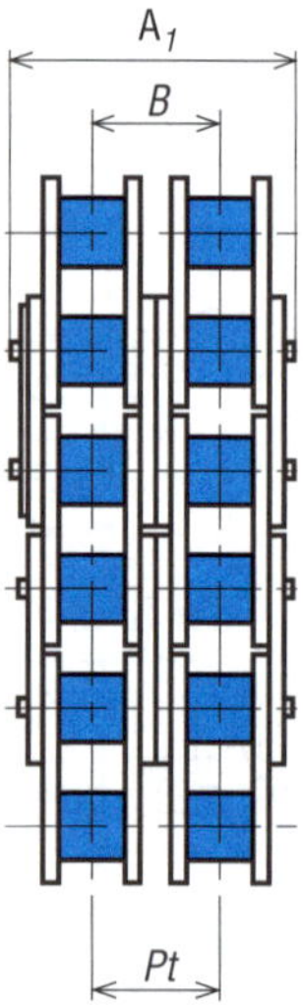

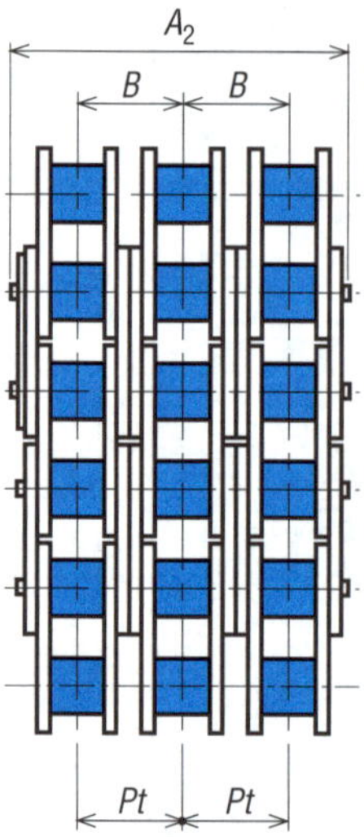

TYPES DE ROUES POUR CHAÎNES

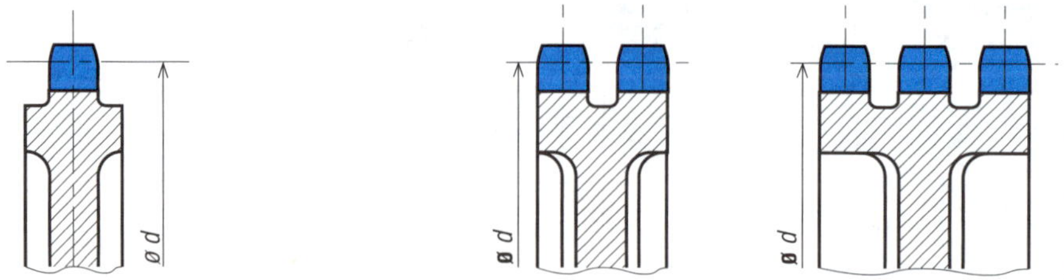

Transmission par chaînes de précision à rouleaux

ENGRENAGES CYLINDRIQUES À DENTURE DROITE

Symbole	ℓ	r	x	Pas p	b_1	b_2	a_1	A_1	A_2	k	d_1	d_2	g	h_1	P_t	Charge de rupture daN		
																Simple	Double	Triple
08A	13	3,9	7,4	12,70	7,95	11,31	17,8	32,3	46,7	3,9	7,95	3,96	12,07	12,33	14,38	1385	2770	4155
10A	16	4,4	9	15,875	9,53	13,97	21,8	39,9	57,9	4,1	10,16	5,08	15,09	15,35	18,11	2175	4350	6525
12A	19	5,7	12	19,05	12,70	17,88	26,9	49,8	72,6	4,6	11,91	5,94	18,08	18,34	22,78	3115	6230	9345
16A	25	6,9	15,1	25,40	15,88	22,74	33,5	62,7	91,9	5,4	15,88	7,92	24,13	24,39	29,29	5555	11110	16665
08B	13	3,5	7,2	12,70	7,75	11,43	17	31	44,9	3,9	8,51	4,45	11,81	12,07	13,92	1785	3115	4450
10B	16	4,2	9,1	15,875	9,65	13,41	19,6	36,2	52,8	4,1	10,16	5,08	14,73	14,99	16,59	2225	4450	6675
12B	19	4,6	11,1	19,05	11,68	15,75	22,7	42,2	61,7	4,6	12,07	5,72	16,13	16,39	19,46	2890	5780	8670
16B	25	5,3	16,2	25,40	17,02	25,58	36,1	68	99,9	5,4	15,88	8,28	21,08	21,34	31,88	4225	8450	12675

Désignation : symbole de la chaîne suivi d'un chiffre qui correspond au nombre de brins : chaîne 12 A-3

18.3. TRANSMISSION PAR ENGRENAGES NF EN ISO 2203/ISO 2203

On utilise un engrenage lorsqu'on veut transmettre une force importante avec un rapport de transmission fidèle (boîtes de vitesses), d'un arbre moteur à un arbre récepteur suffisamment rapprochés l'un de l'autre.
L'engrenage est un mécanisme élémentaire constitué de deux roues dentées mobiles autour d'axes de position relative invariable et dont l'une entraîne l'autre par l'action de dents successivement en contact : on dit que les deux roues sont conjuguées ; la plus petite est le pignon, la plus grande la roue ; une roue de rayon infini est une crémaillère. La position relative des axes définit les trois catégories d'engrenages.

Engrenages à axes parallèles

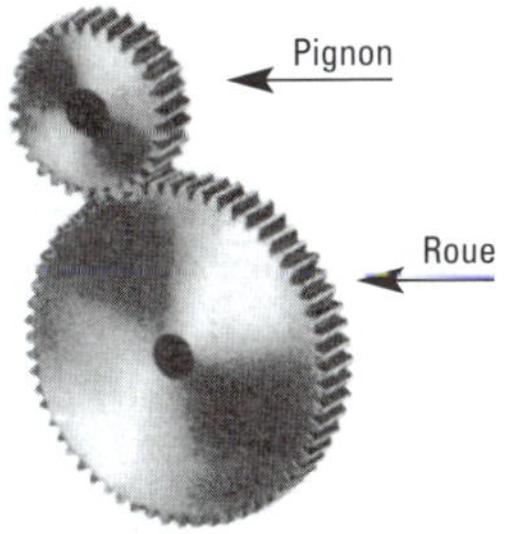

DOC : PRUD'HOMME

Engrenages à axes concourants

DOC : LECHNER-PATISSIER

Engrenages gauches
(Axes dans des plans différents)

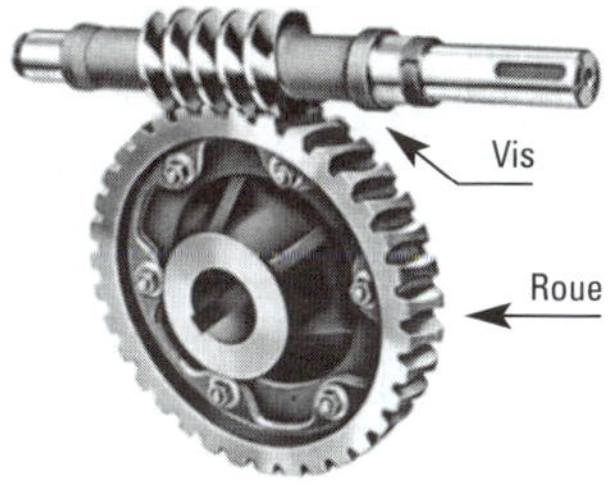

DOC : LECHNER-PATISSIER

18.3.1. ENGRENAGES A AXES PARALLÈLES

ENGRENAGES CYLINDRIQUES À DENTURE DROITE

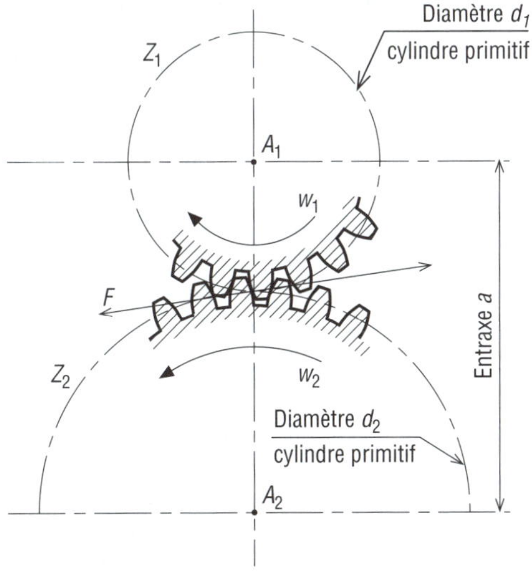

Afin de maintenir le rapport de vitesses angulaires rigoureusement constant, les engrenages se sont naturellement substitués aux roues de friction, évitant ainsi le glissement et la perte d'énergie dans les paliers.

Rapport des vitesses

$$\frac{n_1}{n_2} = \frac{Z_2}{Z_1}$$

Définitions générales communes :
Cylindre primitif de fonctionnement d'une roue d'engrenage : c'est le cylindre décrit par l'axe instantané du mouvement relatif de la roue conjuguée par rapport à la roue considérée. La section droite du cylindre primitif donne ***le cercle primitif de diamètre d.***

ENGRENAGES CYLINDRIQUES À DENTURE DROITE

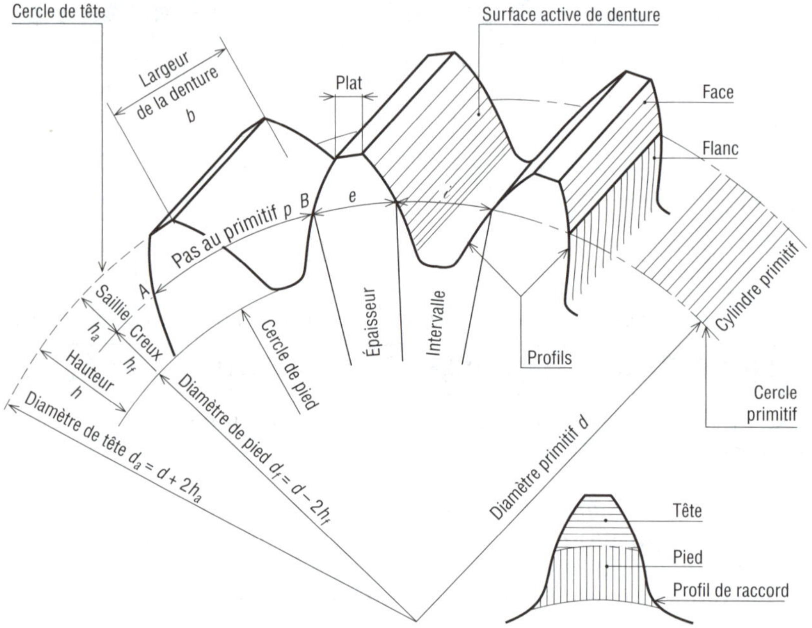

Cylindre de tête :
Cylindre passant par le sommet des dents.

Cylindre de pied :
Cylindre tangent au fond des entre-dents.

Ces cylindres définissent ainsi le diamètre primitif (d), le diamètre de tête (d_a), le diamètre de pied (d_f).

Largeur de denture (b) :
Largeur de la partie dentée d'une roue, mesurée suivant une génératrice du cylindre primitif.

Flancs :
Portions de la surface d'une dent comprises entre la surface de tête et la surface de pied.

Ligne de flanc :
Intersection d'un flanc avec la surface primitive de référence.

Profil :
Section d'un flanc par une surface donnée définie par rapport à la surface primitive de référence.

Développante de cercle :
Définie par la trajectoire d'un point (M) situé sur une droite qui roule sans glisser sur un cercle.

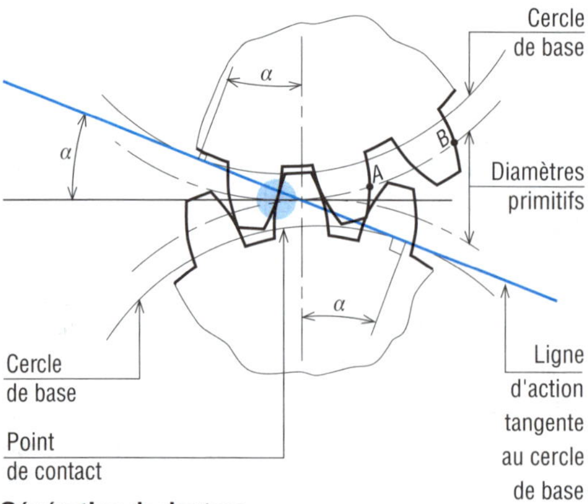

Génération de denture

Pas (p) :
longueur de l'arc $\widehat{AB}$ du cercle primitif compris entre deux profils homologues consécutifs. Il est égal au produit du module par le nombre π.

Cercle de base :
Cercle dont la développante fournit le profil ; tangent à la droite d'action.

Ligne d'action :
Droite sur laquelle se déplace le point de contact des dents ; déterminée par l'angle de pression de 20°. Cette droite est constamment normale au profil et porte la force de contact. Aussi la transmission est à couple constant, ce qui est une caractéristique des engrenages à développante (la développante de cercle est très utilisée en mécanique).

ENGRENAGES CYLINDRIQUES À DENTURE DROITE

Crémaillère de référence et modules

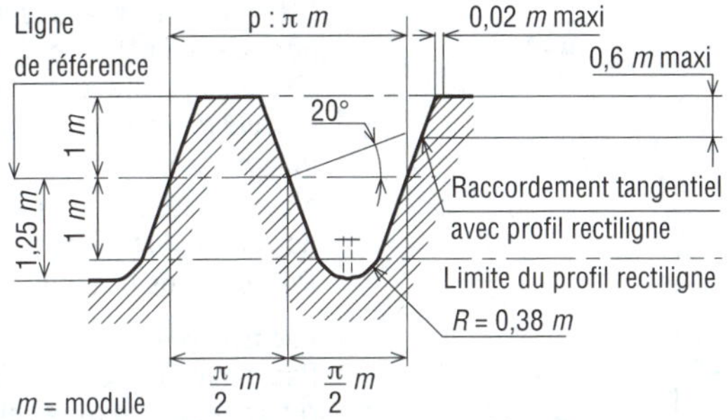

Une roue de diamètre primitif donné est ***dite à denture normale,*** si elle est engendrée par une ***crémaillère*** dont la ligne de référence est tangente au cercle primitif. Elle sera ***dite à denture déportée*** si cette tangente n'est pas assurée.

Module (m) :
C'est le quotient du pas par le nombre π (sert de base aux calculs des dimensions des dentures).

VALEUR DES MODULES NORMALISÉS (NF E 23-011)

Principales	Secondaires	Principales	Secondaires	Principales	Secondaires
0,5	0,55	2	2,25	8	9
0,6	0,7	2,5	2,75	10	11
0,8	0,9	3	3,5	12	14
1	1,125	4	4,5	16	18
1,25	1,375	5	5,5	20	22
1,5	1,75	6	7	25	-

Les modules ci-après sont également admis à titre exceptionnel : 0,75 - 3,25 - 3,75 - 6,5

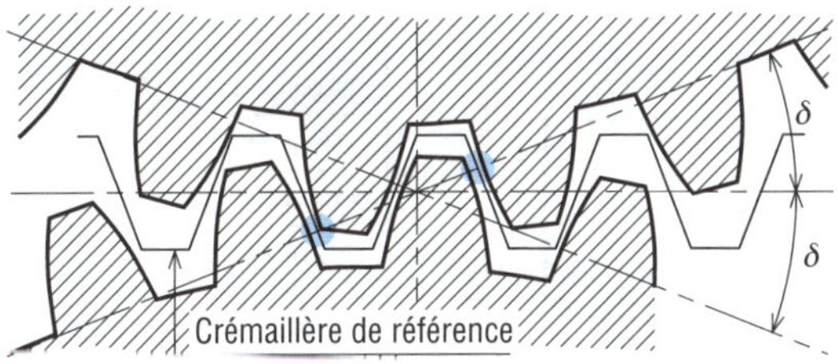

Profil de référence
Les profils des dents peuvent être considérés comme les enveloppes du profil d'une crémaillère de référence dont la ligne primitive roule sans glisser sur le cercle primitif.

Caractéristiques d'une roue cylindrique à denture droite

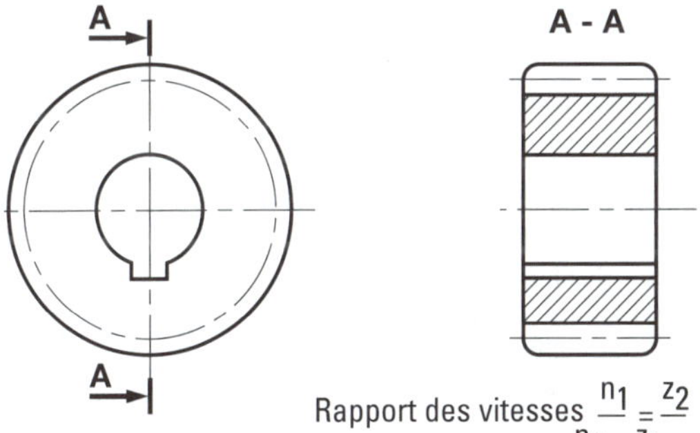

Rapport des vitesses $\frac{n_1}{n_2} = \frac{z_2}{z_1}$

Désignation	Symbole	Formule
Module	m	déterminé par la résistance des matériaux puis choisi dans le tableau
Nombre de dents	z	fonction des rapports de vitesse
Diamètre primitif	d	$d = mz$
Diamètre de tête	d_a	$d_a = d + 2m$
Diamètre de pied	d_f	$d_f = d - 2{,}5\,m$
Saillie	h_a	$h_a = m$
Creux	h_f	$h_f = 1{,}25\,m$
Hauteur de la dent	h	$h = 2{,}25\,m$
Pas	p	$p = m\pi$
Largeur denture	b	$b = 10\,m$
Entraxe	a	$a = \frac{d1 + d2}{2}$

ENGRENAGES À DENTURE HÉLICOÏDALE

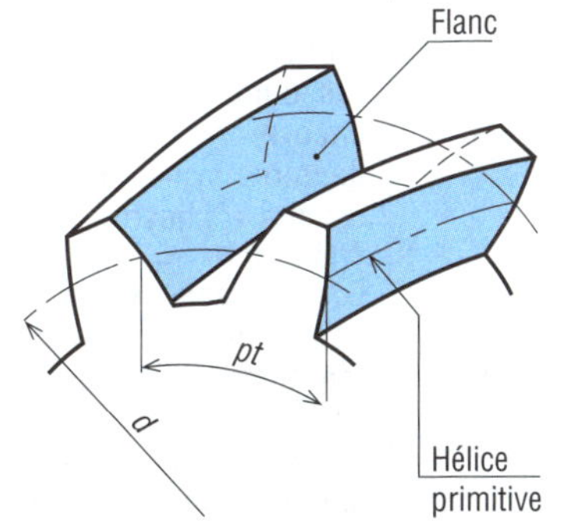

Caractéristiques d'une roue cylindrique à denture hélicoïdale : Il s'agit de roues cylindriques dont les lignes de flancs sont des hélices.

Hélice primitive de référence
Intersection d'un flanc avec le cylindre primitif de référence d'une roue hélicoïdale. Cette hélice est enroulée à droite ou à gauche.

Pas apparent (pt)
Longueur de l'arc du cercle primitif compris entre deux profils homologues consécutifs (voir coupe A page suivante), le module correspondant est le module apparent mt qui est égal au quotient du diamètre primitif d par le nombre de dents z ; on a donc les relations :

$d = mt \bullet z$ et $pt = mt \bullet \pi$

ENGRENAGES À DENTURE HÉLICOÏDALE

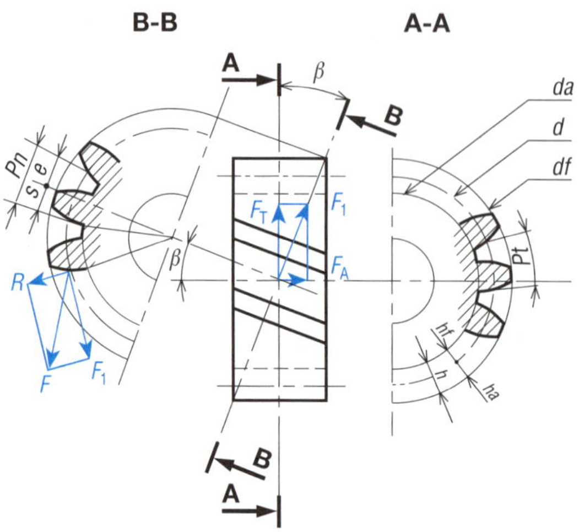

Pas réel (Pn)

C'est le pas mesuré sur une hélice normale à l'hélice primitive (voir coupe *B*) ; le module correspondant est le module réel *mn* ; on a donc la relation :

$Pn = mn \bullet \pi$

d'autre part, le pas réel étant la projection sur le plan BB du pas apparent, on a : $Pn = p^t \bullet \cos\beta$ et $mn = mt \times \cos\beta$

Pas hélicoïdal (pz)

Pas hélicoïdal de l'hélice primitive de référence d'une roue hélicoïdale.

Angle d'hélice (β)

Angle d'hélice de l'hélice primitive de référence d'une roue hélicoïdale

Module apparent (mt)

Quotient du pas apparent par le nombre π, ou quotient du diamètre primitif par le nombre de dents.

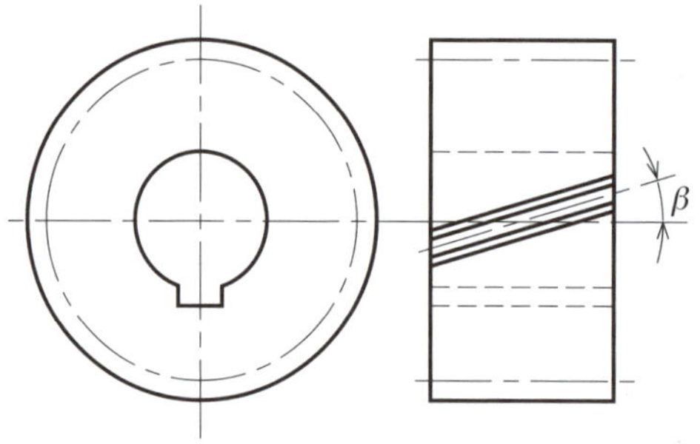

Caractéristiques d'une roue cylindrique à denture hélicoïdale à axes parallèles

L'inclinaison de la denture permet un engrènement progressif ; le nombre de dents en prise est important, d'où continuité de l'entraînement bien assurée. Il en résulte une transmission plus douce, plus silencieuse qu'avec les roues à denture droite. Cependant l'inclinaison de cette même denture provoque une poussée axiale égale à $F_A = F_T \cdot \tan \beta$, d'où la nécessité de paliers et de butées.

Désignation	Symbole	Formule
Module réel	*mn*	Déterminé par la résistance des matériaux puis choisi dans le tableau
Nombre de dents	*z*	Déterminé à partir du rapport des vitesses $\frac{nA}{nB} = \frac{zB}{zA}$
Angle d'hélice	ß	
Sens de l'hélice		à droite ou à gauche
Module apparent	*mt*	$mt = mn/\cos \beta$
Pas apparent	*pt*	$pt = mt\ \pi$
Pas réel	*Pn*	$Pn = mn\ \pi$
Pas de l'hélice	*Pz*	$Pz = \pi d \text{ cotan } \beta$
Saillie	*ha*	$ha = mn$
Creux	*hf*	$hf = 1{,}25\ mn$
Hauteur de la dent	*h*	$h = 2{,}25\ mn$
Diamètre primitif	*d*	$d = mt\ z$
Diamètre de tête	*da*	$da = d + 2\ mn$
Diamètre de pied	*df*	$df = d - 2{,}5\ mn$
Entraxe	*a*	$a = \frac{d1 + d2}{2}$
Largeur denture	*b*	$b \geqslant \frac{\pi \bullet mn}{\sin \beta}$

Roues à chevrons

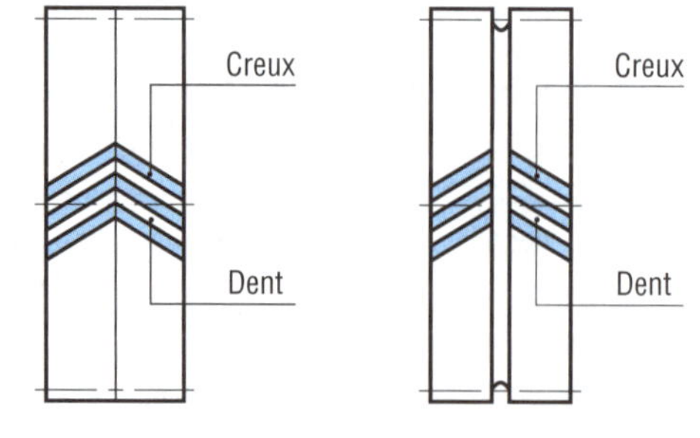

On peut neutraliser la gênante poussée axiale en employant sur chacun des arbres deux roues hélicoïdales à dentures d'inclinaisons inverses ou mieux encore, une seule roue dotée des deux dentures symétriques. La roue obtenue est dite à “chevrons”.

Utilisation

Les engrenages à denture hélicoïdale sont utilisés lorsqu'on recherche un fonctionnement silencieux (boîtes de vitesses d'automobiles...), un très bon rendement (réducteurs de vitesses...) ou une transmission exempte de vibrations (grande vitesse de rotation...).

18.3.2. ENGRENAGES À AXES CONCOURANTS

CARACTÉRISTIQUES

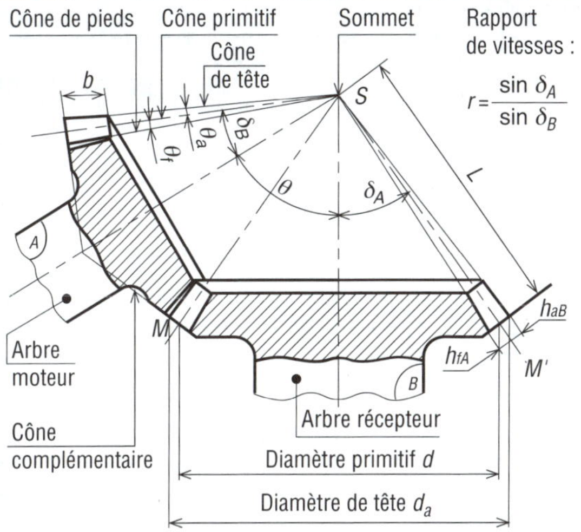

Cône primitif : cône décrit par l'axe instantané *SM* du mouvement relatif de la roue conjuguée par rapport à la roue considérée.

Cône de tête (de pied) : surface de tête (de pied) d'une roue conique.

Cône complémentaire (externe, moyen, ou interne) cône dont les génératrices sont perpendiculaires à celles du cône primitif à l'extrémité (externe, au milieu ou interne) de la largeur de la denture.

Largeur de denture (b) : largeur de la partie dentée de la roue, mesurée suivant une génératrice du cône primitif de référence.

Diamètre primitif (d) : diamètre du cercle d'intersection du cône primitif de référence et du cône complémentaire externe.

Creux* hf *(saillie* ha*) : distance mesurée entre le cercle de pied (de tête) et le cercle primitif suivant une génératrice du cône complémentaire externe.

***Pas* (p)** : longueur de l'arc de cercle primitif compris entre les deux profils homologues consécutifs.

Hauteur d'une dent : distance entre le cercle de tête et le cercle de pied, mesurée suivant une génératrice du cône complémentaire ; ($ha + hf = h = 2,25\ m$).

ENGRENAGES CONIQUES DROITS (COUPLE ①, ②)

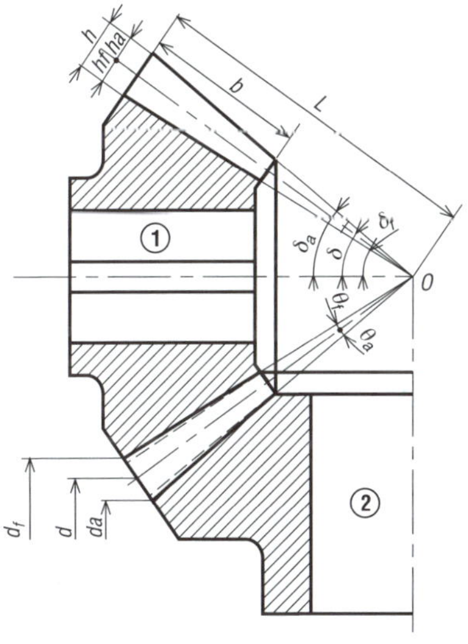

Désignation	Symbole	Formule
Module	m	Calculé par la RDM et choisi dans le tableau des modules normalisés
Nombre de dents	z	Calculé à partir du rapport des vitesses $\frac{nA}{nB} = \frac{z_B}{z_A}$
Largeur denture	b	$b = K \cdot m$ avec $4 \leq k \leq 6$
Diamètre primitif	d	$d = mz$
Angle primitif	δ	
Saillie	h_a	$h_a = m$
Creux	h_f	$h_f = 1,25\ m$
Hauteur de la dent	h	$h = 2,25\ m$
Diamètre de tête	d_a	$da_1 = d_1 + 2\ m \cos \delta$; $db_2 = d_b + 2\ m \cos \delta$
Diamètre de pied	d_f	$df_1 = d - 2,5\ m \cos \delta$; $df_2 = d - 2,5\ m \cos \delta$
Angle de saillie	θ_a	$tg\ \theta a_1 = \frac{m}{L}$; $tg\ \theta a_2 = \frac{m}{L}$
Angle de creux	θ_f	$tg\ \theta f = \frac{1,25\ m}{L}$
Angle de tête	δa	$\delta a_1 = \delta_1 + \theta a$; $\delta a_2 = \delta_2 + \theta a$
Angle de pied	δf	$\delta f = \delta_1 - \theta f$; $\delta f_2 = \delta_2 - \theta f$
Longueur géné. primitive	L	$L = \frac{d}{2 \sin \delta}$

18.3.3. ENGRENAGES GAUCHES

ENGRENAGE CYLINDRIQUE À DENTURE HÉLICOÏDALE À AXES ORTHOGONAUX

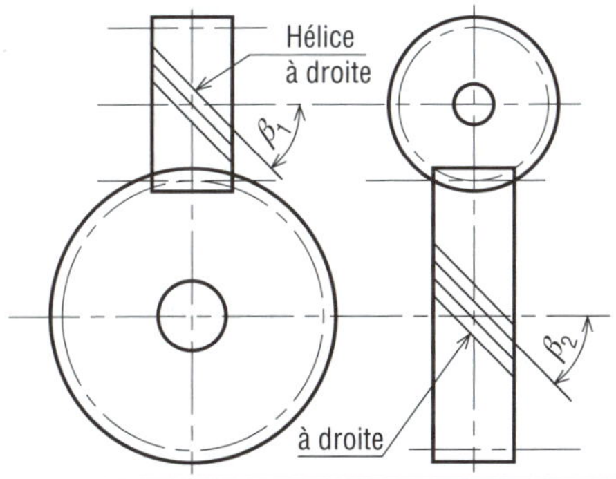

Ce sont des engrenages où l'axe du pignon et celui de la roue ne se rencontrent pas et forment un angle θ quelconque entre eux.

C'est le cas particulier des engrenages à axes parallèles dont l'angle $\theta = \beta_1 + \beta_2 = 90°$. Ils se différencient par leurs :

- inclinaisons complémentaires ($\beta_1 + \beta_2 = 90°$)
- pas et modules apparents égaux si $\beta_1 = \beta_2$.
- hélices primitives de même sens.

ROUE ET VIS SANS FIN

Le système roue-vis sans fin est un engrenage gauche constitué d'une vis et d'une roue à vis conjuguée. La vis peut être à un ou plusieurs filets.

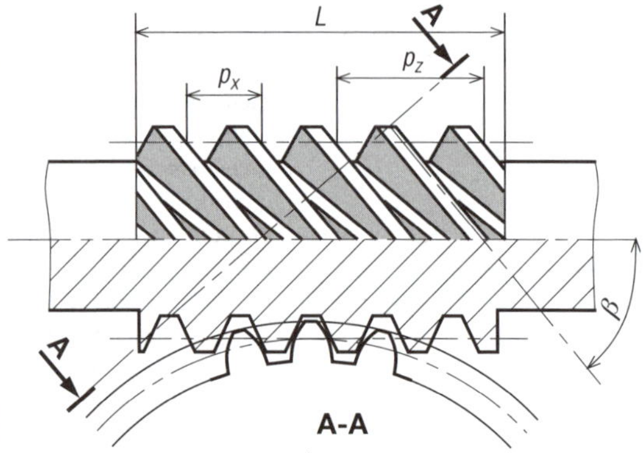

Rapport des vitesses

$$\frac{N1}{N2} = \frac{z2}{z1}$$

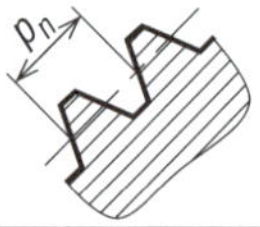

Vis

Désignation	Symbole	Formule
Nombre de filets	z	
Angle d'hélice	$ß$	
Sens de l'hélice		à droite ou à gauche
Module réel	mn	
Module axial	mx	$mx = mn/\cos ß$
Pas réel	Pn	$Pn = mn\ \pi$
Pas axial	Px	$Px = pn/\cos ß$
Pas de l'hélice	Pz	$Pz = px.z$
Diamètre primitif	d	$d = \frac{mn.Z}{\sin ß}$ $d = Pz/\pi\tan$ P
Diamètre extérieur	d_a	$d_a = d + 2\ mn$
Diamètre intérieur	d_f	$d_f = d - 2{,}5\ mn$
Longueur de la vis	L	$L = 4$ à $6\ p$

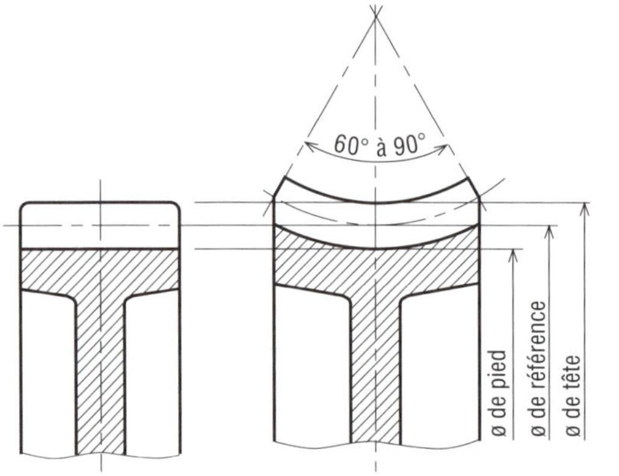

Roue cylindrique **Roue creuse**

Roues

Le profil de la denture des roues est le conjugué du profil de la vis dans le mouvement de l'une par rapport à l'autre.

Les caractéristiques de la roue conjuguée sont similaires à celles d'une roue hélicoïdale.

La roue peut être cylindrique (faibles efforts), ou creuse (efforts plus importants).

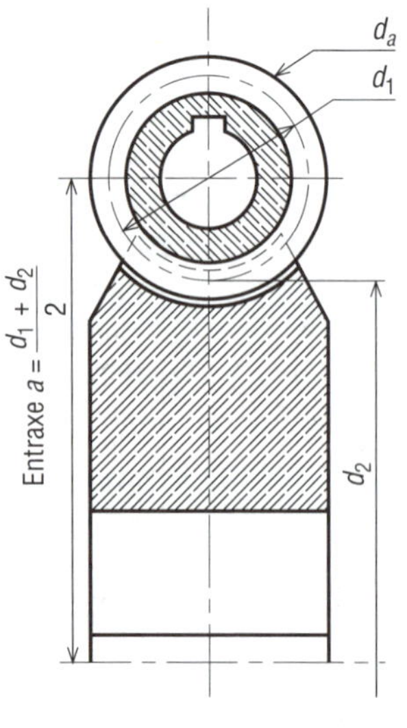

Montage roue et vis sans fin

L'engrènement de la roue et de la vis sans fin est assuré lorsque ses deux éléments ont le même angle d'hélice *ß* et le même module axial *mx*.

Propriétés

- Réduction importante du rapport de vitesse.
- Rendement faible. Les frottements sont d'autant plus élevés que l'inclinaison du filet est faible.
- Le système est irréversible (propriété souvent utilisée) lorsque l'inclinaison au filet est faible, l'importance des frottements freine l'entraînement de la vis par la roue.
- La surface de contact entre la roue et la vis est faible et la pression sur celle-ci est forte ; ***la vis creuse*** est une solution pour mieux absorber cette pression.

18.4. MÉTHODES DE REPRÉSENTATION DES ENGRENAGES

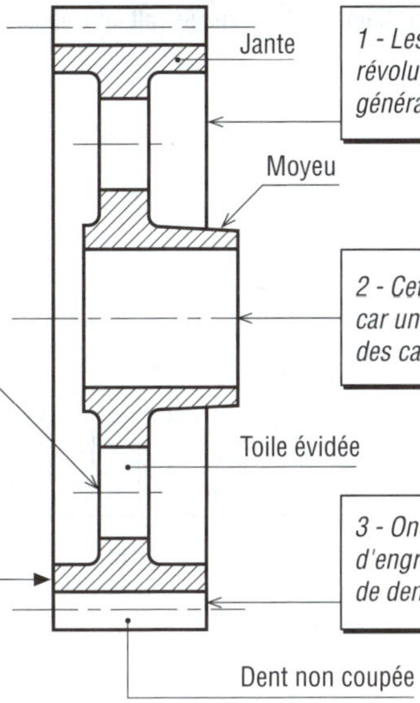

1 - Les engrenages étant de révolution, une seule vue suffira généralement à les définir complètement.

2 - Cette vue sera souvent une coupe car une roue possède dans la plupart des cas un moyeu alésé.

3 - On ne coupe jamais une dent d'engrenage, même lorsque le nombre de dents est impair.

4 - Cependant on est parfois amené à faire une seconde vue quand la forme du moyeu le nécessite.

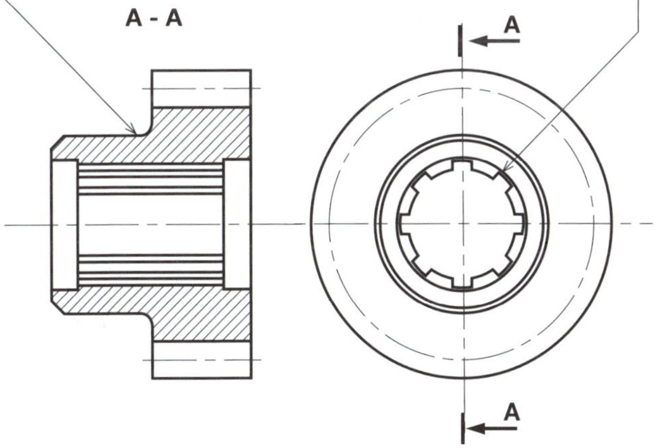

5 - Les roues se construisent en XC 35 à XC 65 pour supporter des efforts moyens.

6 - En 12 NC 12 pour les efforts importants, en 12 CD 4 pour la résistance aux chocs, en 45 C4 pour la résistance à l'usure.

7 - Les engrenages peuvent aussi être en acier moulé, en fonte, en bronze, en alliage léger, en matière plastique, etc.

8 - Une roue dentée présente à sa partie centrale ou moyeu un alésage muni,soit d'une rainure de clavette, soit de cannelures assurant la liaison arbre-roue.

9 - La partie de la roue qui porte la denture est appelée jante.

10 - Le moyeu peut être relié à la jante par une toile évidée ou non, ou des bras pour les roues de grand diamètre.

11 - Sur les pignons (roue de petits diamètres) la liaison entre la jante et le moyeu n'est pas distincte.

18.5. COTATION D'UN ÉLÉMENT D'ENGRENAGE

La cotation d'un élément d'engrenage doit faire apparaître :

1 - Les cotes fonctionnelles issues de l'étude du dessin d'ensemble.

2 - La cotation permettant le tournage de la pièce avant taillage.

3 - La rectification éventuelle et le façonnage du moyeu (mortaissage, brochage, etc).

4 - Les dimensions de taillage. Le diamètre primitif, le module, le nombre de dents seront indiqués en nota.

5 - Les tolérances dimensionnelles, de forme et de position.

6 - Les indications de rugosité de surfaces.

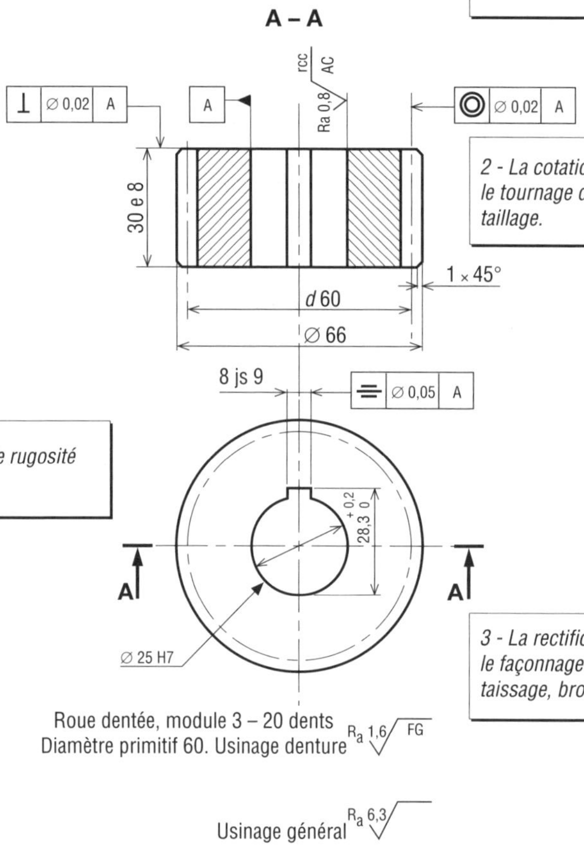

Cotation d'un élément d'engrenage

TOLÉRANCES DES ENGRENAGES À AXES PARALLÈLES

12 classes de précision (de 1 à 12) sont définies par la norme.

Le tableau ci-dessous précise les intervalles de tolérances de 4 à 12 (IT) des différentes dimensions de l'engrenage, la tolérance d'entraxe ± Fa ainsi que la précision (µm) d'inclinaison des axes des deux engrenages parallèles.

Désignation : la classe de précision est suivie de deux lettres définissant les écarts limités pour les tolérances d'épaisseur de dent selon la norme NF E 23-006.

Classe de précision		4	5	6	7	8	9	10	11	12
Ecart sur diamètre alésage		IT 4	IT 5	IT 6	IT 7	IT 7	IT 8	IT 8	IT 8	IT 8
Ecart sur diamètre arbre		IT 4	IT 5	IT 5	IT 6	IT 6	IT 7	IT 7	IT 8	IT 8
Ecart sur diamètre de tête		IT 7	IT7	IT 8	IT 8	IT 8	IT 9	IT 9	IT 11	IT 11
Fa		1/2 IT 6	1/2 IT 7		1/2 IT 8		1/2 IT 9		1/2 IT 11	
Inclinaison	Largeur de denture									
$F\Sigma\delta = \lvert \overline{A_2''A_2'} \rvert$	$b \leqslant 40$	6	8	10	12	20	32	50	80	125
	$40 < b \leqslant 100$	8	10	12	16	25	40	63	100	160
(µm)	$100 < b \leqslant 160$	10	12	16	20	32	50	80	125	200
Déviation $F\Sigma\beta = \underline{1}$ $F\Sigma\delta = A_2'' A_2$										

18.6. RENSEIGNEMENTS À FOURNIR POUR LE TAILLAGE

NF E 23-016 ET NF E 23-018

Indications à inscrire sur le dessin

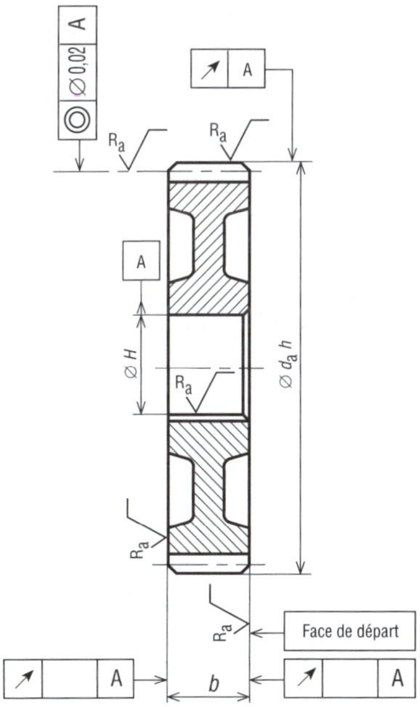

- Diamètre de tête et tolérance.
- Largeur de denture.
- Diamètre d'alésage et tolérance (ou diamètre des portées de l'arbre et tolérance).
- Face de départ.
- Etat de surface des flancs et, éventuellement de la surface du pied et des flancs de raccord.

Indications à inscrire dans le tableau

Caractéristiques de la denture	
Module	
Angle de pression	20 °
Nombre de dents	
Crémaillère de référence	**NF E 23**-011
Angle d'hélice	
Sens de l'hélice	
Diamètre primitif de référence	
Coefficient de déport	
Epaisseur de dent : mesure sur k dents (k = 6)	
Classe de précision	
Entraxe	
Roue conjuguée	Z = plan N°
Matière	
Indications complémentaires	

18.7. ENGRENAGES - Dessins d'ensemble ISO 2203

ENGRENAGE EXTÉRIEUR DE ROUES CYLINDRIQUES

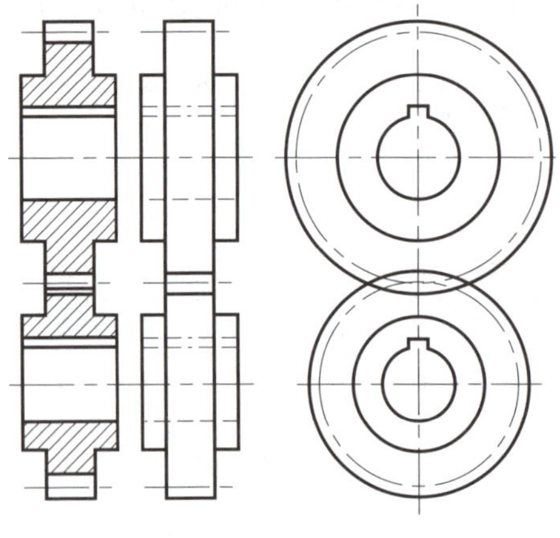

ENGRENAGE GAUCHE HÉLICOÏDAL

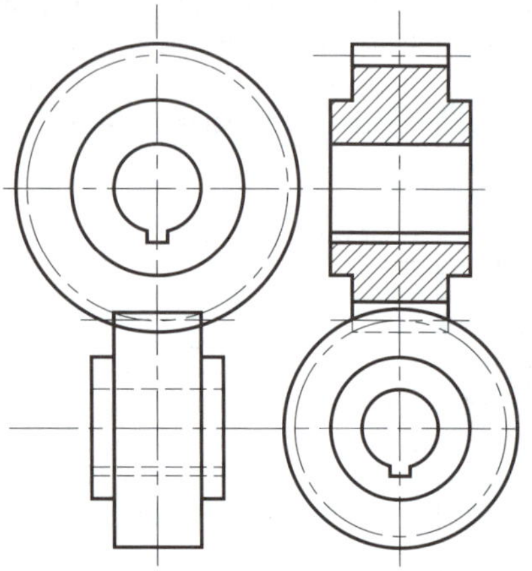

ENGRENAGE INTÉRIEUR DE ROUES CYLINDRIQUES

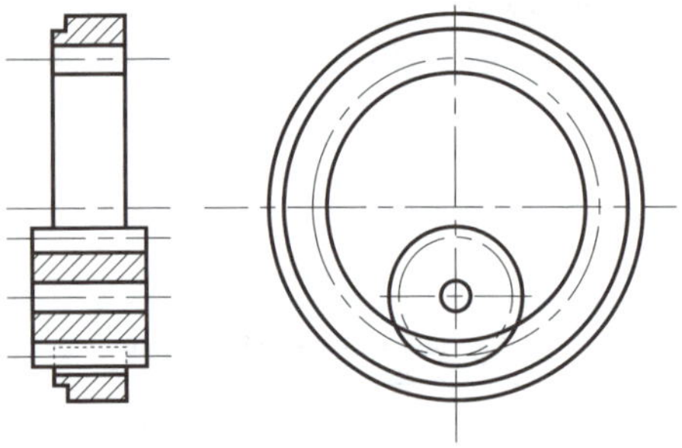

ENGRENAGE EXTÉRIEUR DE ROUES CONIQUES

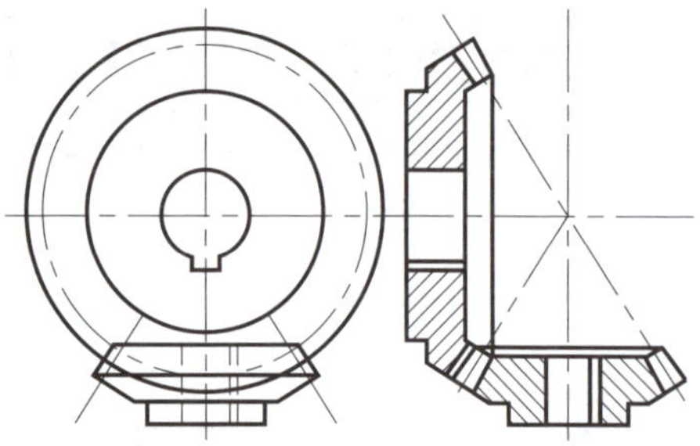

ENGRENAGE DE ROUE AVEC CRÉMAILLÈRE

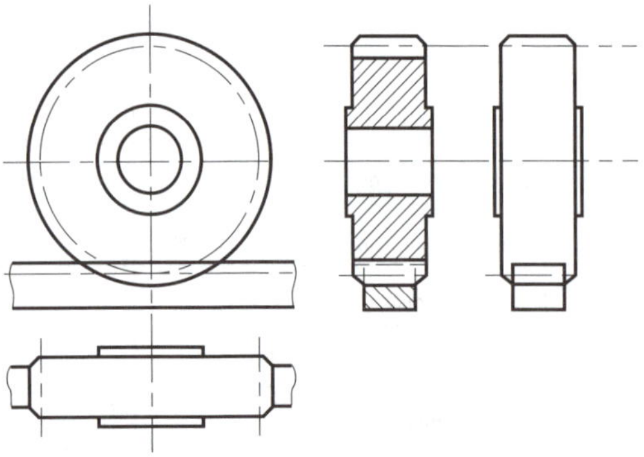

ENGRENAGE ROUE ET VIS SANS FIN

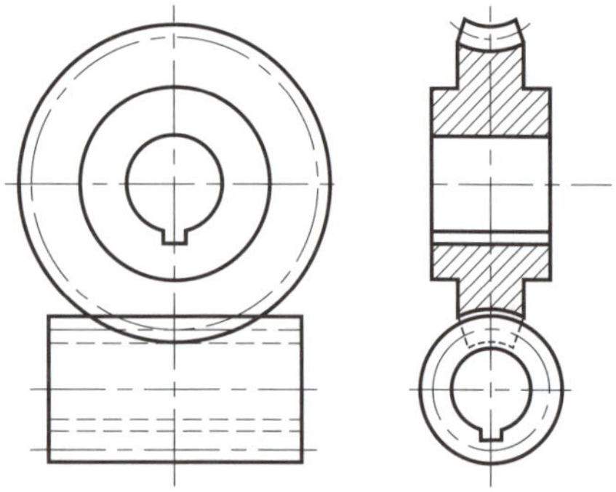

19. RESSORTS

NF EN 25-101/ ISO 2162

Un ressort, soumis à un effort (compression, traction...) engendrant une déformation, retrouve sa position initiale dès l'annulation de cet effort.

Il est implanté dans un système pour :

- assurer un mouvement autour d'une position donnée (mouvements d'horlogerie) ;
- limiter des efforts (micromètre...) ;
- rattraper un jeu dû à l'usure (glissières...) ;
- compenser une dilatation due à un échauffement ;
- amortir des vibrations (suspension de véhicule...) ;
- provoquer le contact constant d'une pièce avec une autre (soupape de sureté...).

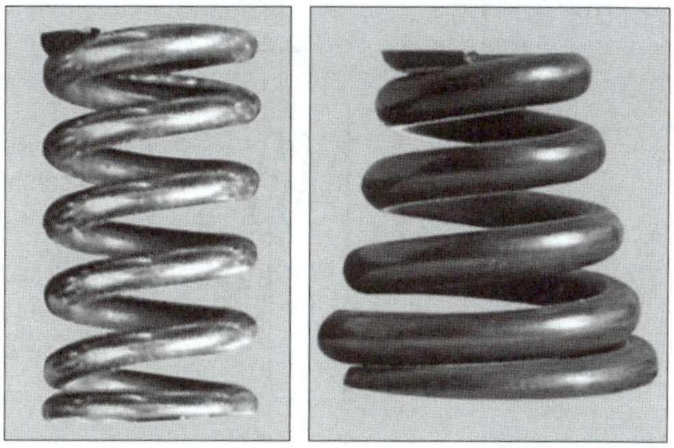

Photos : VANEL

DIMENSIONS

Les caractéristiques des ressorts, portées sur le dessin, sont déterminées par la résistance des matériaux.

Conditions à satisfaire pour les :

- ***ressorts roulés à froid :***

∅ du fil $d \leqslant 5$ mm

∅ intérieur du ressort $D_i \geqslant 3{,}5\ d$

- ***ressorts roulés à chaud :***

∅ du fil $d > 5$ mm

∅ intérieur du ressort $D_i \geqslant 2{,}5\ d$

MATIÈRES

Matière	Nuances
Aciers d'usage courant	XC 48, XC 65, XC 80, XC 100
Aciers spéciaux	46 S 7, 56 SC 7, 45 SCD 6, 45 C 4
Aciers autotrempants	51 CDV 4, 38 NCD 16
Acier inoxydable	Z 15 C 13
Bronzes	Cu Sn 8 P, Cu Sn 9 P
Maillechorts	Cu Zn 22 N 18, Cu N 26 Zn 17
Cupro-silicium	Cu Si 3 Mn
Cupro-bérylium	Cu Be 2

19.1. RESSORTS DE COMPRESSION

		En vue de face	En coupe	Schématisation
DÉSIGNATION	Ressort cylindrique de compression en fil de section ***circulaire***.	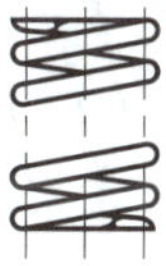	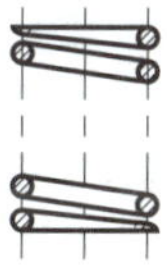	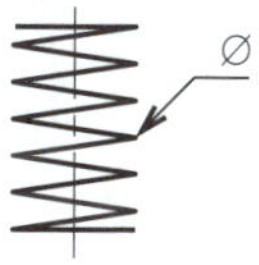
	Ressort cylindrique de compression en fil de section ***rectangulaire***.	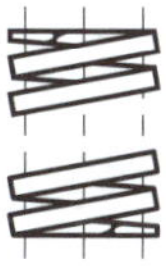	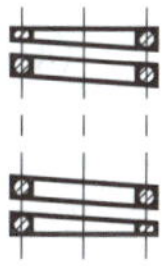	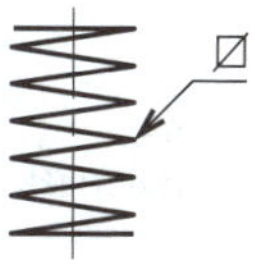
	Ressort conique de compression en fil de section ***circulaire***.	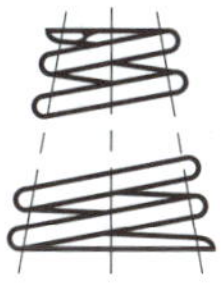	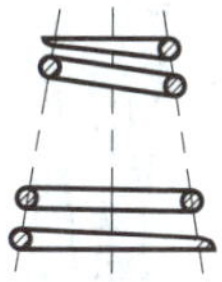	
	Ressort en ***volute***.		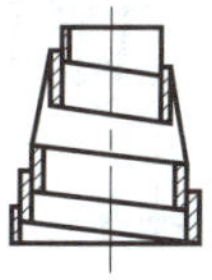	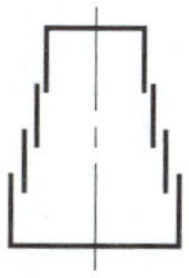

Ressorts de compression

ÉLÉMENTS DE CALCUL

Diagramme de charge

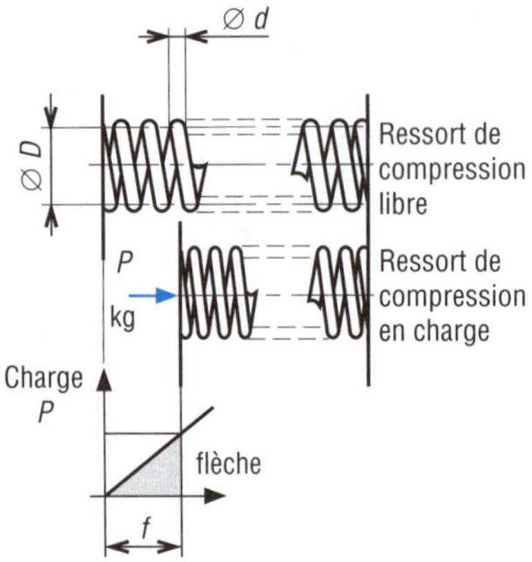

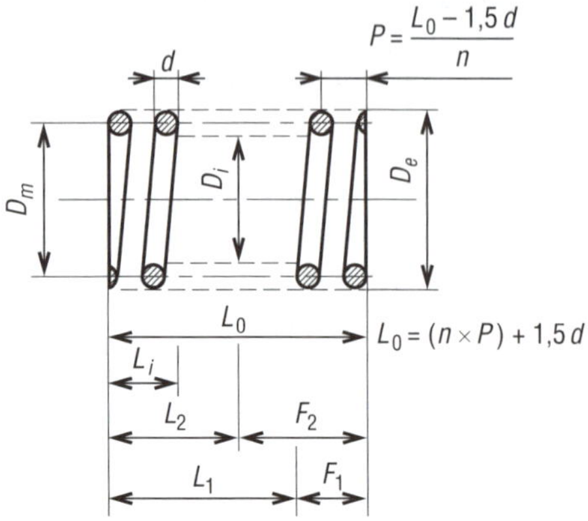

Longueur du fil développé :

$\approx \pi (D_i + d) . n$

CARACTÉRISTIQUES DIMENSIONNELLES

Diamètre du fil = d	Pas = P	Longueur L_1 sous charge = P_1
Diamètre extérieur = D_e	Nombre de spires utiles = n	Longueur L_2 sous charge = P_2
Diamètre intérieur = D_i	Nombre total de spires = nt	Flèche sous charge = P_1
Longueur état libre = L_0		Flèche sous charge = P_2

DISPOSITIONS CONSTRUCTIVES

Guidages intérieur ou extérieur

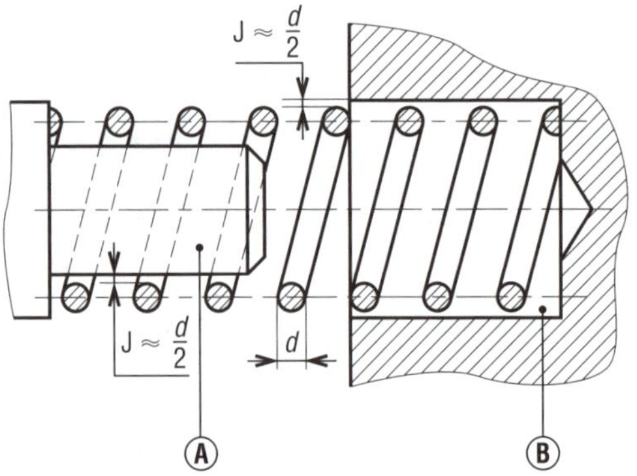

Ⓐ : guidage sur l'arbre
Ⓑ : guidage dans l'alésage
Dans les deux cas le flambage est neutralisé.

Le sens d'enroulement pour un ressort employé seul est indifférent.

Sens d'enroulement

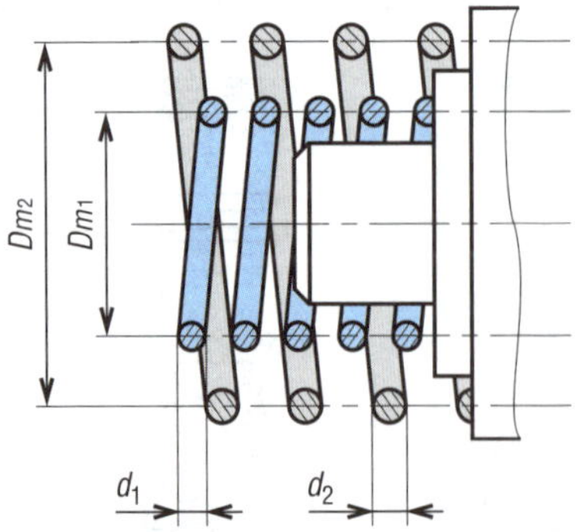

L'emploi de deux ressorts concentriques implique de préciser le sens d'enroulement de chacun d'eux. Ce type de montage évite le chevauchement des spires des ressorts et présente l'avantage de supprimer la sollicitation à la rotation des pièces d'appui.

19.2. RESSORTS DE TRACTION

Le matériau du ressort est sollicité à la torsion pour la partie active, et en flexion sur une portion du crochet.

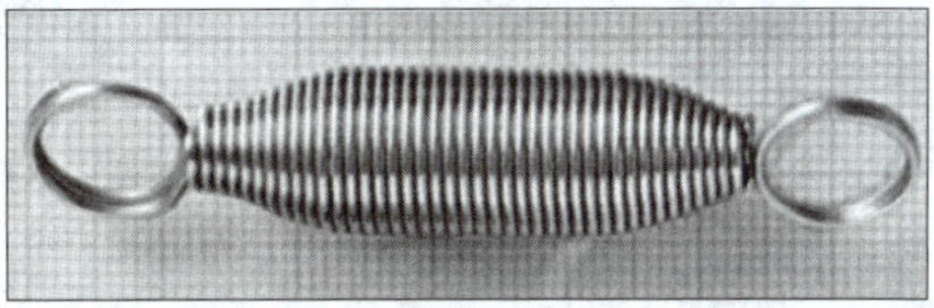

Photo : VANEL

DÉSIGNATION

	En vue de face	En coupe	Schématisation
Ressort cylindrique de traction en fil de section ***circulaire***.	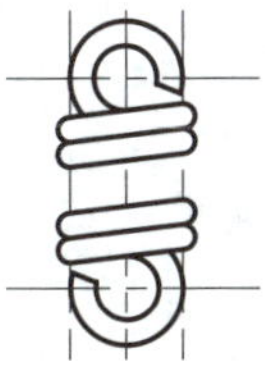	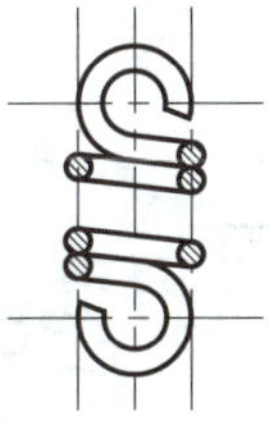	
	Suivant l'accrochage, la forme et l'orientation de l'extrémité du ressort peuvent être différentes (la spire ouverte est économique).		
Ressort cylindrique de traction en fil de section circulaire (***spires perpendiculaires entre elles***).		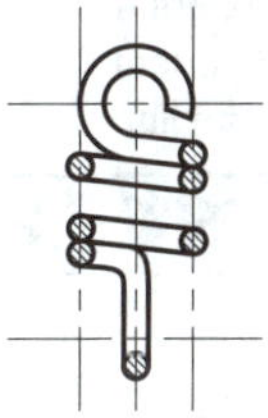	

ÉLÉMENTS DE CALCUL

Diagramme de charge

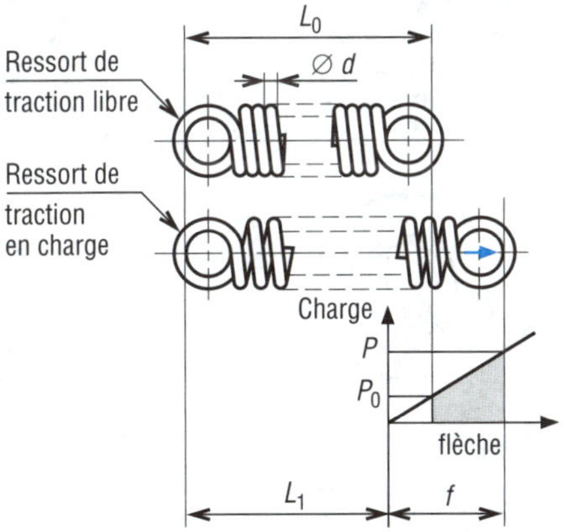

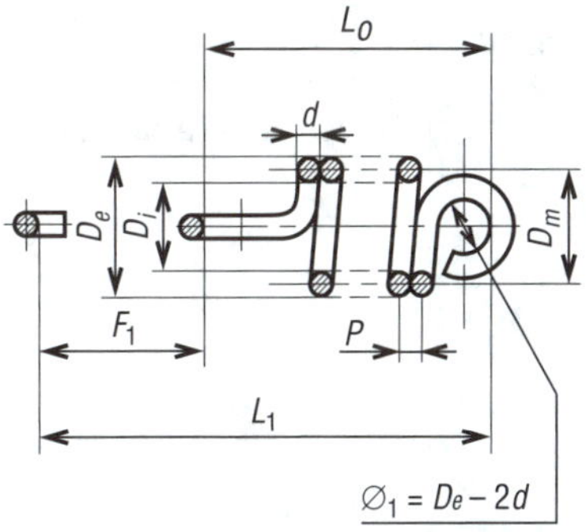

CARACTÉRISTIQUES DIMENSIONNELLES

Diamètre du fil = d	Pas = P	Longueur L_1 sous charge = P_1
Diamètre extérieur = D_e	Nombre de spires utiles = n	Longueur L_2 sous charge = P_2
Diamètre intérieur = D_i	Nombre total de spires = nt	Flèche sous charge = P_1
Longueur état libre = L_o		Flèche sous charge = P_2

CARACTÉRISTIQUES DE CONSTRUCTION

$D_e \geqslant 7$ à $8\,d$

Condition d'enroulement à froid : $d \leqslant 5$ mm et $D_e \geqslant 5\,d$

Flexibilité mm/N = $\dfrac{L_1 - L_2}{P_2 - P_1}$

Raideur N/mm = $\dfrac{P_2 - P_1}{L_1 - L_2}$

19.3. RESSORTS DE TORSION

		En vue de face et en vue de dessus	En coupe	Schématisation
DÉSIGNATION	Ressort cylindrique de torsion en fil de ***section circulaire (enroulement à droite).***	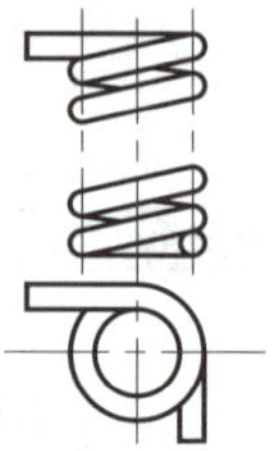	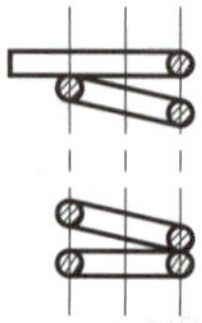	

ÉLÉMENTS DE CALCUL

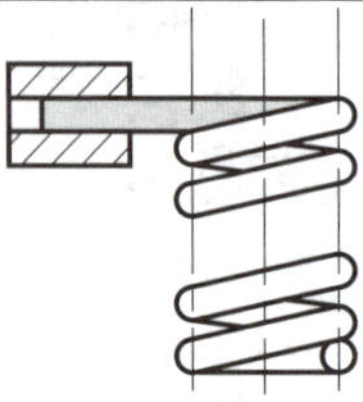

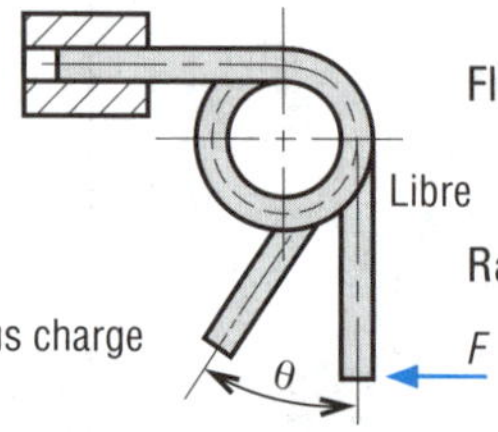

Flexibilité mm/N = $\frac{L_1 - L_2}{P_2 - P_1}$

Raideur N/mm = $\frac{P_2 - P_1}{L_1 - L_2}$

CARACTÉRISTIQUES DIMENSIONNELLES

Diamètre du fil	= d	Pas	= P	Longueur L_1 sous charge	= P_1
Diamètre extérieur	= D_e	Nombre de spires utiles	= n	Longueur L_2 sous charge	= P_2
Diamètre intérieur	= D_i	Nombre total de spires	= nt	Flèche sous charge	= P_1
Longueur état libre	= L_o			Flèche sous charge	= P_2

19.4. RESSORTS SPIRAUX

		En vue de face	Schématisation
DÉSIGNATION	Ressort ***spiral***.		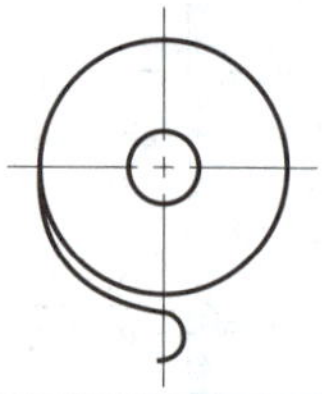
	Ressort ***spiral à barillet***.	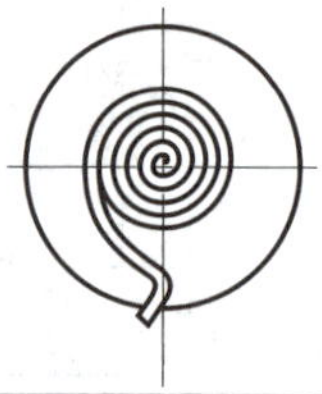	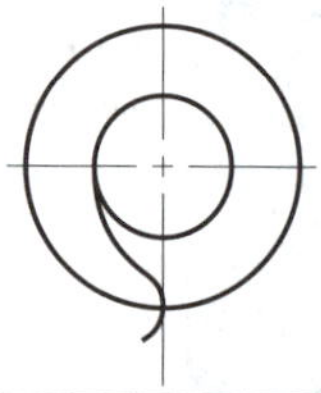

ÉLÉMENTS DE CALCUL

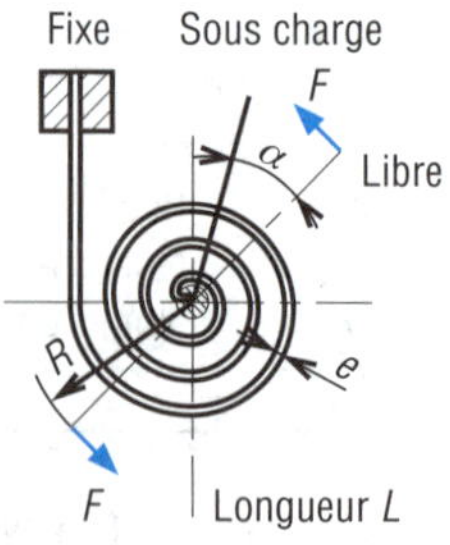

19.5. RESSORTS À LAMES

		En vue de face	Schématique
DÉSIGNATION	Ressort à lames ***sans œil***.		
	Ressort à lames ***avec œil***.		
	Ressort à lames ***sans œil avec bride***.		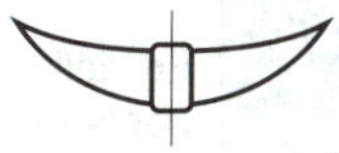
	Ressort à lames ***avec œil et bride***.		
ÉLÉMENTS DE CALCUL			*A* : point fixe *B* : point mobile La longueur de la corde *AB* du ressort peut varier durant la flexion (suspension de voiture).
EXEMPLE DE MONTAGE	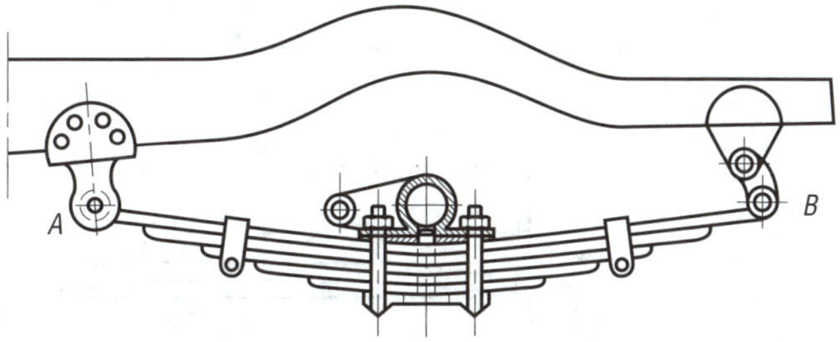		

19.6. RONDELLES ÉLASTIQUES DITES "BELLEVILLE" NF E 25-104

Ces rondelles "dynamiques" sont soumises en service à des cycles compression/détente réalisés à une vitesse et à une fréquence quelconques.

DÉSIGNATION

	En vue de face	En coupe	Schématisation
Rondelle ***ressort seule***.	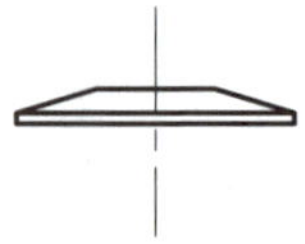		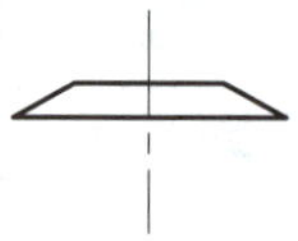
Rondelles "ressort" ***superposées dans le même sens***.	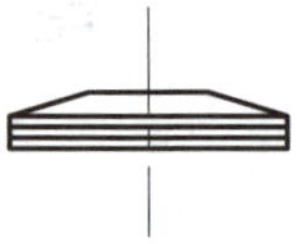	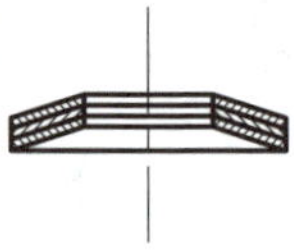	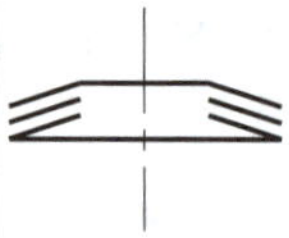
Rondelles "ressort" ***superposées alternativement opposées***.	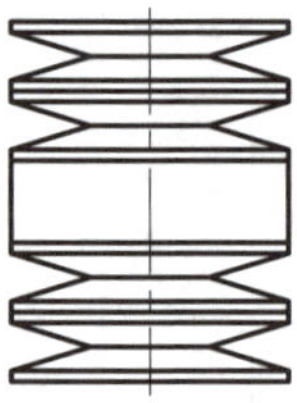	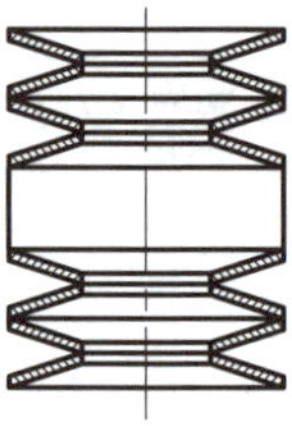	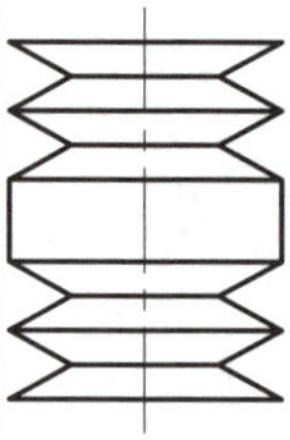

Matière : XC 75 et 50 CV 4

Désignation :
Rondelle ressort ; ∅ de la tige de guidage, suivi de la série et de la norme.
Ex. : Rondelle ressort ∅ 20, 1re série, NF E 25-104.

ÉLÉMENTS DE CALCUL NF E 25-104

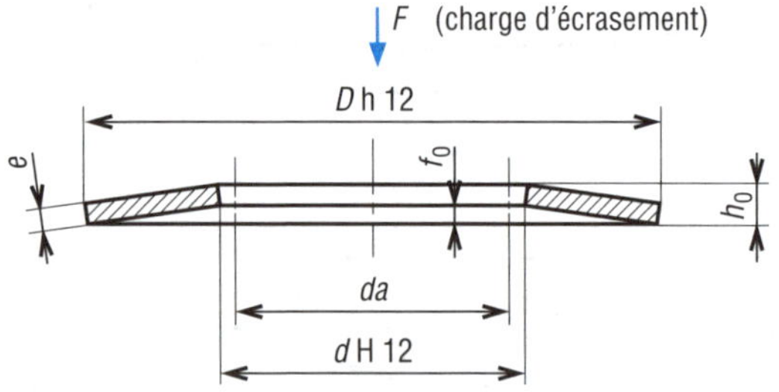

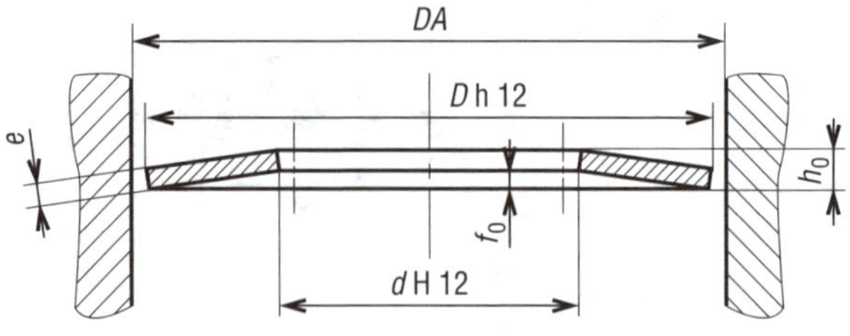

Rondelles élastiques dites "Belleville"

VALEUR DES CHARGES EN FONCTION DES FLÈCHES

Il existe 2 séries				Série épaisse				Série mince			
		da	***DA***	**1re série**				**2e série**			
				$\frac{D}{e} \approx 18$ et $\frac{f_0}{e} \approx 0,4$				$\frac{D}{e} \approx 28$ et $\frac{f_0}{e} \approx 0,75$			
d **H12**	***D*** ***h*12**	**Diamètre des lignes de guidage**	**Diamètre des alésages**	e	f_0	h_0	F_a (daN) pour $\Delta f = 3/4\ f_0$	e	f_0	h_0	F_a (daN) pour $\Delta f = 3/4\ f_0$
4,2	8	4		0,4	0,2	0,60	21	0,3	0,25	0,55	11
5,2	10	5	10,5	0,5	0,25	0,75	32	0,4	0,3	0,70	20
6,2	12,5	6	13	0,7	0,3	1,00	66	0,5	0,35	0,85	29
7,2	14	7	14,5	0,8	0,3	1,10	79	0,5	0,4	0,90	27
8,2	16	8	16,5	0,9	0,35	1,25	101	0,6	0,45	1,05	41
9,2	18	9	18,5	1	0,4	1,40	125	0,7	0,5	1,20	56
10,2	20	10	20,5	1,1	0,45	1,55	152	0,8	0,55	1,35	74
11,2	22,5	11	23	1,25	0,5	1,75	193	0,8	0,65	1,45	71
12,2	25	12	25,6	1,5	0,55	2,05	296	0,9	0,7	1,60	87
14,2	28	14	28,6	1,5	0,65	2,15	286	1	0,8	1,80	111
16,3	31,5	16	32,4	1,75	0,7	2,45	387	1,25	0,9	2,15	191
18,3	35,5	18	36,4	2	0,8	2,80	518	1,25	1	2,25	169
20,4	40	20	41	2,25	0,9	3,15	651	1,5	1,15	2,65	262
22,4	45	22	46	2,5	1	3,50	774	1,75	1,3	3,05	365
25,4	50	25	51	3	1,1	4,10	1197	2	1,4	3,40	470
28,5	56	28	57,2	3	1,3	4,30	1137	2	1,6	3,60	443
31	63	31	64,5	3,5	1,4	4,90	1503	2,5	1,75	4,25	719
36	71	35	72,5	4	1,6	5,60	2049	2,5	2	4,50	671
41	80	40	81,5	5	1,7	6,70	3356	3	2,3	5,30	1052

DIFFÉRENTS MONTAGES

Rondelle montée seule

Charge et flèche correspondant à la rondelle

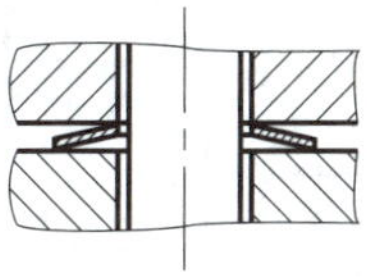

Rondelles montées empilées dans le même sens

Addition des charges

Flèche réduite

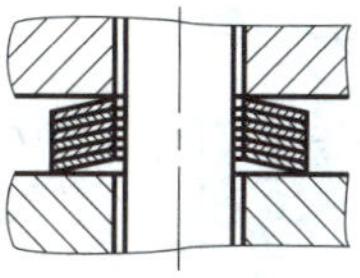

Rondelles montées empilées en sens contraire

Addition des charges et addition des flèches

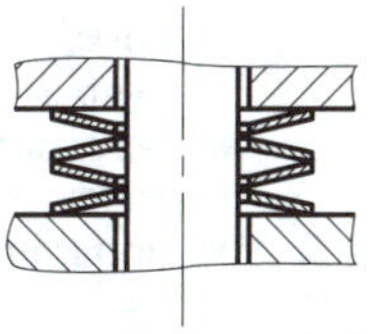

Montage mixte

Addition des charges et des flèches

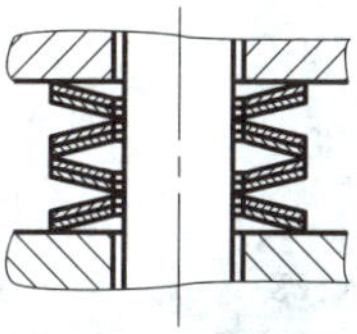

20. CONGÉS, CHANFREINS, GORGES DE RACCORDEMENTS

NF E 22-120 - NF R 94-302

Les congés, les chanfreins et les raccordements permettent de relier les surfaces entre elles et de passer progressivement d'une dimension à une autre (épaisseur ou diamètre...).

CONGÉS ARRONDIS CHANFREINS

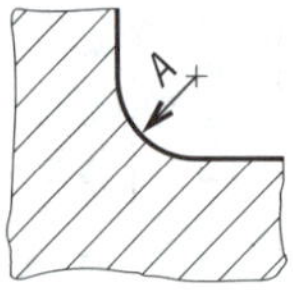

Congé

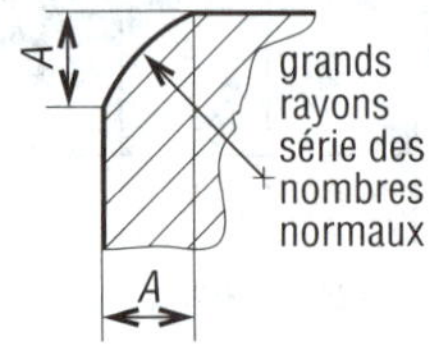

Arrondi

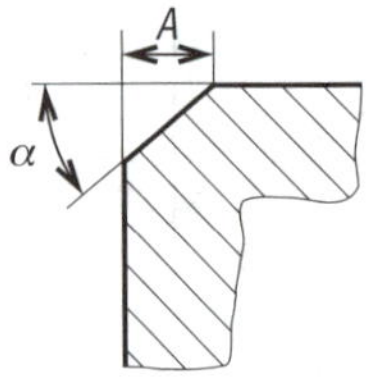

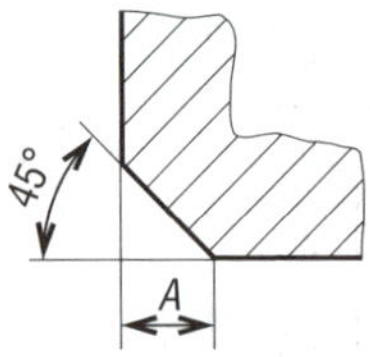

(1) Chanfreins (2)

L'usinage des congés, des arrondis et des chanfreins doit être de qualité et répondre aux exigences de dimensionnement et de tolérancement (voir tableau ci-dessous).

Valeurs recommandées :

- Chanfreins sur alésages (fig. 1) :
  - entrées de filetage → 45° ;
- Chanfreins sur arbres (fig. 2) :
  - ébavurage → 45° ;
  - entrées de pièces → 30°.

Tolérances sur congés et chanfreins				
Valeurs de *A* en mm	0,25 - 0,4 - 0,6 1 - 1,6	2,5 - 3	4 6	10 16
Tolérances mm — Arbres	0 - 0,4	0 - 0,5	0 - 1,0	0 - 2,0
Tolérances mm — Alésages	+ 0,4 0	+ 0,5 0	+ 1,0 0	+ 2,0 0

DÉGAGEMENTS DE RECTIFICATION

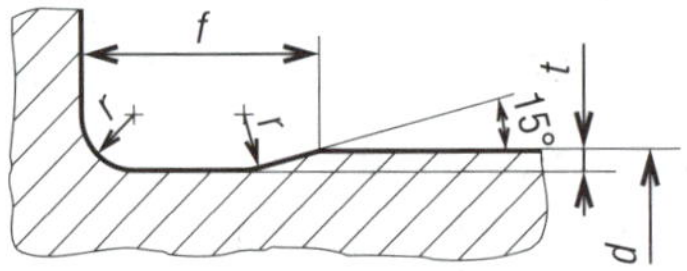

Profil ①

Les dégagements d'outils sont utilisés lors de la rectification d'arbres ou d'alésages épaulés.

Le profil ① s'applique aux pièces où seul le cylindre parallèle à l'axe de la pièce est rectifié (copiage, plongée avec outil de forme).

Tableau des valeurs de *r*, *t* et *f* :

r	0,4	0,8	0,8	1,2	1,2	1,6	2,5	4
t $^{+0,1}_{0}$	0,2	0,2	0,3	0,25	0,4	0,3	0,4	0,5
f	1,7	2,3	2,7	3	3,8	4	5	7

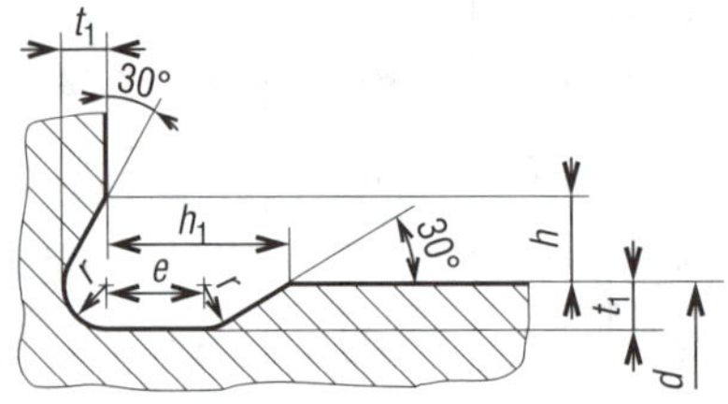

Profil ②

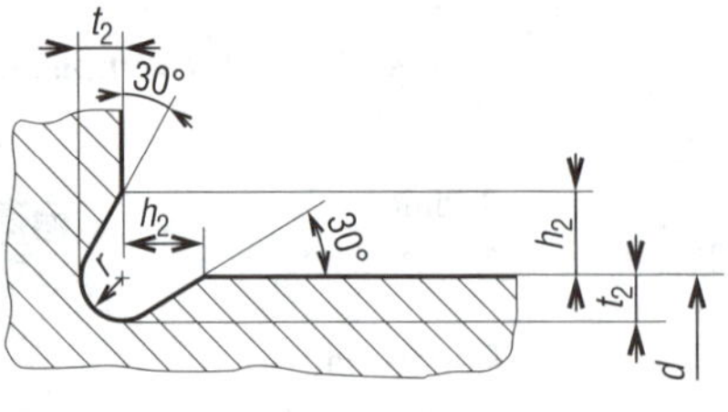

Profil ③

Les profils ② ***et*** ③ s'adressent aux pièces dont le cylindre et la surface perpendiculaires à l'axe sont rectifiés (plongée avec outil de forme).

Une relation entre le plus petit diamètre des pièces, le rayon et la profondeur radiale des gorges est recommandée.

r	t_1 $^{+0,1}_{0}$	t_2 $^{+0,1}_{0}$	*h*	h_1	h_2	*e*
0,4	0,3	0,2	0,55	1,8	0,65	1
0,8	0,4	0,3	1,15	3	1,25	1,65
1,2	0,5	0,4	1,75	4,25	1,80	2,25

DÉGAGEMENT POUR SÉPARATION DE SURFACES À TOLÉRANCES DIFFÉRENTES

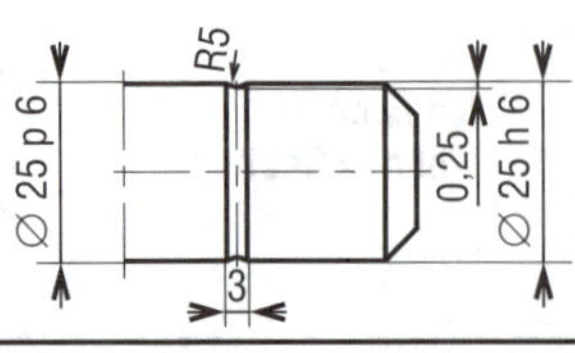

Lorsque deux cylindres doivent être réalisés avec des intervalles de tolérance différents, on les sépare par une gorge. Cependant il peut être avantageux, pour une même pièce, d'unifier les profils et les dimensions.

Congés, chanfreins, gorges de raccordement

CONGÉS DE CONCENTRATION DE CONTRAINTES

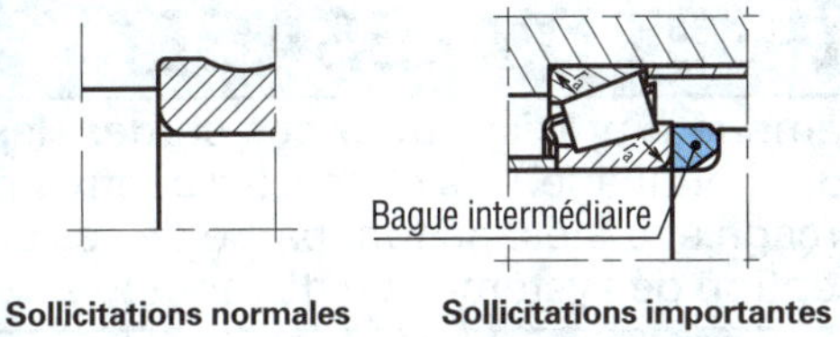

Certains arbres de transmissions sont soumis à de fortes sollicitations (torsion, cisaillement...). Il est alors nécessaire de prévoir un rayon plus important que le rayon ou le chanfrein existant sur la pièce à assembler. Une rondelle munie d'un chanfrein adapté est interposée entre les deux éléments (ici entre la bague intérieure du roulement et l'épaulement de l'arbre).

20.1. SPÉCIFICATIONS DES BORDS DE PIÈCES — ISO 10-135

La forme géométrique des bords de pièces doit être prise en considération pour répondre aux exigences fonctionnelles et de sécurité. La norme définit la zone de l'arête ou zone de tolérance dans laquelle peut s'inscrire la forme réelle du bord de pièce.

BORD EXTÉRIEUR

Interprétation — **Spécifications**

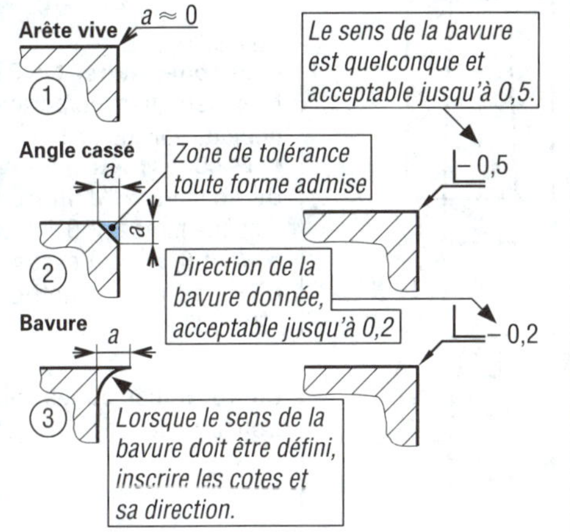

Symbole

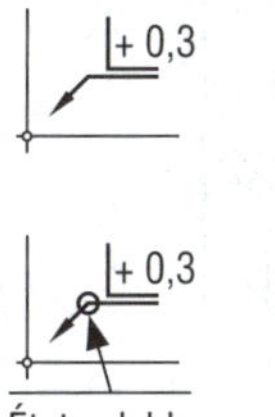

État valable sur le périmètre de la pièce

Positionnement des symboles

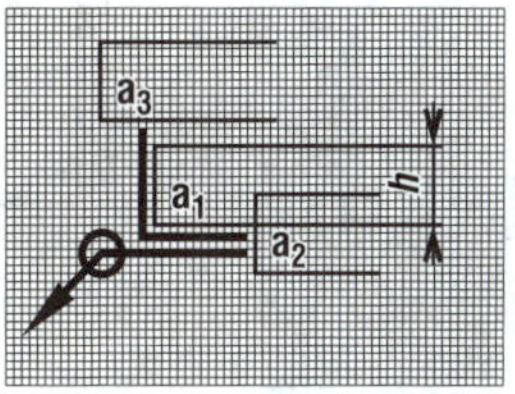

L'arête d'une pièce active est caractérisée par le symbole représenté ci-dessus et les tolérances correspondantes sont à inscrire dans les zones a_1, a_2 ou a_3 comme indiqué sur la grille.

Cote et état de l'arête

Elément de symbole	Interprétation – Bord extérieur	Interprétation – Bord intérieur
+	Arête avec bavure	Arête avec raccordement
–	Arête sans bavure	Arête avec dégagement
±	Arête avec ou sans bavure	Arête avec bavure résiduelle ou avec dégagement

BORD INTÉRIEUR

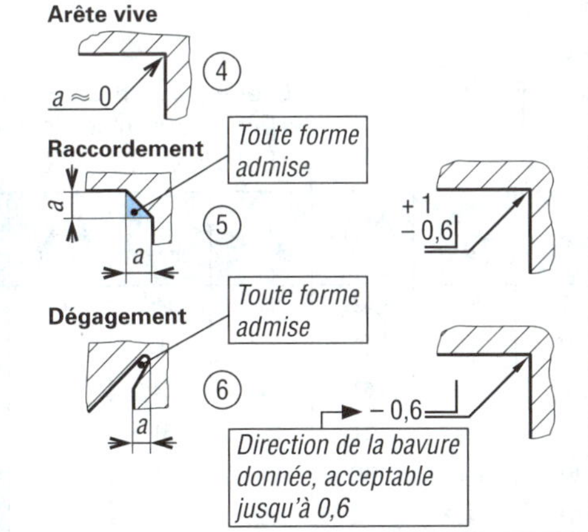

Dimensions recommandées de l'arête *a*

a	+ 2,5	+ 1	+ 0,5	+ 0,3	+ 0,1	+ 0,05	+ 0,02	- 0,02	- 0,05	- 0,1	- 0,3	- 0,5	- 1	- 2,5
Applications	Pour des arêtes avec bavure ou avec un raccordement acceptable					Pour des arêtes vives				Pour des arêtes sans bavure ni dégagement				

EXEMPLES D'APPLICATION DE LA NORME

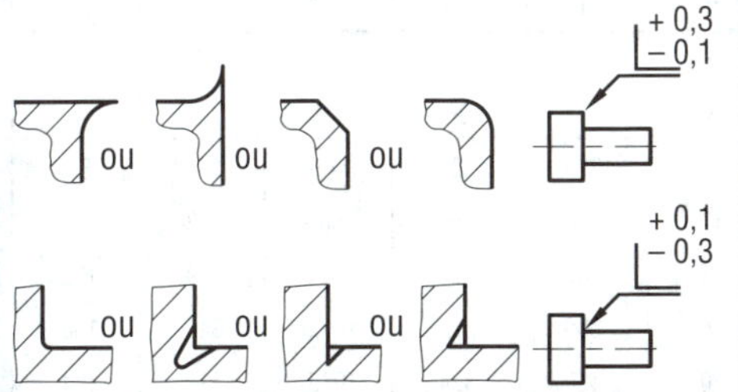

Si la même spécification s'applique à tous les bords de même nature, placer une seule indication à côté du cartouche et indiquer la norme.

Arête extérieure soit avec bavure acceptable jusqu'à 0,3, soit sans bavure jusqu'à 0,1, direction de bavure non définie.

Arête intérieure avec soit un raccordement acceptable jusqu'à 0,1, soit un dégagement jusqu'à 0,3 : direction de dégagement non définie.

21. CÔNES - CENTRES D'USINAGE - RAINURES À T - GUIDES DE PERÇAGE ET D'ALÉSAGE

Le dessinateur industriel est souvent amené à préciser pour ses études, les caractéristiques d'éléments de machines-outils ou d'outillage. Les cônes, les centres pour l'usinage, les rainures à T, les guidages de perçage et d'alésage font partie de ces éléments que l'on retrouve très souvent dans la conception de systèmes ou de montage.

21.1. LES CÔNES

CÔNES D'EMMANCHEMENT D'OUTILS
• CÔNES MORSE
• CÔNES MÉTRIQUES

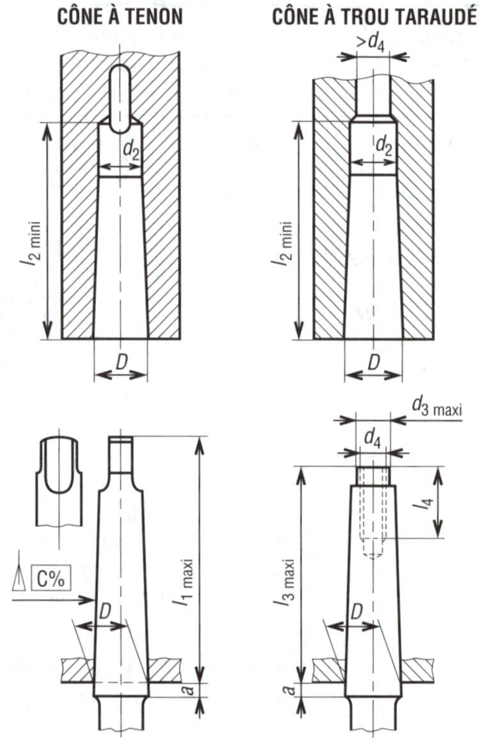

Les cônes d'emmanchement assurent le centrage de haute précision des outils (forets, fraises, etc.) dans le nez de broche des machines. Ils sont caractérisés par leur faible conicité qui procure une bonne adhérence pour l'entraînement des outils.

On distingue :

- **Les cônes morse NF E 66-531**
Non métriques, numérotés de 0 à 6 et de conicité voisine de 5 %.
- **Les cônes métriques NF E 66-531**
De conicité 5 %. On trouve au-dessous du cône morse n° 0, les cônes métriques n° 4 et 6, et au-dessus du cône morse n° 6, les cônes métriques n° 80, 100, 120... 200.

On trouve ces cônes soit à tenon soit à trou taraudé.

Exemples de désignation

- Cône morse n° 3 à tenon NF E 66-531
- Cône 5 % - 100 - NF E 66-531.

Série	N°	Conicité	D	a	l_1 maxi	l_2 mini	d_2	l_3 maxi	d_3 maxi	d_4	l_4 mini
Cônes Morse	0	5,205	9,045	3	56,5	52	6,7	50	6	-	-
	1	4,988	12,065	3,5	62	56	9,7	53,5	9	M6	16
	2	4,995	17,780	5	75	67	14,9	64	14	M10	24
	3	5,020	23,825	5	94	84	20,2	81	19	M12	28
	4	5,194	31,267	6,5	117,5	107	26,5	102,5	25	M16	32
	5	5,263	44,399	6,5	149,5	135	38,2	129,5	35,7	M20	40
	6	5,214	63,348	8	210	188	54,6	182	51	M24	50
	4	5 %	4	2		25	3	23	2,5		
	6	5 %	6	3		34	4,6	32	4		
Cônes 5 %	80	5	80	8	220	202	71,5	196	67	M30	65
	100	5	100	10	260	240	90	232	85	M36	80
	120	5	120	12	300	276	108,5	268	102	M36	80
	160	5	160	16	380	350	145,5	340	138	M48	100
	200	5	200	20	460	424	182,5	412	174	M48	100

• **CÔNES 7/24**

NEZ DE BROCHE

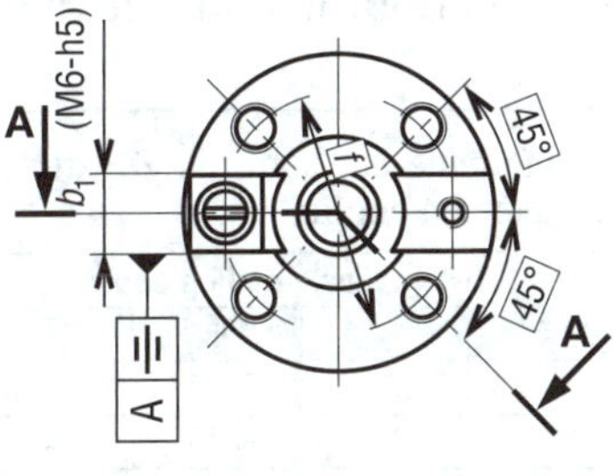

QUEUE D'OUTIL

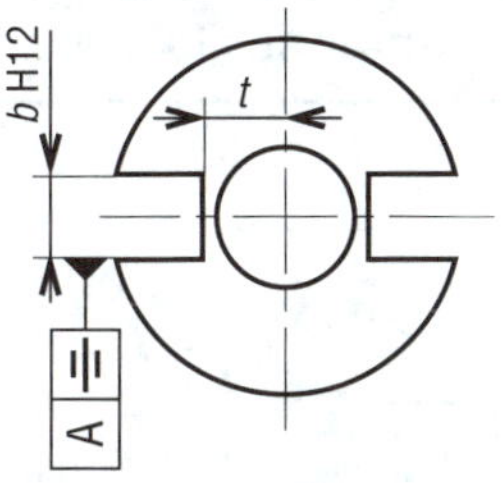

A-A

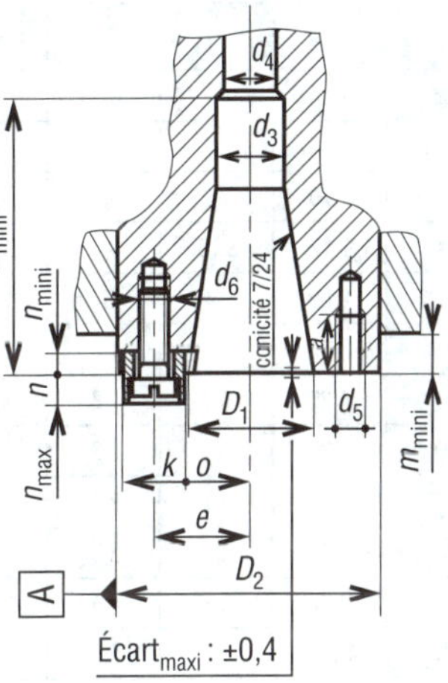

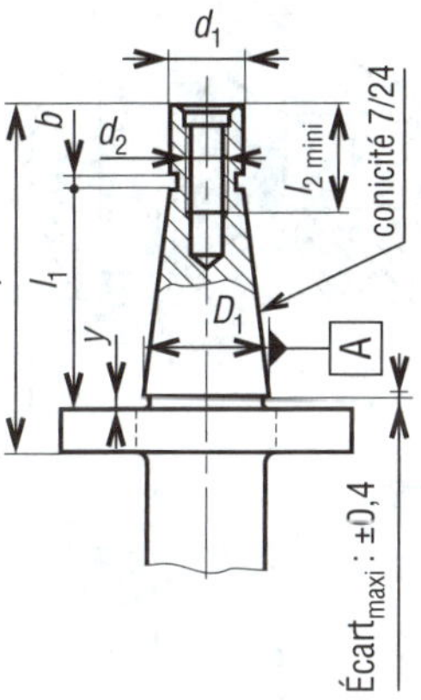

• **les cônes 7/24**

Ces cônes de forte conicité (environ 29,2 %) ne permettant pas l'entraînement de l'outil par adhérence, nécessitent l'implantation de tenons sur le nez de broche. Le centrage obtenu est un peu moins précis qu'avec les cônes morses. Cependant, la facilité de démontage est très appréciée.

Nez de broche

Nez n°	30	40	45	50	55	60
D_1	31,75	44,45	57,15	69,85	88,90	107,95
D_2	69,83	88,88	101,60	128,57	152,40	221,44
d_3 H12	17,4	25,3	32,4	39,6	50,4	60,2
L	73	100	120	140	178	220
a	16	20	20	25	30	30
b_1	15,9	15,9	19	25,4	25,4	25,4
d_5	M10	M12	M12	M16	M20	M20
f	54	66,7	80	101,6	120,6	177,8
m	12,5	16	18	19	25	38
n	8	8	9,5	12,5	12,5	12,5
o	16,5	23	30	36	48	61
k	16,5	19,5	19,5	26,5	26,5	45,5

Queues d'outils

Nez n°	30	40	45	50	55	60
D_1	31,75	44,45	57,15	69,85	88,90	107,95
d_1	17,4	25,3	32,4	39,6	50,4	60,2
l	70	95	110	130	168	210
l_1	48,4	65,4	82,8	101,8	126,8	161,8
l_2	24	32	40	47	47	59
d_2	M12	M16	M20	M24	M24	M30
b	16,1	16,1	19,3	25,7	25,7	25,7
t	16,2	22,5	29	35,3	45	60
y	1,6	1,6	3,2	3,2	3,2	3,2

EXEMPLES DE MONTAGES

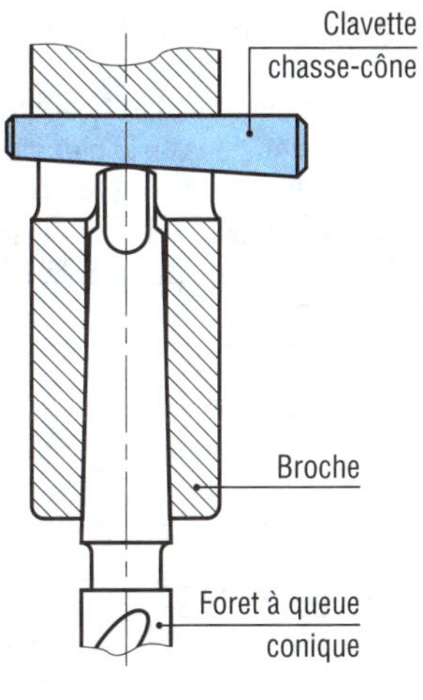

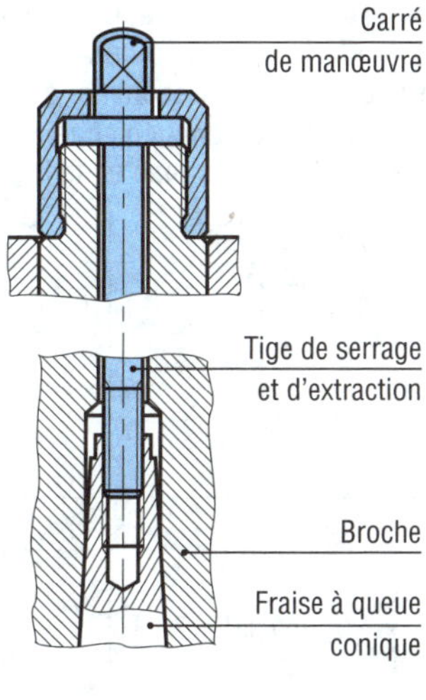

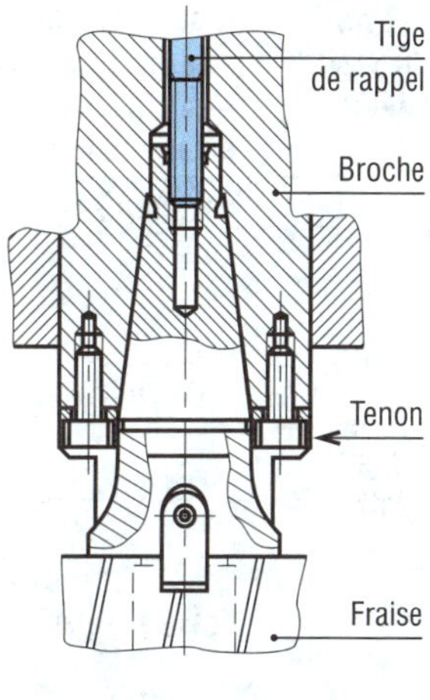

21.2. CENTRES D'USINAGE NF EN ISO 6411/ISO 6411

Les centres d'usinage matérialisent l'axe de la pièce de révolution et permettent d'effectuer un usinage entre pointes. Trois types de centres d'usinage sont normalisés : type A sans chanfrein de protection, type B avec chanfrein de protection, type R à profil curviligne.

Ces centres d'usinage sont importants pour l'usinage mais aussi pour le contrôle. Il est alors utile suivant le cas de les conserver sur la pièce.

A SANS CHANFREIN DE PROTECTION

Type A

NF E 60-051. A 4/8,5

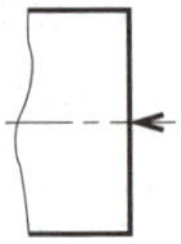

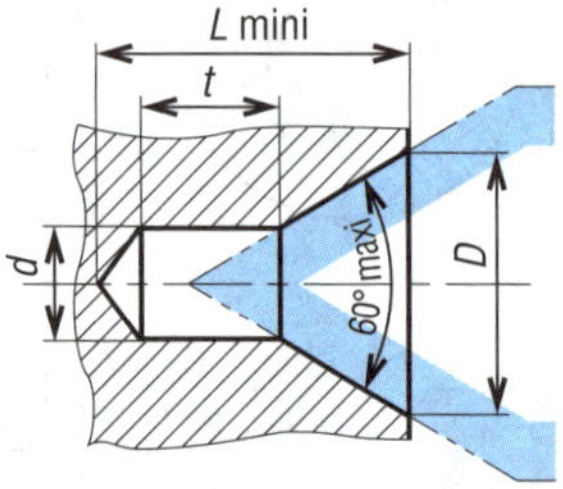

B AVEC CHANFREIN DE PROTECTION

Type B

NF E 60-051. B 2,5/8

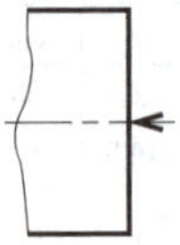

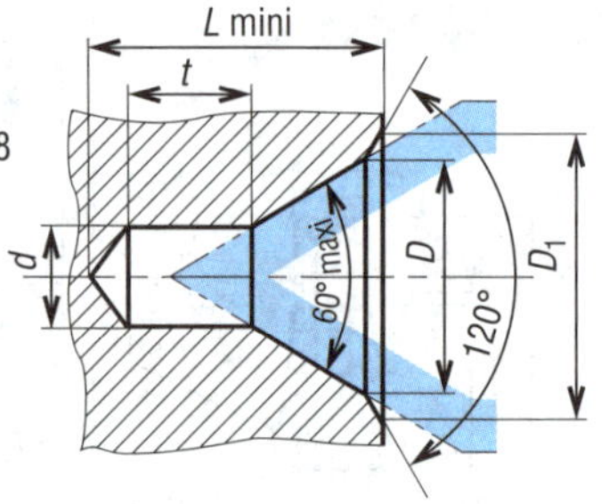

R À PROFIL CURVILIGNE

Type R

NF E 60-051. R 3,15/6,7

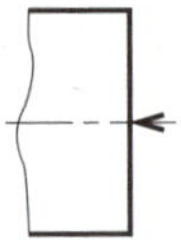

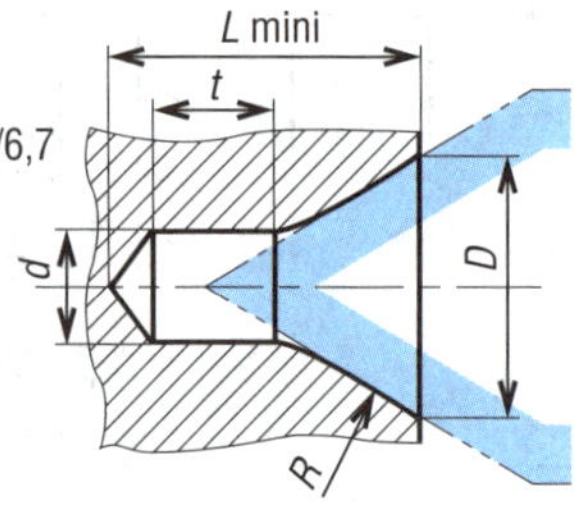

On détermine *d* à partir du ∅ extérieur de la pièce à centrer.

DP = ∅ max. de la pièce			
DP	***d***	**DP**	***d***
5-8	1	25-45	4
8-10	1,6	45-80	6,3
10-16	2	80-120	8
16-25	3,15	> 120	10

Caractéristiques dimensionnelles des centres d'usinages :

d	*D*	D_1	*t*	L mini
0,5	1,06	-	0,5	1,3
0,63	1,32	-	0,6	1,5
0,8	1,70	-	0,7	1,9
1	2,12	3,15	0,9	2,3
1,25	2,65	4	1	2,5
1,6	3,35	5	1,4	3,5
2	4,25	6,3	1,8	4,5
2,5	5,30	8	2,2	5,5
3,15	6,70	10	2,8	7
4	8,50	12,5	3,5	8,9
5	10,60	16	4,4	11,2
6,3	13,20	18	5,5	14
8	17	22,4	7	17,9
10	21,20	28	8,7	22,5

CHOIX D'UN CENTRE D'USINAGE

- Les centres d'usinage de type B sont recommandés afin de conserver les qualités géométriques de la surface conique (chanfrein de protection).
- Les trous de centre de type R sont recommandés pour les travaux de haute précision.
- Le choix d'un trou de centre est fonction également des dimensions de la pièce à centrer (diamètre extérieur, longueur), des efforts de coupe et de la précision des usinages. (voir tableau).

DÉSIGNATION D'UN CENTRE D'USINAGE

EXIGENCES	Le centre est exigé sur l'élément fini	Le centre peut rester sur l'élément fini	Le centre ne doit pas subsister sur l'élément fini
REPRÉSENTATION	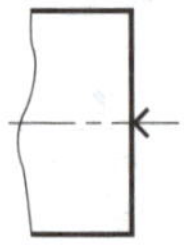	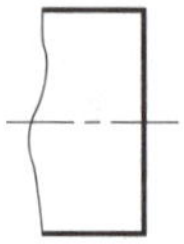	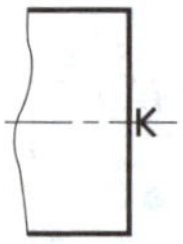
DÉSIGNATION	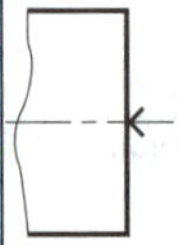 NF E 60-051. B 2,5/8	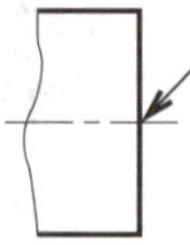 NF E 60-051. B 2,5/8	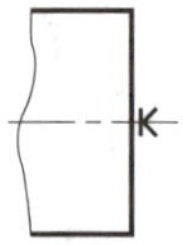 NF E 60-051. B 2,5/8

21.3. RAINURES À T POUR MACHINES-OUTILS OU APPAREILLAGES

NF E 21-301/302

Les rainures à **T** équipent les tables de machines et certains appareillages. Elles permettent de positionner la tête d'un boulon ou d'un tasseau à l'endroit désiré et de l'immobiliser en rotation. Les rainures à **T** sont usinées avec précision et sont situées par rapport à une rainure de référence.

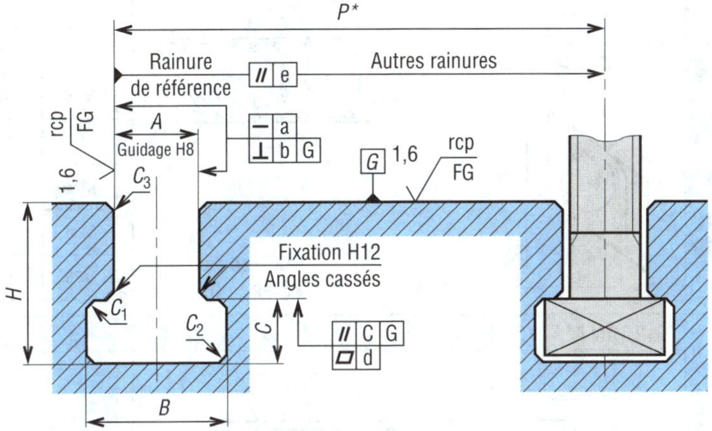

ENSEMBLE ÉCROU-GOUJON POUR RAINURES À T

Dim. nominale	RAINURE									VIS			TABLE
							chanfreins ou congés						
A	H		B		C		C_3	C_1	C_2	D_1	R	C_1	P
	mini	maxi	mini	maxi	mini	maxi	maxi	maxi	maxi				
5	8	10	10	11	3,5	4,5	1	0,6	1	M4	9	2,5	20, 25, 32
6	11	13	11	12,5	5	6	1	0,6	1	M5	10	4	25, 32, 40
8	15	18	14,5	16	7	8	1	0,6	1	M6	13	6	32, 40, 50
10	17	21	16	18	7	8	1	0,6	1	M8	15	6	40, 50, 63
12	20	25	19	21	8	9	1	06	1	M10	18	7	40, 50, 63, 80
14	23	28	23	25	9	11	1,6	0,6	1,6	M12	22	8	50, 63, 80, 100
18	30	36	30	32	12	14	1,6	1	1,6	M16	28	10	63, 80, 100, 125
22	38	45	37	40	16	16	1,6	1	2,5	M20	34	14	80, 100, 125, 160
28	48	56	46	50	20	22	1,6	1	2,5	M24	43	18	100, 125, 160, 200
36	61	71	56	60	25	38	2,5	1	2,5	M30	53	23	125, 160, 200, 250
42	74	85	68	72	32	35	2,5	1,6	4	M36	64	28	160, 200, 250, 320

Intervalle de tolérance sur les rainures de longueur *L*

$e = 0{,}04 + 15L10^{-6}$ ($a \leq 0{,}20$)

$a = 0{,}02 + 12L10^{-6}$ ($b \leq 0{,}12$), dans le sens de la longueur

$b = 500$ (H maxi – C) 10^{-6} pour $A \leq 22$

$= 300$ (H maxi – C) 10^{-6} pour $A \geq 28$

$C = 0{,}10 + 50L10^{-6}$ ($d \leq 0{,}50$)

$d = 0{,}04$ pour la rainure de guidage

0,05 pour la rainure de fixation

* Intervalle de tolérance sur P (cote par rapport à la rainure de référence).

P	20 à 25	32 à 100	125 à 250	320 à 500
IT/P	± 0,2	± 0,3	± 0,5	± 0,8

TASSEAU POUR RAINURES À T

DIN 508

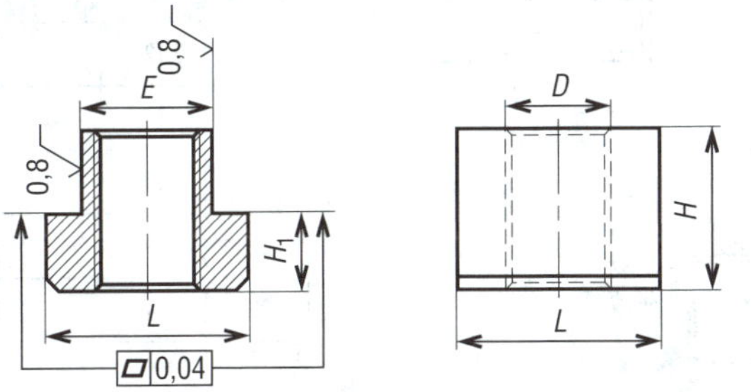

Matière : XC 38 bruni

TASSEAU POUR RAINURES À T				
Axe	Encombrement		Construction	
D	L	H	E	H_1
M5	10	8	5,6	4
M6	13	10	7,6	6
M8	16	12	9,6	6,5
M10	19	14	11,6	7
M12	22	16	13,5	8
M14	25	18	15,5	9
M16	28	20	17,5	10
M20	36	28	21,5	14
M24	44	36	27,7	18
M30	54	44	35,6	22
M36	65	52	41,6	26

Rainures à T pour machines-outils ou appareillages

TASSEAU OBLIQUE

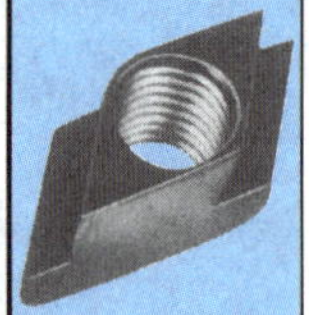

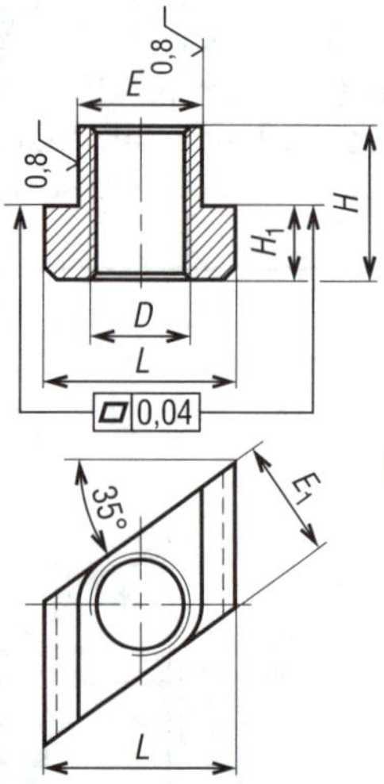

Principe de montage

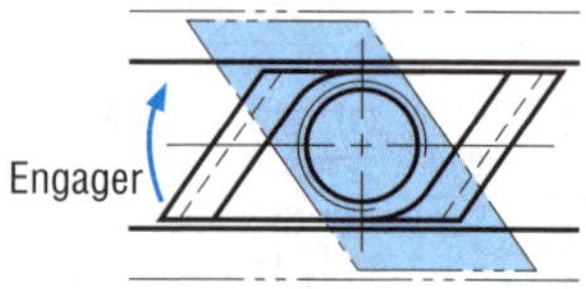

Matière :
XC 38 bruni

TASSEAU OBLIQUE				
Axe	**Encombrement**		**Construction**	
D	***L***	***H***	***E_1***	***H_1***
M10	19	14	11,7	7
M12	22	16	13,7	8
M14	25	18	15,7	9
M16	28	20	17,7	10
M20	36	28	21,7	14
M24	44	36	27,7	18
M30	54	44	35,6	22
M36	65	52	41,6	26

LARDONS

LARDON MAINTENU

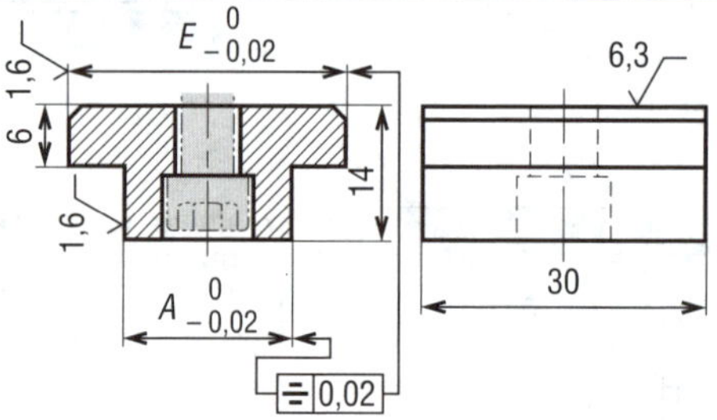

Principe de montage

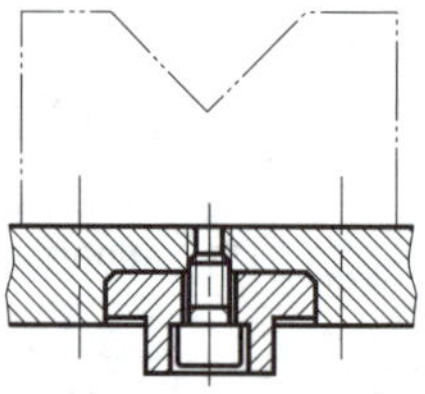

Matière :
XC 48 bruni

E	20	22	30
A	12-14	12-14	12-14
	16-18	16-18	16-18
	20	20	20

LARDON LIBRE BAS — DIN 6223

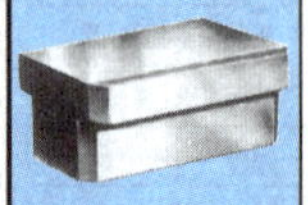

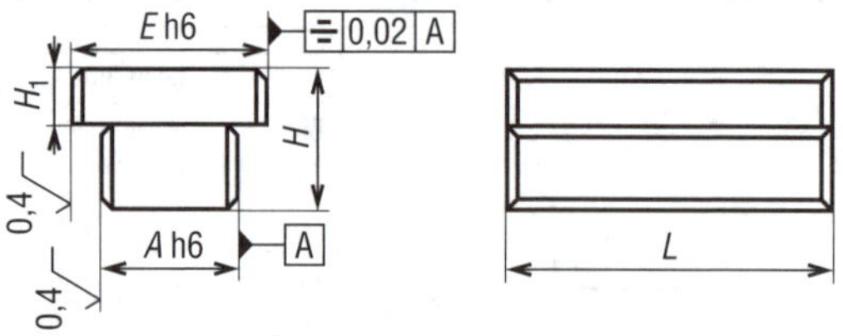

Principe de montage

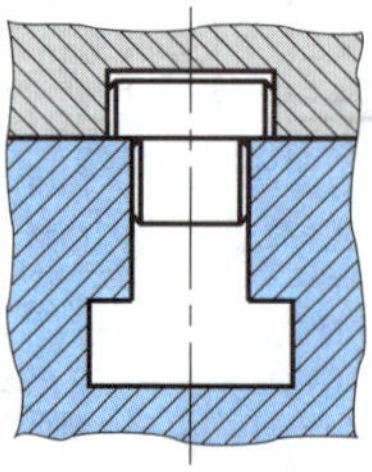

Matière :
XC 10 cémenté
bruni

ENCOMBREMENT			**CONSTRUCTION**	
L	***H***	***E* h6**	**H1**	***A* h6**
20	12	12	3,6	10
32	14	20	5,5	12
32	14	20	5,5	14
32	14	20	5,5	16
32	14	20	5,5	18

22. ÉLÉMENTS DE MANŒUVRE

Les éléments standards de manœuvre tels que volants, manivelles, croisillons, poignées... sont inspirés des normes ISO. Ils peuvent être montés en série sur des appareillages et sur des produits manufacturés des plus divers. Le champ d'utilisation de ces éléments de manœuvre dépasse largement le cadre de la mécanique.

PRINCIPES ERGONOMIQUES

Quelle que soit la fréquence d'utilisation et les capacités physiques de l'utilisateur, on notera :

Objet manœuvré	Schéma	Efforts maxi	
		Couple (daN/m)	Effort tangentiel (daN)
Bouton rotatif réglage continu ∅ 20 à ∅ 30	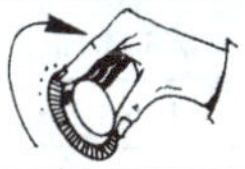	0,015	1,5
Bouton rotatif réglage continu ∅ 30 à ∅ 80	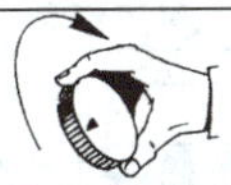	0,04 à 0,1	3
Manivelles Manette manœuvrée d'une main		0,1	3
Volant manœuvré d'une main ∅ 200		0,1	3

POIGNÉE TYPE "T"

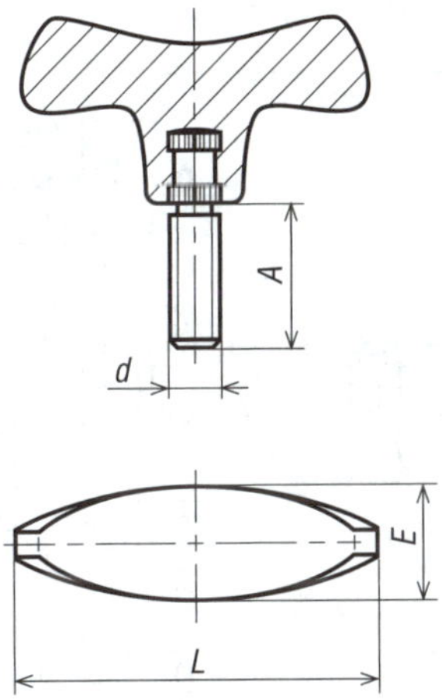

Tige filetée en acier zingué

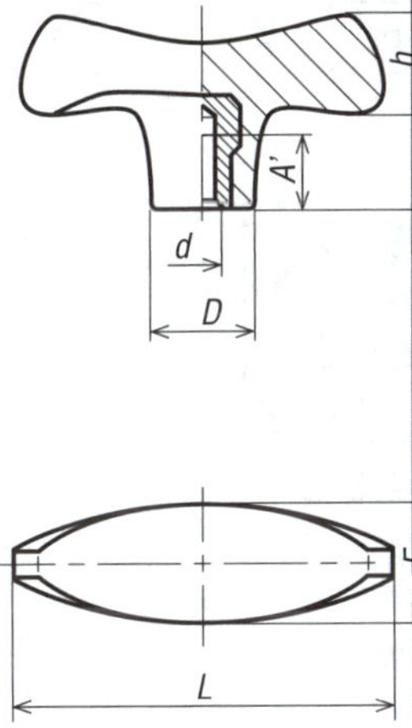

Insert taraudé en acier zingué ou laiton

d	M8	M10	M8	M.10
P	1,25	1,50	1,25	1,50
L	70	70	80	80
H	38,8	38,8	44	44
h	20,2	20,2	23	23
E	22	22	25	25
D	19,6	19,6	22,3	22,3
A'	14	14	14	22

Matière :
Corps : phénoplaste PF2
Insert : acier XC38 zingué.

Désignation :
Poignée type "T" M10, noire.

POIGNÉE CHAMPIGNON

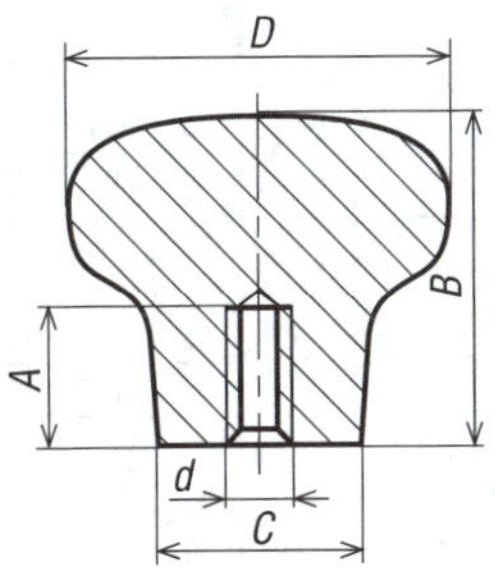

Taraudage moulé.
Matière : phénoplaste PF2

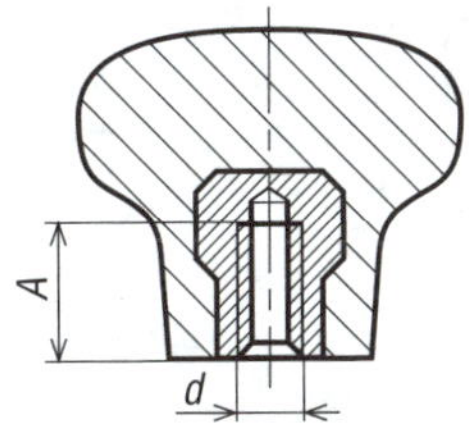

R. BOUTET

Insert taraudé en acier zingué ou laiton

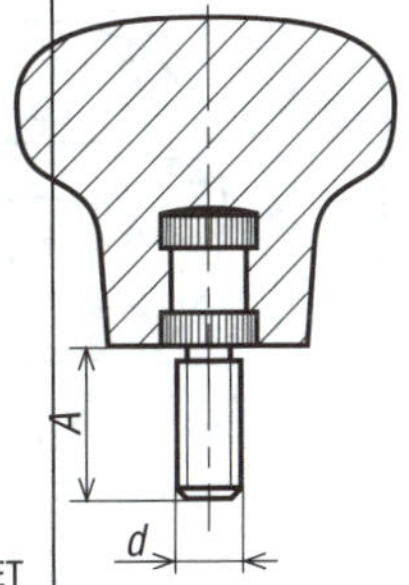

Tige filetée en acier zingué

POIGNÉE CHAMPIGNON

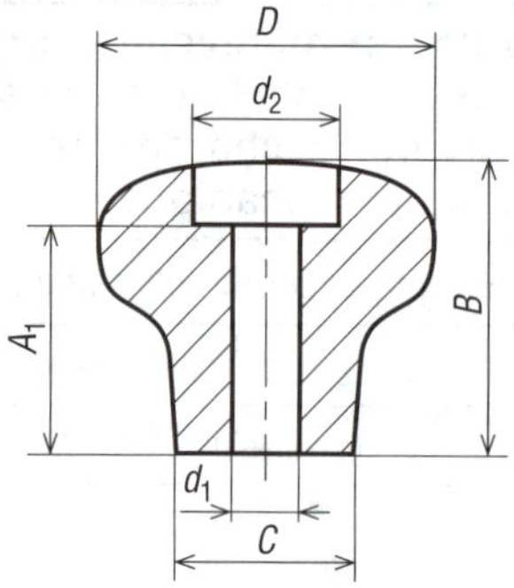

Alésage épaulé lisse

				Avec taraudage matière		Avec insert	
D	***d* x *pas***	***B***	***C***	***A***	***Réf.***	***A***	***Réf.***
20	M 5 x 0,80	16	11			10	2286
25	M 6 x 1,00	20	13,7	12	1720	9	1723
30	M 5 x 0,80	24	16,5			10	2289
30	M 6 x 1,00	24	16,5	12	1655	12	1659
30	M 8 x 1,25	24	16,5	16	1656	11	1660
30	M 10 x 1,50	24	16,5	18	1657		
40	M 5 x 0,80	32	22			10	2290
40	M 8 x 1,25	32	22	16	1664	14	1669
40	M 10 x 1,50	32	22	20	1665	14	1670

Poignée avec tige filetée

D	***d* x *pas***	***B***	***C***		***A***
Réf.					
20	M 4 x 0,70	16	11	8	2442
25	M 5 x 0,80	20	13,7	10	2390
30	M 6 x 1,00	24	16,5	12	1661
35	M 6 x 1,00	28	19,2	12	1732

Poignée avec alésage épaulé lisse

D	d_1	d_2	***B***	***C***	A_1	***Réf.***
25	6	12	19,4	13,7	15	1725
35	8	16	27,3	19,2	21	1733
40	10	20	31	22	24	1673

BOULES LISSES A ET C

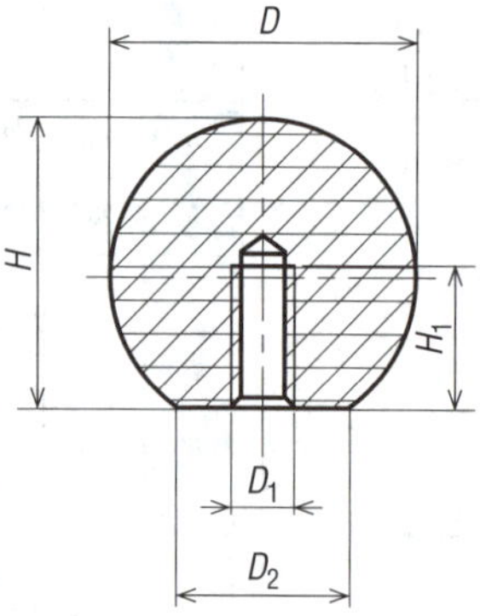

A

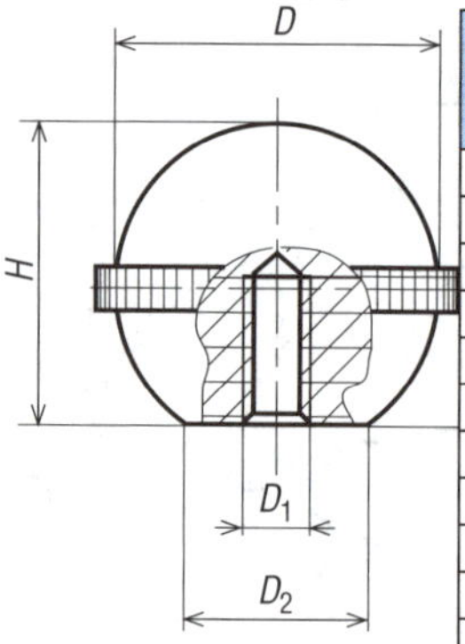

B

Taraudage moulé
Matière : phénoplaste PF2.

BOULES MOLETÉES B ET D

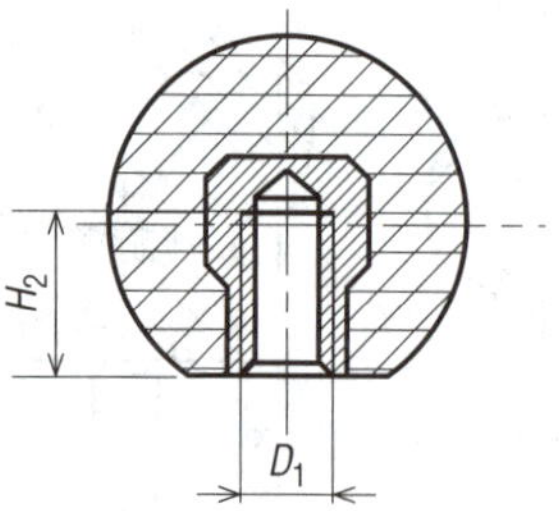

C

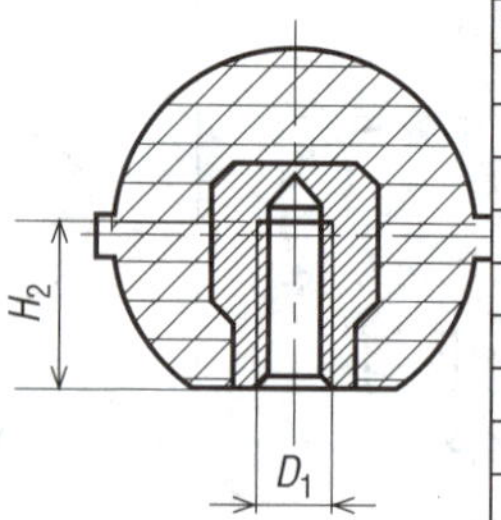

D

Insert taraudé
Matière : acier XC38 zingué ou laiton.

D	D_1	D_2	***H***	H_1	H_2	H_3
20	M.4	12	18	10	-	-
20	M.5	12	18	-	10	-
20	M.6	12	18	12	6,5	-
20	M.8	12	18	12	-	-
25	M.5	13	23,2	-	10	12
25	M.6	13	23,2	13	12	15
25	M.8	13	23,2	15	11	16
30	M.6	16	27,7	12	12	16
30	M.8	16	27,7	14	14	17
30	M.10	16	27,7	18	14	18
30	M.12	16	27,7	16	-	-
35	M.6	17	32,8	18	-	-
35	M.8	17	32,8	20	14	20
35	M.10	17	32,8	21	14	-
35	M.12	17	32,8	23	14	-
35	M.14	17	32,8	24	-	-
40	M.6	20	37,3	20	-	-
40	M.8	20	37,3	22	14	23
40	M.10	20	37,3	23	22	26
40	M.12	20	37,3	23	21	27
40	M.14	20	37,3	29	20	-
45	M.10	20	42,6	26	22	-
45	M.12	20	42,6	30	21	-
45	M.14	20	42,6	-	-	31
50	M.8	22	47,5	28	-	-
50	M.10	22	47,5	30	22	32
50	M.12	22	47,5	31	21	-
50	M.14	22	47,5	31	20	-
50	M.18	22	47,5	22	-	-

POIGNÉES FUSEAU

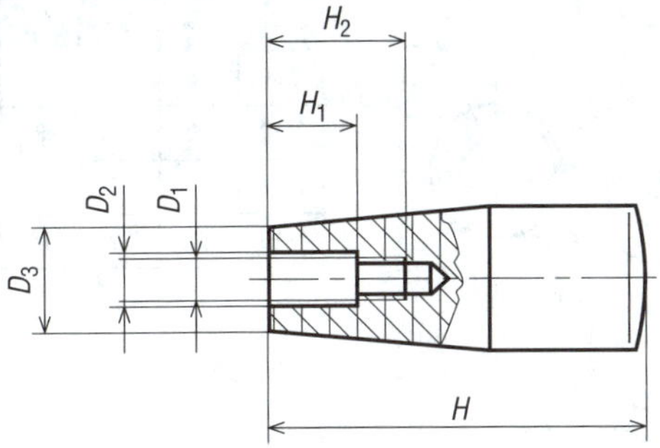

Avec taraudage

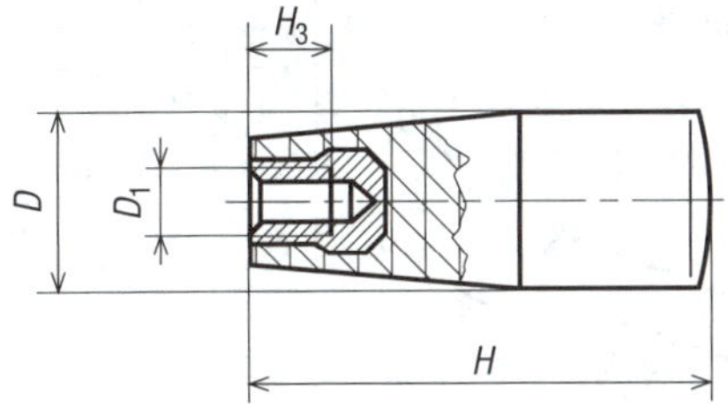

Avec insert

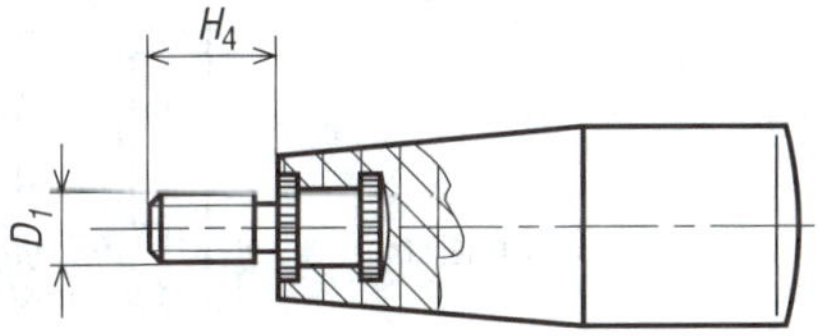

Avec tige filetée

R. BOUTET

D	17	17	17	23	28	28
D_1	M5	M6	M8	M8	M8	M10
D_2	-	6,2	8,2	8,5	-	10,5
D_3	13	13	13	16	18	18
H	45	45	45	60	70	70
H_1	-	2	2	8	-	10
H_2	-	14	16	24	-	28
H_3	10	9	-	14	14	-
H_4	-	18	-	12	-	20

Matière :
Corps : phénoplaste PF2.
Insert : acier XC38 zingué ou laiton.

Désignation :
Poignée fuseau lissé D =28, M10, noire.

MANETTE INCLINÉE 30°

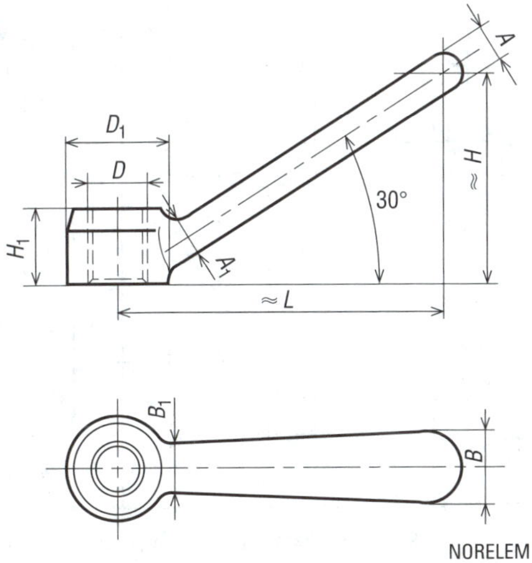

NORELEM

Matière : fonte malléable.

Manette simple

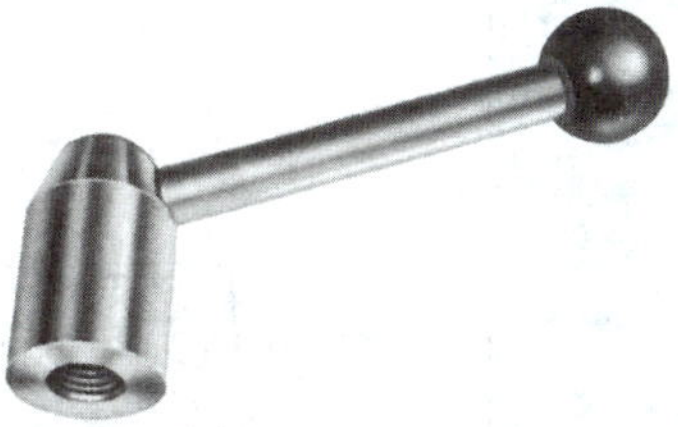

NORELEM

D	D_1	≈ H	H_1	≈ L	≈ B_1	B	≈ A_1	A
M8	16	31	12	53	8	12	5,5	7
M.10	20	38	14	66	10	14	6,5	9
M12	25	48	18	82	13	18	8	11
M16	32	59	22	102	16	22	10	15
M20	40	75,5	28	131	20	28	13	18

MANETTE A BOULE BAKÉLITE INCLINÉE À 20°

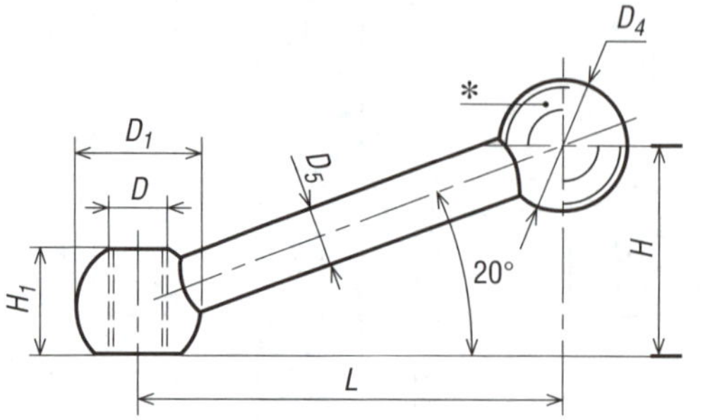

D	D_1	D_4	D_5	H	H_1	L
M8	16	20	8	23	12	50
M10	20	20	9	30	14,5	66
M12	25	25	11	37,5	18,5	82,5
M16	32	32	15	47	24	103

Matière :
Corps : acier XC 38 poli
Boule : bakélite noire.

NORELEM

D	D_1	D_4	D_5	H	H_1	L	L_1
M.8	20	20	8	49	33	65	15
M.10	22	20	8	56	37	77	15
M.12	28	30	12	73	47	101	18
M.16	36	35	14	92	58	129	24
M20	45	40	16	113	71	160	30

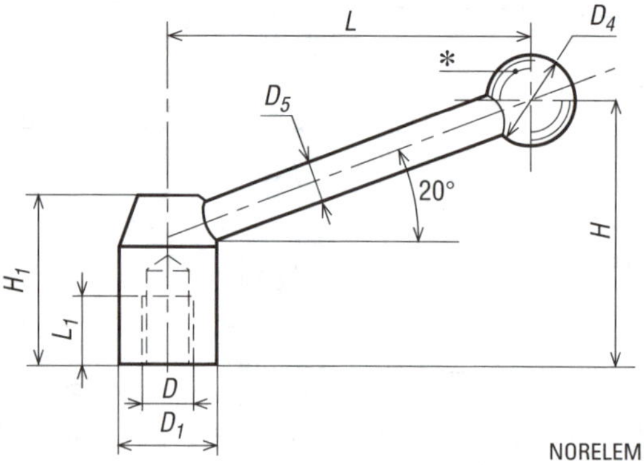

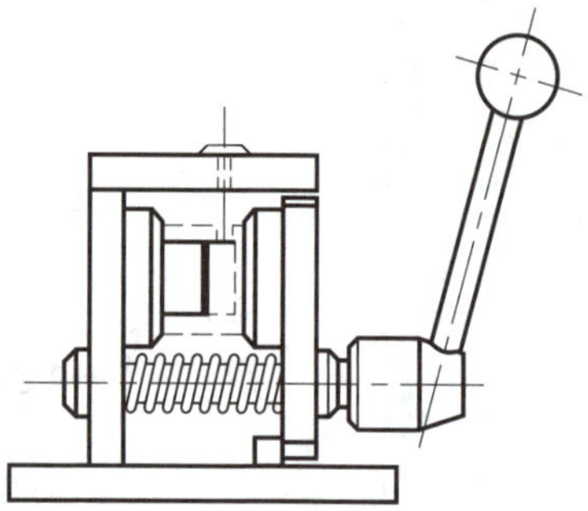

NORELEM

Matière :
Corps : acier XC 38 poli
Boule : bakélite noire.

* Montée indesserrable

Exemple d'application

MANETTE AVEC INSERT TARAUDÉ

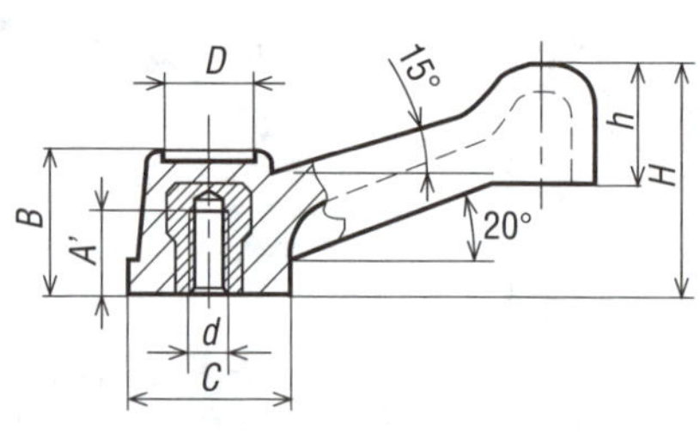

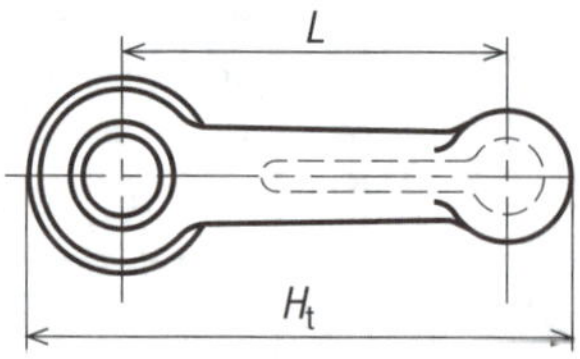

R. BOUTET

d	P	B	C	D	H	Ht	h	A'	L
M6	1	20	24	15	33	71	15,5	12	50
M8	1,25	20	24	15	33	71	15,5	11	50
M8	1,25	26	31	20	43,1	92,5	20,1	14	65
M10	1,5	26	31	20	43,1	92,5	20,1	14	65
M12	1,75	26	31	20	43,1	92,5	20,1	14	65
M12	1,75	34	40,6	25	56	121	26,4	20	85
M14	2	34	40,6	25	56	121	26,4	24	85

Matière :
Corps : phénoplaste PF12
Insert : acier XC 38 zingué.

Désignation :
Manette, type taraudé M12 - L = 65, noire.

MANETTE INDEXABLE INCLINÉE À 20°

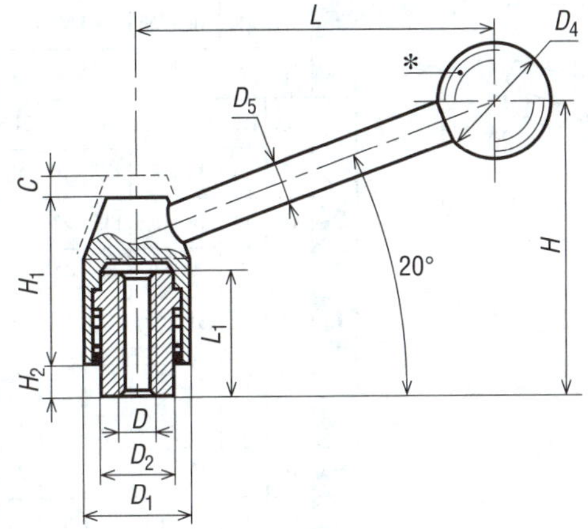

Manette indexable

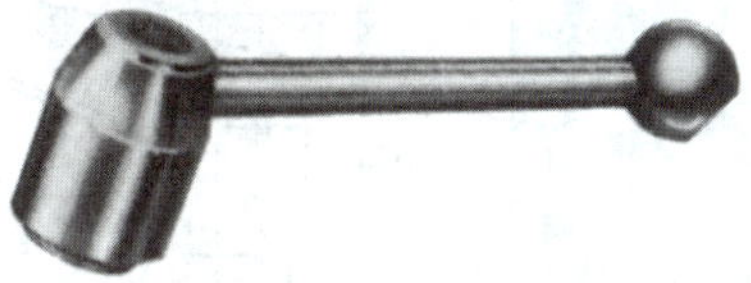

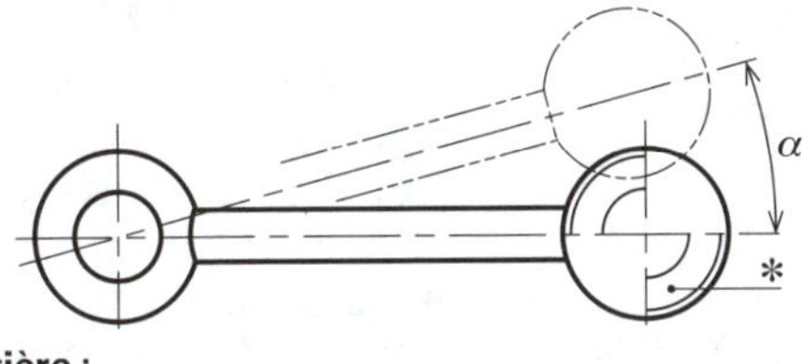

NORELEM

D	M8	M10	M12	M14	M16	M18	M20	M22	M24
C	5	6	6	7	7	8	8	9	9
D_1	24	28	28	33	33	41	41	45	45
D_2	17	20	20	24	24	30	30	34	34
D_4	25	30	30	32	32	35	35	35	35
D_5	10	11	11	12	12	14	14	15	15
H	64	76	76	87	87	100	100	114	114
L	81	98	98	118	118	136	136	163	163
α	≈13°	12°	12°	≈11°	≈11°	≈10°	≈10°	≈9°	≈9°

Matière :
Corps : acier XC 38 bruni.

* Montée indesserrable.

MANETTE INDEXABLE BASSE

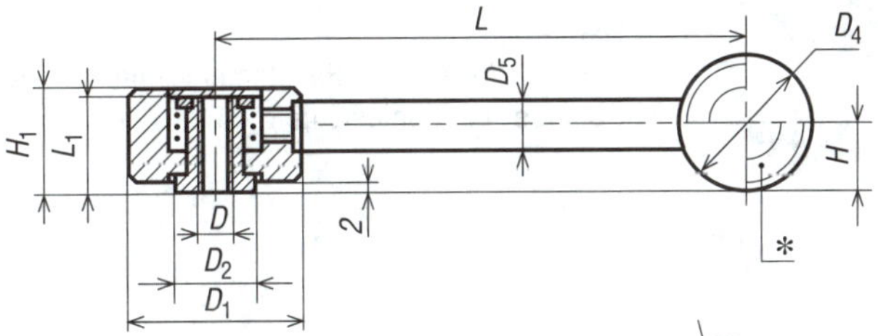

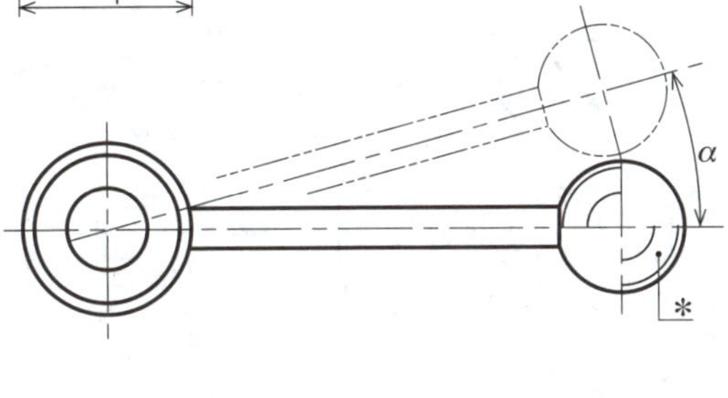

Matière :
Corps : acier XC 38 bruni.

NORELEM

D	D_1	D_2	D_4	D_5	H	H_1	L	L_1	α
M6	33	13,5	25	10	12	19	102	18	≈14°
M8	33	13,5	25	10	12	19	102	18	≈14°
M10	41	19	30	12	13,5	22	130	21	12°
M12	41	19	30	12	13,5	22	130	21	12°
M14	45	23	35	14	17	28	148	27	10°
M16	45	23	35	14	17	28	148	27	10°

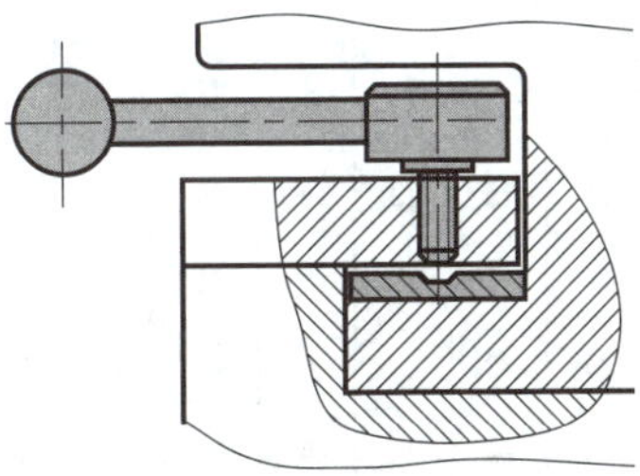

Exemple d'application

* Montée indesserrable

MANETTE INDEXABLE

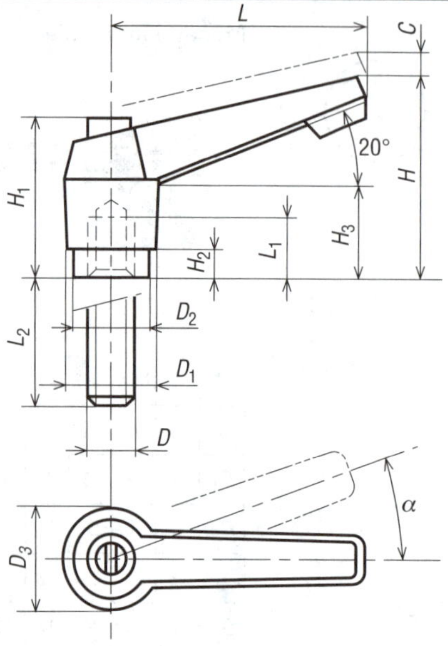

D	M4	M5	M6	M6	M8	M8	M10	M10	M12	M12	M16
C	4	4	4	4	4	4	4	4	4	5	5
D_1	13,5	13,5	13,5	18	18	21,5	21,5	25,5	25,5	30,5	30,5
D_2	10	10	10	13,5	13,5	16	16	19	19	23	23
D_3	14	14	14	18,5	18,5	22	22	26	26	31	31
E	8	8	8	9	9	11	11	13	13	16	16
H	31	31	31	43	43	55	55	64	64	75	75
H_1	24	24	24	29	29	37,5	37,5	42,5	42,5	51	51
H_2	4	4	4	6,5	6,5	10	10	10	10	12	12
H_3	15	15	15	17,5	17,5	24	24	27	27	33	33
L	40	40	40	65	65	80	80	95	95	110	110
L_1	9	9	9	12	12	14	14	17	17	23	23
α	20°	20°	20°	15°	15°	14°	14°	13°	13°	12°	12°
L_2	10-15-20-25-30-40-50				15-20-25-30-40-50-60-70-80				25-30-40-50 60-70-80-90		

Matière :
Corps en zamac.
Douille en acier XC 38 bruni.

Désignation :
Manette indexable filetée M16-L_2-50, noire.

VOLANT A TROIS BRAS

Désignation :
Volant à trois bras D = 250, d = 24 HZ

Matière :
Volant : alliage léger. Revêtement : époxy - polyester noir.
Poignée : phénoplaste noir.

NORELEM

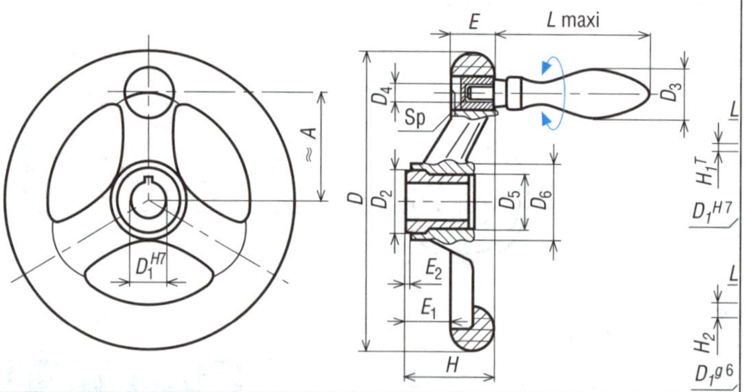

A	**D**	**D_1^{H7}**	**D_2**	**D_3**	**D_4**	**D_5**	**D_6**	**E**	**E_1**	**E_2**	**H**	**L maxi**	**Sp**
36	100	12	24	16	M.6	18	28	15	22	•	26	50	3
47	125	14	24	20	M.8	18	30	18	25	1	34	65	4
62	160	16	32	25	M.10	24	37	22	28	5	40	80	5
80	200	20	40	25	M.10	31	45	24	32	4	45	77	5
101	250	24	49	32	M.12	38	56	29	36	7	58	102	6

Clavetage, clavette
DIN 6885 (08-1968)

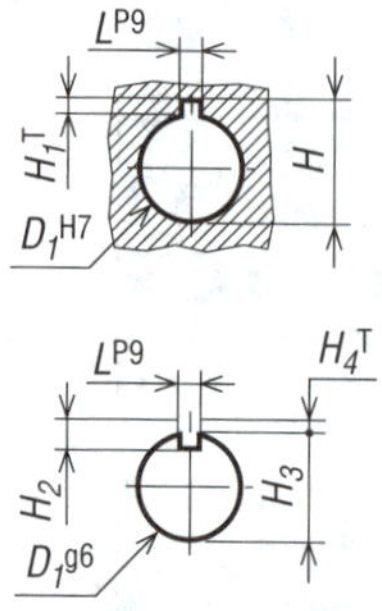

D_1	16	20
H	18,3	22,8
H_1	2,3	2,8
H_2	5	6
H_3	13	16,5
H_4	3	3,5
L	5	6
T	+ 0,1	0

VOLANT À MOYEU PLEIN

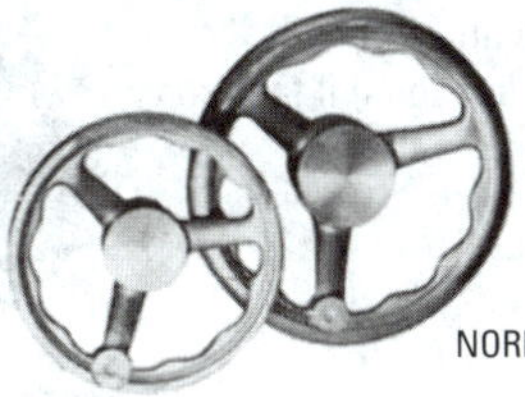

Désignation :
Volant à trois bras en AU4G, D = 200 Type 2.

Matière :
alliage léger (couronne : polie, moyeu et bras : mats).

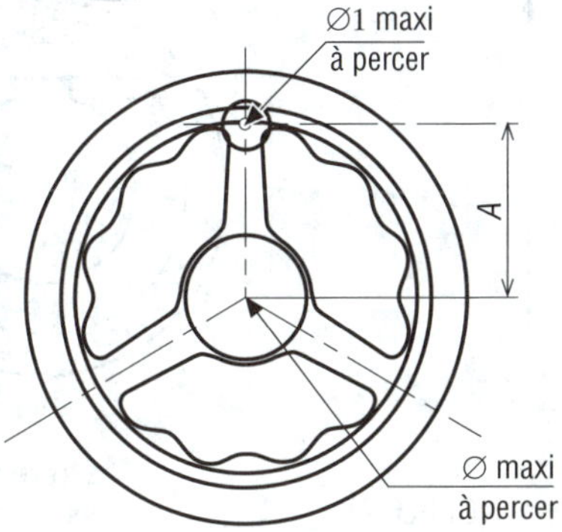

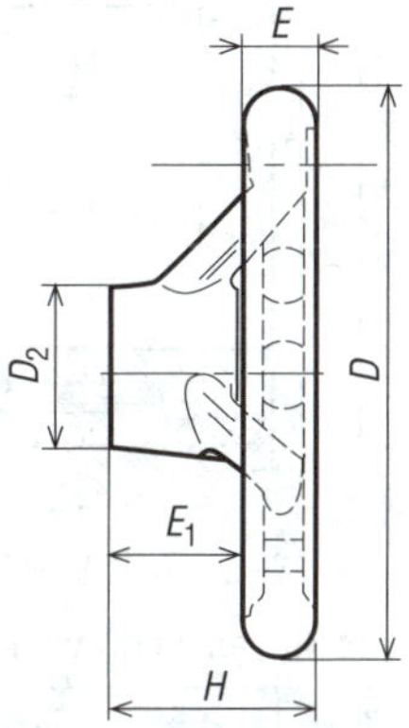

Type 1

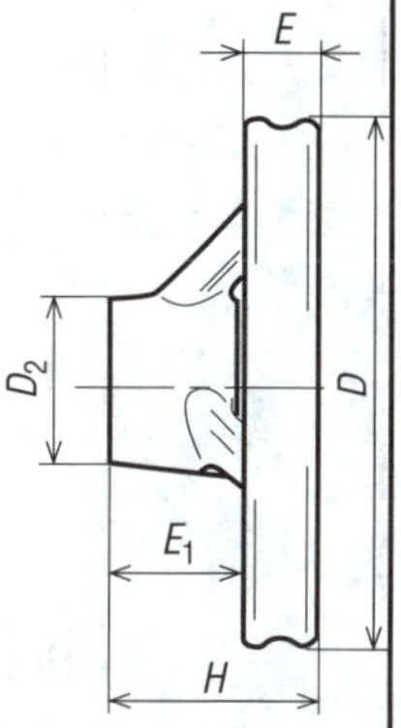

Type 2

Type	A	D	D_2	E	E_1	H	Nbre de bras	∅ maxi	∅1 maxi	Poids gr	Type	A	D	D_2	E	E_1	H
1	45	110	38	16	30	46	2	22	M.8	235	1	80	190	55	18	40	58
2	45	120	38	16	30	46	2	22	M.8	275	2	80	200	55	18	40	58
1	60	140	42	16	40	56	3	25	M.8	400	1	101	240	58	21	50	71
2	60	150	42	16	40	56	3	25	M.8	430	2	101	250	58	21	50	71
1	72	170	55	18	40	58	3	30	M.8	665	1	121	290	60	22	50	72
2	72	180	55	18	40	58	3	30	M.8	705	2	121	300	60	22	50	72

VOLANT À POIGNÉE ÉCLIPSABLE DE SÉCURITÉ

Désignation :
Volant à deux bras en AU4G, D = 160, D_1 = 16H7.

NORELEM

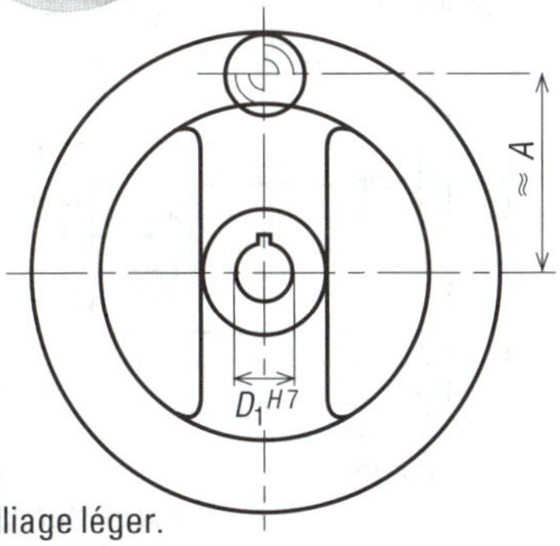

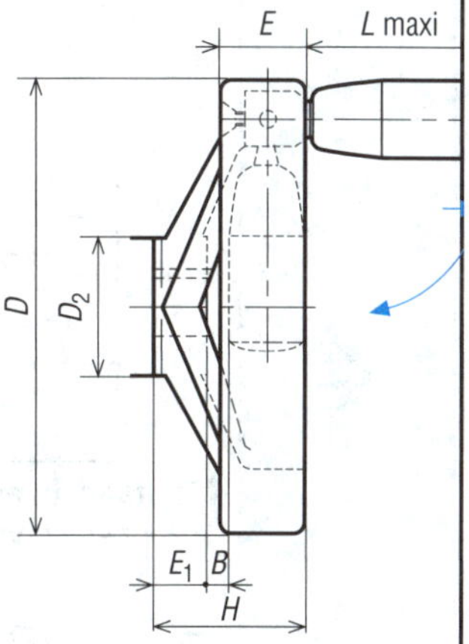

Matière :
Volant : alliage léger.
Poignée : phénoplaste noir.

Nota : clavetage, clavette DIN 6885.

A	B_{mini}	D	D_1^{H7}	D_2	D_3	E	E_1	H	L_{maxi}
67	4	160	16	38	26	23,5	20	50	83
84	8	200	20	44	26	23,5	24	58	83

VOLANTS EMBRAYABLES

– Le moyeu embrayable sert de liaison entre un arbre et un volant.
Suivant le sens de montage du moyeu (voir figures en-dessous) il faut soit pousser, soit tirer pour embrayer.

NORELEM

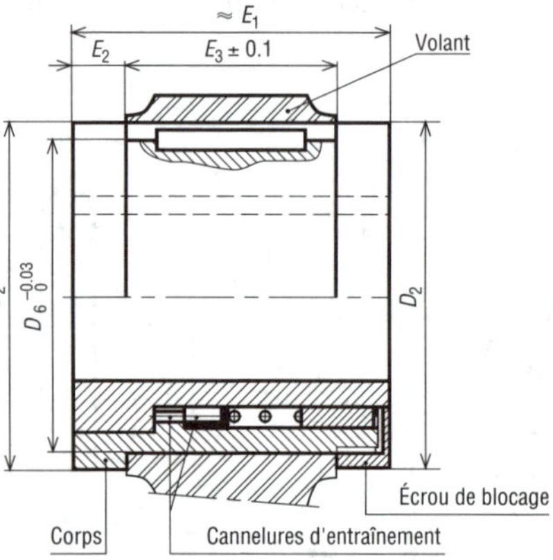

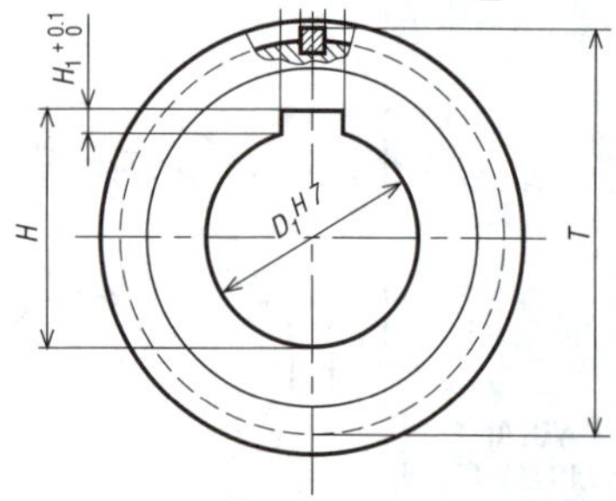

Désignation : Moyeu embrayable D = 16 (Type NORELEM)

Matière : Acier traité
Glissement : Bague téflon

D_1 H7	D_2	D_6	E_1	E_2	E_3	H	H_1	L	T	Poids g
12	28	25	28,5	5	18	13,1	1,1	4	26	80
14	32	29	32,5	6	20	15,3	1,3	5	30	123
16	32	29	32,5	6	20	17,3	1,3	5	30	110
18	38	35	36,5	6	24	19,7	1,7	6	36	190
20	38	35	36,5	6	24	21,7	1,7	6	36	173
22	45	41	47,5	12	28	23,7	1,7	6	42	349

Respecter les usinages et le montage selon que l'utilisateur doit EMBRAYER en TIRANT ou en POUSSANT.

D_1	D_3	D_4	E_1	H_2	H_3	H_4	L
12	M4	17	28,5	4	9	3	4
14	M4	21	32,5	5	10,2	3,8	5
16	M4	21	32,5	5	12,2	3,8	5
18	M5	26	36,5	6	13,6	4,4	6
20	M5	26	36,5	6	15,6	4,4	6
22	M5	30	47,5	6	17,6	4,4	6

Usinage à réaliser sur l'arbre

1) Pour embrayer en tirant

2) Pour embrayer en poussant

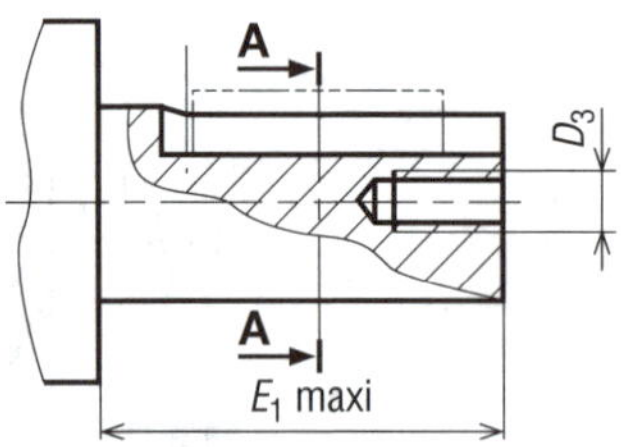

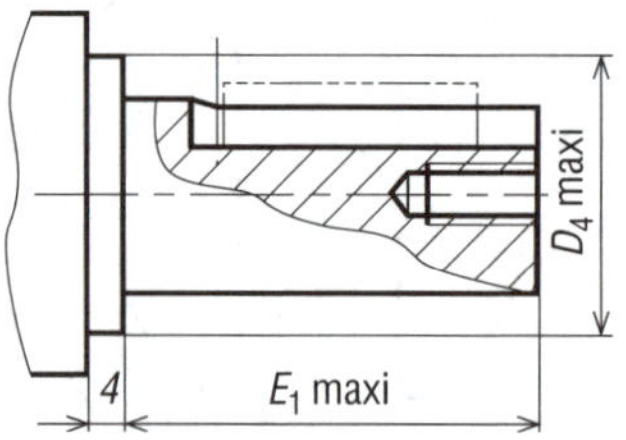

A - A

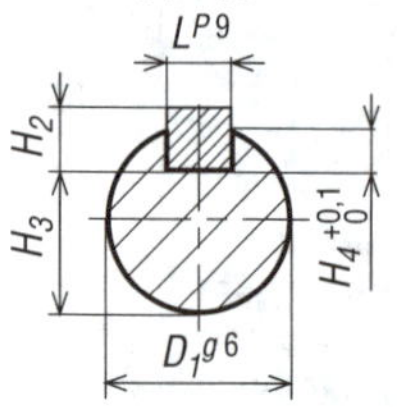

Montage du moyeu suivant le type d'embrayage

1) Pour embrayer en tirant

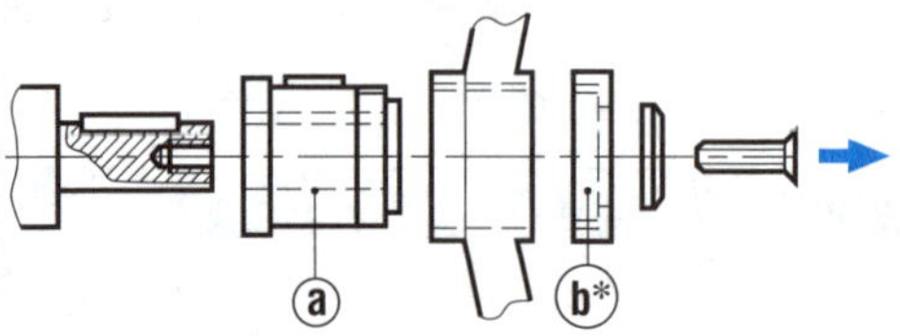

2) Pour embrayer en poussant

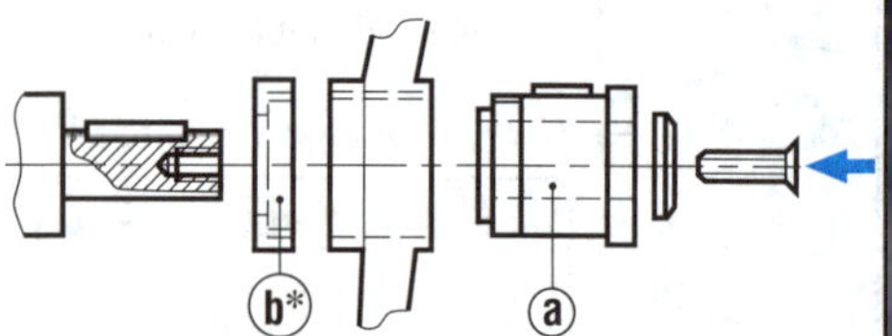

* à coller (loctite)

23. MATÉRIAUX DE CONSTRUCTION

Le dessinateur industriel qui étudie des ensembles ou pièces mécaniques doit savoir choisir les métaux, les alliages, les matières plastiques et composites... en fonction de leurs caractéristiques (métallurgiques, mécaniques...) et de leurs procédés d'élaboration.

23.1. FONTES — NF A 32

Les fontes sont des alliages de fer et de carbone en quantité supérieure à 2 %. Celui-ci se présente sous forme de graphite (lamelles ou nodules). Les fontes GS ou à graphite sphéroïdal possèdent des caractéristiques mécaniques intéressantes dont une ductilité ***comparable à celle de l'acier.***

Désignation (NF A 02-001)

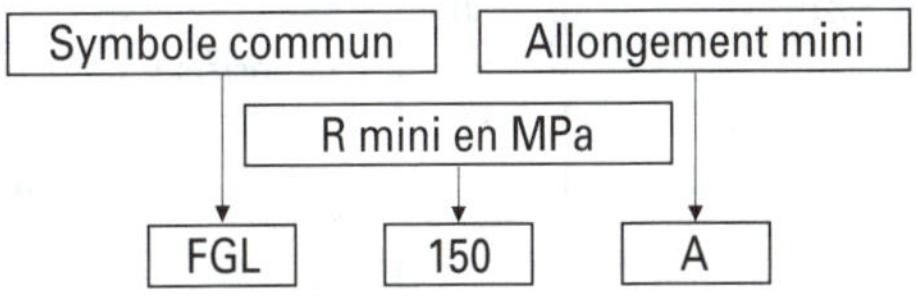

Exemples :

- Fonte à graphite lamellaire FGL 300
- Fonte à graphite sphéroïdal FGS 350-22
- Fonte malléable à cœur blanc MB 380-12
- Fonte malléable à structure ferritique MN 350-10
- Fontes blanches : FB. Ce sont des fontes de matrice martensitique (composées de carbure).

		Nuances	R_e(MPa)	R (MPa)	A %	HB	Principales propriétés
FONTES NON ALLIÉES	BLANCHES	FB 0 FB A		200-400		350-500 400-600	Résistance à l'usure par érosion et abrasion, même à chaud.
	À GRAPHITE LAMELLAIRE OU FONTE GRISE	FGL 150 FGL 200 FGL 250 FGL 300	98 130 165 195	150 200 250 300	> 0,8 > 0,8 > 0,8 > 0,8	125-205 150-230 180-250 200-275	Très bonne usinabilité ; bonne aptitude à être coulée ; bonne résistance à l'usure par frottement ; bonne étanchéité.
		FGL 350 FGL 400	230 260	350 400	> 0,8 > 0,8	220-290 245-320	Bonnes caractéristiques mécaniques et frottantes.
	MALLÉABLES	MB 380-12 MB 400-7 MN 350-10 MN 450-6	200 260 230 290	380 450 350 450	12 7 10 6	≤ 200 ≤ 220 ≤ 150 150-210	Caractéristiques mécaniques élevées : très grande ductilité, perméabilité magnétique élevée ; excellente usinabilité.
		MN 550-4 MN 630-3 MN 700-2	350 430 530	550 630 700	4 3 2	180-240 210-270 240-290	Caractéristiques mécaniques élevées ; bonne résistance à l'usure.
	À GRAPHITE SPHÉROÏDAL	FGS 350-22 à FGS 450-10 FGS 500-7 FGS 600-3	220 310 320 370	350 400 500 600	22 10 7 3	≤ 150 160-210 170-230 190-270	Excellente usinabilité ; bonne capacité d'amortissement aux vibrations ; très grande ductilité ; grande résilience.
		FGS 700-2 à FGS 900-2	420 600	700 900	2 2	225-305 280-360	Bonne résistance à l'usure.

$\mathbf{R_e}$: limite apparente d'élasticité.
R : résistance à la rupture à l'extension en MPa.
HB : dureté Brinell nominale.
A : allongement (en pourcentage) d'une éprouvette sous essai de traction (rapport état final/état initial).

Fontes

	Fontes austénitiques à graphite lamellaire ou sphéroïdal. Ces fontes austénitiques sont des fontes grises ***fortement alliées.*** La majeure partie du carbone est présentée sous forme de graphite : • lamellaire (symbole **L**), • sphéroïdal (symbole **S**).	**Désignation (NF A 02-001)** Symbole → S Symboles abrégés d'alliages → NM Teneurs respectives → 13 7

		Nuances	Re (MPa)	R (MPa)	A %	HB	Principales propriétés
FONTES ALLIÉES	**BLANCHES**	FB Ni4 Cr2 à FB Cr 25 Mo Ni		280 à 700		500 à 800	Excellente résistance à l'abrasion même aux températures élevées ; bonne résistance à l'oxydation à chaud.
	AUSTÉNI-TIQUES	S-NM 13 7 à S-NC 35 3	170 à 250	370 à 470		130 à 270	Amagnétique ; bonne résistance à la chaleur et à la corrosion dans des milieux agressifs ; résistivité électrique élevée.
		L-NM 13 7 à L-N 35		170 à 280	1 à 3	120 à 250	Résistance à la corrosion, l'érosion et la chaleur ; dilatation thermique moyenne.

23.2. ACIERS

EN 10027-1-2

La norme européenne EN 10027 (novembre 1992) précise les « systèmes de désignation des aciers » remplaçant ainsi la norme NF A 02 005.

RÈGLES DE DÉSIGNATION

Deux systèmes européens permettent de désigner un acier normalisé (les désignations françaises restent admises) :

• **Désignation symbolique** : elle se fait à partir des symboles littéraux et numériques et comprend 2 groupes.

– **Groupe 1** : la désignation des aciers de ce groupe se réfère à l'emploi et aux caractéristiques mécaniques ou physiques de l'acier désigné.

– **Groupe 2** : la désignation des aciers de ce groupe se réfère à la composition chimique.

• **Désignation numérique** : complémentaire de la désignation symbolique, elle attribue à chaque nuance d'acier un numéro caractéristique comportant 5 chiffres compris entre 10 000 et 19 999 (cette désignation est susceptible d'évoluer vers 7 chiffres).

23.2.1 DÉSIGNATION SYMBOLIQUE DES ACIERS

	Symboles principaux	Symboles additionnels pour l'acier	Symboles additionnels pour les produits en acier
STRUCTURE DU SYSTÈME DE DÉSIGNATION SYMBOLIQUE DES ACIERS	Lettre : G S — Caractéristiques mécaniques : n n n *(1)* Ex. : **G** et/ou **S** (si acier moulé) **355** : Re mini en MPa	Groupe 1 (2) — Groupe 2 (3) an.................. *(1)* **J2** : Acier de construction méc. Kv –20 °C > 27J **N** : Normalisé	+ an + an.................. *(1)* + **Z** : Galvanisation

(1) ***n*** *: caractères numériques ;* ***a*** *: caractères alphabétiques,* ***an*** *: caractères alphanumériques*

(2) les symboles M, N et Q (voir tableau page suivante) du groupe 1 s'appliquant aux aciers à grains fins.

(3) les symboles du groupe 2, autres que les symboles chimiques, peuvent avoir un suffixe de 1 ou 2 digits de façons à distinguer 2 qualités.

Aciers

ACIERS DU GROUPE 1

Les aciers du groupe 1 sont désignés à partir de leur emploi et de leurs caractéristiques mécaniques ou physiques.

SYMBOLES PRINCIPAUX

La désignation comprend en premier lieu et suivant l'emploi les symboles suivants :

Symbole	Désignation	Symbole	Désignation
G	si nécessaire, précède la nuance de l'acier spécifié lorsqu'il s'agit d'une forme moulée	**R**	aciers pour ou sous forme de rails
		H	produits plats laminés à froid acier haute résistance pour emboutissage
S	aciers de construction	**D**	produits plats pour formage à froid. (sauf ceux précisés en H)
P	aciers pour appareil à pression		
L	aciers pour tubes de conduite	**T**	fer noir, fer blanc, fer chromé (aciers pour emballage)
E	aciers de construction mécanique		
B	aciers à béton	**M**	aciers magnétiques
Y	aciers pour béton précontraint		

Ces symboles sont suivis de la valeur minimale de la limite d'élasticité ou de la résistance minimale à la traction en MPa.

SYMBOLES ADDITIONNELS POUR L'ACIER

On distingue 2 sous-groupes de symboles additionnels :
- l'un sous-groupe 1 pour l'acier
- l'autre sous-groupe 2 ne devant être utilisé qu'en conjonction avec les symboles du sous-groupe 1.

La très grande diversité des symboles additionnels impose de recourir aux documents normatifs. AFNOR pour en connaître tous les détails.

Sous-groupe 1

Énergie de rupture (J)			Température d'essai (°C)
27	40	50	
JR	KR	LR	20
J0	K0	L0	0
J2	K2	L2	– 20
J3	K3	L3	– 30
J4	K4	L4	– 40
J5	K5	L5	– 50
J6	K6	L6	– 60

M = laminage thermomécanique
N = normalisé ou laminage normalisant
Q = trempé et revenu
G = autres caractéristiques suivies, lorsque nécessaire, par 1 ou 2 digits

Sous-groupe 2

C	formage à froid spécial
D	galvanisation
E	émaillage
F	forgeage
H	profil creux
L	basse température
M	formage thermomécanique
N	normalisé ou laminage normalisant
O	offshore
Q	trempé et revenu
S	construction navale
T	tubes
W	résistant à la corrosion atmosphérique
an	symbole chimique de l'élément d'alliage spécifié, par ex. Cu, avec éventuellement un seul digit représentant 10 fois la moyenne (arrondie à 0,1 %) de la fourchette spécifiée de la teneur de cet élément.

Exemple :

S 235 J0 :
- Acier de construction
- Re > 235 MPa
- K_V 0 °C > 27J

S 235 J2 G1 W :
- Acier de construction
- Re > 355 MPa
- K_V – 20 °C > 27 J
- G1 normalisé ou laminage normalisant
- W : résistant à la corrosion atmosphérique

Aciers

ACIERS DU GROUPE 1

SYMBOLES ADDITIONNELS POUR LES PRODUITS EN ACIER

SYMBOLES POUR EXIGENCES SPÉCIALES (1)

Symbole	Signification
+ C (2)	Gros grain
+ F	Grain fin
+ H	Trempabilité
+ Z 15	Propriété garantie dans le sens de l'épaisseur : striction minimale = 15 %
+ Z 25	Propriété garantie dans le sens de l'épaisseur : striction minimale = 25 %
+ Z 35	Propriété garantie dans le sens de l'épaisseur : striction minimale = 35 %

(1) Ces exigences spéciales sont normalement des caractéristiques de l'acier. Pour des raisons pratiques, ils sont utilisés comme symboles pour les produits en aciers.

(2) Le signe (+) sépare du symbole précédent.

SYMBOLES POUR TYPE DE REVÊTEMENT

Symbole	Signification	Symbole	Signification
+ A (1)	Revêtement d'aluminium par immersion à chaud	+S	Revêtement d'étain par immersion à chaud
+ AR	Revêtement d'aluminium par placage	+SE	Revêtement électrolytique d'étain
+ AS	Revêtement d'alliage aluminium-silicium	+T	Revêtement d'alliage plomb-étain par immersion à chaud (galvanisation)
+ AZ	Revêtement d'alliage zinc-aluminium (> 50 % AL)	+TE	Revêtement électrolytique d'alliage plomb-étain
+ CE	Revêtement électrolytique de chrome/oxyde de chrome (ECCS)	+Z	Revêtement de zinc par immersion à chaud (galvanisation)
+ CU	Revêtement de cuivre	+ZA	Revêtement de zinc-aluminium (>50 % Zn) par immersion à chaud
+ IC	Revêtement inorganique	+ZE	Revêtement électrolytique de zinc
+ OC	Revêtement organique	+ZF	Revêtement de zinc-fer par immersion à chaud

(1) Le signe (+) sépare du symbole précédent.

SYMBOLES POUR TYPE DE TRAITEMENT

Symbole	Signification	Symbole	Signification
+ A (1)	Recuit d'adoucissement	+ NT	Normalisé et revenu
+ AC	Recuit de globulisation de carbures	+ Q	Trempé
+ AT	Recuit de mise en solution	+ QA	Trempé à l'air
+ C	Écroui à froid	+ QO	Trempé à l'huile
+ CR	Laminé à froid	+ QT	Trempé et revenu
+ HR	Laminé à chaud et écroui à froid	+ QW	Trempé à l'eau
+ LC	Skin pass (planage ou étirage à froid)	+ S	Traitement pour cisaillage à froid
+ M	Formage thermomécanique	+ T	Revenu
+ N	Normalisé ou formage normalisant	+ U	Non traité

(1) le signe (+) sépare du symbole précédent

Pour éviter une confusion, la lettre S peut être utilisée comme préfixe à ces symboles (+ SA).

Aciers

ACIERS DU GROUPE 2

Les aciers du groupe 2 sont désignés à partir de leur composition chimique. Ils se subdivisent en 4 sous-groupes.

ACIERS NON ALLIÉS SPÉCIAUX

Sous-groupe 2.1

• **Aciers non alliés (sauf aciers de décolletage) avec teneur en manganèse < 1 %**

La désignation comprend successivement :

1) La lettre C
2) Le centuple de la teneur moyenne spécifiée en % de carbone :
   [C x 100 teneur en % de Carbone]
   Exemple : C35 = acier à 0,35 % de C

Voir page 365 de cette mise à jour.

Sous-groupe 2.2

• **Aciers non alliés avec manganèse > 1 %, aciers non alliés de décolletage et aciers alliés (sauf aciers rapides) avec teneur de chaque élément d'alliage < à 5 %**

La désignation comprend successivement :

1) Le centuple de la teneur moyenne spécifiée en % de carbone.
2) Les symboles chimiques des éléments d'alliage dans l'ordre décroissant des teneurs des éléments.
3) Nombres représentant la teneur moyenne de chaque élément d'alliage à partir de son coefficient multiplicateur :

Élément d'alliage	Coefficient multiplicateur
Cr, Co, Mn, Ni, Si, W	4
Al, Be, Cu, Mo, Nb, Pb, Ta, Ti, V, Zr	10
Ce, N, P, S	100
B	1000

– Exemple : 36 Ni Mo 16.10 { Acier à 0,36 % de C ; à 16/4 de nickel ; à 10/10 de molybdène

Voir page 365 de cette mise à jour.

ACIERS ALLIÉS SPÉCIAUX

Sous-groupe 2.3

• **Aciers alliés (sauf aciers rapides) dont la teneur d'au moins un des éléments d'alliage est > à 5 %**

La désignation comprend successivement :

1) La lettre X
2) Le centuple de la teneur moyenne spécifiée en carbone
3) Les symboles chimiques des éléments d'alliage dans l'ordre décroissant des teneurs des éléments
4) Les nombres représentant la teneur moyenne de chaque élément d'alliage séparés par un trait d'union,

– Exemple : X 5 CrNi18-10 Acier à 0,05 % de C – 18 % de chrome (Cr) – 10 % de Nickel (Ni)

Voir pages 366 et 367 de cette mise à jour.

Sous-groupe 2.4

• **Aciers rapides**

La désignation comprend successivement :

1) Les lettres HS
2) Les nombres séparés par un trait d'union, précisant les teneurs des éléments d'alliage dans l'ordre suivant :
   Tungstène (W), Molybdène (Mo), Vanadium (V), Cobalt (Co)

– Exemple : HS2-9-1-8HS6-5-3

Voir pages 366 et 367 de cette mise à jour.

DÉSIGNATION NUMÉRIQUE DES ACIERS — EN 10027-2

La désignation numérique est obligatoire pour les nuances d'acier définies dans les normes européennes et facultative pour les nuances d'acier nationales ou les aciers de marque.

STRUCTURE DES NUMÉROS D'ACIER

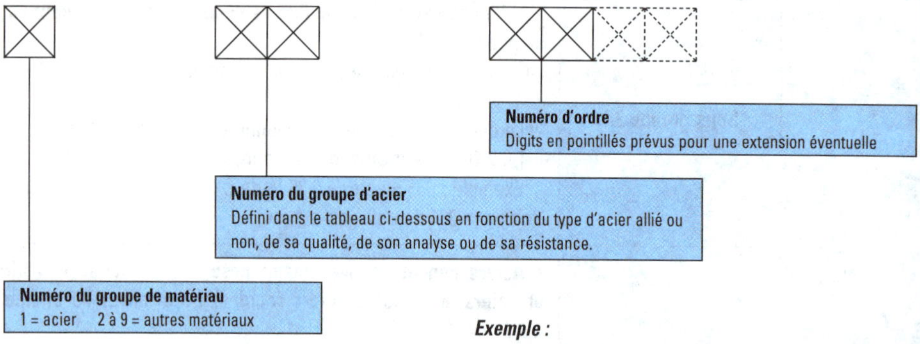

Exemple :

Désignation symbolique	Désignation numérique		
	Acier	N° Groupe	N° d'ordre (1)
S185	1	0 0	3 5

(1) Désigné uniquement par le ECISS (European Committee for Iron and Steel Standardization ou Comité Européen de Normalisation du fer et de l'acier).

Les informations suivantes sont données dans les cases du tableau :
a) le numéro du groupe d'acier (en haut à gauche 00),
b) la caractéristique principale du groupe d'acier,
c) R_m est la résistance à la traction.

CLASSIFICATION DES GROUPES D'ACIER SELON EN 10020

ACIERS NON ALLIÉS

N°	Aciers de base		Aciers de qualité		Aciers spéciaux
0	00 Aciers de base	90			10 Aciers à propriétés physiques particulières
1			01 Aciers de construction d'usage général avec Rm < 500 N/mm^2	91	11 Aciers de construction – Aciers pour appareils à pression avec C < 0,50 %
2			02 Aciers de construction d'usage spécial non destinés au traitement thermique avec Rm < 500 N/mm^2	92	12 Aciers de construction appareil à pression avec C > 0,50 %
3			03 Aciers avec un C moyen < 0,12 % ou Rm < 400 N/mm^2	93	13 Aciers de construction appareil à pression avec prescriptions particulières
4			04 Aciers avec : 0,12 % < C moyen < 0,25 % ou 400 N/mm^2 < Rm < 500 N/mm^2	94	14
5			05 Aciers avec : 0,25 % < C moyen < 0,55 % ou 500 N/mm^2 < Rm < 700 N/mm^2	95	15 Aciers à outils
6			06 Aciers avec un C moyen > 0,55 % ou Rm > 700 N/mm^2	96	16 Aciers à outils
7			07 Aciers à haute teneur en P ou S	97	17 Aciers à outils
8					18 Aciers à outils
9					19

DÉSIGNATION NUMÉRIQUE DES ACIERS

CLASSIFICATION DES GROUPES D'ACIER SELON NF EN 10020

ACIERS ALLIÉS

N°	Aciers de qualité		Aciers spéciaux						
			Aciers à outils	Aciers divers	Aciers inoxydables et réfractaires	Aciers de construction – Aciers pour appareils à pression			
0			20 Cr	30	40 Aciers inoxydables avec Ni < 2,5 % sans Mo, Nb, Ti	50 Mn-Si-Cu	60 Cr-Ni avec 2, 0 < Cr < 3 %	70 Cr ; Cr-B	80 Cr-Si-Mo ; Cr-Si-Mn-Mo ; Cr-Si-Mo-V ; Cr-Si-Mn-Mo-V
1			21 Cr-Si ; CR-Mn ; Cr-MN-Si	31	41 Aciers inoxydables avec Ni < 2,5 % avec Mo, sans Nb, Ti	51 Mn-Si ; Mn-Cr	61	71 Cr-Si ; Cr-Mn ; Cr-Mn-B ; Cr-Si-Mn	81 Cr-Si-V ; Cr-Mn-V ; Cr-Si-Mn-V
2			22 Cr-V ; Cr-V-Si ; Cr-V-Mn ; Cr-V-Mn-Si	32 Aciers rapides avec Co	42	52 Mn-Cu ; Mn-V-Si ; Mn-Si-V	62 Ni-Si ; Ni-Mn ; Ni-Cu	72 Cr-Mo avec Mo < 0,35 % ; Cr-Mo-B	82 Cr-Mo-W ; Cr-Mo-W-V
3			23 Cr-Mo ; Cr-Mo-V ; Mo-V	33 Aciers rapides sans Co	43 Aciers inoxydables avec Ni > 2,5 % sans Mo, Nb, Ti	53 Mn-Ti ; Si-Ti	63 Ni-Mo ; Ni-Mo-Mn ; Ni-Mo-Cu ; Ni-Mo-V ; Ni-Mn-V	73 Cr-Mo avec Mo > 0,35 %	83
4			24 W ; Cr-W	34	44 Aciers inoxydables avec Ni > 2,5 % avec Mo, sans Nb, Ti	54 Mo ; Nb, Ti, V ; W	64	74	84 Cr-Si-Ti ; Cr-Mn-Ti ; Cr-Si-Mn-Ti
5			25 W-V ; Cr-W-V	35 Aciers pour roulements	45 Aciers inoxydables avec additions particulières	55 B ; Mn-B Mn < 1,65 %	65 Cr-Ni-Mo avec Mo < 0,4 %, Ni < 0,2 %	75 Cr-V avec Cr < 2,0 %	85 Aciers de nitruration
6			26 W en dehors des classes 24,25 et 27	36 Matériaux à propriétés magnétiques particulières sans Co	46 Aciers inoxydables et réfractaires alliage de Ni	56 Ni	66 Cr-Ni-Mo avec Mo < 0,4 % + 2 < Ni < 3,5 %	76 Cr-V avec Cr > 2,0 %	86
7			27 Avec Ni	37 Matériaux à propriétés magnétiques particulières avec Co	47 Aciers réfractaires avec Ni < 2,5 %	57 Cr-Ni avec Cr < 1 %	67 Cr-Ni-Mo avec Cr < 0,4 %, 3,5 < Ni < 5 %, Mo > 0,4 %	77 Cr-Mo-V	87 88 89 Aciers non destinés à un traitement thermique chez l'utilisateur
8	08 Aciers à propriétés physiques et particulières	98	28 Autres	38 Matériaux à propriétés physiques particulières sans Ni	48 Aciers réfractaires avec Ni > 2,5 %	58 Cr-Ni avec 1 < Cr < 1,5 %	68 Cr-Ni -V ; Cr-Ni-W ; Cr-Ni-V-W	78	88 89 } Aciers soudables à haute résistance
9	09 Aciers pour autres domaines d'application	99	29	39 Matériaux à propriétés physiques particulières avec Ni	49 Matériaux avec propriétés à températures élevées	59 Cr-Ni avec 1,5 < Cr < 2 %	69 Cr-Ni en dehors des clases 57 à 68	79 Cr-Mn-Mo ; Cr-Mn-Mo-V	

Les informations suivantes sont données dans les cases du tableau : a) le numéro du groupe d'acier (en haut à gauche 00) ; b) la caractéristique principale du groupe d'acier ; c) R_m est la résistance à la traction.

23.2.3 DÉSIGNATION DES ACIERS DE CONSTRUCTION NORMALISÉS

ACIERS DE CONSTRUCTION D'USAGE COURANT (GROUPE 1)

Il s'agit des aciers de construction désignés à partir de leur utilisation et de leurs caractéristiques mécaniques ou physiques.

Désignation symbolique	Désignation numérique	Désignation nationale antérieure	R (MPa)	Re (MPa)
S 185	10035	A 33	420	160
S 235	10037	E 24	370	225
S 275	10044	E 28	450	260
S 355	10045	E 36	520	340
E 295	10050	A 50	500	275
E 335	10060	A 60	600	330
E 360	10070	A 70	730	360

R (MPa) : résistance à la rupture en MPa

Re (MPa) : limite apparente d'élasticité en MPa

Remarque :
S'il s'agit d'une **pièce moulée** en acier d'usage courant, la désignation ci-dessus doit être précédée de la **lettre G.**
Exemple : • pièce usinée : S 185 • pièce moulée : GS 185

ACIERS NON ALLIÉS SPÉCIAUX (GROUPE 2)

- **Aciers de construction pour traitements thermiques** (teneur en manganèse : Mn > 1 %)

Désignation symbolique	Désignation numérique	Désignation nationale antérieure	R (MPa)	Re (MPa)	Principales propriétés
C 22	1.1151	XC18	440.640	330	Aciers malléables, soudables Aciers de cémentation Pièces forgées et matricées
C 25	1.1158	XC25	490.630	365	
C 30	1.1178	XC32	570.760	430	Aciers qui permettent : – une résistance à l'usure – un traitement dans la masse – une trempe à l'eau en général – une trempe à l'huile pour les faibles sections
C 35	1.1181	XC38	630.830	490	
C 40	1.1186	XC42	670.880	520	
C 45	1.1201	XC48	710.935	550	Aciers qui permettent : – une trempe à l'huile pour les faibles et les moyennes sections
C 55	1.1203	XC55	750.980	585	

- **Aciers de construction pour traitements thermiques [trempe – revenu]** (teneur des éléments d'alliage < 5 %)

Désignation symbolique	Désignation numérique	Désignation nationale antérieure	Désignation symbolique	Désignation numérique	Désignation nationale antérieure
25CrMo4	17218	25CD4	36NiCrMo16.10	16773	35NCD16
34CrMo4	17220	34CD4	51CrV4	18159	50CV4
42CrMo4	17225	42CD4	34Cr4	17033	32C4
37Cr4	17034	38C4	42Cr2	17006	38C2

Remarque :
Le chrome et le nickel augmentent la dureté et la résistance à la traction.

23.2.4 ACIERS INOXYDABLES — NF EN 10088 2

Appellations commerciales et compositions chimiques des aciers inoxydables											Caractéristiques mécaniques			Duretés obtenues à titre indicatif après trempe à l'huile sur pièces finies		
Désignation européenne Selon NF EN 10088-2 (nov. 95)		Ancienne désignation de la NF A 35573 (Annulation nov. 95)	Composition Chimique à titre indicatif							Variantes	État recuit à titre indicatif (valeurs moyennes)					
NOM	N°		C	Si	Mn	Cr	Mo	Ni	Autres		Rm	Rp0.2	A %	Traitement thermique	Dureté HRC	Rm
ACIERS INOXYDABLES MARTENSITIQUES																
X20Cr13	1.4021	Z20C13	0,21	0,35	0,35	13,30					550	340	24	Trempe 1050 °C + revenu à 180° – 200 °C	⩾ 45	1500
X30Cr13	1.4028	Z33C13	0,33	0,20	0,30	13,70					600	340	24		⩾ 50	1700
X46Cr13	1.4034	Z44C14	0,46	0,35	0,30	13,80					650	400	23		⩾ 52	1800
ACIERS INOXYDABLES FERRITIQUES																
X2CrTi12	1.4512	Z3CT12	0,02	0,50	0,30	11,50			Ti = 0,180		410	250	32			
X6CrNiTi12	1.4516	Z8CNT12	0,06	0,30	0,80	11,00		0,80	Ti = 0,150		510	370	27			
X6Cr17	1.4016	Z8C17	0,05	0,35	0,40	16,50				F18 (Cr ≥ 17,5)	500	340	26			
X3CrTi17	1.4510	Z4CT17	0,02	0,35	0,40	16,50			Ti = 0,400	AISI 439 (Cr 17,5)	450	300	30			
X6CrNi17-1	1.4017	Z8CN17	0,02	0,15	0,40	16,80		1,40			700	360	20			
X2CrMoTi18-2	1.4521	Z3CDT18-02	0,02	0,40	0,40	17,70	2,00		Ti + Nb = 0,450		540	380	27			
ACIERS INOXYDABLES AUSTÉNITIQUES																
X10CrNi18-8	1.4310	Z11CN18-08	0,10	1,00	1,20	16,80	0,70	6,80			740	320	50			
X2CrNiN18-7	1.4313	Z3CN18-07Az	0,025	0,50	1,50	17,50		7,0	N = 0,15		780	360	48			
X5CrNi18-10	1.4301	Z7CN18-9	0,04	0,50	1,50	18,20		8,70			630	300	52			
X2CrNi18-9	1.4307	Z3CN18-10	0,025	0,50	1,50	18,20		9,20			620	310	50			
X2CrNi19-11	1.4306	Z3CN18-10	< 0,025	0,60	1,50	18,50		10,20			600	300	50			
X6CrNiTi18-10	1.4541	Z6CN18-10	0,03	0,50	1,30	17,50		9,20	Ti = 0,300	Ti > 5 (C+N)	610	280	48			
ACIERS INOXYDABLES AUSTÉNITIQUES AU MOLYBDÈNE																
X5CrNiMo17-12-2	1.4401	Z7CND17-11-02	0,05	0,50	1,50	17,00	2,10	10,60			620	340	48			
X2CrNiMo17-12-2	1.4404	Z3CND17-11-02	< 0,03	0,50	1,50	17,50	2,25	11,20			610	320	48			
X2CrNiMo18-14-3	1.4435	Z3CND17-12-03	< 0,03	0,50	1,50	17,80	2,60	12,70			610	310	45			
X6CrNiMoTi17-12-2	1.4571	Z6CNDT17-12	0,04	0,50	1,50	17,00	2,10	10,70	Ti = 0,350		610	310	47			
X1NiCrMoCu25-20-5	1.4539	Z2NCDU25-20	0,015	0,20	1,50	20,20	4,35	25,20	Cu = 1,50		650	340	40			
ACIERS INOXYDABLES RÉFRACTAIRES																
X18CrNi23-13	1.4833	Z20CN24-13	0,06	0,35	1,50	22,50		13,50			630	330	45			
X8CrNi25-21	1.4845	Z8CN25-20	0,05	0,50	1,70	25,00		19,80			600	300	42			

Unités utilisées

Rm : charge de rupture (MPa)

$\mathbf{R_{p0.2}}$: limite élastique à 0,2% (M

A% : allongement %
Éprouvette
Lo = 80 mm
(ép. < 3 mm)
Lo = $5{,}65\sqrt{S_0}$
(ép. ≥ 3 mm)

1 Mpa = 1N/mm^2
= 145 PSI
= 0,1 kg/mm^2

Aciers

ÉTATS ET ASPECTS DE SURFACE DES ACIERS INOXYDABLES

États	Aspect	Présentation	Correspondance AISI	Correspondance NF EN 10088 Partie 2 (1995)
1	RGD	Laminé à chaud – Recuit décapé	1	1D
2	D	LAF MAT (recuit décapé)	2D	2D
	B	LAF GLACE (recuit décapé skin passé)	2B	2B
	R	LAF (recuit brillant)	BA	2R
Écroui	B et R	Écroui sur aspect B ou R		2H
2 ou écroui	N° 3	Poli N° 3	N° 3	2G
	N° 4	Poli N° 4	N° 4	2G
	N° 5	Poli N° 5		2G
	N° 6	Poli N° 6	N° 6	2G
	N° 7	Poli N° 7	N° 6	2G
		Poli UGINOX		2J
		Satiné UGINOX		2J
		Brossé UGINOX		2J
		Mat UGINOX		2J
2 écroui	TG3	Gravé grenaillé		2M
	TG5	Gravé cuir		2M
	TT	Gravé toilé (TT2 – TT3)		2M
2		Étamé		2S

REVÊTEMENTS DE SURFACE DES ACIERS INOXYDABLES

Code réf.	Aspect et Présentation	Utilisations	Vieillissement (à partir de l'application du revêtement)
124	blanc ép. = 0,10 mm	Protection de manutention pliage, roulage et emboutis très légers. Aspects polis	6 mois
234	noir ép. = 0,12 mm	Protection pour manutention, stockage	6 mois résiste aux U.V.
134	noir ép. = 0,10 mm	Exposition extérieure, emboutissage et pliage légers	6 mois résiste aux U.V.
243	bleu ép. = 0,08 mm	Pliage et emboutissage en plusieurs passes	1 an
113	jaune ép. = 0,06 mm	Emboutis peu profonds, profilage et pliage	3 mois
193	Bleu translucide ép. = 0,06 mm	Protection, pliage et roulage	3 mois

CRITÈRES DE CHOIX DES ACIERS INOXYDABLES

Désignation européenne Selon NF EN 10088-2 (Nov. 95) – Nom	N°	Conformation à froid : emboutissage profilage	Soudage	Résistance à la corrosion	Particularités	Exemples d'application
ACIERS INOXYDABLES MARTENSITIQUES						
X20Cr13	1.4021	○	○	◔	Bonne aptitude à la trempe – Livraison possible à l'état trempé	Outils tranchants – Coutellerie – Pièces mécaniques – Outil de bâtiment
X30Cr13	1.4028	○	○	◔		Feuillards de rechargement – Coutellerie – Outils tranchants – Pièces d'usure
X46Cr13	1.4034	○	○	◔		Coutellerie – Instrument chirurgie…
ACIERS INOXYDABLES FERRITIQUES						
X2CrTi12	1.4512	◑	◑	◔	Bonne résistance à l'oxydation à chaud	Système d'échappements automobile
X6CrNiTi12	1.4516	◔	◑	◔	Nuance pour construction soudée	Conteneurs – Matériels ferroviaires – Trémies – Équipements industriels
X6Cr17	1.4016	◔	◔	◔	En recuit brillant pour pièces d'aspect – F18 flans monétaires	Articles ménagers – Pièces décoratives – Électroménager – Platerie
X3CrTi17	1.4510	◑	◑	◑	Le titane améliore la soudabilité et la déformation à froid	Électroménager – Éviers – Tubes – Brûleurs
X6CrNi17-1	1.4017	○	○	◔	Caractéristiques mécaniques élevées après trempe et écrouissage	Chaînes transporteuses
X2CrMoTi18–2	1.4512	◑	◑	◕	Résistance à la corrosion par piqûres identique à celle du 18.11 ML (316L)	Ballons d'eau chaude – Chaudières de fumée – Échangeurs divers
ACIERS INOXYDABLES AUSTÉNITIQUES						
X10CrNi18-8	1.4310	◑	◑	◑	Nuance écrouissage	Ressorts – Pièces mécaniques
X2CrNiN18-7	1.4318	◑	●	◕	Caractéristiques mécaniques améliorées à l'état écroui	Matériels ferroviaires
X5CrNi 18 10	1.4301	◕	◕	◕	Nuance conforme toutes normes	Chaudronnerie – Tubes – Cuverie– Platerie – Ustensiles de cuissons
X2CrNi18-9	1.4307	◕	●	◕	Nuance très bas carbone – Bonne aptitude soudage	Chaudronnerie – Échangeurs – Métal déployé – Nucléaire
X2CrNi19-11	1.4306	◕	●	◕	Nuance très bas carbone– Affectation nucléaire Co < 0,2	Chaudronnerie – Nucléaire
X6CrNiTi18-10	1.4541	◑	●	◕	Stabilisé titane – Résistance à la corrosion des zones soudées – Résistance au fluage	Tubes – Résistances chauffantes – Aéronautique
ACIERS INOXYDABLES AUSTÉNITIQUES AU MOLYBDÈNE						
X5CrNiMo17-12-2	1.4401	◑	◕	●	Chaudronnerie	Cuverie vinicole
X2CrNiMo17-12-2	1.4404	◕	●	●	Nuance molybdène très bas carbone	Tubes – Chaudronnerie – Citernes routières – Ballons d'eau chaude
X2CrNiMo18-14-3	1.4435	◕	●	●	Nuance haut molybdène très bas carbone	Cuves pour produits chimiques et alimentaires – Applications marines
X6CrNiMoTi17-12-2	1.4571	◑	●	●	Nuance stabilisée titane pour soudage	Industrie chimique et pétrolière…
X1NiCrMoCu25-20-5	1.4539	◕	◕	●	Super austénitique – Excellente tenue à la corrosion	Échangeurs – Chimie
ACIERS INOXYDABLES AUSTÉNITIQUES AU MOLYBDÈNE						
X18CrNi23-13	1.4833	◔	◕	◕	Résistance à l'oxydation à chaud jusqu'à 1050°C	Gaines de résistances
X8CiNi25-21	1.4845	◔	◕	◕	Résiste à l'oxydation à chaud jusqu'à 1100°C	Équipements de fours

Difficile ○ Moyen ◔ Bon ◑ Très bon ◕ Excellent ●

23.3. MÉTAUX ET ALLIAGES NON FERREUX

NF A 02-002/004

L'aluminium et ses alliages ont reçu dans tous les pays une symbolisation ou une désignation conventionnelle, en ce qui concerne leur composition chimique et leurs modes d'obtention ainsi que leurs états de livraison.
La normalisation française est actuellement double : la NF A 02-002 traite des modes d'obtention et de l'état de livraison des métaux et alliages non ferreux moulés ;
la NF A 02-004 des aluminiums et alliages de fonderie.

DÉSIGNATION

MÉTAL NON ALLIÉ

- ***Une lettre***
  (symbole AFNOR) précise le métal de base.
- ***Un chiffre***
  (de 0 à 99) indique l'indice de pureté chimique dont la valeur croit quand le degré de pureté augmente (voir exemple).

99,8 % → 8

A ← Aluminium

ALLIAGE

Deux groupes de chiffres et lettres définissent un ***alliage***

- ***Le premier groupe*** composé d'une lettre (symbole AFNOR) précise le ***métal de base.***
- ***Le deuxième groupe*** se sépare du premier ***par un tiret.*** Il donne les autres éléments d'addition avec leur teneur (voir exemple).

7 % de silicium → S7 G

A — S7 G

A ← Aluminium ; G ← du magnésium

Cette désignation est employée seulement pour l'aluminium et ses alliages de fonderie. Elle ne s'applique ni pour le cuivre et ses alliages, ni pour l'aluminium et ses alliages s'ils sont corroyés.

PRODUITS MOULÉS NF A 02-002

ÉTATS DE LIVRAISON

Désignation
Lettre suivie de ***deux chiffres*** :

- le premier précise le mode d'obtention (voir tableau),
- le deuxième indique le traitement thermique.

Exemple:
Pièce en alliage d'aluminium A-U5GT Y23.

A-U5GT Y23
Y2 → Mode d'obtention: moulée en sable
Y_3 → Etat de livraison : trempé revenu

Symbole	Mode d'obtention	Symbole	État de livraison
Y0	Non défini	0	Aucun traitement, ou traitement non spécifié
Y1	Lingot	1	Recuit
Y2	Moulage en sable	2	Trempé
Y3	Moulage en coquilles	3	Trempé et revenu
Y4	Moulage sous pression	4	Trempé et mûri
Y5	Par concréfaction (frittage)	5	Stabilisé
Y6	–	6	Trempé et stabilisé
Y7	Par coulée continue	7	–
Y8	Par centrifugation	8	–
Y9	Suivant prescriptions	9	Suivant prescriptions

SYMBOLES DE TRAITEMENT

ÉTATS MÉTALLURGIQUES DE BASE

F - Brut de fabrication	O - Recuit	H - Écroui	T - Traitements thermiques

Subdivisions de l'état H

État	Écroui	Écroui - recuit	Écroui - stabilisé
1/4 dur	H 12	H 22	H 32
1/2 dur	H 14	H 24	H 34
3/4 dur	H 16	H 26	H 36
4/4 dur	H 18	H 28	H 38
Extra-dur	H 19	H 29	H 39

Subdivisions de l'état T

Aluminium et alliages d'aluminium		Cuivre et alliages de cuivre - nickel et alliages de nickel	
T3 Solution*, écroui et mûri	T6 Solution et revenu	TA Refroidissement contrôlé	TC TA et déformation à froid
T4 Solution et mûri	T8 Solution, écroui et revenu	TB Solution et trempé	TD TB et déformation à froid
T5 Refroidi et revenu	T10 Refroidi, revenu et écroui		

* Traitement thermique

ALUMINIUM ET ALLIAGES D'ALUMINIUM DE FONDERIE NF A 02-004							
	Nuances	**État**		**R mini (MPa)**	**Re mini (MPa)**	**A (%)**	**Propriétés - Emplois**
ALUMINIUM ET ALLIAGES D'ALUMINIUM	A-5	Y40	M. sous pression	75	25	40	Appareils ménagers.
	A-U8S	Y20	M. en sable	160	125	0,5	Bonne aptitude à l'usinage (pièces mécaniques)
	A-S7G	Y20	M. en sable	170	90	4	Se soude bien - Bonne étanchéité (alimentation, chimie).
ALLIAGES DE MAGNÉSIUM	G-A9	Y24	M. en sable Trempé mûri	250	105	9	Excellente usinabilité (pièces mécaniques).
	G-A9Z1	Y30	M. en coquilles	195	115	3	Très bonne aptitude à être coulé (roues de voiture).
	G-Z4Zr	Y25	M. en sable stabilisé	260	160	7	Résiste à la compression - Non soudable (roues d'avion).
CUPRO-ALUMINIUM	Cu Al 9 Fe 3	Y25	M. en sable stabilisé	500	180	15	Résiste à la corrosion (engrenages, pièces d'usure).
	Cu Al 9 Ni 3 Fe	Y25	M. en sable stabilisé	500	180	18	Résiste à la corrosion (eau de mer) et à la cavitation - Soudabilité [hélices (marine) roues et vis sans fin (pression élevée)].
	Cu Al 9 Ni 5 Fe	Y25	M. en sable stabilisé	630	240	12	

23.4. ALUMINIUM ET ALLIAGES D'ALUMINIUM CORROYÉS

NF A 02-104

La norme française NF A 02-104 définit les règles de désignation des produits destinés à être transformés par ***corroyage.***
La ***désignation*** de l'aluminium et de ses alliages comprend un nombre de ***quatre chiffres.***

PRODUITS CORROYÉS

ALUMINIUM NON ALLIÉ

1 | 0 | 70 | A

- ***Le premier chiffre*** (toujours 1) indique le groupe d'aluminium, il correspond à une teneur en aluminium > à 99 %.
- ***Le deuxième chiffre*** désigne le nombre d'impuretés pour lesquelles des contrôles sont envisagés.
- ***Les deux chiffres suivants*** précisent le % de carbone au-delà des 99 % (ici la teneur est de 99,70 %)
- ***La lettre*** indique une variation légère dans la composition de base (variante propre à un ou plusieurs pays).

ALLIAGES D'ALUMINIUM

2 | 6 | 18 | A

- ***Le premier chiffre*** donne l'élément principal d'addition, et prend des valeurs allant de 2 à 8 (voir tableau ci-dessous).
- ***Le deuxième chiffre*** indique le nombre de modifications effectuées sur l'alliage. 0 correspond à l'alliage d'origine. 1 à 9 précisent les modifications successives de l'alliage (voir NF 02-006).
- Identification de l'alliage, pas de signification particulière.
- Signification identique à celle donnée pour les aluminiums non alliés.

ÉLÉMENTS PRINCIPAUX D'ADDITION							
2	Cuivre	4	Silicium	6	Magnésium et silicium	7	Zinc
3	Manganèse	5	Magnésium			8	Autres éléments

Aluminium et alliages d'aluminium corroyés

ALUMINIUM ET PRINCIPAUX ALLIAGES CORROYÉS

	Nuances	États		R mini (MPa)	Re mini (MPa)	A (%)	Propriétés - Emplois
ALUMINIUM NON ALLIÉ	1050 A	1/4 dur	H12	100	85	14	Aptitudes à : l'anodisation, la résistance à la corrosion, la soudabilité. (Profilés, tôles, tubes...)
	1070 A	1/2 dur	H14	100	70	7	
ALUMINIUM + CUIVRE	2011	Trempé	T3	300	250	10	Décolletage et matriçage. Beau fini de surface (barres, tubes). (Pièces usinées, forgées, matricées pour l'aéronautique).
	2618 A	Trempé-revenu	T6	440	390	8,5	
ALUMINIUM + MANGANÈSE	3003	1/2 dur	H14	160	140	8	Bonnes aptitudes à l'anodisation de protection, la soudabilité, la résistance à la corrosion.
	3004	3/4 dur	H36	260	230	7	
ALUMINIUM + MAGNÉSIUM	5005 A	Recuit	0	120	40	30	Excellente résistance à la corrosion atmosphérique (bonne en milieu marin). Excellente soudabilité. Protection bonne pour la décoration.
	5150	3/4 dur	H26	210	190	8	
ALUMINIUM + MAGNÉSIUM ET SILICIUM	6060	Trempé-revenu	T4	150	90	22	Bel aspect après anodisation (Menuiserie métallique - Aménagement intérieur. Structures - Chaudronnerie - Pylônes...)
	6082	Trempé-revenu	T6	320	280	14	
ALUMINIUM + ZINC	7020	Trempé-revenu	T6	380	320	12	Alliages à très hautes caractéristiques. Eléments de structure. Applications militaires (blindage).
	7049 A	Trempé-revenu	T6	610	530	5	

23.5. CUIVRE ET ALLIAGES DE CUIVRE — NF A 02-008/009

Le cuivre ***non allié*** et les ***alliages de cuivre*** sont désignés par le symbole chimique du métal de base Cu.

DÉSIGNATION

CUIVRE NON ALLIÉ

- Cu = symbole chimique international.
- ***Tiret*** de séparation.
- ***Série de caractères*** alphabétiques majuscules se référant au type de cuivre :
  - ETP : affiné électrolitiquement, non désoxydé, à conductivité garantie.
  - FRHC : affiné thermiquement, non désoxydé, à conductivité garantie.
  - FRTP : affiné thermiquement, à conductivité non garantie.
  - DHP : affiné thermiquement ou électrolytiquement, phosphore résiduel fort.
  - DLP : affiné thermiquement ou électrolytiquement - phosphore résiduel faible.
  - OF : désoxydé.
  - OFE : exempt d'oxygène, de haute pureté.

Cuivre → Cu – FRHC ← Caractères se référant au type

ALLIAGE DE CUIVRE

- Cu = symbole chimique international.
- Symboles des éléments d'alliage et un nombre entier indiquant leur teneur en % (teneurs supérieures à 1 %).
- Rangement des éléments de l'alliage par ordre de *teneur décroissant.*

Cu Zn 36 Pb 3 (Zn 36 : 36 % de Zinc ; Pb 3 : 3 % de plomb)

CUIVRE ET ALLIAGES DE CUIVRE DE FONDERIE							
	Nuances		**État**	**R mini (MPa)**	**Rmini (MPa)**	**A (%)**	**Propriétés - Emplois**
BRONZES	Cu Sn 12	Y30	Moulage en coquilles	270	150	16	Excellentes propriétés de frottement chimique ; bonnes propriétés pour la fonderie ; paliers résistants aux acides.
	Cu Pb20 Sn 5	Y20	Moulage en sable	150	60	5	
LAITONS	Cu Zn 19 A 16	Y20	Moulage en sable	750	500	8	Construction mécanique. Industrie chimique.
	Cu Zn 40	Y30	Moulage en coquilles	435	300	14	Bonnes caractéristiques mécaniques. Robinetterie.
CUPRO-ALU	Cu Al 19	Y30	Moulage en coquilles	500	200	20	Excellentes caractéristiques mécaniques ; bonne résistance à la corrosion. Robinetterie, quincaillerie.
	Cu Al 10 Fe 5 Ni 5	Y20	Moulage en sable	630	250	12	
CUPRO-NICKEL	Cu NI10 Fe 1 Mn	Y30	Moulage en coquilles	280	120	20	Haute résistance à la corrosion. Construction navale.
AU BERYLLIUM	Cu Be 2	Y23	M. en coquilles Tr. et Rev.	1000	800	2	Caractéristiques comparables aux bons aciers spéciaux. Moules, ressorts...
CUIVRE ET ALLIAGES DE CUIVRE CORROYÉS							
CUIVRE	Cu-FRHC	H12	Ecroui	230	70	20	Bonne conductibilité électrique. Câbles, bobinages, contacts...
BRONZES	Cu Sn 8,5 P	0	Recuit	445	282	35	Très bonne tenue aux frottements. Très utilisés.
	Cu Sn 10 Pb9	H14	Ecroui	160	100	6	
LAITONS	Cu Zn 20	H12	Ecroui	280	140	28	Bonne qualité de frottement. Utilisation en décolletage, très bonne usinabilité.
	Cu Zn 38 Pb 2	H14	Ecroui	390	240	16	
CUPRO-ALU	Cu Al 9 Ni3Fe2Mn	H12	Ecroui	630	260	15	Caractéristiques mécaniques voisines de celles des aciers. Inoxydabilité aux hautes températures. Résiste bien aux chocs.
	Cu Al10 Mn7Fe2	H14	Ecroui	690	320	13	
CUPRO-NICKEL	Cu Ni10 Fe 1 Mn	H22	Ecroui-Recuit	325	175	25	Haute résistance à la corrosion. Construction navale. Bonne résistance à la corrosion.
	Cu-FRHC	H12	Ecroui	230	70	20	

23.6. LES MATIÈRES PLASTIQUES

Une ***matière plastique*** est obtenue par association d'un constituant de base – ***résine*** ou ***polymère*** – à des ***adjuvants*** (stabilisants, plastifiants...) et des ***additifs*** (colorants, fongicides...). On distingue deux catégories de matières plastiques : les ***thermoplastiques*** et les ***thermodurcissables.***

THERMO-PLASTIQUES	Ils peuvent être ***ramollis par chauffage*** et ***durcis par refroidissement***. L'opération est ***réversible*** et peut être ***répétée*** plusieurs fois.
THERMO-DURCISSABLES	Ils peuvent être transformés par la chaleur ou par d'autres moyens tels que radiation, catalyseurs, etc. en un état essentiellement infusible et insoluble. L'opération est ***irréversible*** et le recyclage des déchets est impossible.

LES THERMOPLASTIQUES

	t d'util. (°C)	*P* (g/cm³) / TL	Rm (N/mm²)	E (N/mm²)	Usinabilité	Moulage	Avantages	Inconvénients
Acétate de cellulose CA (Rhodoïd)	60 à 100	1,2 / Tr	32 à 56	2000	***	***	Bonne résistance aux chocs. Bonne stabilité dimensionnelle.	Sensible à l'humidité. Retrait non homogène.
Acrylonitrile Butadiène Styrène ABS	60 à 110	1,1 / Ti à Op	17 à 63	2000	***	F	Bon aspect. Bonne résistance aux chocs et aux rayures.	Soudage difficile. Ne résiste pas aux solvants. Cassant. Inflammable.
Chlorure de polyvinyle PVC Rigide	50 à 70	1,3 / Tr à Op	40 à 60	3200	***	***	Imperméabilité à l'eau. Bon isolant. Rigide.	Dégage du chlore au cours de sa décomposition.
PVC souple	60 à 80	1,2 / Tr à Op	10 à 20	25	–	–	Grande souplesse.	Non alimentaire.
Polyamide PA 6-6 (Nylon)	120 à 160	1,14 / Tr à Op	4 à 75	1100 à 2800	***	**	Bonne résistance à l'usure et à la fatigue.	Sensible à l'humidité.
Polyamide PA 1-1 (Rylsan)	65 à 110	1,04 / Tr à Op	55	970 à 1200	–	–	Bonne résistance aux chocs.	Fluage.
Polyamide PA 6 + 25 % Fibre de verre	120 à 160	1,44 / –	125	7400	**	**	Bonne tenue en température.	Sensible à l'humidité.
Polycarbonate PC (Makrolon)	130	1,2 / –	50 à 70	2400	***	**	Excellentes propriétés mécaniques.	Résiste mal aux hydrocarbures.
Polyéthylène basse densité PEbd	120	0,92 / Ti à Op	7 à 16	200	***	***	Imperméable à l'eau. Résiste aux chocs. Bonnes qualités électriques.	Inflammable. Mauvaises qualités mécaniques.
Polyéthylène haute densité PEhd	120	0,95 / Ti à Op	25 à 39	800 à 1200	***	***	Résiste aux chocs. Qualité alimentaire.	Inflammable. Retrait non homogène.
Polyméthyl-méthacrylate (Plexiglass) PMMA	85	1,18 / Tr	60 à 70	3200	***	F	Excellentes qualités optiques. Insensible aux U.V. Facile à former.	Faible tenue en température. Cassant.
Polyoxyméthylène POM (Actéal, Delrin)	85	1,4 / Ti à Op	70	2900	***	***	Bonnes propriétés mécaniques.	Sensible aux U.V. Combustible.
Polypropylène PP	95	0,9 / Tr à Op	30 à 40	1400	***	***	Bonnes propriétés mécaniques. Résiste à la flexion.	Combustible. Retrait non homogène.
Polystyrène PS standard	70	1,05 / Tr	35 à 63	3000	M.	***	Excellent isolant. Rigide.	Cassant et inflammable. Ne résiste pas aux solvants (benzène, etc.)
Polystyrène PS choc	70	1,05 / Ti à Op	21 à 47,5	2500	**	***	Bonnes propriétés électriques. Résistance aux chocs.	Fragile. Inflammable. Ne résiste pas aux solvants (benzène, etc.)
Polytétra-fluoréthylène (Téflon) PTFE	-200 à + 260	2,14 / Op	20 à 40	350 à 700	**	–	Peu adhérent. Bon isolant. Autolubrifiant.	Fluage important. Densité et prix élevés. Retrait non homogène.

**** Excellent - *** Très bon - ** Bon - * Assez bon - M Médiocre - F Faible - N Nul

TL : Transmission lumineuse - Tr : Transparent - Ti : Translucide - Op : Opaque

LES THERMODURCISSABLES

	t d'util. (°C)	P (g/cm3) / TL	Rm (N/mm²)	E (N/mm²)	Usinabilité	Moulage	Avantages	Inconvénients
Polyépoxydes EP (avaldite)	90 à 290	1,1 à 1,5 / Ti à Op	15 à 70	2500	**	**	Bonnes propriétés mécaniques. Se coule bien à chaud. Bonne adhérence.	Se dissout dans les cétones. Réticulation lente.
Phénoplastes PF	200	1,4 à 1,7 / Tr à Op	25 à 50	8000	**	***	Bonne tenue en température. Fluage.	Non alimentaire.
Polyester UP Rigide	75 à 95	1,2 / Tr à Op	50 à 62	2850	***	***	Rigide. Moulage simple à froid.	Inflammable.
Polyester UP Pré-imprégnés 40 % verre	190	1,6 / –	55 à 100	14000	M	***	Excellente tenue mécanique.	Se limite à la série moyenne.
Polyimides SP + 40 % graphite	250	1,55 / –	22 à 23	7000	–	–	Bonne température mécanique en fatigue.	Mauvaise tenue à l'humidité.
Silicones SI	225	1 à 2 / Op	6 à 7	–	M	**	Excellentes propriétés électriques. Elasticité.	Colorations limitées. Prix élevé.

ÉLASTOMÈRES

Les élastomères sont obtenus lors du moulage à chaud (vulcanisation), au cours duquel une réaction chimique apparaît avec des produits rajoutés, et se créent des liaisons chimiques, peu nombreuses, entre les chaînes (***irréversible***).

	Propriétés mécaniques à temp. ordinaire						Tenue au vieillissement			Tenue aux fluides			
	Déformation rémanente après compression	Traction	Déchirement	Abrasion	Résilience	Flexion	Air	Intempéries	Chaleur	Tenue à froid	Produits pétroliers	Acides	Imperméabilité au gaz
Caoutchouc naturel	***	****	***	***	****	***	M	N	F	***	N	*	M
Polybutadiène styrène SBR	**	**	*	**	**	**	*	N	*	**	N	M	M
Polyuréthannes PUR	**	****	****	****	***	**	****	***	*	***	****	*	***
Polyisoprène	***	***	**	***	****	***	M	N	F	***	N	*	M
Polychloroprène	**	***	**	**	***	***	***	**	**	*	**	*	*
Polyépichlorhydrine	***	**	*	*	F	*	**	****	**	*	***	M	****

**** Excellent - *** Très bon - ** Bon - * Assez bon - M Médiocre - F Faible - N Nul
TL : Transmission lumineuse - Tr : Transparent - Ti : Translucide - Op : Opaque

23.7. LES MATÉRIAUX COMPOSITES

Un matériau composite résulte de l'assemblage de deux constituants non miscibles à structure différente. Les qualités de chacun d'eux se combinent et se complètent pour former un matériau hétérogène dont les caractéristiques globales sont meilleures que celles de ses composants.

Les constituants du matériau composite sont :

- ***Le renfort***, composé en général de fibres à haute résistance (fibres de carbone, de bore ou de verre). Judicieusement implanté, il constitue l'âme de la pièce et en supporte les efforts.
- ***La matrice***, qui assure le lien entre les différents constituants, répartit les efforts et protège les renforts.

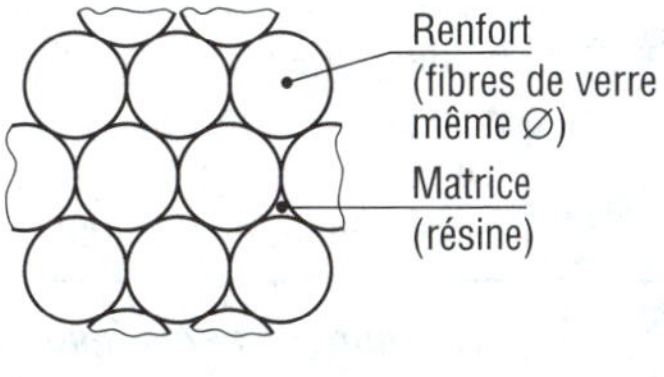

23.7.1. PRINCIPAUX RENFORTS

RENFORTS ORGANIQUES	**Fibres de verre FV**	Caractéristiques mécaniques moyennes ; bon rapport performance / prix ; sensibles aux défauts de surface, au vieillissement et à l'humidité ; peu réfractaires (la viscosité diminue au delà de 300 °C) ; faibles coefficients de dilatation et de conductivité thermique ; faible module d'Young.
	Fibres aramides FA Kevlar	Excellente résistance spécifique à la traction ; bon comportement en fatigue et au choc ; résistance médiocre à la compression, au cisaillement, à l'humidité, aux UV... ; mouillage par les résines délicat ; tenue à haute température nulle ; usinage difficile.
RENFORT MINÉRAL	**Fibres de carbone FC**	Caractéristiques mécaniques très élevées quel que soit le type de sollicitation (sauf aux chocs) ; réfractaire sauf en milieu oxydant ; insensible à l'humidité et aux agents chimiques à température ambiante, mais oxydation au delà de 400 °C ; fibres conductrices qui se dilatent peu ; usage facile au sein des composites.
RENFORT MÉTALLIQUE	**Fibres de carbure de silicium et d'alumine**	Conservation des caractéristiques mécaniques spécifiques jusqu'à des températures supérieures à 1 000 °C ; bonne inertie chimique à haute température ; prix très élevé.

23.7.2. PRINCIPALES MATRICES

MATRICES ORGANIQUES	**Polyester**	Bonnes propriétés mécaniques ; température limite d'utilisation 120 °C.
	Polyimide	Faible résistance mécanique ; température limite d'utilisation 250 °C.
	Phénolique	Propriétés mécaniques moyennes ; tenue température au delà de 500 °C pendant un temps très court.
	Epoxy	Bonnes propriétés mécaniques ; faible tenue en température ; fragile ; coût élevé.
MATRICES MINÉRALES	La mise en œuvre des ***matrices minérales*** (carbone et céramiques) est beaucoup plus difficile que celle des matière organiques. Cependant ces matrices présentent de nombreux avantages, en particulier pour les applications à haute température.	
MATRICES MÉTALLIQUES	***Les matrices métalliques*** pallient assez bien les principaux inconvénients des matrices organiques. Elles possèdent : • une rigidité et une résistance plus élevées ; • une grande tenacité et une meilleure résistance aux chocs mécaniques (ductilité) ; • un bon comportement lors des variations de température ; • des caractéristiques mécaniques conservées à température relativement haute ; • une conductivité électrique et thermique élevée.	
MATRICES CÉRAMIQUES	***Les matrices céramiques*** possèdent un domaine d'application en température très large, ce qui les oriente vers des applications à très haute température. Par ailleurs, les céramiques présentent des propriétés spécifiques très intéressantes (frottement, ...).	

23.7.3. DIFFÉRENTES STRUCTURES DE RENFORT*

CRÉATION DES STRUCTURES DE RENFORTS

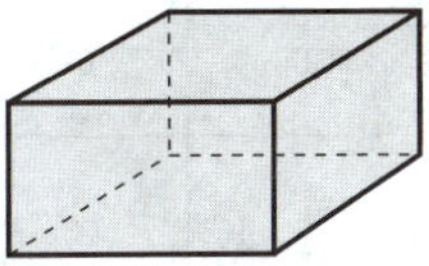

Particules

Fibres continues

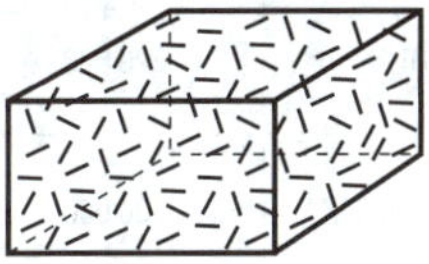

Fibres courtes

Tissage triaxial

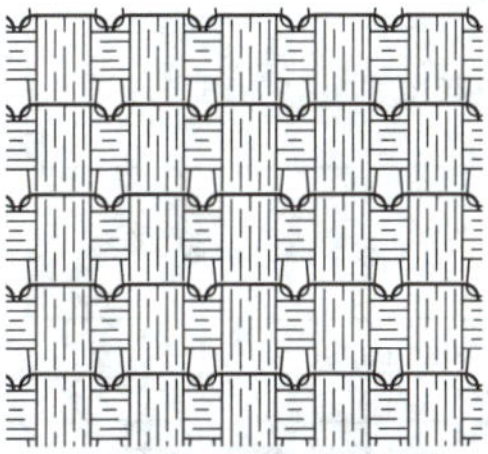

Tricotage

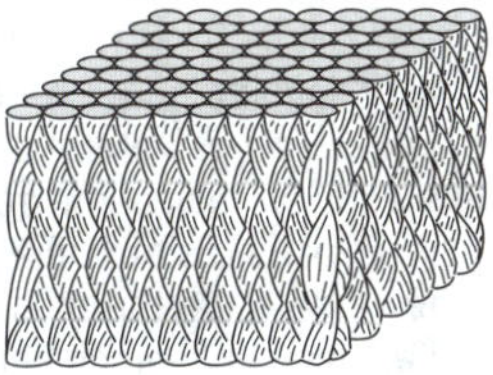

Tressage tridimensionnel

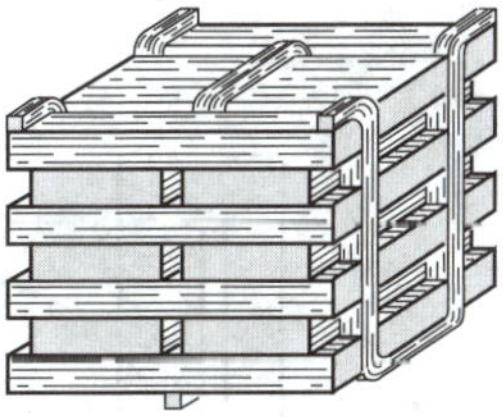

Assemblage orthogonal tridimensionnel

Les structures de renfort peuvent être classées, en première approximation, en fonction de la ***forme*** des éléments de renfort :

- Particules, fibres longues, fibres courtes.

- Fibres continues parallèles dans des couches peu épaisses (composite stratifié).

- Maillage tissé ou tricoté qui renforce chaque couche d'un composite.

- Tressage tridimensionnel ou assemblage orthogonal tridimensionnel constitue très souvent la forme finale du composite.

Le choix des renforts repose sur le coût et les caractéristiques mécaniques.

23.7.4. PROPRIÉTÉS DES MATÉRIAUX COMPOSITES

Les propriétés des matériaux composites résultent :

- ***du choix des constituants*** :
  - résistance mécanique spécifique ;
  - rigidité spécifique ;
  - conductivité thermique et électrique ;
  - compatibilité entre renfort et matrice ;

- ***de la morphologie du renfort et son architecture*** :
  - recherche du renfort fibreux optimal (prise en compte des efforts) ;
  - prise en compte de la technique de mise en œuvre.

Comparativement aux matériaux classiques, les composites offrent de ***nombreuses propriétés avantageuses*** :

- résistance exceptionnelle aux agressions chimiques et à la corrosion ;
- caractéristiques mécaniques élevées et légèreté ;
- possibilité de formes et séries adaptées aux besoins spécifiques permettant l'intégration de fonctions dès la conception.

* Source : *Revue pour la science* "Les matériaux du futur".

23.7.5. CARACTÉRISTIQUES DES MATÉRIAUX COMPOSITES USUELS

	Matrice	Renfort	Module de Young E (MPa)	Masse volumique (g/cm³)	R (MPa)	A (%)	Température limitée (°C)
COMPOSITES À MATRICE ORGANIQUE	ÉPOXY	BORE	220 000	2,1	2 000	0,8	160
	ÉPOXY	CARBONE HR*	130 000	1,5	1 150	1	200
	ÉPOXY	CARBONE HM**	200 000	1,7	1 000	0,5	200
	ÉPOXY	CARBONE HM	75 000	1,37	1 550	2	160
	ÉPOXY	VERRE R	53 000	2	1 900	3,5	160
COMPOSITES À MATRICE MÉTALLIQUE	ALUMINIUM	BORE	230 000	2,7	1 500	0,8	500

* HR - fibres hautement résistantes.
** HM - fibres à haut module.

23.7.6. TECHNIQUES DE MISE EN ŒUVRE

Les techniques de mise en œuvre tiennent compte de la composition de la ***matrice*** (organique, métallique...) et de la structure du ***renfort***.

MOULAGE PAR INJECTION

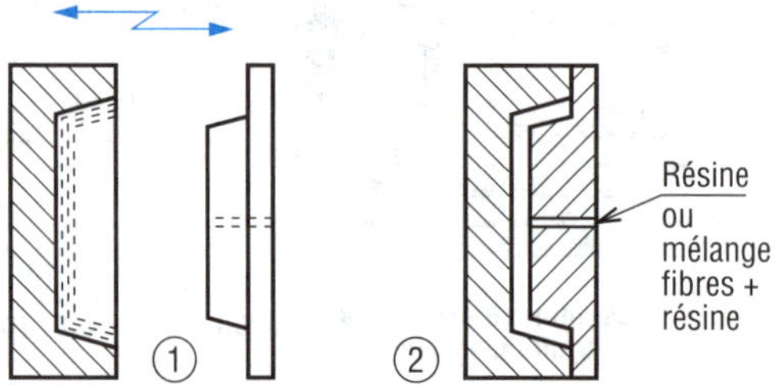

① **Mise en place de la préforme ou renfort**

② **Fermeture et injection de la résine ou du mélange de fibres et de résine**

Après avoir placé le renfort (empilement de tissu ou préforme) dans le moule, on injecte la résine ou des mélanges de fibres et de résines déjà constitués (fibre de verre et de thermoplastique ou fibre d'alumine et d'aluminium).

MOULAGE PAR COULÉE

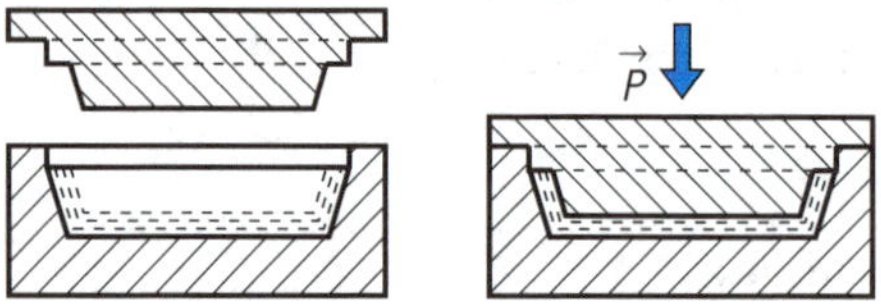

① **Introduction de la préforme et de la résine**

② **Pressage**

Après avoir placé la préforme ou renfort dans le moule, la résine est coulée puis pressée.

BOBINAGE FILAMENTAIRE

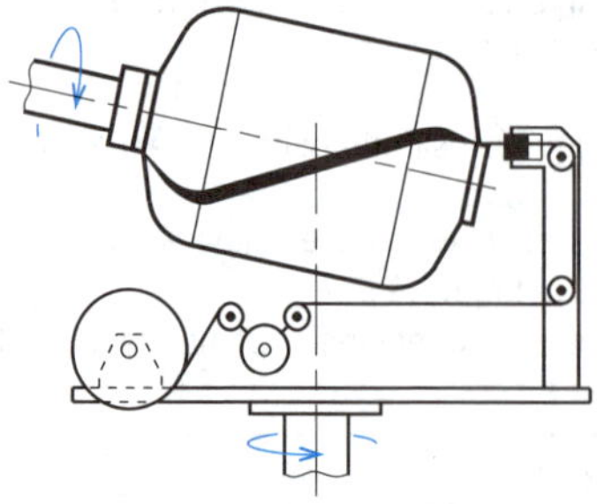

Le fil ou le ruban est imprégné avant d'être enroulé autour d'un mandrin ayant la forme interne de l'objet à fabriquer (pièces de révolution) :

- ***circonférenciel*** (bonne tenue en pression),
- ***hélicoïdal*** : angle variable, suivant les caractéristiques demandées,
- ***type satellite*** : assure le recouvrement complet (fonds bombés).

23.7.7. CONCEPTION DES PIÈCES EN MATÉRIAUX COMPOSITES (Exemples)

La conception et la réalisation de pièces avec des matériaux composites impliquent l'adoption d'un certain nombre de règles pratiques pour le tracé des formes. De celles-ci dépendent les qualités optimales recherchées à travers ces nouveaux matériaux.

DÉPOUILLE	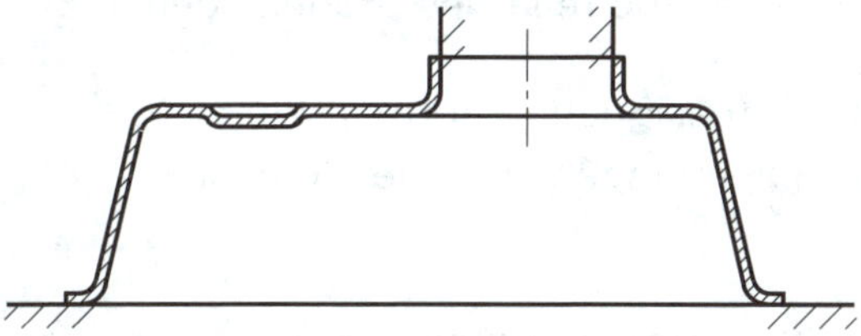	On prévoit une dépouille minimale de 5 % pour assurer une bonne éjection des pièces. On tient compte du retrait des matériaux composites.
BOSSAGES	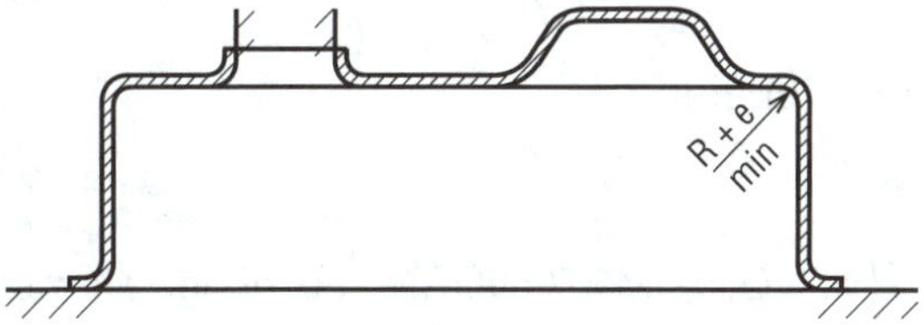	On facilite la mise en forme en réalisant des rayons de raccordement et des dépouilles dans le cas des pièces moulées.
JOINTS	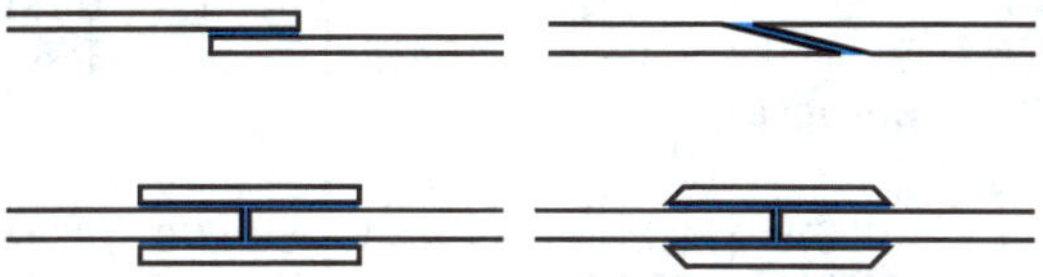	On cherche à optimiser la conception des joints surtout lorsqu'il y a introduction d'efforts.
FIBRES DES RENFORTS	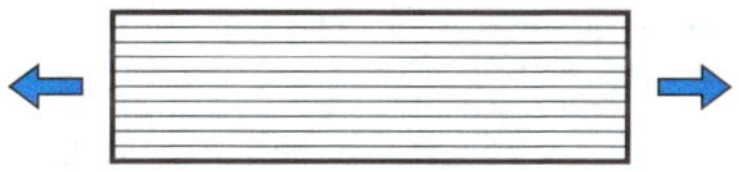	On s'assure de la bonne orientation des fibres des renforts compte tenu des efforts.
TROUS	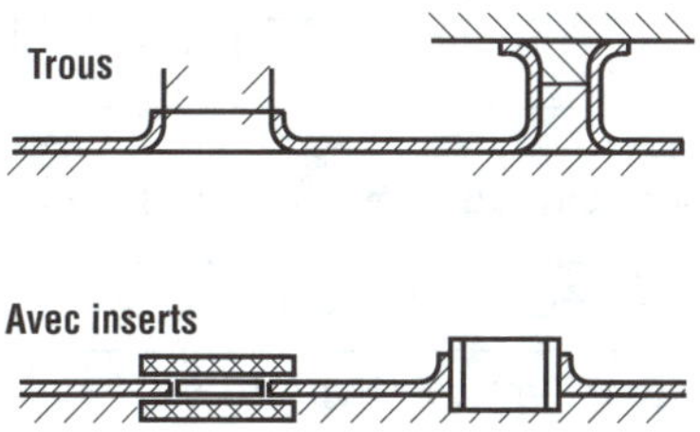	L'usinage de trous dans les matériaux composites est délicat : il coupe généralement la structure des fibres. On adopte donc une forme particulière où l'on implante des inserts.
SURÉPAISSEURS (au contact)	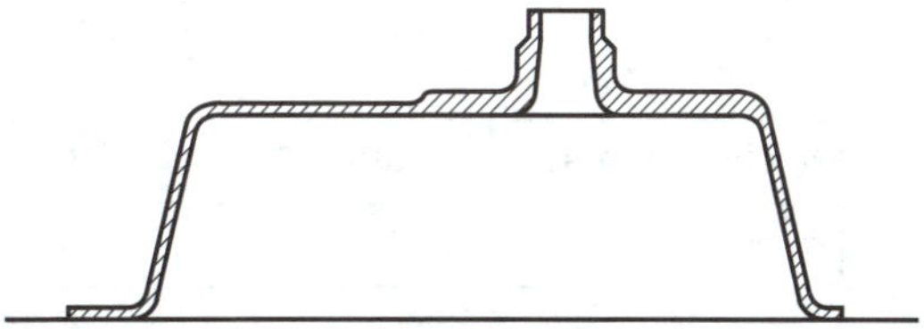	Des zones très sollicitées peuvent être renforcées par une surépaisseur du matériau composite.

23.8. RECHERCHE D'UN MATÉRIAU AVEC UNE APPLICATION INTERNET SPÉCIFIQUE METONORM.COM

OBJECTIFS

Ce logiciel permet de trouver :

- Le bon produit matière (tous métaux ferreux, non ferreux, acier, aciers inoxydables, aluminium, cuivre, bronze, laiton, et plastiques techniques).
- L'objectif de ce moteur de recherche est de relier les produits demandés aux normes nationales et internationales.
- La substitution d'une indisponibilité (désignation normalisée).
- Possibilité de contacter le service expert ingénieurs métallurgistes.

APPLICATIONS

- Les équivalences nationales (AFNOR, EURONORME) et internationales (Wnr, DIN, AISI, BS, EN, UNI, UNF, UNS, NBN, SS, JIS, GOST...) en conformité avec les normes NF EN 10095.
- La disponibilité nationale et internationale.

PROCÉDURE ADOPTÉE

Exemple de demande : Z8CN25-20 (AFNOR) - METONORM fournit les éléments suivants :

Normes et Appellations

Euronorme Europe	W.nr Allemagne	Afnor France	AISI ASTM USA	BS Grande-Bretagne	UNI Italie	SS Suède	JIS Japon	GOST Russie	Appellations Commerciales
X6CrNi25-21 X6CrNi25-20	1.4845 1.4842	Z8CN25-20 Z12CN25-20 Z12CN2-21	310S A276	310S16 310S24 310S25 310S31	X6CrNi25-21 X6CrNi25-20	2361	SUH310 SUS310S	20Ch23 N18	SIRIUS 310S NS30

Composition

	C	Cr	Ni	Si	Mn	S	P	N
Min		24,0	19,0					
Max	0,10	26,0	22,00	1,50	2,00	0,015	0,045	0,11

Applications – Propriétés - Caractéristiques mécaniques et physiques

Applications	Tubes, Ecrans, Pétrochimie, Moules de verrerie
Propriétés	Etat de livraison hypertrempé
Traitement thermique	Prêt à l'emploi
Dureté HB	Excellente résistance à l'air jusqu'à 1050°C
Limite d'élasticité – Re	Façonnage à chaud 1100 – 1150°C
Résistance à la traction – Rm	Recuit de mise en solution 1050 -1150°C
Allongement – A%	< 192

RECHERCHE D'UN MATÉRIAU AVEC UNE APPLICATION INTERNET SPÉCIFIQUE METONORM.COM (suite)

Limite de fluage – Rp1≥ N/mm² Valeur de la sollicitation conduisant à un allongement de 1% en fonction de la température et de la durée de maintien	Température	Durée 1000 h	Durée 10 000 h
	500°C	100	90
	600°C	45	30
	700°C	18	10
	800°C	10	4
Coefficient de dilatation thermique 10^{-6} KE^{-1}	Entre 20 et 400°C : 17 Entre 20 et 800°C : 18,5 Entre 20 et 1000 : 19		
Densité	7,9		
Chaleur spécifique J/g.K	0,50		
Conductibilité thermique W/m.K	15		
Résistance électrique spécifique	0,85 Ω.mm² / m		
Particularité	Nuance non magnétisable		
Résistance Gaz Sulfureux	Réducteur : 2 Oxydante : 3		
Soudabilité	Apte tous procédés		

METHODOLOGIE

Comment accéder à l'essai gratuit ?

1. Se rendre sur le web à l'adresse : www.metonorm.com

2. Effectuer une demande d'essai gratuit par e-mail à l'adresse : contact@metonorm.com.

24. TRAITEMENTS DE SURFACE

Les traitements et les revêtements de surface sont d'une grande importance en construction mécanique. Ils permettent de faire acquérir aux produits des caractéristiques mécaniques et des propriétés différentes de celles existant au départ.
Ces traitements peuvent, par exemple, accroître considérablement la dureté de la périphérie d'une pièce, sa résistance à la corrosion ou son esthétique.

	TRAITEMENT	MÉTAL SUPPORT	ÉPAISSEUR	DURETÉ VICKERS HV (509)	DURETÉ ROCKWELL HF	PROPRIÉTÉS ET DOMAINES D'APPLICATION
TRAITEMENTS THERMIQUES	**Trempe superficielle**	Aciers non alliés *(voir chapitre 19)*	0,5 à 5 mm	Variable suivant l'acier utilisé		Grande dureté superficielle. Déformations faibles. Pièces de frottement : dents d'engrenages, bancs de machines outils.
TRAITEMENTS THERMO-CHIMIQUES	**Cémentation**	Aciers à faible % de carbone *(voir chapitre 19)*	0,5 à 1 mm	550		Dureté superficielle augmentée, le cœur de la pièce garde ses propriétés élastiques. Pièces d'usure, cames, axes...
	Nitruration	Aciers alliés *(voir chapitre 19)*	0,1 à 0,5 mm	600 à 1 200		Résistance à l'usure et à la corrosion. Pignons, broches, glissières, axes.
	Carbo-nutruration	Aciers de cémentation et de nitruration	0,05 à 0,5 mm			Bonne résistance à l'usure et à la corrosion. Articulations, arbres.
	Sulfo-nitruration	Tous les alliages ferreux	20 µm à 30 µm	700 à 1 000		Résistance au grippage. Bonne tenue à la fatigue. Glissière, paliers, guides.
	Chromisation	Aciers à faible pourcentage de carbone	25 µm à 500 µm	1 000 à 1 600		Inoxydable, réfractaire, de bonnes qualités frottantes. Limes, filières, fraises dentaires, moules.
DÉPÔTS ÉLECTRO-LYTIQUES	**Cadmium**	Métaux ferreux. Cuivre et ses alliages	2 µm à 30 µm	25 à 30		Protection des pièces en mécanique, électrotechnique, électronique. Pièces employées en milieu alcalin.
	Zinc	Métaux ferreux. Aliminium et ses alliages	5 µm à 30 µm	70 à 240		Bonne résistance à la corrosion (milieu marin). Tôles, fils, tubes et profilés galvanisés.
	Étain	Métaux ferreux Aliminium et ses alliages Zinc et ses alliages	5 µm à 30 µm	–	–	Résiste à la corrosion provoquée par les produits alimentaires. Fer blanc pour industries chimiques et alimentaires.
	Nickel		5 µm à 25 µm	150 à 400		Protection contre l'oxydation à température élevée. Résiste à l'attaque des produits chimiques. Industries : chimiques, alimentaires, nucléaires
	Cuivre		5 µm à 25 µm	50 à 100		Permet les dépôts de Ni et de Cr sur fer. Protection contre la cémentation. Pour matériel électrique et électronique.
	Chrome		0,05 mm à 0,5 mm	900 à 1 000		Bonnes qualités frottantes. Objets de décoration. Cycles, ameublement.
	Argent	Matériaux métalliques. Matières plastiques (métallisation préalable)	5 µm à 400 µm	25 à 80		Industrie électrique. Objets d'art.
	Or		0,2 µm à 5 µm	20 à 60		Industrie électronique. Objets d'art.
TRAITEMENTS CHIMIQUES	**Phosphatation** (Trempage dans un bain de sels)	Métaux ferreux	10 µm à 20 µm	–	–	Couche électriquement isolante. Facilite l'accrochage de peinture et vernis. Surfaces frottantes.
	Chromatation	Appliquée aux surfaces de zinc, cadmium, aluminium	–	–	–	Améliore la résistance à la corrosion.
	Anodisation (Oxydation anodique)	Aluminium et ses alliages	0,01 mm à 0,120 mm	–	50 à 70	Résistance à la corrosion. Isolation électrique ou diélectrique. Durcissement superficiel. Pièces d'usure. Décoration.
REVÊTEMENTS PEINTURE	**Au pistolet. Brosses. Au trempé. Électrophorèse**	Tous supports	10 à 20 µm suivant peinture et nombre de couches	–	–	Résistance à la corrosion, isolation et décoration.
REVÊTEMENTS THERMO-PLASTIQUES	**Polyamide type 11**	Métaux ferreux. Aluminium et ses alliages. Verres.	80 µm à 600 µm			Épaisseurs variables de faibles à fortes. Bonne adhérence des dépôts.
	P.V.C.		200 µm à 300 µm			Très utilisé pour les revêtements de fils.

25. FORMES ET DIMENSIONS DES PRODUITS SIDÉRURGIQUES ET MATIÈRES PLASTIQUES

Les produits sidérurgiques sont commercialisés sous forme de profilés normalisés. Ces profilés prennent une part importante dans les constructions métalliques et l'agencement d'installations. Il existe des profilés en acier, en aluminium, en cuivre et laiton, et en matières plastiques.

25.1. ACIERS LAMINÉS A CHAUD (longueur normale = 6 mètres environ)

ROND — CARRÉ — HEXAGONAL

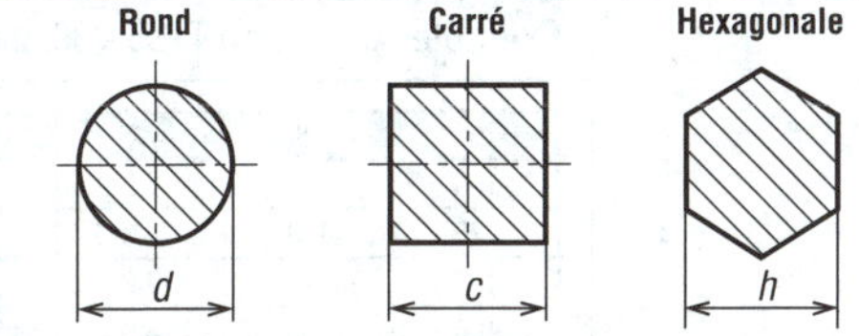

Désignation :
Exemples : rond 30, **NF A 45-003**
carré 25, **NF A 45-004**
hexagone 30, **NF A 45-006**

∅	10	12	14	16	17	18	20	21	22	24
	25	27	28	30	32	35	37	38	40	42
d	45	50	52	53	55	60	63	65	70	75
	80	90	100	110	120	130	140	150	160	180
⊠	8	10	12	14	16	18	20	22	25	30
c	35	40	50	60	70	80	90	100	120	150
⬡	7	8	10	13	14	16	17	19	21	22
	23	24	25	27	29	30	32	35	36	38
h	40	41	42	45	50	55	60	65	70	75

PLAT

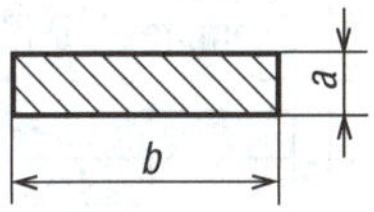

a	4	5	6	8	10	12	15	20	25	30
b	20 à 40	20 à 100	20 à 150				30 à 50		50 à 80	

largeurs b normalisées	20	25	30	35	40	45	50	60	70	80	90	100	120	150

Désignation :
Exemple : plat 20 x 10, **NF A 45-005**

CORNIÈRES À AILES ÉGALES

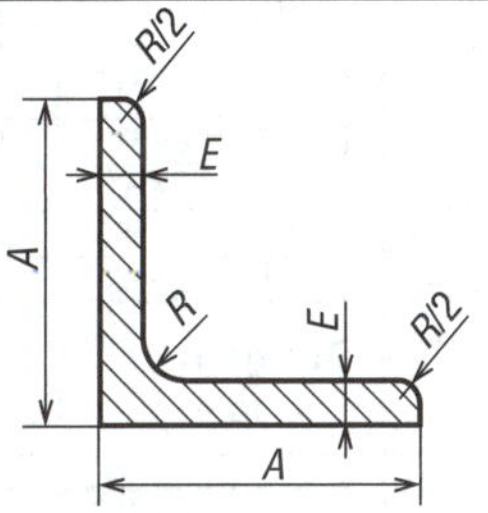

A	*E*	*R*	*A*	*E*	*R*
20	3	4	50	5	7
25	3	4	60	6	8
30	3	5	70	7	9
35	3,5	3,5	80	8	10
40	4	6	90	9	11
45	5	7	100	10	12

Désignation :
Exemple : cornière 40 x 40 x 4, **NF A 45-009**

CORNIÈRES À AILES INÉGALES

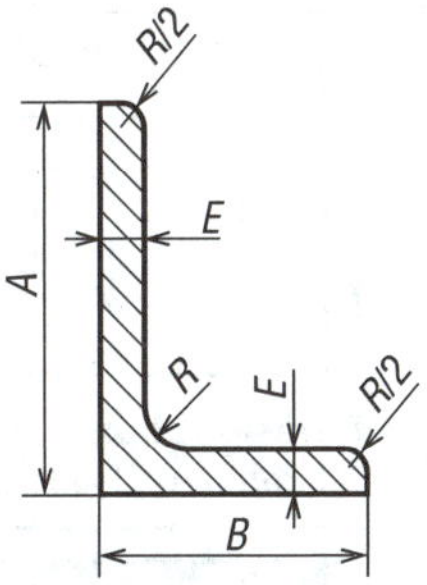

A	*B*	*E*	*R*
30	20	3	4
40	25	4	4
50	30	5	5
60	40	5	6
60	40	6	6
70	50	6	6
80	60	7	8
90	70	8	8
100	80	9	8

Désignation :
Exemple : cornière 60 x 40 x 5, **NF A 45-010**

FERS À T À AILES ÉGALES

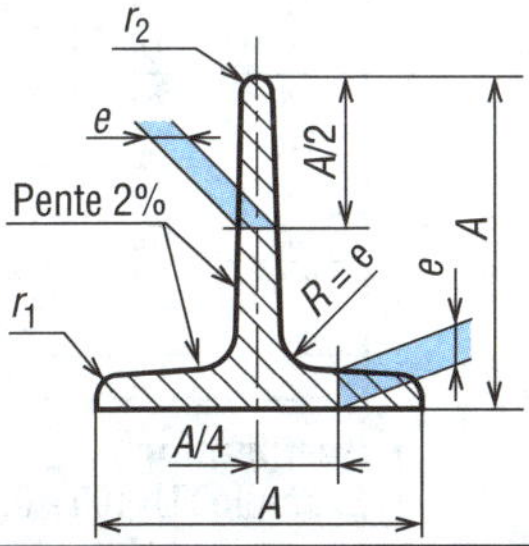

A	*e*	*R*	r_1	r_2
30	4	4	2	1
35	4,5	4,5	2,5	1
40	5	5	2,5	1
50	6	6	3	1,5
60	7	7	3,5	2

Désignation :
Exemple : profilé en T 30 x 30, **NF A 45-008**

Aciers laminés à chaud

FERS À T À AILES INÉGALES

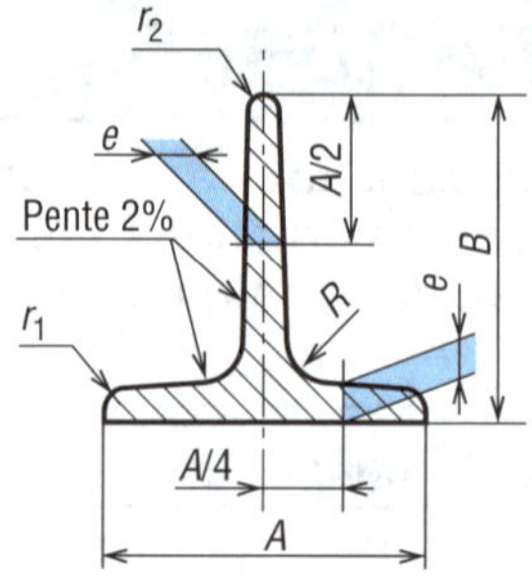

A	B	e	R	r_1	r_2
35	30	4	4	2	1
40	35	4,5	4	2	1
45	40	5	5	2,5	1,5

Désignation :
Exemple : profilé en T 35 x 30, **NF A 45-008**

POUTRELLES IPE

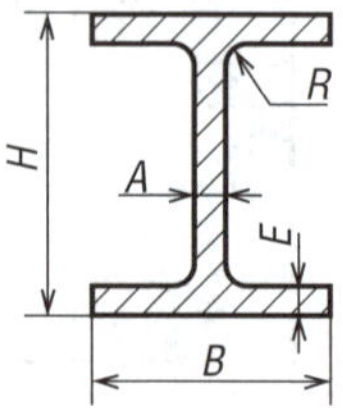

H	B	A	E	R
100	100	6,0	10	12
120	120	6,5	11	12
140	140	7,0	12	12
160	160	8,0	13	15
180	180	8,5	14	15
200	200	9,0	15	18
220	220	9,5	16	18
240	240	10	17	21

Désignation :
Exemple : IPE 160, **NF A 45-205**

POUTRELLES IPN (fer à I à profil normal)

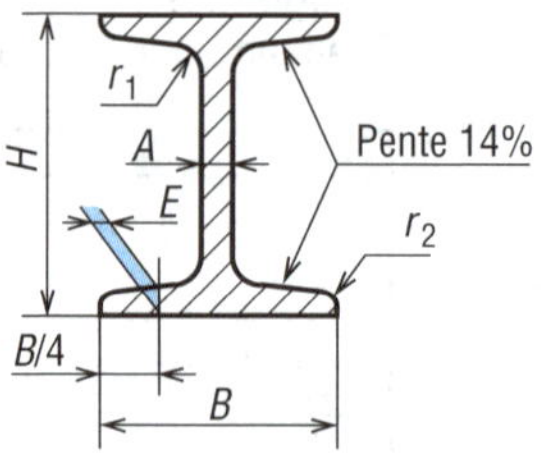

H	B	E	A	r_1	r_2
80	42	3,9	5,9	3,9	2,3
100	50	4,5	6,8	4,5	2,7
120	58	5,1	7,7	5,1	3,1
140	66	5,7	8,6	5,7	3,4
160	74	6,3	9,5	6,3	3,8
180	82	6,9	10,4	6,9	4,1
200	90	7,5	11,3	7,5	4,5
220	98	8,1	12,2	8,1	4,9
240	106	8,7	13,1	8,7	5,2

Désignation :
Exemple : IPN 120, **NF A 45-209**

PETITS FERS U

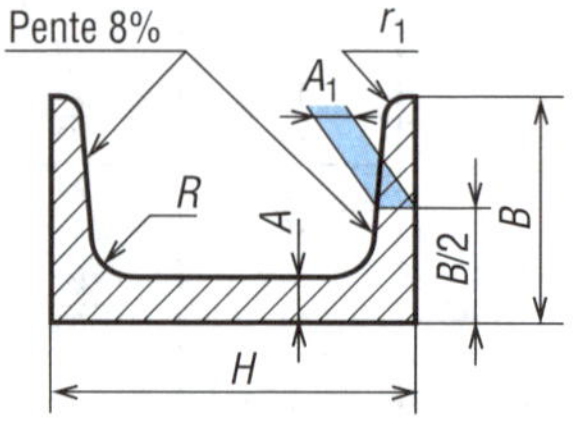

H	B	A	A_1	R	r_1
30	15	4	4,5	4	2
30	33	5	7	5	2,5
40	20	5	5,5	5	2,5
40	35	5	7	5	2,5
50	25	5	6	5	2,5
50	38	5	7	5	2,5
60	30	6	6	6	3
65	42	5,5	7,5	5,5	3

Désignation :
Exemple : U 60 x 30, **NF A 45-007**

PROFILÉS UPN

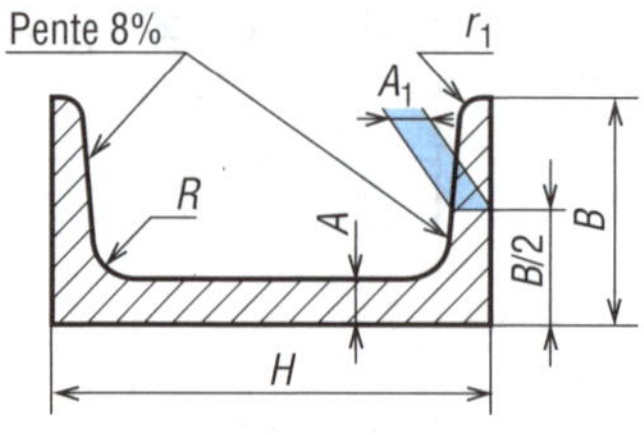

H	B	A	A_1	R	r_1
80	45	6	8	8	4
100	50	6	8,5	8,5	4,5
120	55	7	9	9	4,5
140	60	7	10	10	5
160	65	7,5	10,5	10,5	5,5
180	70	8	11	11	5,5
200	75	8,5	11,5	11,5	6
220	80	9	12,5	12,5	6,5
240	85	9,5	13	13	6,5

Désignation :
Exemple : U 180 x 65, **NF A 45-202**

25.2. ACIERS ÉTIRÉS À FROID

(longueur normale 3 mètres à 3,75 mètres, toutes nuances)

ROND

CARRÉ

HEXAGONAL

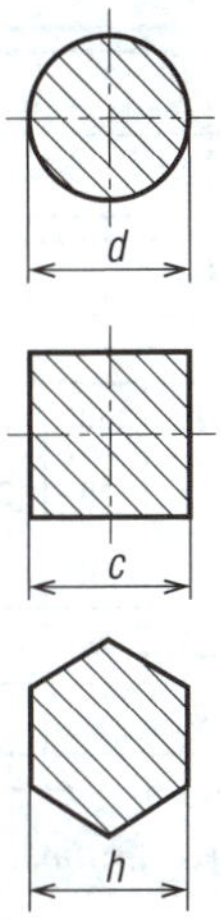

Ø *d*												
4	4,5	5	5,5	6	6,5	7	8	9	10	11	12	13
14	16	17	18	19	20	21	22	23	24	25	26	28
30	32	33	34	35	36	38	40	42	43	45	48	

☐ *c*							
14	15	16	17	18	19	20	22
24	25	26	30	34	38	43	48

⬡ *h*								
7	8	10	13	14	16	17	19	21
22	23	24	26	27	29	30	32	35
36	38	40	41	42	46	50	55	60

Tolérances possibles sur *d*, *a* et *h* : *h*10, *h*11

Désignation :

Exemple : acier A 50, étiré rond 20h10 x 3000, **NF A 47-411**
acier XC38, étiré carré 20h11 x 3000, **NF A 47-412**
acier XC38, étiré hexagonal 20h11 x 3000, **NF A 47-413**

TUBES SANS SOUDURE DE PRÉCISION

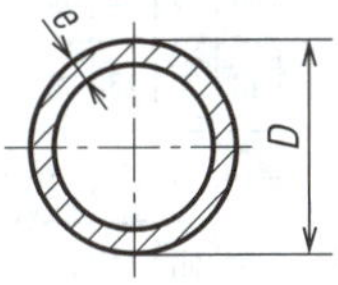

D	4	5	6	8	10	12	14	15	16	18	20	25	(26)
e	1			1 à 2,5		1 à 3			1 à 4		1 à 5		
D	28	30	32	35	38	40	42	45	48	50	55	60	63
e	1 à 6				1 à 8		1 à 10				1,5 à 12,5		

Épaisseurs normalisées	1	1,5	2	2,5	3	4	5	6	8	10	11	12,5

Désignation :

Exemple : tube 20 x 2, **NF A 49-310**

TUBES SANS SOUDURE, FILETABLES (longueur normale : 3,5 m à 7,5 m)

Tube fileté

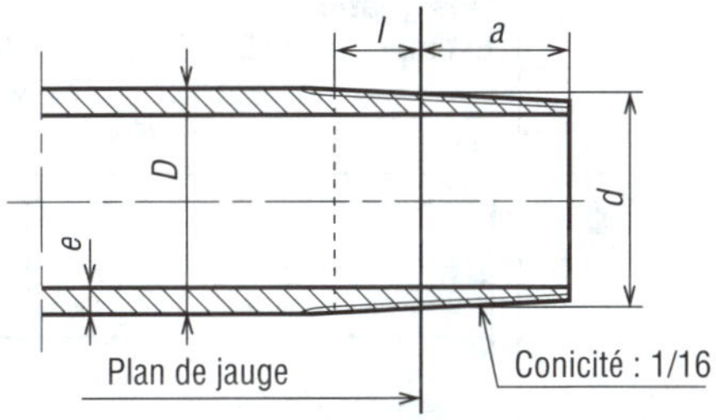

Manchon

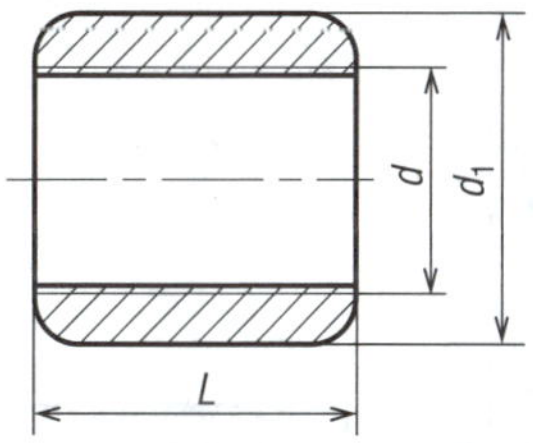

Diamètre extérieur *D*	Dénomination du filetage	Pas	Diamètre extérieur du filetage *d*	Longueur utile *a* + 1	Epaisseur *e* Série légère	Série moyenne	Série forte	Longueur du manchon *L*	d_1
13,5	1/4	1,337	13,157	9,7 ± 1,3	2	2,3	2,9	25	18,5
17,2	3/8	1,337	16,662	10,1 ± 1,3	2	2,3	2,9	26	21,3
21,3	1/2	1,814	20,955	13,2 ± 1,8	2,3	2,6	3,2	34	26,4
26,9	3/4	1,814	26,441	14,5 ± 1,8	2,3	2,6	3,2	36	31,8
33,7	1	2,309	33,249	16,8 ± 2,3	2,9	3,2	4	43	39,5
42,4	1 1/4	2,309	41,910	19,1 ± 2,3	2,9	3,2	4	48	48,3
48,3	1 1/2	2,309	47,803	19,1 ± 2,3	2,9	3,2	4	48	54,5
60,3	2	2,309	59,614	23,4 ± 2,3	3,2	3,6	4,5	56	66,3
76,1	2 1/2	2,309	75,184	26,7 ± 3,5	3,2	3,6	4,5	65	82
88,9	3	2,309	87,884	29,8 ± 3,5	3,2	4	4,9	71	95
114,3	4	2,309	113,0,30	35,8 ± 3,5	3,6	4,5	5,4	83	122
139,7	5	2,309	138,430	40,1 ± 3,5	4,5	4,5	5,4	92	147

Désignation :

Exemple : tube 13,5 x 2,3, **NF A 49-115**

Aciers (toutes nuances) étirés à froid

TUBES SOUDÉS

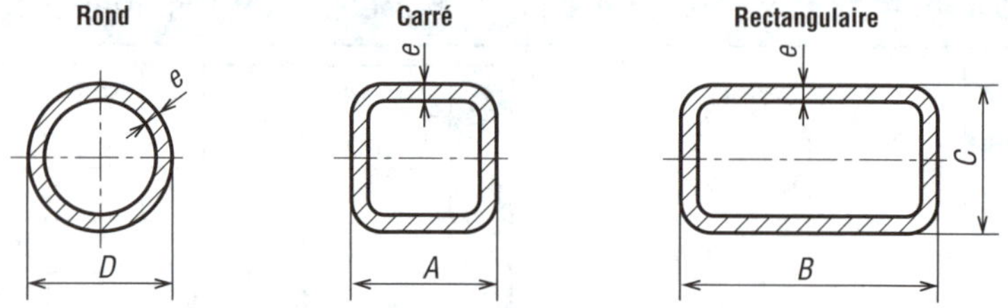

Désignation :
Exemple :
tube 16 x 1, **NF A 49-642**
tube 20 x 20 x 1,5, **NF A 49-652**
tube 35 x 20 x 1,5, **NF A 49-652**

D	10	16	20	25	30	35	40	45	50	60
A	16	20	22	25	30	35	40	45	50	60
B	35	40	40	50	50	50	60	60	60	80
C	20	20	27	20	25	30	30	34	40	40
Epaisseurs e normalisées						1	1,25	1,5	2	(2,5)

25.3. ALUMINIUM ET SES ALLIAGES (longueurs normales des barres : 3 m à 6 m)

BARRES

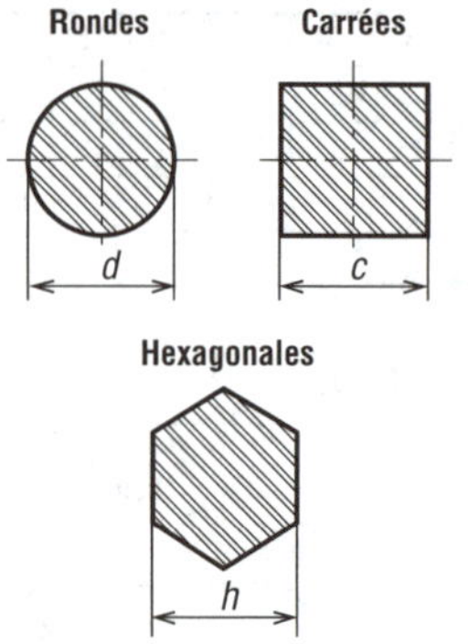

⌀ **d**	10	12	14	16	18	20	22	25	28	30	32	36	40	45	50	55
	60	65	70	75	80	85	90	95	100	105	110	120	125	130	140	150
◻ **c**	6	8	10	12	14	16	20	25	30	32	36	40	45	50	55	60
	65	70	80	90	100	110	120	125	140	160	180	200	220	250	275	300
⬡ **h**	12	14	16	17	18	19	20	21	22	23	25	26	28	29	32	35
	36	38	40	42	46	50	54	56	58	63	67	70	71	77	-	-

Désignation :
Exemple : rond 30 x 3500, **NF A 50-702**
carré 25 x 3500, **NF A 50-703**
hexagonal 20 x 4500, **NF A 50-704**

PLATS FILÉS

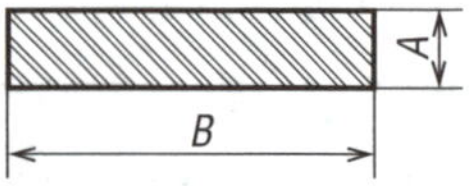

A	2	2,5	3	4	5	6	8	10	12
B	5 à 16			6 à 16	8 à 100	10 à 100	8 à 160	12 à 160	18 à 160
A	15	20	25	30	40	50	60	80	100
B	25 à 160	30 à 160	40 à 160	50 à 160	60 à 220	80 à 160	100 à 220	120 à 220	160 à 220

Valeurs de *B* : normalisées

5	6	8	10	12	15	18	20	25	30	40	50	60	80	100	120	160	180	200	220

Désignation :
Exemple : plat filé 80 x 10, **NF A 50-705**

TUBES DE SECTION CIRCULAIRE

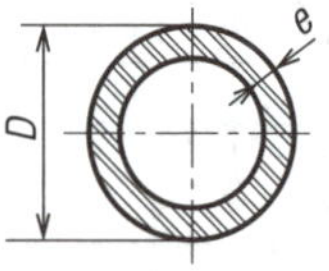

D	25	28	30	32	36	38	40	45	50
e	1,2 à 3	1,2 à 6	1,2 à 6	1,2 à 6	1,5 à 8	2 à 8	2 à 8	2,5 à 8	2,5 à 8
D	56	60	63	70	80	90	100	110	120
e	3 à 8	3 à 10	3 à 10	5 à 8	4 à 10	5 à 8	4 à 12	5 à 12	4 à 12

Valeurs de *e* : normalisées

1,2	1,5	2	2,5	3	4	5	6	8	10	12

Désignation :
Exemple : tubé filé 110 x 5 x 3500, **NF A 50-711**

CORNIÈRES À AILES ÉGALES

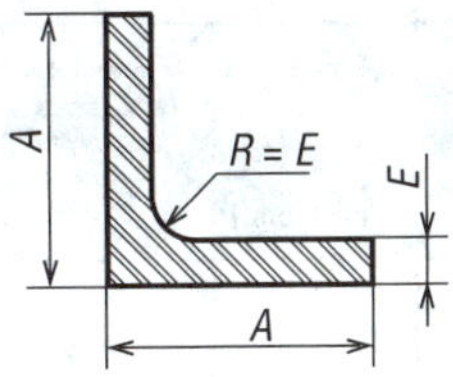

A	10	12	15	20	25	30	40	50	60	50	100
E	1	1	1,5	1,5	2	2,5	3	4	5	6	8
	2	1,2	2	2	2,5	3	4	5	6	8	10

Désignation :
Exemple : cornière filée 50 x 50 x 2 x 5000, **NF A 50-706**

CORNIÈRES À AILES INÉGALES

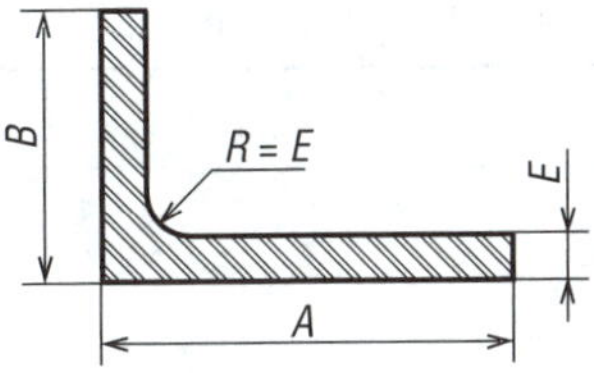

A	15	20	25	30	40	50	60	80	100	125	160
B	10	10	15	20	20	30	40	50	50	80	100
E	2	2	2	2	2	3	4	6	6	10	12

Désignation :
Exemple : cornière filée 50 x 30 x 3 x 5000, **NF A 50-706**

PROFILÉS FILÉS EN FORME DE T

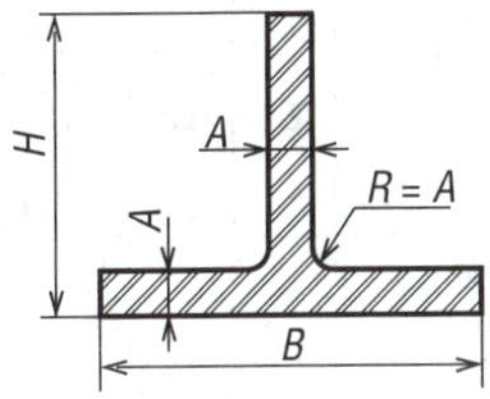

H	16	16	20	20	20	20	25	25	25	25	30	30
B	25	25	20	20	30	30	25	25	40	40	30	30
A	1,6	2	1,6	2	2	3	2	2,5	2,5	3	2	3
H	30	30	40	40	40	50	50	50	50	60	63	63
B	50	50	40	40	60	50	50	80	80	60	100	100
A	3	4	3	4	4	4	5	5	6	6	6	8

Désignation :
Exemple : T filé 25 x 40 x 3 x 5000, **NF A 50-708**

POUTRELLES FILÉES EN FORME DE I

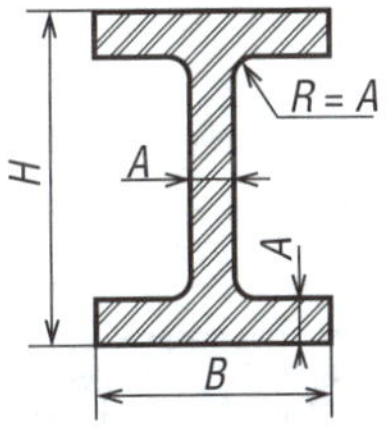

H	25	25	32	32	40	40	50	50	63	63	80	80
B	16	25	20	32	25	40	32	50	40	63	50	80
A	1,6	1,6	2	2	2,5	2,5	3	3	3-4	3-4	4-5	4-5
H	100	100	125	125	140	140	160	160	200	200	250	250
B	63	100	80	125	90	140	100	160	125	200	160	250
A	5-6	5-6	6-8	6-8	8-10	8-10	8-10	8-10	10-12	12-12	12-16	12-16

Désignation :
Exemple : I filé 50 x 32 x 3 x 5000, **NF A 50-707**

POUTRELLES FILÉES EN FORME DE U

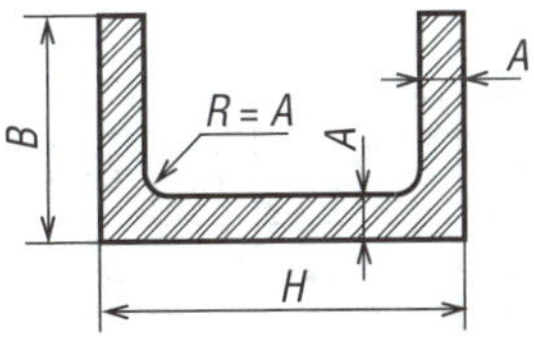

H	15	20	25	25	30	30	30	32	32	40	40	40
B	15	20	16	25	30	16	16	20	20	20	20	25
A	2	2	1,6	2,5	3	1,6	2	1,6	2	2	3	2
H	40	40	50	50	50	50	60	60	80	80	80	80
B	25	40	25	25	30	30	30	30	40	40	50	50
A	3	4	2	2,5	3	4	3	4	4	5	4	5

Désignation :
Exemple : U filé 60 x 30 x 3 x 5000, **NF A 50-709**

PROFILÉS D'ÉTAYAGE

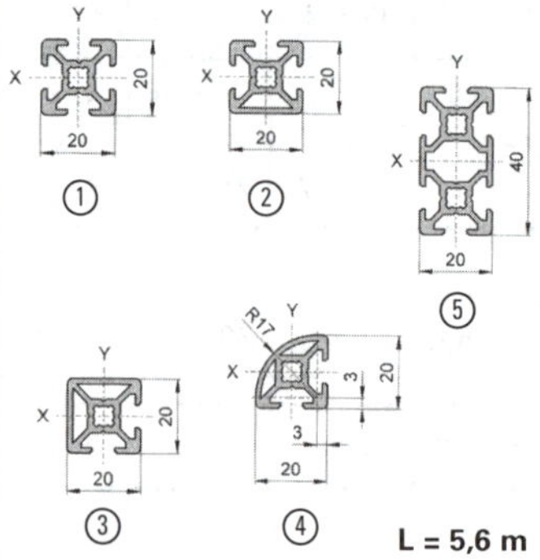

L = 5,6 m

Numéro du profil	Section	Moment d'inertie Ix (cm⁴)	Moment d'inertie Iy (cm⁴)	Moment de résistance Wx	Moment de résistance Wy	Surface de profilé A (cm²)	Masse m (kg/m)	Rainure du profilé (mm)
① ② ③	20 x 20	0,7	0,7	0,7	0,7	1,6	0,4	6
④	20 x 20 R	0,6	0,6	0,5	0,5	1,6	0,4	6
⑤	20 x 40	4,62	1,20	2,31	1,20	2,9	0,8	6

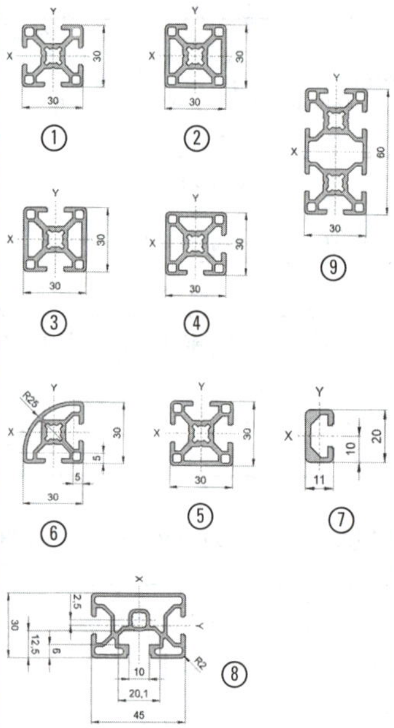

L = 5,6 m

Numéro du profil	Section	Moment d'inertie Ix (cm⁴)	Moment d'inertie Iy (cm⁴)	Moment de résistance Wx	Moment de résistance Wy	Surface de profilé A (cm²)	Masse m (kg/m)	Rainure du profilé (mm)
① ② ③ ④ ⑤	30 x 30	2,7	2,7	1,8	1,8	3,1	0,8	8
⑥	30 x 30 R	2,3	2,3	1,4	1,4	2,9	0,8	8
⑦	11 x 20	0,5	0,1	0,5	0,2	1	0,3	8
⑧	30 x 45	8,1	3,9	3,6	2,5	3,9	1,1	8 10
⑨	30 x 60	19,7	5,1	6,6	3,4	5,6	1,5	8

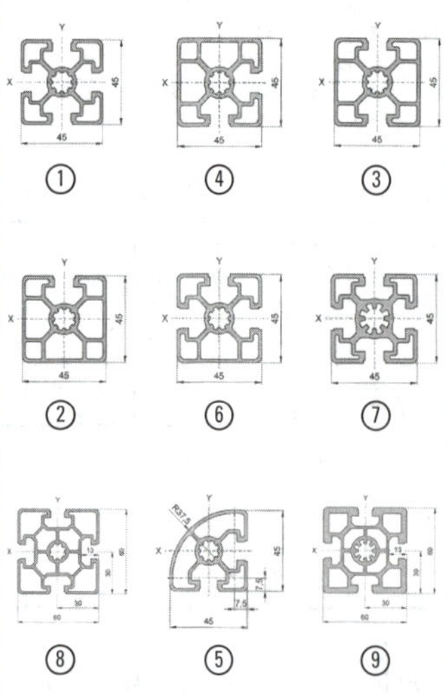

Numéro du profil	Section	Moment d'inertie Ix (cm⁴)	Moment d'inertie Iy (cm⁴)	Moment de résistance Wx	Moment de résistance Wy	Surface de profilé A (cm²)	Masse m (kg/m)	Rainure du profilé (mm)
① ② ③ ④ ⑤	45 x 45 L	11	11	4,8	4,8	5,7	1,5	10
⑥	45 x 45 LR	8,5	8,5	3,4	3,4	4,9	1,3	10
⑦	45 x 45 L	14	14	6,1	6,1	7,5	2	10
⑧	60 x 60 L	32,4	32,4	10,8	10,8	9,6	2,6	10
⑨	60 x 60	52	52	17,3	17,3	14,4	3,9	10

Doc Bosch

PROFILÉS D'ÉTAYAGE

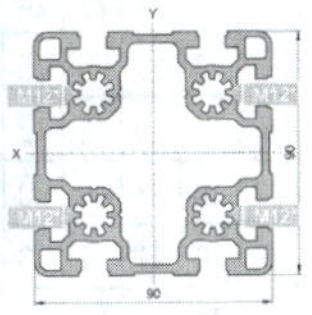

①

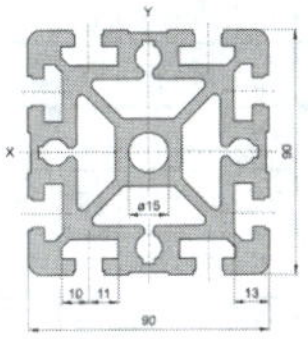

②

Numéro du profil	Section	Moment d'inertie Ix (cm⁴)	Iy (cm⁴)	Moment de résistance Wx	Wy	Surface de profilé A (cm²)	Masse m (kg/m)	Rainure du profilé (mm)
①	90 x 90 L	210	210	46,4	46,4	23,6	6,3	10
②	90 x 90	302	302	67	67	39,5	10,5	10

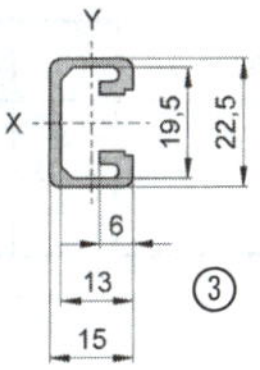

③

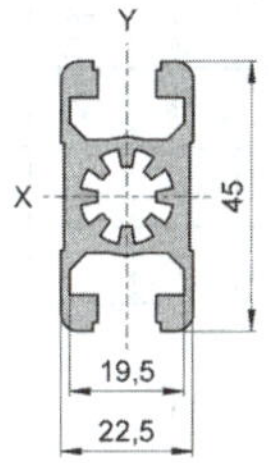

④

Numéro du profil	Section	Moment d'inertie Ix (cm⁴)	Iy (cm⁴)	Moment de résistance Wx	Wy	Surface de profilé A (cm²)	Masse m (kg/m)	Rainure du profilé (mm)
③	15 x 22,5	0,8	0,3	0,7	0,4	1,2	0,3	10
④	22,5 x 45	7,1	2,9	3,6	3,5	4,6	1,3	10

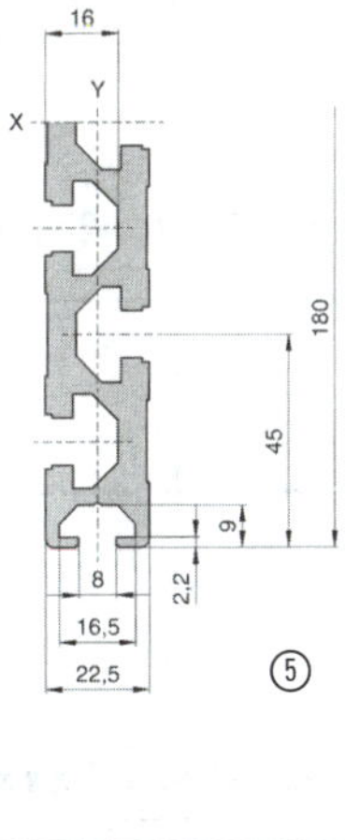

⑤

Numéro du profil	Section	Moment d'inertie Ix (cm⁴)	Iy (cm⁴)	Moment de résistance Wx	Wy	Surface de profilé A (cm²)	Masse m (kg/m)	Rainure du profilé (mm)
⑤	22,5 x 180	581	11,8	66,8	14,7	21,6	5,8	8 10

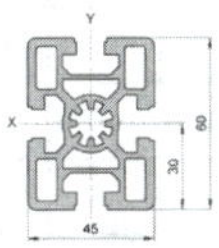

⑥

Numéro du profil	Section	Moment d'inertie Ix (cm⁴)	Iy (cm⁴)	Moment de résistance Wx	Wy	Surface de profilé A (cm²)	Masse m (kg/m)	Rainure du profilé (mm)
⑥	46 x 60	37,2	22,7	12,4	10,1	11	3	10

Doc Bosch

25.4. CUIVRE ET ALLIAGES DE CUIVRE (longueur de livraison suivant commande)

BARRES EN LAITON

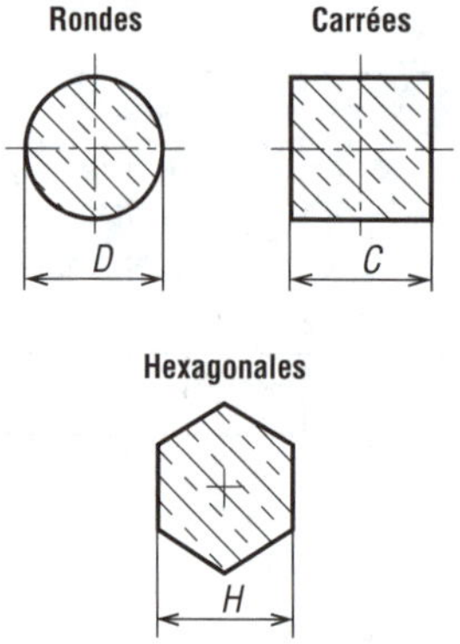

∅	2	2,5	3	3,5	4	4,5	5	5,5	6	6,4	7	7,5	8	8,5	9	9,5	10	11
D	12	13	14	15	16	17	18	19	20	21	22	23	24	25	28	30	32	36
	40	42	45	48	50	54	56	60	62	63	65	70	75	80	85	90	100	110
⊠	3	4	4,5	5	5,5	6	6,5	7	8	9	10	11	12	13	14	15	16	17
C	18	19	20	22	24	27	28	30	32	36	41	46	50	55	60	65	70	75
⬡	3	3,5	4	5	5,5	6	7	8	9	10	11	12	13	14	16	17	19	21
H	22	23	24	27	30	32	36	38	40	41	46	50	55	60	65	70	75	80

Désignation :
Exemple :
barre ronde Cu Zn Pb3, ∅ 25, **NF A 51-403**
barre carrée Cu Zn 40 Pb3, 28 x 28, **NF A 51-405**
barre hexagonale Cu Zn 40 Pb3, 21 sur plats, **NF A 51-404**

CORNIÈRES À AILES ÉGALES EN LAITON

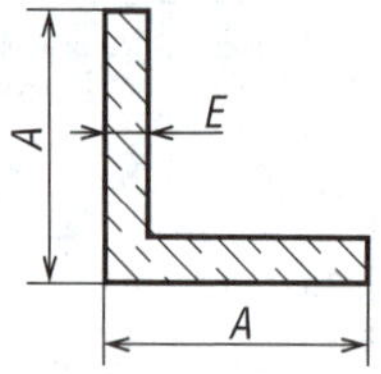

A	10	15	20	25	30	35	40	45	50	60
E	1	1,5	2	2	1,5	3,5	3	4	4	4
		2	3	2,5	2		4		5	
		3		3	3					

Désignation :
Exemple :
cornière CU Zn 40 Pb3, 25 x 25 x 3 x 3000, **NF A 51-406**

CORNIÈRES À AILES INÉGALES EN LAITON

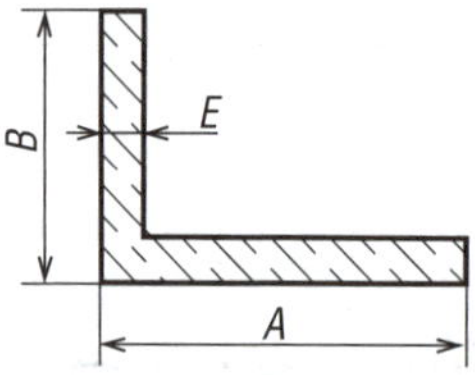

A	15	20	20	25	30	30	35	40	40	60
B	10	10	15	15	15	20	15	20	25	40
E	2	2	2	1,5	3	2	2	2	3,5	4

Désignation :
Exemple :
cornière Cu Zn 40 Pb3, 40 x 20 x 2 x 3000, **NF A 51-407**

PROFILÉS T EN LAITON

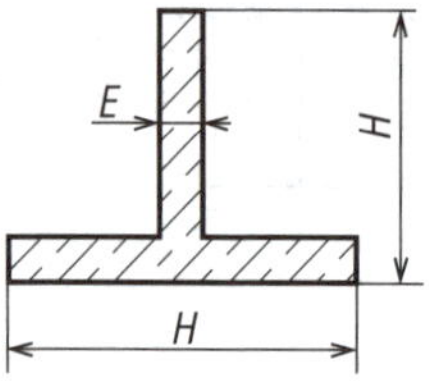

H	20	20	25	25	30	40	50	50
E	2	3	2	3	3	4	4	5

Désignation :
Exemple : T, Cu Zn 40 Pb3, 40 x 40 x 4 x 3000, **NF A 51-408**

PROFILÉS U EN LAITON

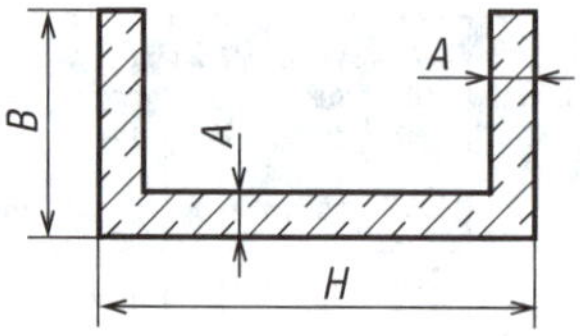

H	10	10	11	12	15	15	15	15	20
B	10	15	20	15	10	15	20	20	10
A	1	1,5	1,5	1,5	1,5	2	1,5	2	1,5
H	20	20	20	20	28	28			
B	18	20	20	40	16	20			
A	2	1,5	2	3	1,5	2			

Désignation :
Exemple : U, Cu, Zn, Pb3, 20 x 10 x 3 x 3500, **NF A 51-409**

Cuivre et alliages de cuivre

TUBES DE CUIVRE

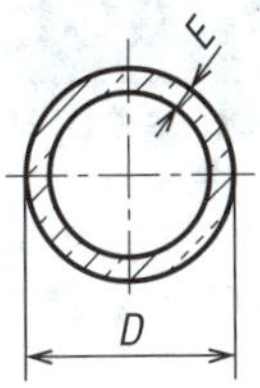

D	6	8	10	12	15	18	20	22	25	32	40	50
E	1	1 à 1,6	1 à 1,6	1 à 1,6	1 à 2	1 à 1,6	1 à 2	1 à 1,6	1 à 2,5	1 à 2	1 à 2,5	1 à 2,5

Désignation :
Exemple : tube cuivre CU.b, H14, 20 x 2, **NF A 51-124**

TUBES DE LAITON

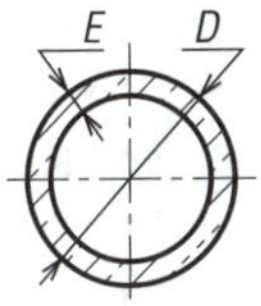

D	4	5	6	8	10	12	14	16	18	20	22	25	28	30	32
E	0,5 à 1	0,5 à 1,6	0,5 à 1,6	0,5 à 1,6	0,5 à 1,6	0,5 à 1,6	0,5 à 1,6	0,5 à 1,6	0,5 à 1,6	0,5 à 3	0,5 à 3	0,5 à 3	0,5 à 3	0,5 à 4	0,5 à 4

États de livraison	Symboles
recuit	0
écroui 1/4 dur	H11
écroui 1/2 dur	H12
écroui dur	H14

Désignation :
Exemple : tube laiton CU Zn 36, H11 30 x 4, **NF A 51-103**

25.5. MATIÈRES PLASTIQUES

BARRES RONDES EN POLYAMIDE (dimensions commerciales possibles)

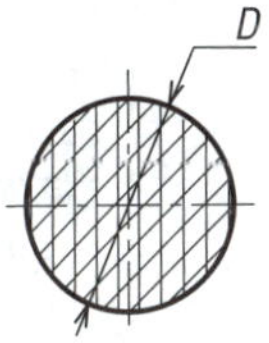

6	8	10	12	14	16	18	20	22
25	28	30	32	36	40	45	50	56
60	65	70	75	80	90	100	110	125
135	150	165	180	200	210	230	250	280

PLAQUES EN POLYTÉTRAFLUORÉTHYLÈNE

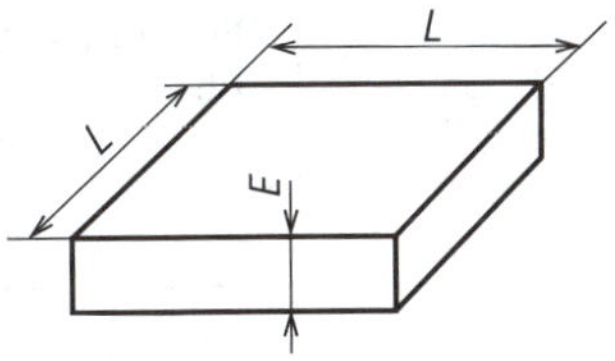

Plaques : 600 x 600 - 1 200 x 1 200						
Épaisseur :						
1	1,5	2	3	4	5	
6	8	10	15	20	25	30

ÉBAUCHES CREUSES EN POLYTÉTRAFLUORÉTHYLÈNE

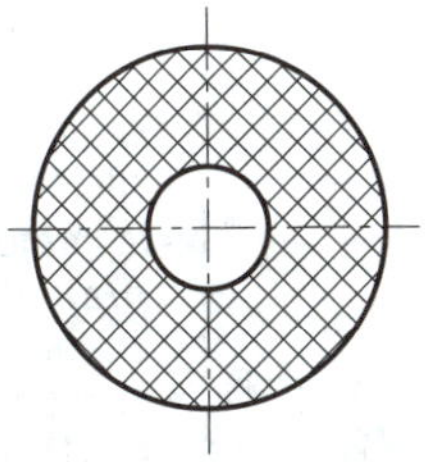

Ébauches creuses (∅ Ext. x ∅ Int.)					
10 x 6	20 x 6	16 x 10	35 x 10	25 x 15	45 x 15
25 x 20	55 x 20	35 x 25	55 x 25	40 x 30	60 x 30
45 x 35	60 x 35	50 x 40	60 x 40	55 x 45	60 x 45

26. NOTIONS DE GÉOMÉTRIE DESCRIPTIVE OU GÉOMETRIE DANS L'ESPACE

La géométrie descriptive permet la représentation exacte des objets par la méthode des projections. Elle intervient dans de nombreux tracés du dessin technique et ne saurait être ignorée du dessinateur industriel.
Les définitions et méthodes développées ci-dessous sont également exploitables sur micro-ordinateur (voir 21.10).

26.1. LE POINT

PLANS DE PROJECTION
- **Plan horizontal**
- **Plan frontal**
- **Plan de profil**

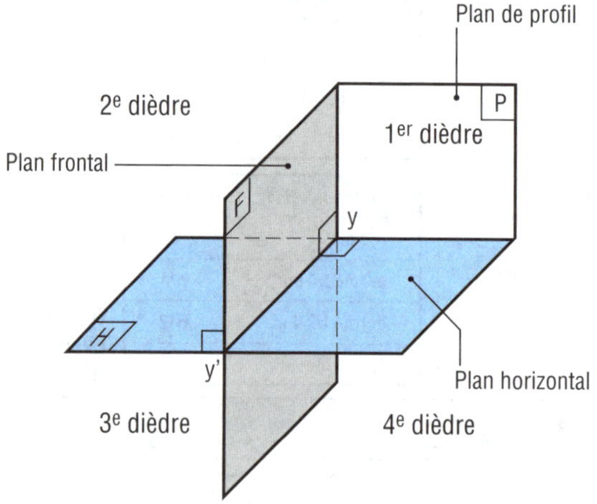

En géométrie descriptive, les plans de projection sont perpendiculaires entre eux :
- l'un est ***horizontal ;***
- l'autre est ***vertical*** (ou ***frontal)***

H et **F** définissent quatre dièdres ou quadrants notés ① - ② - ③ - ④.

Nota : On peut faire appel à un troisième plan perpendiculaire aux deux autres :
le plan de profil (P).

CONVENTIONS DE REPRÉSENTATION
- **Cote**
- **Éloignement**
- **Abscisse**
- **Ligne de terre**
- **Projetantes**

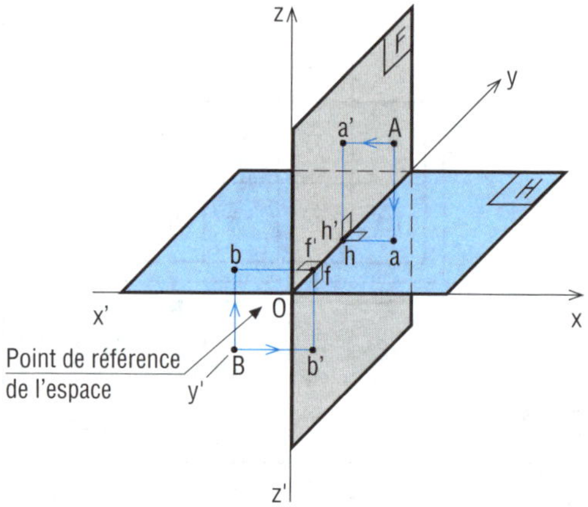

Un point de l'espace est défini complètement par les caractéristiques :
- ***la cote*** (suivant direction z z') ;
- ***l'éloignement*** (suivant direction x x') ;
- ***l'abscisse*** (suivant direction y y') ;
- ***ligne de terre :*** intersection des plans **H** et **F** (ancienne appellation "suivant y'y") ;
- les ***projetantes*** : Aa', Aa, Bb', Bb.

PROJECTION D'UN POINT
- **Projection frontale**
- **Projection horizontale**

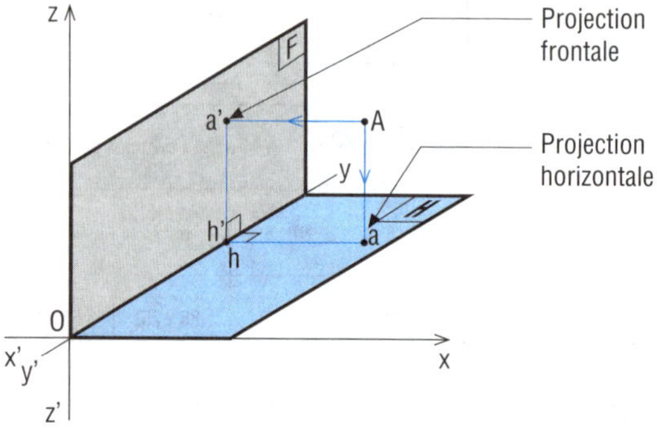

La projection du point A sur un plan est le pied de la perpendiculaire issue de ce point sur le plan :
- la projection est frontale sur le plan **F** (a') ;
- la projection est horizontale sur le plan **H** (a) ;
- la projection du point sur le ***plan de profil*** s'effectue suivant les mêmes règles définies pour les plans de projection **H** et **F**.

Le point

ÉPURE D'UN POINT
Ligne de rappel

L'épure du point **A** (phase ③) est obtenue :

- en rabattant le plan horizontal **H** sur le plan frontal **F** autour de l'axe charnière y'y (phase ①) ;
- en traçant la ligne qui joint les deux points a et a' (phase ②). Cette ligne est appelée ligne de rappel.

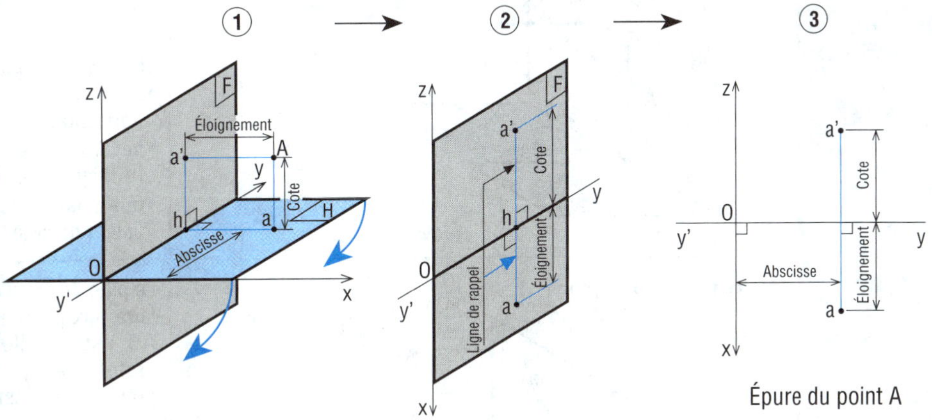

Épure du point A

Pour que deux points d'une épure soient les projections horizontales et frontales d'un point de l'espace, il faut et il suffit qu'ils soient situés sur la même ligne de rappel perpendiculaire à y' y.

26.2. LA DROITE

PROJECTION D'UNE DROITE QUELCONQUE

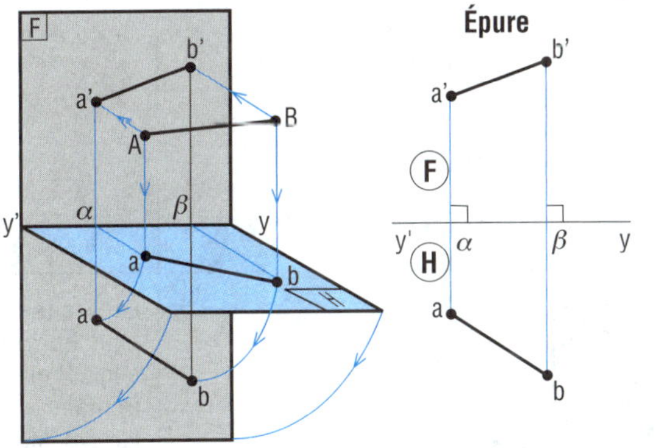

Par deux points A et B passe une droite. La projection orthogonale d'une droite (ici AB) consiste à :

- projeter deux de ses points sur les plans frontaux **F** (a', b') et horizontaux **H** (a, b) ;
- joindre leurs projections horizontale et frontale ;
- tracer l'épure.

PROJECTIONS PARTICULIÈRES D'UNE DROITE PARALLÈLE À UN PLAN

Droite parallèle au plan F et perpendiculaire au plan H

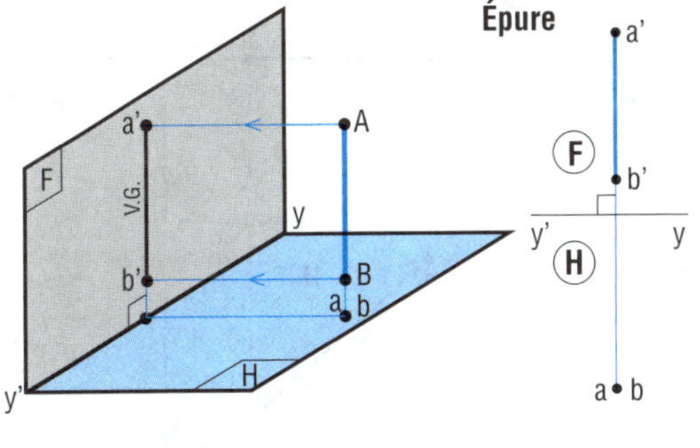

La projection de la droite AB est perpendiculaire à y'y et sa projection sur le plan **H** se réduit à un point (a et b confondus).

On remarque que :

- AB se projette en vraie grandeur (VG) sur le plan frontal ;
- AB est parallèle au plan **F** et perpendiculaire à **H** ;
- AB est dite ***"verticale"***.
- tous les points de la droite AB ont la même valeur d'éloignement.

La droite

PROJECTIONS PARTICULIÈRES D'UNE DROITE PARALLÈLE À UN PLAN

Droite parallèle au plan H et perpendiculaire au plan F

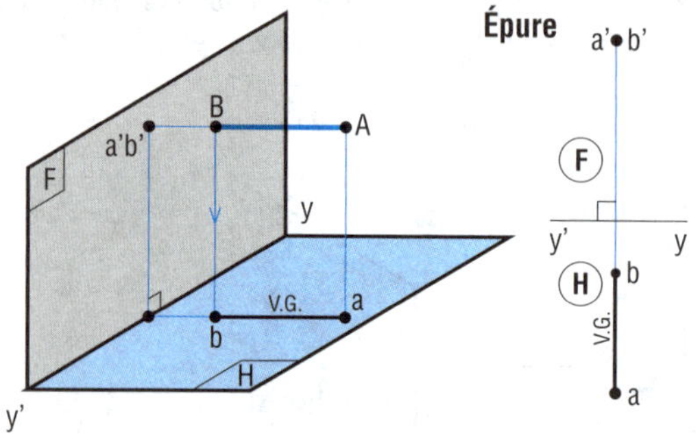

La projection horizontale de la droite AB est perpendiculaire à y'y et sa projection sur le plan **F** se réduit à un point (a'b' confondus).

On remarque que la droite AB :
- se trouve parallèle au plan horizontal **H**,
- se projette en vraie grandeur (VG) avec le plan horizontal **H**.
- que ses points AB ont même valeur de cote.

Droite parallèle au plan P

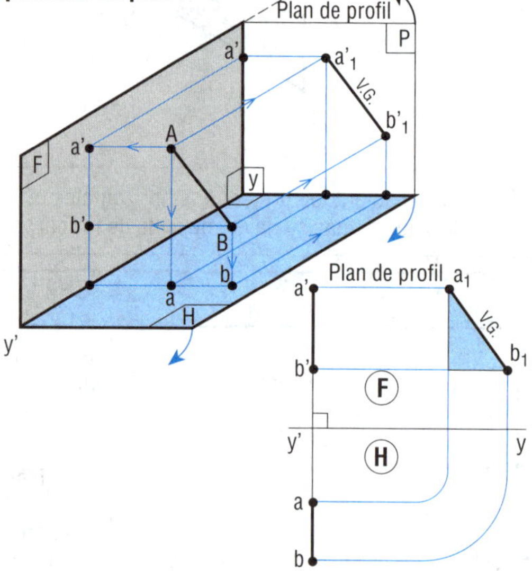

Le plan de profil est perpendiculaire aux plans **H** et **F**. La droite AB est parallèle au plan de profil ; elle s'y projette en vraie grandeur. Elle est dite ***"de profil"***.

Remarque :
pour tracer la droite de profil a_1 b_1, il faut connaître les projections A et B sur les plans **F** et **H**.

- Tous les points de la droite AB ont même valeur d'abscisse.

Droite parallèle au plan H

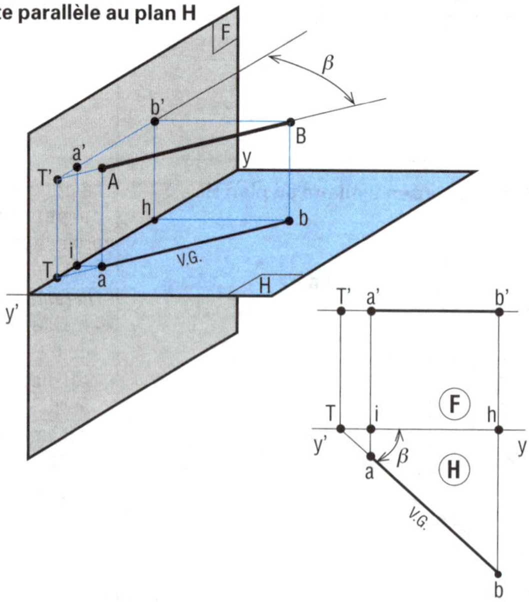

La droite AB est parallèle au plan horizontal **H** et forme un angle $\hat{\beta}$ quelconque avec le plan frontal.
Elle est dite ***"horizontale"***.

Remarques :
- sa vraie grandeur se situe sur le plan horizontal ;
- sa projection frontale (a' b') est parallèle à la ***ligne de terre*** y'y.
- tous les points de la droite AB ont même valeur de cote.

La droite

PROJECTIONS PARTICULIÈRES D'UNE DROITE PARALLÈLE À UN PLAN

Droite parallèle au plan F et H

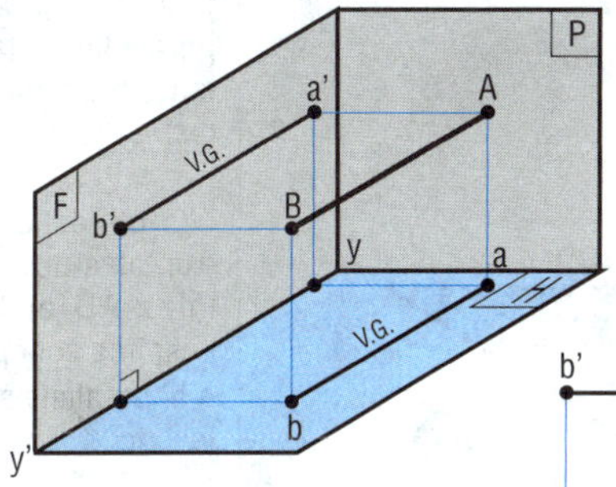

Épure

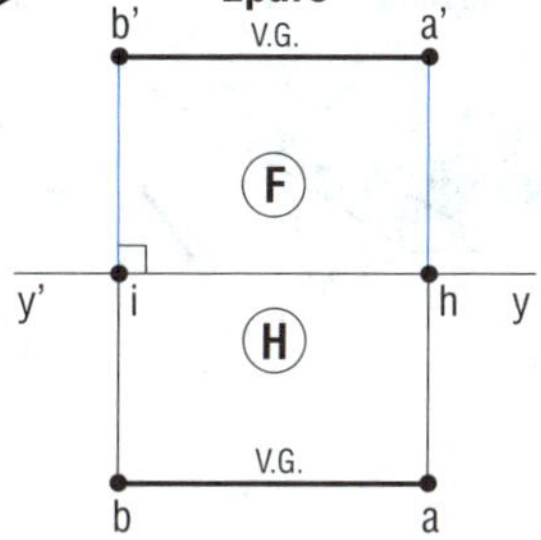

La droite AB est parallèle aux plans de projections **H** et **F**, donc parallèle à leur intersection y'y et perpendiculaire au plan de projection **P**.

Remarque :
sa projection sur les plans **F** et **H** est en vraie grandeur (VG).
Elle est dite ***"fronto-horizontale"***.

Tous les points de la droite AB ont même valeur de cote et d'éloignement.

Droite parallèle au plan F

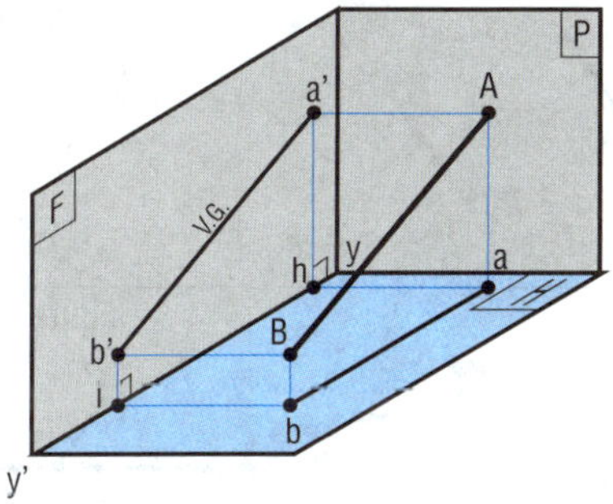

Épure

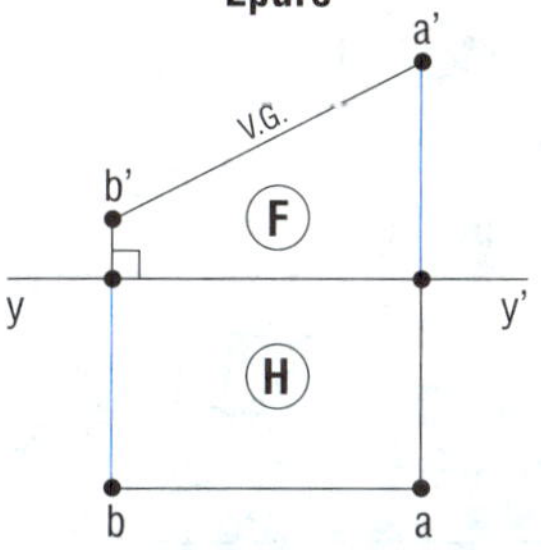

La droite AB est parallèle au plan de projection **F**, elle s'y projette en vraie grandeur ; sa projection horizontale est parallèle à y'y.

Remarque :
- Tous les points de la droite ont même valeur d'éloignement.

26.3. TRACES D'UNE DROITE

DROITE QUELCONQUE

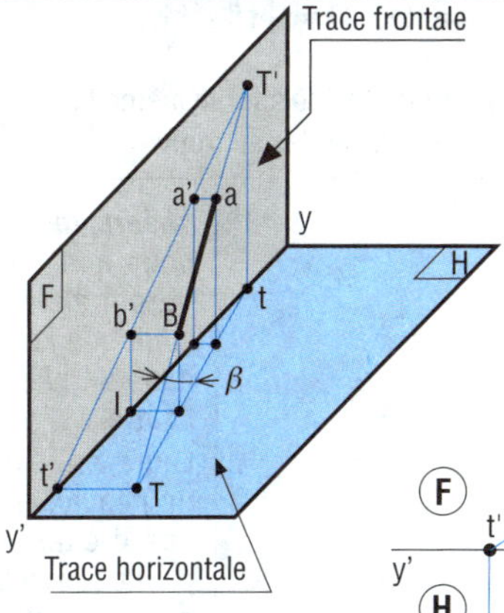

Épure

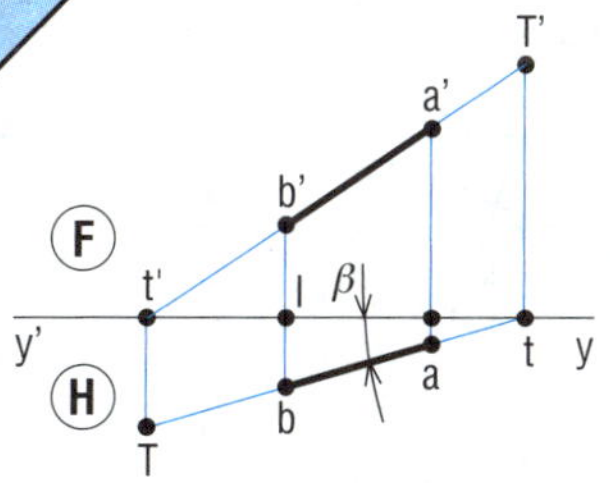

On appelle ***traces*** d'une droite, les points d'intersection de cette droite avec les plans de projection **F** et **H.** L'une est la trace horizontale **T**, l'autre la trace frontale **T'**.

Remarque :
Ces points ont une cote nulle pour l'un, un éloignement nul pour l'autre.
T est la trace horizontale et T' est la trace frontale.

POSITIONS RELATIVES DE DEUX DROITES

Droites parallèles

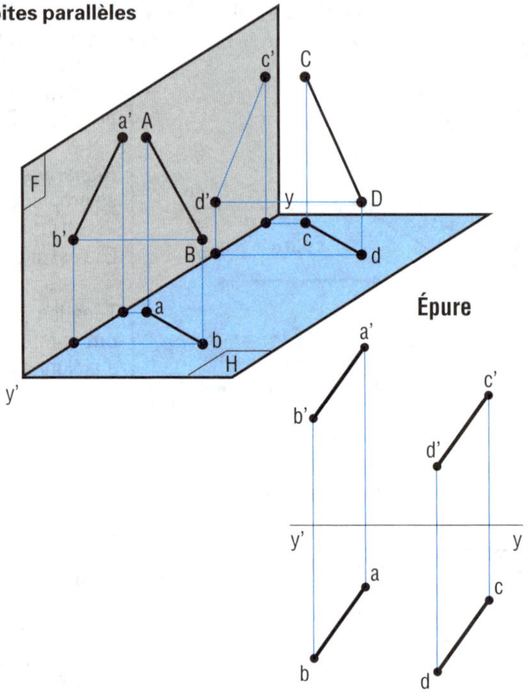

Théorème :
pour que deux droites soient parallèles, il faut et il suffit que leurs projections soient parallèles.

Les projections horizontales et frontales de deux droites parallèles AB et CD situées dans l'espace sont parallèles :
a'b' parallèle à d'c' et ab parallèle à dc.

Droites concourantes

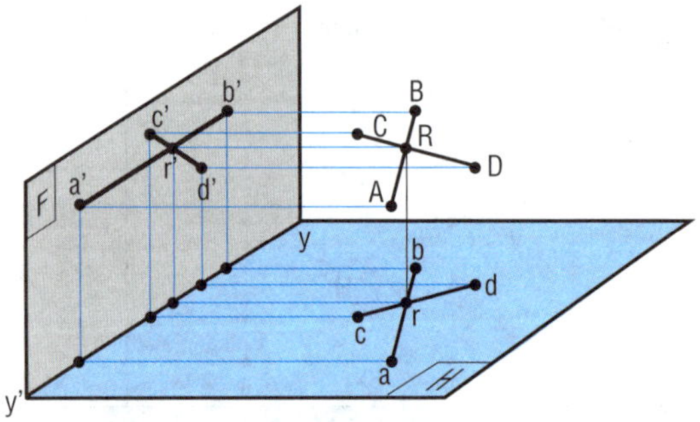

Épure

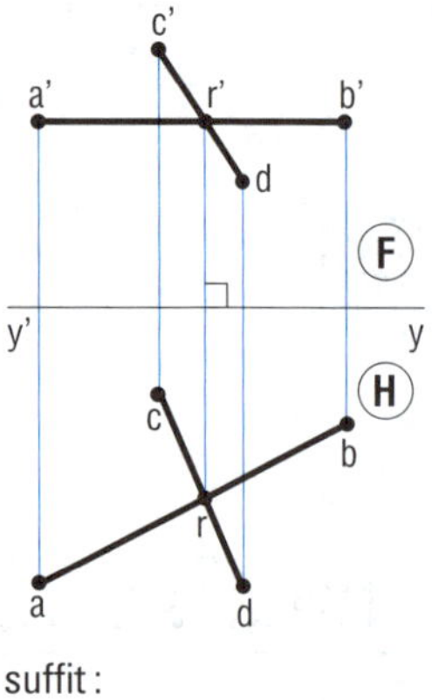

Théorème : pour que deux droites soient concourantes, il faut et il suffit :
- que leurs projections soient concourantes,
- que les points de concours de leurs projections soient situés sur la même ligne de rappel.

(Le point d'intersection des projections horizontales et frontales se trouve sur la même ligne de rappel.)

Droites perpendiculaires ou orthogonales

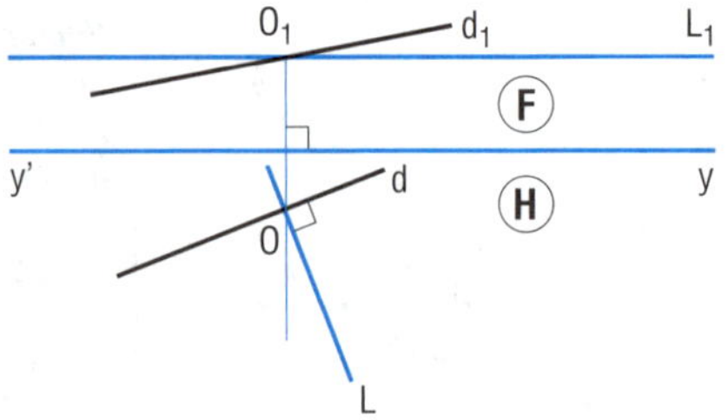

Théorème :
pour que deux droites soient perpendiculaires, il faut et il suffit que l'une d'elle soit située dans un plan perpendiculaire à l'autre.
Leurs projections ne sont pas perpendiculaires sauf si une de ces droites est parallèle à un plan de projection **H** ou **F** (ici $\mathbf{L_1}$ parallèle à **H**).

26.4 PROJECTIONS DU PLAN

TRACES ET REPRÉSENTATION D'UN PLAN

Définition

Un plan est déterminé :
- par ***trois points*** non en ligne ***droite.***
- par ***un point*** et une ***droite*** ne passant pas par ce point.
- par deux droites ***concourantes*** ou ***parallèles.***

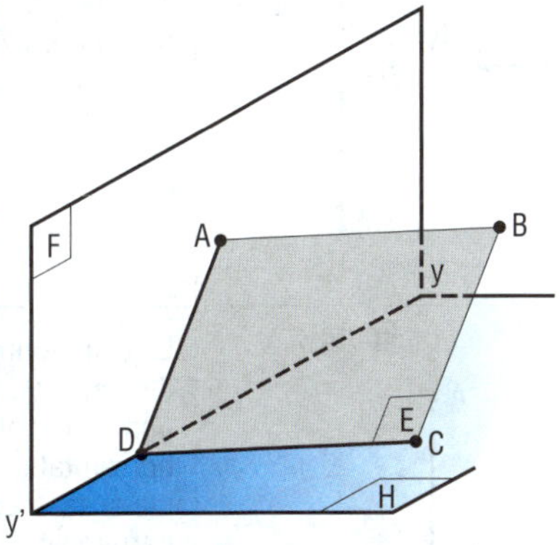

Épure

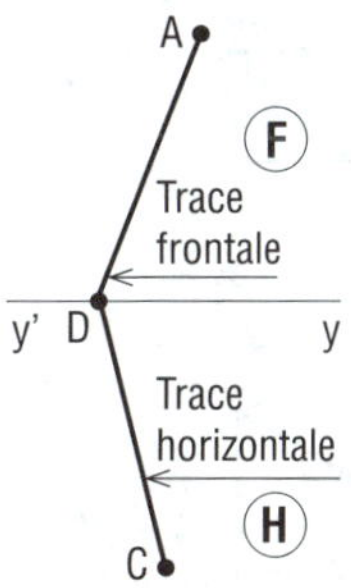

- **La trace horizontale** : intersection du plan donné **E** avec le plan **H** (ici DC).
- **La trace frontale** : intersection du plan donné **E** avec le plan **F** (ici AD).

26.4.1. POSITIONS PARTICULIÈRES DU PLAN

PLAN PARALLÈLE À UN PLAN DE PROJECTION

Plan de front

Le plan donné **R** est parallèle au plan frontal de projection **F**.
Ce plan **R** n'a donc pas de trace frontale et toute figure contenue dans ce plan **R** se projette sur **F** en vraie grandeur. Tous les points de ce plan ont le même éloignement.

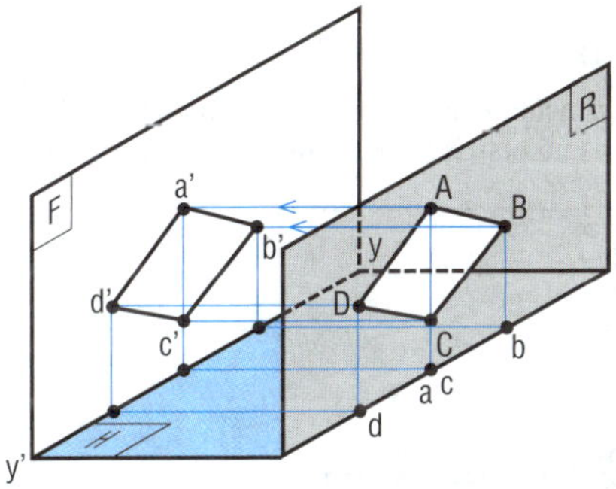

Épure

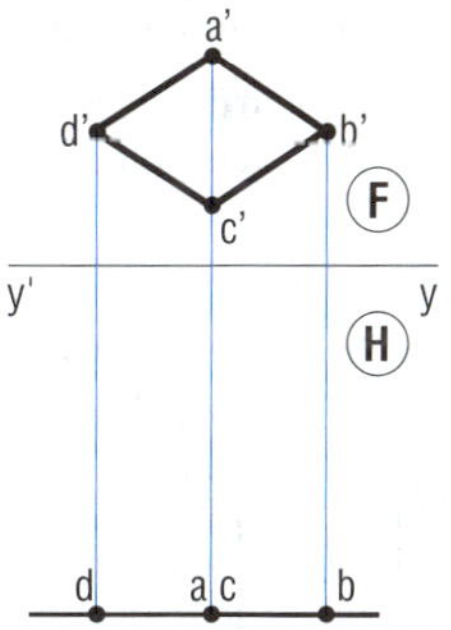

Plan horizontal

Le plan donné **R** est parallèle au plan horizontal de projection **H**.
Ce plan **R** n'a pas de trace horizontale. Toute figure contenue dans **R** se projette en vraie grandeur sur **H**.
Tous les points de ce plan ont la même cote.

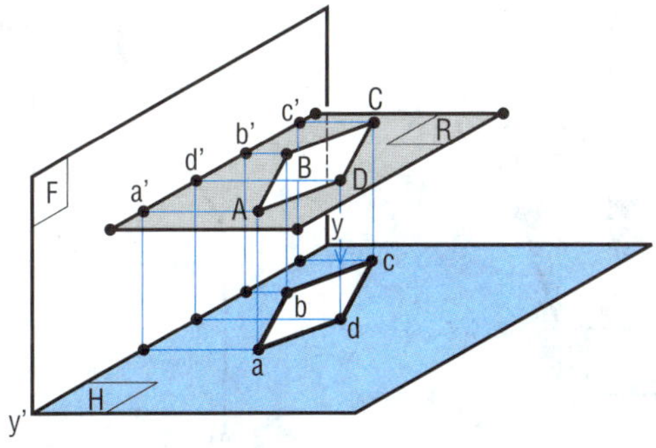

Épure

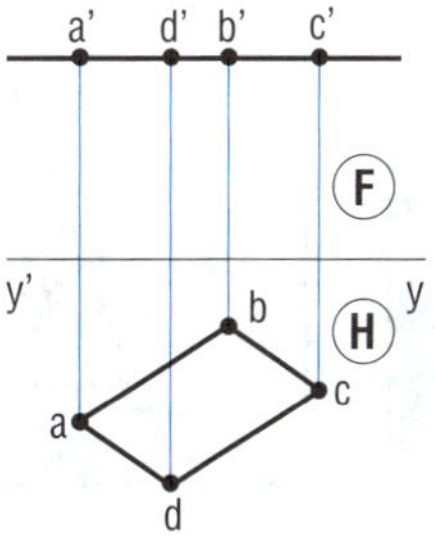

Projections du plan

PLAN PARALLÈLE AU PLAN DE PROJECTION

Plan de profil

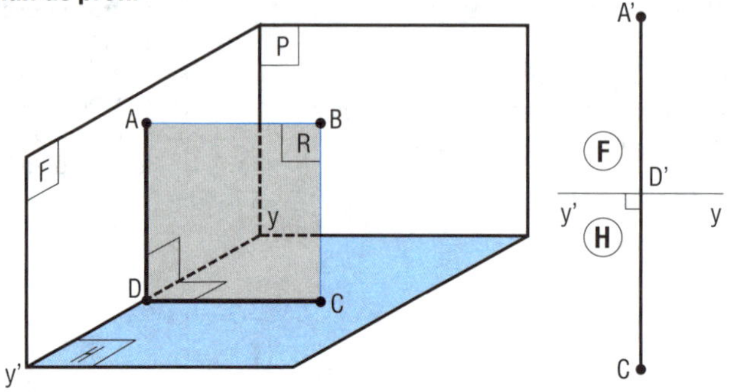

Le plan donné **R** est perpendiculaire à **F**, à **H** et à y'y. Il est parallèle à **P**. Toute figure contenue dans ce plan **R** se projette en vraie grandeur sur **P**.

Tous les points de ce plan ont la même valeur d'abscisse.

PLAN PERPENDICULAIRE À UN PLAN DE PROJECTION

Plan vertical

Épure

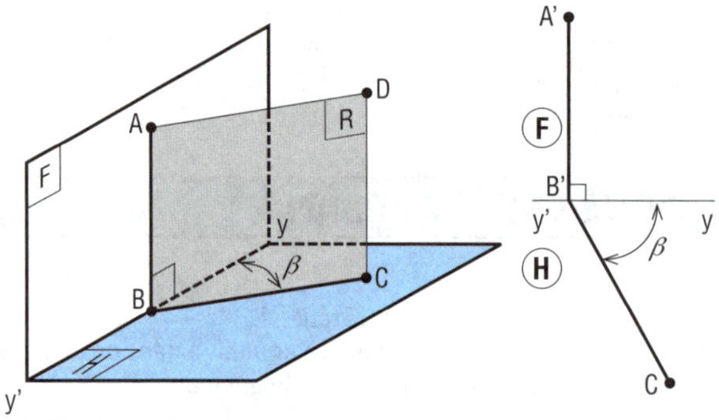

Le plan donné **R** est perpendiculaire au plan de projection horizontal **H**. Sa trace horizontale est quelconque mais sa trace frontale est perpendiculaire à la ligne de terre y'y.

Plan parallèle de la ligne de terre

Le plan donné **R** est parallèle à la ligne de terre y'y ; ses traces frontale et horizontale sont parallèles à y'y. Toute figure contenue dans ce plan **R** se projette sur **P** suivant une droite (trace de **R** sur **P**).

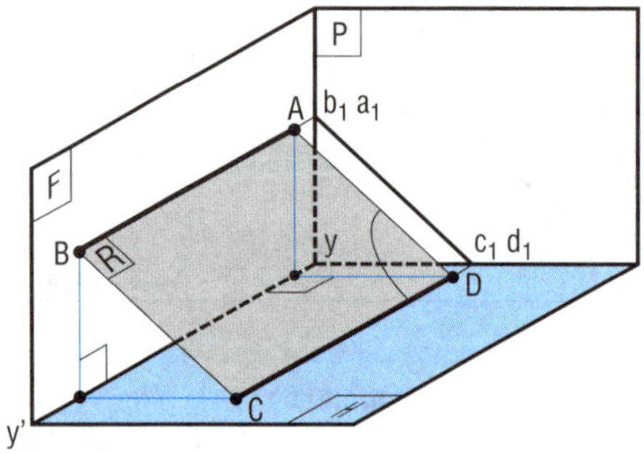

Épure

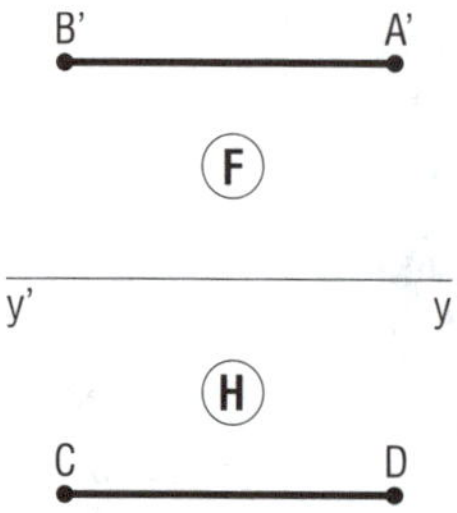

Plan de bout

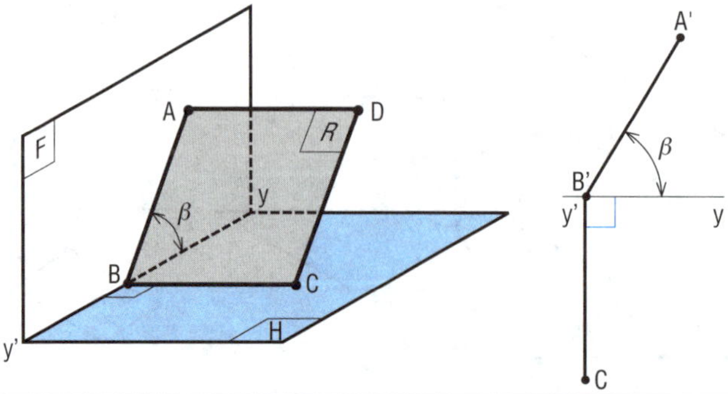

Le plan donné **R** est perpendiculaire au plan frontal **F**. Sa trace frontale **BC** est perpendiculaire à la ligne de terre y'y.

Projections du plan

PLAN PERPENDICULAIRE À UN PLAN DE PROJECTION

Angle dièdre

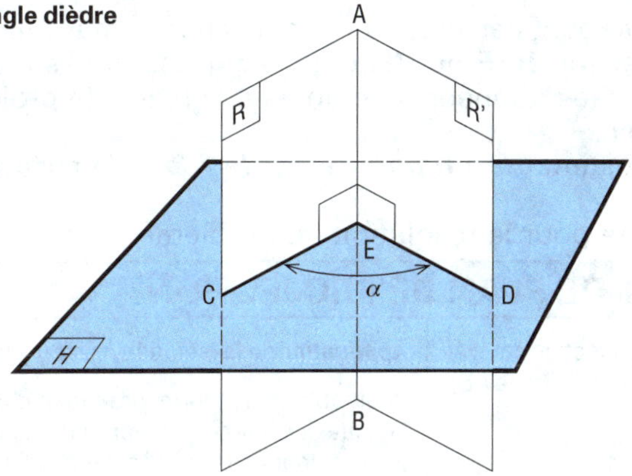

L'angle dièdre correspond à la surface comprise entre deux demi-plans (**R** et **R'**) limités par leur intersection AB. ***Le rectiligne*** du dièdre est l'angle du plan obtenu en coupant ces 2 plans par un troisième plan **H** qui leur est perpendiculaire à leur intersection AB. L'angle $\hat{\alpha}$ est l'angle des deux plans ou rectiligne du dièdre.

Ligne de plus grande pente d'un plan R
(est perpendiculaire à toutes lignes horizontales de ce plan)
AB ⊥ DC horizontale.

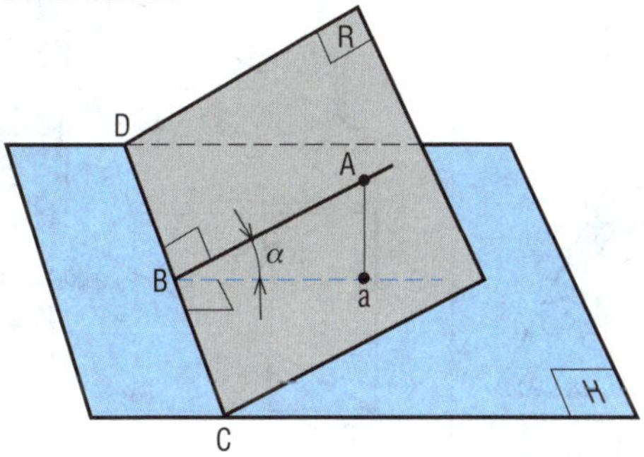

La ligne de plus grande pente d'un plan par rapport à l'un des plans principaux de projection est celle qui fait le plus grand angle possible avec ce plan principal.
Il suffit de tracer dans le plan **R** une droite perpendiculaire à l'intersection des deux plans.
(**H** étant toujours horizontal).

PERPENDICULAIRE COMMUNE À DEUX DROITES

- **L'une des droites est perpendiculaire à un plan de projection**

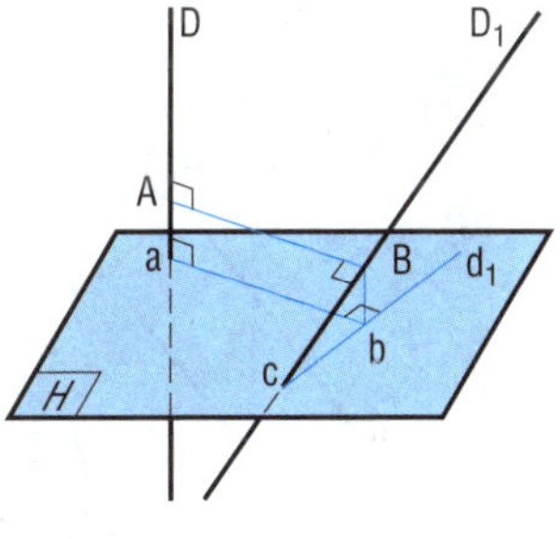

La droite D est perpendiculaire au plan **H**.
La droite D_1 est quelconque.
AB est perpendiculaire à D_1 donc parallèle à **H**.
L'angle droit $\hat{b}$ se projette en vraie grandeur sur **H**.
d_1 projection de D_1 sur H.
ab projection de AB.
ab est donc perpendiculaire à d_1.

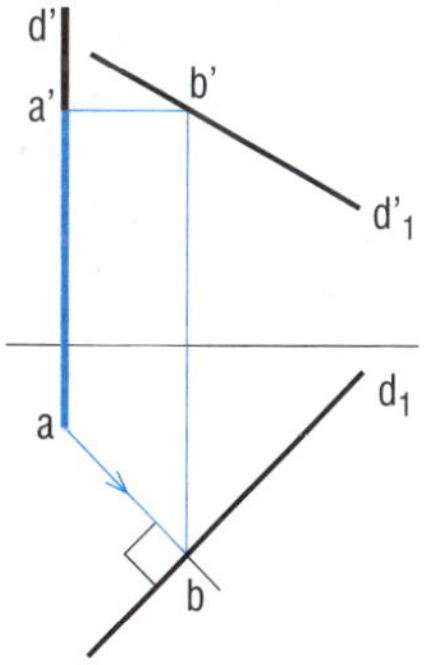

- **Les deux droites sont quelconques**

Par deux changements de plan successifs, amener l'une des droites à être verticale (ou de bout).
Les évolutions successives amènent la droite à être parallèle et perpendiculaire à l'autre plan.
On applique ensuite la méthode précédente.

26.5. VRAIES GRANDEURS DES FIGURES GÉOMÉTRIQUES

Les solides ou les figures n'occupent pas toujours une position remarquable par rapport aux plans principaux de projection **H**, **F** ou **P**. Pour obtenir les vraies grandeurs, il est parfois nécessaire de rapporter les données à de nouveaux plans de projection conduisant à des constructions simples.
Trois méthodes principales existent : ***le changement de plan, la rotation, le rabattement.***
On choisira la plus performante pour la résolution du problème posé.

26.5.1. LE CHANGEMENT DE PLAN DE PROJECTION

Il consiste à utiliser un nouveau plan de projection parallèle à la figure considérée. (dans le cas présent la droite AB).

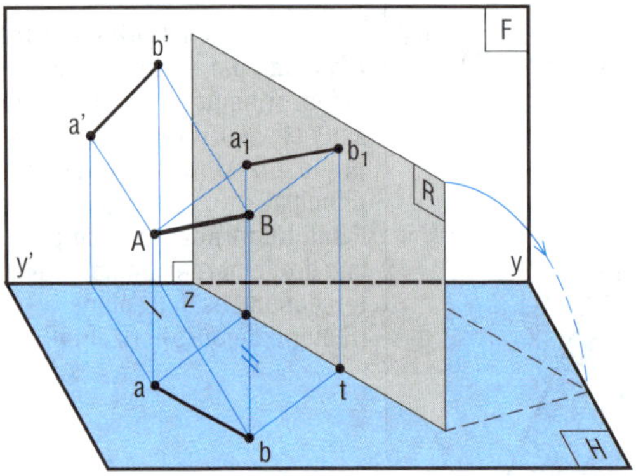

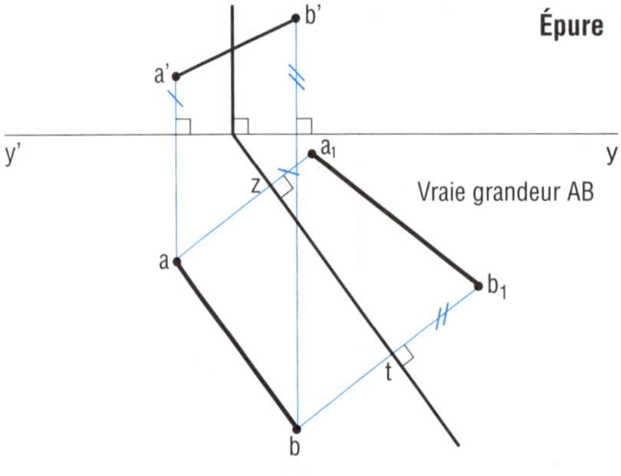

Le solide ou la figure de l'espace reste fixe et l'on fait évoluer la position des plans de projection.
Les plans évoluent successivement l'un après l'autre tout en restant perpendiculaires.

On utilise un plan vertical auxiliaire **R** dont la trace horizontale zt est parallèle à ab. AB est frontale dans le système zt. Les cotes a et b restent inchangées. La droite se projette en vraie grandeur sur le nouveau plan frontal **R** soit : ab vraie grandeur de AB.

Application de la méthode à un polygone quelconque :

Pour obtenir la ***vraie grandeur*** d'un polygone quelconque, il suffit de projeter cette figure sur un nouveau plan de projection qui lui est parallèle, ce qui implique de projeter tous les points qui la définissent.

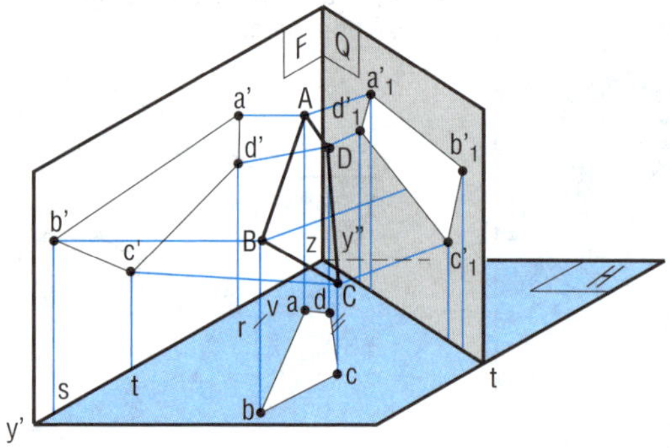

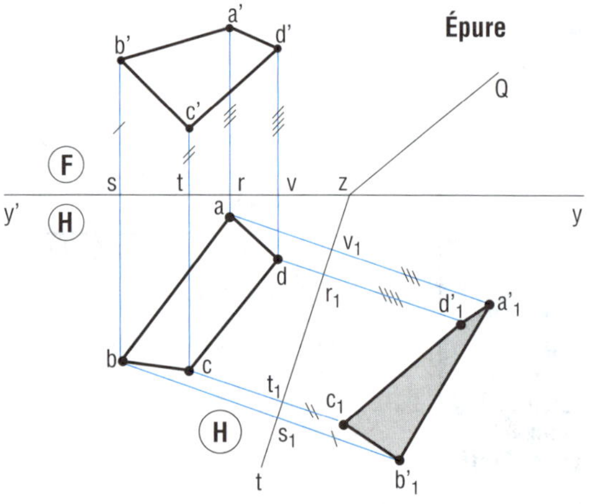

Les projections du polygone ABCD sur les plans **H** et **F** sont a,b,c,d et a'b'c'd'.
On souhaite tracer les nouvelles projections a'_1, b'_1, c'_1, d'_1 sur le plan **Q** qui lui est parallèle.
Comme dans la méthode adoptée précédemment, il s'agit, après avoir mis en place un plan vertical auxiliaire **Q** dont la trace horizontale est zt, d'effectuer pour chacun des quatre sommets du quadrilatère, un report de leurs cotes.

26.5.2. LA ROTATION

Elle consiste à faire tourner le segment de droite jusqu'à ce qu'il soit parallèle à l'un des plans de projection (**F** ou **H** ou P).

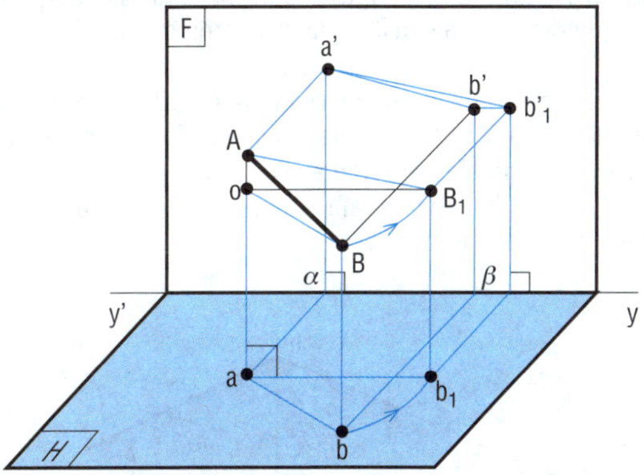

Épures

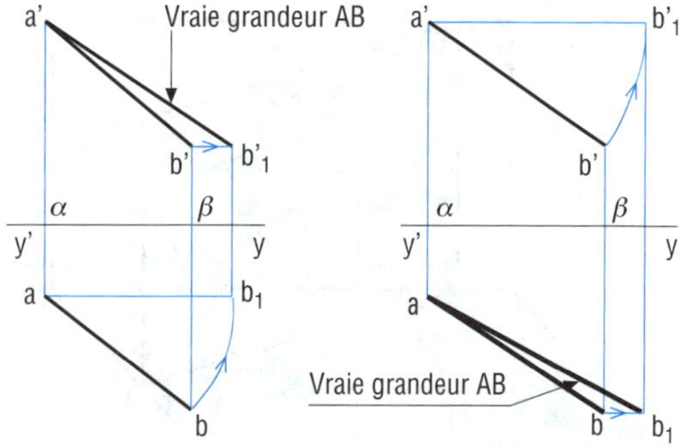

Cas 1 **Cas 2**

Cas ①
Rotation autour de l'axe Aa

La recherche de la vraie grandeur du segment AB se projetant suivant ab, a'b' conduit à :

- choisir la verticale Aa comme axe de rotation,
- réaliser une rotation du segment AB autour de Aa et l'amener parallèle au plan F. Le point b décrit une portion de circonférence de centre a,
- rendre avec la rotation, AB parallèle à **F**, sa projection ab_1 est parallèle à y'y et b_1 se rappelle en b'_1 sur une parallèle à y'y menée par b'.

Les nouvelles projections sont ab_1, $a'b'_1$; le segment AB_1 est de front et ainsi $a'b'_1$ est sa vraie grandeur.

Cas ②
Rotation autour de l'axe Aa'

De la même façon on peut amener AB à être horizontal par une rotation autour d'un axe de bout, Aa' (voir épure).

Application :

Soit à déterminer la VG (vraie grandeur) d'un trapèze A B C D dont les projections sont sur la plan **H** : a, b, c, d et sur le plan **F** : a', b', c', d'.

Prolonger CD→E, trace horizontale de CD.

AE trace horizontale de PαQ' contenant ABCD.

Prolonger BC→J', trace frontale de BC.

α' j' trace frontale du même plan.

On fait tourner PαQ' autour de Pα pour le ramener dans H→$P\alpha Q_1$ (par exemple mn' qui est dans PαQ' vient en mn_1 ; de même kj'→kj_1).

Dans ce plan $P\alpha Q_1$, tracer a b_1 c_1 d_1 VG de ABCD (vraie grandeur de ABCD) à l'aide de droites auxiliaires (exemples : ici des horizontales).

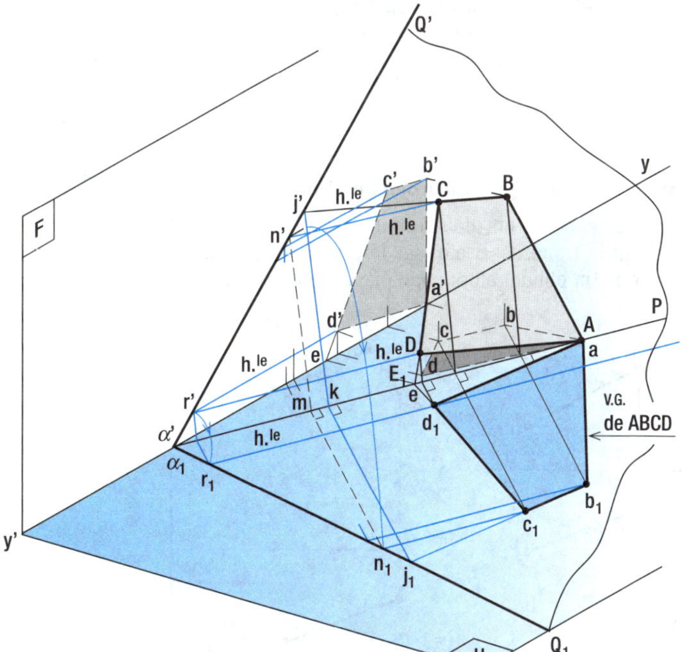

26.5.3. LE RABATTEMENT

Le principe consiste à rabattre, sur l'un des plans de projection, le plan projetant AB.

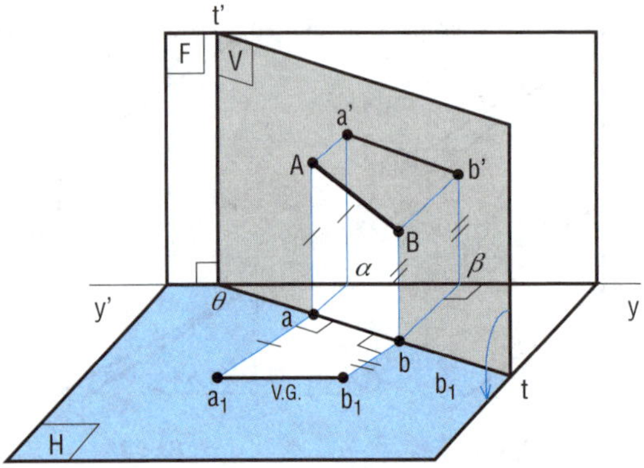

Cas ①
Rabattement sur le plan de projection horizontal H

La recherche de la ***vraie grandeur*** du segment AB conduit à :

- rabattre le plan contenant le trapèze ABab sur le plan horizontal autour de la trace horizontale t θ ;
- A vient en a_1 tel que a a_1 soit perpendiculaire à ab et que a_1 = Aa où a'α représente la cote du point A, de même B vient en b_1 (voir épure).

a_1 b_1 est la vraie grandeur du segment AB.

> On remarque que cette méthode s'applique aux figures planes et non aux solides trop complexes.

Cas ②
Rabattement sur le plan de projection frontal

De la même façon ont peut rabattre le plan de bout contenant le trapèze AB a'b' sur le plan de projection centrale **F**. On obtient alors a'₁, b'₁ la vraie grandeur de AB.

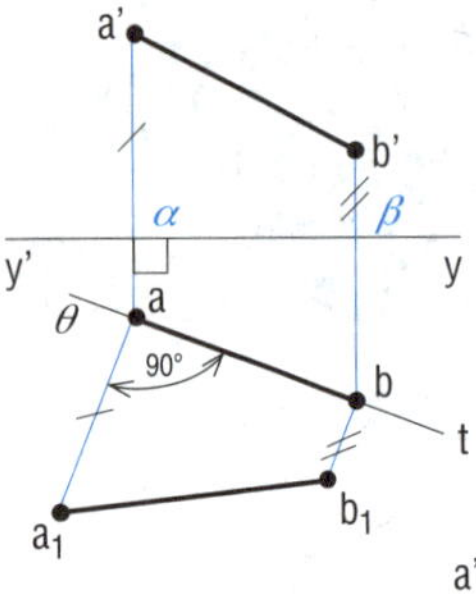

Cas 1

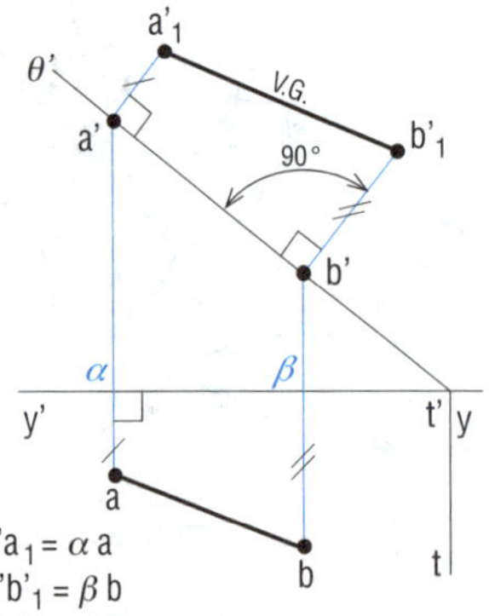

$a'a_1 = \alpha\, a$
$b'b'_1 = \beta\, b$
$a'_1b'_1 = AB$

Cas 2

Application :

Rabattement d'une figure contenue dans un plan perpendiculaire à l'un des plans de projection.

Dans le cas présent, la figure plane ABCD est contenue dans un plan **V** perpendiculaire au plan de projection **H**.
La trace verticale hh' sert d'axe de rotation.
a'b'c'd' est l'image en vraie grandeur de la figure ABCD.
Les cotes ne varient pas.

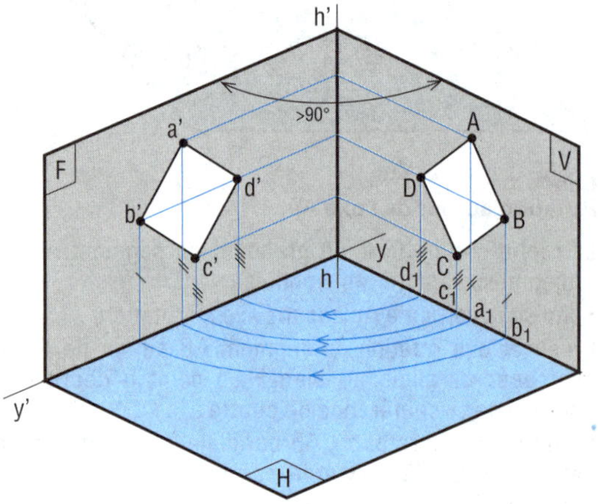

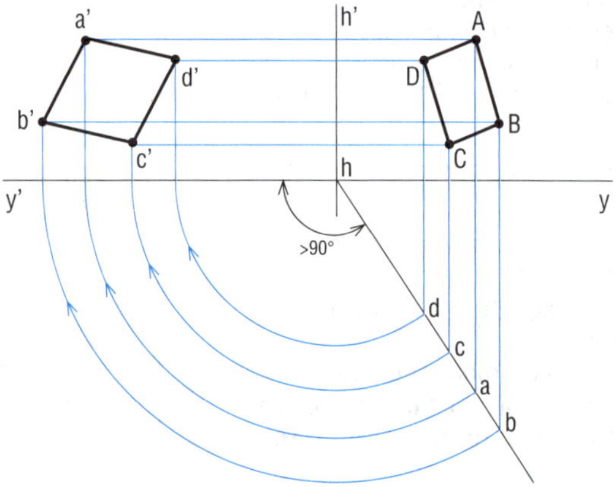

Vraies grandeurs des figures géométriques

VRAIE GRANDEUR D'UN TRIANGLE ABC

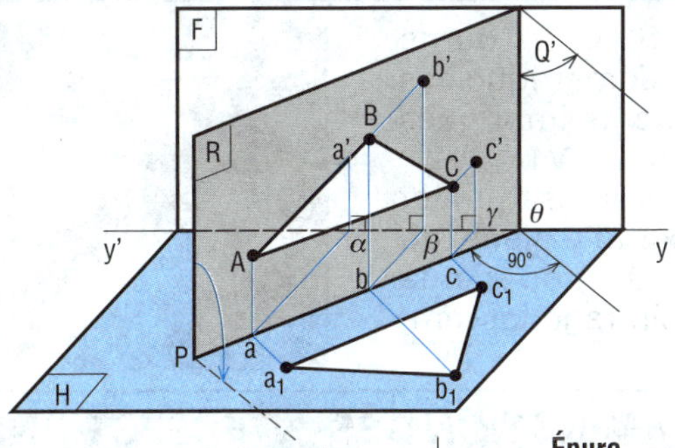

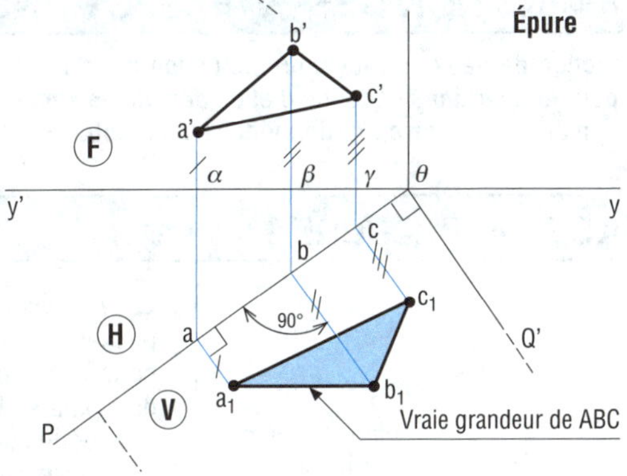

Le triangle ABC est situé dans un plan vertical.

> Nous savons qu'une figure plane ne se projette en vraie grandeur sur un plan que si elle se trouve parallèle à ce plan. Dans le cas contraire on l'y amène par une rotation ou un changement de plan ou encore par un rabattement.

La vraie grandeur du triangle ABC situé dans un plan vertical **R** est obtenue en rabattant le plan **R** sur le plan **H**.

La rotation de **R** autour de la charnière PΘ entraîne le déplacement de A qui vient en a_1 tel que a_1 soit perpendiculaire à PΘ et égal à Aa ou αa' ; de même pour B et C, (voir épure).

Ainsi la vraie grandeur du triangle ABC est donnée par a_1, b_1, c_1.

Remarque :

Nouvelles caractéristiques :

- plan frontal PΘQ';
- ligne de terre PΘ.

PROJECTIONS D'UNE CIRCONFÉRENCE

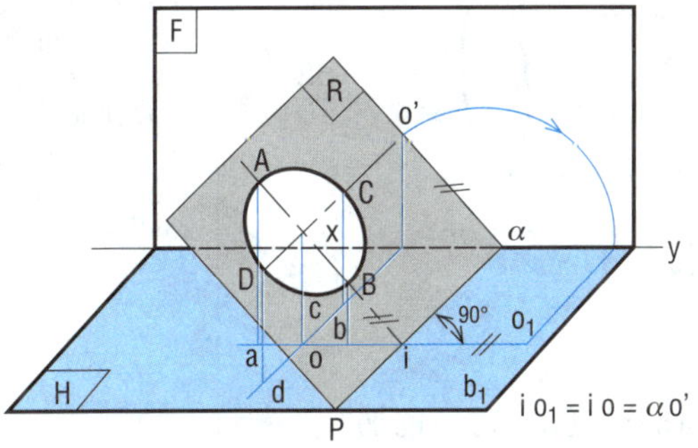

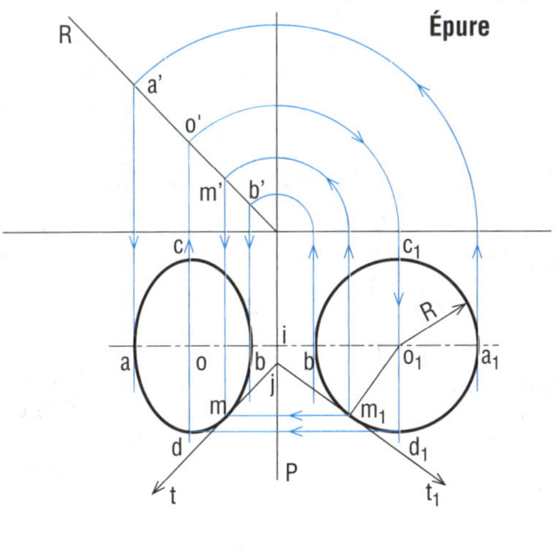

La circonférence est placée dans un plan de bout.

> Notons que la projection d'une circonférence située dans un plan oblique **R** par rapport à un plan de projection est une ellipse.

On remarque que le diamètre CD est parallèle à la trace horizontale Pα. Il se projette en vraie grandeur sur **H**. Il sera le ***grand axe de l'ellipse cd.***

Le diamètre AB perpendiculaire à CD sera, en projection, ***le petit axe de l'ellipse ab.***

Tracé de l'épure :

- tracer le rabattement O_1 du centre OO' sur H ;
- réaliser le cercle de centre O_1 et de rayon R ;
- relever les points a_1, b_1, c_1, d_1 (extrémités des axes de l'ellipse) ;
- situer un point quelconque m_1 auquel correspond un point m appartenant à l'ellipse ;
- construire par symétrie, trois autres points ;
- joindre les points définis par un trait continu ;

Nota : la tangente au point m_1 (m_1t_1) donne la tangente en m de l'ellipse.

26.6. INTERSECTIONS

L'intersection L de deux surfaces S1 et S2 ou de deux volumes V1 et V2, est le lieu géométrique des points appartenant aux deux éléments imbriqués l'un dans l'autre, soit L = S1 ∩ S2 ou L = V1 ∩ V2.
Le tracé de l'intersection doit être suffisamment précis pour permettre le traçage, sur tôle plane, du développement nécessaire à l'exécution de la pièce en atelier (pliage, roulage, cintrage, assemblage...).

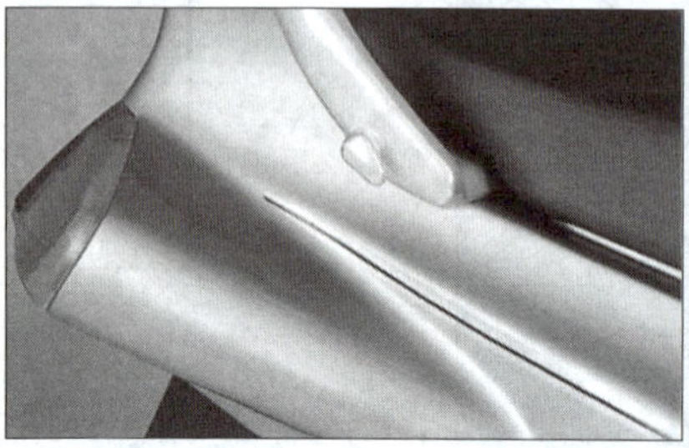

26.6.1. RECHERCHE ET DÉTERMINATION DES INTERSECTIONS

D'une manière générale, pour obtenir l'intersection de deux surfaces, on les coupe par des ***surfaces auxiliaires*** (plans ou sphères) convenablement choisies pour donner dans chacune d'elles ***des lignes simples*** (droites ou arcs de cercles) ; ces lignes se coupent, à leur tour, en des points qui appartiennent à l'intersection recherchée (voir figures ci-dessous).

26.6.2. MÉTHODE DES SURFACES AUXILIAIRES

CÔNE (S1) + CYLINDRE (S2) à axes perpendiculaires

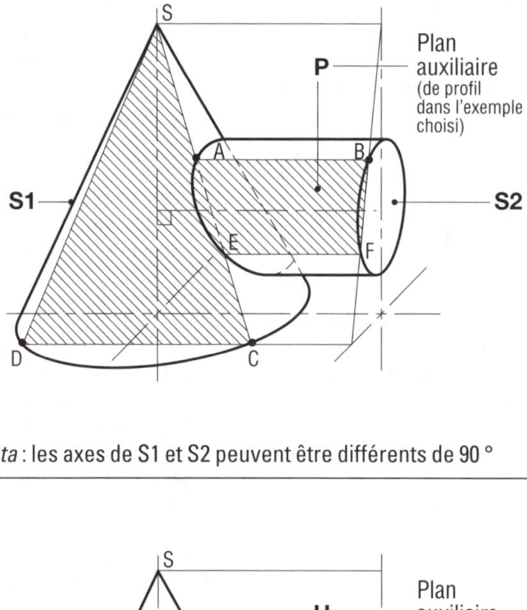

Nota : les axes de S1 et S2 peuvent être différents de 90 °

Le plan auxiliaire de profil **P**, passe par le sommet S du cône et est parallèle à l'axe du cylindre. Il coupe celui-ci et le cône suivant des génératrices telles AB et SC.

- On détermine d'abord les points remarquables : le plus haut, le plus bas, le plus à droite, etc. (A est un point de l'intersection).
- On contruit ensuite le nombre de points nécessaires afin de définir l'allure de la courbe.

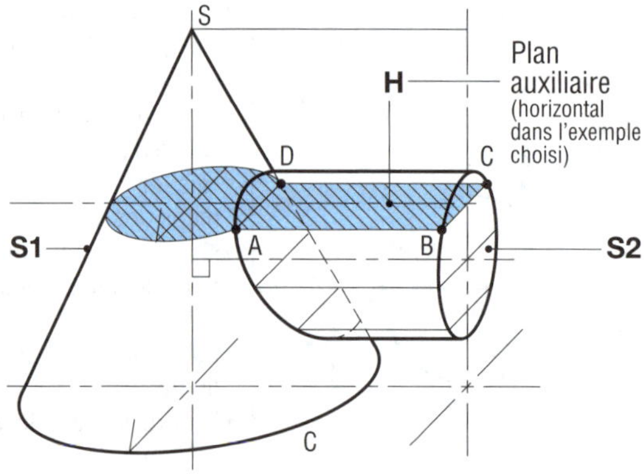

Nota : dans le cas présent les axes peuvent être orthogonaux.

Le plan auxiliaire horizontal **H** détermine une circonférence dans le cône et deux génératrices dans le cylindre.

- On détermine dans le plan auxiliaire **H** les points remarquables A et D appartenant à **S1** et **S2**.
- On construit ensuite avec d'autres plans auxiliaires parallèles le nombre de points nécessaires afin de définir l'allure de la courbe d'intersection.

CÔNE (S1)
+
CYLINDRE (S2)
à axes perpendiculaires

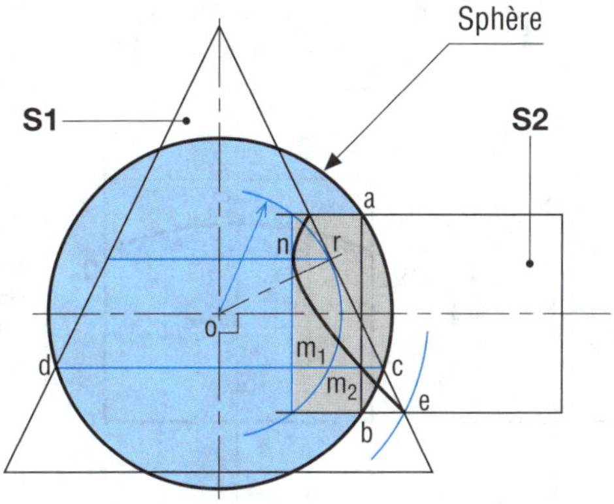

La sphère auxiliaire de rayon oa coupe le cylindre suivant une circonférence projetée en raccourci total en ab et coupe le cône suivant une circonférence projetée en raccourci total en cd.
L'intersection de ab et de cd donne 2 points de l'intersection cherchée (m_1 et m_2).

La sphère auxiliaire est centrée au point commun des deux axes concourants et fait apparaître les points remarquables qui définissent l'allure de la courbe.

26.6.3. PLAN SÉCANT PARALLÈLE A L'AXE DU SOLIDE - applications

SECTION PLANE CÔNE
+
PLAN P P' parallèle a l'axe du cône (ou aux génératrices SM et SN)

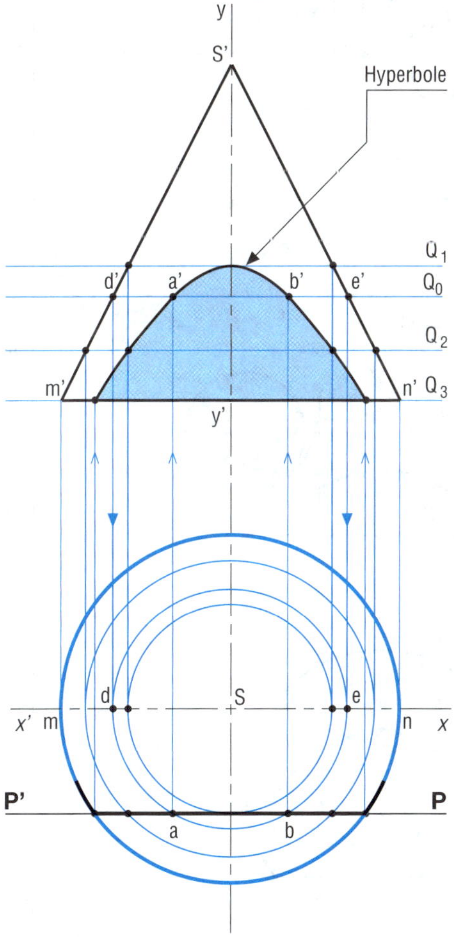

Pour toute section plane, le tracé peut se réaliser suivant ***les méthodes*** précisées ci-dessus soit :

- Tracer le plan Q_0 perpendiculaire à l'axe du cône y'y. Ce plan coupe le cône suivant un cercle, de diamètre d'e'.
- Projeter les points du cercle d'c' sur le plan horizontal.
- Rappeler d et e sur la trace de P, a et b sont les projections de l'intersection cherchée.
- Multiplier le nombre de plan normal à l'axe du cône yy' pour obtenir les points de la courbe.
- Lisser les points pour obtenir l'arc d'hyperbole, intersection du plan et du cône de révolution.

Remarque :
la nature de cette courbe est conservée si on la projette sur des plans parallèles à l'axe du cône.
L'hyperbole est toujours parallèle à 2 génératrices du cône (ici S' n' et S' m').

SECTION PLANE

• Portion de Tore
+
• Prisme

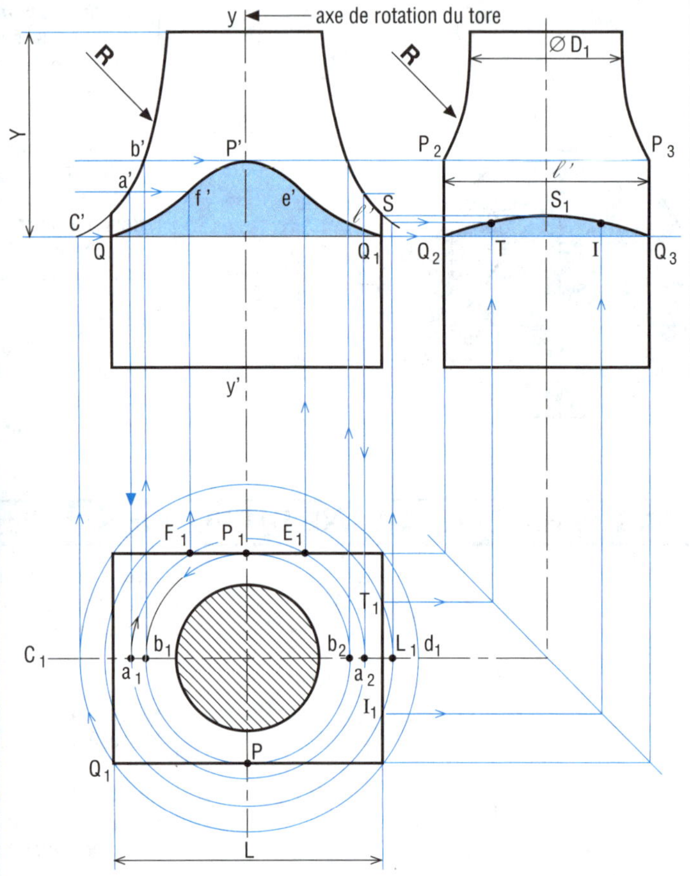

On trouve les plans de profil P, Q parallèles à l'axe de rotation Y Y' du tore. Des plans auxiliaires perpendiculaires à l'axe de rotation du tore déterminent deux cercles a_1, a_2, et b_1, b_2 d'où 4 points C_1, F_1, E_1, L_1, qui se rappellent respectivement sur les plans sécants en c', f', e', l'.

L'intersection de la portion de tore avec la partie prismatique donne les courbes ci-contre obtenues par deux usinages :

– le tournage du tore de rayon R ;

– le fraisage des 4 faces latérales du cylindre de ⌀ D_2.

SECTION PLANE TORE + PLAN PARALLÈLE À L'AXE DU CYLINDRE

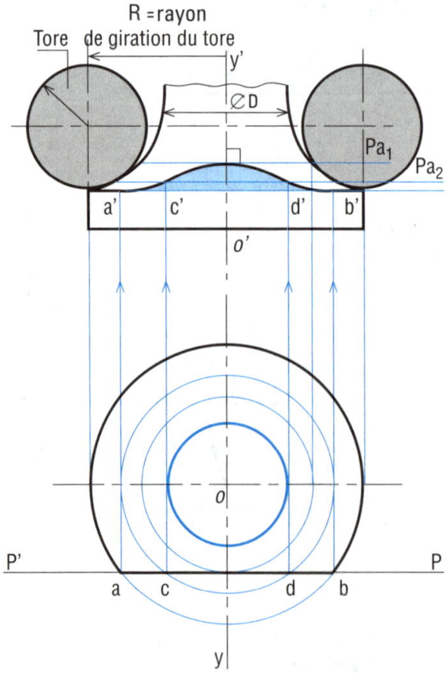

Tracer deux plans auxiliaires Pa_1 et Pa_2 perpendiculaires à l'axe de rotation du tore 0'y'. Ces derniers définissent des cercles dans le tore. ***Les intersections*** des plans (Pa_1, Pa_2) et du plan horizontal sont définies en projection frontale.

26.6.4. PLAN SÉCANT OBLIQUE PAR RAPPORT À L'AXE DU SOLIDE

SECTION PLANE CÔNE + PLAN INCLINÉ DE TRACES PαQ' D'UN ANGLE θ PAR RAPPORT À L'AXE.

$0 \leqslant \theta < \alpha$

Solution ①

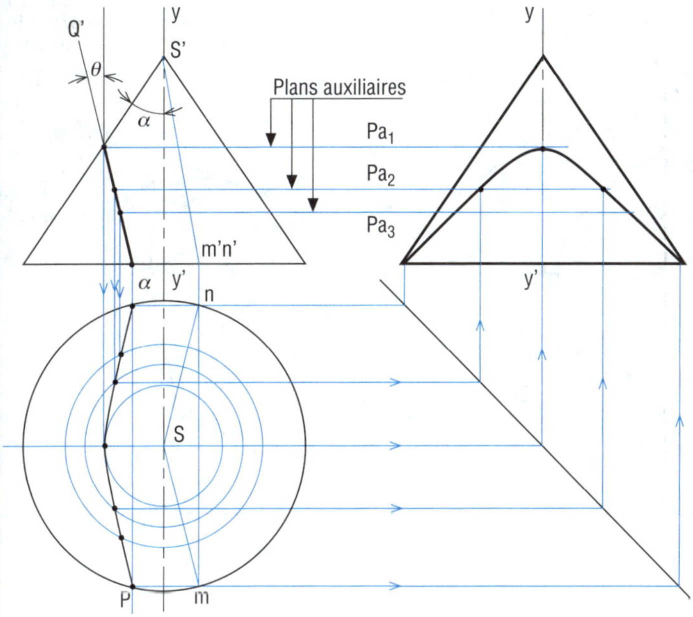

Comme précédemment, la courbe se détermine point par point à l'aide des plans auxiliaires. En effet, ces derniers définissent des cercles dans le cône. Les intersections des plans Pa auxiliaires (Pa_1, Pa_2, Pa_3) et du plan de bout pαQ' sont définies en projection frontale.

Nota :

Le plan PαQ' est parallèle à 2 génératrices du cône (SM et SN) d'où une courbe d'intersection hyperbolique.

$0 \leqslant \theta < \alpha$

Solution ②

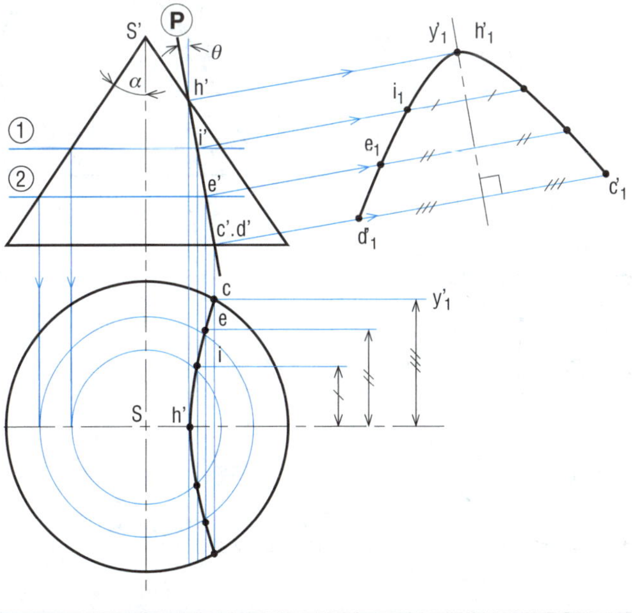

Projection horizontale de l'hyperbole :

Elle est obtenue en utilisant des plans auxiliaires, par exemple ①, ②...

Vraie grandeur de l'hyperbole :

Elle est obtenue par un changement de plan.

SECTION PLANE CÔNE + PLAN INCLINÉ DE TRACE PβQ D'UN ANGLE θ PAR RAPPORT À L'AXE

θ = α

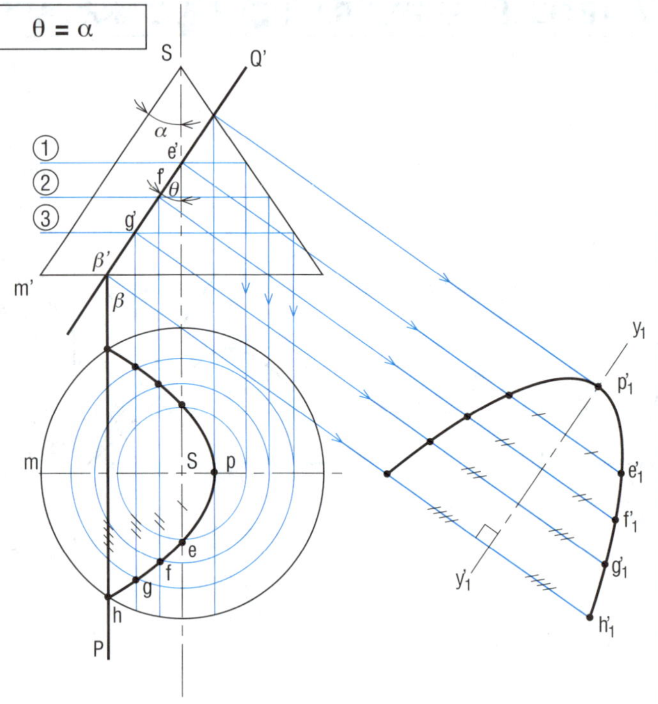

Projection horizontale de la parabole :
Elle est obtenue en utilisant des plans horizontaux auxiliaires ①, ② et ③...

Vraie grandeur de la parabole :
Elle est obtenue par un changement de plan

Nota :
Le plan PβQ' est parallèle à 1 seule génératrice du cône SM (sm - s'm').

θ > α

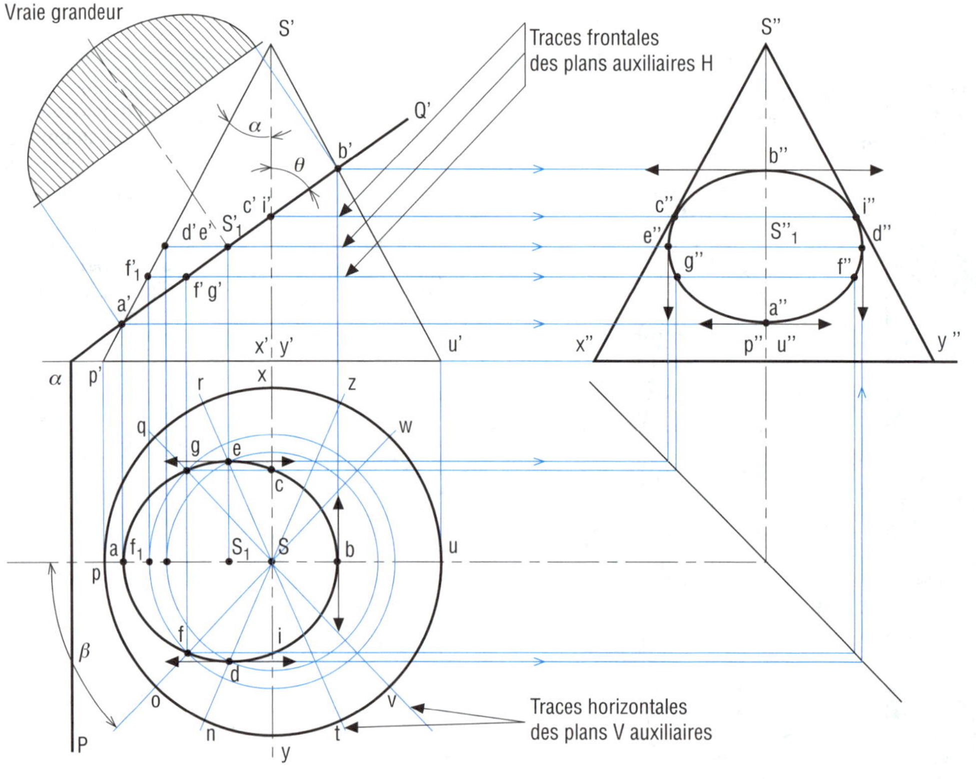

SECTION PLANE CÔNE + PLAN INCLINÉ D'UN ANGLE θ PAR RAPPORT À L'AXE.

Tracé des projections

Données : Cône tronqué par un plan de bout PαQ' coupant toutes les génératrices du cône suivant le dessin page précédente.

Il s'agit de tracer :

- les projections frontale, horizontale et de profil ;
- le développé de la surface latérale du cône.

Recherche des points de l'intersection :

1°/ Choix des plans auxiliaires.

Le choix portera sur :

- des plans auxiliaires perpendiculaires à l'axe du cône (horizontaux **H** donnant des circonférences comme intersections),
- des plans auxiliaires verticaux passant par l'axe du cône (2 génératrices comme intersection).

2°/ Déterminer sur l'épure les points d'intersection appartenant au cône.

3°/ La liaison des différents points de l'intersection du cône par le plan de bout **P** α **Q'** conduit à une ellipse en projection horizontale et frontale.

4°/ Tracer les ellipses :

- ***définition du grand axe de l'ellipse.*** Les lignes de rappel issues de a' et b' donnent sur la projection horizontale de ces génératrices ***les points a et b.***
- ***définition du petit axe de l'ellipse.*** Le segment de bout passant par le milieu S'_1 de b'a' définit le petit axe. On utilise ensuite la même méthode pour obtenir les autres points (e, e' et d, d').

Développement du tronc du cône

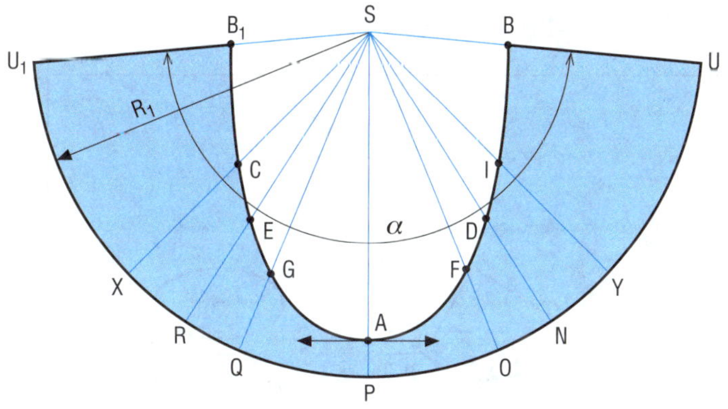

Méthode :

- Développer le secteur circulaire de rayon R_1 ($R_1 = S'P'$).
- Rechercher la longueur $\overset{\frown}{U_1U}$ sachant que :

$$\frac{2\pi R_1 \times \alpha}{360°} = 2\pi R_0 \text{ d'où } \alpha° = \frac{360° \times R_0}{R_1}$$

- Diviser l'arc $\overset{\frown}{UU_1}$ en quatre parties égales UY, YP, PX, XU_1.
- Joindre ces points au centre S.
- Reporter les longueurs des arcs égaux. Par exemple : $\overset{\frown}{OP} = \overset{\frown}{OP}, = \overset{\frown}{PQ}$...
- Déterminer la vraie grandeur de la portion de génératrice (celle comprise entre le sommet du cône S' et un point de l'intersection).
  Elle résulte d'une rotation d'angle égale à β autour de l'axe du cône. La vraie grandeur du segment SF est prise sur $S'f'_1$ après rotation du point f en f_1 et projection en f'_1.

CYLINDRES À AXES CONCOURANTS ET PERPENDICULAIRES

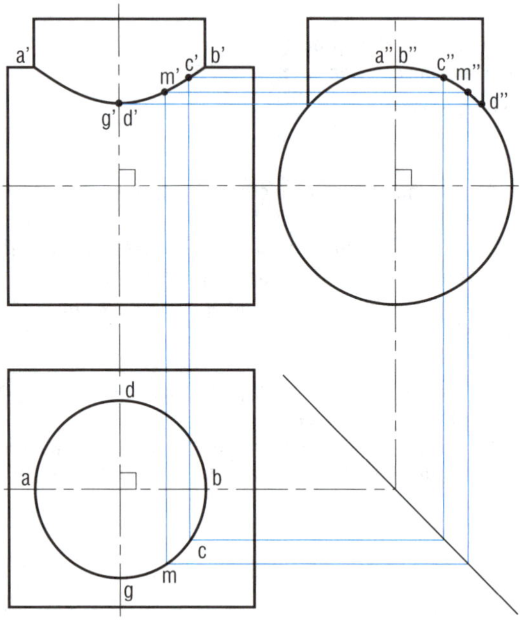

CYLINDRES À AXES CONCOURANTS ET OBLIQUES

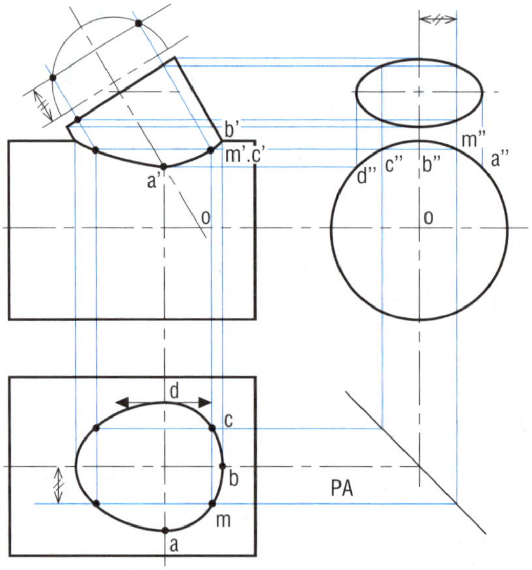

Méthode générale

Trois vues sont nécessaires pour déterminer l'intersection

On précise de suite les points limités a, a', a" ; b, b', b" ; d, d', d" et c, c', c".

On détermine un point courant en traçant un plan auxiliaire **PA** parallèle au plan sur lequel se projette l'intersection, qui donne sur les deux solides des rectangles limités par les génératrices des cylindres.

Le point m, m', m" situé à l'intersection des génératrices est commun aux deux solides, c'est donc un point de leur intersection.

CYLINDRES À AXES ORTHOGONAUX

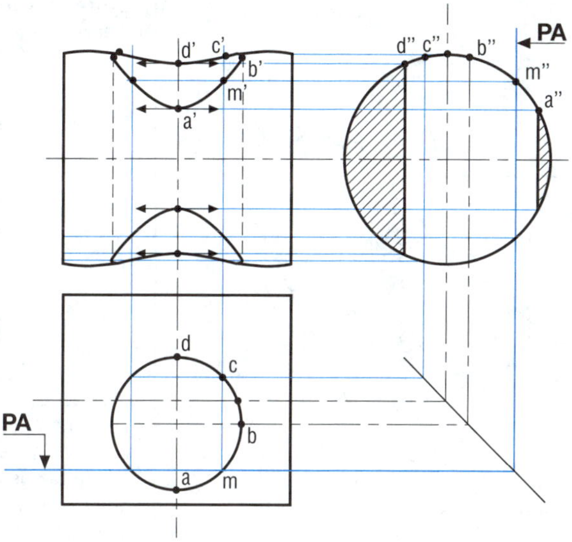

Plusieurs plans auxiliaires donneront d'autres points courants, qu'il suffira de relier pour obtenir le tracé délimitant la courbe d'intersection.

CYLINDRES AVEC AXES CONCOURANTS

1/ diamètres différents

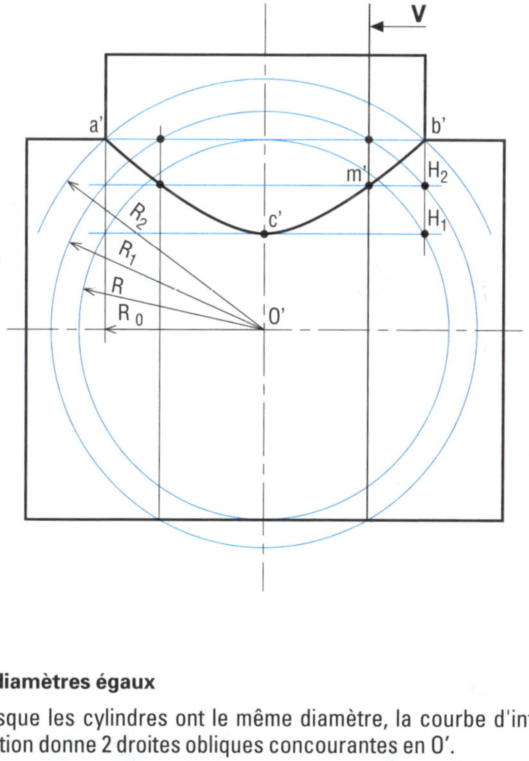

Une seule vue suffit pour déterminer l'intersection.

De O' comme centre, on trace les deux sphères limites de rayons R_0 et R_2 entre lesquelles on choisit les sphères de rayons intermédiaires pour obtenir les points de la courbe.

La sphère de rayon R_2 passe par les points d'intersection des génératrices de contour apparent a' b' qui sont deux points limites.

La sphère de rayon R_0 est tangente au volume le plus petit et fournit un autre point limite c'.

2/ diamètres égaux

Lorsque les cylindres ont le même diamètre, la courbe d'intersection donne 2 droites obliques concourantes en O'.

CÔNES AVEC AXES CONCOURANTS

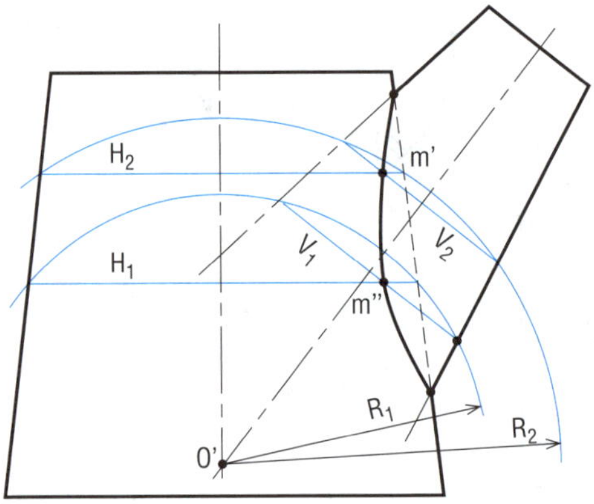

Une sphère intermédiaire de rayon R_1 rencontre les figures traitées suivant les plans **V** et **H**.

Le point m' est commun à ces deux plans et appartient en même temps aux deux figures géométriques : c'est donc un point de leur intersection.

VOLUMES DE RÉVOLUTION AVEC AXES CONCOURANTS

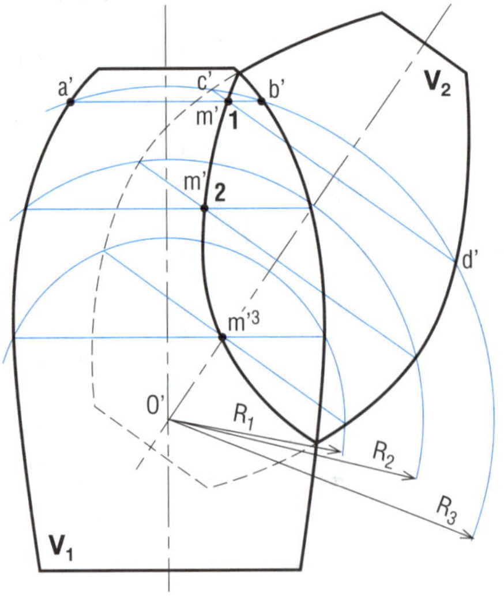

Plusieurs sphères auxiliaires peuvent fournir d'autres points courants qu'il suffit de joindre pour obtenir le tracé délimitant la courbe d'intersection.

26.8. INTERSECTION D'UNE DROITE Δ (Θ,Θ') AVEC UN PLAN PERPENDICULAIRE À UN PLAN DE PROJECTION

PLAN VERTICAL DÉFINI PAR SES TRACES PαQ'

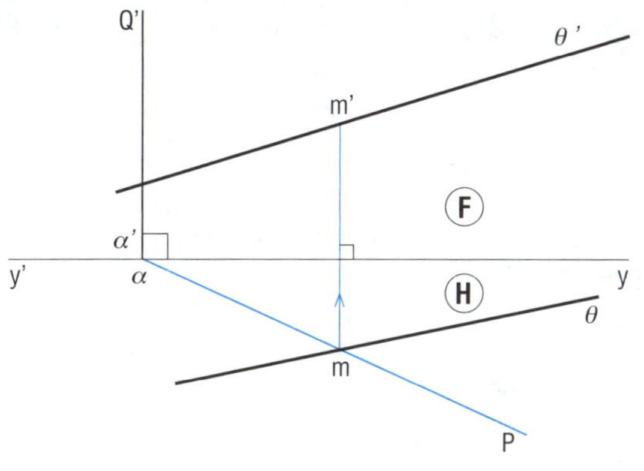

- Sur le plan **H**, la droite Θ intersectionne la trace horizontale Pα en m. C'est le point d'intersection du plan et de la droite.
- De m, tracer la ligne de rappel sur Θ' pour obtenir sur **F** le point d'intersection m' de la droite Δ et du plan PαQ'.

PLAN DE BOUT DÉFINI PAR SES TRACES PαQ'

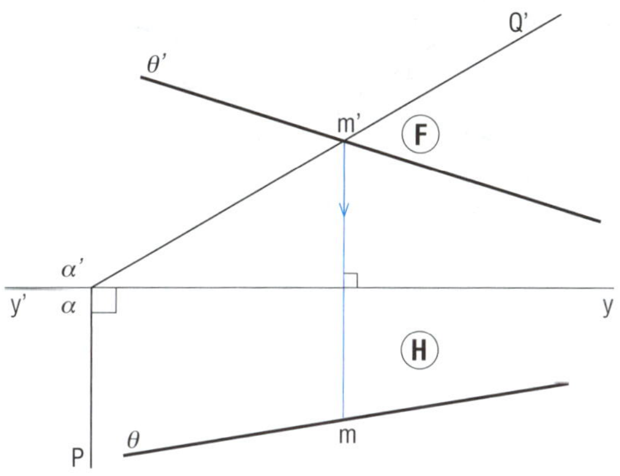

- Sur le plan **F**, la droite Θ' intersectionne la trace frontale α'Q' en m'. C'est le point d'intersection cherché du plan et de la droite.
- De m' tracer la ligne de rappel sur Θ pour obtenir sur **H** le point d'intersection m de la droite Δ avec le plan PαQ'.

PLAN PERPENDICULAIRE AU PLAN DE PROFIL

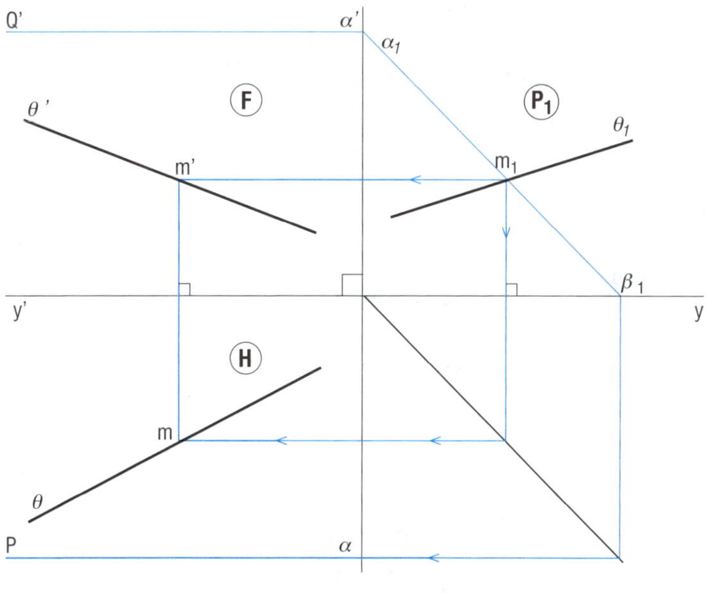

- Sur le plan P_1, la droite Θ_1 intersectionne la trace de profil $\alpha_1 \beta_1$ au point m_1. C'est le point d'intersection cherché.
- De m_1, tracer les lignes de rappel pour obtenir m' sur Θ' et m sur Θ.

Intersection d'une droite Δ (Θ,Θ') avec un plan perpendiculaire à un plan de projection

PLAN VERTICAL DÉFINI PAR 2 DROITES AB ET CD CONCOURANTES EN C

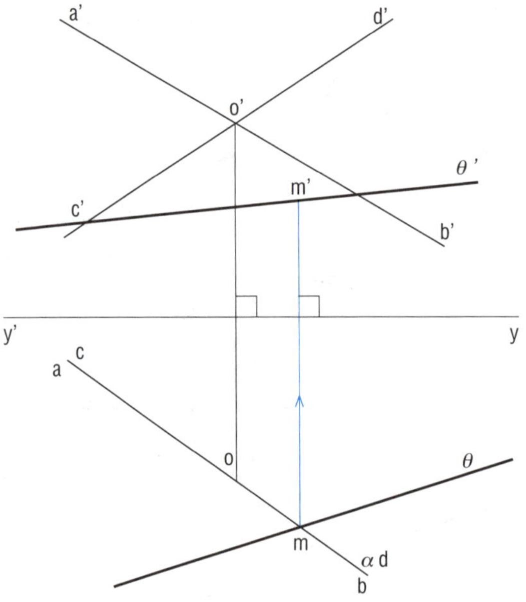

- En vue horizontale les droites ab et cd sont confondues.
- La droite Θ coupe le plan défini par ces droites en m.
- La ligne de rappel issue de m détermine m' sur Θ'.

PLAN DE BOUT DÉFINI PAR 2 DROITES CONCOURANTES AB ET CD

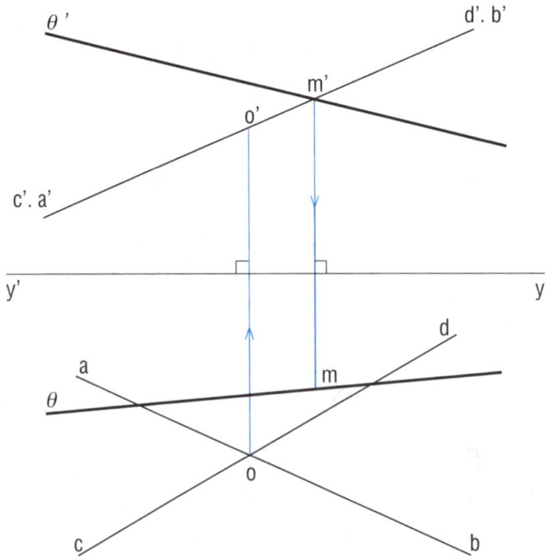

- En vue frontale les droites a'b' et c'd' sont confondues.
- La droite Θ' coupe le plan défini par ces droites en m'.
- La ligne de rappel issue de m' détermine m sur Θ.

26.9. INTERSECTION D'UNE DROITE QUELCONQUE Δ (θ,θ') AVEC UN PLAN QUELCONQUE

PLAN DÉFINI PAR SES TRACES P α Q'

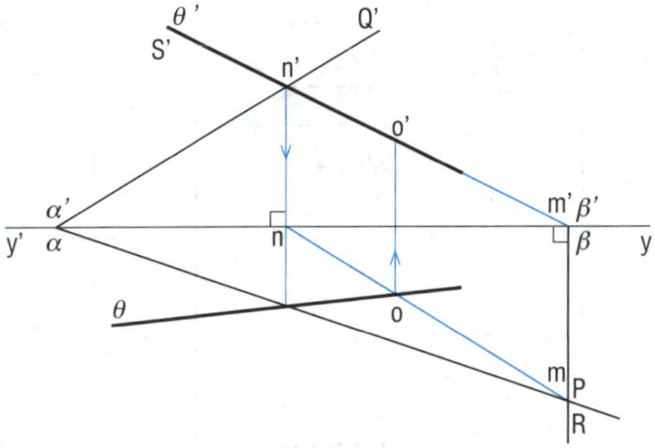

- Par Θ' faire passer un plan de bout de traces R β S'.
  Il coupe les traces du plan quelconque P$\alpha\alpha'$Q' en :
  m m' (point de cote nulle de leur intersection)
  n n' (point d'éloignement nul de leur intersection)
- La droite MN (mn, m'n') est l'intersection de ces 2 plans.
  C'est sur cette droite MN, à l'intersection avec Θ que se trouve le point O, intersection de la droite Δ (Θ Θ') avec le plan quelconque PαQ'.
- Une ligne de rappel issue de O permet de retrouver O' sur Θ'.

INTERSECTION D'UNE DROITE QUELCONQUE Δ (Θ Θ') AVEC UN PLAN DÉFINI PAR DEUX DROITES CONCOURANTES EN O (o o') SOIT P (p p') ET Q (q q')

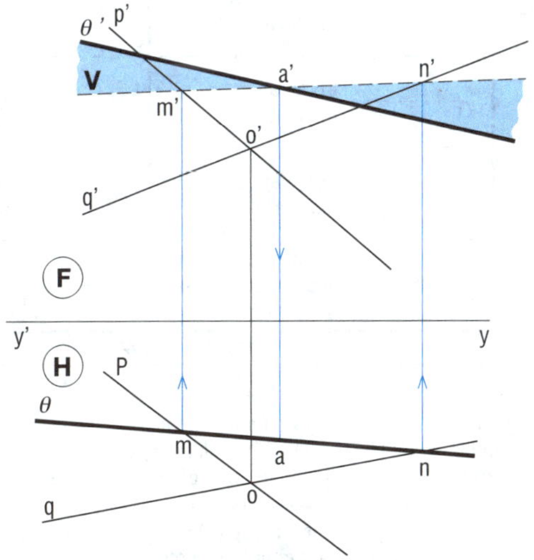

- ***Sur H :*** faire passer un plan vertical V par la droite Θ (donc de trace horizontale Θ). Il coupe les droites p et q du plan quelconque en m et n, projection de la droite MN (m m' et n n').
- ***Sur F :*** il détermine donc la droite m' n' (rappel des points m et n). Celle-ci, avec la droite Θ', détermine à son tour le plan vertical V (ombré sur l'épure).
  Le point a' (intersection de m' n' et de Θ') appartient à la fois au plan vertical V (étant sur Θ') et au plan quelconque (étant sur m' n') : A est le point d'intersection de la droite Δ (Θ Θ') avec le plan quelconque défini par 2 droites concourantes.

27. SYMBOLES GÉNÉRAUX DE SCHÉMATISATION

27.1. SYMBOLES ET SCHÉMAS ÉLECTRIQUES ET ÉLECTRONIQUES

NATURE DU COURANT ET DE LA TENSION CONDUCTEURS BORNES CONNEXIONS

NF C 03-202

Courant continu	Courant alternatif	Courant redressé
(50 Hz) Courant alternatif triphasé, 50 Hz	(L1 / L2 / L3) Faisceau de trois conducteurs	(n) n conducteurs
Représentation unifilaire	Conducteurs dans un câble	Paire coaxiale
Equipotentialité	Mise à la masse	Terre de protection
Mise à la terre	Dérivation (le point n'est pas obligatoire)	Croisement sans connexion
Borne de raccordement	Barrette de connexion fermée	Croisement avec connexion
(1 2 3 4) Bornier de connexion	Fiche mâle	Connecteur mâle-mâle
Prise femelle	Fiche et prise associées	Connecteur avec fiche de dérivation

DISPOSITIFS ET MÉTHODES DE COMMANDES

NF C 03-202

Commande mécanique manuelle, cas général	Commande par pédale	Commande électromagnétique
Commande par tirette	Commande par levier	Commande par protection électromagnétique de surintensité
Commande rotative	Commande par clef	Commande par élément thermosensible (thermique par surintensité)
Bouton poussoir de sécurité type « coup de poing »	Commande par galet	(M) Commande par moteur électrique
Commande par poussoir	Commande hydraulique pneumatique à simple effet	Commande par horloge électrique
Commande par volant		

SIGNALISATION COMPTAGE

NF C 03-208

Lampe, Lampe de signalisation	TYPE DE LAMPE		
Clignotant	NE : néon Xe : xénon Na : vapeur de sodium Hg : mercure	I : iode IN : incandescence EL : électroluminescence FL : fluorescence	ARC : arc IR : infrarouge UV : ultraviolet LED : diode électroluminescente
(0) Compteur d'impulsions, type mécanique	Thermocouple à élément chauffant isolé (2 variantes)	Avertisseur sonore Klaxon	
Horloge	Horloge à contact	Sonnerie	

Symboles et schémas électriques et électroniques

Catégorie	Symbole	Désignation
APPAREILLAGES ET DISPOSITIFS DE COMMANDE ET DE PROTECTION NF C 03-207	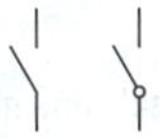	Contact à fermeture (contact de travail) (deux symboles)
	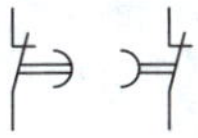	Contact à ouverture, retardé à la fermeture (deux symboles)
		Contact à fermeture à position maintenue
		Contact à ouverture (contact de repos)
		Contact à fermeture à commande manuelle (symbole général)
		Bouton poussoir à fermeture à retour automatique
	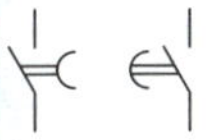	Contact à fermeture, retardé à la fermeture (deux symboles)
		Contact à deux directions avec position médiane d'ouverture
		Tirette à fermeture à retour automatique
INTERRUPTEURS NF C 03-207		Interrupteur à fermeture fonctionnant sous l'effet de la température
	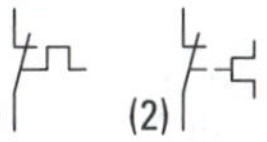 (1) (2)	Interrupteur agissant par effet thermique direct (ex: bilame) (1) Contact d'un relais thermique (2)
CONTACTS NF C 03-207		Interrupteur à inertie (actionné par une brusque accélération)
		Commutateur à mercure, trois bornes
APPAREILS MÉCANIQUES DE CONNEXION NF C 03-207	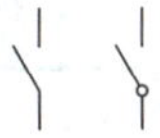	Interrupteur (deux variantes)
	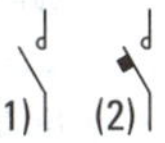 (1) (2)	Contacteur (1) Discontacteur (2) (contacteur associé à un relais de protection)
	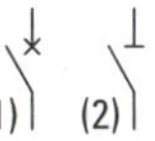 (1) (2)	Disjoncteur (1) Sectionneur (2)

Les contacts se représentent toujours à l'état de repos.
Les manœuvres s'effectuent du bas vers le haut ou de la gauche vers la droite.

Catégorie	Symbole	Désignation
FUSIBLES NF C 03-207		Fusible, (symbole général)
	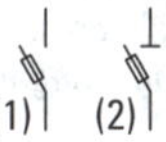 (1) (2)	Fusible interrupteur (1) Fusible sectionneur (2)
		Fusible interrupteur-sectionneur
RELAIS ÉLECTRO-MÉCANIQUE	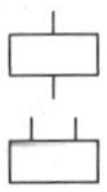	Organe de commande d'un relais, symbole général (deux variantes)
	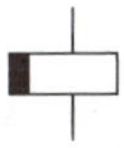	Mise au repos retardée
	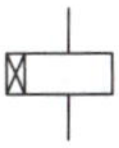	Mise au travail retardée
	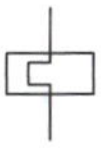	Relais thermique
RÉSISTANCES CONDENSATEURS INDUCTANCES NF C 03-204	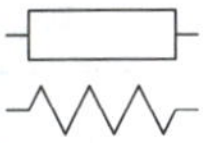	Résistance, symbole général (deux variantes)
	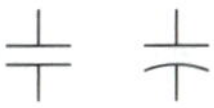	Condensateur, (symbole général)
	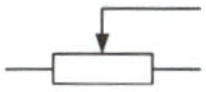	Potentiomètre à contact mobile
		Résistance variable
	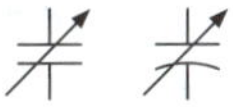	Condensateur variable
	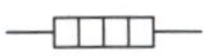	Élément chauffant
	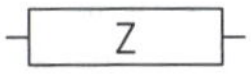	Impédance
		Inductance, bobine, enroulement
MACHINES NF C 03-206		Machine, symbole général. L'astérisque * doit être remplacé par un des symboles suivants: C : commutatrice; G : génératrice; GS : alternateur synchrone; M : moteur; MG : moteur ou générateur; MS : moteur synchrone
	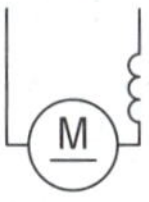	Moteur à courant continu, à excitation série
		Moteur à courant continu, à excitation en dérivation
	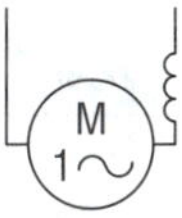	Moteur à collecteur monophasé série
		Moteur linéaire, symbole général
		Moteur asynchrone triphasé, à rotor en court-circuit

Symboles et schémas électriques et électroniques

MACHINES
NF C 03-206

Moteur pas à pas, symbole général

Moteur synchrone monophasé

Alternateur synchrone triphasé, à aimant permanent

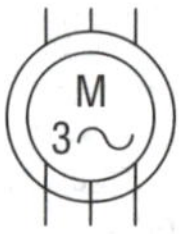

Moteur synchrone triphasé, à rotor à bagues

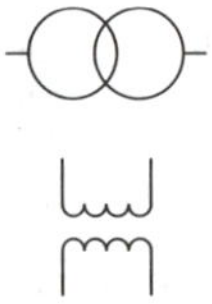
Transformateur

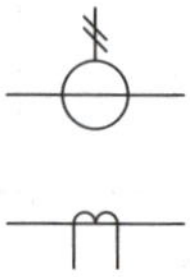
Transformateur de courant enroulement

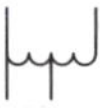
Autotransformateur

APPAREILS DE MESURE
NF C 03-208

Voltmètre
Ampèremètre
Tachymètre

Enregistreur
Wattmètre

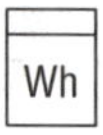

Compteur
Wattheuremètre

CONVERTISSEUR DE PUISSANCE
NF C 03-206

Convertisseur de courant continu

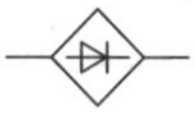
Redresseur en couplage à double voie

Onduleur

PILES ET ACCUMULATEURS
NF C 03-206

Éléments de pile ou d'accumulateur
– Le trait long représente le pôle positif
– Le trait court représente le pôle négatif, il peut être épaissi

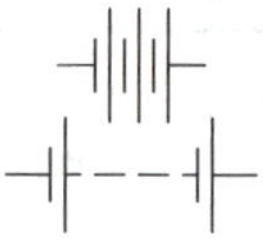
Batterie d'accumulateurs (deux variantes)

DIODES TRANSISTORS THYRISTORS DISPOSITIFS PHOTO-SENSIBLES
NF C 03-205

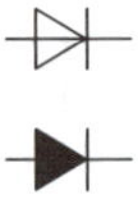
Diode à semi-conducteur (deux variantes)

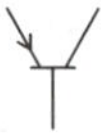
Transistor PNP

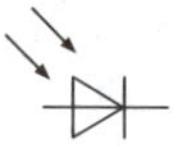
Photodiode
Cellule photoconductrice à conductivité asymétrique

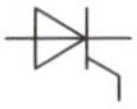
Thyristor triode bloqué en inverse, gâchette P

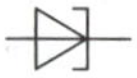
Diode tunnel

Photorésistance
Cellule photoconductrice à conductivité symétrique

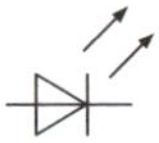
Diode électro-luminescente

Cellule photovoltaïque

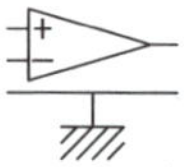
Amplificateur à circuit intégré linéaire (A.C.I.L.)

MONTAGES LUMIÈRES
(Exemples)

Simple allumage

Double allumage

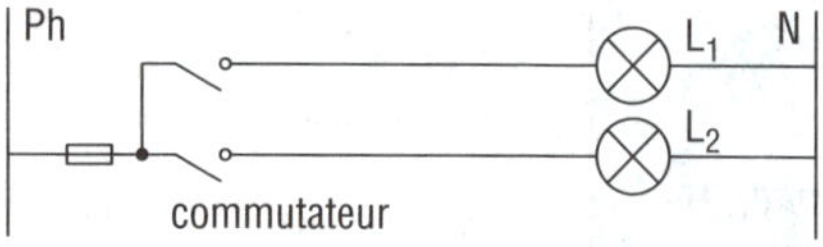

Montage Va et Vient

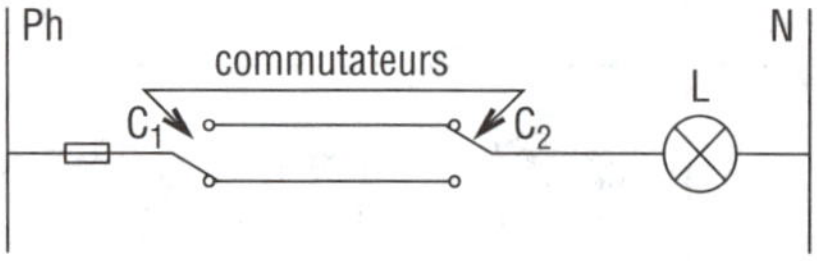

Commande par télérupteur

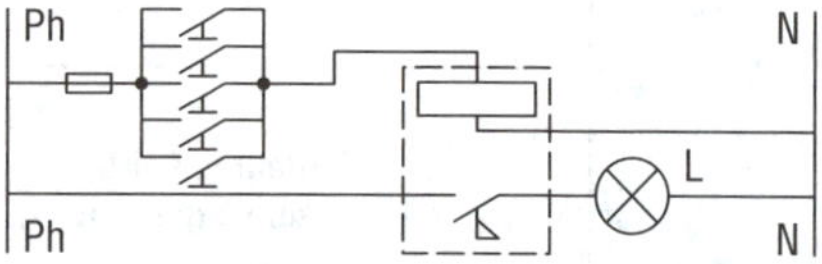

DÉMARRAGE DIRECT D'UN MOTEUR TRIPHASÉ

Circuit de puissance

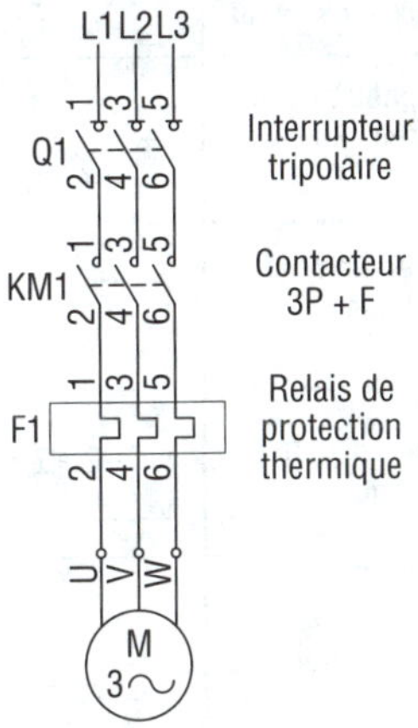

D'après TÉLÉMÉCANIQUE

Circuit de commande

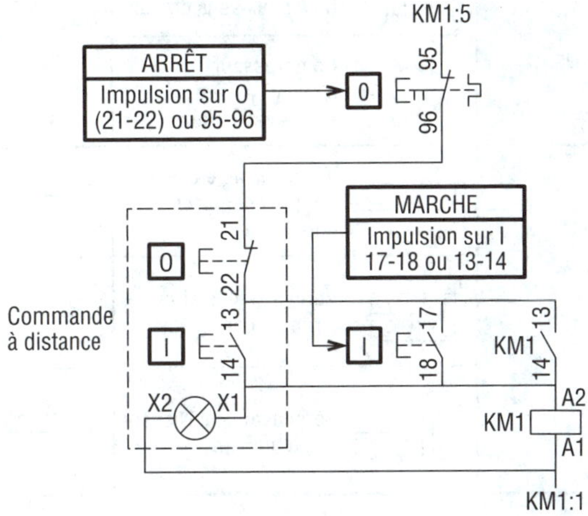

27.2. SYMBOLES ET SCHÉMAS DES APPAREILS HYDRAULIQUES ET PNEUMATIQUES

NF E 04-056

La représentation des appareils hydromécaniques et pneumatiques est faite à partir de signes de base.

SIGNES DE BASE	**Traits**	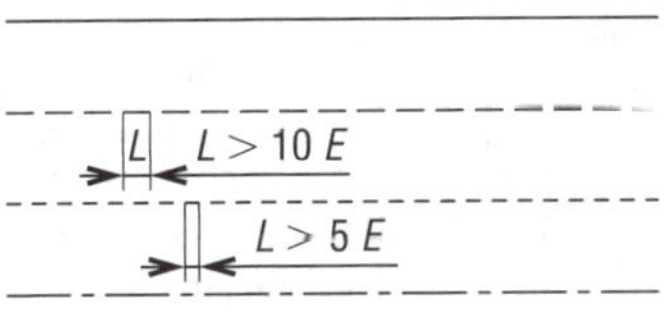	Trait continu (Alimentation) Trait interrompu long (Pilotage) Trait interrompu court (Fuites) Trait mixte fin (Encadrement d'appareil)
	Cercles		Représentation des pompes, des moteurs, clapet de non-retour, articulation, galet, etc.
	Carrés rectangles	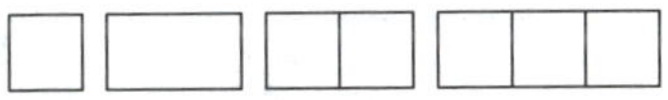	Destinés aux appareils de distribution ou de régulation (soupapes) à l'exclusion des clapets anti-retour
	Losange		Utilisé pour représenter les appareils de conditionnement : filtre, séparateur, lubrificateur, échangeur de chaleur
	Triangle		Indique le sens du fluide et la nature du fluide : ① Prise à l'air libre en pneumatique ② Flux hydraulique
	Flèche	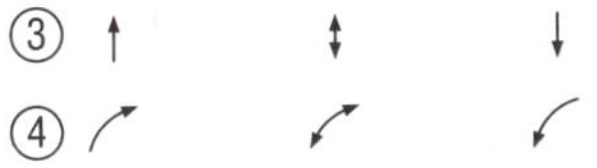	③ Sens de translation ④ Sens de rotation
	Flèche oblique		Indique le réglage
	Signes divers	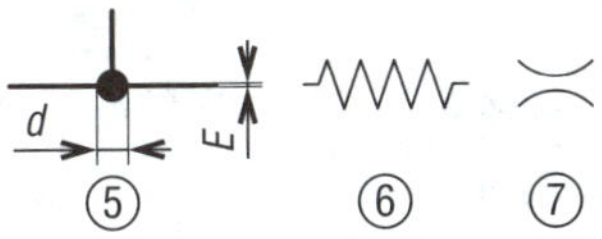	⑤ Raccordement de conduite ⑥ Ressort ⑦ Étranglement

Symboles et schémas des appareils hydrauliques et pneumatiques

TRANSFORMATION D'ÉNERGIE	(1) (2) Pompes hydrauliques (1) à un sens de flux (2) à deux sens de flux	(1) (2) Moteurs hydrauliques (1) à un sens de flux (2) à deux sens de flux	Déshydrateur
	Compresseur à cylindrée fixe à un sens de flux	Moteur pneumatique à cylindrée fixe à un sens de flux	Lubrificateur
VÉRINS	Vérin à simple effet à rappel par force non définie	Vérin avec amortisseur réglable des deux côtés	Vérin télescopique à simple effet
	Vérin à simple effet à rappel par ressort	Vérin à double effet à simple tige	Vérin télescopique à double effet
	Vérin avec amortisseur fixe d'un côté	Vérin différentiel	Multiplicateur de pression à une seule nature de fluide : pneumatique-pneumatique
DISTRIBUTEURS	Distributeur 2/2 (2 orifices et 2 positions) à commande manuelle	Distributeur 3/2 (3 orifices et 2 positions) à commande par pression des deux côtés	
	Distributeur 2/2 à commande par pression avec rappel par ressort	Distributeur 3/2 à commande électromagnétique, rappel par ressort	
	Distributeur 5/2 (5 orifices et 2 positions) à commande par pression des deux côtés	Distributeur 4/2 (4 orifices et 2 positions) à commande par pression des deux côtés accouplés à un distributeur pilote	
ACCESSOIRES	(1) (2) Clapets de non-retour (1) sans ressort (2) avec ressort	(1) (2) Clapets de non-retour (1) piloté pour ouvrir (2) piloté pour fermer	Clapets de non-retour avec étranglement
	Sélecteur de circuit	Réducteur de pression ou détendeur	Diviseur de débit
	Flux hydraulique	Raccordement rapide sans clapet	Orifice d'évacuation d'air non connectable
	Flux pneumatique	Raccordement rapide avec clapet	Orifice d'évacuation d'air connectable
	Réducteur de débit non réglable	Accumulateur à ressort à poids	Purge d'air
	Réducteur de débit réglable		Prise bouchée
	Purgeur à commande manuelle	Accumulateur hydropneumatique	Prise avec conduite branchée
			Réservoir sous pression
	Purgeur automatique	Filtre-crépine	Silencieux

Symboles et schémas des appareils hydrauliques et pneumatiques

APPAREILS DE COMMANDE

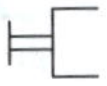	Commande musculaire	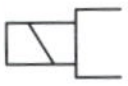	Commande électrique un enroulement	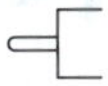	Commande mécanique poussoir
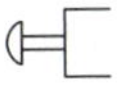	Commande bouton poussoir	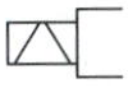	Commande électrique deux enroulements		Commande mécanique ressort
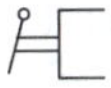	Commande levier	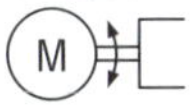	Commande électrique moteur électrique	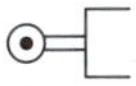	Commande mécanique galet
	Commande pédale			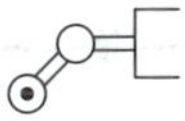	Commande mécanique galet escamotable

 (1)	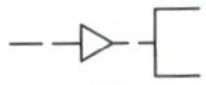 (2)	Commande par pression (1) et (2) augmentation par commande directe	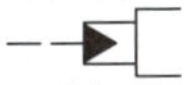 (3)	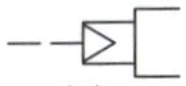 (4)	Commande par pression (3) et (4) augmentation par commande indirecte (distributeur pilote)

CONDITIONNEMENT DE L'AIR COMPRIMÉ D'UNE INSTALLATION (Exemple)

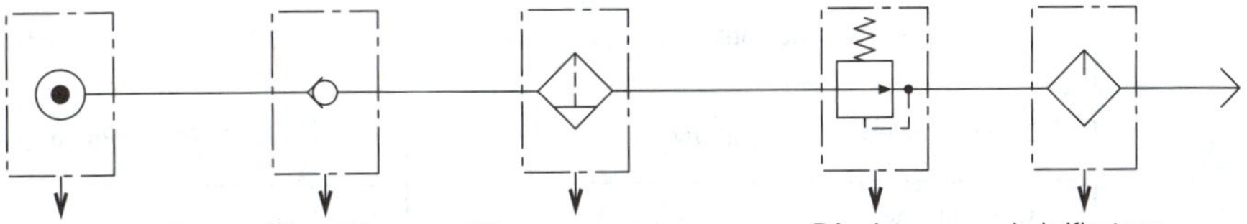

APPLICATIONS

Problème : Commande d'une poche de coulée

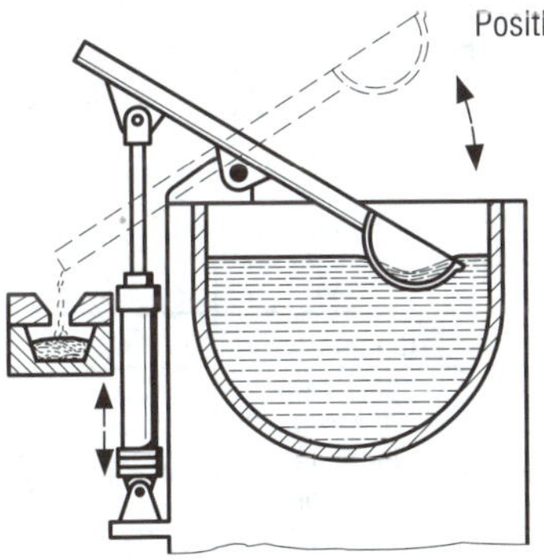

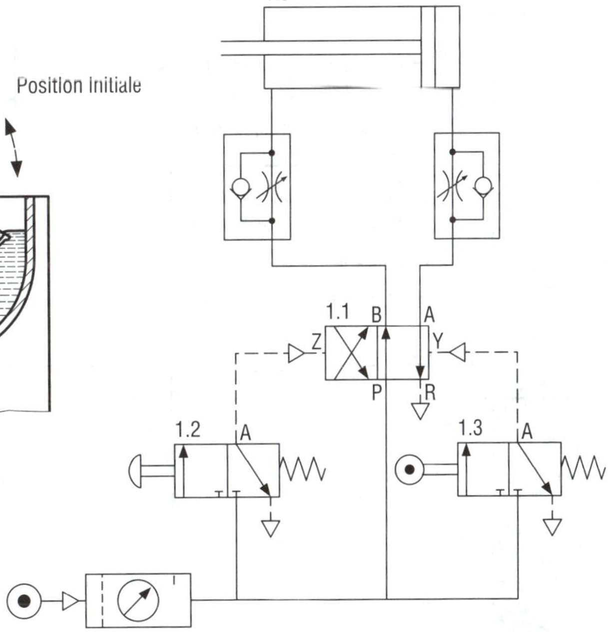

Solution :
Tous les distributeurs sont alimentés par le groupe de conditionnement 1.0. Quand on actionne le bouton poussoir 1.2, la cuiller à couler s'abaisse lentement. Quand la position basse est atteinte, la fin de course 1.3 commute le distributeur 1.1. La cuiller à couler remonte lentement.

27.3. SYMBOLES POUR ROBINETTERIE ET CHAUFFAGE

NF E 04-051

Catégorie	Symbole	Désignation	Symbole	Désignation
CANALISATIONS*		Canalisation vue	++—++—	Canalisation en avant du plan de coupe et en combles
		Canalisation cachée	sens ascendant	Sens de pente pour la purge
		Canalisation en avant du plan de coupe		Tuyau d'alimentation Tuyau de retour
	* Voir teintes des tuyauteries d'après NF X 08-100 en page 4 de couverture			
POMPE VENTILATEUR COMPRESSEUR		Symbole général		Pompe centrifuge
		Pompe volumétrique		Ventilateur hélicoïde
		Compresseur		Ventilateur centrifuge
ROBINETTERIE	ou	Robinet à soupape		Robinet à tournant d'équerre
	ou	Robinet vanne	2 lumières	Robinet à tournant 3 voies
	ou	Robinet d'équerre	3 lumières	Robinet à tournant 3 voies
	ou	Robinet à trois voies	ou	Robinet d'équilibrage droit
	ou	Robinet à tournant droit	ou	Robinet d'équilibrage d'équerre
	ou	Robinet à papillon	ou	Soupape de sûreté
		Groupe de sécurité	ou	Vanne police

Catégorie	Symbole	Désignation	Symbole	Désignation	Symbole	Désignation
MÉLANGEURS		Mitigeur thermostatique	fixe / orientable	Mélangeurs	ou	Mitigeur manuel
CLAPETS		Clapet d'arrêt	DP	Clapet à dash.pot		Clapet taré
		Clapet taré		Clapet de non-retour	DP	Clapet à dash.pot
RACCORDEMENTS	ou / côté mâle	par filetage		par brides		par soudure
			côté mâle	par emboîture		
PIÈCES DIVERSES DE RACCORDEMENTS		Bouchons mâle femelle	ou	Té		Manchons
		Mamelon	ou	Coude		Longue vis
		Réduction				Raccord union

27.4 SYMBOLES DES LIAISONS ENTRE PIÈCES NF EN ISO 3952/1

Nom de la liaison	Mouvements Relatifs		Degrés de liberté	SYMBOLES GRAPHIQUES		
	Rotation	Translation		PROJECTIONS ORTHOGONALES PLANES 2D	PERSPECTIVES 3D	EXEMPLES
Liaison encastrement	0	0	0			Assemblages collés Éléments soudés Scellements
Liaison pivot *	1	0	1		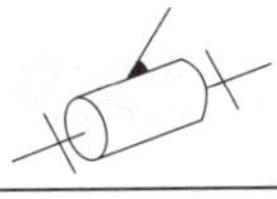	Charnière Penture anglaise Axe de poulie
Liaison glissière *	0	1	1		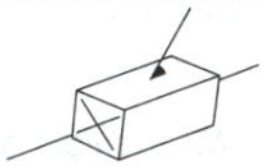	Table de M.-O. Porte coulissante Règle à calcul
Liaison hélicoïdale *	1 conjugués	1	2	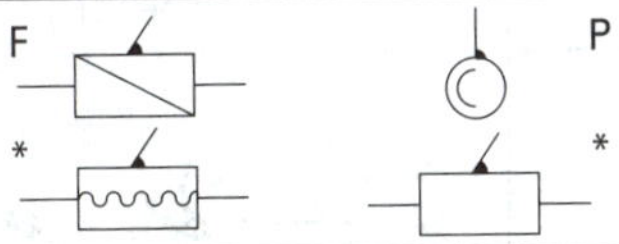	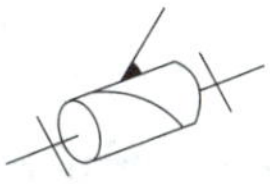	Vis-écrou Tire-bouchon
Liaison pivot glissant *	1	1	2			Verrou baïonnette Palier et axe
Liaison sphérique à doigt *	2	0	2	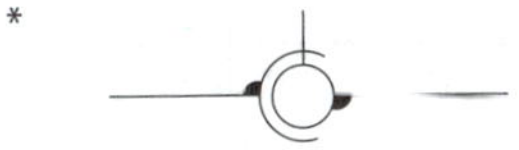		Cardan
Liaison rotule *	3	0	3			Lampe d'appoint sur une M.-O. Attache de caravane
Liaison appui plan *	1	2	3		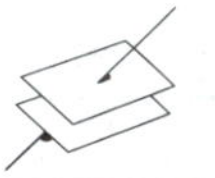	Étau libre sur table de perceuse Ponceuse à disque
Liaison annulaire ou liaison sphère cylindre *	3	1	4		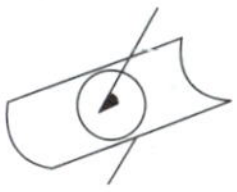	Loqueteau à bille Graisseur à bille Levier de vitesse
Liaison linéaire rectiligne	2	2	4		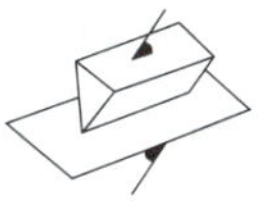	Racloir sur support à finir Toupillage au champignon
Liaison ponctuelle sphère plan *	3	2	5	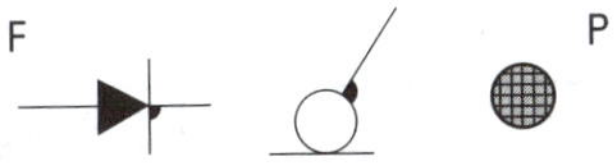		Bille sur une table Roulette sphérique

F : face P : profil

Seuls les appellations et les symboles graphiques * ont été retenus par la NF EN ISO 3952-1.

Symboles de liaisons entre pièces

MOUVEMENTS DE SOLIDES DE MÉCANISMES — NF E 04-015

	Trajectoire de mouvement pour un mouvement rectiligne		Sens du mouvement. La flèche peut être : - ouverte - fermée - fermée et noircie		Trajectoire de mouvement pour un mouvement de rotation
	Arrêt instantané en position intermédiaire pour un mouvement rectiligne		Arrêt instantané en position intermédiaire pour un mouvement de rotation		Arrêt : fin de mouvement
	Arrêt prolongé en position extrême		Arrêt prolongé en position intermédiaire		Mouvement inversé exécuté partiellement

EXEMPLES DE MOUVEMENTS — NF E 04-015

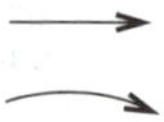	Mouvement à sens unique	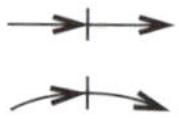	Mouvement à sens unique avec arrêt instantané	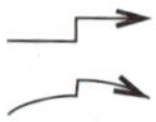	Mouvement à sens unique avec arrêt prolongé
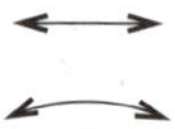	Mouvement oscillatoire	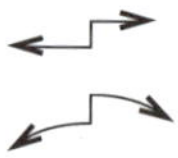	Mouvement oscillatoire avec arrêt instantané en position intermédiaire		Mouvement à sens unique partiellement inversé avec arrêt prolongé

EXEMPLES DE MÉCANISMES SIMPLES ET COMPLEXES — NF E 04-015

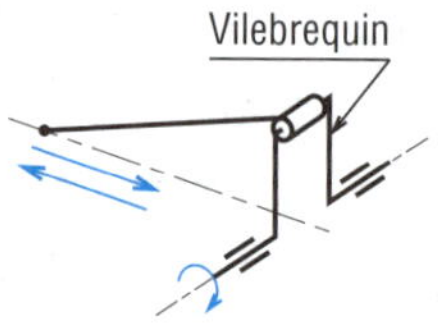

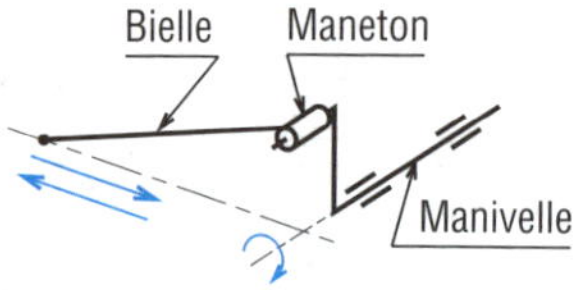

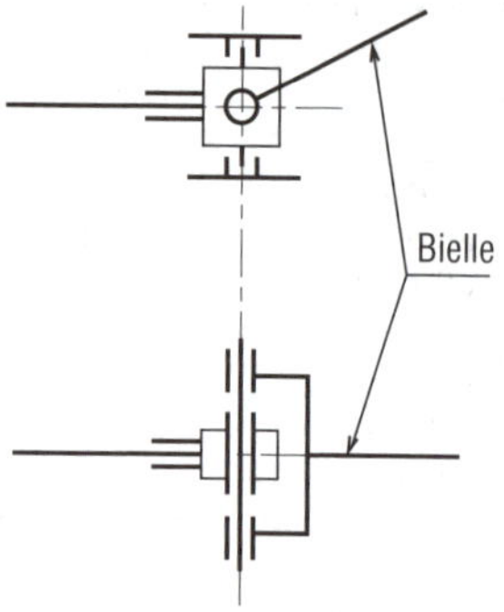

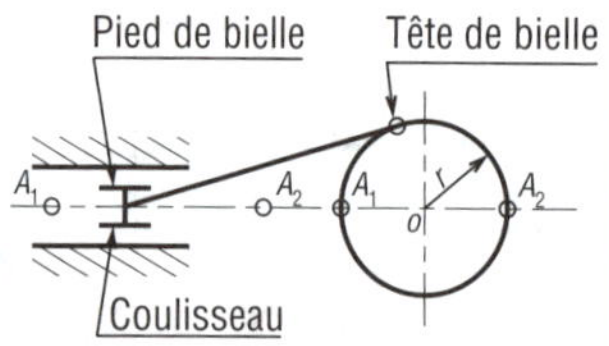

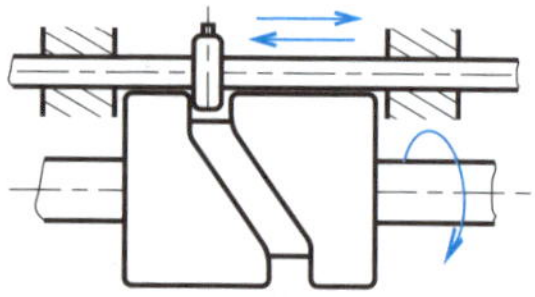

MÉCANISMES À FRICTION ET À DENTURE — NF EN ISO 3952-2

Roues cylindriques 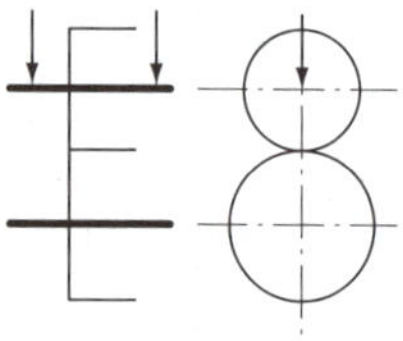	Roues frontales réglables 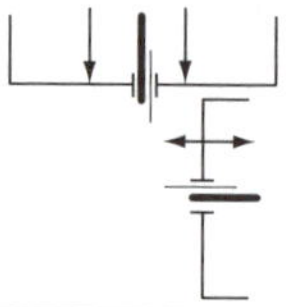	Roues coniques 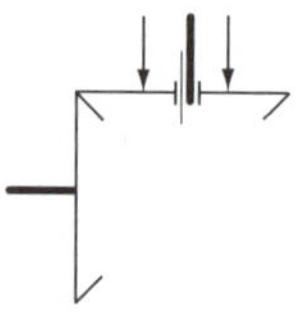	Réglables à roues coniques 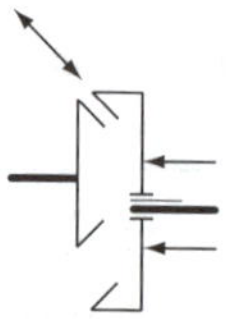
Roues et pignons (présentation isolée)  Cylindrique  Conique		Engrenages cylindriques 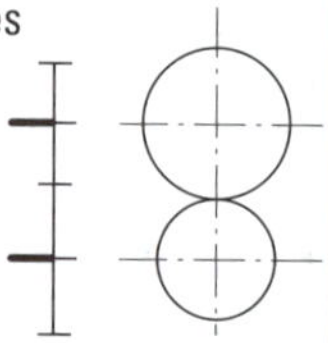	A vis avec vis sans fin cylindrique 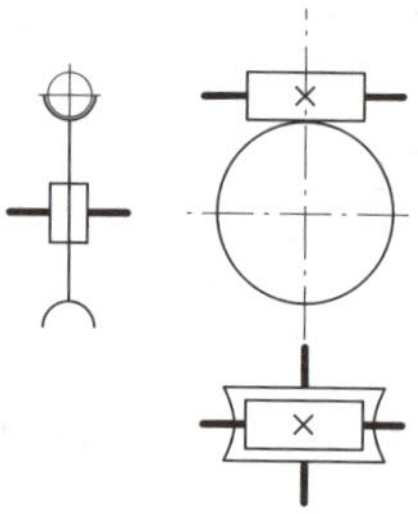
Roues et crémaillère 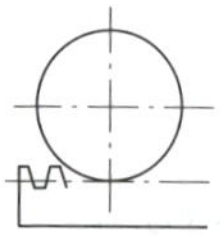	Axes concourants Engrenages coniques 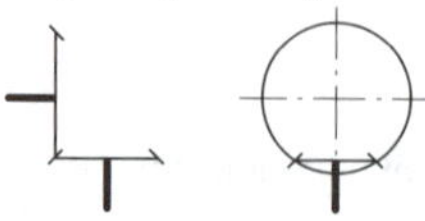	Engrenages hypoïdes 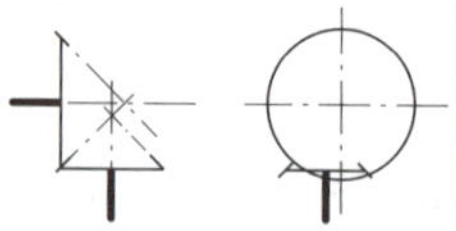	

Symboles de liaisons entre pièces

TRANSMISSION PAR POULIES ET COURROIES — NF E 04-016

Courroie plate	Courroie trapézoïdale	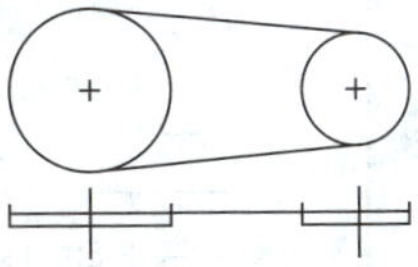	Simple courroie plate
Courroie ronde	Courroie crantée		
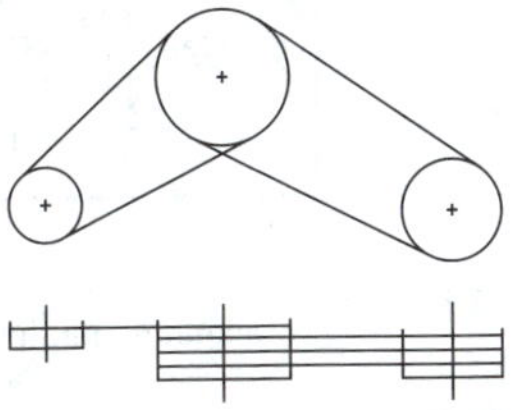	Courroies trapézoïdales	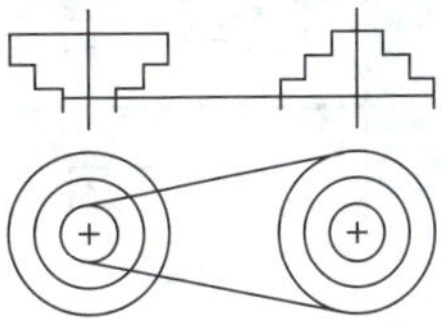	Poulies étagées

TRANSMISSION PAR CHAINES — NF E 04-016

Chaîne à rouleaux	Chaîne à dents	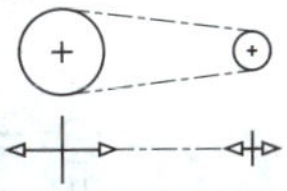	Transmission par chaîne
Chaîne à maillons			

27.5. SYMBOLES POUR SCHÉMAS DE CHAINE CINÉMATIQUE

BASE D'UTILISATION DE LA FLÈCHE — NF X 05-002

Symboles	Signification	Symboles	Signification
ou	Direction et sens de mouvement par rapport à l'observateur ou par rapport à l'opérateur	ou	Direction et sens de mouvement par rapport à un système coordonné avec ou sans mention de valeur
ou	Fonction et force	Embrayage / Débrayage	Fonction ou application d'une pression ou d'une force sur un élément ou sur un produit
ou	Dimensions		Rotation complète
en U	Virage		Rotation partielle
Linéaire / Rotatif	Mouvement limité	Linéaire / Rotatif	Mouvement continu
Linéaire / Rotatif	Mise en position par déplacements successifs	Linéaire / Rotatif	Mouvement interrompu
ou	Dépassement de course	Normale / Rapide / Lente	Vitesse

ORGANES D'ACCOUPLEMENTS — NF E 22-610

Accouplement (symbole général)	Accouplement (autres types)	Accouplement rigide
Accouplement flexible	Accouplement élastique	Accouplement de protection
Accouplement universel (joint de cardan)	Accouplement compensateur de dilatation	Embrayage (symbole général)

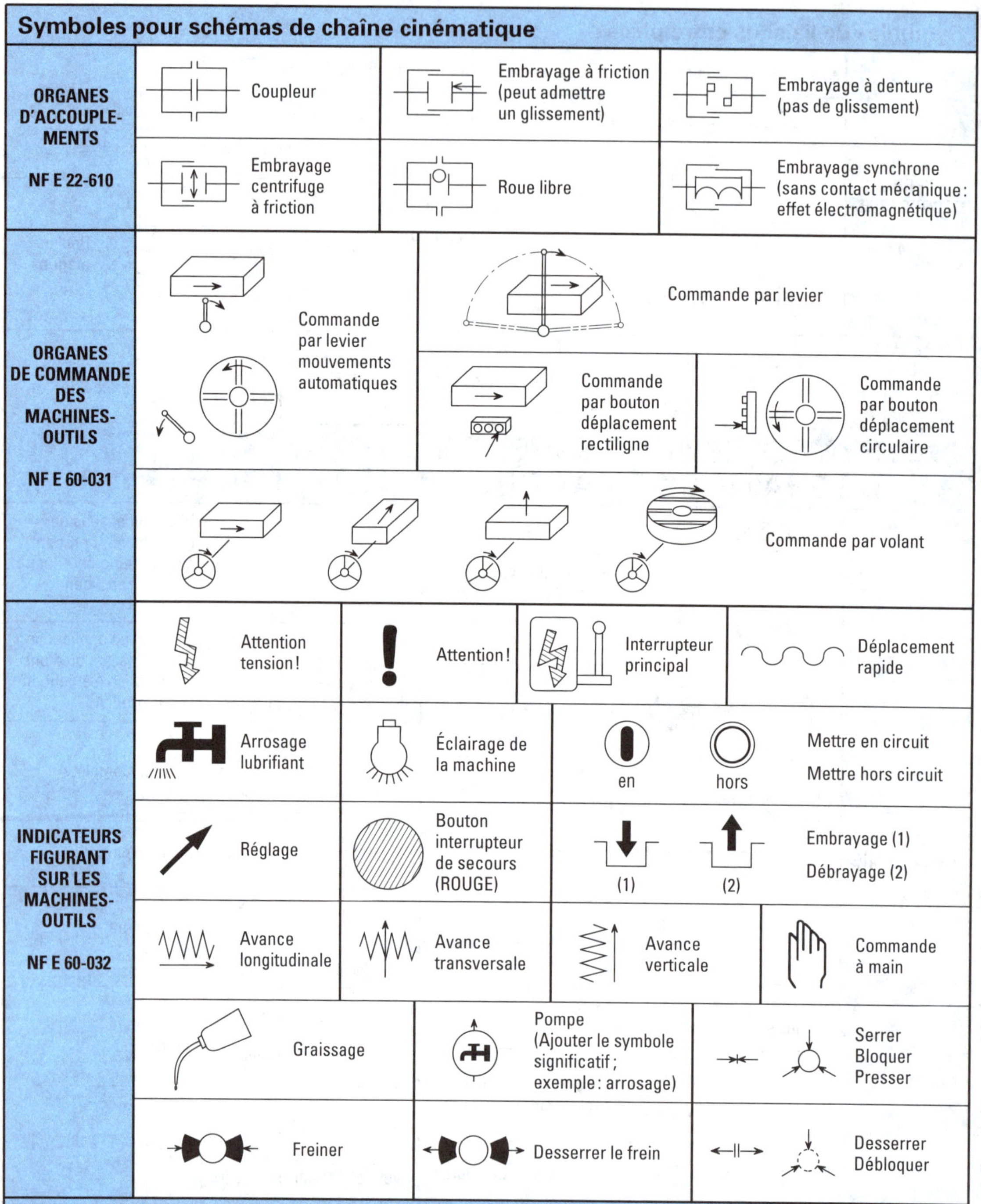

27.6. SYMBOLES DES FLUIDES*

SYMBOLES GÉNÉRAUX

EAU : E	VAPEUR : V	AIR : A
GAZ : G	FIOULS : FO	ÉLECTRICITÉ : e

- Ces symboles seront utilisés pour le calcul des projets. Dans les dessins et schémas, on ne les emploiera que si la variété possible de traits ne permet plus de distinguer les divers fluides ou pour éviter des confusions.
- Ils seront inscrits au long des traits représentant les canalisations autant de fois qu'il le faut pour la bonne lisibilité du document, et à la sortie de tous les appareils représentés.

* Voir teintes des tuyauteries d'après NF X 08-100 en page 4 de couverture.

28. DONNÉES GÉNÉRALES

28.1. SIGNES ET SYMBOLES MATHÉMATIQUES — NF X 02-211

	Signe	Utilisation	Sens, énoncé
COMPARAISON	$=$	$a = b$	*a* est égal à *b*
	$\neq$	$a \neq b$	*a* est différent de *b*
	$\approx$	$a \approx b$	*a* est approximativement égal à *b*
	$\hat{=}$	$a \hat{=} b$	*a* correspond à *b*
OPÉRATION	$+$ $-$	$a + b$ $a - b$	*a* plus *b* *a* moins *b*
	$\times$	6×7	*6* multiplié par *7*
	$\cdot$	$a \cdot b$ ou ab	*a* multiplié par *b*
	$/$ ou $-$	a / b ou $\frac{a}{b}$	*a* divisé par *b* L'emploi du signe «:» est déconseillé

Signe	Utilisation	Sens, énoncé
$<$ $>$	$a < b$ $a > b$	*a* est strictement inférieur à *b* *a* est strictement supérieur à *b*
$\leqslant$ $\geqslant$	$a \leqslant b$ $a \geqslant b$	*a* est inférieur ou égal à *b* *a* est supérieur ou égal à *b*
$\ll$ $\gg$	$a \ll b$ $a \gg b$	*a* est très inférieur à *b* *a* est très supérieur à *b*
	∞	infini
Σ	$\sum_{i=1}^{n} a_i$	$a_1 + a_2 + \ldots + a_n$
Π	$\prod_{i=1}^{n} a_i$	$a_1 a_2 \ldots a_n$
	a^n	*a* puissance *n*
$\sqrt{\ }$	$\sqrt{a} = a^{1/2}$ $\sqrt[n]{a} = a^{1/n}$	racine carrée de *a* racine n-ième de *a*
$\lvert\ \rvert$	$\lvert a \rvert$	valeur absolue de *a* (*a* réel)
$!$	$n!$	factorielle *n*

28.2. ALGÈBRE DE BOOLE – OPÉRATIONS – FONCTIONS

L'algèbre de BOOLE ou algèbre binaire définit deux états logiques : ***vrai*** ou ***faux*** notés **0** et **1**, chiffres qui n'ont aucun caractère numérique.

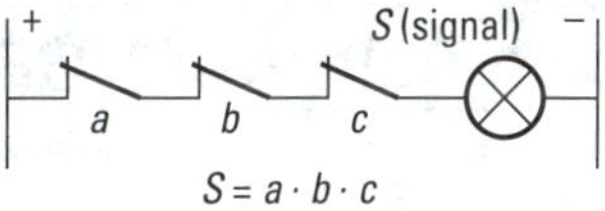

$S = a \cdot b \cdot c$
ou
$S = abc$

Par exemple :
- l'eau coule du robinet : le robinet est à l'état 1,
- l'eau ne coule plus du robinet : le robinet est à l'état 0.

Les états logiques peuvent se traduire par des équations logiques : la somme, le produit, la négation, la soustraction, la division ; les exposants et les coefficients n'existent pas.

Lorsqu'il n'y a pas d'ambiguïté, le point du produit n'est pas nécessaire : $S = a \cdot b \cdot c$ peut s'écrire $S = abc$ (voir figure ci-dessus) et se lit : *S* est allumé si les contacts *a* et *b* et *c* sont fermés.

Fonctions	Équations	Tables de vérité	Schémas	Se lit
FONCTION OUI	$S = a$	*a* / *S* 0 / 0 1 / 1		$S = a$ La lampe s'allume si *a* est fermé
FONCTION NON	$S = \bar{a}$	*a* / *S* 0 / 1 1 / 0		$S = \bar{a}$ La lampe s'éteint si *a* est ouvert

Algèbre de Boole

Fonctions	Équations	Tables de vérité	Schémas	Se lit
PRODUIT LOGIQUE ou FONCTION ET	$S = a \wedge b$ ou $S = a \cdot b$	a b S 0 0 0 0 1 0 1 0 0 1 1 1 2^n (variables *a* et *b*) $2^2 = 4$ lignes	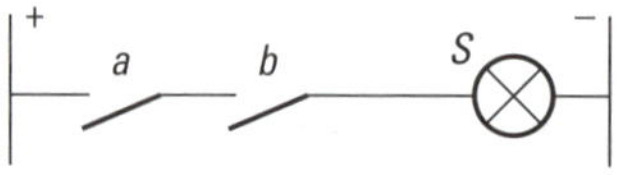	$S = a \cdot b$ La lampe s'allume si *a* et *b* sont fermés
SOMME LOGIQUE ou FONCTION OU	$S = a \vee b$ ou $S = a + b$	a b S 0 0 0 0 1 1 1 0 1 1 1 1	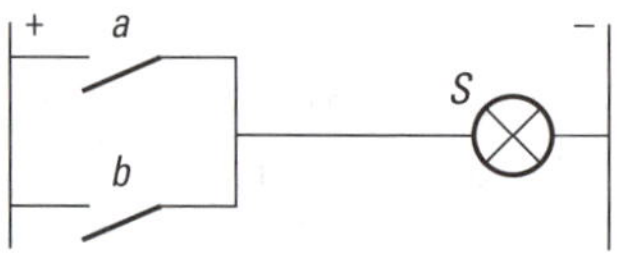	$S = a + b$ La lampe s'allume si *a* ou bien *b* est fermé
INVERSE DE LA SOMME LOGIQUE ou FONCTION NI	$S = \overline{a \vee b}$ ou $S = \overline{a + b}$ ou $S = \bar{a} \cdot \bar{b}$	a b S 0 0 1 0 1 0 1 0 0 1 1 0	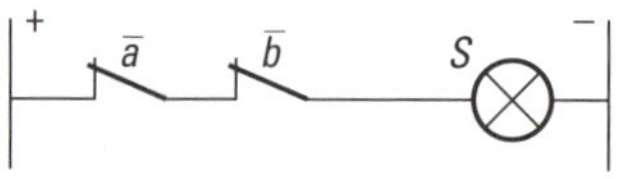	$S = \overline{a + b}$ ou $S = \bar{a} \cdot \bar{b}$ fonction inverse du OU
INVERSE DU PRODUIT LOGIQUE ou FONCTION NAND	$S = \overline{a \wedge b}$ ou $S = \overline{a \cdot b}$ ou $S = \bar{a} + \bar{b}$	a b S 0 0 1 0 1 1 1 0 1 1 1 0	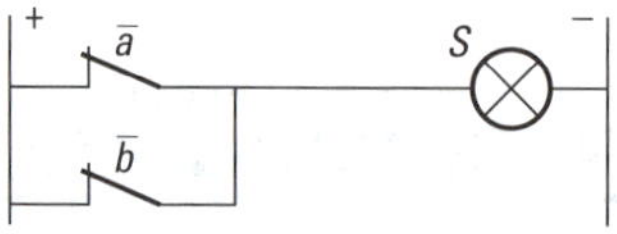	$S = \overline{a \cdot b}$ ou $S = \bar{a} + \bar{b}$ fonction inverse du ET

28.3. ALPHABET GREC (Caractères d'imprimerie)

Majuscules romaines	Majuscules italiques	Minuscules romaines	Minuscules italiques	Noms	Majuscules romaines	Majuscules italiques	Minuscules romaines	Minuscules italiques	Noms
Α	*Α*	α	*α*	alpha	Π	*Π*	π	*π*	pi
Β	*Β*	β	*β*	bêta	Ρ	*Ρ*	ρ	*ρ*	rhô
Κ	*Κ*	κ	*κ*	kappa	Σ	*Σ*	σ	*σ*	sigma
Δ	*Δ*	δ	*δ*	delta	Τ	*Τ*	τ	*τ*	tau
Ε	*Ε*	ϵ	*ϵ*	epsilon	Υ	*Υ*	ϑ	*ϑ*	upsilon
Φ	*Φ*	φ	*φ*	phi	Ξ	*Ξ*	ξ	*ξ*	xi
Γ	*Γ*	γ	*γ*	gamma	Ζ	*Ζ*	ζ	*ζ*	zêta
Ι	*Ι*	ι	*ι*	iota	Η	*Η*	η	*η*	êta
Λ	*Λ*	λ	*λ*	lambda	Θ	*Θ*	θ	*θ*	thêta
Μ	*Μ*	μ	*μ*	mu	Χ	*Χ*	χ	*χ*	khi
Ν	*Ν*	ν	*ν*	nu	Ψ	*Ψ*	ψ	*ψ*	psi
Ο	*Ο*	ο	*ο*	omicron	Ω	*Ω*	ω	*ω*	oméga

28.4. CHIFFRES ROMAINS

I : 1	**V** : 5	**X** : 10	**L** : 50	**C** : 100	**D** : 500	**M** : 1 000

Exemples : XVIII : 18 ; XXI : 21 ; MCMXCVIII : 1998

28.5. MULTIPLES ET SOUS-MULTIPLES NF X 02-006

Facteur	Préfixe à placer avant l'unité	Symbole à placer avant celui de l'unité	Facteur	Préfixe à placer avant l'unité	Symbole à placer avant celui de l'unité
10^{18} ou 1 000 000 000 000 000 000	exa	E	10^{-1} ou 0,1	déci	d
10^{15} ou 1 000 000 000 000 000	peta	P	10^{-2} ou 0,01	centi	c
10^{12} ou 1 000 000 000 000	téra	T	10^{-3} ou 0,001	milli	m
10^{9} ou 1 000 000 000	giga	G	10^{-6} ou 0,000 001	micro	μ
10^{6} ou 1 000 000	méga	M	10^{-9} ou 0,000 000 001	nano	n
10^{3} ou 1 000	kilo	k	10^{-12} ou 0,000 000 000 001	pico	p
10^{2} ou 100	hecto	h	10^{-15} ou 0,000 000 000 000 001	femto	f
10^{1} ou 10	déca	da	10^{-18} ou 0,000 000 000 000 000 001	atto	a

28.6. RÈGLES GÉNÉRALES D'ÉCRITURE DES SYMBOLES NF X 02-001

RÈGLE	EXEMPLE
Seuls les symboles normalisés (lorsqu'ils existent) doivent être utilisés.	
Les **symboles de grandeur** s'écrivent en caractères italiques (penchés), sans point final.	***V*** : volume
Les **symboles d'unités**, les symboles chimiques, les symboles d'opérateurs et les chiffres s'écrivent en caractères romains (droits) sans point final et sans marque de pluriel.	**Hz** : hertz **Cu** : cuivre tan : tangente 62 kg
Les **indices littéraux** (inférieurs et supérieurs) lorsqu'ils représentent des symboles de grandeurs physiques ou mathématiques s'écrivent en caractères italiques ; les autres en caractères romains.	***qm*** : débit masse
Les **symboles des dimensions d'une grandeur** s'écrivent en majuscules romaines.	**M, L, J ...**

28.7. SYSTÈME INTERNATIONAL D'UNITÉS

Le système international d'unités comporte sept unités de base qui sont : le ***mètre***, le ***kilogramme***, la ***seconde***, l'***ampère***, le ***kelvin***, la ***mole*** et la ***candela***.

Toutes les unités dérivées résultent de la combinaison de ces unités de base.

	GRANDEURS			UNITÉS		
	Nom	Symbole	Dimension	Nom	Symbole	Observations
ESPACE ET TEMPS **NF X 02-201**	**angle** (angle plan)	$\alpha, \beta, \gamma, \theta, \varphi$, etc.	sans	**radian**	rad	
				tour	tr	$1 \text{ tr} = 2\pi \text{ rad}$
				degré	°	$1° = \frac{\pi}{180} \text{ rad}$
				minute (d'angle)	′	$1' = \frac{1'}{60} = \frac{\pi}{10\,800}$
				seconde (d'angle)	″	$1'' = \frac{1°}{3\,600} = \frac{\pi}{648\,000}$
	angle solide	$\Omega\ (\omega)$	sans	**stéradian**	sr	
	longueur	ℓ, L	L	**mètre**	m	

Système international d'unités

	GRANDEURS			UNITÉS		
	Nom	**Symbole**	**Dimension**	**Nom**	**Symbole**	**Observations**
ESPACE ET TEMPS (suite)	**aire**	A	L^2	**mètre carré**	m^2	
	superficie	S		**are**	a	$1\ a = 10^2\ m^2$
	volume	V	L^3	**mètre cube**	m^3	
				litre	L	$1\ L = 10^{-3}\ m^3$
	temps, intervalle de temps, durée	t	T	**seconde**	s	
				minute	min	1 min = 60 s
				heure	h	1 h = 60 min = 3 600 s
				jour	d	1 d = 24 h = 86 400 s
	vitesse angulaire	ω	T^{-1}	**radian par seconde**	$rad \cdot s^{-1}$	$\omega = \frac{d\varphi}{dt}$
	accélération angulaire	α	T^{-2}	**radian par seconde carrée**	$rad \cdot s^{-2}$	$\alpha = \frac{d\omega}{dt}$
	vitesse	u, v, w, c	LT^{-1}	**mètre par seconde**	$m \cdot s^{-1}$	$v = \frac{ds}{dt}$
				kilomètre par heure	$km \cdot h^{-1}$	$1\ km/h = \frac{1}{3,6}\ m/s = 0,277\ 778\ m/s$
	accélération	a	LT^{-2}	**mètre par seconde carrée**	$m \cdot s^{-2}$	$a = \frac{dv}{dt}$
	accélération due à la pesanteur, champ de pesanteur	g				Valeur conventionnelle du champ de pesanteur : $g_n = 9,806\ 65\ m \cdot s^{-2}$
PHÉNOMÈNES PÉRIODIQUES NF X 02-202	**période**	T	T	**seconde**	s	
	fréquence	f, V	T^{-1}	**hertz**	Hz	
	fréquence de rotation	n	T^{-1}	**seconde à la puissance moins un**	s^{-1}	
	pulsation	ω	T^{-1}	**radian par seconde**	$rad \cdot s^{-1}$	
	déphasage, différence de phase	φ	sans	**radian**	rad	
	longueur d'onde	λ	L	**mètre**	m	
MÉCANIQUE NF X 02-203	**masse**	m	M	**kilogramme**	kg	
				tonne	t	$1\ t = 10^3\ kg$
				carat métrique		1 carat métrique $= 2 \times 10^{-4}\ kg$
	masse volumique	ρ	$L^{-3}M$	**kilogramme par mètre cube**	$kg \cdot m^{-3}$	
				tonne par mètre cube	$t . m^{-3}$	$1\ t . m^{-3} = 10^3\ kg . m^{-3} = 1\ g . m^{-3}$
				kilogramme par litre	$kg . L^{-1}$	$1\ kg . L^{-1} = 10^3\ kg . m^{-3} = 1\ g . cm^{-3}$
	densité (densité relative)	d	sans			
	volume massique	v	L^3M^{-1}	**mètre cube par kilogramme**	$m^{-3} \cdot kg^{-1}$	
	masse linéique	ρ_ℓ	$L^{-1}M$	**kilogramme par mètre**	$kg \cdot m^{-1}$	
				tex	tex	$1\ tex = 10^{-6}\ kg \cdot m^{-1}$

Système international d'unités

	GRANDEURS			UNITÉS		
	Nom	**Symbole**	**Dimension**	**Nom**	**Symbole**	**Observations**
MÉCANIQUE (suite)	**quantité de mouvement**	p	LMT^{-1}	**kilogramme-mètre par seconde**	$kg \cdot m \cdot s^{-1}$	
	moment cinétique, moment de quantité de mouvement	L	L^2MT^{-1}	**kilogramme-mètre carré par seconde**	$kg \cdot m^2 \cdot s^{-1}$	
	moment d'inertie (moment d'inertie dynamique)	I, J	L^2M	**kilogramme-mètre carré**	$kg \cdot m^2$	
	force	F	LMT^{-2}	**newton**	N	$1 N = 1 m \cdot kg \cdot s^{-2}$
	poids	$G, (P, W)$				
	moment d'une force	M, T	L^2MT^{-2}	**newton-mètre**	$N \cdot m$	
	pression	p	$L^{-1}MT^{-2}$	**pascal**	Pa	$1 Pa = 1 N . m^{-2} = 1 m^{-1} . kg . s^{-2}$
				bar	bar	$1 bar = 10^5 Pa$
	contrainte tangentielle, cission	τ		**pascal**	Pa	$1 Pa = 1 N . m^{-2} = 1 m^{-1} . kg . s^{-2}$
	contrainte normale	σ				
	coefficient de Poisson nombre de Poisson	μ, ν	sans			
	module d'élasticité longitudinal	E	$L^{-1}MT^{-2}$	**pascal**	Pa	$1 Pa = 1 N . m^{-2} = 1 m^{-1} . kg . s^{-2}$
	module d'élasticité de glissement	G			$E = \frac{\sigma}{\epsilon}$ $G = \frac{\tau}{\gamma}$ $K = -\frac{p}{\theta}$	**Remarques** *E* est également appelé *module d'Young*. *G module de Coulomb.* Les déformations relatives ϵ, γ et θ correspondent aux accroissements des contraintes σ, τ et à l'accroissement de pression *p*.
	module de compressibilité volumique	K				
	module d'inertie	Z, W	L^3	**mètre cube**	m^3	
	facteur de frottement	$\mu, (f)$	sans			
	glissement unitaire	γ	sans			
	moment quadratique, (axial) d'une aire plane	I, I_a	L^4	**mètre bicarré**	m^4	
	moment quadratique, polaire d'une aire plane	I_p, J				
	travail	$W, (A)$	L^2MT^{-2}	**joule**	J	$1 J = 1 m^2 \cdot kg \cdot s^{-2}$
	énergie	$E, (W)$				
	énergie potentielle	E_p, V, Φ		**wattheure**	Wh	$1 Wh = 3,6 \times 10^3 J$
	énergie cinétique	E_k, K, T		**électronvolt**	eV	$1 eV = 1, 602\,189\,2 \times 10^{-19} J$
	puissance	P	L^2MT^{-3}	**watt**	W	$1 W = 1 J . s^{-1} = 1 m^2 \cdot kg \cdot s^{-3}$
	rendement (mécanique)	η	sans			

Système international d'unités

	GRANDEURS			UNITÉS		
	Nom	**Symbole**	**Dimension**	**Nom**	**Symbole**	**Observations**
THERMIQUE NF X 02-204	**température Celcius**	t, θ	Θ	**degré Celcius**	°C	L'unité degré Celcius est égale à l'unité Kelvin
	température thermodynamique, température absolue	T	Θ	**kelvin**	K	
	coefficient de dilatation linéique	α_ℓ	Θ^{-1}	**kelvin à la puissance moins un**	K^{-1}	
	compressibilité	κ	$LM^{-1}T^2$	**pascal à la puissance moins un**	Pa^{-1}	$1\ Pa^{-1} = 1\ m \cdot kg^{-1} \cdot s^2$
	quantité de chaleur	Q	L^2MT^{-2}	**joule**	J	$1\ J = 1\ m^2 \cdot kg \cdot s^{-2}$
	densité de flux thermique	q, φ	MT^{-3}	**watt par mètre carré**	$W \cdot m^{-2}$	$1\ W \cdot 1\ m^{-2} = 1\ kg \cdot s^{-3}$
	conductivité thermique	λ	$LMT^{-3}\Theta^{-1}$	**watt par mètre kelvin**	$W \cdot m^{-1} \cdot K$	$1\ W \cdot m^{-1} \cdot K = 1\ m \cdot kg \cdot s^{-3} \cdot K^{-1}$
	coefficient d'isolation thermique	M	$M^{-1}T^3\Theta$	**mètre carré – kelvin par watt**	$m^2 \cdot K \cdot W^{-1}$	$1\ m^2 \cdot K \cdot W^{-1} = 1\ kg^{-1} \cdot s^3 \cdot K$
	résistance thermique	R	$L^{-2}M^{-1}T^{-3}\Theta$	**kelvin par watt**	$K \cdot W^{-1}$	$1\ K \cdot W^{-1} = 1\ m^{-2} \cdot kg^{-1} \cdot s^3 \cdot K$
ÉLECTRICITÉ ET MAGNÉTISME NF X 02-205	**courant électrique** (intensité de courant électrique)	I	I	**ampère**	A	
	charge électrique quantité d'électricité	Q	TI	**coulomb**	C	$1\ C = 1\ A \cdot s$
	champ électrique	$E, (K)$	$LMT^{-3}I^{-1}$	**volt par mère**	$V . m^{-1}$	$1\ V \cdot m^{-1} = 1\ m \cdot kg \cdot s^{-3} \cdot A^{-1}$
	potentiel électrique	$V, (\varphi)$			V	$1\ V = 1\ W \cdot A^{-1}$ $= 1\ m^2 \cdot kg \cdot s^{-3} \cdot A^{-1}$
	différence de potentiel, tension	$U, (V)$	$L^2MT^{-3}I^{-1}$	**volt**		
	force électromotrice	E				
	induction électrique (déplacement)	D	$L^{-2}TI$	**coulomb par mètre carré**	$C . m^{-2}$	$1\ C \cdot m^{-2} = 1\ m^{-2} \cdot s \cdot A$
	flux électrique (flux de déplacement)	Ψ	TI	**coulomb**	C	$1\ C = 1\ A \cdot s$
	capacité	C	$L^{-2}M^{-1}T^4I^2$	**farad**	F	$1\ F = 1C \cdot V^{-1} = 1\ m^{-2} \cdot kg^{-1} \cdot s^4 \cdot A^2$
	densité de courant	$J, (S)$	$L^{-2}I$	**ampère par mètre carré**	$A . m^{-2}$	
	densité linéique de courant	$A, (\alpha)$	$L^{-1}I$	**ampère par mètre**	$A . m^{-1}$	
	champ magnétique	H	$L^{-1}I$	**ampère par mètre**	$A . m^{-1}$	
	différence de potentiel magnétique	U_m	I	**ampère**	A	

Système international d'unités

	GRANDEURS			UNITÉS		
	Nom	**Symbole**	**Dimension**	**Nom**	**Symbole**	**Observations**
ÉLECTRICITÉ ET MAGNÉTISME (suite)	**induction magnétique, densité de flux magnétique**	B	$MT^{-2}I^{-1}$	**tesla**	T	$1\ T = 1\ Wb \cdot m^{-2} = 1\ V \cdot s \cdot m^{-2} = 1\ kg \cdot s^{-2} \cdot A^{-1}$
	flux magnétique, flux d'induction magnétique	Φ	$L^2MT^{-2}I^{-1}$	**weber**	Wb	$1\ Wb = 1\ V \cdot s = 1\ m^2 \cdot kg \cdot s^{-2} \cdot A^{-1}$
	inductance propre inductance mutuelle	L M, L_{12}	$L^2MT^{-2}I^{-2}$	**henry**	H	$1\ H = 1\ Wb \cdot A^{-1} = 1\ m^2 \cdot kg \cdot s^{-2} \cdot A^{-2}$
	perméabilité	μ	$LMT^{-2}I^{-2}$	**henry par mètre**	$H \cdot m^{-1}$	$1\ H \cdot m^{-1} = 1\ Wb \cdot A^{-1} \cdot m^{-1} = 1\ m \cdot kg \cdot s^{-1} \cdot A^{-2}$
	moment magnétique	m	L^2I	**ampère-mètre carré**	$A \cdot m^2$	
	aimantation	H_i, M	$L^{-1}I$	**ampère par mètre**	$A . m^{-1}$	
	résistance (en courant continu)	R	$L^2MT^{-3}I^{-2}$	**ohm**	Ω	$1\ \Omega = 1\ V \cdot A^{-1} = 1\ m^2 \cdot kg \cdot s^{-3} \cdot A^{-2}$
	conductance (en courant continu)	G	$L^{-2}M^{-1}T^3I^2$	**siemens**	S	$1\ S = 1\ A \cdot V^{-1} = 1\ m^{-2} \cdot kg^{-1} \cdot s^3 \cdot A^2$
	résistivité	ρ	$L^3MT^{-3}I^{-2}$	**ohm-mètre**	$\Omega \cdot m$	$1\ \Omega \cdot m = 1\ m^3 \cdot kg \cdot s^{-3} \cdot A^{-2}$
	conductivité	γ, σ	$L^{-3}M^{-1}T^3I^2$	**siemens par mètre**	$S \cdot m^{-1}$	$1\ S \cdot m^{-1} = 1\ m^{-3} \cdot kg^{-1} \cdot s^3 \cdot A^2$
	impédance (impédance complexe)	Z	$L^2MT^{-3}I^{-2}$	**ohm**	Ω	$1\ \Omega = 1\ V \cdot A^{-1} = 1\ m^2 \cdot kg \cdot s^{-3} \cdot A^{-2}$
	puissance, puissance instantanée	$P, (P_i)$	L^2MT^{-3}	**watt**	W	$1\ W = 1\ J \cdot s^{-1} = 1\ m^2 \cdot kg \cdot s^{-3}$
RAYONNEMENT ÉLECTROMAGNÉTIQUE ET OPTIQUE NF X 02-206	**intensité lumineuse**	$I, (I_v)$	J	**candela**	cd	
	flux lumineux	$\Phi, (\Phi_v)$	J	**lumen**	lm	1 lm = 1 cd . sr
	quantité de lumière	$Q, (Q_v)$	TJ	**lumen-seconde**	lm · s	on utilise aussi le lumen-heure (lm · h) 1 lm · h = 3 600 lm · s
	luminance	$L, (L_v)$	$L^{-2}J$	**candela par mètre carré**	$cd \cdot m^{-2}$	
	éclairement lumineux, éclairement	$E, (E_v)$	$L^{-2}J$	**lux**	lx	$1\ lx = 1\ lm \cdot m^{-2} = 1\ cd \cdot sr \cdot m^{-2}$
CHIMIE/ PHYSIQUE ET PHYSIQUE MOLÉCULAIRE NF X 02-208	**quantité de matière**	$n, (\nu)$	N	**mole**	mol	
	masse molaire	M	MN^{-1}	**kilogramme par mole**	$kg \cdot mol^{-1}$	
	volume molaire	V_m	L^3N^{-1}	**mètre cube par mole**	$m^3 . mol^{-1}$	
	concentration	ρ_B	ML^{-3}	**kilogramme par mètre cube**	$kg \cdot m^{-3}$	
	concentration molaire	C_B	$L^{-3}N$	**mole par mètre cube**	$mol \cdot m^{-3}$	
	molarité	(m_B)	$M^{-1}N$	**mole par kilogramme**	$mol \cdot kg^{-1}$	

	Unité	Symbole	Unité SI	Unité	Symbole	Unité SI
FACTEURS DE CONVERSION EN UNITÉ SI	**Angström**	Å	10^{-10} m	**Faraday**	F	$9{,}648\ 70 \cdot 10^4$ C
	Atmosphère normal	atm	$1{,}01325 \times 10^5$ Pa	**Frigorie**	fg	$4{,}186 \cdot 10^3$ J
	Bar	bar	10^5 Pa	**Gauss**	Gs, G	10^{-4} T
	Calorie	cal	4,1868 J	**Kilogramme - force**	kg f	9,80665 N
	Curie	Ci	$3{,}7 \times 10^{10}\ s^{-1}$	**Maxwell**	Mx, M	10^{-5} Wb
	Degré Celcius	° C	$T_k = \theta\ °C + 273{,}15$	**Millimètre d'eau**	mm H_2O	9,806 65 Pa
	Degré Fahrenheit	° F	$T_k = 5/9\ (\theta\ °F + 459{,}67)$	**Millimètre de mercure**	mm Hg	$1{,}333\ 224 \cdot 10^2$ Pa
	Dioptrie volt	δ	$1\ m^{-1}$	**Thermie**	th	$4{,}185\ 5 \cdot 10^6$ J
	Electronvolt	eV	$1{,}60219 \times 10^{-19}$ J	**Unité masse atomique**	u	$1{,}660\ 53 \cdot 10^{-27}$ kg

INDEX

D

E

F

G